U0151849

内蒙古自治区科学技术史一流学科建设经费资助

教育部哲学社会科学研究重大课题攻关项目“中国古代科技文献整理与研究”（19JZD042）研究成果

# 中算家的计数论

罗见今 著

科学出版社

北 京

## 内 容 简 介

本书研究中国传统数学的机械化、离散性和计数特征，从古代到晚清，共分4编14章，由作者多年来发表的80余篇数学史和组合数学学术论文编辑而成，选择典型案例系统论述三千年中算计数的发展，多有新见，说明中国人自古擅长计数，对近代计数论亦有贡献。

本书是中国数学史大专题研究，以史料和问题为中心，以应用为导向，以相关拓展和专题研究为特点，重在体例创新，避免通史写法；顾及数学史家、数学教师、数学家对古算的观点和研究方法，力求广征博引、连接中西。选材既有中算著名问题，又可满足当前教学所需，并延伸到现代计数领域。

本书的读者对象包括：关心古代数学文化的读者，关心中国数学史的大、中学师生，开设离散数学、组合论、图论和算法论课程的师生，教授珠心算的教师，钻研中国数学史的学者、读者等。

**图书在版编目(CIP)数据**

中算家的计数论 / 罗见今著. —北京：科学出版社. 2022.1

ISBN 978-7-03-069250-4

I. ①中… II. ①罗… III. ①数学史-中国-古代 IV. ①O112

中国版本图书馆 CIP 数据核字（2021）第 118042 号

责任编辑：邹 聪 刘红晋 / 责任校对：贾伟娟
责任印制：李 彤 / 封面设计：有道文化

科学出版社 出版
北京东黄城根北街16号
邮政编码：100717
http://www.sciencep.com
北京捷迅佳彩印刷有限公司 印刷
科学出版社发行 各地新华书店经销
*
2022年1月第 一 版 开本：787×1092 1/16
2022年3月第二次印刷 印张：32 3/4
字数：770 000
**定价：298.00 元**
（如有印装质量问题，我社负责调换）

# 作 者 简 介

罗见今（1942～ ），1962 年从教，资深数学史工作者，20 世纪 70 年代初发表数学教学论文，1978 年进入中国数学史的研究领域，1992 年为内蒙古师范大学教授，领取国务院政府特殊津贴，兼西北大学教授，先后任西北大学和内蒙古师范大学博士生导师。曾任内蒙古师范大学科学史研究所所长，科学史与科技管理系系主任，中国数学会数学史分会副理事长，全国组合数学会理事、首届会员。主要方向：一般科学史、数学史、组合数学、简牍年代学。

# 序

20 世纪 80 年代，中国数学史研究开启了一个新的发展阶段，这一时期产生了丰富的数学史著述，其中不乏富有真知灼见者。以笔者所识，就科学史著述而言，所谓真知，必含真实史料；所谓灼见，需有创新见解。从这两方面审视，呈现在我们面前的这部《中算家的计数论》，都属名副其实，而作者罗见今教授正是在上述时期成长起来的数学史家。

本书是一部大专题论著，主题是中国传统数学中的计数术及相关理论。计数理论是现代数学中被归于组合分析的领域，但却有着深厚的历史渊源。计数活动可以追溯到人类远古时代，在各个国家和地域的文明史上占有重要地位。华夏先民擅长计数，相关的体系与方法反映了中国古代数学的鲜明特征，同时构成古代与中古中国数学强烈算法倾向的基础。探讨总结中国传统数学中计数体系及思想方法的演进，不仅对于更深刻地认识中国传统数学的特点及世界地位具有不容低估的意义，同时也是科学文化史的重要课题。本书在这方面追根溯源，深入发掘，充分阐述了从上古至晚清中算家们丰富卓越的计数术成就，并通过中外比较，分析揭示了这些成就的历史意义。就笔者所知，本书是系统全面、丰富翔实的关于中算家的计数论的专著。特别值得指出的是，本书包含了作者罗见今的研究成果与创新见解，如明安图数（西方文献中所称之“卡塔兰数”）、戴煦对欧拉数的研究等，在当时都曾引起中外同行的关注，笔者亦曾以极大的兴趣专门邀请罗见今教授到中国科学院数学与系统科学研究院做了相关的学术报告。

本书虽是一部专题著作，但作者将计数论置于整个数学史乃至文化史的背景和框架之中，以计数论为中心，涉及几乎所有的数学史科目和广泛的文化史论题，从易卦、博局到天文、律历，从筹策到珠算，从秦汉简牍到十部算经，从刘徽、祖冲之到秦九韶、朱世杰，联系有机，阐发有致，笔者读之，颇有不是通史、胜读通史之感。

笔者与罗见今教授相识已久，首次见面应该是在 1979 年，当时他作为国内改革开放以后的首批研究生随其导师李迪先生到北京访研。此后我们不时在各种学术活动场合聚首，特别是在西北大学和内蒙古师范大学的科学史学位点共事多年。记得有一次我们同行从呼和浩特飞往西安，在巴彦淖尔中转候机时，他向我娓娓介绍有“塞上江南”之称的巴彦淖尔的历史与风土人情，当我惊讶于他为什么对这个城市如此熟悉时，他告诉我他曾经在这里生活、从教了整整十六年！从一个俄语专业出身的中学数学教师到深有造诣的数学史专家，罗君的经历彰显了在风雨中拼搏、追梦的一代知识分子的精神。除了钻研学问，罗君兴趣广达，能歌善饮。每当严肃的学位答辩之后的师生欢聚时刻，他常常会引吭高唱一曲俄罗斯民歌，并博得一片掌声。现在他奉献给我们的这部《中算家的计数论》，乃是其长年心血的结晶，宛如一部动人的科学史奏鸣曲，相信一定会赢得大家的共赏。

中国科学院数学与系统科学研究院 李文林

2021年5月于北京中关村

# 前　言

人类的科学文明发展到今天，数学的各个门类已形成一片枝叶繁茂的森林。从世界数学史上看，中国传统数学以其独特的思想、理论、算法、工具而形成了区别于西方的数学体系。

在中国，“计数”作为学科名称 2600 年前就已出现。春秋齐相管仲说：“刚柔也，轻重也，大小也，实虚也，远近也，多少也，谓之计数”（《管子·七法》，§4.1.1），这是中算史上首次对计数做出的定义，重在测量。秦代学者陈起论述计数的价值、功能和各种应用（见北大藏秦简，§4.4.1）。计数的内容后代又有变化和发展。从数学思想史来看，计数是贯穿全部人类文明史的基本数学活动，古今中外，概莫能外。经过几千年的积累，计数内容呈现出丰富多样性，业已形成一种现代理论（§1.2.3），《数学百科全书》称其为“计数论”（enumeration theory）。本书依据诸多考古文献，认识到离散数学发端于华夏时代，我国先民思维缜密，计数本领高强，中算家对世界数学发展贡献殊多。

史前时代，各种器物规则的形状和图案、建筑遗址等内涵的数学思想，可称为“物化的数学”；远古占卜程序和秘诀、乐律等潜藏数学方法，没有留下作者姓名，可称为“内蕴的数学”。本书前编的三章举出河洛、易卦、乐律、历法、占卜、游戏，诸子书与简牍中的计数等做专题探讨，解析其中包含的计数和算术内容。这类选材都是研读史料时总要遇到、无法“选择性遗忘”的论题。例如“伏羲先天图”六十四卦卦序一旦用二进制数字解读时，就会现出令人惊异的对称性质（§2.2.5）；又如战国一种占星术使用的“玄戈”表，如果将青龙、白虎、赤雀、玄武用字母代入，立即变成世界上第一个拉丁方（§3.1.3）。再如产生于中古中国的 Nim 游戏，在现代图论中已经变成对策论中的一种制胜方案（§3.5.1）。

中算史上引人入胜的计数成果不胜枚举。《九章算术》与刘徽注中的“率”的概念、比例和数列是中算计数论的基础（§5.1）；汉唐算经中的成果累累，如《周髀算经》满篇计数，汉人用测量和算术构建出天地模型（§6.1），《数术记遗》给出珠算等十余种计数工具（§6.4）；祖冲之是精密计算的开山祖师，他求出的圆周盈朒两率领先世界近千年，采用闰周的新比例 144/391 编制《大明历》（§7.3），是史上少有的天才。

宋元时代数学发展到高峰，计数方面：沈括“隙积术”首开中算级数论，《梦溪笔谈》棋局都数和甲子纳音极具计数魅力（§8.1）；杨辉不仅研究了多种垛积、数列和贾宪三角，而且在《续古摘奇算法》中载有幻方、幻图（§8.2），驰名中外；朱世杰《四元玉鉴》的垛积招差术体系丰满，其中有个组合恒等式，直到现在国际数学界仍称为朱-范公式（§9.3）；500 年前的“王文素问题”堪足与 19 世纪著名的“女生问题”相媲美（§10.2）。

到了清代，明安图《割圜密率捷法》在中算史上率先研究无穷级数，在世界上首创卡塔兰数，他是进入分析领域的第一个中国人（§11.2）；徐有壬、戴煦的正切数与西方的研究异其旨趣，取得领先的成果（§12.1、§12.2）；李善兰的《垛积比类》是中算垛积术集大成的著作，他将垛积公式应用于尖锥术，叩响了微积分的大门（§13.1.2）；夏鸾翔、华蘅芳在计数函数与幂和公式方面的杰作，成为晚清数学中的闪光点，在现代计数论中仍有意义（§14.5）。

读者会看到，当采用机械化和离散的新观点来看中算史时，就会有所发现。本书立足于原著的内容分析，引述西方和现代相关论著，在数学意义上进行对比，以学术论文在专业刊物，特别是数学刊物上发表，得到史学和数学界（包括国际）的承认。

历史上任何一项重大的数学进展，都能够激发起后代学者非常丰富的联想，这正是数学史魅力之所在。数学史研究的主要目的是复原，探赜索隐，皓首穷经，尽可能找到符合原貌的形态，阐述其本意，这是史学家的任务，形象地说，眼光更多投向时间轴的左方；教育家删芜存菁，爬罗剔抉，考虑如何将史料应用于教学，即 HPM（history and pedagogy of mathematics），可以说，他们的注意力集中在时间轴的当前；而数学家的兴趣在如何发挥，站在前人的肩膀上，钩深致远，微言大义，促进现代数学的发展，眼光投向时间轴的右方。这三方面的工作者对史料可能具有不尽一致的理解，但在他们的视野里，像刘徽、祖冲之、沈括、李善兰等先哲都是世代学者景仰的伟大科学家；而这三方面的共同工作，构成了数学史学科深刻而丰富的内涵。

笔者从 1968 年开始，先在初中、高中任教，继而在大学生物、地理、物理系教数学课，后从事硕士、博士研究生数学史、科技史和科学思想史教学，迄今已五十多年。教师的职业要求把历史的内容糅合进数学教材，研究生教学要求注重原著和思想史，把历史的研究同现代的发展联系起来，这正是笔者写作本书的初衷。但本书不是通史，不可能面面俱到；计数论作为一类数学现象，也与学科史有别。本书列举史料，以计数为主线，以问题为中心，以应用为导向，以相关拓展和专题研究为特点，力求从机械化思想和离散数学的视角认识传统数学，这是笔者半个世纪持续努力的方向。

笔者于 1978 年师从李迪先生攻读中国数学史方向研究生，关注传统数学的机械化、离散性问题。那时随着计算机科学的崛起，离散数学引起兴趣，笔者开始在参与数学史学会活动的同时，参加全国组合数学会，为首届会员，有机会聆听吴文俊、徐利治诸先生教诲；向严敦杰、沈康身、梁宗巨、白尚恕、李继闵诸先生学习，确定了以计数论研究数学史的方向。

在写作上，笔者认为“思想性是灵魂，创新性是生命线”，并在撰写本书中努力体现这一宗旨，为往圣继绝学，言前人所未言。笔者从 40 年来发表的论文中选取 80 篇（以星号“*”标记在脚注中），辅以教材，以时为序，属缀成书，希望从计数方面认识中算史，追踪上古业已存在的这一数学领域。不当之处，尚希数学和数学史方面的专家不吝指教。有不同意见，欢迎展开讨论。

罗见今

2021 年 5 月于内蒙古师范大学科技史研究院

# 目录

## 上　编

# 中　编

## 下 编

# 第1章　导　论

远古时代人类活动的遗址不断被发现：在聚落的规划、神坛的建造，以及大量的出土器物中，人们清楚地看到规则图形的运用、数量的表现，以及比例与匀称、排列与配置等——原始数学的思想凝聚于所造物品之中，“物化”为具体的器件，经历了漫长的岁月，不妨称之为“物化的数学”。当人们仔细考察先民的各种祭祀和占卜活动：部落的图腾、易经的卦序、星占的兆象等，约略现出内含其中的神秘的数字、严格的序关系、空间的方位、对称与对应等——早期数学的思想和方法渗透到社会生活之中，转化为神圣的规则，备受先民的推崇，不妨称之为“内蕴的数学”。在史前时代，数学作为一门学科尚未成形，但是它的思想和精神，在人类活动和创造的各个方面，就已得到生动的体现。

中国传统数学作为东方数学的代表之一，在几千年的发展史中对人类数学文明作出了重要贡献，产生出数百位著名数学家，上千种数学著作流传后世。

数学知识被应用于天文、历法、地理、气象、物理等自然科学的各个方面。我国先人运用数学知识：步躔离定五星、确定国土疆界、测量田亩道路、修筑城垣长城、开凿运河渠塘、建设庙堂桥塔，制作舟车弓矢、金玉瓷器等。数学成为推动文明发展的重要力量。

一百年来，以李俨、钱宝琮先生为代表的几代学者，以他们的基础工作，创立了以《九章算术》为核心的两千年中国数学史学科的理论、方法与史料体系。而半个多世纪以来，考古界又有大量新发现，青铜器和简牍等文物源源不断地被发掘出来，其中有不少数学史的相关资料。所有这些见证中华文明的史实，都激励今天的爱好者和研究者继续探寻西汉末上溯至公元前一千年间那个历史阶段的数学文明。随着信息的增长、思路的开阔和工具的演进，数学史的研究也努力开辟新的领域，达到新的高度。

李约瑟在《中国科学技术史：第三卷数学》“作者的话”中说：“我们必须记得，这些史实关系到一个民族的文化，而这个民族的人口占人类的五分之一以上，他们三千年来定居在一片至少和欧洲大小相等的土地上，并且他们的才能肯定不逊于其他民族。”①

---

① 李约瑟. 中国科学技术史：第三卷数学.《中国科学技术史》翻译小组译. 北京：科学出版社，1978：i.

## 1.1 中国传统数学：概念、分期和特征

数学和科学均属文化现象。数学伴随着中国文化的产生起源于上古。这个命题涉及“数学”和“上古”等概念，在不同的文献中可能有不尽一致的解读，因此有必要通过对历史的陈述，明确对这些基本概念的理解。

人们习惯于用“数学”来表述曾发生过的一切与数量、空间图形、计算等相关的现象。一方面，这个词得到普遍的认同，具有历史回溯力，以今论古未尝不可；但是另一方面，需要警惕：因这一重要概念产生于近代，历史的真实可能因按今天的定义去理解而发生畸变。学术研究中需要严格把握不同阶段“数学”的内涵和外延。最简单的做法就是：用那个时期的原有名称来指称“数学”。

### 1.1.1 作为数学门类专名的历史更迭

“数学”具有与 mathematics 相对应的含义，有必要考察这一词义的历史更替，它的内涵和外延的古今演化。

如果把现今的数学比作一株枝叶繁盛的大树或一片茂密的森林，那么古代的卓越成就好像是早期的树根，深藏地下，虽然外面看不见它，却是树林不可或缺的组成部分。

于是，提出几个问题：①中国古人怎么称呼现今所说的数学？②在历史上最长久的“算术”、近代应用最多的“算学”在 20 世纪 30 年代之后为什么就很少使用了？③大体与 mathematics 相同的“数学”一名出现在什么时代？以下就几个历史名词作为切入点展开讨论。

**1）九数**

《周礼·地官司徒》记载：

> 保氏掌谏王恶，而养国子以道，乃教之六艺：一曰五礼，二曰六乐，三曰五射，四曰五御，五曰六书，六曰九数。

此即古代所设六门课程：礼、乐、射、御、书、数。在《管子·幼官图第九》中出现“九数”：

> 九和时节，君服白色，味辛味，听商声，治湿气，用九数，饮于白后（石）之井，以介兽之火爨。藏恭敬，行搏锐，坦气修通，凡物开静，形生理。

以上两文中并未解释“九数”的内容，它在古文献中亦不多见，应是指“数”有九个细目。东汉郑玄在《周礼》注中引郑众（司农）称：

> 九数：方田、粟米、差分、少广、商功、均输、方程、赢不足、旁要；今有重差、夕桀、勾股也。

**2）计数**

早在史前时代，原始人类经过漫长的蒙昧时期，开始认识周围世界，终于迎来智慧的曙光，出现对“数”的认知、命名和记录。传说中的“隶首造数”标志着首批计数成果的诞生。史上最早记录数学萌发期内容的专用名词有“九数”“计数”，但后者却未能引起史家重视。在记载春秋齐相管仲言论的《管子》（管子学派于战国时代编成）《七法

第六》[①]中，管仲提出治国“七法”：则、象、法、化、决塞、心术、计数，其中第七法对“计数”的解释是：

刚柔也，轻重也，大小也，实虚也，远近也，多少也，谓之计数。

这是史上第一次对一种数学门类所作的明确定义，把硬度、重量、尺寸、密度、距离、数量等都归为“计数”的对象。“计数”概念的历史发展详见§1.3节。

**3）筹算（筹筭）**

筹，又称为策、筹策、算筹、算子等，是早期计数工具，亦用作布列算式、进行四则以及解方程等运算的算具。“算”亦作“筭”，显示在算版上摆放并移动筹策的过程。筹以竹木、金属、骨、玉等制成，一般长为13～14厘米，径0.2～0.3厘米。1971年陕西千阳出土西汉宣帝时的骨制算筹[②]为现知最早的算筹。筹或策至迟在春秋时老子的《道德经》中就已出现：“善行无辙迹，善言无瑕谪，善数不用筹策”。用筹计算称为“布筹”“运筹”；班固《汉书·货殖传》称为“筹算”：“铁山鼓铸，运筹算”。晋代葛洪《抱朴子·杂应》称为“筹筭”：“占风气，布筹筭。”所以筹算成为古代的学科名称。

早期的筹策以草茎（如蓍草，茎长可达1米）制成，也用于占筮和投壶，其功能到后代分别演化。占筮用蓍可夹在手指间，长度与筹算用蓍类似；后多用竹，运“筹”即运“筭”，皆从“竹”；迄今观音庙可见算卦先生摇动求签筒中标有签号的竹签，任其随机分布，为求签者抽出一签，预言吉凶休咎；签长达20厘米或更多，其形如箭。其实古代就以类似的箭筒用于投壶，竹签改用箭枝，成为上层社会流传千年最风行的游戏之一，就像今天打高尔夫球，小圈子聚会，自我欣赏，其乐陶陶。计数、占卜和游戏相辅而行，具有相近的起源。

**4）数术（术数）***

数为命运、气数，术为方术、方法，指用种种方术观察自然或社会的现象，来推测国家或个人的气数和命运。早期术数包括天文、历法、五行、蓍龟、杂占、形法。南宋秦九韶在《数书九章》（有记载说它的原名就叫作《数术》或《数术大略》）序中给术数下的定义，包括了不少数学内容，也提到蓍占、河图、洛书、八卦、九畴、太乙、六壬、奇门、遁甲等。清代《四库全书总目·术数类》说：

术数之兴，多在秦汉以后，其要旨不出乎阴阳五行、生克制化，实皆易之支派，傅以杂说耳。

后世术数泛指占星、卜筮、太乙（或太一）、六壬、奇门、遁甲、相术、拆字、起课、堪舆、占候等，今多被视为迷信，其中太乙、六壬、遁甲被称为“三式”[③]，还制出专用的工具“式盘”，后代多有出土。这里讨论与数学相关的一些问题。

（1）术数与《易经》的关系。《左传·僖公十五年》说：

龟，象也；筮，数也。物生而后有象，象而后有滋，滋而后有数。

殷商前原始前兆认知发展到一定阶段，形成了周代《易经》八卦六十四卦体系。它

---

① 管仲. 管子//郭沫若，等. 郭沫若全集：历史编第五卷. 管子集校（一）. 北京：人民出版社，1984：167-176.

② 卢连成，时协中，梅荣照. 千阳县西汉墓中出土算筹. 考古，1976（2）：85-88.

* 罗见今. “术数”与传统数学. 自然辩证法通讯，1984（5）：40-42.

③ 李零. 中国方术概观：式法卷. 北京：人民中国出版社，1993：155.

是我国最古老的一部占筮用书，为象数之宗，也是术数之鼻祖。《易经》是中国哲学史上第一部经典著作，位居六经之首。它含有古代天文、数学、音律、医理、生物等方面的知识，在科学思想史上占有重要地位。

（2）历代畴人大都受到《易经》思想的影响。如 3 世纪刘徽在《九章算术注》原序中说：

> 昔在包牺氏始画八卦，以通神明之德，以类万物之情；作九九之术，以合六爻之变。……于是建历纪，协律吕，用稽道原，然后两仪四象精微之气可得而效焉。

又如 13 世纪秦九韶在《数书九章》中说：

> 爰自河图洛书，闿发秘奥，八卦九畴，错综精微，极而至于大衍皇极之用，而人事之变无不该，鬼神之情莫能隐矣。

涉及术数的中算史料不乏其例，上面引用的两段都是在一书的序言里作为总纲或指导思想提出的，因而在研究中算史时，轻易带过或将其排除在中算史之外都难以交代。

（3）中算史上许多畴人博通经史，对易学、术数亦有研究。汉徐岳撰《数术记遗》主要是数术著作。北周甄鸾撰、唐李淳风等注《五经算术》，以数理讲解经义，其中有“易策数法”的名目。宋沈括《梦溪笔谈》中讨论过揲蓍之法。由于程朱理学的兴起，象数内容在宋以后的算书中俯拾皆是。清屈曾发《九数通考》十三卷卷首赫然写道：“（河）图（洛）书为数学之源”……凡此种种，中算史研究无法回避，应予正视。

（4）古代数术的地位，远在算学之上。多年来学界将术数与迷信画等号，视为文化糟粕。例如“图书”二字，来源于河图洛书，本是数学、科学、文化的源头，这种观点却遭批判。在历史上，数术确曾处于举足轻重的地位，与天文、历算相提并论。可以说，昔日之视术数，犹今日之视科学。《汉书·艺文志》总序中说：“术数者，皆明堂羲和史卜之职也。”《史记·日者列传》记载：“孝武帝时聚会占家问之：某日可取妇乎？五行家曰可，堪舆（按即风水）家曰不可。”看来他们有权在皇帝面前争论。光武帝更重用术士，提拔大搞图谶的王梁、孙咸作大司空、大司马……操占卜、星象的术士，其地位高于持筹的算家。

把术数（或其一部分）看作数学可能不易被接受。实际上，古代数学的思想和方法往往与巫祝的占卜、祷告与祈神等掺合在一起，难解难分。其内在的精华被外在的表现形式所掩盖，往往被当作糟粕，为某些研究者所不屑。像中医早期巫医不分、利用化学反应求长命仙丹一样，真实的科学史，湮没在神学活动的雾霾之中。像不离璞，企图清洗掉“璞”的背景而获得纯粹的“像”，好比在上古寻找中小学书本上“纯粹的数学”。

本书前编将辟第 2、第 3 两章，力图进入到占卜和游戏的一角，尝试发掘其中的内涵，这两类活动对数学史而言较为偏远，虽与以往的研究旨趣相异，但同样属于古人数学思维活动的领域。

**5）算数　算术　算经**

《算数书》系西汉吕后至文帝初年（前 186 年之前）由 200 余支竹简、约七千字隶书撰成，现今所知中算史上第一部用“算数”作为学科名称的著作。

汉唐之间至少有十部重要数学书籍流传于世，唐代立于学官，成为政府指定的数学教材。明代称之为《十经》或《十书》，清代称为《算经十书》。其中称为“算经”的有《周髀算经》《孙子算经》等七种；称为“算术”的两种：《九章算术》《五经算术》，称为“数术”的一种：《数术记遗》。“算经”“算术”均有“筭”，说明它们均以筹算为中心。中算史许多内容集中在对算术的研究。

**6）算学与中算史**

宋元时才出现“算学”的名称，越靠近代所见越多，尤其是清代。例如，（元）朱世杰著《新编算学启蒙》，（明）王文素著《算学宝鉴》，（清）汪莱撰《衡斋算学》，（清）李善兰撰《则古昔斋算学》等；晚清编的数学丛书大都取名“算学丛书”，例如，丁取忠编著“白芙堂算学丛书”，刘铎辑“古今算学丛书”。只是到辛亥革命之后，“算学”才逐步为“数学”替代：北京大学1913年秋成立数学系（门）①，国内有的大学则称为“算学系”，如清华大学。到1935年，中国算学会经大会决议改称中国数学会（见《科学》，1935年19卷8期，第1329页）。此后全国的算学系皆改为数学系。

李俨先生《中国算学史》②称“算学”；“中算史论丛”③对几何学、纵横图、内插法、级数论等的系列研究，着眼点均在“中算家的”，符合历史实际，深得传统数学要旨，既简练、又贴切。

**7）数学**

1244年，秦九韶任建康府（南京）通判，奔母丧回湖州守孝三年，著《数学九章》（1247年），《永乐大典》和四库全书均采此书名。秦九韶进见宋理宗赵昀时呈《数学大略》，同时代周密所记亦《数学大略》，也即此书。“宜稼堂丛书”本据明末抄本称《数书九章》，今多用此名。还有记载该书本名《数术》，南宋末陈振孙记作《数术大略》，表明“数术”曾经被当成“数学”的近义词使用过，当时两者意义差别不大。

最后谈谈历史上人们对“数学家”的称呼。中算虽历史悠久，但业者却无头衔。这与早时数学与天文历算不分家、数学本身没有成为一种专门的职业有关。

**8）畴人**

世称家传天文历算业者为“畴人”，即天算家。《史记 · 历书》：“幽厉之后，周室微，陪臣执政，史不记时，君不告朔，故畴人子弟分散”。由于司马迁的影响，两千年来“畴人子弟”指天算家，却没有“算学”的专名，反映出数学专业既未独立，也非职业。直到清代，数学家传仍名为《畴人传》。④以上说明天算一体，本为一家，现代把天文史、数学史分开的分类法有方便之处，但并未考虑到历史上的发展情况。

### 1.1.2 中算的历史分期

中国科学史的分期与中国历史分期直接相关。后者是前者的基本依据，但由于研究对象的特点，前者不必完全与后者相同。

**1）分期的理论**

洪荒时代，天地玄黄，古人以新奇的眼光审视这个混沌世界，原始的数学思想与天文、地理、生物等其他早期科学观念，以及美术、想象、神话、造型艺术等自然地糅合

① 张奠宙. 中国近现代数学的发展//王渝生，刘钝. 中国数学史大系. 石家庄：河北科学技术出版社，2000：42.
② 李俨. 中国算学史. 上海：商务印书馆，1937.
③ 李俨. 中算史论丛：1-5集. 北京：科学出版社，1955，1956.
④ 阮元. 畴人传//冯立昇，邓亮，张俊峰校注. 畴人传合编校注. 郑州：中州古籍出版社，2012.

在一起，得到完美的表现。很难将这所有的文化要素区分开来，它们浑然一体，形成人类认知的胚胎期、萌芽期；到后世，便由此温床发育出今人所说的科学与文化各学科。

三上义夫、李俨、李约瑟、钱宝琮、梁宗巨、李迪诸先生对中国数学史的分期都提出过各自的方案[①]，这里同时参考科技史、文学、历史等学科的时代划分，特别是据 50 年来先秦文物大量出土和新的研究不断涌现，将目光向古代延伸，增加了河洛文化与易理。

中国古代数学延续几千年。从科学史的观点出发，为适应表述和理解的需要，应当合理分期，这里借用古汉语古代分期的名词，适应科学史、数学史的认知特点，将古代史分为远古、上古、中古和近古，但划分的起止时限却不尽相同。

**2）历史分期**

史前：从 1 万多年前新石器时代开始，到夏朝建立（前 2070 年）之前，约 8000 年。文化遗址出土器物，如陶器、骨笛等，属于史前时期，尚不在数学史研究范围之内。以陶器等为载体，已有一些规则的图案、类似文字的符号。在这个时期内，存在物化的数学；数与形相伴而生，存于人们的意识之中。

远古：夏—商—西周—春秋（前 2070～前 476 年）[②]，共约 1600 年。

夏朝（前 2070～前 1600 年）<br>商前期（前 1600～前 1300 年） } 近 800 年。资讯甚少，数学史研究偶有涉及。

商后期（前 1300～前 1046 年）<br>西周（前 1046～前 771 年）<br>春秋（前 770～前 476 年） } 800 多年。资讯较少，数学史研究零星片段，商周数学史尚未成型。

断代争议较多，内涵分析困难，数学史研究不易找到切入点，与考古界欠缺交流，学术规范尚待探索、完善。以河洛文明和《易经》数理为代表出现数学史的前两个高峰期。

本书第 2 章探讨传说中的河图洛书，对《易经》、占卜等案例进行数学探讨。

上古：战国—秦—汉（前 475～220 年），共约 700 年。

战国（前 475～前 221 年），共 254 年。对出土文物，如战国简等，有少量数学史研究。

秦（前 221～前 207 年）和两汉（前 206～220 年）（其中新莽 9～23 年）。

数学史的第三个高峰期。中国数学史的体系基本上从公元前 1 世纪成书的《九章算术》开始；因《算数书》的出土而使研究延伸至西汉，近年尚有战国数表、秦代数学简等案例。

中古：三国—两晋—南北朝—隋—唐—五代（220～960 年），共 740 年（979 年宋灭北汉）。

《算经十书》等多种算经、算书问世，继承《九章》传统，出现刘徽、祖冲之等大数学家，形成数学研究的两次高潮。

近古：宋—元—明（960～1644 年），共 684 年。

---

① 吴文俊. 中国数学史大系：第 1 卷. 上古到西汉. 北京：北京师范大学出版社，1998：47-53. 其中第 1 编总论，第 3 章中国数学史的分期，第 1 节分时期举例说明。

② 夏商周断代工程专家组. 夏商周断代工程 1996—2000 年阶段成果报告. 北京：世界图书出版公司，2000.

宋元时期的数学成就达到了中算史高峰，在《九章》的基础上传统数学长足发展。宋元出现杨辉、李冶、秦久韶、朱世杰四大家。明代珠算普行于世，商业数学发展到新阶段。

近代：从明末第一次西学东渐到民国初年，共约300年；其中清代为主要时段。晚清第二次西学东渐形成一个引进西学的高潮。中算史的发展止于清末民初。

现代：逐步融入世界数学体系，形成一体化，百年来在中国发生的数学，基本不属于传统数学史。“现代中国数学史”指现代在中国地区发生或问世的数学。

**3）对近现代分期的说明**

历史教科书都说中国近代史始于1840年鸦片战争，终于1919年五四运动，共80年。如果讨论的对象是科学技术史，就需要做具体分析。即令从近代科学的发源地来看，从文艺复兴开始，科学经历了300多年的发展，才形成羽翼丰满的现代体系；而与此同时，科技相对落后的近代中国，不可能在80年间就完成从古代到现代的“大跃进”。

科学有许多门类，不可能听从一声号令，就纷纷诞生。至于近代与现代的分期，在国际上并不特别强调，英语 modern 既有“近代”之意，又有“现代”之意；有德国学者著书，认为近代是一个没有完成的过程，刻意在近现代的断代上做文章似无必要。

其实，现代起点的年代要随观察者所处时间点的变化而后移，很难想象200年后还会以五四运动作为现代史的开端。事实上在史学界内部也有不同声音：有的学者认为现代始于1949年，还有说始于改革开放的1978年。当然划分的标准各不相同，如果站在年轻人的角度，起点就可能会靠后一些。

科学史界内有的认为中国近代科学始于第一次西学东渐，以利玛窦1582年来华为起点；有的认为近代始于1607年，以利玛窦、徐光启翻译《几何原本》的出版为标志。大体上一个科学时代的开始应当是一个时间段，不排斥选择其中一个标志性事件。而中国现代科学的开端，有的学者认为始自1911年辛亥革命，或者1928年“中研院”成立，或者1949年等。

对于科学史的分期是否要同朝代更迭相联系的问题，一种观点是首先须看某一门科学实际的情况，当学科的划分十分精细，则与改朝换代无关；考虑到中算的分期，独立于朝代的变化纵然存在，其表现也不十分明显，故采取与朝代挂靠的方式，有便于记忆，并非有原则性的区别。

### 1.1.3 传统数学的机械化特征：吴文俊先生的论述*

**1）中国传统数学对世界数学的贡献**

中国传统数学形成于上古。数学特点融入民族文化之中，成为血脉相连的组成部分。

钱宝琮先生提出传统数学的抽象性和实践性特征①，这是从数学的本质和数学的社会功能角度提出的。数学本身是抽象思维的结晶，当然并不排除其具象的形式。中算实

---

* 罗见今. 著名数学家吴文俊院士简介. 高等数学研究，1999（3）：3-5.

① 钱宝琮. 中国数学史. 北京：科学出版社，1981：1-4.

用性贯彻始终，从科学、技术与社会（STS）研究来看，这是数学能够保持其社会存在的根据。

吴文俊先生认为中国古代数学的特点是：从实际问题出发，经过分析提高，再抽象出一般的原理、原则和方法，最终达到解决一大类问题的目的。他对中国古代数学在数论、代数、几何等方面的成就也提出了精辟的见解。1975 年他用“顾今用”的署名发表了《中国古代数学对世界文化的伟大贡献》[①]，论述了中国古代数学的世界意义，表达了“古为今用”的思想。吴先生看重传统数学的归纳性和机械化问题，认为只强调演绎是片面的观点，必须依据归纳作为推理的出发点，才能获取真实可靠的结论。而中算体现出鲜明的机械化特征，给以计算机为工具的现代数学提供了可资借鉴的典范，从而开创了数学机械化的新学科，为现代数学的发展做出了重要贡献。

李迪先生提出传统数学的程序性、李继闵先生提出构造性[②]和“寓理于算”的特点，从数学的表达方式来看，算法的程序性是机械化的一个属性，在本质上两者是统一的；而“寓理于算”更点明了机械化据以建立的理论区别于西方数学的特征。李文林先生指出东方数学中体现出的计算性和算法倾向问题[③]；笔者认为，与上述各种表述相一致的是，中算具有离散性特征，计数为一大长处。综上，构造性、程序性、算法化与离散性都是机械化的表现形式，与人类文化发展的重大成就——现代计算机科学具有历史上的亲缘关系。

历史上数学知识有多种来源。由于现代“知识爆炸”，数学整个领域已变成茂密的森林，站在外面窥不见它的全貌，深入内部又可能陷身迷津。三百多年来，从外部来看，东方传统数学已让位于西方数学，但其归纳性、程序性、计算性、算法倾向、离散性——一言以蔽之，即机械化特征，已经融汇于现代数学之中。把传统数学与现代数学对立起来，简单认为中算已全盘西化，这种看法并未深入到数学的内涵，因此需要深入认识吴先生的理论。

**2）古证复原三原则**

吴文俊指出：“我国传统数学有它自己的体系与形式，有着它自己的发展途径与独创的思想体系，不能以西方数学的模式生搬硬套。”[④]为此，1982 年他提出了古证、古算复原应该遵循的三项原则[⑤]：

> 原则之一，证明应符合当时与本地区数学发展的实际情况，而不能套用现代的或其他地区的数学成果与方法。
>
> 原则之二，证明应有史实史料上的依据，不能凭空臆造。
>
> 原则之三，证明应自然地导致所求证的结果或公式，而不应为了达到预知结果以致出现不合情理的人为雕琢痕迹。

1986 年，吴先生应邀在世界数学家大会上做 45 分钟报告，介绍这一发现，并提出了数学史研究的原则：

---

① 吴文俊（顾今用）. 中国古代数学对世界文化的伟大贡献. 数学学报，1975，(1)：18-23.

② 李继闵.《九章算术》及其刘徽注研究. 西安：陕西人民教育出版社，1990：38.

③ 李文林. 数学的进化——东西方数学史比较研究. 北京：科学出版社，2005：4.

④ 吴文俊. 我国古代测望之学重差理论评介——兼评数学史研究中某些方法问题//自然科学史研究所数学史组. 科技史文集（8）. 上海：上海科学技术出版社，1982：10-30.

⑤ 吴文俊.《海岛算经》古证探源//吴文俊.《九章算术》与刘徽. 北京：北京师范大学出版社，1982：162-180.

一、所有研究结论应该在幸存至今的原著基础上得出；

二、所有结论应该利用古人当时的知识、辅助工具和惯用的推理方法得出。

1987 年，他发表《中国传统数学的再认识》，这是对数学史正本清源。此后，吴先生又接连发表文章，提出了新的方法论原则和数学史观，纠正不加限制地搬用现代西方数学符号与语言来理解中国或其他文明的古代数学，对中国数学史界产生重大影响。他是真正理解中国古代数学的学者。[①]

吴文俊将上述原则视为研究古代数学史的方法论原则，曾在不同场合多次阐述。他对海岛公式证明的复原就是遵循这些原则完成的，成为中国数学史研究的一项典范性工作，起到了示范作用。

**3）传统数学的构造性和机械化特点**

吴先生对中国数学史的认识有独到的体会，他深入到《九章算术》《海岛算经》[②]《数书九章》[③]《四元玉鉴》等经典著作之中，提出古证复原三原则、出入相补原理[④]，指出传统数学的构造性和机械化特点，在中算史研究中产生了重大影响。1975 年他到法国高等科学研究院的访问、1986 年在美国国际数学家大会的报告，都贯穿着介绍中国传统数学的构造性和机械化的特点，寓理于算，算法自成体系，与西方理论思路不同，对现代数学也有启迪，堪与西方数学以演绎推理为主的公理化体系相对照而互相辉映。20 世纪 80 年代以来这些成为中算史研究指导性的观点；吴先生主编的一批专著和连续出版物相继问世，影响日益扩大。

20 世纪 80 年代中期，吴先生对中国古代数学特点的理解趋于成熟，他在一系列文章中明确地、反复地强调："就内容实质而论，所谓东方数学的中国数学，具有两大特色，一是它的构造性，二是它的机械化。"这两大特点的概括，深化了人们对数学史的认识。出入相补原理、刘徽原理就是他首次提出的。用现代术语表述，出入相补原理相当于说：一平面或立体图形被分割成几部分重新拼接后面积或体积的总和保持不变。吴先生本人用它成功复原了刘徽《海岛算经》中的重差公式、秦九韶《数书九章》中的三角形面积公式的证明等。

通过吴文俊先生和众多中国学者的工作，一种新的数学史观得以确立。他对此有过精辟概括："世界古代数学分为东西两大流派，古代西方数学是以古希腊欧几里得《几何原本》为典范的公理化演绎体系；古代东方数学则是以我国《九章算术》及其刘徽注为代表的机械化算法体系。在世界数学发展的历史长河中，这两种体系互为消长，交替成为主流推动着这门学科不断向前进展。"也就是说，古代数学发展的主流并不像以往有些西方数学史所描述的只有单一的希腊演绎模式，还有与之相平行的中国式算法体系，"表现出强烈的算法精神"。[⑤]

**4）数学机械化新学科的建立**

吴先生解释并发展朱世杰的解高次联立代数方程组的算法，成为机械化证明的代数

① 李文林. 古为今用的典范——吴文俊教授的中国数学史研究. 北京教育学院学报，2001，15（2）：1-5.

② 吴文俊.《海岛算经》古证探原//吴文俊.《九章算术》与刘徽. 北京：北京师范大学出版社，1982：162-180.

③ 吴文俊. 从《数书九章》看中国传统数学构造性与机械化的特色//吴文俊. 秦九韶与《数书九章》. 北京：北京师范大学出版社，1986：73-88.

④ 吴文俊. 出入相补原理//自然科学史研究所. 中国古代科技成就. 北京：中国青年出版社，1978：80-100.

⑤ 李文林. 数学史教程. 北京：高等教育出版社，2000：67.

基础，古为今用，传为佳话。与此同时，吴先生研究了笛卡儿、希尔伯特、冯·诺伊曼的构造性、机械化思想内涵，把计算机算法与自己所研究的中国古代算术思想联系起来，可以让计算机代替人脑去进行几何定理的证明[①]，开辟了定理机器证明的新领域。

1984 年吴文俊先生的学术专著《几何定理机器证明的基本原理（初等几何部分）》[②]由科学出版社出版，奠定了数学机械化纲领的基础。

中国科学院系统科学研究所高小山研究员从构造性代数几何、代数方程组求解算法与应用、构造性微分代数几何、几何自动推理的吴方法等 4 个方面论述吴文俊对机械化数学的贡献。[③]所谓数学定理的机械化证明，可简释为“万理一证”，即把一类（可以有许多）定理作为一个整体，建立统一、确定的证明程序，可按程序办理，实施有限步后，得到命题是真是伪的结论。这一原理被称为“吴原理”，建立在代数几何的基础之上，其核心问题是方程求解。吴原理的创立为非线性数学问题的研究开辟了新途径，在定理求证、方程求解和未知关系的推导诸方面给数学带来了新的创意和新的生长点。[④]

开始时吴先生在一台长城 203 型计算机上工作，它的功能不能与今日的 PC 机相提并论，但他逐步地证明了 100 多条定理，并把研究的对象从平面、立体几何推广到仿射几何、非欧几何以及初等微分几何。国际学术界遂将他的方法命名为“吴消元法”“吴文俊方法”“吴方法”，早期有数学家用“吴方法”证明了 600 多条定理。[⑤]

“吴方法”自创立之日起，就受到国际数学界的重视和高度评价，国际著名学者、美国人工智能协会主席布莱索（W. Bledsoe）和 John McCarthy 奖的两位获奖人联名写信给我国主管科技工作的领导人，赞扬吴文俊的工作是“最为激动人心的进展……（吴的）工作是一流的。他独自使中国在该领域进入国际领先地位”。国际《自动推理杂志》（JAR）主编卡普尔（Kapur）在多篇文章中引用吴文，并称“吴的工作使几何定理自动证明领域得到复兴”[⑥]，在国际自动推理与计算机代数领域里成为热门研究方向，连续召开研讨会，出版论文集。一些国际著名的科学出版社如 Springer、MIT Press、Academic Press 出版了相关专著与若干本专集和教材。吴文俊先生的论文被大量引用，引用数已超过千次。[⑦]

吴先生数学机械化研究的成功，有力地证明了中国传统数学思想和机械化特征在计算机时代具有的生命力，同时对中算史的研究产生巨大的影响：40 年来，我国数学史工作者以吴文俊先生对传统数学史认识的基本论断作为指导，在研究工作中取得了长足进步。

笔者从 20 世纪 70 年代晚期进入数学史研究领域开始，就受到吴文俊院士上述思想的影响；在本书《中算家的计数论》中，记录了学习和理解的历程，力图从计数论和算法倾向方面阐明中算的构造性与机械化本质，离散性、程序性和计数之长。认为传统数

---

① 吴文俊. 初等几何判定问题与机械化证明. 中国科学 A 辑，1977（6）：507.

② 吴文俊. 几何定理机器证明的基本原理（初等几何部分）. 北京：科学出版社，1984.

③ 高小山. 吴文俊对机械化数学的贡献//林东岱，李文林，虞言林. 数学与数学机械化. 济南：山东教育出版社，2001：16-48.

④ 石赫. 数学定理机械化证明的吴文俊原理//程民德. 中国数学发展的若干主攻方向. 南京：江苏教育出版社，1994：3-17.

⑤ 胡作玄. 吴文俊//程民德. 中国现代数学家传：第 1 卷. 南京：江苏教育出版社，1994：377-400.

⑥ KAPUR D. Geometry theorem proving using Hilbert's nullstellensatz. Proc of SYMSAC86，1986：202-208.

⑦ 高小山. 吴文俊对机械化数学的贡献//林东岱，李文林，虞言林. 数学与数学机械化. 济南：山东教育出版社，2001：36-39.

学形式上的中止，并不能掩盖它的历史贡献；即令在西算发展坐标系上难以寻到自己的位置、被忽视的明清时代，在区组设计和计数论中仍然有其闪光点；虽然区别于西算，仍然能够在现代离散数学中做出贡献。中国传统数学思想历经沧桑，凤凰涅槃，将在新数学中获得永生。

## 1.2 离散问题：早期的渊源和现代的复兴

以微积分为代表的连续数学在工业革命开始以来的几百年中占据数学发展的主流地位。随着计算机的诞生和信息时代的到来，离散数学从几个世纪的沉寂中复兴，其重要性日渐凸显。由于计算机只能处理有限的、离散的数量和关系，例如一个无穷的、连续的运算须转换为有限的、一次次的运算才能实现，而这类问题在程序设计语言、数据结构、操作系统、编译技术、人工智能、数据库、算法设计与分析、理论计算机科学基础等领域俯拾皆是，离散数学便成为描述离散结构最重要的工具，并形成区别于连续数学的处理方法。

离散问题有悠久的历史渊源，成为数学史关注的一个焦点，其中计数是其基础。

### 1.2.1 中英文“计数”的词源及现代意义

汉字文化博大精深、源远流长，数学之“数”究竟包含怎样的深意？学习者如果留心，可追溯字词之源。象形字创造之初，运用指事、象形、会意、形声法，将远古时代的思想凝聚其中，就像“时间胶囊”，一旦打开，人们会惊异于先民的智慧，从中汲取丰富的知识。

“计数”之“计”在古汉语中是多义词，意义很多，源自“言”。

**1）追寻“言”“计”“支”“数”的原始意义**

（1）甲骨文中对“言”的解释：据《甲骨文字典》卷三[①]，“言”（图 1-1）与“舌”“告”为同源字。据《康熙字典》，“言”和“说”有数（shǔ）数之意；“计”从言从十，会意字。“十”为整数，表示物成一数。“计”包含数数并得出一个整数结果的意义。

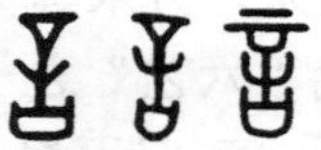

图 1-1 言

甲骨文、金文、小篆

（2）字典辞书中对“计”（图 1-2）的解释：据《康熙字典》、新旧《辞海》等综合如下：

①计，《说文》：“会也，算也”。凡汇合事物而综核之曰计。算账，总计，结算，清算；计算，亦谓算法。《国语·郑语》：“计亿事”，注：“算也”。《礼记·内则》：“学书计。”注：“计为九数。”《史记·平准书》：“桑弘羊以计算用事。”《后汉书·冯勤传》：“八岁善计。”李贤注：“计，算术也。”

图 1-2 计

临谷口角、说文

②计，“谋也”，见《广雅》。计谋，谋虑。《广韵》：“筹策也”，策略，策划，考虑，谋划，部署；计议，计划，商量。

---

① 徐忠舒. 甲骨文字典：卷三. 成都：四川辞书出版社，2006：221.

③计簿，会计所用簿册；计籍，古时人事登记。

④计较，审核，勘验，审计，考察官吏，《周礼·太宰》：“以六计弊群吏之治。”

⑤官名，《史记·张丞相传》：“张苍迁为计相。”师古注：“专主计籍”。

另有神名（山神计蒙）、县名（计斤县）、州名、计姓等义。经济学曾名为“计学”。

在理解“数”的原义之前，有必要认识一个与“计”“数”字内容关联的“支”字。

图 1-3　支与攴

临古文、小篆、说文

图 1-4　数

临诅楚文、会稽刻石、说文

（3）甲骨文中对“支”的解释：“支”，《说文》：“去竹之枝也，从手持半竹”（图 1-3）。支券，分作两半。英语中 tally（计数筹）与此相类，用于借贷。“支”的意义较多，如：①持，《国语》：“天之所支，不可坏也。”②分，分支，枝，肢。此外尚有：③计，《大戴礼》：“燕支地计众不与齐均也”，注：“支犹计也。”④《广韵》：“度也”，《晋书·职官志》有“度支尚书”。

（4）字典辞书中对“数”（图 1-4[1]）的解释：据《康熙字典》、新旧《辞海》等综述如下。

“数”，形声字，从攴（pū），娄声。即数的原始意义主要来自“攴”。据《广韵》：“凡从攴者作攵同”，故“数”字的反文旁“攵”源自“攴”，《说文》：“小击也。”《康熙字典》中“支”与“攴”分为相连的两部，两者字形相近而有区别。《增韵》：“俗作支，非。”说明两者通常被视为同一，但未言为何相异。从同义的角度看，有理由认为“攴”与“计”“度”“数”等有一定关联。

“数”是常用字，发音常见 3 种，意义如下：

数（shù）：①数目，数量，算数，《后汉书·律历志》：“隶首作数”。②几：《孟子·梁惠王》：“数口之家”。③学术，技艺：《广雅·释言》：“术也”。“数”还有策略，权术，方术等义。《孟子·告子》：“今夫弈之为数，小数也”，注：“技也。”。④数为古代“六艺”之一，见《周礼·保氏》：“养国子以道，乃教之六艺：一曰五礼，二曰六乐，三曰五射，四曰五御，五曰六书，六曰九数。”⑤命运，天命：历数，气数，定数。

数（shǔ）：①《说文》：“计也”，计算，查点。《老子》：“善数不用筹策”。②亚于；次于。③数说，一件一件地说。另有数落、责备、称道、分辨、详察等义。

数（shuò）：非一次，屡次：数见不鲜，或屡见不鲜。屡与娄均有多次之意：“上方兴功业，娄举贤良。”见《汉书·公孙弘传》。

**2）计数**

《中文大辞典》第 30 册中有条目：“计数，计算也。”[2]其中列举古文献，笔者补充后，按时代先后排序，可代表早期对计数（图 1-5）内容的各种认识。

① 中文大辞典编纂委员会. 中文大辞典：第 15 册. 台北：中国文化研究所，1966：102.

② 中文大辞典编纂委员会. 中文大辞典：第 30 册. 台北：中国文化研究所，1968：434.

①管仲《管子·七法》（战国成书）："刚柔也，轻重也，大小也，实虚也，远近也，多少也，谓之计数。"注："凡此十二事，必计之以知其数也。"《管子》中计数凡六现，详见§4.1.1。

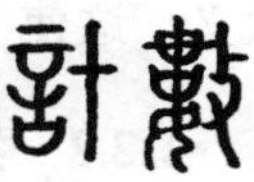

图 1-5 计数临《说文解字》

②荀子《荀子·王制》："成侯嗣公，聚敛计数之君也。"《荀子》中计数凡四现，详见§4.1.2。

③韩非子《韩非子·难一》："君臣之际，非父子之亲也，计数之所出也"。言计数之缘由。

④陈起《鲁久次问数于陈起》："久次读语、计数，弗能竝（并）彻，欲彻一物，何物为急？"将"计数"视为科目名称与"读语"并列，详见§4.4.1。

⑤韩婴《韩诗外传·二》："智惠者不以端计数，而反以事奸饰诈。"

⑥《韩诗外传·三》："成侯嗣公，聚敛计数之君也。"

⑦桓宽《盐铁论·刺复》："计数不离于前，万事简阅于心。"

⑧王充《论衡·答佞》："误设计数，烦扰农商"。对商农加征苛捐杂税。

⑨徐岳《数术记遗》："既舍数术，宜从心计。"北周甄鸾注称："言舍数术者，谓不用算筹，当以意计之。"详见§6.4.4。

⑩葛洪《抱朴子外篇·酒诫》："计数深克。"

本书将做深入讨论。

**3）英语中的"计"和"计数"**

计：动词 count，compute，plan，plot，名词 meter，gauge，idea，ruse。计数：①count，counting，take count of；②enumeration；③calculus；④tally；⑤addis。

①counting 即"计数"，其含义：确定某物的总数 determine the total number of a collection of items。它的词根是 count，意义丰富：计数、点数、算数、计算、统计。现代学者将"计数"一词视为 counting，与数学挂钩，其内容就有很大的拓展。

②enumeration 是 counting 的同义词，译为"枚举""计数"，其含义有列举、数说，即按自然数（早期认识不包括零）顺序一个个地列举，举出的内容一般也是正整数。常见在组合论中，enumeration 为一分支的总称，计数函数 counting function 是一类研究的项目。近年兴起对 enumerative combinatorics 计数组合论的研究。

③calculus：意为石头，结石；其词源是石子，古人用小石子计数，大概在石器时代就产生了。后转化为计算，微积分（可见英语微积分源于计石，与汉语源于"积微成著"不同）。以此为词根，构成 calculable，calculate 等与计算相关的一族。

④tally：计数筹，符木，古时刻痕计数的木签，借贷双方各执一半为凭，中古在英长期使用，1826 年前是英国财政部付款收据的法定形式①；凭据；计数的签、筹码；账、记录；比分、得分；计数器、计数板；计算单位；理货、点数。动词有计算、数、清点、吻合、记录、计分等义。与汉字"计"内容多有重合。

⑤addis：医学一种经典计数方法，用以测定尿沉渣中有形成分，也有"计数"之意。

总之，无论中文，或是英文，"计"与"count"都具有悠久的历史、多种相对应的

---

① 中国大百科全书出版社《简明不列颠百科全书》编辑部. 简明不列颠百科全书：第 4 卷. 北京：中国大百科全书出版社，1986：225.

意义，这使“计数”成为古今中外都接受、意义丰富的数学名词。

### 1.2.2 组合计数的早期发展*

组合计数具有悠久的历史，它起源于古代东方的中国、印度和阿拉伯国家。《易经》中对排列的应用，先秦时代出现的洛书数即三阶幻方，印度对组合数的大量研究，阿拉伯对排列和更高阶幻方的兴趣，北宋出现的贾宪三角形即帕斯卡三角形等，都被认为是组合数学前史中的重要事件。

数学家、数学史家比格斯（Biggs）教授著《组合论的渊源》①，史料集中，文献丰富，影响较大，有中译本。笔者据自译本，从两万多字篇幅中重点选出中国、印度、阿拉伯早期的组合计数史料和 16 世纪后西方数学家的贡献重新表述：按原分节，将史实编号，条目之下依照年代、国家或地区、作者和书名、问题的顺序列出，笔者并作出少量评述。对中国古代的成就，比格斯大多引自李约瑟的《中国科学技术史》第 2 卷和第 3 卷，这里只是提及，对内容不予详述。

组合学几乎被数学史家们所忽视，但有充分的理由去研究这一学科的起源，因为它是数学的一个分支，它的发展同算术、代数和几何的那些重要的科目并不确切平行。

**1）计数**

具体的 count 内容很多，该文只追踪了一个公比为 7 的等比数列的历史演变。

“有两条简单的计数法则，以大多数算法为依据，并且也可以看作是组合学的基石。用现代的记号，如果 A 和 B 是离散的有限集合，则

$$|A\cup B|=|A|+|B| \quad 和 \quad |A\times B|=|A|\cdot|B|"$$

（1）前 1650 年，古埃及，林德纸草第 79 问：房子 7，猫 49，鼠 343，麦 2401，赫卡特（重量单位）16 807，求和 19 607。

（2）1202 年，比萨，斐波那契《算盘书》(*Liber Abaci*)：7 个老太婆去罗马，每人有 7 匹骡子，每匹骡子驮 7 只口袋，每只口袋装 7 块面包，每块面包插 7 把小刀，每把小刀有 7 个刀鞘。问东西的总数是多少？

（3）（大概是）16 世纪出现，俄罗斯，17 世纪出版的著作中记载与上面类似的问题。

**2）排列和组合（permutation 和 combination）**

有重复排列：将 $n$ 个可重复的符号置于 $r$ 个不同位置，“这样的排法有 $n^r$ 种。这一事实的例子可从古代文明的文献中找到。”

（1）前 7 世纪，中国，《易经》，原文讲述 800 多字。

（2）8 世纪，中国，和尚一行，有重复排列，涉及围棋的不同棋盘种数（原著不够清晰）。

（3）11 世纪，中国，沈括《梦溪笔谈》棋局都数：在围棋棋盘格的 361 个位置上，可用黑子或白子占据，或可空着；这样，一切可能性的总数是 $3^{361}$。

---

* 罗见今. 组合学的早期发展//李迪. 中外数学史教程：第 2 编. 福州：福建教育出版社，1993：320-325.

① BIGGS N L. The roots of combinatorics. Historia Mathematica，1979，6：109-136.

“无重复组合（通常简称为组合）：从 $n$ 个物件中一次取出 $r$ 个取法的数目由以下公式给出：$\binom{n}{r}=n(n-1)\cdots(n-r+1)/r!$”，而“有 $n$ 个物件的一个集合的（全）排列数是 $n!=n(n-1)\cdots 3\cdot 2\cdot 1$，这正好是该集合同它本身一一对应的数字。”

“从很早以前印度人已经习惯于考虑包含排列和组合的问题了。”

（4）前 6 世纪（年代尚难确定），印度，妙闻（Susruta）医书第 53 章：甜酸咸辣苦涩 6 种味道的各种组合：每样取 1 种共 6 种，两两配成 15 种，三三配成 20 种，四四配成 15种，五五配成6种，全部混合得到1种。（$\binom{6}{1}=\binom{6}{5}=6$，$\binom{6}{2}=\binom{6}{4}=15$，$\binom{6}{3}=20$，$\binom{6}{6}=1$）

（5）前 2 世纪，印度，詹纳斯（Jainas），讨论感觉的组合，男人、女人和阉人的组合，以及前 200 年平加拉（Pingala）音律著作中关于声调的组合。

（6）6 世纪，印度，瓦拉哈米希拉（Varahamihira）的书 *Brhatsamhita*：从 16 种香料中任取 4 种混合的方法的数目是 1820。“有一些理由相信组合数公式在公元 6 世纪已为印度人所知。”“我们认为，答案有可能是直接运用公式而获得的。”

（7）约 1150 年，印度，巴斯卡拉（Bhaskala）在 *Lilavati* 一书第Ⅳ章 No.114 中提出：一座大厦开着 8 道门，请问打开 1，2，3 等扇门的路径（的组合数）。答案：门可打开 1，2，3 等扇的方法数是：

| 8 | 28 | 56 | 70 | 56 | 28 | 8 | 1 |
|---|---|---|---|---|---|---|---|
| 1 | 2 | 3 | 4 | 5 | 6 | 7 | 8 |

这座大厦各种可开路径的总数是 255。（$255=\binom{8}{1}+\binom{8}{2}+\cdots+\binom{8}{8}$）

（8）巴斯卡拉在 *Lilavati* 第XIII章 No.267 中提出：萨木呼神在他的几只手中互相交换着十件法物：绳索、象鼻、蛇、小鼓、颅骨、三叉戟、床架、匕首、弓和箭，共有多少变化的形式？像这样哈里也交换着他的狼牙棒、荷花、海螺和铁饼，共有多少变化的形式？陈述：位置数是 10，变化的形式有 3 628 800 种（=10！）。同样，哈里的变化形式是 24 种（=4！）。

“对古代印度原著的研究是一件众所周知的困难问题。在许多情况下不可能确定可靠的日期，或把原始的文本从后来的注释和润色中区分开来。”“阿拉伯人……有幸能够使印度的东方智慧同古希腊遗产结合起来。在数学的许多领域内，这两个源泉有类似的重要性，但在组合数学中，东方的贡献是首要的。”“伊斯兰学者们并不仅仅是古代知识的搜集者，他们对科学作出了许多有意义的、原始的贡献，其中一些是在组合学的领域内。”

（9）约 1140 年，犹太学者依兹拉（Ezra）“讨论了行星会合的各种可能性，他已运用了一般规则而未予明确说明。”[①]1321 年杰逊（Gerson）用文字叙述了这个规则。[②]

**3）幻方和拉丁方（magic square 和 Latin square）**

“$n$ 阶幻方表示在一个 $n\times n$ 阶方阵中数字 1，2，…，$n^2$ 的一个排列，其中每行、每列和每条主对角线都有同样的和 $n(n^2+1)/2$。”

---

① GINSBURG J. Rabbi Ben Ezra on permutations and combinations. Math Teacher，1922（6）：347-356.

② SARTON G. Introduction to the History of Science：Vol. Ⅰ From Homer to Omar Khayyam. Baltimore：The Williams & Wilkins Company，1927.

（1）公元前 2000 年，中国，洛书。“幻方第一个有记录的例子是古代中国的洛书图”。

（2）1 世纪，中国，明堂九宫数，“这个图使人联想起神话宫殿的九个大厅”。

“洛书在整个时代，对多数人都产生了强有力的魅惑，连最简单的算术都成了一件令人惊异的事情。于是，从一开始，‘魔方’就被同虚幻和神秘的事物联系在一起。”“关于幻方的思想在什么时候和怎样地从中国传入阿拉伯的，这不清楚，虽然哈扬（Hayyan）不时认为洛书传入了伊斯兰文化。[①]确实，阿拉伯人对幻方产生了极大的兴趣并作出了重要的贡献。”

（3）约 990 年，阿拉伯学者萨发（Safa）在第二本百科全书中有三，四，五，六阶幻方，并说明七，八，九阶幻方存在。[②]该书“更完整的译本已于 1928 年在开罗出版，其中布列从三至九各阶幻方，构造的方法相当基本，没有一般规则的指示。”

“虽然在中东幻方理论发展的细节并不完整，但总的图景是清楚的，已经知道了阶数任给的幻方的构造方法，这样，在此领域内的主要数学问题已获解决。”

（4）在阿拉伯学者布尼（Buni）的著作中有构造幻方的规则，用简单的边缘技术使维数增加。[③]此法可能起源于波斯一份未发表的手稿。

（5）未发表的波斯手稿“同拜占庭的希腊人曼纽尔·莫斯柯珀洛斯（Manuel Moschopoulos）的著作（1315 年前后）联系了起来[④]，它给出了构造奇数阶和阶数可被 4 整除的幻方的一般方法，通常被认为是幻方的早期著作同后来欧洲的论述的中间环节。”

（6）1275 年，中国，杨辉在《续古摘奇算法》中给出从三到十各阶幻方[⑤]，“有几个幻方的类型在别处没有发现过，特别地，有一个非常有趣的九阶幻方，这是一种大洛书，有 3×3 个 3×3 阶的幻方，它们都建立在洛书型的基础之上。”该文用 800 字进行讨论，给出计算公式。值得注意的是，比格斯用一定篇幅批评乔治·萨顿和李约瑟将 2 世纪的希腊学者士麦那的赛翁（Theon of Smyrna）所绘与幻方毫不相干的 9 个数字的方图（图 1-6）称为“Theon 幻方”，认为这是“异乎寻常”的错误。

（7）1693 年，法国，数学家弗兰尼克尔（Frenicle）找出所有四阶幻方共 880 种。

“幻方的重要意义在于，它提供了现代组合学一个重要方面——研究满足指定条件的配置（arrangement）——的最早的范例。”

“拉丁方是这样的一种配置（图 1-7）：其中每一字母在各行各列中都出现一次。但要找到正交对，就要困难多了，如图 1-8，这里有两个并列的拉丁方，用拉丁字母和希腊字母表示，每对只出现一次。”正交拉丁方每行每列都保持每个元素出现一次且仅有一次，既不重复，也不缺少。

---

① HERMELINK H. Die dltesten magischen Quadrate höherer Odnung undihre Bildungsweise. Sundhoffs Arch. Ges. Med. Naturwiss，1953，42：199-217.

② DIETERICI F. Die Propadeutik der Araber. Berlin：[s.n.]，1865.

③ CARRA de V，BARON. Une solution Arabe du probleme des carrés magique. Revue Hist. Sci，1948（1）：206-212.

④ CAMMANN S. The evolution of magic squares in China. J. Amer. Oriental Soc，1960，80（2）：116-124.

⑤ CAMMANN S. Old Chinese magic squares. Sinologica，1962，7：14-53.

| | | |
|---|---|---|
| 1 | 4 | 7 |
| 2 | 5 | 8 |
| 3 | 6 | 9 |

图 1-6　Theon 幻方

| | | | |
|---|---|---|---|
| A | B | C | D |
| B | C | D | A |
| C | D | A | B |
| D | A | B | C |

图 1-7　拉丁方

| | | | |
|---|---|---|---|
| A$\alpha$ | B$\beta$ | C$\gamma$ | D$\delta$ |
| B$\gamma$ | A$\delta$ | D$\alpha$ | C$\beta$ |
| C$\delta$ | D$\gamma$ | A$\beta$ | B$\alpha$ |
| D$\beta$ | C$\alpha$ | B$\delta$ | A$\gamma$ |

图 1-8　正交拉丁方

（8）1723 年，法国，奥扎南（Ozanam）的《娱乐数学》中提出这个问题的最早形式：把 16 张扑克牌摆成方形，使得每行每列都保持有一个 A，王 K，后 Q，杰克 J，同时每行每列都还要保持有一个红桃♥，梅花♣，方块♦，黑桃♠。

（9）1781 年，瑞士，数学家欧拉（Euler）提出问题：6 个不同番号部队，每队派出 6 个不同军阶的军官，排成 6×6 阶方阵，使得每行每列都既有 6 个不同番号，又有 6 种不同军阶，如何排列？“他猜测这是不可能的，并且认为阶数是对模 4 与 2 同余的正交拉丁方不存在。”此即著名的欧拉猜想，到 1960 年，组合数学家证明了阶数 $n=4k+2$ 阶正交拉丁方存在，该猜想不成立。这已进入现代领域。

**4）分划或分拆（Partition 或 divulsion）**

“正整数 $n$ 的一个 $r$ 分拆是 $r$ 个正整数的一个集合，其和为 $n$。例如，7 的 3-分拆有 4 个，它们是：5+1+1，4+2+1，3+3+1，3+2+2。分拆的最早研究出现在赌博和靠碰运气取胜的游戏中……需要用分拆，组合和概率论去解它们。”

在中国文化里没有出现过为分析赌博而研究分拆问题，算命中“命数”的拆分并不具有数学意义，倒是在带有赌博性质的麻将牌（或麻雀）中有如何应对复杂的组合概率，自宋代以来表现出高超的技艺，但尚未见到深刻的数学分析。对分拆史，笔者有专文介绍。①

（1）12～13 世纪，拉丁文诗《灰头雉》（“De Vetula”）手稿，掷 3 骰求总点数：3 骰相同时有 6 种分拆（1+1+1，…，6+6+6），每种只可能以 1 种状况发生；2 骰相同时有 30 种分拆，每种只可能以 3 种状况发生；3 骰各不相同时有 20 种分拆，每种只可能以 6 种状况发生；于是，从 3 到 18 的 3-分拆结果为 56，而总数为（6×1）+（30×3）+（20×6）$=216=6^3$。

（2）1576 年之前，意大利，数学家卡当（Cardano）的《论赌博》（*Liber de Ludo Aleae*）手稿，首次定义了相等可能性事件的概率。

（3）1620 年前后，意大利，科学家伽利略手稿讨论掷 3 骰总数为 9 点和 10 点的出现率，这两个数都是 6 的 3-分拆，9 点出现率为 $25/6^3$，10 点出现率为 $27/6^3$。

研究赌博的一个主要数学结果是概率论的创立。众所周知，它在帕斯卡（B. Pascal）的时代已奠定了基础。

（4）1699 年 7 月 28 日莱布尼茨致约翰·伯努利（J. Bernoulli）的信中讨论了关于分划数或分拆数的问题，在他未出版的手稿中不少论及这个题目。

① 罗见今，王海林. 关于正整数分拆数 $p(n)$ 的历史注记. 内蒙古师范大学学报（自然科学汉文版），2002，31（3）：290-295.

**5）竞赛与难题**

（1）775 年，阿尔昆（Alcuin）的一本书中记录了具有非常古老历史的狼、羊和白菜的问题：有一个人须把一只狼、一只羊和一捆白菜运送到河对岸，他只找到了一条船，每次只能装载它们中的两个。他想出一个计划，能将全体运送到河对岸而毫无损失。请问，该如何安排，才能把它们平安运过河？“这个问题之所以重要，在于它没有任何算术或几何内容而区别于中古大多数其他难题。”在布尔代数与逻辑设计中，该题成为数字计算机开关电路设计的典型例题，充分体现了程序性的特点。

（2）10 世纪以来的手稿中，16 世纪出版的书籍中出现了所谓“约瑟夫问题”（Josephus problem）：15 个 M 教徒和 15 个 C 教徒同乘一条船，海上波涛汹涌，一半人须做出牺牲船才不沉没。30 人排成圆圈，当数到 15 时，就把这个人投入大海。问：该如何排列，才能使 C 教徒（或 M 教徒）全部留在船上？这个反映宗教矛盾的问题居然有很长的历史。比格斯引用李约瑟的话说，“17 世纪该问题传入日本，在中国没有发现提及它。”后来变成了一个流传广远的儿童游戏：孩子们排成圆圈，一边按节拍喊“山胡桃，驴子，站台”，点到最后一个孩子就站出来，说：“藏起来了，找我吧。”这类游戏需要一个“牺牲者”。

**6）算术三角形**

“组合数 $\binom{n}{r}$ 可用二项展开式系数表示：$(a+b)^n=a^n+\binom{n}{1}a^{n-1}b+\cdots+\binom{n}{r}a^{n-r}b^r+\cdots+b^n$”。

将图 1-9 称为算术三角形。其构成公式为：$\binom{n}{r}=\binom{n-1}{r}+\binom{n-1}{r-1}$。

1

1 1

1 2 1

1 3 3 1

1 4 6 4 1

1 5 10 10 5 1

图 1-9 算术三角形

（1）中国贾宪（11 世纪），杨辉（1261 年），朱世杰（1303 年）的算术三角形有准确的史料记录，出现较早，但比格斯只从李约瑟书中引用了后者，为一缺憾。

（2）印度有学者宣称算术三角形在公元前 200 年印度人平加拉讨论诗的韵律时已遇到，史家未敢苟同。据说婆罗门笈多（Bramagupta）还举出了算术三角形明晰的实例。李约瑟说平加拉的注释者是 10 世纪人；1365 年又有人用它解组合问题——其真实性也存疑。比格斯认为，在印度似乎大喊大叫代替了缜密的科学研究，对这些发明权的要求均持谨慎的态度。

（3）1265 年，阿拉伯天算家图西（Tusi）在一本算术手册中展示了算术三角形并说明了它的构成。比格斯认为“它应当是这三角形的最早史料的记录”。

（4）1427 年，阿拉伯数学家卡西（Kashi）的文章中算术三角形被用于二项展开式，作为求根技巧的一部分。“但在这个时期的任何一本阿拉伯著作中我们都不能指出任何清晰的事实”。“16 世纪前，在欧洲人的著作中未发现有算术三角形”。

（5）1527 年，德国人阿皮安努斯（Apianus）论文封面和 1544 年斯蒂菲尔（Stifel）的《整数算术》（*Arithmetica Integra*）中出现算术三角形。

（6）1654 年，法国数学家帕斯卡在名为《条约》（*Traité*）的著作中引述前人的工作发表算术三角形，此后就以“帕斯卡三角形”著称于世。该书“是他自己首先发现的非常少，重大的优点在于它的明晰性。算术三角形中的数既作为二项式系数、又作为组合数是重要的，这一点帕斯卡表述得十分清楚”。

（7）1666 年，德国数学家莱布尼茨发表《论组合的艺术》，标志着作为一门数学的新分支——组合数学的诞生。

综上，我们看到西方数学家对组合数学关心的要点和重视的程度。作为一类具体算法，比格斯将计数列为首项，但它是整个组合学的基础。事实上现代组合计数的内涵和外延有很大拓展，包括类似于幻方、幻图设计等都属于广义的计数，下节还要论及。一批著名西方数学家如卡当、伽利略、帕斯卡、莱布尼茨等对占卜、赌博、游戏、棋类对抗的兴趣，极大促进了组合论、概率论、博弈论等现代数学分支的诞生，在社会、经济、军事诸领域内广泛应用，做出了非同凡响的贡献。这也使对这类“旁门左道”的研究，登上了数学的大雅之堂。

李约瑟并不是从组合论的观点来编著《中国科学技术史》的，在组合学家比格斯的视野内，该书就有不少内容属于早期组合学的重大成就。当然，这还远远不够。如果像比利时数学史家李倍始（Knobloch）那样，深入到组合数学本身来研究莱布尼茨的成果，那么中算史对离散数学史的研究，必然会结出更加丰硕的果实。这也是本书写作的动因之一。

记数、计数、配置、算术和早期的数论本来就带有离散性。事实上，在古代，离散和连续两类问题均已引起人们的注意，而前者的历史要追溯到人类初期计数的努力。可以说，除几何学外，变量数学诞生之前早期文明的几乎所有数学成果都带有明显离散性。①

1946 年计算机发明，之后现代离散数学崛起，作为计算机科学的基础。在新的条件下一些数学研究向离散、有限、常量回归，伴随着计算机的广泛应用，离散数学成为现代数学不可缺少的组成部分。

中国传统数学没有形成类似欧几里得那样的演绎体系，也没有进入微积分发展的时代，当西方数学已经在完成近代化时，中算从整体上还停留在解决原有离散型问题的层面。②

### 1.2.3　离散数学与组合计数理论

离散数学（discrete mathematics）是研究离散量的结构及其相互关系的新的数学学科，是现代数学的一个重要分支。它在各学科领域，特别在计算机科学与技术领域有着广泛的应用，因而成为计算机专业许多课程的数学基础。60 多年来，现代离散数学随计算机科学的崛起而逐步形成，开始时包括组合数学和图论，后来集合论、代数结构、数理逻辑、初等数论甚至计数组合学也分列其中。

**1）现代组合计数包含的内容：中算的计数成果不是附会或拔高**

在影响较大的罗森（Rosen）著《离散数学及其应用》（*Discrete Mathematics and Its Applications*）第 7 版（2012 年）的 13 章中，第 2 章讲基本的结构：集合，函数，数列，求和，矩阵；第 6 章讲解“计数”，包括：基本计数，鸽笼原理，排列组合，二项式系数

① 罗见今. 离散数学的兴起//李迪. 中外数学史教程：第 4 编. 福州：福建教育出版社，1993：483-499.

② 罗见今. 中国传统数学是离散型数学. 辽宁教育出版社. 数理化信息 3. 沈阳：辽宁教育出版社，1988：104-107.

和恒等式，排列组合的推广，排列组合的生成；第 8 章讲解“高等计数技巧”，包括：递归关系的应用，线性递归关系的解，拆分算法和递归关系，生成函数，容斥原理及其应用。第 6、8 两章用了 130 多页的篇幅。

我们对照中算史中的一系列成果，会发现许多题目与上述内容相吻合。例如，早在《易经》里就出现基本计数的有重、无重排列等形式；《九章算术》里大量比例与数列问题；宋代费衮在《梁谿漫志》（1192 年）里就有鸽笼原理的应用；排列组合、贾宪三角形、朱世杰恒等式、朱世杰-范德蒙公式、李壬叔恒等式等，以及宋代以来产生的垛积招差术、求和问题，明代珠算普及，提出并解决一些组合问题和区组设计问题；清代出现大量计数函数、递归函数、生成函数等，都印证了中算的机械化、程序性、离散性和算法倾向。

由于中算提出和处理这些问题的时间较早，因此计数及相关问题理所当然就成为数学史的研究对象。这并非为了附会西方的发展，更不是为攀附现代数学而拔高。事实上这是中国传统数学固有的机械化内容，需要从离散的视角深入探讨。这种研究是否属于离散数学史并不重要，出发点不是为求证于某门现代数学，而是希望进一步阐明中算的本质特征。我们研究的内容和结果，反而是西方数学史家感到陌生、不熟悉的，从世界数学发展的观点来看，也能充分体现东方数学的历史性、存在性。本书出自这种思考做出尝试，各章选取的素材根据中算史料，也超出了现行离散数学教材的范围。

**2）什么是组合学，为什么中算无组合却有许多组合学成果**

组合学（combinatorics）是离散数学的重要分支，也称为组合数学（combinatorial mathematics），组合论（～theory）或组合分析（～analysis），主要研究满足一定条件的组态（也称组合模型）的存在、计数以及构造等问题。博伽特（Bogart）在他的名著《组合数学导论》（*Introductory Combinatorics*）第 3 版的 8 章中，涉及计数有 3 章。第 1 章“计数导论”中的 5 节分别是基本计数原则、函数和鸽笼原理、子集、二项式系数的应用和数学归纳法。第 3 章讲“代数计数技巧”：包含排除原理、生成函数、划分、递归关系、指数型生成函数。

计数发展到现代，已经变成非常高深的课题，例如：容易理解的鸽笼原理推广为拉姆齐定理，以数学家拉姆齐（Ramsey）的名字命名，求拉姆齐数成为组合论中的著名难题。《组合数学导论》第 8 章“在群作用下的计数”中，提出了排列群、作用于集合的群和波利亚计数定理，后者以匈牙利籍美国数学家波利亚（Pólya）的名字命名，成为组合数学的重要工具。举出这些例子只是要说明，计数问题从古至今已发展成现代课题，不可等闲视之。

组合数学包括计数、图论、优化、区组设计、序集与群等，其中计数是组合理论的共同基础。需要说明，组合数学中的“组合”是广义的，它指的是 combinatorics，而非狭义的 combination，后者仅是组合计数的一个基本算法。所以从广义的组合学来看，中算史中还是有许多内容值得深入探讨，也必须采用这样的视角，因为它既符合历史的基本事实，也能体现中算的基本特点。对于受到连续数学长期熏陶的人，现代数学水平较高，为深入理解古代数学，有必要学习和了解离散数学和组合学，这也许有些困难，但却是很有趣的工作。

虽然中算史研究狭义的组合是很晚的事，而且不排除受到西方的影响，但却有研究二项式定理系数的悠久历史，因此，这并不排斥应用组合符号来表达计数的成果。在中算史数学成果的转述中，为保持中算的“纯洁性”，只用代数符号，坚持拒绝使用$\binom{n}{r}$符号，使总结出的公式冗长烦琐，不易用明晰的方式体现原式的优异特性，更难以同国际上同类成果进行对比。像本书以后各章中分别详细讨论的朱世杰恒等式、朱世杰-范德蒙公式、明安图求卡塔兰数公式、李壬叔恒等式等杰出成就也就容易被湮没不彰。中算家因其文字叙述代数未能进入符号代数时代是吃大亏的。如果力求转述原著达到“保真”，那就回到保持文字叙述状态好了，然而那是不可能的。其实用代数形式或用组合符号来总结，犹五十步与百步之差，并无本质区别。基于这样的考虑，本书坚持用组合符号。

**3）重要数学综合刊物中组合学的细目**

美国《数学评论》（*Mathematical Reviews*）组合学分在 05 类，细目中：05-03 历史；05A*xx* 经典组合问题，内有：05A05 组合选择问题，05A10 阶乘，二项式系数，组合函数。05A15～20 依次为：严格的计数（enumeration，枚举）问题，生成函数，渐近计数（枚举），整数分拆，集合分拆，组合恒等式，组合不等式。如上所述，在中算史中可以找到属于以上许多项目的大量史料。另外，在 05B*xx* 设计和结构（designs and configuration）中，除了我国现代数学家在区组设计、三元系、差集等项目上有重要贡献外，历史上对05B15 拉丁方，5B30 其他设计和结构、05B40 选择和覆盖（packing and covering）等也有诸多成绩。

**4）《数学百科全书》《数学辞海》中有关计数论的专业术语**

中国数学家将苏联维诺格拉多夫主编的 900 万字《数学百科全书》（1977～1986 年编成）翻译成中文，其中有关计数的解释有：

（1）“计数问题（enumeration problem）是组合分析的一个重要组成部分，作为计数问题的解，人们或者对所给出的一类组合构型指出一种分类整理的方法，或者定出它们的个数，或者二者都做到。”①（萨奇科夫撰，李乔译）

（2）“计数论（enumeration theory)：组合分析的一个分支，它研究和发展计数问题的方法。这类问题相当于计算具有某些性质的有限集的元素的个数，或其等价类的个数。它的方法之一是容斥原理及其各种推广，Pólya 计数理论……。解计数问题的一个基本工具是生成函数，它们在求渐近关系方面也起到重要作用。”②（米谢耶夫撰，钟集译）

（3）在《数学辞海》第2册（2002年），“经典组合学”（第11～32页）条目下有：“计数问题（problem of enumeration），组合学的一个基本问题，把某种离散对象按某个特定的约束条件进行安排，确定合乎这种约束条件的安排的数目。在组合学中，常用的计数工具有：生成函数、容斥原理、莫比乌斯反演定理和波利亚计数定理等。”③经典组合学三个内容之一为计数问题，除上述内容外，还包含有限差分。（于洪全，徐利治等撰稿）

（4）另外，中国数学家将日本《岩波数学辞典》（1968年，及1977年英译本）译成

① 《数学百科全书》编译委员会. 数学百科全书：第一卷. 北京：科学出版社，1994：662.
② 《数学百科全书》编译委员会. 数学百科全书：第二卷. 北京：科学出版社，1995：368.
③ 《数学辞海》编辑委员会. 数学辞海：第2册. 组合学. 经典组合学. 北京：中国科学技术出版社，2002：11.

《数学百科辞典》（1984 年），将组合论和有关计数的内容归于“集合论”，有较多条目解释定义“数”。①

以上可以看作是本书使用术语“计数论”的理论依据。

上述种种，对中算史而言，现今的研究仅是起步，不少史料值得深入发掘，与现代发展也有一定关联度。我们的希望是把历史的研究同现代的发展联系起来，因此，在中算史里离散问题是一新领域，等待感兴趣、学有余力的青年读者深入探讨。

## 1.3 中国数学史中的“计数”

在天地玄黄的蒙昧时代，理智的曙光刚刚出现，人类业已开始数（shǔ）数。远古的岩画，以及结绳、刻契，记录了计数的努力。随着活动与认知范围的扩大和文字的出现，对于数本身的认识和研究也在不断深入，逐步形成了各种数学分支，“从数的多样性发现了数（shǔ）的多样性，产生了各种数（shǔ）的技巧”。有数学家认为，组合学研究的就是“数（shǔ）的技巧”。②

如果说有一种数学门类的名称能够从有数之初就事实上存在，一直流传到现代，那就是“计数”，肇始于数数的最基本的动作，它是数学之源，中外数学概莫例外；它远早于筹算、算术、数学、代数学、三角学、微积分等学科名称。能够同“计数”相提并论的，是研究规则图形的知识——后世命名的“形学”“几何”——代表对空间认识的学科门类。古老的岩画里就包含着计数与规则图案的萌芽形态。可以毫不夸张地说：如果不明计数，就难以跨入认识上古数学史的门槛。

但是，什么数学内容属于“计数”？本书建议从四个方面考虑：语义学中的计数、中算家的计数论、组合学的计数论，以及数学思想史对以上各种来源的“计数”做出的综合。

### 1.3.1 从语义学的观点认识“计数”

在“计数”定义尚未出现的时代，只有从语义学的观点来认识计数。

“计数”诞生于史前时代，河图、洛书、八卦、九筹等，其计数的思想和方法大多“内蕴”于其中——即以内在的形式融于主体构成。为准确把握这些文化对象的计数特征，需要把有关内容分离出来。这是本书增设“前编”即第 2～4 章的原因所在。河图洛书可看作早期设计，六十四卦可视为早期概率，但其根本均在计数。

从语义学来看，在字面上“数”指正整数，“计”是对正整数的点数、运算。计数就是研究正整数及其序列基本性质的学问。这是狭义的理解。早期计数应包含数的诞生、数的扩展、数的性质等内容，这属于广义的计数。

数的诞生：①数字计数，算筹计数和运算，十进位值制；②公约数；公倍数；勾股数；③比例和率；等差；等比；有约束条件的数列。

---

① 日本数学会. 数学百科辞典. 北京：科学出版社，1984.

② 《数学辞海》编辑委员会. 数学辞海：第 2 册. 组合学. 北京：中国科学技术出版社，2002：10.

数的扩展：④单位数，四舍五入法；⑤分数，通分，约分；⑥常数，大数，小数（奇零之数）；⑦干支循环计数；⑧不尽数：有理数或无理数，根数、π等。

数的性质：⑨奇偶性，可约性，公约与公倍；⑩同余式，不定方程等；计数与早期整数论密不可分，或者可以说计数论与整数论具有交集。

我们的先人发明十进计数法和位值制，充分利用正整数，一切认识围绕正整数及其性质。在长度、容积、重量、钱币等设定各级单位，在各个不同量级上保留正整数；数系需要扩张时，采用分数的形式，在分子分母上仍然保留正整数。或者在某级单位设定整数，随后在更小的单位设定分数：逐渐就形成了小数。这一过程延续很久，虽然已有不尽小数，例如，《九章算术》“以面命之”的不尽方根，但小数的实际应用出现较晚。这些都应属于广义的计数。

### 1.3.2 从中算家的观点认识“计数”

不同历史时期的算家对“计数”有不尽一致的认识，需要从中算史料中汲取对“计数”的各种看法。计数论研究正整数及其序列的基本性质，也可以看作是早期的整数论。

（1）据前7世纪管仲言论，战国时代成书的《管子・七法》把刚柔、轻重、大小、虚实、远近、多少的计量称为计数，迄今所知，这是第一次提出了术语“计数”。

（2）从前 3 世纪晚期秦始皇时陈起论“计数”，到汉代《九章算术》和各算经问世后，计数的内容已列入算书；秦汉时代算家术数与算术的内容与今所说的计数存在交集。

（3）到2世纪晚期徐岳《数术记遗》（190年）中再次出现“计数”的专名，到6世纪甄鸾亦举7例题予以说明。该书记录了14种算法，今天看来均可视为广义的计数。

（4）包括《九章算术》在内的十部算经，虽未明确提出“计数”，不可避免有许多论述属于计数内容。宋元之后，中算出现更多的计数研究，可以从组合计数理论中找到其归属。

总之，上古到中古（从战国到隋唐）时期，中算家已有“计数”的定义，虽然某些史料语焉不详，有些甚至是矛盾的，但追寻他们思路，计数发展的脉络还是清晰可寻的。

### 1.3.3 从组合论的观点认识“计数”

离散数学、组合计数理论多有对“计数”的论述。前文列举较有影响的著作之外，50 多年来，中外出版了多种有关专著，虽然对“计数”的基本概念和内涵保持一致，但各有侧重、各有特色。

例如有的用很大篇幅讲组合反演，除 Möbius 反演外，把广义容斥原理也归入此类[①]；有的在图论中研究“色数”和“树”[②]，树的计数是图论的著名问题；有的另立

① 柯召，魏万迪. 组合论：上册第三章. 反演公式. 北京：科学出版社，1981：85-123.

② BRUALDI R A. 组合学导引：第十一章. 李盘林，王天明译. 武汉：华中工学院出版社，1982：291-299.

"高等计数"，专论 Stirling 数和 Catalan 数①；有的将二项式定理推广到多项式定理，探讨其展开式系数的计数问题②；有的列出"计数多项式"，探讨整系数线性组合表达的计数公式是否与任一集合表达式相对应的问题③；有的把有限差分问题整个算作计数，甚至占全书的三分之一；等等，出现丰富多彩的计数内容。我国当代组合数学家也做出了不少贡献。

中算家对上述一些问题有研究，自然应归入计数论的范畴，例如朱世杰的幂和公式与组合恒等式，明安图对 Catalan 数、无穷级数与计数函数，徐有壬、戴煦对正切数的研究，"李善兰恒等式"、李善兰对 Stirling 数和 Euler 数的研究，中算家对"级数回求"的兴趣，李善兰、华蘅芳对招差术与幂和问题的不同求法等，都将是本书的专题。可以肯定，如果不是从组合计数的观点出发，就不可能总结出堪足与国际上著名数学成果相媲美的公式来。

### 1.3.4 从思想史的观点认识"计数"

从数学思想史的角度对以上各种来源的"计数"做出综合，既符合汉语语义学和中算史的实例，又能符合现代离散数学对"计数"的认识，以便从中算史的大量史料中遴选计数史的具体内容，建立起本书的框架结构和体系。

"计数"与几个近义词，其内涵与外延有交集也有区别：

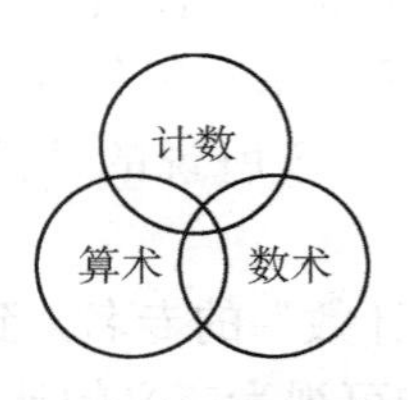


图 1-10 学科间的关系示意图

(1)"计数"与"算术"(图 1-10)，算术最早就是筹算，像四则、比例、数列、分数等也可被视为计数外，还有盈不足、方程、勾股几何等属于特定的算法，虽有计数的成分（如勾股数），可以不归为计数。

(2)"计数"与"数术"(图 1-10) 有交集也有区别。至于算术脱离了数术，但仍有数术残存，例如，《孙子算经》计算生男生女，北宋之后计算六十甲子纳音等，属于命理学的内容。

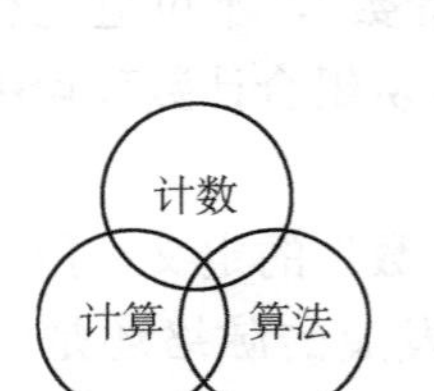


图 1-11 方法间的关系示意图

(3)"计数"与"计算"有交集也有区别（图 1-11)。两者相比，早期的造数不属于计算，计数强调整数的读取和计算，而"计算"泛指一切运算，其结果未必是整数，包括解方程、三角学、微积分、计算机等的算法。计算在近现代也被视作学科名称，例如"计算丛书""计算组合数学"④，前者收入大量工程设计和计算。

(4)"计数"与"算法"有交集也有区别（图 1-11)，算法强调方法，在上述《离散数学及其应用》中，"算法"列为单独的一章（第 3 章），它特指专门对象的计算方法。现代有"算法论"，在计算机科学里多有应用。例如，《算法导论》(*Introduction to Algorithms*) 是一本十分经典的计算机算法书。

---

① COHEN D I A. 组合理论的基本方法：第四章. 左孝凌，王攻本，李为鑑，等译. 北京：北京大学出版社，1989：124-173.

② 屈婉玲. 组合数学：第四章. 二项式系数 § 5 多项式定理. 北京：北京大学出版社，1989：51-54.

③ 邵嘉裕. 组合数学：第三章. 容斥原理 § 3. 4 计数多项式. 上海：同济大学出版社，1991：85-92.

④ 徐利治，蒋茂森，朱自强. 计算组合数学. 上海：上海科学技术出版社，1983.

经过这样的归纳，“计数论”便成为中国数学思想史的概念，主要反映中算史的现象，也吸纳现代的观念，但不是单纯译自西方或现代数学。由于“计数”从史前一直延续到今天，所有的数学都离不开整数。古代计数是数学各分支的基础，生命力强，可视为现代计数分支的前身，可用现代观点看宋元以来，特别是明清时代的计数。由此，本书认为“计数”的范围除上§1.3.1 节所述之外，还包含数列性质：垛积（和分）与体积、招差（差分）与内插、组合恒等式、连比例、递归函数、计数函数、无穷级数、生成函数、特殊函数等。

现代离散数学中的计数论大多超出中算史研究范围。以其观点看历史是必要的，由此得出合乎史实的结论并不等于“拔高”或“现代化”。

### 1.3.5 中算计数论经历了五个历史时期

“计数”既可以看作是一种数数的方法，又可以视为数学门类，对计数的理解古今纵有差别，但是汉语语义学的理解大体相似，几千年来，一以贯之，成为最具生命力的数学词汇。

计数来源于远古，如果对中算史研究的目光向过去延伸三千年，将不可避免地遇到它。夏商西周之后，春秋至秦的 500 多年里，远古物化的数学、上古内蕴的数学中包含计数的内容，从没有数学家具名，到出现专门的著作，伴随着中华文明的演进，据前§1.1.2 节划分的五个历史阶段，经历了发展的全过程。由以上综述，形成本书中算计数论的框架，概略而言：

前编（第 2～4 章）：从河洛文化、易经数理到秦代（远古和上古）；

上编（第 5～7 章）：筹算、九章算术与汉唐数学中的计数（中古）；

中编（第 8～10 章）：宋隙积术、元垛积招差术、明珠算与计数（近古）；

下编（第 11～14 章）：清代有限级数、无穷级数、计数函数（近代）。

在每个时期只能选择个别人物、个别著作，做专题研究、拓展研究，希望这种方法能够提供一个具体而深入的认识，并且力图与现代的发展有所联系，成为某些专题的历史素材，引起有关学者和相关专业师生的兴趣。

# 前　　编

# 総　　論

# 第2章　洛书与周易：古代计数思想的起源

从猿人时代起，人类就开始对数字和图像有所理解：一轮红日，一弯明月，母亲的眼瞳……有生之初，所见到的就是一个一个有形事物。婴儿最早见到的是母亲的双目，人类最先见到的是圆形的日月。考古告诉人们：20万年前的山西丁村人打制出石核，3万年前北京山顶洞人制造出石珠和骨针，从1万年前云南宜良古人类遗址①（图2-1）的洞穴中发掘出1800多件石器，其中有几件石器两面都排列着挖凿出的圆坑，大小相近，距离均匀……这些例证不胜枚举，都指向一个结论：原始时代数与形同时产生，其概念已开始在早期人类的大脑中萌发。北方游牧民族的千百幅岩画更加强了这样的印象。

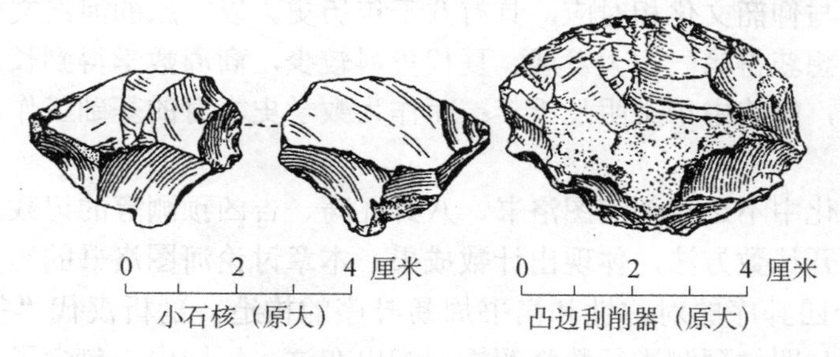


图2-1　宜良旧石器

采自裴文中文，右刮削器凸边呈圆弧形

及至新石器时代，数与形的表现有了惊人的发展。距今约八千年的河南舞阳贾湖骨笛（图2-2），由丹顶鹤尺骨制成，长23.1厘米，上钻7孔，间距大体相等。骨笛出土多个，迄今可用以演奏。人们进而会问：为什么要钻7孔？孔距怎样保持相等？古人是怎样做到的？等等，要回答这一系列问题，其前提是必须承认古人已具有一定计数和测量的本领，而假定没有数与形的概念，那是绝对办不到的。

史前各个文化、如仰韶文化出土千百件绘有规则图案的彩陶（图2-3），其计数的准确与均衡配置图案的技巧得到充分表现，各种器物的造型也凝聚了物化的数学思想。

到结绳刻契、隶首造数的时期，数字已逐步登上文化的舞台，人类开始了认识和掌握数的征程，继而演绎出几千年数学史的辉煌篇章。中国先人在石器、甲骨、青铜、简帛、纸张上留下了数学思想的记录，特别是河洛文化与《易经》数理盛行天下，开启了一个全新的时代。

---

① 裴文中，周明镇. 云南宜良发现之旧石器. 古脊椎动物与古人类，1961（2）：139-141.

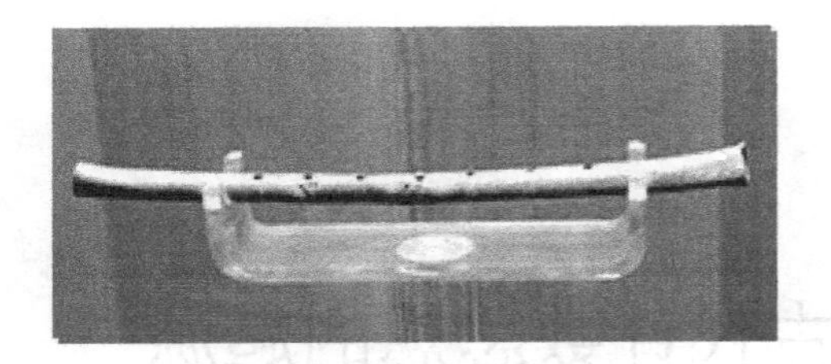

图 2-2 舞阳骨笛

孔距相等

图 2-3 仰韶彩陶

图案均衡

《周易·系辞下》称：“古者包牺氏之王天下也，仰则观象于天，俯则观法于地，观鸟兽之文，与地之宜，近取诸身，远取诸物，于是始作八卦，以通神明之德，以类万物之情。”

《易经》是中国文化之源，这段史上引用最多的名言，体现出哲学观、方法论非常丰富的内容，同时也包含了古代数学和科学产生的深刻启示。整个宇宙和大自然，包括人类本身，都可以并且必然能够用八卦的数理系统予以总结，从史前数学和科学认识的萌芽形态，进入观象取卦、准确定义的阶段，用统一的世界模式做出概括，万事万物无不囊括其中，人类的归纳、认识能力无远弗届，直通深邃的哲理和最高的智慧，表现出勇于作为的博大胸怀和无所不能的必然信念。

伏羲的时代与仰韶文化相对应，具有八千年历史。以中原的河洛文化为代表，数学与科学的早期思想获得第一次大发展。夏代史料较少，商周数学得到长足进步，以《易经》数理为代表，影响中华文明几千年；而作为数学史本身的基础工作，迄今的研究尚未成型。

中国早期文化中不乏有关河图洛书、八卦九畴、吉凶预测等的记载，所有内容渗透计数思想，离不开计数方法，体现出计数成果。本章讨论河图洛书的历史形成，研究今本《易经》六十四卦序的对称性和帛书周易卦序的构造，剖析汉代“行道吉凶”占卜表，对周易揲法与四柱预测进行数学解析。指出在这一领域内，包含了早期潜在的数学内容，如排列、组合、配置、集合、排序、置换、对应、映射、对称等，形式多样，内容丰富，不是糟粕，而是精华。

## 2.1 龟背上的洛书：世界上最古老的三阶幻方*

| | | |
|---|---|---|
| 4 | 9 | 2 |
| 3 | 5 | 7 |
| 8 | 1 | 6 |

图 2-4 纵横图

20 世纪 60 年代以来兴起的组合数学，是伴随着计算机科学而迅速发展的现代数学分支，但是，如果考察这门学科思想萌芽的历史，就要追溯到人类文明发育的早期。在学界颇有影响的美国学者著《组合数学》[①]，在第 1 章第 1 节中回答“什么是组合数学”问题时，开门见山地写道：“组合数学，也称组合分析或组合学，是一门起源于古代的数学学科。如图2-4，据传说中国皇帝禹在一个神龟的背上观察到

* 罗见今. 世界上最古老的三阶幻方——关于组合数学起源的讨论. 自然辩证法通讯，1986（3）：49-57.

① RYSER H J. Combinatorial Mathematics. New York：The Math. Assoc. of America，1963：1.

纵横图。大约公元前 1100 年，排列开始在中国萌芽……”这里的数字方阵通常叫“洛书”，即三阶幻方。

所谓 $n$ 阶幻方表示在一个 $n\times n$ 方阵中数字 1，2，…，$n^2$ 的某种配置，使其中每横行、每列、两条对角线上的和均为 $n(n^2+1)/2$。

洛书是世界上三阶幻方最古老的例证。8 世纪的阿拉伯学者哈扬认为洛书曾传入伊斯兰文化[①]，到 10 世纪末，阿拉伯学者所编辑的一种百科全书中已经给出四、五、六阶幻方，并说明七、八、九阶幻方存在。[②]在中国幻方向高阶发展，1275 年杨辉在《续古摘奇算法》中总结了前人所发明的、直至十阶的幻方，保持了幻方研究的领先地位。13～14 世纪幻方传入欧洲，构造幻方的理论也更加丰富了。15～16 世纪欧洲人在一种神秘主义的气氛中研究幻方，1693 年法国数学家弗兰尼克尔找出了所有（不同构）的幻方共 880 种。

除去笼罩在幻方上的神秘主义迷雾之后，在我们面前呈现的，并不仅仅是一种有趣的拼凑数字的游戏。幻方在组合理论中有重要的意义和应用。它是满足于某些特定约束条件的一种配置（arrangement）。在兼顾数字求和的约束条件和空间位置的分配的领域内，有大量纯数学的结构性和存在性问题，形成组合设计和计数问题的组成部分。幻方与正交拉丁方都是古老数学智慧的体现，在实验设计之中，特别在正交设计中，它们又焕发出新的光彩。幻方的一种直接的实数类比叫双随机矩阵，应用它可以找出达到最佳经济效益的多因素配置方案。现代的幻方研究，除了素数幻方、级数幻方、重幻方（不仅行、列、对角线的和一定，而且它们的积也一定）等之外，还向三维发展，研究幻体的构造。另外，广义幻方是一个由非负整数（不必相异）组成的 $n\times n$ 矩阵，其所有的行之和与列之和都等于一个事先约定的数 $X$。比如 $X$=15 的 3×3 幻方即洛书，当 $n$=1 时，这种幻方个数为 1，当 $n$=2 时，为 $X+1$，一般情形下是形如 $a_mx^m+a_{m-1}x^{m-1}+\cdots+a_1x+1$ 的多项式，此处 $m=(n-1)^2$。虽然公式中系数 $a_i$ 没有明显给出，但对于较小的 $X$ 的值，用计算机找出幻方也可确定出对所有 $X$ 值的幻方个数。[③]

在 20 世纪，有学者认为数学起源于河图洛书，一度被批评；总体而言，学界对洛书的科学史价值长期估计不足，偏重于否定其象数神秘主义。对于国外如李约瑟[④]、比格斯等的评价没有做出相应的反应。洛书即三阶幻方虽易接受，但河图洛书的起源笼罩在原始神话的朦胧之中，又被历代注家纷纭的争讼搞得真伪难辨。当然，这不仅是科学史关注的问题，在古代思想史、文明史上也是一个专题，历时两千多年的“河洛之学”为现代提供了丰富的史料，内容庞杂纷繁，有必要对研究的方法进行考察，避免可能出现的局限性。

### 2.1.1　有关河图洛书的历史记载

《周易・系辞》称：“河出图，洛出书，圣人则之。”这是经书中最早的记载。后世

---

① BIGGS N L. The roots of combinatorics. Historia Mathematica，1979，6：109-136.

② HERMELINK H. Die altesten magischen quadrate höherer ordnung und ihre bildungsweise. Sudhoffs Arch. Ges. Med. Naturwiss，1953（42）：199-217.

③ BRYLAWSKI T. 组合数学//拉佩兹. 科学技术百科全书：第 1 卷. 北京：科学出版社，1980：356.

④ NEEDHAM J. Science and Civilisation in China：Vol. 2 History of Scientific Thought. London：Camb. Univ. Press，1956：61.

诸说多受其影响。《春秋纬》河洛并提："河以通乾出天苞，洛以流坤吐地符，河龙图发，洛龟书感，河图有九篇，洛书有六篇也。"这里的九六之说，与乾坤相合可能是附会之词。

《尚书》系我国第一部古典散文集和最早的历史文献。汉初分古文和今文尚书，文字一般古奥晦涩。一说由孔子编成。史上有学者考证该书的成书与增删情况。

在《顾命》篇中，记载周成王"乙丑王崩"，灵堂里陈列器物，其中"大玉、夷玉、天球、河图在东序（沿东墙摆放）。"《顾命传》解释说："河图，八卦；伏羲王天下，龙马出河，遂则其文以画八卦，谓之河图。"此说先以河图为八卦，后又言则河图之文以画八卦；而受河图的圣人却是三皇之一的伏羲。

《管子·小匡》载："昔人之受命者，龙龟假，河出图，雒出书，地出乘黄。"（古人受命为王的，总是龙龟来临，黄河出图，洛水出书，地出乘黄神马。）

单独提到河图的史籍有《论语·子罕》，孔子说："凤鸟不至，河不出图，吾已矣夫！"他希望有生之年能看到河出图的吉祥之兆，说明他心目中河出图不是仅有一次的事件。

《墨子·非攻下》称："赤鸟衔珪，降周之岐社，曰：'天命周文王，伐殷有国。'泰颠来宾，河出绿图，地出乘黄。"墨翟认为接受河图的是周文王。而在《尸子》卷末记载："禹理洪水，观于河，见白面长人鱼身出曰：吾河精也，授禹河图而还于渊中。"这个想象丰富的故事很离奇，禹受河图的传说后来占了上风。

《礼运·疏》引《中候握河纪》称："尧时受河图，龙衔赤文，绿色。"即河图是绿色，文字却是红色的。《史记·补三皇本纪》亦引河图、三五历记。《汉书·五行志》记载刘歆（刘邦之弟刘交五世孙，王莽时人）以为"伏羲氏继天而王，受河图，则而画之八卦是也"，与《尚书·顾命》的观点一致。

《周髀》（大约公元前 1 世纪成书）称："数之法出于圆方"，《周髀经解》注："河图者，方之象也；洛书者，圆之象也；太极者，圆之体，奇也；四象者，方之体，偶也。"这里的河方洛圆之说，以后改成河圆洛方，尚有河洛可方可圆的理论。无论如何，所提到的方圆、奇偶与河洛都是古人关注的基本数学对象。

在东汉史料中，班固在《白虎通义·德论》（79 年）卷五封禅中写道："德至渊泉，则黄龙现、醴泉通，河出龙图，洛出龟书，江出大贝，海出明珠。"他认为只要圣德所及，河图洛书就可以出现，似乎并非只有一次的事件。东汉郑玄不以河图为八卦，他对天地生成数的解释又被后人认作河图，下文还要谈到。

综上所述，河图洛书为上天赐给圣人最重要的宝物，伟大的君王和重大事件都与之相关。但它究竟是什么，先秦文献中却没有提及。

我们注意到，单独提到洛书的史籍较少，而对洛书具体内容的解释却有多种说法，主要有：洛书即洪范九畴说、洛书即九宫说，这些都属于后人的注解，也有早至汉朝的。虽然秦汉史籍中河图多次出现，但它究竟为何物，说法颇多，亦不确切，到了宋代才统一起来，我们也归纳出河图即天地生成数图、河图即图谶诸说。此外，尚有河图即八卦、河图即九宫、九宫即明堂九室等观点，下文均要涉及。混沌时代河洛难分，历代注家无所适从；历经变迁，自陈抟至朱熹才固定下来，形成今日的河洛观。

### 2.1.2　洛书即洪范九畴说、洛书即九宫说

《尚书·洪范》中讲述一段历史：周武王战胜商纣王之后，原来反对纣王暴政而避居朝鲜的箕子回到镐京，作了一篇文章《洪范》。武王访问箕子，向他询问治国安民的道理。箕子回答说：我听说很早以前，鲧未能治好洪水，使得天下泛滥成灾，于是天帝十分震怒，不授给鲧治理天下的九类大法（九畴），所以社会上道德败坏，民不聊生。后来鲧受处罚而死，由他的儿子禹来接替，大禹治好了洪水，“天乃锡（赐）禹洪范九畴”，于是社会上常道建立，秩序井然。[①]

至此，我们并不知道洪范九畴是什么。汉朝孔安国作的注说：“天与禹洛出书，神龟负文而出，列于背有数至于九，禹遂因而第之，以成九类，常道所以次叙。”这里出现了洛书内含一至九的数字。到了唐代，孔颖达在《尚书正义》中又做了进一步的说明：

> 《易·系辞》云：“河出图，洛出书，圣人则之。”九类各有文字，即是书也。而云“天乃赐禹”，知此天与禹者即是洛书也。《汉书·五行志》刘歆以为伏羲系天而王，河出图则而画之，八卦是也；禹治洪水，锡（赐）洛书法而陈之，洪范是也。先达共为此说，龟负洛书，经无其事，中候（《中候握河纪》）及诸纬多说黄帝、尧舜禹、汤文武受图书之事，皆云龙负图、龟出书。纬候之书，不知谁作，通人讨核，谓伪起哀平（哀帝到平帝，公元前 7～公元 5 年）。虽复前汉之末始有此书，以前学者必相传此说。故孔（安国）以九类是神龟负文而出，列于背有数从一至于九，禹见其文，遂因而第之，以成其九类法也。

孔颖达将此事当成重要问题，历数其前后文献，一一比较、甄别、考证，最后确定一种说法。他相信“先达共为此说”和西汉末年之前的学者“必相传此说”。

洪范九畴的名目，在《洪范》篇中明确列出：

> 初一曰五行，次二曰敬用五事，次三曰农用八政，次四曰协用五纪，次五曰建用皇极，次六曰乂（通艾，治也）用三德，次七曰明用稽疑，次八曰念用庶征，次九曰向用五福，威用六极。

以上 65 字，在《汉书·五行志》中刘歆认为就是洛书本文，这样的看法在汉唐时代大概较为流行，唐朝陆德明注释的九畴就用图来表示，而“伏生洪范九畴图”的中心，就是一个三阶幻方[②]（图 2-5）。此图是否唐代之前已有，尚待考证，其特点是呈圆形。由于《尚书·洪范》本身并没有指出九畴的配置顺序，而《洪范》据考证是西汉初年以后由儒生加入《尚书》的，还不能确切认定洛书即洪范九畴。但这些材料提供了一个不可忽略的线索，也不排除将洛书的九个数字与九畴相结合的可能。

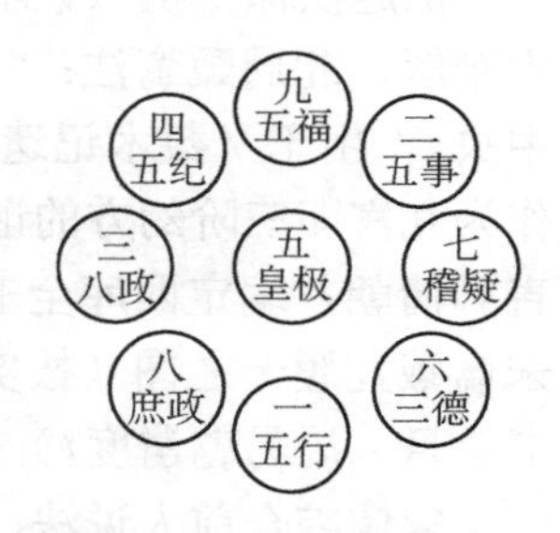

图 2-5　伏生洪范九畴图

至于将洛书看作是九宫的观点，汉代以来也十分流行。九宫本是东汉以前研究《周易》的纬家理论，将乾坤艮震巽离坤兑八卦之宫、外加中央之宫合称九宫。《易乾凿

① 孔安国. 尚书正义：顾命第二十四//阮元. 十三经注疏附校勘记：上册. 卷十八. 北京：中华书局，1979：127.

② 陆德明. 经典释文：尚书·洪范第六//四部备要：007 册. 尚书今古文注疏. 北京：中华书局，1920：88.

度》是一本应予注意的纬书，学者认为它是西汉初年的作品。书中写道：“太乙取其数以行九宫，四正四维皆合于十五。”“维”是系车盖的绳子，转喻为连接；“四维”是四隅。东汉郑玄说：

> 太一者，北辰之神名也。……四正四维，以八卦神所居，故亦名之曰宫。……太一下九宫，从坎宫始。……自此而从于坤宫。……又自此而从震宫。……自此而从巽宫。……所行者半矣，还息于中央之宫。既又自此而从乾宫……自此而从兑宫。……又自此而从于艮宫。……又自此从于离宫。……行则周矣。

按照这个顺序将各宫依次标以一，二，……，九，则得九宫图（图2-6）。由于中国古代的方位上南、下北、左东、右西（与当今地图方向相反），故位于东、南、西、北的震、离、兑、坎叫“四正”，位于四隅的巽、坤、乾、艮叫“四维”。按照原文和注解可得太一下九宫周行图（图 2-7），其中箭号表示太一神下九宫周行顺序。“四正四维皆合于十五”指的是三阶幻方各行、各列之和的性质，可以看作是一个定理。应当说明，图 2-6 九宫是《易·说卦传》所确定的，其八卦方位和顺序不能任意变更，因此，郑玄注指明的太一周行顺序也是唯一的。在古人心目中，这个图具有深奥的宇宙哲理，长期影响传统天文学、数学、地理学、建筑学、农学、医学。

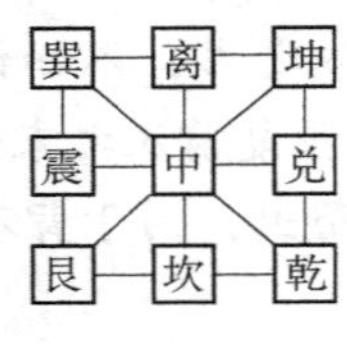


图 2-6　九宫图

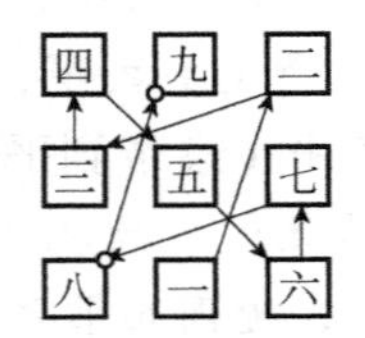


图 2-7　太一下九宫周行图

例如，成书于西汉的《黄帝内经·素问》卷二十一论灾眚方位时，用“三、九、七、一、五”来代表东、南、西、北、中五个方位，完全取自九宫数。[①]这似乎可以证明西汉时九宫的位置模式已成为医学理论的依据。虽然对此书十八卷之后撰写的年代还有疑问，但在西汉时已知九宫，这不失为一有价值的旁证。

旧题汉徐岳撰《数术记遗》称：“九宫算。五行参数，犹如循环”。八个字的说明简古难解，北周甄鸾注：“九宫者，即二四为肩，六八为足，左三右七，戴九履一，五居中央。”由于《数术记遗》著作年代存疑，九宫内容也没有讲清楚，所以一般地说不能作为九宫即三阶幻方的证据；但甄鸾注却是一清二楚，并且还编成了口诀，影响较大。直到清朝，编定四库全书时，四库馆臣认为：“太乙九宫四正四维皆本于十五之说，乃宋儒戴九履一之图（按实为甄鸾所说九宫图）所由出……非后世所托为。”[②]（《四库全书总目·周易乾凿度》）

宋儒综合前人说法，用九宫来解释洛书。北宋初年陈抟研究易经，讲论易学术数，著《指玄篇》81 章等 4 种。周敦颐将其《无极图》演化成“太极图说”，邵雍将其《先天图》演化成象数体系。陈抟将对河图洛书的研究传给种放，种放传给李溉，李溉传给徐坚，徐坚传给范谔昌，范谔昌又传给刘牧。[③]朱震依照刘牧的“易数钩隐图”画成

① 钱宝琮. 太一考//中国科学院自然科学史研究所. 钱宝琮科学史论文选集. 北京：科学出版社，1983：229.
② 永瑢. 四库全书总目：卷六经部六. 周易乾凿度二卷（永乐大典本）. 清乾隆武英殿刻本：90.
③ 李俨. 中算家的纵横图研究//李俨，钱宝琮. 李俨钱宝琮科学史全集：6. 沈阳：辽宁教育出版社，1998：165.

“周易卦图”列于易图之首，这个时候以九为河图，以十为洛书。蔡元定将刘牧、朱震等人的定义对换一下，认为洛书就是九宫，到南宋朱熹时大加提倡，于是许多理学书中开头赫然列出河洛图（图 2-8，图 2-9），于是象数神秘主义大行其道。图 2-8 如果将黑点和白圈代表的数字写出来，就是下文的“天地生成数图”（图 2-11）；而图 2-9 洛书就是由图 2-7 的九宫形象化而来。撇开理学家的观点不谈，这两张图是富于想象力的创造，黑白相对，奇偶有别，均衡对称，难怪一些组合数学著作中，有的就用图 2-9 来作装饰，并把它作为组合学起源的象征。

图 2-8　河图　　　图 2-9　洛书

### 2.1.3　河图即天地生成数说、河图即图谶说

《周易·系辞》称：“天数五，地数五，五位相得而各有合。”据郑玄注，“天数五”指一、三、五、七、九（奇数表阳、乾、天等），“地数五”指二、四、六、八、十（偶数表阴、坤、地等）；“五位相得”指把水、火、木、金、土依次置于它们所代表的方位北、南、东、西、中之上，由 5 个“生数”一、二、三、四、五（五行）与表五行之五相加生出六、七、八、九、十共 5 个“成数”。[①]笔者把这些意思绘成“生成数五位相得图”（图 2-10）。五行不仅具有方位，而且各有色彩。据甄鸾注，水色黑、木色青、火色赤、金色白、土色黄，图中已标明。

于是：①六配水置于北（下），②七配火置于南（上），③八配木置于东（左），④九配金置于西（右），⑤十配土置于中（十记为上下两个五，见河图），兼顾这些规定而配置在各自的方位上，笔者绘出“天地生成数图”（图 2-11），它实际上就是将图 2-8 河图圆点翻译成数字的形式。

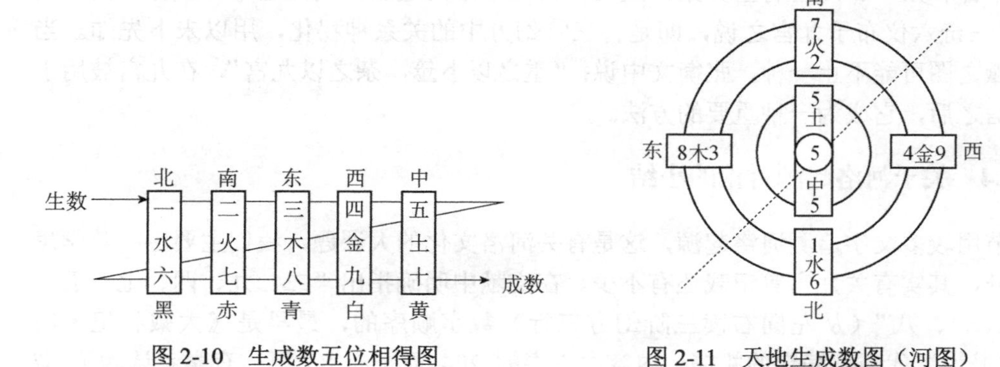


图 2-10　生成数五位相得图　　　图 2-11　天地生成数图（河图）

① 钱宝琮. 宋元时期数学和道学的关系//中国科学院自然科学史研究所. 钱宝琮科学史论文选集. 北京：科学出版社，1983：584.

从数学上看，这个图的意义在于暗示数字从一至十是天地万物的本原。它从哲学上提出了一种基本的“位置模式”，表明了中国古代将五行学说与数字、位置相配合来进行判断、推理。例如五行间的相生关系：木生火、火生土、土生金、金生水、水生木，在天地生成数图上顺时针方向旋转，各关系将依次出现，其中火经中性的土到金；而图中笔者所加虚线的两边，金与木、水与火等相克元素处在相对的位置，兼有相反相成、互为正负的意义；因此，甚至可以把它看作具有某种含义的坐标。在天文学上，这一排列和配置也表示天地生成的原则，形成一种基本的宇宙模型。

宋明以来，程朱理学将天地生成图绘成图2-8，称为河图；九宫数绘成图2-9，称为洛书。朱熹所著《周易本义》卷首就有这两张图。在五六个世纪中哲学家、数学家大多受到它的影响；有的人因而进入易学象数之中，力图发现宇宙的新奥秘。这种现象值得深思。

另外，还有一种观点，认为河图即图谶。图谶又称图箓、谶书，是两汉时巫师或方士制作的图像和隐语符兆，用来占卜吉凶，预言利害。汉代迷信盛行，有的皇帝尤甚，巫师方士受到重视，可在皇帝面前自由发表言论，受宠之后甚至可以做大官。例如《后汉书·方术传序》记载：“王梁、孙咸名应图箓，越登槐鼎之任。”李贤注：“光武以赤伏符文，拜梁为大司空；又以谶文，拜孙咸为大司马。”

图谶的内容是什么？《后汉书·光武帝纪》记载：“宛人李通等，以图谶说光武云：刘氏复起，李氏为辅。”李贤注：“图，河图也；谶，符命之书。谶，验也，言为王者受命之征验也。”另外，《文选·郭有道碑文》蔡邕说：“遂考览六经，探综图纬。”李善注：“图，河图也；纬，六经及孝经皆有纬也。”

看来，图谶之图即河图。东汉著名科学家张衡曾上疏皇帝，“宜收藏图谶，一禁绝之。”(《后汉书·张衡传》）他认为“图谶成于哀平之际也，且河洛六艺，篇录已定，后人皮傅（肤浅，附会），无所容篡（不容妄有加增）。”即原来河图洛书意义明确，图谶是在河洛上附会而成的，“非圣人之法”。这里图谶之图即九宫。由于从南朝宋大明（457～464 年）中开始禁图谶，隋炀帝时尽焚有关书籍，违者至死，其说遂绝，秘府所藏，亦多散亡。不过，南宋秦九韶在《数书九章》序中所说的“三式”——太乙、六壬、遁甲都和太一、九宫有些关系，或为汉代占卜术的遗脉，例如遁甲（或称奇门、雷公），有三奇六仪布于九宫之说，即是将三阶幻方中的关系神秘化，用以未卜先知。当然，图谶之图可能不止一种，张衡文中说：“重之以卜筮，杂之以九宫”，在九宫被用于图谶迷信之后，它成为一种重要的方法。

### 2.1.4 关于河洛起源讨论的小结

本节用较多文字追溯河洛起源，这是有关河洛文化的大课题，我们主要围绕数学思想而展开，其实有关九宫等记载还有不少。在文献中明确指出“二、九、四、七、五、三、六、一、八”（从左向右读三阶幻方三行）数字顺序的，最早是《大戴礼记·明堂》，此书为汉代戴德编定的礼书，内容由先秦的 204 篇删成 85 篇；有学者认为第 67 篇《明堂》为后人插入，其年代尚不能确认。在上面所引数字顺序之后，北齐卢辩注称：“记用九室，谓法龟文。”明堂，古代帝王宣明政教之处，凡朝会、祭祀、庆赏、选士、养老、教学等大典均在此进行。明堂九室法龟文说即按九宫配置（即认为“洛出书”就是九宫）。历代礼家对此颇有争议，清末邹伯奇认为明堂制度和九宫并无关系，证据比较充分。(《明堂会通图说》,《邹氏遗书》第 1 册）然而，无论明堂九室是否按九宫配置，我们关心的是三阶幻方最早出现的确切记录，既然《明堂》篇已明列它三行的数字顺序，当然应当在幻方史中占有它的位置。

另外，历史上还有人认为河图就是九宫。晋代人程本（字子华）在《子华子》中曾论河图，他说：“二与四抱九而上济，六与八滔下而下沉，戴九而履一，据三而持七，五居中，宫数之所由生，一纵一横，数之所由成。”[①]这里程本将河图看作九宫数。《子华子》要比甄鸾早两世纪，但有人考证此书为后世伪托。大约过了八九百年，1275 年南宋杨辉《续古摘奇算法》卷一将幻方称为“纵横图”，这是最早的具有数学意义的命名，是否受到程本“一纵一横，数之所由成”的启发才得出的？无由知之，而思想上的脉络，还是有迹可循的。

以上，我们将有关幻方起源的材料按照观点列出，并做简单讨论。所选材料尽可能是早期的，像宋代《太平御览》872“赤光起，元龟负书，中背有赤文朱字……此即禹所受洛书”,《宋书・符瑞志》记载成王与周公受河图事等，相比而言年代较晚，因袭成说，又加附会，似不足为据。从以上史料中可以得出几点引人注意的结论。

第一，从具有确切实证来看，现代称作三阶幻方的数字方阵，至迟西汉以来两千多年中曾产生过持续的影响。而从文化史上来看，三千年来在不同的时代，它曾被认为与河图、洛书、九宫、洪范九畴、明堂九室、图谶等有关，并为占卜术、象数学所利用。一位现代组合数学家说：“洛书在整个时代，对许多人将发挥强有力的魅惑。连最简单的算术都成了一件令人惊异的事情。于是，从一开始幻方就被同虚幻和神秘的事物联系在一起。”[②]事情还不止如此，由于三阶幻方配置九个数字的均衡性、完美性，产生了一种审美的效果，使得古人认为其中包含了某种至高无上的原则，把它作为容纳治国安民九类大法的模式，或把它视为举行国家大典的明堂格局。因而，最早出现的幻方，既是古代数学的杰作，也是具有哲学意义的创造。

第二，《周易・系辞》“洛出书”指的是什么，历代注家众说纷纭，应当承认后人影响较大的解释，可以认为洛书是世界上最古老的三阶幻方。从科学史的角度来看，河图洛书在神话传说中出现，它的时代有伏羲、唐尧、大禹、文王、成王、周公等，虽无法确定，却不排斥产生于先秦时代的可能性，当然这并不等于确认它在公元前两千年业已存在。洛书作为幻方在 1 世纪就为中国学者所熟知，已为国际科学史、数学史界[③]所承认[④]，并且认为，还有可能在更早的几个世纪之前业已出现。因而，可以肯定地说，世界上最古老的三阶幻方起源于中国。

幻方与早期西方文化无缘，具有典型的东方色彩。古代组合思想发源地在东方，在中国、阿拉伯和印度。值得注意的是，19 世纪末有位学者杜普依斯（Dupuis）将 2 世纪的希腊人士麦那的赛翁的著作译成法文，发现有数字方阵（图 2-12），于是一些著名的

---

① 李俨. 中算史论丛（一）：中算家的纵横图研究. 北京：科学出版社，1954：176.
② BIGGS N L. The roots of combinatorics. Historia Mathematica，1979，6：109-136.
③ SWETZ F. The evolution of mathematics in ancient China. Mathematics Magazine，1979（1）：10.
④ BERGE C. Principles of Combinatorics. New York：Academic Press，1971：25.

学者如萨顿[①]、李约瑟[②]先后指出，赛翁给出了“（在中国传统之外的）关于幻方的一个最早的暗示”，或赛翁“讨论了一个幻方”。这样提出的对幻方的发明权的要求是无效的[③]，因为按自然数顺序排出的方阵与幻方本质无关。由此可见，科学史界对幻方的发明给予相当的重视。

| 1 | 4 | 7 |
|---|---|---|
| 2 | 5 | 8 |
| 3 | 6 | 9 |

图 2-12　赛翁方

第三，对于神话传说，既不能全部确认，也不能一笑置之。它把古代发生的事件、古人对自然界的观察和各种幻想糅合在一起，曲折反映了当时的思想和处于萌芽状态的科学认识。因而像《易经》等经典反映出那个时代，提供了关于古人的珍贵信息。古代传说，历史越久，流传越广，版本越多，矛盾越多，这是必然的。所以不能从考据之学出发，认为荒诞不经、轻易否定。可以把神话色彩看作艺术加工。河图洛书的传说反映了远古时期河洛地区确乎发生过某种事件，虽然难以透过时间的重重帷幕确切了解它，但注意到：①河出图，洛出书不是绝无仅有的事件。孔子说：“凤鸟不至，河不出图，吾已矣夫。”（《论语・子罕》）即他盼望有生之年还会见到这些吉祥之兆。②河洛传说与龙马神龟相关，使人联想到其附着的物质材料是龙骨与龟板，即古代动物的遗骨和龟甲。③河洛的内容是符号或图像，使人联想到它大概是用火在甲骨上烧灼而成的。

于是，可进一步推测：远古时代，在河洛中捕获过大龟，在龟背上用火（而非用钻）烧灼出窝槽，爆现吉祥之兆；或者在该地区中发现了更早时代的卜骨遗物，上有难以领会的符号或图像。河洛处于中原腹地，这类事件引起巨大震动，广为传播，便形成河出龙图，洛出龟书的传说。因龟卜商周常见，凡邦国大事都要请巫祝卜筮，故主事者或解释者在传说中是以圣贤国君的面貌出现。从技术上来说，据《史记・龟策列传》，宋国宋元公子佐时（公元前 522 年前后）举行杀龟取甲的仪式，将大龟板钻了 72 槽；殷代大龟板，钻槽数也有超过 100 槽的。而河图 55 眼、洛书 45 眼，使人们倾向于不排除出现类似宋儒所绘河洛图的可能。

第四，则河图之文以画八卦，表明河图在先，八卦在后。古代宗教思想史中有先卜后筮论：“卜法为最古者，而筮法之兴，绝不能谓之最古者无疑”，“卜筮法之发达，当在卜法衰落之后”[④]；还有人提出“殷朝有卜无筮论”[⑤]。河图洛书应当属于骨卜遗物，而八卦产生于草占后期。[⑥]河洛与八卦都是中国科学史、科学思想史的源头，视其为研究禁区就无法厘清上古大量科学思想的来龙去脉。在 § 2.2 节中将讨论周易卦序的数学性质。

第五，中国古人在大典、祭祀、占卜和日常活动中，都特别重视方位与顺序，并且把最重要的哲学概念都与一定基数词相关联，从而使两者都增添了更多的意义。这种企图探索宇宙奥秘的努力，不能简单地斥之为神秘主义，实际上表现出古人对宇宙和大自

① SARTON G. Introduction to the History of Science：Vol. I From Homer to Omar Khayyam. Baltimore：The Williams& Wilkins Company，1927.

② NEEDHAM J. Science and Civilisation in China：Vol. 2 History of Scientific Thought. London：Camb. Univ. Press，1956：61.

③ BIGGS N L. The roots of combinatorics. Historia Mathematica，1979，6：109-136.

④ 本田成之. 先秦经籍考：上册. 上海：商务印书馆，1931：47.

⑤ 余永梁. 易卦爻辞的时代及其作者. 顾颉刚. 古史辨：第三册. 上海：上海古籍出版社，1982：147-150.

⑥ 朱天顺. 中国古代宗教初探. 上海：上海人民出版社，1982：155.

然因果关系的抽象理解，对社会和周围事物层次关系的深入认识。今天看来就是特别重视层次、位置关系、程序安排和序关系，这些正是组合配置与计数的前提，由此看来，在此丰富的思想背景之下，产生出一系列早期的组合思想的成果，绝不是偶然的。

## 2.2　周易卦序：排列与对称的数学

《易经》为六经之首，在古代经典中占有首屈一指的地位，被认为是中国文化之源。易学是中国文化史上的重大课题，近百年来的研究有起有落。1973 年 12 月在长沙马王堆三号汉墓出土了帛书、竹木简等珍贵文物，是我国考古学史上最引人注目的重大发现之一。其中有行用于汉初的帛书周易《六十四卦》，有别于流传至今的周易卦序。1984 年《文物》第 3 期开始发表帛书周易的部分内容。[①] 1993 年 3 月，湖北江陵王家台 15 号秦墓中出土了《归藏》，1995 年荆州博物馆在《文物》第 1 期上发表有关内容。[②] 这些都引起海内外考古、哲学、易学界广泛兴趣，迄今已发表百余种有关论著。

王国维在国学研究中提出“以‘地下之新材料’（主要指甲骨卜辞和金文）印证‘纸上之材料’（指古书记载）的‘二重证据法’”[③]，饶宗颐又把考古发现的古文字资料作为第三重证据[④]，邢文在考释帛书周易时认为国际汉学的研究成果也应列为第四重证据。[⑤]对易卦研究而言，是否存在一种纯数学的解析，也可作为考释的依据之一，本节愿从科学史的角度做出尝试，提出一种数字化的方法，从一个侧面观察《易经》。

### 2.2.1　《周易》简介[*]

《周易》是《易经》在周朝时的版本名，通常也指《易经》，它是我国最古老的一部占筮用书。其内容深奥、复杂，记录了我们的祖先对各种现象和关系所作出的兆象及吉凶判断，反映了古人在社会生活和自然界的环境中，由于不能理解其发展变化的原因而求助于神学预示的想法；同时也直接或曲折反映了他们对周围事物的观察和认识，记载了实际活动的经验、感受和评价，表现了对周围世界进行抽象和概括的愿望，其中也包含了他们的宇宙观和哲学观点。所以，《周易》便成为中国哲学史上第一部经典著作，在远古时代，其地位居于六经（易、诗、书、礼、乐、春秋）之首。图 2-13 即是以“阴阳”为中心的八卦图。

图 2-13　八卦图

《周易》起源众说不一，夏、商、周曾三代易名，分别叫《连山》《归藏》和《周易》。关于“易”的含义，也有多种解释，据东汉郑玄的注解，“易”有三义，即“简

① 张政烺. 帛书《六十四卦》跋. 文物，1984（3）：9-15.
② 刘德银. 江陵王家台 15 号秦墓. 文物，1995（1）：37-43.
③ 裘锡圭. 文史丛稿——上古思想、民俗与古文字学史. 上海：上海远东出版社，1996：190-191.
④ 李学勤. 走出疑古时代. 沈阳：辽宁大学出版社，1994：3.
⑤ 邢文. 帛书周易研究. 北京：人民出版社，1997：9-10.
* 罗见今.《数书九章》与《周易》//吴文俊. 秦九韶与《数书九章》. 北京：北京师范大学出版社，1987：89-102.

易”“变易”和“不易”。

《周易》分《易经》和《易传》两部分。《经》由卦图、卦辞和爻辞构成，共有六十四卦，每卦有一个卦图、一条卦辞和六条爻辞。《传》共有七种，即彖传、象传、文言、系辞、说卦、序卦、杂卦，是对《经》的注解。由于它的历史也很古老，传统上把它看作《周易》的一部分。《周易》经文以乾☰、坤☷、震☳、巽☴、坎☵、离☲、艮☶、兑☱八卦（依次象征天、地、雷、风、水、火、山、泽。每卦所象征的内容还有多种解释）两两排列而演成六十四卦，三百八十四爻，用来预卜吉凶休咎。“爻”，交错变动之意，《系辞》说：“爻也者，言乎变者也。”又说：“爻也者，效天下之动者也。”爻有阴阳之分，阴爻 ⚋，阳爻 ⚊，是两种基本符号。例如六十四卦中第四十七卦的卦图是䷮，象征水的“坎”在象征泽的“兑”下边，它的卦名是“困”。后面附有卦辞。解说爻象的一句话是这样的：“象曰：泽无水，困，君子以致命遂志。”魏王弼注：“泽无水，则水在泽下；水在泽下，困之象也。处困而屈，其志忘，小人也。君子固穷，道可忘乎？”经文对“困”举出几种情况，并预言了吉凶。这一条是说，泽中无水，水草枯，鱼虾死，处于困境，所以卦名为困。引申意义是君子临于困境，要舍弃生命以行其志愿。六十四卦排列了多种情况，逐一地予以解释，并预卜了吉凶。对于远古社会来说，用 $(2^3)^2=64$ 卦乃至 $64\times6=384$ 爻来概括各类事件的利害，已经够用了。

《周易》的作者，根据传说和后人注释，尚不能确切地认定。它的成书大体可分为三个历史阶段：甲、《系辞》说：“古者包牺氏之王天下也，仰则观象于天，俯则观法于地，观鸟兽之文与地之宜，近取诸身，远取诸物，于是始作八卦，以通神明之德，以类万物之情。”包牺就是伏羲，相传为古帝三皇之一，姓风，都于陈（今河南开封东）。所以有伏羲重卦说（王弼、孔颖达）。另外，还有神农重卦说（郑玄），以及夏禹重卦说（孙盛）。乙、司马迁在《史记·周本纪》中说，文王“其囚羑里，盖益易之八卦为六十四卦”。历史上通常称之为“文王演周易”或“文王重卦”。这一说法在考古学和古文字学方面得到了新证明。①故《易经》不是一人一时的作品，而是在漫长的历史年代里形成的，其中保存有殷、周占卜记录，集中了筮人的活动结果。它的编纂，大约在西周后期。丙、《易传》7 种有人认为是孔子所作，因为它引孔子语录 29 条，均记有“子曰”字样。有人认为这出于孔门弟子或他人手笔。现在不少意见认为《易传》在战国时代成书，亦非出自一人之手。

从思想史和科学史的角度来看，《周易》的内容十分丰富，它既含有哲学、文学、政治、历史、社会学、逻辑、道德、法律、军事等社会科学的内容，也含有天文、数学、音律、医理、生物等自然科学的内容。因而，它对中国哲学和科学思想的发展产生了不可忽视的影响，儒道名墨等先秦诸子或多或少地从《周易》中汲取过营养，在历史上形成了历时两三千年的易学学派，许多哲学家、科学家都要读《易》，著作丰富，今有传本约三千余种。这里，我们将注意它的自然观，以及它的哲学模式在数学上的表现。限于篇幅，仅举一例，就是六十四卦与二进制的关系。微积分的创始人之一、德国哲学家莱布尼茨曾高度评价《周易》六十四卦排列的数学意义，在 1703 年发表的文章中，他认为古代中国人在发明二进制计算方面有优先权。如所周知，二进制数字 0 和

① 刘德银. 江陵王家台 15 号秦墓. 文物，1995（1）：37-43.

1，可与《周易》中两个符号阴爻 ⚋ 和阳爻 ⚊ 相对应。把这两类符号集合按有重排列的方法任取 3 个排在 2 个位置上，有 $2^3=8$ 种排法，所得即八卦——少成之卦；将八卦（8 类元素）每次任取两个排在下、上两个位置上，易知有 $8^2=64$ 种排法，所得即六十四卦——大成之卦，把六十四卦按宋儒邵雍的卦序对译成二进制数字，就可以得到从 0 到 63 的完整的数字顺序，如坤 ䷁ 为 000000，剥 ䷖ 为 000001，比 ䷇ 为 000010，观 ䷓ 为 000011 等，直到乾 ䷀ 为 111111。在数学史上，《周易》八卦、六十四卦是有重排列最古老的范例。这种排列，导致了与二进制计数相当的结果。虽然阴爻和阳爻是否具有数字的意义是有争论的问题，这并不排斥从易学上和从数学上进一步探讨的必要性。

从中算史上来看，算学家受《周易》影响不是个别的，也不是自宋元以来所特有的现象。例如 3 世纪大数学家刘徽，在他为《九章算术》所写的序中就有这样的话：包牺氏始画八卦，以通神明之德，以类万物之情；作九九之术，以合六爻之变。……于是建历纪，协律吕，用稽道原，然后两仪、四象精微之气，可得而效焉。唐朝天算大家僧一行也受到易的启发，以及后来南宋秦九韶等，这里不多引证了。影响所及，主要在数理哲学方面，同时也有具体的数学方法和对象。《周易》虽不是一本数学书，但它的太极、八卦、占筮、河（图）洛（书）等部分却涉及几何、坐标、级数、奇偶、对称、对应、配置、排列、组合、同余式等数学内容。不少现代学者认为《周易》有消极影响，如数术的流传不利于数学的发展，这是一个需要进一步探讨的问题。

### 2.2.2　易卦的数学解析与邵雍先天图*

《易经》历经流变，今存名目或传本者至少有十几种，如连山、归藏、今本周易、帛书周易、京房……其六十四卦皆因卦序不同而命名各异。其中北宋哲学家、易学家邵雍的“伏羲六十四卦方位图”①（图 2-14）因其卦象的排列具有数字规律性引人注目。

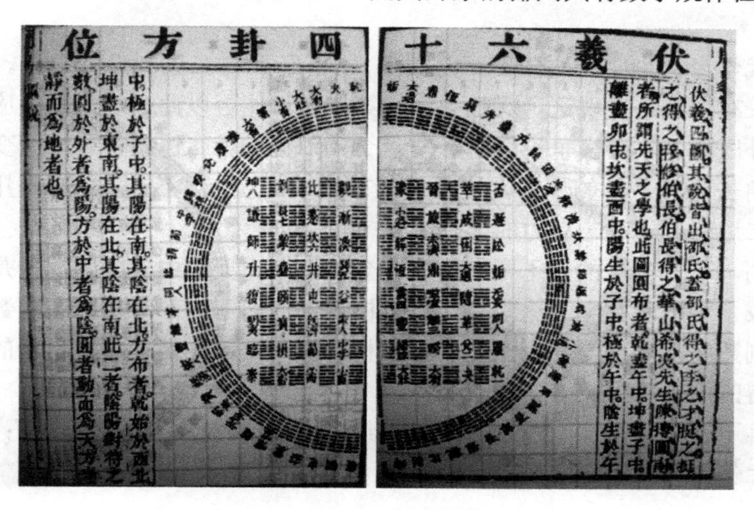


图 2-14　伏羲六十四卦方位图

---

* 罗见今. 周易卦序的对称结构探赜——邵雍先天图的数学解析和应用. 高等数学研究，2015，18（4）：37-43. 第 5 届数学史与数学教育国际会议论文. 海口，2013-4.

① 朱熹. 周易本义. 济南：山东书局，1872（清同治十一年）：4-5.

邵雍方位图，亦称伏羲先天图。朱熹认为“天圆在外，地方在内”；其中方图的排序在诸本易卦中独树一帜（图 2-15，表 2-1），彰显出数字性质。尽管这一点存在争论，本节还是要以此作为数学研究的起点，让具体分析和结果来做出证明。

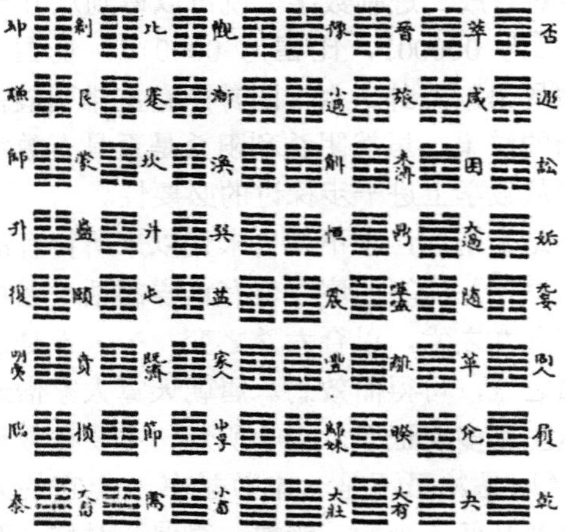

图 2-15 邵雍“先天图”中的方图
从图 2-14 中摘出方图放大，含六十四卦象及其卦名

**表 2-1 邵雍“先天图”卦值表**

| 坤 0 | 剥 1 | 比 2 | 观 3 | 豫 4 | 晋 5 | 萃 6 | 否 7 |
|---|---|---|---|---|---|---|---|
| 谦 8 | 艮 9 | 蹇 10 | 渐 11 | 小过 12 | 旅 13 | 咸 14 | 遁 15 |
| 师 16 | 蒙 17 | 坎 18 | 涣 19 | 解 20 | 未济 21 | 困 22 | 讼 23 |
| 升 24 | 蛊 25 | 井 26 | 巽 27 | 恒 28 | 鼎 29 | 大过 30 | 姤 31 |
| 复 32 | 颐 33 | 屯 34 | 益 35 | 震 36 | 噬嗑 37 | 随 38 | 无妄 39 |
| 明夷 40 | 贲 41 | 既济 42 | 家人 43 | 丰 44 | 离 45 | 革 46 | 同人 47 |
| 临 48 | 损 49 | 节 50 | 中孚 51 | 归妹 52 | 睽 53 | 兑 54 | 履 55 |
| 泰 56 | 大畜 57 | 需 58 | 小畜 59 | 大壮 60 | 大有 61 | 夬 62 | 乾 63 |

每个卦象按从下向上顺序将阴爻阳爻译成 0,1，再转成十进制即卦值（$m$）

对易卦的兴趣，主要集中在考古、哲学、汉学、易学各界，而科学史界研究者较少，但 20 世纪 90 年代以来孙小礼①等学者发表数十篇论文，都提到德国数学家莱布尼茨在《二进算术》（1679 年）一文中建立了二进制的表示及运算，后来他给法国科学院提交了《关于仅用 0 与 1 两个符号的二进制算术的说明，并附其应用以及据此解释古代中国伏羲图的探讨》（1703 年），清楚建立了二进制符号 0 与 1 和阴爻与阳爻之间的对等关系。

一些现代学者认为阴爻与阳爻不是数字，《易经》与二进制没有关系。但是，谁都不可否认，莱布尼茨是发现这种对等关系的第一人。能否以此为切入点，应用数学方法分析易卦的卦序呢？不必去争论《易经》阴爻、阳爻是否二进制符号，而变换方法，用二进制的视角去研究易卦的性质，这正是莱布尼茨的观点。《易经》流传几千年，要透彻认识它，二进制数学是一有力的工具。

我们看到，表 2-1 中的六十四卦排序完全是邵雍先天图中的方图，只是已将六十四卦的卦象换成了十进制数字。这些数字是怎样得到的？——都是从二进制数字转换而来的，而二进制数字又完全与六十四卦的卦象相对应——这就是按莱布尼茨的观点认识邵雍先天图获得的结果。下文有详细的解释。

须说明：下文中诸本六十四卦称为“易卦”，易卦和经文称为“易经”；仅在数学史的早期意义上使用集合论等数学术语。

### 2.2.3 数学视角中易经的几个基本概念

易经的一些基本概念须先给出数学定义。

---

① 孙小礼. 莱布尼茨对中国文化的两大发现. 北京大学学报（哲学社会科学版），1995（3）：67-71.

**1）卦序、卦名、卦象**

将阴爻 ⚋ 阳爻 ⚊ 视为 2 类元素，从中任选 3 爻的有重排列数为 $2^3=8$，由此构成八卦：“乾☰天、艮☶山、坎☵水、震☳雷、坤☷地、兑☱泽、离☲火、巽☴风”，是六十四卦的基础。诸本易卦因易理不同而卦序有别，任一卦的卦名在历史上可能有借代、通假或其他非本质变化，应认为 64 个卦名在诸本中保持一致。将八卦视为 8 类元素，从中任选 2 卦的有重排列数为 $(2^3)^2=64$，由此构成 64 个互异的六爻卦象。例如，下卦☰天、上卦☲火构成的六爻卦象䷍名为“大有”；下卦☳雷、上卦☷地的卦象䷗名为“复”等。在构成时须按先下卦后上卦的顺序，但读取时却相反，例如“火天大有”、“地雷复”等。

**2）卦数、卦值、卦位**

莱布尼茨指出卦象与二进制数字间存在对等关系：阴爻对等于 0，阳爻对等于 1。因此，任六爻卦象必可译成 6 个数码构成的、唯一的二进制数字，翻译六爻的顺序须是从下向上。

**定义 1**　由某卦卦象译成的二进制数字，叫作该卦名的卦数。

例如，名为“屯”的卦象䷂，其卦数为 100010；名为“蒙”的卦象䷃，其卦数为 010001。易卦全部卦数的范围在 000000 到 111111 之间，共 64 个。

任一个二进制数字，均可转成唯一的十进制数字。

**定义 2**　由某一卦数转成的十进制数字，叫作该卦名的卦值，用字母 $m$ 表示。

卦值 $m$ 共有 64 个，范围：$0 \leqslant m \leqslant 63$，即不大于 63 的自然数。例如，诸本易卦中“鼎”䷱的卦值 $m=29$。当三爻的下卦和上卦合成六爻卦时，可视为此时 $m$ 被分解成一个二元函数。记下卦为 $a$（$0 \leqslant a \leqslant 7$），上卦为 $b$（$0 \leqslant b \leqslant 7$），易知 $a$，$b$ 皆八卦卦值。记 $m=(a,\ b)$，则有

$$m = 8a + b \tag{2-1}$$

例如，取 $a=5$（离☲），$b=6$（兑☱），则 $m=46$，为“革”䷰卦。反之，如已知某卦的值为 $m$，可径由式（2-1）推出（$a$，$b$），从而求出该卦卦名。

综上，易卦的卦名、卦象、卦数、卦值虽各呈汉字、爻象、二进制数字、十进制数字，但四者实际上同一，只要确定其中任意一个，其余三者便被唯一确定。

于是，可将这些同一关系借用符号“⇔”连接起来。例如“屯”卦：

屯 ⇔ 下☳上☵ ⇔ ䷂ ⇔ 100010 ⇔（4，2）⇔ 34

反之，仅用卦值 $m=34$ 即可推出上行“屯”的各种形态。这使我们能够用卦值将易卦数字化。

例如当任取 $m=37$，据式（2-1）立可求出（4，5），即下卦为 $a=4$（震），上卦为 $b=5$（离），即得“噬嗑”，卦象䷔，卦数 100101。因此，卦值 $m$ 包含该卦的基本信息和本质特征。

**定义 3**　某卦在卦序中的位置，叫作该卦的卦位，用字母 $n$ 表示（$1 \leqslant n \leqslant 64$）。

例如，在帛书周易 B 卦序中，当 $n=52$ 时记作 $B_{52}$，$B_{52}=13$ 表示其卦值为 13，即占第 52 位的是“旅”䷷；而 $F_{52}=12$ 表示在伏羲卦序中第 52 位是卦值为 12 的“小过”䷽。

易卦常排成 8×8 阶方阵（即矩阵），记行为 $i$（$1 \leqslant i \leqslant 8$），列为 $j$（$1 \leqslant j \leqslant 8$），则有

$$n = 8(i-1) + j \tag{2-2}$$

例如，B 中任取 $n$=57，据式（2-2）知 $B_{57}$ 排在 $i$=8、$j$=1 即第 8 行、第 1 列。据 $B_n$=$m$，可知 $B_{57}$=27，即“巽”䷸。记任一易卦为 $Y$，则

$$Y_n = m \tag{2-3}$$

式（2-3）表示某易卦卦序中卦位 $n$ 一旦确定，则卦值 $m$ 也被唯一确定；反之亦然。卦位和卦值之间如果存在函数关系并能找出，则该卦的卦序问题在数学上就算得到解决。

**3）有序集、有序对、对应与置换**

将八卦视为 8 种元，分别组成下卦集与上卦集，每次从中各取 1 元，按从下向上的顺序排列在 2 个位置上，共有 $8^2$ 种不同排法，即构成六十四卦。易卦纵有不同排序，每种六十四卦总可视为一有序集。任一部易经卦序中，64 元按卦位奇偶均有 32 对，即卦位 1—2，3—4，…，63—64 分别形成二元组或有序对，在易卦的构成和易理的解读中具有特殊意义。例如，在今本周易 Z 中，第 11 位 $Z_{11}$=56 为泰䷊，第 12 位 $Z_{12}$=7 为否䷋，两者构成一对：11—12。因此，六十四卦可视为一个有序对集。[①]这里无须强调其集合性质，但毫无疑问，易卦的确是集合论萌芽于上古时期一个有意义的例证。

八卦是六十四卦的基础。《说卦传》给出八卦基本的 4 组对应关系：[②]

“天地定位”：天☰乾 7 ↔ 0 坤☷地　“山泽通气”：泽☱兑 6 ↔ 1 艮☶山

“水火相射”：火☲离 5 ↔ 2 坎☵水　“雷风相博”：雷☳震 4 ↔ 3 巽☴风

四句先后顺序不同，则易理有别。但对应关系却是不变的，也可视为一种映射，相关两元用符号“↔”标明。上述每对三爻卦象的共同特征是经过三爻置换，阳爻与阴爻全部相异。在六十四卦排序时，这些置换和对应仍然构成每种易卦的骨架。

**4）序关系、同构、多元组与易卦结构**

数学重视研究序关系。任一易卦皆有古文献定义的卦序，64 个元可视为一种简单的全序集。图 2-14 的易卦方阵，应怎样取读来确定它的卦序？因古代图上方位是上南下北左东右西，与今人的规定相反；邵雍绘图时实际认为“乾始于西北，终于东南”，故“乾”虽在右下方，却为卦首，“坤”虽在左上方，却是卦尾。因此，取读顺序必须正确。

数学上的取读顺序可以从下向上、从右向左；从左向右、从上向下；取镜像图案的顺序；旋转该图；从背面看等。因各卦由卦序确定的相对位置未变，故以上各种所得结果均视为同构。然而，在易理上就有区别，事实上正确的顺序只有 1 种。

上述二元组因各种对应关系还可派生出相关 4 元组和 8 元组，这些子集可统称为多元组。易卦卦序、其多元组决定了该卦的结构。

---

① 进一步可将六十四卦集合视为下卦集合与上卦集合的笛卡儿积.如果下卦集合 $X$ 是 8 个元素的集合 {7，1，2，4，0，6，5，3}，而上卦集合 $Y$ 是 8 个元素的集合 {7，0，1，6，2，5，4，3}，则这两个集合的笛卡儿积是 64 个元素的六十四卦集合 {（7，7），（0，7），（1，7），…，（2，3），（5，3），（4，3）}。这里的数字皆为八卦卦值，如 7 为乾，0 为坤等。所举例子为帛书周易卦序。当然，求笛卡儿积所得结果可为任一易卦卦序。

② 通常将这些对应（或映射）关系绘成八卦方位圆图，但圆图各卦对应顺序诸本不一。

### 2.2.4　二进卦值菱图的构成和性质

**1）二进卦值菱图的构成**

现将邵雍所绘伏羲六十四卦方位图（图 2-14）中的方图（图 2-15）按逆时针方向旋转 135°，得到一个菱形图（图 2-16）：63 乾䷀在上，0 坤䷁在下，左 07 为否䷋，右 56 为泰䷊。垂直的乾坤轴与水平的否泰轴相交于菱图的中心；然后按照定义 3 将先天图中各卦位的卦值填写到该位之内，得到图 2-17，本书称其为邵雍先天二进卦值菱图（简称“菱图”）。它将先天图全部卦值包含的基本信息富集于一图之中。

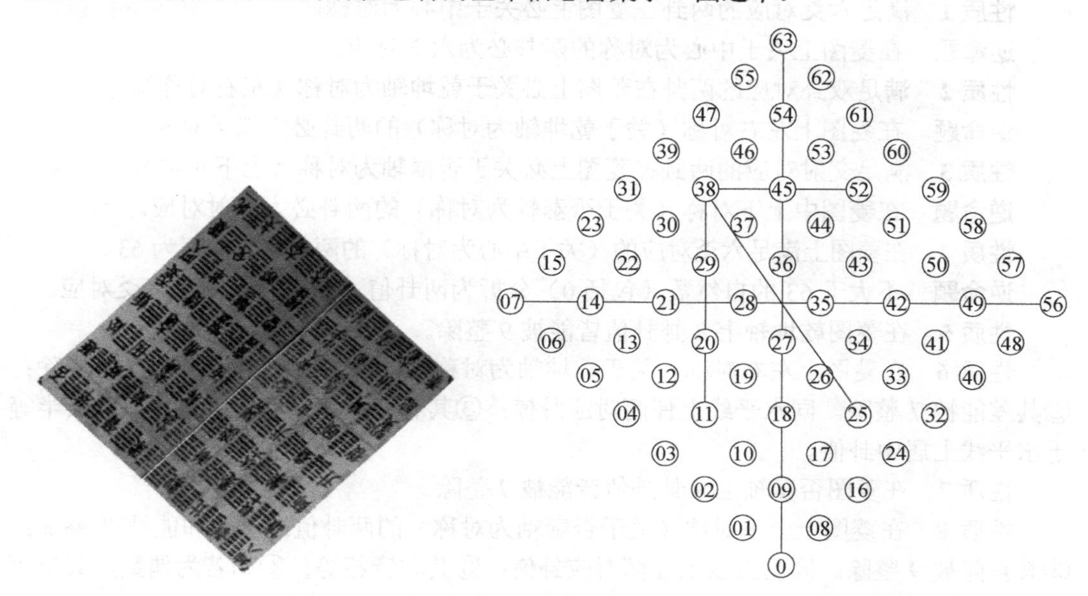


图 2-16　邵雍先天图方图旋转后所得菱图　　图 2-17　邵雍先天二进卦值菱图

**2）二进卦值菱图的三种置换和对应**

菱图具有三种基本置换和对应，每种都决定了一个二元组（或有序对）。

**定义 4**　六爻置换是指一卦的六爻全部置换成相对的六爻。即按照从下向上的顺序，阳爻变阴爻，阴爻变阳爻。该卦与六爻置换的结果形成六爻对应（在菱图中是中心对应）。例如，䷐随 38↔25 蛊䷑。在图 2-17 中将这一对应用细线连接起来；以下两种对应也已标明。

**定义 5**　双卦置换是指一卦的下卦和上卦置换成另一卦的上卦和下卦。即两卦下、上卦易位。该卦与双卦置换的结果互为双卦对应（菱图中左右对应）。例如䷐随 38↔52 归妹䷵。

**定义 6**　交射置换是指两卦满足：前者下卦与后者上卦作三爻置换、前者上卦与后者下卦作三爻置换。此两卦形成交射对应（菱图中上下对应）。例如，䷐随 38↔11 渐䷴。

“交射”一词为本书所用，前下与后上、前上与后下的交叉置换谓之“交”，而“射”取义于经文的“水火相射”和数学的“映射”。注意到：在乾坤轴上对应的两卦既满足六爻对应，又满足交射对应。例如，䷝离 45↔18 坎䷜。

在否泰轴上对应的两卦既满足六爻对应，又满足双卦对应。例如，䷩益 35↔28

恒䷟。

这说明乾坤轴与否泰轴的对等性。在易学研究中大量的讨论是相当于六爻对应和双卦对应的，对交射对应涉及较少。在数学上看，双卦对应与交射对应也具对等性。

**3）二进卦值菱图上的几何和算术**

用二进卦值表示的邵雍先天菱图具有许多明显的数学性质，用细线将上述三种对应连接起来，就构成直观的、对称的几何图像；对纵、横、斜线两端的数字分别做四则运算，能得到许多相仿而有趣的结果。

**性质 1** 满足六爻对应的两卦在菱图上必关于中心为对称。

**逆命题** 在菱图上关于中心为对称的两卦必为六爻对应。

**性质 2** 满足双卦对应的两卦在菱图上必关于乾坤轴为对称（左右对称）。

**逆命题** 在菱图上左右对称（关于乾坤轴为对称）的两卦必为双卦对应。

**性质 3** 满足交射对应的两卦在菱图上必关于否泰轴为对称（上下对称）。

**逆命题** 在菱图中上下对称（关于否泰轴为对称）的两卦必为交射对应。

**性质 4** 在菱图上满足六爻对应的（关于中心为对称）的两卦值之和恒为 63。

**逆命题** 不大于 63 的自然数（包括 0）分拆为两卦值，该两卦必满足六爻对应。

**性质 5** 在菱图乾坤轴上 8 卦卦值皆能被 9 整除。

**性质 6** 在菱图上左右对称（关于乾坤轴为对称）的两卦值：①其和能被 9 整除；②其差能被 7 整除。同水平线上任两对应卦值：③其和皆相等；④和若为偶数，其半等于水平线上居中卦值。

**性质 7** 在菱图否泰轴上 8 卦卦值皆能被 7 整除。

**性质 8** 在菱图上上下对称（关于否泰轴为对称）的两卦值：①其和能被 7 整除；②其差能被 9 整除。同垂直线上任两对应卦值：③其和皆相等；④和若为偶数，其半等于垂直线上居中卦值。

上述特性是前人从未揭示的，因这些数字是卦值，运算结果便被赋予深层次的意义，有些应蕴含易理，有些也许只是数学习题，须再做发掘。各个性质的证明和举例均从略。

### 2.2.5 二进卦值菱图中周易卦序的对称结构

上文揭示菱图的数学意义，有便于易学钩深索隐。用二进卦值表示的菱图具有丰富的内涵，集中了易卦许多本质特征；事实上它也是一个数学模型，可用来作为标准和工具，将今本周易或任一易卦的卦位按卦值填入菱图之中，来考察其卦序安排和结构的深层意义。

**1）周易各卦位按卦值依序植入菱图**

今本周易的卦位、卦名、卦值依序为：1 乾 63，2 坤 0，3 屯 34，4 蒙 17，…，64 未济 21。在菱图（图 2-17）中，在 63 的位置填入 1，在 0 的位置填入 2，…，在 21 的位置填入 64。然后将 1—2，3—4，…，63—64 连接起来，得到周易卦序的结构图（图 2-18）。

于是，今本周易卦序结构的庐山真面目便第一次清晰、完整地展现在世人面前。

**2）今本周易卦序的结构分析**

根据二进卦值菱图的三种对应，现将今本周易卦序结构图（图 2-18）中 32 种有序对按照对称的性质分类。为不重复统计，先将轴上对称关系分离出：

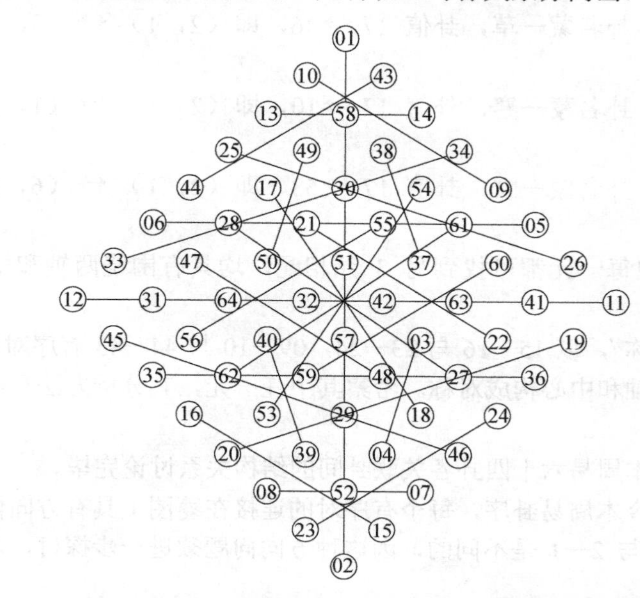


图 2-18　今本周易卦序结构图　邵雍二进卦值菱图的对称性

（1）轴上对称：共 8 对，呈中心、左右、上下三类对应，分成 4 个 4 元组保持对称或均衡：乾 01—02 坤与否 12—11 泰，坎 29—30 离与既济 63—64 未济，震 51—52 艮与巽 57—58 兑，咸 31—32 恒与损 41—42 益。

（2）中心对称：共 4 对，皆呈中心对应，分成 2 个 4 元组保持对称：随 17—18 蛊与渐 53—54 归妹，颐 27—28 大过与中孚 61—62 小过。

（3）左右对称：共 4 对，皆呈左右对应，分成 2 个 4 元组保持对称：师 07—08 比与同仁 13—14 大有，讼 06—05 需与晋 35—36 明夷。对称类型还有（以下只列卦位，省略卦名）：

（4）共轭对称：共 4 对，构成 1 个关联 8 元组，呈中心、左右、上下三类对应，保持对称：3—4，39—40，37—38，49—50。

（5）交叉对称：共 12 对，分成 3 个关联 8 元组，呈中心、左右、上下三类对应，保持对称：15—16 与 23—24，09—10 与 44—43；19—20 与 45—46，25—26 与 33—34；47—48 与 59—60，21—22 与 55—56。

前述三种“对应”在图上就形成了“对称”。轴上对称、中心对称、左右对称是非常明显和众所周知的，分析从略。这三种对称共包含有 16 个有序对，即六十四卦的一半。

所谓“共轭对称”，包含 3—4，39—40，37—38，49—50 有序对所构成的关联 8 元组，围绕两轴和中心构成对称。考察单一的 04 蒙：它与 49 革呈中心（六爻）对称，与 39 蹇呈左右（双卦）对称，与 38 睽呈上下（交射）对称：

卦位 04 ⇔ 蒙 ⇔ 下卦水☵，上卦山☶ ⇔ ䷃ ⇔ 卦数 010001 ⇔ （2，1） ⇔ 卦值 17

卦位 49 ⇔ 革 ⇔ 下卦火☲，上卦泽☱ ⇔ ䷰ ⇔ 卦数 101110 ⇔ （5，6）⇔ 卦值 46

卦位 39 ⇔ 蹇 ⇔ 下卦山☶，上卦水☵ ⇔ ䷦ ⇔ 卦数 001010 ⇔ （1，2）⇔ 卦值 10

卦位 38 ⇔ 睽 ⇔ 下卦泽☱，上卦火☲ ⇔ ䷥ ⇔ 卦数 110101 ⇔ （6，5）⇔ 卦值 53

故知卦位 04—49，卦名蒙—革，卦值 17↔46，即（2，1）↔（5，6），☵☶↔☲☱，为六爻对应；

卦位 04—39，卦名蒙—蹇，卦值 17↔10，即（2，1）↔（1，2），☵☶↔☶☵，为双卦对应；

卦位 04—38，卦名蒙—睽，卦值 17↔53，即（2，1）↔（6，5），☵☶↔☱☲，为交射对应。

关联 8 元组中每一元都可找到另 3 元相配，均具有围绕两轴和中心构成对称的性质。

所谓“交叉对称”，以 15—16 与 23—24，09—10 与 44—43 有序对所构成的关联 8 元组为例，围绕两轴和中心构成对称。考察其中任一元，其分析方法和结论与共轭对称均同。

至此，已将今本周易六十四卦各关联卦间的结构关系讨论完毕。

须说明：按照今本周易卦序，每个有序对的连接在菱图上具有方向性（使人联想到矢量），例如 1—2 与 2—1 是不同的，因这种方向问题须进一步探讨，本书一概取从奇到偶。

**3）周易卦序对称结构的形成**

人们看到，周易的卦序呈现出优美的对称性和完备的均衡性，全部有序对勾画出卦序的结构，展示了深奥的易理意境和高超的构造方法。自然会产生问题：这些是怎样获得的呢？

阴阳二爻寓意深邃、广博，卦象设计极其简洁、优美，具备强大扩展力；

各卦皆为二进制数字，为符号学上古杰作，本身具有无与伦比的优越性；

卦名与卦象相契合、相协调，卦名内容的抽象性带来的是应用的广泛性；

各关联卦受三种对应的支撑，形成对称与均衡，臻于精美、完美、优美。

虽然仅从数学视角无法窥见周易全貌，但可以提出“易经卦序结构”的概念。六十四卦中的有序对以及因各种对应关系所派生出关联 4 元组和 8 元组，使得在周易卦序结构图中保持了完备的对称性，这些多元组便形成骨干。因此，易卦卦序、其多元组决定了该卦的结构。

尽管上述构造图并非古人直接给出，但它却是客观存在，卦序可以转换为形象的结构。人们不禁要问：先哲是出自何种意图、采用何种手段创立卦序，才能暗含这样的对称结构？它又意味着什么？排序为易学基本理论，回答这些问题还须对易理做进一步研究。

### 2.2.6 易卦卦序结构的扩展研究

菱图实际形成揭示易卦结构和性质的模板，可将任一种卦序用上述方法将各卦位植入。从中主要考察：①整体结构，②排序方式，③具体对应，④易学分类，⑤历史传承。后两个问题已经超出数学的范畴。

**1）卦序结构：归藏、杂卦与今本周易的比较**

《周礼·春官》："太卜掌三易之法，一曰连山，二曰归藏，三曰周易。"在易经发展史上，归藏被认为是古三易之一，其篇目、传本和卦序均存在争议。①

把归藏卦序的各卦位植入菱图中，使各卦值与菱图原卦值保持一致，则得到归藏结构图。结果是：虽排序方式有别，整体结构与图 2-18 全同，具体看，有 1—2，3—4，5—6 等 14 对连线与图 2-16 一致。特别说明，这里未将方向性考虑在内：归藏以坤为首、乾为尾，即 2—1，与周易不同。除历史传承等问题外，还可引出一数学问题：在周易结构不变的条件下，64 卦可衍生出多少种排序方式？应比通常认为的 64！要小得多。

《杂卦传》被认为是与周易同时或其后出现，历来不受重视。用上述方法将其卦序植入菱图，结果是：除最后 4 个有序对外，整体结构与图 2-18 大体相同，末 4 连线"错乱"，破坏了整体对称性。遗留许多问题，例如：这种"错乱"是否它不受重视的原因？是有意为之抑或技术问题？是否存在修正方案？

**2）卦序结构：帛书周易、京房与今本周易的比较**

帛书周易卦序别树一帜，如果按上述方法在菱图上考察其卦序结构，会得到完全不同的结果：全部有序对的连线都顺着从右上到左下的走向，全局保持对称与均衡，却并非以乾坤、否泰为轴。因此可将菱图逆时针方向旋转 45°（即将邵雍方图逆时针旋 180°），在此方图上讨论更方便些，由于两者同构，这里就不绘出图形了。而京房卦序结构与此相仿，但有半数卦分成 4 个关联 8 元组，其连线的走向与帛书周易半数相同；另外一半出现丁字形结构，全局也保持对称和均衡。此二易卦因均在汉代而帛书周易靠前，两者应具有历史传承关系，须考其流变。下节讨论帛书周易（以及伏羲、太乙）卦序建构算法，在有少量已知条件下，从各卦位 $n$ 分两步求出各卦值 $m$。从数学上看它和京房卦排序受到二进制关系的较大影响，须进而研究其整体结构和排序方式。

### 2.2.7　结语

在中国文化史上，易经著述汗牛充栋，易学研究浩如烟海。连山、归藏、今本周易、帛书周易、京房、虞翻、孟喜、卫元嵩、邵雍、范尔梅、《说卦》《易纬》《易赞》《缪和》《昭力》等等，历代先哲对包括卦序在内的易经研究投入了大量精力，还有更多人将易经的思想应用于天文、数学、历法、农学、医学、建筑等诸多领域中去。

（1）本书从数学视角看易经，以莱布尼茨的二进制观点定义"卦值"；将邵雍先天方图数字化，转为菱图并分析其数学性质；以菱图为模板，揭示周易卦序的对称结构；并与归藏、杂卦、帛书周易、京房等易卦结构相比较。

（2）本书用事实证明了"卦象具有数字性质"，提出"易经卦序结构"的概念；认为邵雍方图和菱图可用于考察易卦的整体结构、排序方式、具体对应、易学分类和历史传承，为研究有关出土文物和历史文献提供参照，希望能成为已有汉学研究成果的佐证或判据。

---

① 王宁.《归藏》篇目考. 古籍整理研究学刊，1992（2）：32-36.

（3）中国早期文化中不乏有关河图洛书、八卦九筹、式盘卜算、吉凶预测等的记载，这种被称为“数术”或“术数”的现象，包含了排列、组合、配置、集合、排序、置换、对应、映射、对称等早期的数学精华，过去研究较少，但它应是古代数学史不可或缺的内容。

## 2.3 帛书周易卦序的数学建构*

1973 年 12 月在长沙马王堆三号汉墓出土了帛书、竹木简等珍贵文物[①]，“是我国考古学史上最引人注目的重大发现之一”。[②]其中有行用于汉初的帛书周易六十四卦，有别于流传至今的周易卦序。1984 年《文物》第 3 期开始发表帛书周易的有关内容，引起海内外考古、哲学、易学界学者广泛兴趣，迄今已发表数百种论文和专著。而从科学史学科来看，研究相对较少；经过 40 多年的讨论，仍然存在一些有待深入分析的问题。

古今中外对易卦、易理分析的名家论著可谓汗牛充栋，各有千秋；还存在对二进算术的发明权或莱布尼茨是否受到易卦影响的争论。这里不涉及发明权的讨论，只是提出一个问题：既然莱布尼茨发现了这一对应关系，如果它并非虚构，而是真实存在的，能否以此为切入点，应用数学的方法分析易卦的结构呢？

帛书周易的出土是一名震遐迩的事件。一个重要的热点，是帛书周易的卦序与今本周易不同。[③]本书按照莱布尼茨的观点，在上节定义易经卦位、卦数、卦值的基础上，提出伏羲卦、太乙卦的构造公式，应用排列、配置、计数等数学方法进行分析，重点讨论帛书周易卦序的数学结构。本书认为卦序是反映易理的主要因素，帛书周易卦序的数学再建提供了新的途径，从一个新的角度来认识汉初之前易学家构造帛书周易的努力。

### 2.3.1 伏羲卦序和太乙卦序的数学建构

历史上各个时期产生了不同的易卦，其卦名、卦象和卦数基本一致；如果将任一卦的卦象翻译成二进制数字，在任一易卦中，其转换成十进制的卦值都完全一样。不同易卦的区别主要在于卦序的不同，因此，易学倾注大量精力来解释不同卦位中各卦的内涵，亦即在不同卦位上获得的新的意义，以及相互之间的关系。从数学上来看，这就是位置模式和序关系带来新的赋值。这里首先举出两个简单的例子：伏羲卦和太乙卦，其卦位因对每卦求出卦数（即应用二进制将卦象翻译、转换成卦数）而非常易于求得，方阵整齐划一，行列十分清楚。

**1）伏羲卦序从卦位求卦值的公式**

世传莱布尼茨见过法国传教士白晋（J. Bouvet）寄去的朱熹《伏羲六十四卦方位图》，即北宋邵雍的先天图[④]，该图六十四卦的卦位、卦名卦数依次是：$n$=1 乾，$m$=63；$n$=2 夬，$m$=62；$n$=3 大有，$m$=61；……；$n$=62 比，$m$=2；$n$=63 剥，$m$=1；$n$=64 坤，

---

* 罗见今. 马王堆帛书周易卦序的数学建构. 高等数学研究，2017，20（1）：8-12.

① 于豪亮. 帛书《周易》. 文物，1984（3）：15-24.

② 邢文. 帛书周易研究. 北京：人民出版社，1997：9-10.

③ 李学勤. 《帛书周易研究》序. 中国文化，1997（Z1）：395.

④ 柯资能. 先天易的数学基础初探——试论先天卦序与二进位制. 周易研究，2001（3）：79-91.

$m$=0。其卦位的增加严格遵从倒排卦值的规律。设 $F_n$=$m$，则 $m$=64−$n$，即

$$F_n = 64 - n \tag{2-4}$$

伏羲卦序中第 $n$ 位的卦值便被唯一确定。这一函数关系显示了它的构造。

**2）太乙卦序从卦位求卦值的公式**

民间流传的“太乙卦”卦序与伏羲先天图卦序相反。[①] $n$=1 坤，$m$=0；$n$=2 剥，$m$=1；$n$=3 比，$m$=2；……；$n$=62 大有，$m$=61；$n$=63 夬，$m$=62；$n$=64 乾，$m$=63。其卦值总比卦位少 1，设 $T_n$=$m$，则 $m$=$n$−1，即有

$$T_n = n - 1 \tag{2-5}$$

引入二进制数概念来表述伏羲卦序和太乙卦序，获得以上十分简洁的结果。

### 2.3.2 帛书周易方阵的数学结构分析

**1）帛书周易的六十四卦方阵**

1973 年在长沙马王堆 3 号汉墓出土的帛书周易帛幅高宽约为 48 厘米×85 厘米，卷首为六十四卦，保存较好，共 93 行，每满行约为 64～81 字不等。[②] 根据这一珍贵文物整理出的帛书卦序方阵（以下简称 B 方阵或 B），如图 2-19，已标明每卦的卦名、卦象和卦位。根据周易六十四卦每卦的构成，B 的每元均由下卦 $a$ 和上卦 $b$ 合成，顺序是下卦在先，上卦在后，因此，本书分别考察此方阵全部 $a$ 和全部 $b$ 的排列方法。

| | | | | | | | |
|---|---|---|---|---|---|---|---|
| 乾 1 | 否 2 | 遯 3 | 履 4 | 讼 5 | 同人 6 | 无妄 7 | 姤 8 |
| 艮 9 | 大畜 10 | 剥 11 | 损 12 | 蒙 13 | 贲 14 | 颐 15 | 蛊 16 |
| 坎 17 | 需 18 | 比 19 | 蹇 20 | 节 21 | 既济 22 | 屯 23 | 井 24 |
| 震 25 | 大壮 26 | 豫 27 | 小过 28 | 归妹 29 | 解 30 | 丰 31 | 恒 32 |
| 坤 33 | 泰 34 | 谦 35 | 临 36 | 师 37 | 明夷 38 | 复 39 | 升 40 |
| 兑 41 | 夬 42 | 萃 43 | 咸 44 | 困 45 | 革 46 | 随 47 | 大过 48 |
| 离 49 | 大有 50 | 晋 51 | 旅 52 | 睽 53 | 未济 54 | 噬嗑 55 | 鼎 56 |
| 巽 57 | 小畜 58 | 观 59 | 渐 60 | 中孚 61 | 涣 62 | 家人 63 | 益 64 |

图 2-19 马王堆帛书周易卦序方阵图——B 方阵

首先看下卦 $a$。在八卦中，卦名和卦象“乾☰、艮☶、坎☵、震☳、坤☷、兑☱、离☲、巽☴”依次可解释、代换为“天、地、山、泽、水、火、雷、风”。这些均是自然界人们熟悉的事物，也可以看作卦名。只要卦名已知，相应的卦象、卦数、卦值就都是已知的了。

分析 B 方阵的结构，可以看出第 1 列与第 1 行的下卦形成的序列即 $a$ 应当单列，其

① 高洪杰. 正解周易——中华民族最古老的数学. 香港：时代文化出版社，2011：129.
② 张立文. 帛书周易注释. 郑州：中州古籍出版社，1992：1.

构成包含了 B 的基本信息。揣摩其立意，绘出图 2-20：

（a）为当 $j$=1 时即首列的下卦 $a$ 图，（b）为当 $i$=1 时即首行的下卦 $a$ 图。

注意到：将序列{7，1，2，4，0，6，5，3}从中分成两段，将后段 0，6，5，3 交错插入前段 7，1，2，4，则得序列{7，0，1，6，2，5，4，3}。这是后者构成的方法。譬如将一队女兵分别插入一队男兵中，这种插位排列使结构变得均衡。

记 $a_{i,j}$ 为 B 中 $i$ 行 $j$ 列的下卦值，可得首行首列下卦值对应表（表 2-2）。将此表确定的关系表示成

$$a_{i,1} = a_{1,j} \tag{2-6}$$

首行下卦为 $a_{1,j}$={7，0，1，6，2，5，4，3}。下文用黑体 $\boldsymbol{j}$ 表示具体的 $j$ 值。

首列下卦为 $a_{i,1}$={7，1，2，4，0，6，5，3}。$i$ 和 $j$ 只有满足表 2-2 才能取等号。

| 乾 | 艮 | 坎 | 震 | 坤 | 兑 | 离 | 巽 |
|---|---|---|---|---|---|---|---|
| 7 | 1 | 2 | 4 | 0 | 6 | 5 | 3 |

（a）首列下卦 $a$ 值图

| 天 | 地 | 山 | 泽 | 水 | 火 | 雷 | 风 |
|---|---|---|---|---|---|---|---|
| 7 | 0 | 1 | 6 | 2 | 5 | 4 | 3 |

（b）首行下卦 $a$ 值图

图 2-20　B 方阵首列下卦、首行下卦卦值

**表 2-2　B 方阵首行首列下卦卦值对应表**

| |
|---|
| $a_{1,1} = 7 = a_{1,1}$ |
| $a_{1,2} = 0 = a_{5,1}$ |
| $a_{1,3} = 1 = a_{2,1}$ |
| $a_{1,4} = 6 = a_{6,1}$ |
| $a_{1,5} = 2 = a_{3,1}$ |
| $a_{1,6} = 5 = a_{7,1}$ |
| $a_{1,7} = 4 = a_{4,1}$ |
| $a_{1,8} = 3 = a_{8,1}$ |

下文将用此对应表构造 B 的方阵。

这个方法的实质就是：将帛书周易六十四卦中的每一卦都按它的生成分解成下八卦和上八卦，并且用二进制数字表示，就可以把呈方阵形的六十四卦表示成不同的二元数组，每个数在 0～7 之间，它们的排列规则就能清楚显现。这时卦位是已知的；当需要还原每个卦的信息时，就可以利用已经得到的简单公式，去求卦象、卦值、卦名。

**2）构造帛书周易方阵表 2-3 的两个步骤**

现在考察 B 中各列上卦 $b$，它们全部由各首列下卦构成。经以上讨论，本节应用少量的已知条件，可分两步构成 B 的方阵。

第一步：将首列各行下卦卦值按行依次铺满帛书周易方阵的上卦之位。

用数学表示，记 $b_{i,j}$ 为 B 中 $i$ 行 $j$ 列的全部上卦值，已知首列下卦为 $a_{i,1}$，则有

$$b_{i,j} = a_{i,1} \tag{2-7}$$

所得结果见下面表 2-3 中括号里右边的值。

第二步：在 B 中剩下除首列下卦外所有各列的下卦需要填满。

据式（2-8），B 中第 $i$ 行（1≤$i$≤8）下卦之首 $a_{i,1}$ 都可以看作是从首行下卦 $a_{1,j}$ 中选取的，从 $a_{1,j}$ 里选出第 $\boldsymbol{j}$ 位（1≤$\boldsymbol{j}$≤8）的 $a_{1,\boldsymbol{j}}$ 置于第 $i$ 行首位后，$a_{1,j}$ 所余 7 值仍可保持 $a_{1,j}$ 原序中除 $a_{1,\boldsymbol{j}}$ 外的先后顺序（并非原位次）不变，即构成第 $\boldsymbol{i}$ 行下卦的新排序。

例如，第 2 行首位规定为 1（= $a_{2,1}$），从 $a_{1,j}$ 里选出第 3 位的 1 置于第 2 行首位后，$a_{1,j}$ 所余 7 值仍保持 $a_{1,j}$ 原先后顺序不变，即得 $a_{2,j}$={1，7，0，6，2，5，4，3}。又如，第 3 行首位选定为 2（= $a_{3,1}$），从 $a_{1,j}$ 里选出第 5 位的 2 置于第 3 行首位后，$a_{1,j}$ 所余 7 值仍保持 $a_{1,j}$ 原先后顺序不变，即得 $a_{3,j}$={2，7，0，1，6，5，4，3}。如此等

等，循此继进，可铺满 B 中所有 7 列的下卦。本书称这种排列为选首排列。

**表 2-3 帛书周易六十四卦方阵 B 各卦卦位及下、上卦卦值（$a, b$）表**

| | $j$=1 | $j$=2 | $j$=3 | $j$=4 | $j$=5 | $j$=6 | $j$=7 | $j$=8 |
|---|---|---|---|---|---|---|---|---|
| $i$=1 | (7，7) | (0，7) | (0，7) | (6，7) | (2，7) | (5，7) | (4，7) | (3，7) |
| $i$=2 | (1，1) | (7，1) | (0，1) | (6，1) | (2，1) | (5，1) | (4，1) | (3，1) |
| $i$=3 | (2，2) | (7，2) | (0，2) | (1，2) | (6，2) | (5，2) | (4，2) | (3，2) |
| $i$=4 | (4，4) | (7，4) | (0，4) | (1，4) | (6，4) | (2，4) | (5，4) | (3，4) |
| $i$=5 | (0，0) | (7，0) | (1，0) | (6，0) | (2，0) | (5，0) | (4，0) | (3，0) |
| $i$=6 | (6，6) | (7，6) | (0，6) | (1，6) | (2，6) | (5，6) | (4，6) | (3，6) |
| $i$=7 | (5，5) | (7，5) | (0，5) | (1，5) | (6，5) | (2，5) | (4，5) | (3，5) |
| $i$=8 | (3，3) | (7，3) | (0，3) | (1，3) | (6，3) | (2，3) | (5，3) | (4，3) |

这种代数化的表述较烦琐，改换一种说法。譬如，设有名为 7，0，1，6，2，5，4，3 的 8 个士兵（前文已知他们是男女插位排列的）以此先后顺序列队巡逻，在第 1 至 8 天中，排头兵依次定为 7，1，2，4，0，6，5，3，这样每人都平等地当过一次排头兵。排头兵被选定后，所余 7 人保持原来队列的先后顺序不变，那么要问：以后 7 天的巡逻队列都是怎样排的？

这当然很简单。关键是原队中被选者之前各兵的位次在新队中都减 1，原队中被选者之后各兵的位次在新队中都与原队相同。用数学表示，能够给出一种确定的算法。

对任意的 $i, j$（$1 \leqslant i, j \leqslant 8$），欲求 $a_{i,j}$，由式（2-8）$a_{i,1}=a_{1,\boldsymbol{j}}$（黑体 $\boldsymbol{j}$ 表示确定的值），

$$\text{当}\boldsymbol{j}<j\text{时，}\ a_{i,j}=a_{1,j}\text{；当}\boldsymbol{j}>j\text{时，}\ a_{i,j}=a_{1,j-1} \qquad (2\text{-}8)$$

所得结果见表 2-3 括号里左边的值。这些工作就是将帛书周易六十四卦方阵数字化。

### 2.3.3 帛书周易六十四卦卦位及下、上卦值构造表

将上述结果列入表 2-3：帛书周易方阵 B 各卦卦位及下、上卦卦值（$a, b$）表据 $m=8a+b$，可知表中任一卦的卦名、卦象、卦数、卦值等已全在掌握之中。

$n=8(i-1)+j$，例如当 $n$=57，知 $i$=8，$j$=1，值为（3，3），即 $B_{57}$=27，为“巽”。

故据式（2-4）、（2-5）及（2-8），甚至可以编出计算机程序以构造出 B 方阵。

用数学方法实现表 2-3 的构造，只是为了说明帛书周易的数学性质，它完全可以实现“数字化”。其实，只要根据帛书周易所提供的排序信息，按照本节的定义就可以写出表 2-3 来，它揭示出下卦和上卦数字的规律性，可谓一目了然，当然有理由认为，古人正是相当于发现了这样的性质，并将其应用于帛书周易方阵的排序之中。因此，本节正是揣摩古人的思路，提出了一种构造帛书周易的新解释。

首列下卦和首行下卦 $a$ 值图都是最基本的常识，构成表 2-3 的初始条件；由式（2-8）确定了首行首列下卦值对应表；根据上述第一、第二两个步骤，简单说来，将首列各行下卦卦值按行依次铺满帛书周易方阵的上卦之位，再用选首排列的方法填满方阵除

首列下卦外所有各列的下卦之值，于是帛书周易方阵便告完成。

也许有人认为，古人不会将一个卦分割成下卦和上卦分别来考虑。但是，今人无法排除古人在设计帛书周易时确实考虑到下卦与上卦出现的相关性，否则，最终在表 2-3 中显示的数字规律性现象就变成“无意插柳柳成荫”，这反倒是不可能的。无论古人从易理的哪个角度提出现今我们见到的卦序，都反映出他们一定做出了相当于上述规律性的安排。

### 2.3.4 结语

在中国文化史上，易经著述汗牛充栋，易学研究浩如烟海。连山、归藏、今本周易、帛书周易、京房、虞翻、孟喜、卫元嵩、邵雍（伏羲）、范尔梅、《说卦》《易纬》《易赞》《缪和》《昭力》等等，历代先哲对易经研究投入了大量精力。如果统计经史子集各类文献的数量，易学著作所占比重肯定位居前列。人们不禁要问：历代易学家都在研究什么？上述各种卦的区别又在哪里？

由于中国文化的相对稳定性，上文提及，六十四卦中任一卦名的汉字在历史上可能有借代、通假等变化，不影响 64 个卦名、卦象的一致性。各卦的主要区别之一在于卦序。

通过将帛书周易作为一个案例，本节获得了它的数学构成方法，进而得出结论：

（1）从形式上看，作为动机的易理决定作为结果的卦序，但当任何一种易经与其他易卦的区别主要在于卦序时，就需要从结果作为起点，反向考察动机。一种易经对应着一种卦序，通过卦序体现易理，卦序便成为决定易理的主要因素。因此，本节从卦序开始研究这种易经，开辟了卦序和易理研究的新路径。

（2）易理由卦名、卦象确定，卦象又确定了卦数、卦值，对于某卦易理的任何讨论，都与卦值相关，卦值的排列方式一定包含易理。只要易学家用排序来表达他的易理，就一定能够表现为数学形式。换言之，易理在本质上包含深刻的数学内容，并具有明确的数学形式。

（3）传统的方法“寓理于数”，能够而且必须从易数出发，去解释易理。即“以数明理”，这是认识易经的关键。由上可知，从数学的角度来观察，可以而且必然能够获得新的认识。

（4）通过对帛书周易卦序的数学再建，提供了新途径来认识汉初之前易学家构造帛书周易的思路，不排除这一构建过程再现了当时排列卦序的方法的可能。

（5）排列与重组渗透了计数的努力，也属于区组设计，不失为组合学最原始的案例。

## 2.4 行道吉凶表的构成*

1993 年在江苏省连云港市附近的尹湾发掘了几座汉墓，1997 年《尹湾汉墓简牍》

* 罗见今.《尹湾汉墓简牍》行道吉凶占卜方法的数学分析//布里亚特国立大学. 语言学视野中跨文化交流文集 6. 乌兰乌德：布里亚特国立大学出版社，2013：31-37. 第 24 届国际科学史大会提交论文. 曼彻斯特，2013-7.

出版。其中六号墓 90～113 号竹简是公元前 15 年的“行道吉凶”。本节考释其意义和用途，认为 91～108 号构成一个占卜用表；将其内容用数字和字母代替，提出构成该表使用了排列、配置等数学方法；本节应用这些方法补出 107 号简残失的 20 个汉字，获得该表的原有全貌；据 109～113 号占卜所得的吉凶结果对该表进行统计，得到近似正态分布的有趣结果。这些也许有助于了解汉代如何制作占卜用表，在占卜中应用了怎样的数学方法。

1993 年 4 月在江苏省连云港市东海县温泉镇尹湾村西南发掘出的六号汉墓中，出土木牍 23 方、竹简 133 枚及其他文物，为西汉末年成帝时物。墓主师饶，字君兄，时任东海郡功曹史，其地位和职务，大抵相当于今之市地级组织部长。史学、考古、出版工作者经 4 年努力，将这次发掘成果汇集，由张政烺先生题签，以《尹湾汉墓简牍》于 1997 年 9 月由中华书局出版。周期较短、质量较高、内容丰富，备受学术界的重视和欢迎。

尹湾简牍中发现的术数类简牍，除历谱、日书外，有占卜用《神龟占》，游戏用《博局占》，以及《刑德行时》和《行道吉凶》①，都是难得的史料。

秦汉以降，“数术”或“术数”广泛流传，汉代常据天象的观察结果推测国运吉凶和占卜个人命运。《汉书・艺文志・数术略》搜集天文、历谱（也包括占星术）、五行（时日选择术）、蓍龟（筮占之术）、杂占（占梦、驱邪之术）、形法（对人畜、地形、宅墓的相术）等类，共 110 种，2558 卷，由此可见当时术数在社会上的巨大影响。文化现象的遗传是全方位的，随着时代变迁，这些现象并未湮灭，有的改变形式，存在于星命、求卜、观相、算命、堪舆等活动中，至今在不少地区仍有所见。本节主要是从科学文化史的角度提出问题；对于许多文化现象，只有深刻地剖析历史，才能透彻地理解今天。

笔者分析“博局占”②和《西京杂记》③，复原“博局占图”，说明该图受到戍边鄣坞军事建筑的影响，演化成一种游戏，与《西京杂记》中的记载对照，毫无二致。

本节将应用排列、组合、配置、统计等方法，对《尹湾汉墓简牍》“行道吉凶”表的构成进行分析、考释，可从一个角度了解两千年前的数学思想及其社会应用背景。

### 2.4.1　“行道吉凶”包括占卜表和吉凶判据

《尹湾汉墓简牍》六号墓出土的竹简中，90～113 号为“行道吉凶”，经连缀拼合后，共复原为 16 枚简，释文（146，147 页）如下。

行道吉凶　　（90）

甲子三阳西门」戊」三阳北门」申二阳一阴北门午三阳东门」辰二阳一阴南门」寅三阳」南门　　（91-97）

乙丑二阴一阳东门亥三阴毋门酉二阳一阴南门」未二阴一阳西门巳二阴一阳西门卯三阴毋门　　（98，99）

丙寅三阳南门子三阳西门戌三阳北门申二阳一阴北门午三阳东门辰二阳一

---

① 连云港市博物馆，东海县博物馆，中国社会科学院简帛研究中心，等. 尹湾汉墓简牍. 北京：中华书局，1997：前言.

② 罗见今.《尹湾汉墓简牍》博局占图构造考释. 西北大学学报（自然科学版），2000（2）：181-184.

③ 韩晋芳，罗见今.《西京杂记》中的汉代科技史料. 故宫博物院院刊，2003（3）：86-91.

阴南门 （100）

丁卯二阳一阴北门丑三阳东门亥二阳一阴东门」酉三阳东门

未三阳西门巳二阳一阴西门 （101，102）

戊辰二阳一阴南门寅三阳南门子三阳西门戌三阳北门申二阳一阴北门午三阳东门 （103）

己巳三阴毋门卯三阴毋门丑二阳一阴东门亥三阴毋门酉二阴一阳南门未二阴一阳西门 （104）

庚午三阳东门辰二阳一阴南门寅三阳南门子三阳西门戌三阳北门申二阳一阴北门 （105）

辛未二阳一阴西门巳三阴毋门卯三阴毋门丑二阴一阳南门亥三阴毋门酉二阴一阳南门 （106）

⍁寅三阳南门子三阳西门戌三阳北门 （107）

癸酉三阳南门未三阳西门巳二阴一阳西门卯二阳一阴北门丑三阳东门亥二阳一阴东门 （108）

行得三阳又得其门百事皆成不辟执㐫之日 （109）

行得三阳不得其门行者忧事亦成 （110）

行得二阳一阴唯得其门以行其物不全 （111）

行得二阴一阳唯得其门以行必留束缚 （112）

行得三阴毋门不可行行必毄死亡⍁ （113）

上面引文中，符号“⍁”为断简号，“」”为连缀号。这些简的内容分为两部分。前一部分，即 91～108 号，经过考古人员的努力，将残断的碎片拼成原简 10 枚，本书称为“行道吉凶”表，每枚书有 6 条信息。但 107 号上部残缺 3 条，已是永远地失去了。

“行道吉凶”表每枚简开始第一字均为天干，易知该表以六甲顺序排列，如 108 号“癸”字开头，顺序以下则为酉、未、巳、卯、丑、亥六支，即代表了 10，20，…，60。因此，该表实际上由 60 条信息构成。每条内含干支、阴阳和门，全表内容互相关联，组合而成。

后一部分，即 109～113 号，竹简出土比较完整，只有 113 号下半断失，但比较前 4 简，可确认残失之处并无文字。这 5 枚简是吉凶判断的标准或依据，说明在哪些因素合成作用之下，出行将会遭遇何等的后果。趋利避害，这是出门人最为关注的，所幸它基本保持原貌，使今人可以看出古人对旅行利害的真实想法。

### 2.4.2 将“行道吉凶”表数字化

本节将“行道吉凶”每条信息转译成数字和字母：干支：甲子、乙丑……癸亥依次用 01，02，…，60 代替。阴阳：三阳 A，二阳一阴 B，二阴一阳 C，三阴 D。五门：东门 E，南门 S，西门 W，北门 N，毋门 O。于是得到表 2-4 的矩阵。

此表将 91～108 号“行道吉凶”简的文字信息全部纳入，每一纵列其实就是原来的一简。以下分析各类字母排列与组合的方式，以揣测这一构造的立意；进而补出残失的

3条信息（占5%）；再据各类字母出现的频率，分析此构造概率论的依据。

表2-4　汉简“行道吉凶”内容字母化、数字化后的一览表

| 01 | 02 | 03 | 04 | 05 | 06 | 07 | 08 |  | 10 |
|---|---|---|---|---|---|---|---|---|---|
| AW | CE | AS | BN | BS | DO | AE | CW |  | AS |
| 11 | 12 | 13 | 14 | 15 | 16 | 17 | 18 |  | 20 |
| AN | DO | AW | AE | AS | DO | BS | DO |  | AW |
| 21 | 22 | 23 | 24 | 25 | 26 | 27 | 28 |  | 30 |
| BN | BS | AN | BE | AW | CE | AS | DO |  | BW |
| 31 | 32 | 33 | 34 | 35 | 36 | 37 | 38 | 39 | 40 |
| AE | CW | BN | AE | AN | DO | AW | CS | AS | BN |
| 41 | 42 | 43 | 44 | 45 | 46 | 47 | 48 | 49 | 50 |
| BS | CW | AE | AW | BN | CS | AN | DO | AW | AE |
| 51 | 52 | 53 | 54 | 55 | 56 | 57 | 58 | 59 | 60 |
| AS | DO | BS | BW | AE | CW | BN | CS | AN | BE |

### 2.4.3　对“行道吉凶”表构造的分析

天干地支相配，六十周而复始，在占卜中地位尤为重要，不可或缺。在数术中，汉人企图以干支的排序、阴阳的盈缺、数字的奇偶、符号的配置（排列组合）来阐明宇宙本原、解释自然现象、预测国运兴衰、推断人事吉凶，因此，从数术看来，干支、阴阳、奇偶等基本元素都具有非同一般的意义。“行道吉凶”表正是对出门旅行者所做的预警，若循表以行，可趋利避害。

表2-4中干支起排序和定位的作用，在占算时它表示日期，显然至关重要。经分析，表2-4横行间字母变化似乎无序可言，而纵列间排列和配置却有规律可循；进而发现其奇列和偶列的排法分属两种类型。首先来考察奇列字母的配置。将阴阳与五门分列为两个5×6阶字母矩阵：奇列阴阳矩阵（表2-5）和奇列五门矩阵（表2-6）：两表排列十分规范、整齐划一，使人们立即联想起矩阵、行列式的主对角线及相关排法，两表中已用线段连接。连线上5个字母均相同。

另一种等价的方法是空位循环。如表2-5第1列“AABABA”，到第2列首先空位，从第2列开始，“AABAB”，最后的A补入始端空位中。循此继进，亦可构造出表2-5。汉代人所设计的“行道吉凶”表，一定使用了这两种方法之一。

表2-5　奇列阴阳矩阵

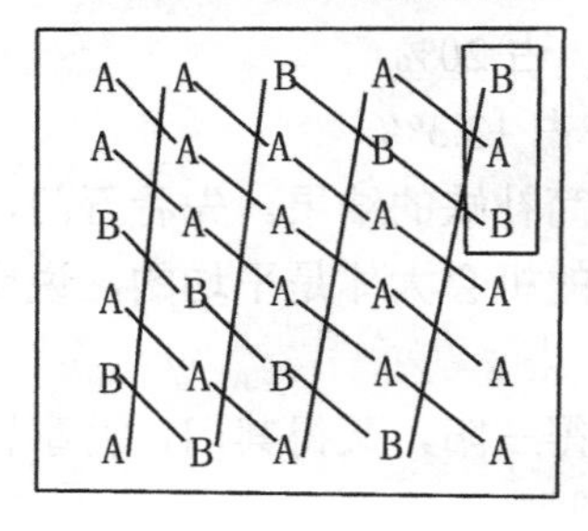

| A | A | B | A | B |
|---|---|---|---|---|
| A | A | A | B | A |
| B | A | A | A | B |
| A | B | A | A | A |
| B | A | B | A | A |
| A | B | A | B | A |

表2-6　奇列五门矩阵

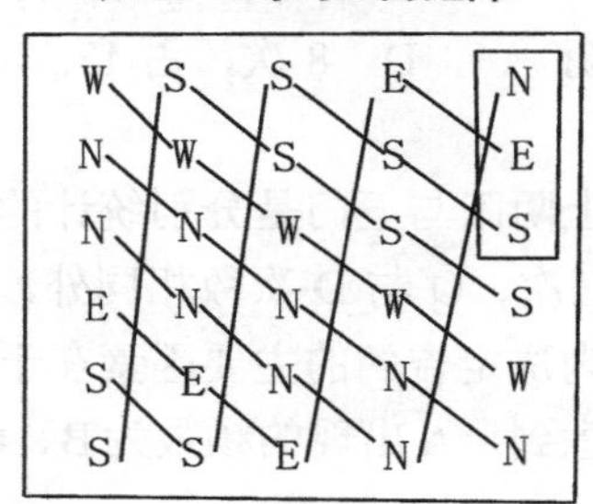

| W | S | S | E | N |
|---|---|---|---|---|
| N | W | S | S | E |
| N | N | W | S | S |
| E | N | N | W | S |
| S | E | N | N | W |
| S | S | E | N | N |

于是，107 号上部残缺的 3 条信息（表 2-5 和表 2-6 中用方框标出）便顺理成章排为 BN AE BS，补出的 20 字为：“壬申二阳一阴北门午三阳东门辰二阳一阴南门”。

这一结果是唯一的。或许有人以为，上述排序也可能带有随意性。假设确实如此，据表 2-4 由计算可知：在 30 个位置上任意放置 20 个 A 和 10 个 B，不同排法的总数易知为 $\binom{30}{10}$=30 045 015 种，恰排成表 2-3 的可能只占其中之一，即一亿分之三。换言之，如果不是有意的，几乎 100%的可能排不成表 2-3 之形。还有别的证法。总之说明补出的 20 字不容置疑。

其次考察偶列字母的配置。用同上的方法分列成两个 5×6 阶矩阵，偶列阴阳矩阵（表 2-7），包含从三阳到三阴的所有 4 种配合，即 ABCD，这是同奇列阴阳组合仅有 AB 两种不同。而奇列五门矩阵与偶列五门矩阵（表 2-8）区别之处，在于前者不出现 O——即不存在“毋门”，这在占卜行道吉凶中有什么意义，还需要探讨。

**表 2-7　偶列阴阳矩阵**

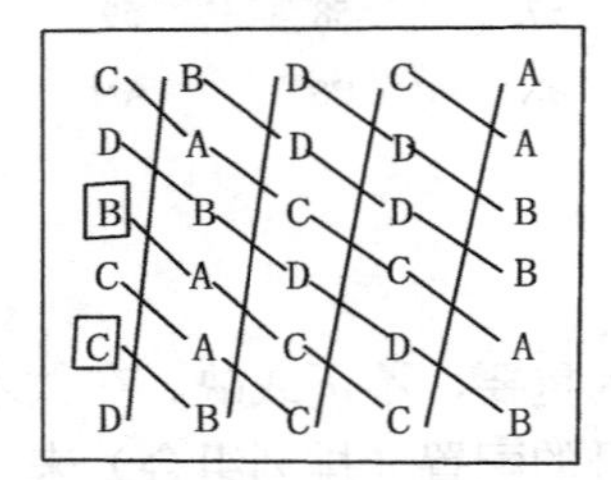


**表 2-8　偶列五门矩阵**

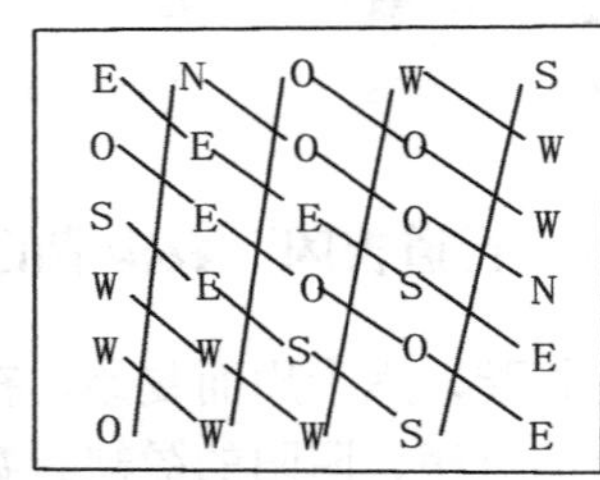


表 2-7、2-8 的排法较之表 2-5、2-6 有变化，其组合的原则也不尽相同。其中表 2-7 第 1 列第 3、5 个字母 B、C（已框出）似可换为 C、D。其余 58 个字母只有按主对角线构造法，才保有其共同的特征：在每一连线上的 5 个字母，不多于两种。我们尚不明白这些组合在占算中具有何种意义，只是注意到 A 与 C，B 与 D，E 与 S，以及 E、W、N 分别与 O 都可出现在同一连线上，而 S 与 O 无涉，等等。这些意味着什么，尚待对汉代数术作进一步研究。

### 2.4.4　吉凶统计的结果

表 2-4 中 9 种字母出现的次数多不相同，其代表意义与占测的结果相关，故有必要统计它们的频率，结果如下。

| | | | | | |
|---|---|---|---|---|---|
| 三阳 | A | 26 次，占 43.3% | 东门 | E | 12 次，占 20% |
| 二阳一阴 | B | 17 次，占 28.3% | 南门 | S | 15 次，占 25% |
| 二阴一阳 | C | 9 次，占 15% | 西门 | W | 13 次，占 21.7% |
| 三阴 | D | 8 次，占 13.3% | 北门 | N | 12 次，占 20% |
| | | | 毋门 | O | 8 次，占 13.3% |

以上阴阳与五门是分别统计的，均利用了对 107 号简补缺的结果。先看五门，除了 S 多两三次、O 与 D 次数相同外，东、西、南、北四门的机会大体是平均的，说明原造表者认为决定吉凶的主要因素在于阴阳。

注意到，A 出现的频数为 B、C 之和。占文说：“行得三阳，又得其门，百事皆成，不辟（避）执臽（陷）之日”，又说：“行得三阳，不得其门，行者忧，事亦成”。即只要行得三阳，行道为吉。在两个月（按当时行用的《太初历》，为59或60天）内，依占择日出行，凡A则其事可成。而B、C所在日期出行时就有附加条件：“唯得其门以行”，尚有“其物不全”和“必毄（羁）留束缚”之虞。又注意到B的频数为C、D之和，D最少，仅与O组合，坏事叠加，占文警告：“不可行，行必毄死亡”，为行道之大凶。

占文“行得三阳，又得其门”之大吉占多大比例？假定占A的1/5～1/3，记作A*，其余的A记作A'，连同B、C、D的频率画在图2-21中，则约略可见正态分布曲线。当然，据表2-4所作统计较粗疏，但它概略说明“行道吉凶”表中阴阳的配置，大体反映了大吉大凶较少，一般事件较多的客观情况。这同《周易》中吉凶概率分布有某些相似之处。①

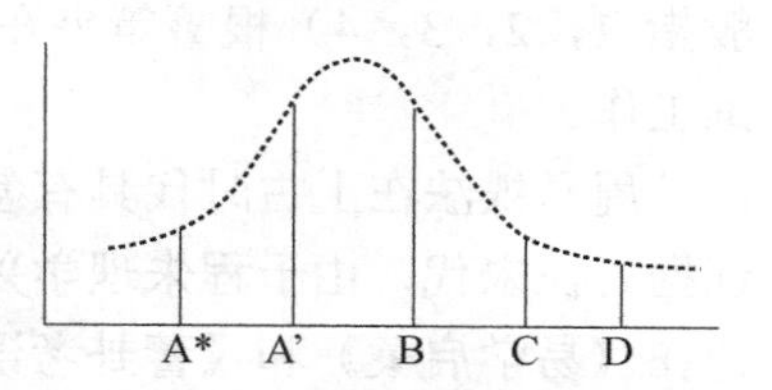


图2-21　阴阳组合出现的频率

## 2.5　对周易揲法与四柱预测的数学解析

在现代生活中，占卜离开人们越来越远，一提起算卦，令人十分好奇，不少人认为属于迷信，要努力消除这种现象，缩小其在社会上影响，在学校教育中取得了持续的成功。

但基于各种信仰，世界范围内至今在许多地区的大量族群中还保持着占卜的习惯，不断有占察的结果和做出的预言被后继的事实所验证，却找不到概率论合理的解释。人们通常认为，只有科学的认识才能持之久远；事实上，科学在不断变化，认识也在不断更新。占卜作为一种文化现象，在各种文明中均有表现，具有上万年悠久的历史，之所以历久不衰，并非仅仅出自一种心理的需要，或某一简单的解释，必有其深刻的原因。必须承认，迄今的研究存在局限性，一些古代的难解现象，仍然是科学尚未探索的领域。这正是古代占卜的迷人之处。需要从不同角度进行分析，理解其真实内涵，应用数学工具不失为一种实证的方法。努力做到采纳史料确凿，数学分析正确，结论客观合理，这样才能具有可信度。

### 2.5.1　周易揲法与分揲定理*

#### 1）周易揲法用蓍草占算

《系辞》说：“易有太极，是生两仪，两仪生四象，四象生八卦”，这是易学总纲。但《易经》对于取兆的方法并未记载。蓍占是一种植物占，是在一些原始前兆迷信的基础上逐步转化成的一种占卜形式。它的流行较为普遍，占具为蓍草或筮竹，根据数目的

① 刘蔚华. 谈易数之谜——中国古代的数理哲学//中国哲学编辑部. 中国哲学：第六辑. 北京：生活·读书·新知三联书店，1981：20-21.

* 罗见今.《数书九章》与《周易》//吴文俊. 秦九韶与《数书九章》. 北京：北京师范大学出版社，1987：89-102.

奇偶来断吉凶。蓍（shī），蒿属，多年生草本植物，《尚书・洪范》说它“百年一本”，古时被视为神灵之物，《史记》也说它“生满百茎者其下必有神龟守之”，易经用它来决疑。蓍也因问占者的地位不同而分若干等级：天子之蓍九尺，诸侯七尺，大夫五尺，士三尺。周易揲法已脱离原始阶段，专事占卜的筮人才能掌握。

揲（shé），动词，取，数蓍草用以占卜，这就是枚举和计数；或作抴、揲，阅持之意；扐（lè），指筮人把“奇数”（奇零之数，即余数，而不是现今所说奇偶之奇，一般指 1，2，3，4）根蓍策夹在手指间。揲蓍是一种典型的计数活动，在古代是高级思维工作。

周易揲法在上古时代具有怎样的形式，古人是如何运算的，现在很难有令人信服的证据。在宋代，由于程朱理学兴起，在社会上逐步取得统治地位，朱熹的书广为流传，他在《易学启蒙》和《蓍卦考误》中对周易揲蓍之法有详尽的辨正，以后被奉为释易的经典。他研究了《周易正义》的解释，以及刘禹锡、李泰伯、沈括、程颢等七八人的说法，认为“诸家揲蓍说，惟（唯）《笔谈》此论简而尽。”笔者对照魏王弼、晋韩康伯注，唐孔颖达疏《周易正义》①，主要依据朱熹《蓍卦考误》之说②（所引该书不一一注明），部分参考今人的研究③，对周易揲法作一般解释并给出数学上的说明。

**2）《系辞》揲法原文**

> 大衍之数五十，其用四十有九。分而为二，以象两；挂一以象三；揲之以四，以象四时；归奇于扐以象闰；五岁再闰，故再扐而后挂。……是故四营而成易，十有八变而成卦。

按朱熹的论述和易学的一般理解，将这一段话分为 8 个要点，加入数学的解析，可知：

①蓍策总数是五十根，去其一，以象征太一即太极，实际用于占算的是四十九根。

②把它们任意分成两部分，以象征天、地“两仪”；从第一部分里取出一根，不参与计算，叫“挂一”，与原来两部分一同象征天、地、人“三才”。

③将第一部分的蓍策每四根一组数出，叫“揲四”，以象征春、夏、秋、冬四时。

④将所余“奇数”（一、二、三、四）根蓍夹在左手指间，叫“归奇于扐”，以象征闰年。

⑤将第二部分蓍草也照③、④办理。

于是两部分“归奇”的蓍数非四即八，加上“挂一”的一根，共五或九根不用，完成了“第一变”，此即所谓“初一揲不五则九，是一变也”。余下 49−5=44，或 49−9=40 蓍参与第二变的计算，叫“再扐而后挂”，以象征“五岁再闰”。

从程序上来看，第一变有必要详细分析。这里应用一次同余式符号表出它的过程。需要说明，对模 $m$ 余数为 0 时按照古人作法取值为 $m$，这是与现代同余算法不同之处。

---

① 孔颖达. 周易正义. 北京：九州出版社，2009.

② 朱熹. 蓍卦考误//御制朱子全书：卷二十六. 殿本，1713（康熙五十二年）：29-41.

③ 刘蔚华. 谈易数之谜——中国古代的数理哲学//中国哲学编辑部. 中国哲学：第六辑. 北京：生活・读书・新知三联书店，1981：20-21.

大衍之数五十，其用四十有九　　$50-1=49=R$

分而为二（以象两）　　$R=+R_2$

挂一（以象三）　　$(R_1-1)+R_2=48$

揲之以四，（以象四时）　　$R_1-1\equiv r_1 \pmod 4$

$R_2\equiv r_2 \pmod 4$

归奇于扐，（以象闰）　　$r_1+r_2=4$ 或 8

$1+r_1+r_2=5$ 或 9

存在两个问题：甲、通过以上步骤能否保证在任何情况下 $r_1+r_2=4$ 或 8？即“初一揲不五则九”是否确定无疑？乙、第一变后所余的蓍数 40 或 44，都是 4 的倍数（参考下文二变、三变后所余的蓍数具有同样的性质）是必然的，还是偶然的？这两问是易卦数理的关键所在。

我们认为，至迟在《蓍卦考误》中已经给了肯定的答案。为了清楚说明这两个问题，这里引入“分揲定理”（详细证明见下第 4）。根据这个定理：

$48\equiv 4 \pmod 4$，这里 $r=m=4$，故必有 $r_1+r_2=4$ 或 8，再加“挂一”的 1：$1+r_1+r_2=5$ 或 9。“初一揲不五则九”，在数学上是有保证的。另外，证明中知 $R\equiv r_1+r_2 \pmod m$，对揲法有 $R=R_1+R_2\equiv 1+r_1+r_2 \pmod 4$，故一变之后所余蓍数 $R-(1+r_1+r_2)$ 必为 4 的倍数。

⑥第二变揲法仿上②～⑤，用蓍四十或四十四根：

| | |
|---|---|
| $40=R_1+R_2$ | $44=R_1+R_2$ |
| $(R_1-1)+R_2=39$ | $(R_1-1)+R_2=43$ |
| $R_1-1\equiv r_1 \pmod 4$ | $R_1-1\equiv r_1 \pmod 4$ |
| $R_2\equiv r_2 \pmod 4$ | $R_2\equiv r_2 \pmod 4$ |
| $r_1+r_2=3$ 或 7 | $r_1+r_2=3$ 或 7 |
| $1+r_1+r_2=4$ 或 8 | $1+r_1+r_2=4$ 或 8 |

这就是所谓“第二揲，不四则八，是二变也”。据分揲定理，$39\equiv 3 \pmod 4$，$43\equiv 3 \pmod 4$，在这两种情况下都有 $r_1+r_2=3$ 或 7，再加“挂一”的 1：$1+r_1+r_2=4$ 或 8，“不四则八”，也是确定不变的。另外，二变之后所余蓍数必为 4 的倍数。

⑦第三变揲法仿二变，用蓍或 $40-8=32$，或 $40-4=36$，$44-8=36$ 或 $44-4=40$ 根，三者必居其一。由分揲定理，$39\equiv 35\equiv 31\equiv 3 \pmod 4$，在这三种情况下都有 $r_1+r_2=3$ 或 7，且 $1+r_1+r_2=4$ 或 8，即所谓“第三揲亦不四则八，是三变也”。三变之后，余下或三十六，或三十二，或二十八，或二十四蓍，均为 4 的倍数。这时“以三变挂扐之策分措于三指间……且一手所揲，多至二十五策……”

⑧将第三变的余蓍，以四除之，得九，或八，或七，或六。以上揲蓍的目的，就是为了取得这四数之一；这四个象数，在甲骨文上也找到了根据（见 1978 年 12 月长春古文字学术会议文献）。由于占法十以内奇数为阳爻，偶数为阴爻，“揲蓍之数，九过揲则得老阳 ⚌，六过揲则得老阴 ⚏，其少阳 ⚎称七，少阴 ⚍称八，义准此”。于是数字

变成了爻象。“四营而成易者，谓四度经营蓍策（按即分二、挂一、揲四、归奇）乃成易之一变”（《周易正义》），经三变而成一爻，故“十有八变而成卦”。

**3）揲法的两个特点和数学的进一步认识**

综上，揲法具有两个特点：一是有确定的程序②～⑧，二是要获得确定的结果九，六，七，八。两者密切相关。这对于希望驭繁执简的筮人来说是成败攸关的问题，因为得不到上述四数之一，占蓍就无法继续进行。

虽然《周易》并未记载揲法，也不会有分揲定理的表述形式，但古人在悠久的历史中积累了经验，能够了解并应用这一数学规律，将程序和结果记录下来，却是考之有据的。在这个意义上讲，也可以把这一定理称作“周易分揲定理”。今天看来，它的结果并没有不同凡响之处，但因被筮人利用后，带有浓厚的神学色彩，成为几千年对占法迷信的一个原因。

从数学上进一步分析。以 4 为模，将正整数 $R-1$ 分成 4 个剩余类：[1]、[2]、[3]、[4]（即 [0]）；揲法第一变的运算程序使 4 类中的元转变为类 [3] 中的元，即变成能被 4 整除的数；并且在二变、三变之后，所得结果均为类 [3] 中的元。该类对叫作“揲法”的运算自封。这一性质对筮人当然很有用，他可以不动脑筋照章办理，结果却在预料之中。

当然，由于必须算出 6，7，8，9 四数，在揲法程序的规定下，在任意正整数中入算的数 $R$ 必有一确定的范围。可以证明它应满足 $R-1=4k+r$（$k=11$，$r=1$，2，3，4），亦即 $R$ 只能是 46，47，48，49 四数之一。若取 $R\leqslant45$，则算出数必有可能$\leqslant5$；若取 $R\geqslant50$，算出数必有可能$\geqslant10$。这些情况的出现会使占算破产，筮人均予排除。这就是为什么“大衍之数五十，其用四十有九”，为什么要“挂一”等，数学道理并不神秘。扫清笼罩在易数上的迷雾，有助于认识含于其中的哲理。

**4）拓展的研究：分揲定理及证明**

揲法中的“奇数”指 1，2，3，4，借用同余式表为 $R\equiv r \pmod 4$，$0<r\leqslant4$，与同余式中对余数的规定（$0\leqslant r<m$）有别。

**引理**　若 $a\equiv b$，$a_1\equiv b_1$（mod $m$），则 $a+a_1\equiv b+b_1$（mod $m$），$a-a_1\equiv b-b_1$（mod $m$）。

**分揲定理**　已知 $R=R_1+R_2$（$R$，$R_1$，$R_2\in N$），若 $R\equiv r$，$R_1\equiv r_1$，$R_2\equiv r_2$（mod $m$），则

$$r_1+r_2=\begin{cases} r \text{ 或 } m+r & (r\neq0), \\ r \text{ 或 } m & (r=0). \end{cases}$$

**证明：** 将 $R_1\equiv r_1$（mod $m$），和 $R_2\equiv r_2$（mod $m$）相加，由引理 $R=R_1+R_2\equiv r_1+r_2$（mod $m$）。

已知 $R\equiv r$（mod $m$），与上式相减，由引理 $r_1+r_2\equiv r$（mod $m$），亦即 $r_1+r_2=km+r$（$k=0$，1，2，…）。由于 $0\leqslant r_1<m$，$0\leqslant r_2<m$，相加可知 $0\leqslant r_1+r_2<2m$。

由此，$k=0$ 或 1。当 $0<r<m$ 时，$r_1+r_2=r$ 或 $m+r$；当 $r=0$ 时，$r_1+r_2=r$ 或 $m$。证完。

对于揲法规定 $0<r_1$，$r_2$，$r\leqslant m$，可知 $0<r_1+r_2\leqslant2m$。同样有 $k=0$ 或 1。当 $0<r<m$ 时，$r_1+r_2=r$ 或 $m$。当 $r=m$ 时，$r_1+r_2=m$ 或 $2m$。

### 2.5.2 宋代费衮对"鸽笼原理"的应用*

数学原理的内容一般简单明了，在被用数学形式固定下来之前，也许已有人应用过。由于它的基础性和自明性，在不同时期、不同文化中可能存在不同的表现形式。

**1）鸽笼原理是组合计数的一项基本原理**

在组合数学中被广泛提到的"鸽笼原理"（the pigeonhole principle）[①]是指这样一个事实：如果有 $k \geqslant n+1$ 只鸽子飞入 $n$ 个鸽笼，则至少有两只鸽子飞入同一个鸽笼。这一计数原理又被称为抽屉原理，狄里克雷原理，或被译作鸽洞原理、鸽舍原理等。狄里克雷（Dirichlet），德国数学家，1850 年提出了这个嗣后以他的名字命名的原理。从集合论看来，这个原理当 $k>n$ 时，从 $k$ 元集到 $n$ 元集并非属于一对一的函数。[②]在现代组合数学著作中，都把鸽笼原理列为最基本的计数原理。

2013 年出版的一本有关组合数学历史的书[③]中提到，高斯（Gauss）在他的名著《算术研究》（1801 年）第 45 节中便运用过鸽笼原理。

鸽笼原理虽然十分浅显，但遇到复杂的问题，应用起来并不容易。现代组合学家将它推广，成为广义鸽笼原理，即著名的拉姆齐定理[④]，以数学家拉姆齐的名字命名，求拉姆齐数是组合论中的著名难题；由此定理去寻找鸽笼原理的原型也十分困难。

**2）南宋费衮在公元 1192 年已经应用了鸽笼原理**

我们饶有兴趣地发现，南宋学者费衮在批驳四柱算命时应用了数学的方法。

费衮，字補之，无锡人，南宋进士，生活在 12 世纪末，著《梁谿漫志》十卷，前有绍熙三年（1192 年）十二月二十日序。该书第九卷有篇"谭（谈）命"[⑤]，全文如下：

> 近世士大夫多喜谈命，往往自能推步，有精绝者。予尝见人言日者，阅人命，盖未始见年、月、日、时同者，纵有一二，必倡言于人，以为异。尝略计之：若生时无同者，则一时生一人，一日当生十二人。以岁计之，则有四千三百二十人，以一甲子计之，只有二十五万九千二百人而已。今只以大郡计，其户口之数尚不减数十万，况举天下之大，自王公大人以至小民，何啻亿兆！虽明于数者，有不能历算，则生时同者，必不为少矣；其间王公大人始生之时，则必有庶民同时而生者，又何贵贱贫富之不同也？此说似有理。予不晓命术，姑记之，以俟深于五行者折衷焉。

费衮上述文字考虑的是某些时间间隔内出生的人，而鸽笼原理考虑的是某些空间区域内飞入的鸽子。从存在性和计数的观点来看，它们应当起到相同的作用。

上面原文中出现的"时"字，均作"时辰"解。六十年中不同时辰数 $n=259\,200$，即相当于上述鸽笼数；"举天下之大……何啻亿兆！"说明六十年中出生人口数 $k>n$，且远大于时辰数；"生时同者，必不为少矣"，就是至少有两个人在同一时辰出生，由于 $k$

* 罗见今. 宋代费衮对鸽笼原理的应用. 第三届东亚数学典籍研讨会论文. 北京：清华大学，2014-3.

① DANIEL I A C. 组合理论的基本方法. 左孝凌，王攻本，李为鑑，等译. 北京：北京大学出版社，1989：174.

② BOGART. Introductory Combinatorics. 3rd ed. New York：Academic Press，2000：17.

③ WILSON R，WATKINS J J. Combinatorics：Ancient and Modern. Ch. 13. Combinatorial set theory. Oxford：Oxford University Press，2013：314.

④ 柯召，魏万迪. 组合论：上册. 北京：科学出版社，1981：145.

⑤ 费衮. 梁谿漫志//文渊阁四库全书：864 册. 上海：上海古籍出版社，1987：754.

远大于 $n$，必有不少人生于同一时辰，因而得到“其间王公大人始生之时，则必有庶民同时而生者”，相当于将鸽子分两类，某些鸽笼中的鸽子数必有这两类，这已超出鸽笼原理能保证的范围。因此，“谈命”应用了鸽笼原理的基本思想，与数学意义上的原理还有差别。

**3）费衮反对八字算命的文化背景和对四柱预测的分析**

孔子说：“不知命，无以为君子也。”（《论语·尧曰》）子夏说：“死生有命，富贵在天。”（《论语·颜渊》）天命论在历史上产生了重大影响。费衮是一位有科学头脑的学者，他对当时盛行的八字算命术持怀疑的态度，“以为异”；但仅是对算法和结论表示疑问，并未涉及他是否信奉儒家命理学说。从上面的引文来看，也不能确定它受到道家“我命在我，不在天地”或墨子《非命》反宿命论等的影响。在费衮的时代，天命论著作和言论滔滔者所见皆是也，能够发表不合流、不苟同的见解，堪称独步。

费衮针对算命术提出了尖锐的问题：“其间王公大人始生之时，则必有庶民同时而生者，又何贵贱贫富之不同也？”实在是算命者无法回避的。但费衮自己说他“不晓命术”，无法解释谈命推步“有精绝者”的现象，文末认为自己的推理“似有理”，并谦虚地把合理性留给阴阳家去判断。

算命术流传至今，这是一种文化现象，不能仅看作是一种技术骗局或心理魔术，需要历史地、科学地进行分析，除技法因素外，还包含古人的人生观念和社会认识。

算命术流行于汉，谶纬风行，董仲舒、扬雄等各有影响，后者被认为是实际上的先驱者。到唐代李虚中时算命术巩固了在朝廷中的地位，僧一行、桑道茂等皆为名家。五代徐子平将它发展完善，成为流传至今的“四柱”八字算命术。费衮离徐子平的时代并不很远，是早期质疑八字算命的学者，在中国思想史上，应当有他的地位。

所谓“四柱”算法，主要是根据一个人出生的年、月、日、时辰的天干地支共八个字来推断该人一生的命运。如所周知，干支相配计时，六十周而复始，即有六十种不同的排法。乍一看来，由于“四柱”每个都可以取 60 中的一种来标志，这种排列的结果：$60^4=12\,960\,000$，可以出现巨大的多样性，使人感到极难以找到八字相同的人，人与人的命运也各不相同，似乎每个人都可以在八字中找到自己独特的位置，这就在心理上产生了巨大的迷惑性。然而，费衮却不这么看，在“谈命”一文中做了一项切中要害的数学分析，指出 60 年内不同的生辰数，亦即不同的八字数只不过 $60\times12\times30\times12=259\,200$ 而已。这个数字只是 $60^4$ 的五十分之一。“八字共有多少不同的排法”和“六十年里共有多少生时无同者”，其实是一个问题。根据命理学对年、月、日、时“四柱”取法的规定，60 年中某年干支一确定，该年的月干支只有 12 种取法，连续 5 年取遍 60 干支；同样，30 日中某日干支一确定，该日的时辰干支也只有 12 种取法。于是，对于后一个问题，总数恰为 $60\times12\times30\times12=259\,200$，这也是前一个问题的答案。其实，命理学一定要求区别开所有生时无同者并保证六十年里八字定义的唯一性，只要像费衮那样算出不同时辰数也就够了。$60^4$ 种八字排法里有 98%是不合定义的，四柱的命名方式有故弄玄虚之嫌。

**4）费衮命题的思想价值和理论意义**

当然，费衮讨论的是算命术，而非数学，更谈不上现代形式的鸽笼原理。为便于分析他的想法，这里不妨把鸽子分为白色和灰色两类，且两者数目均远大于鸽笼数。那么，根据概率论中的大数定理，飞回各鸽笼中的灰鸽子数会趋于平衡，白鸽也一样，于是就得出每个鸽笼里一定会有两色鸽子的结论——当然，这已与鸽笼原理无关。费衮推测的结果“其间王公大人始生之时，则必有庶民同时而生者”，虽未证明，但当他估算出社会人口是一个“何啻亿兆”的巨大数字时，可以认为这个结论合于情理。按现代的理解，这与算术平均相合；但仅靠这一句话还不能说费衮已有大数定理的萌芽认识。当然，这表现出他的思想丰富，值得深入发掘。

费衮的表述曾被后人引用，例如清代陈其元在《庸闲斋笔记》中基本上重复了费衮的话。[①]李善兰是晚清伟大的科学家，他反对星命论，陈其元也是思想进步的学者，为支持李善兰，他引用费衮的上述论说，批判四柱八字算命术。但他全文引用，却未说明出处或原作者，现在看来属于抄袭，也许在当时还未形成引用的学术规范。

在我国历史上，似乎未曾有人把它概括成一条普遍的原则，“但在一些笔记小说中，古人却留下了利用这一原则来分析问题的宝贵记载。”对费衮和陈其元来说，这都是公允的结论。

费衮不是数学家，他的说理对数学也没有产生影响，但他的表述显示出他对鸽笼原理的理解程度。四库全书将他的《梁谿漫志》收入，总纂官纪昀等在“提要”中评价费衮此书在“宋人说部中颇称精审”，“其论史事数条尤多前人所未发……皆具有特识，非摭拾陈言取盈卷帙者可比”。[②]

此外，费衮的推断产生于对算命术的证伪。算命术有一套操作程序，用排列生辰进行铺张，由显至幽进行推理，从外表看具有理性思考的形式，在实际操作中不少要获取八个字以外的信息，才能得到让人信服的结论。按照科学哲学家 K. 波普尔的观点，只有可证伪的陈述才是科学的陈述，所以费衮的想法在质疑命理学中产生，显然是对科学思想史的贡献。

---

① 刘钝. 古人笔记中的抽屉原则. 数学通报，1989（2）：50.

② 费衮. 梁谿漫志//文渊阁四库全书：864 册. 上海：上海古籍出版社，1987：691.

# 第3章　律历与博局：古代计数方法的应用

中国古代文化丰富多彩，天文、历法、占卜、音乐、游戏等都受到先人的重视和喜爱，在这些堪称精密的学问、难以预测的卜算和争强斗胜的娱乐中运用了计数方法，体现华夏先人志趣高远、思维缜密；同时，表现出深邃的哲理、洞察的智慧和聪明机巧。

早期人类与大自然的关系非常密切，“三代以上，人人皆知天文”（顾炎武，《日知录》卷三十），在皇权神授、代天立言的时代，历代君主重视天文历法，天文历法家取得了非同凡响的地位。那时天算一家，司马迁称之为“畴人子弟”。中国天文学史学者对古代天文学思想①、星占学②和古代历法③，做了全面介绍。其中占星学一书开辟了占卜研究的新阶段，占星术的数学内容也引起了我们的兴趣。

四千多年前舜帝举行大典要先演奏韶乐；易、诗、书、礼、乐、春秋的“六经”之中，乐经赫然在列（已失传），礼、乐、射、御、书、数的“六艺”之中，乐排在礼后，举足轻重。因在祭祀、典礼、战争中的重要地位，律吕学说被认为是“万事根本”（司马迁语）。图 3-1 为汉代的乐器和乐队，其中大鼓、编钟、编磬是大型乐器，列队席地而坐的伎乐人各持乐器，规模可观。

图 3-1　山东临沂汉墓画像石　汉代的乐队

① 陈美东. 中国古代天文学思想. 北京：中国科学技术出版社，2007.
② 卢央. 中国古代星占学. 北京：中国科学技术出版社，2008.
③ 张培瑜，陈美东，薄树人，等. 中国古代历法. 北京：中国科学技术出版社，2008.

早期的三分损益法既是音乐的、也是数学的成就，由此形成的十二律与现代乐律相近，经连续千年的努力，使这种调整音阶高低的计数方法臻于完备。

自《史记》始，汉唐诸代，史书皆有《律历志》，所记天文历法和音乐乐律，其中有许多内容使用了早期数学方法，体现计数思想的渗透和应用。

在宗教经文里有非常深刻的数学问题，例如《大藏经》中木轮相法[①]，就包含有古典组合概率。图3-2为该法使用的木轮。占卜和赌博内蕴的数学应当而且能够成为研究的对象。

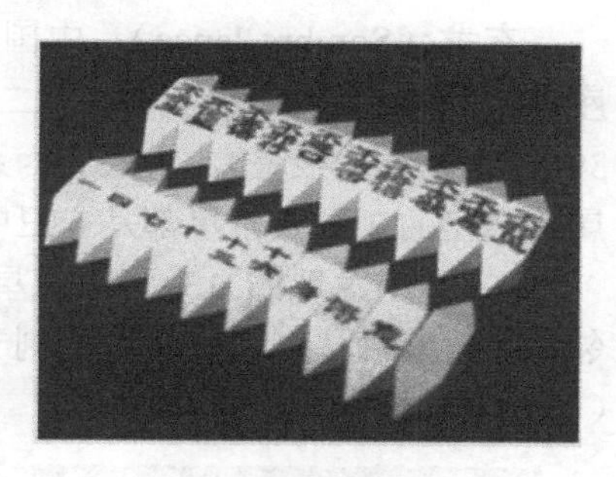

图3-2 地藏相法木轮

历史上九连环、博局占、华容道、围棋、象棋、麻雀戏、麻将、马步问题、移棋相间……种类繁多，而数学藏匿于游戏之中。人们关注占卜、赌博、棋局、游戏，适当运用数学方法，既能达到未卜先知，又能在娱乐中争先一着，故人们从古至今乐此不疲。由于数学起源的唯生产论的影响，对这方面的研究当然退居其次，迄今尚未听到有类似于《占卜中的数学》或《数学游戏史》的著作问世。国外有科学杂志长期设数学游戏专栏，不少为计算机游戏；报载麻将已风行美国，趣味性强的组合概率游戏被普遍接受。

游戏可以益智，例如沈括针对围棋提出深刻的数学问题“棋局都数”；赌博刺激了概率论的诞生，在西方数学中是著名的史实；对各类强手棋（掷骰子决定移动格数）、智能类、对抗类游戏的破解，产生了博弈论，在军事、经济、管理中都有应用。本章以中国古代Nim游戏的制胜方案变成一个现代数学热点问题为例，显示游戏深刻的数学内涵。这些都说明，数学除产生于生产实践之外，事实上也有多种来源，占卜与游戏就不应被忽视。数学起源于河洛、易经、占卜、游戏曾被认为是不经之论，如何驳正，也需要做具体的数学分析来证明。

本章从计数应用的视角，就上述诸项各选一案例，包括天文与占星术、干支纪日的历法、十二律、博局占游戏和Nim游戏，分列于§3.1～§3.5节，详述如下。

## 3.1 战国简天象玄戈篇：世界上最古老的四阶拉丁方[*]

《睡虎地秦墓竹简》《日书》甲种玄戈篇，12枚简构成了一个占星表。本节首先纠正释文造成三星连凶的误读，逐栏解析该表的构造方法，考察2260年前占星家造表的天算知识，据此复原完整无误的占星表，认为该表包含迄今所知世界上第一个四阶拉丁方，进而修正原简存在的13处错误或遗漏。

1975年12月在湖北省云梦县城关西部睡虎地的十一号秦墓中出土了1155枚竹简，这是我国文物考古第一次发现秦简，影响重大。1990年《睡虎地秦墓竹简》（简称《睡简》，图3-3）[②]由文物出版社出版，共分为《编年纪》《语书》……《日书》甲种、《日书》乙种等10类。《日书》是古人在生老病死、衣食住行以及国事、战事等各项活动

① 木轮相法：又称占察法门或地藏占察法门，原载《大藏经》，法见隋时菩提灯所译《占察善恶业报经》。

* 罗见今. 睡虎地秦简《日书》玄戈篇构成解析. 自然辩证法通讯，2015，37（1）：65-70.

② 睡虎地秦墓竹简整理小组. 睡虎地秦墓竹简. 北京：文物出版社，1990.

前，依据天文历法选择吉日、避忌凶险的参考书。

《日书》甲种 166 枚正背皆有文字，内容丰富。据认为，其形成年代为公元前 278 年秦国设立南郡到公元前 246 年秦王政元年之间。其中自“四七正壹”至“五八正壹”的 12 枝，正面皆分三栏，其首栏经编辑者命名为“玄戈”，自成一篇。

玄戈（Sombre lance），中国古代星名，位于三垣中之紫微垣，仅有一星，属牧夫座。中国古代将天图分为三垣二十八宿，黄河流域全年能见的北天天区为紫微垣（共 39 星座，含北极星），古人认为系天帝所居的中宫，两侧为天市垣和太微垣，玄戈和同属牧夫座的 3 颗天枪星都是守卫中宫的武器。

1907 年发现的 13 张敦煌星图里，有一张北极居中，上绘玄戈星与天擒、三公相邻，靠近紫微星。敦煌星图绘制于 649～684 年，现存大英图书馆，是现存最早的星图（图 3-4）。

图 3-3 睡虎地秦墓竹简

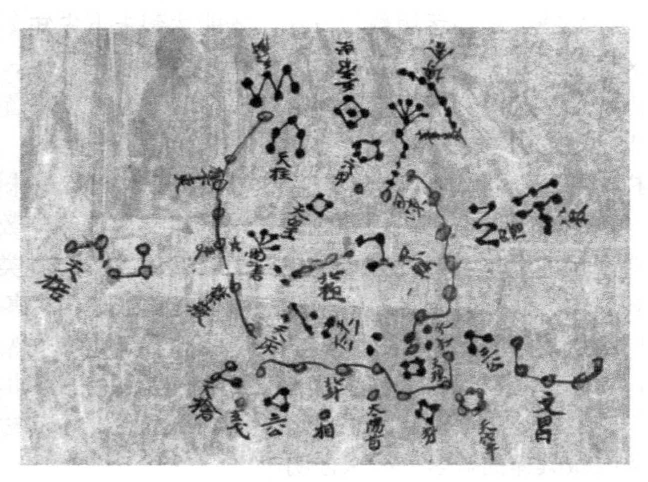

图 3-4 敦煌星图之一

玄戈篇的内容：根据问卜者在一定月份与某星座的关系，判断占算人的吉凶休咎，属于根据天象来预卜人事的一种占星术，在中国天文学史上提供了战国时代对天象认识的真实资料，反映出当时人们对天文的认知态度。玄戈篇虽然没有涉及占算的具体方法，在方术[①]中仍然受到重视，在世界星占文化史上亦为重要文献。

我们关心的是，玄戈篇表现了当时人们对四大天区、二十八宿、太阳在不同月份的（视）运动等的认识，并将这些知识应用于占卜之中，使用了早期的计数方法，从科学史、思想史上看，也是难得的确凿史料。

占星术士古代多为天文学家，占星术亦见于古天文书中。替百官庶民占卜的“日者”当时被看作懂天文的专家。《日书》不在秦始皇焚书之列，司马迁《史记》中撰有《日者列传》。多年来，学界不少人视这方面有关研究为另类。有必要给古代占星家、建除家等正名，他们是那个时代科学与文化的创造者，应当受到今人的尊重和引起更多的研究。

对玄戈篇的研究，属于文科的较多，有的论述背景和内容、按照《睡简》的释文选

① 李零. 中国方术概观：选择卷. 北京：人民中国出版社，1993：21-22.

句解词，如吴小强的专著[①]；有的也考释招摇、玄戈二星的今名等。[②]

值得注意的是，张铭洽的“《日书》中的二十八宿问题”（1992 年）明确指出了玄戈篇释文标点的不当之处，但未对天文现象展开论证。在吴小强的《秦简日书集释》（2000 年）中，虽然将张文收入书中，却仍然沿用了原释文的错误。详见下文。

但是，以往的研究存在三个问题。第一：出土版本本身存在哪些原始错误？这不是仅仅靠细查原简或推敲释文所能解决的。第二，玄戈篇的占星表是怎样构成的？即不局限于文本的“当然”，而须追究其“所以然”。这两个问题诸家均未涉及。第三，玄戈篇反映了当时怎样的天文知识水平？需要有较为深入的专题讨论。

笔者认为，除细查原简和推敲释文外，必须确切了解古人掌握的天算知识和方法。玄戈篇属于数术，内涵传统数学内容，须从计数、排列、配置、区组设计等今属组合数学的角度来解析，这些方法皆为初等的，并不复杂，其实就是古人在该篇简文中所使用的构造法。

于是，这里就玄戈篇提出了 3 个要解决的问题：①它是怎样构造的？须揣摩文中古人的想法和做法，探求其立意，我们将其译成一个玄戈占星表。②当时流传玄戈篇的各种抄本中，标准版是怎样的？本节推导出一个标准占星表。③现今所见玄戈篇抄本与标准版存在什么区别？我们为《日书》甲种的研究者提出了 13 处应当修改或补充的释文。

通过本节的解读，发现玄戈篇所表示的占星表，将古代天区四象规律地排列成今天在区组设计中很重要的四阶拉丁方。本节将分析距今 2260 年前古人的方法，探讨其在科学史、数学史上的价值与意义。

### 3.1.1　解读玄戈篇：构成一个占星表

20 世纪中国大陆出土简牍（偶有帛书，和简牍一起称为“简帛”）总数至少有 23.2 万枚[③]，其中有少量的“简牍表”：即有一批简，在考释时如果绘成今人熟悉的方格表，将该批简牍内容分类填入，能够达到与原简的完全一致，那么就称这批简为“简牍表”。

显然，我们说古人应用的简牍表与今天的表格形式有别，但具有表格的基本要素，则是古今相同。简牍呈长条状，构成表格中的一列或一行，无需划线，是天然形成的。更重要的是，表格中的内容分成若干相同的类，按照一定序关系依次排列。

所谓“简牍数据表”，是指在易卦、星象、占图、历谱、乐律等简文中，表格元素为卦名、星座、占名、干支、律名等，恰能用数字或字母代替，或者能用某种算法将其用唯一形式表出，那么就称这批简为“简牍数据表”，在古代哲学、占卜、历法中具有重要价值。

当研究者发现某批简构成一个数据表时，就能够用整体的观点审视、解读这批简，确认其主要元素、分类、排序方式和构成规则，寻找完整的原始形式，弥补残失的简

① 吴小强. 秦简日书集释. 长沙：岳麓书社，2000：350.
② 张铭洽. 秦简《日书》玄戈篇解析//中国秦汉史研究会. 秦汉史论丛：第四辑. 西安：西北大学出版社，1989.
③ 斯琴毕力格，关守义，罗见今. 简牍发现百年与科学史研究. 中国科技史杂志，2007，28（4）：468-479.

文，纠正原简的书写错误。故全面分析简牍数据表的构成并正确解读对考释这批简具有重要意义。玄戈篇12枚简共354字[①]：

玄戈（篇名为注释者所加）：

十月，心、危、营室大凶，心、尾致死，毕、此（觜）巂大吉，张、翼少吉，柖（招）榣（摇）毄（系）未，玄戈毄（系）尾。四七正壹

十一月，斗、娄、虚大凶，角、房致死，胃、□大吉，柳、七星少吉，柖（招）榣（摇）毄（系）午，玄戈毄（系）心。四八正壹

十二月，须女、斗、牵牛大凶，角、犺（亢）致死，奎、娄大吉，东井、舆鬼少吉。柖（招）榣（摇）毄（系）巳，玄戈毄（系）房。四九正壹

正月，营室、心大凶，张、翼致死，危、营室大吉，毕、此（觜）巂少吉，柖（招）榣（摇）毄（系）辰，玄戈毄（系）翼。五〇正壹

二月，奎、牴（氐）、房大凶，七星致死，须女、虚大吉，胃、参少吉，柖（招）榣（摇）毄（系）卯，玄戈毄（系）张。五一正壹

三月，胃、角、犺（亢）大凶，东井、舆鬼致死，斗、牵牛大吉，奎、娄少吉，柖（招）榣（摇）毄（系）寅，玄戈毄（系）七星。五二正壹

四月，毕、张、翼大凶，毕、此（觜）巂致死，心、尾大吉，尾、营室少吉，柖（招）榣（摇）毄（系）丑，玄戈毄（系）此（觜）巂。五三正壹

五月，东井、七星大凶，胃、参致死，角、房大吉，须女、虚少吉，柖（招）榣（摇）毄（系）子，玄戈毄（系）毕。五四正壹

六月，柳、东井、舆鬼大凶，奎、娄致死，角、犺（亢）大吉，斗、牵牛少吉，柖（招）榣（摇）毄（系）亥，玄戈毄（系）茅（昴）。五五正壹

七月，张、毕、此（觜）巂大凶，尾、营室致死，张、翼大吉，心、尾少吉，柖（招）榣（摇）毄（系）戌，玄戈毄（系）营室。五六正壹

八月，角、胃、参大凶，须女、虚致死，柳、七星大吉，角、房少吉，柖（招）榣（摇）毄（系）酉，玄戈毄（系）危。五七正壹

九月，牴（氐）、奎、娄大凶，斗、牵牛致死，东井、舆鬼大吉，张、翼少吉，柖（招）榣（摇）毄（系）申，玄戈毄（系）虚。五八正壹

最后一枚九月简（第五八枚正面的上部，即“壹”）的照片这里分成5部分，从左向右排，见图3-5。

玄戈篇可看成一个占星表，共分8栏：①月名，②（对应）星座，③大凶，④致死，⑤大吉，⑥少吉，⑦招摇星（所系地支日），⑧玄戈星（所系星座名）。其中必须将第②栏与第③栏分开，这是造表的关键。

《日书》甲种星篇[②]列出了二十八宿的名称。为简化玄戈篇占星表，将这28个星名依次标成数字，如表3-1。

于是，将玄戈篇的每项内容，按照表3-1把星座名转化成数字，填入表3-2。

① 睡虎地秦墓竹简整理小组. 睡虎地秦墓竹简. 北京：文物出版社，1990：简照92-93，释文187-188.

② 睡虎地秦墓竹简整理小组. 睡虎地秦墓竹简. 北京：文物出版社，1990：191-193.

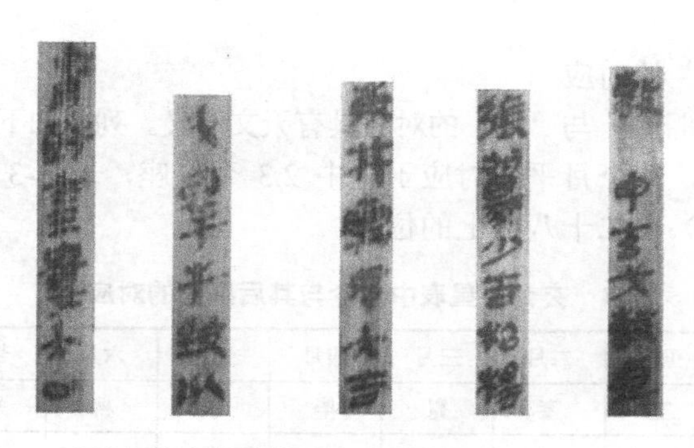

图 3-5　《睡虎地秦墓竹简》玄戈篇九月简（五八正壹）分段照片

**表 3-1　睡虎地秦简《日书》甲种星篇二十八宿星座及序号**

| 东方青龙 | | | | | | | 北方玄武 | | | | | | |
|---|---|---|---|---|---|---|---|---|---|---|---|---|---|
| 角 | 亢 | 氐 | 房 | 心 | 尾 | 箕 | 斗 | 牵牛 | 须女 | 虚 | 危 | 营室 | 东壁 |
| 1 | 2 | 3 | 4 | 5 | 6 | 7 | 8 | 9 | 10 | 11 | 12 | 13 | 14 |
| 西方白虎 | | | | | | | 南方朱雀 | | | | | | |
| 奎 | 娄 | 胃 | 昴 | 毕 | 觜 | 参 | 东井 | 舆鬼 | 柳 | 七星 | 张 | 翼 | 轸 |
| 15 | 16 | 17 | 18 | 19 | 20 | 21 | 22 | 23 | 24 | 25 | 26 | 27 | 28 |

12 枚简的全部内容列入表 3-2 后，其间的关系一览无余，这其实就是玄戈篇制定者原始的设计，所有的原创思想已含其中。我们将能够用整体的观点审视、解读这 12 枚简，确认其主要元素、分类、排序方式和构成规则。

**表 3-2　睡虎地秦简《日书》甲种玄戈占星表**

| 月令 | 星 | 大 凶 | 致 死 | 大 吉 | 少 吉 | 招摇 | 玄戈 |
|---|---|---|---|---|---|---|---|
| 十月 | 5 | 12，13 | 5，6 | 19，20 | 26，27 | 未 | 6 |
| 十一月 | 8 | ⑩，11 | ①，4 | 17，$\boxed{18}$ | 24，25 | 午 | 5 |
| 十二月 | 10 | 8，9 | 1，2 | 15，16 | 22，23 | 巳 | 4 |
| 正月 | 13 | 5，$\boxed{6}$ | 26，27 | 12，13 | 19，20 | 辰 | 27 |
| 二月 | 15 | 3，4 | $\boxed{24}$，25 | 10，11 | 17，㉑ | 卯 | 26 |
| 三月 | 17 | 1，2 | 22，23 | 8，9 | 15，16 | 寅 | 25 |
| 四月 | 19 | 26，27 | 19，20 | 5，6 | 12，13 | 丑 | 20 |
| 五月 | 22 | $\boxed{24}$，25 | 17，㉑ | ①，4 | 10，11 | 子 | 19 |
| 六月 | 24 | 22，23 | 15，16 | 1，2 | 8，9 | 亥 | 18 |
| 七月 | 26 | 19，20 | 12，13 | 26，27 | 5，6 | 戌 | 13 |
| 八月 | 1 | 17，㉑ | 10，11 | 24，25 | ①，4 | 酉 | 12 |
| 九月 | 3 | 15，16 | 8，9 | 22，23 | ㉖，㉗ | 申 | 11 |

### 3.1.2　讨论玄戈占星表结构的五个问题

我们分析玄戈占星表的构成，讨论以下五个问题。

### 1）“月令”与“星”的对应

表3-2第一、二列“月令”与“星”的对应具有天文意义。列表如下（表3-3）：

二十八宿大小不一，每个月平均对应于其中2.3个星座，表3-3基本上是均衡的，标明该月太阳（视运动）在二十八宿上的位置。

**表3-3 玄戈占星表中月令与其后星座的对应**

| 十月 | 十一月 | 十二月 | 正月 | 二月 | 三月 | 四月 | 五月 | 六月 | 七月 | 八月 | 九月 |
|---|---|---|---|---|---|---|---|---|---|---|---|
| 心 | 斗 | 女 | 室 | 奎 | 胃 | 毕 | 井 | 柳 | 张 | 角 | 氐 |
| 5 | 8 | 10 | 13 | 15 | 17 | 19 | 22 | 24 | 26 | 1 | 3 |

公元前239年前后，吕不韦召集门客，编著《吕氏春秋》；该书卷第一“孟春纪”至卷十二“季冬纪”开卷首句记录每个月太阳在二十八宿的位置[①]，这是约2260年前“日在某星”的记录：“孟春之月”即正月。对照表3-4和表3-3，太阳的位置9个月完全一样，只有七、九、十3个月玄戈篇比《吕氏春秋》的记录靠前一个星座，从天文观测来看，都算是正常的结果。玄戈篇早于《吕氏春秋》约10～40年，两表互相印证，应都是当时的天象记录。因此，玄戈篇释文中全部12个月名之后的第一个星座，具有明确的天文意义，即“日在某星”，绝不应当列入“大凶”的一列。这一点张铭洽[②]已经指出，但未引起重视。此其后应加句号，而非顿号。必须予以说明，笔者照录释文的标点，保留了原本的错误。

**表3-4 《吕氏春秋》（公元前239年前后）日在星座的记录**

| 孟春之月 | 仲春之月 | 季春之月 | 孟夏之月 | 仲夏之月 | 季夏之月 | 孟秋之月 | 仲秋之月 | 季秋之月 | 孟冬之月 | 仲冬之月 | 季冬之月 |
|---|---|---|---|---|---|---|---|---|---|---|---|
| 室 | 奎 | 胃 | 毕 | 井 | 柳 | 翼 | 角 | 房 | 尾 | 斗 | 女 |
| 13 | 15 | 17 | 19 | 22 | 24 | 27 | 1 | 4 | 6 | 8 | 10 |

事实上占星术一般只是象征性地利用当时的天文知识，并不要求精确描述太阳在黄道上的运行。笔者将两表并列，可以继续天文史和历法史的研究：①可利用《三千五百年历日天象》[③]将农历转换为公历，继用天文软件（如Stellarium），看看2260年前各月的太阳是否确乎在表3-3所指位置。②须考定表3-3、表3-4所用月名是否的确属于《颛顼历》，可据《史记·秦本纪》等的记载予以确认。这些超出了本书范围。但是，无论如何，玄戈篇确实提出了应当从天文历法角度考察的诸多问题。

《睡简》注释者未理解原表立意，将通篇十二个月令后首个星座都归为“大凶”，显然错误。例如，“十月，心、危、营室大凶”，这就将心星与后两个星座归为同类，成为三星连凶；实应理解为“十月，日在心星”。笔者认为，“心”字后的顿号必须改为句号，其他十一个月第一星座之后的顿号皆应改成句号。

在表3-2中，已将这第一个星座辟为单独的一栏，任一月的“大凶”只指向两个星座。其实，以后“致死”“大吉”“少吉”三栏每个月都只记载两个星座。

---

① 吕不韦门客. 吕氏春秋. 高诱注. 上海：上海书店，1985.

② 张铭洽.《日书》中的二十八宿问题. 秦陵秦俑研究动态，1992（2）：14-16.

③ 张培瑜. 三千五百年历日天象. 郑州：大象出版社，1997.

由于这个释文错误，引起了后继误读，例如文献①在错释全年三星连凶后发现：“只有七月的张宿在同一月内，始为‘大凶’，后为‘大吉’，自相矛盾，不知‘玄戈’家们如何向问卜者解释？”这个所谓的矛盾不能归咎于原简，其实占星家（即引文之“玄戈家”）们不会把第一个张宿看作“大凶”，因此矛盾并不存在。问题出在释读者未将月名后第一个星座视为该月“日在某星”，而未加论证就归为“大凶”。如果将顿号改为句号，则问题迎刃而解。笔者进而建议将玄戈通篇在“少吉”后皆加句号，则分类更为明晰。

**2）表 3-2 吉凶四栏所列应为相连两星座**

表 3-2 中吉凶四栏“大凶”“致死”“大吉”“少吉”所列，大多为相连两星座。按照玄戈篇以某月为视角观察某星区，被选中的星座应当是邻近的，而不应当分散在两个遥远的星区。不难发现，在表 3-2 吉凶四栏的 48 组中，只有 7 组不相连，这正是问题所在，表 3-2 用○标出（唯末行㉖，㉗可能系书简人抄写串行），详见下文。

在吉凶四栏里本应出现两个星座的地方，3 处仅有一个星座，这也是问题所在，怀疑原简文字脱漏，表 3-2 用□标出，并在框中注明建议方案，详见下文。另有 1 处字迹漫漶难辨，原释文即标出□。吉凶四栏是整个玄戈占星表的核心，每栏都包括 12 个月。

**3）表 3-2 只有二十四宿**

占星家造表 3-2 时每遇箕 7、东壁 14、参 21、轸 28 即越过，使其轮空，四星座位于东方青龙、北方玄武、西方白虎、南方朱雀四大天区各星座的末端（图 3-6）。忽略它们显然只具有方术中的意义。吉凶四栏所指的相连两星座随月份的增加而逐次降低其二十八宿的序号，即在制表时反排星宿；在占卜中是否意味着逆天体运动方向而行，需进一步考证。此表中除此 4 星外只有 24 个星名，每个星名都出现 4 次。凡能被 7 整除的数，它代表的星被排除在外。位于四象末端是未被列入的原因。

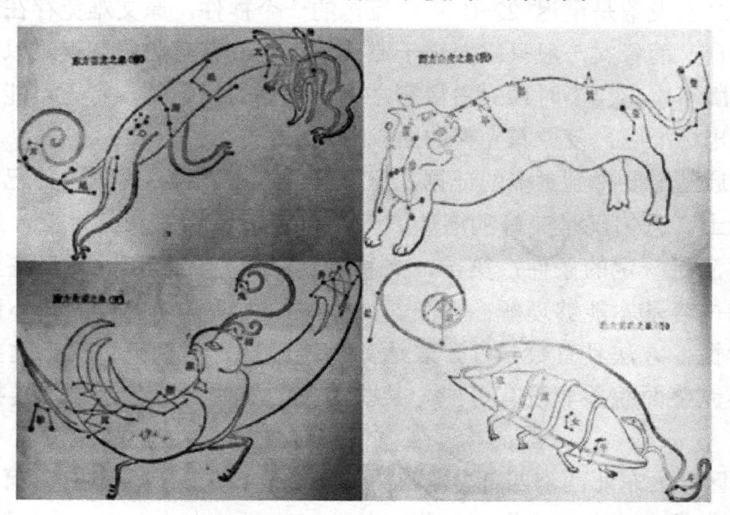

图 3-6　中国古人心目中的天空：四象与二十八宿②

① 吴小强. 秦简日书集释. 长沙：岳麓书社，2000：52.

② 南京大学天文系. 天文知识. 上海：上海人民出版社，1976：21-22.

吉凶四栏是该表的主体，说明造表时吉凶对应是严格、有选择且连续的。

**4）招摇星十二个月所系，在于以十二地支表示的日期**

占卜中招摇星指向哪个地支日，存在重要利害关系，因此该栏与百官庶民关联度较高，成为平日行动的指南。但每月30日中，同一地支所冠名的日数平均只有2.5天，按占星术，该日与大吉或大凶一栏相关，仅占该月的约 8.3%，属于较小概率事件。这说明古人已观察到极端吉凶出现的频数较少，已经在造表设计中有所体现。注意到，表3-2中从六月开始对应于“亥”。占星表多见这种相逆的排法。

**5）玄戈星十二个月每月所系，在于二十八宿中所选十二星座之一**

占卜中玄戈星与该星座的对应对于百官庶民有何利害关系尚待考稽。注意表3-5中从十二月开始对应于 4 即“房”，以后随月份递减而二十八宿序号增加，每逾 3 个月而跨越 4 星座，只选中房 4、心 5、尾 6 等 12 个星座。这只是造表人的设计：先忽略 16 个星座，于是按表3-5 所示的方法，将月令与星名建立对应关系。这并无天文意义；但对于占卜，能够取得均衡、匀称的效果。

**表 3-5　睡虎地秦简《日书》甲种玄戈星与十二星座对应表**

| 28四<br>1星<br>2座<br>3空 | 十二<br>月<br>4 | 十一<br>月<br>5 | 十<br>月<br>6 | 7四<br>8星<br>9座<br>10空 | 九<br>月<br>11 | 八<br>月<br>12 | 七<br>月<br>13 | 14四<br>15星<br>16座<br>17空 | 六<br>月<br>18 | 五<br>月<br>19 | 四<br>月<br>20 | 21四<br>22星<br>23座<br>24空 | 三<br>月<br>25 | 二<br>月<br>26 | 正<br>月<br>27 |
|---|---|---|---|---|---|---|---|---|---|---|---|---|---|---|---|
|  | 房 | 心 | 尾 |  | 虚 | 危 | 室 |  | 昴 | 毕 | 觜 |  | 星 | 张 | 翼 |

### 3.1.3　玄戈占星表的标准形式：四阶拉丁方①

今人所见之玄戈篇是至迟 2260 年前流传的一个抄件，原文难免存在遗漏、书误和串行等抄写错误；而释文一般只需要忠于原简即可，故有时原始错误难以被发现。一定存在一个标准版本，出自当时顶尖占星家之手。我们的问题是，有无可能从玄戈篇已有文字出发推求出标准版，复原其完整的面貌？

历史研究通常需要得到更多的证据，但像这种远古文物，得之一件已属不易，再盼同类的新简出土，恐怕仅是美好的愿望。但是，对于特定的研究对象，这种复原是有可能的，需要满足一定的条件：第一，文物真实可靠，内容相对清晰完整；第二，今人对所表达的内容基本能够理解；第三，原件中缺失或错误的仅占较小比例；第四，内容具有科学性，方法具有数学性，表达具有连续性，有规则可循。这些条件须同时具备，复原其完整面貌并非没有可能。某些对象的一些内容甚至可以转换为确切的数字或字母。

古人把天区分为东北西南四部分，称为“四象”（图 3-7）。以玄戈篇“大吉”栏为例，设S=南方朱雀，E=东方青龙，N=北方玄武，W=西方白虎，则“四象”分别为

① 拉丁方：Latin square，是一数学名词，属于组合设计。常见的是正交拉丁方，这里所指的不是正交拉丁方。

图 3-7　汉代四象瓦当（左中）与衍生图案

$$S=\begin{bmatrix}26,27\\24,25\\22,23\end{bmatrix},\ E=\begin{bmatrix}5,6\\3,4\\1,2\end{bmatrix},\ N=\begin{bmatrix}12,13\\10,11\\8,\ 9\end{bmatrix},\ W=\begin{bmatrix}19,20\\17,18\\15,16\end{bmatrix}$$

从下向上排列这四个模块：SENW，即得“大吉”栏。同理，按 WSEN 向上排列，则得“大凶”栏。于是吉凶四栏便顺序排出（表 3-6）。

**表 3-6　吉凶四栏的标准版：优美的四象占星四阶拉丁方**

| | | | |
|---|---|---|---|
| 玄武 | 青龙 | 白虎 | 朱雀 |
| 青龙 | 朱雀 | 玄武 | 白虎 |
| 朱雀 | 白虎 | 青龙 | 玄武 |
| 白虎 | 玄武 | 朱雀 | 青龙 |

| | | | |
|---|---|---|---|
| 北 | 东 | 西 | 南 |
| 东 | 南 | 北 | 西 |
| 南 | 西 | 东 | 北 |
| 西 | 北 | 南 | 东 |

| | | | |
|---|---|---|---|
| N | E | W | S |
| E | S | N | W |
| S | W | E | N |
| W | N | S | E |

| | | | |
|---|---|---|---|
| A | K | Q | J |
| K | Q | J | A |
| Q | J | A | K |
| J | A | K | Q |

| | | | |
|---|---|---|---|
| 1 | 2 | 3 | 4 |
| 2 | 3 | 4 | 1 |
| 3 | 4 | 1 | 2 |
| 4 | 1 | 2 | 3 |

图 3-8　四阶拉丁方

这样，我们就发现，吉凶四栏其实就是一个完美的区组设计，它的每横行、每纵列都保有 ENWS 四个模块，使设计达到完备。区组设计（block design，BD）是组合数学一个分支，解决按照规定的要求或条件来安排、配置一定事物的问题。例如第 1 章讨论的洛书（三阶幻方）即最古的设计。拉丁方（Latin square）是用 $n$ 个不同的拉丁字母排成 $n$ 行 $n$ 列的方阵，若每行、每列的字母都既无重复、也无遗漏，就称为一个 $n$ 阶拉丁方（图 3-8），为通用数学名词。因扑克牌中 16 张 J，Q，K，A 可排成 4 阶拉丁方而闻名。拉丁方发展为正交拉丁方，是 BD 的一个基本内容，大数学家欧拉提出著名的三十六军官问题就是六阶正交拉丁方存在性问题。区组设计有重要应用，如 1930 年美国数学家费舍尔（Fisher）将正交拉丁方用于实验设计；1983 年我国组合学家陆家羲证明了百余年的“大集定理”是区组设计的基本定理，获得 1989 年国家自然科学奖一等奖，他也利用了正交拉丁方的性质。

表 3-6 吉凶四栏的标准版的核心，形成一个四象占星四阶拉丁方，它既将四类动物有序排列，又把四种色彩巧妙配置，还包含将“四象”均衡分布的特殊占星意义，满足了对周期性、连续性、均衡性、优美性的要求，成为中国天算史、文化史中的杰作。

必须说明，这四个模块是古人对天区的基本划分，在当时属于常识范围。在表 3-6 中的具体做法：省去每个天区末尾的星座，可以看作是每个模块的界限，非常清晰。表

3-6 即表 3-2 中吉凶四栏的理想复原形式，不妨命名为“四象占星四阶拉丁方”。

国际组合数学界形成之初就公认中国的洛书是世界上第一个三阶幻方，从而把组合数学的起源归之于东方的中国；而拉丁方被认为是起源于中古的西方的发明。事实上表 3-2 的吉凶四栏就构成一个世界上迄今所知最早的四阶拉丁方，因此，需要重视并阐发这个占星表在科学史上的价值。

### 3.1.4 用“四象占星四阶拉丁方”修正玄戈篇原简的缺陷

经以上分析，可以认定，表 3-2 中凡标○处均误，经逐字核对原简图版，释文与原简保持一致，错均出自原简；凡标□处，或原简漏书，或难以识别，但均可准确补出。现逐条讨论表 3-2 中标有○和□的 13 处问题：

（1）原文：十一月，斗、娄、虚大凶，角、房致死，胃、□大吉

修正：十一月，斗。女、虚大凶，氐、房致死，胃、昴大吉

解说：①原文娄 16 为西方白虎第二星，虚为 11 北方玄武第四星，两星相离，分属两天区，且顺序反排，此不可能。二、五、八月有 3 例皆须女、虚相连，确证应改为女 10，与虚 11 相连。②原简角 1、房 4 两星相离，此不可能。二月有氐、房相连，可证角 1 应改为氐 3。③原文胃 17 后不辨之字□应为昴 18（原简写作“卯”）。

（2）原文：正月，营室、心、□大凶

修正：正月，营室。心、尾大凶

解说：④原简心 5 后脱文，因大凶之星均为两个，而正月的营室不属大凶，故原简抄录所失之星应是尾 6。

（3）原文：二月……、□七星致死，须女、虚大吉，胃、参少吉，

修正：二月……柳、七星致死，须女、虚大吉，胃、昴少吉。

解说：⑤原简七星 25 前脱文，所失应为柳 24。⑥原简胃 17、参 21 相离，据三、正月之少吉依次为奎 15 娄 16、毕 19 觜 20，确认二月参误，应为昴 18。

（4）原文：五月，东井、□七星大凶，胃、参致死，角、房大吉

修正：五月，东井。柳、七星大凶，胃、昴致死，氐、房大吉

解说：⑦原简七星 25 前脱文，同⑤，所失应为柳 24。⑧原简胃 17、参 21 相离，同⑥，参误，应为昴 18。⑨原简角 1、房 4 两星相离，同②，角 1 应改为氐 3。

（5）原文：八月，角、胃、参大凶……角、房少吉

修正：八月，角。胃、昴大凶……氐、房少吉

解说：⑩原简胃 17、参 21 两星相离，同⑥⑧，参应改为昴 18。原简角 1、房 4 两星相离，同②⑨，角 1 应改为氐 3。

（6）原文：九月……东井、舆鬼大吉，张、翼少吉……

修正：九月……东井、舆鬼大吉，角、亢少吉……

解说：《颛顼历》以十月为岁首，九月在玄戈篇中就位于末行；但日月循环，九、十月两简亦可相连；不排除书简人抄写串行，将十月的“张、翼少吉”误抄入九月的可能。据通篇的设计，本行为二十八宿之首，应以角、亢起始，故张 26 应改为角 1，翼 27 应改为亢 2。

经以上考释，修正之后的玄戈占星表标准版如表3-7。

表3-7　经修正后的玄戈占星表的标准版

| 月令 | 星 | 大凶 | 致死 | 大吉 | 少吉 | 招摇 | 玄戈 |
|---|---|---|---|---|---|---|---|
| 十月 | 5 | 12，13 | 5，6 | 19，20 | 26，27 | 未 | 6 |
| 十一月 | 8 | 10，11 | 3，4 | 17，18 | 24，25 | 午 | 5 |
| 十二月 | 10 | 8，9 | 1，2 | 15，16 | 22，23 | 巳 | 4 |
| 正月 | 13 | 5，6 | 26，27 | 12，13 | 19，20 | 辰 | 27 |
| 二月 | 15 | 3，4 | 24，25 | 10，11 | 17，18 | 卯 | 26 |
| 三月 | 17 | 1，2 | 22，23 | 8，9 | 15，16 | 寅 | 25 |
| 四月 | 19 | 26，27 | 19，20 | 5，6 | 12，13 | 丑 | 20 |
| 五月 | 22 | 24，25 | 17，18 | 3，4 | 10，11 | 子 | 19 |
| 六月 | 24 | 22，23 | 15，16 | 1，2 | 8，9 | 亥 | 18 |
| 七月 | 26 | 19，20 | 12，13 | 26，27 | 5，6 | 戌 | 13 |
| 八月 | 1 | 17，18 | 10，11 | 24，25 | 3，4 | 酉 | 12 |
| 九月 | 3 | 15，16 | 8，9 | 22，23 | 1，2 | 申 | 11 |

### 3.1.5　结语

（1）云梦睡虎地战国秦简《日书》玄戈篇构成一个四象占星表，它的设计具有原创性，是现今所知世界上第一个四阶拉丁方，在组合学区组设计前史中占有重要地位。

（2）玄戈篇除具有占星与天文学史、社会文化史的意义之外，还具有数学史和思想史的价值。属于计数、排列、配置、区组设计等内容，是古代数学史研究的对象。

（3）“四象占星四阶拉丁方”显示出周期性、连续性、均衡性、优美性等特征，甚至具有一定美学价值。玄戈篇成为当时的应用知识，体现了古人目的与方法的统一。

（4）序关系今天成为现代数学的对象，原来几千年前也被古人看重，排序成为认知的重要方法，二十八宿各星座存在的序关系是玄戈篇编制占星表的主要依据之一。

（5）本节展示出新的考释方法：除依据记录出土文物原件外，还需要追问原文内容的立意，用当时的自然科学知识恢复文物原貌，所得结果具有更为强大的说服力。

## 3.2　干支纪日：世界上绝无仅有的循环纪日历法*

干支纪日是中国先人发明的一种循环计数法，应用于历法中，具备特有的计数性质，已形成了三千多年的历史。本节追溯干支纪日的起源，从计数、排列和同余理论出发，分析干支纪日的数学性质，探讨汉代历简的若干问题，提出“年朔序”即一年各月朔日干支序列的概念，并把数学方法应用于汉代历谱简的年代考证中，成为科技考古的一种有效的方法。

---

* 罗见今. 论干支纪日的计数性质及其在汉简历谱考释中的应用. 咸阳师范学院学报，2014，29（11）：77-82. 关于“干支历”与“干支纪日历法”的区别，经刘次沅教授提出，在本节之后列有附记。

天干地支相配，六十周而复始，这是中华始祖排列计数的杰出成就，应用于历法之中，具备独有的计数意义，其价值与数字的发明可相媲美。

### 3.2.1 天干地支循环计数法的起源与干支序数

相传黄帝之臣大挠创六十甲子用以计时，它应当是远古十进制和十二进制的一种综合应用，配合起来形成六十循环计数法。

从历史上看，至迟在夏代（前 2070～前 1600 年）已出现这种计法。据“夏商周断代工程年表”[①]，夏代第十三世孔甲、第十六世履癸（夏桀）中以天干为名；特别到了商代，前期（前1600～前1300年）的商汤（大乙、太乙，又称高祖乙）、太丁、外丙、中壬、太甲、沃丁、太庚、小甲、雍己、太戊、中丁、外壬、河亶甲、祖乙、祖辛、沃甲、祖丁、南庚、阳甲、盘庚，以及迁殷后（前 1300～前 1046 年）的小辛、小乙、武丁、祖庚、祖甲、廪辛、康丁、武乙、文丁、帝乙、帝辛（纣），所有 31 个君王都选用天干作为名字，无一例外，十个天干无一遗漏，持续时间之长、受到重视程度之高，无与伦比。说明干支纪时、纪日已普遍使用（图 3-9）。

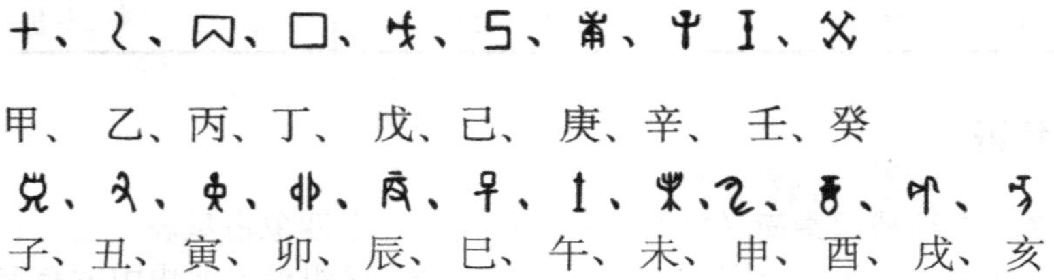

甲、乙、丙、丁、戊、己、庚、辛、壬、癸

子、丑、寅、卯、辰、巳、午、未、申、酉、戌、亥

图 3-9 殷墟甲骨文天干地支写法

河南安阳殷墟出土的甲骨文 99%与占卜相关，而占卜又与时间相关，所以天干地支出现频率最高，甚至出现了六十甲子的干支表（图 3-10，《甲骨文合集》37986，黄类）。

中国历史从西周共和元年（前 841 年）起开始有较为正确的纪年。[②]干支相配纪日、六十周而复始的计数法用于历法由来已久。据《春秋》记载，“鲁隐公三年春王二月己巳日有食之”，指公元前 720 年 2 月 22 日发生了日全食。[③]至迟从那时起到今天，2700 多年干支纪日没有间断，一百万余天，或 16 000 多个 60 天，每一日都在这种循环排列中占有一个位置，在世界各文明中绝无仅有。[④]这种历法是阴阳合历，既现月相盈亏，又显寒暑时令，历史上称为黄历，现代称为农历。而“干支历”按二十四节气排历：立春为岁首，交节日为月首；一节一中为一个月，一年之长即回归年；用干支标记年、月、日、时。属于阳历，又称节气历、甲子历。

约四千年来，干支出现在国家的政治、经济、文化、军事、思想、科技、民俗等领域中。古籍和出土简牍中连篇累牍出现干支的应用，表现出华夏祖先对时间的高度重

① 夏商周断代工程专家组. 夏商周断代工程 1996—2000 年阶段成果报告. 北京：世界图书出版公司，2000.
② 上海人民出版社. 中国历史纪年表：出版说明. 上海：上海人民出版社，1976，出版说明.
③ 陈遵妫. 中国古代天文学简史. 上海：上海人民出版社，1955：57.
④ 罗见今. 中国历法中的“千闰年”//黄留珠，魏全瑞. 周秦汉唐文化研究：第 4 辑. 西安：三秦出版社，2006：1-5.

视，这形成中华文化的重要特征，贯穿于整个历史。

表现在教育上，儿童从小要熟读乃至背诵六甲，犹如今天的儿童要背诵 ABC 一般。这在几千年历史中形成了传统的计数训练。天干地支共22个字，平均每个字5笔，简单优美，便于学习和记忆。1973 年在汉代张掖郡居延都尉所辖甲渠候官[①]遗址（今内蒙古额济纳旗的破城子）也挖掘出一些干支简，其中一枚简号 EPT65.115AB（AB 为正背面）皆有字（图 3-11），年代当在公元前 1 世纪。这是一枚练习用的六甲简，原简应有八甲（四甲缺失，五、六甲重复），且有几处错书。有兴趣的读者不难找出错书的原因。

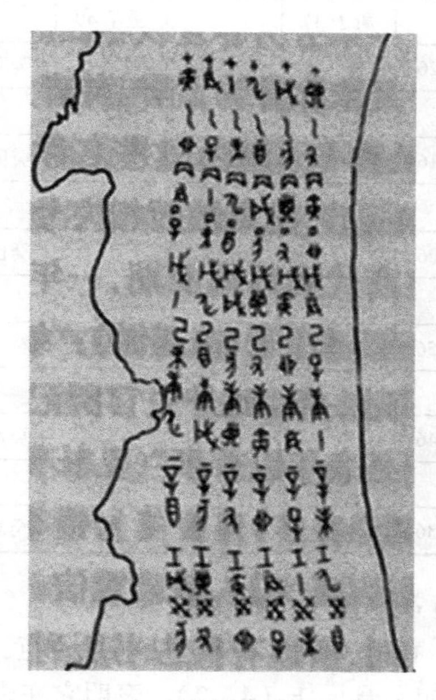

图 3-10　殷墟牛骨干支表

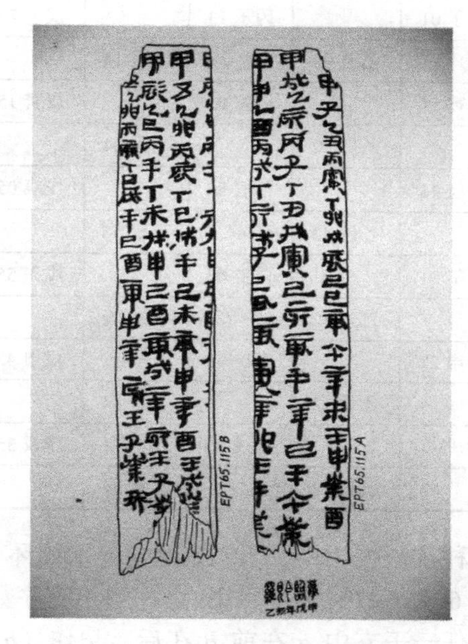


图 3-11　汉代习字简（笔者临）

**定义 1**　天干、地支及其序数 $a$，$b$

| 天　干 | 甲 | 乙 | 丙 | 丁 | 戊 | 己 | 庚 | 辛 | 壬 | 癸 | | |
|---|---|---|---|---|---|---|---|---|---|---|---|---|
| 序数 $a$ | 1 | 2 | 3 | 4 | 5 | 6 | 7 | 8 | 9 | 10 | | |
| 地　支 | 子 | 丑 | 寅 | 卯 | 辰 | 巳 | 午 | 未 | 申 | 酉 | 戌 | 亥 |
| 序数 $b$ | 1 | 2 | 3 | 4 | 5 | 6 | 7 | 8 | 9 | 10 | 11 | 12 |

**定义 2**　六十干支及其序数 $A$

| 干 | 甲 | 乙 | 丙 | 丁 | 戊 | 己 | 庚 | 辛 | 壬 | 癸 | 甲 | 乙 | 丙 | 丁 |
|---|---|---|---|---|---|---|---|---|---|---|---|---|---|---|
| 支 | 子 | 丑 | 寅 | 卯 | 辰 | 巳 | 午 | 未 | 申 | 酉 | 戌 | 亥 | 子 | 丑 |
| 序数 $A$ | 01 | 02 | 03 | 04 | 05 | 06 | 07 | 08 | 09 | 10 | 11 | 12 | 13 | 14 |
| 干 | 戊 | 己 | 庚 | 辛 | 壬 | 癸 | …… | 丁 | 戊 | 己 | 庚 | 辛 | 壬 | 癸 |
| 支 | 寅 | 卯 | 辰 | 巳 | 午 | 未 | …… | 巳 | 午 | 未 | 申 | 酉 | 戌 | 亥 |
| 序数 $A$ | 15 | 16 | 17 | 18 | 19 | 20 | … | 54 | 55 | 56 | 57 | 58 | 59 | 60 |

干支原本具有数字内涵，古人在一定范围内把它当作数字熟练使用，而今天人们日

① 甘肃省文物考古研究所. 居延新简——甲渠候官. 北京：中华书局，1994.

渐生疏，所以有必要将其数字化，实际上就是恢复它原来的意义。

### 3.2.2 天干地支的排列、意义和性质

干支的排法虽然不复杂，但仍有必要分析它配合的特点。现将十天干列为横行，十二地支列为纵行，可得以下六十干支表（并附以干支序数，表 3-8）：

表 3-8 天干地支相配法及其干支序数表

| | 甲 | 乙 | 丙 | 丁 | 戊 | 己 | 庚 | 辛 | 壬 | 癸 |
|---|---|---|---|---|---|---|---|---|---|---|
| 子 | 甲子 01 | | 丙子 13 | | 戊子 25 | | 庚子 37 | | 壬子 49 | |
| 丑 | | 乙丑 02 | | 丁丑 14 | | 己丑 26 | | 辛丑 38 | | 癸丑 50 |
| 寅 | 甲寅 51 | | 丙寅 03 | | 戊寅 15 | | 庚寅 27 | | 壬寅 39 | |
| 卯 | | 乙卯 52 | | 丁卯 04 | | 己卯 16 | | 辛卯 28 | | 癸卯 40 |
| 辰 | 甲辰 41 | | 丙辰 53 | | 戊辰 05 | | 庚辰 17 | | 壬辰 29 | |
| 巳 | | 乙巳 42 | | 丁巳 54 | | 己巳 06 | | 辛巳 18 | | 癸巳 30 |
| 午 | 甲午 31 | | 丙午 43 | | 戊午 55 | | 庚午 07 | | 壬午 19 | |
| 未 | | 乙未 32 | | 丁未 44 | | 己未 56 | | 辛未 08 | | 癸未 20 |
| 申 | 甲申 21 | | 丙申 33 | | 戊申 45 | | 庚申 57 | | 壬申 09 | |
| 酉 | | 乙酉 22 | | 丁酉 34 | | 己酉 46 | | 辛酉 58 | | 癸酉 10 |
| 戌 | 甲戌 11 | | 丙戌 23 | | 戊戌 35 | | 庚戌 47 | | 壬戌 59 | |
| 亥 | | 乙亥 12 | | 丁亥 24 | | 己亥 36 | | 辛亥 48 | | 癸亥 60 |

这种排法使 10 天干、12 地支分别循环 6 次、5 次，依图相配得到六十干支。“甲”共出现 6 次，故又名“六甲”。标明干支序数后易于看出排法的规律。应注意两点。

①任一干支中 $a$ 在前 $b$ 在后，记作（$a$，$b$）。如丁丑记作（4，2），表明它在表 3-8 的第 2 行、第 4 列的交点上；庚戌为（7，11）表明它在第 11 行、第 7 列的交点上，等等。由 $a$，$b$ 确定的干支序数记作 $A$（$a$，$b$），或 $A$。如 $A$（4，2）=14，$A$=（7，11）=47 等。

②任一干支中 $a$ 与 $b$ 同奇偶。即奇数（阳）天干配奇数地支，偶数（阴）天干配偶数地支。令 $u=(a-b)/2$，则 $u$ 必为整数。不存在“乙寅”等干支，在表 3-8 中就是用空格表示。

干支相配，是依序的“配合”，而不是组合（combination）。从组合看，从 10 干与 12 支（共 22 元）中任取 2 元有 231 种取法，需要考虑：①排除从 10 干中任取 2 元：共 45 种取法，如“丙辛”（同为天干）；②排除从 12 支中任取 2 元：共 66 种取法，如“戊辰”（同为地支）；③排除阴阳错位：表 3-8 中占 120 种取法的一半，如“甲丑”（奇偶相异）；④排除天地反序：如“子甲”等，因同一组合选出的两元不分序，须人为排序。于是得到：

$$\left[\binom{12+10}{2}-\binom{12}{2}-\binom{10}{2}\right]/2=60$$

这一结果用组合来表达 60 干支，显示干支配合与组合的区别所在。

干支既为循环计数，必然具备同余性质。六十干支具有三个特点：

（1）具有顺序意义。定义 2 的配合法使任意 $A$ 具有相关的两个顺序信息 $a$，$b$：

$$A \equiv a \pmod{10}，A \equiv b \pmod{12} \tag{3-1}$$

这里应用同余式符号"≡"，在李俨先生研究的基础上，改进了计法。[①]干支的第一个特性是标明先后序关系。式（3-1）表示 $A$ 的个位数字一定是 $a$（当 $a$=10 时 $A$ 的个位数字为零）。

**例 1**　已知 $A$（=1，2，…，60）为某干支序数，求该干支（$a$，$b$）。

由式（3-1）知 $a \equiv A \pmod{10}$，$b \equiv A \pmod{12}$，则据定义 2，（$a$，$b$）即为所求。

如 $A$=42，$a$=2，$b$=6，（2，6）为乙巳。乙巳序数 42 的个位 2，与"乙"的天干序数同。

（2）具有循环意义。干支相配纪日，六十周而复始。定义 2 仅显示一个周期，癸亥之后，从甲子开始再次循环，往复无穷，又称"六十甲子"。它满足同余运算，由式（3-1）知

$$6A \equiv 6a \pmod{60}，5A \equiv 5b \pmod{60}，两式相减得$$

$$A \equiv 6a-5b \pmod{60} \tag{3-2}$$

**例 2**　已知某干支，求它的序数 $A$。解：先求出天干序数 $a$ 和地支序数 $b$，再用式（3-2）求 $A$。例如求"庚子"序数：$A$（7，1）=6×7−5×1=37；求"丙戌"序数：$A$（3，11）=18−55+60=23。

**例 3**　式（3-2）求 $A$ 有简便心算法：设 $u=(a-b)/2$，则 $A$ 的个位数是 $a$（当 $a$=10 时个位写 0，十位数加 1）；$A$ 的十位数是 $u$（$u \geqslant 0$）或 $u+6$（$u<0$）。此法是对文献[②]相关方法的改进。

（3）具有数字意义。干支纪日的循环性扩大了计数的天数。60 之内这两个汉字表示的明显是数字；60 之外仍然是数字的延伸。应用于农历表示年代、日期（月份、每日的时辰一般由地支表示），配合历史上的年号和朔闰等附加信息，可在多个 60 周期的时间段内表示唯一的一天，数字意义更为明显。在历谱中因其特殊性，成为断代和确定日期的有效标志。

例如，在文献中如果仅有西历"11 月 1 日"的记录，则无法确定它的年代，因任一年都有 11 月 1 日；而在农历中仅有"十一月乙丑朔"（朔即初一日）的记录，它前后几十年的十一月初一日都不是乙丑，因此有可能根据干支的周期性算出或据朔闰表查出它的确切年代。以下选自汉代肩水金关[③]遗址出土简牍 73EJT21：56 号：

**例 4**　"（前略）十一月乙丑朔癸未居延守丞右尉……"已知该简所在第 21 探方属西汉晚期，伴出纪年简 40 枚，其中 39 枚皆公元前（仅 108 号为公元 1 年的简），求该简年代。

据《二十史朔闰表》[④]，西汉晚期十一月是乙丑朔的，仅有地节元年（公元前 69 年）；再就是地皇元年（公元 20 年），属新莽时期，不可能。因此可断定 73EJT21：56 号属公元前 69 年。[⑤]

---

① 李俨. 中算史论丛（一）. 北京：中国科学院，1954：123.

② 梁宗巨. 数学历史典故. 沈阳：辽宁教育出版社，1992：511.

③ 甘肃简牍保护研究中心，等. 肩水金关汉简（贰）. 上海：中西书局，2012.

④ 陈垣. 二十史朔闰表. 北京：中华书局，1978.

⑤ 罗见今，关守义.《肩水金关汉简（贰）》历简年代考释. 敦煌研究，2014（2）：113.

### 3.2.3 干支的同余性质在考释历简年代中的应用

**1）干支纪日问题**

六十干支与序数的对应和运算，今人已感陌生，要死记是困难的，可部分记忆导出其余，或作干支表备查。而古人由于大量实践的需要，配合心算、指算，应用十分熟练。从同余论的角度来看，在干支计算中常遇到的问题有以下几种类型。

**定义 3** 从（$a_1$，$b_1$）计数到（$a_2$，$b_2$），得到 $N$（≤60），称 $N$ 是两干支间的日（或年）数。

设 $A\equiv 6a_1-5b_1 \pmod{60}$，$B\equiv 6a_2-5b_2 \pmod{60}$

则

$$N\equiv B-A+1 \pmod{60} \qquad (3\text{-}3)$$

$$\equiv 6(a_2-a_1)-5(b_2-b_1)+1 \pmod{60}$$

**例 5** 已知某月朔（初一）干支（$a_1$，$b_1$）和该月某日干支（$a_2$，$b_2$），求后者是该月第 $N$ 日，用式（3-3）。在汉简中有大量此类问题。下简为《居延新简——甲渠候官》EPF22・53A 号（E 为额济纳河流域，P 为破城子，F 为房屋）：

建武六年七月戊戌朔乙卯甲渠障候敢言之府书曰吏民毋得伐树木……

建武六年（公元 30 年）七月初一是戊戌 $A$（5，11）=35，欲求乙卯 $B$（2，4）=52 是几号。由（3-3）可知：$N$=52−35+1=18，即乙卯是七月十八日。

当然古人靠心算指算，今人直接查干支表也易于求得，须手边备有干支表。

**例 6** 已知某月 $N$（≤30）日干支为（$a_2$，$b_2$），反求该月朔干支（$a_1$，$b_1$）。由式（3-3）、（3-2）得

$$A\equiv B-N+1 \pmod{60} \qquad (3\text{-}4)$$

$$\equiv 6a_2-5b_2-N+1 \pmod{60}$$

再用式（3-1），$a_1\equiv A \pmod{10}$，$b_1\equiv A \pmod{12}$，则（$a_1$，$b_1$）为所求。

这类问题在考释历谱散简时也常遇到。如《居延新简——甲渠候官》EPS4T1.17 号：

廿二日　丙戌　丙辰　乙酉　乙卯　甲申　夏至　甲寅☐

这是一枚历谱残简，☐表示折断（或以下字数不能确认）。所谓历谱，一般由 30 枚简组成，每简上首写明一日至卅日，然后各简从上至下列出 12 个月（闰月 13 个月）当日的干支，读起来从左往右，叫“编册横读式”历谱。①此简列出了某年前 6 个月廿二日干支。问题是欲求该年前 6 月一日干支。利用式（3-4）可推出

一日　乙丑　乙未　甲子　甲午　癸亥　癸巳

求出朔日干支序列对于利用朔闰表和出土信息确定这枚历谱残简的年代是首要步骤。

**例 7** 已知某月 $A$ 日干支（$a_1$，$b_1$），从它开始计数，数到同月某日为 $N$（≤30）天，求该日干支（$a_2$，$b_2$）。由式（3-3）、（3-4）得

$$B\equiv A+N-1 \pmod{60}\equiv 6a_1-5b_1+N-1 \pmod{60} \qquad (3\text{-}5)$$

再用式（3-1）：$a_2\equiv B \pmod{10}$，$b_2\equiv B \pmod{12}$，则（$a_1$，$b_1$）即为所求。

例如甲渠候官遗址出土的 EPT65・100 号简（图 3-12 右 2 图）：

三日　壬申　辛丑　辛未　辛丑　庚午建　庚子初伏　己巳　己亥　戊辰

戊戌　丁卯　丁酉☐

① 陈梦家. 汉简缀述：汉简年历表叙. 四汉简历谱. 北京：中华书局，1980：235.

该简系某年 12 个月“三日”干支及附加信息“建”“初伏”。汉代历简常见的附加信息有八节、伏腊、建除、八魁、反支、日忌等，有的与回归年有关，有的出自当时习俗，有的带有迷信色彩，但都依附于用干支纪日的历法，各有一套配置算法，形成特定排列方式①，此略而不论。

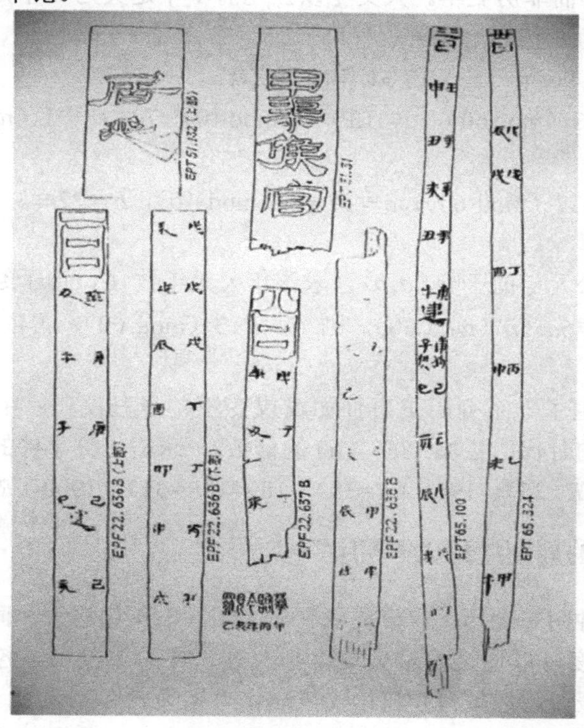


图 3-12　《居延新简——甲渠候官》出土历谱简（笔者临摹）

对“三日”简提出的问题是：欲求同月卅日干支。据定义 3，$N$=30−3+1=28，利用式（3-5）得出 6 个月 30 日干支系列为：

卅日　戊辰　戊戌　丁酉　丙申　乙未　甲午

依次是二、三、五、七、九、十一 6 个大月。因小月无 30 日，故应当留出空位不书。这个结果恰是另一枚历简 EPT65 • 324 号简上的记录，故可以考定两简属于光武帝建武元年（公元 25 年）同册历谱，它们出土于同一探方，但简册散乱，编号不相连，好似不相干。

**2）干支纪年问题**

在历史上，系统干支纪年的产生晚于干支纪日，一般认为始自东汉《四分历》启用时（公元 85 年）。但后代历算家把它向前推进到公元前 841 年或者更早，与干支纪日配合形成完整的体系，好像原来就有干支纪年一样。现在经常遇到的问题是：已知公元年 $C$，求它的干支年（$a$，$b$）。梁宗巨先生已得出算法②，此处将其计法作一改进。

设 $R\leqslant 60$ 是 $C$ 的干支年序数，$R\equiv a\ (\mathrm{mod}\ 10)$，$R\equiv b\ (\mathrm{mod}\ 12)$。须选一甲子年作

---

① 罗见今，关守义.《居延新简——甲渠候官》六年历谱散简年代考释. 文史，1998（46）：47-56.

② 梁宗巨. 数学历史典故. 沈阳：辽宁教育出版社，1992：511.

为计数起点。因西汉平帝元始四年（公元4年）是甲子年，故公元年数 $C-3$ 和 $R$ 应满足

$$R\equiv C-3 \pmod{60} \tag{3-6}$$

又 $a\equiv R \pmod{10}$，$b\equiv R \pmod{12}$，则 $(a,b)$ 为所求。应注意的是对公元前的年数，$C$ 值应取天文年而非历史年。天文年以公元前1年定义为0年，故公元前年数写成负数加1之后方作为 $C$ 值。

**例8** 求公元1996年、公元前31年的干支年。

①$R\equiv 1996-3=13 \pmod{60}$，$a\equiv 13\equiv 3 \pmod{10}$，$b\equiv 13\equiv 1 \pmod{12}$，故1996为丙子年。

②$R\equiv -31+1-3=27 \pmod{60}$，$a\equiv 27\equiv 7 \pmod{10}$，$b\equiv 27\equiv 3 \pmod{12}$，故前31为庚寅年。

反之，已知某公元年的干支 $(a,b)$，求该年公元年数 $C$，由于结果不唯一，尚须附加限定条件。设 $R\equiv 6a-5b \pmod{60}$，则 $C\equiv R+3 \pmod{60}$，再依条件确定 $C$ 值，如下例。

**例 9** 清末发生了一系列历史事件如戊戌变法、辛丑议和、甲午战争、庚子赔款等。考虑事件发生的时代，各加1860（60的倍数），求得上列事件的公元年代依次是：

1898（$R$=35），1901（$R$=38），1894（$R$=31），1900（$R$=37）

### 3.2.4 从干支的周期性到"年朔序"

中国农历是一种阴阳合历，农事要求它与太阳回归年相协调，同时必须满足朔望月的周期，历法的精度可以通过观察天象得到改进。古人重视每年各月朔（初一）日干支，将它逐年列成表，附以闰月朔日干支，叫作"朔闰表"。

陈垣先生《二十史朔闰表》利用前人成果，主要据历法推算，也据部分史实做了修正，列出从汉高祖元年（前206年）到公元2000年共2206年的每年朔日干支系列。例如汉成帝建始二年（前31年）各月朔日干支序列（表3-9）是：

表 3-9 汉成帝建始二年（前31年）年朔序（各月朔日干支序列）

| 正月 | 闰月 | 二月 | 三月 | 四月 | 五月 | 六月 | 七月 | 八月 | 九月 | 十月 | 十一月 | 十二月 |
|---|---|---|---|---|---|---|---|---|---|---|---|---|
| 己未 | 己丑 | 戊午 | 戊子 | 戊午 | 丁亥 | 丁巳 | 丙戌 | 丙辰 | 乙酉 | 乙卯 | 甲申 | 甲寅 |
| 56 | 26 | 55 | 25 | 55 | 24 | 54 | 23 | 53 | 22 | 52 | 21 | 51 |

农历大月30天，小月29天，易知除二、三月蝉联大月（简称"连大"）外，其余大小月相间，闰月也不例外。这个序列内涵当时历法的诸多信息。

**定义4** 年朔序：农历全年各月朔日干支所组成的序列：$(a_1, b_1)$，$(a_2, b_2)$，…，$(a_{12}, b_{12})$，用干支序数表示即 $A_1$，$A_2$，…，$A_{12}$。有闰月的年份应加入第13项 $(a_{13}, b_{13})$，以及 $A_{13}$。

**例10** 建始元年（前32年）的年朔序为

| 乙 | 乙 | 甲 | 甲 | 癸 | 癸 | 壬 | 壬 | 辛 | 辛 | 庚 | 庚 |
|---|---|---|---|---|---|---|---|---|---|---|---|
| 丑 | 未 | 子 | 午 | 亥 | 巳 | 戌 | 辰 | 酉 | 卯 | 申 | 寅 |
| 02 | 32 | 01 | 31 | 60 | 30 | 59 | 29 | 58 | 28 | 57 | 27 |

易于发现干与支各自逆序排列的现象。另外，例 6 据“廿二日”简（EPS4T1.17）推算出的“一日”序列与此例前半完全相同。于是很自然地提出问题：能不能认为“廿二日”简是公元前 32 年历谱中的一枚呢？这就是考证历谱散简的年代问题。

从前人研究的情况来看，20 世纪初出土的敦煌历简，法国汉学家沙畹（Chavannes）考定了六年，他的学生马伯乐（Maspero）考定了两年，罗振玉（1866～1940）有进一步的考释；1930～1931 年出土的居延汉简，陈梦家（1911～1966）考定了七年。①判断出土文物年代是史学的第一需要，选择这一课题的意义也在于此。

假定存在与汉代实用年历相同的完整历谱，它包含年号、月份、日干支和上述附加信息。从理论上讲，出土的历简的每一部分均可以在完整历谱上找到自己特定的位置；但如果出土简牍失去年号、信息残缺，尚存的日干支记录不具有唯一性，根据干支的周期性，在某个时间区段内有可能重复出现。换言之，为考定它属于某年，简上的记录是必要的，还需要找到时间定位的充分条件。出土附加信息、简上信息有可能成为这些条件。

历谱简上最重要的信息是年朔序（或其部分）。影响年朔序的主要因素是闰月和连大的排法；当遇到改历或其他非历法因素时，年朔序就发生无法推导的改变。

在年朔序中，正月初一的干支一旦确定，后续各月朔日不是随意的，具有规定性。记大月为 1，小月为 0，则一年可排为

010101010101（小大月相间）　　101011010101（五六月连大）

假定正月朔为甲子日，易知后继月朔的不同排法：平、闰年各为 13、14 种。穷尽一切可能，相异的年朔序共有 27×60=1620 种。但实用历法中不会出现这么多，因每一历法行用年代有限，还有其他变动。没有对《二十史朔闰表》相异年朔序作统计，估计有几百种。在特定的考察时间段内，比如汉代（公元前 206～公元 220 年，共 426 年），有的年朔序保持着唯一性。

另一方面，年朔序又具有周期性。应用同余运算和进行统计分析，可以证明实用朔闰表相同年朔序的两年相隔 $31n$ 年（$n$=3，4，6，7，10，13，14，17，20，21，24，…）②，或者说任一年朔序在它的前后 31 年（或其 $n$ 倍）有可能重复出现。这是干支计数和历法反映的周期性所致；但由于闰法、连大、改历和非常因素的共同作用，有的年朔序在百年内甚至更长时间并不重现，在限定某一考察时段内，年朔序存在着唯一性。

**例 11**　设检索时段为汉代，任选公元前 40 到前 31 年的 10 年，据《二十史朔闰表》，只有前 36，前 35，前 33 与前 32 年依次与公元 182，183，185 与 186 年的年朔序全同，隐含 31×7=217 年的周期；而其他 6 年的年朔序在两汉 426 年（含新莽）里保持着唯一性。

阐明年朔序的特殊性是有必要的，它反映出闰法和连大的排列，是历法史研究的一个方面，在考古和史学中使某些年代定位的必要充分条件得到确认。干支纪日在计数上的特殊性起到决定的作用，与世界几种主要历法相比，农历的这一优点尤为突出。

---

① 陈梦家. 汉简缀述. 汉简年历表叙. 四汉简历谱. 北京：中华书局，1980：235.

② 罗见今. 中国历法的五个周期性质及其在考古年代学中的应用//黄留珠，魏全瑞. 周秦汉唐文化研究：第 3 辑. 西安：三秦出版社，2004：6-18. 第 4 届国际东方天文学史会议论文. 南阳，2001.

回到例 10 所提出的问题。例 6 的 EPS4T1.17 号简表示它出土于甲渠候官南 5.3 公里、相隔三座烽火台的第四隧 S4 遗址，1974 年秋在该地 21×16 米的区域内开探方 T1 和 T2，共获木简 195 枚。[①]其中有年号的简 15 枚，从前 82 年到公元 24 年。我们以居延开始筑塞的公元前 102 年至公元 32 年（以后屯戍活动剧减）作为检索区间，例 6 前 6 月的朔序在《二十史朔闰表》中只有建始元年（前 32 年）前 6 月相同。出土信息的上下时限强烈支持这枚简原属建始元年历谱。[②]

汉代历简中有不少残简年代不明，上部残缺失去日期者年代定位更难。如果将《朔闰表》的年朔序以干支序数输入计算机用以检索，不啻为解决部分问题的一途径。

### 附记：关于“干支历”与“干支纪日的历法”的区别的说明

本节 § 3.2 写成之后，曾寄陕西临潼中国科学院国家授时中心研究员刘次沅先生阅过，他提出如下意见：

> 有一个提法值得考虑。“干支历”是传统历法以外的另一种历法。由于干支历纪月从每个节气起算，所以没有闰月，具体日期的月份归属已经完全不同。也就是说，干支历与传统中历只有日相同，月、年都不同。所以，你文中谈到的是用干支来纪日、纪年，而不是“干支历”。

这一意见提醒“干支纪日的历法”与“干支历”容易混淆，切不可把后者当作前者的简称，故有必要予以严格区分。据此，笔者增加了“干支历”定义的一段，并把原文两处“干支历”改为“干支纪日的历法”。

## 3.3 黄钟大吕：上古音乐中应用的计数方法*

中国古人重视音乐，五千年前，舜帝大典，韶乐在先；六经（易诗书礼乐春秋）之中，乐经在列，所惜失传；六艺（礼乐射御书数）之中，乐在礼后，举足轻重。由于音乐在祭祀、典礼、战争、生活中的重要性，律吕音乐学说被视为神圣的理论，《史记》称为“万事根本”，提升到阴阳五行哲学观念的高度，它又与早期数理、天文学知识密切关联。

2009 年《天水放马滩秦简》[③]出版，系战国晚期简牍，其中乙种《日书》13 枚律书竹简（193～205 号）记录了十二律的数据。

本节从科学史的角度，回顾《管子》《吕氏春秋》《淮南子》《史记》《汉书》等有关十二律算法和数据的记载，讨论律吕在天文历算和阴阳五行等理论中的意义，探讨三分损益法的立术之由，解析十二律的算法，将其结果（包括放马滩简的记录）表示成统一的通项公式。本节举出十二律的三个求值途径（即黄钟的三个初始条件 $3^0$，$3^4$，$3^{11}$），

---

① 初仕宾，任步云. 居延汉代遗址的发掘和新出土的简册文物. 文物，1978（1）：1-25. 另见甘肃省文物工作队，甘肃省博物馆. 汉简研究文集. 兰州：甘肃人民出版社，1984：482.

② 罗见今，关守义.《居延新简——甲渠候官》六年历谱散简年代考释. 文史，1998（46）：47-56.

* LUO Jianjin. An algorithm analysis on the twelve tones in the book *Bamboo Slips of Fangmatan of the Qin Dynasty in City Tianshui*（《天水放马滩秦简》律书算法解析）. HISTORIA SCIENTIARUM（科学史），2015，24（2）：50-58.

③ 甘肃省文物考古研究所. 天水放马滩秦简. 北京：中华书局，2009.

指出该简黄钟十二律大数在中国音乐史、数学史上都是最早的记录。京房六十律以十二律大数为基础，是其分段等比例缩小的衍生物，从而阐明放马滩十二律大数的价值和历史地位。节末列表对比放马滩简与《淮南子》《史记》等记录的同异。

文中符号□为该书释文未能确认的字，☐为断简号，……为字迹不清；释文中笔者所加［］符号内为笔者认为原简省略、漏写、异体、衍文、错误的字。

### 3.3.1 公元前三分损益法的演进：求十二律的三种途径

三分损益法是我国先民为制定音律创造的一种数学递推方法，其结果，获得了黄钟音阶级数，与现代十二音阶十分接近，这是对早期音乐理论的天才贡献。

《管子・地员》《吕氏春秋・音律》《淮南子・天文训》《史记・律书》《汉书・律历志》等典籍中有不少关于十二律的论述，除《管子》约成书于战国时代外，其余4种记录依次分属于公元前三、二、一世纪和公元一世纪。放马滩的记录在战国晚期。

**1）古人调控管长的三种途径**

古人为获得统一的音阶，首先要规定一标准音，并依照一定的方法，推算其余一系列音阶，具体做法都是按三分损益法调控管长（此处未论及弦长）。诸本所载，宫音管长8寸1分。管长可依照需要按比例放大或缩小。

古人探索如何“调律”，即求各律长度，在长期思考中产生过三种途径，其一，设“黄钟之数”管长 $3^4=81$，这种思想根深蒂固，诸本皆有论述。其二，设黄钟管长 $3^0=1$，各律均不大于1，见于《史记》“生钟分”；其三，设“黄钟大数”管长 $3^{11}=177\ 147$，即放马滩之例。从数学上看，这在实际上是对三分损益法设定的三个初始值。

**2）简要回顾公元前三分损益法和十二律求值的进展**

（1）新石器时代，在大陆就出现了骨笛、骨哨、陶埙，以后又出现了石磬（图3-13）、青铜编钟、古筝等乐器，古文献里的“八音”，指用金属、石头、陶器、皮革、丝弦、木器、匏瓜、竹管等制成的八种乐器发出之声，显示了古人多方面的音乐实践，这是十二律产生的丰富土壤。

图3-13 虎纹石磬 商代打击乐器

1950年河南安阳殷墟出土 84×42×2.5cm

（2）《尚书》是中国现存最早的史书，同时它又是一部政书。《尚书・虞书・舜典》说当敲击石器演奏音乐时，就连动物们都高兴得跳起舞来：“诗言志，歌咏言，声依咏，律和声，八音克谐……击石拊石，百兽率舞。”

它提到五声、六律、八音与谐音，但没有提到十二律。

（3）《周礼》是中国古代关于政治经济制度的一部著作。相传为周公所作，全书完成于战国。与《尚书》一样，《周礼・春官・宗伯》提到五声和八音（但没有提到十二律）：

皆文之以五声：宫商角徵羽；皆播之以八音：金石土革丝木匏竹。

“宫商角徵羽”和“金石土革丝木匏竹”成为后代常用的序列名词，其意义犹如“甲乙丙丁”，形成一种类似于序数词的用法。

（4）司马迁说：“钟律调自上古。”三分损益法确切的记录，一般认为最早是《管子·地员》[①]第五十八篇，在论述宫、徵、商、羽、角五音时，以黄钟之首合于九九以成宫，益损相间以生五音（也未见给出十二律的数据）：

三分而益之以一，为百有八，为徵。不无有三分而去其乘，适足，以是生商。

管仲于周庄王十二年（前 685 年）任齐国上卿（丞相），春秋时期著名的政治家。他的门人记载他的言行，在战国时代编成《管子》。所以如果《管子》所记三分损益法是管仲时代的内容，这种算法就至少存在 2700 年了。

（5）公元前 239 年前后，秦相国（丞相）吕不韦召集食客，编著《吕氏春秋》。[②]在卷六《季夏纪音律》中提出：

黄钟生林钟，林钟生太簇，太簇生南吕，南吕生姑洗，姑洗生应钟，应钟生蕤宾，蕤宾生大吕，大吕生夷则，夷则生夹钟，夹钟生无射，无射生仲吕。

这是按照十二律相生关系排序。进而指出三分损益法为：

三分所生，益之一分以上生；三分所生，去其一分以下生。

即“上生”是三分之四（$3/3+1/3=4/3$），“下生”是三分之二（$3/3-1/3=2/3$）。值得注意的是，《吕氏春秋》将十二律与十二个月名相对应，黄钟从“仲冬”即十一月开始：

仲冬日短至，则生黄钟。季冬生大吕。孟春生太簇。……孟冬生应钟。

应钟对应于“孟冬”，即到十月为止。这是按十二律数值的大小排序，进而对每个月天气变化、农事所需、官民所为提出 16 字的箴言，很有特色。

（6）据《汉书·艺文志》记载，汉朝淮南王刘安喜欢搜集历史文献，在他主持下，学者们编撰了一部哲学著作《淮南子》（又名《淮南鸿烈》，前 139 年），在卷三《天文训》里提到了三分损益法[③]，求出了十二律整数，省略了非整数部分：

故律历之数，天地之道也。下生者倍，以三除之；上生者四，以三除之。

该书未提出“三分损益”的名称。由于用该法所得 12 个律数中，有 7 个出现“奇零之数”（当时没有“小数”的名称），所以怎样记录小数，就成为一个判断计算精度的标准。《淮南子》不记各律非整数部分，给出求十二律的整数结果：

黄钟=81，林钟=54，太簇=72，南吕=48，夷则=51，姑洗=64，
应钟=42，蕤宾=57，大吕=76，夹钟=68，无射=45，仲吕=60。

其做法是 5 个值四舍五入，2 个值例外，如应钟舍去的值是 2/3，造成最大的相对误差为 1.56%；夹钟不舍反入，误差为 0.85%。可看出当时四舍五入的应用情况。

《淮南子》将十二律与二十四节气对应起来，一年中十二律出现两轮：第一轮冬至为黄钟，以下从小到大排列十一律；第二轮夏至为黄钟，以下从大到小排列十一律。这

① 郭沫若，等. 郭沫若全集：历史篇. 第七卷. 管子集校. 北京：人民出版社，1984.
② 许富宏. 吕氏春秋——四季的演讲. 上海：上海古籍出版社，2009.
③ 张双棣. 淮南子校释. 北京：北京大学出版社，1997.

从一个侧面反映出该书追求均衡的哲学思考。

《淮南子》21 篇是刘安门客编撰的，于建元二年（前 139 年）献于汉武帝。此书要比《九章算术》早约 190 年。

（7）又过了约半个世纪，汉朝著名历史学家司马迁在《史记》卷二十五《律书》[①]中论述十二律（表 3-10），它的计算比《淮南子》要精确，但存在 4 处明显的印刷错误。《史记》用"三分之二"或"三分之一"来表示大或小于 1/2 的数，例如，无射是"四寸四分三分二"，相对误差是 0.63%。

**表 3-10　放马滩秦简律书《淮南子》《史记·律书》三分损益法结果的比较**

| 序 | 十二律 | 《淮南子》 | 《史记·律书》 | 三分损益 | 算法 | 放简[①]律书 | 算法 | 月名 |
|---|---|---|---|---|---|---|---|---|
| 1 | 黄钟 C[②] | 81 | 八寸十[③]分一 | 81 | $2^0\cdot3^4$ | 177 147 | $2^0\cdot3^{11}$ | 十一 |
| 2 | 林钟 G | 54 | 五寸十分四 | 54 | $2^1\cdot3^3$ | 118 098 | $2^1\cdot3^{10}$ | 六 |
| 3 | 太簇 D | 72 | 七寸十分二 | 72 | $2^3\cdot3^2$ | 157 464[④] | $2^3\cdot3^9$ | 正 |
| 4 | 南吕 A | 48 | 四寸十分八 | 48 | $2^4\cdot3^1$ | 104 976[⑤] | $2^4\cdot3^8$ | 八 |
| 5 | 姑洗 E | 64 | 六寸十分四 | 64 | $2^6\cdot3^0$ | 139 968 | $2^6\cdot3^7$ | 三 |
| 6 | 应钟 B | 42 | 四寸二分三分二 | 42.666 7 | $2^7\cdot3^{-1}$ | 93 312 | $2^7\cdot3^6$ | 十 |
| 7 | 蕤宾 F# | 57 | 五寸六分三分二[⑥] | 56.888 9 | $2^9\cdot3^{-2}$ | 124 416 | $2^9\cdot3^5$ | 五 |
| 8 | 大吕 C# | 76 | 七寸五分三分二[⑦] | 75.851 9 | $2^{11}\cdot3^{-3}$ | 165 188 | $2^{11}\cdot3^4$ | 十二 |
| 9 | 夷则 G# | 51 | 五寸三分二[⑧] | 50.567 9 | $2^{12}\cdot3^{-4}$ | 110 592 | $2^{12}\cdot3^3$ | 七 |
| 10 | 夹钟 D# | 68 | 六寸七分三分一[⑨] | 67.423 9 | $2^{14}\cdot3^{-5}$ | 147 456 | $2^{14}\cdot3^2$ | 二 |
| 11 | 无射 A# | 45 | 四寸四分三分二 | 44.949 2 | $2^{15}\cdot3^{-6}$ | 98 304 | $2^{15}\cdot3^1$ | 九 |
| 12 | 仲吕 F | 60 | 五寸九分三分二 | 59.932 3 | $2^{17}\cdot3^{-7}$ | 131 072 | $2^{17}\cdot3^0$ | 四 |

说明：①放简：放马滩秦简。②律名之后所列可参考的西乐音阶字母（引自百度）只表示与该律近似。③《史记》原文"十"误作"七"，表中共 5 处，均改正。④太簇：157 464，原简 196 号残失 157，系笔者补出。⑤南吕：104 976，原简 203 号误书为 144 976，系笔者改正。⑥蕤宾原文"三分一"应为"三分二"。⑦大吕原文"三分一"应为"三分二"。⑧夷则"五寸"后原文多书"四分"。⑨夹钟原文"六寸一分"应为"六寸七分"。⑩末栏月名从十一月、十二月……的序列，即十二律数值大小的序列。

> 律数：九九八十一以为宫。三分去一，五十四以为徵。三分益一，七十二以为商。三分去一，四十八以为羽。三分益一，六十四以为角。
>
> 黄钟长八寸十分一，宫。大吕长七寸五分三分一［二］。太蔟（簇）长七寸十分二，角。夹钟长六寸一［七］分三分一。姑洗长六寸十分四，羽。仲吕长五寸九分三分二，徵。蕤宾长五寸六分三分一［二］。林钟长五寸十分四，角。夷则长五寸［四分］三分二，商。南吕长四寸十分八，徵。无射长四寸四分三分二。应钟长四寸二分三分二，羽。[①]

这里，前人指出明显的漏书、误书或误印有 4 处，已用［］号标明。《史记》用"三分二"或"三分一"来表示大或小于 1/2 的数，6 个值因此产生些许偏差，无射用"四寸四分三分二"代替标准结果，相对误差是 0.63%，为最大；但其精确度要比《淮南子》高些。

---

① 司马迁. 史记：卷二十五. 律书//中华书局编辑部. 历代天文律历等志汇编五. 北京：中华书局，1976：1341.

（8）司马迁之后三四十年，哲学家京房（前 77～前 37）为了求出黄钟长度的一半，目的是获得高八度音，用三分损益法推算出“六十律”。但实际计算偏少 1.35%。其实，他的真正的兴趣在于用六十律比附周易六十四卦。这些都记录在南朝范晔《续汉书·志第一·律历上》[①]中。

### 3.3.2 十二律的精确算法和通项公式

**1）根据史料可确定十二律的精确值**

用黄钟合于九九、即 81 为首项，可用三分损益法得出各律的精确值，后世多有阐述。设十二律依次为 $a_n$，这里 $n$ 为项数：

黄钟 $a_1=81$，　姑洗 $a_5=4\ a_4/3=64$，　夷则 $a_9=2\ a_8/3=50.5679$，

林钟 $a_2=2\ a_1/3=54$，　应钟 $a_6=2\ a_5/3=42.6667$，　夹钟 $a_{10}=4\ a_9/3=67.4239$，

太簇 $a_3=4\ a_2/3=72$，　蕤宾 $a_7=4\ a_6/3=56.8889$，　无射 $a_{11}=2\ a_{10}/3=44.9492$，

南吕 $a_4=2\ a_3/3=48$，　大吕 $a_8=4\ a_7/3=75.8519$，　仲吕 $a_{12}=4\ a_{11}/3=59.9323$。

求各律是一个递推过程。式中清楚表明，首项黄钟和系数为 4 的共 7 项均为“上生”，系数为 2 的 5 项为“下生”，这就给《吕氏春秋·音律》和《淮南子·天文训》的说法一个明确的数学解释。但人们会问：为什么要这样做？这就需要追究三分损益法的立术之由。

如从 $a_2$ 开始，逐次把前项的值代入后项，可知这个过程实际是在做 2 与 3 的幂积运算：

黄钟 $a_1=2^0\cdot3^4=81$，　姑洗 $a_5=2^6\cdot3^0=64$，　夷则 $a_9=2^{12}\cdot3^{-4}=50.5679$，

林钟 $a_2=2^1\cdot3^3=54$，　应钟 $a_6=2^7\cdot3^{-1}=42.6667$，　夹钟 $a_{10}=2^{14}\cdot3^{-5}=67.4239$，

太簇 $a_3=2^3\cdot3^2=72$，　蕤宾 $a_7=2^9\cdot3^{-2}=56.8889$，　无射 $a_{11}=2^{15}\cdot3^{-6}=44.9492$，

南吕 $a_4=2^4\cdot3^1=48$，　大吕 $a_8=2^{11}\cdot3^{-3}=75.8519$，　仲吕 $a_{12}=2^{17}\cdot3^{-7}=59.9323$。

此法算出的结果呈现出明显的规律性。由于“三分损一”与“三分益一”交替进行，所得既非等差级数，亦非等比级数，而是 2 的升幂与 3 的降幂（对应值）之积，形成的级数是摆动的，可在坐标上绘出它的图像。但注意到从 $a_7$ 分成两段，前 6 项（$a_2\to a_7$）先损后益，后 5 项（$a_8\to a_{12}$）先益后损。这在设计者看来，首先是音阶理论方面的意义；另一方面，从数学上看，有一种统一的取值原则在起作用，这就是本书要探讨的立术之由。

**2）《史记·生钟分》探求立术之由**

也许有人以为，把求十二律归结为 2 与 3 的幂积运算只是现代的解释，与古人立意无关。其实不然。在《史记》卷二十五《律书第三》[②]中论述“生钟分”，即用 2 和 3 的两个幂级数表示的分数，以首项为 1，精确计算黄钟十二律：

> 生钟分：子一分。丑三分二。寅九分八。卯二十七分十六。辰八十一分六十四。巳二百四十三分一百二十八。午七百二十九分五百一十二。未二千一百八十七分一千二十四。申六千五百六十一分四千九十六。酉一万九千六百八十三分八千一

① 范晔. 后汉书：律历上//中华书局编辑部. 历代天文律历等志汇编五. 北京：中华书局，1976：1454-1468.

② 司马迁. 史记：卷二十五. 律书//中华书局编辑部. 历代天文律历等志汇编五. 北京：中华书局，1976：1342.

百九十二。戌五万九千四十九分三万二千七百六十八。亥十七万七千一百四十七分六万五千五百三十六。

换为今天的记法，这一记录即可写成：

子 $2^0\cdot3^0$=1.0000　辰 $2^6\cdot3^{-4}$=0.7901　申 $2^{12}\cdot3^{-8}$=0.6243
丑 $2^1\cdot3^{-1}$=0.6667　巳 $2^7\cdot3^{-5}$=0.5267　酉 $2^{13}\cdot3^{-9}$=0.4162
寅 $2^3\cdot3^{-2}$=0.8889　午 $2^9\cdot3^{-6}$=0.7023　戌 $2^{15}\cdot3^{-10}$=0.5549
卯 $2^4\cdot3^{-3}$=0.5926　未 $2^{10}\cdot3^{-7}$=0.4682　亥 $2^{16}\cdot3^{-11}$=0.3700

这一算法的实质，是以黄钟首项为1，以3的连续幂级数做分母，选择以2的幂级数做分子，使得11律的分数值总小于1且接近于1。幂的计算均准确无误，用分数，不用小数。即设黄钟为 $2^0\cdot3^0=1$；11律分母迭次为 $3^1$，$3^2$，…，$3^n$，…，$3^{11}$；分子选取 $2^k$，使得

$$2^k\cdot3^{-n}<1\text{，且 }2^{k+1}\cdot3^{-n}>1\quad(1\leqslant n\leqslant11)\tag{3-7}$$

这样，除黄钟外其他11管管长均采用小于1的最大值：$2^k\cdot3^{-n}$（$1\leqslant n\leqslant11$）。

这实际上就是三分损益法的数学模型。按照这个原则，《史记》上文中未、酉、亥3项，还可以扩大2倍，仍然小于1，$2^{11}\cdot3^{-7}=0.9364<1$，$2^{14}\cdot3^{-9}=0.8324<1$ 和 $2^{17}\cdot3^{-11}=0.7399<1$。而《史记》上文是严格按照损益相间的算法求出12项的，自成系统。

这样，2的幂指数就形成序列：0，1，3，4，6，7，9；11，12，14，15，17。用上生、下生标出的序列则为：下上下上下上；上下上下上。这实际上是求十二律的一个途径，其初始值就是1。这是三分损益法的关键所在。

在递推过程中，古人正是看出分子二、四变化（对三而言减一、加一），下、上相间，而分母皆为三，用“三分损益”来概括，既准确，又精练，数学语言运用达到炉火纯青。通过上述解析，我们找到了三分损益法的立术之由。

**3）递求十二律的通项公式**

方法上既有上生、下生，结果又有阴、阳之分，还内涵五行；将各个律名与十二地支、与一年十二个月、进而与二十四节气相联系，赋予该级数大量附加意义。黄钟与十一月对应，以后随月份的递增而十二律的数值递减（见附表末栏）。自古以来，律历并称，音乐与历法的结合，成为中国古代科学文化的特点之一。

求十二律必须做递归运算，欲知级数中任意一项，都须从头用递推法算起。笔者的问题是：能否将上述递归运算转化为一步求解的公式？

注意到，从应钟到蕤宾（$a_6\rightarrow a_7$）和从蕤宾到大吕（$a_7\rightarrow a_8$）连续两步，都是“三分益一”，因此须将 $n$ 分为两段计算：$1\leqslant n\leqslant7$ 和 $8\leqslant n\leqslant12$。下面式中“[ ]”是取整符号[①]，分析、推导过程从略，于是得到各律的通项公式为：

$$a_n=2^{n+[(n+1)/2]-2}\times3^{5-n}\quad(\text{当 }1\leqslant n\leqslant7\text{ 时})\tag{3-8a}$$

$$a_n=2^{n+[n/2]-1}\times3^{5-n}\quad(\text{当 }8\leqslant n\leqslant12\text{ 时})\tag{3-8b}$$

经过试值，不难看出此式（3-8）的结果与三分损益法递推的精确结果完全一致，并且不包含其他任何值，因此，该式是十二律正确的通项公式。

也可适当调整上两分式中3的指数，获得首项为1的十二律公式，此不赘。

① 取整符号（高斯符号）[$\alpha$] 表示不大于 $\alpha$ 的最大整数。例如，[3/2]=1，[−3/2]=−2，[$\pi$]=3，[−$\pi$]=−4，等。

可能会有人认为，该式用现代方法，有悖于原式立意。笔者认为，推导上式是必要的。

由于三分损益法具有原创性，获得通项公式有助于认识数学过程的本质。由于三分损益法具有历史性，后代律吕系列工作可用此式作为对比基础。中外并不清楚古代律吕的人，只要懂一点数学，就可以从公式上来认识计算方法。

### 3.3.3 放马滩秦简律书与十二律大数计算公式

1986 年 3 月甘肃省天水市党川乡放马滩一号秦墓出土战国晚期秦简 461 枚，2009 年甘肃省文物考古研究所编《天水放马滩秦简》由中华书局出版（图 3-14）。其中乙种《日书》的第 193～205 号共 13 枚竹简记录有十二律的数据，在“内容提要”里该书注释者将其称为“律书”，已有不少研究，大部分是音乐史的，较少关于数学史。

在数学史中，人们关心早期四则运算里整数、分数与小数间的关系。小数——奇零之数（那时无小数之名）在实际运用中有不便之处，可以放大，没有长度单位的限制，这就是所谓“黄钟大数”和“十二律大数”。在放马滩律书里，人们看到的，正是这种放大的数值。乙种《日书》中有一枚“黄钟”简（图 3-15），四言韵文，内容深奥，笔者将其分为四段，加注释文，奇文共赏。

图 3-14 《天水放马滩秦简》书影

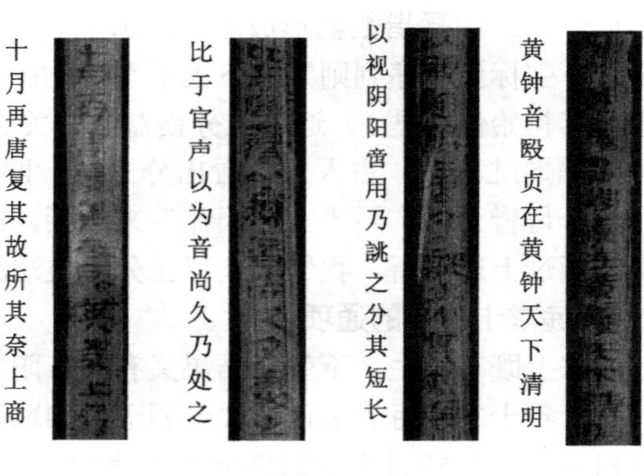

黄钟音殴贞在黄钟天下清明
以视阴阳音用乃誂之分其短长
比于官声以为音尚久乃处之
十月再唐复其故所其奈上商


图 3-15 乙种《日书》黄钟简

原简 23×0.6cm，49 字，此分 4 段

**1）《天水放马滩秦简》**

乙种《日书》第 193～205 号共 13 枚简，记录有十二律的数据，被称为“律书”，原文如下：

黄钟以至姑先［洗］皆下生三而二·从中［仲］吕以至应钟皆上生三而四 （193）

（略）·黄［钟］十七万七千一百四十七上□ （194）

（略）·大吕十六万五千八十八下□ （195）

☑（略） …………四百六十四下□ （196）

（略）·夹［钟］十四万七千四百五十六下毋射 （197）

（略）·姑先［洗］十三万九千九百六十八下应［钟］ （198）

（略）· 中［仲］吕十三万一千七十二下生黄［钟］　（199）
（略）· 蕤宾十二万四千四百一十六上大吕　（200）
（略）· 林钟十一万八千九十八上大族［簇］　（201）
（略）· 夷则十一万五百九十二上夹［钟］　（202）
（略）· 南吕十［四］万四千九百七十六上姑［洗］　（203）
（略）· 毋射九万八千三百四上中［仲］吕　（204）
（略）· 应钟九万三千三百一十二上蕤［宾］　（205）

对以上原文须说明三点：

（1）后 11 枚简因下部简文独立，上部原有占卜、干支等这里皆省略。

（2）196 号断简字迹不清的，应是“太簇十五万七千”，详见下文。

（3）203 号简“南吕十［四］万”衍一“四”字，为写简人误书，应删。

《天水放马滩秦简》乙种《日书》律书篇第一枚就是：

黄钟以至姑先［洗］皆下生三而二 · 从中［仲］吕以至应钟皆上生三而四。

这句话是律书的算法原则，表明该律书依照三分损益法进行运算；所得结果，即十二律大数。“律书”实际给出了一张按数值大小排列的数表：

黄钟 $a_1=177\,147=2^0\times3^{11}$，　蕤宾 $a_7=124\,416=2^9\times3^5$，
大吕 $a_8=165\,888=2^{11}\times3^4$，　林钟 $a_2=118\,098=2^1\times3^{10}$，
太簇 $a_3=157\,464=2^3\times3^9$，　夷则 $a_9=110\,592=2^{12}\times3^3$，
夹钟 $a_{10}=147\,456=2^{14}\times3^2$，　南吕 $a_4=104\,976=2^4\times3^8$，
姑洗 $a_5=139\,968=2^6\times3^7$，　毋射 $a_{11}=98\,304=2^{15}\times3^1$，
仲吕 $a_{12}=131\,072=2^{17}\times3^0$，　应钟 $a_6=93\,312=2^7\times3^6$。

各律 $a_n$ 的顺序按照应用三分损益法生成的先后而定，是一种递推序列；放马滩十二律依大小为序，显见为交错排列；这种黄钟大吕的排法，将阴阳交织起来，也是一种标准顺序。$a_n$ 的第二个等号后笔者按照算术基本定理给出其素数（质因数）的唯一分解式，其规律性历历在目，建议仍然仿照式（3-7）来归纳其通项公式。

**2）可获得分成两段的放马滩各律求值通项公式**

方法同上，推导从略：

$$a_n=2^{n+[(n+1)/2]-2}\times3^{12-n}\quad（当 1\leqslant n\leqslant7 时）\tag{3-9a}$$

$$a_n=2^{n+[n/2]-1}\times3^{12-n}\quad（当 8\leqslant n\leqslant12 时）\tag{3-9b}$$

经过试值，不难看出（3-9）式的结果与放马滩十二律的记录完全一致，并且不包含其他任何值，因此，这是放马滩十二律正确的通项公式。由此我们可做分析比较，式（3-8）和（3-9）的区别仅在于 3 的指数，后者是前者的 $3^7=2187$ 倍，即将式（3-8）的全部结果扩大 $3^7$ 倍，即得到式（3-9）。早在放马滩秦简里，就已选用 $177\,147=3^{11}$ 为首项，式（3-9）清楚表明，这是求十二律的新途径。

### 3.3.4　黄钟大数与十二律大数：京房的沿袭

“黄钟之数”合于九九，即 81。以前在历史文献中出现的第一个“黄钟大数”的概念，见之于《淮南子》，并与“黄钟之数”相区别：

九九八十一，故黄钟之数立焉。……置一而十一，三之，为积分为十七万七千一百四十七，黄钟大数立焉。凡十二律……

这里“置一而十一，三之”表示算法，就是 $3^0$，$3^1$，$3^2$，…，$3^{11}$（=177 147）；将此数命名为“黄钟大数”，说明当时人们对它的重视，但该书却未列出十二律大数，即尚未将 $3^{11}$ 用于三分损益法的首项。

约在两个世纪之后，班固在《汉书·律历志》[①]里，阐述计算 3 的幂的详细过程，列出这一等比级数：

太极元气，函三为一。……始动于子。参（三，下同）之于丑，得三。又参之于寅，得九。又参之于卯，得二十七。……又参之于戌，得五万九千四十九。又参之于亥，得十七万七千一百四十七。

天水放马滩秦简乙种《日书》律书简关于黄钟大律的记录，至迟出现在秦始皇统一六国（前 221 年）之前，要比《淮南子》早约一个世纪。

在中国音乐史、数学史上，迄今所知，黄钟大数“黄［钟］十七万七千一百四十七”即 $3^{11}$、十二律大数数值都是最早的记录。

汉元帝时易学家京房在科学史上有贡献，如较早观察太阳描写日珥、日冕；他对音律也颇有研究。为发展易学、附会周易，京房按阴阳五行的理论将干支、历法、十二律等都与八卦建立起对应关系，形成一个庞杂的宇宙体系。在音律方面，他依据的是和放马滩完全一样的十二律大数。

按照生律的理论，算出仲吕后，再三分损一，最好能求出黄钟长度之半（乐理上可获高八度音），但实际计算偏少 1.35%。京房用三分损益法继续推算，创“六十律相生之法”。在《续汉书·志第一·律历上》[②]“律准　候气”篇中记载：

中吕上生执始，执始下生去灭，上下相生，终于南事，六十律毕矣。夫十二律之变至于六十，犹八卦之变至于六十四也。

第 60 律[③]为南事 $2^{93}\times3^{-48}$，所谓“南事穷，下不生”。除第 1 组外，他求出的后 48 律按生律顺序可分为 4 组，每组 12 律，律首分别是

第 2 组：第 13 律执始 $2^{19}\times3^{-1}$，将该组各律依次乘以 $2^{-19}\times3^{12}\approx1.013\,643\,2$，

第 3 组：第 25 律丙圣 $2^{38}\times3^{-13}$，将该组各律依次乘以 $2^{-38}\times3^{24}\approx1.027\,472\,5$，

第 4 组：第 37 律分动 $2^{57}\times3^{-25}$，将该组各律依次乘以 $2^{-57}\times3^{36}\approx1.041\,490\,5$，

第 5 组：第 49 律质未 $2^{76}\times3^{-37}$，将该组各律依次乘以 $2^{-76}\times3^{48}\approx1.055\,699\,7$，

则这 4 组都转化为第 1 组，即转化为放马滩十二律大数。只有第 54 律色育 1 个例外。[④]我们可以调整式（3-8）或（3-9）中的 2 和 3 的指数，将京房六十律全部统一于同一公式框架之中。换言之，它未形成区别于十二律的公式。

由此可知，京房六十律只是在放马滩十二律大数的基础上，依 4 种比例缩小后的堆砌和推衍。易理、乐理上会有何种解释、他的立意为何不妨进一步讨论，但其结果不免

---

① 班固. 汉书：卷二十一. 律历志上//中华书局编辑部. 历代天文律历等志汇编五. 北京：中华书局，1976：1390.

② 范晔. 后汉书：律历上//中华书局编辑部. 历代天文律历等志汇编五. 北京：中华书局，1976：1454-1468.

③ 《续汉书·律历上》所载京房六十律的数值全取整数，总体而言比较精确，但除前 12 律外全部是近似值，即省略了小数部分。由于三分损益递归运算误差积累，包括钱大昕等注释者的修正亦有误差，此不详论。

④ 由于京房在生律的第 53 步本应从依行 $2^{82}\cdot3^{-41}$ 下生色育，却改为上生色育 $2^{84}\cdot3^{-42}$，此后下生上生相间至终，由此造成六十律中唯一的变化，即色育的数值与前 4 组每组第 6 律不成比例。

导出这样一种结论，可供对音乐史感兴趣者参考。

## 3.4　汉代的博局占戏：从干支计数到位置设计[*]

本节应用排列、配置、统计等方法，对连云港《尹湾汉墓简牍》中的木牍（约前 15 年）中的“博局占图”进行考释，根据四种史料：《居延新简——甲渠候官》《西京杂记》、汉代 TVL 铜镜和汉墓画像石，①查出原简的五处誊抄错误，复原了博局占图的原始形式；②确认其来源：系汉代边塞屯戍部队鄣坞建筑的一种抽象化平面设计；③根据口诀，发现了博局占也是数学游戏的新证据，认为它既用于占卜，也可用于游戏；④绘出博局占的径迹图，阐发其美学价值；⑤认为学界长期对汉代铸有 TVL 纹饰的铜镜争论不休，命名为规矩镜、日晷镜、御魔镜等均为猜测，不足为据。

我们分析占法应用了数学方法，不同于常规，获得一些有趣的结论，有助于对汉代占卜史和游戏史的研究，并揭示早期离散数学方法如何渗透到占卜和游戏之中。

### 3.4.1　西汉木牍记载的博局占图

1993 年 4 月，在江苏省连云港市东海县温泉镇尹湾村西南发掘出的六号汉墓中，出土木牍 23 方、竹简 133 枚及其他文物，为西汉末成帝时物。墓主师饶，字君兄，时任东海郡功曹史。“这批简牍总字数四万余字，具有重大的学术价值。木牍中一批郡级行政文书档案为我国已发现文物中之最早者；20 枚竹简《神乌傅（赋）》基本完整，亡佚两千年重见天日”；此外，“《神龟占》《六甲占雨》《博局占》《刑德行时》《行道吉凶》等几种数术资料，也是前所未有的新发现，对汉代乃至中国古代数术史的研究很有参考价值。”[1]1997 年，《尹湾汉墓简牍》由中华书局出版（图 3-16）。

图 3-16　《尹湾汉墓简牍》书影

墓主人师饶知识丰富，兴趣广泛，担任功曹史，掌握政府文件，有机会接触当时社会上流行的占卜、游戏等。

数术的产生有其深远的文化、哲学、历史背景，而对其中的数学方法和内容，研究较少，特别是以往如提占法，则易被斥之为迷信，使其中合乎科学的内涵长期湮没不彰。笔者将应用排列、配置、统计等方法，对“博局占”图的构造进行分析、考释，也许对汉代数术史的研究有所裨益，可由此了解 2000 年前数学思想及其社会应用的背景。《博局占》原图（图版第 21 页，YM6D9 反，释文第 125～126 页）重绘为图 3-17，图下占文（字母为笔者所加）为：

---

* 罗见今.《尹湾汉墓简牍》博局占图构造考释. 西北大学学报（自然科学版），2000（2）：181-184.

① 连云港市博物馆，东海县博物馆，中国社会科学院简帛研究中心，等. 尹湾汉墓简牍. 北京：中华书局，1997，前言.

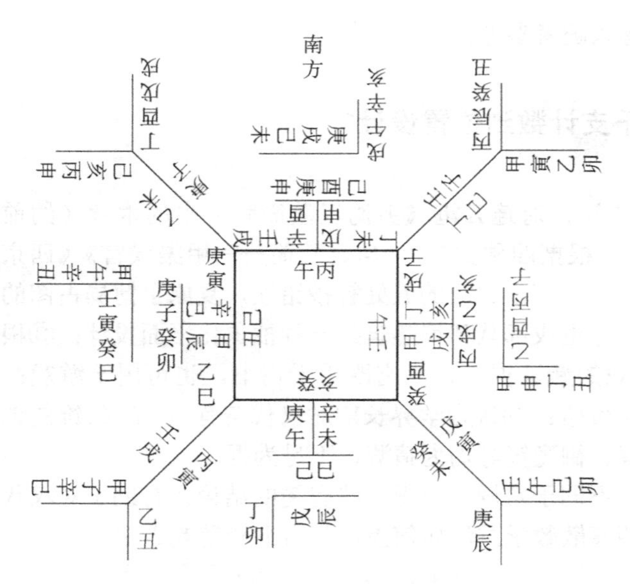


图 3-17　博局占图原牍重绘

●占取妇嫁女　A 方家室终生产　B 廉妇有疾不终生　C 揭妇不终生　D 道妇见善室人　E 张妇强梁有子当家　F 曲妇惠谨少言语　G 诎妇不终生　H 长妇有储事　I 高妇当家难舆（以上为原牍第二栏）

●问行者　A 今日宜至　B 后一日至过日更期　C 疾日夜不留　D 来而未至　E 行者有喜　F 行者喜　G 行者有所留　H 远反未至　I 行者留（第三栏）

●问者　A 疑未可知　B 轻易解　C 治急　D 事决　E 有喜　F 治急　G 见深难决　H 毋罪　I 久毋伤解（第四栏）

●问病者　A 日有瘳　B 恐不起　C 病匿幼中　D 直久不死　E 闲　F 病引　G 外内相引　H 直久什一生　I 直久远人□死（第五栏）

●问亡者　A 不出可（?）得（?）B 居□还（?）C 日夜不留　D 何物人见亡　E 难得得复亡　F 留见止必得　G 不得　H 欲还未敢也　I 难得人将卖之（第六栏）

以下解读释文。第一步：在每段简文里用字母依序把卜辞的内容分开，起到分类的作用，这些字母在博局占图中都占有一定的位置。第二步：为便于阅读，将不太清晰的原图绘成图 3-17。第三步：为突出显示干支计数的特点，将该图中甲子，乙丑，……，癸亥代之以 01，02，…，60，所得为图 3-18，即把原图数字化。

据释文，原图共有干支 61 个，但不连续，缺少壬申（09）、辛卯（28）、壬辰（29）。同时又有重复：多出辛巳（18）、壬午（19）、庚子（37）、壬戌（59）。因干支代表日期，不可断缺，而同日干支如占有两种不同意义的位置，会得出两种自相矛盾的预言，为占法所不允许。由此推测，原牍乃抄自他处，存在原始错误，须分析原因并予以改正。

在原牍“占取妇嫁女”九条之首，有九个术语：A 方、B 廉、C 揭、D 道、E 张、F 曲、G 诎、H 长、I 高。在占文中分别居于五栏之首，“是统管五栏的，大概分别表示博局上的各种位置。”但是，“这九个位置到底处于博局的什么部位，现在还说不清楚。”①

① 刘乐贤. 尹湾汉墓出土数术文献初探//连云港市博物馆. 尹湾汉墓简牍综论. 北京：科学出版社，1999：177.

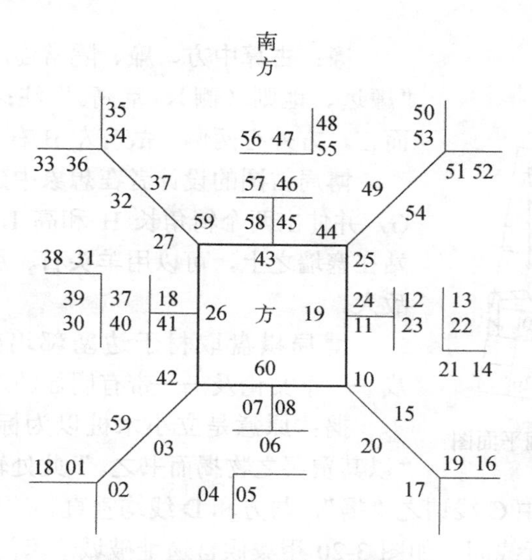

图 3-18　博局占图将干支数字化

笔者将解开此位置之谜。在下文中，凡字母相同的处在同一列中，例如凡 C 条的占文，均属于“揭”；G 条皆在“讪”下等。

### 3.4.2　博局占图的数学分析和该图的来源考释

古代地图的方位上南下北左东右西。九个术语有的本是几何名词，有的是带几何性质表示方位的专名。今以“南方”与向西南（图 3-18 右上方延伸的一支）为例予以说明（图 3-19）。

图中除“方”内的区域外，共有 8 种不同位置的线段，每条线段的同侧或两侧标记两个相同的字母，按原图中 90%干支的位置（原图 10%有误）统计的结果，可得如下的对应：

方→A 廉→B 揭→C 道→D 张→E 曲→F 讪→G 长→H 高→I

图 3-19 的信息量为博局占图的 1/4，因此，原图共有 $(8\times2+1)\times4=68$ 种位置。你需要站在“方中”面向四方来考察。下文中所说的“左、右”均指位于方中、面向一方的判断。

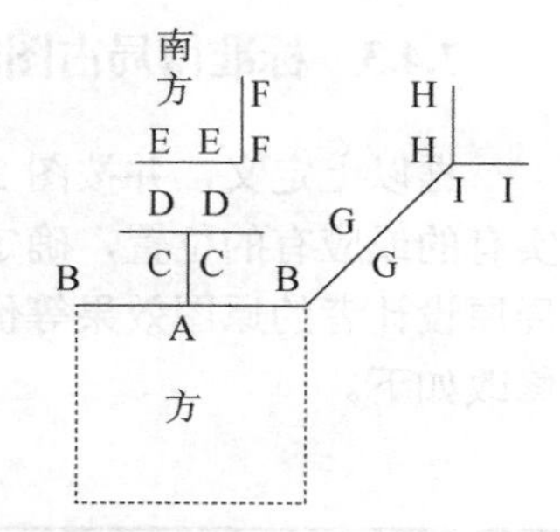

图 3-19　博局占图的 1/4

方：数学名词，图中指方内。由城方、邑方、鄣方、坞方引申而来。这里不禁联想到，博局占图是汉代边塞屯垦部队鄣坞建筑的一种抽象化平面设计，图中 C 处是坞方的入口，D 处是护卫入口的塞墙。

20 世纪 70 年代在汉代居延甲渠候官遗址①破城子进行考古发掘，其考古报告的平面图如图 3-20 所示，探方 20 即坞方的入口，没有木质的坞门，对面即城体延长出来的塞墙，起到护卫入口的作用。

① 甘肃省文物考古研究所，等. 居延新简——甲渠候官. 北京：中华书局，1994.

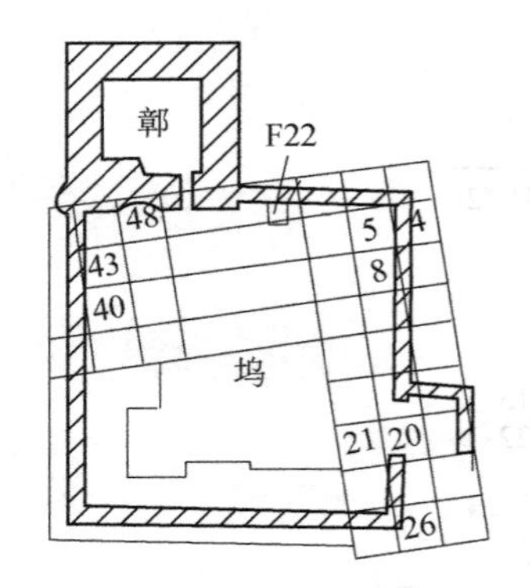

图 3-20 破城子鄣坞发掘平面图

廉：古算中方、廉、隅常连用。《汉书·贾谊传》："廉远、地则（侧）、堂高。"注："廉，侧隅也。"对 A 而言，方外有两侧，故有左 B 右 B 二廉。

博局占图的设计者在想象中延长了坞方四角的塞墙 G，并伸出两个犄角长 H 和高 I，亦是加强防卫之意。站在塞墙之上，可以用羊头石、弓箭和梭镖打击进攻的敌人。

博局棋盘取材于边塞鄣坞建筑，凸显出这个游戏——下文论及——带有明显的对抗性质。

揭：原意是立小木桩以为标志。《地官·泉府》："以其贾买之物揭而书之。"此处转用其"垂直且不长的一段"之意。图 3-19 中 C 线谓之"揭"，与方和 D 线均垂直。

道：D 位于两平行线间。如图 3-20 甲渠候官遗址破城子坞门外有墙。C 线与 D 线垂直，与之类似。墙之外即为道路，可能"道"的命名受此建筑格局的影响。

张：古文意义较多，这里似可释为帐幕之"帐"。《汉书·高帝纪下》："上留止，张饮三日。"颜师古注引张晏曰："张，帷帐也。"设想坞方外设有帷帐，E 即位于帐内。

曲：常见几何名词，这里指曲折。E 线折曲而成 F 线。

诎：通作屈，《博雅》："曲也，折也"，这里指方外斜伸的 G 线。

长与高：均几何名词；设想立于方中，面南而视，则 H 线为长，I 线为高。

综上所述，数学名词为：方、廉、曲、长、高。具有位置意义的有：揭、道、张、诎。

### 3.4.3 标准博局占图的复原

据以上定义，并按图 3-17 中有 55 个干支的位置，可推导出每一干支在博局占图有实有的或应有的位置，确定 60 干支的方位和走向，如表 3-11。应用此表应当与汉代博局原设计者的原图效果等价。图 3-17 转抄时肯定带进原始错误，非释文之过，今作 5 点修改如下。

表 3-11 博局占图中干支走向与方位

| 方位走向 | 方 A | 廉 B | 揭 C | 道 D | 张 E | 曲 F | 诎 G | 长 H | 高 I |
|---|---|---|---|---|---|---|---|---|---|
| ↓北←东北 | | 08 | 07 | 06 | 05 | 04 | 03 | 02 | 01 |
| 西→西北↓ | 09 | 10 | 11 | 12 | 13 | 14 | 15 | 16 | 17 |
| ↓西←西北 | | 25 | 24 | 23 | 22 | 21 | 20 | 19 | 18 |
| 东→南东↓ | 26 | 27 | 28 | 29 | 30 | 31 | 32 | 33 | 34 |
| ↓东←东南 | | 42 | 41 | 40 | 39 | 38 | 37 | 36 | 35 |
| 南→西南↓ | 43 | 44 | 45 | 46 | 47 | 48 | 49 | 50 | 51 |
| ↓南←西南 | | 59 | 58 | 57 | 56 | 55 | 54 | 53 | 52 |
| 北 | 60 | | | | | | | | |

（1）壬午（19）应居 H 位，方中之壬午错占 A 位，又系重复，实为原图所缺壬申（09），确知写牍人将“申”错抄为“午”。

（2）辛巳（18）应居 I 位，图中东北的辛巳正确，但可将它移至西北庚辰（17）之下，不改位名，而更连贯。“方”东之辛巳错占 C 位，又系重复，实为原图所缺辛卯（28），确知写牍人将“卯”错抄为“巳”。

（3）庚子（37）应居G位，图中东南的庚子正确，而“方”东之庚子错占D位，又系重复，实为图 3-16 所缺壬辰（29），确知原简将壬辰错抄为“庚子”。

（4）壬戌（59）应居B位，图中南方的壬戌正确，而东北的壬戌错占 G 位，又系重复，可删，亦可移至北方之B位。

（5）辛未（08）应居B位，图中北方之辛未错占C位，应移到北方之左廉，与西方之右廉癸酉（10）隔诎相望，呈掎角之势。

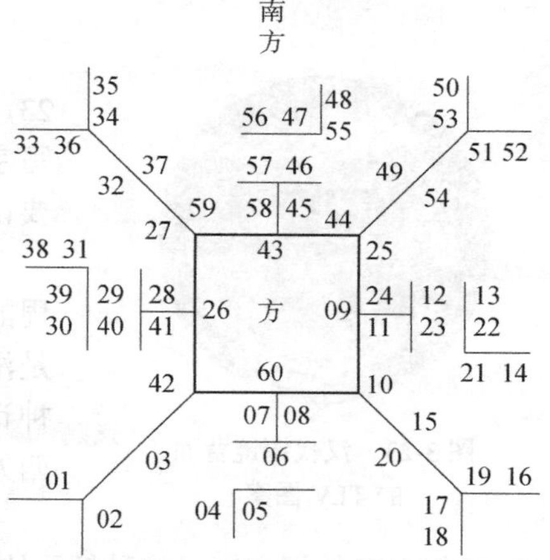

图 3-21　博局占复原图

经过以上必要的修改和调整，所得博局占复原图为图 3-21。这就是笔者对 YM6D9 反第一栏博局占图考释的结果。

博局占图应有 68 个位置，占满 60 干支后尚余 8 个空位。不失原意，笔者 1. 补满了此 8 空位；2. 适当调整四个方位接续的顺序；3. 将各位置按干支排序的走向以弧线连接（直线亦可），以表现干支排序之曲折迂回，并与博局棋盘中的路径口诀“回文”意义相合（见下文），得到图 3-22 理想博局行棋径迹图。我们看到，连线一笔画成，无始无终，四方连续。以方中为心，旋转任一分支，在±90°，+180°处可与另三分支重合，即该图关于中心对称。因此，它不可能由镜面反射而获得。换言之，过中心任一直线均非此图的对称轴。

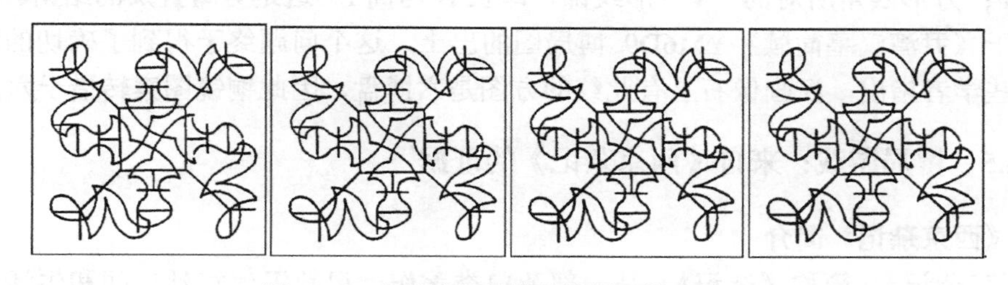

图 3-22　理想博局行棋径迹图（笔者绘）

博局占法并不复杂，占测时当据当日干支在博局图上的位置，到相应的文字栏中去查占测答案。由于干支排列与配置迂曲回环，看起来似乎处于无序状态，须在全图每个位置上一一查寻，颇为不易。找到当日干支之后，又须判断它所处的位置属“方、廉……长、高”九种中的哪一种，求占者一般不具有这种专门知识。占辞共分 45 种情况，大吉大凶较少，大体符合正态分布。对占测的结果，亦须占家对简略的文辞做出解释和预言。所有这些，使博局占扑朔迷离，增加了它的神秘性。

在汉人设计的博局占图中，干支排序和配置如此精妙，实在发人深思。也许，当时人们认为四季循环往复，周流不息，四方吉凶休咎机会均等，事物的利弊得失无不与时间地点相关。然而，混沌之中暗含有序，表现了细致的手法和高度的智慧。

### 3.4.4 博局图与汉代铜镜中的“TLV”纹饰

图 3-23 汉代铜镜背面的 TLV 图案

西汉晚期及王莽时出土的一些铜镜背面，如图 3-23，在围绕镜钮的方形之外，有状如英文 T，L，V 大写字母的纹饰，学界不明其来源，长期聚讼纷纭。主要说法有四种：

（1）国外一些学者称其为“TLV 镜”：认为镜钮四周的方形为陆地，T 表示四方之内，V 象征四海，L 则是沼泽地的栅栏门，用以抵御恶魔入侵。于是西方的神话传说就引入到汉代铜镜上。其实，该镜的图案与西方文字不相干；上述解释仅为联想或臆测。

（2）国内一些学者称其为“规矩镜”：因 TLV 三种纹饰类似木工的规和矩，这种解释比西方的说法似乎合理一些。但 L、V 的图像与古代规矩形状有差别，例如与汉代画像石伏羲女娲执规矩图不尽合；何况，若一见到┘ ┌的图像就称为规矩，那规矩未免太多了吧。

（3）国内更有学者称其为“日晷镜”：根据日晷推测，认为该镜背的图案具有天文意义：L 表示夏至、秋分、冬至、春分，V 表示四季开始，而 T 则有空间的含义。这就越说越远了。铜钮虽为圆形，并非原图组成部分；而镜背之方，却与日晷风马牛不相及。

（4）只有称为“博局纹铜镜”或“博局镜”[①]是正确的。我们的解释是：镜背的方形即图 3-19 之方；四边之“T”形纹饰，即揭 C 与道 D；T 对面的“L”形纹饰，即张 E 和曲 F；方形四角所对的“V”形纹饰，即长 H 与高 I。这是毋庸置疑的结论。

由于《尹湾汉墓简牍》YM6D9 博局图的出土，这个问题终于得到了确切的答案。还有一些学者指出，汉画像石上有此纹的方图是六博盘，因此铜镜图案转借于六博盘。

### 3.4.5 博局游戏：来自《西京杂记》的证据*

#### 1）《西京杂记》简介

《西京杂记》（简称《杂记》）是一部杂史类著作，记叙汉代宫廷趣闻和生活佚事，也夹杂了不少怪诞的传说，由于年代久远、史料丰富，语言凝练、文笔优美，因而影响深远。此书的作者，一说为汉代刘歆，一说为晋代葛洪，认为“葛洪利用汉晋以来流传的稗乘野史、百家短书钞撮编集而成。”[②]而书中所记汉代宫廷生活、礼制和人物、器物、动物、植物、事件等多与汉代史实相符，有的器物还得到出土文物的印证。

---

① 刘乐贤. 尹湾汉墓出土数术文献初探//连云港市博物馆. 尹湾汉墓简牍综论. 北京：科学出版社，1999：177.

* 韩晋芳，罗见今.《西京杂记》中的汉代科技史料. 故宫博物院院刊，2003（3）：86-91.

② 葛洪. 西京杂记全译. 成林，程章灿译注. 贵阳：贵州人民出版社，1993：前言 9.

《杂记》中有部分内容经文学渲染而变得十分夸张，怪诞的传说降低了它的真实性和可信度。但是，也有不少记载是真实的，这就需要客观对待，进行科学筛选而不可完全否定。

该书部分内容被近年来考古发现所证实，如第 22 条“送葬用珠襦玉匣”中记叙“汉帝送死，皆珠襦玉匣。匣形如铠甲，连以金缕。”在 1968 年河北满城西汉刘胜墓中出土了一件金缕玉衣。[①]在《杂记》中记叙的被中香炉、博山炉等在出土文物中也多有发现，而第 1 条“萧何营未央宫”中关于未央宫的建制也已经过现今实地测量被证实。[②]这些记录真实可信，对于后人了解汉代文化颇有助益。

**2）《西京杂记》的科技史内容**

该书共六卷，132 条，内容十分繁杂，有汉代的宫廷逸闻、逸事，以及苑林、建筑、物品名目，反映了汉代国力强大，品物繁盛。该书对汉代的科学技术也多有记述，受到科学史界的重视，以前讨论过被中香炉、指南车、记道车、相风乌、“董仲舒天象”中雨、雪成因等内容。《杂记》中与科技有关的内容可厘为 6 类，共 36 条，其中生物 12 条、机械 2 条、纺织 2 条、自然灾害和气象 5 条。涉及数学的有：

第 89 条：当时的算家安定皇甫嵩推算自己的年寿。

第 90 条：当时的算家玄菟曹元理为陈广汉计算仓中之粮。

第 108 条：许博昌的陆博（即六博）口诀为：“方畔揭道张，张畔揭道方，张究屈玄高，高究屈玄张。张道揭畔方，方畔揭道张，张究屈玄高，高玄屈究张。”

六博棋是一种趣味性强的游戏，本节所讨论的博局，正是它的棋盘。

**3）博局占图正是汉代广泛流行的六博的棋盘**

我们先据尹湾汉墓木牍中的博局占图，与《杂记》第 108 条的记载对比。西汉安陵人许博昌与窦婴同时，非常擅长玩一种叫“六博”的游戏，上述八句口诀分前后两种，不重复的五句。后四句中：“畔”即边、侧，意与“廉”通；“屈”即“诎”；“玄”通“悬”，居于“长”位；“究”在此处当居“曲”位。于是，与这四句对应的前述字母即：EDCBA，ABCDE，EFGHI，IHGFE。口诀顺序上句与下句相反，即修辞学的“回文”；在图 3-21 中，恰是“南方”的一支，干支序数从 43 开始，到 60 结束。这不是巧合，确切证明尹湾出土博局正是六博棋盘。

许博昌，安陵县（今咸阳渭城一带）人，擅长陆博，有《大博经》一篇传世。窦太后的侄儿魏其侯窦婴与他交好，常和他在一起。陆博戏共用 12 枚竹筹（箸或究），每枚长 6 分，两人相博，各执 6 枚，故名六博。上文所引口诀以回文成句，被认为是制胜方案，其实是棋盘位置和走向，当时关中儿童都能记诵。许多史实都表明六博是一种数学性、对抗性、选择性、随机性很强的游戏。

**4）六博需要专门的研究**

六博古戏，历史悠久，有人认为产生的年代最迟不晚于商代；传播广远，有研究指出丝绸之路上亦有发现；多地均有出土，例如云梦睡虎地秦墓的实物、汉画像石的图像[③]、武威磨嘴子汉墓的对博俑等；还有专著和各种记载传世。汉代达于极盛，唐后渐

---

① 卢兆荫. 再论两汉的玉衣. 文物，1989（10）：60.

② 庄裕光. 古建春秋. 成都：四川科学技术出版社，1989：44.

③ 徐毅英. 徐州汉画像石. 香港：中国世界语出版社，1995.

趋衰落，终于失传。但棋子、棋盘、比赛规则在不同时代变化复杂，迄今尚难复原其中一种。网上有人详细推测游戏方法，当然尚待进一步考证。笔者目的之一，在于提供理想的棋盘原貌，供同好再作深入研究。

博弈史专家认为六博是一切对抗性盘局棋戏的鼻祖，衍生出诸如象棋、围棋之类益智游戏。显然，它与投壶等概率游戏都带有迷人的色彩，是中国文化史上的奇葩。

### 3.4.6 结语

从以上的史料和讨论中清楚看到：博局既是一种游戏，又是一种占卜。那么，自然会产生一个问题：对博局而言，究竟是占卜在先，后演变成游戏，还是游戏在先，后演变成占卜？也许会有一些读者对这个问题感兴趣，尽管限于阅历，在这里不妨作一推测。

窦婴公元前 131 年去世，在此之前的博局可以确认是游戏；但与此同时，是否还存在用它的棋盘和口诀进行过占卜？尚无证明。而经过 100 多年后，到了西汉晚期和王莽时代，博局图像较多出现在画像石、青铜镜背上；尹湾汉墓的博局占图（约公元前 15 年）和占文，确切表明它是一种占卜，说明存在博局占卜与游戏并存的时代。那么，两者并存起源于何时？是否远古时代先有占卜以后逐步演变成游戏？

占卜在人类早期文明中占有举足轻重的地位，特别是在华夏文明初现的时代。《易经》位居六经之首，学界公认构成了中国文化的源头。而《易经》就是一部占筮之书，价值很高。而游戏相对而言居于次要地位。很难想象，古人会在一种众所皆知的游戏的基础上，再把它改造成一种神秘的占卜。而相反，占卜术经过加工而转换为游戏，从情理上看，却是比较自然的事；从数学上看，两者运用了相同或类似的手法；从内在的动因来看，两者皆利用了或然性的吸引力。因此，可以猜想，占法或许就是博局类游戏之祖。由此得出本节的小结：

（1）本节分析应用数学方法：不局限于原牍和释文，而是用统计法阐明存在标准的博局占图，进而经过计算修改其中的原始错误，列出图表，找到复原的或理想的博局占图。通常的方法不可能做到这一步，其结果亦不能反映该图真实的历史原貌。

（2）发现博局棋盘的由来：根据居延甲渠候官遗址发掘平面图，证明博局占图系汉代边塞屯戍部队鄣坞建筑的一种抽象化的平面设计，从而揭示了博局作为对抗性游戏的设计背景，这就为驳斥把该图说成是御魔图、规矩图、日晷图等找到历史的根据。

（3）考释《西京杂记》所载许博昌关于陆博口诀的记录与博局占图第二栏里出现的九个表示位置的词的一致性，从而确认博局占图就是六博的棋盘。其实博局游戏早已闻名，“博”即博弈、竞争，玩法具有对抗性，估计是 2 或 4 人，约定以先进入“方”为胜家。

（4）尹湾汉墓的博局占图产生于西汉末年，设计优美、具有对称性、大众熟悉，同期青铜镜背也作为装饰图案，本节绘出行棋径迹图以彰显其美学价值。学界长期争讼的 TLV 镜用玄学联想代替切实考证，其方法和结论皆不足为训。

（5）在本节中，关键词为：干支计数，位置口诀，循环排序，方位与路径，中心对称，旋转重合，位置模式，均衡配置，或然率，等等，充分体现了早期离散数学的辉煌思想。显然，这些并非仅由选择何种研究方法形成，而取决于研究对象本身的数学性质。

## 3.5 中国的Nim——从古代的游戏到现代的数学*

在我国民间，流传着一种二人数学游戏，它的规则很简单：有 $k$ 堆物件，两人轮流从中拿取，每次只能在其中一堆中拿取，至少取一个，至多取一堆，最后谁取完谁胜（或负）。这种游戏，以 $k$=3 时最有趣，北方流行的名称叫作“抓三堆”；南方粤语叫“拧法”，又名“翻摊”；国外称它为Chinese game of Nim①，或者simple game of Nim，或者Fan Tan，或者就叫作Nim。Fan Tan就是“翻摊”，Nim就是“拧法”，都表明这种游戏源于中国，这样说，也许有望文生义之嫌，因为迄今尚未发现我国古代文献中有关于它的记载；但是，有充分的根据认为，Nim是我国古代流传至今的游戏，人们世代相传，现已遍及全世界，并且引起了数学界的兴趣和重视，古代曾有人说，数学为“奇技淫巧”，不足以登大雅之堂，诸如“翻摊”之类的游戏，当然难以在经、史、子、集中占有一席之地。然而，Nim闪耀着古人智慧之光，纵然不见经传，却并不降低它的价值，下文在介绍现代数学中的Nim前，先来研究一下它的历史。

### 3.5.1 西方的Nim就是中国古代的“抓三堆”游戏

**1）英语外来词Nim的词义变迁**

Nim是一个古动词，不见于一般英文字典，这里讨论Nim，很有详解的必要。《牛津英语词典》（*The Oxford English Dictionary*）说：nim“大多数应用同后来的动词‘拿，取’（take，源出斯堪的纳维亚语）的各种含义相一致，15世纪之前一直通用，16世纪的文献中只留下了它很少的足迹，但在1600年后它突然间变成了一个俚语或俗语：意为小偷小摸（filch，pilfer），整个17世纪，这一用法非常流行”。

在nim即take的意义上，Nim转化为一类数学游戏的名词。《韦氏新国际辞典（第3版）》（*Webster's Third New International Dictionary*）对Nim的解释说：“将算筹（counters）摆成一堆或若干堆，每堆的数目是商定的，游戏双方轮流从中抽取一根或若干根，目的在于取到最后一根筹，或迫使对手取到它，或以取到筹数的多少论胜负。”

语源学的根据似乎给我们以启迪：Nim作为数学游戏的名称，在西方不迟于15世纪，而所用的东西是算筹、筹签或筹码。它的玩法不止一种。不少人称它为“火柴游戏”，但那是近百年的名称，这只说明近代人取用火柴之便，尚不如“算筹游戏”考之有据且名正言顺。还有人说，福建、台湾一带闽语中“拿取”之意发音为nim，可能由此流传国外。不过，我们无法断定五百年或七八百年前闽语中nim之音代表什么意思，也无法考证它是如何流传出去的，又是怎样变成了英语外来词的，因而，此说仅为猜测，尚不足为据。

---

* 罗见今. Nim——从古代的游戏到现代的数学. 自然杂志，1986，9（1）：63-67.

① 孙泽瀛. 数学方法趣引. 上海：中国科学图书仪器公司，1955：93.

Nim 具有悠久而引人注目的历史，它是古人博弈遗留至今的样本。美国研究者弗兰克尔认为 Nim 是世界上最古老的游戏，它起源于几千年前的东方。[①]最早传到西方的 Nim 用最简单的材料：十几块石子，通常摆成 3、4、5 三堆，或者 3、5、7 三堆。游戏规则同上所述，只是最后一次谁取谁输，现在叫作 LPL（last player losing）型 Nim。流传到西班牙的 Nim，最后一次谁取谁赢，现在叫作 LPW（last player winning）型 Nim，它们都是组合数学游戏。有资料记载[②]，Nim 在 19 世纪末叶开始传入欧洲，这是不确切的，实际上在 19 世纪末已经有组合数学家对 Nim 进行了研究，例如，穆尔（Moore）提出了一种 $p$ 阶 Nim，成为图论 Nim 型对策第三定理的主要例子。

**2）Nim 游戏制胜方案的确立**

由于 Nim 规则十分简单，但要制胜却很困难，这就激励人们在反复的试验中寻找制胜的途径。几百年来，Nim 给人们带来了娱乐。人们暗中摸索，寻找在各种情况下能揭示正确取法的一般原则。1901 年，美籍法国数学家布顿（Bouton）成功了——他用一种精巧的分析方法，找到了一个非常简单的原则，任何人都能应用。按照这个原则能使你知道哪是负局，哪是胜局，以及在后一种情况下如何取才能保证获得最后胜利。于是古代的游戏变成了一个漂亮的数学问题的解，但是作为一种游戏，却被破坏无遗，因为若双方都掌握了这样的原则，胜负一望即知，游戏就变得索然无味了。世上真有这样的奇人，他路见不平，挺身而出，向布顿的研究结果提出挑战。这一位就是丹麦作家、科学家和发明家皮特•海因（Piet Hein），他以复兴 Nim 为己任，力图归还 Nim 作为一个不可征服的游戏的古老尊严，他对 Nim 所作的改变将不减弱原则的简易性，并在布顿的分析所及的范围之外。

Nim 的确是游戏中的皇后，西方数学家开玩笑地把布顿的分析称作“行刺”事件，到 20 世纪 50 年代，皮特•海因大功告成，他完成了自己确定的这一离奇而困难的任务，最大的困难是保留原则的简易性，与此同时应使布顿的分析方法对这个新的 Nim 失效。皮特•海因的新原则由加德纳（M. Gardner）写成一篇文章在《科学美国人》上发表，并收入他的一本关于数学谜题与游戏的书中，在二十年的时间里数学家们企图破解这一新的 Nim，尝试找到一个一般的原则，它将适用于具有可变石子数的所有 Nim 变型，一如布顿对可敬的原 Nim 所作的分析那样。但是，他们的努力迄今都是徒劳的。也许皮特•海因的研究是如此之彻底，它将永远保证 Nim 作为一种游戏的历史地位。

### 3.5.2 游戏 Nim 变成了现代数学名词

以上所述的大体上还是 Nim 作为游戏的历史，近百年来，由于数学家的介入，Nim 成了斗智的战场。然而事情还不止此。随着数论、近世代数、逻辑代数，特别是对策论、图论和组合数学的发展，当人们用新的眼光观察 Nim 时，它作为一种数学模型，又给人以新的启示，引起了数学家们广泛的兴趣。于是 Nim 升格了，不再仅仅是一种游戏，一跃而成为一个新的数学名词，开始在数学论文和专著中出现。

---

① FRAENKEL A S，HERDA H. Never rush to be first in playing nimbi. Mathematics Magazine，1980，53（1）：22.

② 谈祥柏. 趣味对策论. 北京：中国青年出版社，1982：45-53.

**1）利用求布尔和寻求破解 Nim 的方案**

我们先来看破解 Nim 的方法，以抓三堆为例，将三堆石子的数目用二进制数表示出来，例如 11，22，29（括号外的 10 或 2 表示 10 进制或 2 进制写法）：规定的运算是一种特殊的加法，即 1 加 1 为 0，1 加 0 为1，0 加 0 仍为 0（图 3-24）。

如果像上式那样，加出来的和为 0，那么无论谁，当轮到他来取时面临这样的局面，无论他按照游戏规则取出多少，只要对方以后步步不错，等待他的必然是失败。这样的加法在数学上叫“点加”或“模 2 加”，加出来的和叫作“点和”或“布尔和”，这在研究群、环、域的近世代数或逻辑代数中很有用。如果点和不为 0，那么轮到取时面临这种局面的游戏者（选手）便交了好运，正确的取法将使他取好以后的三个数的点和为 0，这一难堪的局面将留给他的对手。不难证明，这将保证他取胜。同样的原则也适用于堆数更多的情况。

$(11)_{10}=(1011)_2$

$(22)_{10}=(10110)_2$

$(29)_{10}=(11101)_2$

000000

图 3-24　二进制的点加

**2）图论中的“Nim 型对策”**

在图论中 Nim 受到重视。法国数学家贝尔热（C. Berge）在他出版的一本颇有影响的专著《图论及其应用》（*The Theory of Graphs and Its Applications*）中专门开辟了一章（第六章）来介绍“在一个图上的对策”，主要就是研究“Nim 型对策”。这里的“对策”，指的就是游戏或博弈（game），贝尔热在书中说，为了纪念这个人们熟悉的游戏，数学上所定义的广义的 Nim，便命名为“Nim 型对策”。首先，图论学家把一局 Nim 中可能出现的各种局面与一个图的各个顶点联系起来，这里所指的图，是由若干个顶点与连接其中某些顶点的有向边所组成的图形，并且要求每两个顶点之间至多只能有一条有向边相连（即所谓 1-图）。把一个图的顶点集合$\{x_0, x_1, \cdots, x_n\}$记为 $X$，若对于 $x_1$，$x_j \in X$，$x_i$ 与 $x_j$ 之间有一条有向边相连，$x_i$ 为起点，$x_j$ 为终点，则称 $x_j$ 为 $x_i$ 的后继顶点。对于某个 $x_i \in X$，$x_i$ 的所有后继顶点的集合记为 $T(x_i)$。于是，Nim 型对策的定义就可以表示为[①]：

给定一个图，并且任意选定图的一个顶点 $x_0$ 作为初始顶点，两位选手 $A$，$B$ 交替进行：选手 $A$ 首先从集合 $T(x_0)$ 中选择一个顶点 $x_1$，选手 $B$ 接着从集合 $T(x_1)$ 中选择一个顶点 $x_2$，如此等等。如果一个选手所选顶点 $x_k$ 使得 $T(x_k)=\varnothing$（空集），那么游戏就结束了，胜家就是这个选择最后顶点的选手，当然，这个图不能有由首尾相接的有向边所组成的圈，不然游戏就有可能无限进行下去。

例如，在前述的“抓三堆”Nim 中，我们使每个局面（$a$，$b$，$c$）对应于空间笛卡尔坐标系下的非负整数格点（即坐标均为非负整数的点）（$a$，$b$，$c$）。把这些格点作为图的顶点。若两个顶点（$a$，$b$，$c$）与（$a'$，$b'$，$c'$）满足下列条件之一：

（i）$a>a'$，$b=b'$，$c=c'$，（ii）$a=a'$，$b>b'$，$c=c'$，（iii）$a=a'$，$b=b'$，$c>c'$，

就定义（$a'$，$b'$，$c'$）是（$a$，$b$，$c$）的后继顶点，即存在一条以（$a$，$b$，$c$）为始点、以（$a'$，$b'$，$c'$）为终点的有向边。这样，“抓三堆”Nim 就成为上述 Nim 型对策的一个特殊例子了。

---

① Berge C J. The Theory of Graphs and Its Applications. London：Methuen Publishing，1962.

由此可见，这个 Nim 型对策的数学定义在本质上揭示了 Nim 的特性，极大地扩展了 Nim 的外延，使得原来从形式上看似乎与 Nim 无缘的一些图的游戏、扑克游戏、数字游戏等都归于这一类。例如伊萨克斯（R. Isaacs）发明的游戏[①]，即所谓“围棋盘上下国际象棋”，成了典型的 Nim。又如“斐波那契 Nim”，只用一堆火柴，规定每人所取火柴数目，不得超过前一次对手所取数目的二倍，谁最后取完谁胜。诸如此类的新花样可以任人设计，层出不穷。从这个意义上讲，Nim 又复兴了。

**3）Nim 型对策的四个定理**

在上述 Nim 型对策的定义中并没有刻画制胜局面（即在这个局面下，不论对手如何反应，你随之所选择的顶点必然使对手再一次陷入绝境，从而保证最后的胜利）的特性。《图论及其应用》把有关主要结果表述成四个定理，这里只看定理 1：

假如一个图拥有一个核 $S$，并且假定一个选手选择了核 $S$ 中的一个顶点，那么这一选择将保证他取胜或得平局。

当然得先介绍一下什么是图的一个核，图的核 $S$ 是顶点集合 $X$ 的一个子集，它满足：

（i）若 $x\in S$，则 $T(x)\cap S=\varnothing$；（ii）若 $x\notin S$，则 $T(x)\cap S\neq\varnothing$。

现在我们来证明上述定理 1。由核的定义，容易知道，假如选手 $A$ 选 $x_1\in S$ 使得 $T(x_1)=\varnothing$，此时他显然为胜家；否则他的对手 $B$ 将被迫在 $X$ 或 $S$ 中选择一个顶点 $x_2$。然后，选手 $A$ 在下一轮中又能在核 $S$ 中选择一个顶点 $x_3$，如此等等，当一位选手选择一个顶点 $x_k$，使得 $T(x_k)=\varnothing$时，必然 $x_k\in S$，于是游戏到此结束。由于选手 $B$ 不可能在 $S$ 中选择，因此若过程有限，则选手 $A$ 为胜家无疑。若过程无限，则获平局。

在以后的三个定理中应用了“Grundy 函数”（或称“Sprague-Grundy 函数”）的概念，它是顶点集合 $X$ 到非负整数集合内的一个映射 $g(X)$，对于每一个顶点 $x\in X$，Grundy 函数 $g(x)$ 被定义为在 $x$ 的所有后继顶点 $x'$ 的 Grundy 函数值集合$\{g(x')\}$中不出现的最小非负整数。特别地，假如 $T(x)=\varnothing$，那么 $g(x)=0$。Grundy 函数是研究 Nim 而引入的，它的定义体现了一种递归关系，确保这种关系的延续与确保最终的胜利具有同样的意义，因而，用它轻易解决了三种类型的 Nim。不仅如此，Grundy 函数对于所有组合对策都是重要的，只要图中没有圈，那么就存在这个图的唯一的 Grundy 函数，容易证明，一个图若有 Grundy 函数 $g(x)$，则这个图一定有一个核 $S$，这个核就是$\{x|g(x)=0\}$。

对于“抓三堆”Nim，Grundy 函数可以定义为三堆石子数目的二进制表示的点和，从前面我们可以看到 $g((11, 22, 29))=0$，因此它是一个制胜的局面。

**4）一个理想对策（游戏）的一般定义**

经过进一步的抽象，可以给出在理想意义下一个对策（游戏）的一般定义。首先须得限定：游戏的每一局都是有限次的移动；作为选手的个体或是主动的，或是被动的；两位选手简称为 $A$ 和 $B$。于是，该定义为：

（i）一个集合 $X$，其元素叫作游戏的位置；

（ii）一个从 $X$ 到 $X$ 内的多值映射 $T$，叫作游戏的规则；

① Berge C J. The Theory of Graphs and Its Applications. London：Methuen Publishing，1962.

（iii）一个从 $X$ 到{0，1，2}内的函数 $\theta$，叫作游戏的次序；我们假定，当且仅当 $T(x)=\varnothing$时 $\theta(x)=0$，假如 $\theta(x)=1$，我们说 $x$ 是轮 $A$ 走的位置，假如 $\theta(x)=2$，即是轮 $B$ 走的位置；

（iv）在 $X$ 上定义的两个实值函数 $f(x)$ 和 $g(x)$，叫作选手 $A$ 和 $B$ 的选择函数。

到这里我们已经看不出 Nim 的原貌，它已经升华为纯数学。

Nim 在现代数学中的研究，还可参考弗兰克尔文章所列出的 9 篇论文；应用点和而得到的新结果与伽罗瓦域、欧几里得环、莫比乌斯函数、高斯函数等的联系，可参考文献。[①]

### 3.5.3 拓展的研究：抓三堆 Nim 制胜方案，Nim 三元系与斯坦纳三元系

**1）“抓三堆”Nim 的制胜方案**

国外对 Nim 的研究注重方法，从对策论的观点提出制胜途径，用图论的方法给出结果，有执简驭繁之便，适用范围较广。对“抓三堆”Nim，我们也可以从组合数学的观点出发，应用递归和集合论的方法来研究该 Nim 的所有可能的制胜局面，这些制胜局面都可以表示为非负整数的三元组。我们把由所有这些代表制胜局面的三元组组成的集合称为这个 Nim 的制胜方案。因此，制胜方案中任一个三元组中的任一元减去一个不大于它的正整数后所得到的新三元组，必在制胜方案之外；对不属于制胜方案的三元组，必存在其中一元，当这个元减去一个不大于它的适当正整数后，所得到的新三元组必在制胜方案之内，简言之，这个制胜方案即为这个 Nim 的核。利用归纳法，或图论中的博弈树方法，可以得出“抓三堆”Nim 的制胜方案如表 3-12。

表 3-12 “抓三堆”Nim 制胜方案

| | | | | | | | | |
|---|---|---|---|---|---|---|---|---|
| (0, 1, 1) | (1, 2, 3) | (2, 4, 6) | (3, 4, 7) | (4, 8, 12) | (5, 8, 13) | (6, 8, 14) | (7, 8, 15) | … |
| (0, 2, 2) | (1, 4, 5) | (2, 5, 7) | (3, 5, 6) | (4, 9, 13) | (5, 9, 12) | (6, 9, 15) | (7, 9, 14) | … |
| (0, 3, 3) | (1, 6, 7) | (2, 8, 10) | (3, 8, 11) | (4, 10, 14) | (5, 10, 15) | (6, 10, 12) | (7, 10, 13) | … |
| (0, 4, 4) | (1, 8, 9) | (2, 9, 11) | (3, 9, 10) | (4, 11, 15) | (5, 11, 14) | (6, 11, 13) | (7, 11, 12) | … |
| (0, 5, 5) | (1, 10, 11) | (2, 12, 14) | (3, 12, 15) | (4, 16, 20) | (5, 16, 21) | (6, 16, 22) | (7, 16, 23) | … |
| (0, 6, 6) | (1, 12, 13) | (2, 13, 15) | (3, 13, 14) | (4, 17, 21) | (5, 17, 20) | (6, 17, 23) | (7, 17, 22) | … |
| (0, 7, 7) | (1, 14, 15) | (2, 16, 18) | (3, 16, 19) | (4, 18, 22) | (5, 18, 23) | (6, 18, 20) | (7, 18, 21) | … |
| … | … | … | … | … | … | … | … | … |

注：①表 3-12 表示最后一次谁取谁胜的 Nim（即 LPW 型）制胜方案，它的第一列事实上是二元组，若是最后一次谁取谁负的 Nim（即 LPL 型），只要将表中（0，1，1）换成（1，1，1）即可。这两种 Nim 无本质区别。②此表可以向下方、右方无限延伸。③以三元组的最小元为序按列排出，以三元组的次小元为序按行排出。

**2）集合论方法**

现在我们用集合论的方法来讨论“抓三堆”Nim 制胜方案。

对于一个正整数 $a$，设它的二进制表示为 $a=2^{\alpha_1}+2^{\alpha_2}+\cdots+2^{\alpha_n}$，其中 $\alpha_i$（$i$=1，2，…，$n$）是非负整数，这样就自然对应了一个集合 $A=\{2^{\alpha_1}, 2^{\alpha_2}, \cdots, 2^{\alpha_n}\}$。对每个正整数都作这样的对应，再补充定义 0 对应空集，于是就构成了从非负整数集合到由所有 2 的方幂组成的集合的幂集上的一个对应 $\phi$，显然 $\phi$ 是一一对应。

① ISAACS R. The distribution of primes in a special ring of integers. Mathematics Magazine，1979，52（1）：31.

**定义 1** 集合 $A$ 与 $B$ 的对称差 $A\Delta B=(A\cup B)\setminus(A\cap B)$。

容易证明，对称差运算满足结合律，即 $(A\Delta B)\Delta C=A\Delta(B\Delta C)$，因此可写为 $A\Delta B\Delta C$。

**定义 2** 设有非负整数的三元组（$a$，$b$，$c$），如果 $a$，$b$，$c$ 在对应 $\phi$ 下的集合为 $A$，$B$，$C$，且 $A\Delta B\Delta C=\emptyset$，则称（$a$，$b$，$c$）为一个 Nim 三元组。

用集合论的运算可以证明 Nim 三元组有如下性质：

**性质 1** 如果（$a'$，$b$，$c$），（$a$，$b'$，$c$），（$a$，$b$，$c'$）是 Nim 三元组，那么

$$a'>a,\ c'>c\Rightarrow b'<b,\ a'>a,\ b'>b\Rightarrow c'<c。$$

这个性质的意义是：从 Nim 三元组（$a'$，$b$，$c$）中的一元 $a'$ 减去一个正整数，得到 $a$，这时（$a$，$b$，$c$）不是 Nim 三元组，但是 $b$，$c$ 之中恰有一个能减去一个适当的正整数，使得 $b'$ 或 $c'$，使（$a$，$b'$，$c$）或（$a$，$b$，$c'$）又成为 Nim 三元组。

由此可以看出，Nim 三元组属于“抓三堆”Nim 的制胜方案，Nim 三元组的全体即为这个制胜方案。

**性质 2** Nim 三元组中一元不大于另外两元之和，不小于另外两元之差。

**性质 3** 设（$a$，$b$，$c$）为 Nim 三元组，$\sigma$ 为正整数，那么

$$2^{\sigma-1}\leqslant a<2^{\sigma}\Rightarrow b<2^{\sigma},\ c<2^{\sigma}，或\ b>2^{\sigma},\ c>2^{\sigma}。$$

**性质 4** 设 $a$，$b$，$c$ 为三个正整数，如果 $2^{\sigma-1}\leqslant a<2^{\sigma}$，令 $b'=2^{\sigma}t+b$，$c'=2^{\sigma}t+c$，其中 $t$ 为正整数，则（$a$，$b'$，$c'$）为 Nim 三元组的充要条件是（$a$，$b$，$c$）为 Nim 三元组。

**3）组合设计的结果**

由性质 4，我们可以从一个最简单的 Nim 三元组（1，2，3）出发，得到许多表示 Nim 三元组的通式，如（$t$，$2t$，$2t+1$），（2，$4t+1$，$4t+3$），（3，$4t+1$，$4t+2$），（2，$4t$，$4t+2$），（3，$4t$，$4t+3$），等等。

**定义 3** 所有最大元不超过 $v=2^n-1$（$n\geqslant 2$）且各元均大于零的 Nim 三元组构成 $v$ 阶 Nim 三元系，记为 NTS（$v$），NTS（$2^n-1$）。

**性质 5** （i）NTS（$v$）所有三元组中共有 $v=2^n-1$ 个不同元，即 1，2，3，…，$2^n-1$；

（ii）NTS（$v$）中任意两元只出现于其中一个三元组；

（iii）NTS（$v$）中共有三元组数 $b=v(v-1)/6$；

（iv）NTS（$v$）中每一元的重复次数 $r=(v-1)/2$。

推论 1：$v$ 阶 Nim 三元系是一个 $v$ 阶斯坦纳（Steiner）三元系。①

需要说明的是，$v$ 阶 Nim 三元系只是一种特殊的斯坦纳三元系，一般的斯坦纳三元系中的三元组不一定具有上面介绍的 Nim 三元组的各种性质。

我们看到，对 Nim 三元系的各三元组、各元相互关系的分析导致了组合数学中区组设计的结果，限于篇幅，这里不再对斯坦纳（J. Steiner）三元系做出说明，有兴趣的读者可以参考有关文献，以及陆家羲的大集定理。需要指出的是，斯坦纳三元系在组合设计中具有基本的重要性，而由性质 5，我们看到 Nim 三元系满足构成斯坦纳三元系的各个条件，从而使 Nim 制胜方案变成了一个区组设计问题。特别有趣的是，NST（15）

---

① 罗见今. Steiner 系若干课题研究的历史回顾——陆家羲学术工作背景概述. 数学进展，1986，15（2）：175-184.

恰为科克曼（T. Kirkman）给出的著名的“十五个女学生问题”的排列方案（只是区组顺序有别），成为一个科克曼三元系。[①]换句话说，科克曼的方案恰巧是“抓三堆”Nim中每堆石子数目都不大于 15 时的制胜方案！这当然不仅仅是巧合，中国古代 Nim 包含有深奥的数学道理，在组合数学中具有基本的重要性，它的规则的简明性与它的内涵的深刻性互为表里，自相辉映。

### 3.5.4　掌握了 Nim 的计算机向你挑战

笔者应用上述集合论、对应、对称差的概念，编制了一个完整的 Nim 程序，使人们可以用“人机对话”的方式与计算机进行 Nim 游戏。这个 Nim 程序有如下特点：

（1）只要你会从三堆石子（或火柴）的一堆中取出一个至一堆，只要你会做减法，就可以参加比赛。Nim 程序由你任意输入三堆的数字，由你决定是让计算机先取还是自己先取，对你采取对策的时间不作限制。简言之，主动权完全操之于你。每人都有取胜的 100%的可能，假如他善于观察、思考，能够发现、掌握规律的话。反之，假如你不动脑筋，或有失误，那么你将失去这一轮取胜的机会。每次比赛都宣布比分，最后累计总分，为你客观评价自己在这方面的能力提供参考。

（2）Nim 程序采取人机对话的方式，它的英文版开始用《韦氏新国际辞典》对 Nim 的权威解释，然后计算机作自我介绍，邀请你同它比赛。如果你同意，键入 Y（yes），那么它就请你键入三个互不相等的正整数，并客气地问道：是否您先取？如果你键入 Y（想让它先取则键入 N），它便请你从一堆的数字中减去一个不大于该堆数字的正整数，然后它说道，现在轮到我了，并毫不犹豫地从现有三堆（或两堆）中的一堆里按规定减去一数，把过程光明正大地显示给你，然后说：现在轮到您取了。最后一次轮到它取时，它会说：我赢了！反之，就说：您赢了！并向你显示比分，问你是否乐意再来一盘。如果你不玩了，键入 N，它便礼貌地道声：Good-bye！于是全部过程结束。

在游戏中假如你有意无意地没有按照规则，该取不取（减去的数等于零），偷偷地往一堆里增加数字（减去的数小于零），或开始输入的三个数有相等的，计算机都会发现，但仍然客气地提醒你：我很抱歉，您弄错了。接着指明错在哪里，怎样改正，并请你重新输入，所有犯规事件均不影响游戏进行。

（3）这个 Nim 程序可以在普通微型计算机上使用 BASIC 语言实现，如果有汉字输入系统，可用该程序的汉文版。程序有 5000 多字节，输入最大数字视机型之不同而有别，在 Alpha 机上可达 30 位，显示 11 位，一般机可显示 6 位或 4 位。对游戏而言，输入两三位即已敷用，所以说，输入数字不受限制。

Nim 游戏将有助于你从失误中总结经验，改变做法，使你的归纳、抽象、演绎和应变的能力得到一个发挥的机会，使你得到一次欣赏古人娱乐的机会。

---

① 罗见今. 科克曼女生问题. 沈阳：辽宁教育出版社，1990：27.

# 第4章　管墨荀诸子书与战国秦竹简中的计数

王国维说："古来新学问起，大都由于新发现。"（《最近二三十年中中国新发见之学问》，1925 年）他举出历史上三项新发现，即孔壁中书、汲冢竹简和宋代出土的青铜器。近半个世纪以来，随着战国秦汉简牍的大量出土，研究者的注意力开始向汉初、秦代和先秦转移，人们发现在河洛文明、易经数理时代之后，在汉代数术、《九章算术》风行之前，曾存在一个以精确计数进行社会管理为重要特征的时代，从战国到汉代初期，大约延续 500 年。在中国古典文献中，"夏商西周三代没有数学著作流传到今天，数学发展的全面情形不十分清楚，从散见于文史典籍的零星记载，仅可知其端倪。"[①]如果从公元前 770 年春秋开始算起，除了文物上的少量记载之外，三代之后又有约 600 年也无数学著作流传至今，对数学史而言，基本上还是一片有待开垦的领域。由于以李俨、钱宝琮先生为代表所建立的中国数学史体系主要起自两汉间的《九章算术》，故早于《九章》的数学内容，所涉较少，因此，竹简《算数书》的出土，就掀起了兴趣的浪潮。

先秦数学的研究起步较晚，各种版本的数学史、大系、计算数学史等，都力图将注意的眼光伸向上古这个引人入胜的领域；这是大势所趋，众望所归。然而，迄今人们看到的是，距离能够形成体系的目标还很遥远。且不说问鼎商周数学需要历史工作者具备甲骨文、金文、易经和数学的知识准备，就是研究战国秦汉，也需要提高简牍、古文、数术的知识水平，方能建起讨论平台。特别是对先秦出土文物的理解和利用，更是形成深层次的挑战，新学问的兴起，需要提供史料的支撑。这方面的数学史工作还处在尝试阶段，需要有关专家和读者批评指正。

本章讨论的计数、算术等内容以战国、秦代为主，只选择作者感兴趣且力所能及的题目，仅属于先秦数学一个方面的问题。《管子》内容虽早，但学界一般认为在战国成书，文字平易，首开"计数"认知之先河。《荀子》《韩非子》相承续，对作为施政方式和思考方式的"计数"提出了各自的看法。《墨经》成书在公元前 4～前 3 世纪，文字简古，虽未提出"计数"，而算术、集合、极限内容丰富，与计数密切相关，属于相关的研究。

大体比上述诸子书时代靠后，清华大学、北京大学藏战国秦竹简的数学简，近年来引起国内外学界高度关注，清华战国数表简，北大秦陈起论数简，均与计数、算术相

① 郭书春汇校. 九章算术新校. 合肥：中国科学技术大学出版社，2014：序二 iii.

关，列为第 § 4.3，§ 4.4 节，与同好相与讨论。

## 4.1　《管子》《荀子》《韩非子》中的“计数”*

20 世纪 30 年代，中国学者将“数学”与英文 mathematics 对应，于是科学大类“数学”的专名进入现代汉语；这一定义具有强大的历史回溯力，今天的人们，可以自由运用“数学”一词去指称各种被他们视为“数学”的现象，而不会受到怀疑，更不必担心被古人诘问。但在春秋以后至秦代，除了“九数”的专名，连“算术”一词也尚未出现，那时的人们应用什么专名称呼数学或类似数学的领域呢？我们知道，有一个名称，那就是“计数”——一个语义并不陌生、但学界涉足很少的古老领域。

关于“计数”的记载，至迟在春秋时代已经出现，齐相管仲最早提出了“计数”概念[①]，这是继“九数”之后又一个数学门类或学科的明确定义。由于数学没有从其他的科技和社会活动中分离出来，虽然在某些典籍或简牍中也有局部或片段记述，例如《墨经》中的数学内容，但是，迄今尚未发现春秋战国时已有专门的数学著作，当然，这并不等于没有数学。在管仲、荀子诸子文献中，出现了“计数”或相关内容，虽然每人所说的“计数”内容不尽一致，但在事实上把“数”与“计数”当成一门学问，认为对于求实、立业、建政、富国大有用途。而“计数”作为古代数学门类的名称，迄今尚无专论，的确需要展开进一步的探讨。

### 4.1.1　管仲在《管子·七法第六》中首次提出“计数”

**1）管仲是春秋时代重要的思想家，也是中国历史上首位推行数量化管理的政治家**

管仲，颍上（今安徽阜阳颍上县）人，名夷吾，字仲，春秋齐相，法家先驱。中国古代著名的哲学家、政治家、军事家。千古名相，管理学的鼻祖，被誉为“圣人之师”。按照管仲的治国方略，齐国取得“九合诸侯，一匡天下”（司马迁语）的历史成就，数量化管理国家的方法起到重大作用，在后世亦产生了持久的影响。

管仲本姬姓，周穆王后人，其父管庄为齐大夫，后家道中衰。管仲因家贫，与鲍叔牙合伙经商失败。他当兵脱逃，几度求官未成。虽有旷世之才，而时运不济，宏图大志无从施展。

公元前 685 年鲍叔牙辅佐的公子小白登基，即齐桓公；管仲辅佐的公子纠因欲夺权被杀；管仲谋刺小白未成，后被拘，面临死刑。桓公欲立鲍为相，鲍坚辞不就，却力推管仲，举出管仲五大治国能力和长处，说服桓公立管为相。这就是史上“管鲍之交”和“管仲相齐”的著名故事。齐桓公因重用管仲，推行发展经济、扩展军力的政策，使齐国强大，继而在前 681 年打出“尊王攘夷”的旗号跻身为史家所称的春秋五霸之首。

孔子说：“管仲相桓公，霸诸侯，一匡天下，民到于今受其赐。”（《论语·宪问》）司马迁在《史记·管晏列传》中高度评价管仲“通货积财，富国强兵”的政策，多处赞扬他的政绩，“其为政也，善因祸而为福，转败而为功。贵轻重，慎权衡”，认为齐桓公称霸

* 罗见今. 先秦古人怎样看“计数”. 中国社会科学报，2015-07-28（科学与人文版）.
① 管仲. 管子//郭沫若，等. 郭沫若全集：历史编第五卷. 管子集校（一）. 北京：人民出版社，1984：167-176.

是“管仲之谋也”。虽然孔子对管仲的评价很好，但实际上却看不起他。司马迁猜测个中原因，可能是孔子认为，管仲看出周朝的统治已经衰微，不劝勉桓公辅佐王室，却鼓励桓公称霸天下。这样做显然不符合儒家的愿望，体现了儒法思想观念的区别。

管仲在齐国进行改革，注重法治，在《管子·任法》中认为：“圣君任法而不任智，任数而不任说，任公而不任私，任大道而不任小物，然后身佚而天下治。”即是说，圣君治理国家要依靠法治而不靠个人才智，根据数量标准而非说教，依据公道而不谋私利，掌握大政而不拘泥细节，这样就可以垂拱而治天下。“管仲重视数学的政策已经成为振兴齐国、一匡天下的政治总方针的组成部分”。[①]

管仲在《管子》中首次提出了“计数”的概念，在经济、军事、社会生活上他注重制定法律上的数量标准，按照规定严格进行管理，这是管仲治国成功的重要条件，即令对于今天管理学和科学史的研究者，《管子》也提供了最优秀的历史素材。

**2）管仲及其学派的思想集中于《管子》一书**

《管子》大约成书于战国时期，被认为是齐国管仲学派及后人托管子之名编写。今天所见版本为西汉刘向于公元前 26 年所编，原本 86 篇，其中 10 篇现仅存目录。从体例上看，可分为 8 类：“经言”9 篇，“外言”8 篇，“内言”7 篇，“短语”17 篇，“区言”5 篇，“杂篇”10 篇，“管子解”4 篇，“管子轻重”16 篇。从内容上看，有的可能是管仲遗说，有些记述据称是管仲言行，有的被认为是对管仲思想的发挥和发展，但无法断定皆出自管仲或其后人。从学派上看，含有儒、道、法、阴阳、名、兵、农诸家论述；故《汉书·艺文志》将其列为道家类，《隋书·经籍志》列入法家类。该书 16 万字，篇幅宏伟，思想丰富，但内容庞杂，说明不会仅是管子学派一家之言，应当是在较长时段内许多学者的集体创造。该书首先提倡法家路线：

夫法者，所以兴功惧暴也；律者，所以定分止争也；令者，所以令人知事也。法律政令者，吏民规矩绳墨也。夫矩不正，不可以求方；绳不信，不可以求直。法令者，君臣之所共立也；权势者，人主之所独守也。（《七臣七主第五十二》）

《牧民》《形势》等篇论述争霸谋略和政治路线，例如：

夫霸王之所始也，以人为本。本理则国固，本乱则国危。（《霸言第二十三》）

《侈靡》《治国》等篇论述社会生产和经济政策，例如：

凡治国之道，必先富民。民富则易治也，民贫则难治也。（《治国第四十八》）

《七法》《兵法》等篇讲述兵法，其中提出“计数”的概念；《宙合》《枢言》等篇谈哲学及阴阳五行等。

该书主张法礼并重，即一边加强法治，一边提倡道德教化。《管子》是研究管仲的法家思想、治国言论和行政事迹的重要典籍，是研究先秦学术文化思想的重要典籍，历代著述很多，有专文[②]、专著介绍[③]，有郭沫若《管子集校》等，出版了《管子学刊》，以及今人张固也的博士论文等。2008 年在管子的故里安徽省颍上县成立了“安徽省管子研究会”。

① 周瀚光. 略论先秦数学和诸子哲学. 复旦学报（哲学专辑），1981：124.

② 王德敏，孙开太.《管子》研究专著与论文目录索引. 管子学刊，1988（1）：88-96.

③ 耿振东. 管子研究史. 北京：学苑出版社，2011.

**3）《管子》中“计数”凡六现**

“计数，计算也。”①在《管子·七法第六》中论述，要做到治民、强兵、胜敌国，除具备形势、器械之外，须懂得“为兵之数”：

故曰：治民有器，为兵有数，胜敌国有理，正天下有分。（治民要有军备，用兵要有策略，战胜敌国要有道理，匡正天下要有纲领。）

这里，“为兵有数”之“数”当解作“策略”，在不同的地方，“数”字含有术、技、方法，知识、理论、规律，数量、计算、数学等含义。②接着，书中提出治国“七法”：则、象、法、化、决塞、心术、计数，其中第三法对“法”的解释是：

尺寸也，绳墨也，规矩也，衡石也，斗斛也，角量也，谓之法。

规矩准绳和度量衡这些数学测量仪器成为“法”的核心，变成最高准则、衡量是非的尺度、判断优劣的标准和进行赏罚的依据。第七法对“计数”的解释是：

刚柔也，轻重也，大小也，实虚也，远近也，多少也，谓之计数。

这在中国历史上是第一次对“计数”所作的明确定义，把硬度、重量、尺寸、密度、距离、数量等都归为“计数”的对象，也就是前一句“法”的内容，这两个定义其实是同一问题具体与抽象的两个侧面，由此可知“计数”在当时的外延与内涵，犹言“测量”“度量”和“计算”。在《七法》中还论述了“计数”的重要性：

不明于计数，而欲举大事，犹无舟楫而欲经于水险也。意即不了解计数而想要举办大事，就好比没有舟楫想渡过水险一样。

举事必成，不知计数不可。意即举办大事保证必成，不了解计数不行。

在《七法·选阵》中指出“计数”应用范围也应扩展到军事：

若夫曲制时举，不失天时，毋圹地利，其数多少，其要必出于计数。意即部队作战应不失天时、不废地利；军事数字的多少，其要点一定要根据计划。

这里的“计数”含有“计划”的意义。在《幼官第八》的叙述中包含如下数句有关内容：

间男女之畜，修乡闾之什伍，量委积之多寡，定府官之计数。养老弱而勿通，信利周而无私。意即要视察男女的生养数量，要整顿乡间的什伍编制，要计算物资贮备的增减，要核定各级官吏的数字，要养老恤弱而不可遗弃，要申明利害而不藏私心。

以上六段含有“计数”的引文，说明公元前7世纪管仲的重数政策构成依法治国的核心，阐述当时人们对“计数”内容的理解和应用的范围，表明其丰富的数学内涵和在国家管理中的重要性，确知“计数”是当时的学科门类，管仲是史上首位倡导数量化管理的政治家。

需要说明的是，当提到《管子》一书时，学界一般不认为其内容的确出自管仲，当然也不能完全排除它与管仲的联系。当笔者向裘锡圭先生请教时，他给笔者的信中写道：“《管子》虽托名春秋前期之管仲，一般认为系战国作品，《管子》之文似不宜直接看作管仲之言。”（2001年11月12日，北京大学古文献研究所）

---

① 中文大辞典编纂委员会. 中文大辞典：第30册. 计数. 台北：中国文化研究所，1968：434.

② 吴文俊. 中国数学史大系：第1卷. 管仲的重数政策. 北京：北京师范大学出版社，1998：211.

### 4.1.2 荀子、韩非子论“计数”

**1）荀况与《荀子》**

荀子名况，时人尊称荀卿，汉时称孙卿，战国后期赵国（今山西南部）人，儒学大师，著名思想家、教育家。荀况曾游学于齐，学问博大，三次担任齐首都临淄（今山东淄博市）“稷下学宫”之长“祭酒”。约公元前 264 年，应秦昭王聘，西游入秦。后返赵，与临武君议兵于赵孝成王前。后遭谗适楚，受楚春申君之用，为兰陵（今山东兰陵县）令。晚年从事教学和著述，著名法家政治家韩非、李斯，汉初政治家、数学家张苍皆为其弟子。

荀子继承儒家学说并多有阐发，汲取法家思想，注重法治、振兴经济，博采众长，给儒学带来新的风气。孟子创性善论，他主张性恶论，认为性善是礼乐教化的结果。儒家相信天命论，他主张天道自然，“天行有常”，“制天命而用之”，不同凡响。荀子重“礼”，关心民生，认为“水能载舟亦能覆舟”。他尊王道，也称霸力；崇礼义，又讲法治，“隆礼尊贤而王，重法爱民而霸”，儒法兼收并蓄，深谙帝王之术，在众儒之中，别具一格。

《荀子》是战国后期儒学不朽的经典，今存 32 篇，9 万多字，大部分为荀况所写。这部书高瞻远瞩，逻辑严谨，说理透彻，比喻生动，行文具有高屋建瓴的气势，说服力、感染力强，两千多年来对我国文化产生持续的影响。例如《劝学篇》脍炙人口，世代传诵。

《荀子》书在不同的语境中出现了“计数”，与《管子》对“计数”持完全支持态度不同，荀子表达了自己的理解：有的地方肯定，有的地方否定，需要进行具体的分析。

**2）《荀子》在 3 篇重要政论中 4 次出现“计数”**

（1）《荀子·王制第九》阐述对王者政治的看法，对工于算计、搜刮民财明确表示反对：

> 成侯、嗣公，聚敛计数之君也，未及取民也；子产，取民者也，未及为政也；管仲，为政者也，未及修礼也。故修礼者王，为政者强，取民者安，聚敛者亡。

译文：卫成侯、卫嗣公，是聚敛民财、精于计算的国君，但未能取得民心；子产，虽取得民心，没能理顺政事；管仲，虽擅长理政，却未及崇尚礼义。崇尚礼义者成就王业，擅长理政者能力强大，取得民心者长治久安，聚敛民财者招致灭亡。

解说：卫成侯，姬姓，名不逝，卫国第 39 任国君，前 371～前 343 年在位。卫嗣君，卫国第 41 任国君，前 334～前 293 年在位。荀子认为“计数”即精于算计，是达到“聚敛”的手段，批评卫成侯、卫嗣君搜刮民财的做法，最后均无好结果。卫嗣公运用计策达到敛财的目的，后人评说：“以嗣公为明察，此皆计数之类也。”计数用作计谋、计策之意。

（2）《荀子·富国第十》提出国家富强之道，发展经济的政治原则和方针策略，两次出现“计数”，提出判断官员“计数”是否合理，要看他的行为是否合于礼仪：

> 凡主相臣下百吏之俗，其于货财取与计数也，须孰尽察；其礼义节奏也，芒轫僈楛，是辱国已。……凡主相臣下百吏之属，其于货财取与计数也，宽饶简易，其于礼义节奏也，陵谨尽察，是荣国已。

译文：凡是君主、宰相、大臣和下属官吏此类人等，他们对于货物钱财收支的计算，谨慎仔细、极其苛察；他们对于礼义制度，茫然无知、漫不经心：这是有辱国家的。……凡是君主、宰相、大臣和下属官吏此类人等，他们对于货物钱财收支的计算，宽容大方、简略便易；他们对于礼义法度，严肃认真、一丝不苟：这就为国家增光了。

解说："计数，计算也。"荀子看不惯把"计数"当成严厉的检查手段，但是君上与百官在取与财货时，只要不斤斤计较、过分苛刻，只要简便易行，计数本身还是需要的。

（3）《荀子·君道第十二》论述为王之道，在本篇最后一段中，提出正确"计数"的要求：

> 材人：愿悫拘录，计数纤啬，而无敢遗丧，是官人使吏之材也。修饬端正，尊法敬分，而无倾侧之心，守职修业，不敢损益，可传世也，而不可使侵夺，是士大夫官师之材也。

译文：任用人才的原则：忠诚勤勉，计算查验时纤微必较、细心谨慎，而不敢遗漏，这种人是做一般官吏和差役的人才。修身养性、态度端正，尊重法律、敬畏上级，而无僭越悖离的念头；安守本职、遵循法律，不敢擅自增减，使其传于后世，而不让其受损被废，这种人是做士大夫和百官的人才。

解说：荀子认为，仔细计数、认真查验的能力，是一般官员和差役必须具备的。因此，荀子并不是一般笼统地反对计数。他认为行政人员行使这种技能时需要小心谨慎，关键在于态度。当然，这种技能在儒家看来属于较低的层次，非做大官者所为。

这里出现技术性与目的性的矛盾。荀子事实上提出了"计数"的技能要服从礼义的要求。

**3）《韩非子》用"计数"表示考虑利害得失**

韩非，生于战国末韩国国都郑城（今河南新郑郑韩故城遗址），中国古代杰出的思想家，法家思想集大成者，集儒、道、墨、法思想精华于一身。韩王之子，荀子的学生，李斯的同学。精于"刑名法术之学"，辅佐专制君主称霸天下，为秦王嬴政重用，助秦富国强兵，最终统一六国。李斯因嫉妒将他害死。韩非著有《韩非子》二十卷，共55篇，10万余字，绝大部分为他本人所作。

《韩非子》重点论述法、术、势相结合的法治理论。《韩非子·难一》之"难"（nàn），辩难，反驳前人成说，即今之驳论。该篇中提出：

> 君臣之际，非父子之亲也，计数之所出也。君有道，则臣尽力而奸不生；无道，则臣上塞主明而下成私。

译文：君臣之间的关系，不是像父子那样的亲属，而是出自考虑计算利害得失。君主治国之道正确，臣子就会尽力辅佐，奸邪也不会产生；君主无道，臣子就会对上蒙蔽君主视听而在暗地里牟取私利。

解说：韩非在此篇中批驳管仲"不爱其身，安能爱君？"的说法，指出这实际上是在为管仲不能为公子纠赴死的辩解。韩非洞察人情世故，阐明"君臣之际，非父子之亲也，计数之所出也。"言计数之缘由，出自对利害得失的考虑。

总之，我们从春秋至秦的文献中得知，"计数"作为法家治国的重要手段，受到诸位思想家的重视，这时尚未出现专门的数学著作，后人只能从政论文中窥见有关的凤毛麟角。从引文中看出，从春秋到秦代（以及汉中期），的确存在一个以精确计数进行社会管理的时代，它的是非得失，已经引起当时为政者、思想家和辩者的注意。

这时的“计数”犹言计量：长短、多少、轻重、远近等，以及利害、得失、损益等；另外，“计数”被视为精密的算计、苛刻的要求、聚敛的手段、谋划和计策等，含有贬义。

## 4.2 相关的专题:《墨经》中的算术和早期集合概念

在中国春秋战国百家争鸣的伟大时代，涌现出诸子百家如管仲、李耳、孔丘、墨翟、孟轲等，与古希腊时代的哲人毕达哥拉斯、苏格拉底、柏拉图、亚里士多德等，他们的思想照亮了东西方古代文明，直到今天，成为全人类珍贵的精神遗产。自然而然地，人们会比较两种文化来源的差别，会举出欧几里得、阿基米德等都是数学家、物理学家；而在中国，能够在数学、几何、力学、光学等方面有重要贡献的，首先是墨家学派的创始人墨翟。

本节叙述墨家的数学成就，有的内容或者与计数相关，或者在历史的发展中同计数平行发展，例如算术与早期的集合概念等，属于相关性问题。《墨经》数学重要特点是它的逻辑性、思辨性，在数学思想史上独树一帜。人们关注的是，在逻辑思维指导下一系列数学概念形成的特点，事实上已经出现早期的集合和极限思想，这对于考察离散向连续的转化提出了值得思考的早期范例。

### 4.2.1 墨子、墨家与《墨经》简介

**1）墨翟和墨家**

墨子名翟，春秋末战国初卓越的思想家、政治家，具有严谨科学思想的学者。对力学、光学、几何学有独到的观察与研究，在中国历史上是第一位有影响的科学家。

墨子确切生卒年代和出生地难以确定。[①]一种研究认为，周贞定王元年（前468年）墨子生于鲁或豫（山东滕州或河南鲁山）。父墨祺为技艺高超的工匠，祖先墨如为大禹之师。自幼随父母学艺有成，练就一身绝技，惠施曾赞之为“墨子大巧”。

少年时“墨子学儒者之业，受孔子之术，以为其礼烦扰而不说（悦），厚葬靡财而贫民，久服伤生而害事，故背周道而用夏政”（《淮南子·要略》）。即认为他倡导的礼节烦琐而不简易，葬礼丰厚耗费资财而使百姓贫困，长久服丧妨害健康有碍政事，遂背离孔学，改归禹道。少年出游郑国，西行至晋。战国初战乱连年，游历增长他的见识。过弱冠之年，墨子开始收徒讲学。他与弟子周游越、卫、楚、宋、莒、齐、鲁、郑诸国，终生力主“非攻”，宣扬“兼爱”，孟子说“墨翟之言盈天下”。周安王二十六年（前376年），墨子93岁去世。

墨家是战国显学，至汉代因独尊儒术而影响逐渐减弱。《史记》未给墨子立传，仅在《孟子荀卿列传》中附记24字：“盖墨翟宋之大夫，善守御，为节用。或曰并孔子时，或曰在其后。”墨子主张兼爱非攻，提倡勤劳节用，提出“尚贤”“尚同”的主张，认为“官无

① 墨子生卒年代今不可考，生活在前5世纪或前5世纪至前4世纪，一般认为墨子享有80岁以上高寿。

常贵，民无终贱”，注重艰苦实践，崇尚实验方法，“以绳墨自矫而备世之急”。他的思想代表了当时平民百姓和社会中层的愿望，广为流传。

墨子是墨家学派的创始人。他周游列国，仕宋为大夫，尝止鲁阳文君之攻郑，绌公输般以存宋，从齐出发十日十夜步行到楚都止楚攻宋，这些都成为历史上著名的典故。《韩非子·显学》说：“世之显学，儒墨也。儒之所至，孔丘也，墨之所至，墨翟也。”墨子是与老子、孔子并称的哲学家，直到秦始皇统一六国之前，墨家作为显学保持着它的影响。

墨家学派具有坚强的组织和严格的纪律，有并非世袭的领导者“巨子”相传的制度。①墨家学者义重如山，大公无私，勇敢无畏，所谓“赴汤蹈刃，死不旋踵”（陆贾《新语》），勤生薄死以赴天下之急，的确与儒家学者具有完全不同的作风。墨子去世后，墨家分为三派，南墨北墨，俱诵《墨子》，沸沸扬扬，盛极一时。

**2）《墨子》和《墨经》**

《墨子》凡十五卷，旧本题墨翟撰。《汉书·艺文志》著录《墨子》71 篇，宋以来只存 53 篇。其中第四十至四十三《经上》《经下》《经说上》《经说下》4 篇总称《墨经》，“经说”是对经文的注解。另外，第四十四、四十五《大取》《小取》两篇讨论名辩之学，与《墨经》性质相近，这 6 篇又称为《墨辩》。

《墨经》4 篇为墨翟自著，或说为其弟子笔记整理而成，一般认为经上下 1920 字属于墨子思想，经说上下3740字则出自后世墨者手笔。修成时间，大约在公元前400年～前 240 年间。

按照《墨经》的体例，《经上》100 条，《经下》82 条，《经说上》《经说下》与之每条相对应（但少 10 条），总共 5660 字。《墨经》原是写在竹简上的著作，由于年代久远，传本错简及误抄之处不少，加以文辞简古、意义深奥，在古籍中是一部难读、难解的书。但是，它的内容包含哲学、政法、经济、教育、辩学、逻辑、数学、物理等，还有与名家争鸣的见解，仅就科学思想而言，与近代的某些观点不无切合之处，以较大篇幅，精辟论述自然科学的诸多道理，在先秦古籍中，《墨经》当首屈一指。

《墨经》吸引了许多学者进行研究。如孙诒让《墨子闲诂》，梁启超《墨经校释》，谭戒甫《墨辩发微》②（本节以下经文编号依据该书编号）《墨经分类译注》，高亨《墨经校诠》，任继愈《墨子》，詹剑锋《墨子的哲学与科学》，方孝博《墨经中的数学和物理学》，以及钱临照、曾昭安的有关论文。

本节对原著的选编、排序和解说均从数学观点出发，原系面向研究生的教材，主要参考谭、詹、方、曾诸家说，但区别较为明显，故不一一注明出处。原校改文字写在括号内。

### 4.2.2　《墨经》中的算术和几何知识*

【经下 59】一少于二而多于五，说在建住（位）。

【经说下】一：五，有一焉；一，有五焉；十，二焉。

① 郭沫若. 青铜时代. 北京：人民出版社，1954：225.
② 谭戒甫. 墨辩发微. 北京：中华书局，1964.
* 罗见今.《墨经》中的数学. 九江师专学报（自然科学版），1988，34（2）：58-65.

译文：一比二少而比五多，要看这枚算筹立在哪个位置上。个位上的五中是有一的；十位上的一中却有五：即十中有两个五。解说：本条阐明筹算的十进位值制。

【经上60】倍，为二也。

【经说上】倍，二尺与尺，但去一。

译文：所谓“倍”是自身乘以二。例如所得的二尺反求自身，只要减去一尺即可。

解说：阐明乘法与加减法的关系。

【经上52】平，同高也。

【经说上】□，谓台执者也，若兄弟。

释文：所谓两直线相平，就是两直线间的高都相等。就像身材相同的两兄弟所抬的物体与地面相平一样。解说：本条亦可理解为两平面平行的条件。

【经上53】同长，以击（正）相尽也。（亦可读作：同，长以击相尽也。）

【经说上】同：楗与狂（框）之同长也。

释文：所谓两物同长，就是两物之长正好相齐。就像拒门的直木与门框的高相等一样。

解说：据《说文》，门闩横者曰关，纵者曰楗。本条给出两线段相等的定义。

【经上54】中，同长也。

【经说上】中：心。自是往相若也。（经说亦作　心：中。自是往相若也。）

译文：所谓线段的中点，就是到两端长度相同的一点。它是线段的中心，从这一点往两端距离相等。解说：本条亦可理解为对称中心。

【经上58】圜，一中同长也。

【经说上】圜：规写支（交）也。

译文：所谓圜，就是到唯一的中心距离都相等的图形。圜是用规画出的、始终两点相交的图形。解说：本条所给圆的定义与今天的定义：到定点距离为定值的点的轨迹（或集合）等价。为与上条区别，指明用圆规作出的是这种特定的封闭曲线。

【大取】小圜之圜与大圜之圜相同……

解说：“大取”此条与上条相呼应，是说圆径不论大小，作出的小圆或大圆都满足上条的定义，或它们都是相似的。

【经上59】方，柱隅四讙（权）也。

【经说上】方：矩见（写）支（交）也。

译文：所谓方，就是边和角皆四正之形。方是用矩画出来的、始终两点相交的图形。

解说：方形的四边即四柱，四角即四隅，“讙”是权（權）的假借字，作“正”解。四边相等、四角相等即为四正之形。

经上58、59两条是针对名家的断语“矩不方，规不可以为圆”所作的驳论。

【经上55】厚，有所大也。

【经说上】厚：惟无所大。

译文：所谓体积的厚度，必然有一定大的面积存在。但只说厚度时，则不论及这个面积。

解说：原文较费解，各家注释出入较大。这里的译文顺着原文文意，认为经与经说并不矛盾。《墨经》将厚或高抽象出来，论述了它在体积中与面积相依存又相独立的关系，说明《墨经》几何已经从二维平面扩展到三维空间。

【经上65】盈，莫不有也。

【经说上】盈：无盈无厚。

译文：所谓物体的容积，充满了该物所涵的空间。如果没有了容积，也就没有了体积。

解说：本条从物体内容空间阐发容积与体积的关系。承上条，厚度既以面积的存在为前提，则厚也就可以看成体积。容积和体积是从不同的角度来看物体，这里强调的是它的内涵。经说在"无盈无厚"后有"于尺无所往而不得，得二"，为错简，不属本条，否则难以确解。

【经上67】撄，相得也。

【经说上】撄：尺与尺俱不尽，端与端但（俱）尽。尺与端，或尽或不尽。坚白之撄相尽，体撄不相尽。

译文：所谓"撄"，就是互相吻合为一。直线与直线相交，彼此都不能包含；点与点相叠，彼此恰能合一。点与直线相接，点合于线，但直线却不能被占满。石质之坚与石色之白能合于一体，而两个质体却不能复合为一。解说："撄"，动词，原意为逼近、接触，这里作相交、重合、复合。在经文中是作为名词来定义的，"坚白之撄"的"撄"也是名词，意思是该动作的一个结果：合二为一。"尺与尺俱不尽"不应解作长短不等的两条线段重合，因那样做的结果是"或尽或不尽"，不是"俱不尽"，所以解作两直线相交为妥。名家公孙龙在《坚白论》中认为坚白这两种特性不能并存于同一石中，《墨经》在本条中顺便予以驳斥。本条讨论点、线、体相互位置关系的一些方面，如相交、重合、复合、包含等，与上条内容相关而又有发挥。

【经上68】似（仳），有以相撄，有不相撄也。

【经说上】仳：两有端而后可。

译文：同类图形相比，有的互相重合，有的不相重合。图形相比，须各有起止端后才能进行。解说："仳"即比较。经下有句"异类不仳"，是说比较应在同类图形中进行；另外它们须是有限的，无限大的图形无法相比。本条进一步阐发两形全等、不全等及相比的条件。

【经上69】次，无间而不撄（相）撄也。

【经说上】次：无厚而后可。

译文：同类图形叠合相比时所谓"次"者，本身没有区域不被占满，两者却不能重合为一。叠合比大小，须在平面上才能进行。解说：本条原文较为费解，各家注释出入较大。"次"从欠，偏旁的"冫"从"冫"不从"二"，《说文》："次，不前不精也。"段玉裁注："'前'当作'歬'，不歬不精，皆居次之义。"本条承上两条，利用"仳"和"撄"的概念，讨论平面图形面积大小的问题，提出用叠合法作为判别法，注意使所比图形没有任何部分处在另一图形边界之外，如果不能重合为一，就可以确定面积居次者。由于经上67没有涉及平面图形，本条则详加讨论。关于"无间"的含义，可参考下文经上62、63。

### 4.2.3 《墨经》中的集合与区间概念

【经上 2】体，分于兼也。

【经说上】体：若二之一，尺之端也。

译文：作为部分的“体”是从作为集合的“兼”中划分出来的。这种部分的例子，如两个中的任一个，又如直线中的任意点。解说：本条通常解为部分与整体的关系。然而须注意到它的两例，“二之一”不确指二中的哪一个，“尺之端”也不确指线中的哪一点，甚至不确定只有一点。如果把线看成整体，据当时的知识，点或一些点作为部分就变得特殊而且可疑：因无长度，经上 61 和经下 60 已阐述得十分清楚。而当时还没有将无穷多点积分成线段的概念，即点或一些点不能凑成线段，得到部分不能合成整体的结论，即体分于兼而不能合于兼，则有自相矛盾之虞，也与下条相左，似非原著本意。我们认为，“兼”可以解作“集”。“兼”的原意是并、合、累积，并无完整、整体之意。而“集”的象形字意指群鸟在木上，引申为聚、合、会，数学名词“集合”即用此意。本条所举两例“二”与“尺”，恰可视为有限集合和无限集合；而其中的部分“一”和“端”，又恰可视为元素或子集，即令今天讲这两类集合时举出这两个例子，也是恰当的。

【经上 45】损，偏去也。

【经说上】损：偏也者，兼之体也。其体或去或存，谓之存者损。

译文：所谓集合有缺损，是从集合中去掉“偏”形成的。所谓“偏”，就是集合中的部分。集合中的部分或者去掉，或者存留；对于存留的部分而言，就叫作“损”。

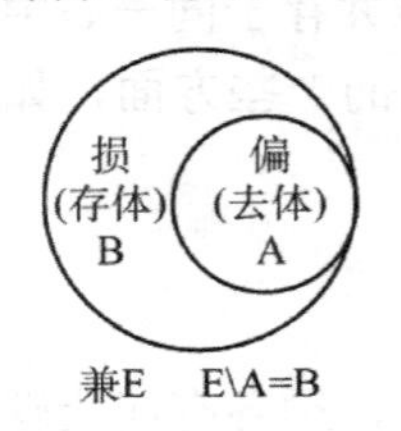

图 4-1 《墨经》集合

解说：本条利用集合“兼”与子集“体”的基本概念进一步定义“损”与“偏”（图 4-1）。“偏”是被减去的子集即“去体”，记作 A，“损”是减后所余的子集“存体”，记作 B；这时原集合“兼”被赋予全集的意义，记作 E。于是本条所论豁然贯通，完全不是在那里做概念游戏，而是进行了一种有重要意义的集合运算：$E \setminus A=B$。比较今天的集合论有关论证方式，它们是多么相似！译文中未将“体”释作子集，因上条例二将点作“体”解，可认为亦是元素，译成部分，与两者不矛盾。

【经上 62】有间，中也。

【经说上】有闻（间）：谓夹之者也。

译文：所谓“有间”，就是被限定的中域。该域指包括边界的“夹之者”。

解说：本条的“中”与经上 54、58 条的“中”意义不同，这里指的是线的区间或面的区域。“域”（非群环域之域）在这里作“界”讲，对一维、二维的边界均可用，例如值域指的就是某区间。译文里的“中域”兼有中段、中区两意。据下条“尺……不夹于端与区内”说明端是“夹之者”，只是边界，并无体积，因此将“夹之者”视作有体积或宽度似与原著立意相悖。今人可将“有间”“夹之者”视为闭集；据经上 64 条，它亦是真集。

【经上 63】间，不及旁也。

【经说上】闻（间）：谓夹者也。尺前于区穴而后于端，不夹于端与区内。及（不）

及，非齐之及也。

译文：所谓“间”，就是不涉及边界的中域。该域指的是不包括边界的“夹者”。线作为周界处在所夹区域的前沿，而作为被夹者又处在区间始端的后面，但它不会作为被夹者处在端点与区域这两类边界的中间，所谓“不及”，就是达到了（边界）但没有包含（边界）的“非齐不及”。

解说：“夹者”即所夹者或被夹者。“夹”指限定，未必单从一个方面来限定。上条“夹之者”原指边界，添入“夹者”即为“有间”。两条对举，严格定义了“间”与“夹者”，可视为开集。“尺前于……区内”句解说较多，如点线面三者线排在面的前边、而排在点的后边，或点动成线、线动成面；或集点成线、集线成面之类，《墨经》原来有无这些命题姑且不论，即令从文意上推敲同本条所论关涉也不大。这些解释与“夹”无关，应将全句作统一考虑：尺夹于区之前而夹于端之后，不夹于端与区内，则所论豁然贯通。“区穴”一解作“区内”，指平面区域，作为整体（而非其中之一点）显然不能成为线段的边界。

末句“及及，非齐之及也”，诸家解释也不一致，一说读作“及，乃非齐之及也”，当成“及，不是齐等之义”[①]；一说读作“及及（尺尺）非齐之，及也”，解成“言线非平行即相交”。[②]对照原文，前者恐于理欠通，后者亦有迂远之嫌。我们认为“及及”系“不及”传抄之误，本来是为经上“间，不及旁也”中的“不及”作注，“不”字也同下文“非”字相呼应。所谓“及”，指连界的“齐之及”。所谓“齐”，应是与边齐并包含边界的。《墨经》在这里解释了“不及旁”就是可以达到边界但不包括边界，全条文意浑然一体，无懈可击，可以看作是对开集“间”的阐述。

【经上 64】纑，间虚也。

【经说上】纑：虚也者，两木之间，谓其无木者也。

译文：所谓“纑”，就是空虚的中域。所谓空虚，如两木的中间，指的是无木的区域。

解说：“纑”原意为麻缕，何以在此作“间虚”解，众说纷纭。一说，当作“栌”，即斗拱，柱顶上承托栋梁的方木，由于下文接着举“两木”的例子，两栌之间无木，即间虚。这样解释较平顺。本条中将中空的区域定义为“纑”，可以看作是集合论中的空集，与它相对应的“间”，自然就是真集了。应当指出，“间”不是空隙[③]，而是区域，有物时称作“间”，无物时称作“间虚”或“纑”。原文“纑，间虚也”，明明说纑为间中之虚者，所以方孝博称“纑不能叫作间”显然与原文相抵牾。另外，“间”与作为边界的“夹之者”之间不应当有空隙，即不应相离[④]，由于“非齐之及”实际上还是“及”，只不过不包括边界罢了。如果“夹者”与边界间有了空隙，那么就成“间虚”了，于是定义“间”和“有间”又以“间虚”为前提，造成定义概念的恶性循环，为逻辑学中之大忌。所以在“夹者”与边界间插入空隙不可取，亦非《墨经》本意。

以上三条，纵横论说，一气呵成，诚如曾昭安所评：“西人的集论在 19 世纪后期康托

① 谭戒甫. 墨经分类译注. 北京：中华书局，1981：46.
② 高亨. 墨经校注. 北京：科学出版社，1958：68.
③ 方孝博. 墨经中的数学和物理学. 北京：中国社会科学出版社，1983：13-14. 第 13 页称“间犹言空隙”.
④ 谭戒甫. 墨经分类译注. 北京：中华书局，1981：13.

尔方才发现，我国人两千多年前已有那种思想，可见其严正缜密达到怎样的惊人程度！”①

### 4.2.4 《墨经》有关无穷和极限的概念*

《墨经》关于有穷、无穷、无穷大、无穷分割和极限的早期概念散见于自然哲学、数学、伦理等学科的条目之中。

【经上 41】穷，或有前不容尺也。

【经说上】穷：或不容尺，有穷；莫不容尺，无穷。

译文：所谓“穷”，就是当用尺去度量区域时所遇到的“前不容尺”的情况。这时连一尺也容不下了，就叫作“有穷”；不论怎样度量总遇不到这种情况时，就叫作“无穷”。

解说：“或”即“域”。尺在本条中作单位长度解，不作直线解，因直线长度无穷，把“前不容尺”当成“前不容线”则讲不通。度量空间之所以遇到“前不容尺”的情况，就是因为遇到了边界。该域有界，自然有穷；该域无界，而且是在任意方向上均无界，自然无穷。本条实质上是以能否进行无限次度量作为判定有穷与无穷的标准的。

【经上 43】始，当时也。

【经说上】始：时，或有久，或无久。始当无久。

译文：所谓“始”，正好对应着时间的某一瞬。时间或者是永恒的延续，或者是没有延续的一瞬。“始”正对应着没有延续的一瞬。

解说：上条讲空间的有穷与无穷，本条论时间的短暂与永恒。“始”是计算时间的起点，本身并不占有时间。“久”表示时间的延续，据经上 39 条：“久，弥（包括）异时也。久：合古今旦莫（暮）”，既合古今，又包括不同时刻，故为永恒的延续，即时间的无穷。又据经说下 63 条：“久，有穷无穷”，表示时间的延续既可以是有界的，又可以是无界的。

【经下 73】无穷不害兼，说在盈否。

【经说下】无：“南者有穷则可尽，无穷则不可尽；有穷、无穷不可智，则可尽不可尽亦未可智；人之盈之否未可智，而必人之可尽、不可尽亦未可智。而必人之可尽爱也，悖。”人若不盈无穷，则人有穷也；尽有穷，无难。则无穷尽也；尽有（无）穷，无难。

译文：关于无穷的理论和关于兼爱的主张并不矛盾，因为人类能否住满天下兼爱说都对。有人说：“南方有穷就可以无所不至，无穷就不能够无所不至；现在连南方有穷、无穷还不知道，那么能不能够无所不至就无法得知；人类能否住满南方还不知道，那么人的总数是否一定能数尽也就不能得知。于是，一定要遍爱天下人类的说法就荒谬了。”其实，人类如果不能住满无穷的天下，那么人类的总数是有穷的；数尽有穷的数目，一点困难也没有。人类如果住满了无穷的天下，那么无穷多的人数也是可以数尽的；数尽无穷多数目没有什么困难。

解说：所谓“兼”，即兼爱，与经上 2 的“兼”不同义，它是遍及的意思。“盈”即充满。“智”通“知”。古人认为南方是无穷的，但辩者认为也可以有穷。本条系“难者

---

① 方孝博. 墨经中的数学和物理学. 北京：中国社会科学出版社，1983：13-14.

* 罗见今.《墨经》中的数学//吴文俊. 中国数学史大系：第 1 卷. 北京：北京师范大学出版社，1998：227-243.

诘墨家之辞”和“墨家答难者之辞”。诘难者提出“无穷则不可以尽”，与辩者的“尺棰”命题对无穷的理解均属于潜无穷大，由此可知，这段堂皇的议论可能出自名家，本条即为名墨之辩。《墨经》用一个二难推理来反驳难者①：不论人类能否住满无穷的天下，人类总数都是可以尽数的，因而兼爱天下人是不难做到的。这里，《墨经》提出了实无穷的概念，无穷可尽。墨家以无穷可尽驳难者无穷不可尽，所谓“尽”，对空间而言就是无所不至，对数目而言就是凡数都能数到。但本条却未讲该怎么去数无穷多数目，于是，名家又提出诘难。

【经下 74】不知其数而知其尽也，说在明（问）者。

【经说下】不：“二（不）智其数，恶智爱民之尽文（之）也？或者遗乎？”其问也，尽问人，则尽爱其所问。若不智其数而智爱之尽文（之）也，无难。

译文：不知道人类的确切数目，却知道所有的人都被数到，由于使用了问一个数一个的方法。那人又问：“你不知道人类的确切数目，你怎么能知道爱遍天下的百姓呢？要是有遗漏，你怎能知道呢？”其实，你问一个人，就数一个人，一个个问下去，直到所有的人。即令不知道确切数目，但是知道所爱已是所有的人，这是没有什么困难的。

解说：承上条，难者提出了两个尖锐的问题，从今天来看就是如何认识无穷大，它与有限数有何差别，以及怎样达到无穷大。墨家认为无穷多的数目不像有限数那样可以确知，但是只要能把它们排成一个序列依次去数，纵有无穷多也可以数尽，只要掌握了这种方法，就达到了无穷大。今天在数学和逻辑学中为证明公理化命题演算系统的广义完全性所应用的正是这种方法（见孙中原等：《墨经》的无穷说）。墨家在论辩中闪耀的思想光辉同现代方法的一致性不能认为仅属巧合。当从集合论的观点来考虑时，本条所假设的无穷多人的集合属于可数集或可列集，能否排序是能否可列的必要充分条件，而自然数集正是满足这一条件的。

【经上 61】端，体之无序而最前者也。

【经说上】端：是无同也。

译文：所谓“端”，就是物体中不能排成序列的点中最前面的一点。物体中任一点与此点都不相同。解说：本条有多种解释。一说，“序”字为“厚”字之误，已知厚作大小解，于是“端”即为单纯的几何点。一说，“同”字为“间”字之误。我们认为原文无误，“无序”与“最前”也不矛盾。这里的“序”，可理解为排成一列的意思，人是可以排成一列一个一个去数的，而“体”中的点却不能排成一列一个一个去数，这叫作无序。体积、面积或线段是包含点的“体”，虽不能排成序列，但必有这样的一点，例如线段的端点，处在最前、起始或边界的位置，任一点的位置都不与它相重。

【经下 60】非半弗新则不动。

【经说下】非：新半：进前取也，前则中无为半，犹端也；前后取，则端中也。新必半；毋与非半，不可新也。

译文：线段无穷半分终极时则达于确定位置，即是端点。取半法：不断进前取半，前边终究会出现无半可取，即是达到了端点；不断前后取半，终极则达于线段中点。每次都一定要取半，不要取到非中点处，否则就不能用取半法了。

---

① 孙中原，栾建平.《墨经》的无穷说. 中国哲学史研究，1987（1）：41-43.

解说：“斮”，破斫、分割。“斮半”，分割一半，取半或弃半，即半分，亦取中。“非半弗斮”即“斮必半”，又有每斮必半之意。“不动”指半分的无限过程凝聚于确定的一点。“端中”犹言端之中者，即线段中点。墨子针对“一尺之棰，日取其半，万世不竭”的论断，提出：不断进前取半，前边终究会出现无半可取，即是达到了端点，即极限可及的观点。

进前取中与前后取中两法如图4-2所示。进前取每次所达中点用 $A_n$（$n$=1，2，…）表示，前后取每次所达中点用 $B_n$（$n$=1，2，…）表示。图上如果把 MN 看作［0，1］区间，用数字来表示 $A_n$，$B_n$ 的准确位置，可得无穷级数：

$$\{A_n\}：=\frac{1}{2},\frac{3}{4},\frac{7}{8},\frac{15}{16},\frac{31}{32},\cdots,\frac{2^n-1}{2^n},\cdots$$

$$\{B_n\}：=\frac{1}{4},\frac{3}{4},\frac{3}{8},\frac{5}{8},\frac{7}{16},\frac{9}{16},\cdots,\frac{2^n-1}{2^{n+1}},\frac{2^n+1}{2^{n+1}},\cdots$$

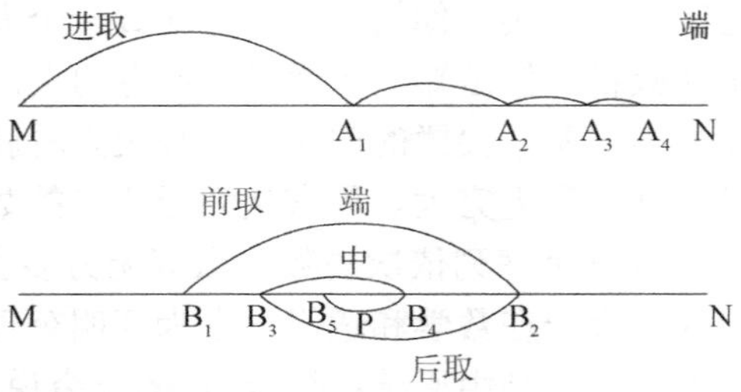

进取　端
M　$A_1$　$A_2$　$A_3$　$A_4$　N
前取　端
中
M　$B_1$　$B_3$　$B_5$　P　$B_4$　$B_2$　N
后取

图4-2　《墨经》用两种取半法达于极限“端”的示意图

由极限理论易知：$\lim\limits_{n\to\infty}\frac{2^n-1}{2^n}=1$　及　$\lim\limits_{n\to\infty}\frac{2^n-1}{2^{n+1}}=\lim\limits_{n\to\infty}\frac{2^n+1}{2^{n+1}}=\frac{1}{2}$。

这就是说，进前取中法达到的极限是位置在1处的端点N，前后取中法从左右两个方向达到的极限是位置在1/2处的“端中”P。从原文看，这种解释应当和墨子思想最接近。

## 结语

在诸子百家之中，墨子和他的学派既有明确的社会理想，又有坚定的行为准则；既具有广泛的科学素养，又具有高超的技术能力，墨翟是中国古代第一位大科学家和技术专家。

特别应当提出的是，《墨经》逻辑开创中国形式逻辑之先河①，成为世界三大逻辑源流之一。墨子以其精密审慎的思维，在概念、定义和推理方式等方面，体现出论证逻辑的诸多特征。《墨经》数学受到《墨经》逻辑的重大影响。②③同时，《墨经》数学的一些段落保留着与名家等辩论的痕迹，这些都极大丰富了《墨经》数学的内涵。

---

① 沈有鼎. 墨经逻辑学. 北京：中国社会科学出版社，1982：前言.

② 梅荣照.《墨经》的逻辑学与数学//薄树人. 中国传统科技文化探胜——纪念科技史学家严敦杰先生. 北京：科学出版社，1992：99-116.

③ 燕学敏. 试论《墨经》数学的逻辑学基础. 呼和浩特：内蒙古师范大学，2003.

## 4.3　清华大学藏战国竹简《算表》

据不完全统计，中国 20 世纪百年间有简牍发现 152 项[①]，总数超过 23.2 万枚。其中战国时楚国简发现 29 项，占 19%；共 4.3 万枚，占总数的 18.5%。此外，海内外公私各界还有不少收藏，未能计入。在 21 世纪披露的战国时代楚简中，一项引人注目的发现是清华简。

《清华大学藏战国竹简》（简称"清华简"）是 2008 年 7 月入藏清华的一批楚简，长 10～46 厘米，宽 7～12 厘米，有字简 2388 支（含残片）。由清华校友捐赠，自香港抢救回归。清华大学出土文献研究与保护中心专业团队整理出 65 篇文献，内容多为经、史典籍。李学勤先生认为：这批竹简的年代大概在公元前三四世纪，也就是战国中期，这是没有疑问的。经 C-14 测定，年代约在前 305±30 年。这批竹简出土的地域，据裘锡圭先生推断，应当在古时楚地核心区域，大概是湖北湖南一带。这批简计划出 15 辑。2010 年《清华大学藏战国竹简（壹）》出版，该书所收 9 篇中，《尹至》等前 8 篇都属于《尚书》或类似《尚书》的文献；末篇为《楚居》。在第四辑中，发现了世界上第一个百以内乘法《算表》。

本节从网上公布材料中选取相关内容，除几种基本资料和文献外，不一一注明出处。

本节将认识战国竹简《算表》，了解数学史家的分析，讨论该算表的计算功能。

### 4.3.1　《清华大学藏战国竹简（肆）》算表的发现

2013 年，《清华大学藏战国竹简（肆）》（图 4-3）出版[②]，2014 年召开成果发布会。

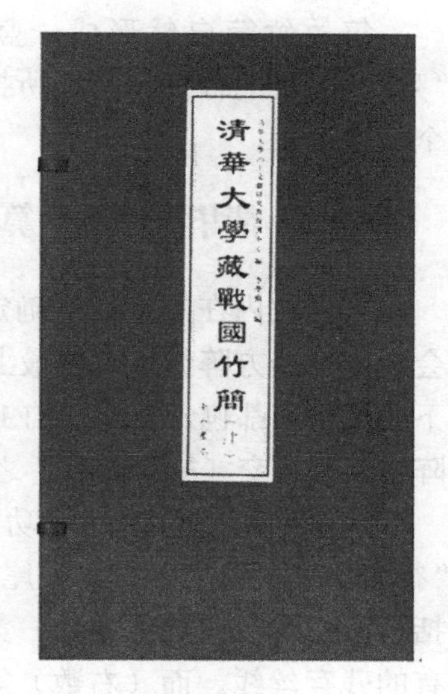

图 4-3　清华简（肆）封面

第四辑《筮法》记载了楚国盛行而不同于《周易》的一种占筮的原理和方法，列举大量数字卦；还有将八卦绘于八方的卦位图，为史上最早之《易》图；在《别卦》中记载了六十四卦卦名，这些对于研究易卦数理，具有很高史料价值。第四辑还包括了一篇题作《算表》的文献，数学史专家认为是目前发现最早的实用算具，计算功能超过以往所知的九九表。《算表》利用乘法交换律原理，能够快速计算 100 以内的两个任意整数的乘积，还能够计算包含特殊分数"半"的两位数乘法。

郭书春指出："《算表》是目前所见到的中国最早的数学文献实物，在当时世界范围内也是相当先进的，是中国数学史乃至世界数学史上的一项重大发现。"2013 年出版的《清华大学藏战国竹简（肆）》中有 21 枚是约 2300 年前的十进制乘法表，在世界数学史、先秦数学史中都是非常重要的发现，弥

① 斯琴毕力格，关守义，罗见今. 简牍发现百年与科学史研究. 中国科技史杂志，2007，28（4）：468-479.

② 清华大学出土文献研究与保护中心. 清华大学藏战国竹简（肆）. 上海：中西书局，2013.

足珍贵。

这个算表的发现过程具有典型的意义。考古学家李均明先生表示：这些出土简牍刚拿到手时编绳朽坏，无序混杂在一起，“一些竹简破损，一些已经丢失。”重新对竹简进行排序整理就如同做智力拼图游戏。简牍研究首先必须把所有的竹简清理出来，反复进行释读，将古体字、借代字、异体字等予以分辨，厘清其基本意义，再按顺序正确排号，是一件非常艰苦、需有大量专业知识和经验的基础工作。数学史家冯立昇指出：在这批竹简中有 21 枚竹简只包含了以中国古文字体书写而成数字，较容易从其他简中分辨出来。

这 21 枚战国晚期竹简形制相同，比其他简宽，正面绘朱色栏线，其中 20 枚按一定规律书写数字，无数字的一支简上有 20 个圆孔及丝带残留物。

按照竹简编册的一般做法，易于将 21 支简编联成册，自然形成一数字方阵。经研究，该方阵用于计算，不单纯是一个数表，所以被命名为《算表》。传世古籍和出土文献中均未见过这样的算表，因而引起考古学者、文史学者和数学史工作者的重视。在大量出土的简牍文物中，数学史料犹如凤毛麟角，这一算表的发现是战国数学领域的大事，对中国数学史的研究推向先秦时代具有重要意义；“这是古代一种实用的计算器”（李均明语），对了解 2300 年前我国先人如何通过乘法计数是一可见可用、具体而确切的教学实物。

该组简上数字的写法均为楚体隶书。除 1～9，10～90，以及相互之间的乘积均为整数外，还出现了以单个文字表示的分数，李学勤先生考证，“肕”为 1/2，和“半”字的作用一样；“釪”为 1/4，可独立使用。

每枚竹简自然形成一竖“行”数字，21 枚同样长的简在同样高度就构成一横“列”，古代的行列与现在所指称的相反。因此，这 21 枚竹简就构成表格元素具备的一个数学用表。

### 4.3.2 清华战国竹简算表的构造、解读和应用

需要按内在的序关系确定这一数据表。如上所述，当竹简以合适的顺序排列时，就会形成一个方阵结构。从最上端一横“列”和最右边一纵“行”，按照从右到左，从上到下的顺序，都包含着同样的 19 个数字：1/2，1～9，10～90；就像一个现代乘法表，在方阵中纵横相交（横平竖直）之交点的数值，便是相对应行和列数字的乘积（表 4-1）。

这个表可以分为三个功能区：第一，乘数和被乘数，处在表的最上“列”和最右“行”，19 个数字之中，末尾一数均为 1/2，因而此表不单纯是正整数的乘法运算，还包括了分数与正整数的乘法。第二，写数字的 20 枚简上第 2 栏均为空格，其中钻有小孔，有的残存丝线。而（右数）第 2 枚简上钻有 20 个小洞。这是古人为计算准确，避免看错行，在此穿线，两线横竖相交，交点处之数，即为所求乘积。第三，两个百以内的整数相乘所得乘积，在表 4-1 中，以该表的对角线为轴，这些乘积均衡地分列两旁，其中颜色较深的三角形区域，就是一个九九乘法表；而表 4-1 的左纵“行”和下横“列”，构成半分的结果，也应当属于乘积表的一部分，这是该表特异之处。

表 4-1　《清华大学藏战国竹简（肆）》（公元前 305±30 年）十进制乘法表的现代翻译

| 1/2 | 1 | 2 | 3 | (4) | (5) | 6 | 7 | 8 | 9 | 10 | 20 | (30) | 40 | 50 | 60 | 70 | 80 | 90 | | |
|---|---|---|---|---|---|---|---|---|---|---|---|---|---|---|---|---|---|---|---|---|
| · | · | · | · | · | · | · | · | · | · | · | · | · | · | · | · | · | · | · | | · |
| 45 | 90 | 180 | 270 | (360) | (450) | 540 | 630 | 720 | 810 | 900 | 1800 | 2700 | 3600 | 4500 | 5400 | 6300 | 7200 | 8100 | · | 90 |
| 40 | 80 | 160 | 240 | (320) | (400) | 480 | 560 | 640 | 720 | 800 | 1600 | 2400 | 3200 | 4000 | 4800 | 5600 | 6400 | 7200 | · | 80 |
| 35 | 70 | 140 | 210 | 280 | 350 | 420 | 490 | 560 | 630 | 700 | 1400 | 2100 | 2800 | 3500 | 4200 | 4900 | 5600 | 6300 | · | 70 |
| 30 | 60 | 120 | 180 | 240 | 300 | 360 | 420 | 480 | 540 | 600 | 1200 | 1800 | 2400 | 3000 | 3600 | 4200 | 4800 | 5400 | · | 60 |
| 25 | 50 | 100 | 150 | 200 | 250 | 300 | 350 | 400 | 450 | 500 | 1000 | 1500 | 2000 | 2500 | 3000 | 3500 | 4000 | 4500 | · | 50 |
| 20 | 40 | 80 | 120 | 160 | 200 | 240 | 280 | 320 | 360 | 400 | 800 | 1200 | 1600 | 2000 | 2400 | 2800 | 3200 | 3600 | · | 40 |
| 15 | 30 | 60 | 90 | 120 | 150 | 180 | 210 | 240 | 270 | 300 | 600 | 900 | 1200 | 1500 | 1800 | 2100 | 2400 | 2700 | · | 30 |
| 10 | 20 | 40 | 60 | 80 | 100 | 120 | 140 | 160 | 180 | 200 | 400 | 600 | 800 | 1000 | 1200 | 1400 | 1600 | 1800 | · | 20 |
| 5 | 10 | 20 | 30 | 40 | 50 | 60 | 70 | 80 | 90 | 100 | 200 | 300 | 400 | 500 | 600 | 700 | 800 | 900 | · | 10 |
| $4\frac{1}{2}$ | 9 | 18 | 27 | 36 | 45 | 54 | 63 | 72 | 81 | 90 | 180 | 270 | 360 | 450 | 540 | 630 | 720 | 810 | · | 9 |
| 4 | 8 | 16 | 24 | 32 | 40 | 48 | 56 | 64 | 72 | 80 | 160 | 240 | 320 | 400 | 480 | 560 | 640 | 720 | · | 8 |
| $3\frac{1}{2}$ | 7 | 14 | 21 | 28 | 35 | 42 | 49 | 56 | 63 | 70 | 140 | 210 | 280 | 350 | 420 | 490 | 560 | 630 | · | 7 |
| 3 | 6 | 12 | 18 | 24 | 30 | 36 | 42 | 48 | 54 | 60 | 120 | 180 | 240 | 300 | 360 | 420 | 480 | 540 | · | 6 |
| $2\frac{1}{2}$ | 5 | 10 | 15 | 20 | 25 | 30 | 35 | 40 | 45 | 50 | 100 | 150 | 200 | 250 | 300 | 350 | 400 | 450 | · | 5 |
| 2 | 4 | 8 | 12 | 16 | 20 | 24 | 28 | 32 | 36 | 40 | 80 | 120 | 160 | 200 | 240 | 280 | 320 | 360 | · | 4 |
| $1\frac{1}{2}$ | 3 | 6 | 9 | 12 | 15 | 18 | 21 | 24 | 27 | 30 | 60 | 90 | 120 | 150 | 180 | 210 | 240 | 270 | · | 3 |
| 1 | 2 | 4 | 6 | 8 | 10 | 12 | 14 | 16 | 18 | 20 | 40 | 60 | 80 | 100 | 120 | 140 | 160 | 180 | · | 2 |
| 1/2 | 1 | 2 | 3 | 4 | 5 | 6 | 7 | 8 | 9 | 10 | 20 | 30 | 40 | 50 | 60 | 70 | 80 | 90 | · | 1 |
| 1/4 | 1/2 | 1 | $1\frac{1}{2}$ | 2 | $2\frac{1}{2}$ | 3 | $3\frac{1}{2}$ | 4 | $4\frac{1}{2}$ | 5 | 10 | 15 | 20 | 25 | 30 | 35 | 40 | 45 | · | 1/2 |

注：冯立昇绘

冯立昇指出，有些不能直接在表格中显示结果的数字，须要转化其为一系列的加法运算。比如，22.5×35.5（实为 22），可以分解为（20+2+0.5）×（30+5+0.5）。这就分解出了 9 个乘法运算（20×30，20×5，20×0.5，2×30，等），每个运算所得乘积数都可直接从表中读出。专家猜测，算表的主要用途应该是用来计算土地面积、收成和税收。“我们甚至发现可以用这个方阵做除法和开方运算”，冯立昇说，“但是我们不能确定它在当时是否被用于有这么复杂的运算。”

如此精巧的乘法运算方阵在中国历史上是独一无二的。此前所知中国出土的最古老乘法表出现在秦代（前 221～前 207 年），是由一些口诀组成，比如“六八四十八”等，只能进行比较简单的乘法运算。大约 4000 年前的古巴比伦人制作过一些乘法表，但是它们是 60 进制而非 10 进制。欧洲最早的十进制乘法表出现在文艺复兴时期。他进而认为“它确定无疑地显示，中国早在战国时期已经建立了高度复杂的算术，既适用于理论，又可用于商业目的。”

在这里我们看到，将该数据表置于数字方阵上考察，对正确解释该表的用法起到决定性的作用。由于现代知识的启发，人们一般倾向于从更开阔的视野去揣度这一算法表的用途，“甚至发现可以用这个方阵做除法和开方运算”，但由于没有其他的旁证材料，清华大学的研究者谨慎地到此止步，“不能确定它在当时是否被用于有这么复杂的运算”，这无疑是正确的。这样的考释结论避免了主观拔高，能够经得起时间检验。①

### 4.3.3　清华简算表在数学史上的意义

事实上，“战国时期的乘法表”这一结论，在世界数学史上已经是非常惊人的成果了。如所周知，直到文艺复兴时期欧洲才出现十进制乘法表。

---

① 冯立昇. 清华简《算表》的功能及其在数学史上的意义. 科学，2015（5）：40-44.

2013 年 7 月，英国曼彻斯特召开了第 24 届国际科学史大会，在“中国早期数学知识的运用”专题研讨会上，清华学者冯立昇教授宣读了“清华简算表的功能及其在数学史上的意义”的报告，向各国与会者介绍了围绕这个算表进行的研究工作。会议主持者国际数学史学会原理事长、纽约市立大学道本周（Joseph Dauben）教授指出：清华学者从战国竹简中分离出乘法表“这一发现意义非凡，它是世界上最早的十进制乘法表实物。”这一考释成果得到了国内外学界的承认，世界领先，实至名归。

这一进展受到国际媒体的关注，英国《自然》杂志的记者在曼彻斯特和北京采访了清华大学有关研究人员，2014 年 1 月发表 Jane Qiu 的报道，题为《藏在中国竹简中的古老算表——2300 年前世界上最古老的十进制乘法表》，进一步将这一成果介绍给世界。

2014 年 3 月清华大学出土文献研究与保护中心与中科院自然科学史研究所在清华大学共同主办“《清华简》算表学术研讨会”，会议由清华大学科技史暨古文献研究所与出土文献研究与保护中心承办，在清华人文社科图书馆召开，前此召开的“东亚数学典籍研讨会”的中外学者也全体参加了会议。与会学者充分肯定发现清华简战国算表的学术价值，及其在数学史上的重要意义。

### 4.3.4 全面分析和正确解读简牍数据表*

清华简算表的发现在简牍研究的方法上给人以深刻启示。

需要定义何谓“简牍表”：即有一批简，在考释时如果绘成今人熟悉的方格表，将该批简牍内容分类填入，能够达到与原简的完全一致，那么就称这批简为“简牍表”。

显然，我们说古人应用的简牍表与今天的表格形式有别，但具有表格的基本要素，则是古今相同。简牍呈长条状，构成表格中的一列或一行，无需画线，是天然形成的。更重要的是，表格中的内容分成若干相同的类，按照一定序关系依次排列。

简牍表有年表、大事记、历谱等多种，这里讨论的，是其中的数据表。

所谓“简牍数据表”，指在易卦、星象、占图、历谱、乐律、数学等简文中，所讨论的表格元素为卦名、星座、占名、干支、律名、数字等，恰能用数字或字母代替，或者能用某种算法将其用唯一形式表出，那么就称这批简为“简牍数据表”。

在简牍考释工作中所见数据表，有些是自然形成的，例如历谱和六十四卦方阵等，把它的内容列成表格不会引起争议；有些则需要对内容进行分析、分类和排序，例如行道吉凶表、玄戈占星表等，一旦发现它是一个数据表，则一系列的考释难题便迎刃而解。

在出土简牍中，上述数据表时有发现，例如，六十四卦和实用历谱，数量相对较多，在古代哲学、占卜、历法中具有重要价值，这里暂不涉及。本书§2.4、§3.1、§3.3.3 列举三个实例：《尹湾汉墓简牍》六号墓（公元前 15 年）“行道吉凶”占卜表、《睡虎地秦简・日书甲种》（前 278～前 246 年）玄戈占星表、《天水放马滩秦简・日书》（战国晚期）律书数表——这些都是简牍数据表，在这三节中讨论了各表的构成特点，结合进一步的解读，以阐述这种考释方法的过程、意义和应用价值。

从科学史研究的角度考虑，当研究者清楚认识到某批竹简构成一个数据表时，就会

---

* 罗见今. 简牍数据表的构成及解读.《清华简》算表学术研讨会论文. 北京：清华大学，2014-3-10.

用整体的观点审视、解读这批简牍，确认其主要元素和排序方式，发现其构成规则，寻找完整的原始形式，弥补残失的简文，纠正原简的书写错误。总之，发现一批简牍属于一个数据表，全面分析该表的构成并正确解读，对准确考释这批简、揭示其深刻的内涵具有重要意义。

## 4.4 北京大学藏秦简《陈起论数》计数内容分析

所谓秦简，可以是战国时期的秦国简，也可以指秦统一六国后中国各地的简。20世纪出土的秦简比较著名的有：1975 年湖北云梦睡虎地 11 号秦墓发现写有文书、法律等简 1155 枚；1989 年湖北江陵云梦龙岗 6 号墓出土秦律 285 枚简牍；1993 年湖北江陵王家台 M15 号秦墓，内藏 814 枚日书、效律、归藏等简；1993 年湖北荆州周家台 30 号秦墓整理出 387 枚历谱、日书、病方等。2002 年湖南龙山里耶古城在 1 号井中掘出 36 000 余枚战国秦官署档案，更是惊人的发现。这些简大多在南方出土，但数学内容的简很少被发现。

2010 年初，由香港冯燊均国学基金会出资、抢救并捐赠给北京大学一批流失海外的秦代简牍（下简称“北大秦简”），含竹木简牍、木觚骰等，共 796 枚，书写字体为秦隶。[①]这批近 800 枚秦简中 400 余枚属算数类，其余涉政经社、文史地、医学、方术、民间信仰等，包含战国晚期至秦代社会文化的诸多信息，在相关学科领域内均为难得的研究资料。

这批简牍中的“质日”即日历记载有秦始皇三十三年（公元前 214 年）、三十一年（公元前 216 年），故知其书简年代不早于秦朝后期。简牍中多次出现“安陆”“江陵”等湖北地名，因而这批简可能出自湖北孝感或荆州地区。北大出土文献研究所随即对入藏秦简开展清理、保护、照相和整理工作。据报道，2010 年 10 月，北大藏秦简牍情况通报暨座谈会召开，朱凤瀚教授介绍秦简《为吏之道》；中文系李零教授介绍秦简中的数术；历史系韩巍博士介绍《算书》等三种文献。

令数学史工作者高兴的是，算数类简牍占这批北大秦简之半，实在难能可贵。据韩巍博士《北大秦简中的数学文献》[②]介绍，算数类简牍含田亩、赋税、粮食兑换等算法，还有一篇《鲁久次问数于陈起》，以 800 余字篇幅高调论述数学的起源和地位，阐述计数的应用和价值，逻辑雄辩，理论性强，为中算史前所未见。据认为“陈起”有可能是《周髀算经》中的数学家“陈子”，更增添了研究者的兴趣。

### 4.4.1 北大秦简《陈起论数》的释文解读[*]

北大秦简共 8 卷，其中 4 卷为《算书》，均为三道编绳。在《算书》第 4 卷中，简长 22.6～23.1 厘米，大约相当于秦尺 1 尺，内容比较清楚。该卷是多种古书的杂抄，分为甲、乙两篇，甲篇抄于简册正面前段，约占 2/3 篇幅，共 210 多枚简。甲篇的第一部

① 北京大学出土文献研究所. 北京大学藏秦简牍概述. 文物，2012（6）：65-73.

② 韩巍. 北大秦简中的数学文献. 文物，2012（6）：85-89.

* 罗见今. 秦代竹简中数学家陈起对“计数”的论述//布里亚特国立大学. 东方学教学的理论与实践论文集. 乌兰乌德：布里亚特国立大学出版社，2015：25-30.

分有 32 枚简，原无篇题，据篇首语暂名为《鲁久次问数于陈起》，本书称为《陈起论数》。据该《算书》反映出的信息，还不足以证明陈起就是第 4 卷甲篇的编辑者。

《陈起论数》原简编号从 04-126 号至 04-156 号共有 31 枚连续（内容不见得随编号连续），另有 04-162。下文在标明简号时统一省略卷次 04-。韩巍博士提供的释文严格依据原简原文，皆繁体字，多异体字、通假字，原错字亦保持原状。为便于理解阅读，这里用通行简化字将考释的结果列出，按照语句内容分成 25 个自然段，在段尾依序编号，并按此编号对该段内生僻字词和难解语句做简要解释。为叙述之便，同时考虑该文的结构，这里将全篇分成 4 大段（一）～（四）。

**1）释文（一）**

鲁久次问数于陈起曰：久次读语、计数弗能并彻，欲彻一物，何物为急？（1）

陈 142 起对之曰：子为弗能并彻，舍语而彻数，数可语也，语不可数也。（2）

久次曰：天 144 下之物，孰不用数？（3）

陈起对之曰：天下之物，无不用数者。夫天所盖之大也，地所 145 生之众也，岁四时之至也，日月相代也，星辰之往与来也，五音六律生也，毕 141 用数。（4）

子其近计之：一日之役必先知食数，一日之行必先知里数，一日之 140 田必先知亩数，此皆数之始也。（5）

**注释**

（1）简文“读语、计数”并提，说明在当时属于文科类的“读语”与属于理科类的“计数”皆为学科名。在该文以下的论述中，凡“数”应当属于“计数”范畴。“彻”，通，透。

（2）“舍语而彻数”，放过语文而先把计数学习透彻。这里的“舍”是“放过”，而非“舍弃”之意。《论语》：“不舍昼夜”，谓不放过昼夜，即是不停止于某一昼一夜。

把“舍语而彻数”解作舍弃“语”而先通“数”，从而批评陈起贬低“语”而抬高“数”，显然是站在“数学家”的立场，这种“重理轻文”的倾向①，未免言重了。

“数可语也，语不可数也”有多种解释。意为：“数可解释语，语却不能说明数”。

（5）“子其近计之”与以下出现的“食数”“里数”“亩数”等，都是所计之数。

**2）释文（二）**

今夫疾之发于百体之树也，自足、胻、踝、膝、143 股、髀、脊、旅、脊、背、肩、膺、手、臂、肘、臑、耳、目、鼻、口、颈、项，苟知其疾发之 147 日，早暮之时，其瘳与死毕有数，所以有数故可医。（6）

曰：地方三重，天 148 圆三重，故曰三方三圜；规矩水绳、五音六律六閒（闲）皆存。（7）

始者诸黄帝、139 颛顼、尧、舜之智，鲧、禹、皋陶、羿、垂之巧，以作命天下之法，以立 138 钟之副。副黄钟以为十二律，以印记天下为十二时；命曰十二字，生五音、十日、廿八 137 日宿。（8）

道头到足，百体各有司也，是故百体之痈，其瘳与死各有数。（9）

---

① 韩巍. 北大秦简中的数学文献. 文物，2012（6）：86.

曰：大方大 136 圆，命曰单薄之三；中方中圆，命曰日之七；小方小圆，命曰播之五。故曰黄 149 钟之副，单薄之三，日之七，播之五，命为四卦，以卜天下。(10)

**注释**

(6)“胻”，胫骨上端。《说文·肉部》：“胻，胫端也。”“髂”(kāo)，臀部。“旅”，即“膂”，指脊骨。“臑”(nào)，中医指人自肩至肘前侧靠近腋部的隆起的肌肉。“瘳”指数种疾病一起消除。“瘳与死毕有数”之“数”，命数、命运。

(7)“三方三圆”的天地模型在文献中尚属首现，尚无独立研究。“六閒”，即阴“六吕”，因其插于阳“六律”之间形成十二律，故名。

(8)“垂”，亦作“倕”，古巧匠名，相传尧时主理百工，故称“工倕”。《庄子·达生》：“工倕旋而盖规矩”，“工倕，尧工，巧人也。”原简文“廿八日宿”的“日”字为衍文，已删。简文“黄钟之副”中“副”字作何解待考。“十干”原简文为“十日”，其意为十干，从韩巍译文修改。

(9) 从内容上看，第 9 段似应与第 6 段相衔接。

(10)“大方大圆”全段所论何指，须做研究。简文“四卦”未见史料，无从引证。但“黄钟之副”似不可释为“黄钟之二”，因简文三、五、七皆奇数，不应出现偶数二。而“黄钟之律九寸”“黄钟之数起于九”，故“副”译文宁用“九”不用“二”。

**3) 释文（三）**

久次敢问：临官 150 莅政，立度兴事，何数为急？(11)

陈起对之曰：夫临官莅政，立度兴事，151 数无不急者。不循昏黑，渠漱洁齿，治官府，非数无以知之。(12)

和均 152 五官，米粟髹漆，升料斗桶，非数无以命之。(13)

具为甲兵筋革，折筋、磨矢、栝 135 翣，非数无以成之。(14)

锻铁铸金，和赤白，为柔刚，磬钟竽瑟，六律五音，134 非数无以和之。(15)

锦绣文章，萃为七等，蓝茎叶英，别为五彩，非数无以 133 别之。(16)

外之城工，斩篱凿壕，材之方圆细大、薄厚曼狭，绝契羡杼，斫 132 凿斧锯、水绳规矩之所折断，非数无以折之。(17)

高阁台榭，弋猎 146 置放御，度池岸曲，非数无以置之。(18)

和功度事，视土刚柔，黑白 153 黄赤，蓁莱津洳，粒石之地，各有所宜，非数无以知之。(19)

今夫数之所 154 利，赋事视功，程殿最，取其中以为民仪。(20)

**注释**

(13) 韩巍认为“料”疑为“㪷”的讹字，“㪷”可能是量制单位“半斗”的专用字。这里的“五官”，不是西周分管各部门的司徒、司马等，而是泛指多种较低职务的官吏。

(14)“栝”原文为“秙”，箭末扣弦处，《庄子·齐物论》：“其发若机栝。”“翣”意为箭羽，“栝翣”即在箭杆末端安装箭羽。

(17)“绝契羡杼”：“绝”，断；“契”，刻；“羡”，多余，指木料上多余的部分。

“杼”，梭形，指尖状木件。“绝羡契杼”即削断多余，契刻尖桩。

（18）“弋”，系有丝绳的短矢，用来射鸟、鱼，射中后可以回收。

（19）“蓁莱津洳”：荆棘杂草丛生，地势低洼潮湿。

（20）“程殿最”：评判、统计出质量的优劣、数量的高低。

**4）释文（四）**

凡古为数者，何其知之发155也？数与度交相彻也。民而不知度数，譬犹天之毋日月也。天若毋156日月，毋以知明晦。131民若不知度数，无以知百事经纪。（21）

故夫数者必颁而改，数而不颁，130毋以知百事之患。故夫学者必前其难而后其易，其知乃益。（22）

故曰：命而129毁之，錙而锤之，半而倍之，以物起之。（23）

凡夫数者，恒人之行也，而民弗128知，甚可病也。审察而予之，未知其当也；乱惑而夺之，未知其亡也。127（24）

故夫古圣者书竹帛以教后世子孙，学者必慎，毋忘数。凡数之宝莫及126隶首，隶首者算之始也，少广者算之市也，所求者毋不有也。162（25）

**注释**

（21）“数与度交相彻”：指计数与度量之间、数字和标准之间的相互影响和促进。

（22）“数者必颁而改”，解为颁行之后再修改似欠史证。此似言颁布秦国的新标准，然后废除六国旧有标准。

（23）“命而毁之，錙而锤之，半而倍之，以物起之”句费解，应是讲命数和数的运算。其中“命”似当解作“命数”，据命相学理论，其值由年月日时的“重量”相加或组合在一起形成，迄今仍有“加命数”之术。“毁”似当解作“分拆”，可用减法或除法，应是“加命数”的逆运算。但这里的“命而毁之”与后代命相学中的“拆字”并不相同。这四句讲的可能与秦代命相学中的一种未知命理算法相关。

韩巍指出，《说文·金部》：“錙，六铢也”，“锤，八铢也”，皆重量单位。《算书》甲种之后也说“甾（錙）六朱（铢）”、“锤八朱（铢）”，与《说文》相合。“錙而锤之，半而倍之”似指加法、乘法类算题而言。“物”或指具体的例题，“起”有“启发”、“开导”之义。此四句具体含义尚不十分清楚，需要继续探讨。

（24）“而民弗知，甚可病也”，“病”：不满，责备，诟病，批评之意。也可解作担忧。“审察而予之，未知其当也；乱惑而夺之，未知其亡也”句难解。“审察”的是度量标准；关键在于：“予之”即所给的对象、“未知其当”者、“乱惑而夺之”者、“未知其亡”者，应当属于同一类人——即反对新制度的六国旧民。结合基本史实，此句便可理解为：“经审查考量后，将新标准颁行天下，那些人没有认识到它的必要性；那些人昏乱迷惑，企图废除这些新标准，不知道旧的已经灭亡。”

（25）简文“学者必慎，毋忘数”，其间应加一逗号。隶首造数，人所共知，而将“隶首”视为“九九表”的别称，则有失偏颇。“少广者算之市也”费解，但若将“少广”术比喻为一个市场亦欠当。解释“市”用“市廛”不用“市场”似乎更符合当时的观念。似可译作“少广等算法现已流行市廛”较妥。

### 4.4.2　《陈起论数》现代汉语译文*

鲁久次就“数”的问题向陈起先生问道：“久次对读语和计数这两门不能同时通晓，要想透彻学好一门，哪一门是当务之急？”（1）

陈起回答说：“你既然不能兼通两门，就可以先放下‘语’，而集中力量学习‘数’，这是由于‘数’可解释‘语’，‘语’却不能说明‘数’的缘故。”（2）

鲁久次又问道：“天下的事物，哪一种是用不着‘数’的呢？”（3）

陈起回答说：“天下所有的事物，没有一种是用不着‘数’的。苍天覆盖广阔无边，大地繁育生灵无限，一年四季更迭而至，每日昼夜循环相代，天上星辰周流往复，五音六律生于天籁——万事万物都要用到‘数’。（4）

请你看看身边的计数就有：劳役一天就必须预先知道需要准备多少饭食，出行一天就必须预先算好能够走多少里程，耕作一天就必须预先估计能够完成多少亩数，这些都是最初的计数。（5）

每当疾病产生于人体这棵具有百种器官的大树，疾病或发自足、胫、踝、膝、股、髀、臀、脊、脊、背、肩、胸、手、臂、肘、臑、耳、目、鼻、口、颈、项中的任一部位，只要知道疾病发生的日期、清晨或日暮的时刻，能否根治或导致死亡都在‘数’中注定；所以说有‘数’的才能医治。（6）

人们说：方形大地共有三重，圆形之天也分三层，所以称为‘三方三圆’，天地之间存在着规矩准绳等标准和五音六律六吕等乐律。（7）

始萌于黄帝、颛顼、尧、舜的大智大慧，承续着鲧、禹、皋陶、羿、倕的聪明机巧，创立并颁布了天下的法度规范：确立黄钟的音高，依黄钟增成十二律；把天下早晚时间分别记为十二时辰；把命相划作十二地支，产生五行、十天干和二十八宿。（8）

从头到脚，人体各个部位均有主管，所以身体不论哪里有病，能否根治或导致死亡都在‘数’中注定。（9）

人们说：构成天地的大方和大圆命名为‘单薄之三’，中方和中圆命名为‘日之七’，小方和小圆命名为‘播之五’。所以说把‘黄钟之九’‘单薄之三’‘日之七’‘播之五’称为‘四卦’，用来占卜天下。”（10）

鲁久次再问道：“莅临官府处理政务，确立法度标准兴办各项事业，哪一种计数是最为急需的？”陈起回答说：“莅临官府处理政务，确立法度标准兴办各项事业，没有一种计数不是最为急需的。（11）

不顾天色昏黑官吏就起床，洗漱洁齿，赶往官府处理政务，没有时辰计数就不知准确时刻。（12）

联络协调多种职务的官吏，征收、储运粟米和漆料，需要用到升、半斗、斗、桶等容器，没有度量计数就无法确定其体积。（13）

制造铠甲兵器，加工筋条皮革，拴紧筋条、打磨箭杆、安装箭羽，不按照质量要求和步骤安排去做就无法制成。（14）

锻冶铁件、铸造铜器，将红铜白锡一同熔炼，掌握青铜的韧性和硬度；制成磬、

---

* 罗见今. “陈起论数”现代汉语译文//布里亚特国立大学. 东方学教学的理论与实践论文集. 乌兰乌德：布里亚特国立大学出版社，2015：31-34.

钟、竽、瑟，调谐乐器的六律五音，没有音阶高低的计数就无法使它们达到和谐。（15）

锦缎上绣出的花纹，聚为七种美丽的图样，颜料来自蓝草的茎叶花，分成五种缤纷的色彩，没有色度差异的计数就无法将它们区别开来。（16）

野外筑城，斩断篱笆、开凿城壕，测量木材的方圆粗细、厚薄宽窄，截断多余木料，契刻尖状构件，使用斫、凿、斧、锯和规矩准绳来加工，砍削锯断，没有长度的测算就无法准确取舍。（17）

高阁台榭临水而建，在其上放箭收绳、猎取鱼鸟，需要测量估算池塘、堤岸和曲水的距离，没有测量计数就无法实现。（18）

统筹工程、审度营建，须就地考察土质软硬及颜色黑白黄红，或地势低洼、或荆棘丛生、或布满砾石，不同营建项目各有相宜，没有计数就不能得知哪项合适。（19）

应用计数有利于分配劳务、记录劳绩，统计出数量的高低，取其中值作为一般民众须达到的标准。（20）

自古以来从事计算的人，是什么增进了他们的知识的呢？是由于计数与度量之间的相互影响和促进。民众如果不懂得度量标准和计数，就像天上没有日月一样。天上如果没有日月，就无从感知光明和黑暗。民众如果不懂得度量标准和计数，便不能明了世事、经营百业。（21）

因此，数量标准必须颁布天下，改变旧有标准；数量标准如果不公开颁布，就不知道能引发千百件事的多少后患。所以学习的人一定要先攻克艰难之处，剩下的就容易了，这样他的知识才能有所长进。（22）

因此说：命数由加而成，然后分拆，由锱至锤，或乘或除，验之实物，颇有启发。（23）

大凡与计数与度量标准相关的知识，都是一般人应该掌握的，但民众并不理解，实在应当予以批评。经审查考量后，将度量标准颁行天下，有人没有认识到它的正当性和必要性；有人昏乱迷惑，企图废除这些标准，不知道旧的已经灭亡。（24）

因此，古代圣人们已将这些知识写在竹简帛书上传授给后世子孙，学习者必须慎重对待，不要忘记计数。大凡计数这门学问最珍贵的贡献没有比得过隶首造数，隶首的时代开创了筹算，少广等算法现已流行市廛，学习者需要解决的问题无所不有，尽在其中。”（25）

### 4.4.3 对北大秦简《陈起论数》的分析*

《文物》2012年第6期发文7篇报道北大秦简牍，年代约在秦始皇时期，其中有400多枚《算书》简，居首《鲁久次问数于陈起》（简称《陈起论数》）32枚，800余字，论述古代数学的起源、作用和意义，“其详尽透彻在传世文献中罕有其匹”[①]，引起学界兴趣。

**1）陈起篇首句“计数”**

陈起篇首句赫然出现“计数”一词：

---

* 罗见今.《陈起》篇“计数”初探. 自然科学史研究，2015，34（2）：306-309.

① 韩巍. 北大秦简中的数学文献. 文物，2012（6）：85-89.

鲁久次问数于陈起曰：久次读语、计数弗能竝（并）彻，欲彻一物，何物为急？

“语”是战国时期一类古书的总称，韩巍文解释较多；但陈起通篇论“数”，而“计数”在古算中较为罕见，有必要予以关注。该篇读语、计数相提并论，将计数置于全文提纲挈领的位置，于是自然产生以下问题：

（1）秦人看来，计数仅是一种与四则同类的算法，抑或是一种大类名称？

（2）从陈起篇可看出计数包含哪些内容？亦即它具有怎样的内涵？

（3）该篇提出的计数的内涵古今有何演变？具有怎样的数学思想史意义？

陈起篇深刻丰富，为中算史不朽文献，笔者仅围绕上述计数三问题做一初步探讨。

陈起回答鲁久次：读语、计数不能“并彻”时，应当首选计数。用一重要命题“数可语也，语不可数也”阐明两者关系，简洁明了，耐人寻味。此种句式较少见：A可B，B不可A，动词省略，准确翻译不易。可从多角度理解：从外延上看，数可涵盖语，语不能包括数；从功能上看，数可解释语，语不能解释数；从效用上看，数可代替语，语不能代替数；数可渗透语，语不能渗透数；等等。无论加什么动词解读，A与B的关系总是A占优先、主导、强势的地位。该文显然有抑语扬数的倾向，为强调数，把语作为陪衬。

由此可见，由这句精彩的论断，陈起篇确实是将计数当作一种堪足与读语相对应的、能够代表古代数学的名词，概括为“计数即算数之学”甚当，即一种学科名词。

**2）陈起的计数论：用数论、有数论、唯数论、度数论**

陈起篇出现“用数”“有数”各3次，“非数无以”8次，“度数”“度事”“立度”等8次，笔者简称之为“用数论”“有数论”“唯数论”和“度数论”。结合起来，就是陈起的“计数论”。

用数论指出：宇宙、日月星辰运行、四季、时间、人与生物、五音六律——“毕用数”，“天下之物，无不用数”，即均在计数视野之内。

用数论迭次列举计数范围，包括地方、天圆、日月、星辰，与此同时，还多次出现五音六律、黄钟、十二律等词，表明秦人深谙乐律的计数之道。战国晚期放马滩秦简乙种《日书》13枚（193～205号）律书简所载十二律大数，在中算史、乐律史上均为最早记录。[①]这些都体现出秦人重视天文与乐律的计数研究的传统。

人们的数学认识始于计数，就近而言，计数包括食数、里数、亩数：“子其近计之，一日之役必先知食数，一日之行必先知里数，一日之田必先知亩数，此皆数之始也”，表明计数始于日常生产劳动和生活需要。

有数论：在遍列人体20多个部位名称之后，陈起篇指出：“苟知其疾发之日，早暮之时，其瘳与死毕有数，所以有数故可医”，是说疾病与致死各有时间性和规律性，“毕有数”，“故可医”；“导头到足，体各有司也，是故体之痈，其瘳与死各有数”是说生老病死各有其数，皆有定数可循。结合下文：“故曰黄钟之副，单薄之三，日之七，播之五，命为四卦，以卜天下”，虽其具体内容尚待明确，但该卦带有奇数神秘含义显然属于术数。秦汉术数盛行：天文、历法、五行、蓍龟、杂占、形法，皆渗透早期数学思

① LUO Jianjin. An algorithm analysis on the twelve tones in the book Bamboo Slips of Fangmatan of the Qin Dynasty in City Tianshui. HISTORIA SCIENTIARUM，2015，24（2）：50-58.

想[①]，睡虎地秦简（前 278～前 246 年）玄戈篇 12 枚简就是用数学方法构成的一个占卜用表。[②]可知有数论中之计数，应包括术数之数。

唯数论：陈起篇对居官管理、容积计算、兵器制造、冶金锻铸、调和音律、锦绣彩绘、土木建筑、军事工程等以“非数无以知之”“非数无以命之”“非数无以成之”接连八句排比概括，皆为“立度兴事”，反映出秦统一六国后百业待兴，亟须统一制度和标准。秦始皇二十六年（前 221 年）“分天下以为三十六郡……（统）一法度衡石丈尺。车同轨。书同文字。”（《史记·秦始皇本纪》）度量衡尤为重要，非数无以成事，唯数不可或缺，只有提高计数水准和普及度量衡方可兴此大业。陈起篇以下说“故夫数者必颁而改，数而不颁，毋以知百事之患”应是指颁布含有计量标准的法律，不改旧法，后患无穷。

度数论之“立度”指确立法度、准则，应包括度量衡制度，田律、厩苑律、仓律等含有计量的法律。1979 年青川出土秦田律木牍，规定“田广一步，袤八则为畛。亩二畛，一百（陌）道。百亩为顷，一千（阡）道，道广三步。”[③]睡虎地秦简秦律十八种《田律》规定应缴税“顷入刍三石、稾（稿）二石”；养牛十头以上年死三分之一或养牛十头以下年死三头的，“吏主者、徒食牛者及令、丞皆有罪”；《仓律》规定种子“稻、麻亩用二斗大半斗，禾、麦亩一斗，黍、荅亩大半斗，叔（菽）亩半斗”；明列粟、粝、糳、毇等交换比率等。[④]凡此种种，各律皆有数量化的严格规定。秦朝沿袭秦国法律之苛，立法、劾查、执法都离不开精确计数，这应是“立度兴事”的历史背景。有关陈起尚无新资料，但他强调恪守法则，达到唯数为上；若认为他系朝内之人似无史料根据，则他至少也应是秦律“立度”的积极鼓吹者、“兴事”的坚定支持者。

**3）陈起的思想属于法家**

陈起应当是秦统一六国之前的法家、数学家，从思想源流来看，他的治国理念主要体现为：要用精确计数的方法对国家行政、手工业生产、社会生活的各方面进行严格的管理，例如，在他的唯数论中，强调居官管理“非数无以知之”、容积计算“非数无以命之”、兵器制造“非数无以成之”、冶金锻铸、调和音律“非数无以和之”、锦绣彩绘“非数无以别之”、土木城建“非数无以折之”、高台弋猎“非数无以置之”、军事工程“非数无以知之”，即是说，不懂得计数管理，那就一事无成。不懂得技术标准，那就一事无成。在他的表述中，没有出现礼义、仁政等字眼，只关心如果不能实现统一度量衡，就要发生多少麻烦的事情，如果民众不理解或抵触数量标准，就会遭遇什么问题。这是一种典型的法家管理者的态度。

陈起是否从管仲思想中获得启发我们无从得知，但可以同《管子·七法》的论述相比，两人论述的观点、角度、口吻都非常相似，他们在思想上存在一致性和连贯性。

从《陈起论数》文中看来，他的主张与商鞅变法可谓一脉相承。秦孝公于公元前 350 年命商鞅征调士卒营造新都咸阳，又命商鞅第二次变法：开阡陌封疆，废井田，制辕田，允许土地私有及买卖、推行县制、初为赋、统一度量衡等改革措施。秦国变法使

---

① 罗见今.“术数”与传统数学. 自然辩证法通讯，1984，33（5）：40-42.
② 罗见今. 睡虎地秦简《日书》玄戈篇构成解析. 自然辩证法通讯，2015，37（1）：65-70.
③ 李昭和，莫洪贵，于采芑. 青川县出土秦更修田律木牍——四川青川县战国墓发掘简报. 文物，1982（01）：11.
④ 睡虎地秦墓竹简整理小组. 睡虎地秦墓竹简：秦律十八种释文注释. 北京：文物出版社，1990：19-65.

国力强大，成为一统天下的第一皇朝。如果说管仲的思想比较久远，那么身为秦的管理者和科学家，陈起在他的活动范围内，大力鼓吹计数管理，高调推行新的计量标准，正是一个法家学者的典型作为。由此可以认为：陈起是秦国、秦朝朝中重要的数学家。

**4）中算史上计数自隶首始**

陈起所说的“度数”既属于度量，也属于计数。“数与度交相彻”可理解为：作为理论的精确计数与作为应用的精确度量互为表里、互相影响和促进。

文末出现：“凡数之宝莫及隶首，隶首者筭之始也，少广者筭之市也。”隶首造数是计数早期最重要事件：创立一至十、百千万等基数词，包含数的形成、计数、进制、位值，也应涵盖九九表等四则运算。里耶秦简（前222～前208年）九九表木牍[①]与北大简九九表一致，说明当时制表法已成规范。隶首造数被推崇为“数之宝”“筭之始”，即首开筹算之先河，其重要性不言而喻。除“少广”外计数还应包含同类算法：不妨参考岳麓书院藏秦简所载《数》简（共 236 枚），涵盖《九章算术》除方程外的八种名目，外加“营军之术”。[②]“少广者筭之市”似乎可以理解成：少广等已变成流行于市廛的普通算法知识。

总之，北大秦简提供了中算史上首次系统论述计数的文献，弥足珍贵；建议不仅要从语义学，而且要从古今数学思想中去发掘计数的深刻内涵。中国传统数学以离散见长，未能进入连续数学的发展阶段；作为离散数学术语的计数贯穿古今，人们须从新的视角探讨它的价值。

---

① 湖南文物考古研究所. 里耶秦简（壹）. 北京：文物出版社，2012：彩版 1.
② 朱汉民，陈松长. 岳麓书院藏秦简（贰）. 上海：上海辞书出版社，2011：前言 1.

# 上　编

# 第5章 《九章算术》与刘徽注中的比例、数列和体积

古人对周围世界的认识，抽象出“数”和“形”的概念，是人类思维的重大进步。传说中的“隶首造数”是早期计数最重要的事件，创立一至十、百千万等基数词，这个历史阶段“计数”包含数的概念的产生、数字计数、算筹计数，十进制、位值制的形成；后期也应涵盖四则运算，其目的是通过基本运算求出数值，从语义学来看，这是“计数”题中应有之义。三千年前周公说“大哉！言数”，充满对数和数学的崇敬和热爱，对数和数学丰富的内涵有高度评价。《管子》明确定义度量衡等的测量属于计数，对不同进制的量级设定连续的单位名称，也可看作是从整数向小数和分数扩展的一种形式。秦代竹简《陈起论数》用“计数”作为统带全篇的专有名词，应用范围更为宽广，成效卓著。到了西汉末，作为中国算学学科诞生标志的《九章算术》（简称《九章》）终于问世了。

由汉至唐，数学知识经过八百年积累，算术业已形成规范的学科，出现《周髀算经》《九章》《海岛算经》《孙子算经》《张邱建算经》《五曹算经》《五经算术》《缉古算经》《数术记遗》《夏侯阳算经》以及《缀术》（失传）等著名算书。唐代国子监把算学列为博士科目，设算学馆，唐高宗显庆元年（656 年），规定上述十部算经列为教科书，后世称为《算经十书》。鉴于《九章》和刘徽注在中算史中的重要地位，第 5 章单独讨论其比例、数列和与比例相关的体积问题，第 6 章将讨论另四部算书中有关计数、整数论等内容。

算术的早期发展伴随着筹算的出现，据导论中的分析，属于计数的内容如下。①四则运算，包括九九口诀；乘方（会出现高位大数）、开方（会遇到不尽小数）。②常数，大数，小数；分数，通分，约分。③比例和率，等差，等比，有约束条件的数列。④公约数，公倍数，勾股数。⑤测望之术，不定分析，等等。算术提供了研究计数的具体内容。

早期计数与继之而来的算术存在交集，可以说，数系扩张所遇到的问题也是计数研究的对象。《九章》中的一些题目可视为计数问题，在本章中将集中讨论“率”和数列，以及某些拟柱体，由于这些拟柱体可转化为垛积，在计数论中颇为重要，这与后几章存在密切的承续关系。《九章》第三章“衰分”共有 20 个题目，是形成传统数学的基本算法和基本单元。显示比例或“率”的解法源远流长，许多数列问题的提出和解决用的都是比例分配法，一直影响到清代。用“连比例”解决无穷级数问题，出现了像欧拉

数、卡塔兰数等重要计数成果，所以比例和“率”是计数研究不可分割的组成部分。

《九章算术》由汉张苍、耿寿昌编定。成书年代是一个诸家考证的问题，钱宝琮先生认为是东汉初期[①]（至迟 1 世纪后半期之前），李继闵先生认为是西汉宣帝时期[②]（前 1 世纪前半期）。一般认为是经历了从春秋末期以来长期的积累，总结民众的数学实践经验，不止一次经过数学家之手删补编纂而成。三国魏刘徽为其做注，后又有祖冲之、其子祖暅，唐李淳风，宋贾宪、杨辉，清李潢等注释。

《九章》版本较多，郭书春先生有新校本[③]，详论《九章》内容，这里不做重复。对《九章》的研究，20 世纪前期有李俨、钱宝琮、三上义夫等；20 世纪 50 年代有李俨、钱宝琮、王玲、杜石然等，从 70 年代末开始，学界对《九章》和刘注的兴趣日增，到 80 年代形成高潮，有白尚恕、沈康身、李迪、李继闵、郭书春等，到 20 世纪末，中外各方有几百种论著涌现，有英、法文译本，成为学界瞩目的热点。郭书春与法国国家科学研究中心（CNRS）的林力娜（Karine Chemla）合作译成法文。

## 5.1 《九章》与刘注中的“率”和数列问题[*]

两千年前，我国数学在发展过程中产生了一部伟大的著作——《九章算术》，其影响不仅在中国本土，而且超出国界，传播于亚洲乃至世界，成为东方数学的代表，产生了持续的影响。吴文俊先生指出：

> 《九章算术》是我国数学方面流传至今最早也是最重要的一部经典著作，它承前启后，一方面总结了秦汉以前的数学成就，另方面又成为汉代以来达两千年之久数学研究与创造的源泉。[④]

《九章》代表东方数学传统；它的风格、体例、名称和算法形成近两千年的规范，以后各代算家以“九章”或“算术”立名的数学书不胜枚举。特别是三国时期魏刘徽的《九章算术注》，对数学理论多所阐发，影响深远。吴文俊先生指出：

> 《九章算术》的刘徽注是数学上的又一伟大成就。刘徽注不仅提出了丰富多彩的创见和发明，并以严密的数学用语描述了有关数学概念，对《九章》中的许多结论给出了严格证明。[⑤]

本节依据文渊阁四库全书子部《九章算术》[⑥]（图 5-1）和《九章算术新校》上下册（简称“新校本”）。《九章》246 个问题，分为方田、粟米、衰分、少广、商功、均输、盈不足、方程、勾股九章，另外还把《海岛算经》作为附录。其中有些内容属于计数理论早期的成果。例如第三章衰分，解决按一定比例进行分配的问题。初看起来，比例就是简单的算术问题，三个或三个以上的数相比，就形成连比例，而比例就是“率”，在

---

① 钱宝琮. 中国数学史. 北京：科学出版社，1981：32.

② 李继闵.《九章算术》及其刘徽注研究. 西安：陕西人民教育出版社，1990：1-19.

③ 郭书春汇校. 九章算术新校. 合肥：中国科学技术大学出版社，2014.

* 罗见今. 九章算术与刘徽注中数列问题研究//布里亚特国立大学. 教学论视角下跨文化交流文集. 乌兰乌德：布里亚特国立大学出版社，2014：58-68.

④ 吴文俊.《九章算术》与刘徽：前言. 北京：北京师范大学出版社，1982：1.

⑤ 吴文俊.《九章算术》注释：序. 北京：科学出版社，1983：i.

⑥ 赵君卿注. 九章算术//钦定四库全书：子部. 影印本，1782（乾隆四十七年）.

后代形成了研究连比例率的学派，还有失传的“缀术”也与此相关。根据连比例的构成，可确定属于等差数列、等比数列等，还可进一步把有限数列推演成无限数列，探讨其系数规律，等等，计数成果十分丰硕。又如第五章商功有刍童公式，北宋沈括据此创立隙积术，后代发展成垛积术，即由求体积变成求离散对象的计数。厘清数学思想的古今演变，是中算史研究的重要任务，也是认识计数思想背景所需要的；而后代许多流变，可从《九章》中追寻其根源。

景印文淵閣四庫全書

欽定四庫全書

子部

九章算術卷一至五

御製題九章算術有序

是書雖爲晉劉徽注而其名則始見於隋書蓋自李淳風注釋義遂大顯北宋時人罕習者漸以湮晦南宋慶元中鮑澣得其本寫入祕閣世亦莫得而見明初編列永樂大典然依韻分排閱者鮮能究其端委則雖存猶亡也茲以校勘四庫全書詞臣於斷簡零篇中裒輯得九篇悉符鮑澣之舊顧鮑本無圖今諸臣按注意補爲之雖未能必其盡合皆可因注推演而知則亦未嘗或

图 5-1 文渊阁四库全书《九章算术》

本章 § 5.1 节将选取《九章》中比例与“率”、等差、等比、调和数列等与计数相关的部分问题进行讨论。仅选择衰分中的 6 题、均输中的 3 题，外加同时代的汉简数列问题；另外商功章中刍童、刍甍两题，与宋代形成隙积术直接相关，也一并予以分析。

### 5.1.1 刘徽是中国古代伟大的数学家

刘徽（3 世纪），山东淄川①或临淄人②，生活于三国时魏国的平民学者，入晋之后，仍注《九章》。他是中国古典数学理论的主要奠基人，是中国古代首屈一指的数学理论家，也是 3 世纪世界上非常伟大的数学家。《隋书・律历志》论历代量制引商功章注，说“魏陈留王景元四年（263 年）刘徽注《九章》。”他的生平不可详考。刘徽详解《九章》，一生心无旁骛，孜孜以求，从留传至今的珍贵数学著作来看，他实事求是、一丝不苟的科学精神，经得起历史考验，反映出他数学天才的眼光和能力。今概略叙述如下。

（1）代表作品：刘徽的数学著作传世的很少。今有《九章算术注》10 卷（263 年），另有《重差》1 卷，唐时易名为《海岛算经》。后者提出了重差术，采用了重表、连索和累矩等法测高测远。测望术发展到“三望”“四望”。他精心设计 9 个测量问题，具有代表性、复杂性和创造性，为中外数学史研究者所瞩目，并得到现代数学家的好评。

---

① 吴文俊. 刘徽研究. 西安：陕西人民教育出版社，1993：8.

② 《宋史》载宋徽宗大观三年（1109 年）追封历代畴人六七十人，其中刘徽为“魏刘徽淄乡男”。

（2）主要工作：集中体现在《九章算术注》中，经整理、注解、阐发，将其完善化、系统化，建立包含概念判断、合情推理、数学证明等的逻辑结构，形成一较完整的理论体系，奠定古算算法基础，强调其应用价值，成为中算史的里程碑、古代东方数学的高峰。

（3）数学思想：既富于抽象思维，又注重具体观察，既提倡推理证明，又主张直观检验，《九章》经他之手注释，逻辑思想、极限概念、重验思想、求理思想鲜明体现[①]，从而确立了他在历史上的不朽地位。

（4）对数系的认识：提出正负数的准确概念及其筹算加减运算法则。在开方术注中由开方不尽论证无理方根的存在，建立十进分数（实即十进小数，但表现形式尚非小数）无限逼近无理根的方法，与嗣后求无理根近似值方法一致。

（5）算术和计数：将求最小公倍数法应用于少广章。阐明通分、约分、化简繁分及分数四则运算；将“齐、同、通”的概念应用于全书。重视比例和比例分配算法，确切定义“率、相与率”，明确“率”的性质，使之成为全书主线。获得求等差数列通项、前 $n$ 项和、公差和中间项公式。

（6）代数：确切定义“方程”（今之线性联立方程组，增广矩阵），在直除法基础上创互乘对减法，与今加减消元法一致。还建立“方程新术”。以遍乘、通约、齐同等建立数与式的算法论基础。在方程章五家共井题中首次提出不定方程问题。解五类盈不足问题，中算特殊的双假设算法，涉及初等超越函数的应用。

（7）几何：提出面积与体积理论和算法。论证勾股原理、方幂与“矩幂”、相似勾股形理论与解勾股形算法。应用面积和相似理论，“勾中容方”求方边与“勾中容圆”求圆径。创弧田的新算法。创整数勾股数公式。发展勾股测量。用“勾中容横、股中容直”的几何方法论证二次方程的形成。

刘徽注《九章》数学成就很多，国家自然科学基金“刘徽及其《九章算术注》研究”课题组就曾总结出近 50 项具体成就[②]，选择几项叙述如下。

（8）出入相补原理：为求直线型图形的面积或体积，建立出入相补原理，以盈补虚，成为中国古代几何学的基础理论之一，解决了多种平面和立体几何形的面积、体积计算问题。受到现代数学家的高度评价，其理论价值至今仍闪烁着思想光辉。

（9）刘徽割圆术：为求圆面积和推算圆周率，刘徽据逼近论思想应用穷竭法，创割圆术求极限：“割之弥细，所失弥少，割之又割，以至于不可割，则与圆周合体而无所失矣”。算到正 192 边形，得 $\pi=157/50=3.14$；又算到正 3072 边形，得 $\pi=3927/1250=3.1416$。

（10）开方术：九章开方术术文：“若开之不尽者，为不可开，当以面命之。”刘注：“故惟以面命之，为不失耳。……不以面命之，加定法如前，求其微数。”说明刘徽已有求其微数的方法，即今言从有理数进入无限（不循环）的无理数的领域。

（11）牟合方盖：称正方体内的两个互相垂直的内切圆柱体的贯交部分，即等径正交圆柱的重合部分，其柱面为“牟合方盖”。“盖”即“伞”。刘徽在其中作一内切球体，并按截割原理，用平行于中截面的平面去截割，必得方形与内切圆，从而认为球与

① 周瀚光. 刘徽评传. 南京：南京大学出版社，2011：24.
② 吴文俊. 刘徽研究. 西安：陕西人民教育出版社，1993：8-21.

盖之比为π∶4。

（12）刘祖原理：在刘徽所创球与牟合方盖之比为π∶4的基础上，200余年后，祖暅提出“缘幂势既同，则积不容异”。在20世纪50年代将“势”解为“高”，称为祖暅原理。经考证，“势”应理解为“关系”，术语“刘祖原理”反映了刘徽与祖暅解决球体积精确公式的历史联系。

（13）棊（棋）验法：结合前人的研究，刘徽将直线型立体分割成三种基本几何体：壍堵、阳马、鳖臑，算出其体积和体积比，据此计算和证明一般直线型立体体积。这种分割法称为有限分割法，这种证明方法称为“棊验法”。

（14）截割原理：为对圆形立体体积的算法作证明，刘徽采用作圆形立体的外切方型立体，依据切割原理，这两种体积之比，等于圆与其外切方形的面积之比，即π∶4；只要求出方型立体的体积，可根据这个比例，易于求出圆形立体的体积。

（15）刘徽原理：在阳马术注中，刘徽用于无限分割法解决锥体体积问题，证明了“阳马居二，鳖臑居一，不易之率也。”即是三度对应相等的阳马和鳖臑，其体积比恒为2∶1，称其为“刘徽原理”。故知“邪解壍堵，其一为阳马，其一为鳖臑”。

刘徽的历史功绩是把以经验为主的算术提升到系统理论的高度，把初始目的为应用的古代算法统一、优化，建成了以内在算理为支撑的数学学科，其方法是进行严格的推理、证明，把《九章》及他自己提出的解法、公式建立在必然性的基础之上。例如为求球体积公式，在少广章第二十四题开立圆术注中，他在叙述了可以认为是工匠求球体积的近似公式之后，立即批评道：“然此意非也。何以验之？”立即把思路引向证明的方向。逻辑性强，推理、证明十分严谨，对学者有很大启发，迄今也有可借鉴之处，他给世界留下了丰富的数学遗产。

### 5.1.2　《九章算术》刘徽序

如果说在中算史的长河中有一篇论述数学对象、功能、方法的文章定下基调，产生了广泛的影响，那么《九章注》刘徽序就是这样的一篇，带有纲领性，穿透千百年，历久不衰。

**1）刘徽《九章算术注》原序**

据文渊阁本，见图5-2。

刘徽《九章算术注》原序

昔在庖牺氏始画八卦，以通神明之德，以类万物之情，作九九之数[①]（术），以合六爻之变。暨于黄帝神而化之，引而伸之，于是建歷[②]（历）纪，协律吕，用稽道原，然后两仪四象精微之气可得而效焉。记称“隶首作数”，其详未之闻也。按周公制礼而有九数，九数之流，则《九章》是矣。往者暴秦焚书，经术散坏。自时厥后，汉北平侯张苍、大司农中丞耿寿昌皆以善筭（算）命世。苍等因旧文之遗残，各称删补。故校其目则与古或异，而所论者多近语也。

徽幼习《九章》，长再详览。观阴阳之割裂，总算术之根源，探赜之暇，遂悟

① 文渊阁本讹作“数”，新校本从文津阁本等作“术”。详见郭书春新校本上册6页注［4］。
② 疑大典本作“曆”，为避乾隆“弘曆”名讳而改作“歷”。详见郭书春新校本上册7页注［8］。

其意。是以敢竭顽鲁，采其所见，为之作注。事类相推，各有攸归，故枝条虽分而同本干知①（者），发其一端而已。又所析理以辞，解体用图，庶亦约而能周，通而不黩，览之者思过半矣。且算在六艺，古者以宾兴贤能，教习国子。虽曰九数，其能穷纤入微，探测无方。至于以法相传，亦犹规矩度量可得而共，非特难为也。当今好之者寡，故世虽多通才达学，而未必能综于此耳。

《周官·大司徒》职，夏至日中立八尺之表。其景尺有五寸，谓之地中。说云，南戴日下万五千里。夫云尔者，以术推之。按《九章》立四表望远及因木望山之术，皆端旁互见，无有超邈若斯之类。然则苍等为术犹未足以博尽群数也。徽寻九数有重差之名，原其指趣乃所以施于此也。凡望极高、测绝深而兼知其远者必用重差、句股，则必以重差为率，故曰重差也。

立两表于洛阳之城，令高八尺，南北各尽平地。同日度其正中之时。以景差为法，表高乘表间为实，（实）如法而一。所得加表高，即日去地也。以南表之景乘表间为实，实如法而一，即为从南表至南戴日下也。以南戴日下及日去地为句、股，为之求弦，即日去人也。以径寸之筒南望日，日满筒空，则定筒之长短以为股率，以筒径为句率，日去人之数为大股，大股之句即日径也。虽夫圆穹之象犹曰可度，又况泰山之高与江海之广哉。

徽以为今之史籍且略举天地之物，考论厥数，载之于志，以阐世术之美，辄造《重差》，并为注解，以究古人之意，缀于《句股》之下。度高者重表，测深者累矩，孤离者三望，离而又旁求者四望。触类而长之，则虽幽遐诡伏，靡所不入。博物君子，详而览焉。

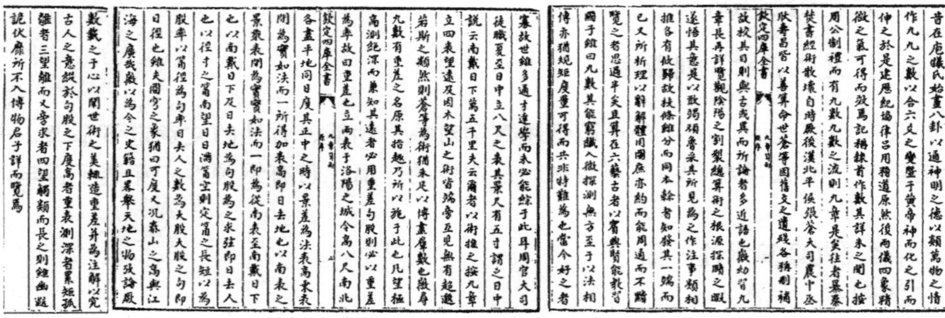

图 5-2 《九章算术注》刘徽序

**2）刘徽《九章算术注》原序白话文译文**

刘徽《九章算术注》原序

古时庖牺氏最早画出八卦，用来沟通上天神明的德行，用来类比地上万物的情状；他又创作九九计数法则，也都满足六爻的变化。到了黄帝的时代，将这些方法提高并普及，拓展并引申，于是建立历法的纪元，协调黄钟大吕的音律，用来考察、追溯万物之理的本原，此后，从两仪、四象获得非常精确深刻的规则，并可以得到验证。有记载称“隶首创造出数字”，详细的内容没有听说过。按，周公规定礼法，于是产生了“九

① 知：训“者”。详见郭书春新校本上册 8 页注［15］。

数”，所谓“九数”一类算法，就和《九章算术》是一样的。历史上残暴的秦始皇焚烧古籍，经典著作残失，学术破坏严重。自从那时以后，汉代北平侯张苍、大司农中丞耿寿昌都以擅长算术著称于世。张苍等对遗存的残损旧文献做删节补充，所以校对他们整理出的目录，就发现有的地方与古文献或有区别，而且所论述的多用近代的术语。

我自幼学习《九章算术》，年长之后再详细阅读。观察正反对立与阴阳消长，把握算术的源流，探究深奥的内容，经过思考，才领会了它的意义。所以才敢于竭尽自己愚钝之能力，采用该书的见解，为《九章算术》作注释。凡事物皆有分类，用类比方法可以互相推理，但结论各不相同，所以虽然枝条分开，它们的本干却是同一的，由此知道它们不过都是从同一处生长出来的罢了。在我所作的注中，用文辞术语解析算术的道理，用图像分解物体的形体，所以虽然文辞简约，但也能周全，通达而不肤浅，读过我的注的人，他对《九章》就能理解一半以上。况且算数为“六艺”中的一门，古代重视礼教，推举贤能，教授贵族子弟；虽然叫作“九数”，应用它既能深入到极其纤细微小之处，也能探究测望无穷巨大的空间；至于流传下来的算法知识，也就像应用规矩进行测量，一般人也能够学会，并不是特别困难的。现在喜好算术的人很少了，所以世上虽然有许多具有各式才能和大学问的人，但却不见得能够解决算术的综合问题。

《周官》记载大司徒的职务，每年到夏至日正午时刻树立八尺高的表杆。如果表杆的影子有一尺五寸长，那么该地就称为“地中”。据说是，此地位于距离南方太阳下方一万五千里。之所以这样说，是可以用公式推算出来的。按：《九章算术》树立四根表杆，用来测望远处距离，以及据树木之高测望山高，这些方法都是从起点或近处能够互相测算出的，并没有像南方日下那样特别遥远的情况。但是张苍等所用的测望术还没有把所有的计算方法全都涉及。我查出“九数”中有一个“重差”的名目，还原它的旨趣，是所以在这里阐明的缘由。大凡测量极其高、非常深而且同时需要知道它的距离的，必须要用重差术和勾股术，必须要以重差作为比例的一项，所以称为重差术。

在洛阳城的南北方向上各树立一表杆，令其高度为八尺，表杆相距较远，其间都是平地。同一天测量太阳在正午的时刻。以两杆影长的差数作为除数，表杆之高乘两表间的距离作为被除数，两者相除。所得的商加上表杆高度，就是太阳与大地之间的距离。用南表杆的表影之长乘两表之间的距离作为被除数，（仍以两表表影之差作为除数），相除，即得从南边的表杆到南方太阳垂直照射（戴日下）地点的距离。以南戴日下，以及太阳与大地之间的距离分别作为勾和股，然后求出弦长，所得即太阳与观察者之间的距离。用直径为 1 寸的竹筒向南观测太阳，使得太阳的轮廓正好充满竹筒的空处，于是就测定竹筒的长度，将它作为勾的长度，太阳与人的距离作为大股，大股的勾就是太阳的直径。天空圆穹虽然巨大无边尚且是可以测量的，又何况泰山之高和江海之宽阔呢。

我认为今天的历史典籍只是简略地举出天地之间的事物，考辨论述该种计数方法，记载在史志之中，用来阐述世上计算方法的精确优美，我因此写出《重差》一篇文章，并为它作出注解；为阐明古人的立意，补写在《勾股》部分的后面。要想测量高度，就使用前后两重标杆；要想测量深度，就上下两次使用矩尺；测量孤立的目标，需要做三次测望；测量孤立的目标而且又需要测量与旁边的距离，需要做四次测望。触类旁通，增长知识，虽然是幽深、遥远、诡秘、隐晦之地，没有不能纳入测望的范围的。博学多识的君子们，请详细读这本书吧。

3）刘徽《九章算术注》原序解读

该序阐明数学的地位、源流、价值、意义，是中国传统数学最重要的文献之一，就其在历史上的实际影响而言，居于数学理论的开山之作的位置。刘徽序视野开阔，论述精辟，文笔优雅，以高屋建瓴的气势，全文一气呵成。不同时代的不同读者都会对这篇杰作做出自己的解读。以下的讨论主要集中在思想史方面。

首先，该序阐发人文始祖伏羲创设八卦之功，将《易经》置于至高无上的地位："以通神明之德，以类万物之情"；继而将作九九术的意义，归于"合六爻之变"，在易学体系中找到算术的特殊位置。刘徽歌颂黄帝的功业，对于易卦"神而化之，引而伸之"，以易的精神将算术应用于建立历法和黄钟乐律，其目的都是追求宇宙的真理，然后从两仪、四象获得精确的具体规则，并能够得到验证。

该篇首段开门见山，确立了易经数理的崇高地位，这绝非虚与委蛇的应景文章。对照 20 世纪不少知名学者曾经的研究，一面高度评价刘徽注的数学思想价值，"取其精华"；一面贬低八卦的科学文化史意义，认为那是"唯心主义"，甚至划为研究的禁区，造成认识上的分裂和学术上的双重标准，迄今易经数理不在中国数学史的主要研究范围之内。刘徽序启发读者独立思考：上述文化现象值得深刻反思。

刘徽指出张苍等对古典文献的研究"所论者多近语也"，批评之意隐含其中。这可以从两方面来理解：一是将后代的内容掺进古代的文献，有以今乱古之嫌；一是用后代的术语解释古代的成果，造成时间的错位。两者涉及历史研究的方法和标准：必须还原古典著作的原貌，按照当时的实际情况解读原著。虽然刘徽论及此事语句简略，但观点非常正确，迄今适用，也是我们做数学史研究的指导原则。

刘徽按照阴阳学说追溯算术的源流，钩深探赜，领会它的精髓。他自谦地说，不揣才疏学浅，敢于为《九章》作注。他擅长分类，重视推理，认为"事类相推，各有攸归"；采用"析理以辞，解体用图"的科学方法，所作注释能够取得"约而能周，通而不黩"的效果。刘徽指出算术属于"六艺"之一，具有重要地位，是古今君子必须掌握的基本知识。"九数"即《九章》，运用算术，研究精细之处可以"穷纤入微"，认识巨大的空间可以"探测无方"，方法无所不及，功能无与伦比。

接着，刘徽以测望之术为例，说明算术能够解决天文学的重大题目，如求太阳高度和直径；相比之下，测泰山之高与江海之广就算不上困难的问题了。他具体提出："凡望极高、测绝深而兼知其远者必用重差、句股"，并针对四种测望目的提出四种解决方法："度高者重表，测深者累矩，孤离者三望，离而又旁求者四望。"这里只举出"度高者重表"一例。

刘徽在洛阳城测量太阳的高度和距离，总结出计算公式，前人多所研究[①]，可参考《周髀算经》"周髀长八尺"的算法。就测望问题"立两表于洛阳之城"（图 5-3），令 $A$ 为太阳，$H$ 为"南戴日下"[②]；$BC$，$DE$ 为所立南北两表，表高 8 尺；$BD$ 为两表间距，$BF$ 为南表影长，$DG$ 为北表影长，$DG-BF$ 为影差，欲求的距离：①日去地 $AH$，②南表至南戴日下 $BH$，③日去人 $AG$。他用文字叙述列出三个计算公式如下。

① 沈康身.《九章算术》导读. 武汉：湖北教育出版社，1997：65.

② 白尚恕.《九章算术》注释. 北京：科学出版社，1983：6.

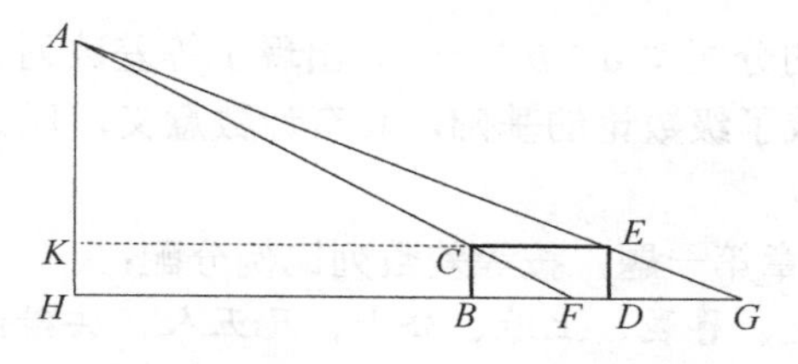


图 5-3 立两表于洛阳之城 令高八尺

①“以景差为法，表高乘表间为实，实如法而一。所得加表高，即日去地也。”

$$AH = \frac{BC \cdot BD}{DG - BF} + BC$$

②“（以景差为法）以南表之景乘表间为实，实如法而一，即为从南表至南戴日下也。”

$$BH = \frac{BF \cdot BD}{DG - BF}$$

③“以南戴日下及日去地为句、股，为之求弦，即日去人也。”

$$AG = \sqrt{AH^2 + HG^2}$$

需要说明，影差 1 寸，南北地差千里，这种算法存在两个问题，一是比例不准确，李淳风已指出：“以事考量，恐非实矣。”再就是在盖天说的背景下，把大地看作平面，在小范围内测量误差尚可，如测几千里，就不可能符合实际，这已超出当时算术能解决问题的范围。

### 5.1.3 衰分章：用比例分配法解决等差、等比、调和数列 6 题

《九章算术》（图 5-4）第三章衰分共 20 题，属比例分配（1～9 题）、正比例（10～19 题）复比例（20 题），开卷之首明列定义和算法：

> 衰分术曰：各置列衰；副并为法，以所分乘未并者，各自为实。实如法而一。不满法者，以法命之。

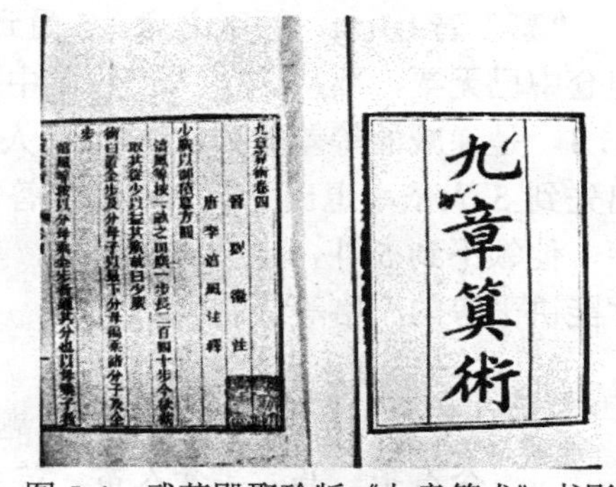


图 5-4 武英殿聚珍版《九章算术》书影

刘徽注说：“衰分，差分也。”“衰”音 cuī，“差分”指有差别地分配。衰分即比例分配，总数 $A$ 按率 $a:b:\cdots:c$ 分配，结果是[①]：

$$\frac{Aa}{a+b+\cdots+c}, \frac{Ab}{a+b+\cdots+c}, \cdots, \frac{Ac}{a+b+\cdots+c} \tag{5-1}$$

衰分术可简述为：依次列出分配率（$a:b:\cdots:c$，即“列衰”）；另将其合并，作为除数（$a+b+\cdots+c$，即“副并为法”）。把总数（$A$）依次乘相应的分配率中各数（$a$，$b$，…，$c$）作为被除数（$Aa$，$Ab$，$Ac$，即“各自为实”）；分别相除（即“实如法而一”），如有余数（即“不满法者”），把它作为分子，除数作为分母。刘徽注共 140 字，按“今有术”的概念“所求率”“所有率”“所有数”诠释这类问题的解法。

① 沈康身.《九章算术》导读. 武汉：湖北教育出版社，1997：218-220.

在前 9 题中，所给的分配率 $a:b:\cdots:c$ 出现了等差数列、等比数列、调和数列问题，在以后的历史上形成了级数论的基础，具有计数意义，现分别列举如下。

**1）五爵分鹿**

“五爵分鹿”为第三章第一题，按等差数列比例分配：

今有大夫、不更、簪裹、上造、公士，凡五人，共猎得五鹿。欲以爵次分之，问：各得几何？答曰：大夫得一鹿三分鹿之二；不更得一鹿三分鹿之一；簪裹得一鹿；上造得三分鹿之二；公士得三分鹿之一。

术曰：列置爵数，各自为衰，副并为法；以五鹿乘未并者各自为实。实如法得一鹿。

题中“簪裹”音 zān niǎo，为秦时所封爵位，《汉书·百官表》：“爵一级曰公士，二上造，三簪袅。”（袅与裹为异体，见《辞海》）。据式（5-1），不难获得“答曰”结果。分配率为 5∶4∶3∶2∶1，是递减的等差数列。原文按比例分配求值，也可按等差数列计算。[①]《九章》定义的是列衰，即连比例，满足一定条件的列衰与后人理解的等差数列相同。

**2）五爵出粟**

“五爵出粟”为第三章第六题，按等差数列比例分配：

今有禀粟，大夫、不更、簪裹、上造、公士凡五人，一十五斗。今有大夫一人后来，亦当禀五斗。仓无粟，欲以衰出之，问：各几何？答曰：大夫出一斗四分斗之一；不更出一斗；簪裹出四分斗之三；上造出四分斗之二；公士出四分斗之一。

术曰：各置所禀粟斛斗数，爵次均之，以为列衰；副并，而加后来大夫亦五斗，得二十以为法；以五斗乘未并者，各自为实。实如法得一斗。

“禀”音 bǐng，领受之意。5 爵到官仓领粟 15 斗，另有一大夫后到，也应领 5 斗；但仓中已无粟，要从这 5 人已领粟中按爵位高低退出，给后到者。分配率为 5∶4∶3∶2∶1，是递减的等差数列。这时 6 人本应领取 20 斗粟，作为除数。据式（5-1），可算出先到 5 人依率退出的粟米，即“答曰”所示。将其相加，得后到大夫所领粟 3 又 3/4 斗，他领不到 5 斗，也按比例受损，与先到大夫所领相同。该题反映出汉代官场同级内才能讲平等的严格等级制度。

**3）牛马羊食人苗**

“牛马羊食人苗”为第三章第二题，按等比数列的比例分配问题：

今有牛、马、羊食人苗。苗主责之粟五斗。羊主曰：我羊食半马。马主曰：我马食半牛。今欲衰偿之，问：各出几何？答曰：牛主出二斗八升七分升之四；马主出一斗四升七分升之二；羊主出七升七分升之一。

术曰：置牛四、马二、羊一，各自为列衰；副并为法；以五斗乘未并者各自为实。实如法得一斗。

此题取材生动，通俗易懂。李淳风在注中说：“此术……是谓四羊当一牛，二羊当一马”，即分配率为 4∶2∶1，构成等比数列。据式（5-1），可算出牛马羊主应赔粟各是多少。

---

① 白尚恕.《九章算术》注释. 北京：科学出版社，1983：84.

**4）女子善织**

“女子善织”为第三章第四题，按等比数列的比例分配问题：

今有女子善织，日自倍。五日织五尺，问：日织几何？答曰：初日织一寸三十一分寸之十九；次日织三寸三十一分寸之七；次日织六寸三十一分寸之十四；次日织一尺二寸三十一分寸之二十八；次日织二尺五寸三十一分寸之二十五。

术曰：置一、二、四、八、十六为列衰；副并为法；以五尺乘未并者，各自为实，实如法得一尺。

此题非常贴近汉代妇女劳动者的生活。题目中清楚列出分配率为 1∶2∶4∶8∶16，构成等比数列。据式（5-1），即可算出该题答案中每天织布的进度。

**5）参考同时期汉简侏儒行**

肩水金关汉简[①]中有类似的等比数列问题。73EJT31：140（额济纳肩水金关汉简 31 探方第 140）号简有“侏儒行”题（图 5-5），原简长×宽为 195 毫米×9 毫米，图中将紫外线所拍简照分成 4 段（从右向左）：

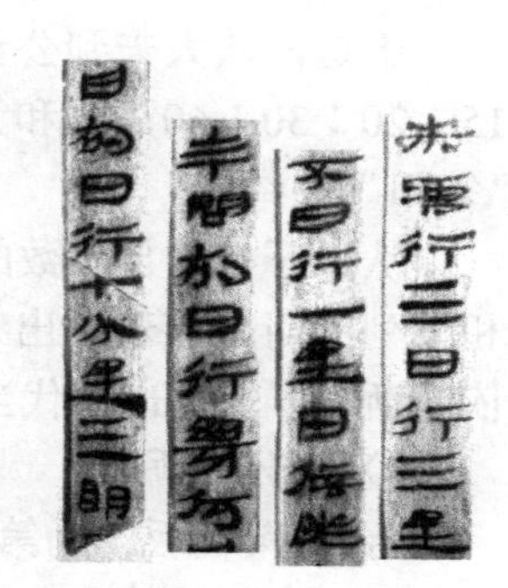

图 5-5 汉简侏儒行题

朱濡（侏儒）行三日行三里，不日行一里，日倍昨。

今问初日行几何。曰：初日行七分里三，明□〼

该简书写工整，字迹清晰，符号“□”为不可识之字，“〼”为断简号，表明下部残失。但问题仅问初日，答案恰有初日，所失无碍结果。简文清楚写明不是日行一里，而是后一天所行里数为前一天的二倍，简上“七”字为汉隶（不可释作“十”），“七分里三”，即七分之三里。文字极其精练，答案完全正确。书简人未写明解法，按当时体例，术曰应在断缺部分。

T31：140 号简的时代，据 31 探方 17 枚伴出纪年简，时限在公元前 66～前 3 年，其中公元前 60～前 40 年的占 10 枚，即汉宣帝元康至汉元帝永光年间，可知“侏儒行”简的年代，正与《九章》成书时间相类似。由此可以看出当时民间已流行衰分问题，等比数列也已普及。“侏儒行”题与“牛马羊食人苗”题的等比数列完全相同；“女子善织”题“日自倍”与“日倍昨”等比条件完全相同。该题具有数学趣味性、文化性，博得民众欢迎，流传于戍边部队中。

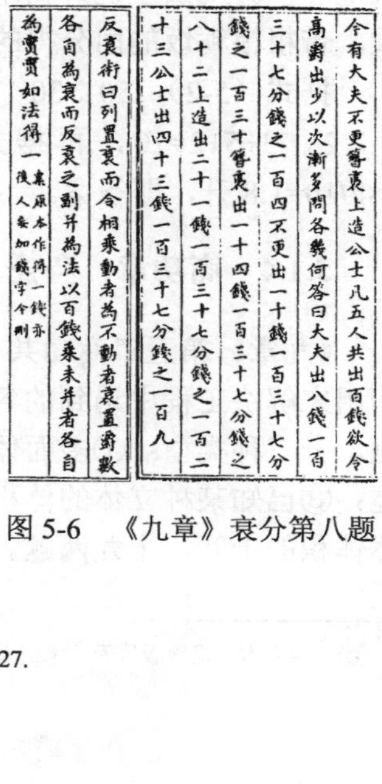

**6）五爵出百钱**

“五爵出百钱”为第三章第八题，用“返衰”术即反比例分配法解调和数列问题（图 5-6）：

今有大夫、不更、簪裹、上造、公士凡五人，共出百钱。欲令高爵出少，依次渐多，问：各几何？答曰：大夫出八钱一百三十七分钱之一百四；不更出一十钱一百三十七分钱之一百三十，簪裹出一十四钱一百三十七分钱之八十二，上造出二十一钱一百三十七

图 5-6 《九章》衰分第八题

① 甘肃简牍博物馆，等. 肩水金关汉简（叁）：中册. 上海：中西书局，2013：227.

分钱之一百二十三，公士出四十三钱一百三十七分钱之一百九。

术曰[①]：置爵数，各自为衰，而反（返）衰之。副并为法；以百钱乘未并者，各自为实。实如法得一（钱）。

这段“术曰”较简略，在本题之前，“返衰术曰：列置衰而令相乘，动者为不动者衰。”刘徽注用160字详解。今天看来，“返衰”就是按反比例进行分配。本题有5项，正比例是 5∶4∶3∶2∶1，反比例即每项的倒数比：1/5∶1/4∶1/3∶1/2∶1/1。各爵所出，必须满足：公士∶上造=2∶1，上造∶簪裹=3∶2，簪裹∶不更=4∶3，不更∶大夫=5∶4，须将其转化为整数分配率，解法公式是

$$\frac{1}{a}:\frac{1}{b}:\frac{1}{c}:\frac{1}{d}:\frac{1}{e}=bcde:acde:abde:abce:abcd \tag{5-2}$$

于是，从大夫到公士分摊的比例为 24∶30∶40∶60∶120，经过约减，变成 12∶15∶20∶30∶60，其和为 137，作为除数，$A$=100，再用常规的衰分术（5-1），就获得“答曰”的结果。

从1开始的自然数的倒数数列称为调和数列，五爵出百钱题用“返衰术”解决了调和数列的问题，表现出《九章》变化运用衰分术解决数列问题的多样性。“高爵出少，依次渐多”反映出汉代当需要付出时官阶越高贡献越少的社会现实。

**7）合分粟粝饭**

“合分粟粝饭”为第三章第九题，用“返衰”算法解任意反比例：

今有甲持粟三升，乙持粝米三升，丙持粝饭三升。欲令合而分之，问各几何？答曰：甲二升一十分升之七；乙四升一十分升之五；丙一升一十分升之八。

术曰：以粟率五十、粝米率三十、粝饭率七十五为衰，而返衰之。副并为法。以九升乘未并者，各自为实。实如法得一升。

题目中甲乙丙三人所持粟、粝米、粝饭虽都是三升，但质量不同，需要列出三者之间的“列衰”即换算率：50∶30∶75，说明粝米的质量最高，粝饭最低，1 份粝米要顶 2.5 份粝饭。将三种粮食混合后再分给三人，如果仍然每人三升，那么带精粮粝米的乙就吃亏了。刘徽注说，粝米率数虽小，带粝米的乙分得的率数应该最多；而粝饭率数虽大，带粗粮粝饭的丙分得的率数应该最少。因此需要应用“返衰”的算法。

据式（5-2），50∶30∶75=10∶6∶15，反比例为1/10∶1/6∶1/15=90∶150∶60=3∶5∶2，3+5+2=10，再据式（5-1），甲乙丙依次分得：9×3/10=2.7，9×5/10=4.5，9×2/10=1.8升，即答案。

### 5.1.4 商功章：刍甍、刍童体属于拟柱体

《九章》第五章商功共28题，在章名“商功”之下，刘徽注说：“以御工程积实”，即用来解决工程中遇到的各种体积计算问题。商功章主要计算粮仓容积、土方体积等问题。分三种类型：①多面体10种，曲面体4种，共19题；②服徭役劳力计算，共6题；③已知某种立体的体积，求其周长、边长、高，末3题。这里只选择属于计算拟柱体体积的十八、十九两题。上文提及，刍童体积公式后代发展成垛积术；与此相关的有

① 四库本、聚珍版等无“术曰”，这里的引文据郭书春新校本上册：103及112注［47］。

刍甍、曲池、盘池、冥谷等拟柱体，只是连带提及。在计数理论中具有重要意义的垛积术来源于体积问题。

**1）刍甍求积**

“刍甍求积”为第五章十八题，求屋顶形体积：

今有刍甍，下广三丈，袤四丈；上袤二丈，无广；高一丈。问：积几何？答曰：五千尺。术曰：倍下袤，上袤从之，以广乘之，又以高乘之，六而一。

刍童、曲池、盘池、冥谷皆同术。术曰：倍上袤，下袤从之；亦倍下袤，上袤从之，各以其广乘之；并，以高若深乘之，皆六而一。

原文中出现的刍甍、刍童、曲池、盘池、冥谷等都是体积名称。刍甍下底面矩形，上底面退缩成一条线段，《考工记》称为“四注屋”，今称庑殿顶；刍童上下底面皆矩形，大小不一且不必相似；上刍甍、下刍童即合为刍草垛。图 5-7 为刍甍和刍草垛的形状，图 5-8 为刍童、曲池的图像。而盘池、冥谷形状缺少史料，应属拟柱体，解法都和刍童相同。

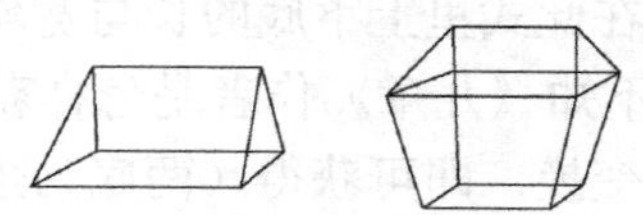

图 5-7　刍甍、刍草垛形状

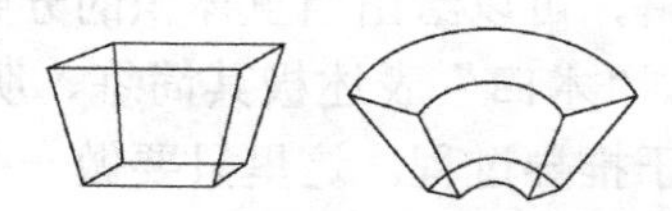

图 5-8　刍童、曲池形状

另外，原文中的“广”“袤”，作宽、长解。原文第一个“术曰”给出刍甍公式。“刍”是喂牲口的草，“甍”是刍草垛上部堆成的屋顶形体积。设其屋脊长（上袤）为 $a_1$，下底长（下袤）为 $a_2$，下底宽（下广）为 $b_2$，刍甍高为 $h$，则有公式

$$V_{\text{刍甍}} = \frac{1}{6}(2a_2 + a_1)b_2h \tag{5-3}$$

第二个“术曰”给出刍童、曲池、盘池、冥谷的统一公式，在第十九问刍童题中讨论。将刍甍题的条件代入这个统一公式，也会得到式（5-3）相同的结果。《九章》没有给出此两式的证明。按传统中算分割体积的方法去证并不难，刘徽注也作出详尽说明。需要对中算体积理论做全面阐述，才能透彻理解。按古法证明才能领会古人原意。沈康身先生《〈九章算术〉导读》第五章除“原文”外，“提要”“今译今释”用 56 页约 4 万字、60 幅精绘几何图解析商功[①]，旁征博引，论说精辟。在本节中，只是利用刍童公式的结果；仅需要对此公式作一般了解。

式（5-3）可以看成是现今人们熟知的拟柱体公式的特例。拟柱体公式即辛普森万能体积公式：上下底面积与 4 倍中截面的平均值乘高，对于上下底为矩形的情况，即有：

$$V_{\text{拟柱体}} = \frac{1}{6}\left[a_1b_1 + a_2b_2 + 4\left(\frac{a_1 + a_2}{2} \cdot \frac{b_1 + b_2}{2}\right)\right]h \tag{5-4}$$

对刍甍而言，上底因无宽度（无广）即 $b_1=0$，代入拟柱体公式即得到式（5-3）。

**2）刍童求积**

“刍童求积”为第五章十九题，求两底矩形的拟柱体：

① 沈康身.《九章算术》导读. 武汉：湖北教育出版社，1997：350-405.

今有刍童，下广二丈，袤三丈；上广三丈，袤四丈；高三丈。问：积几何？答曰：二万六千五百尺。

刍童和曲池的体积形状如图 5-8。曲池原是向下挖掘出的曲面体，用以蓄水。

“刍童”是刍垛下部堆成的矩形棱台体，下底矩形略小，不必与上底矩形相似。而刍甍像屋顶一样覆盖其上，构成乡间常见的刍草垛、柴秸垛的形状。也可以按习惯把刍童翻转过来，大的矩形做下底，体积不变。刍童的计算公式在第十八题中已经交代：

刍童、曲池、盘池、冥谷皆同术。术曰：倍上袤，下袤从之；亦倍下袤，上袤从之，各以其广乘之；并，以高若深乘之，皆六而一。

设这类体积上底长（上袤）为 $a_1$，下底长（下袤）为 $a_2$，上底宽（上广）为 $b_1$，下底宽（下广）为 $b_2$，高或深为 $h$，按照“术曰”则有公式

$$V_{刍童}=\frac{1}{6}[(2a_1+a_2)b_1+(2a_2+a_1)b_2]h \tag{5-5}$$

此式对于刍甍、曲池、盘池、冥谷“皆同术”，即都是通用的。其证明的方法，据刘徽详细的注解，可以给出刍童体积的分解图。在此式里上下底的长与宽均衡、对称配置，非常优美。“术曰”表述极其简练、明确，不知《九章》作者是怎样获得的。证明不难，但不等于推导过程。这里只要做一些代数变换，即可获得（两底为矩形的）拟柱体体积公式：

$$\begin{aligned}V_{刍童}&=\frac{1}{6}[(2a_1+a_2)b_1+(2a_2+a_1)b_2]h=\frac{1}{6}[a_1b_1+a_2b_2+(a_1+a_2)(b_1+b_2)]h\\&=\frac{1}{6}[a_1b_1+a_2b_2+4(\frac{a_1+a_2}{2}\cdot\frac{b_1+b_2}{2})]h\end{aligned} \tag{5-6}$$

式（5-6）中截面的长和宽分别是上下底长和宽的中值。由此确知式（5-6）与式（5-5）等价。

到北宋沈括将式（5-6）添加一个余项，将其改成隙积术公式，开启垛积术研究的先河，在中算史中计数论进入新的发展阶段。

**3）刍童公式是《九章》的万能体积公式**

所有顶点都在两个平行平面之内的多面体叫拟柱体。它的侧面可以是三角形、平行四边形或梯形，甚至可以推广到某些规则的曲面。上下底为矩形的拟柱体公式（5-4）应用广泛。辛普森的原公式没有限定上下底以及中截面的形状，甚至可求出球体积：只需将上下底面积视作零。这真是一个奇妙的公式。

辛普森（Thomas Simpson），英国数学家，出身贫寒，自学成才。他当过纺织工人、中学教员、大学教授，除在微积分方面卓有贡献外，对几何、三角、分析和概率都有研究。以他的名字命名的拟柱体公式，因能求出许多形状的拟柱体体积而被称为万能公式。

其实，刍童公式（5-5）就是《九章》的万能体积公式，体现出《九章》编写者对求出普遍适用的体积公式的努力。当式（5-6）用等号把它和辛普森公式特例联系起来，确证两者在求两底为矩形的拟柱体体积时等价。其区别在于着眼点的不同，在解决这类问题时两者可谓殊途同归。显然，《九章》的结果要比后者早一千八百年，而后者适用范围则更为宽泛。

在《九章》建立的体积系统中，刍童公式是非常重要的，刍甍、曲池、盘池、冥谷“皆同术”，还有一些体积公式可看作是刍童公式的特例。此外，唐代王孝通“有可能从刍童公式出发引申出一般堤积公式。”[①]宋代沈括为什么选刍童公式改造成离散的隙积术公式，因为隙积术能够解决的问题更为常见，其根本原因也在于这个公式具备普遍性。

### 5.1.5 均输章：以连比例率解复杂条件的数列 4 题

《九章》第六章均输共 28 题。在章名“均输”之下，刘徽注说：“以御远近劳费”，意即用来平均运输中因距离不同引起劳务费用的差别。均输章解决按人口多少、路途远近合理分摊赋税、徭役的问题（前 4 题），包含正反比（12～16 题）、分配比（工程题：第 9，20～26 题）、等差数列（17～19）、复比（7，8）、连比（10，11，27，28）以及与第二章粟米类似的两题（5，6）。[②]这里讨论第十七至十九题、第二十八题。

**1）五尺金箠（棰）**

“五尺金箠”为第六章十七题，用衰分术求复杂条件下等差数列各项问题（图 5-9）：

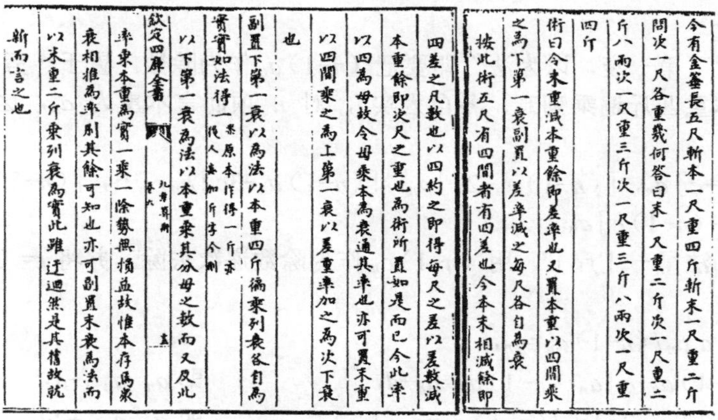

今有金箠長五尺斬本一尺重四斤斬末一尺重二斤
問次一尺各重幾何答曰末一尺重二斤次一尺重二
斤八兩次一尺重三斤次一尺重三斤八兩次一尺重
四斤
術曰令末重減本重餘即差率也又置本重以四間乘
之爲下第一衰副置以差率減之每尺各自爲衰
按此術五尺有四間者有四差也今本末相減餘即
四差之凡數也以四約之即得每尺之差以差數減
本重餘即次尺之重也爲術所置如是而已今此率
以四爲母故令母乘本爲衰通其率也亦可置末重
以四間乘之爲上第一衰以差重率加之爲次下衰
也
副置下第一衰以爲法以本重四斤徧乘列衰各自爲
實實如法得一 案原本作得一斤衍後人妄加斤字今删
欽定四庫全書 九章算術 卷六
以下第一衰爲法以本重乘其分母之數而又反此
率乘本重爲實一乘一除勢無損益故惟本存焉衆
衰相推爲率則其餘可知也亦可副置末衰爲法而
以末重二斤乘列衰爲實此雖迂迴然是其據故就
新而言之也

图 5-9 《九章》均输章 17 题“五尺金箠”与刘徽注

今有金箠，长五尺。斩本一尺，重四斤；斩末一尺，重二斤。问：次一尺各重几何？答曰：末一尺重二斤；次一尺重二斤八两；次一尺重三斤；次一尺重三斤八两；次一尺重四斤。

术曰：令末重减本重，余，即差率也。又置本重，以四间乘之，为下第一衰。副置，以差率减之，每尺各自为衰。副置下第一衰，以为法。以本重四斤遍乘列衰，各自为实。实如法得一（斤）。

“金箠”即金鞭，共分 5 节，依“答曰”所示顺序看，此箠上细（末）下粗（本），每尺之重呈递增的等差数列；但在术文和诸家解释中，多将此视为递减的等差数列。已知上 1 尺末重 $a_1=2$ 斤，下 1 尺本重 $a_5=4$ 斤，设其间各尺之重为 $a_2$，$a_3$，$a_4$，求其重量。这道题也可看作是已知首尾两段之值，向中间插入 3 个值，使各段值之间保持等差的性质，具有“内插”的含义。以下逐句解释金箠术。

① 沈康身.《九章算术》导读. 武汉：湖北教育出版社，1997：359.

② 沈康身.《九章算术》导读. 武汉：湖北教育出版社，1997：426-427. 该提要遗漏 5，6 两题的分类说明。

"术曰"表明："末重减本重"，即从本重里减末重，将"差率"记作 $c$，则 $c=a_5-a_1=2$。刘徽注指出："按：此术五尺有四间者，有四差也。"5 尺中分成 4 段，即存在 4 个等差；设等差为 $d$，则 $d=(a_5-a_1)/4$。"又置本重，以四间乘之"，即 $4a_5=16$，为"下第一衰"。"以差率减之，每尺各自为衰"即递次减去差率：$4a_5-c=14$，$4a_5-2c=12$，$4a_5-3c=10$，$4a_5-4c=8$，即第二、三、四、五衰，16∶14∶12∶10∶8，这个数列构成"列衰"。以 $a_5$ 遍乘列衰，再除以"下第一衰"，就得到每尺的重量，与"答曰"相同。这里的 1 斤=16 两，汉制。

此算法对于 $n$ 项也成立，不失本意，以下分 6 步用代数式来推导：

（1）设本重为 $a_n$，末重为 $a_1$，差率 $c=a_n-a_1$，等差 $d=c/(n-1)=(a_n-a_1)/(n-1)$，$c=(n-1)d$。

（2）"又置本重，以四间乘之"，"四"为项数减一，即 $n-1$，故 $(n-1)a_n$ 为"下第一衰"。

（3）"以差率减之，每尺各自为衰"即

$(n-1)a_n-c$，$(n-1)a_n-2c$，$(n-1)a_n-3c$，…，$(n-1)a_n-(n-2)c$，$(n-1)a_n-(n-1)c$。

（4）"副置下第一衰，以为法"即要把 $(n-1)a_n$ 作为除数，置于一旁备用。

（5）"以本重四斤遍乘列衰，各自为实"，对 $n$ 项而言本重为 $a_n$，这就是说求出各实为：

$[(n-1)a_n-c]a_n$，$[(n-1)a_n-2c]a_n$，$[(n-1)a_n-3c]a_n$，…，$[(n-1)a_n-(n-2)c]a_n$，$[(n-1)a_n-(n-1)c]a_n$。

（6）"实如法得一［斤］"，用 $(n-1)a_n$ 作为除数递次去除，并将 $c=(n-1)d$ 代入，得到

$a_n=(n-1)a_na_n/(n-1)a_n=a_n$，

$a_{n-1}=[(n-1)a_n-c]a_n/(n-1)a_n=a_n-d$，　　即 $a_n=a_{n-1}+d$，

$a_{n-2}=[(n-1)a_n-2c]a_n/(n-1)a_n=a_n-2d$，　　即 $a_n=a_{n-2}+2d$，

$a_{n-3}=[(n-1)a_n-3c]a_n/(n-1)a_n=a_n-3d$，　　即 $a_n=a_{n-3}+3d$，

……　　……

$a_2=[(n-1)a_n-(n-2)c]a_n/(n-1)a_n=a_n-(n-2)d$，即 $a_n=a_2+(n-2)d$，

$a_1=[(n-1)a_n-(n-1)c]a_n/(n-1)a_n=a_n-(n-1)d$，即 $a_n=a_1+(n-1)d$。　　(5-7)

式（5-7）是现今人们都熟悉的等差数列通项公式。以上按"术曰"所做推演证明《九章》金箠术是正确的，原作者深明等差数列之要义。当然，这并不是说，金箠术已经明确获得了式（5-7）。当按照术文的要求对式中分子分母约减之后，等差数列的真面目则清晰呈现：那是求等差数列各项公式的等价形式。

解此题时，《九章》作者想的是要用衰分术解，刘徽想的是要用今有术解，我们不能要求他们像现在的人一样思考，一步找到公差 $d$，立即按等差数列通项一一算出答案。诸家解释各有所长，但未能洞彻其说。此题关键在"差率"$c$ 与等差 $d$ 的关系。李继闵先生对此术解释较多，用算法框图，贴合原著的时代，但未涉及 $c$ 与 $d$，更未推及一般；将"列衰"增加一步骤"约减"[①]，即 16∶14∶12∶10∶8=8∶7∶6∶5∶4，算

① 李继闵.《九章算术》及其刘徽注研究. 西安：陕西人民教育出版社，1990：181-182.

理当然无误，而“术曰”并未显示，却仍然要求“副置下第一衰，以为法”，即还须以16作为除数，而不是以8为除数，看出“约减”实为蛇足，读者不无疑窦。

**2）五人分五钱**

“五人分五钱”为第六章第十八题，解决“锥行衰”即递减的等差数列问题：

今有五人分五钱，令上二人所得与下三人等。问：各得几何？答曰：甲得一钱六分钱之二；乙得一钱六分钱之一；丙得一钱；丁得六分钱之五；戊得六分钱之四。

术曰：置钱，锥行衰。并上二人为九，并下三人为六。六少于（於）九，三。以三均加焉，副并为法。以所分钱乘未并者，各自为实。实如法得一钱。

题目很清楚，须先解读“术曰”。“锥行衰”：锥形的分配率，将连比例值比作锥子，由粗而细，指递减的等差数列。刘徽注说：“数不得等，但以五、四、三、二、一为率也。”即此分配率为前5∶4，后3∶2∶1。前2人所占率数之和为9，后3人所占率数之和为6，后者率数少3；要使前后所得钱等，须每人率数都加3：前8∶7与后6∶5∶4，这时前、后率数和就相等了。再用式（1），求出每人所得钱为：甲8/6，乙7/6，丙6/6，丁5/6，戊4/6钱。

刘徽加235字注对此题做了分析和推广。白尚恕①、沈康身先生各有3页注释，沈并将此题推广到一般情况。②

此题表明，《九章》作者认识到，5∶4∶3∶2∶1与8∶7∶6∶5∶4两列衰同为等差，但所占比率可依条件（“上二人所得与下三人等”）而变化，并找出具体的修改比例的方法。

**3）竹九节均容**

“竹九节均容”为第六章十九题，以比例分配求等差数列公差问题（图5-10）：

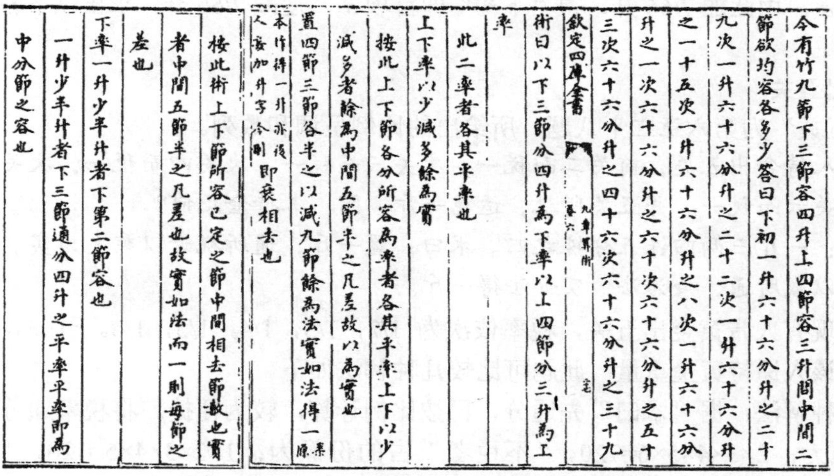

今有竹九節下三節容四升上四節容三升問中間二
節欲均容各多少荅曰下初一升六十六分升之二十
九次一升六十六分升之二十二次一升六十六分升
之一十五次一升六十六分升之八次一升六十六分
升之一次六十六分升之六十次六十六分升之五十
三次六十六分升之四十六次六十六分升之三十九
欽定四庫全書 九章算術 卷六
術曰以下三節分四升為下率以上四節分三升為上
率
此二率者各其平率也
上下率以少減多餘為實
按此上下節各分所容為率者各其平率上下以少
減多者餘為中間五節半之凡差故以為實也
置四節三節各半之以減九節餘為法實如法得一
本作得一升亦後人妄加升字今刪
即衰相去也
按此術上下節所容已定之節中間相去節數也實
者中間五節半之凡差也故實如法而一則每節之
差也
下率一升少半升者下第二節容也
一升少半升者下三節通分四升之平率平率即為
中分節之容也

图5-10 《九章》均输章第十九题“竹九节均容”与刘徽注

今有竹九节，下三节容四升，上四节容三升。问：中间二节欲均容，各多少？答曰：下初，一分六十六分之二十九；次，一分六十六分之二十二；次，一分六十

① 白尚恕.《九章算术》注释. 北京：科学出版社，1983：211-214.

② 沈康身.《九章算术》导读. 武汉：湖北教育出版社，1997：459-462.

六分之十五；次，一分六十六分之八；次，一分六十六分之一；次，六十六分之六十；次，六十六分之五十三；次，六十六分之四十六；次，六十六分之三十九。

术曰：以下三节分四升为下率，以上四节分三升为上率。上、下率以少减多，余为实。置四节、三节，各半之，以减九节，余为法。实如法得一（升），即衰相去也。下率一升少半升者，下第二节容也。

此题承续“五尺金箠”题，而数列共 9 项，条件更复杂：前 3 项（下三节）和为 4 升：$a_1+a_2+a_3=4$，后 4 项（上四节）和为 3 升：$a_6+a_7+a_8+a_9=3$，应是递减的等差数列：照这样的比率，要计算中间两项，亦即求 $a_4$ 和 $a_5$ 的值。

（1）“术曰”的“下率”为前 3 项的平均值：$(a_1+a_2+a_3)/3=4/3$ 升，“上率”为后 4 项的平均值：$(a_6+a_7+a_8+a_9)/4=3/4$ 升，“以少减多”是从多的里减去少的：$4/3-3/4=7/12$ 升，这个差就是前 3 项与后 4 项容积总差数（比较“五尺金箠”题从本重减去末重以求差率的方法）。

（2）刘徽注说：“上、下以少减多者，余为中间五节半之凡差也”，即所余是今言公差的 5 又 1/2 倍。7/12 升作为“实”，即被除数。

（3）取前 3 项之半 $(a_1+a_2+a_3)/2=4/2$ 升，后 4 项之半 $(a_6+a_7+a_8+a_9)/2=3/2$ 升，都是平均率；从 9 节中减去：$9-(4/2+3/2)=11/2$，将所得的余数 11/2 作为“法”，即除数。

（4）将余数 11/2 去除 7/12 升，得到 $7/12\div11/2=7/66$ 升，即任意相连两节升数之差（公差 $d$）。这种方法叫作“衰相去”，即求公差法。

（5）只知道“衰相去”求出公差还是不够的，还须知道至少一项的值。“下率”就包含这样的信息：“一升少半升”即 1 又 1/3 升，应当是前 3 项中第 2 节的容量（1 又 22/66 升），即 $a_2$。由此加 7/66 升，得“下初”即首项 $a_1$，递减 7/66 升，求出以下各节，见“答曰”。

**4）持金出五关**

“持金出五关”为第六章二十八题，所给出的比例呈调和数列。

今有人持金出五关，前关二而税一，次关三而税一，次关四而税一，次关五而税一，次关六而税一。并五关所税，适重一斤。问：本持金几何？

答曰：一斤三两四铢五分铢之四。术曰：置一斤，通所税者以乘之为实。亦通其不税者以减所通，余为法，实如法得一斤。

题意为：现有人带黄金出五关，税率依次为 1/2，1/3，1/4，1/5，1/6。五关收税总和为 1 斤，求该人原持黄金重量。此题可比较几种解法如下。

（1）第一种解法：据“术曰”先通分，再按比例计算，较为便捷。将税率通分，即先求出总份额为：$2\times3\times4\times5\times6=720$，“不税者”占的份额为：$1\times2\times3\times4\times5=120$，“所税者”占的份额为 $720-120=600$（即“通其不税者以减所通，余为法”），以 $1\times720=720$ 为实（即“置一斤，通所税者以乘之为实”），以 600 为法，故得本持金数为 $720/600=6/5$ 斤，按汉代重量 1 斤=16 两，1 两=24 铢，故 6/5 斤=1 斤 3 两 4 又 4/5 铢。

（2）第二种解法：是刘徽在此题注中所言，便于理解，而基本解法与原题“术曰”一致：

置一斤。通所税者……通其所不税者……余全于本所持六分之一也。

$$\frac{1\times2\times3\times4\times5}{2\times3\times4\times5\times6}=\frac{120}{720}=\frac{1}{6},\quad 1-\frac{1}{6}=\frac{5}{6}。$$

*以子减母，凡五关所税六分之五也。于今有术，所税一斤为所有数，分母六为所求率，分子五为所有率。*

按“今有术”，设本持金数为$x$，按比例$x:1=6:5$，即得$x=6/5=1$斤3两4.8铢。

（3）第三种解法：设原持金$A$，过各关后所持金依次为$B$，$C$，$D$，$E$，$F$，依题意有：

$F:E=5:6$，$E:D=4:5$，$D:C=3:4$，$C:B=2:3$，$B:A=1:2$

即 $F:A=(5\times4\times3\times2\times1):(6\times5\times4\times3\times2)=1:6$，中间的比例皆已消去，说明过五关后缴税占5/6，共1斤，故原持金重$1\div5/6=6/5$斤=1斤3两4又4/5铢。

（4）第四种解法：分别求出五关所缴税金所占总金比例，再求和，反求所持本金总数：

一关$\frac{1}{2}$，二关$\frac{1}{2}\times\frac{1}{3}=\frac{1}{6}$，三关$(\frac{1}{2}-\frac{1}{6})\times\frac{1}{4}=\frac{1}{12}$，四关$(\frac{1}{3}-\frac{1}{12})\times\frac{1}{5}=\frac{1}{20}$，

五关$(\frac{1}{4}-\frac{1}{20})\times\frac{1}{6}=\frac{1}{30}$，

而 $\frac{1}{2}+\frac{1}{6}+\frac{1}{12}+\frac{1}{20}+\frac{1}{30}=\frac{5}{6}$，最后得到 $1\div\frac{5}{6}=\frac{6}{5}$，即1斤3两4又4/5株。

经过比较易知《九章》原题和刘徽注所述解法深刻而简明，后两法烦琐，计算不易。

## 5.2 刘徽应用比例研究体积关系获得重要定理*

在数学的认知过程中，常常要遇到在对比的意义下研究两个或两个以上对象的大小、数量关系，关注的问题从一维向二维、三维扩展。中国古代数学家“率”的概念根深蒂固，能够熟练掌握比例算法，用来解决一般面积、体积问题，按照比例由此及彼进行推理，从而获得重要的数学结论，这些结论也与比例和“率”直接相关。例如$\pi$与4，圆与方，球体积（称为“立圆”“浑”或“丸”）与正方体（或称为“质”）的关系，就是一个经典的历史问题。为了求出球体积，刘徽首先设计出一种“牟合方盖”（下文简称“合盖”）体，证明球与合盖体积之比等于$\pi$与4之比，就是这方面的重要进展，在世界数学史上堪称一项发明。当然，要想求出球体积，就必须算出合盖的体积，这一点刘徽没有办到，而由200年后的祖暅解决。在两种体积都未知的情况下，居然能预先推出两者之比为$\pi:4$，确实令人称奇。本节将结合历史题材做扩展的探讨，并在§7.4节“祖暅继承刘徽从合盖体积获得球体积公式”继续这一课题的研究。

---

* 罗见今. 关于刘、祖原理的对话//吴文俊. 刘徽研究. 西安：陕西人民教育出版社，1993：219-243.

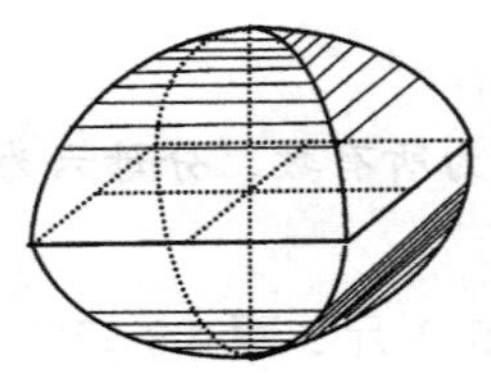
图 5-11 牟合方盖体

合盖体是两等径正交圆柱的重合部分（图 5-11），内含最大正方形为中截面，两边两方盖全等，它们的顶各由四块全等的圆柱面三角形拼成，为直纹曲面，四棱为椭圆曲线，由斜切圆柱面而获得。这种合盖体体积在战国秦汉多有应用，常见出土“钫”的造型，例如云梦睡虎地十一号秦墓出土铜钫[①]，其中部即一牟合方盖，特点是平行截面皆为方形。这样的例子很多，如三门峡上村岭出土的战国铜方鉴（其主体类似一个向上的方盖）、铜方罍等[②]，方圆结合，弧线之内所包容的皆可视为方盖或合盖的艺术变形。汉代墓葬中也有方盖造型[③]，图 5-12 右的两座砖砌墓室，一大一小，皆按方盖顶设计。这些方盖四个侧面接近圆柱面的一部分，应是直纹曲面。类似例子不胜枚举，说明刘徽设计的合盖并非凭空想象，而是出自深厚的历史应用背景。

图 5-12 从左到右：三门峡战国铜方鉴、铜方罍、睡虎地秦铜钫、盛乐汉墓葬

### 5.2.1 张衡、刘徽探索球体积的算法

东汉科学家、数学家张衡说：“方八之面，圆五之面。”即是说：

$$S_{圆} / S_{方} = \sqrt{5} / \sqrt{8} \quad (= \sqrt{10} / 4) \tag{5-8}$$

常说张衡取 $\pi \approx \sqrt{10}$（≈3.162 277 66），即从式（5-8）推出。刘徽说：“方周者，方幂之率也；圆周者，圆幂之率也。”他是从“率”的关系来论证的。记周长为 $C$，面积为 $S$，即

$$C_{圆} / C_{方} = S_{圆} / S_{方} = \pi / 4 \tag{5-9}$$

刘徽并用割圆术改进了 $\pi$ 值。

在《九章算术》卷四第 24 题刘徽注中，引述张衡的定义：“立方为质，立圆为浑”，刘徽说，张衡研究了“言质之与中外之浑”（图 5-13），即一正方体内切球与外接球体积比例关系（图 5-14），得

$$V_{内球} / V_{外球} = \sqrt{25} / \sqrt{675} \approx 5 / 26 \tag{5-10}$$

① 孝感考古训练班. 云梦睡虎地十一号秦墓发掘简报：出土铜钫. 文物，1976（6）：图版伍.

② 河南省博物馆. 河南三门峡市上村岭出土的几件战国铜器：方罍，方鉴. 文物，1976（3）：图版叁.

③ 内蒙古自治区文物考古研究所. 考古揽胜：内蒙古自治区文物考古研究所 60 年重大考古研究发现：盛乐古城汉代砖石墓葬. 北京：文物出版社，2014：106.

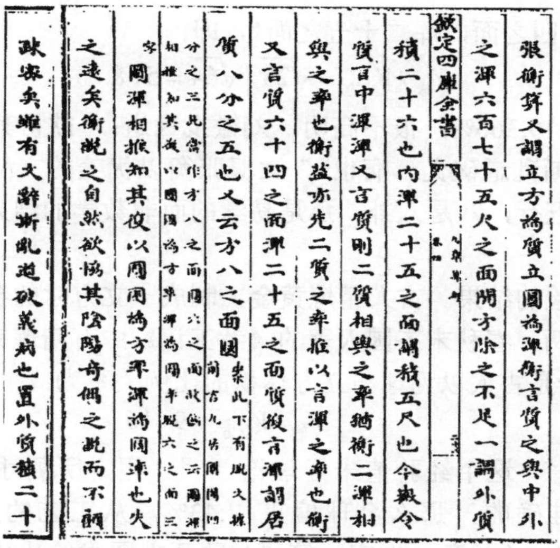

欽定四庫全書　九章算術 卷四

張衡算又謂立方為質立圓為渾衡言質之與中外
之渾六百七十五尺之面開方除之不足一謂外質
積二十六也內渾二十五之面謂積五尺也今徽令
質言中渾渾又言質則二質相與之率猶衡二渾相
與之率也衡蓋亦先二質之率推以言渾之率也衡
又言質六十四之面渾二十五之面質復言渾謂居
質八分之五也又云方八之面圓
圓渾相推知其役以周圓為方率渾為圓率也失
之遠矣衡說之自然欲協其陰陽奇偶之說而不顧
疏密矣雖有文辭斯亂道破義病也置外質積二十

图 5-13 《九章算术》卷四 24 题刘徽注

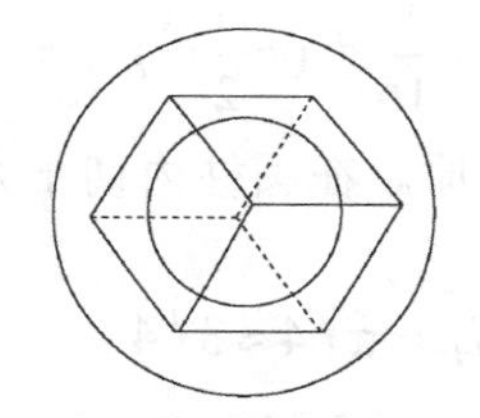

图 5-14 质与中外之浑

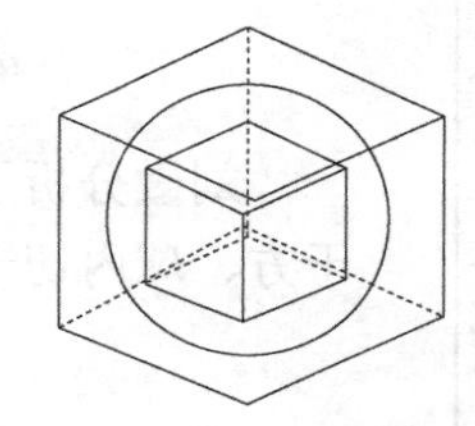

图 5-15 浑与中外之质

刘徽则研究了“质言中浑，浑又言质”，即一球的内接正方体与外切正方体的体积关系（图 5-15），他设内立方边长 $a$=5 尺，据球内容立方的几何关系 $d^2=3a^2$，算出球直径或外立方边长 $d=\sqrt{75}$ 尺，从而得到：

$$V_{内方}/V_{外方}=a^3/d^3=\sqrt{25}/\sqrt{675}\approx 5/26 \tag{5-11}$$

其结果与今算值 $\sqrt{3}/9$=0.192 45 全同；以 5/26=0.192 307 6 代替，相对误差仅 0.074%，十分漂亮。在不知 $V_{球}$的条件下有如此成绩，很不容易。

刘徽还说：“二质相与之率犹衡二浑相与之率也。”他将上两式做比较获得：

$$V_{内方}/V_{外方}=V_{内球}/V_{外球} \tag{5-12}$$

但我们不知道为获得式（5-10）、（5-11）的结果，两位数学家的运算过程是怎样的，甚至刘徽也不知张衡怎么算的，他推测说：“衡盖亦先二质之率推以言浑之率也。”

可以推测，他们计算上 3 式的目的，是想方设法找出 $V_{球}/V_{立方}$，再通过由质推浑的途径算出 $V_{球}$ 来。但这个目的并没有达到，因为当时求 $V_{球}$ 的确是个难题。刘徽注意到，不管是球内切、外接于立方，或是立方内接、外切于球，只要几何关系不变，则二浑或二质比例关系不变，这反映出他注重通过特定条件研究不变的比例关系的数学观点。但他并非用正方体与其内切球体积之比及球与内接正方体体积之比以推算二质之比的，因 $V_{球}$ 和 $V_{球}/V_{立方}$ 均未知，这可能是他提出合盖体的一个原因。

张衡说："质六十四之面，浑二十五之面"，即：

$$V_{球}/V_{立方}=\sqrt{25}/\sqrt{64}=5/8 \tag{5-13}$$

这个式子误差在 19.366%，很不高明，刘徽批评道："欲协其阴阳奇耦之说而不顾疏密矣。虽有文辞，斯乱道破义，病也。"大概张衡以优美的文辞引述了阴阳五行和八卦奇偶的理论，五是五行，八是八卦，那是易学的而非数学的结果，刘徽见到了原文，才这样批评。

球体积还有一经验的结果。古人精炼黄金，制成一立方寸的金块，重 16 两；另制成寸径的金球，重 9 两。春秋末齐国人著的《考工记》中有精炼锡并权之、准之、量之的记载（图 5-16）。于是古人以为球与立方体积的比例关系为：

$$V_{球}/V_{立方}=9/16 \tag{5-14}$$

黃金方寸重十六兩金丸徑寸重九兩率生於此未
曾驗也周官考工記㮚氏爲量改煎金錫則不耗不
耗然後權之權之然後準之準之然後量之言鍊金
使極精而後分之則可以爲率也令丸徑自乘三而

图 5-16 《九章》卷四 24 题刘徽注

这个经验值未经理论证明。假定所测寸金的体积（重量）是准确的，那么金球偏重 7.43%。从工艺的角度看，那时在所难免。《九章·少广》第 24 题开立圆术给出由 $V_{球}$计算其直径 $d$ 的公式：

$$d=\sqrt[3]{\frac{16}{9}V_{球}},\qquad 即\ V_{球}=\frac{9}{16}d^3\left(=\frac{9}{2}r^3\right) \tag{5-15}$$

刘徽分析了式（5-15）的立术之原。在圆柱内切于方、圆内切于方、球内切于圆柱时，假如取

$$V_{圆柱}/V_{立方}=S_{圆}/S_{方}=\pi/4\approx 3/4 \tag{5-16}$$

及

$$V_{球}/V_{圆柱}=\pi/4\approx 3/4 \tag{5-17}$$

则有

$$\frac{V_{球}}{V_{立方}}=\frac{V_{圆柱}}{V_{立方}}\cdot\frac{V_{球}}{V_{圆柱}}\approx\frac{3}{4}\cdot\frac{3}{4}=\frac{9}{16} \tag{5-18}$$

因式（5-17）于理不通，它的准确值应是 2/3 而非 3/4，故刘徽认为式（5-15）"此意非也"。式（5-18）中若以 $\sqrt{10}$ 表示 $\pi$ 代替 3，则得张衡的式（5-13），刘徽推测式（5-13）就是这样算出来的，故批评说；"失之远矣"。刘徽进一步指出："率生于此（炼金），未曾验也"，即式（5-15）生于式（5-14）。他认为错误假设式（5-17）可导出错误结论。牟合方盖体即产生于这一批判的背景。

为继续批评式（5-15），他依式（5-15）计算立方与外接球之比，将其叙述过程合写于一式，得：

$$\frac{V_{内方}}{V_{球}}=\frac{V_{内方}}{V_{外方}}\div\frac{V_{球}}{V_{外方}}=\frac{5}{26}\div\frac{9}{16}=\frac{40}{117} \tag{5-19}$$

式中的分数线和除号，都是在比例或"率"的意义下使用的。他说："是为质居浑一百一十七分之四十，而浑率犹为伤多也。"导出过程无误，但球占比例过大，结果归于粗疏不可用。

为说明刘徽计算的精确程度，我们来做误差分析：$V_{球}/V_{外方}$ 今算当为 $\pi/6$= 0.523 598 7，而用 9/16 代替，相对误差 7.43%。$V_{内方}/V_{球}$ 今算当为 $2\sqrt{3}/3\pi$ =0.367 552 6，而用

40/117 代替，相对误差 6.98%，主要由 9/16“伤多”引起。其实，40/117 尚不及 4/11 好，后者仅差 1%。古希腊的阿基米德在“圆的度量”中已经给出 4/11。[①]

### 5.2.2 刘徽用比例表示的体积定理

刘徽正是从$V_{球} / V_{圆柱}$一定不等于 π/4 入手，去寻找球与什么样的体积之比才等于 π/4 的。在此之前，他已有相当的经验，表述出以下诸命题：

**命题 1** “令圆幂（幂指面积）居方幂四分之三，圆囷（立方内接圆柱）居立方亦四分之三”，即式（5-16）。

**命题 2** “圆锥见幂（侧面积，记作$S_{圆锥}$）与方锥见幂（$S_{方锥}$），其率犹圆幂之与方幂也”。即

$$S_{圆锥} / S_{方锥} = S_{圆} / S_{方} = \pi / 4 \tag{5-20}$$

**命题 3** “从方亭（正四棱台）求圆亭（圆台）之积，亦犹方幂中求圆幂”。即

$$V_{圆亭} / V_{方亭} = S_{圆} / S_{方} = \pi / 4 \tag{5-21}$$

**命题 4** “从方锥中求圆锥之积，亦犹方幂求圆幂”。即

$$V_{圆锥} / V_{方锥} = S_{圆} / S_{方} = \pi / 4 \tag{5-22}$$

**命题 5** “圆锥比于方锥，亦二百分之一百五十七”。即上式取 $\pi = 3.14$。

有的学者称上述命题为“刘徽定理”或“刘徽诸事”，结果均为 π/4；命题 3，4，5 还暗示，对于二维的圆与方，三维圆与方的锥、亭，这个比率普遍存在。刘徽依底面积之比推断体积之比，这是他注重通过特定条件研究不变的比例关系成功之例。像式（5-12）那样的关系他都能够发现，他不会认识不到方锥与内切圆锥用平行于底的截面切去小方锥、小圆锥后所余的正是方亭与内切圆亭，据式（5-21），（5-22），比例保持不变。“底面积”在这里与“横截面积”难以绝对区分，小方锥、小圆锥的底面积也就是大方锥、大圆锥的横截面积。

《九章·商功》17 题羡除术刘徽注中提出了相连贯的几个命题，有助于说明他的思想。

**命题 6** 中锥鳖臑与外锥鳖臑“虽背正异形……参不相似，实则同也”。

如图 5-17（a），正四棱锥 *S-ABCD* 内接的正四棱锥 *S-EFGH* 称为中锥，除中锥外的部分称为外锥；取出全锥的四分之一，分属外、中锥的部分称为外锥鳖臑 *S-AEH* 与中锥鳖臑 *S-EOH*。鳖臑（音 biē nào），三角锥体。中算家分解体积时划出的一种基本几何体，因其形状类似螃蟹的螯而得名。刘徽认为虽然两者形状并不相同，但其体积是相等的。

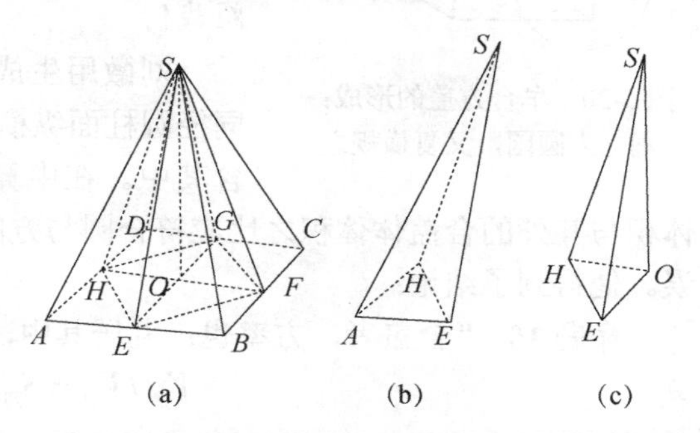


图 5-17 外锥 *S-ABCD* 与中锥 *S-EFGH*，外锥鳖臑 *S-AEH* 与中锥鳖臑 *S-EOH*

**命题 7** “角而割之者，相半之势”。

**命题 8** “阳马……不问旁角而割之，

① 希思. 阿基米德全集：圆的度量命题 2. 朱恩宽，李文铭，等译. 西安：陕西科学技术出版社，1998：91.

相半之势”。

命题 7 将命题 6 稍加推广。阳马，底面为正方形的椎体，其一棱与底面垂直。中算家分解体积时划出的一种基本几何体。“旁而割之”“角而割之”“不问旁角而割之”，见图 5-18，不必一定“旁而割之”或“角而割之”，只要切割线过底面的中点，无论怎样切割，均“相半之势”，即把阳马体积一分为二。这是由于刘徽看到了底面切割所成的两面积是相等的。这里所谓切割“须过底面中点”属于合情推理，刘徽并未直接给出。

**命题 9** “推此上连无成（层）不方，故方锥与阳马同实”。

如图 5-19，这句话翻译成现代汉语，意思就是：“据此推知（等底等高的）方锥与阳马同高层没有一处不是相等的方形，故两者体积相等。”

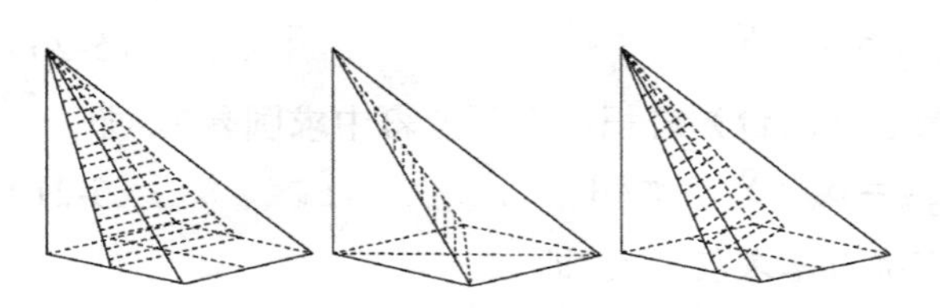

图 5-18 旁而割之 角而割之 不问旁角而割之

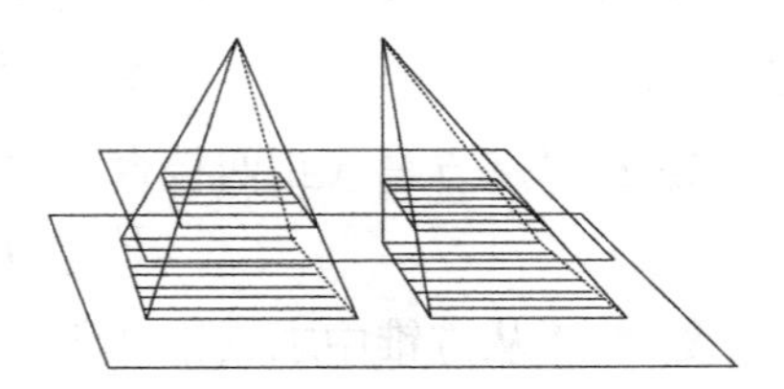

图 5-19 方锥与阳马同实

上述四个命题的内涵逐步推广，最后达到依同高层面积的性质判定体积。这种想法涵盖命题 6～9，表现出后来祖暅-卡瓦列里原理的早期思想，意义重大。

### 5.2.3 刘徽在开立圆术注中提出了“牟合方盖”

刘徽的《九章算术》第 4 章少广第 24 题“开立圆术”注，实际是一篇长约 1100 字的论文，在确认 $V_{球}/V_{圆柱}$ 一定不等于 π/4 入手，提出“牟合方盖”的概念：

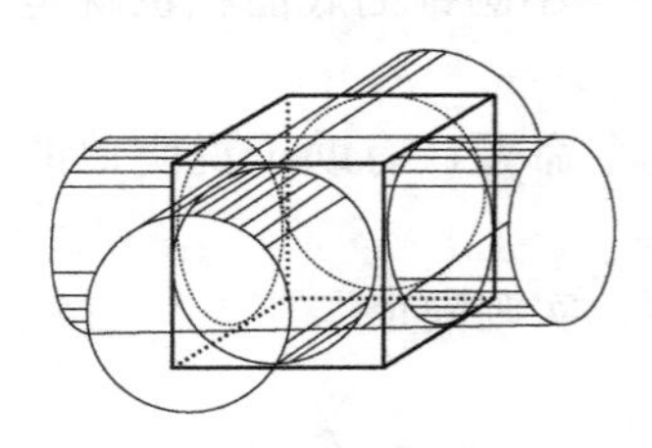

图 5-20 牟合方盖的形成：规之为圆囷，又复横规之

> 取立方棊八枚，皆令立方一寸，积之为立方二寸。规之为圆囷，径二寸，高二寸。又复横规之，则其形有似牟合方盖矣。八棊皆似阳马，圆然也。按合盖者，方率也；丸居其中，即圆率也。推此言之，谓夫圆囷为方率，岂不阙哉！

刘徽用生成法定义了合盖体：边长为二寸的正方体用同径圆柱面纵横切割两次所得到的几何体（图 5-20），球内含其中。在中算史上合盖体是全新的构思。刘徽强调，球体积与其外的合盖体体积之比应符合圆与方的比率，从而有力批判了以圆囷为方率的错误。他得到了结论：

**命题 10** “合盖者，方率也；丸居其中，即圆率也”。即

$$V_{球}/V_{牟}=S_{圆}/S_{方}=\pi/4 \qquad (5\text{-}23)$$

刘徽提出了从 $V_{牟}$ 计算 $V_{球}$ 的重要途径，他的注意力集中在“立方之内，合盖之外”的部分。他欲知 $V_{球}$，尚未算出 $V_{牟}$，但他却确知两者之比为 π/4，实际上，就现有史料而言，命题 10 是一个数学猜想。他承认并没有完全解决这个问题，有意识地把它留下来，他说：“欲陋形措意，惧失正理。敢不阙疑，以俟能言者。”他的这种科学精神传为

历史上的佳话，值得赞誉；同时，他把研究中的困惑和事实上的猜想——命题 6：中锥鳖臑与外锥鳖臑“虽背正异形……参不相似，实则同也”作为重大课题，一并留给后人去解决。经过二百多年，数学家祖冲之的儿子祖暅沿着刘徽指出的道路继续前进，提出了完整的截面定积原理，杜石然先生在 1954 年称之为“祖暅原理”。这一历史问题到此解决，祖暅获得了“能言者”的桂冠。

有必要对刘徽创造的“牟合方盖”体的几何结构做进一步认识：

①它由上下两部分全等方盖扣合而成；

②正中间的结合部即中截面呈正方形，设其边长为 $2a$；

③牟合方盖体之高与中截面正方形边长 $2a$ 相等；

④下列刘徽提到的等高体嵌入（$2a$）$^3$ 的立方体内，其大小为：

$$V_{立方}=8a^3>V_{圆柱}=2\pi a^3>V_{牟}=\frac{16}{3}a^3>V_{球}=\frac{4}{3}\pi a^3$$

在刘徽的时代 $V_{球}$ 和 $V_{牟}$ 还是无法得知的，他首先想要找到各种体积的比例，例如：

⑤ $V_{立方}:V_{圆柱}:V_{牟}:V_{球}=8:2\pi:\frac{16}{3}:\frac{4\pi}{3}=12:3\pi:8:2\pi=\frac{6}{\pi}:\frac{3}{2}:\frac{4}{\pi}:1\approx 1.9098:1.5:1.2732:1$

其中刘徽已找到 $V_{立方}:V_{牟}=3:2$，$V_{立方}:V_{圆柱}=4:\pi$，$V_{牟}:V_{球}=4:\pi$，后者未能证明。

⑥牟合方盖体内如果作过高和中截面对角线的截面，可得两个全等椭圆平面；

⑦方盖体共有 8 块全等的侧面，均由圆柱面的一部分构成，因此是直纹曲面；

⑧方盖体共有 6 条棱，4 条是中截面正方形的边，两条是椭圆；

⑨每一个平行于中截面的平面与方盖体相交，所得截面皆为正方形；

⑩每一个平行于中截面的平面与方盖体内切球球面相交，所得截面皆为圆形。

当然，还可以计算合盖体表面积等。

刘徽断然批评“谓夫圆囷为方率，岂不阙哉！”其意义是：$V_{圆柱}:V_{球}\neq 4:\pi$，因为由⑤清楚看出：$V_{圆柱}:V_{球}=2\pi:\frac{4\pi}{3}=3\pi:2\pi=\frac{3}{2}:1=1.5:1$。虽然刘徽没有直接指出球体积占外切圆柱的三分之二，但从他论述的口吻，这是显而易见的。由此也迫使他去寻找和证明能够满足方率与圆率之比的牟合方盖。在未能实现这一证明之前，刘徽做出了世界数学史上最早的猜想之一——刘徽猜想。

## 5.3 拓展的研究：刘徽算法与刘徽猜想

数学猜想（mathematical conjecture）是根据已知的事实和知识，通过判断、合情推理或跳跃式的联想，未加证明就得出的一些论断、假设，推求未知的空间和数量关系，预见基本的数学现象。数学猜想本身不是简单的命题，需要进行严格的论证，在此之前，既不能肯定，也不能否定。数学猜想具有革命性、创新性，是发现真理的一种途径，成为推动数学发展的科学方法。在物理学里通常不叫作猜想，而称为“物理假说”（physical hypothesis）。

在数学史中有许多猜想，如众所周知的费马大定理、哥德巴赫猜想、四色定理等，这些猜想极大推动了数学的发展。现在人们认为，如果没有猜想，数学本身甚至都无法发展。我们要问：在中国数学史中，是否出现过猜想？——回答是肯定的：首先是刘徽猜想。

### 5.3.1 刘徽算法的推广：用积分表示*

刘徽没有将他的思想表述成一般的等幂等积原理，不过，李俨和一些学者认为他已经具有了这种截面定积的思想，特别体现在设计合盖体的动机中。边长为二寸的正方体用同径圆柱面纵横切割两次则得合盖体，球内含其中，两者之比恰合于方圆之率，这是全新的构思。

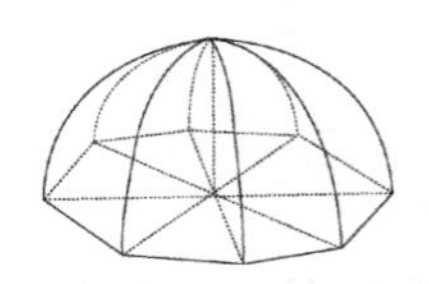

图 5-21 四次规綦后所得伞状八角盖

这使人联想到割圆术。圆内接或外切正多边形边数无限加倍时极限为圆周，用来割圆的是直线。刘徽心目中或许欲将此术推广到三维，用圆柱面不断切割立方体，最终可得球本身，即按照“合情推理”，从“割圆术”到“规丸术”，应当是一个可能的思路。在两次“规丸”之后，得到了牟合方盖；如果继续切割，将出现牟合 8 角盖（或称伞，图 5-21），16 角盖……$2^{n+1}$ 角盖（$n\geqslant 1$），球仍居中。当 $n$ 无限增大时，极限即球。当然求 $2^{n+1}$ 角盖体积比求 $3\cdot 2^n$ 边形面积复杂得多。如果我们重视前人的思想对后人的启发意义，那么规丸术则暗示了求 $V_{球}$的新途径。

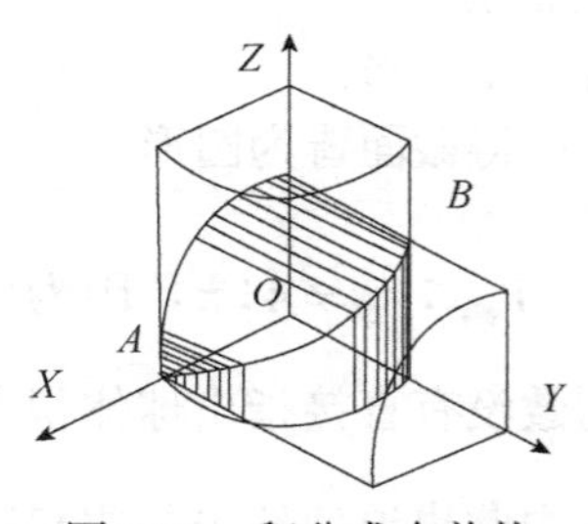


图 5-22 积分求合盖体

为此，先考虑今天是怎样用积分计算 $V_{牟}$的。

图 5-22 中，圆柱面半径为 $r$，两柱面方程为 $x^2+y^2=r^2$ 及 $x^2+z^2=r^2$。利用对称性，只要求出第一卦限体积即可。先对 $Y$，后对 $X$ 积分，积分区域为 $D$：$0\leqslant Y\leqslant \sqrt{r^2-x^2}$，$0\leqslant X\leqslant r$；曲顶 $Z=\sqrt{r^2-x^2}$，故

$$\frac{1}{8}V_{牟}=\iint\sqrt{r^2-x^2}\mathrm{d}\sigma=\int_0^r\mathrm{d}x\int_0^{\sqrt{r^2-x^2}}\sqrt{r^2-x^2}\mathrm{d}y$$

$$=\int_0^r\sqrt{r^2-x^2}[y]_0^{\sqrt{r^2-x^2}}\mathrm{d}x=\int_0^r(r^2-x^2)\mathrm{d}x=[r^2x-\frac{1}{3}x^3]_0^r=\frac{2}{3}r^3 \qquad (5\text{-}24)$$

这个结论就是刘徽之后二百多年祖暅的结果：“三分立方……内棋居二。”

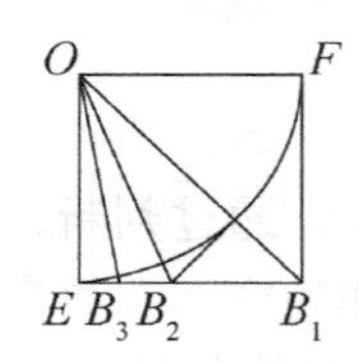


图 5-23 圆外切正 $2^{n+1}$ 边形边长为 $2EB_n$

再看所谓“规丸术”，牟合 $2^{n+1}$ 角盖中截面为正 $2^{n+1}$ 边形（图 5-23），设它的中心角之半为 $\theta=\angle EOB_n=\pi/2^{n+1}$，则 $2^{n+1}$ 角盖能分解成 $2^{n+3}$ 个全等的几何体（图 5-24 中的 $OAEB_n$；当 $n$=1 时即半“内綦”，见图 5-24 中的 $OAEB_1$），体积可求。

设圆柱面方程为 $x^2+y^2=r^2$，柱顶平面 $Y\mathrm{tg}\theta$，积分区域 $D$：

$0\leqslant y\leqslant \sqrt{r^2-x^2}$，$0\leqslant x\leqslant r$， 则

---

* 罗见今. 关于刘、祖原理的对话//吴文俊. 刘徽研究. 西安：陕西人民教育出版社，1993：219-243.

$$V_{OAEBn}=\int_0^r \mathrm{d}x\int_0^{\sqrt{r^2-x^2}} y\mathrm{tg}\frac{\pi}{2^{n+1}}\mathrm{d}y=\mathrm{tg}\frac{\pi}{2^{n+1}}\int_0^r\left[y^2/2\right]_0^{\sqrt{r^2-x^2}}\mathrm{d}x=\frac{1}{2}\mathrm{tg}\frac{\pi}{2^{n+1}}\int_0^r(r^2-x^2)\,\mathrm{d}x$$
$$=\frac{1}{2}\mathrm{tg}\frac{\pi}{2^{n+1}}[r^2x-\frac{x^3}{3}]_0^r=\frac{1}{2}\mathrm{tg}\frac{\pi}{2^{n+1}}\cdot\frac{2}{3}r^3=\frac{1}{3}\mathrm{tg}\frac{\pi}{2^{n+1}}r^3$$

于是牟合 $2^{n+1}$ 角盖体积 $V_n$ 为 $$V_n=\frac{2^{n+3}}{3}\mathrm{tg}\frac{\pi}{2^{n+1}}r^3 \tag{5-25}$$

将“规丸术”无穷进行下去，其极限就是球体积：

$$\lim_{n\to\infty}V_n=\lim_{n\to\infty}\frac{2^{n+3}}{3}\mathrm{tg}\frac{\pi}{2^{n+1}}r^3=\lim_{n\to\infty}\frac{4}{3}\pi r^3\mathrm{tg}\frac{\pi}{2^{n+2}}/\frac{\pi}{2^{n+1}}=\frac{4}{3}\pi r^3 \tag{5-26}$$

当然，实际上这只是受到刘徽思想的启发，按照现在的想法进行的推测，说明此路可通。刘徽的本意，他仅根据合盖的每个平行截面均为方形，就得出：“合盖者，方率也；丸居其中，即圆率也”（命题 10），非常清楚给出 $V_{球}/V_{牟}=S_{圆}/S_{方}=\pi/4$，提出了从合盖计算球体积的重要途径。但这一点刘徽并未给予证明，只是一个猜想。

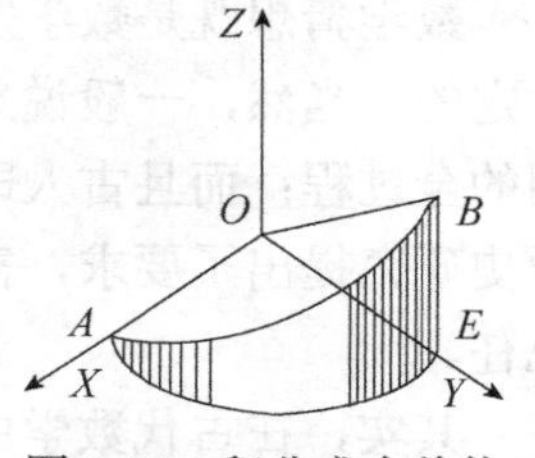

图 5-24 积分求合盖体

### 5.3.2 “以盒盖为方率”求球体积的刘徽猜想*

刘徽是我国历史上最伟大的数学家之一，他的方法论中已含有超越时代的科学内容。在《九章算术》注中他首次提出合情推理的概念。他用归谬法对球体积的几个公式（球与立方之比为 5/8，9/16 等）进行批判，这项有力的证伪是新的猜想产生的前提。笔者认为，刘徽以丸为圆率、以牟合方盖为方率的命题不是业经证明的定理，而是一个猜想；在不知两者体积的条件下，他猜出两者之比为 π/4，并把他的疑难和猜测留给后人，由他之后约 250 年的祖暅解决。刘徽猜想无疑是早期中算的一项光辉成就。

**1）古代数学中有没有“猜想”？**

几十年前，当人们谈及数学猜想时，会立即联想到费马大定理、哥德巴赫猜想那样的大问题，而且会认为猜想仅是少数特别难解的问题。随着对数学发现本质的深入认识，今天，人们越来越多地遇到猜想，甚至认为没有猜想数学便不能发展。当代数学家波利亚（G. Polya）在《数学与合情推理》（*Mathematics and Plausible Reasoning*，中译本译作《数学与猜想》①）中认为，任何新知识都包含着合情推理，但知识不能由论证推理（即证明）而产生。知识是“通过合情推理、通过猜想而发现的”，猜想是合情推理最重要、最普遍的一种，直觉、归纳、类比都包含着猜想的成分。在现代数学中，例如在图论中，有报道称，1990 年美国有学者应用计算机每次可产生数以千计的“猜想”，简直俯拾皆是了。

许多现代文献频繁使用了数学猜想这一名词，那么，什么是猜想呢？它是在一个时期内既不能肯定又不能否定的有价值的数学命题。猜想不是原理或公理，它必须找到第

* 罗见今. 刘徽猜想. 科学技术与辩证法，1992，40（1）：40-46.

① 波利亚.数学与猜想：合情推理模式. 李志尧，王日爽，李心灿译. 北京：科学出版社，2001.

一个证明后才能确立，或者被第一个反证所否定，但做出这样的证明并非易举，因此，猜想须经过历史阶段的考验，那些无足轻重的推测或易于判别的问题不能算作猜想。猜想的结论一般简洁优美，具有诱人的魅力，形成对人们心智的挑战，鼓励数学家选择一切可能的工具奋力攻关；它启发创造性的思维，鼓励数学前进，具有重要的科学价值。

当我们以这样的观点来考察数学史时，就会提出一个问题：在古代是否产生过数学猜想？这是一个新的课题，在古代数学史的研究中无法回避，它建立在对数学发现的本质深入分析的基础之上，而非以今代古、以今乱古，或盲目赶时髦。

数学猜想既是数学发展的必要前提，古今中外，概莫例外，因此这个问题的答案是肯定的。当然，一般说来，由于史料欠缺，今人已很难确定一个猜想产生、延续和被证明的全过程；而且古人即令做出了某些猜测，其表述形式也与今人不尽相同。这就对数学史研究提出了要求，需要进一步阐明数学思想发展的脉络，而不仅以罗列诠释史料为己任。

其实，在古代数学中猜想也并不那么神秘、罕见。应当认为，勾股定理（西方称为毕达哥拉斯定理）在若干古代民族中曾各自独立地被作为猜想提出过，以后产生了各种各样的证明，有材料显示，不同的证法可达 300 余种。当商高在周公面前宣布“勾广三，股修四，径隅五”时，当毕达哥拉斯宰牛设宴以庆祝他获得了证明时，就是宣告了这一猜想已被证实。这在历史上是重要事件，其意义并不亚于费马大定理或哥德巴赫猜想被证明。

刘徽是中算史上最伟大的数学家。在他的工作中，包含一些早期数学“情推”和猜想。“情推”就是合情推理（plausible reasoning），与现代的术语完全一致，说明在他的数学理论和方法论中已含有非常先进的内容，令人惊讶。需要从分析数学思想发展的脉络出发，论证“刘徽猜想”的形成、延续和被证明的过程，说明它是古代数学猜想的范例。

**2）刘徽对原有球体积公式的证伪**

求球体积（或球与外切立方之比）公式较早有一经验的结果。前节提及，古人把黄金炼得极精，制成一立方寸的金块，重 16 两；另制成寸径的金球，重 9 两。《考工记》有记载，当知这种工艺活动由来已久。既然测得两者的重量比，于是获得球与立方的体积比为 9/16，即前文 5.2.1 式（5-14）：$V_{球}/V_{立方}=9/16$。这是一个经验值，受到测定时各种因素的影响：形状是否标准？尺寸是否准确？重量有多大误差？刘徽说：“率生于此（炼金），未曾验也。”事实上对式（5-14）的可信度表示怀疑。如果假定所测寸金的重量是准确的，那么金球偏重 7.43%，误差比较大，不能够满足工匠的要求。

《九章算术》少广章第 24 题开立圆术（图 5-25）给出由$V_{球}$计算其直径 $d$ 的公式 §5.2.1 式（5-15）：

$$d=\sqrt[3]{\frac{16}{9}V_{球}},\qquad 即\ V_{球}=\frac{9}{16}d^3\left(=\frac{9}{2}r^3\right)$$

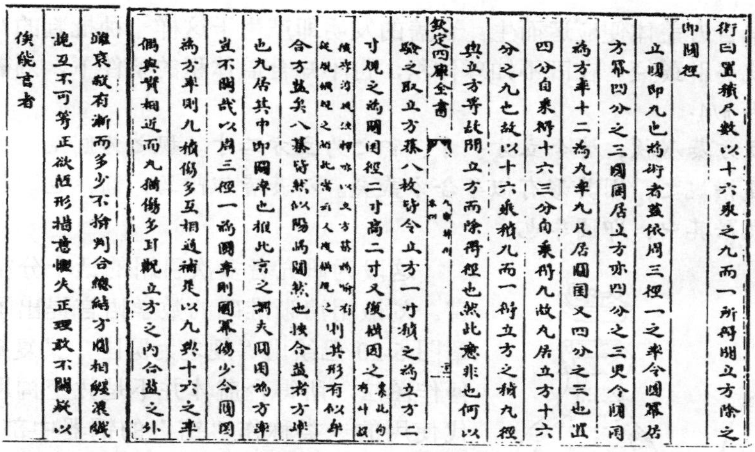

術曰置積尺數以十六乘之九而一所得開立方除之
即丸徑
立圓即丸也為術者蓋依周三徑一之率令圓冪居
方冪四分之三圓囷居立方亦四分之三更令圓囷
為方率十二為丸率九丸居圓囷又四分之三也置
四分自乘得十六三分自乘得九故丸居立方十六
分之九也故以十六乘積九而一得立方之積丸徑
與立方等故開立方而除得徑也然此意非也何以

驗之取立方棊八枚皆令立方一寸積之為立方二
寸規之為圓囷徑二寸高二寸又復橫因之案此句有脫誤
[illegible]則其形有似牟
合方蓋矣八棊皆然似陽馬圓然也按合蓋者方率
也丸居其中即圓率也推此言之謂夫圓囷為方率
豈不闕哉以周三徑一為圓率則圓冪傷少令圓囷
為方率則丸積傷多互相通補是以九與十六之率
偶與實相近而丸猶傷多耳觀立方之內合蓋之外
雖衰殺有漸而多少不掩判合總結方圓相纏濃纖
詭互不可等正欲陋形措意懼失正理敢不闕疑以
俟能言者

图 5-25 《九章算术》少广章 24 题开立圆术及刘徽注

式中的系数16/9就是来自经验，虽然没有直接的史料可以证明，但不排除《九章》式（5-15）系数就是利用式（5-14）获得的可能。当然，在古代常取圆周率 $\pi\approx3$，在圆柱内切于立方、圆内切于方、球内切于圆柱时，如果认为

$$\frac{V_{圆柱}}{V_{立方}}=\frac{S_{圆}}{S_{方}}=\frac{\pi}{4}\approx\frac{3}{4}，以及\ \frac{V_{球}}{V_{圆柱}}=\frac{\pi}{4}\approx\frac{3}{4}，则有\ \frac{V_{球}}{V_{立方}}=\frac{V_{圆柱}}{V_{立方}}\cdot\frac{V_{球}}{V_{圆柱}}\approx\frac{3}{4}\cdot\frac{3}{4}=\frac{9}{16}，$$

也可得出这一比例，其中$V_{球}$比$V_{圆柱}$明显错误，所以刘徽批评开立圆术公式说："此意非也"。

刘徽为了继续批评这一错误，他计算立方与外接球之比，设球的内接立方体体积为$V_{内方}$，球的外切立方体体积为$V_{外方}$，将他的论述合成一式，即相当于得到：

$$\frac{V_{内方}}{V_{球}}=\frac{V_{内方}/V_{外方}}{V_{球}/V_{外方}}=\frac{5/26}{9/16}=\frac{40}{117}，$$

他说："是为质（立方）居浑（球）一百一十七分之四十，而浑率犹为伤多也。"这段批评正中要害。球体积除以外方体积，上文提及，今算值当为 $\pi/6=0.523\,598\,7$，取 9/16 时产生相对误差 7.43%；内方体积除以球体积今算值为 $2\sqrt{3}/3\pi=0.3675526$，取 40/117 时产生相对误差 6.98%，正如刘徽指出，这主要是由于"浑率伤多"引起。

刘徽对张衡算出的球与立方的体积比为 5/8 也有严厉批评，已见于 § 5.2.1 节，这里就不重复了。无论引起较大误差的原因是什么，刘徽利用归谬法指出由错误的前提可以得出错误的结论，即这些结论均被证伪，为新的猜想扫清了道路，这具有理论上的意义。按照科学哲学家波普尔的观点，知识就是由假说构成的，只有可证伪的陈述才是科学的陈述；科学是假说不断被证伪、知识不断增长的动态过程。在 3 世纪刘徽已具备了科学的批评精神，他的假说可以作为古代科学创造思维的典范。

**3）刘徽以合盖为方率的猜想**

刘徽认为"以圆囷（球的外切圆柱体）为方率，浑为圆率"（即$V_{球}/V_{圆柱}=\pi/4$）是错误的，那么，当球体积取圆率 π 时，怎样的几何体体积才能等于方率 4？这个问题便尖锐地摆在他的面前。换言之，只要能找到它并算出它的体积，那么球体积便迎刃而解。于是，牟合方盖体便应运而生。合盖的发明即产生于这样一种批判的背景，是为获得球体积公式另辟蹊径。在既不知球体积，也不知合盖体积的条件下，刘徽却天才地猜出两者之比为π/4：

> 取立方棊八枚，皆令立方一寸，积之为立方二寸。规之为圆囷，径二寸，高二寸。又复横规之，则其形有似牟合方盖矣。八棊皆似阳马，圆然也。按合盖者，方率也；丸居其中，即圆率也。

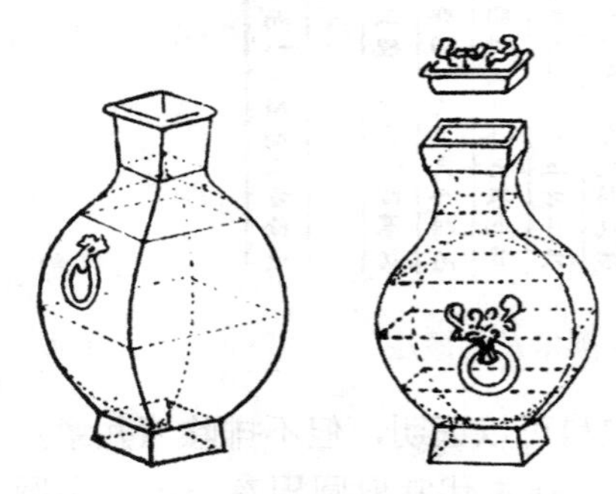

图 5-26　钫的合盖构造　汉长乐钫
（笔者绘）

这段为研究者多次引用的话十分精彩，内容丰富。刘徽用清晰准确的数学语言提出了合盖体。本章图 5-20 已绘出“规之为圆囷，又复横规之”的几何作图法，所得合盖体并不是凭空构思，而是与汉代使用的一类称作“钫”的铜器中部相似（图 5-26）。钫，深腹、敛口，用以盛酒浆或粮食；陶制的多作明器，伴葬、明德之用。钫的俯视图由一组正方形构成，主视图则与一般壶、钟、花瓶类似。钫的主体内含一球，其四棱与合盖体四棱大致吻合。因此是方与圆的结合，具有象征天地的深刻意义。当然也有各种艺术变体，例如从纵向上拉长。所以可以认为钫是仿合盖体而加颈、口、座、耳、提、盖而成的容器。当然，我们现在没有直接的证据说明刘徽创合盖体时的确受到钫形的启发；其实也无须去寻找这样的证据。传统背景所造成的文化氛围具有潜移默化的作用，这是用考据或数学方法难以直接证明的。

刘徽将构成合盖的“八棊”分开，认为每一个都同阳马相类似，只是有条棱是曲线而非直线。到祖暅时就算出这样一内棊体积是阳马体积的二倍，说明刘徽的这一联想十分聪明。最后，刘徽提出了一个没有证明过程的重要命题：“按合盖者，方率也；丸居其中，即圆率也。”用公式表示，即是§5.2.1 命题 10 式（5-23）：$V_{球}/V_{牟}=S_{圆}/S_{方}=\pi/4$，这就是本节所称的“刘徽猜想”。刘徽在陈述这一命题时语义肯定，并用它来批驳“谓夫圆囷为方率，岂不阙哉！”对他来说，这一命题似乎已成为确切的事实。历来的研究者也把它当成一条定理，但这要取决于它是否已被证明或能被证明。

这个命题为什么是一个猜想呢？简单说来，首先是由于刘徽未能明确提出类似于祖暅-卡瓦列里原理的文字，因此无法断定他已确切认识到两物体因等高截面面积比不变，导致两物体积之比也相同。方锥与阳马等高截面“无层不方”的结论不能转用于球与合盖等高截面，因为两者在论证推理中无关，也不是等价命题或平行命题。其次，如能分别求出合盖体积或球体积，则这个命题才被证明，而事实上两者体积公式均未获得。数学史特别注重史料，并将史实与史论严格区分。于是，证明式（5-23）的两条道路均未通过，这个命题便留在历史上，成为事实上的猜想。

**4）祖暅解决了“刘徽猜想”**

刘徽清楚地表明，他求不出合盖体积，他发现用柱面两次切割正方体后，“立方之内，合盖之外，虽衰杀有渐，而多少不掩。判合总结，方圆相缠，浓纤诡互，不可等正。”说明为求合盖体积，他已把注意力转向“立方之内，合盖之外”的部分，这为后来祖暅的研究指出了正确方向。刘徽具有实事求是的科学精神，不掩盖矛盾，为了数学的发展，不怕把自己的困惑暴露出来，留下记录。“欲陋形措意，惧失正理，敢不阙疑，以俟能言者”，他虽想求出合盖体，但担心不合道理，于是把问题留下来，对以后的研究者寄以很高的期望。他的这种态度传为历史上的佳话，值得赞誉。特别是他把研究中的疑难作为重大课题留给后人，在世界古代数学史上，用这样明白的语言把一个猜想交给后人去解决，类似的例子也不多见。刘徽猜想（263 年）无疑是早期数学中的一项光辉成就。

刘徽之后的 250 年间，由于史料的限制，我们不清楚有哪些数学家研究了刘徽遗留下来的问题和猜想。直到公元 510 年前后，大数学家祖冲之的儿子祖暅提出了后来以他名字命名的祖暅原理，解决了刘徽猜想，获得了球体积的正确公式。《九章算术》开立圆术李淳风注中用 362 字记录了祖暅的方法与结果，在本书第 7 章第 1 节，将讨论这一成就，这里不重复。祖暅计算出合盖的体积公式，这一历史悬案至此结束，结局十分圆满，祖暅获得了“能言者”的桂冠。刘徽与祖暅的数学工作前后呼应，一脉相承，刘徽的困惑和猜想是祖暅提出截面定积原理的前提，他们两人在解决这些问题中的功绩相映生辉。

刘徽是我国古代最伟大的数学家之一，他注重逻辑推理和直接观察，不满足于个别结论，努力寻找普遍的原理和原则，研究化繁为简与同值变换的技巧，阐述了数学极限的思想。特别应当提出，刘徽是提出“合情推理”概念的第一人。《九章算术》商功章第十五题刘徽注称：“数而求穷之者，谓以情推，不用筹算。”“情推”是当代逻辑学家、数学家们重视的概念，所以刘徽猜想的提出绝不是偶然的。在数学史上，刘徽活跃的思想超前了许多世纪，值得我们深入研究。

# 第6章 汉唐算经中的算术和计数举隅

在汉唐之间，有多部重要数学书籍流传于世，其中有十部算经影响较大，各书题目、作者、时间、内容等简况如下：

（1）《周髀算经》，成书于公元前1世纪初，一本关于天文和数学的综合性古籍。

（2）《九章算术》，几个世纪编辑成书，公元前1世纪中间世，共246个应用问题。

（3）《海岛算经》，刘徽所作，搜集测量学问题的几何解法，成为地图学的数学基础。

（4）《孙子算经》，约4世纪成书，有“物不知其数”和“鸡兔同笼”等数学名题。

（5）《张邱建算经》，约作于5世纪后期，有等差级数问题、“百鸡问题”等。

（6）《五曹算经》，据认为系北周甄鸾著，一部为地方官员所写的应用算术书。

（7）《五经算术》，相传为北周甄鸾著，注释古代经典中涉及数学的内容。

（8）《缉古算经》，唐王孝通撰，武德八年（625年）成书，有开带从立方（解三次方程）法。

（9）《数术记遗》，汉末魏初徐岳著，著录了包括“珠算”和“计数”在内的14种古算法。

（10）《夏侯阳算经》，原书失传，或为北魏作品，中唐复见，有宋元丰七年（1084年）刻本。

这些算书成为政府指定的数学教材。明代称之为《十经》或《十书》，清代称为《算经十书》（1777年）。近人有钱宝琮先生在抗战时期校点的《算经十书》（1963年）[①]和郭书春、刘钝先生校点的《算经十书》（1998年）。[②]

本章选择《周髀算经》《孙子算经》《张邱建算经》和《数术记遗》四部算经与本书相关的部分内容，涉及有关算术、计数、数列、不定分析等，围绕具体的问题求解、讨论。

---

① 钱宝琮校点. 算经十书//李俨，钱宝琮. 李俨钱宝琮科学史全集：第4卷. 沈阳：辽宁教育出版社，1998.

② 郭书春，刘钝校点. 算经十书. 沈阳：辽宁教育出版社，1998.

## 6.1　《周髀算经》：汉人视野中天地的算术模型

《周髀算经》（图 6-1）原名《周髀》，不著撰者，汉赵爽注，大约在公元前 1 世纪①或西汉初年②成书，北周甄鸾重述，唐李淳风注释。

注者赵爽，又名婴，字君卿，生平不详。因在《周髀》注中两次引述公元 223～280 年行用的历法《乾象历》，可认为赵爽是三国吴人。赵爽注对理解《周髀》十分重要。

“周髀”原意是周代测影用的圭表。髀，原意股或大腿，这里指圭表：“髀者，表也”。“表”就是垂直立在地平上的一根竿子，高八尺，在日光照射下立竿则影现。量度影长的工具，叫作“圭”。本节依据文渊阁钦定四库全书子部和《四部备要》子部的《周髀算经》。③该书是中算史上传本最早、影响广泛的算术著作，同时也是一部论述“盖天说”和四分历的天文学著作。古代天算一家，从事天文历法研究的必然是懂得数学的学者，即《史记·历书》中说的“畴人子弟”。从写作的背景看，那时正是天算活动的繁荣期，《周髀》代表的“周髀家”一派学说主张“天象盖笠，地法覆槃”，即天穹如斗笠，大地像翻扣的木盘（“槃”不是“盆”）。后世流行的说法，三国时诸葛亮曾在一首诗中写道：“苍天如圆盖，陆地似棋局”，这是“天圆地方”形象的表述。《周髀算经》还传入朝鲜和日本，在历史上产生较大影响。唐初李淳风力主将它列入国子监明算科教材中。在中算史上，该书是“算术”形成学科的标志性著作。

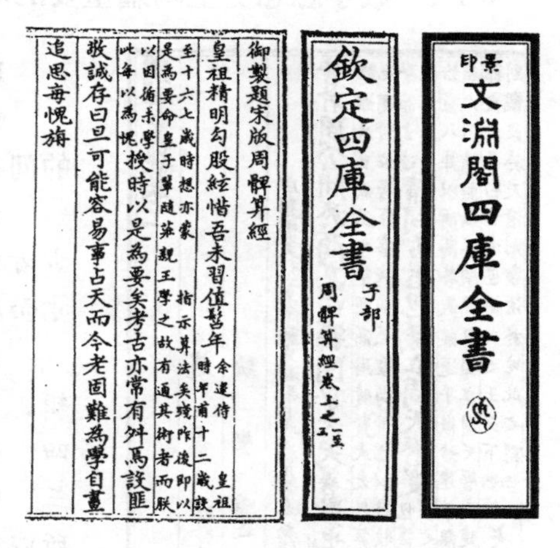
景印文淵閣四庫全書

欽定四庫全書　子部
周髀算經卷上之一

御製題宋版周髀算經
皇祖精明勾股絃惜吾未習值髫年余逮侍皇祖時年甫十二歲設至十六七歲時想亦蒙指示算法矣踐阼後即以是為要命皇子輩隨莊親王學之故有通其術者而朕以因循未學此每以為愧授時以是為要矣考古亦常有舛焉設匪敬誠存曰旦可能容易事占天而今老固難為學自晝追思每愧旃

图 6-1　文渊阁四库全书宋版《周髀》

在数学内容方面，该书高度赞扬“数”的功效，要求严格按照使用“规矩”的原则进行测望，将它与治理国家相类比，第一次出现有文字记载的勾股定理并给予证明；最早出现了作为学科名称的“算术”，充分评价算术的意义和价值，大量使用测量术，用算术知识如比例、相似比、连乘和等差数列进行天文、历法计算，记录历法常数和天文大数，等等。

《周髀算经》反映出汉代人应用计数和算术，企图构建出所知宇宙，天地日月五星的运动尽在掌握之中，对于计算规则充满自信。有两段问答特别引人注目，代代相传，历久不衰。

《周髀》研究论著很多，文章有钱宝琮④、江晓原⑤、李迪⑥等，著作有李志超⑦、程

① 钱宝琮. 中国数学史. 北京：科学出版社，1981：29.

② 中外数学简史编写组. 中国数学简史. 济南：山东教育出版社，1986：48.

③ 赵君卿注. 周髀算经//钦定四库全书：子部. 影印本，1782（乾隆四十七年）. 另见学津本校刊. 上海：中华书局，1936.

④ 钱宝琮. 盖天说源流考. 科学史集刊，1958（1）：29-46.

⑤ 江晓原.《周髀算经》盖天宇宙结构考. 自然科学史研究，1996，15（3）：248-253.

⑥ 李迪. 中国古代的盖天仪. 自然辩证法通讯，1999，21（4）：48-53.

⑦ 李志超. 周髀——科学理论的典范，戴震与周髀研究//李志超. 天人古义——中国科学史论纲. 郑州：大象出版社，1998：227-245.

贞一、闻人军《周髀算经译注》等，后者在文献中列举中外相关研究目录 110 种。[①]

### 6.1.1 数学思想史上两篇重要的对话

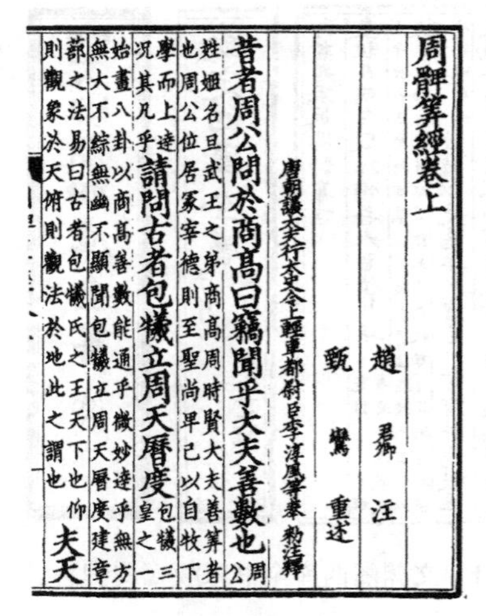
周髀算經卷上
趙 君卿 注
甄 鸞 重述
唐朝議大夫行太史令上輕車都尉臣李淳風等奉勑注釋
昔者周公問於商高曰竊聞乎大夫善數也周公姓姬名旦武王之弟商高周時賢大夫善算者也周公位居冢宰德則至聖尚卑己以自牧下學而上達況其凡乎請問古者包犧立周天曆度包犧三皇之一始畫八卦以商高善數能通乎微妙達乎無方無大不綜無幽不顯聞包犧立周天曆度建章蔀之法易曰古者包犧氏之王天下也仰則觀象於天俯則觀法於地此之謂也夫天

图 6-2 宋版《周髀算经》

**1）周公问于商高**

《周髀》上卷开宗明义，记述周公与数学家商高的问答（图 6-2）：

昔者周公问于商高曰："窃闻乎大夫善数也，请问古者包牺立周天历度，夫天不可阶而升，地不可将尺寸而度。请问数从安出？"

商高曰："数之法出于圆方，圆出于方，方出于矩，矩出于九九八十一。故折矩以为勾广三，股修四，径隅五。既方其外，半之一矩，环而共盘，得成三、四、五；两矩共长二十有五，是谓积矩。故禹之所以治天下者，此数之所［由］生也。"

周公曰："大哉！言数，请问用矩之道。"

商高曰："平矩以正绳，偃矩以望高，覆矩以测深，卧矩以知远；环矩以为圆，合矩以为方。方属地，圆属天，天圆地方。……夫矩之于数，其裁制万物，惟所为耳。"

周公曰："善哉！"

商高发表的这篇堂皇的演讲，从提出勾股定理、演示用矩之道、详解测望之术到畅谈"天圆地方，笠以写天"，逻辑清晰，论说雄辩，最后周公非常满意，说他讲得太好了！

这篇 264 字的记录非常难得。周公姓姬名旦，又称叔旦，生活于公元前 11 世纪，他是周文王姬昌的四子、武王（前 1046～前 1043 年在位）姬发的胞弟，中国历史上儒学之宗，旷世名臣。

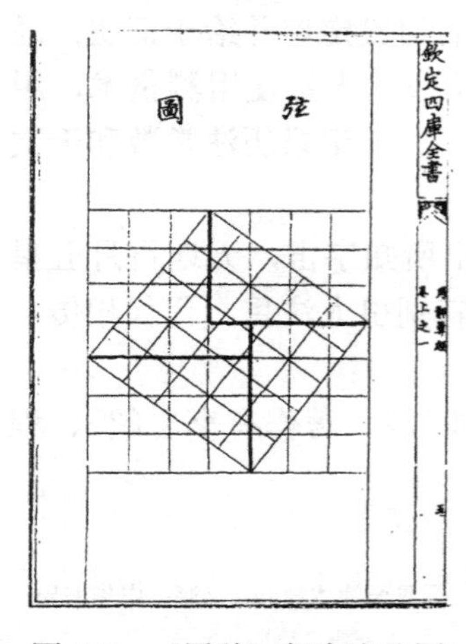


图 6-3 《周髀》赵爽注弦图

"数之法出于圆方"，表现出先民早期对数与形密切联系的认识。不可能用尺寸度量天地，需要用算术的比例和几何的相似法来推演，而用矩的根本，仍在于整数的乘法，可以算出巨大的数字，来表示天地之间的距离等，就像今天所说的"天文数字"。

商高提出了著名的"商高定理"："勾广三，股修四，径隅五"，"径"在这里就是后世所说"弦"或"斜边"，"积矩"应当是指"径"的平方。这是中算史上第一次明确出现的勾股定理，表示勾股平方和等于弦平方。赵君卿在注中给出了他的证明（图 6-3）。赵爽"勾股圆方图"原文舛错改正之后，钱宝琮先生等复原了勾股定理的 5 种证法[②]，此不赘述。历史上有几百种证法，从古到今吸引许

① 程贞一，闻人军. 周髀算经译注. 上海：上海古籍出版社，2012：165-174.
② 钱宝琮. 中国数学史. 北京：科学出版社，1981：57-60.

多人从事该定理的证明，兴味不减。

勾股定理虽是几何定理，它的基本例子、最简单的正整数3，4，5也是一组勾股数：$3^2+4^2=5^2$，属于满足不定方程 $x^2+y^2=z^2$ 的最小正整数组，而且三个自然数相连，具有如此简洁、优美、奇妙的性质，第一次被揭示出来，具有令人惊异的效果，显示出人类智慧的光芒。

勾股定理是最基本、最重要的数学定理，也是诸多早期文明中被独立发现次数最多的定理。如果存在地外文明，那么勾股定理的图像将是地球人与其进行沟通的首选。在古巴比伦王国时期的泥板书普林顿322号（Plimpton 322）中出现15组勾股数，有的数值很大；公元前1700年泥板书YBC7289号（图6-4）记载正方形边长为30，对角线长$30\sqrt{2}$准确到7位[①]，如果没有勾股定理是不可思议的。我国先祖在大量土木工程、城市建筑、开挖渠道、测影观日等活动中发现了勾股定理。[②]在希腊，毕达哥拉斯给出了这个定理的优美证明，由于他的影响，这个定理今天在世界上就被称为毕达哥拉斯定理，勾股数也称作毕达哥拉斯数（或毕达哥拉斯三元数组）。在印度，大概在毕氏之前，《测绳的法规》[③]中就有勾股定理，并且给出像$7^2+24^2=25^2$，$12^2+35^2=37^2$等勾股数。所以说，勾股定理是多种古老文明的象征，对世界数学的发展，我国先民也做出了早期的贡献。

图6-4 泥板书YBC7289[①]

商高认为勾股定理的原则非常崇高，应用规矩准绳意义非凡，可引申到政治：以大禹为例，只有建立典章制度，才能依法治理天下："故禹之所以治天下者，此数之所生也。"

周公作为国家的领导者，非常赞同商高的这种治国理念："大哉！言数"，高度评价计数和算术的重大作用；当运用规矩达到纯熟的程度，就可以"裁制万物，惟所为耳"！治理国家，也可以得心应手，调理自如。

**2）荣方问于陈子**

《周髀》上卷还以问答形式，记述荣方向数学家陈子请教的对话（图6-5）：

昔者荣方问于陈子曰："今者窃闻夫子之道，知日之高大，光之所照，一日所行，远近之数，人所望见，四极之穷，列星之宿，天地之广袤，夫子之道皆能知之。其信有之乎？"

陈子曰："然。"荣方曰："方虽不省，愿夫子幸而说之。今若方者，可教此道耶？"

① 梁宗巨. 世界数学通史：上册. 沈阳：辽宁教育出版社，2001：200-207.

② 勾股定理的起源有四种流行说法：（1）认为中古意大利、比利时流传的驴桥定理（拉丁语：Pons asinorum）即勾股定理，此说不正确。驴桥定理讲的是等腰三角形的一个性质。（2）维基百科：勾股定理是中国先祖在测影观日制定历法中的重大发现。由于中国历法历史悠久，因此勾股定理的发现时间远远超过世界其他国家和地区。（3）梁宗巨说："在勾股定理和勾股数方面，巴比伦人的成就远远走在其他文明古国（印度，中国，埃及）的前面"。（《世界数学通史》199页）（4）搜狗百科：古埃及人在4500年前建造金字塔和测量尼罗河泛滥后的土地时，就广泛地使用勾股定理。后三种观点对立，均欠充分论证。只是说明在几大文明中勾股定理产生于远古。

③ 梁宗巨. 世界数学通史：上册. 沈阳：辽宁教育出版社，2001：579-580.

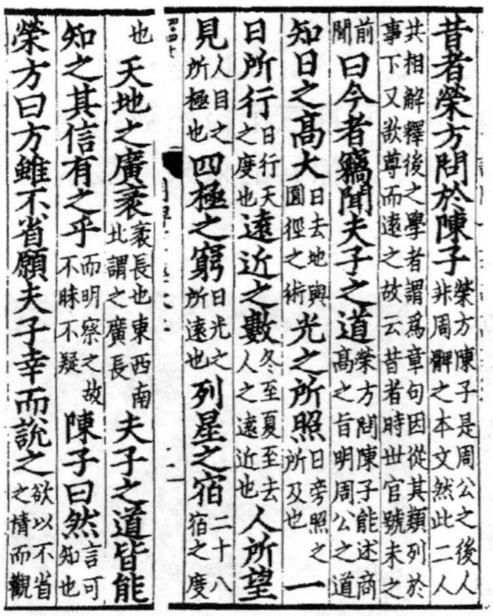
昔者榮方問於陳子（榮方陳子是周公之後人非周髀之本文然此二人共相解釋後之學者謂爲章句因從其類列於事下又欲尊而遠之故云昔者時世官號未之前聞）曰今者竊聞夫子之道（榮方問陳子能述商高之旨明周公之道）知日之高大（日去地與圓徑之術）光之所照（日旁照之所及也）一日所行（日行天之度也）遠近之數（冬至夏至去人之遠近也）人所望見（人目之所極也）四極之窮（日光之所遠也）列星之宿（二十八宿之度也）天地之廣袤（袤長也東西南北謂之廣長）夫子之道皆能知之其信有之乎（而明察之故不昧不疑）陳子曰然（言可知也）榮方曰方雖不省願夫子幸而說之（欲以不省之情而觀）

图 6-5 宋版《周髀算经》

陈子曰：“然。此皆算术之所及。子之于算，足以知此矣。若诚累思之。”

于是荣方归而思之，数日不能得。复见陈子曰：“方思之，不能得，敢请问之。”

陈子曰：“思之未熟。此亦望远起高之术，而子不能得；则子之于数，未能通类，是智有所不及，而神有所穷。夫道术、言约而用博者，智类之明。问一类而以万事达者，谓之知道。今子所学，算数之术，是用智矣，而尚有所难，是子之智类单。”（以下陈子言论从略）

周公之后的学者荣方向陈子求教，问他太阳的高低和大小，日光所照的范围，太阳一天所行之数，太阳离我们最大和最小的距离，人的眼睛所能望见的范围，四方的极限，星宿在天上的分布，天地的长度和宽度，这些问题陈子是否都能知晓。①陈子明确告诉他：这些知识都可以应用“算术”而推算出来，以荣方的能力，足可以理解其中的道理；但条件是必须深思熟虑，反复思考。于是荣方回家思考，数日不得要领，又去请教陈子。陈子说：你的考虑尚未深入成熟，这类问题需要测量高远的推算技能，而你不能领悟，说明在算术方面你未能触类旁通，究其原因，是未能掌握推理的方法，所以理解粗浅有限。

陈子应用启发式，希望他能独立思考，通过推理，获得必要的结论。如果做不到，便是“智有所不及，而神有所穷”。

除了教育的原则外，陈子在中算史上继许商（任职于公元前 32～前 8 年）、杜忠（生卒年不详）之后提出“算术”的概念：“算数之术，是用智矣，而尚有所难……”；人们面临的一切有关长度的计数难题，都是算术所能够解决的；算术的原则极其简约，算术的应用非常广博，并且能够举一反三、触类旁通、达于万事；而掌握算术的方法，需要运用智慧。陈子把算术中的比例应用于空间，就形成了最早的几何比例：“夏至影有一尺六寸，故知其万六千里，冬至影一丈三尺五寸，则知其十三万五千里。”在测日高术中进而明确地提出了勾股定理：

以日下为勾，日高为股，勾股各自乘，并而开方除之，得邪（斜）至日。

“周公问于商高”和“荣方问于陈子”反映出我国先哲对数学的深刻认识，表明数学已经逐步从包括天文、历算、测量在内的各种应用中分离出来，形成了一种学科，虽然没有完全独立，但已备受重视，应用广泛，获得高度评价。

### 6.1.2 运用比例、分数和等差数列进行天文计算

《周髀算经》中取得的天文学成就建立在算术运算的基础上。不少学者认为是“数学的”或“几何的”；注意到，当时并无这些名称。如果用当时的术语，那么《管子》中的“计数”恰恰指的是测量，当时人应当熟悉；如果非要用这本书的术语，那么就一

① 程贞一，闻人军. 周髀算经译注. 上海：上海古籍出版社，2012：35.

定是“算术”莫属了。人们常说的几何或测量，在《周髀》中是比例问题在相似形中的应用，包括前文提及的勾股定理和以下的等差数列，在早期的数学思想中也都围绕一个比例问题作为核心，向不同的方向进行扩展，表现为空间的和级数的不同形式。

**1）比例、常数、大数、单位与乘法**

比例：立表八尺，表影1寸表示千里；此即相似比。陈子提出“日髀之率”：“率八十寸而得一寸”。《周髀》观测表影，经相似比而获得天文数据，对此法深信不疑。在早期算术中，应用比例是一项最为重要的推理法，包括推广到空间的几何相似比例法，许多知识由此而推得。

常数：历法常数有回归年值：“周天三百六十五度四分度之一……日行一度”；朔望月值：“经月二十九日九百四十分日之四百九十九”。将圆周率取为三。《周髀》的这些数值既是据理论测算出来的，就不可变更，将其视为常数，重复出现，如“夏至之日中至冬至之日中十一万九千里”，“十一万九千里”共现七次。

大数：“夏至日道……其周七十一万四千里”，“四衡……周一百七万一千里”，“四极……周二百四十三万里”。当时无法获得真实的天体距离，认为测算出的大数即为所求。

单位：在不同量级上保留正整数。秦汉在长度单位“里”下设“步”，1里=300步，1步=6尺（唐后改为1步=5尺，1里=360步）。当时尚无“小数”。

连乘：设定历法起点。“十九岁为一章……四章为一蔀……二十蔀为一遂……三遂为一首……七首为一极，极三万一千九百二十岁。”实际上是做连乘法：$19\times4\times20\times3\times7=31920$。

**2）分数运算与“齐同术”**

分数：“实”为分子，“法”为分母，“通之”是将带分数化为假分数。“凡八节二十四气，气损益九寸九分六分之一”，分数1/6的单位为“分”。四衡周“分为度，度得二千九百三十三里七十一步千四百一十分步之六百六十九”，分数669/1410的单位为“步”。

在《周髀》中已有复杂的分数乘除运算，例如在求小岁大岁“月不及故舍”时，小岁为：

$$\left(354\frac{348}{940}\times13\frac{7}{19}\right)\div365\frac{1}{4}(=12.970\,213)$$

大岁为：

$$\left(383\frac{847}{940}\times13\frac{7}{19}\right)\div365\frac{1}{4}(=14.051\,063\,83)$$

书中出现的分数4465/17860，1628/17860等非既约分数，大概当时还不知分数约简。

《周髀》中的分数运算中事实上应用了“齐同术”，即“凡母互乘子谓之齐，群母相乘谓之同”（刘徽语）。今天看来，设$a/b$，$d/c$，则称$ac$，$bd$为齐，称$bc$为同；即将$a/b$化为$ac/bc$，将$d/c$化为$bd/bc$。在赵爽注求蔀之法中记载：“蔀之言，齐同日月之分为一蔀也。……通分内子……通之……分母不同，则子不齐，当互乘之以齐同之者。”这是对分数运算“齐同术”最早的记录。

**3）等差数列**

（1）在设定盖天模型时必考虑各要素尺度间的相互比率：“夏至日中去周万六千里”“南过冬至之日三万二千里”“北过极四万八千里”“从周所望见北过极六万四千里”“天离地八万里”“夏至之日中与夜半日［光］九万六千里”。六值分列而呈等差：16，32，48，64，80，96。说明在《周髀》的天地模型里，这 6 个基本数据为等差关系。

（2）《周髀》“七衡六间”图表示太阳视运动与节气的关系。在平面绘制的图上，以北极为中心的 7 个同心圆，由内向外，依次称为“内一衡”“次二衡”……“次七衡”等。内一衡直径 $D_1$=238000 里，相邻两衡距离称作“一衡之间”，设为 $d$，则 $d$=19833 里 100 步。易知 $12d=D_1$。求各次衡直径，其术曰：

> 是故一衡之间，万九千八百三十三里三分里之一，即为百步。欲知次衡径，倍而增内衡之径。二之，以增内衡径。[1]次衡放（仿）此。

即 $D_2=D_1+2d$=277666 里 200 步，$D_3=D_2+2d$=317333 里 100 步……$D_7=D_6+2d$=476000 里。原著开列各衡直径、周长等，从略。此即 $D_1$ 为首项、$2d$ 为公差的等差数列。

注意到，$D_7=2D_1$，即次七衡直径应是内衡直径的 2 倍，可释为“倍而增内衡之径”的本意。如果从圆心北极至外圆周连一半径，则与内圆的交点应是其中点。这一比例显示七衡基本构造。七衡之径呈等差，各圆间距 $d$ 事先设定 $d=D_1/12$，所得效果即为七衡大观。惜古今诸本释图多失准，仅为示意（图 6-6），且不说两衡间距不等，分至位置亦不当。[2]外衡径等于 2 倍内衡径比例恒定（图 6-7），内衡径应与十二间等长。

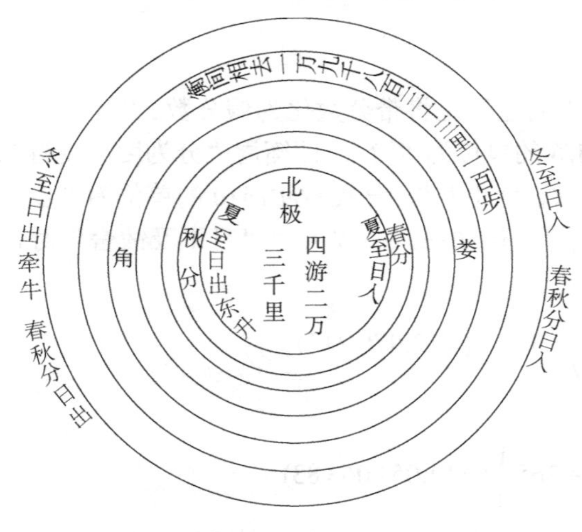


图 6-6 仿底本“七衡六间”图

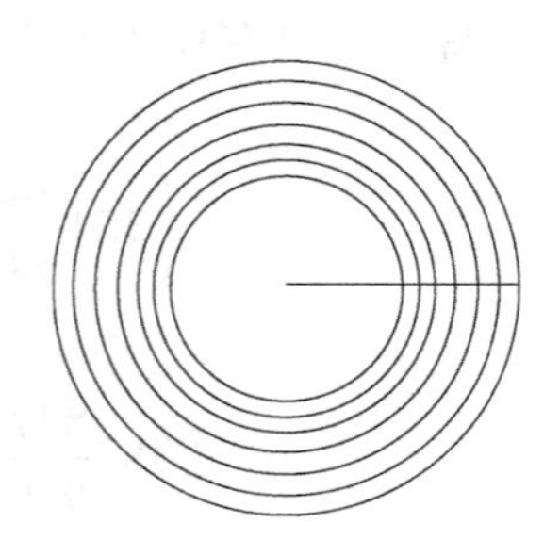

图 6-7 内衡外衡间的比例

（3）《周髀》卷下记有二十四节气的中午八尺表的影长数据表，提出问题：

> 凡八节二十四气损益九寸九分六分分之一。冬至晷长一丈三尺五寸，夏至晷长一尺六寸，问次节损益寸数长短各几何？[3]

---

① 此处钱宝琮考证加“得三衡径”4 字。原文“次衡径”如理解为 $D_7$，则“倍而增内衡之径”即 $D_7=2D_1$。“二之”可解作将前句“一衡之间”加倍，即 $2d$。此时无须加“得三衡径”4 字，后接“次衡仿此”指 $D_3$～$D_7$。原文清晰通畅。

② 程贞一，闻人军. 周髀算经译注：图 47 校正图. 上海：上海古籍出版社，2012：86.

③ 陆费逵总勘. 周髀算经//四部备要：子部 066. 据学津本校刊. 上海：中华书局，1936：卷下 12-14.

从冬至到夏至晷影渐短，再到冬至晷影又长，1年24节气变化对称，晷影长短实际分为等差的12段，即已知首项$a_1=1350$分，末项$a_{12}=160$分，项数$n=12$，求“损益”法为：

置冬至晷，以夏至晷减之，余为实，以十二为法，实如法得一寸，不满法者十之，以法除之，得一分。不满法者，以法命之。

求公差$d$法：冬至和夏至的晷长为实测，要补出其间12节气，用12去除影长差即得：

$$d=(a_1-a_{12})\div 12=(1350-160)\div 12=99\frac{1}{6}$$

原著列出二十四节气各晷影之长（略）。此法可视为等间距一次内插法。①

### 6.1.3　应用测量和比例计算建立的宇宙模型

我国古人对天地的认识，主要形成两大流派：一是盖天说，一是浑天说。另有“宣夜说”，理论不够完整，影响也小。“浑”即圆球，浑天说认为天地具有蛋状结构，地在中心，天在周围；到东汉张衡作《浑天仪注》时明确表述为：“天如鸡子，地如鸡中黄，孤居于天内，天大而地小。……”（《晋书·天文志》）在历史上盖天说占主流地位，前一阶段较原始，对天地形状尚无定量描述，笼统地比喻为“天圆地方”，即“圆盖棋局”模式。后一阶段《周髀算经》在理论上奠基，提出天地结构体系，假定天地平行，其间相距八万里，进行天地测量和天文计算，主要数据已定量化，事实上建立起宇宙模型，以此解释天地结构和天体运行。

**1）用矩之道：应用比例原理测量高、深、远的物体**

在商高回答周公问题中，提出“用矩之道”的六种方法：“平矩以正绳，偃矩以望高，覆矩以测深，卧矩以知远；环矩以为圆，合矩以为方。”在上古，矩尺是测量的基本工具，而测量又是计数的可靠依据。《周髀》建立的天文体系，离不开用矩的技术。

（1）平矩以正绳。“绳”指铅垂绳。利用矩尺的直角以铅垂绳校正水平线。

（2）偃矩以望高。把矩仰立放，可测高度。《广雅》：偃，仰也。《说文》：仰而倒曰偃。

（3）复矩以测深。复：翻，倾倒。把矩倒置，可以测深度$PQ$（前4法见图6-8）。②

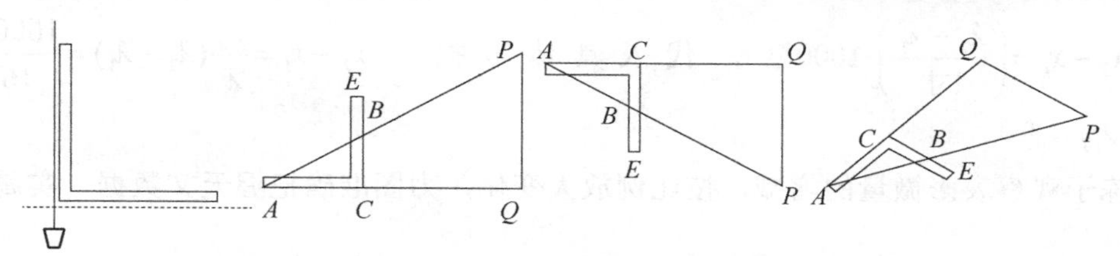


图6-8　《周髀算经》用矩之道：（从左至右）平矩以正绳，偃矩以望高，覆矩以测深，卧矩以知远

① 中外数学简史编写组. 中国数学简史. 济南：山东教育出版社，1986：53.

② 程贞一，闻人军. 周髀算经译注：图47校正图. 上海：上海古籍出版社，2012：9.

（4）卧矩以知远。把矩卧放与地面平行，可测两点的水平距离 *PQ* 或斜矩 *AP*。

（5）环矩以为圆。以矩尺的一端作为圆心，另一端用以绘图，绕圆心旋转而绘成圆形。

（6）合矩以为方。将两个矩尺放到一个平面上相对而合，可组成一个方形。

对于矩的用法，后人亦有不同的理解和表述。

**2）应用比例法测算太阳的直径**

《周髀》卷上记录陈子的话，应用比例法测算太阳直径：

> 即取竹空，径一寸，长八尺，捕影而视之，空正掩日，而日应空之孔。由是观之，率八十寸而得径一寸。……以日下为勾，日高为股，勾股各自乘，并而开方除之，得邪（斜）至日。从髀所旁至日所十万里。以率率之，八十里得径一里，十万里得径千二百五十里。故曰：日［晷］径千二百五十里。

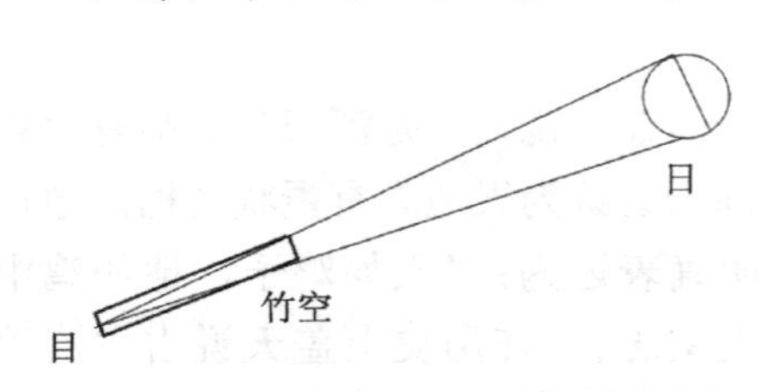


图 6-9　《周髀算经》竹空测日径法示意图

这段是说：取来观察用的空竹管，直径 1 寸，长 8 尺，瞄准太阳，当望到的太阳恰好遮掩住竹管的望孔，这时知道管长与管径之比是 80 寸比 1 寸（图 6-9）。以日下（《周髀》算出是 6 万里）为勾，以太阳高度（《周髀》算出是 8 万里）为股，利用勾股定理算出斜边到太阳的距离：此即从所立圭表到太阳距离是10万里。于是按照比例 80∶1=100000∶1250，算出太阳直径 1250 里。

这种算法主要是应用比例，尚非应用相似三角形对应边成比例的性质。虽然由此算出的结果与今人所知日径相差很远，但其原理是正确的，体现先人求知的努力。

**3）应用比例解释表影增减与天文测量距离变化的关系**

在算出太阳直径之后，陈子得出一个用文字表达的代数公式：

> 法曰：周髀长八尺，勾之损益寸千里。

其意为：测算法：用 8 尺高周髀测量表影长度，则南北方向距离每改变 1000 里，表影增减 1 寸。换言之，表影每增减 1 寸，就表明南北方向距离改变了 1000 里。

设$\Delta x=x_2-x_1$ 为距离的改变，$\Delta\lambda=\lambda_2-\lambda_1$ 表示表影的增减，“勾之损益寸千里”即：$\Delta x=\left(\dfrac{\Delta\lambda}{1\text{寸}}\right)\cdot 1000\text{里}$。被称为“陈子影差公式”，按照定义，或可写作：

$x_2-x_1=\left(\dfrac{\lambda_2-\lambda_1}{1\text{寸}}\right)\cdot 1000\text{里}$，代入具体数据：$x_2-x_1=\dfrac{x_s}{\lambda_s}(\lambda_2-\lambda_1)=\dfrac{16000\text{里}}{16\text{寸}}\cdot(\lambda_2-\lambda_1)$。①

陈子观察表影微量的增减，按比例放大变化，力图准确把握天文数据，实属难能可贵。

**4）在比例计算、圭表测量基础上建立的天地算术模型**

《周髀》列举出大量与天地结构相关的各种数字，如“日夏至南万六千里”“日冬至南十三万五千里”“从极南至夏至之日中十一万九千里”“凡径二十三万八千里”，等

① 程贞一，闻人军. 周髀算经译注. 上海：上海古籍出版社，2012：45.

等，数据很多。陈子对各数进行分析，在此基础上，形成了盖天说的天地模型。而从唐代至今，学者根据《周髀》给出的数据，企图绘出符合古人原意的这种模型，现在举出几例。

（1）首先是唐代李淳风给出的斜面天地模型。他为《周髀》写出约两千字的注，认为天地是两个平行的圆锥面。其实商高也说过“笠以写天”，天的形状就像是斗笠一样。李淳风指出陈子论述的矛盾之处，将在平面上测量用的“重差术”推广到斜面，他归纳出的“斜上术”“斜下术”等有可能把勾股形相似推广到一般三角形的相似。在图 6-10 中，据傅大为《异时空里的知识追逐》提供的模拟图，可以看出地面呈一定倾斜度，就像是斗笠一样，但天地之间总保持平行，其间距为 8 万里。图上“外衡”在天边上，应是大圆周所经过，外衡径等于内衡径的二倍（见图 6-6），2×23.8=47.6 万里。这样，各个数据都能自洽，安排在同一个天地模型之内，达到和谐有序。当然，把《周髀》的盖天说归结为斜面天地模型，有一定局限性，认可度也不很高。

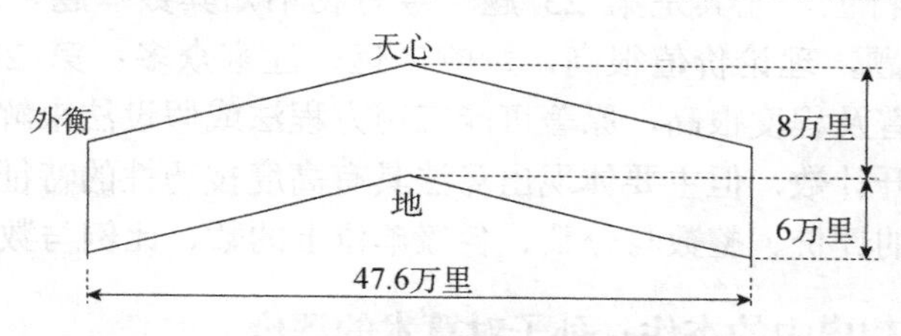


图 6-10　《周髀算经》李淳风注的斜面天地模型

（2）另一种是平行球冠的盖天模型。《周髀》说：“天之中央亦高四旁六万里”，这里的“中央”指的是北极。图 6-11 中“北极”位于“天中”，与位于“地中”的“极下”相对应。赵爽也说：“天如盖笠”，随地穹窿而高。该图是李约瑟《中国科学技术史》卷三采自恰特莱（H. Chatley，1938）的一种设计，许多学者也有大同小异的构想。只要能将《周髀》提供的数据在一种设想的模型中适当安排好，与盖天理论能够相洽，就可备一说。当然无法求证于古人，另外，也总会因原始理论缺陷而出现漏洞。

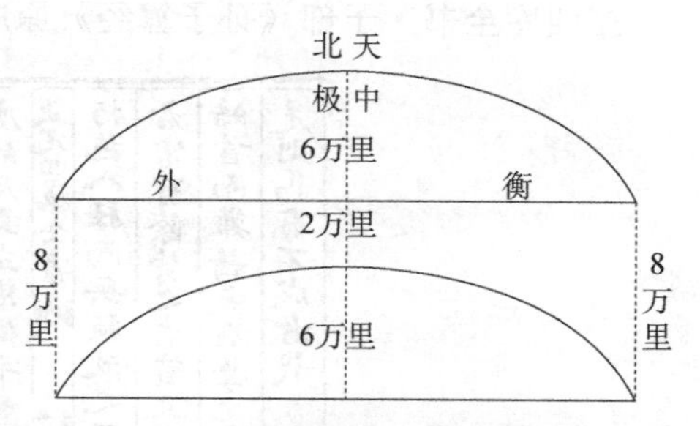


图 6-11　《周髀》盖天说平行球冠天地模型

（3）近年盖天说的天地模型又出现几种不同的推测，为保持天地间距离为 8 万里，就设定中天凹进一个直径 2.3 万里的洞，或者提出“对应凸凹平行平面”模型，或者双圆盘倒扣盖天模型，等等①，说明《周髀算经》的魅力使诸家浮想联翩；宇宙学说的研究众所瞩目。

从数学史来看，《周髀》所用的数学概念，最基本的是分数、乘法、比例、数列、勾股、测量、相似比等。是否从勾股相似发展到任意三角形相似都要讨论再三。何时出现平行说法？是否强调平行概念？是否严格地认定天上每一点与地面对应点的距离都等

① 程贞一，闻人军. 周髀算经译注. 上海：上海古籍出版社，2012：100.

于 8 万里？至少在原文中没有明显看出。事实上，《周髀》的盖天说建立在比例推导和测量计数之上，是一种算术的（勉强算得上几何的）天地结构，应当是比较切合实际的结论。

## 6.2 《孙子算经》的计数内容

《孙子算经》原二卷，见于《隋书·经籍志》，不著撰人，成书年代约为公元 4 世纪，现有传本厘为三卷。上卷列出度量衡各级单位和常用数据等，相当于数据表，用乘除法多例，求大数达 12 位；中卷 27 题：筹算分数、比例 8 题，其余题目解法均缘《九章》体例而简易，具有普及性质，甚至出现第 24 题“五侯分桔”、第 26 题“女子善织”，径取自衰分章；下卷 33 题，多依《九章》名目而有新意，前 13 题均为乘除法应用，以后各题各具特色，尤其是第 23 题“今有物不知其数”题，为一次同余式组问题，属于整数论名题，理论价值很高，影响广远，注家众多；第 28 题“雉兔同笼”题，极具趣味性，普及程度很高，原著可能应用方程法或假设法来解，后代创造许多解法。这些题目离不开计数，但主要体现出算法具有高度技巧性的特征。本节主要讨论计数的内容：对算术的评价、整数与分数、各级单位上的数、比例与数列等。

### 6.2.1 数学思想史中的杰作：孙子对算术的评价

据四库全书·子部《孙子算经》原序（图 6-12）：

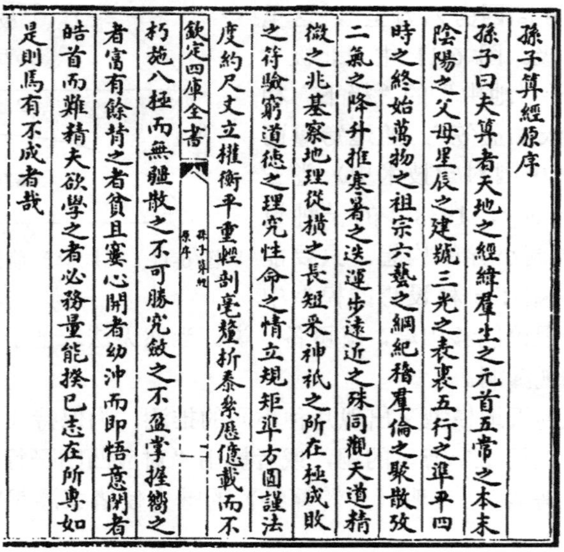

孫子算經原序
孫子曰夫算者天地之經緯羣生之元首五常之本末
陰陽之父母星辰之建號三光之表裏五行之準平四
時之終始萬物之祖宗六藝之綱紀稽羣倫之聚散攷
二氣之降升推寒暑之迭運步遠近之殊同觀天道精
微之兆基察地理從横之長短采神祇之所在極成敗
之符驗窮道德之理究性命之情立規矩準方圓謹法
度約尺丈立權衡平重輕剖毫釐析黍絫歷億載而不
欽定四庫全書　孫子算經 原序　一
朽施八極而無疆散之不可勝究斂之不盈掌握嚮之
者富有餘背之者貧且窶心開者幼冲而即悟意閉者
皓首而難精夫欲學之者必務量能揆已志在所專如
是則焉有不成者哉

图 6-12　四库全书《孙子算经》原序

孙子曰：“夫算者：天地之经纬，群生之元首，五常之本末，阴阳之父母，星辰之建号，三光之表里，五行之准平，四时之终始，万物之祖宗，六艺之纲纪。稽群伦之聚散，考二气之降升，推寒暑之迭运，步远近之殊同，观天道精微之兆基，察地理从横之长短，采神祇之所在，极成败之符验。穷道德之理，究性命之情。

立规矩，准方圆，谨法度，约尺丈，立权衡，平重轻，剖毫厘，析黍絫。历亿载而不朽，施八极而无疆。散之不可胜究，敛之不盈掌握；向之者，富有余；背之者，贫且窶。心开者，幼冲而即悟；意闭者，皓首而难精。夫欲学之者，必务量能揆己，志在所专，如是，则焉有不成者哉！”

在孙子看来，算术本身就是宇宙与生物构成的基本原则，万事万物发展变化的根本原因，它具有渗透一切的能力：天文、地理、四季、气象、生命、时间、空间、技术、哲学、伦理、道德，等等，都可以运用算术知识达到深入理解的境地；运用算术，可以稽究各类事物的分合聚散，考察阴阳二气的升降变化，推步寒暑时令的周期运转，测定距离远近各处的特点与不同，仰观于天体兆象的精细变化，俯察于山川形势的纵横延伸……可谓无所不能。

对于算术的具体内容：“立规矩，准方圆，谨法度，约尺丈，立权衡，平重轻，剖毫厘，析黍絫”烂熟于心，认为它的方法永世不朽，它的应用无远弗届。神奇的算术放之四海，可以大到无边无际，不可穷尽；收敛起来，可以小到握于掌心，游刃有余。能不能学好算术，甚至能够决定一个人的贫富。但不是任何人都能学会的，领悟能力强的人，一点就通、一说就懂；心意闭塞的人，即令到老，也不能达到精通的程度。

周公说：“大哉！言数”；春秋齐国宰相管仲把“计数”作为治国方略，其目的是为达到治民、强兵、胜敌国。在军事上，除必须具备形势、器械等条件之外，也要懂得“为兵之数”。秦代数学家陈起对“数”与“计数”的功能有极高的评价，认为对社会生产和生活的各个方面，“非数无以知之”“非数无以命之”“非数无以成之”……这种“唯数论”达到前无古人的程度。在此之后，孙子对掌握算术充满自豪，完全相信利用这种技艺能够解决一切问题，对算术评价之高，在中算史上几乎无逾之者。而从整体来看，华夏文化实际上把数、计数、算术视为重要的学问和方法，形成一股传统力量。

### 6.2.2　度量衡单位、筹算计数法和等差、等比数列

**1）度量衡单位、筹算计数法**

《孙子算经》上卷记录度量衡单位，具有实用意义。用大单位，则暗含小数；用小单位，则表示大数。所以单位跨越的数量级实际代表了整数向极大和极小扩张的两个趋向。

长度单位：忽、丝、毫、厘、分、寸、尺、丈、引，皆十进。以“忽”起算，则最高量级达 $10^9$；以“引”为准，则最低量级为 $10^{-9}$。唯有 50 引=1 端。

长度还有 40 尺=1 匹，6 尺=1 步，300 步=1 里，240（方）步=1 亩，非十进。

重量单位：皆非十进，较小的单位有黍、絫、铢，24 铢=1 两，16 两=1 觔（斤），30 觔（斤）=1 钧，4 钧=1 石。重量单位量级较少，多种文化中皆非十进，为一有趣现象。

容量单位：除 6 粟=1 圭外，皆十进：圭、撮、抄、勺[1]、合、升、斗、斛，以“圭”起算，斛已达 $10^8$ 圭，千万即穰，再加扩张：亿、兆、京、陔、沟、间、正、载，即达 $10^{16}$。

数学常数：“周三径一，方五斜七”，成为早期“不易之率”，但对圆周率 $\pi \approx 3.1415926536$，相对误差 4.507%；边长为 5 的正方形对角线 $5\sqrt{2} \approx 7$，对 $\sqrt{2} \approx 1.4142135624$，相对误差 1.005%。这两个最常用的数值包含无理数即无穷不循环小数，古人的认识达不到这一步，取用正整数作为近似值，事实上使用整数的习惯开始受到挑战。张衡已改进 $\pi$ 值，取 $\sqrt{10}=3.16227766$，使相对误差减少到大约 0.66%，较之“周三”是一进步。

筹算计数：算筹一般长 13～14 厘米，粗 0.2～0.3 厘米，材质为竹、木、骨、象牙、金属等，约 270 枚为一束。这种计算工具叫“筹”或“算筹”，这种计算方法叫作“筹算”。

在历史上，何时出现“筹”？由于在距今六七千年的半坡遗址陶片上已经发现数字，甲骨文中刻画的一二三四等也与算筹数字相同，故应当认为算筹用以计数的时代不会距此太晚。据出土文物，通常认为至迟在春秋时代已有算筹，有可能更早一些。《孙子算经》首次记录十进位值制筹算计数法，有纵横两式（图 6-13）：

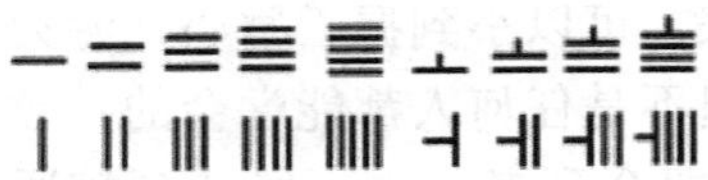

图 6-13 筹算数字 1-9 的横式和纵式

凡算之法，先识其位，一纵十横，百立千僵，千十相望，万百相当。

即在具体计数时，个位、百位、万位等用纵式，十位、千位、十万位等用横式，两者交错标记十进单位数，不易混淆；零则用空位表示。

另有金银铜铁等的比重表、粟等六种米的兑换比例表、乘除法则等。乘法算得最大数为：531441×708588=376572715308，共 12 位。

**2）等差、等比数列**

下卷第 1 题含等差数列，第 29、33 题为等比数列。

（1）下卷第 1 题：“九家共输租”题，九家缴租数值不等，前五家出租斛数呈等差数列：35，46，57，68，79，后四家则任意设值，但都须按两成的比例缴纳运输费，问各家实缴租多少（图 6-14）。此题为入门，数字不烦琐，解法亦简单。过程从略。

（2）下卷第 29 题：“三鸡啄粟”（图 6-14）：

今有三鸡共啄粟一千一粒，刍啄一，母啄二，翁啄四；主责本粟，三鸡主各偿几何？答曰：鸡刍主一百四十三，鸡母主二百八十六，鸡翁主五百七十二。

该题依《九章算术》衰分章按比例分配的标准解法求出答案，亦即已知等比数列前几项之和，求出各项。题设颇富情趣，易于民间普及。

（3）第 33 题：“堤有九木”（图 6-14）9 为首项。递次乘 9，获得 9，$9^2$，$9^3$，…，$9^8$。依次为堤、木、枝、巢、禽、刍、毛、色之数。题目不难，易学易记，获对等比数列和大数的认识。

[1] 根据钱宝琮等的考证，圭，抄，撮，勺皆十进为隋制；而圭，撮，抄，勺皆十进为唐制。见钱宝琮. 中国数学史. 北京：科学出版社，1981：75.

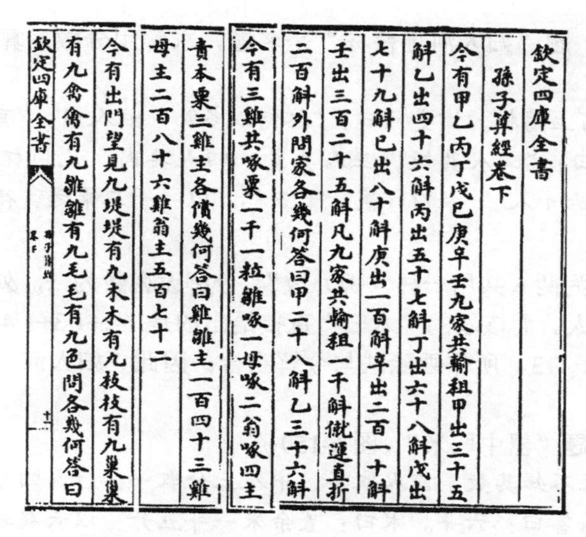

欽定四庫全書

孫子算經卷下

今有甲乙丙丁戊己庚辛壬九家共輸租甲出三十五斛乙出四十六斛丙出五十七斛丁出六十八斛戊出七十九斛己出八十斛庚出一百斛辛出二百一十斛壬出三百二十五斛凡九家共輸租一千斛僦運直折二百斛外問家各幾何答曰甲二十八斛乙三十六斛

今有三雞共啄粟一千一粒雛啄一母啄二翁啄四主責本粟三雞主各償幾何答曰雞雛主一百四十三雞母主二百八十六雞翁主五百七十二

今有出門望見九堤堤有九木木有九枝枝有九巢巢有九禽禽有九雛雛有九毛毛有九色問各幾何答曰

欽定四庫全書

图 6-14　《孙子算经》下卷 1，29，33 题

**3）对分数的应用**：《孙子算经》中的分数运算问题。

（4）中卷第 23 题“三种人分钱”：将人分成下中上三等，分钱多少则按少中多的比例：

今有钱六千九百三十，欲令二百一十六人作九分分之：八十一人，人与二分；七十二人，人与三分；六十三人，人与四分。问：三种各得几何？答曰：二分，人得钱二十二；三分，人得钱三十三；四分，人得钱四十四。（图 6-15）

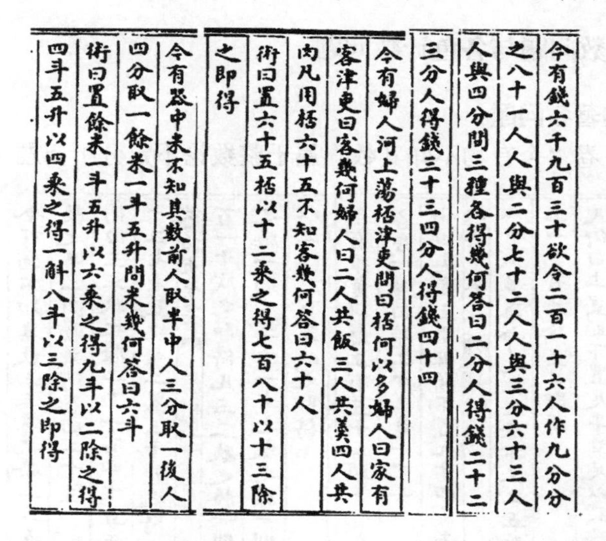

今有錢六千九百三十欲令二百一十六人作九分分之八十一人人與二分七十二人人與三分六十三人人與四分問三種各得幾何答曰二分人得錢二十二三分人得錢三十三四分人得錢四十四

今有婦人河上蕩桮津吏問曰桮何以多婦人曰家有客津吏曰客幾何婦人曰二人共飯三人共羮四人共肉凡用桮六十五不知客幾何答曰六十人

術曰置六十五桮以十二乘之得七百八十以十三除之即得

今有器中米不知其數前人取半中人三分取一後人四分取一餘米一斗五升問米幾何答曰六斗

術曰置餘米一斗五升以六乘之得九斗以二除之得四斗五升以四乘之得一斛八斗以三除之即得

图 6-15　《孙子算经》中卷 23 题，下卷 16，18 题

此题按《九章算术》衰分章的方法，属比例分配而有新意：按递减的等差数列 81，72，63 对人数做分配的同时，引进分数比例：2/9，3/9，4/9，它也是等差，却递增。三等人分钱不同，由此得出的结果，人数多的得钱少，人数少的得钱多，当然仍按设定的比例，模式化地反映出当时社会状况。

（5）下卷第 16 题“妇人河上荡杯”是名题，求解用分数运算及类似方程的解法（图 6-15）：

今有妇人河上荡杯。津吏问曰：“杯何以多？”妇人曰：“有客。”津吏曰：“客几何？”妇人曰：“二人共饭，三人共羹，四人共肉，凡用杯六十五。不知客几何？”答曰：“六十人。”术曰：置六十五杯，以一十二乘之，得七百八十，以十三除之，即得。

“二人共饭”意为两人共用一杯（碗）饭”。今解设客数为 $x$，列出方程为 $x/2+x/3+x/4=65$，易得 $x=60$ 人。而该题的“术曰”直接给出的是 1/2+1/3+1/4 通分的分母 12，以及分数加法所得分子 13，所作乘除法与今解吻合。因此“妇人河上荡杯”解题过程可与解方程相类比。

（6）下卷第 18 题“器中取米”（图 6-15）：

今有器中米不知其数，前人取半，中人三分取一，后人四分取一，余米一斗五升，问米几何？答曰：六斗。术曰：置余米一斗五升，以六乘之，得九斗；以二除之，得四斗五升；以四乘之，得一斛八斗；以三除之，即得。

本题三人先后取米，而非同时分米。算术今解：“前人取半”后所余占 1－1/2，“中人三分取一”后所余占（1－1/3）（1－1/2）；“后人四分取一”后所余占（1－1/4）（1－1/3）（1－1/2），以此为除数，去除“余米一斗五升”，即得。该题“术曰”对“余米一斗五升”做乘除法，算理为：中人取米后所余占 2/6，故须乘 6 除 2；后人取米后所余又占其 3/4，故须乘 4 除 3。其实均为分数除法所要求。该题解法运用整数乘除法代替了复杂分数的运算。

### 6.2.3 物不知数问题与各色计数问题

**4）不定分析的著名问题**

《孙子算经》下卷“今有物不知其数”属于整数论不定分析问题（图 6-16）。

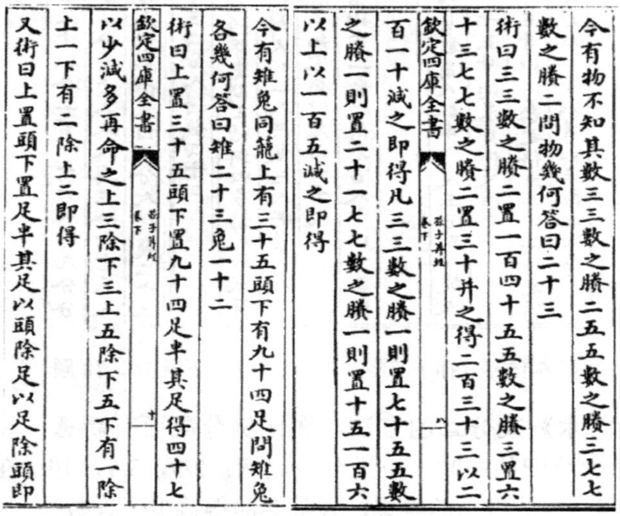

今有物不知其數三三數之賸二五五數之賸三七七
數之賸二問物幾何答曰二十三
術曰三三數之賸二置一百四十五五數之賸三置六
十三七七數之賸二置三十并之得二百三十三以二
欽定四庫全書
百一十減之即得凡三三數之賸一則置七十五五數
之賸一則置二十一七七數之賸一則置十五一百六
以上以一百五減之即得

今有雉兔同籠上有三十五頭下有九十四足問雉兔
各幾何答曰雉二十三兔一十二
術曰上置三十五頭下置九十四足半其足得四十七
欽定四庫全書
以少減多再命之上三除下三上五除下五下有一除
上一下有二除上二即得
又術曰上置頭下置足半其足以頭除足以足除頭即

图 6-16 《孙子算经》下卷 25，30 题

（7）下卷第25题“今有物不知其数”，不定分析名题，具有深厚历史渊源和广泛的数学影响。

今有物不知其数，三三数之賸（剩）二，五五数之賸三，七七数之賸二，问物几何？答曰：二十三。

术曰：三三数之賸二，置一百四十五；五五数之賸三，置六十三；七七数之賸二，置三十；并之，得二百三十三，以二百一十减之，即得。

凡三三数之賸一，置七十；五五数之賸一，则置二十一；七七数之賸一，则置十五；一百六以上，以一百五减之，即得。

《孙子算经》流传千古，这个“物不知数”问题举世闻名，被称为“中国剩余定理”。解答问题的术文写得非常详细、精练、准确，难能可贵。术文前半部先给出本题的答案 $N$：

$$N=70\times2+20\times3+15\times2-105\times2=23。$$

术文后半部则推广到这一类同余式组及其一般解，尤为难得，用今天的同余符号表示：

$N\equiv r_1$（mod3）$\equiv r_2$（mod5）$\equiv r_3$（mod7），$N\equiv 70r_1+21r_2+15r_3-105p$（$p$ 正整数）。

其中，三个重要系数70，21，15分别具有性质（记号 $r$［$m$］表示 $r$ 的整倍数）[①]：

70=3［$m$］+1=5［$m$］=7［$m$］，21=3［$m$］=5［$m$］+1=7［$m$］，15=3［$m$］=5［$m$］=7［$m$］+1，而105=3［$m$］=5［$m$］=7［$m$］。于是容易证明：

$$\begin{aligned}
70r_1&=3[m]+r_1=5[m]=7[m]\\
21r_2&=3[m]=5[m]+r_2=7[m]\\
+)\ 15r_3&=3[m]=5[m]=7[m]+r_3\\
\hline
N^*&=3[m]+r_1=5[m]+r_2=7[m]+r_3
\end{aligned}$$

适当取 $p$，则有 $N=N^*-105p=3[m]+r_1=5[m]+r_2=7[m]+r_3$ 是该同余式组最小正整数解。

解的这种构造性可类推到更一般的情形，即孙子的解法实际指向了下述“剩余定理”：

设 $a_1$，$a_2$，…，$a_n$ 为两两互素的一组正整数，$m=a_1\cdot a_2\cdot\cdots\cdot a_n$，要求解同余式组：

$$N\equiv r_i\ (\mathrm{mod}\ a_i)\ (i=1,2,\cdots,n)。$$

解法是：须求出一组数 $k_i$，使其满足 $k_i\dfrac{m}{a_i}\equiv1\ (\mathrm{mod}\,a_i)$，该同余式组最小正整数解是：

$$N=\sum_{i=1}^{n}r_ik_i\frac{m}{a_i}-pm\ （p\text{是适当的非负整数}）。$$

剩余定理的一般形式及 $k_i$ 的求法是13世纪秦九韶明确给出的。

① 中外数学简史编写组. 中国数学简史. 济南：山东教育出版社，1986：187.

（8）下卷第 30 题“雉兔同笼”（图 6-16 左）属于二元方程。

今有雉兔同笼：上有三十五头，下有九十四足，问雉兔各几何？答曰：雉二十三，兔一十二。术曰：上置三十五头，下置九十四足；半其足，得四十七；以少减多，再命之。上三除下三，上五除下五，下有一除上一，下有二除上二，即得。

又术曰：上置头，下置足，半其足，以头除足，以足除头，即得。

解法像绕口令，又像谜语，隐藏计算步骤，十分神秘，极具吸引力。原著给出两解法。

解法①“半其足”：足数减半，所得 47 为雉头数和 2 倍兔头数；“以少减多”：从多里减少，即 47−35=12，所得是兔头数。其余 4 句中“除”即减，对解题无特别意义。

解法②钱宝琮先生认为孙子解此题很可能应用了“方程”解法。现按术文推求其解法过程。设 $x$ 为雉数，$y$ 为兔数，“上置头”：$x+y=35$；“下置足”：$2x+4y=94$；“半其足”：$x+2y=47$，“以头除足”：$y=47-35=12$；“以足除头”：$x=35-12=23$。应当说，“以头除足，以足除头”的表述带有迷惑色彩，并非严格算法。消去未知数 $x$ 是在“以头除足”时实现的，并没有形成一种明显的消元法。

**5）各色计数问题**

《孙子算经》下卷几道题有关单位换算及对面积单位的认识，方箭束和整数的最小公倍数，均与计数相关。

（9）下卷第 21 题“尺有鹑寸有鷃”（图 6-17）：

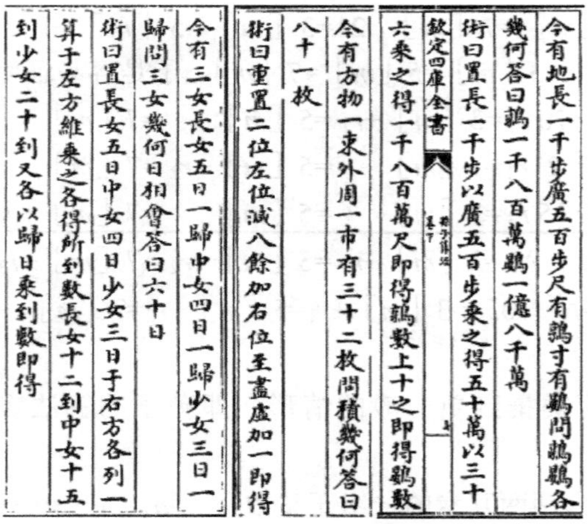

今有地長一千步廣五百步尺有鶉寸有鷃問鶉鷃各幾何答曰鶉一千八百萬鷃一億八千萬
術曰置長一千步以廣五百步乘之得五十萬以三十
欽定四庫全書
六乘之得一千八百萬尺即得鶉數上十之即得鷃數
今有方物一束外周一帀有三十二枚問積數何答曰八十一枚
術曰重置二位左位減八餘加右位至盡虛加一即得
今有三女長女五日一歸中女四日一歸少女三日一歸問三女幾何日相會答曰六十日
術曰置長女五日中女四日少女三日于右方各列一算于左方維乘之各得所到數長女十二到中女十五到少女二十到又各以歸日乘到數即得

图 6-17 《孙子算经》下卷 21，23，34 题

今有地长一千步，广五百步。尺有鹑寸有鷃，问鹑、鷃各几何？答曰：鹑一千八百万，鷃一亿八千万。

术曰：置长一千步，以广五百步乘之，得五十万；以三十六乘之，得一千八百万尺，即得鹑数；上十之，即得鷃数。

鷃音 yàn，古鸟名。上卷已明确 1 步=6 尺，面积须以 1（平方）步=36（平方）尺换算。此题犹言如果按平方尺算，该地块可容鹑 1800 万，而如果按平方寸算，则可容鷃 1.8 亿。笔者注：面积单位中未加入“平方”概念，原文应为“上百之”，“鷃十八亿”。本题通过练习单位换算，熟悉大数进位，这是准确计数的必要知识。但不同进制中“亿”“兆”等的数量级并不统一，记录了大数演进中的变化。

（10）下卷第 23 题“方物束”（图 6-17），前有《汉书·律历志》圆箭束，即“六觚为一握”，后有朱世杰的方箭束，均构成有约束条件的数列，为中算家计数研究的典型例题。

今有方物一束，外周一帀（匝）有三十二枚。问积几何？答曰：八十一枚。

术曰：重置二位，左位减八，余加右位至尽，虚加一，即得。

方物每枝截面为正方形，围绕第一物形成一束，约束条件是要保持截面为正方形（如图 6-18）。今解：设方物束层数 $k=0$，1，…，$k=0$ 时为中心一物；外周一边之长为 $2k+1$，该束物数构成奇数平方数列 $(2k+1)^2$；第 $k$ 层外周一匝物数 $4(2k+1)-4=8k$。现已知 $8k=32$，则 $k=4$，即中心一物之外共有 4 层，故知 $(2k+1)^2=9^2$。

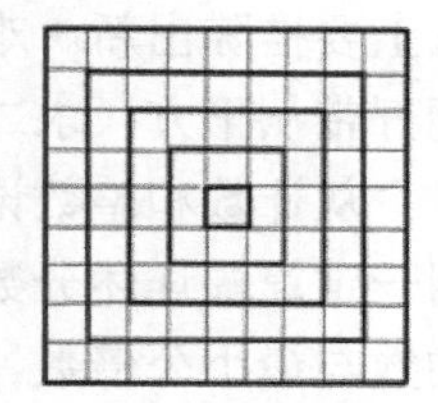

图 6-18 方物束截面

原著“术曰”苟简：左位 32−8=24，右位 32+24+24=80，“虚加一”：80+1=81。所示算法实为：外周一匝物数加内方物数。以代数式表示，即 $8k+[2(k-1)+1]^2=8k+(2k-1)^2=(2k+1)^2$，此为显然，但原解并未给出通项算法，且“余加右位”何为“至尽”亦不明。以图解法知内方物数为 24+24+1=49。据图不难获 32+49=81。

事实上，该题表现出作者熟知三个数列：方物束外层一边物数：1，3，5，…方物束外层一匝物数：8，16，24，32，…；以及方物束各圈物数之和：$1^2$，$3^2$，$5^2$，…

方物束问题继汉代方箭束、圆箭束，均系早期垛积，关注基本的数列问题。

（11）下卷第 34 题“三女归省相会”（图 6-17）求最小公倍数，阐明整数的公倍性质：

今有三女，长女五日一归，次女四日一归，少女三日一归。问三女几何日相会？答曰：六十日。术曰：置长女五日、次女四日、少女三日于右方，各列一算于左方，维乘之，各得所到数：长女十二到，次女十五到，少女二十到。又各以归日乘到数，即得。

今解用质因数分解、连乘求最小公倍数，但中算家没有质因数概念。“术曰”可能是通过“维乘”求出 3，4，5 每两数的倍数 3×4=12，3×5=15，4×5=20，找到它们的公倍数，再选择最小的公倍数。而答案 12×5=15×4=20×3 显然均为 60，疑似找到答案后的解释。

该题反映三女归家省亲之频，小女最勤，娘家相会，其乐融融，母女亲情跃然纸上。

## 6.3 《张邱建算经》中的整数论与计数

《张邱建算经》，南北朝北魏张邱建（邱或作“丘”）撰。本节依据的四库全书子部六，本系清代毛晋汲古阁影抄宋本。[①]首题“汉中郡守前司隶甄鸾注　经朝议大夫行太

① 张邱建. 张邱建算经//四库全书：子部六. 毛晋汲古阁影抄宋本，约 1650.

史令上轻车都尉李淳风等奉敕注释”，该书约刊刻于北魏天安元年至太和九年（466～485 年）。作者生平不详，自序称“清河张邱建谨序”，钱宝琮说“清河”为其郡望，未必是籍贯。《四库全书总目》说：“其中称‘术曰’者，乃鸾所注；‘草曰’者孝孙所增。”即唐算学博士刘孝孙撰细草。唐朝时该书被定为《算经十书》之一。

《张邱建算经》有 92 个数学问题，分为三卷：上 32 题、中 22 题、下 38 题。该书从体例、结构、题材、论述等都受到《九章算术》很大影响，有的题目相同，如上卷第 13 题“葭生池中”。有的题目同《孙子算经》，如下卷第 37 题“河上荡杯”，其意是在解法上要推陈出新。难解的盈不足术问题应用直接解答的方法；中卷第 22 题和下卷第 9 题开带从平方（求二次方程的正根），这些属于代数算法。

从计数和整数论的观点来看，有几方面的内容承续《九章》而有新意：首先，该书用一定篇幅详述分数运算，并把分数应用到解决实际问题中。其次，有两题探讨最大公约数与最小公倍数。第三，该书涉及等差 10 题（如上卷第 18 题“十等人赐金”）、等比数列 1 题，这里仅选有特色的 5 题进行讨论。第四，载有不定分析中著名的百鸡问题，使得该书备受后人关注。

### 6.3.1 分数乘除法和最大公约数、最小公倍数

分数是《张邱建算经》关心的主要问题之一。序言（图 6-19）开门见山指出：“夫学算者，不患乘除之为难，而患通分之为难。”虽然《九章算术》和刘徽注已经解决了筹算分数问题，但在实际计算中，筹算的分数运算仍然使学算者感到困惑。张邱建在原序中“序列诸分之本元，宣明约通之要法”，用主要篇幅论述分子、分母、通分、约分，并指出《孙子算经》中的“荡杯”解题的方法由于没有应用分数的性质，尚“未得其妙”。该书为阐述分数运算，前 6 题列举分数乘、除法各 3 题，运算繁复，这里乘除各取 1 例。

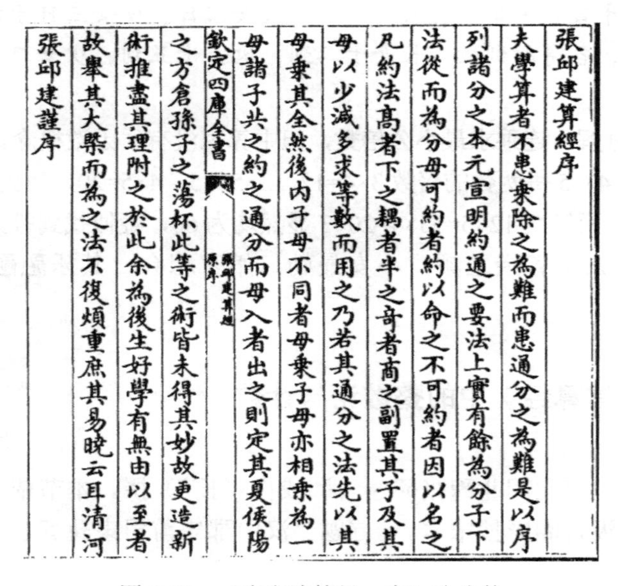
張邱建算經序
夫學算者不患乘除之為難而患通分之為難是以序
列諸分之本元宣明約通之要法上實有餘為分子下
法從而為分母可約者約以命之不可約者因以名之
凡約法高者下之耦者半之奇者商之副置其子及其
母以少減多求等數而用之乃若其通分之法先以其
母乘其全然後內子母不同者母乘子母亦相乘為一
母諸子共之約之通分而母入者出之則定其夏侯陽
欽定四庫全書　張邱建算經 原序
之方倉孫子之蕩杯此等之術皆未得其妙故更造新
術推盡其理附之於此余為後生好學有無由以至者
故舉其大槩而為之法不復煩重庶其易曉云耳清河
張邱建謹序

图 6-19 《张邱建算经 • 序》论分数

**1）分数乘除法**

（1）上卷第3题：分数乘法：

以三十七三分之二乘四十九五分之三、七分之四，问得几何？答曰：一千八百八十九、一百五分之八十三。

草曰：置三十七，以分母三乘之，内子二，得一百一十三。又置四十九于下，别置五分于下，右之三在左。又于五分之下别置七分三分之下。置四维乘之，以右上五乘下左四，得二十。以右下七乘左上三得二十一，并之，得四十一。以分母相乘，得三十五。以三十五除四十一，得一，余六。以一加上四十九，得五十。又以分母三十五乘之，内子六，得一千七百五十六。以乘上位一百一十三，得一十九万八千四百二十八，为实。又以分母三母相乘，得一百五，为法，除实，得一千八百八十九余一百五分之八十三，合所问。

本题计算两个带分数的乘积，欲求：$37\frac{2}{3}\times\left(49\frac{3}{5}+\frac{4}{7}\right)$，这里用现行分数表示其算法过程。文中“内”即《九章》“通分纳子”之“纳”，“内子二”即分子加2。

乘数：$49+\frac{3}{5}+\frac{4}{7}=49+\frac{3\times7+4\times5}{5\times7}=49+\frac{41}{35}=49+1\frac{6}{35}=50\frac{6}{35}=\frac{50\times35+6}{35}=\frac{1756}{35}$，

被乘数：$\frac{37\times3+2}{3}=\frac{113}{3}$，两者相乘：$\frac{113}{3}\times\frac{1756}{35}=\frac{113\times1756}{3\times35}=\frac{198428}{105}=1889\frac{83}{105}$。

（2）上卷第5题：分数除法

以二十七、五分之三除一千七百六十八、七分之四，问得几何？

答曰：六十四、四百八十三分之三十八。

草曰：置一千七百六十八，以分母七乘之，内子四，得一万二千三百八十；又以除分母，五乘之，得六万一千九百为实。又置除数二十七，以分母五乘之，内子三，得一百三十八，又以分母七乘之，得九百六十六，为法。除之，得六十四。法与余各折半，得四百八十三分之三十八，得合所问。

本题欲求$1768\frac{4}{7}\div27\frac{3}{5}$，在当时分数除法计算并不易，其过程今可记为：

被除数：$\frac{(1768\times7+4)\times5}{7\times5}=\frac{12380\times5}{7\times5}=\frac{61900}{7\times5}$；除数：$\frac{(27\times5+3)\times7}{5\times7}=\frac{138\times7}{5\times7}=\frac{966}{5\times7}$；“以法除实”：$\frac{61900}{7\times5}\div\frac{966}{5\times7}=\frac{61900}{966}=64\frac{76}{966}=64\frac{38}{483}$。最后实现约分，为既约分数。

**2）最大公约数与最小公倍数**

求几个正整数的最大公约数与最小公倍数是整数论要解决的基本问题之一。承续《孙子算经》“三女归省相会”题，该书又提出“封山周栈”即绕栈道环山而行的问题。

（3）上卷第10题“封山周栈”：

今有封山周栈三百二十五里。甲、乙、丙三人同绕周栈行，甲日行一百五十里，乙日行一百二十里，丙日行九十里。问：周行几何日会？答曰：十日、六分日之五。

术曰：置甲、乙、丙行里数，求等数为法；以周栈里数为实。实如法而得一。

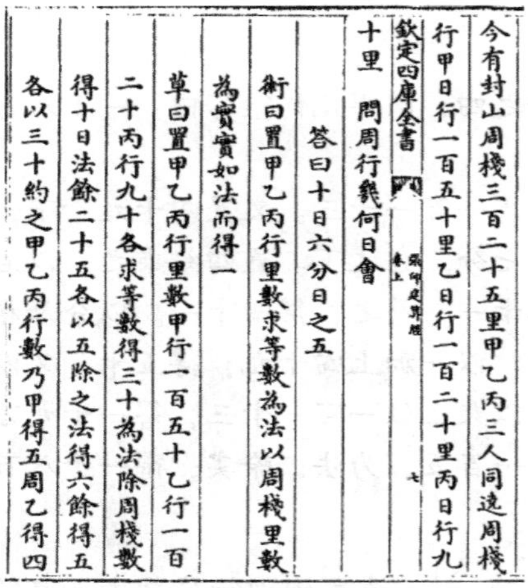

今有封山周棧三百二十五里甲乙丙三人同遶周棧行甲日行一百五十里乙日行一百二十里丙日行九
欽定四庫全書　張邱建算經　卷上　七
十里　問周行幾何日會
答曰十日六分日之五
術曰置甲乙丙行里數求等數為法以周棧里數為實實如法而得一
草曰置甲乙丙行里數甲行一百五十乙行一百二十丙行九十各求等數得三十為法除周棧數得十日法餘二十五各以五除之法得六餘得五各以三十約之甲乙丙行數乃甲得五周乙得四

图 6-20　《张邱建算经》封山周栈

草曰：置甲、乙、丙行里数，甲行一百五十，乙行一百二十，丙行九十，各求等数，得三十，为法。除周栈数得十日，法余二十五；各以五除之，法得六，余得五。各以三十约之甲、乙、丙行数，乃甲得五周，乙得四周，丙得三周，合前问。（图 6-20）

此题设三人同时同地出发，绕山而行，问几日后在封山栈道的某点相会。“术曰”非常简要。“等数”就是最大公约数，因绕封山栈道速度三人分别是甲日行 150 里、乙日行 120 里、丙日行 90 里，最大公约数则为 30 里，去除“周栈里数”325 里，即得三人相会所需时间，为 10 又 5/6 日；在“草曰”中“各以三十约之甲、乙、丙行数”，即得三人须行周数，这两点出人意表，属于点睛之作。

但是，“两正整数的最大公约数与最小公倍数之积，等于这两数之积”这一基本性质，《张邱建算经》尚未涉及。

（4）上卷第 11 题：“三营周行”，《张邱建算经》将求最大公约数附加比例条件应用于复杂问题之中：

今有内营周七百二十步，中营周九百六十步，外营周一千二百步。甲、乙、丙三人值夜，甲行内营，乙行中营，丙行外营，俱发南门。甲行九，乙行七，丙行五。问各行几何周俱到南门？答曰：甲行十二周，乙行七周，丙行四周。

术曰：以内、中、外周步数互乘甲、乙、丙行率。求等数，约之，各得行周。

草曰：置内营七百二十步于左上，中营九百六十步于中，外营一千二百步于下。又各以二百四十约之，内营得三，中营得四，外营得五。别置甲行九于右上，乙行七于右中，丙行五于右下，以求整数。以右位再倍，上得三十六，中得二十八，下得二十。以左上三除右上三十六，得十二周；以左中四除右中二十八，得七周；以左下五除右下二十，得四周。是甲、乙、丙行周数。合前问。

据“术曰”：甲、乙、丙“行率”为 9∶7∶5，“等数”即三营营周的最大公约数 240 步。据“草曰”：三营营周的步数 720，960，1200 分别除以“等数”240，得到 3，4，5；“右位再倍”，即 9，7，5 三“行率”分别乘 4，得到 36，28，20；依次除以 3，4，5，即得甲行 12 周，乙行 7 周，丙行 4 周。

此题要求在“俱发南门”后相同时间内三人巡营周数均为整数，“俱到南门”，且保证三人“行率”为 9∶7∶5。因此不须求出最小公倍数 14 400。

### 6.3.2　等差、等比数列问题

**3）等差数列选 4 题**

（5）上卷第 22 题“今有女善织”（与其后“今有女不善织”）为等差问题（图 6-21）：

今有女善织，日益功疾。初日织五尺，今一月日织九匹三丈。问日益几何？答曰：五寸、二十九分寸之十五。

术曰：置今织尺数，以一月日而一，所得倍之。又倍初日尺数，减之，余为实。以一月日数初一日减之，余为法。实如法得一。

草曰：置九匹，以匹法乘之，内三丈，得三百九十尺。以一月三十日除之，每日得一丈三尺。倍之，得二丈六尺。又倍初日尺数得一丈，减之，余一丈六尺为实。又置一月三十日减一日，得二十九日为法，除之，得五寸、二十九分寸之十五。合前问。

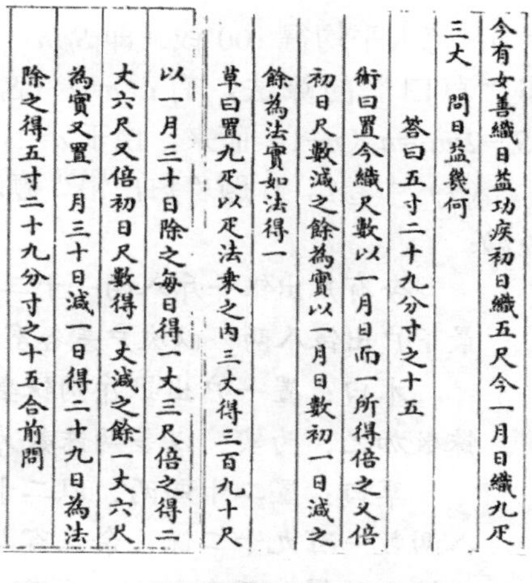
今有女善織日益功疾初日織五尺今一月日織九疋
三丈　問日益幾何
荅曰五寸二十九分寸之十五
術曰置今織尺數以一月日而一所得倍之又倍
初日尺數減之餘爲實以一月日數初一日減之
餘爲法實如法得一
草曰置九疋以疋法乘之內三丈得三百九十尺
以一月三十日除之每日得一丈三尺倍之得二
丈六尺又倍初日尺數得一丈減之餘一丈六尺
爲實又置一月三十日減一日得二十九日爲法
除之得五寸二十九分寸之十五合前問

图 6-21　《张邱建算经》上卷第 22 题

本题已知第一日织布 5 尺（数列首项 $a_1$），“日益功疾”即以后每日所织都比前日多出相同的尺寸（公差 $d$），“一月日”即 30 日（项数 $n$），共织布 40 尺×9（匹）+30 尺=390 尺（前 30 项和 $S_n$），欲求每日所益（公差 $d$）是多少。这是一个典型的等差数列问题。

据“术曰”和“草曰”，“今有女善织”题给出了等差数列 $a_1$，$n$，$S_n$ 三个已知条件，求公差 $d$，步骤是：$d=(\frac{2S_n}{n}-2a_1)/(n-1)=\frac{13\cdot 2-5\cdot 2}{29}$尺$=5\frac{15}{29}$寸，事实上清楚给出了：

$$d=\frac{2S_n-2na_1}{n(n-1)} \tag{6-1}$$

易知有：

$$S_n=na_1+\frac{n(n-1)}{2}d \tag{6-2}$$

式（6-1）实际是从式（6-2）变换而来，均为等差数列基本公式。

（6）上卷第 32 题：“今有与人钱”（图 6-22）。

今有与人钱，初一人与三钱，次一人与四钱，次一人与五钱，以次与之，转多一钱。与讫还敛聚与均分之，人得一百钱。问：人几何？答曰：一百九十五人。

术曰：置人得钱数，以减初人钱数，余，倍之。以转多钱数加之，得人数。

草曰：置人得钱一百，减初人钱三文，得九十七。倍之，加转多一钱，得一百九十五。合前问。

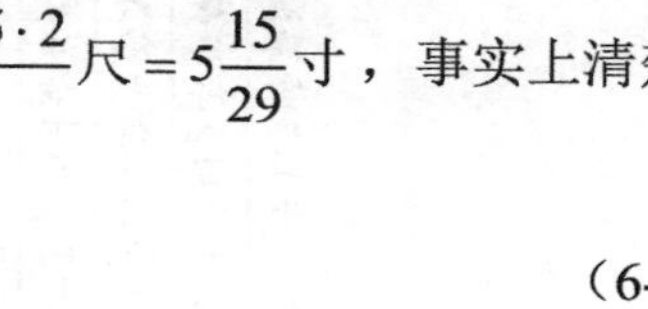
今有與人錢初一人與三錢次一人與四錢次一人與
五錢以次與之轉多一錢與訖還斂聚與均分之人得
一百錢　問人幾何
荅曰一百九十五人
術曰置人得錢數以減初人錢數餘倍之以轉多
錢數加之得人數
草曰置人得錢一百減初人錢三文得九十七倍
之加初人得一百九十五合前問

图 6-22　《张邱建算经》上卷第 32 题

本题已知“初一人”给 3 钱（数列首项 $a_1$），“以次与之，转多一钱”给出公差（$d$=1）；设人数

为 $n$，每人平均得 100 钱（即 $S_n/n$，发钱总数 $S_n=100n$），求人数（项数 $n$）。据“术曰”和“草曰”的算法，有：$n=2（S_n/n-a_1）+1=2\times97+1=195$。这个算法可以看作是从 $2S_n-2na_1=n（n-1）$ 而来，由于 $d=1$，可知本题利用了式（6-1）的关系。

（7）中卷第 1 题“户出银”题利用 1 斤=16 两、1 两=24 铢的进制（见《孙子算经》）：

今有户出银一斤八两一十二铢。今以家有贫富不等，令户别作差品，通融出之。最下户出银八两，以次户差各多三两。问户几何？答曰：一十二户。

术曰：置一户出银斤两铢数，以最下户出银两铢数减之。余，倍之，以差多两铢数加之，为实，以差两铢数为法。实如法而一。

草曰：置二十四两，以二十四乘之，内一十二铢，得五百八十八铢。减最下户八两数一百九十二铢，余三百九十六。倍之，得七百九十二。又加差多三两数七十二铢，共得八百六十四，为实。以差多两数七十二为法，除实，得一十二户。合前问。（图 6-23）

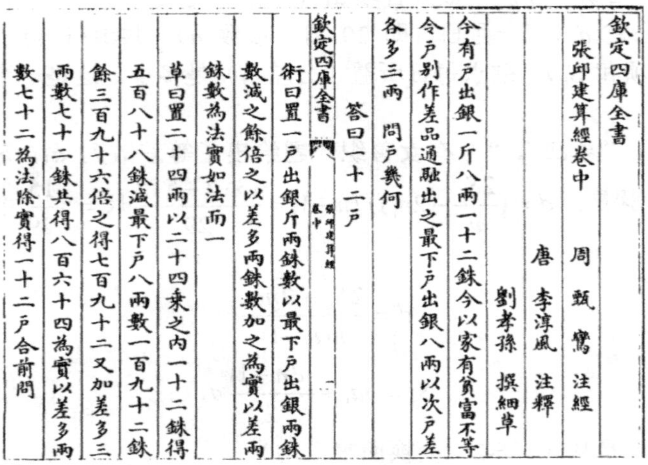

欽定四庫全書
張邱建算經卷中　周　甄鸞　注經
唐　李淳風　注釋
劉孝孫　撰細草
今有戶出銀一斤八兩一十二銖今以家有貧富不等
令戶别作差品通融出之最下戶出銀八兩以次戶差
各多三兩　問戶幾何
答曰一十二戶
欽定四庫全書　張邱建算經 卷中
術曰置一戶出銀斤兩銖數以最下戶出銀兩銖
數減之餘倍之以差多兩銖數加之為實以差兩
銖數為法實如法而一
草曰置二十四兩以二十四乘之內一十二銖得
五百八十八銖減最下戶八兩數一百九十二銖
餘三百九十六倍之得七百九十二又加差多三
兩數七十二銖共得八百六十四為實以差多兩
數七十二為法除實得一十二戶合前問

图 6-23　《张邱建算经》中卷第 1 题

设 $S_n$ 为总出银数，$n$ 为户数，计算需要把斤两转换成最小单位“铢”，则每户平均出银 1 斤 8 两 12 铢=588 铢（$=S_n/n$），“最下户”出银 8 两=192 铢（首项 $a_1$），“以次户差各多三两”即 72 铢（公差 $d$），该题求户数（项数 $n$）。这是与上卷 32 题类似的等差数列问题，据“术曰”和“草曰”的算法，有：$n=[2（S_n/n-a_1）+d]/d=[2（588-192）+72]\div72=12$。

只要做简单公式变换，即改换视角看同一数量关系，这实际上是由式（6-1）演化而来，其关系基于式（6-2）。由此看出，张邱建对于这类等差数列问题，应用公式求解已十分熟练。

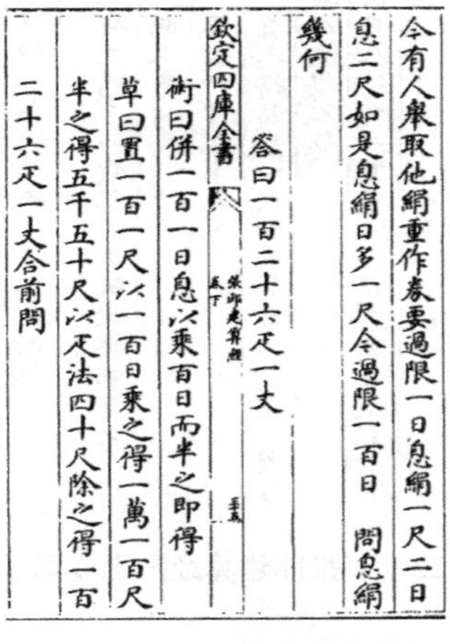

今有人衆取他絹重作春要過限一日息絹一尺二日
息二尺如是息絹日多一尺今過限一百日　問息絹
幾何
答曰一百二十六疋一丈
欽定四庫全書　張邱建算經 卷下
術曰併一百一日息以乘百日而半之即得
草曰置一百一尺以一百日乘之得一萬一百尺
半之得五千五十尺以疋法四十尺除之得一百
二十六疋一丈合前問

图 6-24　《张邱建算经》下卷第 36 题

（8）下卷第 36 题（图 6-24）“举绢作券”题：已知等差数列首项、项数和末项，求前 $n$ 项和。

今有人举取他绢，重作券，要过限一日息绢一尺，二日息二尺，如是息绢日多一尺，今过限一百日。问：息绢几何？答曰：一百二十六匹一丈。

术曰：并一百日、一日息，以乘百日而半之，即得。

草曰：置一百一尺，以一百日乘之，得一万一百尺。半之，得五千五十尺。以匹法四十尺除之，得一百二十六匹、一丈，合前问。

所谓“券”（音 quàn）为古代契据，常分为两半，双方各执其一。“举取他绢重作券”，将绢算成抵押品且以绢为利息，即“息绢”。首项 $a_1$=1 尺，公差 $d$=1 尺，项数 $n$=100 日，末项 $a_n$=100 尺，欲求百日利息 $S_n$。单位进制：40 尺=1 匹。易知本题利用公式

$$S_n = n(a_1 + a_n)/2 \tag{6-3}$$

“术”与“草”十分简练，利用式（6-3）解题驾轻就熟。这是一典型等差数列问题。

**4）等比数列 1 题**

（9）中卷第 3 题“马行转迟”是《张邱建算经》中唯一的等比数列问题（图 6-25）。

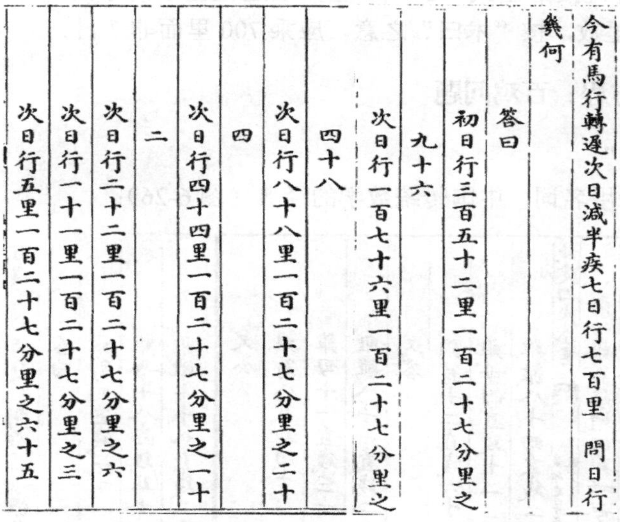

今有馬行轉遲次日減半疾七日行七百里 問日行
幾何
答曰
初日行三百五十二里一百二十七分里之
九十六
次日行一百七十六里一百二十七分里之
四十八
次日行八十八里一百二十七分里之二十
四
次日行四十四里一百二十七分里之一十
二
次日行二十二里一百二十七分里之六
次日行一十一里一百二十七分里之三
次日行五里一百二十七分里之六十五

图 6-25　《张邱建算经》中卷第 3 题

今有马行转迟，次日减半疾，七日行七百里。问：日行几何？答曰：初日行三百五十二里、一百二十七分里之九十六。次日行一百七十六里、一百二十七分里之四十八。次日行八十八里、一百二十七分里之二十四。次日行四十四里、一百二十七分里之一十二。次日行二十二里、一百二十七分里之六。次日行一十一里、一百二十七分里之三。次日行五里、一百二十七分里之六十五。

术曰：置六十四、三十二、一十六、八、四、二、一为差，副并为法。以行里数乘未并者，各自为实。实如法而一。

草曰：置七日为七位，以次倍之，为一、二、四、八、一十六、三十二、六十

四为差。以副并之，得一百二十七为法。以七日行七百里乘未并者，初日得四百四十八里，次得二百二十四里，次得一百一十二里，次得五十六里，次得二十八里，次得十四里，次得七里，各自为实。实如法而一。各合问。

原题“次日转半疾”指所行里数任一后日与前日之比（公比 $q$）为 1/2，“七日行七百里”即给出日数（项数 $n$）为 7、行里数（前 $n$ 项和 $S_n$）为 700。据“术曰”的算法：$2^6+2^5+\cdots+2^1+2^0=127$ 为除数，“以行里数（$S_n$）乘未并者（$2^6$，$2^5$，…，$2^1$，$2^0$）”，各为被除数，相除，即得等比数列：

$$352\frac{96}{127}，176\frac{48}{127}，88\frac{24}{127}，44\frac{12}{127}，22\frac{6}{127}，11\frac{3}{127}，5\frac{65}{127}.$$

该题已知 $q$，$n$ 与 $S_n$，求 $a_1$，$a_2$，…，$a_6$，$a_7$。做法是先求首项 $a_1$，其过程如果先用数字、再用字母标出，该题求等比数列首项的算法就是

$$a_1=\frac{700\cdot 64}{127}=\frac{700\cdot(1/2)}{127/128}=\frac{700(1/2)}{1-(1/2)^7}=\frac{S_n q}{1-q^n} \tag{6-4}$$

这一算法可看做是源自等比数列求和公式 $$S_n=\frac{a_1(1-q^n)}{1-q} \tag{6-5}$$

虽然原著没有直接给出式（6-5），但算法过程留下清晰的思路，直指这一结果。“草曰”所得 7 项里数，按“术曰”之意，应乘 700 里而非 7 日。

### 6.3.3 不定方程：百鸡问题

**5）“百鸡问题”**

不定方程的专用名词，中国传统数学的经典（图 6-26）：

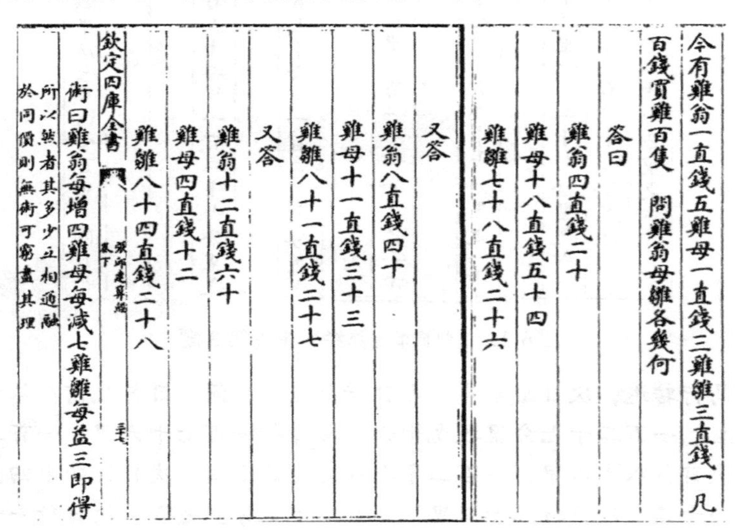
今有雞翁一直錢五雞母一直錢三雞雛三直錢一凡百錢買雞百隻　問雞翁母雛各幾何
荅曰
雞翁四直錢二十
雞母十八直錢五十四
雞雛七十八直錢二十六
又荅
雞翁八直錢四十
雞母十一直錢三十三
雞雛八十一直錢二十七
又荅
雞翁十二直錢六十
雞母四直錢十二
雞雛八十四直錢二十八
欽定四庫全書　張邱建算經　卷下
術曰雞翁每增四雞母每減七雞雛每益三即得
所以然者其多少互相通融於同價則無術可窮盡其理

图 6-26　《张邱建算经》下卷 38 题百鸡问题

（10）第 38 题“百钱买百鸡”：

今有鸡翁一，直（值）钱五；鸡母一，直钱三；鸡雏三，直钱一。凡百钱，买鸡百只，问鸡翁、母、雏各几何？答曰：鸡翁四，直钱二十；鸡母十八，直钱五十

四；鸡雏七十八，直钱二十六。又答：鸡翁八，直钱四十；鸡母十一，直钱三十三；鸡雏八十一，直钱二十七。又答：鸡翁十二，直钱六十；鸡母四，直钱十二；鸡雏八十四，直钱二十八。

术曰：鸡翁每增四，鸡母每减七，鸡雏每益三，即得。所以然者，其多少互相通融于同价，则无术可穷尽其理。（下略）

本题给出翁、母、雏三组解：（4，18，78）（8，11，81）和（12，4，84），完全正确，不知道是怎样获得的。上面原文省略的部分为唐代算学教授谢察微“创新添入”的“术”“草”和两个“又草”，其方法不尽正确。原文的“术曰”只是简单地提了一句“鸡翁每增四，鸡母每减七，鸡雏每益三”，可能是根据“答曰”三组解所作的描述。甄鸾和李淳风注释均未给出解法，也无“草曰”。

这个问题属于不定分析的三元不定方程组，在中国数学史中，第一次出现了一问多解的现象。南宋杨辉在《续古摘奇算法》（1275年）中提到两种解法。到19世纪百鸡问题引起数学家兴趣，在著作中多有论述，如骆腾凤的《艺游录》（1815年）、时曰醇的《百鸡术衍》（1861年）、丁取忠的《数学拾遗》（1874年）等。民间流传的“一百和尚吃一百馍，大和尚一个吃三个，小和尚三个吃一个，问大小和尚各几个”，属于较简单的二元不定方程，另有百钱买百禽等，均受到百鸡问题的影响。

中古时百鸡问题流传到南亚、中东、北非和南欧一些国家。印度的摩诃毗罗（9世纪）、婆什迦罗第二（12世纪），埃及的阿布·卡米尔（9世纪）、意大利的L.斐波那契（13世纪）以及阿拉伯的阿尔·卡西（15世纪）的著作中都有类似的问题，有的与百鸡问题全同①，在世界数学史上产生广泛影响，所以百鸡问题成为中国传统数学外传的标记。

张邱建未记录算法。我们推测：由于此题流传民间，未必用不定方程解法，而用试值法可能更为普遍。根据题目的条件，将公、母、雏的价格按比例转换成正整数：5∶3∶1/3=15∶9∶1，百鸡不变，钱数放大至三百。先任意确定公、母鸡数，经过有限次试值，大体划出其数值范围，再尝试增一或损一，同时考虑雏鸡数以补足差额。先得一解，再推其余。例如，公鸡数不得大于20，先取10；母鸡数取10，则算出雏鸡60，凑不够100。公鸡数须减1……循此继进，不厌其烦，能获一解，不啻为解决问题的一条途径。此法虽较笨拙，而操作简易，有兴趣者不妨一试。

## 6.4　《数术记遗》中的珠算和计数工具

《数术记遗》一卷（图6-27），旧题“汉徐岳撰，北周汉中郡守、前司隶、臣甄鸾注”。徐岳字公河，生活于汉末魏初时代，东莱人②，东汉著名数学家、天文学家，曾撰《九章算术注》二卷，见《隋书·经籍志》。汉灵帝时徐岳潜心钻研并完善刘洪的《乾象历》，传授给吴中书令阚泽，在吴国实行。《数术记遗》记载徐岳与刘洪的问答，“未满百言，而骨削质奥，思纬淹通，依然东京风骨”。

① 杜瑞芝，王青建，孙宏安. 简明数学史辞典. 济南：山东教育出版社，1991：572.

② 东莱，汉景帝时设郡，在今山东烟台威海一带。

刘洪（约 130～210），字元卓，《后汉书·天文志》刘昭注引袁山松书，刘洪为泰山郡蒙阴县（今山东省临沂市蒙阴县）人，我国古代杰出天文学家、数学家。他最早在文献中提出“珠算”的名称，由于珠算的重大历史影响，被后人尊为“算圣”。史书记载：“熹平中（175 年前后），刘洪改为《乾象》”；“及光和中（180 年前后），乃命刘洪、蔡邕共修律历”。[①]说明在汉灵帝时，他就是朝廷器重的天文学家。

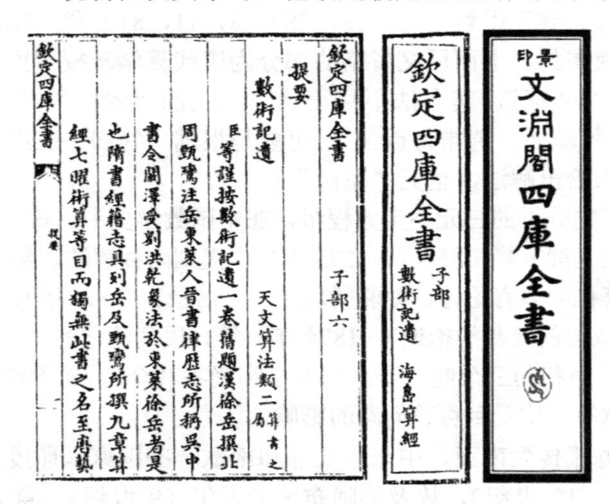
景印
文淵閣四庫全書

欽定四庫全書
子部
數術記遺 海島算經

欽定四庫全書 子部六
提要
數術記遺 天文算法類二 算書之屬
臣等謹按數術記遺一卷舊題漢徐岳撰北
周甄鸞注岳東萊人晉書律曆志所稱吳中
書令闞澤受劉洪乾象法於東萊徐岳者是
也隋書經籍志具列岳及甄鸞所撰九章算
經七曜術算等目而獨無此書之名至唐藝
欽定四庫全書 提要

图 6-27 《四库全书总目·数术记遗》

《数术记遗》在唐代作为《算经十书》外兼习之书，南宋鲍瀚之于嘉定五年（1212 年）在杭州七宝山三茅宁寿道观中发现其抄本，于同年刊刻出版，为传世第一版本。近人三上义夫、许莼舫、余介石、华印椿对《数术记遗》都有研究，钱宝琮、李培业先生做了重要的工作。

关于《数术记遗》的作者，明清以来，多位学者指出存在疑问，《四库全书总目》在指出该书的几处矛盾之后，做出总结：此书“殆非一手所撰”，并推测“此必当时（唐代）购求古算，好事者因依托为之，而嫁名于岳耳”。钱宝琮先生[②]认为这本书是甄鸾“依托伪造”，李培业先生[③]也持这一观点。学界尚有不同看法。《数术记遗》全文非徐岳一手所撰，今成定论；而要令人确信全文均系甄鸾伪托，尚须进一步论证。

甄鸾，字叔遵，无极（今河北省无极县）人，笃信佛教，北周天文学家、数学家。编制《天和历》，陈文帝天和元年（566 年）颁布行用。曾撰《五经算术》、重述《周髀算经》、注《夏侯阳算经》（《张邱建算经》名为“注经”，实际并无鸾注）；另有《周天和年历》一卷，《七曜算术》二卷。

笔者认为，该书汉代之后有文句窜入，纵非皆为徐岳所撰，还是保留有汉末的信息，如“羽檄（汉代征兵在檄书上插羽毛）星驰，郊多走马”，形容汉末再启战端、兵荒马乱的形势，以及到泰山避乱求学等背景。退一步说，即令皆为甄鸾伪托，距今也大约有 1500 年了，在中古世界数学发展处于低谷之时，能够出现这样一本专论，实属

---

① 房玄龄，等. 晋书：律历志//中华书局编辑部. 历代天文律历等志汇编五. 北京：中华书局，1976：1581，1580.

② 钱宝琮. 算经十书附录：数术记遗//李俨，钱宝琮. 李俨钱宝琮科学史全集：4. 沈阳：辽宁教育出版社，1998：403.

③ 李培业. 数术记遗释译与研究. 北京：中国财政经济出版社，2007：67.

难能可贵；论者虽多，还须集中分析该书的算术和计数内容。本节以问题为中心划分，厘为六部分再作讨论。

### 6.4.1　大数记法和循环计数理论

**1）黄帝为法，数有十等**

《数术记遗》较全面记录了中国古代的大数系统。

在《数术记遗》的开始，徐岳说他从天象中看出兵乱的征兆，便负笈远游，山中求学。在泰山拜会“博识多闻，偏于数术”的刘洪先生，向他请教“数有穷乎”的问题。刘先生没有直接回答，给他讲了一段故事：刘洪本人曾在游览天目山时，遇到一位隐者，世人不知其名，仅知号称天目先生，刘洪也曾用这个问题向他询问。于是整个问题就变得十分神秘和富于吸引力。天目先生鄙视世人的浅陋：“数不识三，妄谈知十！”诘问道：不认识刹那的变化，怎么知道沧海桑田的变化！不能辨别积微成著的数量，怎能知道百亿和大千！他主张一定要从认识计数的等级开始，于是引出一番宏论：

> 黄帝为法，数有十等。及其用也，乃有三焉。十等者，谓亿、兆、京、垓、秭、壤、沟、涧、正、载。三等者，谓上、中、下也。其下数者，十十变之，若言十万曰亿，十亿曰兆，十兆曰京也。中数者，万万变之，若言万万曰亿、万万亿曰兆，万万兆曰京也。上数者，数穷则变，若言万万曰亿，亿亿曰兆，兆兆曰京也。按《诗》云“胡取禾三百亿兮”，毛注曰“万万曰亿”，此即中数也。郑注云：“十万曰亿”，此即下数也。徐援《受记》云：“亿亿曰兆，兆兆曰京也”，此即上数也。……从亿至载，终于大衍。按《易》“大衍之数五十，其用四十有九”。……下数浅短，计事则不尽。上数宏廓，世不可用。故其传业，惟以中数耳。

从引文可看出，《数术记遗》认为大数进制出自黄帝时代，钱宝琮先生等指出大数名称秦以前即有，都是十进制，汉代以后改为万进。[①]“亿、兆、京、垓、秭、壤、沟、涧、正、载”这十个数的实际大小，要看上中下级别的不同而确定其数量级。该书反映出大数进制的历史变迁，重视中数记法：万万为亿（$10^4\times10^4=10^8$），万万亿为兆（$10^4\times10^4\times10^8=10^{16}$），万万兆为京（$10^4\times10^4\times10^{16}=10^{24}$）等，从此以后，直到宋元时代，多用这种进制的大数记法。

**2）数穷则变……循环之理，岂有穷乎？**

涉及有限向无限转化的根本问题。

上文天目先生说“从亿至载，终于大衍”，是该段引文的一个关键内容，刘洪接着问道：

> 余时问曰：“先生之言，上数者数穷则变，即云终于大衍，大衍有限，此何得无穷？”先生笑曰：“盖未之思耳。数之为用，言重则变，以小兼大，又加循环，循环之理，岂有穷乎！”

刘洪向天目先生询问关于大衍之数与无穷的关系，为什么“从亿至载，终于大衍”？不仅刘洪不明白，迄今也非常难以解释清楚，其困难的根本原因来自无穷概念本身。两千年来，关于什么是“大衍”和“大衍之数五十”都存在争论。按照中数记法，

---

① 钱宝琮. 中国数学史. 北京：科学出版社，1981：93.

从亿 $10^8$ 至载 $10^{80}$，数字已经大到不可思议的程度，但仅为十等；以上还可再分许多等，四十、五十等，最后达于无限之大。笔者认为，“大衍”在这里的含义类似于无穷大的概念。不断地计数转化为易经术语，显示该书运用玄学的方法，回答具体数字无法解决的无穷大问题。由此可知，该书提供了将“大衍”解释为“无穷”的一个例证。

徐岳（或甄鸾）借刘洪（或隐者）之口，提出了两个基本的计数理论：第一，“数之为用，言重则变”，当计数向大数扩张，一切叠加、重复的方法都用尽时，数的性质就开始发生转变。从哲学思辨来看，这使人们联想到超限数$\aleph_0$，作为连续统的势，以及更高的量级$\aleph_1$，尽管两者在历史上没有任何联系。第二，“循环之理，岂有穷乎！”通过不间断的循环，一定能达于无穷，这是数学家、哲学家的天才感悟。中国先哲最熟悉循环之理，干支相配纪日，六十周而复始，用来描述永不停息的天体运行。从有理分数可表为无穷循环小数来看，似乎这样的哲理在中算家心目中是天经地义的，尽管当时还没有循环小数的概念。

### 6.4.2 积算、太一算、两仪算

刘洪借天目先生之口，提出如下十四种“术”，即：

余又问曰：“为算之体，皆以积为名为复，更有他法乎？”

先生曰：“隶首注术，乃有多种。及余遗忘，记忆数事而已。其一积算，其一太乙，其一两仪，其一三才，其一五行，其一八卦，其一九宫，其一运筹，其一了知，其一成数，其一把头，其一龟算，其一珠算，其一计数。”

首先需要厘清概念，《数术记遗》上述十四“术”究竟是什么？钱宝琮先生认为是属于“记数方法”；李培业先生认为是属于“计算方法”，并根据非常有限的记录和甄鸾注，推测前十三种算具的结构，给出每种术的设想图。2004 年，笔者所工作的内蒙古师范大学博物馆要建立“计算工具展室”，在李迪教授的主张下，引进了这一系列算具，将其与日本友人赠送的 300 多具各色珠算盘陈列于一室。[①]以下将引用其中 4 幅设想图照片。

《数术记遗》记载十四种算法或算具，内容丰富，在世界数学史上也十分罕见。十四种算法都是中算史早期的作品，表明计数、计算和算法的发展具有丰厚的土壤。第十三种“珠算”系数学史上第一次出现的明确记录，后世形成了庞大的珠算算法体系，对亚洲和世界便捷的算法工具——中国珠算盘的普及和近代商业的繁荣，起到巨大的推动作用，“中国珠算”2013 年 12 月被联合国教科文组织列入人类非物质文化遗产代表作名录，故研究这段历史的必要性不言而喻。第十四种系“计数”，原文只有 8 个字，加上甄鸾注和他的选例，表现出秦汉之后对“计数”内容的新认识，也是本章关注的重点。

本节选择其中积算、太乙、两仪、三才、五行、运筹、珠算、计数共八种算法，结合前人的研究和照片做进一步的分析。

**3）积算**

十四种算法之首列出的是筹算，当时也被称为“积算”，原文并无文字说明。

---

① 董杰，罗见今. 内蒙古师大博物馆计算用具馆的文化教育价值//上海市珠算心算协会，华东师范大学数学教育研究所. “弘扬中华珠算文化”专题研讨会论文集. 北京：中国财政经济出版社，2006：101-105.

积算（以下为北周甄鸾注）：今之常算者也。以竹为之，长四寸，以效四时；方三分，以象三才。言算法，是包括天地，以烛人情。数始四时，终于大衍，犹如循环。故曰今之常算是也。

算筹的长宽等数据都赋予哲学意义，象征“四时”“三才”等，显示这种计算工具具有灵性。算法的意义，大而言之能够包含宇宙，近而言之能够照亮人生、洞悉人情。中国古人高度重视天体运行周流不息、四季时光循环往复，关注循环变化是长期仔细观察的结果。《易传》说“大衍之数五十，其用四十有九。”将筹算的方法与“大衍”相联系，更彰显出数学方法的神秘性、合理性与崇高地位。

**4）太一算**

“太一”，道家理论核心概念之一，所称之“道”，指宇宙万物的本原、本体；古代指天地未分前的混沌之气。或作“太乙”，另解为天神名、星名、山名等。

太一算：太一之行，来去九道。（以下为北周甄鸾注）刻板横为九道，竖以为柱，柱上一珠，数从下始。故曰去来九道也。

“太一”是古人重要的哲学观念，宇宙万事万物始于一。从数学上看，是自然数的开端，也可看作是坐标的原点。《数术记遗》所列各种算法，前六个都带有数字，并以此为序排列：太一、两仪、三才、五行、八卦、九宫等。当然前提是这种算法存在；例如对“四”而言，虽有四时、四象等重要概念，却无相应的算法。可知上述算名并非拼凑而得。

甄鸾注中提到“横为九道，竖以为柱，柱上一珠”，“太一算”的形制要素包含九道、竖柱、柱珠，这些也都是珠算盘的要素。李培业太一算设想图（图 6-28）的解说将每柱视为一档，认为它就是一“位”，“因算具每位只有一算珠，故称‘太一算’”。[①]太一算要解决的问题、口诀或算法不明。

图 6-28　太一算设想图

**5）两仪算**

“两仪”指阴阳。《易经》：“易有太极，始生两仪，两仪生四象，四象生八卦。”两仪的图像是通常所说的阴阳鱼，阴阳交替，互相转化，阴中有阳，阳中有阴。

两仪算：天气下通，地禀四时。（以下为北周甄鸾注）刻板横为五道，竖以为位。一位两珠，上珠色青，下珠色黄。其青珠自上而下，至上第一刻主五，第二刻主六，第三刻主七，第四刻主八，第五刻主九。其黄珠自下而上，至下第一刻主一，第二刻主二，第三刻主三，第四刻主四，而已。故曰“天气下通，地禀四时”也。

《易传·系辞上》：“易有太极，始生两仪，两仪生四象，四象生八卦。”“两仪”指阴阳，有阴仪和阳仪之分，分别被认为代表天和地：天色青，地色黄，体现在算珠上，就须涂上青或黄的颜色。（图 6-29）“两仪”即相当于正负，或数轴上原点两

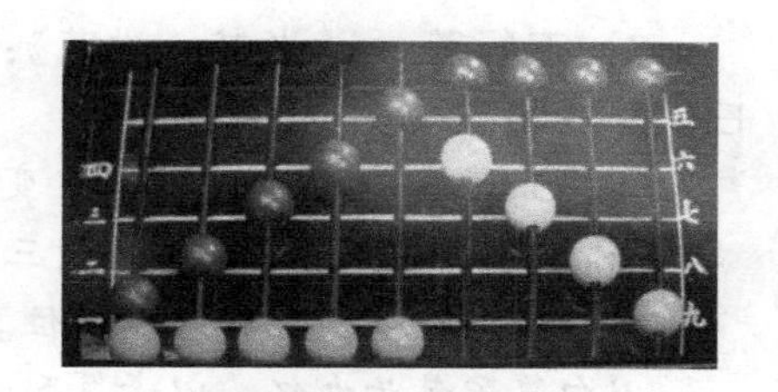

图 6-29　两仪算设想图

① 李培业. 数术记遗释译与研究. 北京：中国财政经济出版社，2007：32.

边的部分。

甄鸾注清楚记载：竖档上安放两颗游珠，上珠青色，下珠黄色。青珠自上而下，依次为5，6，7，8，9；黄珠由下而上，依次为1，2，3，4。在上文中，太一算每个算珠只表示1。而在这里，算珠的赋值出现多少的不同；甄鸾注写明“竖以为位”，即两仪算的数位是由竖柱或竖档确定的，这两点同时也是珠算盘的要素。

### 6.4.3 三才算、五行算、运筹算

**6）三才算**

三才：天、地、人。见《易传·系辞下》：“有天道焉，有人道焉，有地道焉。”从哲学上看，“三才”表示人与自然的基本关系，“三才算”即是企图将其数学化。

> 三才算：天地和同，随物变通。（以下为北周甄鸾注）刻板横为三道，上刻为天，中刻为地，下刻为人。竖为算位，有三珠：青珠属天，黄珠属地，白珠属人。又，其三珠通行三道：若天珠在天为九，在地主六，在人主三；其地珠在天为八，在地主五，在人主二；人珠在天主七，在地主四，在人主一。故曰“天地和同，随物变通”。亦况三元：上元甲子一、七、四，中元甲子二、八、五，下元甲子三、六、九。随物变通也。

所谓“三才”，指天、地、人。语出《易传·系辞下》：“有天道焉，有人道焉，有地道焉。兼三才而两之，故六。六者非它也，三才之道也。”“六”，指六爻。《易·说卦》：“是以立天之道，曰阴与阳；立地之道，曰柔与刚；立人之道，曰仁与义；兼三才而两之，故《易》六画而成卦”。易卦以阴、阳爻排在三个位置 $2^3$ 而成八卦，即“三才”；再从下向上排列两个八卦符号 $(2^3)^2$ 而成六十四卦，即“两之”。“三才”也指天才、人才、地才，在五行学说木、火、土、金、水生克制化的联系中，可推算三才配置关系，旧说关乎人一生的吉凶休咎，故备受重视。

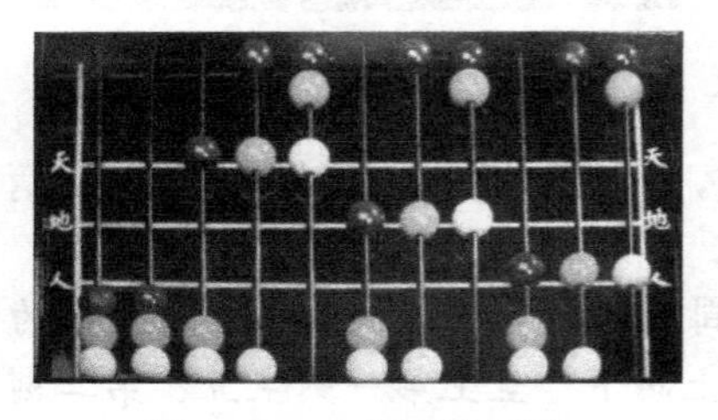


图 6-30 三才算设想图

甄鸾的解释在青色天珠、黄色地珠之外，增加了白色人珠。木板上横刻三道，竖为算位。上、中、下刻为天、地、人，三颗珠色青、黄、白。天珠在天为9，在地为6，在人为3。地珠在天为8，在地为5，在人为2。人珠在天为7，在地为4，在人为1。（图 6-30）定义已经很清楚了，但其欲解决的问题和算法为何，尚无法得知。

**7）五行算** 《尚书·洪范》：“五行：一曰水，二曰火，三曰木，四曰金，五曰土。”

> 五行算：以生兼生，生变无穷。（以下为北周甄鸾注）五行之法：水玄生数一，火赤生数二，木青生数三，金白生数四，土黄生数五。今为五行算，色别九枚，以五行色数相配为算之位。假令九亿八千七百六十五万四千三百二十一者，则以白算配黄为九亿，以青算配黄为八千，以赤算配黄为七百，以玄算配黄（算）为六十，以一黄算为五万，以一白算为四千，以一青算为三百，以一赤算为二十，以一玄算为一也。故曰“以生兼生，生变无穷”。

“五行”学说是中国古代具有生命力的本体论哲学，认为宇宙、自然都是由五种基本元素生克制化所形成，不仅促使宇宙万物循环转化，而且影响到国家和人的吉凶休咎。它从整体观念出发，刻画事物的结构关系和运动形式，与古代对立统一的阴阳论相配合，形成一种普适的系统论，几千年来影响到人的观念、科学与社会诸多学科的发展。

五行与数字的关系，在《洪范注疏》中叙述了生数与成数：“天一生水，地二生火，天三生木，地四生金，天五生土，此其生数也。如此，则阳无匹、阴无偶。故地六成水，天七成火，地八成木，天九成金，地十成土。于是阴阳各有匹偶，而物得生焉。固谓之成数也。”（图 6-31）

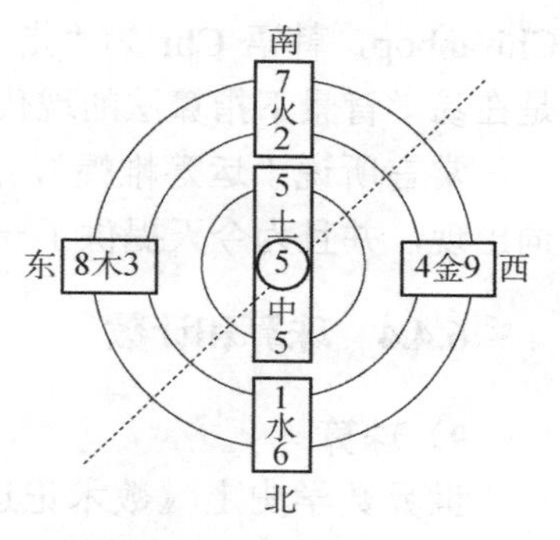


图 6-31　天地生成数图
笔者绘

《数术记遗》的“五行算”，在此生数基础上对五种数增添了色彩：玄、赤、青、白、黄；并作为数位的标志，推广到最高达九位：“色别九枚，以五行色数相配为算之位”：即白+黄 4+5=9 位（亿）；青+黄 3+5=8 位（千万）；赤+黄 2+5=7 位（百万）；玄+黄 1+5=6 位（十万）；黄 5 位（万）；白 4 位（千）；青 3 位（百）；赤 2 位（十）；玄 1 位（个）。

其中，后五种色彩算珠代表的位数是固定的，而黄色的算珠代表的五位亦可以与其他色彩算珠代表的位数相加，使人们联想到幂指数的加法。这是来源于位值制的尝试。5 位上的数这么重要，显然受到“五行”的影响。“以生兼生，生变无穷”，其意义就是：用黄色的生数，与其他生数配合，其位数可以无穷增大。

原文第 10 种还有“成数算”，立意也据“天地生成数”（即河图），此不详述。

**8）运筹算**

从字面上看，“运筹”即是筹的运算，但这里不是在平面上布筹，而是拿在手上，“运筹如飞”。到后代舍去筹策，在手掌上进行运算。

> 运筹算：小往大来，运于指掌。（以下为北周甄鸾注）此法，位别须算筹一枚，各长五寸。至一筹上各为五刻，上头一刻近一头刻之，其下四刻迭相去一寸，令去下头亦一寸也。入手取四指三间，间有三节。初食指上节间为一位，第二节间为十位，第三节间为百位，至中指上节间为千位，中节间为万位，下节间为十万位。无名指上节间为百万位，中为千万位，下为亿也。他皆仿此。至算刻近头者一刻主五，其远头者，一刻之别从下而起：主一、主二、主三、主四。若一、二、三、四，头则向下于掌中。若其至五，则回取上头向掌中，故曰“小往大来”也。回游于手掌之间，故曰“运于指掌”也。

指算法在易经文化中早已出现，所谓“掐指一算”，是奇门遁甲经常使用的方法。高洪杰先生对周易文化中的指算有深入全面的论述。[①]应用于计数，《数术记遗》出现“运筹算”：将几枚筹“运于指掌”之间，配合对手指各节的定位，不断调换筹大头小头的方向，进行数学计算，上面引文中甄鸾做了具体的解释。这种算法经改进，不用算

① 高洪杰. 正解周易——中华民族最古老的数学. 香港：时代文化出版社，2011.

筹，和珠算并行于世，发展成一种秘密的“一掌金”算法，即“袖里吞金”：在宽大的袖中，左手手指当作五档小算盘，右手五指点按它，结合心算来计算，应用于商业，取得相当成功。晋陕商人常用，具体算法秘不示人。详见徐心鲁《珠盘算法》（1573 年）和程大位《算法统宗》（1592 年）。有诗云：“袖里吞金妙如仙，灵指一动数目全，无价之宝学到手，不遇知音不与传。”韩国 1940 年推行一种依托于课桌的双手指算法（英文 Chisanbop，韩语 Chi 为“指”，sanbop 为“算法”）应用于教学，1977 年传到美国，应是在易学背景下指算法的现代发展。

常言所说“运筹帷幄”，泛指一般的计划、筹划，而“运筹算”第一次作为数学名词出现，并且为今天提供了一个现代数学的名词“运筹学”。

### 6.4.4 珠算和计数

**9）珠算**

世界数学史上《数术记遗》首次出现“珠算”的记录。中国珠算是早期应用最广泛、最重要的计算工具，最早出现在什么时代？这个问题便理所当然受到世人的关注。

珠算：控带四时，经纬三才。（以下为北周甄鸾注）刻板为三分，其上下二分以停游珠，中间一分以定算位。位各五珠，上一珠与下四珠色别。其上别色之珠当五，其下四珠，珠各当一。至下四珠所领。故云“控带四时”。其珠游于三方之中，故云“经纬三才”也。

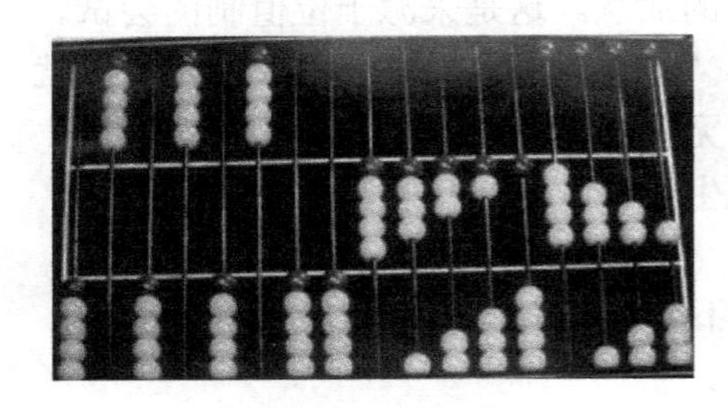

图 6-32 珠算模型图

首次出现的“珠算”与现今所见并不全同，李培业模型如图 6-32。虽然盘、柱、珠俱全，却无横梁，且珠染色，上珠当五，下珠当一。“刻板为三分”，是把盘面划分为三部分：上下两部分用来存数珠，中间一部分用来做运算。“其上别色之珠当五”，原文缺“五”字，由日本数学史家三上义夫在 1929 年补正。①以后诸家引文皆用此说。这个“五”字非常重要，补出之后，当然没有异议；图 6-32 上珠染青，下珠染黄，可对比“两仪算”记载，考之有据。这显然同人们所知现今算盘有承续关系。

“有人以为明朝人的珠盘是甄鸾‘珠算’的改进，我们找不到什么证据。”②在 30 多年后再来看这一论断，由于陆续发现唐、宋、元代与珠算有关的证据链，早先的疑问已能够消解，所以李培业先生说：“我们认为它是现代算盘的前身”。③

中算史上《数术记遗》再次出现有关“计数”的记录，具有重要意义。

**10）计数**

“计数”是最古老的数学名词之一，既是一种数数的动作，又是一种计算的方法；既表示一类算法，又表示一门学问，内容非常深刻，并与时俱进，其内涵在不断丰富。

---

① 三上义夫. 中国算学之特色. 林科棠译//王云五. 万有文库. 上海：商务印书馆，1929：58.

② 钱宝琮. 中国数学史. 北京：科学出版社，1981：94.

③ 李培业. 数术记遗释译与研究. 北京：中国财政经济出版社，2007：44.

计数：既舍数术，宜从心计。（以下为北周甄鸾注）言舍数术者，谓不用算筹，宜以意计之。

或问曰：今有大水，不知广狭。欲不用算筹，计而知之。假令于水北度之者，在水北置三表，令南北相直，各相去一丈。人在中表之北，平直相望水北岸，令三相直。即记南表相望相直之处，其中表人目望处亦记之。又从中相望处直望水南岸，三相直，看南表相直之处亦记之。取南表二记之处高下，以等北表点记之。还从中表前望之所北望之，北表下记三相直之北，即河北岸也。又望上记三相直之处，即水南岸。中间则水广狭也。

或曰：今有长竿一枚，不知高下，既不用筹算，云何计而知之？答曰：取竿之影任其长短，画地记之。假令手中有三尺之物，亦竖之，取杖下之影长短以量竿影，得矣。

或问曰：今有深坑，在上看之，可知尺数已否？答曰：以一杖任意长短，假令以一丈之杖掷著坑中，人在岸上手捉之一杖，舒手望坑中之杖，遥量知其寸数，即令一人于平地捉一丈之杖，渐令却行，以前者遥望坑中寸量之，与望坑中数等者，即得。

或问曰：令甲乙各驱羊一群，人问各多少。甲曰：我得乙一口，即与乙等。乙曰：我得甲一口，即加半多于甲。问各几何？答曰：甲九口，乙十一口。

或问曰：甲乙各驱羊，行人问其多少。甲曰：我得乙一口，即与乙等。乙曰：我得甲一口，即五倍于甲。问各几何？答曰：甲二，乙四。

或问曰：今有鸡翁一只直五文，鸡母一只直四文，鸡儿一文得四只。今有钱一百文，买鸡大小一百只，问各几何？答曰：鸡翁十五只，鸡母一只，鸡儿八十四只，合大小一百只，计数多少，略举其例。

或问曰：今有鸡翁一只直四文，鸡母一只直三文，鸡儿三只直一文。今有钱一百文，还买鸡大小一百只，问各几何？答曰：鸡翁八只，鸡母十四只，鸡儿七十八只，合一百只。

徐岳说："既舍数术，宜从心计"，将"计数"解释为心算，区别于数术（在此理解为筹算），不仅与春秋齐相管仲所认为的测量计算不同，与秦始皇时数学家陈起将"计数"与"读语"相提并论也不一样。

甄鸾为阐释"计数"的意义，原文注中要求不用常规的算筹，分析各类型题目解法。他将既有趣又有多种解法的七个问题插入文末，其中测望术三题、求羊数二题、百鸡术二题，已有专文阐明解法。[①]所以这里所说的"计数"，应当是只要不通过算筹计算，应用心算、度量、等价技巧、计谋或其他方法，能够获取结果就行。

测望三题利用相似三角形对应边成比例的性质，设法得知某一边长和一定的比例大小，把河水宽度转化到岸上直接度量，或用表之影长去度量竿之影长，或将坑深转化为两段可测距离之差——在甄鸾看来，度量就是"计数"，可代替计算，与管仲的理解有相似之处。

求羊数两题，可不用《九章算术》的方程术解，而用逐一试值的逼近法。至于百鸡

---

① 李培业. 数术记遗释译与研究. 北京：中国财政经济出版社，2007：127-134.

术两题，与《张邱建算经》相似而数据不同，李继闵认为："丁取忠考证基本上合于张邱建造术之原意"；李培业并将其转化为心算法求解。但甄鸾时究竟是怎么解的，并不确知，但这些提出了可能的最佳方案。

人们看到，在最早的记录中，"计数"就与常规的四则算筹算法、解方程等区别开来，它要求的是不为人察觉的心算、不用筹的度量、各种等价的技巧和计谋，总之，促使人们开辟思路，在解法上另觅新途。

# 第7章 祖冲之和祖暅：精密计算的先驱

中国古代数学家非常重视对“率”的研究，几乎所有“畴人子弟”的著作中都有对“率”的表述或记录，在《九章算术》中，有专门的一章“衰分”举出 20 道比例分配问题。九章的一章是当时的一大科目，其重要性就相当于今天数学的一个分支学科。比率不仅是观察的着眼点和分析的手段，计算各种对象的比也是研究的目的和追求的结果。对于几何对象的认识也不例外，无论对两个或两个以上的线段、面积或体积，反映到数学家头脑中的，首先是在同类量之间的对比关系。特别是对频繁出现的圆和方，认识更加悠久，引起更多的思考和讨论，在 §5.2 中已对张衡和刘徽的认识演变做了介绍，即为中算史中研究“率”的一著名案例。为追求更精确的圆周率，促使古代中算家在计数和比率领域里做出更加杰出的成就。

人类对周围事物的认识越来越深刻，对数字精密度要求越来越高，从数学学科发展看，就是仅有整数已不敷用，必须向分数、小数、无理数、实数拓展，这一趋势已不可阻挡。为追求更加精密的圆周率，促使人们采用一切已知数学手段，形成逼近论和穷竭法，向无穷细分的领域进军，对于形成数系，起到极大推动作用。因此，精密计算的出现，标志数学发展到一个新的历史阶段，这是从有限走向无限、从有理数走向无理数的嚆矢，从离散走向连续、从常量走向变量的前奏。祖冲之、祖暅是精密计算的先驱，他们走在这一变化的世界前列。

祖冲之把他的精密计算应用于制订《大明历》，这里仅举三例：他确定一个回归年为 365.242 814 81 日（今测为 365.242 198 78 日），定交点月日数为 27.212 23（今测为 27.212 22），确定木星 84 年超辰一次，即公转周期为 11.858 年（今测为 11.862 年）。这些事实充分显示出这位精益求精的天文-数学家惊人的水平，不愧为中算史上精密计算的开山之祖。

本章在 §7.1 介绍祖冲之的生平和圆周率的早期发展史之后，§7.2 从割圆术、求比例等几种视角讨论祖冲之计算圆周率的方法，§7.3 引入传统历法若干概念的精确值，应用连分数和渐进分数法讨论《大明历》的特点，属于拓展的研究。祖冲之的儿子祖暅继承刘徽的方法提出的体积原理被称为“祖暅原理”，§7.4 陈述应用比例关系和几何知识求出正确球体积公式的历史，以及对“刘祖原理”的讨论。

## 7.1 祖冲之生平与成就

有关祖冲之的历史文献记载，主要在《宋书·律历志》《南齐书》《南史》和《隋书·天文志》中，例如官方对圆周率的详细记载，就在《隋书·律历志上》卷十六中："古之九数，圆周率三，圆径率一，其术疏舛"（详见下文）。[①]《旧唐书·经籍志》说："缀术五卷，祖冲之撰"。在当时和此后千年历史中，祖冲之都是一位"特善算"和才智"独绝"的先哲。

### 7.1.1 中古的数学天才

祖冲之（429～500），字文远，南北朝人，原籍范阳郡遒县（今河北涞水）。曾祖父祖台之[②]，任东晋侍中、光禄大夫，好文学，著小说《志怪》；祖父祖昌，任刘宋"大匠卿"，主管土木工程；父亲祖朔之任"奉朝请"。[③]西晋末年，北方战乱，祖家南迁。祖冲之于宋文帝（刘义隆）元嘉六年（429 年）出生于建康（今南京）。

祖家深有文化背景，熟悉科技、建筑、天文、历算、文学。自少年起，祖冲之受到家庭熏陶，"专攻数术，搜练古今，博采沉奥，唐篇夏典，莫不揆量，周正汉朔，咸加核验。"[④]爱好文学、哲学、科学、音乐，特别对天文、数学和机械制造感兴趣。他博学多才，青年时代即负盛名，《南齐书》说他"少稽古，有机思"，宋孝武帝（刘骏，430～464）派他去"华林学省"[⑤]从事学术活动，并"赐宅宇车服"。[⑥]刘宋大明五年（461 年），祖冲之任南徐州（治所在今镇江）"从事史"，为皇族刘子鸾刺史府的属员，不久刘子鸾改任建康管理民政的"司从"，祖冲之也随任"公府参军"。大明八年（464 年）外放娄县（今江苏昆山东北）任县令，这时他 35 岁，在任十余年。

祖冲之深入研究天文历法，他博通经典，却不"虚推古人"，抱着事必躬亲的科学态度：

> 亲量圭尺，躬察仪漏，目尽毫厘，心穷筹策，考课推移，又曲备其详矣。

但是，"古历疏舛，颇不精密，群氏纠纷，莫审其会"，引发新旧历法之争。《南史》记载：

> 始元嘉（424～454 年）中，用何承天所制历，比古十一家为密。冲之以为尚疏，乃更造新法，上表言之。孝武令朝士善历者难之，不能屈。会帝崩不施行。[⑦]

这里"更造新法"指祖冲之编制出《大明历》（完成于 462 年），精度较高，孝武帝让懂历法的人对新历提出疑难，他都一一答辩，质疑者无法得逞。但他的创新遭到宠臣戴法兴等一帮朝臣的反对和压制，祖冲之则著《历议》据理抗辩，但未被采纳，不久孝武帝驾崩，《大明历》也就搁置起来。待祖冲之去世 10 年后，经儿子祖暅三次上书推荐

---

① 魏征. 隋书·律历志上//中华书局编辑部. 历代天文律历等志汇编六. 北京：中华书局，1976：1859.

② 李延寿. 南史：卷七十二. 列传第六十二文学. 祖冲之. 清乾隆武英殿刻本：783.

③ 古代诸侯朝见天子：春为"朝"，秋为"请"；定期朝会为"奉朝请"。汉代退职大臣、将军、皇室外戚朝会多以奉朝请名义；晋代以奉车、驸马、骑三都尉为奉朝请；南北朝设奉朝请以安置闲散官员。

④ 沈约. 宋书·律历志//中华书局编辑部. 历代天文律历等志汇编六. 北京：中华书局，1976：1760.

⑤ 虞舜时的上庠，夏朝的东序，商朝的瞽宗，周朝的辟雍，汉朝的太学，刘宋的华林学省，隋唐的国子监等，是官方设定从事研究与学术活动的机构。

⑥ 萧子显. 南齐书：卷五十二. 列传第三十三文学. 祖冲之. 清乾隆武英殿刻本：370.

⑦ 李延寿. 南史：卷七十二. 列传第六十二文学. 祖冲之. 清乾隆武英殿刻本：783.

该历，直到梁武帝天监九年（510 年）才开始颁用，这离该历编成已 48 年。《大明历》共行用 80 年。

在数学方面，祖冲之“特善算”，用几何方法推算出精确到 7 位小数的圆周率，对世界数学卓有贡献，名垂史册。因此他是中国数学史上首位精密计算大师。所著《缀述》（或《缀术》）10 世纪前后失传，其内容有人推测是逼近论或级数研究，属于精密计算的范畴。

刘宋末年，祖冲之回到建康，担任掌朝廷礼仪与传达使命的长官谒者仆射。升明三年（479 年），南齐灭刘宋，他得以留任。齐朝初年，他“改造铜机”重造指南车、木牛流马、漏壶，发明千里船、水碓磨、欹器等。约在齐明帝（494～498 年在位）时，升为长水校尉兼领谒者仆射，撰《安边论》，计划“开屯田，广农殖”。到晚年受到重用：“建武中，明帝欲使冲之巡行四方，兴造大业，可以利百姓者，会连有军事，事竟不行”。

祖冲之著述数十篇，《隋书・经籍志》录有《长水校尉祖冲之集》五十一卷；散见于史籍的有《缀术》《九章算术注》《安边论》《述异记》《易老庄义释》《论语孝经注》等，大多失传。现仅见《上大明历表》《大明历》《驳戴法兴奏章》《开立圆术》等。

他聪明过人，《南史》记载：“冲之解钟律博塞，当时独绝，莫能对者。”“钟律”，古代的乐律（参见§3.3 黄钟大吕），“博塞”亦作“博簺”，古代的棋类游戏（参见§3.4 汉代的博局占戏）。他是多方面的天才，还著有志怪小说《述异记》。

南齐政治黑暗，朝廷内乱，北朝魏国伺机大举南犯，494 年至 500 年间，江南陷入战火。祖冲之于南齐东昏侯（萧宝卷）永元二年（500 年）去世，卒年七十二岁。他的儿子祖暅也是一位有杰出成就的天文数学家。

### 7.1.2　人类早期数学文明的标志：圆周率

人类在获得独立意识之初，第一个映入眼帘的标准几何图形是圆形：母亲的瞳孔、太阳、月亮，以及静水中投入物体形成的涟漪。在宇宙和自然界里，圆球状或近乎球状的物体比比皆是，这是宇宙万有引力的杰作，并出自大自然的经济学：同等体积（或面积）的几何图形的边界以球体（或圆形）为最小，用同等的材料，可以包容最大的体积（或面积）。自然界早就熟知这一秘密，所以创造出那么多球状物，可谓硕果累累，天地之间滔滔者所见皆是也。

而除去个别的例外（如氯化钠的结晶体），大自然似乎没有形成多少天然的正方形或正六面体。只是当人类掌握了圆规和矩尺之后，这两种对象才人为地同时出现，而大量应用的却是方形：测量土地，计算面积，建筑房屋，面积的单位都是方形，因为它能连续铺满平面（尽管能连续铺满平面的图形有很多），应用和计算起来最为方便；尚未见到哪种文化把圆形当作面积单位的。而当计算圆面积时，也必须把它转化为以方为单位的面积，人们才能理解它有多大，也就是“以方度圆”。当人们要对比圆与方在尺度和面积上的换算关系时，却吃惊地发现两者之间不能找到简单的比例——在世界所有数学文化中，计算这个无限不循环的比例便成为一个持续几千年艰辛的努力，以至于在很长的历史阶段里，成为判断数学发展水平的一种标志。

圆周率获得人们的认识，经过了漫长的历史进程。“连毕达哥拉斯这样的数学权威，都否定这种数的存在，声称它与一个精心设计的宇宙不相容。”①

今天人们清楚知道，方圆不可通约，体现为有理数和无理数的关系，圆周率 π 还是一个超越数，即是不能满足任何有理系数代数方程的实数，或者说从任何这类方程中不可能求出 π 来。求 π 越来越长的精确值充满了各个文明的历史，绝不是偶然的。

**1）圆周率的相关常识**

圆周率记作 π，是一数学及物理学常数，精确计算圆周长、圆面积、球体积等的关键值。一般 π 值取 3.14，或 22/7，或 3.1416，或 355/113=3.141 592 9。随着科技发展要求 π 值日臻严密，但小数点后取 30 位：3.141 592 653 589 793 238 462 643 383 279 已足敷用。几何学常见的 π：若圆半径为 $r$，则其周长为 $C=2\pi r$，面积为 $S=\pi r^2$。若球体半径为 $r$，则其表面积为 $S=4\pi r^2$，其体积为 $V=(4/3)\pi r^3$。若椭圆的长、短轴分别为 $a$ 和 $b$，则其面积为 $S=\pi ab$。角度可用弧度表示：180° 相等于 π 弧度，当 $r=1$ 时一段弧所对的圆心角的弧度数与该弧长数相同。

1647 年英国数学家奥特雷德（Oughtred）首次用 π/δ 表示圆周率，其中 π，δ 分别是希腊文圆周与直径的第一个字母；1706 年英国数学家威廉·琼斯（W. Jones）单用 π 表示圆周率，1736 年经瑞士数学家欧拉倡导，π 成为表示圆周率的通用符号。②

1761 年由法裔德国人兰伯特（Lambert）证明 π 是个无理数，即不可表达成两个整数之比。π 的无理性决定了只能计算 π 的近似值。1882 年，林德曼（Lindemann）证明 π 不是代数数，而是超越数，即不可能是任何有理数多项式的根。因所有尺规作图只能得出代数数，而 π 是超越数，故古老尺规作图问题“化圆为方”不可能。

π 定义为满足 $\sin(x)=0$ 的最小正实数 $x$。可利用多种无穷级数或无穷连乘积求 π。在数学分析、数论、概率论、统计学、物理学，特别是计算机科学等领域里，π 出现在各种基本定义式和关系式中，π 的历史也变成一本越来越厚的大书。本节有选择地阐述古代的进展。

**2）几大文明发源地的圆周率**

（1）古埃及应用的圆周率约等于 3.160 49，相对误差 0.6016%。出自英国人莱因德（Rhind）1858 年发现的埃及《阿美斯纸草书》（*Ahmes*，又称《莱因德纸草书》，前 1650 年）的第 41 题（图 7-1③），原文是：“有一个圆柱形的谷仓，底面圆的直径是 9，高是 10，求体积。”

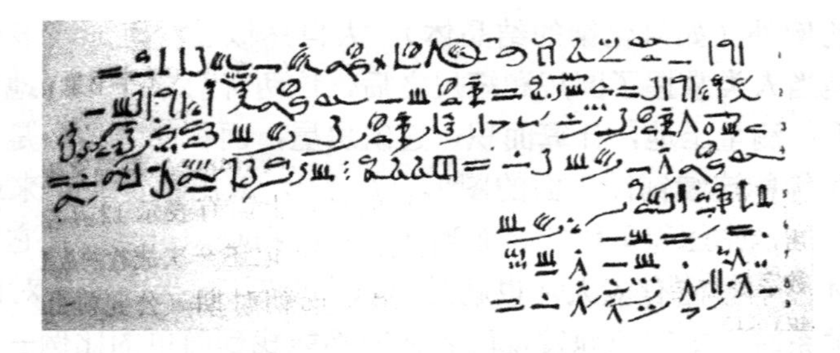

图 7-1　古埃及阿美斯 *Ahmes* 纸草书第 41 题僧侣文部分

① 圆周率日，揭开数学之谜. 纽约时报，2015-03-14. 转引自：参考消息，2015-03-17.
② 杜瑞芝. 数学史辞典. 济南：山东教育出版社，2000：412.
③ 梁宗巨. 世界数学通史：上册. 沈阳：辽宁教育出版社，2001：153.

该题给出的结果是 640。底乘高求圆柱体积是他们已知的方法。当底面圆直径为 $d$ 时埃及人求面积 $S$ 的公式为：$S=(d-\frac{d}{9})^2$，知 $\frac{\pi d^2}{4}=(d-\frac{d}{9})^2$。于是算出 π 的近似值为

$$\pi=4(\frac{8}{9})^2=\frac{4\times 64}{81}=\frac{256}{81}=3+\frac{1}{9}+\frac{1}{27}+\frac{1}{81}=3.16049\cdots$$

许多数学史家认为这是世界上最早给出圆周率的超过十分位的近似值。这部纸草书声称是抄自它 300 年前（即前 1950 年）的另一文献，因此它可能是距今近 4000 年的记录。

（2）约公元前 1900～前 1600 年的一块古巴比伦石匾记载了圆周率为 25/8=3.125。古巴比伦人计算圆周率使用六十进制的记录法，数值繁复，这里不赘述。

（3）据《圣经·列王记上》记载[①]，公元前 10 世纪中，以色列的所罗门王从推罗召来铜匠户兰制造圆形的铜海，所取圆周率为 3：

他又铸一个铜海，样式是圆的，高五肘，径十肘，围三十肘。

（4）古印度公元前 800～前 600 年成文的宗教巨著《百道梵书》（*Shatapatha Brahmana*）显示了圆周率等于分数 339/108，约等于 3.139。

（5）古希腊哲学家阿那克萨戈拉（Anaxagoras）前 434 年在狱中曾尝试通过尺规作图来化圆为方。由于 π 值的超越性，现知这是不可能成功的。但古希腊诡辩学派的安提丰（Antiphon）为解决此问题而提出"穷竭法"[②]：将圆内接正方形边数加倍，得内接正 8，16，32，…边形，最终穷竭了圆，成为近代极限论的先声。

（6）古希腊大数学家阿基米德首开通过数学方法计算圆周率近似值的先河。他通过计算圆外切和内接正 96 边形的周长来求圆周率。在他的著作《圆的度量》中，提出了 3 个命题[③]，原文如下：

命题 1. 任何一个圆面积等于一个直角三角形，它的夹直角的一边等于圆的半径，而另一边等于圆的周长。……命题 2. 一个圆面积比它的直径上的正方形如同 11∶14。……命题 3. 任何一个圆周与它的直径的比小于 $3\frac{1}{7}$ 而大于 $3\frac{10}{71}$。

命题 1 给出圆面积公式；由命题 2，经推算可知相当于给出圆周率为 3.140 3。

命题 3 直接给出圆周率值的范围：$3\frac{10}{71}<\pi<3\frac{1}{7}$，即 $3.1408<\pi<3.1429$。前后两值分别是圆内接和外切正 96 边形周长与圆的直径之比。在他之前，π 值的测定依靠实物测量。

（7）公元 150 年左右亚历山大的天文学家托勒密所著《数学汇编》中，据圆心角每间隔 1° 所对圆的弦长表，可推算出 π=377/120=3.1417。[④]

**3）中华文明中圆周率的发展**

（1）中国上古取圆周率为 3，如《周髀算经》（约前 1 世纪成书）："径一周三。"相对误差：4.5070%，这个误差较大，但因其简单，"祖宗之制"，使用时间长、范围广。

（2）新莽铜嘉量是王莽新朝始建国元年（公元 9 年）刘歆等人设计制造的标准量

① 中国三自爱国运动委员会，等. 圣经：列王记上. 7 章 23 节. 南京：南京爱德印刷有限公司，2004：326.

② 邓宗琦. 数学家辞典：安提丰传. 武汉：湖北教育出版社，1990：38.

③ 希思. 阿基米德全集. 朱恩宽，李文铭，等译. 西安：陕西科学技术出版社，1998：89-97.

④ 伊夫斯. 数学史概论. 欧阳绛译. 太原：山西人民出版社，1986：110.

器，刘歆依据《周礼·考工记》："深尺，内方尺而圆其外"的形制造出了律嘉量斛。外壁正面有 81 字铭文。以斛量为主体，圈足为斗量，左耳为升，右耳上为合，下为龠量。每量又有分铭，记各器径、深、底面积和容积，如："律嘉量斛，方尺而圜其外，庣旁九厘五毫，冥百六十二寸，深尺，积千六百二十寸，容十斗"。据此可算出圆周率为 3.1547。

（3）东汉科学家、数学家张衡说："方八之面，圆五之面。"即是说：

$S_{圆}/S_{方}=\sqrt{5}/\sqrt{8}$（$=\sqrt{10}/4$），可知张衡取圆周率为 $\sqrt{10}$=3.162 277 66。

（4）王蕃（228～266），三国吴人，字永元，庐江人，著《浑天象说》，认为径一周三比例粗疏，"率：周百四十二而径四十五"。即圆周率为 142/45=3.155 556。他是怎样算出的？张衡的《灵宪》为推算黄赤道进退数，创造竹篾量度法。刘洪制《乾象历》，曾据此法量度、计算。王蕃传刘洪《乾象历》，可能使用了竹篾量度法，通过实测而得圆周率。

（5）公元 263 年，刘徽用"割圆术"求正 192 边形面积，给出圆周率近似值为 3.141 024，以 157/50=3.14 为近似值。继续割圆到 3072 边形的面积，得到 3927/1250=3.1416，称为"徽率"。

（6）南朝宋元嘉二十年（443 年）何承天创《元嘉历》，其论周天度数和两极距离相当于给出圆周率为 3.1429。另外，皮延宗（约 455 年）求出圆周率值为 22/7≈3.14。

（7）南朝刘宋祖冲之公元 462 年采用刘徽的割圆术，算到圆内接正 12 288 边形，从而算出：3.141 592 6<π<3.141 592 7；"密率"355/113（相对误差不足千万分之一）和"疏率"22/7。在 5 世纪就获得 π 值精确到小数第 7 位是一项超时代的成就。

**4）从 5 世纪之后到 16 世纪末的进展**

（1）530 年印度人阿利耶波多（Aryabhata）给出 62 832/20 000=3.141 6，也许是计算内接正 384 边形的周长获得。

（2）628 年印度数学家婆罗摩笈多（Brahmagupta，又名梵藏）在《婆罗摩修正体系》一书中给出 $\sqrt{10}$=3.162 277 66。

（3）约 820 年，波斯天算家阿尔·花剌子模（Al-Khwarizmi）应用 π=3.1416。

（4）1150 年印度数学家婆什迦罗（Bhāskara）给出 π 的 4 个近似值：3927/1250=3.1416，22/7，$\sqrt{10}$，754/240。[①]

（5）1220 年意大利数学家斐波那契（Fibonacci）在《实用几何》第 3 章关于线段和平面图形中，采用阿基米德的正 96 边形，给出 π 的近似值为：3.141 818。

（6）约在 1340 年，印度数学家玛德哈瓦（Madhava）计算出 π=3.141 592 653 59，将圆周率计算到小数点后 11 位。这是一重要成果。

（7）阿拉伯数学家阿尔·卡西 1424 年在《圆周论》中求得十进制圆周率 17 位精确小数值[②]，在经过了 960 年后突破了祖冲之保持的记录，被广泛引用。

（8）1573 年奥托（Otho）将密率 355/113 介绍到西方，1625 年发表于荷兰工程师安托尼斯的著作中，欧洲人遂称之为"安托尼斯率"。

---

① 伊夫斯. 数学史概论. 欧阳绛译. 太原：山西人民出版社，1986：111.

② 杜瑞芝，王青建，孙宏安，等. 简明数学史辞典. 济南：山东教育出版社，1991：82.

（9）1579年法国数学家韦达（Viete）用$6\times2^{16}$=393 216边形，求π值到小数9位。他并给出2/π的无穷乘积的等价形式：$\frac{2}{\pi}=\frac{\sqrt{2}}{2}\times\frac{\sqrt{2+\sqrt{2}}}{2}\times\frac{\sqrt{2+\sqrt{2+\sqrt{2}}}}{2}\cdots$.①

（10）1585年安梭尼宗（Anthoniszoon）碰巧重获355/113，他的算法出自偶然：他算出$\frac{333}{106}<\pi<\frac{377}{120}$，分子$\frac{333+377}{2}=355$，分母$\frac{106+120}{2}=113$，于是他猜想$\pi=\frac{355}{113}$。

（11）1593年罗门（Roomen）用$2^{30}$边形求π到15位小数。

（12）1596年科伊伦（Ceulen）用古典方法计算π到20位小数，1610年用$2^{62}$边形计算π到小数点后35位。他感到自豪，因而把它刻在自己的墓碑上。

**5）近现代对π的计算**

自从15世纪欧洲文艺复兴，近代数学与科学迅速发展，在数学分析、数论、概率论、统计学、物理学等学科新的研究成果中，π与2π频频出现，算法不断变化，算出π小数点后位数的长度也被不断刷新。特别是到20世纪计算机发明后，计算π的位数的长度日新月异，21世纪更新的计算机计算速度更快，获得π的位数不止万亿位，其意义已不在于求π本身，而变成了寻找软件毛病和测试超级计算机的手段，或转化成争取吉尼斯世界纪录的竞逐。

**6）纪念圆周率的发现**

为纪念圆周率的发现历史和认识π在科学文明中的重要价值，美国将每年3月14日定为“圆周率日”，深入理解π，重温π的历史，向计算π的数学家致敬，了解它的重要性。

人们吃惊地发现，蜿蜒的长河自发源地到河口曲线长度是该两点间直线段之长的π倍；较长曲折的海岸线起止点间的精确长度是该两点间直线段的π倍；天体构成的原则在冥冥之中已渗入了π的比例，处处体现π的意义，而不论人们是否意识到它的存在。分析学、物理学、概率论、数论等大量出现π或2π，后者表示圆周长与半径之比，记作τ，有一派学者认为τ在自然界和科学中更具广泛性和重要性。

今天，小学生从学算术开始，就要接触圆周率。π曾经形成对人类智慧的挑战，通过那些计算的大师，坚持长时间繁重脑力活动，有时是终生呕心沥血的努力，经过几千年的积累，它的秘密才终被破解，成为今天全世界珍贵的数学遗产、共同的知识财富。为此，我们当然要记住5世纪那位天才数学家——祖冲之，及其超越时代的贡献。

### 7.1.3 祖冲之的科学贡献永载史册

祖冲之的科学贡献获得世界上普遍肯定，他的英名出现在巴黎发现宫科学博物馆的金壁上，莫斯科大学礼堂的廊柱上。1967年，位于月球背面的一座环形山被命名为“祖冲之山”。紫金山天文台1964年发现的1888号小行星由国际小行星提名委员会命名为“祖冲之星”，以纪念这位中国5世纪的天文数学家对人类科学发展做出的重要

① 伊夫斯. 数学史概论. 欧阳绛译. 太原：山西人民出版社，1986：111.

贡献。

英国李约瑟博士（Dr. J. Needham）写道："中国人不仅赶上了希腊人，并且在公元5世纪祖冲之和他的儿子祖暅之的计算又出现了跃进，从而使他们领先了一千年。"日本数学家、研究中国数学史的专家三上义夫在1912年提出，鉴于355/113的优越性，这个分数应称为"祖率"。我国著名科学家茅以升说："我国哪些创造发明具有世界意义？我们可以开列一张很长的表来表彰我国先哲的成就。有些成果举世公认，长期领先，例如……祖冲之圆周率等。"[①]我国著名数学家华罗庚高度评价祖冲之的成就，撰写著作《从祖冲之的圆周率谈起》，并在他的学术著作《高等数学引论》[②]中辟有专门的一节"祖冲之计算圆周率的方法"，在《数论导引》[③]中详论密率的优越性。

2000年10月9～14日，在祖冲之的故乡今河北涞水举行了纪念祖冲之逝世一千五百周年研讨会；10月23日，在他曾任县令的今江苏昆山举行了纪念祖冲之逝世一千五百周年座谈会。[④]

为纪念这位伟大的科学家，上海市将新的道路命名为"祖冲之路"，位于浦东新区张江高科技园区，西起景明路东至芳春路，全长约5.8公里，是该园区主要道路；2011年上海浦东软件园设立"祖冲之园"。

祖冲之研究是科技史论著最多的领域之一，见于他的传记[⑤]，中国数学史[⑥]各种版本[⑦]，大系[⑧]，以及专著[⑨]，并有普及读物出版[⑩]。圆周率发展史也成关注热点。

## 7.2 祖冲之计算圆周率的方法探析

乾嘉学派钱大昕的《十驾斋养新录》卷第十七首条《圆径周率》引《隋书·律历志》：

> 古之九数，圆周率三，圆径率一，其术疏舛。自刘歆、张衡、刘徽、王蕃、皮延宗之徒，各设新率，未臻折衷。宋末南徐州从事史祖冲之更开密法，以圆径一亿为一丈，圆周盈数三丈一尺四寸一分五厘九毫二秒七忽，朒数三丈一尺四寸一分五厘九毫二秒六忽，正数在盈朒二限之间。密率圆径一百一十三，圆周三百五十五，约率圆径七，周二十二。又设开差幂、开差立，兼以正圆参之，指要精密，算氏之最者也。所著之书，名为《缀术》，学官莫能究其深奥，是故废而不理。[⑪]

这段史料说明：

第一，古率周三径一的比例过于粗疏，甚至导致错误，不能采用。

---

① 茅以升. 中算导论：序言//沈康身. 中算导论. 上海：上海教育出版社，1986：前言2.
② 华罗庚. 高等数学引论：第1卷第1分册. 北京：科学出版社，1974：104-105.
③ 华罗庚. 数论导引：第10章渐近法与连分数. 北京：科学出版社，1975：272.
④ 昆山市科学技术协会. 祖冲之纪念文集. 苏州：苏州大学出版社，2001.
⑤ 杜石然. 祖冲之//金秋鹏. 中国科学技术史：人物卷. 北京：科学出版社，1998：164-176.
⑥ 钱宝琮. 中国数学史. 北京：科学出版社，1981：83-90.
⑦ 中国数学简史编写组. 中国数学简史. 济南：山东教育出版社，1986：170-182.
⑧ 纪志刚. 南北朝隋唐数学//王渝生，刘钝. 中国数学史大系. 石家庄：河北科学技术出版社，2000：24-44.
⑨ 严敦杰. 祖冲之科学著作校释. 沈阳：辽宁教育出版社，2000.
⑩ 王渝生. 中华骄子·数学大师. 上海：龙门书局，1995：10-18.
⑪ 魏征. 隋书·律历志上//中华书局编辑部. 历代天文律历等志汇编六. 北京：中华书局，1976：1859.

第二，历史上经过刘歆、张衡、刘徽、王蕃、皮延宗等诸位数学家的努力，各自改进圆周率值、设定新率，但还是没有达到应有的精确程度。

第三，祖冲之先给出 3 个圆周率名称，圆周正数在盈数和朒（nǜ）数之间，即用不等式 $3.1415926<\pi<3.1415927$ 表示，用连续数量级的单位名称，即事实上的小数，精确到小数第 7 位。

第四，祖冲之又给出密率 355/113，约率 22/7，这些分数就是比例。

第五，“指要精密，算氏之最”，祖冲之是精密计算的大师。

第六，数学著作《缀术》深奥难懂，时人不能理解，所以无人问津。很可能求圆周率的思路和算法在这本书中有记录，很可惜后来失传了。

这是一篇精彩的官方记录，对圆周率的计算结果做出非常准确、简明、权威的记载，无可置疑地确立了祖冲之贡献的重要历史地位。

当然，人们很希望知道祖冲之计算圆周率的方法和过程[①]，祖冲之怎样计算出 π 值，因《缀术》失传，而《隋书》又未写明求法，长期以来在数学史界便有各种猜测，特别是求出密率的方法更是人们注意的中心。钱宝琮先生主张是用何承天算法求得，华罗庚先生认为是用渐近分数法求得，包括李迪先生在内的许多学者首先想到他应用了刘徽的割圆术。[②]还有几种猜测，见于 § 7.2.2。许多数学史工作者按当时的数学水平和使用的方法，做出多种尝试，力图复原这一成就的历史原貌。

### 7.2.1　祖冲之求圆周率方法研究：应用刘徽割圆术

所谓“割圆”，即逐次选取等分点将圆周分割，使所得正多边形周长尽量贴近圆周。这是一种刘徽创造的无穷逼近法，体现出极限思想。

上文所录《隋书・律历志》第二点提到刘徽圆周率，李继闵[③]等认为，刘徽已获 $\pi=3.1416$；祖冲之沿着割圆这条道路走下去，今天考虑到刘徽当时应用的数学方法和工具，能够估计到他会遇到什么情况，按照计算精度还可对割圆的次数做出判断。为便于比较，小数点后取 10 位：$\pi=3.1415926536$。从圆内接正六边形出发，边数翻倍（图 7-2），得到正 $6\times2^n$ 边形（$n\geqslant0$）。当然，从圆内接正四边形出发也可得出同样的结论，其算法复杂性也相当。

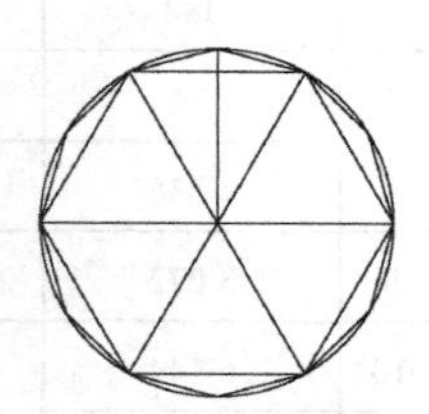

图 7-2　圆内接正 $6\cdot2^n$ 边形（$n\geqslant0$）

如图 7-3 所示，假设正 $n$ 边形边长为 $AB$，欲求正 $2n$ 边形边长 $AC$，古人要用勾股定理，做开方运算，当有效数字达 10 多位时，这项工作数据庞大，今人笔算亦很困难。我们是为了验证，不是按古法做一遍，故可利用正弦函数和计算工具（32 位），确保正确性和精度。图 7-3 中，设圆直径 $d=1$，从圆内接正六边形出发，第 $n$ 次（$n=0$，1，2，…）割圆所得正 $m$ 边形，则 $m=6\times2^n$，其一边之长 $a_m$，

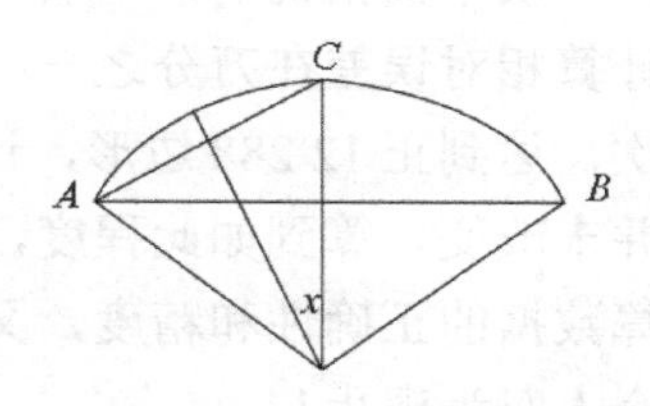


图 7-3　从正 $n$ 边形边长求正 $2n$ 边形边长示意

① 严敦杰. 中国算学家祖冲之及其圆周率之研究. 学艺，1936，15（5）：40-53.

② 李迪. 中国数学史简编. 沈阳：辽宁人民出版社，1984：116.

③ 李继闵. 九章算术校证. 西安：陕西科学技术出版社，1993：152.

所对圆心角之半为 $x$；易知 $x=\pi/m$，又设 $C_n$ 为第 $n$ 次割圆所得正 $m$ 边形的圆周长，则 $C_n=ma_m$；故从正弦关系有

$$m=6\cdot 2^n,\ a_m=\sin\frac{\pi}{m},\qquad C_n=m\sin\frac{\pi}{m} \tag{7-1}$$

式（7-1）$m$ 是 $n$ 的函数，当 $n$ 无限增大、即 $m$ 趋于无穷大时，易于看出周长的极限为 π。常表示为：当 $n$，$m\to\infty$时，圆周长 $C\to\pi$。这需要证明。

根据一个基本极限 $\lim\limits_{x\to 0}\sin x/x=1$，可知 $\lim\limits_{m\to\infty}\sin(\pi/m)/(\pi/m)=1$，当 $n$，$m\to\infty$时 $\sin(\pi/m)\to\pi/m$，$m\sin(\pi/m)\to\pi$，即 $C_n\to\pi$。

即刘徽名言："割之弥细，所失弥少，割之又割以至于不可割，则与圆合体而无所失矣"。

据式（7-1），仿照祖冲之可能的方法，割圆 $n$ 次，取 $n$=0，1，…，11，可列表 7-1：

**表 7-1　祖冲之应用割圆术的验证：直径 $d$=1 的圆内接正 $m=6\cdot 2^n$ 边形边长、周长与圆周率的比较**

| $n$ | 正 $m$ 边形 | 边长 $a_m$ | 周长 $C_n$ | 与 π 的误差 | 相对误差% | 备注 |
|---|---|---|---|---|---|---|
| 0 | 6 | 0.500 000 000 0 | 3.000 000 000 0 | 0.141 592 653 6 | 4.507 034 144 9 | 周三径一 |
| 1 | 12 | 0.258 819 045 1 | 3.105 828 541 2 | 0.035 764 112 4 | 1.138 407 053 5 | |
| 2 | 24 | 0.130 526 192 2 | 3.132 628 613 3 | 0.008 964 040 3 | 0.285 334 265 0 | |
| 3 | 48 | 0.065 403 129 2 | 3.139 350 203 0 | 0.002 242 450 5 | 0.071 379 417 7 | |
| 4 | 96 | 0.032 719 082 8 | 3.141 031 950 9 | 0.000 560 702 7 | 0.017 847 721 2 | 徽率 3.14 |
| 5 | 192 | 0.016 361 731 6 | 3.141 452 472 3 | 0.000 140 181 3 | 0.004 462 109 5 | |
| 6 | 384 | 0.008 181 139 6 | 3.141 557 607 9 | 0.000 035 045 7 | 0.001 115 538 6 | 刘徽至此 |
| 7 | 768 | 0.004 090 604 0 | 3.141 583 892 1 | 0.000 008 761 4 | 0.000 278 885 3 | |
| 8 | 1 536 | 0.002 045 306 3 | 3.141 590 463 2 | 0.000 002 190 4 | 0.000 069 721 4 | |
| 9 | 3 072 | 0.001 022 653 7 | 3.141 592 106 0 | 0.000 000 547 6 | 0.000 017 430 3 | |
| 10 | 6 144 | 0.000 511 326 9 | 3.141 592 516 7 | 0.000 000 136 9 | 0.000 004 357 6 | |
| 11 | 12 288 | 0.000 255 663 5 | 3.141 592 619 4 | 0.000 000 034 2 | 0.000 001 089 4 | 祖氏至此 |

表中数据说明，刘徽用割圆术求出 π =3.1416，应当割圆 6 次，达到正 384 边形，计算相对误差在万分之一；而祖冲之求出 3.141 592 6＜π＜3.141 592 7，则须割圆 11 次，达到正 12 288 边形，计算相对误差在千万分之一。他取直径 1 亿，其算法复杂性并未改变，算到如此程度，运用算筹，四则运算之外还要反复开方，既要核实每个入算数据的正确性和精度，又要确保全部运算不出现一处错误，工作之繁重难以想象，令人叹为观止！

在他生活的时代祖冲之就以追求精度"特善算"而著称于世，他不愧为中算史上精密计算的开山祖师。

### 7.2.2 华罗庚对割圆术求圆周率的现代表述

华罗庚先生在《高等数学引论》第一卷第一分册第四章极限“祖冲之计算圆周率的方法”[①]一节中把该法归结为求极限的运算，实际上综合了阿基米德和祖冲之的思路，而用现在人们便于理解的方式表述出来，对于中外学习者都有启发意义。同时，我们也可以由他的算法看出数学家是如何从历史素材中获得灵感的。今述其大意：

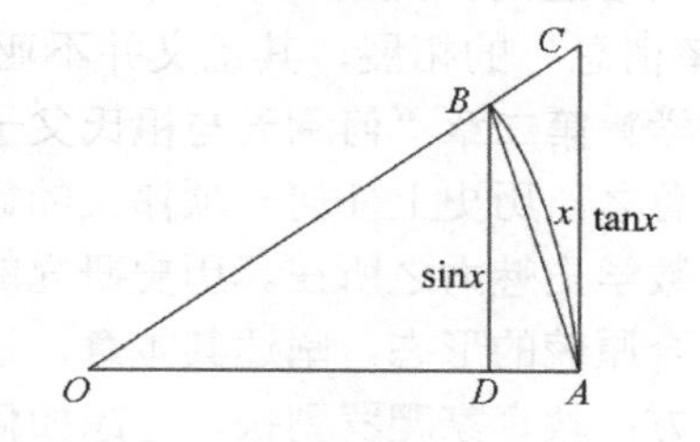


图7-4 圆内接、外切正$6\times2^{n-1}$边形$n\to\infty$边长之半从内外逼近$x$示意图

圆内接（和外切）正$6\times2^{n-1}$边形（$n\geqslant1$）由$6\times2^{n-1}$个顶点在圆心的等腰三角形组成，取其半，如图7-4，可知：

$$\sin x<x<\tan x \qquad (0<x<\pi/2) \tag{7-2}$$

圆内接正$l$边形的一边长为$2\sin(\pi/l)$，而圆外切正$l$边形的一边长为$2\tan(\pi/l)$。

命$x_n$表内接正$6\times2^{n-1}$边形总边长，而$y_n$表外切正$6\times2^{n-1}$边形总边长，此时$x_n=6\times2^n\sin\dfrac{2\pi}{6\times2^n}$，而$y_n=6\times2^n\tan\dfrac{2\pi}{6\times2^n}$，可知$x_n<2\pi<y_n$（$n$=1，2，…）　(7-3)

即内接正$6\times2^{n-1}$边形周长恒小于圆周长，外切正$6\times2^{n-1}$边形周长恒大于圆周长。即有

$$0\leqslant y_n-x_n=6\times2^n\left(\tan\frac{2\pi}{6\times2^n}-\sin\frac{2\pi}{6\times2^n}\right)=6\times2^n\tan\frac{2\pi}{6\times2^n}\left(1-\cos\frac{2\pi}{6\times2^n}\right),$$

$$=6\times2^{n+1}\tan\frac{2\pi}{6\times2^n}\sin^2\frac{\pi}{6\times2^n}$$

及$\sin x<x$（也就是两点间的直线最短）可知，当$n$趋向∞时，

$$y_n-x_n\leqslant\frac{\pi^2}{6\times2^{n-1}}\tan\frac{2\pi}{6\times2^n}\to0$$

因此我们知道$\lim\limits_{n\to\infty}x_n=\lim\limits_{n\to\infty}y_n=2\pi$。在实际计算时，可用以下的方法。

因$\cos\dfrac{x}{2}=\sqrt{\dfrac{1+\cos x}{2}}$，故能从$\cos\dfrac{2\pi}{6}=\dfrac{1}{2}$开始逐步算出$\cos\dfrac{2\pi}{6\times2^n}$。

故可求逼近的程度：$\cos\dfrac{2\pi}{96}=0.997\,858\,92$，$\cos\dfrac{2\pi}{384}=0.999\,866\,14$，$\cos\dfrac{2\pi}{12\,288}=0.999\,999\,87$。

此例使探讨极限论的师生一开眼界，数学史是可以这样学习的！当然，这不是为了恢复历史原貌，而是受到先哲的启发，应用熟悉的数学语言，给出全新解释，出人意表。就像把古诗译成现代文，“统摄原意，另铸新辞”，保留了原有的精神。

数学家们对于求π值盈数和朒数的方法产生浓厚兴趣，还有查有梁先生“祖冲之不

① 华罗庚. 高等数学引论：第1卷第1分册. 北京：科学出版社，1974：104-105.

等式”[①]和王能超先生“组合加速公式”[②]等猜想，纪志刚认为：这两种算法“展示了古算中所潜蕴的深刻的数学价值，前一种方法是‘刘徽不等式’的加强，后一种方法是‘以率消息’的拓展，其意义并不亚于‘恢复’一种失传的古代算法”。[③]在《南北朝隋唐数学》第二章“何承天与祖氏父子”中有简明的介绍，这里就不重复了。

总之，历史上任何一项伟大的数学进展，都能够激发后代学者非常丰富的联想，这正是数学史魅力之所在。历史研究的目的首先是复原，探赜索隐，皓首穷经，尽可能找到符合原貌的形态，阐述其本意，这是史学家的任务，形象地说，眼光更多投向时间轴的左方；教育家爬罗剔抉，考虑如何将史料应用于教学，即 HPM（history and pedagogy of mathematics），他们注意力集中在时间轴的当前一段；而数学家的兴趣在如何发挥，站在前人的肩膀上，钩深致远，促进现代数学的发展，眼光在时间轴的右方。这三方面的工作者对历史可能具有不尽一致的理解，但在他们的视野里，像祖冲之这样的先哲都是世代学者景仰的伟大科学家；而他们的共同工作，构成了数学史学科深刻而丰富的内涵。

### 7.2.3 扩展的研究：求圆周率其他可能的途径

对于刘徽是否利用割圆术算出 $\pi=3.1416$，学界尚有不同意见[④]，有人认为他的工作仅止于徽率 157/50=3.14。需要指出，在研究可能采用的方法时，须严格把比例 157/50 同它的比值3.14区别开来，两者虽然相等，但暗示了不同的来源。前者周径之比来自分数法，后者则属于割圆 4 次获得正 96 边形周长的记录。祖冲之获得的结果表示成单位数（前文第三点，正数 $\pi$ 的盈数和朒数，不足和过剩近似值，皆 3 和 7 位小数）和分数（前文第四点，正数 $\pi$ 的密率和约率，皆周长与直径之比）显示出两种不同的算法来源，前者应当从割圆术获得，后者应当从分数比例获得，两者需要区别开来。本节强调说明那个时代重视比例，不应排除分数法，也不能假定祖冲之只用了一种方法。

**1）求圆周率的连分数法和渐近分数法**

祖冲之密率和约率用分数表示 $\pi$，说明算法来自圆周长与直径的比例，而非割圆术。用割圆术所得的结果是一串单位数（即 3 和小数）；继续割圆，首先考虑的不是比例，而是更小的半弦之长，再乘边数，获得的只是 3 和几位小数，不是从周径之比推演而得。

我们认为，祖冲之计算圆周率获得的两类结果，应用了至少两种方法：割圆术和分数法；所得密率和约率，应当是属于比例计算的结果。当然，也不应认为两种方法间没有联系。

严敦杰先生说：“中国古历法所有天文数据基本上都用分数来表示，分数运算成为古历法中一很大项目。”[⑤]汉代历法计算中已出现连分数，吕子方先生的遗著[⑥]引起科学

① 查有梁. 缀术求 π 新解. 大自然探索，1986，5（4）：133-139.

② 王能超. 千古绝技割圆术. 数学的实践与认识，1996，26（4）：315-321.

③ 纪志刚. 南北朝隋唐数学//王渝生，刘钝. 中国数学史大系. 石家庄：河北科学技术出版社，2000：30-33.

④ 李迪. 九章算术争鸣问题概述//吴文俊. 九章算术与刘徽. 北京：北京师范大学出版社，1982：58-75.

⑤ 严敦杰. 中国古代数理天文学的特点//中国天文学史整理研究小组. 科技史文集（一）天文学史专辑. 上海：上海科学技术出版社，1978：1.

⑥ 吕子方. 中国科学技术史论文集. 成都：四川人民出版社，1983.

史界的注意，在 20 世纪 50 年代初，吕先生就对汉代刘歆《三统历法》中的连分数进行系统研究，举出 13 例[①]；李继闵先生在《“通其率”考释》一文中充分肯定了这一成果，进而指出：“‘通其率’与《九章算术》约分术同出一源，皆基于‘辗转相除’。”[②]而在算理上，华罗庚先生指出，“连分数之计算与 Euclid 计算法（辗转相除法）有貌异实同之妙。”[③]按照计算连分数的先后步骤，将各个由疏至密的分数分别列出，就得到渐近分数；它也可以看作是记录连分数的一种方式。

渐近分数法是古代历家推求各种天体会合周期的常用方法。[④]查有梁先生认为失传的缀术应用了渐近分数。以上涉及的概念，限于篇幅，未及一一辨明，而在 § 7.3 再作详析。以下引述 $\pi$ 的连分数—渐近分数—最佳渐近分数：

华罗庚先生《数论导引》第十章“渐近法与连分数”将 $\pi$ 用简写的无穷连分数表示为：

$$\pi=[3, 7, 15, 1, 292, 1, 1, 1, 21, 31, 14, 2, 1, 2, 2, 2, 2, \cdots]$$

在该书“最佳渐近分数”一节唯一的一例中，将 $\pi$ 写成渐近分数，得

$$\frac{3}{1},\frac{22}{7},\frac{333}{106},\frac{355}{113},\frac{103993}{33102},\frac{104348}{33215},\cdots$$

并言：“祖冲之作疏率 22/7 及密率 355/113（此率较西洋最早之 Otto 记录早千年之谱）。最有趣味者，祖氏二率皆属于最佳渐近分数之列，换言之，分母不超过 113 之分数，无数比 355/113 更接近于 $\pi$ 者。”约率和密率的最佳性质应当在一般 $\pi$ 的渐近分数数列中凸显出来。

但是，没有史料证明祖冲之用哪种分数算法推出约率和密率。在 $\pi$ 的渐近分数数列中并非皆为最佳渐近分数，例如以下两列中的最后一项：

$$\frac{3}{1},\frac{22}{7},\frac{333}{106},\frac{355}{113},\frac{86598}{27565},\cdots \quad 和 \quad \frac{3}{1},\frac{22}{7},\frac{333}{106},\frac{355}{113},\frac{126003}{40108},\cdots$$

“从这样的数列中挑选出约率和密率是十分自然的。”这一判断无助于寻找古代算法过程，且易于引发逻辑矛盾。现代解法不言而喻，复原古算求约率和密率的连分数法或渐近分数法的研究还处在推想阶段。

**2）调日法**

陈久金[⑤]和李继闵先生[⑥]对调日法都有研究。按照调日法的要求，获得密率需要两个已知的、接近 $\pi$ 的不足近似值和过剩近似值。在祖冲之时代，已知刘徽圆率 157/50，是一个“弱率”；另外，据《宋书・天文志》记载[⑦]何承天（370～447）的话[⑧]：

周天三百六十五度三百零四分度之七十五度，天常西转，一日一夜过周一度。南北二极相去一百一十六度三百零四分度之六十五度强，即天径也。

① 吕子方.《三统历》历意及其数源//中国科学院成都分院自然辩证法研究室. 自然辩证法学术研究：第四辑. 成都：中国科学院成都分院，1980.

② 李继闵.“通其率”考释//吴文俊. 中国数学史论文集（一）. 济南：山东教育出版社，1985：24-36.

③ 华罗庚. 数论导引：第 10 章渐近法与连分数. 北京：科学出版社，1975：266，267，272.

④ 纪志刚. 南北朝隋唐数学//王渝生，刘钝. 中国数学史大系. 石家庄：河北科学技术出版社，2000：36.

⑤ 陈久金. 调日法研究. 自然科学史研究，1984，3（3）：245-250.

⑥ 李继闵.“调日法”源流考//杜石然. 第三届国际中国科学史讨论会论文集. 北京：科学出版社，1990：39-42.

⑦ 纪志刚. 南北朝隋唐数学//王渝生，刘钝. 中国数学史大系. 石家庄：河北科学技术出版社，2000：35.

⑧ 钱宝琮. 中国数学史. 北京：科学出版社，1981：87.

以“天周”除以“天径”即得“周率”：$\dfrac{365\times304+75}{116\times304+65}=\dfrac{111\,035}{35\,329}=3.142\,885$，与$\dfrac{22}{7}=3.142857$很近。故钱宝琮先生认为何承天已知约率。因此值是“强率”，祖冲之对何承天的《元嘉历》做过深入研究，祖氏本人也获得这一过剩近似值，于是按照调日法，可做运算：$\dfrac{22\times9+157}{7\times9+50}=\dfrac{355}{113}$。密率可能就是这样求出的。何承天用此法来调节“日法”和“朔余”。祖冲之求密率很可能用此法。

**3）求一术**

以刘徽圆率$\dfrac{157}{50}$为弱率，假定$x$，$y$均正整数，且$\dfrac{x}{y}>\dfrac{157}{50}$，令$50x=157y+1$，则此方程可以转化为一次同余式：$50x\equiv1$（mod157），这是中算家熟悉的算法，解得 $y=7$，$x=22$。

仿此，以刘徽圆率$\dfrac{3927}{1250}$为强率，假定$\dfrac{x}{y}>\dfrac{3927}{1250}$，令 $3927y=1250x+1$，则此方程可以转化为一次同余式：$3927y\equiv1$（mod1250），可求得$y=113$，$x=355$。[①]于是求出密率。

从算理和当时中算家对求一术了解的程度看，祖冲之从刘徽算出的已知圆率强弱二值应用求一术获得密率应当是并不困难的。当然也需要确有这类算法的史实支撑。

## 7.3 《大明历》采用 391 年置 144 闰的新闰周*

祖冲之发现何承天编制的《元嘉历》误差较大，于是在宋孝武帝大明六年（462年）创制《大明历》；但直到他去世后十年，在梁武帝天监九年（510 年）才颁布行用。他先进的天文思想表现在为《大明历》所写的《驳议》中。《大明历》主要成就：

第一，区分了回归年和恒星年，测得回归年为 365.242 814 81 日（比今测值多 53 秒）。

第二，将岁差概念引进历法：节气日所在星度由于地球自转细微不均每年都要向西偏移，测得约 45 年 11 月差 1 度（今测约 70.7 年差 1 度）。

第三，采用 391 年置 144 闰的新闰周。比通常 19 年置 7 闰的闰周要更加精密。

第四，首次测出交点月精确值 27.212 23 日（今测为 27.212 22 日），从而准确推算出公元 436～459 年共 23 年间 4 次月食时刻。

第五，提出用圭表测量正午太阳影长以定冬至时刻的方法。

第六，测得水星、木星会合周期接近现代值；木星每 84 年超辰一次；其公转周期 11.858 年（今测为 11.862 年）。

祖冲之在数学和天文研究中都特别注重计算的精准程度，孜孜不倦，精益求精，堪称追求精度的大师，在公元 5 世纪达到的水准，在中算史上前无古人。

---

① 孙炽甫. 中国古代数学家关于圆周率研究的成就//中国数学会数学通报编辑委员会. 初等数学史. 北京：科学技术出版社，1959：121.

* 罗见今. 中国历法中的闰周与“诸月”. 咸阳师范学院学报，2014，29（4）：54-58. 纪念祖冲之逝世 1500 年学术会议论文. 河北涞水，2000.

考虑到祖冲之天文、数学理论和使用的测量、计算工具都是 5 世纪的，本节从数学角度认识一般农历记录日月运行的周期性质，应用连分数和渐近分数讨论《大明历》中有关闰周和“谐月”的相关问题，属于拓展的研究。

### 7.3.1　拓展的研究：应用算术方法分析农历和《大明历》

**1）应用连分数和渐进分数方法**

用算术方法可以简明准确地解释历法中的一些现象。

按照华罗庚先生在《高等数学引论》第一卷第一分册[①]论述的方法，可以将回归年、朔望月等数值视为无理数，而用分母最小的有理数来接近它。该书提出了几个著名的例子。

原著例 3. 为什么四年一闰，每隔四年添一天？为什么第一百年又少一天？

地球绕太阳一周需 365 天 5 小时 48 分 46 秒，也就是

$365+\dfrac{5}{24}+\dfrac{48}{24\times 60}+\dfrac{46}{24\times 60\times 60}=365\dfrac{10463}{43200}$，展开为连分数得

$$365\frac{10\,463}{43\,200}=365+\cfrac{1}{4+\cfrac{1}{7+\cfrac{1}{1+\cfrac{1}{3+\cfrac{1}{5+\cfrac{1}{64}}}}}}$$ 算法为

| | | 43200 |
|---|---|---|
| 10463 | 4 | 41852 |
| 9436 | 7 | 1348 |
| 1027 | 1 | 1027 |
| 963 | 3 | 321 |
| 64 | 5 | 320 |
| 64 | 64 | 1 |

此法即辗转相除法，为缩小排印版面，其分数部分可简写为：[4，7，1，3，5，64]，它的分数部分的渐近分数是：$\left\{\dfrac{1}{4},\dfrac{7}{29},\dfrac{8}{33},\dfrac{31}{128},\dfrac{163}{673},\dfrac{10463}{43200}\right\}$。

这说明四年加一天是初步的最好的逼近。但 29 年加 7 天更精密些；33 年加 8 天又精密些（也就是 99 年加 24 天，我们的算法是 100 年加 24 天）；128 年加 31 天更精密……

原著例 4. 农历月大月小是怎样来的？

从太阳上看月亮绕地球一周所需要的时间为 29.5306 天，展成连分数得

0.5306= [1，1，7，1，2，33，1，2]，它的渐近分数是

$$\left\{\frac{1}{1},\frac{1}{2},\frac{8}{15},\frac{9}{17},\frac{26}{49},\frac{867}{1634},\frac{867}{1634},\ldots\right\}$$

故就一个月来说，最近似的 30 天，2 个月就应一大一小，15 个月中应当 8 个大 7 个小，17 个月中 9 大 8 小等等。就 49 个月来说前两个 17 个月里，均有 9 个大月，再 15 个月里有 8 个大月，共 49 个月中有 26 个大月。

用辗转相除法获得连分数，算法已见前例；再将连分数转化为渐近分数数列，方法见华罗庚《数论导引》第十章“渐近法与连分数”[①]。关于渐近连分数，今有常见的例子：设 $a_0$=1，$a_1$=1 为斐波那契数列前两项，该数列构成的规律是后项等于前两项之和：

① 华罗庚. 高等数学引论：第 1 卷第 1 分册. 北京：科学出版社，1974：26-30.

1，1，2，3，5，8，13，21，34，55，89，…，为求黄金分割的精确值，利用此数列前项做分子、后项为分母，由此形成的连续分数其比的极限即黄金分割。此列分数即黄金分割的渐近分数。[①]

由上述定义和算法可知，计算（有限）连分数和渐近分数并不容易，但应用起来却很方便。以上两例把回归年和朔望月的数据展开为连分数和渐近分数，通过分析，就能对现今使用的公历和农历的一些问题做出精准的回答。华先生上述两例非常经典，言简意赅，对理解这类问题起到画龙点睛的作用。如果用别的方式叙述，不知要用多少笔墨，所以将原例照列。这两种方法的详细定理和有关理论，可参考华先生的《数论导引》第十章“渐近法与连分数”前一部分。

这启发我们也应用这种数学工具，入算数据越精确，获得的分数越准确。为建立描述农历的算术基础，依据国际天文联合会 1900 年公布的数据，我们采用回归年和朔望月的数值到小数点后 8 位。需要说明，这两个数值并非一成不变，特别在几千年的时间段中会有一些变化；在 1900 年公布的数据后，还有求修正值的方法。然而，两三千年前的数据究竟为何，现在无法确认；另外，研究对象所需精度，一般渐近分数的前几项已有保证；回归年和朔望月的数值在小数点后 6～8 位上纵有细微变化，也不可能影响到文中所涉及计算的精度。因此，入算数据是可靠的，计算的正确性是有保证的。

在本节以下的讨论中，列出了 5 种连分数及其 5 种渐近分数，平均每列有 10 项，仅用笔算，计算量很大，但均考虑了误差范围，经过反复核对，从新的角度来解释农历，试图建立农历的算术基础。其中也包括祖冲之所创《大明历》的精度分析。

**2）农历中的“趋同原理”**

中国传统历法是一种阴阳合历，既显月象盈亏，又合寒暑时令。今取天文常数 1 回归年 $\alpha$=365.242 198 78 日，1 朔望月的平均值 $\beta$=29.530 588 67 日。设农历中 $a$ 年包含 $b$ 月。存在正整数对 $a$、$b$，使得 $a\alpha \approx b\beta$ 对于不同的精度要求均能成立，即有：

**定理** $a$ 年与所含月数 $b$ 近似正比于朔望月 $\beta$ 与回归年 $\alpha$：$\dfrac{a}{b} \approx \dfrac{\beta}{\alpha}$ （7-4）

农历的平年有 354、355 日，闰年有 383、384 以至 385 日（如公元 779 年），不同于回归年 $\alpha$；农历大月 30 日、小月 29 日，不同于朔望月 $\beta$。在式（7-4）中，当 $a$、$b$ 渐次增大时，年均日数和月（包括闰月）均日数将分别趋近于 $\alpha$ 和 $\beta$，可简称为“趋同原理”。在历代天文、历法学家的共同努力下，经千百年实践获得了与此相同的结果。在 $a$、$b$ 足够大时，分别近似表示地绕日和月绕地的周数；农历年数和它所含月数便成为日、月运行的拟周期。设

$$\gamma = \frac{\beta}{\alpha} = 0.080852072 \quad (7\text{-}5)$$

用辗转相除法求出 $\beta/\alpha$ 的各商，即为将 $\gamma$ 展开为连分数的各阶分母，记作：

$$\gamma = [12,\ 2,\ 1,\ 2,\ 1,\ 1,\ 17,\ 2,\ 1,\ 1,\ 1,\ 9,\ \cdots] \quad (7\text{-}6)$$

再求出 $\gamma$ 的最佳渐近分数，每个视为 $a/b$，前 11 个为：

① 华罗庚. 数论导引. 北京：科学出版社，1975：264.

$$\gamma=\left\{\frac{1}{12},\frac{2}{25},\frac{3}{37},\frac{8}{99},\frac{11}{136},\frac{19}{235},\frac{334}{4131},\frac{687}{8497},\frac{1021}{12628},\frac{1708}{21125},\frac{2729}{33753},\cdots\right\} \tag{7-7}$$

它表示（从第 3 个分数起）：37 个月算作 3 年时年数太大，99 个月算 8 年年数太小，136 月算 11 年年数偏大，235 月算 19 年年数偏小，等等。

式（7-7）内含置闰信息，如：对 19/235 而言，235−19×12=7，即 19 年 7 闰已含其中。

### 7.3.2　闰周的概念与相关连分数和渐近分数

**1）什么是闰周？简单说就是置闰的周期，或者在多少年中应置多少闰，可视为分数。**

设农历中 $a$ 年有 $b$ 月，含 $l$ 个闰月，则有　$b=12a+l$　　(7-8)

古人说“十九年七闰”时，十九年叫作“章岁”，七为“章闰”，式（7-8）的 $b$ 叫“章月”。比例 7/19 是置闰的拟周期，后人称为“闰周”，精确到年。$\alpha$，$\beta$ 不可通约，过 $a$ 年置 $l$ 闰所得分数 $l/a$ 是近似值，$a$ 越大则越精确。

设连续两闰起始时刻间平均时段为 1 个时间单位。据趋同原理，闰月有 $\beta$ 日，此单位可表为年、月、日的形式，除了闰周（章闰比章岁）之外，还可表成该单位所含月数或日数。

首先求 $a$ 年 $l$ 闰。设　$\lambda=\dfrac{\alpha}{\beta}-12=0.368\,266\,78$　　(7-9)

即每年含 12 月并余有 $\lambda$ 个朔望月，$\lambda$ 占闰月份额。经 $a$ 年使每年所余 $\lambda$ 月尽可能凑足整月数 $l$，即 $a\lambda\approx l$，则 $l$ 为闰月数，于是 $a$ 年中应有 $l$ 闰满足　$\lambda\approx\dfrac{l}{a}$　　(7-10)

可将式（7-10）写成连分数和渐近分数（前 10 项）：

$$\lambda=[\,2,\ 1,\ 2,\ 1,\ 1,\ 17,\ 2,\ 1,\ 1,\ 1,\ 7,\ 1,\ \cdots] \tag{7-11}$$

$$\lambda=\left\{\frac{1}{2},\frac{1}{3},\frac{3}{8},\frac{4}{11},\frac{7}{19},\frac{123}{334},\frac{253}{687},\frac{376}{1021},\frac{629}{1708},\frac{1005}{2729},\cdots\right\} \tag{7-12}$$

它表示（从第 3 项起）：8 年置 3 闰太多，11 年置 4 闰太少，19 年 7 闰失于多[①]，等等。取到第 10 项，几乎等于 $\lambda$。式（7-12）与历谱密合的程度随分母的增大而提高。

其实，将式（7-7）每项分母减分子乘 12，再取该项倒数，即得式（7-12）。为计算精确，在选择年数的起始年时，该年应含有闰月；$a$ 的终点年也应在闰年之前。

**2）式（7-12）求 $a$ 年 $l$ 闰渐近分数应用之例**

**例 1**　据《三千五百年历日天象》[②]，举三个长时段的例子：①从汉平帝元始二年（公元 2 年，闰）起，到宋仁宗天圣元年（1023 年，闰）之前，共历 1021 年，其间含 376 闰，合于 376/1021 之比。②从汉高祖二年（前 205 年，闰）起，到明孝宗弘治十七年（1504 年，闰）之前，共历 1708 年，其间含 629 闰，合于 629/1708 之比。③从鲁隐公二年（前 721 年，闰）起，到公元 2009 年（闰）之前，共历 2729 年，其间含 1005

---

① 华罗庚. 高等数学引论：第 1 卷第 1 分册. 北京：科学出版社，1974：30. 该书例 5 说“十九年七闰太少”，应是“太多”；也不会出现“10/27”。这是由于入算数据 12.37 精度不足，应取 12.368 266 78（=12+$\lambda$）。

② 张培瑜. 三千五百年历日天象. 郑州：河南教育出版社，1990.

闰，合于 1005/2729 之比。其中到 1995 年（闰）时，为中国历法有系统记录的第一个“千闰年”。[①]这类例子不胜枚举，鲜有例外。

**例 2** 大明六年（462 年）南徐州从事史祖冲之上表改历称：“以旧法一章十九岁有七闰，闰数为多，经二百年辄差一日。”[②]该如何解释？

今日看来，这个差将近 22 小时，算法为 $200\left(\frac{7}{19}-\lambda\right)\beta=0.9111523$（日）

括号内是每年应闰月数因采用 19 年 7 闰造成的误差。积累 200 年，置闰多出将近 1 日。当然应取祖冲之造《大明历》时所用 $\beta$ 和 $\lambda$ 值：

$$\beta=29+\frac{2090}{3939}=29.530\,591\,52，\quad \lambda=\frac{144}{391}=0.368\,286\,445$$

代入上式后算出值为 0.795 008 5 日，即 19 小时多。

**3）闰周间月数**

连续两闰始点间平均有多少月？设 $a$ 年有 $b$ 月含 $l$ 闰，当 $a$ 足够大时

$$\frac{b}{l}=\frac{12a+l}{l}\approx\frac{12+\lambda}{\lambda}=\frac{\alpha}{\alpha-12\beta}=33.585\,073\,21 \tag{7-13}$$

式（7-13）推导过程中先后应用了式（7-8）、（7-10）、（7-9）。

**例 3** 早期农历中两闰始点间实际的月数一般是 33 或 34。最大 36，最小 29，古代罕见。如唐德宗贞元三年（787 年）闰五月始，到 790 年闰四月之前，共 36 个月。乾隆四十九年（1784 年）闰三月到 1786 年闰七月之前，共 29 个月。积千百年，取这一月数均值则为式（7-13）所示。称 $\zeta$ 为闰月数 $l$ 与所经月数 $b$ 之比：

$$\zeta\approx\frac{l}{b} \tag{7-14}$$

由（7-13）知：$\zeta=1-\frac{12\beta}{\alpha}=0.029775132$ （7-15）

将（7-15）和（7-14）写成连分数和渐近分数（前 10 项）：

$$\zeta=[33，1，1，2，2，3，1，1，2，1，8，18，\cdots] \tag{7-16}$$

$$\zeta=\left\{\frac{1}{33},\frac{1}{34},\frac{2}{67},\frac{5}{168},\frac{12}{403},\frac{41}{1377},\frac{53}{1780},\frac{94}{3157},\frac{241}{8094},\frac{335}{11251}，\cdots\right\} \tag{7-17}$$

式（7-17）分数的精度、与历谱密合程度随分母的增大而提高。计算时 $b$ 的起始月应为闰月，$b$ 的终点月在闰月之前。

**例 4** 北凉赵𢾺《元始历》（412 年制定，412～439 年，452～522 年共行用 99 年）突破 19 年 7 闰，首次创用 600 年 221 闰的闰周。[③]即有 $\frac{221}{600\text{年}}=\frac{221}{7421\text{月}}=0.029\,780\,35$ 比 $\zeta$ 强，相对误差万分之 1.75。由渐近分数（7-17）知 $\frac{241-5\times4}{8094-168\times4}=\frac{221}{7422\text{月}}=$ 0.029 776 34 比 $\zeta$ 强，相对误差十万分之 4.1。说明在分子为 221 闰时分母选 7422 月最

---

① 罗见今. 中国历法中的“千闰年”//黄留珠，魏全瑞. 周秦汉唐文化研究：第 4 辑. 西安：三秦出版社，2006：1-5.

② 沈约. 宋书・律历志//中华书局编辑部. 历代天文律历等志汇编六. 北京：中华书局，1976：1743.

③ 陈久金. 闰周//中国大百科全书编辑部. 中国大百科全书·天文卷. 北京：中国大百科全书出版社，2004：277.

好，而赵厞的结果有一个月之差。

**4）** 设 $a$ 年有 $b$ 月含 $l$ 闰，且首尾皆闰年：首年闰 $u$ 月，末年闰 $v$ 月。则此 $a$ 年中含闰个数（不包括末闰）为 $l-1$，共有（$l-1$）/$\zeta$ 个月；在 $a$ 年内前 $u$ 月和后 $13-v$ 月不算在内。

故有近似公式

$$b\approx\frac{l-1}{\zeta}+u+13-v \tag{7-18}$$

用式（7-17）或（7-18）可对实用历谱中某段（$b$ 月）置闰的精确度作出判断。

**例5** 南北朝祖冲之所创《大明历》从梁天监九年（510年，闰六月，$u$=6）至陈祯明三年（589年，闰三月，$v$=3）行用 $a$=80年，据（7-12）算出 $\frac{7\times4+1\times2}{19\times4+2\times2}=\frac{30}{80}$ 即 $l$=30；查历谱，与此同。据式（7-8）$b$= 80×12+30= 990月。

按《大明历》历法："章岁，三百九十一。章月，四千八百三十六（即 4836=391×12+144）。章闰，一百四十四。……"[①]故有 $\frac{144}{391年}=\frac{144}{4836月}=\frac{12}{403}=0.029\,776\,67$，比 $\zeta$ 强，相对误差十万分之5.2，恰为渐近分数（7-17）中第5个分数。说明在分母为391的一切分数中，以144/391最好。以祖冲之的 $\zeta$=12/403及 $l$=30，$u$，$v$ 代入式（7-18），有

$$b\approx29\times\frac{403}{12}+6+13-3=989.916\,666\,7$$

而将式（7-15）的 $\zeta$ 值代入式（7-18），得 $b\approx989.967\,123\,1$。两者差别甚小，取整均为 $b$=990；查历谱，与此同。

**5）** 讨论：连续两闰始点间平均多少日？由式（7-4）、（7-10）、（7-14）或（7-9）、（7-15）知：$\lambda$ 与 $\zeta$ 同 $\alpha$ 与 $\beta$ 成正比：

$$\frac{\lambda}{\zeta}=\frac{\alpha}{\beta} \tag{7-19}$$

设 $\tau$ 为两闰间平均日数，则因在 $1/\zeta$ 月中恰含1闰月 $\beta$，故

$$\tau=\frac{\beta}{\zeta}=\frac{\alpha}{\lambda}=\frac{\alpha\beta}{\alpha-12\beta}=991.786\,983\,1 \tag{7-20}$$

推导中应用了式（7-19）、（7-9）。亦可写作

$$\frac{1}{\tau}=\frac{1}{\beta}-\frac{12}{\alpha} \tag{7-21}$$

**例6** 农历中连续两闰间的实际日数一般有886，974，1004，1005，1033，1034，1063日；较少见的有856，915，944，1003，1035，1064日；十分奇特的有855日。这些日数均可分解成大小月整数之和，两闰之间大月数一般比小月数多1～5，但两者也可以相等（如944和1003日），甚至为−1（如855日）。历百千年而这一平均日数趋于 $\tau$。

### 7.3.3 "谐月"概念的提出

阴阳合历兼顾日躔月离，制历则须"调日""谐月"，以应天象。至迟自公元前8世纪鲁、周、殷、夏各历已用蝉联大月，以补每过一对大小月后与朔望月所亏之日数。早期的方法是在15、17个月内加1大月。以后随天象观测的精确和算法的改进，

① 沈约. 宋书·律历志//中华书局编辑部.历代天文律历等志汇编六. 北京：中华书局，1976：1745.

“谐月”的方法变得复杂，有必要对“谐月”作出定义。

记 $m$=30 日为 1 大月，29 日为 1 小月，$n$ =29.5 日为 1 平月。与 $\beta$ 相比，设 $\varepsilon=\beta-n=$ 0.030 588 67 为 1 平月所亏平均日数，

$\delta=m-\beta=0.469\ 411\ 33$ 为 1 大月所盈平均日数。

显然 $$\varepsilon+\delta=m-n=0.5,\ \ \varepsilon m+\delta n=0.5\beta \tag{7-22}$$

设每过 $e$ 个平月应增添 $h$ 个大月，使它尽可能与月之朔望相谐，则称这样的大月为“谐月”，$h$ 为谐月数。在一时段（如 $b$ 月）内 $h$ 等于大小月数之差。$h$ 取决于时段的划分和大小月排法。

谐月数 $h$ 的计算：可将 $b$ 月内大小月配对，无对可配的大月数即为 $h$，一般是正整数，也可以是零，偶然是负数。例如道光二年（1822 年）闰三月至 1824 年闰七月之前共有 $b$=29 月，其中 14 个大月、15 个小月，即此段 $h$=−1，十分罕见。

连大月的第一月在许多情况下是谐月，但连大月并不都有谐月。早期历法 15、17 个月中有一对连大月，但 7 世纪末期之后历法革新，大小月的排法出现较大变化，例如宋乾德三年（965 年）就有五至七月共 3 个小月和八至十二月共 5 个大月相连。对于判定谐月数，连大月是一个较模糊的概念。

设 $a$ 年有 $b$ 月含 $h$ 个谐大月，则有 $$b=e+h \tag{7-23}$$

$a$ 较大时 $$\alpha\approx en+bm\approx b\beta \tag{7-24}$$

存在正整数 $e$ 和 $h$，使 $e$ 个平月所亏 $e\varepsilon$ 日对于所需精度，总有 $h$ 个谐月所盈 $h\delta$ 日与之近似相等，即 $$e\varepsilon\approx h\delta,\ 或\ \frac{h}{e}\approx\frac{\varepsilon}{\delta} \tag{7-25}$$

记 $\mu$ 为谐月数 $h$ 与年数 $a$ 之比： $$\mu\approx\frac{h}{a} \tag{7-26}$$

则有 $$\mu\approx\frac{h\alpha}{en+hm}=\frac{\alpha}{\dfrac{en}{h}+m}\approx\frac{\alpha}{\dfrac{\delta n}{\varepsilon}+m}=\frac{\varepsilon\alpha}{\delta n+\varepsilon m}=\frac{\varepsilon\alpha}{\beta(m-n)}=2\varepsilon\frac{\alpha}{\beta}=0.75665766 \tag{7-27}$$

推导过程中应用了式（7-24）、（7-25）、（7-22）及 $m$、$n$、$\varepsilon$ 和 $\delta$ 的定义式。

可将 $\mu$ 展开为连分数和（7-26）的渐近分数：

$$\mu=[\ 1,\ 3,\ 9,\ 7,\ 3,\ 1,\ 3,\ 1,\ 97,\ 1,\ 1,\ \cdots\ ] \tag{7-28}$$

$$\mu=\left\{1,\frac{3}{4},\frac{28}{37},\frac{199}{263},\frac{625}{826},\frac{824}{1089},\frac{3097}{4093},\frac{3921}{5182},\cdots\right\} \tag{7-29}$$

它表示：37 年谐 28 月较大，263 年谐 199 月较小，826 年谐 625 月略大，1089 年谐 824 略小，等等。计算的精度、与实用历谱密合的程度随分母的加大而增高。

在选择计算谐月数 $h$ 的起始年时，该年应含谐月。

**例 7** 从汉武帝太初三年（前 102 年）正月起，至汉桓帝延熹四年（161 年）底止，共历 263 年，含 199 谐月，合于 199/263 之比；从公元 162 年始，至宋太宗雍熙四年（987 年）止，共历 826 年，含 625 谐月，合于 625/826 之比。以上两段统计相加，即是从公元前 102 年始，至公元 987 年止，共历 1089 年，含 824 谐月，合于 824/1089 之比。这三个分数均见于（7-29），说明（7-29）与历书吻合。

以上统计依据《三千五百年历日天象》。起初算 625/826 时，统计出 628 谐月，多出

3 个谐月来，超出误差范围，是不可能的。或者该书有误，或者统计有误，二者必居其一。最后发现该书有两处错误：135 页魏明帝青龙四年（236 年）十二月庚午朔，到 237 年正月戊戌朔，十二月只有 28 天，此有悖常理，因而据《二十史朔闰表》改为正月乙亥朔……这一修改使谐月数减 1（237 年内无谐月）。该书 257 页宋太祖开宝三年（970 年）正月癸卯朔大，二月壬申朔，正月应是小月而非大月。将错印的大月改为小月，使谐月数减 2。于是，最后的结论是历书与式（7-29）吻合。这说明以上的定义、计算得到了史实的验证。

设 $h$ 谐月经历 $b$ 月，则两者之比为 $2\varepsilon \approx \dfrac{h}{b}$　　(7-30)

$$\frac{h}{b}=\frac{h}{e+h}\approx\frac{\varepsilon}{\delta+\varepsilon}=2\varepsilon=0.061\,177\,34 \tag{7-31}$$

推导过程中应用了式（7-23）、（7-25）、$\varepsilon$ 和 $\delta$ 的定义式。

取式（7-31）的倒数，得到了 $1/(2\varepsilon)=16.345\,921\,55$，表示平均 $1/(2\varepsilon)$ 个月中含有 1 个谐月，即连续两谐月起始时刻之间的平均月数。这就是为什么早期历法 15、17 月中有一对连大月之故。将 $2\varepsilon$ 展开为连分数和渐近分数：

$$2\varepsilon=[\,16,\ 2,\ 1,\ 8,\ 6,\ 3,\ 1,\ 23,\ 5,\ \cdots\,] \tag{7-32}$$

$$2\varepsilon=\left\{\frac{1}{16},\frac{2}{33},\frac{3}{49},\frac{26}{425},\frac{159}{2599},\frac{503}{8222},\frac{662}{10821},\cdots\right\} \tag{7-33}$$

分数的精度、与历谱密合程度随分母的加大而增高。在计算 $b$ 月内谐月数 $h$ 时起始月应是谐月，终点月在下个谐月之前。

**例 8**　对于上文提到的“任一朔干支在 61、63 或 65 月后重现”，它是几个周期性质的基础。证明过程中遇到一个命题：“在连续 60 多个月中，如果小月仅有 30 个，则大月不会等于或多于 37 个。”

今据式（7-33）分析如下。假定此时大月数等于 37，则 $e$=60，$h$=7 要求 $b$=114，或当 $b$=67 时应有 $h$=4，差别太大。其相对误差 $|7/67-2\varepsilon|/2\varepsilon=70.78\%$，不能允许。7 / 67 表示每 11 个月含 1 对连大月，有悖常识，历谱中无。其实，60 平月实亏 $60\varepsilon=1.835$ 日，而 7 谐月盈 $7\delta=3.286$ 日，多出将近 1 天 11 小时。

**例 9**　比较实用历谱中《四分历》与《大明历》谐月的精度。

东汉《四分历》自汉章帝元和二年（85 年）始用至东汉结束（220 年）（蜀地续用至 263 年而历谱不全）。元和二年无闰无谐，从三年起算，共 135 年，应闰、实闰皆 $l$=50。元和三年谐三月，到 221 年谐二月之前共有 $b$=135×12+50−2+1=1669 月，查历谱共 103 谐月，据此，与 $2\varepsilon$ 的相对误差为 $|2\varepsilon-103/1669|/2\varepsilon=0.8766\%$。

祖冲之《大明历》510～589 年共行用 80 年，据例 5 应闰、实闰皆 $l$=30。510 年闰三月、谐九月，到 589 年谐十二月之前共有 $b$ = 80×12+30−9−1= 980 月，查历谱共 60 谐月，合于 60 / 980=3 / 49 之比。据此，与 $2\varepsilon$ 的相对误差为 $|2\varepsilon-3/49|/2\varepsilon=0.0771\%$，说明《大明历》比《四分历》行用时间虽短，而谐月的精度却提高了一个数量级，有长足进步。

## 7.4 祖暅继承刘徽从合盖体积获得球体积公式*

祖暅（南朝人），祖冲之之子，其生卒年代无可查考。[①]字景烁，从小勤学不倦，继承父亲事业。他专心致志，一旦沉入思考，忘掉周围环境，连雷声都听不到。有次他边走边想问题，连迎面而来的仆射徐勉都未看到，撞入怀中，“勉呼乃悟”，专注如此，一时传为佳话。他思维缜密，计算精确，获得时人称许，在《南史·祖冲之传》里记载：“少传家业，究极精微，亦有巧思入神之妙，般、倕无以过也”，将他比作周代的鲁班和尧时主理百工的工倕，主要称赞他是一个能工巧匠。

祖暅精通天文历法数学，是精密计算的大师。他制造过漏刻，参加测景（观测太阳计时）和恒星观测。祖冲之去世后十年之内，祖暅修订父亲编制的《大明历》，曾三次上书朝廷，经过核验，最终于510年开始颁行，实现父亲未竟之志。

因南北朝时期社会政治动荡，祖暅的一生也经历不少波折。他曾任梁朝的员外郎，抄辑古代占星记录，撰《天文录》30卷。梁天监十三年（514年）任材官将军，在淮河指挥修筑浮山堰，第三年该坝被洪水冲塌，因罪服刑（516年，见《梁书》卷十八康绚传）。出狱之后的梁普通六年（525年），他到离北朝边境不远的豫章王萧宗幕府，后萧宗投奔北方元魏，他被魏方拘执，软禁在徐州魏安丰王元延明（484～530）宾馆中；此时北方学者信都芳曾向他学习过天算问题（《北史》卷八十九信都芳传）。第二年（526年）便被释放，回到南朝（《南书》卷三十六江革传）。他还任过“奉朝请”的虚职。《南史·文学传》中说他“位至太府卿”，颜之推在《颜氏家训》中说他“位至南康太守”。[②]他曾协助阮孝绪（479～536）等编写过目录学中的术数部分。自著有《天文录》《权衡记》等，均已失传。

祖暅发现现今所称的卡瓦列里-祖暅原理；沿着刘徽的思路，终于从牟合方盖的体积入手，推算出球体积的准确公式，解决了刘徽未能解决的问题。他在数学上的贡献名垂史册。

### 7.4.1 祖暅原理的应用和球体积公式导出

**1）**祖暅提出了嗣后以他的名字命名的原理

祖暅原理：“夫叠棊成立积，缘幂势既同，则积不容异。”

又名“等幂等积定理”，如果将“势”字解释为“高度”，其意义是：所有等高处横截面积相等的两个同高立体，其体积也必然相等。有必要对这句原文做详细分析。

“棊”即“棋”，中算家为方便计算体积制作的数学模型，用一些叫作“棋”的相等大小立方体木块，堆叠成需要的形状，用来验证数学方法或公式是否正确，叫作“棋验法”。这里的“叠棋成立积”，就是把物体的形状看作可以分割、可以用棋做单位计算大小的体积。“势”字含义深刻，通常解释为“高度”，对其解释有专论。[③]有学者从数学

* 罗见今. 关于刘、祖原理的对话//吴文俊. 刘徽研究. 西安：陕西人民教育出版社，1993：219-243.

① 据祖暅在504年、509年上书朝廷，估计当时已30多岁，大约出生在470年后，出生时祖冲之40多岁。

② 钱宝琮. 中国数学史. 北京：科学出版社，1981：85.

③ 仪德刚，冯书静. “势”在中国古代表示与力相关的含义及其变化. 自然辩证法通讯，2015（2）：88-93.

史的角度看，认为“势”字在秦汉至南北朝时期表示一种比率、分数值、关系[①]（比例关系、正负关系）。[②]按比例关系来理解“势”字时，相比较的两个物体的体积之比，就不仅包括1∶1，也包括某种比例，祖暅原理的内容就更加宽泛。

在《九章算术》第4卷少广第24题的“开立圆术”刘徽注之后，李淳风注用362字记录了祖暅解决牟合方盖的体积问题的方法和结果，即“三分立方……内棊居二”。即他用体积分割的方法，将方盖体分离出来，证明它的体积占立方的三分之二。

为叙述之便，这里绘出正交圆柱面截立方所得体积分解图，立方的八分之一。

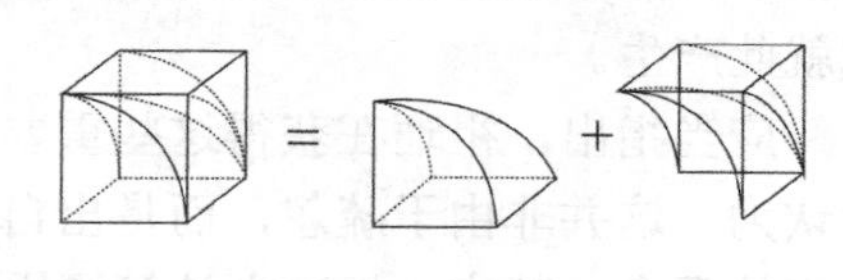


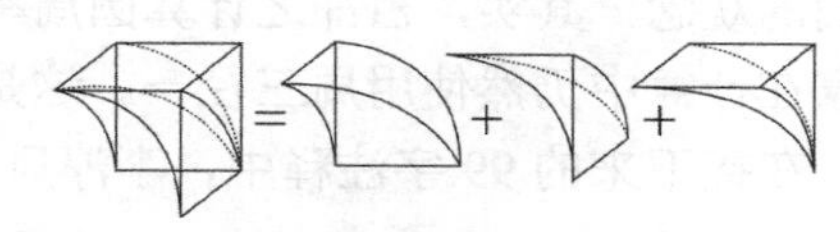


图7-5 正交圆柱面截立方所得体积分解图

祖暅取边长为$r$的“立方棊”（图7-5上一正方体）一枚，按刘徽的方法用圆柱面两次切割后，该棊分成了“内棊”（上排第二体积）和“外棊”（上排第三体积）。内棊是合盖的1/8；外棊在分割的过程中分成三部分：“三棊”或“外三棊”（图7-5下排右边三个体积）。

这些分割出的体积形状各殊，其表面积既有平面，也有曲面，但其体积却保持恒定比例。

**2）祖暅定理：“三分立方，则阳马居一，内棊居二”**

$$V_{内棊}=V_{立方}-V_{阳马}=r^3-\frac{1}{3}r^3=\frac{2}{3}r^3 \tag{7-34}$$

祖暅的证明分做两步：①“阳马方高数三等者，倒而立之，横截去上，则高自乘与断上幂数亦等焉”。意即底面方为$r^2$、高为$r$的倒立阳马任一高度的截面积与外棊等高层截面积均相等（图7-6）。图中距任意高$a<r$处平行于底的截面正方形IJKL面积$=r^2$，截内棊而得的正方形INRM面积$=b^2$，截外棊所得图形如图7-6左边阴影部分所示；在图7-6右边阳马内阴影部分所示为距高$a$处平行于底的截面正方形WXYZ，其面积$=a^2$，由勾股定理知

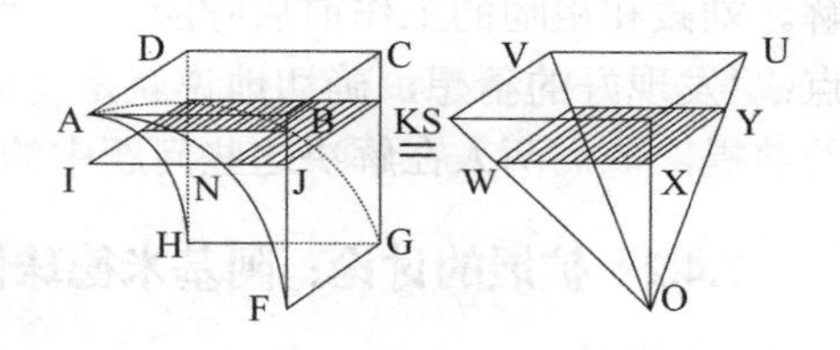


图7-6 三棊旁蹙为一，即一阳马也

$$KMRN=IJKL-INRM=r^2-b^2=a^2=WXYZ \tag{7-35}$$

②“规之外三棊旁蹙为一，即一阳马也。”

据祖暅原理，凡两物体所有等高处截面积均相同，两者体积不可能相异。由（7-35）得

$$V_{外棊}=V_{阳马} \tag{7-36}$$

定理因而得证。

推论1：“合盖居立方亦三分之二”。即 $V_{合盖}=\frac{2}{3}V_{立方}=\frac{2}{3}d^3$ （7-37）

① 白尚恕.《九章算术》中“势”字条析//李仲来. 中国数学史研究——白尚恕文集. 北京：北京师范大学出版社，2008：142-152.

② 刘洁民. 势的定义与刘、祖原理. 北京师范大学学报（自然科学版），1988（1）：81-88.

推论 2：“置三分之二，以圆率三乘之，如方幂率四而一，约而定之，以为丸率”。即

$$V_{球}=\frac{2}{3}V_{立方}\cdot\frac{\pi}{4}=\frac{\pi}{6}d^3=\frac{4}{3}\pi r^3\approx\frac{1}{2}d^3 \tag{7-38}$$

推论 3：“丸居立方二分之一也”。即 $V_{球}/V_{立方}=\pi/6\approx 1/2$ （7-39）

祖暅首先将立方棊分成三等分，算出各种体积占立方的比率，再求出球与立方体积之比，在整个过程中，他始终以比例为出发点、手段和目的；中算史上第一个球体积公式就此产生。

应当指出，祖暅在获得这些重要公式时，圆周率并没有采用精确的密率或疏率。笔者认为，这并非由于疏忽，而是出自从众的需要。只要有新的结果就马上应用这是后来人们的观念，其实，祖冲之计算圆周率 5 世纪已达到那样的精度，但直到清代，有的数学家在计算中仍然使用周三径一。这是一种数学文化现象，当然有碍于数学的进步。

在接下来的 99 字注释中，李淳风非常恰当地将 π 值取为疏率 22/7，获得

$$V_{球}/V_{立方}=\pi/6\approx 11/21,\qquad d=\sqrt[3]{21/11\ V} \tag{7-40}$$

祖暅的全部证明十分精彩，几个推论一气呵成，观点新颖，方法高明。他接受了刘徽遗留下来的历史难题，领会了刘徽的困惑与猜想的意义，按照原来研究的途径，专注于求“立方之内、合盖之外”的外棊体积，这正是刘注中所说“虽衰杀有渐，而多少不掩，判合总结，方圆相缠，浓纤诡互，不可等正”的状态。明确提出刘徽意会而未及言传的原理，命题 10“合盖者，方率也；丸居其中，即圆率也”得证，$V_{牟}$ 和 $V_{球}$ 因而得解。刘徽和祖暅的工作前后呼应，一脉相承，按照一位当代数学家费特洛维茨教授的观点：“发现好的猜想，确切地说就是完成一半工作。”刘徽的困惑和猜想是祖暅提出原理的前提，他们两人在解决这些问题中的功绩相映生辉。

### 7.4.2 扩展的讨论：阿基米德球体积公式和卡瓦列里原理

为比较中西推导球体积公式的不同，以下扩展的研究引入古希腊学者阿基米德的成果。

**1）阿基米德球体积公式**

首个球体积公式是一个测重实验与数学证明相结合的产物。

阿基米德，古希腊伟大的哲学家、数学家、物理学家。他是球体积公式第一位导出者和证明者。将阿基米德与祖暅的结果相比较，可以看出古代希腊与中国传统数学思想和方法的特点，以及两者的同异之处。

现今高中立体几何教材中阿基米德球体积公式的证明方法比较简明，是根据卡瓦列里（Cavalieri）的证明改进的。在 1912 年 T. L. 希思编辑的《阿基米德全集》[①]中并未收录阿基米德的原证。它的发现，有段曲折的历史。

在科学史上，古希腊先贤的著作曾流传到小亚细亚，后被翻译成阿拉伯文保存起来。直到中古晚期，欧洲人通过这些文献吃惊地发现遥远古代曾有过的辉煌，文艺复兴运动才蓬勃兴起。1554 年阿基米德著作的第一个拉丁文译本出版，对促进数学的复兴起到重要作用。

① 阿基米德. 论球和圆柱//希思. 阿基米德全集. 朱恩宽，李文铭，等译. 西安：陕西科学技术出版社，1998：1-88.

1906 年丹麦学者海伯格（Heiberg）在伊斯坦布尔的一家图书馆里发现一本古代羊皮书，表面上写的是祷告文，在它下面隐藏着 10 世纪阿基米德著作抄本，称为《阿基米德羊皮书》，被看作是 20 世纪最伟大的考古发现之一。其中有他给数学家埃拉托塞尼（Eratosthenes）的信：阿基米德提出了 15 个命题，解决一些图形球面积、体积问题，被称为“平衡法”，即《方法论》。

在命题 2 中，为求图形的面积、体积，阿基米德先做实验，初步算出应有的结果，再用数学穷竭法予以证明。信中阐述了他的积分思想：认为图形是由许多微小量叠成，如平面面积是由平行的许多线段叠成，立体体积是由平行的多层截面叠成。把未知面积、体积分解为微小量，选另一组微小量（线段或截面，其叠成的总面积或体积为已知或易于求出）应用力学原理来与它们作比较：认为所有微小量均具有理想重量，于是几何图形转换为具有理想重量的重物，选择合适的杠杆、支点系统，使这两组微小量取得平衡，从而通过比较求出未知量。这种寻找定量的方法实际是一种原始的积分法，先通过实验的计算程序，得到结论再用穷竭法证明。阿基米德求球体积即采用此法。较详细的证明过程有论文专述[①]，该文未注明文献出处，应是后人根据阿基米德的解法和证法具体化的结果。

《阿基米德羊皮书》在 20 世纪末被拍卖，辗转传入美国巴尔的摩华特艺术博物馆（The Walters Art Museum），有一批专业工作者在从事修复和研究。

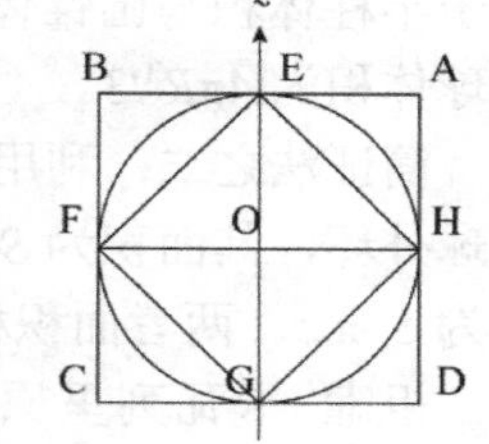

图 7-7 圆内接、外切方

**2）简化的证明和计算**

如图 7-7，圆心 O 在原点、半径 $R$，外切正方形 ABCD，内接正方形 EFGH。绕 $z$ 轴旋转，获得图 7-8：半径 $R$、高 $2R$ 的圆柱 $V_{圆柱}$，球 $V_{球}$，球的中截面上高 $R$ 的圆锥为 $V_{圆柱}$ 上下各一，称为“牟合圆锥”或“合锥” $V_{合锥}$。按照阿基米德的方法和获得的结果，用现在易于接受的方式，来讨论将 $V_{圆柱}$ 割出 $V_{合锥}$ 从而获得球体积的问题。

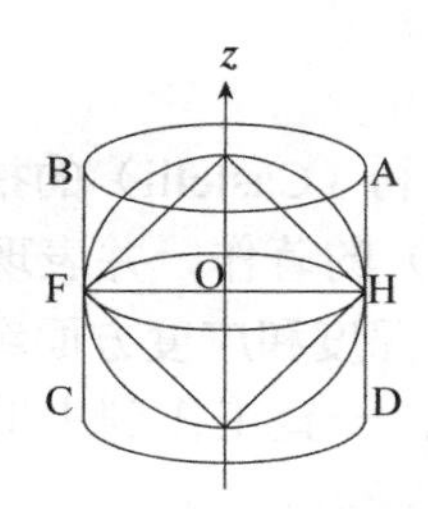

图 7-8 绕 $z$ 轴旋转方圆形成圆柱、球和合锥体

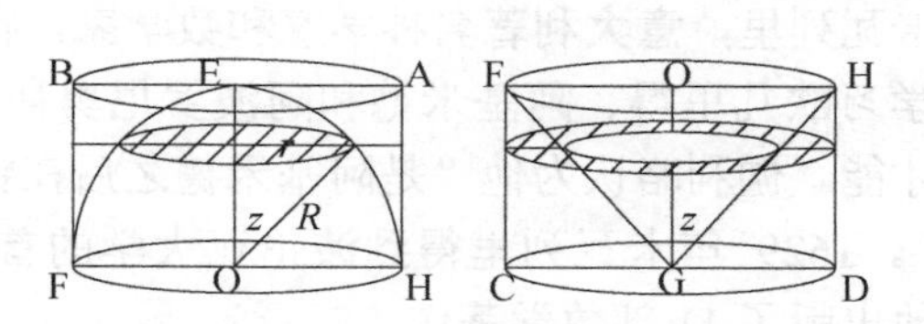

图 7-9 等高 $z$ 处球横截面与倒锥外环面面积相等

$$V_{圆柱}=V_{球}+V_{合锥}，即 \quad 2\pi R^3 = 4\pi R^3/3+2\pi R^3/3 \tag{7-41}$$

---

① 祝玉兰，项昭，曾小平. 从阿基米德推导球体积公式的思想方法得到的启示. 海南师范学院学报（自然科学版），2004，17（4）：324-328.

亦即合锥与球体积之比为 1∶2。中算家没有旋转体概念，他们所关注的是体积之比；阿基米德上述结果，与球与合盖体积之比 π∶4 异其情趣。易于得到一个推论：

$$V_{半柱}=V_{半球}+V_{圆锥}，即\ \pi R^3=2\pi R^3/3+\pi R^3/3 \qquad (7\text{-}42)$$

当然，这需要证明。现应用祖暅和卡瓦列里原理简证如下。

简证法之一：半球任意高度的横截面与倒锥等高截面锥外环面积恒等。

为简明起见，将图 7-8 中的圆柱沿 FH 平面切成上下两半柱，置于图 7-9 左右，左图：从 O 作半径 OE=$R$，在其上任取高 $z$，作平行于半球底圆的截面（阴影部分），设截面圆（球缺底面）半径为 $r$，易知 $r^2=R^2-z^2$，截面圆面积 $S=\pi r^2=\pi（R^2-z^2）$。

右图：连接倒立圆锥高 GO，GO=$R$，从 G 向上取高 $z$，与左图任取之 $z$ 相等，作平行于半柱底圆的截面，以 G 为顶、高为 $z$ 的小圆锥底面半径与高相等，即为 $z$，截面上圆锥外与圆柱间的环形（阴影部分），称为锥外环，则小圆锥底面积为 $\pi z^2$，圆柱底面积为 $\pi R^2$，锥外环面积 $S=\pi R^2-\pi z^2=\pi（R^2-z^2）$。

比较左图截面圆与右图锥外环，两者面积相等。由于高度 $z$ 为任取，意即对于半球体与锥外柱内体，在 0～$R$ 任意高处平行于底面的截面积均相等，根据祖暅-卡瓦列里原理，这两个体积“不容相异”，亦即在半柱体内挖去圆锥后所余体积与半球体积相等。由于半柱体积与圆锥体积都是已知的，就此证明了式（7-42）和（7-41）成立，于是求出球体积为 $4\pi R^3/3$。

简证法之二：利用图 7-9，在高 $z$ 处的平行于底的截面中，球外与圆柱间的环形称为球外环，其面积为 $S=\pi R^2-\pi（R^2-z^2）=\pi z^2$；而高为 $z$ 的倒立小圆锥其底面半径为 $z$，面积为 $S=\pi z^2$。两者面积相等。类似地，可以得到与简证法之一完全相同的结论。

祖暅-卡瓦列里原理的逆命题不成立。应当注意：如果两等高体积相等或呈一比例，在两者任意同一高度上的横截面面积未必相等或呈这一比例。例如图 7-9，已知半球体积是内含圆锥体积的 2 倍，并不意味着任一高度上的半球截面与圆锥截面面积之比一定等于 2∶1。易于看出，在底面上半球截面为 $\pi R^2$，而圆锥顶点截面为零；反之亦相类似，不存在处处截面都等于 2∶1 的情况。祖暅-卡瓦列里原理就是在一定的条件下，把两体积之比转换为两面积之比。

**3）卡瓦列里原理**

卡瓦列里，意大利著名神学家和数学家。在导师卡斯泰利（Castelli）的指引下，他深入学习欧几里得、阿基米德和阿波罗尼奥斯（Apollonius）的著作，并表现出非凡的数学才能。伽利略认为他“是阿基米德之后在钻研几何学的深度和广度方面绝无仅有的人才”。1629 年卡瓦列里得到波伦亚大学的首席数学教职，一直工作到去世。在此期间，他出版了 11 部数学著作。

卡瓦列里的主要贡献是发展了不可分量方法，直观把握函数的连续性或不变性，以几何或运动的观点解释不可分量和无穷小量，在 17 世纪微积分学发展史上占有重要地位。他的主要著作《几何学》1627 年完成，1635 年出版，全书共 7 卷，全称为《用新方法促进的连续量的不可分量的几何学》。在第 6 卷涉及关于柱面、球面、抛物面和球体的一些结果；第 7 卷中，阐述了不可分量方法的依据，提出并证明了嗣后以他的名字命名的“卡瓦列里原理”。这两个课题引起我们的兴趣。

卡瓦列里原文论述了线、面、体一组对象在设定条件下具有的共同性质：如果两个平面图形夹在同一对平行线之间，并且为任何平行于这两条平行线的直线所截时截得的线段都相等，那么这两个图形的面积相等；如果每条直线（平行于上述两条平行线的）为两个图形所截得的线段的长度都有相同的比，则两个图形的面积也成相同的比。

类似地，在空间，如果两个立体图形夹在两个平行平面之间，并且为任何平行于这两个平行平面的平面所截时截得的平面片的面积都相等，那么这两个立体图形的体积相等；如果截两个立体所得的两组截面中，每个给定平面所截得的两个不同组的截面的面积都有相同的比例，则这两个立体的体积也成相同的比。

与祖暅原理相比，卡瓦列里的观点更为宽泛，论及的对象从二维扩展到三维，两面积或体积之比既可以是 1∶1，也可以是其他比例。数学“原理”是不证自明的道理，由于它的普适性，在有关具体对象中皆可找到它的应用，这时也可把它看作是定理，当然也可予以证明。在《几何学》第 7 卷，卡瓦列里就对上述命题采用了多种证法，篇幅较大，另成专题，可参考孙宏安先生的介绍。

### 7.4.3 刘徽与祖暅的历史贡献：一个引起讨论的问题*

本节讨论刘徽和祖暅在体积理论中的历史贡献。即“祖暅原理”与“刘祖原理”两个术语的正确性及其关系的问题，三十年前曾经引发过学术争论。这个问题不是现在才提出的，也不仅仅是作者个人的想法。下文所引用的，当年已发表过。刘徽的部分工作已见 § 5.2～ § 5.3 节；祖暅的主要成就，已见 § 7.3.1 节。需要时，即从中引述部分内容。

怎样评价数学家的工作是数学史的基本任务之一。刘徽究竟是否已经认识到了现今所说的卡瓦列里原理，主要应从史料分析中得出结论。老一辈的数学史家李俨先生在《中国数学大纲》中说：“以上说明刘徽知道‘……缘幂势既同，则积不容异’的原则。”

鉴于刘徽在认识和表述卡瓦列里原理的重要贡献，许多学者如吴文俊、白尚恕、李迪、李继闵、孙宏安诸先生提出或使用了“刘祖原理”的术语，以表彰两位数学家共同的贡献。国家自然科学基金“刘徽及其《九章算术注》研究”课题组在总结刘徽的成就中，就有一项是“刘祖原理”。

刘祖原理：在刘徽所创牟合方盖与其内切球体积之比为 $4:\pi$ 的基础上，二百余年后，明确提出“缘幂势既同，则积不容异”一理，先前误释“势”为“高”，乃称这一理为“祖暅公理”。如今经过考证，应当释“势”为“关系”，又因祖暅受到刘徽的多处启迪，所以这一原理应称为“刘祖原理”。①

沈康身先生在《〈九章算术〉导读》中写道：“这一原理我们称为刘徽-祖暅原理，或简称为刘祖原理，它与卡瓦列里原理等价。”②这样的例子还可举出一些，就不全列出来了。

这种观点凝聚几十年对刘徽研究的成果，既承认刘徽的创始之功，又保持原来术语

---

* 罗见今. 关于刘、祖原理的对话//吴文俊. 刘徽研究. 西安：陕西人民教育出版社，1993：219-243.
① 吴文俊. 刘徽研究. 西安：陕西人民教育出版社，1993：15.
② 沈康身. 《九章算术》导读. 武汉：湖北教育出版社，1997：318.

“祖暅原理”对祖暅的贡献的肯定，是符合历史事实的，本来不会有什么问题；但是，却遭到坚决的否定——其要害之点是，要通过否定刘徽的成就，来达到否定新术语“刘祖公理”的目的，这就令人十分不解了。因此，虽然事过三十年，还是有必要再重述这一段学术争论。

郭书春先生在《辽宁师范大学学报（自然科学版）》1986 年数学史增刊上发表《从刘徽〈九章算术〉注看我国古代对祖暅公理的认识过程》，认为：“将祖暅公理改称刘祖公（原）理，不独没有必要，也实在不妥，况且，祖暅公理已被人们所公认，这个名称可以代表我国古代人民在这个领域中的贡献。”①

诚然，作为一个数学名词，“祖暅公理”已被普遍接受；学界一般不会对同一数学对象取用两个或两个以上的名称，由于历史原因形成的多种名称除外，例如“商高定理”“勾股定理”和“毕达哥拉斯定理”。即令有些命名在先，如数列 1，1，2，5，14，42，132，…，卡塔兰（Catalan）1838 年发表论文研究这种数列，当年除他之外还有多人研究，后被称为“卡塔兰数”。但是，数学史研究证明欧拉在 1759 年、明安图在 1730 年代都已获得这种计数函数，要早于卡塔兰 80～100 年。假如有人提议，按照研究时间的先后，该数列应当称为“欧拉数”或“明安图数”，那也不是没有道理的；然而，没有人会担心，作为数学名词的卡塔兰数就会因此而改名。因此，需要把研究数学思想史的具体内容同要求改变某一数学名词（即所谓发明权的争论）这两个不同的目的区别开来。

事实是，在 20 世纪 50 年代，数学史界对刘徽的研究还很不够，可以说尚未开展深入的探讨。学界尚且如此，宣传、普及当然更少可能涉及。当时宣传中国古代著名数学家，就没有或很少出现刘徽的名字；著名画家蒋兆和先生为古代科学家张衡、祖冲之、僧一行、李时珍造像，影响广远；而为刘徽造像，是在约 30 年后，白尚恕先生亲自登门，请蒋先生绘制的。

北京师范大学、内蒙古师范大学、杭州大学、西北大学的有关人员自 1977 年开始合作，进行刘徽研究；1988 年在国家自然科学基金委员会的支持下，成立了“刘徽及其《九章算术注》研究”课题组②，对逐步形成有较多学者参加的刘徽研究起到促进作用。

所以，加强历史研究是正确的方向，而不要走进发明权、谁抄谁的争论。数学史研究中对于同一种史料，不同的作者可能各自独立得出相同的结论，第一个发表的地位和价值应当得到尊重，这是从知识产权的角度提出的看法；但另一方面，人们也不会因为谁首发，就认为凡其后所见略同的均为抄袭者。要与时俱进，配合早期文物的陆续出土，每个阶段都会有新作问世，像刘徽、祖冲之这样的大家，一百年、一千年之后也会有人研究，永远有新见地，不可能因已有了某一种著名论断在先而止步不前。设想到若干年（且不说几百年）后，有什么人还会关心谁抄谁、哪句话是谁先说的等问题。

笔者虽然没有发表过主张应改名为“刘祖原理”的文章，但是在 80 年代当时的学术气氛之中，也受到一定影响；经过一段思考，认为应吸收争辩双方的合理观点，与其

---

① 郭书春. 从刘徽《九章算术》注看我国古代对祖暅公理的认识过程. 辽宁师范大学学报（自然科学版）（数学史增刊），1986：16-21.

② 吴文俊. 刘徽研究. 西安：陕西人民教育出版社，1993：1.

停留在争论之中，不如另辟蹊径，于是写成《刘徽猜想》一文。[①]其主要用意，是不在“祖暅原理”抑或“刘祖原理”的名词孰是孰非上继续争执。1954 年杜石然先生最早提出的“祖暅公（原）理”已经普及，没有必要改变；研究刘徽的有关贡献也很有价值；“刘徽猜想”一名之立，能够说明祖暅前刘徽的历史贡献。当然，在论辩中出现的原则问题，也不应回避，所以写了对话体的25页《关于刘、祖原理的对话》，用商量的口吻叙述出不同的观点，原文讨论的部分有8页，约5000字。以下仅眷录其中一个问题。

我们认为，为了证明自己的论点是正确的，就应尊重历史事实，而不应改变事实，这是参加辩论的前提。当郭书春先生为了证明“不能认为刘徽已经完全认识了祖暅原理”时，对于刘徽提出的两个命题3和4（见§5.2.2节）：

**命题3**　“从方亭（正四棱台）求圆亭（圆台）之积，亦犹方幂中求圆幂”。即

$$V_{圆亭}/V_{方亭}=S_{圆}/S_{方}=\pi/4 \tag{7-43}$$

**命题4**　“从方锥中求圆锥之积，亦犹方幂求圆幂”。即

$$V_{圆锥}/V_{方锥}=S_{圆}/S_{方}=\pi/4 \tag{7-44}$$

便采取不承认的立场，认为“不是刘徽所创，而是刘徽记载前人的方法”，论据之一，是商功章“第十三、十一题注的第一部分的论证都采用周三径一，但据郭先生所说，刘徽“对采取周三径一的方法是持完全否定态度的”，“可知这不是他的证明”。[②]

这两个命题是否为刘徽所创立和证明，关系到对他基本数学成就的认识，不是谁想说是就是、谁想说不是就不是的小问题。首先来认定一个历史事实：刘徽确如立论者所说，“对采取周三径一的方法是持完全否定态度的”吗？今有如下两反例：

**反例1**　勾股章第十一题刘徽注：“故曰圆三径一，方五斜七，虽不正得尽理，亦可言相近耳。”此注确切表明刘徽对古率的看法清晰而灵活，并非持完全否定的态度。

**反例2**　方田章第三十六题弧田术刘徽注：“圆田旧术以周三径一为率，俱得十二弧之幂，亦失之于少也。”在注末称：“然于算数差繁，必欲有所寻究也。若但度田，取其大数，旧术为约耳。”此注清楚表明，刘徽对数学应用的目的性十分明确，认为如果只对度量田亩这种不必细究的事而言，只要取其大数即可，应用旧术周三径一比较简约，可避免比较繁复的数字。刘徽是如此通情达理，数学观点并无绝对化的痕迹，因此，说他完全否定古率与事实不符。

事实上，刘徽注《九章》既有个人创造又有前人成果这一常识性判断不能作为证明命题3、4等不是刘徽所创的充足理由，它的逻辑作用只是不排除命题3、4等不是刘徽所创的可能性；但这个判断也完全可以用于相反的意义，即不排除命题3、4等确为刘徽所创的可能性；因此，立论者提出的这个理由对于他所欲证明的论点是没有用的，即不成其为理由。

证无三不立，无五不驳，要想驳倒成论，就须提供更多论据。

诚然，刘徽创割圆术，计算π值更精确了，但据此不能臆断他一定不用古率。世事因果差互反复，多有不能以常识推断者。祖冲之算π创纪录，按说中算应多用密率；但

---

① 罗见今. 刘徽猜想. 科学技术与辩证法，1992，40（1）：40-46.

② 郭书春. 从刘徽《九章算术》注看我国古代对祖暅公理的认识过程. 辽宁师范大学学报（自然科学版）（数学史增刊），1986：16-21.

中算史上直到清代，用古率者不乏其人；就连他的儿子祖暅，在§7.4.1 计算球的（7-38）（7-39）两式（推论 2、3）中，概用古率，总不能因此就说式（7-38）（7-39）不是祖暅所创吧！同理，李淳风改用 π=22/7，也不能说式（7-40）就是李淳风的成果。所以，是否用古率不能作为判定命题 3、4 等是否为刘徽所创的唯一标准。因此，郭先生认为命题 3、4 等“不是刘徽所创，而是刘徽记载前人的方法”，刘徽“对采取周三径一的方法是持完全否定态度的”，“可知这不是他的证明”这一系列论断论据不确，推理有误，结论不能成立。

为了论证“刘祖原理”的名称不能成立，郭先生认为命题 3、4 等“不是刘徽所创”似乎是一种信手拈来的方便假定，笔者已经提出上述批驳；此外，还必须指出，刘徽这方面的成果还不止 3、4 这两个命题，本书在§5.2.2～§5.2.3 中共总结出刘徽的 10 个命题（事实上还有，例如商功章第十三题大方锥求积公式）；只“证明”其中两个非刘徽所创已通不过，要“证明”均非刘创不仅办不到，而且令人不解。不论这种“证明”做到何种程度，有一件基本事实不可忽略：所有这些命题都是刘徽、而非别人总结、书写出来的，这意味着什么，似乎毋庸赘述。发明权的争议充满科学史，后人的评论可因时而异，因需要而异，但史实却不会因偏见而扭曲，也不会因好恶而改变。

“祖暅原理”和“刘祖原理”两个术语反映了 20 世纪 50 年代和 80 年代中算史研究对原理的认识过程。前一时期刘徽研究尚未全面展开；经过几十年，情况发生了变化。后来的研究表明，“缘幂势既同，则积不容异”中的“势”字，在古代典籍和《九章》中均应理解为“关系”，该原理应当理解成“因为横截面的关系已（处处）相同，所以它们的体积（之间的关系）也不能不这样”。于是，刘祖原理已经包括了卡瓦列里原理。

其实，为说明是刘徽或是祖暅的成就并不需要割断他们同历史的联系，“刘祖原理”的名称恰恰反映了这种联系。即令刘徽从前人那里受到某些启发，甚至总结了前人某些成果（这并不奇怪），那仍然不能降低他的数学思想的高度，后人仍然可以不受影响地称为“刘祖原理”。刘徽本人在这方面的历史贡献不可泯灭。

研究中国传统数学史是一个长久的历史任务，不会在某个时代终止，这种研究积累了许多世代、许多学者的共同努力，现在资讯如此发达，任何一位研究者持有的观点、提供的信息、做出的贡献，都会留下记录，历史也会给予公正的评价。

为了促进学科的发展，展开学术争论不仅是正常的，而且是必要的，而真理在各家争鸣的论辩之中。由于研究者对当时的哲学背景、社会思潮、学术水平以及各种学派、各位学者之间的关系理解不同，甚至本人学术水平、所依据版本、手头参考文献不同，对于历史人物的评价可能出现差异、甚至重大区别，这也在可以理解的范围之内。通过论辩，促进研究，正如吴文俊先生在“《九章算术》暨刘徽学术思想国际研讨会”（1991 年，北京师范大学）开幕式上所说：“通过数学史界许多同仁的科研工作，希望能促进数学界，把《九章算术》及刘徽所代表的中国古代学术思想贯彻到现在和未来的数学研究中去。”

# 中　　　编

# 第8章 沈括 杨辉 秦九韶：杰出的计数成果

宋代（960～1279 年）是中国历史上经济、文化、科技达于巅峰的繁荣时代，首都在汴梁（今河南开封市）；南宋（1127～1279 年）时迁都临安（今杭州市）。在庆历年间（1041～1048 年）人口达于 1 亿；如果用现在国内生产总值来分析，有学者算出，其 GDP 占当时世界的 60%，是最富裕的国家。宋朝任用许多有知识、懂科学的官员，掌管社会管理、军事和经济；也出现了沈括、苏颂、燕肃等一批博学的科技通才。宋代科技发明的大量涌现，对推进世界文明做出了重要贡献。例如：①印刷术：毕昇在 11 世纪发明胶泥式活字印刷术。②经济学：宪宗时代的飞钱是世界上官方发行最早的纸币。③建筑工程：984 年，淮南转运使乔维岳治淮时创建二斗门，是复闸式运河船闸（《宋史》）。④航海术：宋朝的大型船航行到埃及。通过指南针定向，利用季风航海。船上设水密隔舱，尾部装有方向锚。宋将吴革 1134 年发明靠人力踩动 9～13 个桨轮的桨轮船。⑤冶金术：用烟煤代替木炭炼铁，鼓冷风反复锻造用以脱碳。有西方学者指出中国 12 世纪煤铁产量相当于英国 18 世纪工业革命时期的产量。⑥机械学：内侍卢道隆记录齿轮和传动装置的详细数据和全部运作过程。燕肃 1027 年重制指南车；吴德仁于 1107 年将记里鼓车和指南车结合；出现钟表发条装置、使用皮带驱动的纺织机、转轮经藏，等等（见《宋史》）。⑦苏颂运用“不中断”链条传送动力，制造水运仪象台。⑧精确绘制并保存至今的石刻《天文图》。⑨风力利用：安装桅、帆的大型独轮车，用风力助推。⑩最早的火药武器书籍、投石机和描绘地雷的书籍，等等。[①]特别是出现了伟大的科学家沈括。

沈括（1031～1095）知识渊博，涉及天文学、数学、地理学、地质学、经济学、工程学、医学、艺术评论、考古学、军事战略、外交等。仅从天文学来看，他眼界高远、洞察深刻，发现了地磁偏角，确定出几个世纪北极星运转的位置，有便于海上航行时用指南针确定方位。他改进浑天仪、日晷，观测日月食，认为日月为球状，提高了漏壶计时的准确性。任司天监时举荐天算家卫朴，描绘行星运行轨道的变更，记录和测定月行轨迹，修正其运行的误差，等等，不愧为中国科学史上多方面的天才。本章只讨论沈括在计数方面的三项成就：“隙积术”“棋局都数”“六十甲子纳音”。

宋代科学技术的辉煌延续到元代，出现了著名的“宋元数学四大家”杨辉、秦九韶、李冶、朱世杰。本章论述沈括、杨辉、秦九韶的计数成果，对每位数学家的生平事

---

① 叶鸿洒. 北宋科技发展之研究：第三章. 台北：银禾文化事业公司，1991：83-478.

业都要做进一步介绍。

## 8.1 沈括《梦溪笔谈》中计数成就探析*

沈括是中国文化史、科学史上的巨人。《宋史·沈括传》称“括博学善文，于天文、方志、律历、音乐、医药、卜算，无所不通，皆有所论著。又纪平日与宾客言者为《笔谈》，多载朝廷故实、耆旧出处，传于世”。沈括既是一位朝廷命官，同时又是一位学者。他一生勤奋好学，博古通今，著作有40种之多，其中有经类8种、史类11种、子类18种、集类3种，涉及易、礼、乐、春秋、仪注、刑法、地理、农家、小说家、历算、兵书、杂艺、医书、别集、总集、文史等。

《宋史·艺文志》著录沈括的著作共有22种：《乐论》《乐器图》《三乐谱》《乐律》《春秋机括》《熙宁详定诸色人厨料式》《熙宁新修凡女道士给赐式》《诸敕式》《诸敕令格式》《诸敕格式》《天下郡县图》《忘怀录》《笔谈》《清夜录》《熙宁奉元历》《熙宁奉元历经》《熙宁奉元历立成》《熙宁奉元历备草》《比较交蚀》《良方》《苏沈良方》《集贤院诗》。

图 8-1 《梦溪笔谈附补校》书影

《梦溪笔谈》（包括《补笔谈》《续笔谈》，下同，图 8-1）具体分为故事、辨证、乐律、象数、人事、官政、权智、艺文、书画、技艺、器用、神奇、异事、谬误、讥谑、杂志、药议等卷。科学史家胡道静（1913～2003）先生是研究《梦溪笔谈》的国际知名学者，他把该书条目分为609条[①]，认为属社会科学和掌故、见闻的420条，属自然科学的189条。自然科学的内容约占全书的三分之一。因此，《梦溪笔谈》既是一部自然科学著作，也是一部人文科学著作。

沈括的《梦溪笔谈》对科学多有贡献，他的发现和认识成为中国科学史上的早期记录，例如：天文测量方面简化、改革浑仪、浮漏和用表测影的方法，记载在《浑仪议》《浮漏议》和《景表议》等三文中，晚年提出用“十二气历”代替阴阳合历；地学方面发现地磁偏角；据太行山有螺蚌壳和卵形砾石的带状分布，推断出此系远古海滨；指出华北系由黄河等携带泥沙形成的沉积平原；据浙东雁荡山诸峰地貌，指出此系水蚀之结果；沈括认识到石化的竹笋、松树、鱼蟹等系古生物遗迹；化学方面记录“胆水炼铜”，即用铁置换出铜的生产过程；定义“石油”并预言这种液体的性质和用途，等等，不胜枚举。[②]

我国著名科学家竺可桢先生高度评价沈括的科学精神：括在当时能独违众议，毅然倡立新说，置怪怨攻骂于不顾，其笃信真理之精神，虽较之于伽利略，亦不多让也。钱

---

* 罗见今. 沈括《梦溪笔谈》中计数成就探析. 清华三亚国际数学论坛·东亚数学典籍研讨会论文. 三亚，2016-3.

① 胡道静，金良年. 梦溪笔谈导读. 北京：中国国际广播出版社，2009：1.

② 杜石然，范楚玉，陈美东，等. 中国科学技术史稿：下册. 北京：科学出版社，1982：24-32.

宝琮先生称沈括为“伟大的科学家”。沈括在诸多领域均有建树，被英国李约瑟称作“中国整部科学史中最卓越的人物”，并称他的《梦溪笔谈》为“中国科学史的里程碑”。美国科学史家席文（Sivin）则称沈括是“中国科学与工程史上最多才多艺的人物之一”。20 世纪初，日本数学家三上义夫认为：“沈括这样的人物，在全世界数学史上找不到，唯有中国出了这样一个。我把沈括称作中国数学家的模范人物或理想人物，是很恰当的。”

本节选择《梦溪笔谈》的部分数学内容做分析，指出沈括对“隙积术”“棋局都数”和“六十甲子纳音”等的研究都十分深刻，属于重要计数成果。他是中算家级数论的创始者。

### 8.1.1　沈括是科学史上的伟人

**1）沈括的生平**

沈括[①]，字存中，号梦溪丈人，浙江钱塘（今杭州）人。北宋杰出的政治家、科学家。父沈周在简州（今四川简阳）、润州（今江苏镇江）和福建泉州等地做官。沈括从小接受儒学教育，幼年随父南迁，到父任所各地和京城开封，见识广博，眼界开阔。十四五岁时住金陵（今南京），研究医药，宋仁宗皇祐二年（1050 年）著《苏沈良方》二卷。沈周翌年去世。六年，以父荫任海州沭阳县主簿。

宋仁宗嘉祐六年（1061 年），任安徽宁国县令，撰《圩田五说》《万春圩图记》。八年，考中进士，任扬州司理参军，掌刑讼审讯。宋英宗治平二年（1065 年）荐入京师昭文馆，校编典籍，治天文历算。

宋神宗熙宁二年（1069 年），协助王安石变法，任三司使，管理全国财政。四年，任太子中允，检正中书刑房公事。五年，兼提举司天监，观测天象，推算历书。“迁提举司天监，日官皆市井庸贩，法象图器，大抵漫不知。括始置浑仪、景表、五壶浮漏，后皆施用。”（《宋史·沈括传》）荐举淮南盲人卫朴编制《奉元历》。六年，任集贤院校理。多次出使，赴两浙考察农田、水利、差役。撰《浑仪议》《浮漏议》《景表议》《修城法式条约》。七年，主管军器监，详定《九军阵法》。八年，以翰林侍读学士出使辽国，交涉划界，获成而还。绘辽国地图《使虏图抄》。九年，任权三司使，整顿陕西盐政。力主减免下户役钱，变法失败受牵连，罢官。十年，任宣州（今安徽宣城）知州。

宋神宗元丰二年（1079 年），御史李定、何正臣等上表弹劾苏轼，即乌台诗案。沈括曾指责苏轼。三年，知延州（今陕西延安），兼鄜延路经略安抚使。率军与西夏军作战，收复失地。五年，升龙图阁直学士。因首议筑永乐城（今陕西米脂县西），宋军战败，损兵二万，连带担责，被贬随州（今湖北随县；一说均州）团练副使。八年，改置秀州（今浙江嘉兴）。

宋哲宗元祐二年（1087 年），绘成《守令图》（天下郡县图），获准到汴京进呈。三年，《良方》定稿。四年，叙以光禄少卿分司南京衙，获允自由迁居。自五年始，移家润州（今江苏镇江东），隐居“梦溪园”，《梦溪笔谈》定稿，撰成《补笔谈》《续笔谈》

---

① 沈括. 梦溪笔谈. 侯真平校点. 长沙：岳麓书社，2002：校点前言 1. 此书认为沈括生卒年是 1033～1097。

《梦溪忘怀录》及《长兴集》等。宋哲宗绍圣二年（1095年）去世，享年六十四岁。

**2）从“梦溪笔谈序”看作者的著作思想**

梦溪笔谈序

予退处林下，深居绝过从，思平日与客言者，时纪一事于笔，则若有所晤言，萧然移日。所与谈者，唯笔砚而已，谓之《笔谈》。圣谟国政及事近宫省，皆不敢私纪；至于系当日士大夫毁誉者，虽善亦不欲书，非止不言人恶而已。所录唯山间木荫，率意谈噱，不系人之利害者，下至闾巷之言，靡所不有。亦有得于传闻者，其间不能无缺谬。以之为言则甚卑，以予为无意于言可也。

《梦溪笔谈》序言字数并不多，阐明作者隐居梦溪的写作原则和态度。这需要了解当时变法的时代背景。熙宁初年，宋神宗重用王安石任宰相，推行机构、赋税、军队、科举等制度改革，兴修水利。各项新法触犯了皇室、官员、豪强等的利益，受到阻挠和反对。后来宋神宗态度动摇，熙宁七年（1074 年）、九年王安石两次去职。神宗去世，年仅 10 岁的哲宗继位，高太后垂帘听政，以司马光任宰相，元祐年间（1086～1094年）废除新法，史称“元祐更化”。

从沈括履历来看，在政治上和军事上至少受到过两次重大挫折：首先，王安石变法受到保守势力的强烈反对，作为被重用的沈括，虽然业绩卓然，但由于反对力量强大，熙宁末年他被贬宣州。乌台诗案是双方交恶的结果，形成文字狱，双方都心怀警戒；在互相攻讦之中都受到严重伤害。其次，元丰五年（1082 年）永乐城败绩，此役沈括虽非首责，但他参与督军，加以救援不力，战败形势严重不利。这次以戴罪之身被贬，形同流放，不得自由迁徙。由此可知，沈括在序言中说：“圣谟国政及事近宫省，皆不敢私纪；至于系当日士大夫毁誉者，虽善亦不欲书，非止不言人恶而已。”为什么采取这样的态度，就完全可以理解了，这是当时的政治环境所造成的，也是文字狱的恶果。为政者是非、善恶、毁誉皆无所萦怀，或不值一提，也与他本人的地位和心理状况相符。在这种背景下，把注意力转向自然、社会，“所录唯山间木荫，率意谈噱，不系人之利害者，下至闾巷之言，靡所不有”，撰成 11 世纪科学与社会学的杰作。所以从某种意义上可以说，《梦溪笔谈》是在“元祐更化”背景下产生的。沈括在序言中所表明的莫谈国事、一心钻研自然科学的政治态度为后世隐者效法，不介入政事，只希望在揭示自然现象方面贡献个人的才智和观察力。

**3）纪念沈括对科学的杰出贡献**

沈括晚年居住在今镇江市区梦溪园，约 10 亩，一条溪水流经园内，原有多种建筑。1985 年部分恢复，占地 2 亩，前幢建筑门上方嵌有茅以升先生题写的“梦溪园”大理石横额；后幢厅房内有沈括雕像和文字图片、模型、实物，展现出沈括在天文、地理、数学、化学、物理、生物、地质、医学等方面的科研成就。沈括墓在杭州市良渚镇安溪下溪湾自然村北的太平坞，已得到很好的保护。1979 年 7 月 1 日为了纪念沈括，中国科学院紫金山天文台将该台在 1964 年 11 月 9 日发现的一颗小行星 2027 号命名为“沈括星”。

### 8.1.2　沈括“隙积术”首开中算级数论

**1）《梦溪笔谈》卷十八技艺“隙积术”原文**[①]

算术求积尺之法，如刍萌、刍童、方池、冥谷、堑堵、鳖臑、圆锥、阳马之类，物形备矣，独未有隙积一术。古法，凡算方积之物，有立方，谓六幕[②]（幂）皆方者，其法再自乘则得之……有刍童，谓如复斗者，四面皆杀，其法：倍上长加入下长，以上广乘之，倍下长加入上长，以下广乘之，并二位法，以高乘之，六而二[③]（一）。

隙积者，谓积之有隙者，如累棋层坛，及酒家积罂（图8-2）之类，虽以（似）复斗，四面皆杀，缘有刻缺及虚隙之处，用刍童法求之，常失于数少。予思而得之，用刍童法为上行，下行别列：下广以上广减之，余者以高乘之，六而一，并入上行。假令积罂最上行纵横各二罂，最下行各十二罂，行行相次，先以上二行相次，率至十二，当十一行也。以“刍童法”求之：倍上行长得四，并入下长得十六，以上广乘之得三十二，又倍下长得十六[④]（二十四），并入上长得四十六[⑤]（二十六），以下广乘之，得三百一十二，并二倍[⑥]（位）得三百四十四，以高乘之，得二（三）千七百八十四。重列下广十二，以上广减之，余十，以高乘之，得一百一十，并入上行，得三千八百九十四，六而一，得六百四十九，此为罂数也。刍童求见实方之积，隙积求见合角不尽，益出羡积也。

**2）解说和证明**

“求积尺”即求体积。沈括所举8种体积，均《九章算术》提出的名词，前4种的几何形状已见§5.1.4节图5-7和图5-8。按照他的定义，设“上长”为$a$，“下长”为$c$，“上广”（宽）为$b$，“下广”为$d$，高为$n$，据术文“刍童公式”则为：

$$V_{刍童}=\frac{1}{6}[(2a+c)b+(2c+a)d]n$$

此式来自§5.1.4式（5-5），所有字母都未必是正整数，上下长宽之间、长宽与高之间也无连带关系。但是，如果遇到按照刍童的形状堆垛起来的棋子、酒坛等，虽然也像扣着的斗一样下宽上窄，四面皆有斜度，需要计算的却是一个个物体，$a$，$b$，$c$，$d$，$n$都是正整数。因为每个物体间都有空隙，如果利用刍童公式计数，其结果就“失于数少”。这是为什么呢？

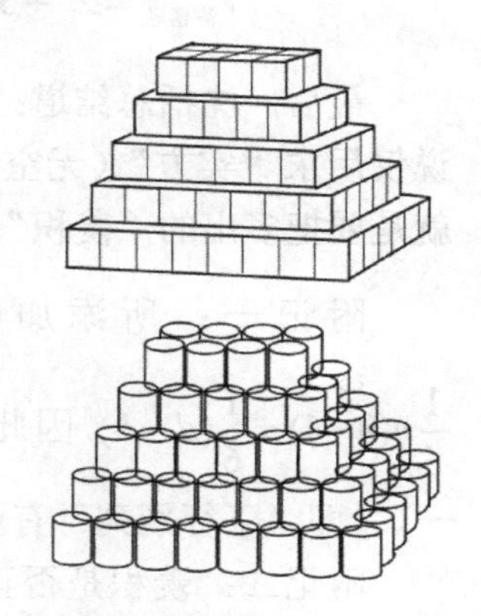

图8-2　累棋层坛（上）及酒家积罂示意图

设刍童垛积下层长宽都比上层多1，则下长、下宽都与层数相关：$c=a+n-1$，$d=b+n-1$，将这两式代入上面刍童公式，$a$，$b$为已知，减少了两个变量，可得该垛积为：

---

① 沈括. 梦溪笔谈：卷十八技艺. 侯真平校点. 长沙：岳麓书社，2002：127-128.
② 校点本未指出“幕”字为“幂”（平面面积）之误。
③ 校点本未指出“六而二”为“六而一”（用六去除）之误。
④ “十六”为印刷错误。据该例，设定下长为十二，“倍下长”应为二十四。
⑤ “四十六”为印刷错误。据该例，设定上长为二，“并入上长”应为二十六。
⑥ “并二倍”当为“并二位”之误。据上文，有“并二位法”。

$$V_{刍童垛}=nab+\frac{1}{2}n(n-1)(a+b)+\frac{1}{3}n(n-1)^2$$

沈括说这个结果不对。笔者给出证明。记刍童状长方垛积为$V_{刍长垛}$（图 8-2），则

$$V_{刍长垛}=\sum_{k=0}^{n-1}(a+k)(b+k)=nab+(a+b)\sum_{k=1}^{n-1}k+\sum_{k=1}^{n-1}k^2$$
$$=nab+\frac{1}{2}n(n-1)(a+b)+\frac{1}{6}n(n-1)(2n-1)$$

显然垛的构成下层长宽都比上层多 1，属于刍童状的垛积，其结果应是正确的。于是

$$V_{刍长垛}-V_{刍童垛}=\frac{1}{6}n(n-1)(2n-1)-\frac{1}{3}n(n-1)^2=\frac{1}{6}n(n-1).$$

这就是说，按照刍童公式算出的垛积要比实际的少 $n（n-1）/6$，依沈括的说法，“下广以上广减之，余者以高乘之，六而一，并入上行”，即是在$V_{刍童垛}$的结果后添加一个“羡积”：$\frac{1}{6}(d-b)n$，上面已知 $d=b+n-1$，因此$\frac{1}{6}n(n-1)=\frac{1}{6}(d-b)n$，于是问题得证。

沈括具体举出一例来说明：设酒坛垛积上层长宽各 2，即 $a=2$，$b=2$，最下层长宽各 12，即 $c=12$，$d=12$，层数 $n=11$。按照$V_{刍童}$公式+羡积（$d-b$）$n/6$，可以逐步求出$V_{刍童垛}=649$。因有计数公式，原文排印舛错易于纠正。也可按$V_{刍长垛}$公式，直接求出酒坛总数为 649。此外，沈括所举之例较特别，是从 2 至 12 的自然数平方和，亦为幂和公式的基本一例：

$$V_{酒罂垛}=2^2+3^2+\cdots+12^2=\sum_{k=2}^{12}k^2-1=\frac{1}{6}12(12+1)(2\cdot 12+1)-1=649$$

最后，沈括总结道：“刍童求见实方之积，隙积求见合角不尽，益出羡积也。”就是说仅用求“实方”（无空隙）的刍童公式，未将边角之处“不尽”的体积计入，隙积术就是要把多出的“羡积”再加上。

附记一：所添加的羡积也可以是：$\frac{1}{6}(c-a)n$，因 $c=a+n-1$，$\frac{1}{6}(c-a)n=\frac{1}{6}n(n-1)=\frac{1}{6}(d-b)$。因此，沈括也可以说：“下长以上长减之，余者以高乘之，六而一。”即“下行别列”有两种等值的表示方法。但两者只能取其一。

附记二：羡积是否正整数与层数 $n$ 相关。对于 $n（n-1）/6$，$n=3$，4，6，7，9，10，12，…时羡积为正整数。沈括所举例子 $n=11$ 时，羡积不为整数，但这并不妨碍求得酒罂垛之积，他的方法是：将余项分子与刍童垛分子相加后再除以六。

这样，沈括应用他创造的“隙积术”，将一个连续的几何体积（即“实方”）公式有目的地改造成为一个离散的（即“合角不尽”）计数公式，成为中算史上垛积术的发轫之作。

对连续和离散体积的这种细微区别，不知道沈括是怎样发现的；对垛积公式的证明，也不知道他是怎样进行的。人们猜测：他建起两者的模型，对比计数方法，做出大

量演算，才能深刻指出两者的不同。证完之余，我们惊异于沈括的洞察力和简洁的表达方式。上面应用的虽是数列求和的基本公式，所表示的关系并非轻易能被发现，其推导过程亦非可一蹴而就。

沈括的这一计数公式见证了从计算连续的几何体积转化为计算离散的堆垛体的过程，成为嗣后800年中算家朱世杰、杨辉、李善兰等发展垛积术之嚆矢。

### 8.1.3 《梦溪笔谈》棋局都数

围棋是中国文化的重要标志之一，在国际上特别是东亚形成了围棋爱好者的众多群体。

**1）从围棋的发展看问题的提出**

相传尧发明围棋，晋人张华在《博物志》中说："尧造围棋以教子丹朱"；《路史·后记》记载尧为调教儿子丹朱下围棋"以闲其情"。围棋用以开发智慧、陶冶性情。后来，舜觉得儿子商均不甚聪慧，也曾用围棋教子。一说，"夏人乌曹作赌博围棋"，用于赌博。

陕西西安半坡出土的新石器时代陶罐上，绘有10～13道纵横条纹，格子齐整，很像围棋盘，被称为棋盘纹图案。唐人皮日休在《原弈》中认为，围棋始于战国，为纵横家所创，"有害诈争伪之道"，此说不足为信。打开网上围棋的历史，有关出土信息俯拾皆是。

1977年内蒙古敖汉旗发掘辽代古墓，出土围棋方桌，高10厘米，围棋盘长宽各30厘米，纵横各13道，布有黑子71枚，白子73枚。辽代陈国公主墓里也发现了木质围棋子。

咸阳西汉中晚期甲M6墓葬出土石棋盘一件，长66.4厘米，厚32厘米，以黑线画出棋格 $15\times15=225$ 格。湖南湘阴县一唐代古墓出土随葬品中有一正方围棋盘，纵横各15道。

1954年河北望都东汉古墓出土一石棋局，高14厘米，边长69厘米，上刻有纵横17道线。三国时魏邯郸淳《艺经》说："棋局纵横各十七道，合二百八十九道，白黑棋子各一百五十枚。"1975年山东邹县发掘西晋刘宝墓，有一副装在灰色陶盒里的围棋，黑白共289子。

敦煌莫高窟石室所藏南北朝《棋经》中载明当时棋局是"三百六十一道，仿周天之度数"。

今日围棋盘皆 $19\times19=361$ 格，黑181子，白180子。棋局千变万化，举不胜举。$19^2$ 条线的任一交点上只能出现白、黑和无子的3种情况之一。对于任意一局，如果不考虑具体走法，就会产生一个问题：从理论上来说，从361子中无论取多少、无论怎样摆放，能够形成多少种不同的棋局？初看起来，只要反复计算就可以解决；但事实上连计数单位都不够用，将出现一个常人无法理解的天文数字。沈括就认真思考这个大数难题，并给出了自己的答案。

**2）《梦溪笔谈》卷十八技艺中棋局都数[1]**

小说：唐僧一行曾算棋局都数凡若干局尽之。余尝思之，此固易耳，但数多非世间名数可能言之。今略举大数。凡方二路，用四子，可变八［千］[2]十一局；方三路，用九子，可变一万九千六百八十三局；方四路，用十六子，可变四千三百四万六千七百二十一局；方五路，用二十五子，可变八千四百七十二亿八千八百六十万九千四百四十三局；古法十万为亿，十亿为兆，万兆为秭。[3]合（算）家以万万为亿，万万亿为兆，万万兆为垓。今且以算家数计之。方六路，用三十六子，可变十五兆九十四万六千三百五十二亿八千二百三万一千九百二十六局；方七路以上，数多无名可纪。尽三百六十一路，大约连书万字五十二，即是局之大数。万字五十二，最下万字是万局，第二是万万局，第三是万亿局，第四是亿兆局，第五是万兆局，第六是万万兆，谓之一垓，第七是垓局，第八是万万垓，第九是万倍万万垓，此外无名可纪。但五十二次万倍乘之即是都大数，零中数不与。其法初一路可变三局一黑一白一空，自后不以横直，但增一子，即三因之，凡三百六十一增，皆三因之，即是都局数。又法：先计循边一行为法，凡十九路得一十（一）[4]亿六千二百二十六万一千四百六十七局。凡加一行，即以法累乘之，乘终十九行，亦得上数。又法：以自法相乘。得一百三十五兆八百五十一万七千一百七十四亿四千八百二十八万七千三百三十四局，此是两行凡三十八路变得此数也。下位副置之，以下乘上，又以下乘下，置为上位，又副置之，以下乘上，以下乘下，加一法，亦得上数。有数法可求，唯此法最径捷。只五次乘便尽三百六十一路。千变万化，不出此数，棋之局尽矣。

**3）解说和计算**

《易经》里，任选阴、阳爻可重复的 2 个符号置于 3 个位置，可得八卦：$2^3=8$；任选八卦可重复的 8 个符号置于下上两个位置，可得六十四卦：$(2^3)^2=64$。这称为有重排列（rearrangement）。在求棋局都数时，也遇到要把 3 个元素置于 $19^2$ 个位置的问题。

（1）计数单位：沈括上文首先明确计数单位。“世间名数”无法表示特别大的数，古代计数单位不足为凭，需要以算家使用的单位“以万万 $10^4\times10^4$ 为亿 $10^8$，万万亿 $10^8\times10^8$ 为兆 $10^{16}$，万万兆 $10^8\times10^{16}$ 为垓 $10^{24}$”来计数。从 § 6.4.1 节可知，这是《数术记遗》所述“中数”记法。目标不是算出精确的数字，而是“略举大数”，从他的下文看，“大数”就是位数。

（2）沈括求棋局都数第一法：设黑子个数为 $a$，白子为 $b$，沈括视空子是与黑白子相同的一类，记作 $c$。文中的“子数”也就是棋盘上的交点数，为三者之和 $a+b+c$。他由浅入深列出计数步骤，递次枚举出指数 $n$ 为自然数平方（$n=2^2, 3^2, \cdots, 19^2$）的幂级数数列$\{3^n\}$：①棋盘方 2 路，用 4 子，可变 $3^4=81$ 局；②方 3 路，9 子，可变 $3^9=19\ 683$ 局；③方 4 路，16 子，可变 $3^{16}=43\ 046\ 721$ 局；④方 5 路，25 子，可变 $3^{25}=847\ 288\ 609\ 443$ 局；⑤方 6 路，36 子，可变 $3^{36}=15\ 009\ 463\ 528\ 231\ 926$ 局。接着他

---

① 沈括. 梦溪笔谈：卷十八技艺. 侯真平校点. 长沙：岳麓书社，2002：129-130.

② “千”为衍字。凡当删之字标在括号［］内。

③ 秭，音 zǐ，不作“秭”。按《数术记遗》下等进位法“秭”为 $10^9$；沈括认为古法“万兆为秭”即 $10^{10}$。

④ 此处原文缺“一”字，添入括号（）中。因 $3^{19}=1\ 162\ 261\ 467$，而非 1 062 261 467。

说“方七路以上，数多无名可纪”。棋局都数最后的结果，“大约连书万字五十二 $10^{4\times52}=10^{208}$”。他解释说：从第 1 个万字 $10^4$ 开始，到第 7 个万字，相当于垓 $10^{24}$；第 9 个万字是“万倍万万垓 $10^{32}$”，“此外无名可纪”。总的算法：“但增一子，即三因之，凡三百六十一增，皆三因之，即是都局数”，即 $3^{361}$。

（3）沈括求棋局都数第二法：“先计循边一行为法”，一边上有 19 个交点，3 元素共可形成 $3^{19}$=1 162 261 467 局；然后逐行计出后累乘。如将第 $n$ 项（$n$=1，2，…，19）记作 $(3^{19})_n$，“乘终十九行”，于是获得：$(3^{19})_1(3^{19})_2\cdots(3^{19})_{19}=(3^{19})^{19}=3^{361}$。

（4）沈括求棋局都数第三法：“以自法相乘”：$(3^{19})(3^{19})=3^{38}$=135 851 717 448 287 334，作为“上位”，记作 $(3^{38})_{上}$；另列为“下位”，记作 $(3^{38})_{下}$，相乘 $(3^{38})_{上}(3^{38})_{下}=3^{76}$，再乘 $(3^{38})_{下}(3^{38})_{下}=3^{76}$，作为上位 $(3^{76})_{上}$；另列 $(3^{76})_{下}$，相乘 $(3^{76})_{上}(3^{76})_{下}=3^{152}$，再乘 $(3^{76})_{下}(3^{76})_{下}=(3^{152})_{上}$，最后“加一法”，即再乘以 $3^{19}$，于是经过 5 次计算，得到 $(3^{38})(3^{76})(3^{76})(3^{152})(3^{19})=3^{361}$。

以上三种算法都具有一定复杂性，沈括力求计算量达于最小。

（5）现今的分析：为判定棋局都数的位数，可对 $3^{361}$ 取常用对数，知：

$$\lg 3^{361}=361\times0.477\ 121\ 254\ 7=172.240\ 772\ 95$$

对数首数加 1 得位数：172+1=173，表明 $3^{361}$ 是一个 173 位的数：$10^{174}>3^{361}>10^{173}$。网上有的说该数为 $10^{164}$，偏小；有的说为 $10^{768}$，偏大。“大约连书万字四十三”才是正确的。

在上述计算中，任将 3 个可重复的元素置于 $19^2$ 个位置，由于是有重排列，就会出现包括 $181<a\leqslant361$，$180<b\leqslant361$，$c$=361 在内的情况，即出现围棋盘上 361 交点全黑或全白，或全部无子，等等，与围棋规定相悖（$c$=361 表示尚未下棋，不能算作一局)。另外，还没有考虑“打劫”“提子”等情况。这些都给精通围棋的数学爱好者提出了更深刻的课题。

实际上，沈括提出“棋局都数”的意义，主要在于构造指数 $n$ 为自然数平方的幂级数数列$\{3^n\}$，使人们认识到指数以平方增长，数列便迅猛扩张，立即达到无法掌控的境地；而数学家的任务，就是明确进制单位，估量计算难度，提供最优算法，才能对巨大的数作出估计。

### 8.1.4　“六十甲子纳音”*

当人们读到《周礼》，就像参加了华夏先祖们最重要的祭祀供奉大典：

> 以六律、六同、五声、八音、六舞大合乐，以致鬼神示，以和邦国，以谐万民，以安宾客，以说远人，以作动物。乃分乐而序之，以祭，以享，以祀。乃奏黄钟，歌大吕，舞云门，以祀天神。……

人们好像置身其中，听到黄钟之乐、大吕之歌，看到云门之舞，受到“和邦国、谐万民”的精神鼓舞，一种无上崇高的感情便会油然而生。从古至今，音乐常出现在神圣的场合。

---

* 罗见今.《梦溪笔谈》“甲子纳音”构造方法的数学分析. 咸阳师范学院学报，2016（6）：11-15. 东亚数学典籍研讨会交流论文. 三亚，2016-3.

沈括在《梦溪笔谈》卷五乐律一中论述“六十甲子纳音”。在中国音乐史上，该篇是继《周礼·大司乐》之后的著名长文，先秦至明清学术著作多有阐述。在《中国方术概观》[①]中收录由乾隆命名的《协纪辨方书》，沈括“纳音”被列入卷一《本原一·纳音》篇首，受到高度重视。“纳音”应是中国音乐史、科学史一个重要课题，但是，近几十年来却被视为迷信，音乐界、科学史界鲜有问津，研究论文寥若晨星。2004 年唐继凯先生发表《纳音原理初探》[②]；2009 年黄大同先生发表 46 千字长文《六十甲子纳音研究》[③]，主讲沈括上述理论，列举 50 多种历史文献。这两篇文主要是从律吕理论解读古代律与历、干支与十二律、五行与五音之间的关系，分析“六十律旋相为宫法”的内涵，探讨“同类娶妻，隔八生子”的生律规律，以及在中国音乐史上的重要意义。

本节主要从计数角度探讨沈括“六十甲子纳音”：从相关的阴阳五行、五音十二律和六十干支等集合元素的有序排列，到这些元素如何建立对应，产生新的组合或配合，赋予多种附加意义；揭示当序关系发生变化时，基本元素的对应、律吕学理论也随之变化，从而阐明“纳音”的计数价值。沈括所论“纳音”完全是哲学、音乐和数学理论，与迷信无关。

**1）《梦溪笔谈》卷五乐律一“纳音”**[④]

六十甲子有纳音，鲜原其意。盖六十律旋相为宫法也。一律含五音，十二律纳六十音也。凡气始于东方而右行，音起于西方而左行，阴阳相错而生变化。所谓气始于东方者，四时始于木，右行传于火，火传于土，土传于金，金传于水。所谓音始于西方者，五音始于金，左旋传于火，火传于木，木传于水，水传于土。纳音与《易》纳甲同法：乾纳甲而坤纳癸，始于乾而终于坤。纳音始于金，金，乾也，终于土，土，坤也。纳音之法：同类娶妻，隔八生子，此律吕相生之法也。五行先仲而后孟，孟而后季，此遁甲三元之纪也。

甲子金之仲黄钟之商，同位娶乙丑大吕之商，同位谓甲与乙、丙与丁之类，下皆仿此。隔八下生壬申，金之孟。夷则之商。隔八，谓［八］（大）吕下生夷则也。下皆仿此。壬申同位娶癸酉，南吕之商。隔八上生庚辰，金之季。姑洗之商，此金三元终。若只以阳辰言之，则依遁甲逆传仲孟季。若兼妻言之，则顺传孟仲季也。庚辰同位娶辛巳。仲吕之商。隔八下生戊子，火之仲。黄钟之徵，金三元终，则左行传南［方］火也。戊子娶己丑，太吕之徵。生丙申，火之孟，夷则之徵。丙申娶丁酉，南吕之徵。生甲辰，火之季，姑洗之徵。甲辰娶乙巳，中吕之徵。生壬子，木之仲。黄钟之角，火三元终，则左行传于东方木。如是左行至于丁巳中吕之宫，五音一终。

复自甲午金之仲娶乙未，隔八生壬寅，一如甲子之法，终于癸亥。谓蕤宾娶林钟，上生太簇之类。至于巳为阳，故自黄钟至于中吕皆下生；自午至［为］（于）

① 李零. 中国方术概观：选择卷. 北京：人民中国出版社，1993：108-119.
② 唐继凯. 纳音原理初探. 黄钟（武汉音乐学院学报），2004（2）：60-66.
③ 黄大同. “六十甲子纳音”研究. 文化艺术研究，2009，2（4）：64-98.
④ 沈括. 梦溪笔谈：卷五. 乐律一纳音. 侯真平校点. 长沙：岳麓书社，2002：37.

亥为阴，故自林钟至于应钟皆上生。予于《乐论》叙之甚详，此不复纪。甲子乙丑金与甲午乙未金虽同，然甲子乙丑为阳律，阳律皆下生；甲午乙未为阳吕，阳吕皆上生。六十律相反，所以分为一纪也。

以上沈括原文，诸本皆不分段，这里分为三段：第一段含六个主要命题，在 2）中简述，哲理、乐理的分析已见唐继凯、黄大同文，这里主要是从数学视角的观察；第二段为全文核心，即“同类娶妻，隔八生子”的具体操作，含六个主要步骤，在 4）中参考式盘，设计纳音图，绘出对应关系；第三段结束，在 5）中仿上法完成纳音演算，讨论全文的计数意义。

**2）第一段：基本概念简介**

（1）“六十律旋相为宫法也。一律含五音，十二律纳六十音也。”

将六十干支纳入十二律，即建立对应关系，相互纳入了对方的意义，使得音律具有天地、阴阳、男女等诸多内涵，而干支也赋予音律高低抑扬、上生下生的性质。每律包含五音（下文有表），十二律形成的六十音即可与六十干支相洽相应。关键是，干支与音律都是周而复始的循环数列，才能“旋相为宫法”。

（2）“所谓气始于东方者，四时始于木，右行传于火，火传于土，土传于金，金传于水。”

气、方位、四时、五行均为中国古代哲学的基本概念。每当开春，“气”从东起，按照木→火→土→金→水的顺序顺时针旋转，这里的方位是上南下北左东右西。人们看到，一个以气为核心的时空模型已经建立起来。

（3）“所谓音始于西方者，五音始于金，左旋传于火，火传于木，木传于水，水传于土。”

在古代司乐者看来，音律堪足与气相谐而行，在上述的时空模型中，“音”从西起，按照金→火→木→水→土之序顺时针旋转。当然也包含春夏秋冬循环的四时之序。

（4）“纳音与《易》纳甲同法：乾纳甲而坤纳癸，始于乾而终于坤。纳音始于金，金，乾也，终于土，土，坤也。”

所谓“同法”，指均为通过对应纳入。《梦溪笔谈》卷七象数一论纳甲[①]，建立八卦与天干的对应关系：乾→甲，坤→乙，艮→丙，兑→丁，坎→戊，离→己，震→庚，巽→辛，乾→壬，坤→癸，并从易学阐明纳甲之理。八卦有 8 元，而天干有 10 元，故乾、坤重复1次。但纳音中音律通过五行与八卦建立对应，而非直接对应。

（5）“纳音之法：同类娶妻，隔八生子，（此《汉志》语也）此律吕相生之法也。”

将六十干支对应于十二律，须顾及生律法中有 7 律为上生和 5 律为下生，所建算法以 8 分组，是适宜的选择。“同类娶妻”即确认连续两干支，例如甲子$_{01}$（奇数，阳，夫）、乙丑$_{02}$（偶数，阴，妻），从乙丑数到第八位，即“隔八生子”得壬申$_{09}$。此为纳音核心算法。

（6）“五行先仲而后孟，孟而后季，此遁甲三元之纪也。”

五行在时间上有序。“遁甲”是“奇门遁甲”的简称，属于古代术数，为道家预测学，在治国、军事和社会交往中被认为有重要应用。“遁甲三元”指 15 天时间（或一节

① 沈括. 梦溪笔谈：卷七. 象数一纳甲. 侯真平校点. 长沙：岳麓书社，2002：58-59.

气）划分上中下三段，这里的“仲孟季”犹言顺序为$ABC$。

**3）五类相关集合，其元素的序关系和对应关系**

综上，人们看到“纳音”定义涉及相关集合、排序方式和对应关系三个问题：

（1）与“纳音”直接相关的集合共有五类：即六十干支，五音，十二律，阴阳五行，孟仲季。为便于看清其间的数值关系，笔者将这些元素“数字化”。六十干支序数用01至60表示，列在干支旁，如甲子$_{01}$等。“孟仲季”犹言$ABC$。十二律：用$L1$～$L12$表示生率顺序：

$^{上}$黄钟$_{L1}$，$^{下}$林钟$_{L2}$，$^{上}$太簇$_{L3}$，$^{下}$南吕$_{L4}$，$^{上}$姑洗$_{L5}$，$^{下}$应钟$_{L6}$，

$^{上}$蕤宾$_{L7}$，$^{上}$大吕$_{L8}$，$^{下}$夷则$_{L9}$，$^{上}$夹钟$_{L10}$，$^{下}$无射$_{L11}$，$^{上}$仲吕$_{L12}$。

五行：金、木、水、火、土。五音：宫、商、角、徵、羽。

（2）每种集合里元素的排序方式，即序关系：除六十干支序关系固定不变外，其他皆可因用途不同而改变顺序。例如五行，也可为金、火、木、水、土；“五行先仲而后孟，孟而后季”，即$ABC$。十二律按数值大小排列，也是一种常见的标准形式：

$^{81}$黄钟$_{L1}$，$^{75.85}$大吕$_{L8}$，$^{72}$太簇$_{L3}$，$^{67.42}$夹钟$_{L10}$，$^{64}$姑洗$_{L5}$，$^{59.93}$仲吕$_{L12}$，

$^{56.89}$蕤宾$_{L7}$，$^{54}$林钟$_{L2}$，$^{50.57}$夷则$_{L9}$，$^{48}$南吕$_{L4}$，$^{44.95}$无射$_{L11}$，$^{42.67}$应钟$_{L6}$。

（3）对应关系：此关系存在于十二律本身，以三钟（不包括黄钟）与三吕为例，怎样理解“钟与吕常相间，常相对”？十二律与十二地支怎样对应？沈括指出：

> 纳音之法：申、子、辰、巳、酉、丑为阳纪；寅、午、戌、亥、卯、未为阴纪。……亥、卯、未曰夹钟$_{L10}$、林钟$_{L2}$、应钟$_{L6}$——阳中之阴也……巳、酉、丑，太吕$_{L8}$、中吕$_{L12}$、南吕$_{L4}$——阴中之阳也。①

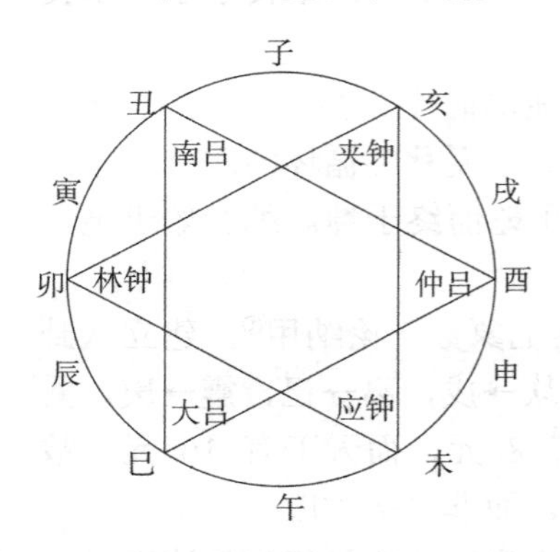


图 8-3　钟吕对应、与地支对应

“阴阳相生”要按《汉志》的要求“左旋”，应理解为这些关系须在圆中实现，为此我们建立它的几何模型，仿照“式盘”绘出简单示意图 8-3：十二地支从南方起“左旋”，即逆时针旋转排列，其在图中的作用与现今几何图中的$ABC\cdots L$相同。顺序连接各关联点，于是出现△$_{亥卯未}$、△$_{巳酉丑}$（△$_{申子辰}$、△$_{寅午戌}$图中省略），均为正三角形，其中△$_{亥卯未}$含三钟：$^{上}$夹钟$_{L10}$，$^{下}$林钟$_{L2}$，$^{下}$应钟$_{L6}$；△$_{巳酉丑}$含三吕：$^{上}$大吕$_{L8}$，$^{上}$仲吕$_{L12}$，$^{下}$南吕$_{L4}$，完全满足“钟与吕常相间，常相对”，而且还包含每项的某些特征：

> 自子至巳为阳律、阳吕，自午至亥为阴律、阴吕；凡阳律、阳吕皆下生，阴律、阴吕皆上生。盖中吕为阴阳之中，子午为阴阳之分也。

该图子午相连，为阴阳的分界线，“卯”为东方，半圆皆阳；“酉”为西方，半圆皆阴。但按照此图上生下生的分布与原著所述有些出入。

**4）第二段：“同类娶妻，隔八生子”的解释图**

从黄钟求出十二律，纳音时将两律与名为“夫妻”的两干支对应；从“妻”开始

① 沈括. 梦溪笔谈：卷五. 乐律一. 侯真平校点. 长沙：岳麓书社，2002：30-31.

计数到第 8 个干支，即下生或上生所得子，是一种生动、通俗的表示法，与迷信无关。

以下按照圆形建立“同类娶妻，隔八生子”的纳音示意图（图 8-4）。图中内外圆均 60 等分，外圆象天（阳，奇，夫），从西方起顺时针隔位布列 30 奇数干支；内圆象地（阴，偶，妻），与外圆奇数干支相错布列 30 偶数干支。用这个模型解释沈括的纳音程序。

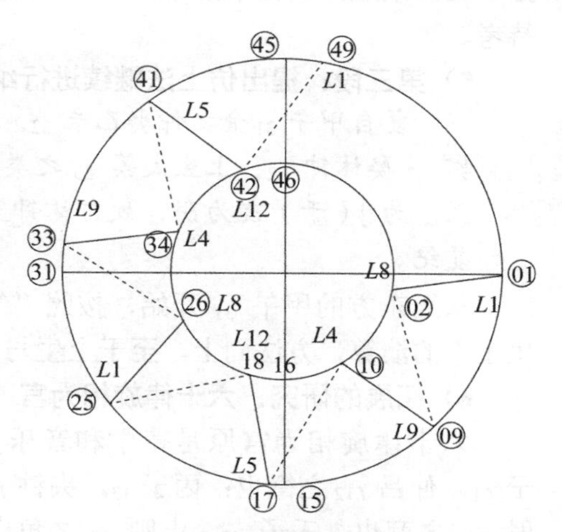

图 8-4　“同类娶妻，隔八生子”示意图

（1）“甲子$_{01}$金之仲黄钟$_{L1}$之商，同位娶乙丑$_{02}$大吕$_{L8}$之商。同位谓甲与乙、丙与丁之类，下皆仿此。隔八下生壬申$_{09}$金之孟。夷则$_{L9}$之商，隔八，谓大吕$_{L8}$下生夷则$_{L9}$也。下皆仿此。”

实线连接 01，02，即“甲子$_{01}$同位娶乙丑$_{02}$”；虚线连接 02，09，即“隔八下生壬申$_{09}$”。同时，在 01，02，09 位上分别标注黄钟$_{L1}$，大吕$_{L8}$，夷则$_{L9}$，为第一组纳音。

（2）“壬申$_{09}$同位娶癸酉$_{10}$，南吕$_{L4}$之商。隔八上生庚辰$_{17}$，金之季。姑洗$_{L5}$之商，此金三元终，若只以阳辰言之，则依遁甲逆传仲孟季，若兼妻言之，则顺传孟仲季也。”

仿上，实线连接 09，10，即“壬申$_{09}$同位娶癸酉$_{10}$”；虚线连接 10，17，即“隔八上生庚辰$_{17}$”。同时，在 10，17 位上分别标注南吕$_{L4}$，姑洗$_{L5}$，为第二组纳音。文中“金”为五行，排序有“仲孟季”和“孟仲季”之别，谓之“三元”。

（3）“庚辰$_{17}$同位娶辛巳$_{18}$，仲吕$_{L12}$之商。隔八下生戊子$_{25}$火之仲。黄钟$_{L1}$之徵，金三元终，则左行传南方火也。”

仿上，实线连接 17，18，虚线连接 18，25；同时，在 18，25 位上分别标注仲吕$_{L12}$，黄钟$_{L1}$，为第三组纳音。五行之“金”凡三现后，传给五行之“火”，因庚辰$_{17}$位于正北，“左行”即表示顺时针旋转。文中 $L12$ 后接 $L1$，道出十二律尾首相连，属循环数列。

（4）“戊子$_{25}$娶己丑$_{26}$，太吕$_{L8}$之徵。生丙申$_{33}$火之孟。夷则$_{L9}$之徵。”

仿上，用实线连接夫妻，用虚线连接生子，为第四组纳音。

（5）“丙申$_{33}$娶丁酉$_{34}$，南吕$_{L4}$之徵。生甲辰$_{41}$火之季。姑洗$_{L5}$之徵。”

仿上，为第五组纳音。原文各组每一音律均含宫商角徵羽五音，这就是“一律含五音，十二律纳六十音”本意；五音、十二律和六十干支的对应，可见下文 6）。

（6）“甲辰$_{41}$娶乙巳$_{42}$，中吕$_{L12}$之徵。生壬子$_{49}$木之仲。黄钟$_{L1}$之角，火三元终，则左行传于东方木。如是左行至于丁巳$_{54}$中吕$_{L12}$之宫，五音一终。”

仿上，为第六组纳音。音从正西甲子$_{01}$左行（顺时针旋转）至壬子$_{49}$，沈括论述至此，只是“五音之一”，涉及 12 干支（未计壬子）；应当遍及 60 干支，故计算量仅为五分之一。图上尚可绘出从壬子$_{49}$，癸丑$_{50}$，到庚申$_{57}$的一组，但无必要。这是因为“火三元终”，位置在南偏西的壬子 $_{49}$，“则左行传于东方木”，此“左行”为逆时针旋转，据下文，须返回到正东的甲午 $_{31}$，继续下步计算。“左行至于丁巳 $_{54}$ 中吕 $_{L12}$ 之宫”句待考。

**5）第三段：提出仿上法继续进行纳音演算**

复自甲午 $_{31}$ 金之仲娶乙未 $_{32}$，隔八生壬寅 $_{39}$，一如甲子之法，终于癸亥。谓蕤宾 $_{L7}$ 娶林钟 $_{L2}$，上生太簇 $_{L3}$ 之类。至于巳为阳，故自黄钟至于中吕皆下生；自午至［为］（于）亥为阴，故自林钟至于应钟皆上生。予于《乐论》叙之甚详，此不复纪。

从正东方的甲午 $_{31}$ 开始，按照“气始于东方而右行”继续进行“同位娶妻，隔八生子”的演算，方法同上。至于上生与下生是否一定与阴阳一致，尚需再作探讨。

**6）拓展的研究：六十律旋相为宫**

六十律旋相为宫原是律学和音乐史的理论，早在《淮南子》中，就记载有“甲子 $_{01}$，仲吕 $_{L12}$ 之徵也；丙子 $_{13}$，夹钟 $_{L10}$ 之羽也；戊子 $_{25}$，黄钟 $_{L1}$ 之宫也；庚子 $_{37}$，无射 $_{L11}$ 之商也；壬子 $_{49}$，夷则 $_{L9}$ 之角也。”清楚给出五音、十二律与六十甲子的对应关系。明代朱载堉在《律历融通·律岁》中列出对应关系表；今人唐继凯在《淮南子》与《律岁》的基础上作个别调整又给出一个新表。[①]这些说明，对应关系可因乐理之变化而发生改变。这里将数字加入该表中（表 8-1）：

**表 8-1　六十律旋相为宫：五音十二律与六十甲子对应的基本方案**

| | 黄钟 $_{L1}$ | 大吕 $_{L8}$ | 太簇 $_{L3}$ | 夹钟 $_{L10}$ | 姑洗 $_{L5}$ | 中吕 $_{L12}$ |
|---|---|---|---|---|---|---|
| 宫 | **戊子** $_{25}$ | 己丑 $_{26}$ | 戊寅 $_{15}$ | 己卯 $_{16}$ | 戊辰 $_{05}$ | 己巳 $_{06}$ |
| 商 | 庚寅 $_{27}$ | 辛卯 $_{28}$ | 庚辰 $_{17}$ | 辛巳 $_{18}$ | 庚午 $_{07}$ | 辛未 $_{08}$ |
| 角 | 壬辰 $_{29}$ | 癸巳 $_{30}$ | 壬午 $_{19}$ | 癸未 $_{20}$ | 壬申 $_{09}$ | 癸酉 $_{10}$ |
| 徵 | 乙未 $_{32}$ | 甲申 $_{21}$ | 乙酉 $_{22}$ | 甲戌 $_{11}$ | 乙亥 $_{12}$ | **甲子** $_{01}$ |
| 羽 | 丁酉 $_{34}$ | 丙戌 $_{23}$ | 丁亥 $_{24}$ | **丙子** $_{13}$ | 丁丑 $_{14}$ | 丙寅 $_{03}$ |
| | 蕤宾 $_{L7}$ | 林钟 $_{L2}$ | 夷则 $_{L9}$ | 南吕 $_{L4}$ | 无射 $_{L11}$ | 应钟 $_{L6}$ |
| 宫 | 戊午 $_{55}$ | 己未 $_{56}$ | 戊申 $_{45}$ | 己酉 $_{46}$ | 戊戌 $_{35}$ | 己亥 $_{36}$ |
| 商 | 庚申 $_{57}$ | 辛酉 $_{58}$ | 庚戌 $_{47}$ | 辛亥 $_{48}$ | **庚子** $_{37}$ | 辛丑 $_{38}$ |
| 角 | 壬戌 $_{59}$ | 癸亥 $_{60}$ | **壬子** $_{49}$ | 癸丑 $_{50}$ | 壬寅 $_{39}$ | 癸卯 $_{40}$ |
| 徵 | 乙丑 $_{02}$ | 甲寅 $_{51}$ | 乙卯 $_{52}$ | 甲辰 $_{41}$ | 乙巳 $_{42}$ | 甲午 $_{31}$ |
| 羽 | 丁卯 $_{04}$ | 丙辰 $_{53}$ | 丁巳 $_{54}$ | 丙午 $_{43}$ | 丁未 $_{44}$ | 丙申 $_{33}$ |

表中大部分排法与《岁律》相同，粗体的干支符合《淮南子》的记载。将干支数字化后，从表上易于看出有 12 个小组，其干支序数在组内连续，试将小组依序编号：

（1）={01，02，03，04}，（2）={05，06，07，08，09，10}，…，

（7）={31，32，33，34}，…，（12）={55，56，57，58，59，60}。

① 唐继凯. 纳音原理初探：表七. 黄钟（武汉音乐学院学报），2004（2）：64.

上排偶数组每组 6 元，下排奇数组 4 元，第 7 组分到两边，显出循环性。只要掌握表 8-2，即可得表 8-1，其构成一目了然。

**表 8-2　表 8-1 干支的排列**

| (6) | (4) | (2) | (12) | (10) | (8) |
|---|---|---|---|---|---|
| 7) | (5) | (3) | (1) | (11) | (9) (7 |

根据沈括的论述，看出北宋时"六十甲子纳音"仅限于律学，并未用于四柱预测。

## 8.2　杨辉：纵横图与垛积术

### 8.2.1　杨辉和他的数学著作

**1）杨辉是中算史上注重教育和普及的数学家**

杨辉，字谦光，南宋末年钱塘（今杭州）人，中算史上杰出的数学家和数学教育家，13 世纪中期至晚期生活在浙江北部一带地方。[①]关于他的生平，杨辉《详解九章算法》中虽有自序，另外流传的三种算书皆有他的序言，但除皆记"钱塘杨辉"外，却无只字提到自己的身世。据杨辉《日用算法》永嘉人陈几先的跋："钱塘杨辉以廉饬己，以儒饰吏，吐胸中之灵机，续前贤之奥旨"，说明他曾任官吏，严格要求廉洁自律，管理下属遵行儒道；他头脑聪明颖悟，善于阐述巧妙的机理，能够领会古代圣人的深奥学说并继承发扬。显然，杨辉为官一任，不仅品德高尚，而且在学术上颇受时人好评。

杨辉与李冶、秦九韶、朱世杰被称为"宋元数学四大家"，他勤于笔耕，著作较多，普及性较强，特别对计数问题卓有贡献。

**2）杨辉的著作**

杨辉著作较多，流传至今的主要有：

（1）《详解九章算法》十二卷（景定二年，1261 年），多散佚。在自序中他说：

> 靖康以来，古本浸失，后人补续，不得其真，致有题重法缺，使学者难入其门，好者不得其旨。

为此，杨辉从《九章》246 题中选 80 题详加解析，并增加三卷：图验、乘除诸术和纂类。"详解"包括：①"解题"：解释题意、由来、术语，校勘文字，作出评注；②"细草"：包括术草、法草、算草及图示；③"比类"：选相同或相近之例与原题对照分析，意在运用和推广。"纂类"是把《九章》中各题按解法由浅入深重新整理所得分类。

（2）《详解算法》原本只留片段，但保存了珍贵的历史资料：贾宪《释锁》算书中的"开方作法本源"，即世界上第一个系数三角形表。也有人认为该书就是《详解九章算法》。

（3）《日用算法》（景定壬戌年，1262 年）失传，原本只留片段。杨辉在该书序中说："编诗括十有三首，立图草六十六问。……分上下卷首。"这是一本面对市民的应用数学书。

---

① 钱塘：秦置余杭县和钱塘县，五代后梁置钱江县，北宋更名仁和县。今为杭州市余杭区。

（4）《乘除通变算宝》三卷（咸淳甲戌年，1274 年）：上卷《算法通变本末》，中卷《乘除通变算宝》，下卷《法算取用本末》，杨辉与史仲荣合作编辑，而史为何许人，尚不得而知。

（5）《续古摘奇算法》二卷（德祐乙亥年，1275 年），今有传本。上卷将河图洛书列入，搜集、创造最早记录的纵横图（幻方），以及幻圆等。下卷还有许多同余问题、不定方程问题。该书搜集了许多包含数学内容而以前并不属于“正宗”的算法，像四柱测字、推求干支等，是杨辉各种著作中最具特色的一本。清代内阁文库本收录，而宜稼堂丛书将河洛等内容删去。

（6）《田亩比类乘除捷法》二卷（德祐乙亥年，1275 年）今有传本。

（7）《杨辉算法》七卷。是（4）（5）（6）三种的合刻本。还有《杨辉算法札记》（图 8-5）。

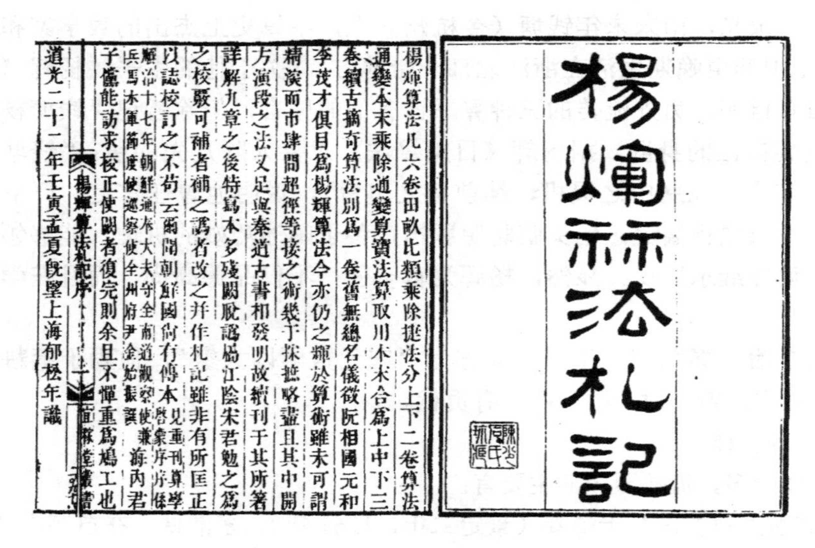
楊輝算法凡六卷田畝比類乘除捷法分上下二卷算法
通變本末乘除通變算寶法算取用本末合爲上中下三
卷續古摘奇算法別爲一卷舊無總名儀徵阮相國元和
李茂才俱目爲楊輝算法今亦仍之輝於算術雖未可謂
精深而市肆間超徑等接之術幾于探摭略盡且其中開
方演段之法又足與秦道古書相發明故續刊于其所著
詳解九章之後特寫本多殘闕脫譌鳩江陰宋君勉之爲
之校覈可補者補之譌者改之并作札記雖非有所匡正
以誌校訂之不苟云爾聞朝鮮國尚有傳本見重刊算學啓蒙序序係
順治十七年朝鮮通政大夫守全羅道觀察使兼兵馬水軍節度使巡察使全州府尹金始振譔海內君
子儻能訪求校正使闕者復完則余且不憚重爲鳩工也
楊輝算法札記序　宜稼堂叢書
道光二十二年壬寅孟夏既望上海郁松年識



图 8-5　宜稼堂丛书《杨辉算法札记》

**3）研究与评价**

李俨先生《中算家的纵横图研究》[①]，钱宝琮先生《中国数学史》[②]，郭熙汉先生《杨辉算法导读》[③]（1996 年，下文简称《导读》）；孙宏安先生译注《杨辉算法》[④]（1997 年）都给予较高评价，特别是杨辉的博学，眼界开阔，将洛书收入数学书中，并开辟了“纵横图”的新领域。“宋元数学四大家”中，他的数学观念和趣味影响巨大，但在一些研究者心目中不被充分肯定，这是受到了当时历史观的影响，脱离了中算史发展的实际情况。

直到现代，杨辉的这种数学观点和爱好仍被一些理论家批评，有的通史里杨辉之名甚至未出现在目录之中。“作为南宋时代，乃至整个中国古代的一位数学大家，杨辉是

① 李俨. 中算家的纵横图研究//李俨，钱宝琮. 李俨钱宝琮科学史全集：6. 沈阳：辽宁教育出版社，1998：164-214.
② 钱宝琮. 中国数学史. 北京：科学出版社，1981：118，122，130-132.
③ 郭熙汉. 《杨辉算法》导读. 武汉：湖北教育出版社，1996：285.
④ 孙宏安. 杨辉算法. 沈阳：辽宁教育出版社，1997.

当之无愧的。”（郭熙汉）笔者认为他在《续古摘奇算法》中搜集到的史料和进行的计算，不少体现了古代计数思想，需要深入探讨，故做专门讨论。

### 8.2.2 《续古摘奇算法》是数学史上的奇书

**1）《续古摘奇算法》杨辉序①**

夫六艺之设，数学居其一焉。昔黄帝时，大夫隶首创此艺。继得周公著《九章》，战国则有魏刘徽撰《海岛》，至汉甄鸾注《周髀》《五经》，唐李淳风校正诸家算法。自昔，历代明贤皆以此艺为重。迨于我宋，设科取士，亦以《九章》为算经之首。

辉所以尊尚此书，留意《详解》，或者有云：无启蒙之术，初学病之。又以乘除加减为法，秤斗尺田为问，目之曰《日用算法》。而学者粗知加减归倍之法，而不知变通之用，遂易代乘代除之术，增续新条目，曰《乘除变通本末》。及见中山刘先生益撰《议古根源》，演段锁积，有超古入神之妙，其可尽为发扬，以裨后学，遂集为《田亩算法》。通前共刊四集，自谓斯愿满矣。

一日，忽有刘碧涧、丘虚谷携诸家算法奇题，及旧刊遗忘之文，求成为集。愿助工板刊行，遂添摭诸家奇题，与夫善本及可以续古法草，总为一集，目之曰《续古摘奇算法》，与好事者共之，观者幸勿罪其僭。

时德祐改元冬至壬辰日。钱塘杨辉谨识。

这段序言讲述历史和数学的功能，文字通俗。主要强调学算注重变通，而中心在“奇题”和“摘奇”，点明了该书搜集奇题，是一本奇书。“德祐”（1275～1276 年）是宋恭帝赵显的年号。

**2）河图洛书**

《续古摘奇算法》卷上在“纵横图”的名下首现“洛书”和“河图”，系今天所指称的河图和洛书，这是第一次将河洛引入数学书，引起学算者的兴趣和重视。

河图洛书的历史悠久。本书§2.1 节“龟背上的洛书：世界上最古老的三阶幻方”专论洛书的历史，30 年来还断续有新的史料或论文出现，特别从文化史角度作出深入的探讨，取得不少新的认识，从局限于实证的研究，拓展为对文化现象的关注。

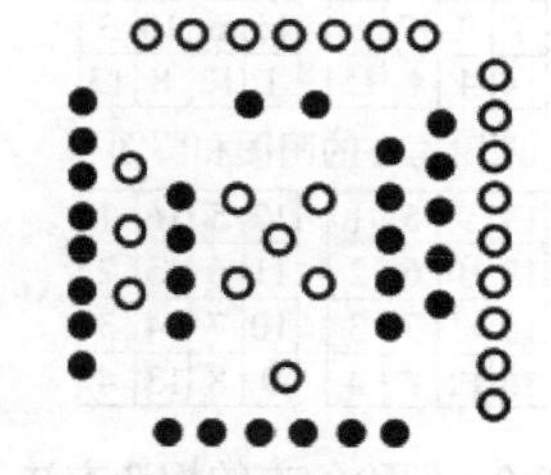

图 8-6　河图（杨辉称为洛书）

后人认为，河洛在上古文献中名目不同，而究竟是什么具体内容，众说纷纭，直到宋代才见到确切的图像。杨辉记今所指河图（图 8-6），原文名为洛书，与本书§2.1 节图 2-8 略有区别：

天数一三五七九，地数二四六八十，积五十五。求积法曰：并上、下数共一十一，以高数十乘之得百一十，折半得五十五，为天地之数。

即 1+2+…+10=55，“求积法”给出等差数列前 $n$ 项求和算法：$S_n=(a_1+a_n)n/2$。

① 杨辉. 续古摘奇算法：卷上//靖玉树. 中国历代算学集成：上. 济南：山东人民出版社，1994：899.

对今所指洛书（杨辉称为河图），给出带圈的数字图（图 8-7）：

九子斜排，上下对易，左右相更，四维挺出；戴九履一，左三右七，二四为肩，六八为足。

后四句与《数术记遗》所载相同。前四句表示洛书的构造步骤，并在书中绘出两个图（图 8-8），由此可从极普通的 9 个连续自然数立即构成洛书，完全是一种数学现象，减弱了笼罩在其上的神秘色彩。

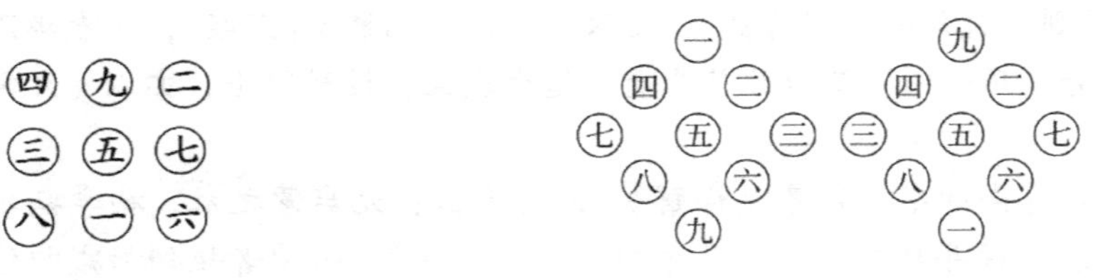


图 8-7　洛书　　图 8-8　构造洛书的两个步骤

这八句话脍炙人口，广为流传，形成数学文化的氛围，消除了洛书的神秘感，使对河洛的崇拜转为对纵横图的研究，在中算史上起到促进的作用。

就现今数学分类而言，河洛是按数字布局形成的设计结构，但它具备强烈的计数特色。无怪乎现代组合数学家非常喜欢洛书，把它作为组合学起源的标志，重视有加。但在半世纪前，对此的研究不被承认，有人从批判唯心主义出发，认为河图洛书只不过是宋儒杜撰的附会之说，20 世纪 50 年代还有人发表批判数学起源于河图洛书的专论。一些有影响的学者认为："《系辞》里的'象数'神秘主义思想原与数学毫无关系。说八卦由河图洛书产生是他们起课先生的谎言。"[①]现在认为这些是可以讨论的。河图洛书、易经数理都被认为是东方古代科学文明的象征。

**3）纵横图**

| 2 | 16 | 13 | 3 |
|---|---|---|---|
| 11 | 5 | 8 | 10 |
| 7 | 9 | 12 | 6 |
| 14 | 4 | 1 | 15 |

| 4 | 9 | 5 | 16 |
|---|---|---|---|
| 14 | 7 | 11 | 2 |
| 15 | 6 | 10 | 3 |
| 1 | 12 | 8 | 13 |

四阶幻方的阳图和阴图

| 13 | 9 | 5 | 1 |
|---|---|---|---|
| 14 | 10 | 6 | 2 |
| 15 | 11 | 7 | 3 |
| 16 | 12 | 8 | 4 |

| 12 | 5 | 16 | 1 |
|---|---|---|---|
| 11 | 6 | 15 | 2 |
| 10 | 7 | 14 | 3 |
| 9 | 8 | 13 | 4 |

图 8-9　四阶幻方的构造方法

在杨辉的定义中，纵横图包括幻方（magic square）与幻图（magic figure，或称为幻圆）。首先是"花十六图纵横三十四"，在图 8-9 上左，每横行、纵列及对角线的数字和都等于 34。而"阴图积百三十六"，在图 8-9 上右，原图底色皆黑、汉字皆白，所言"积"为四行或四列数字之和：34×4=136。接着杨辉论述构造四阶幻方的方法"换易术"（图 8-9 下）：

右换易术曰：以十六子依次第作四行排列。先以外四角对换，一换十六，四换十三。复以内四角对换，六换十一，七换十。横直上下斜讹，皆三十四数。对换止可施之于小。

"斜讹"指对角线上的和。原著以下还有"求积数术""求等术"等具体构造方法，许多数学史和幻方著作指出杨辉的算法较简便，"求等术"提出了新的设想。

① 钱宝琮. 中国数学史. 北京：科学出版社，1981：121.

杨辉构造幻方的特点，是将连续自然数分组处理，按照其大小均衡配置到四方图形之中，应用具体法技巧，获得 5～10 阶幻方，分别称为“五五图”“六六图”“衍数图”“易数图”“九九图”“百子图”。这里只录出“易数图”（图 8-10），即 8 阶幻方，因易有六十四卦，故名，但实际与易无关。这些方法和结果有的是杨辉搜集前人的资料，有的是他本人的创造，他的贡献是将纵横图作为数学构造法提出，给出直到十阶的样板，在世界数学史上占有领先地位。

| 61 | 4 | 3 | 62 | 2 | 63 | 64 | 1 |
|---|---|---|---|---|---|---|---|
| 52 | 13 | 14 | 51 | 15 | 50 | 49 | 16 |
| 45 | 20 | 19 | 46 | 18 | 47 | 48 | 17 |
| 36 | 29 | 30 | 35 | 31 | 34 | 33 | 32 |
| 5 | 60 | 59 | 6 | 58 | 7 | 8 | 57 |
| 12 | 53 | 54 | 11 | 55 | 10 | 9 | 56 |
| 21 | 44 | 43 | 22 | 42 | 23 | 24 | 41 |
| 28 | 37 | 38 | 27 | 39 | 26 | 25 | 40 |

图 8-10　八阶幻方：易数图

所谓“幻图”，指把自然数配置到均匀分布的各种环形对称图案之中，使得每小区的数字之和满足一些约束条件，有点像平面设计或数字游戏。例如“聚五图”[①]（图 8-11 至图 8-14 皆见李俨文）五个圆环（其中外 4 环与中环有一交集）每环 5 个数字之和均为 65，“二十子，作二十五子用”。

聚八图：二十四子，作三十二子用。其中 8 个数字处于交集之中。

攒九图：斜直周围，各一百四十七。如横行：28+5+11+25+9+7+19+31+12=147。

连环图：七十二子，总积二千六百二十八。以八子为一队，纵横各二百九十二。多寡相资，邻壁相兼，以九队化一十三队，此见运用之道。

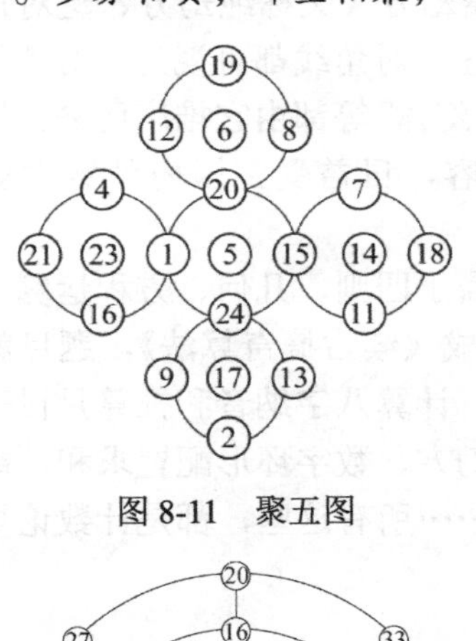

图 8-11　聚五图

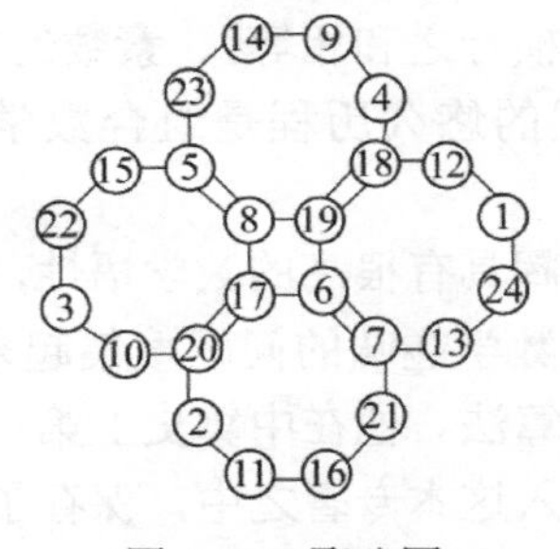

图 8-12　聚八图

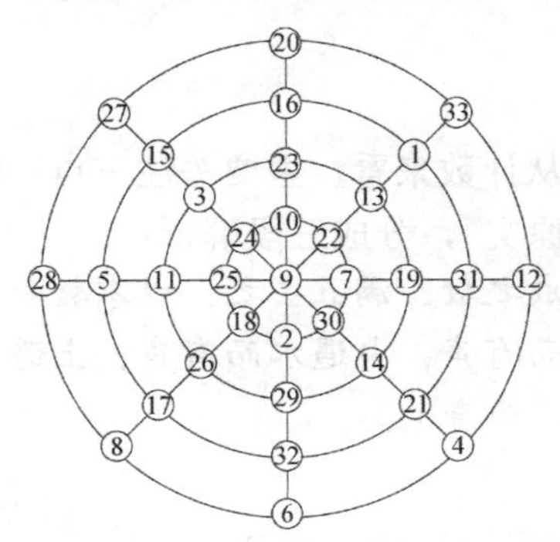

图 8-13　攒九图

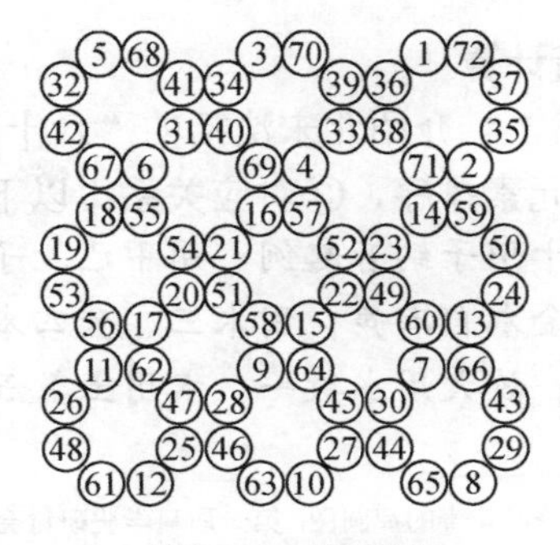

图 8-14　连环图

① 李俨. 中算家的纵横图//李俨，钱宝琮. 李俨钱宝琮科学史全集：6. 沈阳：辽宁教育出版社，1998：171.

原著还有“聚六图”“八阵图”等，皆有附图。人们惊异于连续自然数在如此严格的约束条件下居然能排出这样多的图形，可称之为“幻图”，显示古人对数字性质的深切感悟和平衡布局的卓越才能。这些幻图属于哪门数学？有什么意义和用途？古人应用的是什么算法？——许多问题接踵而至。本书将在§10.2节有关幻图和“王文素问题”内再做深入探讨。

杨辉之后，丁易东、王文素、张潮、保其寿等人对这类幻图多有研究。保其寿的《增补算法浑圆图》将平面推广到立体，涉及全部五种正多面体。台湾“中研院”数学家李国伟先生发现[①]，保其寿应用了“叠合法则”和“加互补数对原则”，具有现代意义，在现代组合数学和图论界引起反响，有二三十篇论文相继发表。[②]

在此之前，没有人认为这类数字游戏能够属于数学，直到今天，还是有人觉得幻方和幻图不足以登数学大雅之堂。但在现代离散数学中，把这类问题归于计数、组合设计、图论、人工智能的领域，随着计算机科学的发展，又给它找到了新含义、新应用。

幻方的编制程序被收入美计算机协会主编的 CACM 程序汇编中。有建筑学家发现纵横图的对称性极为丰富，其中有许多美丽的图案，可用于轻工业品、封面包装等设计。20世纪30年代美国数学家费舍尔将正交拉丁方用于实验设计，加拿大滑铁卢大学的学者发现拉丁方与幻方的内在联系，《现代代数及其应用》[③]把纵横图列为专门题材。纵横图与双随机矩阵相关，受到组合学家的关注，双重幻方[④]（double magic square，每行、列、对角线之和为定值，其积亦为定值）、完美幻方（又称纯幻方、泛对角线幻方等，将幻方平面卷成圆筒使首列与末列相接，这时任一对角线都可视为主对角线，其和皆与纵列、横行之和相等）、素数幻方、广义幻方、幻体[⑤]等都由它推广而来。探讨中国纵横图发展的悠久历程是组合数学前史的重要内容，日益受到国内外数学史界的重视。

总之，杨辉具有很高的数学悟性，他把一些并非属于四则、几何、方程运算而带有很强数学性、数学趣味的问题搜集起来编成专著，撰成《续古摘奇算法》，题目就是选择古代奇特的算法。他在中算史上第一次将河图洛书、计算八字纳音和推算月日干支作为正式内容纳入这本专著之中，保存了10阶以内的幻方、数字环形配置求和、离散计数、初等数论、不定分析，还有古算书中的难解古题……所有这些，都是计数论早期难得的史料。

**4）纳音计算**

前节§8.1.4介绍北宋沈括的“六十甲子纳音”，从计数来看，主要关注三点：①相关集合，②元素排序，③对应关系。以下为杨辉纳音原文[⑥]，分成三段解析：

> 六十甲子纳音起例　用甲己、子午、九，积成之数，满五去之，以零数而命纳音。凡金木自有声，用木三、金四本数。水遇土而有声，火遇水而有声，土遇火煅则有声；故火用水数一，水用土数五，土用火数二为音也。

① 李国伟. 论保其寿的浑圆图. 第一届科学史研讨会汇刊（科学史第五期附刊）. 1986：67-73.
② 刘建军，甘向阳. 数学史研究的科学价值. 西北大学学报（自然科学版），2001，31（6）：531-534.
③ GILBERT W J. Modern Algebra with Applications. New York：John Wiley & Sons，1976.
④ 梁培基. 双重幻方. 数学研究与评论，1982，（2）：14.
⑤ 陈沐天. 幻体的构作. 北京大学学报（自然科学版），1980（3）：1-10.
⑥ 杨辉. 续古摘奇算法：卷上//靖玉树. 中国历代算学集成：上. 济南：山东人民出版社，1994：903，931.

原文“用甲己、子午、九”见于第二段对应表，以下还有五种对应关系。五行皆有声，对“水火木金土”的排序，以一二三四五赋值，称为“本声数”，即基本对应；而对于计算中所需要的“火土木金水”的新排序，保持一二三四五赋值不变，称“借音数”。其结果见于以下对应表。至于为何改变排序、为何建立新的对应，文中给出了当时的说法。

“积成之数，满五去之，以零数而命纳音”：将赋值相加而得的和，应用模为 5 即（mod5）进行同余运算，求零数 1，2，3，4，5。用与模相等的 5，不用零，这与现代算法并无不同。

以上第一段介绍纳音的意义、主要概念及算法。以下建立对应表。

这是一个由 22 个干支汉字、赋予五音意义的五行与基数词的对应表。将两组集合的元素数字化，便于进行同余运算。上行将十干、十二支都分为两段穿插排序，而将数字从九降排，体现了均衡分布思想。在古代大量区组的设计中都采用了这种平均分配数值的手法。下行将五行按两种排序都与数字一二三四五对应，给五行赋予音律的内涵，分别命名为“本声数”和“借音数”。目的是给四柱预测中的干支算出一个数值，以确定其五行。按照所述程序，无论谁来算，其结果是唯一确定的。所以算法将一切顺序打乱重组，有故弄玄虚之嫌。

甲九戊五，乙八亥四；火：共二十六，退二十五，余一，借水数为音。
丙七子九，丁六丑八；水：共三十，退二十五，余五，借土数为音。
戊五寅七，己九卯六；土：共二十七，退二十五，余二，借火数为音。
庚八辰五，辛七巳四；金：共二十四，退二十，余四，本音。
壬六午九，癸五未八；木：共二十八，退二十五，余三，本音。

以上举出相连的十个干支，分作五组：甲戌$_{11}$，乙亥$_{12}$；……；壬午$_{19}$，癸未$_{20}$。在对应表中查出每个汉字的数值，相加得“积成之数”。以第二行为例，丙子$_{13}$，丁丑$_{14}$：其值 7+9+6+8=30，再作同余运算：30≡5（mod5），零数五属水，将结论写在方框中：水，结束。

严敦杰先生在《宋杨辉算书考》中对此批评说：“把六十甲子纳音的计算也当作数学而放进去，有些不伦不类”，郭熙汉先生说：这“似一道简单的数字游戏题”。①

北宋沈括继承古代数术中律学和数学的算法，到南宋杨辉的时代，纳音计算变成一种择时取数的方法，干支被赋予阴阳五行和宫商角徵羽五音的意义，与人的生辰八字相联系，成为后世应用于四柱预测广为流传的算命法，至今在民间仍有影响。从科学史研究来看，厘清此类文化现象内蕴的数学方法，深入了解古人的真实思想，也是一项必要的工作。

---

① 郭熙汉.《杨辉算法》导读. 武汉：湖北教育出版社，1996：321.

#### 5）推算某年某日的干支

“纳音”后一题“求日甲”为典型计数，原文分三段解析：

求本年内日甲起例　乙亥年正旦癸酉，问十一月二十六日冬至是何日甲。答曰：壬辰。总术曰：置正旦积数，有图在后。求只（只）月者，加三十；求双月，只加零日。退小尽。遇闰月通理。满六十去之。以所存余数命日甲数图。

“求日甲”的前提，须知当年历谱有关几个基本数据，而历谱不在面前，否则一查即可，当然就不需要计算了。本题已知的乙亥$_{12}$年是南宋恭帝德祐元年（1275 年），即杨辉集成《续古摘奇算法》和《田亩比类乘除捷法》的当年，故所举为实例。正月初一癸酉$_{10}$朔，求十一月二十六冬至日的干支。这就是从正旦开始，连续排列六十甲子，到所求日当天为止。干支 60 周而复始，故用模为 60 即（mod60）的同余算法，“满六十去之”，求最后余数的干支。

岁旦日甲积数图乙亥年癸酉下三十七，丙子年丁卯下三十一。

丁酉$_{34}$ 一 戊戌$_{35}$ 二……（连续干支略）癸亥$_{60}$ 二七 甲子$_{01}$ 二八 乙丑$_{02}$ 二九 丙寅$_{03}$ 三十

丁卯$_{04}$ 三一 戊辰$_{05}$ 三二……癸酉$_{10}$ 三七……壬辰$_{29}$ 五六……乙未$_{32}$ 五九 丙申$_{33}$ 六十

“岁旦日甲积数图”中干支在前，序数在后，60 干支按序排列。为什么要把丁酉$_{34}$列在 60 干支表的第一位？这是由“丙子年丁卯下三十一”确定的，说明在杨辉的数据中还包含一已知条件：丙子$_{13}$年正月丁卯$_{04}$朔，将它排在 60 干支下半之首（第 31 位），可推出癸酉$_{10}$为第 37 位，即《导读》所谓“对应数”。其实，因干支序列固定，用此法任一干支均可列在干支表首位，即“对应数”可为 1～60 中任一个。解该题须知起算日干支，另须知至所求日间大小月数，除去 60 的倍数即可。翌年正月朔其实是多余的条件。

求出积数取年内日甲图

一 丙寅$_{03}$ 二 丁卯$_{04}$……（连续干支略）二七 壬辰$_{29}$……五九 甲子$_{01}$ 六十 乙丑$_{02}$

前术草曰：置正旦癸酉积数三十七，加只月三十，并所求零日二十六，退小进六日。去一个六十，余二十七，命求出积数图，得壬辰日。

“年内日甲图”数字在前，干支在后，即用来从数字反查干支。《导读》的算法公式：

$$k \equiv a+30+n-b \pmod{60} \quad m\text{月为奇数}$$

$$k \equiv a+n-b \pmod{60} \quad m\text{月为偶数}$$

其中 $a$ 为“岁旦甲积数”，$b$ 为从正月初一日到 $m$ 月 $n$ 日所含小月数，再由 $k$ 值从“年内日甲图”中查出对应的日干支。具体说：37+30+26−6=87，而 87≡27（mod60），27 在表中与壬辰$_{29}$对应，于是十一月二十六冬至日的干支就是壬辰。

本书§3.2.3 节对解决这类干支纪日问题用计数公式（3-3），（3-4），（3-5）。需要说明，杨辉此法并非最简。推出简算公式并不困难，所设两表也可省略，此不赘述。

### 8.2.3　贾宪三角形

贾宪（11 世纪上半叶人）是北宋杰出数学家，据《宋史》记载，贾宪师从楚衍学天文、历算；著《黄帝九章算经细草》九卷（约 1050 年）、《算法古集》二卷和《释锁算书》等，皆已失传。所幸二百年后，贾宪的一些论述被杨辉引用，包括“开方作法本源”（贾宪三角形）、开平方、开立方、进行高次幂开方的“增乘开方法”等，在残存的杨辉《详解九章算法》中，保留了贾宪著作这些片段，弥足珍贵，特别是“贾宪三角形”（帕斯卡三角形）在计数中是基本的组合关系式，在世界数学史上出现的时间最早，须做专门探讨。

**1）贾宪三角形的出处和原文**

世界最早、今有传本的二项式定理系数（亦组合数）的三角形数值表现存大英博物馆的《永乐大典》卷 16 344，在杨辉《详解九章算法》中著录贾宪“开方作法本源”（图 8-15 仿原图）：[①]

开方作法本源出《释锁算书》，贾宪用此术。

增乘方求廉法草曰释锁求廉本源：列所开方数如前，五乘方列五位，隅算在外，以隅算一自下增入前位，至首位而止首位得六，第二位得五，第三位得四，第四位得三，下一位得二。复以隅算如前升增，递低一位求之。

求第二位

六旧数　五加十而止　四加六为十　三加三为六　二加一为三

求第三位

六　十五并旧数　十加十而止　六加四为十　三加一为四

求第四位

六　十五　二十并旧数　十加五而止　四加一为五

求第五位

六　十五　二十　十五并旧　五加一为六

上廉　二廉　三廉　四廉　下廉

左　右
积　隅
本积　一
商除　一　一
平方　一　二　一
立方　一　三　三　一
三乘　一　四　六　四　一
四乘　一　五　十　十　五　一
五乘　一　六　十五　二十　十五　六　一

左衺乃积数
右衺乃隅算
中藏者皆廉
以廉乘商方
命实而除之

图 8-15　开方作法本源图

原文中几个术语：“开方”：开平方、开立方、开 $n$ 次方与解 $n$ 次方程，都要遇到相当于二项式定理展开式系数的计算问题，可参考图 8-16。“增乘方”，即递增的乘方，这里讲的是高次幂的开方；“五乘方”即六次方，实际讲的是开六次方。“方、廉、隅”：古代称方形之侧边为廉，角为隅，用到开方术中，成为专用术语。以 $(a+b)^2$ 为例，$a^2$ 为方，$2ab$ 为两廉，$b^2$ 为隅。当幂次增高时，就会出现“二廉”“三廉”“四廉”等。“开方作法本源图”（图 8-15）中“左衺”“右衺”之“衺”本作“衺”，古“邪”字，通“斜”，实际是“左斜”“右斜”。各个系数的算出，应用了“增乘开方法”，可阅读钱宝琮先生的详细解释[②]，此不赘述。

总之，“开方作法本源图”即贾宪三角形，为世界首创，确切证明贾宪发明了增乘方造表法，可以求任意高次幂的展开式系数。这在数学史上占有重要地位。

在组合计数中，从 $m$ 个不同元素中取出 $n$（$n \leqslant m$）个元素的所有组合的个数，叫组合数，其计数公式为：

---

① 李俨. 中算家的 Pascal 三角形研究//李俨，钱宝琮. 李俨钱宝琮科学史全集：6. 沈阳：辽宁教育出版社，1998：216-219.

② 钱宝琮. 中国数学史. 北京：科学出版社，1981：144-154.

$$\binom{m}{n}=\frac{m(m-1)\cdots(m-n+1)}{n!}=\frac{m!}{n!(m-n)!}$$

| | $(a+b)^n$ |
|---|---|
| $n=0$ | $1$ |
| $n=1$ | $1a+1b$ |
| $n=2$ | $1a^2+2ab+1b^2$ |
| $n=3$ | $1a^3+3a^2b+3ab^2+1b^3$ |
| $n=4$ | $1a^4+4a^3b+6a^2b^2+4ab^3+1b^4$ |
| $n=5$ | $1a^5+5a^4b+10a^3b^2+10a^2b^3+5ab^4+1b^5$ |
| $n=6$ | $1a^6+6a^5b+15a^4b^2+20a^3b^3+15a^2b^4+6ab^5+1b^6$ |

图 8-16 二项式定理展开式系数

$$\binom{0}{0}$$
$$\binom{1}{0}\binom{1}{1}$$
$$\binom{2}{0}\binom{2}{1}\binom{2}{2}$$
$$\binom{3}{0}\binom{3}{1}\binom{3}{2}\binom{3}{3}$$
$$\binom{4}{0}\binom{4}{1}\binom{4}{2}\binom{4}{3}\binom{4}{4}$$
$$\binom{5}{0}\binom{5}{1}\binom{5}{2}\binom{5}{3}\binom{5}{4}\binom{5}{5}$$

图 8-17 组合数三角形

当 $m$ 和 $n$ 分别取图 8-17 中每个组合的数值时，按此公式就可得到二项式定理展开式系数（简称二项式系数）。数学名词为“帕斯卡三角形”（Pascal triangle）。它可经递推公式获得：$\binom{m}{n}=\binom{m-1}{n}+\binom{m-1}{n-1}$，其意义是：组合数三角形中任一组合数等于上一行离它最近相邻两组合数之和。这与用增乘开方法所获结果一致，即术文所说“四加六为十。三加三为六。二加一为三”，“六加四为十。三加一为四”等。

**2）帕斯卡三角形的历史记录**

除早期文明中物化或隐含的内容外，最早出现在数学著作中的记录都来源于东方，这里主要依据李俨先生有关史料，综述如下。

10 世纪波斯数学家卡拉基（Karaji）和天文学家奥玛尔·海亚姆（Omar Khayyám）都曾发现过此三角形，还知道它与二项式的关系，可借助它求 $n$ 次方根。但未留下文字记录。

11 世纪北宋贾宪在《释锁算书》中首列“开方作法本源图”，既有图又有文字说明。

南宋杨辉《详解九章算法》（1261 年）解释该数表，说明此表出自贾宪的《释锁算书》。

元代数学家朱世杰在《四元玉鉴》（1303 年）卷首绘出《古法七乘方图》，并大量应用。

15 世纪阿拉伯人阿尔·卡西《算术之钥》（1427 年）的图文流传至今。

数字三角形中期在欧洲的进展，独立绘制过这种三角形图的数学家有：

德国人阿皮安努斯（Apianus）在 1527 年出版算书封面绘有类似此图。

施蒂费尔（Stifel）《整数算术》（1544 年）有图，扩展至 16 乘方系数。

舍贝尔（Scheubel）在 1545 年的数学书中应用它求 24 乘方的方根。

法国人培勒蒂尔（Peletier）在 1549 年算书及重版本上，均有论及。

意大利人塔塔利亚（Tartaglia）于 1556 年获此三角形，得以流传。

邦贝利（Bombelli）1572 年推演到 7 乘方。

奥特莱德（Oughtred）1631 年推演到 10 乘方。

法国著名数学家帕斯卡（Pascal）在 1654 年研究此事，在《算术三角形》（*Traité du traingle arithmétique*）中论述此三角形（图 8-18），并以此解决概率论有关问题，影响面广泛。雷蒙德（Raymond，1708 年）和法裔英籍数学家棣莫弗（De Moivre）在 1730 年都称此为“帕斯卡三角形”，现已成为国际数学名词。另称为贾宪、杨辉、塔塔利亚、系数、算术三角形等，多种名称凸显出其重要性、来源广泛和应用众多。

帕斯卡三角形既是二项式系数，又是组合数。但在历史上却有不同的来源，例如在中算里，主要表示前者，而没有从 $m$ 个不同元素中取出 $n$ 个取法总数的含义。只是在帕斯卡时才阐明了二者间的统一性。[①]将二项式定理表示成 $(a+b)^n=\sum_{k=0}^{n}\binom{n}{k}\cdot a^{n-k}b^k$ 是国际上通行的做法，即系数一定要写成组合数 $\binom{m}{n}$，已成数学常识。研究中算史时，应用组合符号表示二项式系数的性质和运算比较简明，当然需要声明：只是表达古人运算的结果，按古人的理解，其中并不包含组合（combination）的意义。

| 1 | 2 | 3 | 4 | 5 | 6 | 7 | 8 | 9 | 10 |
|---|---|---|---|---|---|---|---|---|---|
| 1 | 1 | 1 | 1 | 1 | 1 | 1 | 1 | 1 | 1 |
| 1 | 2 | 3 | 4 | 5 | 6 | 7 | 8 | 9 | |
| 1 | 3 | 6 | 10 | 15 | 21 | 28 | 36 | | |
| 1 | 4 | 10 | 20 | 35 | 56 | 84 | | | |
| 1 | 5 | 15 | 35 | 70 | 126 | | | | |
| 1 | 6 | 21 | 56 | 126 | | | | | |
| 1 | 7 | 28 | 84 | | | | | | |
| 1 | 8 | 36 | | | | | | | |
| 1 | 9 | | | | | | | | |
| 1 | | | | | | | | | |



图 8-18　帕斯卡三角形（1654 年）

### 8.2.4　垛积术与数列问题

在《田亩比类乘除捷法》（1275 年）和《详解九章算法》（1261 年）中，杨辉在计算面积和体积时，将连续的求积公式转换成离散的计数问题，以“比类”的方式，建立起几类垛积公式，对于形成垛积术，产生了持续几百年的影响，例如晚清的李善兰，就有专著《垛积比类》。

**1）经典数列问题**

方箭、圆箭、圭垛和梯垛，所建垛的计数单元都在平面图形内。[②]

（1）方箭

比类：方箭外围四十枝，问共箭若干。答曰：一百二十一枝。

本法：外围添八，以乘外围，十六而一，添心箭。

借方田法：外围两折半；增一，为方面，自乘之。又借用梯田法：并内、外围，折半，以层数乘之；外围求积以八除之，为层数。

杨辉给出三种算法。本法：(40+8)×40÷16+1=121。借方田法：［(40÷4)+1］$^2$=121。借梯田法：(40+8)×5÷2+1=121。可看出此法系从面积公式向计数公式的转化，尚非数列算法。

杨辉在后面有解释：“内围八枝，即是中周，外围四十枝，即是外周。并之，得四十八。乘五层，折半，加增心箭，合问。以八除外围，而知五层也。”

另有题“方箭外围三十二枝，问共箭几枝。”解法相同。

① 罗见今. 离散数学的兴起：计数理论//李迪. 中外数学史教程. 福州：福建教育出版社，1993：488.

② 杨辉. 田亩比类乘除捷法：卷上//靖玉树. 中国历代算学集成：上. 济南：山东人民出版社，1994：936，938-941.

（2）圆箭

圆箭外围三十六枝，问共几枝。答曰：一百二十七枝。

本法：外围添六，以乘外周，十二而一，增心箭。

借梯田法：以内围六枝，并外围三十六枝，共四十二，以六层乘之，得二百五十二；折半，加心箭。合问。以六除外围，即知层数。

杨辉在前文指出："圆箭六而裹一，不可用圆田术，当用梯田法。"他给出两种算法。本法：（36+6）×36÷12+1=127。借梯田法：（36+6）×6÷2+1=127。据该题原图，"圆箭"外周圆形，而"圆箭束"外周为正六边形。另有题"圆箭外围三十枝，问共箭几枝。"解法相同。

（3）圭垛和梯垛

今有圭垛一堆，上一束，底阔八束。梯草垛二堆：小堆上有六束，底阔十三束；大堆上有九束，底阔十六束。问共几束。答曰：二百一十二束。术曰：依梯垛，并三堆上下广，以高乘之；折半。草曰：并三堆上下广，共五十三；以高八层乘，得四百二十四；折半，得二百一十二束。合问。

杨辉指出（三角形）圭垛的计数不能用求圭田的面积的方法，言之有理。实际上，圭垛、小梯垛、大梯垛（图 8-19）分别代表了 3 个公差都为 1 的数列，并且项数也相同，只是各个数列的首项不同而已。"并三堆上下广"即首项加末项，"以高乘之，折半"，即乘以项数除以 2[①]，这就是等差数列求和公式。此例表明计算平面图形面积转化为垛积计数公式已应用了等差数列求和的标准算法。

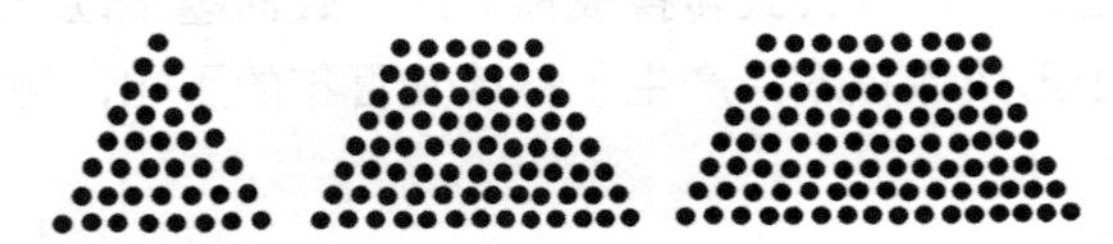

图 8-19　从左至右：圭垛、小梯垛、大梯垛

**2）三角垛、四角垛[②]**

在《详解九章算法》商功 13 个求体积的题目里，有 6 题后所附"比类"（图 8-20）中，将类似体积而属于垛积的问题作对比研究，获得一组数列计数公式，所建垛的计数单元处在各种立体之中（图 8-19）。

（1）在"鳖臑"题后，附有"三角垛"（图 8-21）：

比类：三角垛，下广一面一十二个，上尖。问计几何。答曰：三百六十四个。术曰：下广加一，乘之，平积；下广加二，乘之，立高方积；如六而一。本法。

"鳖臑"是中算体积理论的一个基本单元，是底面为直角三角形、一棱与底面垂直的四面锥体（图 8-22 左），如果把 $a$，$b$，$h$ 视为长方体的三条棱，则鳖臑体积为其六分之一：$V_{鳖}=abh/6$。《导读》给出的分解图清楚说明这一点（图 8-22 右）。在中算史上首次出现"三角垛"概念，即从鳖臑分离出的垛积。杨辉给出三角垛算法，即当设层数为 $n$ 时

$$1+3+6+\cdots+n(n+1)/2=n(n+1)(n+2)/6$$

① 郭熙汉.《杨辉算法》导读. 武汉：湖北教育出版社，1996：219.

② 杨辉. 详解九章算法//靖玉树. 中国历代算学集成：上. 济南：山东人民出版社，1994：795-798.

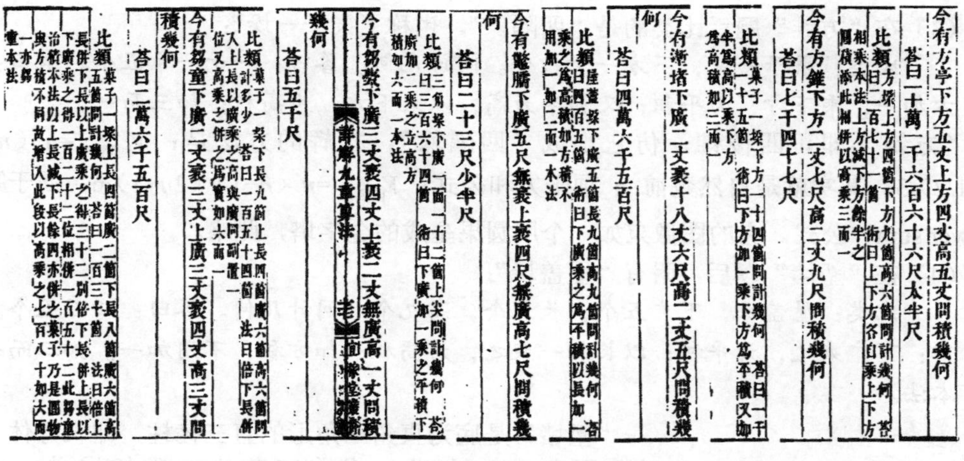

今有方亭下方五丈上方四丈高五丈問積幾何
答曰一十萬一千六百六十六尺太半尺
比類方垜上方四箇下方九箇高六箇問計幾何 荅曰二百七十一箇 術曰上下方各自乘上下方相乘本法上方減下方餘半之圓積添此相併以高乘三而一

今有方錐下方二丈七尺高二丈九尺問積幾何
答曰七千四十七尺
比類菓子一垜下方一十四箇問計幾何 荅曰一千一十五箇 術曰下方加一乘下方爲平積又加半箇高以乘下方爲高積如三而一

今有漸堵下廣二丈袤十八丈六尺高二丈五尺問積幾何
答曰四萬六千五百尺
比類屋蓋垜下廣五箇長九箇高九箇問計幾何 荅曰四百五箇 術曰下廣乘之爲平積以長加一乘之爲高積如方積不用加一如二而一本法

今有鼈臑下廣五尺無袤上袤四尺無廣高七尺問積幾何
答曰二十三尺少半尺
比類三角垜下廣一面一十二箇上尖問計幾何 荅曰三百六十四箇 術曰下廣加一乘之平積下廣加二乘之立高方積如六而一本法

今有芻甍下廣三丈袤四丈上袤二丈無廣高一丈問積幾何
答曰五千尺

今有芻童下廣二丈袤三丈上廣三丈袤四丈高三丈問積幾何
答曰二萬六千五百尺
比類菓子一垜下長九箇上長四箇廣六箇高六箇問計多少 荅曰一百五十四箇 法曰倍下長併入上長以廣乘之高與廣同副置一位又高乘之併之爲實如六而一

比類菓子一垜上長四箇廣二箇下長八箇廣六箇高五箇問計幾何 荅曰一百三十箇 法曰倍上長併下長以上廣乘之得三十二倍下長併上長以下廣乘之得一百二十二位相併一百五十二此芻童治積本法以上長減下長餘四亦併之菓子乃是圓物與方積不同故增入此段以高乘之七百八十如六而一亦芻童本法

图 8-20　宜稼堂丛书本《详解九章算法》商功六题摘录：比类垛积（从右至左）

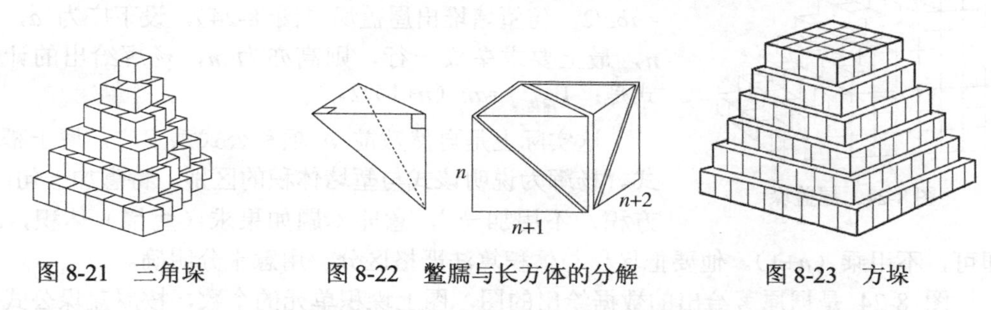


图 8-21　三角垛　　图 8-22　鳖臑与长方体的分解　　图 8-23　方垛

数列 1，3，6，10，…，实际就是中算家非常熟悉的贾宪三角形中第 3 斜行数字，可表示成：$\binom{2}{2},\binom{3}{2},\binom{4}{2},\binom{5}{2},\cdots,\binom{n+1}{2}$，求和式可写成：$\sum_{k=2}^{n+1}\binom{k}{2}=\binom{n+2}{3}$。这种写法清楚表明所求和在贾宪三角形内，位于该斜行数字末项 $\binom{n+1}{2}$ 下一行 $\binom{n+2}{3}$。杨辉的例：$n$=12，三角垛的和 $\binom{14}{3}$=364，位于第 14 行、第 3 项（视 $\binom{0}{0}$ 为第 0 行，$\binom{n}{0}$ 为第 0 项）。

（2）在“方亭”题后，附有“方垛”（图 8-23）：

比类：方垛，上方四个，下方九个，高六个。问计几何。答曰：二百七十一个。术曰：上下方各自乘，上下方相乘；本法上方减下方，余半之；圆积添此，相并，以高乘，三而一。

“方亭”是平截头的正方椎体，即正四棱台，设上、下方边和高为 $a$，$b$，$h$，则体积为 $V_{方亭}=(a^2+b^2+ab)h/3$。“方垛”形状像方亭，但计数如照此公式算，还需添上一个附加项：

$$V_{方垛}=[(a^2+b^2+ab)+(b-a)/2]h/3.$$

这其实就是沈括在“隙积术”中提出的方法，这个附加项 $(b-a)h/6$ 沈括称为“羡积”，可参阅 § 8.1.2 节的酒罂垛。传统数学理寓于算，虽无史料确证，但可认为杨辉应用了沈括的公式，而没有按自然数平方和算法去求：$4^2+5^2+\cdots+9^2=271$，此法既明白又简单，杨辉未用，就是执意要仿照方亭比类垛积，演示从求连续的几何体积到对离散的垛积求和的转变。

（3）在“方锥”题后比类的是“四隅垛”，也称“果子一垛”：

比类：果子一垛，下方一十四个。问计几何。答曰：一千一十五个。术曰：下方加一，乘下方，为平积；又加半为高，以乘下方，为高积；如三而一。

“方锥”即正四棱锥，仿它堆成“四隅垛”，杨辉的方法是：$V_{四隅垛}=n(n+1)(n+1/2)/3$，其实就是自然数前 $n$ 项平方和公式：$V_{四隅垛}=n(n+1)(2n+1)/6$，属于幂和（power sum）公式。它的图像宛如一个用圆果垒成的金字塔，此略。

（4）在“堑堵”题后，附有“屋盖垛”：

比类：屋盖垛，下广五个，长九个，高九个。问计几何。答曰：四百五个。术曰：下广乘之，为平积；以长加一乘之，为高积；如方积，不用加一。如二而一。本法。

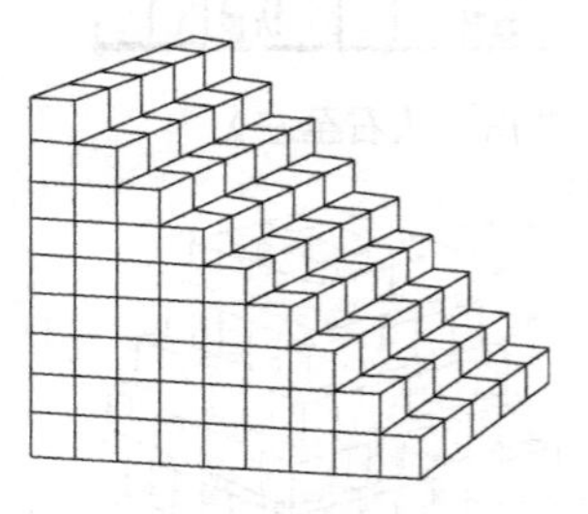

图 8-24　屋盖垛

“堑堵”是底为直角三角形的直三棱柱，即长方体（以对角面剖分）之半，俗称三角块，犹如屋盖。$V_{堑堵}=abc/2$。仿堑堵堆出屋盖垛（图 8-24），设下广为 $a$，长为 $n$，最上要求垒成一行，则高亦为 $n$，杨辉给出的计数公式是：$V_{屋盖垛}=an(n+1)/2$。

这实际上是自然数前 $n$ 项和公式乘下广，属于幂和公式。杨辉为说明该式与堑堵体积的区别，特意加一句：“如方积，不用加一”，意即本题如果求（堑堵）体积，$an^2/2$ 即可，不用乘 $(n+1)$。他要把垛积与体积算法严格区分，用意十分明确。

图 8-24 是据原著给出的数据绘出的图，图上垛积单元的个数，按屋盖垛公式应为 225。

（5）在“刍甍”题后，附有类刍甍“果子一垛”：

比类：果子一垛，下长九个，上长四个，广六个，高六个。问计多少。答曰：一百五十四个。术曰：倍下长，并入上长，以广乘之；高与广同，副置一位，又高乘之；并以为实；如六而一。

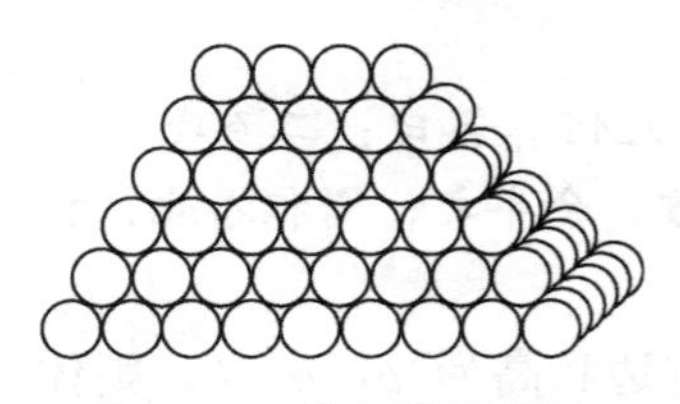

图 8-25　类刍甍果子垛

所谓“刍甍”，在本书 § 5.1.3 节中已有介绍，是上底为一线段、下底为矩形的拟柱体。设其上长为 $a_1$，下长为 $a_2$，下底宽（下广）为 $b_2$，高为 $h$，则有公式 $V_{刍甍}=(2a_2+a_1)b_2h/6$。在本题中，杨辉提出的类刍甍果子垛（图 8-25）计数公式：$V_{甍果垛}=(2a_2+a_1)b_2h/6$，两者形式一样，但关键是必有“高与广同”，即 $h=b_2$，而在 $V_{刍甍}$ 公式里，两者互相无关，皆可任取。杨辉发现，类刍甍果子垛在保持下层比上层长宽各加 1 的约束条件下，高与底宽必然相等；今天说，就是存在函数关系。

（6）在“刍童”题后，附有类刍童“果子一垛”：

比类：果子一垛，上长四个，广二个，下长八个，广六个，高五个。问计几何。答曰：一百三十个。法曰：倍上长并下长，以上广乘之，得三十二；别倍下长并上长，以下广乘之，得一百二十。二位相并，一百五十二。此刍童治积本法。以上长减下长，余四，亦并之。果子乃是圆物，与方积不同，故增入此段。以高乘之，七百八十；如六而一。亦刍童本法。

“刍童”是上、下底面都是长方形的棱台体，在 § 5.1.3 节中也有介绍。设刍童上底长为 $a_1$，下底长为 $a_2$，上底宽（上广）为 $b_1$，下底宽（下广）为 $b_2$，高为 $h$，则有体积公式：$V_{刍童}=[(2a_1+a_2)b_1+(2a_2+a_1)b_2]h/6$。在本题中，杨辉提出类刍童果子垛（图 8-26）计数公式：

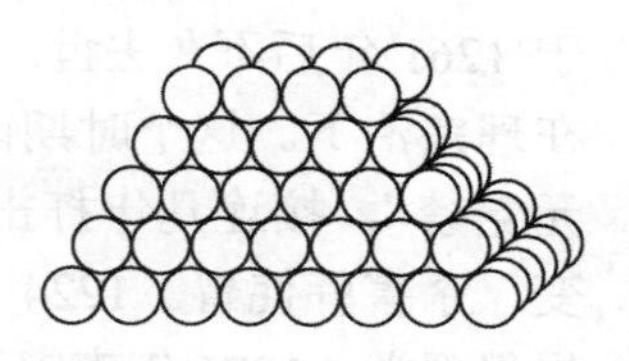

图 8-26　类刍童果子垛

$V_{童果垛}=[(2a_1+a_2)b_1+(2a_2+a_1)b_2+(a_2-a_1)]h/6$。显然，在保留刍童公式形式的基础上，添上一个附加项：$(a_2-a_1)h/6$，这正是沈括的“羡积”，详见本章 § 8.1.2 节。杨辉所给例题中，先算出 $(2a_1+a_2)b_1+(2a_2+a_1)b_2=152$，并入 $a_2-a_1=4$，再乘 $h=5$、除以 6，得到结果 130。

杨辉提醒人们注意，“果子乃是圆物，与方积不同，故增入此段”，突出表明离散的垛积计数算法与连续的体积算法有区别。这一思想和方法继承了沈括首创的隙积术，建立了三角垛、四隅垛等新体系，为中算垛积术在嗣后的发展开辟了新领域。

## 8.3　秦九韶：“道”的思想与两项算法的巅峰之作

中国传统数学发展到宋元时代，达到了它的鼎盛时期，13 世纪产生了著名的“宋元四大家”，秦九韶就是其中之一。秦九韶《数书九章》在“大衍求一术”即一次同余式组求解、“正负开方术”即高次方程的数值解法、联立一次方程求解以及勾股测量等方面，推进了数学理论和计算方法的发展，特别是“大衍求一术”和“正负开方术”，达到了中国数学史和世界数学史中古发展的顶峰，作出了杰出的贡献，占有重要地位，吸引了中外诸多研究者。§ 8.3.3 和 § 8.3.4 将分别讨论这两项世界成就，并把后者高次方程的数值解法编成计算机程序，作为计数论拓展的研究。

秦九韶是一个什么样的人？他同时代的人，如道学家周密严厉抨击他的品行，是否有道理？他的成就是在怎样的思想背景中获得的？ § 8.3.1 和 § 8.3.2 将分别讨论这些问题。

秦九韶的传记《宋史》未载，近二百年来研究者多方查找，将零星史料凑集起来，使我们对他的生平、思想略知梗概。

### 8.3.1　秦九韶与《数书九章》*

**1）生平简况**

秦九韶，字道古，自称鲁郡人（或说为秦凤间人、蜀人或安岳人），可能他祖籍鲁郡，后迁到秦凤间，后又南下普州，定居于安岳。父秦季槱，字宏父，绍熙四年（1193 年）进士，嘉定中（约在 1213～1219 年）任巴州（今四川巴中）守，1219 年因兵变弃城而去，后至临安（今杭州）任工部郎中（1222 年），升秘书少监（1224 年），翌年又调潼州知府，返四川，生卒年不详。

* 罗见今. 秦九韶与《数书九章》//中外数学简史编写组. 中国数学简史. 山东教育出版社，1986：272-277.

秦九韶出生的年代，钱宝琮先生认为约在1202年[①]，李迪先生认为约在1209年[②]，于1261年后不久去世。他的青少年时代在南宋宁宗治下度过，24岁以后直到去世，都在理宗治下。这个时期南宋朝廷内斗激烈，1195年权位重于宰相的韩侂胄发动了“庆元党禁”，接连几年打击以朱熹为首的理学家集团；1202年杨后、史弥远发动宫廷政变，杀害韩侂胄。1224年宁宗病死，史弥远废太子竑，强立赵与莒作皇帝，即理宗，提倡理学，1276年南宋灭亡。

秦九韶“年十八在乡里为义兵首”，据《宋史》，“义兵”是一种常设的地方武装。他在《数书九章》自序中说：“早岁侍亲中都（南宋京都临安），因得访习于太史”，可知他随父至杭州，在其父任秘书省（“天文历数之事”属其职权范围）少监时，他有机会向太史——国家天文工作者、秘书省下属机构官员——学习天文历法。此次出游东南，他结交了许多豪富朋友。秦九韶聪敏好学，喜欢在解决实际问题中深入研究学问。理学家周密虽对他的品行深为不满，但也盛赞他“性极机巧，星象、音律、算术以至营造等事无不精究”。秦九韶“尝从李梅亭学骈骊诗词，游戏、球马、弓箭莫不能知”，可见他的博学多才，在青年时代就已表现出来了。他自己说：“九韶愚陋，不闲于艺”，说明他学习是十分勤奋的。

秦氏还说：“又尝从隐君子受数学。”根据李迪先生的研究，“隐君子”很可能是南宋著名道教学者陈元靓。1230年前，陈元靓著《岁时广记》《事林广记》《博闻三录》等书，他“自署广寒仙裔，而刘纯作后序称为隐君子。”“隐君子”专指陈元靓，而不是像“隐士”一样的普通名词，他的年龄和资历作为秦九韶的老师也是吻合的。

1225年秦九韶随父回四川，翌年正月随父到涪州（今涪陵）与涪州守李瑀同游，观长江中的“石鱼”并刻石题名。1233年前后九韶曾任某县县尉。1235年蒙古兵攻入四川，《数书九章》自序说：“际时狄患历岁遥塞，不自意全于矢石间，尝险罹忧，荏苒十祀。”战祸连年，他只得离乡避难。出四川时曾任蕲州（今湖北蕲春）通判及和州（今安徽和县）守，有史料记载他曾得罪军士、激起兵变和高价贩卖食盐。他在湖州的居室“极其宏敞，后为列屋以处秀姬，管弦、制乐度曲皆极精妙，用度无算”。[③]可见他过的是官宦生活。

1244年农历八月，九韶为建康府（今江苏南京）通判，十一月丁田忧解官归湖州守孝三年。从时间上看，他的数学巨著《数书九章》就是在此期间写成的（1247年）。

1254年秦九韶到建康任沿江制置司参议，不久又离职。周密批评他“喜奢好大，嗜进谋身”，他热衷仕途，攀附权臣贾似道，于1258年任琼州守，到琼州“仅百许日，郡人莫不厌其贪暴，作卒哭歌以快其去”，周密又说他“至郡数月，罢归，所携甚富”。他又追随吴潜，1259年任命他为司农寺丞，未果。不久，吴潜罢相被贬，放逐潮州，贾似道专权，秦九韶受牵连，贬于梅州（广东梅县），“在梅治政不辍，竟殂于梅。”根据周密的这一记载，秦九韶卒于任所，当在1261年以后不久。

**2）撰写《数书九章》**

秦九韶于淳祐七年（1247年）写成的数学著作原名可能为《数术大略》或《数学

① 钱宝琮. 秦九韶《数书九章》研究//钱宝琮，等. 宋元数学史论文集. 北京：科学出版社，1966：65.
② 李迪. 秦九韶传略//吴文俊. 秦九韶与《数书九章》. 北京：北京师范大学出版社，1987：27.
③ 周密. 癸辛杂识：续集下//秦九韶. 国学基本丛书·数书九章（下）. 上海：商务印书馆，1937：附考471.

大略》，《永乐大典》和四库全书引作《数学九章》。1615 年道士赵琦美抄本录作《数书九章》，是据会稽王应遴借文渊阁抄本《数书》添入“九章”二字而成的，1842 年收入宜稼堂丛书中，流传较广，现在就称它为《数书九章》。该书十八卷约 20 万字，在中古数学史上，堪称鸿篇巨制。秦氏在自序中说：“窃尝设为问答以拟于用，积多而惜其弃，因取八十一题厘为九类，立术具草，间以图发之。”81 个应用题分为 9 类，每类 9 题，其九类是：大衍、天时、田域、测望、赋役、钱谷、营建、军旅和市物。

每道题都包括答案、术和草，“术”主要说明解题步骤，具有一般性；“草”是根据术文的演算过程，有些还绘有图形，说明题意。它的体例继承《九章》，为应用问题集，但设问复杂，解题水平高于以往。例如营建类“计定城筑”题的已知数有 88 个，赋役类“复邑修赋”题的答案竟有 180 条之多。

《数书九章》的数学内容主要有“大衍总数术”——一次同余式组解法和“正负开方术”——高次方程的数值解法，代表了中国乃至世界中古数学的最高成就，其详细内容，将在 § 8.3.3 和 § 8.3.4 中分别介绍。其次，他还改进了联立一次方程组解法，《九章》原是用直除法求解的，而秦九韶改用互乘对减法，即今天使用的方法。另外，《数书九章》研究勾股测量问题及“三斜求积”题，即已知三角形三边之长 $a$，$b$，$c$ 求面积 $A$，秦九韶公式为：

$$A=\sqrt{\frac{1}{4}\left[a^2b^2-\left(\frac{a^2+b^2-c^2}{2}\right)^2\right]}$$

与古希腊海伦（Heron）公式等价。

但是，《数书九章》也并非毫无瑕疵。秦九韶的个性“喜奢好大”，在文风中也有所表现，例如“遥度圆城”题本来可用三次方程解，他却列出十次方程求解。“蓍卦发微”题中“大衍总数术”也有故弄玄虚之处。至于术与草不一致、计算出错误，说明写稿时不够认真，也没有仔细稽核。清代和近代学者已经对此书做了校勘考证，将纰缪之处指明，如清宋景昌著《数学九章札记》四卷，是重要的参考文献。当然，瑕不掩瑜，《数书九章》纵有上述美中不足，仍不失为中国文化史中最珍贵的遗产之一。美国科学史家萨顿说：秦九韶是“他那个民族、他那个时代、并且确实也是所有时代最伟大的数学家之一。”

### 8.3.2　秦九韶的“道”的思想*

很自然地会提出这样的问题：秦九韶的数学成就是在怎样的哲学背景下产生的？他的哲学思想对他的数学工作影响如何？

秦九韶常常提到“道”。他之所谓“道”属于哪一家，应当予以分辨。可以肯定的是，他的思想不属于儒家的“道学”之“道”。秦九韶生平的史料较少，只能从他的师承、从《数书九章》片言只语去追踪他的思想。他是官宦子弟，本人并非道士，但是该书序中确切表明他受到“道”的思想一定影响。这篇序言是研究我国中古数学家哲学思想的重要史料。

---

* 罗见今. 秦九韶的道家思想. 科学社会史学术研讨会. 厦门，1984-11.

以下从他的师承、他的“道”与“数”的概念等三方面来进行分析。

**1）秦九韶的老师“隐君子”陈元靓**

在《数书九章》序中秦氏有两处提到他的老师：“早岁侍亲中都，因得访习于太史”和“又尝从隐君子受数学”。“隐君子”何许人？在秦氏的几位老师中，隐君子显然是一位值得深入研究的人物。

据李迪先生考证[①]，南宋理宗时人陈元靓被称为“隐君子”。四库全书称：

《岁时广记》四卷（编修程晋芳家藏本），宋陈元靓撰。元靓不知其里贯，自署曰广寒仙裔。而刘纯作后序，称为隐君子。其始末亦未详言，莫之考也。书前又有知无为军巢县事朱鉴序一篇，鉴乃朱子之孙，即尝辑《诗传遗说》者，后仕至湖广总领。元靓与之相识，则理宗时人矣。（《四库全书总目》卷六十七）

可知“隐君子”是指陈元靓的专有名词。陈元靓撰《岁时广记》，与朱熹后人朱鉴有交往。朱鉴当时居官“知无为军巢县事”（后仕至户部郎中、湖广总领），陈请朱为《岁时广记》作序[②]，序中提到陈另有著作《博闻三录》。另外，死于绍定中（约 1230～1231 年）的刘纯也曾为《岁时广记》作引，可知其成书当在 13 世纪 30 年代之前。这时陈元靓已是至少有两部著作、博闻广记的学者，而秦九韶正是小青年，陈作为老师，在年龄和资历上也是吻合的。陈与秦的经历在地域上存在交汇点。刘纯是秦九韶同时代人，四库馆员又通悉史料，因此可以认为，秦九韶的老师就是隐君子陈元靓。

陈元靓是福建崇安五夫子里（今武夷山市五夫镇）人。[③]清陆心源在重刊足本《岁时广记》四十二卷（1892 年）序言中根据该书以及有关材料介绍了陈元靓其人。他的先祖广寒先生，“不知其名，福建崇安人，陈希夷弟子。……崇安有仙亭峰白塔仙洞，皆以广寒得名”。广寒之子陈逊“绍圣四年（1097 年）进士，官至侍郎”，“元靓盖逊之裔也”。[④]陈元靓以“广寒仙裔”自命，系沿袭先祖的道教名号。同时，他自己也隐居在“龟峰之麓，梅溪之湾”，“涕唾功名，金玉篇籍”[⑤]，俨然是道教学者。他对于希夷先生十分推崇，由此可知，他属陈抟一系，其道教思想对秦九韶抑或产生了影响。

陈元靓的著作除上文提到的两种外（《博闻三录》又名《博闻录》，陆心源说已失传，清时绛云楼仅存书目），还有大作《事林广记》，1963 年中华书局影印本前有胡道静先生“影印元至顺本《事林广记》前言”，此不赘述。这里只谈谈《岁时广记》。这是一本关于南宋之前有关天时人事的岁时记录，包罗民间节庆资料，内容较为庞杂，它“仰以稽诸天时，俯以验之人事”，其中有不少条目介绍道教教义、礼仪、人物、轶事，例如第七卷“遇真人”“吞寿丹”“服岁丹”“获仙药”“揲蓍卦”“求响卜”“卜晴雨”，第八卷“占禽兽”“谒真君”“授经诀”“述道要”“建善功”等，连篇累牍，全书与道教有关的内容近百条。

由于广寒先生是陈抟弟子，他在书中提到崇安仙亭峰的沙溪时写道：

背拥仙亭峰，百揖仙桥岫，又导派于白塔仙洞之龙脉，山川钟秀，壤□毓灵，

① 李迪. 秦九韶传略//吴文俊. 秦九韶与《数书九章》. 北京：北京师范大学出版社，1987：25-42.
② 朱鉴. 岁时广记序//陆心源. 十万卷楼丛书：二集十册.
③ 牛会娟.《岁时广记》版本考. 中华文化论坛，2007（2）：42.
④ 陆心源. 重刊足本岁时广记序//陆心源. 十万卷楼丛书：二集十册.
⑤ 刘纯. 岁时广记引//陆心源. 十万卷楼丛书：二集十册.

数世而产仙翁，迄今山下溪之西华宗文族。皆当时庐墓之系云。若夫传翁之大道，授翁之玄旨者，希夷先生也。[①]

综上可知：陈元靓是一位博学广识的道教学者，他的道教思想和知识渊源于陈抟一系。于是，秦九韶作为他的学生，接受了道的思想并在哲学上和数学上有所表现。

**2）秦九韶的“道”的概念**

秦九韶《数书九章》序言和“蓍卦发微”表明他受到“道”的影响。序中涉及“道”的地方有五处：①“数与道非二本也。”②“或明天道而法传于后。”③“愿进之于道。”④“昆仑旁礴（薄），道本虚一。”⑤“不寻天道，模袭何益。”秦氏所言之道，是老庄之道。

什么是道？古代经典、现代解释都不尽相同：《易经·系辞上》五章：一阴一阳之谓道。《易经·系辞上》十二章：形而上者谓之道。老子《道德经》二十五章：有物混成，先天地生，寂兮寥兮，独立而不改，周行而不殆，可以为天下母，吾不知其名，字之曰道。庄子《齐物论》：道统为一。郭沫若：“道”即“无”，是宇宙万物的本体，一切物和观念的存在都由它幻演而出。[②]冯友兰：道是万物之所由来，它是一切的起源。[③]

秦九韶在回顾自己十年离乱、忧患余生的经历时说：“尝险罹忧，荏苒十祀，心槁气落，信知夫物莫不有数也。”这里的数，主要指气数、劫数。他特别提到“数术”，说：

> 今数术之书，尚三十余家，天象历度，谓之缀术；太乙壬甲，谓之三式，皆曰内算，言其秘也。九章所载，即周官九数，系于方圆者为专术，皆曰外算，对内而言也，其用相通，不可歧二。

这是给“数术”下定义，天文历法、太乙六壬、奇门遁甲等属于“内算”；今天所说的数学属于“外算”。秦氏所说“尝从隐君子受数学”，除今天所说的数学的内容外，还包含有术数的内容。“物生有象，象生有数，乘除推阐，务究造化之源者，是为数学”。到近代，数学家引用“数学”才舍去了它的数术的含义，成为汉语中重要的科学概念之一。

秦九韶说“道本虚一”和“太虚生一而周流无穷”本意指道是精神本原，无远弗届。《道德经》第一、十六、五十四章中阐明要用精神去寻找与观察形而上之“道”。秦九韶提出“寻天道”和“明天道”，并认为要探索天道的真谛，单纯从形式上模袭是毫无益处的。

数与道在本源上同一，所以秦九韶认为“大则可以通神明、顺性命，小则可以经世务、类万物”，实际上重在经世济用。书中81题的名目多与实际需要相关，例如计算耕地面积，测量降水量，计算赋税、田租、高利贷，记录商业、货币、物价等，基本上属于“外算”，反映了当时社会经济的实际情况，甚至可作为研究南宋经济史的参考。

秦九韶把这部20万言的著作奉献给“道”，可见他对道的信仰与虔敬。

---

① 陈元靓. 岁时广记：三十二卷末篇//陆心源. 十万卷楼丛书：二集十册.

② 郭沫若. 中国史稿：第一册. 北京：人民出版社，1976：375.

③ 冯友兰. 中国哲学简史. 赵复三译. 北京：新世界出版社，2004：84.

**3）秦九韶的“数”的概念**

秦九韶的“道”的观念已浸透到“数”的领域之中：“数与道非二本也”，使得他所言的“数”也带有浓厚的哲学色彩。《数书九章》曾有过四个名称：

①《数术》和《数术大略》，据宋陈振孙《直斋书录解题》卷十二。[①]②《数学大略》，据宋周密《癸辛杂识续集》下。③《数学九章》，据明《永乐大典》、清四库全书。④《数书》和《数书九章》，据明赵琦美于该书后的跋言。

在中算史上，这是第一次将“数学”一词用作书名。我国古代习惯称“算”，很少称“数”；中算家不称作“中数家”。此后仅有明万历六年柯尚迁的《数学通轨》（1578 年），17～18 世纪题名“数学”的只有屈指可数的几本，到 19 世纪此风渐开；直到 1938 年曹惠群整理数学名词，仍叫《算学名词汇编》。

《数书九章》序中 8 处出现“数”或“数术”：①“周教六艺，数实成之。”②“数与道非二本也。”③“今数术之书，尚三十余家。”④“尝从隐君子受数学。”⑤“信知夫物莫不有数也。”⑥“奇余取策，群数皆捐。”⑦“数术之传，以实为体。”⑧“欲知其数，先望其表。”其中第①六艺之“数”即“九数”，它的具体内容有推策、定律、髀矩、浚川、土圭、度晷等。第②数与道的关系，前文已阐述。第⑤中之“数”，主要指气数、劫数，为宿命论用语。第⑥、⑧两条指数字，不详论。第③、⑦两处提到“数术”，须着重分析。

“内算”中所谓“三式”，即太乙、六壬、遁甲。太乙通常解作太一。钱宝琮先生《太一考》[②]论述颇详。秦文中太乙，即汉徐岳著《数术记遗》中的“太乙”算或“太一算”，详见第 § 6.4.2 节。

“六壬”指六十甲子中的壬申、壬午、壬辰、壬寅、壬子、壬戌，是一种占卜术，占法分六十四课。用刻有干支的天盘、地盘相叠，转动天盘后得出所值的干支及时辰的部位，以此判别吉凶。现在看来，这相当于用转盘对各种组合情况分别赋值的一种概率游戏。

至于“遁甲”，即“奇门”，术数家又称“雷公”。奇门遁甲是一种与后人所称“洛书”有关的占卜术。“太乙壬甲”是三种与数学多少相关的数术，或者说其中内涵数学思想和方法，因此秦九韶把它与天文、历法、九章相提并论。

李约瑟在研究秦九韶的“内算”时说：如果有一个汉学家兼通数学，那么，通过对隐晦难解的中国中古占卜术著作的探索，他在这方面是会大有收获的。[③]这是他的预言。

清代四库馆员指出：“术数之兴，多在秦汉以后，其要旨，不出乎阴阳五行，生克制化。其实皆易之支派，傅以杂说耳。物生有象，象生有数，乘除推阐，务究造化之源者，是为数学。”[④]四库馆员对术数已力陈其非，但指出其中“唯数学一家为易外别传，不切事而尤近理，其余则皆百伪一真，递相煽动……”可见，直到清代，学者在讲“数学”时，还是指易学分支“术数”中的一个内容。

---

① 钱宝琮. 秦九韶《数书九章》研究//钱宝琮，等. 宋元数学史论文集. 北京：科学出版社，1966：65.

② 钱宝琮. 太一考. 燕京学报. 专号第八，1936. 中国科学院自然科学史研究所. 钱宝琮科学史论文选集. 北京：科学出版社，1983：207-234.

③ 李约瑟. 中国科学技术史：第 3 卷数学. 北京：科学出版社，1978：89-90.

④ 永瑢. 四库全书总目：子部十八. 术数类. 清乾隆武英殿刻本：1777.

秦九韶将“大衍类”排在《数书九章》九类问题的第一类，将释易的“蓍卦发微”列入此书 81 题的第一题，是他本意所在。除套有易学形式外，全部是切合实用的数学内容，与数术没有关系。永乐大典本称之为《数学九章》，十分贴切。

### 8.3.3　秦九韶大衍总数术：仿周易揲法的数学杰作*

在中国数学史上，将有价值的数学方法引入占蓍之法的著作，秦九韶的《数书九章》堪称典型，它受到《周易》占法的影响，把数术同数学糅合起来。秦九韶在这本书的第一卷“蓍卦发微”中所阐明的“大衍总数术”，形式上是解说《周易》揲蓍程序，实质上则为发挥“大衍求一术”，后者是数论中解一次同余式组的著名方法。秦九韶本人非常重视这一成就，在自序中两度提到：

独大衍法不载《九章》，未有能推之者，昆仑旁礴，道本虚一，圣有大衍，微寓于易。奇余取策，群数皆捐……其书《九章》，惟兹弗纪。

秦氏并在卷一、卷二中给出定理（两处）、详草和九类例题。人们会提出问题：秦九韶受到《周易》的哪些影响？“大衍求一术”同《周易》占法有怎样的关系？本书在§2.5.1 节对周易揲法已有讨论，现在与秦九韶揲法——大衍总数术从数学上、易学上进行对比分析，从而得出相应的结论。

**1）秦九韶揲法**

在“蓍卦发微”中秦九韶将“大衍总数术”用于占算，创造了他自己的一整套揲法，其核心是纳入揲蓍程序的、纯数学的一次同余式组解法——“大衍求一术”。“大衍求一术”本来较难理解，对古人更为困难，筮人不易掌握；将揲法数学化来解释《周易》，当然不为传统易学所认可。但是，秦九韶这一独出心裁的努力，却在数学史上写下了光辉的一页。关于“中国剩余定理”，许多论文都已详加分析论证；而本书注意的中心，在于比较“大衍总数术”即秦九韶揲法与《周易》揲法的同异之点，从而得出相应的结论来。

“蓍卦发微”开卷第一句：

问易曰：大衍之数五十，其用四十有九，又曰：分而为二，以象两；挂一以象三；揲之以四，以象四时，三变而成爻，十有八变而成卦。欲知所衍之术及其数各几何？

秦九韶认为这类问题的解法不独对占蓍有用，还可用于解“古历会积”“堆计土功”“推库额钱”“分粜推原”“程行计地”“程行相及”“积尺寻源”“余米堆数”等实际应用问题，把它们都归为“大衍类”，列为《数书九章》十八卷的第一、二卷，可见他是以纯数学的眼光和手法来处理这些问题的，与《周易》似乎没有什么关系。他的着眼点在于应用，介绍了几种实数（“元数”“收数”“通数”“复数”）的定义，给出了“大衍求一术”的定理。

**2）蓍卦发微本题术原文**

秦九韶针对上述“蓍卦”一问，在“本题术”里，作了如下回答，这里将它分成 8 个步骤，将标号分别插入原文：

---

* 罗见今.《数书九章》与《周易》//吴文俊. 秦九韶与《数书九章》. 北京：北京师范大学出版社，1987：89-102.

（1）置诸元数，两两连环求等，约奇弗约偶；偏约毕，乃变元数，皆曰定母，列右行。（2）各立天元一为子，列左行。以诸定母互乘左行之子，各得，名曰衍数。（3）次以各定母满去衍数，各余，名曰奇数。（4）以奇数与定母用大衍术求一，得乘率。（5）以乘率乘衍数，各得用数。（6）验次所揲余几何，以其余数乘诸用数，并名之曰总数。（7）满衍母去之；不满，为所求数，以为实。易以三才为衍法，以法除实，所得为象数（如实有余，或一或二，皆命作一，同为象数）。（8）其象数得一为老阳；得二为少阴；得三为少阳；得四为老阴。得老阳画重爻，得少阴画拆爻，得少阳画单爻，得老阴画交爻。凡六画乃成卦。

秦九韶实际上仿照周易揲蓍法（参见本书 § 2.5.1 节），建立了他自己的揲法。接着他写了将近 10 面演草，详细说明占算过程。这里参照上下文，述其大意。

**3）对大衍总数术的解读和数学分析**

（1）“元数”即正整数，本题指表水、火、木、金的一、二、三、四。它的根据是《尚书・洪范》中五行的次序：“一曰水，二曰火，三曰木、四曰金、五曰土。”“两两连环求等”，指任两元数求最大公约数（“等数”）。“约奇弗约偶”：将其中一数中的约数消去，而不是将两数的约数同时消去。每两元数一次约毕，约后应“无等”（没有公因数）。这样将元数变为“定数”（或“定母”），记作 $a_i$。本题 $a_1=1$，$a_2=2$，$a_3=3$，$a_4=4$。定数之积 $\Pi a_i=M$ 叫“衍母”，可以证明它是诸元数的最小公倍数。在不引入素数概念时，这种变元数为定数的程序绕了一些弯路；但是它解决了不用分解质因数而求最大公约数和最小公倍数的问题。在我国古代数学中，这个问题是有独特解法的。

（2）“以诸定母互乘左行之子”时，唯不“对乘本子”，即得“衍数”，记作 $G_i$，如本题 $G_1=1\times3\times4=12$，$G_2=1\times3\times4=12$，$G_3=1\times1\times4=4$，$G_4=1\times1\times3=3$。这些结果即是以各定数除衍母 $G_i=M/a_i$。秦氏在“草曰”开始直接将元数 1，2，3，4 用此法求得衍数 24，12，8，6，因其和为 50，便说：“问易曰：大衍之数五十”，显然这一步骤仅为附会大衍之数。又谈“算理不可以此五十为用”，引出求定数一说，但“衍数”一名，即是这样由“大衍之数”而来。

（3）“以各定母满去衍数”分两种情况：①若衍数大于定母，即 $G_i>a_i$ 时，则有 $G_i\equiv g_i \pmod{a_i}$；②若衍数小于定母，即 $G_i<a_i$ 时，则有 $g_i=a_i$。

$g_i$ 即奇数（“归奇于扐”之奇，奇零之意）。本题所得奇数 $g_1=1$，$g_2=1$，$g_3=1$，$g_4=3$。求奇数之法来自《周易》蓍卦中揲四之法，但扩充为以定母 $a_i$，分揲衍数 $G_i$。

（4）已知诸奇数 $g_i$ 和诸定 $a_i$，用“大衍求一术”求“乘率”，记作 $k_i$，这是“大衍总数术”的核心。用数学式子表示出来，就是求出满足

$$k_i\frac{M}{a_i}\equiv 1 \pmod{a_i} \quad 或 \quad k_i g_i\equiv 1 \pmod{a_i}$$

中 $k_i$ 的值。这里，$G_i=\dfrac{M}{a_i}>a_i$，$G_i\equiv g_i \pmod{a_i}$，$0<g_i<a_i$。

本题中用“大衍求一术”求得的乘率为 $k_1=1$，$k_2=1$，$k_3=1$，$k_4=3$。

（5）“以乘率乘衍数，各得用数”。“用数”有“泛用”$f_i$ 和“定用”$f_i'$之分，本题“泛用”为 $f_1=12$，$f_2=12$，$f_3=4$，$f_4=9$。秦氏取 $f_2'=f_2\times2=24$，仍保留 $f_1'=f_1=12$，$f_3'=f_3=4$，$f_4'=f_4=9$。因为 $\Sigma f_i'=49$，于是称“四十九名曰用数，用为蓍草数，故易曰‘其用四十有

九’是也。假令用蓍四十九、信手分之为二，则左手奇右必偶，左手偶右必奇，欲使蓍数近大衍五十，非四十九或五十一不可。二数信意分之，必有一奇一偶，故所以用四十九，取七七之数。”这段话带有象数色彩，是秦氏对“大衍之数五十，其用四十有九”的解释。“用数”一名之立，显然也是由附会《周易》而来。

（6）将四十九蓍（$R$=49）分之为二（$R=R_1+R_2$），各以元数 1，2，3，4 分揲之，余数记为 $r_i$。秦氏说，由于“一一揲之必奇一，故不繁揲，乃径挂一，故易曰‘分而为二，以象两，挂一以象三’”。这里把揲一所余的一视为“挂一”，即 $r_1$=1。

秦氏举 $R_1$=33 为例，以 2，3，4 各分揲一次：“二二揲之余一” 33≡1（mod2）；“三三揲之余三” 33≡3（mod3），“四四揲之余一” 33≡1（mod4），故 $r_2$=1，$r_3$=3，$r_4$=1。这就是他在《数书九章》序中所说的“奇余取策，群数皆捐”。后三数即三扐，秦氏谓之“三变”。“以其余数乘诸用数，并名之曰总数”，总数记作 $Z$，本题中 $Z_1$=12，$Z_2$=24，$Z_3$=12，$Z_4$=9，

$$Z=\Sigma Z_i=\Sigma r_i f_i'=57。$$

（7）依上例取 $R_1$=33，将总数 $Z$=57 “满衍母（$M$=12）去之”，即 57≡9（mod 12）

将 9 作为被除数，以 3 为除数（象征三才），相除得象数三。如果不能整除，有余数 1 或 2，所余部分都看作象数一。例如 7 或 8 的象数都是三。由于衍母 $M$=12，总数 $Z$ 无论为何值，余数 1，2，…，12 被 3 除所得象数只可能是一、二、三、四其中之一。

注意到，此法（1）始于水、火、木、金，（7）终于水、火、木、金。

（8）根据算出的“象数”的值，确定四爻象：

一老阳 ⚌ 重爻，二少阴 ⚍ 拆爻，三少阳 ⚎ 单爻，四老阴 ⚏ 交爻。

“他皆仿此”，“凡六画乃成卦”。秦九韶最后总结说：

> 术意谓揲二、揲三、揲四者凡三度……故曰三变而成爻。既卦有六爻，必一十八变，故“十有八变而成卦”。

**4）可与周易揲法相比较而得出几点结论**

（1）“大衍总数术”前四步（1）～（4）具有重要的数学意义，其中“大衍求一术”受到《周易》揲法的某些影响，例如后者利用了一次同余式的（分揲）性质；但是，从数论的角度来看，分揲定理与一次同余式组解法之间没有直接的承袭关系，而且秦九韶也不是按照当时流行的观点去解释揲法的。因而，“大衍求一术”不是从《周易》揲法演变而来。

（2）“大衍总数术”后四步（5）～（8）除一次同余式算法外，主要目的在于进行占算和解释《周易》揲法，附会经文较为明显，带有易学色彩。但是，秦九韶借用了《周易》揲法的形式，保留了① “大衍之数五十，其用四十有九”；② “分而为二”，“挂一”；③“揲四”，“归奇”；④以法除实求象数等基本环节，在易学上别树一帜。

（3）“大衍总数术”同《周易》揲法间的区别在于：①“分而为二，以象两”，易法对 49 所分成的两部分（$R_1$ 和 $R_2$）均揲，秦法仅揲其中之一（$R_1$）。②“挂一以象三”，易法从第一部分中取一（$R_1$−1），不参与下一步计算；秦法径取揲一所余之一，参与下一步计算。③易法“揲之以四，以象四时”，分揲三次谓之“三变”；秦法揲之以二、三、四，凡三度而谓之“三变”。④所求象数，易法以 4 除得六，七，八，九；秦法以

3 除得一，二，三，四，分别转化成四象。

秦九韶为什么要把数学和易学糅合在一起？一种可能是为了引起当时人们对“大衍求一术”的重视，借易法之名，施秦法之实。这种标新立异带有离经（《易经》之经）叛道（道学之道）的性质，当然不为易学正统所承认，也未被后来筮人所接受。直到清朝编四库全书时，四库馆臣对“蓍卦发微”还颇有微词：“此条强援蓍卦牵附衍数，致本法反晦”“竟欲以此法易古法则过矣”“欲以新术改《周易》揲蓍之法，殊乖古义”。但是，这从另一方面证明了秦九韶的思想不受当时道学的局限，他深知“大衍求一术”的价值，企图把它提高到经学的地位，在当时历史条件下，这种努力是可以理解的。唐一行《大衍历议》也是借大衍之名，阮元批评说这是“窜入于易以眩众”，其实以优秀的数学成果“眩众”也未尝不可，只是传统思想认为不能与至高的经书相提并论罢了。一行、秦九韶的这些可以看作是为了提高数学地位的努力，应当给予客观的历史评价。

集合论的创立者、德国数学家格奥尔格・康托尔（G. Cantor）高度评价秦九韶及其工作，他说：发现大衍术的数学家是“最幸运的天才”。

### 8.3.4 拓展的研究：高次方程数值解的秦九韶程序*

高次方程如果存在实数解，那么采用逐步逼近的方法求得其近似解，这是方程论、分析学、算法论共同研究的课题。今天的高等数学已积累了诸如秦九韶法（即西方所称的 Horner 法）、迭代法、插值法（即弦线法）、Newton 法（即切线法）、联合法、罗巴切夫斯基法等来解决这一问题。秦九韶的“正负开方术”是在贾宪“增乘开方法”的基础上发展起来的，是中国数学史上的一项重要成果。它历史悠久，布算简易，只要用加、减、乘就能求出所需精度的解，体现了中算的程序性的特点，所以在有关的数学理论、应用、教学和数学史研究中时有涉及。本小节以高次方程数值解的秦九韶筹算程序为依据，分析它的笔算程序，导出相应的代数公式，从而设计出秦九韶算法的计算机程序，用来求一般实系数多项式方程的近似根。

**1）秦九韶算法分析**

秦九韶在《数书九章》（1247 年）的二十多个方程问题中阐明了求方程近似根的筹算过程，这里列出其笔算过程。以《数书九章》卷五田域类“尖田求积”题为例。原题为

> 问有两尖田一段，其尖长不等，两大斜三十九步，两小斜二十五步，中广三十步，欲知其积几何？……术曰：以少广求之，翻法入之：置半广自乘，为半幂，与小斜幂相减相乘，为小率；以半幂与大斜幂相减相乘，为大率。以二率相减，余自乘为实。并二率，倍之，为从上廉，以一为益隅，开翻法三乘方，得积（一位开尽者，不用翻法）。

根据题意、术文和当时对常数项的要求（“实常为负”），可以列出如下方程：

**例 1** $-x^4+763\,200x^2-40642560000=0$。

解：本题中“益隅”是 4 次项系数，“下廉”“上廉”和“方”依次是 3，2，1 次项系数，“商”是方程的正根。根据筹算转化为笔算，算式布列如图 8-27。再据试值，由

* 罗见今. 高次方程数值解的秦九韶程序//吴文俊. 中国数学史论文集（四）. 济南：山东教育出版社，1994：73-80.

于方程的根是一个三位数，所以求得的“商”的第一个数字 8 是百位上的数；第二个数字 4 是十位上的数。本例 $x$=840 为方程的根，运算结束。如果是不尽根，这一算法可继续下去。

| 商 | 益隅 | 下廉 | 上廉 | 方 | |
|---|---|---|---|---|---|
| 800 | −1 | 0 | 763200 | 0 | −40642560000 |
| | | −800 | −640000 | 98560000 | 78848000000 |
| | −1 | −800 | 123200 | 98560000 | 38205440000 |
| | | −800 | −1280000 | −925440000 | −38205440000 |
| | −1 | −1600 | −1156800 | −826880000 | 0 |
| | | −800 | −1920000 | −128256000 | |
| | −1 | −2400 | −3076800 | −955136000 | |
| | | −800 | −129600 | | |
| | −1 | −3200 | −3206400 | | |
| | | −40 | | | |
| 40 | −1 | −3240 | | | |

图 8-27　《数书九章》卷五尖田求积方程的笔算程序

**例 2**　求方程 $x^3-2x-5=0$ 的根 $\alpha$，精确到 $10^{-8}$，用秦九韶法。可参照其笔算程序（图 8-28）。

解：由试值，知 $2<\alpha<3$。先将方程作减根变形，即设 $x=2+y$，代入原方程，得

$$y^3+6y^2+10y-1=0。$$

这一过程的笔算算式布列如图 8-27。再将方程作倍根变形：令 $z=10y$，则有

$$z^3+60z^2+1000z-1000=0。$$

若此方程的根为 $\beta$，则由试值，知 $0<\beta<1$，省去减根变形，作倍根变形，得：

$$u^3+600u^2+100\,000u-100\,000=0。$$

若此方程的根为 $\gamma$，则由试值，知 $9<\gamma<10$，于是得到 $\alpha$ 精确到 $10^{-2}$ 的近似值为 2.09。

循此继进，可得题目精确到 $10^{-8}$ 的根为 $\alpha$=2.094 551 48。

| | | | | |
|---|---|---|---|---|
| 2 | 1 | 0 | −2 | −5 |
| | | 2 | 4 | 4 |
| | 1 | 2 | 2 | −1 |
| | | 2 | 8 | |
| | 1 | 4 | 10 | |
| | | 2 | | |
| | 1 | 6 | | |

图 8-28　用秦九韶法解不尽根方程笔算程序

下面给出秦九韶算法的代数公式。已知

$$f(x)=a_0x^n+a_1x^{n-1}+\cdots+a_kx^{n-k}+\cdots+a_n=0 \qquad (8\text{-}1)$$

有一不尽根 $\alpha=b.b_1b_2b_3\cdots$，个位上的整数，$b_i$（$i$=1，2，…）为小数各位上的数值，$0\leqslant b_i\leqslant 9$。设 $\beta=10(\alpha-b)=b_1.b_2b_3\cdots$，$\gamma=10(\beta-b_1)=b_2.b_3b_4\cdots$，等等。由 $f(\alpha)=0$ 知存在 $g(x)=0$，使 $g(\beta)=0$；存在 $h(x)=0$，使 $h(\gamma)=0$，等。

**2）秦九韶算法的代数公式**

秦九韶解法就是先由试值，将方程 $f(x)=0$ 作减根、倍根变形，递次求出 $b$，$b_1$，$b_2$，…及 $g(x)=0$，使 $h(x)=0$，…对于方程变形，它相当于如下定理：

已知 $f(x)=\sum\limits_{k=0}^{n}a_kx^{n-k}=0$ 有不尽根 $\alpha$，整数部分为 $b$，则经减根、倍根变形，得到方程 $g(x)=\sum\limits_{k=0}^{n}C_kx^{n-k}=0$，式中系数 $C_k$ 满足 $C_k=10^k\sum\limits_{i=0}^{k}\binom{n-i}{k-i}a_ib^{k-i}$（$0<b<10$），使得 $g$

$(\beta)=0$ 成立。亦即

$$g(\beta)=\sum_{k=0}^{n}\sum_{i=0}^{k}10^{k}\binom{n-i}{k-i}a_{i}b^{k-i}\beta^{n-k}=0\text{。}$$

**证明：** $f(\alpha)=0$，$\alpha=\beta/10+b \rightarrow f(\beta/10+b)=0 \rightarrow \sum_{k=0}^{n}a_{k}(\beta/10+b)^{n-k}=0 \rightarrow$

$$\sum_{k=0}^{n}a_{n-k}(\beta/10+b)^{k}=0\rightarrow\sum_{k=0}^{n}a_{n-k}\sum_{i=0}^{k}\binom{k}{i}(10^{-1})^{k-i}\beta^{k-i}b^{i}=0\rightarrow\sum_{k=0}^{n}a_{n-k}\sum_{i=0}^{k}\binom{k}{i}(10^{-1})^{k-i}\ \beta^{k-i}b^{i}=0$$

$$\rightarrow\ \sum_{k=0}^{n}\sum_{i=0}^{k}\binom{k}{i}a_{n-k}b^{i}\cdot 10^{i-k}\beta^{k-i}=0\text{。}$$

箭号表示方程变形和推导的过程。将这一结果乘以 $10^n$，展开：

$10^{n}a_{n}+10^{n-1}a_{n-1}\beta+10^{n}a_{n-1}b+10^{n-2}a_{n-2}\beta^{2}+10^{n-1}\binom{2}{1}a_{n-2}b\beta+10^{n}a_{n-2}b^{2}+\cdots+10a_{1}\beta^{n-1}+$
$+10^{2}\binom{n-1}{1}a_{1}b\beta^{n-2}+\cdots+10^{n}a_{1}b^{n-1}+a_{0}\beta^{n}+10\binom{n}{1}a_{0}b\beta^{n-1}+\cdots+10^{n}a_{0}b^{n}=0$。由此导出

$a_{0}\beta^{n}+10\left[\binom{n}{1}a_{0}b+a_{1}\right]\beta^{n-1}+10^{2}\left[\binom{n}{2}a_{0}b^{2}+\binom{n-1}{1}a_{1}b+a_{2}\right]\beta^{n-2}+\cdots+$
$+10^{n-1}\left[\binom{n}{n-1}a_{0}b^{n-1}+\binom{n-1}{n-2}a_{1}b^{n-2}+\cdots+a_{n-1}\right]\beta+10^{n}\left[\binom{n}{n}a_{0}b^{n}+\binom{n-1}{n-1}a_{1}b^{n-1}+\cdots+a_{n}\right]=0.$

此即 $\sum_{k=0}^{n}\sum_{i=0}^{k}10^{k}\binom{n-i}{k-i}a_{i}b^{k-i}\beta^{n-k}=0$。证毕。

原方程经第一轮变形，可得求 $g(x)$ 和 $C_k$ 两公式；第一次减根、倍根后的方程经试值（根的整数部分从 0 至 9），可得精确到 0.1 的解。继续使用两式，方程经 $m$ 次变形，同法可求出精确到 $10^{-m}$ 的根来，秦九韶的算法过程已蕴含其中。同法亦可求根的整数部分（一位以上）的各位数字。如所求为负根，则将方程适当变形求正根后再变号。这样，一般实系数多项式求根问题只用秦法就能解决了。

当然，由筹算、笔算程序用字母代替数字也能归纳出求 $g(x)$ 和 $C_k$ 两公式来。

秦九韶在处理特殊高次方程问题时用“投胎”“换骨”等法求近似值，省去了方程递次变形之繁。在下面的程序中，为取得一般性和通用性，没有使用这些方法。

**3）秦九韶法的计算机程序**

高次代数方程求实根的 BASIC 程序，常见的有 Newton-Raphson 法、半区间搜索法、Bairstow-Hitchoock 法（简称 BH 法，还能求复根）。[①]秦九韶法是未曾开发的项目。

笔者以 $g(x)$ 和 $C_k$ 两式为中心，设计出计算机程序，使秦法成为快速求高次方程数值解的实用方法。由于 BASIC 语言已退出使用，故原文（一）方法概要，（二）程序说明，（三）程序清单，（四）程序使用等内容省略，这里仅录（五）试题及运行结果部分。

**4）运行秦九韶程序的计算结果**

以下六题选自秦九韶《数书九章》：

①卷五“均分梯田”：$9x^2+5100x-322\,500=0$。以 $9y^2+51y-32.25=0$ 输入，则 $100y=57.417\,47$，原解 $x=57+853/2045\approx57+41/100=57.41$。

②卷五“均分梯田”：$528\,381x^2+360\,096\,600x-18\,933\,652\,500=0$。以 $y^2+68.150\,94y-358.3334=0$ 输入，则 $10y=49.049\,23$，原解 $x=49+20\,276\,319/\ 412\,406\,319=49.049\,165\,8\approx$

① 张巨洪，朱军. BASIC 语言程序库：第八章. 高次代数方程求根. 北京：清华大学出版社，1983：111-122.

$49+49/1000=49.049$。

③卷六“环田三积”：$-x^4+15\,245x^2-6\,262\,506.25=0$。以$-y^4+152.45y^2-626.250\,625=0$输入，则$10y=20.554\,805$，原解$x=20+1298\,025/2\,362\,256=20.549\,485\,3$。

④卷八“古池推原”：$0.5x^2-1521x-11\,552=0$。以$0.5y^2-15.2y-115.52=0$输入，得$10y=366.960\,465$，原解$x=366+206/(0.5+214)=366+412/429=366.960\,373$。

⑤卷八“望敌圆营”：$-x^4+1\,534\,464x^2-526\,727\,577\,600=0$。以$-y^4+1.534\,464y^2-0.526\,727\,577\,6=0$输入，得$1000y=720$，合原解。

⑥卷十二“囤积容量”：$16x^2+192x-1863.2=0$。以$16y^2+19.2y-18.632=0$输入，得$10y=6.347\,064$，原解$x=6.35$。

以下九题选自华罗庚《高等数学引论》第一卷第一分册第八章方程的近似解。[①]

⑦ $x^5-x-0.2=0$。得$x=1.044\,761\,703\,094$，原解$x=1.044\,72$。

⑧ $x^3-2x^2+3x-5=0$。得$x=1.843\,734\,303\,898$，原解$x=1.8437$。

⑨ $x^3+2x^2-3x-7=0$。得$x=1.806\,300\,738\,100\,2$，原解$x=1.8063$。

⑩ $2x^3-x^2-7x+5=0$。得$x=0.756\,123\,262\,979\,6$。

⑪ $x^3-2x-5=0$。得$x=2.094\,551\,485\,607\,3$，原解$x=2.094\,551\,482$。

⑫ $x^3+18x-30=0$。得$x=1.484\,806\,682\,583\,3$，原解$x=1.484\,806\,6$。

⑬ $x^4-12x^2-40x-21=0$。得$x=4.645\,751\,382\,792\,6$，原解$x=4.645\,751\,3$。

⑭ $x^3-5x^2-2x+24=0$。得$x_1=-2$，$x_2=3$，$x_3=4$，合原解。

⑮ $x^5+2x^4-5x^3+8x^2-7x-3=0$。有三实根分别在区间（$-4$，$-3$），（$-1$，0），（1，2）。其中一个实根$x=1.306\,817\,203\,215\,6$。

① 华罗庚. 高等数学引论：第一卷第一分册第八章. 方程的近似解. 北京：科学出版社，1974：235-253.

# 第9章　朱世杰《四元玉鉴》的垛积招差术

朱世杰的《四元玉鉴》在继承沈括的隙积术、贾宪的二项式系数三角形（约 1050 年）和杨辉的三角垛（1261 年前后）的基础上，奠定了中国数学史垛积招差术的基础，《四元玉鉴》是中国数学史上的巅峰之作，也是世界数学史名著。

古代的数学处于萌芽状态，它提出的问题带有原创性，却并不单纯；或者说并不是（也不可能是）从现代分类学的角度提出问题。古人解决问题的特点之一，是应用了综合的手段。因而，某项成果究竟属于什么学科分支，现代人有时难以将其归类，在解决“是什么”的问题时，就会出现认知的分歧，仁者见仁，智者见智。例如存在是否应当使用组合符号的争议，有的研究者主张“去组合化”，有的则坚持认为不用组合符号无法准确表示。在§9.1 节提出垛积招差术属于组合计数，可以并且应当用组合符号和求和符号Σ来表示。由于原著文辞简约、计算繁复、数据庞大，有必要选出原著有关门类中的前两个问题（共 8 题），拷出扫描件，详加解析、按步推演；然后对其他每个问题给出主要数据和公式。

本章将讨论《四元玉鉴》“术”“草”与数据表间存在着的基本变换关系：

$$S = f(n) = g(n) = \Sigma c_k = \Sigma a_k b_k$$

其中 $f$（$n$）是方程式，$g$（$n$）是组合式，把解读的结果列成 40 多个组合恒等式，实际上反映了朱世杰利用垛积模型进行实验和大量计算的结果。随后在§9.3 节进行拓展的研究，回顾钱宝琮先生 1923 年将朱世杰的成果第一次表述成组合恒等式的贡献，介绍外论对组合卷积公式——朱世杰-范德蒙公式的命名和徐利治先生等深层次的研究成果——这些内容，去组合的方法不可能涉及。

## 9.1　《四元玉鉴》垛积招差术（上）*

内容分为上下两部分，对《四元玉鉴》有关垛积招差的主要内容逐题解析。

---

* 罗见今. 朱世杰的垛积招差术和组合恒等式. 数学传播季刊，2007（2）：81-92. 2002 年世界数学家大会西安数学史卫星会论文.

### 9.1.1 朱世杰的垛积招差术是组合计数的开山之作

**1）朱世杰和他的《四元玉鉴》**

朱世杰是宋元时期著名数学家，他生活于公元1300年前后，寓居燕山（今北京），主要数学著作《算学启蒙》三卷元成宗大德三年（1299 年）、《四元玉鉴》（下简称《玉鉴》）三卷大德七年（1303 年）先后出版。[①]后者是朱世杰的代表作，他继承并发扬秦九韶的“正负开方法”和李冶的“天元术”，主要讲述根据题目设立四个未知数：天、地、人、物四元，犹如设 $x$，$y$，$z$，$w$，建立一元至四元高次（最高达 14 次）方程组，逐次消去三个未知数，化为一元高次方程，这叫作消元术，然后解这个方程，被称为四元术，属于方程论的范畴。清代数学家罗士琳在《畴人传·续编》中评价说：“兼包众有，充类尽量，神而明之，尤超越乎秦、李之上。”（罗氏的《玉鉴》提要见图 9-1）

《玉鉴》三卷分为 24 个门类、288 个问题（《玉鉴》目录见图 9-2），所有问题都与方程组或解方程有关，内容十分丰富。其中有四个门类：“茭草形段”7 题、“箭积交参”7 题、“如象招数”5 题、“果垛叠藏”20 题，建立了垛积术的三角垛系列公式（包括“朱世杰恒等式”）和招差术的高阶招差公式。直到今天，西方称为“朱-范公式”在有关研究中，仍然具有相当知名度。朱世杰的研究深度、广度前所未有，充实了垛积招差术的内容，使之成为中算史上 600 年来的一个颇具特色的研究领域，并传播到日本，促进了和算的发展。《四元玉鉴》在中古是东方数学领先世界的代表作之一。

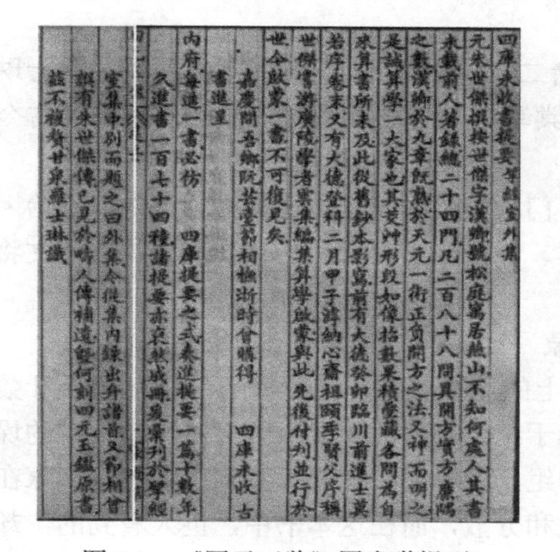
四庫未收書提要 揅經室外集
元朱世傑撰世傑字漢卿號松庭寓居燕山不知何處人其書
未載前人著錄總二十四門凡二百八十八問具開方實方廉隅
之數漢卿於九章既熟於天元一術正負開方之法又神而明之
是誠算學一大家也其茭艸形段如像招數果積疊藏各問為自
來算書所未及此從舊鈔本影寫前有大德癸卯臨川前進士莫
若序卷末又有大德癸卯二月甲子滹南心齋祖頤季賢父序稱
世傑嘗游廣陵學者雲集編集算學啟蒙與此先後付刊並行於
世今啟蒙一書不可復見矣
嘉慶間吾鄉阮芸臺爵相撫浙時曾購得 四庫未收古
書進呈
內府每進一書必仿 四庫提要之式奏進提要一篇十數年
久進書一百七十四種諸提要亦裒然成冊爰彙刊於揅經
室集中別而題之曰外集今從集內錄出弁諸首又節相曾
撰有朱世傑傳已見於疇人傳補遺茲付刻四元玉鑑原書
並不複贅甘泉羅士琳識

图 9-1 《四元玉鉴》罗士琳提要

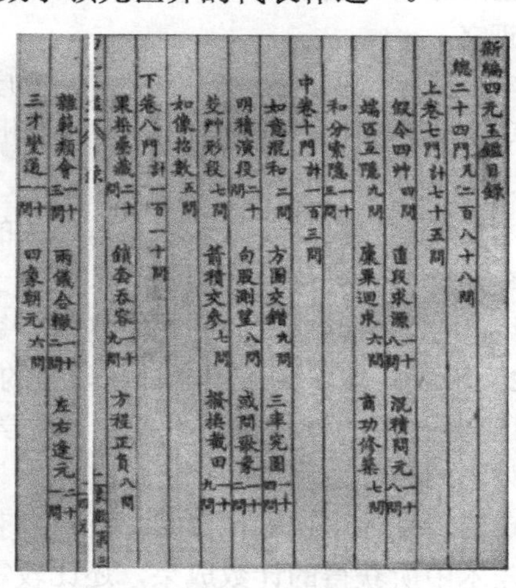
新編四元玉鑑目錄
總二十四門凡二百八十八問
上卷七門計七十五問
假令四艸四問 直段求源一十八問 混積問元一十八問
端匹互隱九問 廉積迴求六問 商功修築七問
和分索隱一十三問
中卷十門計一百三問
如意混和二問 方圓交錯九問 三率究圓一十四問
明積演段二十問 勾股測望八問 或問歌彖一十二問
茭艸形段七問 箭積交參七問 撥換截田一十九問
如像招數五問
下卷八門計一百一十問
果垛疊藏二十問 鎖套吞容一十九問 方程正負八問
雜範類會一十五問 兩儀合轍一十二問 左右逢元二十一問
三才變通一十一問 四象朝元六問

图 9-2 《四元玉鉴》目录

《玉鉴》自出版后，影响了许多代畴人，具有很高的知名度。元代的两位学者为该书写序，“大德癸卯（1303 年）临川前进士莫若”记叙当年朱世杰已是闻名遐迩的大数学家：

> 燕山松庭朱先生以数学名家周游湖海二十余年矣，四方之来学者日众，先生遂发明九章之妙，以淑后学，为书……名曰《四元玉鉴》。

---

① 朱世杰. 四元玉鉴：卷下//任继愈.中国科学技术典籍通汇：数学卷（一）. 郑州：河南教育出版社，1993：茭草形段 7 题：1241-1242，如象招数 5 题：1249-1251，果垛叠藏 20 题：1251-1255.

大德年间溥纳心斋祖颐季贤父为该书作后序，也说：

汉卿名世杰，松庭其自号也。周流四方，复游广陵，踵门而学者云集。

有趣的是祖颐特意对“玉鉴”两字作出诠释，用文学的描写称赞该书的成就：

玉者比汉卿之德术，动则其声清越以长，静则孚尹旁达而不有隐翳；鉴者照四元之形象，收则其蕴昭彻而明，开则纵横发挥而曲尽妙理矣！

清代名臣、学者阮元，在序言中介绍四元术后，讲他寻访该书经历：

世罕其书。抚浙时，访获朱氏原本，拟演细草，未果。吾乡罗君茗香，积学之士也，精思神解，先得我心，研究一纪补成全草；间有原术与率不通及布算传写之伪，亦悉为标出。

清代数学家罗士琳字次璆，号茗香，安徽歙县人，长居扬州，自称甘泉人。他在“研经室外集”以四库未收书为《玉鉴》写提要（图 9-1），对朱世杰学说钻研最为深入，专著《四元玉鉴细草》[①]（下简称《细草》）阐发“四元术”，得到学界普遍好评。同时代还有沈钦裴《四元细草》，论述精详，也受到后人重视，近年有新版本问世。[②]

当然，《玉鉴》由于年代久远，问题的表述方式同今天差别很大，对一些重要的问题如求解高次联立方程组的消元法等解说简略，书中每题解法也无详细演算过程，显得深奥难懂，到明代几乎失传，后世学者的解读因此出现分歧，甚至对罗士琳、钱宝琮等的解说也表示怀疑——下文将举出实例。应当说，这些都是正常的，当然需要在学术讨论中厘清脉络、展示公式，争取取得一致；或者各执一词、各备一说，以引起后人进一步的研究。

本节依据《四元玉鉴》的版本，为光绪二年（1876 年）丁取忠校刊本；罗士琳的《细草》，为道光十五年（1835 年）扬州李棠写本。扫描截图则依据较清楚的《古今图书集成》本。

本节的对象仅涉及与垛积招差相关的 4 门，当代的研究主要参考钱宝琮、乔治·萨顿、李约瑟、汤天栋、方淑姝等，与罗士琳、钱宝琮不同看法的有杜石然等，下文将一一介绍。今人对该书的研究有李兆华 [③]等。

**2）垛积招差术属于组合计数研究的对象**

《玉鉴》中的垛积招差术是中国数学史上的重要成就，它研究了多个三角垛计数系统，列出的高阶方程许多都可以转化为相当于组合计数的形式；因而对一定数目的垛，在设定的体系内变换垛积形状，就可以获得组合恒等式。在《玉鉴》之前，中算家在垛积招差术中所获得的计数成果，还比较零星和分散，而在这本书中，世人看到的，却是非常复杂的计数对象、严格的递归系统、衍生力强的结构，显示出作者非凡的计数兴趣和高超的演绎能力。因此，《玉鉴》是中算史上垛积招差术的开山之作。

在《玉鉴》里，为计算二项式系数——亦即组合数——的需要，开宗明义，在首页“今古会要开方之图”中，给出两种图表，一种是“梯法七乘方图”，一种是“古法七乘方图”（图 9-3），后者就是人们熟知的“贾宪三角形”（杨辉三角形），数学界称其

① 罗士琳. 四元玉鉴细草. 石印本. 鸿宝斋书局，1896.

② 沈钦裴. 沈钦裴四元细草今译. 刘洪元译. 沈阳：东北大学出版社，2010.

③ 李兆华.《四元玉鉴》校证. 北京：科学出版社，2007.

为“帕斯卡三角形”。帕斯卡是法国著名数学家[①]，他给出的著名的三角形数表具有二项式定理系数和组合（combination）数 $\binom{m}{n}$，即从 $m$ 个元素中取出 $n$ 个元素的不同取法的总数——两种不同的来源。中算有关组合的概念直到晚清才出现，所以朱世杰将图 9-3 称作“开方之图”；但其结果，既然是与二项式系数相关，就一定能用组合数表示，而且形式非常简明，为现代学界所普遍接受。其实，三角垛系列 $\binom{n+p-1}{p}$ 就是组合的一种基本形式，无论把三角垛写成什么样的数学形式，它的组合本质是不变的。当然，正像朱世杰并没有组合的概念一样，笔者以下在使用组合符号时，只是在二项式系数的意义上使用它；当然这也不可能改变其研究对象本身具有的组合性质。

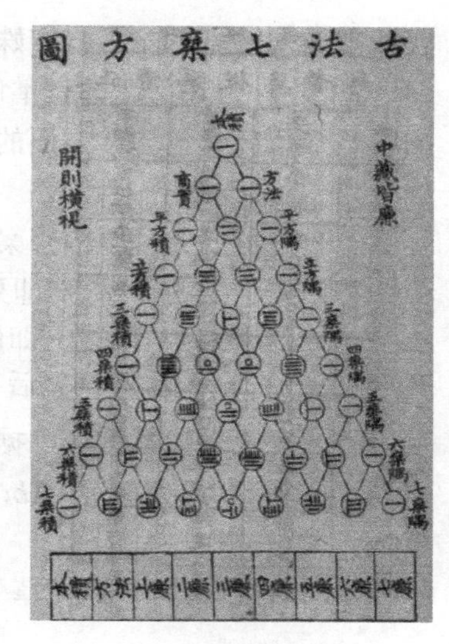


图 9-3　古法七乘方图

因此，产生了一个重要的分类学的问题：从现在的数学观点来看，垛积招差术应当属于什么数学分支？或其本质上属于哪个研究领域？以《中国数学史》为代表的基本观点，认为垛积术属于“高阶等差级数求和”。这种看法形成于 20 世纪 60 年代，当时现代离散数学尚在酝酿之中，下文中将指出，《玉鉴》存在一些并非高阶等差级数的实例。

从数学思想发展史上看，垛积术就是“和分法”，这个名词现已不用，但它与招差术即“（有限）差分法”相对，当数学的发展从离散跨入连续之后，分别形成了“积分”和“微分”。事实上，有限差分法完全可以用组合符号表示其基本结果，并整个属于组合数学计数理论。由是观之，垛积与招差互为逆运算，广义而言，应当属于计数论（enumeration theory），具体而言，可以认为垛积招差术属于递归函数论[②]或组合函数论。[③]

在《玉鉴》问世之后的 600 多年里，垛积招差术的影响逐渐扩大，明代数学式微，到清代出现了一些重要的继承人，如明安图、陈世仁、李善兰等，将这种计数的方法和理论推到一个新的水平；所获得的级数、组合恒等式等成果，堪与世界上同类成果相媲美。

因此无须局限于“高阶等差数列求和”的认识。我们注重罗士琳的解释，继承钱宝琮、章用等用组合符号表达垛积的方法。当从广义的“组合”（combinatorics）的视角来考察，发掘出一批组合恒等式时，就能够真正展现出朱世杰在计数论方面的成就。

### 9.1.2　《四元玉鉴》垛积招差术综述

朱世杰的垛积招差术主要集中在《四元玉鉴》“茭草形段”7 题、“箭积交参”7 题、“如象招数”5 题、“果垛叠藏”20 题共 39 题中，清代沈钦裴（1821 年）、罗士琳和当

---

① 李迪. 纪念巴斯加逝世三百周年——巴斯加及其数学成就简介. 数学通报，1962（8）：29-30.

② 莫绍揆. 递归论. 北京：科学出版社，1987.

③ 培特. 递归函数论. 莫绍揆译. 北京：科学出版社，1958.

代钱宝琮[①]、汤天栋[②]、方淑姝[③]、杜石然[④]诸家各有论述。

《玉鉴》上述问题体例清晰。原著内容较简略，除“箭积交参”7 题外，笔者依据的版本[⑤⑥]每问都包含 4 方面的内容。设 $S$ 为垛积之和（在原著里称为“垛之积”），垛积层数为 $n$，则这些内容就是：

（1）朱世杰的问题和答案；

（2）朱世杰的“术”，即列出高次方程：$F(n)-S=0$，$n$ 为正整数；

（3）罗士琳的“草”，即解法过程：据算理（立术本意）列出多项式 $g(n)$，将它展开后有 $g(n)=f(n)$；“草”后有“依注还原草”，验证解法；

（4）罗士琳的数据表，据朱世杰的（1）、（2）列出，分为上、中、下三行，这里记作 $a_k$，$c_k$，$b_k$，$A=\Sigma a_k$，$B=\Sigma b_k$，皆有 $a_k\ b_k=c_k$，且一般满足 $C=\Sigma c_k= g(n)$。$S= tC$，$t$ 为正整数。

本节着重讨论“术”“草”与数据表间的这一总关系：

$$S=f(n)=g(n)=\Sigma c_k=\Sigma a_k b_k$$

应用组合 $\binom{n+p-1}{p}$ 记法（仅用其计算二项式系数意义）与求和符号Σ（关于应用这些数学符号的必要性可参见第 1 章导论和§13.2.4），将共 20 题的成果表示成现代形式，得出 40 多个组合恒等式，未见前人系统阐发，除“箭积交参”7 题和“果垛叠藏”后 12 题较平凡外，谨列出各题条件说明这些组合恒等式的由来。

朱世杰建立了三角垛积系列 $\binom{n+p-1}{p}$，其中各垛定义为

$p$=1，茭草垛（或称茭草积）：$1+2+3+\cdots+n=\sum_{k=1}^{n}\binom{k}{1}=\binom{n+1}{2}$

$p$=2，三角垛：$1+3+6+\cdots+(n+1)n/2=\sum_{k=1}^{n}\binom{k+1}{2}=\binom{n+2}{3}$

$p$=3，撒星形垛：$1+4+10+\cdots+(n+2)(n+1)n/6=\sum_{k=1}^{n}\binom{k+2}{3}=\binom{n+3}{4}$

$p$=4，三角撒星形垛：$1+5+15+\cdots+(n+3)(n+2)(n+1)n/24=\sum_{k=1}^{n}\binom{k+3}{4}=\binom{n+4}{5}$

$p$=5，三角撒星更落一形垛：

$$1+6+21+\cdots+(n+4)\cdots(n+1)n/120=\sum_{k=1}^{n}\binom{k+4}{5}=\binom{n+5}{6}$$

在此基础上获得了组合恒等式：

$$\sum_{k=1}^{n}\binom{k+p-1}{p}=\binom{n+p}{p+1} \tag{9-1}$$

① 钱宝琮. 朱世杰垛积术广义. 学艺，1923，4（7）：77-85

② 汤天栋. 茭草形段罗草补注. 科学，1926（11）：1535-1558.

③ 方淑姝. 朱世杰垛积术广义. 数学杂志，1939，1（3）：94-101.

④ 杜石然. 朱世杰研究//钱宝琮，等. 宋元数学史论文集. 北京：科学出版社，1966：191.

⑤ 朱世杰. 四元玉鉴：卷下//任继愈. 中国科学技术典籍通汇：数学卷（一）. 郑州：河南教育出版社，1993.

⑥ 罗士琳. 四元玉鉴细草. 石印本. 鸿宝斋书局，1896.

本书称式（9-1）为“朱世杰恒等式”，它是贾宪三角形中每斜行前 $n$ 项和的计数公式，表明了组合的一项基本性质，与帕斯卡恒等式具有同样的重要性。

需要说明：①当 $p=0$ 时式（9-1）有意义：$\Sigma\binom{k-1}{0}=1+1+1+\cdots+1=n$，即竖立起的、每层仅有1个单元的垛积。②在《中国数学史》第197～198页中没有使用 $\binom{n+p-1}{p}$ 记法，但应用上述公式计算的结果与原著和该书相比，没有任何不同。

在《组合恒等式》[①]《组合数学》[②]中不见式（9-1），常见

$$\sum_{k=0}^{m}\binom{k}{p}=\binom{m+1}{p+1} \tag{9-2}$$

$$\sum_{k=0}^{q}\binom{p+k}{k}=\binom{p+q+1}{q} \tag{9-3}$$

两者均为朱世杰恒等式的等价公式，表示贾宪三角形中的同一性质。

**证明**　由式（9-3）知 $\sum_{k=0}^{q}\binom{p+k}{p}=\binom{p+q+1}{p+1}$，令 $m=p+q$，$q=m-p$，代入得 $\sum_{k=0}^{m-p}\binom{p+k}{p}=\binom{m+1}{p+1}$，亦 $\sum_{k=0}^{m}\binom{k}{p}=\binom{m+1}{p+1}$，即式（9-3）变换成（9-2）。

再证（9-1）（9-2）两式等价。令 $m=n+p-1$，

$$\sum_{k=1}^{n}\binom{k+p-1}{p}=\sum_{k=1}^{m-p+1}\binom{k+p-1}{p}=\sum_{k=p}^{m}\binom{k}{p}=\sum_{k=0}^{m}\binom{k}{p}=\binom{m+1}{p+1}$$

式（9-1）即变换成式（9-2）；反之，式（9-2）、（9-3）亦可变换成式（9-1）。证完。

从朱世杰的垛积术中还可以归纳出另一组合恒等式（尚缺现代证明）：

$$\sum_{k=1}^{n}\binom{k+p-1}{p}k=\frac{(p+1)n+1}{p+2}\binom{n+p}{p+1} \tag{9-4}$$

垛积术与招差术互为逆运算，称为和分与差分。有的组合恒等式是用有限差分法获得的。设 $a_k$ 为 $h$ 阶（$1\leqslant h\leqslant k-1$）差分数列的通项，$\Delta^r a$ 表示 $r$ 阶（$0\leqslant r\leqslant h$）差分数列的首项。朱世杰的内插公式相当于：

$$a_k=\sum_{r=0}^{h}\binom{k-1}{r}\Delta^r a \tag{9-5}$$

其中朱氏算至 $h=3$，即三阶内插公式。原著并未直接给出这一形式，但定义明确，算法与结果与此式全合，与牛顿内插公式相同：

$$u_{n+1}=\sum_{k=0}^{n}\binom{n}{k}\Delta^k u_1 \tag{9-6}$$

以下将从四门中每门选两问，利用原著扫描件截图予以解析；然后列出其余各题公式表。

① GOULD H W. Combinatorial Identities. Morgantown：Morgantown Printing and Binding Co.，1972.

② 邵嘉裕. 组合数学. 上海：同济大学出版社，1991：14.

### 9.1.3　茭草形段 7 题

#### 1）茭草形段第 1 题

原问见图 9-4。其中需要解释的问题以及词语、符号依次为：

（1）“今有”之下提问：将茭草共 680 束按“落一形”堆成垛，问该垛底层一边的束数是多少？

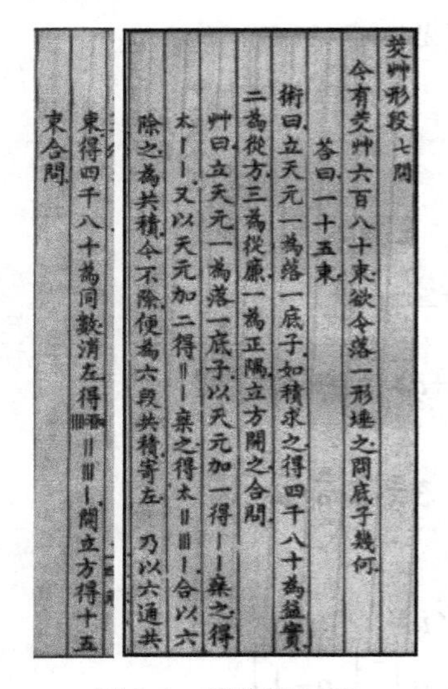
茭艸形段七問
今有茭艸六百八十束欲令落一形堆之問底子幾何
荅曰一十五束
術曰立天元一為落一底子如積求之得四千八十為益實
二為從方三為從廉一為正隅立方開之合問
艸曰立天元一為落一底子以天元加一得〡〡乘之得
太〡〡又以天元加二得〢〡乘之得太〢〣〡合以六
除之為共積今不除便為六段共積寄左　乃以六通共
束得四千八十為同數消左得[illegible]開立方得十五
束合問

图 9-4　茭草第 1 题

“落一形”指一垛侧面上层一边束数比下层一边束数少一的形状。即自然数前 $n$ 项，它的现实模型是茭草束从下向上层层堆垛起来，最上一层为 1，形成单层如墙的茭草垛（或称茭草积）：

$$1+2+3+\cdots+n=\sum_{k=1}^{n}\binom{k}{1}=\binom{n+1}{2}$$

即朱世杰恒等式（9-1）当 $p$=1 的情况（图 9-5）。设想将茭草垛平放作为底层，在其上按每摞一层边长就减少一束的规则（即落一形）再继续堆垛，就得到三角锥形立体垛积，即三角垛（图 9-6）。本题已知这样的三角垛“共束”或“共积”680 为各层之和，求底边束数（底长）。

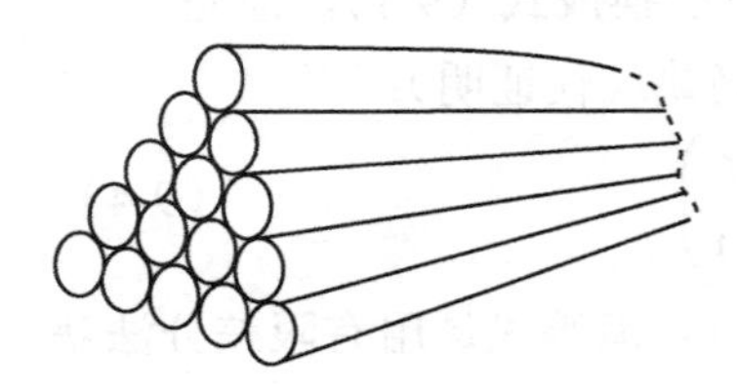

图 9-5　茭草垛（$p$=1）

（2）“术曰”立“天元一”即设未知数，列出方程。今设“落一底子”为 $n$，由前文已知它既是底边束数，又是垛高层数。由术文列出的方程是 $2n+3n^2+n^3-4080=0$。

“方、廉、隅”等开方术（即解方程）术语，表不同幂次的系数。4080=6×680，名为“益实”或“同数”，即与 $2n+3n^2+n^3$ 值相同的数。

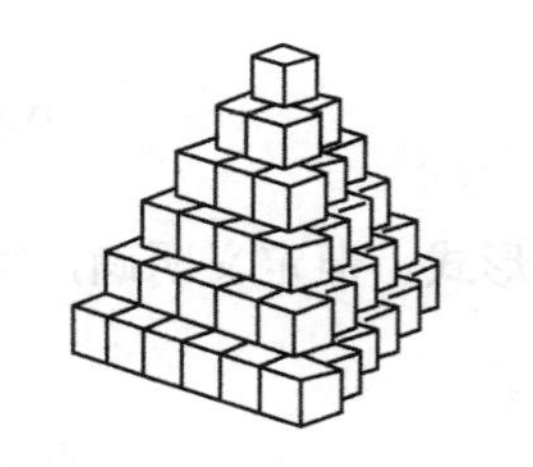

图 9-6　三角垛（$p$=2）

（3）“草曰”叙述所列方程的过程及“开立方”的结果：

$$n(n+1)(n+2)/6=(2n+3n^2+n^3)/6=680,\ n=15。$$

应当指出，原文详细列出式左的连乘式——升阶乘积，特意指出其分母 6，实际上是要凸显三角垛特有的形式。用组合符号表示，即是 $n(n+1)(n+2)/6=\binom{n+3-1}{3}$。这一点绝非偶然，在《玉鉴》所有有关三角垛系列的计算中，都出现了类似的形式。

题末列出下面的三行数表是罗士琳据题意所加：

| 茭草形 | 1 | 2 | 3 | 4 | 5 | 6 | 7 | 8 | 9 | 10 | 11 | 12 | 13 | 14 | 15 |
|---|---|---|---|---|---|---|---|---|---|---|---|---|---|---|---|
| 三角底积 | 1 | 3 | 6 | 10 | 15 | 21 | 28 | 36 | 45 | 55 | 66 | 78 | 91 | 105 | 120 |
| 乘数① | 1 | 3/2 | 2 | 5/2 | 3 | 7/2 | 4 | 9/2 | 5 | 11/2 | 6 | 13/2 | 7 | 15/2 | 8 |

① 诸本“乘数”的奇数项皆扩大 10 倍，与“上下相乘，置得数于中央”相悖。此处已改。

右图列茭草形于上方，列乘数于下方，上下相乘，置得数于中央，并中央所得为共积。

按前文所设，共积 $S$=680，落一底子 $n$=15；茭草形 $a_k$=$k$，乘数 $b_k$=（$k$+1）/2，三角底积 $c_k$=$k$（$k$+1）/2，获三角垛公式，即式（9-1）当 $p$=2 的情形（层数为 $n$，加三角垛各层求总和）：

$$\sum_{k=1}^{n}\sum_{r=1}^{k} r=\sum_{k=1}^{n}\binom{k+1}{2}=\binom{n+2}{3} \tag{9-7}$$

本题中，$n$=15，可知

$$S=\sum_{r=1}^{n}\binom{r+1}{2}=1+3+6+\cdots+120=\binom{n+2}{3}=\binom{17}{3}=17\cdot16\cdot15/3!=680。$$

**2）茭草形段第 2 题**

原问见图 9-7。

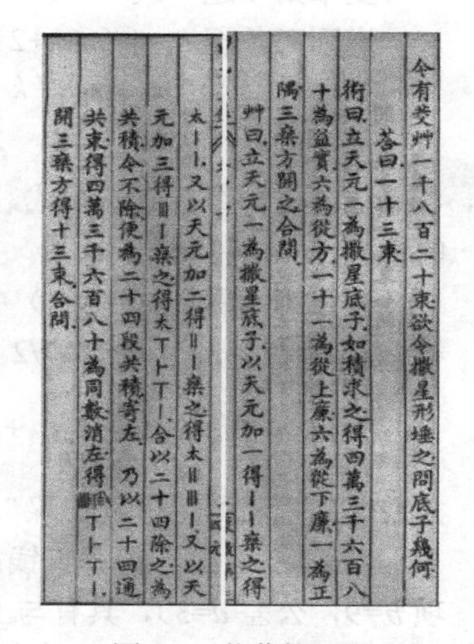
今有茭艸一千八百二十束欲令撒星形垛之問底子幾何
荅曰一十三束
術曰立天元一為撒星底子如積求之得四萬三千六百八
十為益實六為從方一十一為從上廉六為從下廉一為玉
隅三乘方開之合問
艸曰立天元一為撒星底子以天元加一得丨丨乘之得
太丨丨又以天元加二得‖丨乘之得太‖Ⅲ丨又以天
元加三得Ⅲ丨乘之得太丅⊥丅丨合以二十四除之為
共積今不除便為二十四段共積寄左　乃以二十四通
共束得四萬三千六百八十為同數消左得[illegible]丅⊥丅丨
開三乘方得十三束合問

图 9-7　茭草第 2 题

（1）“今有”之下提问：将茭草共 1820 束按“撒星形”堆成垛（图 9-8），问该垛底层一边的束数是多少？

“撒星形”是一系列三角垛之和作为它的从上至下各层数，即在 $\binom{n+3-1}{3}$ 的基础上继续堆垛：$\Sigma\binom{n+2}{3}=\binom{n+3}{4}$。例如当 $n$=3 时，3 个三角垛的和分别是：1，4，10；这就形成了“撒星形”的前 3 层，其和为 15。“撒星形”垛不是三角的形状。

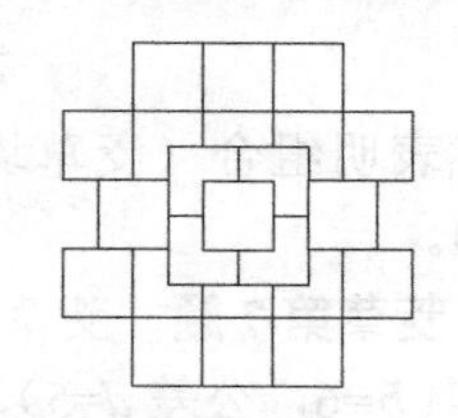

图 9-8　撒星形垛前 4 层俯视图

（2）“术曰”方程是

$6n+11n^2+6n^3+n^4-43\ 680=0$。

“三乘方”即四次方，“三乘方开之”犹言解四次方程。

（3）“草曰”叙述所列方程过程及“开三乘方”的结果：

$n$（$n$+1）（$n$+2）（$n$+3）/24=（$2n+3n^2+n^3$）/ 24=1820，$n$=13。

原文详细列出式左的连乘式——升阶乘积，特意指出其分母 24：中算家非常熟悉这是 2，3，4 连乘积，即 4!，显然是要突出三角垛系列特有的形式。用组合符号表示（已声明仅在二项式系数意义上使用组合符号），即是 $n(n+1)(n+2)(n+3)/24=\binom{n+4-1}{4}$。这种表示法与原著计数成果全部吻合，未添加另外的数学内涵，使成果更加简明。

原著列出下面三行罗士琳给出的数表结束本题：

| 三角积 | 1 | 3 | 6 | 10 | 15 | 21 | 28 | 36 | 45 | 55 | 66 | 78 | 91 |
|---|---|---|---|---|---|---|---|---|---|---|---|---|---|
| 乘得数 | 13 | 36 | 66 | 100 | 135 | 168 | 196 | 216 | 225 | 220 | 198 | 156 | 91 |
| 反锥差 | 13 | 12 | 11 | 10 | 9 | 8 | 7 | 6 | 5 | 4 | 3 | 2 | 1 |

右图列三角积于上方，列反锥差于下方，上下相乘，置得数于中央，并中央所得为共积。

所谓"反锥差"指反排自然数，至 1 而止。按前文所设，本题基本数据为：

式（9-1）中 $p$=4；$S$=1820，$n$=13；三角积 $a_k=k(k+1)/2$，反锥差 $b_k=n-k+1$

$$\sum_{k=1}^{n}\binom{k+1}{2}(n-k+1)=\sum_{k=1}^{n}\binom{k+2}{3}=\binom{n+3}{4} \tag{9-8}$$

须说明，上式第一个等号左边是罗士琳所增，未给证明。以下诸题将结果直接列出。

**3）茭草形段第 3～7 题数据及公式表**

**茭草第 3 题**　式（9-1）中 $p$=2；$S$=3367，$n$=12；三角积 $a_k=k(k+1)/2$，锥差 $b_k=k$

$$\sum_{k=1}^{n}\binom{k+1}{2}k=\frac{3n+1}{4}\binom{n+2}{3} \tag{9-9}$$

**茭草第 4 题**　式（9-1）中 $p$=4；$S$=8568，$n$=14；三角积 $a_k=k(k+1)/2$，逆列三角积 $b_k=(n-k+2)(n-k+1)/2$：

$$\sum_{k=1}^{n}\binom{k+1}{2}\binom{n+2-k}{2}=\sum_{k=1}^{n}\binom{k+3}{4}=\binom{n+4}{5} \tag{9-10}$$

这是一种组合卷积公式，在"果垛第 6 问"中还要提到，是式（9-45）$p$=2，$q$=2 时的情况。

**茭草第 5 题**　式（9-4）中 $p$=3；$S$=50 388，$n$=16；三角积 $a_k=k(k+1)/2$，逆列梯田积 $k$ 段 $b_k=(n+k)(n-k+1)/2$（数据表后"附：求梯田积"）

$$\sum_{k=1}^{n}\binom{k+1}{2}(n+k)(n-k+1)/2=\sum_{k=1}^{n}\binom{k+2}{3}k=\frac{4n+1}{5}\binom{n+3}{4} \tag{9-11}$$

式右名为"岚峰更落一形垛"。该式表明它可以用两种方式合成。

**茭草第 6 题**　茭草直钱：$S$=22 578，$n$=28；茭草束 $a_k=k$，抛差 $b_k=b+(k-1)d$（首项 $b$=9，公差 $d$=3），具有与上式相同的性质：

$$\sum_{k=1}^{n}\binom{k}{1}[b+(k-1)d]=[b+(n-1)(\frac{2}{3}d)]\binom{n+1}{2} \tag{9-12}$$

此式表明组合（茭草垛）乘等差数列求和，仍为组合（三角垛）乘公差缩小的等差数列。

**茭草第 7 题**　茭草直钱：$S$=42 846，$n$=36；茭草束 $a_k=k$，逆列抛差 $b_k=b+(n-k)d$（末项 $b$=6，公差 $d$=5），具有与上式相同的性质：

$$\sum_{k=1}^{n}\binom{k}{1}[b+(n-k)d]=[b+(n-1)(\frac{1}{3}d)]\binom{n+1}{2} \tag{9-13}$$

## 9.2　《四元玉鉴》垛积招差术（下）*

### 9.2.1　箭积交参 7 题

《玉鉴》卷中之八"箭积交参"据圆箭束和方箭束两类数列的性质列方程，体例与三

* 罗见今. 朱世杰的垛积招差术和组合恒等式. 数学传播季刊，2007（2）：81-92.

角垛不同，但仍属垛积，一般数学史著作探讨较少。而这一门却是在一定约束条件下进行排组、配置和计数的典型组合问题，涉及数列、求和、递推公式、通项公式等，提供历史思考资料，引起教师和数学爱好者的兴趣。

圆箭束即《汉书·律历志》所记“六觚为一握”，中算家已熟知之。李俨①指出，罗士琳《比例汇通》中给出解法：此“六角物乃是六个周包一，自内而外，每层加六”。这就是一个递推公式。

圆箭每枝的截面为圆形，要紧凑地围绕中心一箭形成箭束，约束条件是要保持其截面呈正六边形（而不是圆形，图 9-9）。今设圆箭束共 $k$ 层（$k\geqslant0$），圆箭积记为 $Y_k$，$Y_0=1$，即中心一箭，则罗氏解法相当于给出递推公式：$Y_k=Y_{k-1}+6k$（$k\geqslant1$）。他又给出 $Y_k$ 的算法：对 $k=9$，求出 $Y_9=271$：

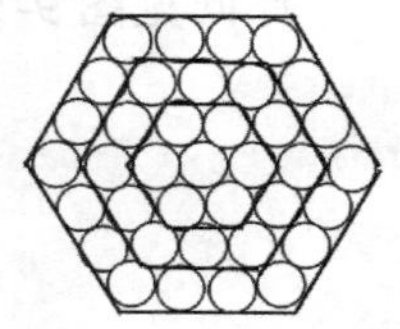

图 9-9　圆箭束截面

> 置外周六九五十四，加内周六，得六十；复以外周五十四乘之，得三千二百四十为实，以六角束六，倍之，得十二，为法；以法除实，得二百七十，加中心一，合问。

传统方法“寓理于算”，不失一般性，这相当于给出 $Y_k$ 的通项公式：

$$Y_k=\frac{6k(6k+6)}{2\cdot6}+1=3k^2+3k+1 \tag{9-14}$$

可由递推式求出通项式：$Y_k=Y_{k-1}+6k$，$Y_{k-1}=Y_{k-2}+6$（$k-1$），$Y_{k-2}=Y_{k-3}+6$（$k-2$），…，$Y_{k-(k-1)}=Y_{k-k}+6$［$k-$（$k-1$）］，将各式相加，得 $Y_k=Y_0+6$［$k+$（$k-1$）$+\cdots+2+1$］，即得式（9-14）。

设圆箭束第 $k$ 层外周箭数为 $a_k$，则除 $a_0=1$ 外，$a_k=6k$（$k\geqslant1$）。

方箭每枝截面为正方形，要紧凑地从两面围绕第一箭形成箭束，约束条件是要保持其截面呈正方形（图 9-10）。显见该束箭数 $F_k$ 是自然数平方数列（$k\geqslant0$）：

$$F_k=(k+1)^2=k^2+2k+1 \tag{9-15}$$

方箭束 $k=0$ 时为 1 箭；第 $k$ 层的箭数是 $(k+1)^2$。

设方箭束第 $k$ 层外周箭数为 $b_k$，可有多种方法求其通项。其一：因每扩大 1 层，增加部分为两方之差；连续两方之差，恰构成外周之长，故有：

$b_k=[k^2-(k-1)^2]+[(k+1)^2-k^2]=4k$。此问可检验多种解题思路。

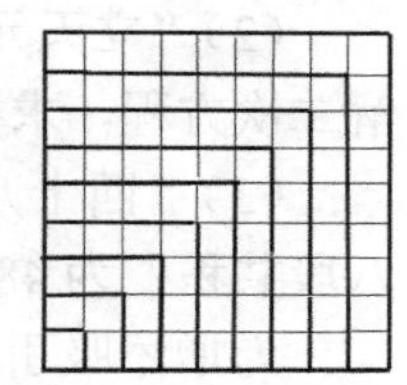

图 9-10　方箭束截面

罗士琳在箭积交参门未给出三行数表，可仿照他的做法，对圆箭束、方箭束补出两个表，这里并成一表 9-1 如下。箭积交参各题数据均可从此表中查到。

**表 9-1　圆箭束、方箭束 $k$ 层外周箭数与共 $k$ 层箭数数据及公式表**

| 圆箭、方箭束的层数 $k$ | 0 | 1 | 2 | 3 | 4 | 5 | 6 | 7 | 8 | 9 | 10 | … | $k$ |
|---|---|---|---|---|---|---|---|---|---|---|---|---|---|
| $k$ 层圆箭束外周箭数 $a_k$ | 1 | 6 | 12 | 18 | 24 | 30 | 36 | 42 | 48 | 54 | 60 | … | $6k$ $(k>0)$ |
| 共 $k$ 层圆箭束箭数和 $Y_k$ | 1 | 7 | 19 | 37 | 61 | 91 | 127 | 169 | 217 | 271 | 331 | … | $3k^2+3k+1$ $(k\geqslant0)$ |
| $k$ 层方箭束外周箭数 $b_k$ | 1 | 4 | 8 | 12 | 16 | 20 | 24 | 28 | 32 | 36 | 40 | … | $4k$ $(k>0)$ |
| 共 $k$ 层方箭束箭数和 $F_k$ | 1 | 4 | 9 | 16 | 25 | 36 | 49 | 64 | 81 | 100 | 121 | … | $(k+1)^2$ $(k\geqslant0)$ |

① 李俨. 中算史论丛（一）. 北京：科学出版社，1955：336-337.

需要对比的是，《孙子算经》（5 世纪）第 21 题“方物束”是从四面围绕中心一物，与本题着眼点不同，同样的正方形束截面，该题讨论的是自然数奇数数列的平方；而本题讨论的是自然数数列的平方，表明研究的拓展。这个问题开垛积研究之先河。

朱世杰“箭积交参七问”皆据（9-14）、（9-15）两式立术，得到 7 个一元二次方程。

**1）箭积交参第 1 问**

原问见图 9-11。“今有”“术曰”“草曰”依次为：

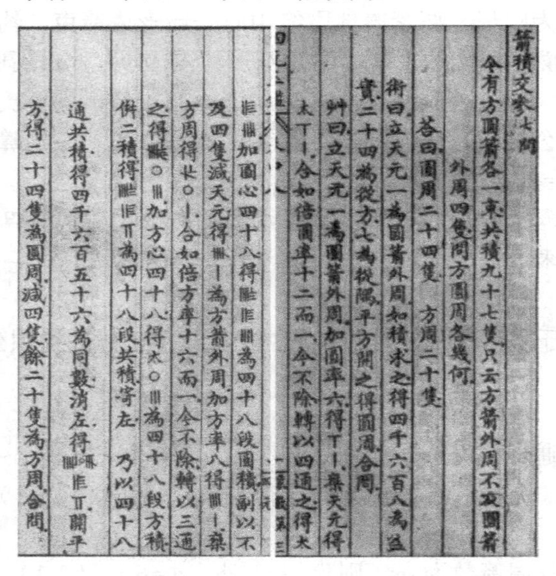
箭積交參七問
今有方圓箭各一束共積九十七隻只云方箭外周不及圓箭
外周四隻問方圓周各幾何
荅曰圓周二十四隻　方周二十隻
術曰立天元一爲圓箭外周如積求之得四千六百八爲益
實二十四爲從方七爲從隅平方開之得圓周合問
艸曰立天元一爲圓箭外周加圓率六得[illegible]幷天元得
太[illegible]合如倍圓率十二而一今不除轉以四通之得太
[illegible]加圓心四十八得[illegible]爲四十八段圓積副以不
及四隻減天元得[illegible]爲方箭外周加方率八得[illegible]幷
方周得[illegible]合如倍方率十六而一今不除轉以三通
之得[illegible]加方心四十八得太[illegible]爲四十八段方積
併二積得[illegible]爲四十八段共積寄左　乃以四十八
通共積得四千六百五十六爲同數消左得[illegible]開平
方得二十四隻爲圓周減四隻餘二十隻爲方周合問

图 9-11　箭积交参第 1 问

（1）设圆箭束积为 $Y$，方箭束积为 $F$，已知 $Y+F=97$；又设 $x$ 为圆箭外周箭数，$x-4$ 为方箭外周箭数，求 $x$。

（2）“立天元一”即设 $x$，列出方程（过程略）：$7x^2+24x-4608=0$，“平方开之”，即解二次方程，求得 $x=24$。

（3）“四十八段圆积”为：$48Y=4x^2+24x+48$，“四十八段方积”为 $48F=3x^2$，“四十八段共积”为 $48(Y+F)=48\times97=4656$。其中 $Y=61$，$F=36$。

为增添吸引力，原作者将圆、方箭束两问题交织起来，使原题复杂化，故名“交参”；主要是根据方、圆箭束的结构设题，但解法实际上是一个简单的二次方程。

**2）箭积交参第 2 问**（图 9-12）

（1）“今有”设圆箭积为 $Y$，方箭积为 $F$，已知 $Y+F=62$。设 $x$ 为方箭外周，$34-x$ 为圆箭外周；

（2）“术曰”相当于列出今天的方程：

$$7x^2+48x-2560=0,$$

一次项系数原著 272 应为 48。解之，$x=16$ 为方箭外周束数；18 为圆箭外周束数。

（3）“四十八段方积”：$48F=3x^2+24+48$，“四十八段圆积”：$48Y=4(34-x)[(34-x)+6]+48$，“四十八段共积”：$48(Y+F)=7x^2-272x+5536$。其中 $Y=37$，$F=25$。此题较平凡，不赘。

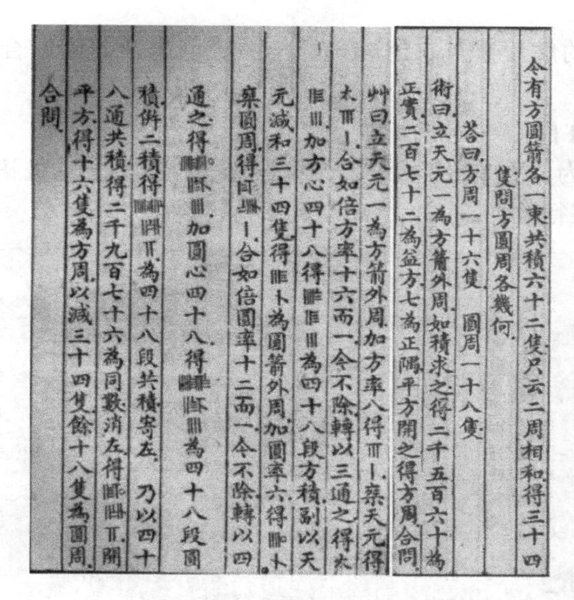
今有方圓箭各一束共積六十二隻只云二周相和得三十四
隻問方圓周各幾何
荅曰方周一十六隻 圓周一十八隻
術曰立天元一為方箭外周如積求之得二千五百六十為
正實二百七十二為益方七為正隅平方開之得方周合問
艸曰立天元一為方箭外周加方率八得乘天元得
太合如倍方率十六而一今不除轉以三通之得太
加方心四十八得為四十八段方積副以天
元減和三十四隻得為圓箭外周加圓率六得
乘圓周得合如倍圓率十二而一今不除轉以四
通之得加圓心四十八得為四十八段圓
積併二積得為四十八段共積寄左 乃以四十
八通共積得二千九百七十六為同數消左得開
平方得十六隻為方周以減三十四隻餘十八隻為圓周
合問

图 9-12　箭积交参第 2 问

**3）箭积交参第 3～7 问方程及数据表**

按照表 9-1 设圆箭束共 $k$ 层，箭数和为 $Y_k$，方箭束共 $k$ 层，箭数和为 $F_k$。$a_k$ 和 $b_k$ 为圆、方箭束外周箭数。以下原题并不附带足标信息，列出是为查表 9-1 之便。

箭积第 3 问：$x^2=576$；$x=24$。即 $a_4=24=b_6$，$Y-F=12$；$Y_4=61$，$F_3=49$。

箭积第 4 问：$219x^2+1320x-114\ 000=0$；$x=20$。即 $a_4=24$，$b_5=20$；$Y_4=61$，$F_5=36$。

箭积第 5 问：$43x^2+306x-19\ 440=0$；$x=18$。即 $a_3=18$，$b_4=16$；$Y_3=37$，$F_4=25$。

箭积第 6 问：$1747x^2-31\ 304x-493\ 136=0$；$x=28$。即 $a_8=48$，$b_7=28$；$Y_8=217$，$F_7=64$。

箭积第 7 问：$7x^2+24x-9936=0$；$x=36$。只是第 7 问尚有遗留问题：

> 今有方、圆箭各一束，共积二百八支。只云圆箭外边第二层周数（士琳按：此下当有“加二支”三字）与方箭外边第一层周数同，问方、圆箭各几何？

原题文字有舛误。李锐（字尚之，1769～1817）首先提出应“加二支”，罗氏引用，指圆箭束第 5 层外周 30 加 2 与方箭束第 8 层外周 32 相等。但仍有问题。简单的改法：将原文“第一层”改为“第四层”即可，仅录以备考。

## 9.2.2　如象招数 5 题

历史上的招差术，发展成为有限差分法（limited deference method），至今在计算机数值模拟中仍被广泛运用。招差术将一个数列$\{a_n\}$后项减前项，形成一个新数列，它是原数列的一阶差分$\Delta a_n$；继续进行差分运算，第 $k$ 次求出 $k$ 阶差分$\Delta^k a_n$，如果皆相等，原数列$\{a_n\}$就是 $k$ 阶等差的。“高阶等差数列”并非学科分支概念，在数学名词中不能构成独立的一类。

《四元玉鉴》的招差术只有 7 题，含问题、概念与答案，算法、演草和方程等，文辞简约，叙述准确，内容深奥，标准严格，表现了宋元数学发达时期问题提出的方式和解决的过程，彰显原作者清晰的演绎思路和娴熟的计数能力。限于篇幅，这里只引入前两题的原文，笔者的解读重点在用字母标出关键信息，并用组合符号析出主要数学公式。

**1）如象招数第 1 题**

差夫筑堤题分为“今有”“术曰”“草曰”，加上罗士琳按语和“依注还原草”（图 9-13），文末附三行数表：

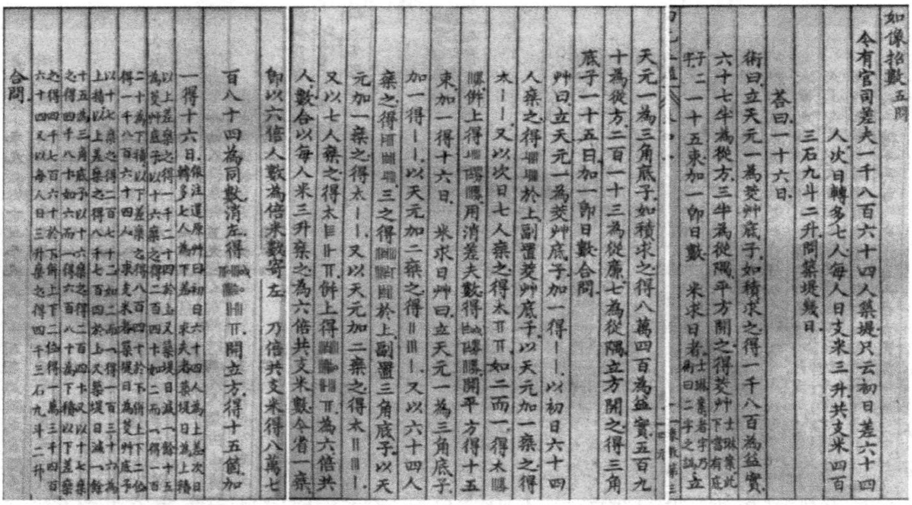

图 9-13　如象招数第 1 题

| 差夫数 | 64 | 71 | 78 | 85 | 92 | 99 | 106 | … | 155 | 162 | 69 |
|---|---|---|---|---|---|---|---|---|---|---|---|
| 乘得数 | 1024 | 1065 | 1092 | 1105 | 1104 | 1089 | 1060 | … | 465 | 324 | 169 |
| 筑堤日 | 16 | 15 | 14 | 13 | 12 | 11 | 10 | … | 3 | 2 | 1 |

右图顺列每日差夫数于上方，逆列筑堤日于下方，上下相乘，置得数于中央。并上方所列为共人数，并中央所得，又以每人日支米三升乘之，为共米数。（第 1 题完）

差夫筑堤：设“筑堤日”$m=n+1$，“每日（第 $k$ 天）差夫数”$a_k=a+(k-1)d$（首项 $a=64$，公差 $d=7$），差夫“共人数”$A=\Sigma a_k=1864$。朱世杰“术曰”列出方程：

$1800=67.5n+3.5n^2$。解之，$n=15$，$m=16$。式中 $1800=A-a$。

又，“逆列筑堤日”（第 $k$ 天招夫日工数）$b_k=(n+1)-k+1$；筑堤共享人日数 $C=\Sigma a_k b_k$，“每人日支米 3 升”，共支米 $S=3C=3\Sigma a_k b_k=40\,392$ 升。原著《米求日术》列出方程：

$80\,400=590n+213n^2+7n^3$。解之，$n=15$，$m=16$。式中 $80\,400=2(S-3a)=6(C-a)$。

注意到，朱氏称 $n$ 为“茭草底子”“三角底子”，他的立术显然应用了三角垛系列的性质。由罗士琳解析立术过程，本节理所当然要用组合符号表示其结果。

据本题“草”（并“依注还原草”中“求夫者”和数表上行“差夫数”），罗士琳给出

$$A=(n+1)a+\frac{(n+1)n}{2}d=\binom{n+1}{1}a+\binom{n+1}{2}d \tag{9-16}$$

因 $A=\Sigma a_k=\Sigma\,[a+(k-1)d]$，即可用两种算法得出同一 $A$，事实上获得了恒等式

$$\sum_{k=1}^{m}[a+(k-1)d]=\binom{m}{1}a+\binom{m}{2}d \tag{9-17}$$

这是用三角垛（组合）表示的一阶等差数列求和公式，为数学史首见。

又据“米求日草”（并“依注还原草”中“求支米者”和题末数表三行），关键为

$$C=\frac{3(n+2)(n+1)}{6}a+\frac{(n+2)(n+1)n}{6}d=\binom{n+2}{2}a+\binom{n+2}{3}d \tag{9-18}$$

因同时又有 $C=\Sigma a_k b_k$，事实上获得了恒等式

$$\sum_{k=1}^{m}[a+(k-1)d](m-k+1)=\binom{m+1}{2}a+\binom{m+1}{3}d \tag{9-19}$$

将式（9-17）、（9-19）左右展开，经变换，可分别得到上述两方程。罗士琳以招差术语称 $a$ 为“上差”，称 $d$ 为“下差”，因此用有限差分法亦可记为 $a=\Delta^0 a$，$d=\Delta^1 a$。

**2）如象招数第 2 题**

本题（图 9-14）内容繁多，见下页。文末原附罗士琳第 1 页“依注还原草”，这里省略。

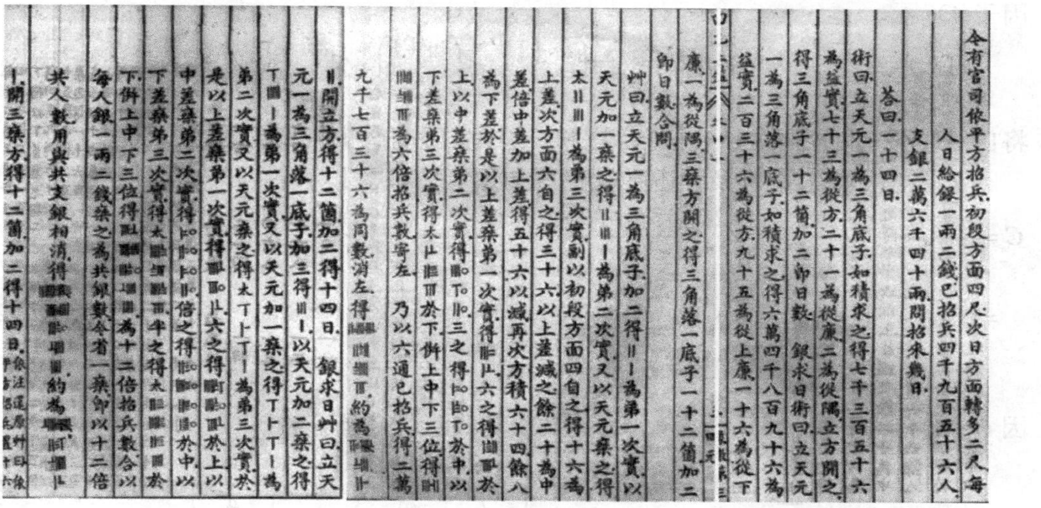

图 9-14　如象招数第 2 题（“依注还原草”从略）

依平方招兵：设“招兵日”$m=n+2$，第 $k$ 天招兵“平方积”$a=a_1=4^2$，$a_2=6^2$，$a_k=(4+2k-2)^2=4(k+1)^2$，“招兵数”$A=\Sigma a_k=4956$。朱世杰“术曰”列出方程：

$7356=73n+21n^2+2n^3$。解之，$n=12$，$m=14$。式中 $7356=6(A-a-a_2)/4$。

又，“逆列招来日”（第 $k$ 天所招兵入伍天数）$b_k=(n+2)-k+1$；招兵共有人日数 $C=\Sigma a_k b_k$，“每人日给银一两二钱”，“共银数”$S=1.2C=1.2\Sigma a_k b_k=26\,040$ 两。原著“银求日术”列出三次方程，解之，$n=12$，$m=14$。不详论。朱氏称称 $n$ 为“三角底子”“三角落一底子”，他的立术应用了三角垛系列的性质。据“草”（及“依注还原草”中“求兵者”和题末数表上行“平方积”），

| 平方积 | $4^2$ | $6^2$ | $8^2$ | $10^2$ | $12^2$ | … | $22^2$ | $24^2$ | $26^2$ | $28^2$ | $30^2$ |
|---|---|---|---|---|---|---|---|---|---|---|---|
| 乘得数 | 224 | 468 | 768 | 1100 | 1440 | … | 2420 | 2304 | 2028 | 1568 | 900 |
| 招来日 | 14 | 13 | 12 | 11 | 10 | … | 5 | 4 | 3 | 2 | 1 |

右图顺列平方积于上方，逆列招来日于下方，上下相乘，置得数于中央。并上方所列为招兵数，并中央所得。又以每人日给银一两二钱乘之，为共银数。（第 2 题原题完）

关键步骤为

$$A=\frac{6(n+2)}{6}\Delta^0 a_1+\frac{3(n+2)(n+1)}{6}\Delta^1 a_1+\frac{(n+2)(n+1)n}{6}\Delta^2 a_1$$
$$=16\binom{n+2}{1}+20\binom{n+2}{2}+8\binom{n+2}{3} \tag{9-20}$$

式中的三个差分罗士琳依次称为“上差”“中差”“下差”，他并给出正确的算法：

$$\Delta^0 a_1=a=4^2,\ \Delta^1 a_1=\Delta^0 a_2-\Delta^0 a_1=a_2-a_1=6^2-4^2=20,$$
$$\Delta^2 a_1=a_3-2a_2+a_1=8^2-2\cdot 6^2+4^2=8$$

因 $A=\Sigma a_k=\Sigma 4(k+1)^2$，即可用两种算法得出同一 $A$，事实上获得了恒等式（已约去因子 4）：

$$\sum_{k=1}^{m}(k+1)^2=4\binom{m+1}{1}+5\binom{m+1}{2}+2\binom{m+1}{3} \tag{9-21}$$

将自然数平方和分解成若干三角垛之和，笔者还没有在史料和数学词典中见过。

又据“银求日草”（及“还原草”“求支银者”和题末数表中行“乘得数”），关键为

$$C=\frac{6(n+3)(n+2)}{12}\Delta^0 a_1+\frac{2(n+3)(n+2)(n+1)}{12}\Delta^1 a_1+\frac{(n+3)(n+2)(n+1)n}{12\cdot 2}\Delta^2 a_1$$
$$=16\binom{n+3}{2}+20\binom{n+3}{3}+8\binom{n+3}{4} \tag{9-22}$$

因 $C=\Sigma a_k b_k$，即可获得恒等式（原著未约去等式两边的因子 4）：

$$\sum_{k=1}^{m}(k+1)^2(m-k+1)=4\binom{m+1}{2}+5\binom{m+1}{3}+2\binom{m+1}{4} \tag{9-23}$$

**3）如象招数第 3 题**

依圆箭束招兵：设招来日 $m=n+2$，$b_k=(n+2)-k+1=m-k+1$。

“箭积交参”式（9-14）已知 $a_k$ 的通项，本题首项非 7，而是 19，故 $k$ 应换为 $k+1$，这时应有“圆（箭束）积” $a_k=a_{k-1}+6(k+1)$，而“圆（箭外）周”应为 $6(k+1)$。本题提出圆箭束（招兵数）$a_k$ 是二阶等差数列（表 9-2），构造为：“初束”中心 1 箭，周围 6 枝，外周 12 枝，即首项 $a=7+12=19=\Delta^0 a$，为“上差”，“次束外周转多六支”，即 $a_k$ 的一阶差分首项 $12+6=18=\Delta^1 a$，为“中差”；二阶差分各项 $\Delta^2 a\equiv 6$，为“下差”。于是

**表 9-2　圆箭束招兵数 $a_k$ 构成二阶等差数列**

| 19 | | 37 | | 61 | | 91 | | … | | 631 | | 721 | | 817 |
|---|---|---|---|---|---|---|---|---|---|---|---|---|---|---|
| | 18 | | 24 | | 30 | | 36 | … | | | 90 | | 96 | |
| | | 6 | | 6 | | 6 | | … | | | | 6 | | |

初束 $a=a_1=7+12=19$，　　$a_1=\Delta^0 a$，

次束 $a_2=a_1+(12+6)=37$，　　$a_2=\Delta^0 a+\Delta^1 a$，

三束 $a_3=a_2+(12+2\times6)=61$，　　$a_3=\Delta^0 a+2\Delta^1 a+\Delta^2 a$，

四束 $a_4=a_3+(12+3\times6)=91$，　　$a_4=\Delta^0 a+3\Delta^1 a+3\Delta^2 a$，

$$\cdots a_k=a_{k-1}+[12+(k-1)\times6],\qquad a_k=\sum_{r=0}^{2}\binom{k-1}{r}\Delta^r a \tag{9-24}$$

这是式（9-5）$h$=2 的情况。罗士琳阐明“圆箭束积”共有 4 种等价定义（现代形式）：

$$a_k=a_{k-1}+[12+6(k-1)]=\sum_{r=0}^{2}\binom{k-1}{r}\Delta^r a=19\binom{k-1}{0}+18\binom{k-1}{1}+6\binom{k-1}{2} \tag{9-25}$$

$$=3k^2+9k+7$$

换言之，（9-25）获得的就是它的递推式、差分式、组合式、通项式。再求 $A=\Sigma a_k$：

$$\sum_{k=1}^{m}(3k^2+9k+7)=19\binom{m}{1}+18\binom{m}{2}+6\binom{m}{3} \tag{9-26}$$

$$C=\frac{4(n+4)(n+3)(n+2)}{24}\Delta^0 a_1+\frac{(n+4)(n+3)(n+2)(n+1)}{24}\Delta^1 a_1+\frac{(n+3)(n+2)(n+1)n}{12\cdot2}\Delta^2 a_1$$

$$=16\binom{n+3}{2}+20\binom{n+3}{3}+8\binom{n+3}{4} \tag{9-27}$$

据“米求日草”和文末的数据表：

$$\sum_{k=1}^{m}(3k^2+9k+7)(m-k+1)=19\binom{m+1}{2}+18\binom{m+1}{3}+6\binom{m+1}{4} \tag{9-28}$$

用原著的术语：圆箭束乘反锥差求和，仍得若干圆箭束之和。差分系数与组合形式保持不变。

**4）如象招数第 4 题**

依平方招兵：设招来日 $m=n+2$，$b_k=(n+2)-k+1=m-k+1$。

“箭积交参”的方箭束式（9-15）与此题对应，$a_k$ 的通项已知，本题首项非 $2^2$，而是 $5^2$，故 $k$ 应换为 $k+4$，这时应有（第 $k$ 日）“招兵数”$a_k=(k+4)^2$。朱世杰“术曰”列出方程：

$14\,274=253n+39n^2+2n^3$。解之，$n=13$，$m=15$。原著“米求日术”列出方程：

$53\,674\,920=73\,386n+36\,735n^2+7950n^3+705n^4+25n^5$。解之，$n=13$，$m=15$。

罗士琳“草曰”计算共招兵 $A=\Sigma a_k=2440$，列出

$$A=25\frac{6(n+2)}{6}+11\frac{3(n+2)(n+1)}{6}+2\frac{(n+2)(n+1)n}{6}=\sum_{r=1}^{3}\binom{n+2}{r}\Delta^{r-1}a$$

$$\sum_{k=1}^{n+2}(k+4)^2=25\binom{n+2}{1}+11\binom{n+2}{2}+2\binom{n+2}{3} \tag{9-29}$$

原题中 $h^2=25$，$2h+1=11$ 与 2 是差分值，朱世杰取 $h=5$，式中 $n=13$。罗氏附记仿照此题设例，改变了 $h$，$n$ 的值。该式当然可以改变初始条件，笔者经 4 步改写（①将 $n+2$ 换写为 $n$，②$k=1$ 换写为 $k=5$，③令 $5=h$，④令 $h=1$），不失本意（将平方和表成组合和），简化该式，得：

$$\sum_{k=1}^{n}k^2=\binom{n}{1}+3\binom{n}{2}+2\binom{n}{3} \tag{9-30}$$

对比式（9-21），立意相同。它们可称作“朱世杰平方和公式”，为自然数幂和公式之嚆矢，在数学史上具有创新价值。另外，在“平方招兵给米”问题中提出了“梯田积”的概念，即

$$b_k=\binom{n+3}{2}-\binom{k}{2},\qquad n=13,\qquad b_k=120-\frac{k^2}{2}+\frac{k}{2} \tag{9-31}$$

原题的 $b_k$ 数列为：120，119，117，114，99，…，29，15。于是，“米求日草”中有公式：

$$\sum_{k=1}^{n+2}(k+4)^2\left[\binom{n+3}{2}-\binom{k}{2}\right]=25\binom{n+3}{2}+72\binom{n+3}{3}+39\binom{n+3}{4}+8\binom{n+3}{5} \tag{9-32}$$

$$\Delta^0a=h^2=25,\ \Delta^1a=2(h+1)^2=72,\ \Delta^2a=3(2h+3)=39,\ \Delta^3a=8$$

$$\sum_{k=1}^{n}k^2\left[\binom{n+1}{2}-\binom{k}{2}\right]=\sum_{r=1}^{4}\Delta^{r-1}a\binom{n+1}{r+1}=\binom{n+1}{2}+8\binom{n+1}{3}+15\binom{n+1}{4}+8\binom{n+1}{5} \tag{9-33}$$

式（9-32）改写简化，取 $h=1$，得到式（9-33）。表明：平方乘梯田积求和可分解为若干垛积。

**5）如象招数第 5 题**

依立方招兵：原题“顺列立方积于上方”即 $a_k=(k+2)^3$，“共兵数” $A=\Sigma a_k$，即

$$\sum_{k=1}^{n+3}(k+2)^3=\sum_{r=1}^{4}\binom{n+3}{r}\Delta^{r-1}a=27\binom{n+3}{1}+37\binom{n+3}{2}+24\binom{n+3}{3}+6\binom{n+3}{4} \tag{9-34}$$

$$\Delta^0a=h^3=27,\ \Delta^1a=3h^2+3h+1=37,\ \Delta^2a=6(h+1)=24,\ \Delta^3a=6$$

式（9-34）改写简化，取 $h=1$，得到（9-35）。将立方和表示成垛积之和，这是朱氏本意所在：

$$\sum_{k=1}^{n}k^3=\binom{n}{1}+7\binom{n}{2}+12\binom{n}{3}+6\binom{n}{4} \tag{9-35}$$

式（9-34）、（9-35）可称作“朱世杰立方和公式”，为自然数幂和公式的又一重要进展。

原题“逆列招来日于下方”即 $b_k=n+4-k$（“茭草 2 问”中叫“反锥差”），求 $C=\Sigma a_kb_k$：

$$\sum_{k=1}^{n+3}(k+2)^3(n+4-k)=\sum_{r=1}^{4}\binom{n+4}{r+1}\Delta^{r-1}a=27\binom{n+4}{2}+37\binom{n+4}{3}+24\binom{n+4}{4}+6\binom{n+4}{5} \tag{9-36}$$

式（9-36）改写简化，取 $h$=1，得到（9-37）。表明立方乘反锥差求和亦可分解为若干组合垛积：

$$\sum_{k=1}^{n} k^3(n+1-k)=\binom{n+1}{2}+7\binom{n+1}{3}+12\binom{n+1}{4}+6\binom{n+1}{5} \qquad (9\text{-}37)$$

### 9.2.3　果垛叠藏 20 题

#### 1）果垛第 1 题

在图 9-15 第 1 题之后，罗士琳列出三行数表如下：

| 三角积 | 1 | 3 | 6 | 10 | 15 | 21 | 28 | 36 | 45 |
|---|---|---|---|---|---|---|---|---|---|
| 乘得数 | 2 | 9 | 24 | 50 | 90 | 147 | 224 | 324 | 450 |
| 抛差 | 2 | 3 | 4 | 5 | 6 | 7 | 8 | 9 | 10 |

右图列三角积于上方，列抛差于下方，上下相乘，置得数于中央，并中央所得为共直钱数。

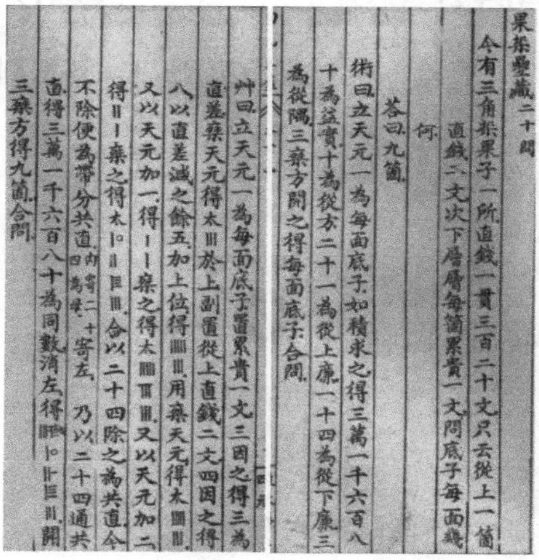

图 9-15　果垛叠藏第 1 题

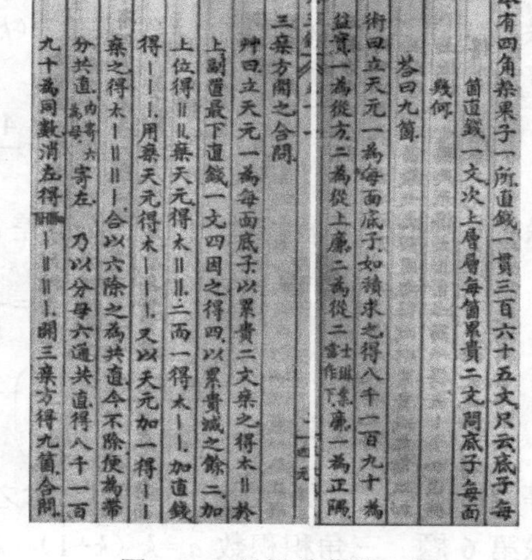

图 9-16　果垛叠藏第 2 题

本题探讨三角垛，与茭草形段属于同类研究对象。三角积 $a_k=k(k+1)/2$，抛差 $b_k=k+1$，有 $C=\sum a_kb_k$，得到式（9-4）的特例：

$$\sum_{k=1}^{n}\binom{k+1}{2}(k+1)=\frac{3n+5}{4}\binom{n+2}{3} \qquad (9\text{-}38)$$

#### 2）果垛第 2 题

在图 9-16 果垛第 2 题之后，罗士琳列出三行数表如下：

| 平方积 | 1 | 4 | 9 | 16 | 25 | 36 | 49 | 64 | 81 |
|---|---|---|---|---|---|---|---|---|---|
| 乘得数 | 17 | 60 | 117 | 176 | 225 | 252 | 245 | 192 | 81 |
| 抛差 | 17 | 15 | 13 | 11 | 9 | 7 | 5 | 3 | 1 |

顺列平方角积于上方，列抛差于下方，上下相乘，置得数于中央，并中央所得为直钱共数。

本题探讨平方垛，属于垛积重要研究对象。平方积 $a_k=k^2$，抛差 $b_k=2(n-k)+1$，有 $C=\sum a_kb_k$，得到式（9-4）$p=2$ 的特例：

$$\sum_{k=1}^{n}k^2\left[2(n-k)+1\right]=\frac{n^2+n+1}{3}\binom{n+1}{2} \tag{9-39}$$

**3）果垛叠藏第 3～8 题**

**果垛第 3 题** 三角积 $a_k=k(k+1)/2$，乘数 $b_k=2k+1$，“上下相乘如三而一，得四角积于中央，并中央所得为共积”，即四角积 $c_k=a_kb_k/3$，以今日之算法，“共积”可表示为

$$\begin{aligned}\frac{1}{3}\sum_{k=1}^{n}\binom{k+1}{2}(2k+1)&=\frac{2}{3}\sum_{k=1}^{n}\binom{k+1}{2}k+\frac{1}{3}\sum_{k=1}^{n}\binom{k+1}{2}\\&=\frac{3n+1}{6}\binom{n+2}{3}+\frac{1}{3}\binom{n+2}{3}=\frac{n+1}{2}\binom{n+2}{3}=\frac{n}{12}(n+1)^2(n+2)\end{aligned} \tag{9-40}$$

给出了“四角落一形”求和的结果，这是平方再求和的算法（原术思路待考）：

$$\sum_{r=1}^{n}\sum_{k=1}^{r}k^2=\frac{n}{12}(n+1)^2(n+2) \tag{9-41}$$

**果垛第 4 题** 三角积积数 $a_k=k(k+1)(k+2)/6$，锥差 $b_k=k$，求 $C=\sum a_kb_k$，可得到式（9-4）$p=3$ 的情况：

$$\sum_{k=1}^{n}\binom{k+2}{3}k=\frac{4n+1}{5}\binom{n+3}{4} \tag{9-42}$$

**果垛第 5 题** 四角积积数 $a_k=\sum r^2$，锥差 $b_k=k$，求 $C=\sum a_kb_k$，得：

$$\begin{aligned}\sum_{k=1}^{n}\left(k\sum_{r=1}^{k}r^2\right)&=\sum_{k=1}^{n}\left(\frac{k^4}{3}+\frac{k^3}{2}+\frac{k^2}{6}\right)=\frac{1}{10}\left[(4n+\frac{3}{2})n+(4n+\frac{1}{2})\right]\binom{n+2}{3}\\&=\frac{8n^2+11n+1}{20}\binom{n+2}{3}\end{aligned} \tag{9-43}$$

第二个等号后的结果由原题给出，不明立术之原，作为遗留问题。

**果垛第 6 题** 三角积积数 $a_k=k(k+1)(k+2)/6$，逆列三角积 $b_k=(n+2-k)(n+1-k)/2$，求 $C$，得：

$$\sum_{k=1}^{n}\binom{k+2}{3}\binom{n+2-k}{2}=\sum_{k=1}^{n}\binom{k+4}{5}=\binom{n+5}{6} \tag{9-44}$$

朱世杰明确指出本题是“三角撒星更落一形果子积”，即式（9-1）$p=6$ 的情况。推广后有

$$\sum_{k=1}^{n}\binom{k+p-1}{p}\binom{n+q-k}{q}=\sum_{k=1}^{n}\binom{k+p+q-1}{p+q}=\binom{n+p+q}{p+q+1} \tag{9-45}$$

当 $p=3$，$q=2$ 时便是式（9-44）。杜石然先生[①]认为原著并无此式，批评乔治·萨顿[②]、李

① 杜石然. 朱世杰研究//钱宝琮，等. 宋元数学史论文集. 北京：科学出版社，1966：191.

② SARTON G. Introduction to the History of Science：Vol. Ⅲ Science and Learning in the Fourteenth Century. Baltimore：The Williams & Wilkins Company，1953：701.

约瑟[1]等引用了 1923 年钱宝琮给出的相当于式（9-45）的公式。但笔者以为它并非空穴来风，如果说仅有式（9-44）尚不足以推广，则还可再举茭草第 4 题式（9-10），那是 $p=2$，$q=2$ 时的情况，推广它的思路较为清晰。上文所举不少组合求和公式也可作为佐证，表明朱世杰掌握这类公式是题中应有之义。建议将式（9-45）称为"朱世杰组合卷积公式"。揣测它的立术之原，朱世杰可能是从大量操演垛积模型获得了其间的数量关系。

**果垛第 7 题** "圆锥垛"当层数为奇时 $a_{2k-1}=2k-1$，三角积 $b_{2k-1}=k(k-1)/2$，$c_{2k-1}=3k(k-1)+1$

$$\sum_{k=1}^{(n+1)/2}\left[6\binom{k}{2}+1\right]=\sum_{k=1}^{(n+1)/2}(3k^2-3k+1)=\frac{n+1}{2}\cdot\frac{n+1}{2}\cdot\frac{n+1}{2}=\frac{1}{8}(n+1)^3 \tag{9-46}$$

朱世杰只研究了上式，当层数为偶数时，$a_{2k}=2k$，乘数 $b_{2k}=3k/2$，$c_{2k}=3k^2$，由罗士琳给出 $\sum c_{2k}$：

$$\sum_{k=1}^{(n-1)/2}3k^2=\frac{n-1}{2}\cdot\frac{n}{2}\cdot\frac{n+1}{2}=\frac{1}{8}(n^3-n) \tag{9-47}$$

**果垛第 8 题** 由 $n$ 层的"三角尖积"$(n+2)(n+1)n/6$ 水平截去上面 $m$ 层的"虚尖"$(m+2)(m+1)m/6$ 而成"三角台垛"（$1\leqslant m<n$），$m$ 为"虚底"，$a_k=k+m$，$b_k=(k+m+1)/2$，求 $C=\sum a_kb_k$，得到：

$$\begin{aligned}\sum_{k=1}^{n-m}(k+m)(k+m+1)/2&=\sum_{k=1}^{n-m}\binom{k+m+1}{2}=\sum_{k=1}^{n}\binom{k+1}{2}-\sum_{k=1}^{m}\binom{k+1}{2}\\&=\binom{n+2}{3}-\binom{m+2}{3}\end{aligned} \tag{9-48}$$

式中第二步推演包含尚不了解的算法，猜测是利用垛积模型在多次分合操演实验中发现的。

**果垛第 9～20 题** 内容相对平凡，本节从略。

离散数学的和分（垛积）与差分（招差）对应着连续数学的积分和微分，在数学研究对象为有限、常量为主的时代，具有基本重要性，显示了中国传统数学的算法倾向。以前认为垛积招差术研究仅为"高阶等差数列求和"；今天看来，垛积术是在完整意义上的组合算法；招差术是垛积术的逆运算，按现代组合学一种观点，有限差分法属于组合计数，得到的结果可以用组合符号表达。所以，相关研究可以而且应当使用求和符号和组合符号，使公式简明，便于中外对比和交流。

朱世杰的垛积招差术实际上研究有限物体按照一定约束条件进行计数、排列、组合、配置的问题，他利用垛积作为数学模型，14 世纪初得到的一批结果可以用今天的组合恒等式准确表示，在中古世界数学史中堪称独步，弥足珍贵，是组合计数前期的杰作。

下一节将回顾数学史界认识并获得朱世杰《四元玉鉴》中一项重要成果的历程。

---

① NEEDHAM J. Science and Civilisation in China: Vol. 3 Mathematics and the Sciences of the Heavens and the Earth. London: Cambridge University Press, 1959: 138-139.

## 9.3 拓展的研究：朱世杰–范德蒙公式的由来和发展

本节介绍“朱世杰-范德蒙公式”（简称朱-范公式）的中国数学史来源。1923 年钱宝琮先生发表了《朱世杰垛积术广义》，将一个卷积型组合恒等式表述成现代形式，这一成果经乔治·萨顿和李约瑟传播到西方，以后形成了现代组合计数中使用的术语“the Chu-Vandermonde formula”。本节是朱世杰垛积术的扩展研究，追踪一个古代的成果是怎样进入现代的。

朱-范公式是现代组合计数理论的一个基本公式。首先阐明该公式的组合意义，分别论述朱世杰和范德蒙（Vandermonde）的历史贡献，并对朱-范公式的现代发展作出概要介绍。

### 9.3.1 寻找“朱世杰–范德蒙公式”*

2001 年 10 月，在香港召开第九届国际中国科学史会议期间，有次会议休息时，吴文俊先生谈起在国际数学界流传着一个数学名词“the Chu-Vandermonde formula”，“‘Chu’指的是朱世杰”，吴先生说。问题是：一个 13 世纪中国的朱世杰与一个 18 世纪法国的范德蒙怎么会连在一起了呢？是哪方面的工作把他们联系起来？吴先生对中国数学史特别关心，对国际动态十分敏感，他提到的这个问题是数学史界同仁闻所未闻的，当然也是大家都非常感兴趣的。

朱世杰是我国宋元时期伟大的数学家，他寓居燕山（今北京），主要著作有《算学启蒙》三卷（1299 年）和《四元玉鉴》三卷[①]（1303 年）。《玉鉴》建立了“四元术”——即四元高次方程理论，建立了垛积术的三角垛系列公式和招差术的高阶招差公式——即今之组合计数恒等式和有限差分公式，等等，跻身于中古世界数学家之前列。

范德蒙（一译旺德蒙德）是读过高等代数的人们都很熟悉的名字，他是法国科学院院士（1771 年），对高等代数有重要贡献，他证明了多项式方程根的任何对称函数都能用方程的系数表示出来，他奠定了行列式的理论基础，并应用于解线性方程组，以“范德蒙行列式”著称于世（但在他 1771～1772 年向法国科学院提交的 4 篇论文、也是他仅有的 4 文中并无此行列式）。20 世纪 50 年代之前，我国流传过三种版本的《范氏大代数》，老几辈数学家好多都读过这种教材。

西方这样一位代数学家如何能够同朱世杰联系起来，的确是一个颇费思索的难题，它摆在数学史工作者的面前，无法回避。

笔者那个时候正在研究《四元玉鉴》垛积招差术，希望用组合计数的观点对原著和罗士琳的解读[②]进行“翻译”——就是用现在使用的组合、求和符号等将有关成果表示成组合恒等式、有限差分公式。获得的结果包括几十个组合公式，在先前流行的中国数学史著作中没有见过，其中有的十分复杂。例如“茭草形段”第 4 题原文、答案、立术、方程为：

---

* 罗见今. 历久弥新的贡献——追踪 80 年前钱宝琮先生一项研究. 高等数学研究，2008，11（1）：126-128.

① 朱世杰. 四元玉鉴：卷下//任继愈. 中国科学技术典籍通汇：数学卷（一）. 郑州：河南教育出版社，1993.

② 罗士琳. 四元玉鉴细草. 石印本. 鸿宝斋书局，1896.

今有茭草八千五百六十八束，欲令撒星更落一形垛之，问底子几何？答曰：一十四束。术曰：立天元一为撒星更落一底子，如积求之，得一百二万八千一百六十为益实，二十四为从方，五十为从上廉，三十五为从二廉，一十为从三廉，一为正隅。四乘方开之，合问。

在前节已讨论了朱世杰的思路和解题的方法，“茭草形段”第 4 题给出的关系可表示为

$$\sum_{k=1}^{n}\binom{k+1}{2}\binom{n+2-k}{2}=\sum_{k=1}^{n}\binom{k+3}{4}=\binom{n+4}{5} \tag{9-10}$$

而《四元玉鉴》“果垛叠藏”第6题原文、答案、立术、方程为：

今有三角撒星更落一形果子积九百二十四个，问底子几何？答曰：七个。术曰：立天元一为三角撒星更落一底子，如积求之，得六十六万五千二百八十为益实，一百二十为从方，二百七十四为从上廉，二百二十五为从二廉，八十五为从三廉，一十五为从四廉，一为正隅。五乘方开之，合问。

“果垛叠藏”第6题依据同样的关系和方法求得

$$\sum_{k=1}^{n}\binom{k+2}{3}\binom{n+2-k}{2}=\sum_{k=1}^{n}\binom{k+4}{5}=\binom{n+5}{6} \tag{9-44}$$

不难看出，它们属于更广泛一类公式的两个特例。将上两式推广，获得

$$\sum_{k=1}^{n}\binom{k+p-1}{p}\binom{n+q-k}{q}=\sum_{k=1}^{n}\binom{k+p+q-1}{p+q}=\binom{n+p+q}{p+q+1} \tag{9-45}$$

高尔德（Gould）的名著《组合恒等式》①虽然搜集了500多公式，包括一些历史上的结果，但此书中却没有列出更早的、朱世杰的这样一批成果。这主要是由于我们自己研究得不够；而究竟有哪些学者做过有关研究工作呢？历史情况并不明朗。

对“朱-范公式”的中方来源，有一个基本的估计：即这一成果不大可能是在古代传到西方，也不大可能是由现代西方学者直接从宋元古算书中发现。

### 9.3.2 钱宝琮先生阐发朱世杰垛积术成果的历史贡献

什么是“朱-范公式”？时间相差近五百年、地域相隔两万多里的两位数学家，因为什么名字会联在一起？是何许人将其命名？——一连串的问题摆在面前。笔者是从事数学史研究的，关心组合数学史多年，但这个定理以前闻所未闻。为什么一个西方组合数学家熟知的问题，又涉及我国宋元时代数学四大家之一的朱世杰，而我们对此却一无所知？

接下来的工作是寻找20世纪对朱世杰垛积招差术的研究论文。

这方面的文章并不多。但笔者吃惊地发现，钱宝琮先生早在 1923 年就在《学艺》上发表了《朱世杰垛积术广义》②，获得一些组合恒等式，其中最引人注目的是：

---

① GOULD H W. Combinatorial Identities. Morgantown：Morgantown Printing and Binding Co.，1972.

② 钱宝琮. 朱世杰垛积术广义. 学艺，1923，4（7）：77-85.

$$\sum \frac{r^{|p|}}{1^{|p|}} \cdot \frac{(n+1-r)^{|q|}}{1^{|q|}} = \sum \frac{r^{|p+q|}}{1^{|p+q|}} \tag{9-49}$$

这里 $r^{|p|} = r(r+1)\cdots(r+p-1)$，$1^{|p|} = p!$

式（9-49）是一个用现在人们已经不熟悉的阶乘、组合符号表示的恒等式，如果换写成现代使用的符号，除了式（9-45）第二个等号后的部分外，它与式（9-45）完全相同！笔者恍然大悟：在 80 多年前，钱宝琮先生就已经得到了这样深刻的公式，式（9-45）实际上是重复了先贤的工作。式（9-10）、（9-45）使用的组合符号 $\binom{m}{n}$ 虽然在国际上早已通用，但它表示的关系至今对很多人来说仍然很陌生，原因是组合符号经历了太多的变迁，这也与多年来我国中学教材一直使用旧的组合符号 $C_n^m$ 有关。

钱先生比较重视这一成果，1929 年在《中国算学史》上编中再次发表。1926 年汤天栋在《科学》[①]上发表《菱草形段罗草补注》，用图形和代数式表示相关内容，研究范围较小，因为没有使用组合符号，妨碍他对内容的现代理解，也没有钱先生研究得那样透彻。1939 年方淑姝在《数学杂志》[②]上发表了和钱先生论文题目相同的《朱世杰垛积术广义》，据方先生回忆，此文在章用（1910～1939）教授帮助下完成。该文使用的符号更接近现代常用的组合符号，并提到了钱、汤二先生的成果。

现代科学史学科的奠基人、著名科学史家乔治·萨顿在他的名著《科学史导论》[③]中较早将钱宝琮先生用组合符号表达的这一公式介绍到西方；李约瑟的《中国科学技术史》[④]第 3 卷数学（王玲参加编写）中也引用了这一结果（公式中有一个印刷错误）。西方数学家们正是通过这一传播渠道了解到朱世杰的工作的。

但同时也须指出，我国数学史界对此问题亦有不同的看法，认为“实际上这种类型的求和问题已经超出了朱世杰著作中所有问题的范围”，“这一不正确的论断可能是受到了罗士琳的影响”。[⑤]换言之，朱世杰并无此式。这涉及罗士琳对《四元玉鉴》此题的解读是否不着边际或无中生有，是需要针对朱、罗原著逐行、逐句、逐词查证的。笔者的推证已见于前，限于篇幅，这里不能详细说明；如果感兴趣，这个问题是可以展开讨论的。

至此，笔者仍然不知道何谓“Chu-Vandermonde 公式”。从事数学史研究一般较少接触现代数学文献，需要向数学家询问。2002 年 9 月内蒙古师范大学庆祝建校 50 周年，我们在呼和浩特举办了“科学史论坛”，邀请了一些著名学者参加，其中有我国组合数学学会发起人徐利治教授，他是知识渊博的老数学家。笔者就向他请教“朱–范公式”的问题，他说，在组合计数理论里，这是一个基本公式。在这次会议上，笔者作了题为“朱世杰的垛积招差术和组合恒等式”的报告，将用组合表示的那些公式投影到屏幕上。徐先生立即指着上面提到的式（9-45），说：“就是这个组合卷积公式。”

---

① 汤天栋. 菱草形段罗草补注. 科学，1926（11）：1535-1558.

② 方淑姝. 朱世杰垛积术广义. 数学杂志，1939，1（3）：94-101.

③ SARTON G. Introduction to the History of Science：Vol. III Science and Learning in the Fourteenth Century. Baltimore：The Williams & Wilkins Company，1953：701.

④ NEEDHAM J. Science and Civilisation in China：Vol. 3 Mathematics and the Sciences of the Heavens and the Earth. London：Cambridge University Press，1959：138-139.

⑤ 杜石然. 朱世杰研究//钱宝琮，等. 宋元数学史论文集. 北京：科学出版社，1966：191.

### 9.3.3 Vandermonde 公式的组合意义*

那么，范德蒙公式又是怎么回事？

在研究怎样对两组合的乘积求和、同时考虑游动变量可能出现的各种位置时，需要用到一个公式，通常被称为“Vandermonde 综合式”，是范德蒙 1772 年向法国科学院提交的论文中提出的（*Mém. Acad. Roy. Sciences Paris*，pp.489-498），具有一般性，在同类公式中最为重要，原式为：

$$\sum_k \binom{r}{k}\binom{s}{n-k} = \binom{r+s}{n} \tag{9-50}$$

这一公式也出现于我国近年出版的组合数学专著、教材的例题和习题中。①②然而，大概是缺乏历史感之故，有的书却未注明那就是范德蒙公式。

可以这样来理解这个公式：式右是从 $r$ 个男人和 $s$ 个女人中来选择 $n$ 个人的方法数，而式左中的每一项是从男人中选出 $k$ 个、同时从女人中选出 $n-k$ 个人的方法数。设 $\alpha$，$\beta$ 为任意实数，则 Vandermonde 公式的一般形式为

$$\sum_{k=0}^{n} \binom{\alpha}{k}\binom{\beta}{n-k} = \binom{\alpha+\beta}{n} \tag{9-51}$$

特别当 $\alpha$，$\beta$ 为正整数时，它的组合意义是：从 $\alpha$ 中取 $k$（$k = 0$，1，…，$n$）个，同时从 $\beta$ 中取 $n-k$（$n-k=n$，$n-1$，…，1，0）个，其不同取法的总数，与从 $\alpha+\beta$ 中取 $n$ 个不同取法的总数相等。

这是一个组合卷积（convolution）公式，以前曾译为“摺（折）积”。其实，卷积的形式在数学中很常见，比如二项式定理展开式、Catalan 数的卷积型递推公式等，而朱世杰的式（9-10）、（9-44）、（9-45）正是这样的“卷积”。例如在式（9-10）中，按罗士琳的解释，将 $a_k=k(k+1)/2$ 叫作“三角积”，$b_k=(n-k+2)(n-k+1)/2$ 叫作“逆列三角积”；显然$\sum a_kb_k$构成“卷积”。正列三角积和逆列三角积相乘求和，就构成组合卷积公式。

算法和程序设计技术的先驱者、美国斯坦福大学教授克努特（Donald E. Knuth，中文名“高德纳”）对中国数学感兴趣，他曾关注贾宪、杨辉、朱世杰以及明安图的计数成就。在他的荣获图灵奖的、世界影响因子排名居前的科学名著《计算机程序设计艺术》③中，第 53 页讲朱世杰（Chu Shih-Chieh）在《四元玉鉴》（Szu-yuan Yu-chien）所列系数三角形，第 59 页讲“the Chu-Vandermonde formula”（9-49）与（9-50）两式之间的关系，指明朱世杰的组合公式在先，材料出处就是李约瑟博士的《中国科学技术史》第 3 卷数学，即钱宝琮的式（9-49）；在第 70 页还留了一道题目，要求证明“朱–范公式”。

在国际组合数学界，“朱–范公式”已经成为一个人所共知的基本公式。有一个真实的笑话。我国中年数学家初文昌教授在组合计数方面卓有成绩，多年旅居意大利，经常参加国际会议。他的姓用汉语拼音拼出来正是“Chu”，和朱世杰的“朱”英文拼法相

---

* 罗见今. 朱世杰–范德蒙公式的发展简介. 数学传播季刊，2008，32（4）：66-71.

① COHEN D I A. 组合理论的基本方法. 左孝凌，王攻本，李为鑑，等译. 北京：北京大学出版社，1989：36.

② 邵嘉裕. 组合数学. 上海：同济大学出版社，1991：14.

③ KNUTH D E. The Art of Computer Programming：Vol. 1 Fundamental Algorithms. 3rd. ed. 英文影印版. 北京：清华大学出版社，2002：53，59，70.

同。于是有不少外国同行因不太了解历史，以为他就是同范德蒙并称的“the Chu-Vandermonde formula”的中国创立者，额外地致以崇高敬意。这使他受宠若惊，不得不在会议上事先郑重声明，朱世杰是700年前的老祖宗，而不是他初文昌。这在学界一时传为佳话。

综上，我们已经基本上厘清了“朱–范公式”的意义和来龙去脉。在徐先生的指导下，笔者进一步研究了“朱–范公式”的现代发展，撰成一文，2004 年在湖州召开的全国数学史会议上发表。

朱世杰 1303 年的成就已经得到现代数学家、数学史家的普遍承认，融入了今天的数学，成为世界数学宝库不可分割的组成部分。钱宝琮先生在多年前的这项研究工作发轫于先，功不可没。当时现代组合数学还没有问世（通常认为 1966 年国际《组合论杂志》的创刊标志着现代组合数学的诞生），他对朱世杰、罗士琳的理解非常深刻，表达的方式十分精辟。很难想象一个对组合计数没有概念的人怎样能够理解或怎样能够作出那样复杂的组合卷积公式，从这个意义上讲，钱先生的这项历史研究本身具有创新性和前瞻性。

我们要学习、纪念钱先生，他为各国数学家、青年学者了解中国古代数学的成就，作出了历久弥新的贡献。

### 9.3.4 徐利治先生介绍朱–范公式的现代发展 *①

现在国内外所发表的一些组合分析论文和著作中，当涉及对两组合的乘积求和或“卷积型”恒等式时，时常提到朱–范公式。二百多年来，朱–范公式已有多种扩充，应用甚广。有必要对后来的进展作一简述。

上述范德蒙综合式（9-54）是一个组合卷积公式。设两函数 $f$ 与 $g$ 构成卷积，记作 $f*g$，则其意思即指

$$f(0)g(n)+f(1)g(n-1)+\cdots+f(n)g(0)=(f*g)(n)$$

亦即

$$(f*g)(n)=\sum_{k=0}^{n}f(k)g(n-k) \tag{9-52}$$

此处展开式中共含 $n+1$ 项。

可以看出，上述垛积术中正列“三角积”与“逆列三角积”逐项对应相乘求和，恰是卷积的形式，朱世杰的垛积公式（9-10）～（9-44）即属于卷积型的。

从历史上看，德国数学家高斯研究时曾将类似的卷积关系推广到复数的情形②，被称为 Gauss-Vandermonde 公式。

Rothe（1793 年）-Hagen（1891 年）-Gould（1956 年）的卷积型恒等式可写成③④

---

* 罗见今. 朱世杰–范德蒙公式的发展简介. 数学传播季刊，2008，32（4）：66-71.

① 徐利治（Leetsch C. Hsu）教授和罗伊德（Keith Lloyd）教授为本节提供了参考文献。

② GRAHAM R L，KNUTH D E，PATASHNIK O. Concrete Mathematics. New Jersey：Addison-Wesley，1989：212（in a section on hypergeometric functions）.

③ HSU F J，HSU L C（徐利治）. A unified treatment of a class of combinatorial sum. Discrete Mathematics，1991，90：191-197.

④ GOULD H W. Some generalizations of Vandermonde’s convolution. Amer. Math. Monthly，1956，63（2）：84-91.

$$\sum_{k=0}^{n}\frac{x}{x+kz}\binom{x+kz}{k}\frac{y}{y+(n-k)z}\binom{y+(n-k)z}{n-k}=\frac{x+y}{x+y+nz}\binom{x+y+nz}{n} \tag{9-53}$$

其中，Hagen（1891 年）的恒等式为 ①

$$\sum_{k=0}^{n}\binom{x+kz}{k}\binom{y-kz}{n-k}\frac{x}{x+kz}=\binom{x+y}{n} \tag{9-54}$$

显然（9-54）式中令 $k=0$ 便得出（9-52）式。Mohanty-Handa（1969 年）②曾将式（9-53）推广成多重和形式。又，Hagen（1891 年）③还将式（9-53）发展成如下形式

$$\sum_{k=0}^{n}\binom{x+kz}{k}\binom{y-kz}{n-k}\frac{p+qk}{(x+kz)(y-kz)}=\frac{p(x+y-nz)+nxq}{x(x+y)(y-nz)}\binom{x+y}{n} \tag{9-55}$$

特别当 $p=y$，$q=-z$ 时，便有

$$\sum_{k=0}^{n}\binom{x+kz}{k}\binom{y-kz}{n-k}\frac{1}{x+kz}=\frac{1}{x}\binom{x+y}{n} \tag{9-56}$$

事实上可以证明，式（9-53）与式（9-55）是等价的，即两者可互推。当然它们均为朱-范公式的推广。

注意到组合数学界同感兴趣的事实——历来公认为 Rothe-Hagen-Gould 卷积型恒等式是朱-范公式的“非平凡推广”（non-trivial extension），这里却有必要说明，只需利用 Hsu-Gould 反演④公式，即可证明式（9-55）与式（9-53）都可由朱-范公式推证。这说明式（9-53）与式（9-55）实质上仍与原始的朱-范公式等价，详见文献。⑤⑥

① HAGEN J G. Synopsider Hoeheren Mathematik：Vol. Ⅰ//Arithmetische und Algebraische Analyse：Chapter Ⅲ Theorie der combinationen. Berlin：Verlag Felix L. Dames，1891：55-68.

② MOHANTY S G，HANDA B R. Extensions of Vandemonde type convolutions with several Summations and their applications. Canad. Math. Bull.，1969（12）：45-62.

③ HAGEN J G. Synopsider Hoeheren Mathematik：Vol. Ⅰ//Arithmetische und Algebraische analyse：Chapter Ⅲ Theorie der combinationen. Berlin：Verlag Felix L. Dames，1891：55-68.

④ GOULD H W，HSU L C（徐利治）. Some new inverse series relations. Duke Math. J，1973，40（4）：885-891.

⑤ HSU F J，HSU L C（徐利治）. A unified treatment of a class of combinatorial sum. Discrete Mathematics，1991，90：191-197.

⑥ GOULD H W，HSU L C（徐利治）. Some new inverse series relations. Duke Math. J，1973，40（4）：885-891.

# 第10章 王文素的计数成就与珠算的发展

明代数学具有特色。商业的需求带动了计算数学的长足进步，珠算得到普及并传播海外，是中算史和世界数学史上的独有现象。怎样看待明代数学？以往的评价却是负面居多。

人类的生产劳作和社会活动具有多样性，而各种重要的活动中都渗透了数学：建造神坛宫殿、城垣民居，开凿运河，所应用的可称为建筑数学；制作织物、工具用品、舟楫车辆，所应用的可称为手工业数学；同样的，还有军事数学、占卜数学、农业数学、商业数学、赌博数学、游戏数学，等等，产生于东方或西方，表明了数学应用的多源性。

历史上，从数学对象的性质看，由离散到连续，又互为补充、两相促进；从方法的逻辑特征上看，由归纳到演绎，而互相依存、两不偏废；今天计算的机械化、程序化与思维的抽象化、公理化已形成两个并存的趋势。因此，抬高一个方面，贬低另一方面不符合数学的历史和现状，数学对各种“出身”一视同仁，也不存在某种来源是否更为高贵的问题。

因此，商业数学应当受到农业数学同样的对待。在传统文化中本来就有重农轻商的倾向，过分强调数学之源的唯生产论，或将中算的进展置于西方数学发展坐标上，必然造成低估明代的数学进展，其后果就是轻视明代数学的成果。

其实，明代数学充分体现传统数学的特点，在一些方面获得明显的发展，例如机械化的计算数学，离散的计数原则，珠算程序化的算法口诀等，促进了明代商业化，从效果看对社会进步起到积极作用。计算“借银本利”与“方田黍米”一样，对数学也有其不可替代的价值。国际科学和历史工作者把珠算列为影响世界近代化进程的重要发明之一，也说明了这一点。

明代数学家吴敬（15 世纪）、王文素（1465？～？）、程大位（1533～1606）、朱载堉（1536～1611）等对传统数学、计算数学、珠算和计数理论的发展都作出了重要的贡献，本章只对王文素的成就中有关计数的一些内容做初步探讨。1993 年他的《算学宝鉴》被《中国科学技术典籍通汇·数学卷》收录[①]，2008 年《算学宝鉴校注》（图10-1）由科学出版社出版。[②]李培业先生提出了《算学宝鉴》是我国第一部珠算著作的

① 王文素. 算学宝鉴//任继愈.中国科学技术典籍通汇：数学卷（二）. 郑州：河南教育出版社，1993：337-971.

② 王文素. 算学宝鉴校注. 刘五然，郭伟，潘有发校注. 北京：科学出版社，2008.

观点[①]；明代商业数学的机械化[②]、程序化[③]的性质及在历史上的地位[④]得到肯定；当然，“用导数解高次方程算法”有待学界进行充分探讨。

本章 § 10.1 节概述王文素《算学宝鉴》的珠算和计数，§ 10.2 节专论幻图和“王文素问题”；人们关注对珠算的评价和在世界数学史中的地位，作为相关性研究，§ 10.3 节记录中国珠算列入联合国教科文组织人类非物质文化遗产代表作名录的过程。

图 10-1 《算学宝鉴校注》书影

## 10.1 《算学宝鉴》中的珠算与计数问题*

在中算史上，有一位明代算学家，达到了他那个时代的最高水平，却在 400 年的历史上湮没不彰——他就是王文素。人所共知，明代商业数学得到充分发展，出现了程大位《算法统宗》（1593 年）那样伟大的著作，流传广远，影响东亚数学，奠定了珠算在世界数学史上的地位。而在此之前 69 年，在 1524 年，王文素的巨著《新集通证古今算学宝鉴》，即《算学宝鉴》就已完成，是以珠算作为主题的开山之作，但在当时却未能刊行。这部近 50 万字的巨著已在 1993 年出版，而系统的或专题的研究尚不多见。王文素对珠算的论述是该书主题之一，还有丰富的数学内容。鉴于中算的离散传统和珠算的计数性质，《算学宝鉴》也是一本讲计算的书，研究了大量计数问题，不乏数列、垛积和组合计数的内容。中算具有悠久的离散传统，古人长于计数，正是在筹算、算术等影响下，形成珠算的理论与应用体系，引起学界兴趣。潘有发先生有《王文素的级数论》[⑤]，潘红丽的《〈算学宝鉴〉古算题注解》，在中国珠算心算协会主办的《珠算》刊物上连载。[⑥]本节在参考有关研究的基础上，对部分内容又作解析。

### 10.1.1 王文素和他的著作《算学宝鉴》

**1）王文素的生平简传**

王文素，字尚彬，山西汾州（今汾阳市）人，约于 1465 年出生于一位晋商的家庭中。“自幼颖悟，涉猎书史，诸子百家，无不知者，尤长于算法，留心通证”（宝朝珍语）。他也说自己“留心算学，手不释卷，三十余年，颇谙乘除之路。尝取诸家算书读之”。王文素勤奋钻研算学，既有父亲王林的影响，也出自他自己的爱好。他学习算学，是为了应用，特别是出自经商的实际需要。他能够针对书上出现的问题，提出自己的见解，做出问答，有的还写成歌诀，便于一般人学习。

① 李培业. 我国第一部珠算书——《算学宝鉴》. 珠算，1997（1）：2-5.
② 傅海伦. 传统文化与数学机械化. 北京：科学出版社，2003.
③ 刘芹英. 明代机械化数学的发展及现代意义. 西安：西北大学，2003.
④ 刘芹英. 中国机械化数学近代发展概论. 北京：知识产权出版社，2005.
* 罗见今.《算学宝鉴》中的珠算和计数问题举隅. 珠算与珠心算，2015（6）：48-56.
⑤ 潘红丽，潘有发. 王文素的级数论//李迪. 数学史研究（7）. 呼和浩特：内蒙古大学出版社，2001：59-68.
⑥ 潘红丽.《算学宝鉴》古算题注解（8）～（13），（24）. 珠算，1999（4）～2004（1）. 连载.

自古晋地多儒商，对计算数学和珠算的发展，贡献殊多。明朝成化年间（1465～1487年），王文素随父亲到河北饶阳经商，遂定居。

据宝朝珍记载，在同时代人中，有一位杜瑾，字良玉，也长于算学。有次他和文素等聚会，同住在"清河"旅店里，每人都展示自己在算学方面的特长，可以看出，独有文素"超出人表"，显出对算学特别的能力。杜瑾心悦诚服，很高兴地说道："诚吾辈之弗如也！所谓数算中之纯粹而精者乎！"

王文素平日研习原有算学著作，提出修正见解，写过一本书，名为《通证古今算学宝鉴》，共三十多卷，杜瑾读后，高度评价，与当时的几位算学家如金陵杜文高、江宁夏源泽、金台金来朋等相比，认为他们的解法"俱以逢巧之法，而算之不通活便，以致后学之难悟"；赞扬文素"今公以通玄活变之术，断成诗歌，讲义，诚可变而通之"，表示愿意"捐资绣梓，以广其传"。宝朝珍在这本书的序中记载了这件事，落款的日期是"正德八年（1513年）岁次癸酉仲春之吉武邑庠生宝朝珍序"。

**2）王文素《新集通证古今算学宝鉴》**

王文素长于算法，留心通证，倾毕生之精力，在11年后的明"嘉靖三年（1524年）岁次甲申秋八月癸巳朔"完成巨著，全称《新集通证古今算学宝鉴》，全书分12册42卷，近50万字。这比杜瑾要资助出版的《通证古今算学宝鉴》多出约十卷，应是"新集"的结果。

在中算史里，这是非常罕见的长篇论著。但遗憾的是，两种稿本均未出版，正如他在诗中所写："有意刊传财力寡，无人成就恨嗟多"，看来杜瑾并未资助，而他自己要刻印50万言的巨著，也力所不及。仅靠钞本流传有限，而妨碍了它的传播，对于明代数学的发展，是一重大损失。当然，真实的手稿反映了当年的实际水平，不会因为它未发表就认为不存在，这也是值得我们今天认真研究的重要原因；另一方面，也要看到其客观影响有限，不能与大量发行的《算法统宗》的社会影响相提并论。

其书稿完成后"四百年间未见各收藏家及公私书目著录，民国年间由北京图书馆于旧书肆中发现一蓝格抄本而得以入藏"。这才是不足百年前的事。由于这一偶然的发现，后学者打开了一扇窗户，可以从一个新的角度、利用丰富的新资料去观察明代数学，也非常难得。

1993年王文素《算学宝鉴》手稿影印版由《中国科学技术典籍通汇·数学卷》刊出，结束了该书没有出版的历史，引起各方重视。在陕西财经学院工作的我国财经界珠算史前辈李培业先生（1934～2011），对珠算史的研究多有创始之功。他大力倡导，积极奔走，建议召开《算学宝鉴》研讨会和建立王文素纪念馆[①]，得到财经、数学史各界的大力支持。1998年在王文素家乡山西汾阳召开了"全国王文素与《算学宝鉴》学术研讨会"。2009年6月，王文素纪念馆在汾阳文湖奠基。中国珠算心算协会主办的《珠算》、上海《珠算与珠心算》等也发表了一系列论文，其中潘有发[②]、潘红丽[③]、李珍等几位作者的研究比较集中。2008年，《算学宝鉴校注》由科学出版社出版，标志着对王文素的研究将进入一个新的阶段。

---

① 李培业. 关于研究王文素和《算学宝鉴》的倡议. 新理财，1997（3）：15.

② 潘有发. 王文素论"蒯管术". 珠算与珠心算，2009（6）：53-56.

③ 潘红丽，潘有发. 试析王文素的治学思想. 珠算，2002（3）：2-4.

### 3）《算学宝鉴》王文素自序和集算诗

王文素的生平史料较为欠缺，嘉靖三年《算学宝鉴》完成之后，王文素写了一篇自序，列在正德八年（1513 年）宝朝珍序之后，表达了他的算学观（图 10-2）。

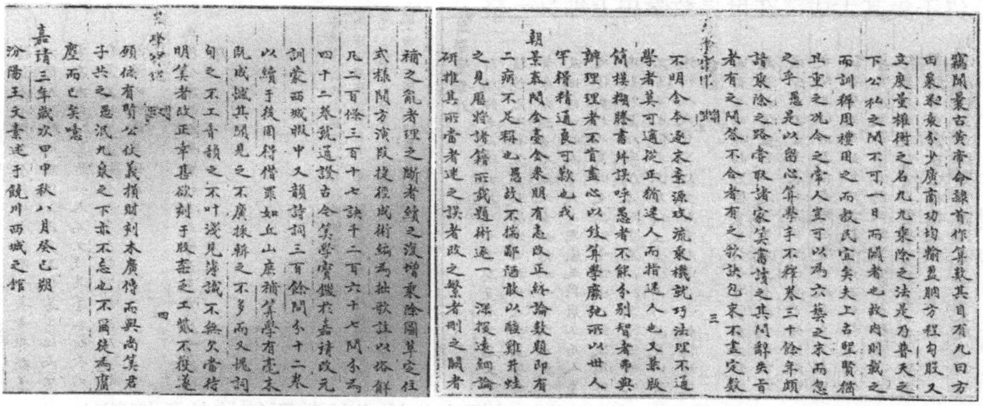

图 10-2　《算学宝鉴》王文素自序

他认为“隶首作算数”“立度量权衡之名”和“九九乘除之法”是“普天之下，公私之间，不可一日而缺者也”，表达了算学无论对国家抑或对个人、无论在日常生活抑或社会生活中的重要性，必不可少。算学的功用，“《内则》载之而训稚，《周礼》用之而教民。”此即在家庭之内将算学用来从小教育儿童，在社会上算学归于周礼用来教化民众。他不满当时社会上忽视数学、视数为末技的状况，反诘道：“上古圣贤犹且重之，况今之常人岂可以为六艺之末而忽之乎？”

当时的明代社会重视经学、理学的思想成为主流，熟读经史，猎取功名，是一般士大夫儒家读书人的安身立命之道，而王文素却走上研习算学的艰苦道路，认为“六艺科中算数尊，三才万物总经纶”。朱熹说：“天不生仲尼，万古如长夜”；而王文素却重视算学，在诗中写道：“若无先圣传流此，自古模糊直到今”，高度评价先人的创始之功。

王文素对当时算学的状况表示了严重的关切。旧本誊书多有舛误，而“愚者不能分别，智者弗与办理，理者不肯尽心，以致算学废弛，所以世人罕得精通，良可叹也！”刻本错误百出，世人难以精通，重要算学著作传本难免有中断之虞。

自序中王文素表明写这部书的用意，就是要努力修正刻本的舛讹，延续传统，克绍箕裘，加深对算学的理解，扩大算学的影响。为此他几十年勤奋钻研，笔耕不辍，“铁砚磨穿三两个，毛锥乏尽几千根”，一丝不苟，持之以恒，用他自己的话：“误者改之，繁者删之，缺者补之，乱者理之，断者续之”，将 1234 个问题分为 42 卷，终于撰成此皇皇巨著。

《算学宝鉴》的一个重要特点是高度重视数学诗词。王文素在自序后列有《集算诗》8 首，“诗言志”，可以作为自序的补充，表达他对算学的认识和评价、对坊间刊书舛错的批评、平生学算的艰苦追求、书成无钱付梓的无奈，持之以恒终能通达算理、悟彻玄机的无上快乐，算法原理高深莫测，费尽心机寻求算理本源等，这些诗句体现了他的算学人生观。

自序中称“韵诗词三百余问，分十二卷，以续于后”，涉及西江月、山坡羊、水仙子、沉醉东风等 38 种词牌，所惜现仅存目录，各卷均已遗失。但一些章节中还保留有不少算题韵文①，这种形式能够引起兴趣，便于记忆，有助于传播和普及，在宋杨辉、元朱世杰、明吴敬（15 世纪人）等算家著作中就出现了这类诗词，王文素继承传统，发扬光大，终于集其大成，在世界数学史上独具一格。

### 10.1.2　珠算乘法的简算法

珠算是中算史上的伟大发明。算盘就是一台没有存储设备的小计算机，手工业时代最优秀的计算工具。珠算的机械化性质引起各方长期研究：将十进位值以算盘档位清晰呈现，其软件口诀化极大提高计算速度和准确性，算盘的结构科学、使用方法简便，有力促进了它的应用和普及。

《算学宝鉴》42 卷，一个重点是论述珠算的算法应用和推广，属于珠算学和珠算史的研究范畴，内容丰富，可以写成专著和专论。本节涉及的内容，选择王文素在算盘上将乘法降级为加减法的简算法。②加减、乘除、乘方开方三级运算渐次复杂，在数学史上不乏把高级运算降级的算法，体现了各时期人们追求计数更简捷的不懈努力。

**1）单骑见虏法**

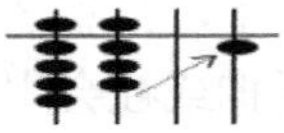

单骑见虏法新传，代九繁乘极妙玄；法实位同那（挪）实尾，实多对法起那堪；法多法内忙挪减，对位挪来对位安；算者若能知此意，科场出众敢争先。（图 10-3）

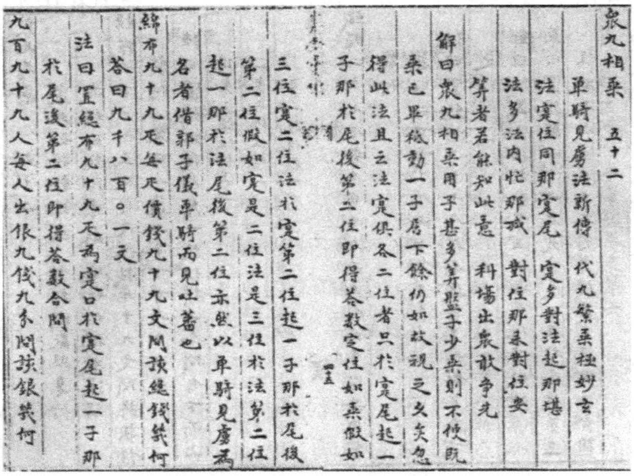
衆九相乘　五十二
單騎見虜法新傳　代九繁乘極妙玄
法實位同那實尾　實多對法起那堪
法多法內忙那減　對位那來對位安
算者若能知此意　科場出衆敢爭先
解曰衆九相乘用子甚多算盤子少乘則不便既
乘已畢纔動一子居下餘仍如故視之久矣忽
得此法且云法實俱各二位者只於實尾起一
子那於尾後第二位即得答數定位如乘假如
三位實二位法於實第二位起一子那於尾後
第二位假如實是二位法是三位於法第二位
起一那於法尾後第二位亦然以單騎見虜為
名者借郭子儀單騎而見吐蕃也
綿布九十九疋每疋價錢九十九文問該總錢幾何
答曰九千八百〇一文
法曰置總布九十九疋為實口於實尾起一子那
於尾後第二位即得答數合問
九百九十九人每人出銀九錢九分問該銀幾何

图 10-3　众九相乘

《算学宝鉴》第五卷 45 页

这一口诀是什么意思？“解曰：众九相乘，用子甚多，算盘子少，乘则不便”，明确说明是作珠算乘法运算；原文“那”已改为“挪”，为通假字，移动算珠之意。本术讲“众九相乘”在算盘上的简算法，为求乘积，“只动一子居下，余仍如故”。举出 4 例题，首例为：

---

① 潘红丽. 王文素《算学宝鉴》诗词体古算题注解. 珠算，1999（4）：30-31.

② 刘芹英. 中国机械化数学近代发展概论. 北京：知识产权出版社，2005：62-67.

棉布九十九疋（匹），每疋价钱九十九文，问：该总钱几何？答曰：九千八百〇一文。

法曰：置总布九十九疋为实，口（只）于实尾起一子，挪于尾后第二位，即得答数，合问。

从算盘上看，99×99 用通常“留头乘”算法手续烦琐。王文素说只要在 99 的末位减一，把该珠（叫作算子）向右挪 2 档就可以了；$n$ 位乘就挪 $n$ 档。这是口诀中乘数“法”与被乘数“实”数位相同的情况。当位数不同时诀中也做了规定，此不详述。王文素说：“视之久矣，忽得此法”，这是经过深思熟虑而获得的珠算简便乘法。他很得意，命名为“单骑见虏”：中唐名将郭子仪“单骑退回纥”的故事妇孺皆知，王氏用该词表示用极聪明简单的方法解决非常困难的问题，其实就是“众九相乘”法的特例。

**2）众九为乘**

众九如将杂位乘，对行减数照身行；亦犹因总除零数，定位仍从本法明。

本例扩大“众九相乘”的适用范围，被乘数是 999 类型，而乘数却是“杂位”，即由任意数字组成。

棉布一百二十三疋，每疋价钱九十九文，问共该钱几何？

答曰：一万二千一百七十七文。法曰：置总布，从尾见一，隔位损一，合问。自下而上：Ⅲ身三隔位损三；〓身二隔位损二；Ⅰ身一隔位损一。（图 10-4）

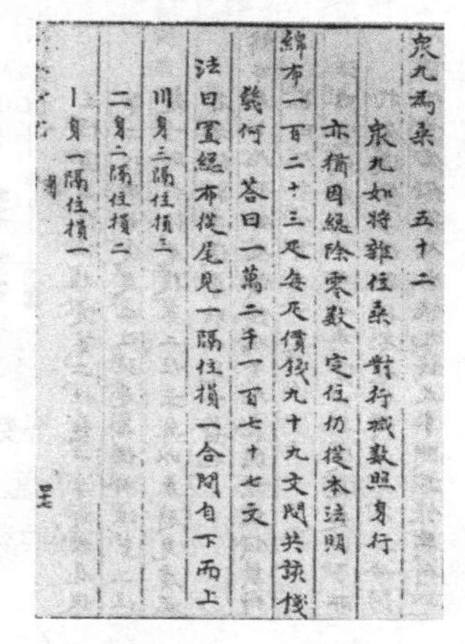
衆九為乘　五十二
衆九如將雜位乘　對行減數照身行
亦猶因總除零數　定位仍從本法明
綿布一百二十三疋每疋價錢九十九文問共該錢
幾何　荅曰一萬二千一百七十七文
法曰置總布從尾見一隔位損一合問自下而上
川身三隔位損三
二身二隔位損二
丨身一隔位損一

图 10-4　众九为乘

《算学宝鉴》第五卷 47 页

数字“Ⅰ〓Ⅲ”用筹算写法，显示出习惯上可用算筹表示珠算的数字。123×99=123×（100−1）=12 300−123，从算盘上看，就须先“定位”：将 123 扩大百倍后，等于向左移两位；在个位上减 3，在十位上减 2，在百位上减 1，叫作“因总（12 300）除（减）零（零数，123）”。这样，不做 999 的乘法就直接获得乘积。

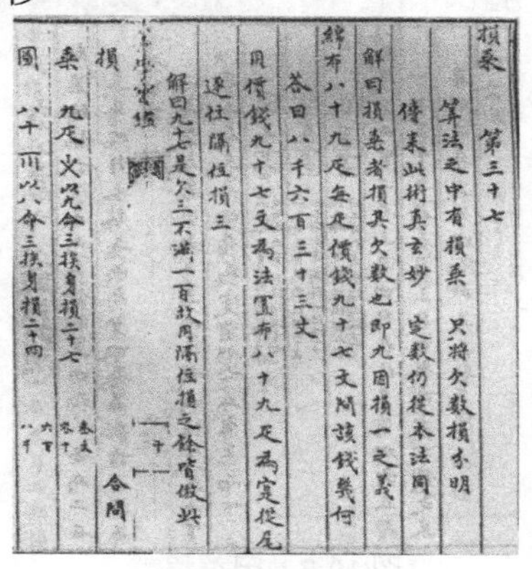
損乘　第三十七
筭法之中有損乘　只將欠數損分明
傳來此術真玄妙　定數仍從本法同
解曰損乘者損其欠數也即九因損一之義
綿布八十九疋每疋價錢九十七文問該錢幾何
荅曰八千六百三十三文
用價錢九十七文為法置布八十九疋為實從尾
逐位隔位損三
解曰九十七是欠三不滿一百故用隔位損之餘皆倣此

图 10-5　损乘

《算学宝鉴》第四卷 10 页

**3）损乘**

算法之中有损乘，只将欠数损分明；传来此术真玄妙，定数仍从本法同。解曰：损乘者，损其欠数也，即九因损一之义。

何谓“损乘”？原著详解下题[①]：

棉布八十九疋，每疋价钱九十七文。问：该钱几何？答曰：八千六百三十三。（图 10-5）

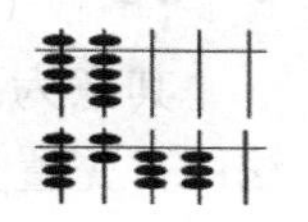

这也是一种将乘法转换成减法的运算，被乘数“实”可以是任何数，但作为乘数，须接近 $10^n$：89×97=89×（100−3）=8900−89×3=8900−

① 潘红丽. 关于“撞十数”的一些新史料. 珠算，1998（2）：14-15.

（27+240）=8900−267=8633。为说明此术，王文素对本题还做出“损乘图”和题解，将八，九写成〨，〩，详述 27 和 240 在算盘上所占的数位，以便从 8900 中对位减去。此题还有“九因损一”的算法，当“实”也是接近 $10^n$ 的数时，用降级算法代替乘法求积。见 5）因总损零。

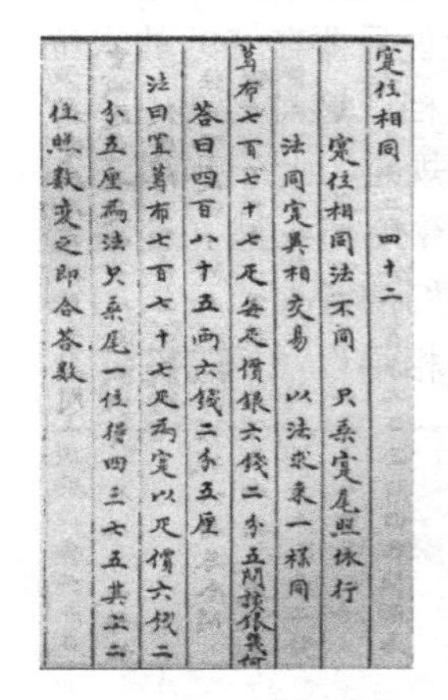

实位相同　四十二
实位相同法不同　只乘实尾照依行
法同实异相交易　以法乘来一样同
葛布七百七十七疋每疋价银六钱二分五问该银几何
答曰四百八十五两六钱二分五厘
法曰置葛布七百七十七疋为实以疋价六钱二
分五厘为法只乘尾一位得四三七五其上二
位照数变之即合答数

图 10-6　实位相同

《算学宝鉴》第四卷 16 页

#### 4）实位相同

实位相同法不同，只乘实尾照依行；法同实异相交易，以法乘来一样同。（图 10-6）

如果被乘数“实”的各位数字均相同，如 444，7777，等，而乘数“法”为任何数，就可以只用“实”的个位数去乘“法”，然后据“实”的 $n$ 位数，错开算盘的档位，分做 $n$ 次加法，这样把乘法化作 1 次简乘再 $n$ 次加，就可获得乘积。“实”和“法”可以交换，乘积相同，两者实际上无须加以区分。

葛布七百七十七疋，每疋价银六钱二分五。问：该银几何？答曰：四百八十五两六钱二分五厘。（图 10-6）

在解法中，原著说：实与法“只乘尾一位，得四三七五，其上二位照数变之，即合答数。”其意即：777×625=625×7+625×70+625×700=4375+43 750+437 500 =485 625。在算盘上，只需将 4375 在个十百 3 个档位上错开相加即可。这就是将一个有 $n$ 位数相同的乘数，与另一数相乘，转换成 1 次简乘再 $n$ 次加，用以减少计算量的珠算算法。

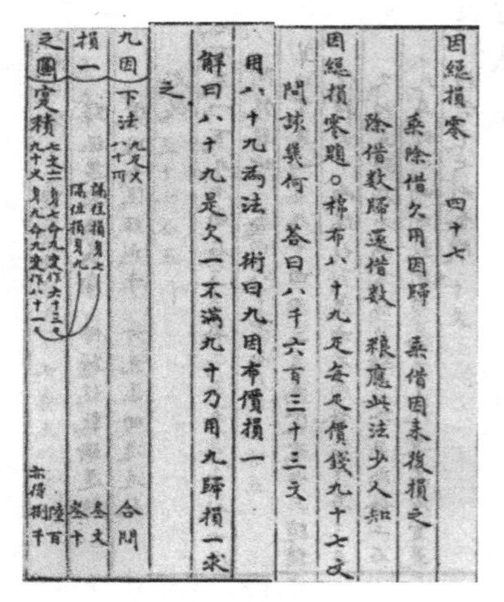

因总损零　四十七
乘除借欠用因归　乘借因来后损之
除借数归还借数　粮应此法少人知
因总损零题。棉布八十九疋每疋价钱九十七文
问该几何　答曰八千六百三十三文
用八十九为法　术曰九因布价损一
解曰八十九是欠一不满九十乃用九归损一求
之
九因　下法
损一
之图　实积

图 10-7　因总损零

《算学宝鉴》第四卷 25 页

#### 5）因总损零

乘除借欠用因归，乘借因来后损之；除借数归还借数，粮（料）应此法少人知。

乘数被乘数无须加以区分，在上文 3）损乘中还可借 89 施“九因损一”之术，仍用原题：

棉布八十九疋，每疋价钱九十七文，问：该几何？答曰：八千六百三十三文。

在术文中，除“用九十七为（法）”外，又有

用八十九为法。术曰：九因布价损一。（图 10-7）

其意为：97×89=97×（90−1）=97×90−97=8633。算法：首先置实 97 于算盘上；其次乘 90，叫“九因”，得 873；第三减去 1 个 97，叫“损一”，得乘积 8633。此法可扩大应用，叫“因总损零”，不赘。

### 10.1.3　数列、垛积和轮流均数问题

《算学宝鉴》对数列的研究有两方面值得注意：首先是传统的箭束问题多有扩大：在卷二十一中，有圆箭束、六角箭束、环内圆物、环内铜钱、方箭束、砌地问砖、三角箭束等，可谓集箭束问题于大成；再就是在卷二十三、二十四论述差分问题，提出“首尾差分”“误和差分”“攒纳差分”等名目，篇幅较大，需要做专题研读。王文素的“差分”与今天的概念须做区别，其中有些就是等差数列问题。

**1）等差数列**

《宝鉴》卷二十三包含“首尾差分”6 诀 23 问和“双首尾差分”2 诀 4 问。两者主要都研究等差数列问题。王文素重视数列的首项、尾项，故有此名。但原文出现一个异体字（图 10-8），有多种写法，其意义即“首”。诸本皆释作“鼠”，笔者认为与“鼠”字意义无关，在未确证该异体字的本字之前，仍释作“首”。而“双首尾差分”讨论一类有限定条件的等差数列。

（1）《宝鉴》卷二十三 48 页“五兄还钱”题：

甲乙丙丁戊，酒钱欠千五。甲兄告乙弟，四百我还与。转差是几文，各人出怎取？

图 10-8　首字异体

“千五”，1500 文。明代 1 两银子等于 1000 文。“转差”，即等差数列中的公差。在《宝鉴》中变换已知条件，利用公式从不同角度解答等差数列问题。

题意：五兄弟共欠酒钱 1500 文，甲对乙说：“我还 400 文”。问公差是几文，每人出多少？原文上写“九章古题”。答案很简单，“转差”为 50 文。接着在 49 页又出类似一题：

甲乙丙丁戊，酒钱欠千五。戊弟告四兄，一百五我与。转差是几文，各人出怎取？

“一百五”即“一百五十”。易知“转差”为 75 文，甲兄须出 450 文。

（2）《宝鉴》卷二十三 61 页“五人分米”题，属于“双首尾差分”，是指将等差数列分为两段，使两段内各项之和相等或成某一比例。如：

甲乙丙丁戊，分米二百四十石。只云甲乙二人与丙丁戊数等，问各得几何？答曰：甲六十四石，乙五十六石，丙四十八石，丁四十石，戊三十二石。

原文上写“九章古题”，已知等差，须按各列置“衰”，即求出各项之比例，须同时满足等差与前两项与后三项之和相等的条件。原著先介绍一术，简单说就是：列出 5∶4∶3∶2∶1，因前两项之和 9>后三项之和 6，便取 9−6=3 遍加列衰，得 8∶7∶6∶5∶4，取其和 30 为法，去除 240 石，再分别乘 8，7，6，5，4，得到该题答案。但他批评说，“此术求衰之法未通”，然后指出求列衰的正确做法，共两页，比较烦琐，此不尽述。此题按今天理解，已是一个二元方程问题：设戊为初项 $a$，公差 $d$，易知 $5a+10d=240$，$a=4d$，$d=8$，得解。

**2）等比数列在借贷问题中的应用**

（1）《宝鉴》卷十三 76 页“递倍求原”题：

典银不知原本，每年本利相停，今经四年本利，共还二十四两。问原本几何？

答曰一两五钱。

“典”：抵押，把房地、器物等押出，换取本钱，议定加利（也有不加）、年限，到期还本利，则物归原主；在这里亦解作借贷。“银”，明代主要货币，以重量单位“两”计数。洪武二十八年（1395年）后一两银子可购大米二石。“相停”：相当，相等。

题意：借贷出银钱若干，每年本利相等，4年本利共24两，要问原本是多少？

设本为 $a$，则4年递次增为：$2a$，$2^2a$，$2^3a$，$2^4a$，第4年 $2^4a=24$ 两，故原本 $a=1.5$ 两。原著算法：4个2倍连乘为法，24两为实，“以法除实，得原本一两五钱”。

（2）《宝鉴》卷十三76页“递生积数”题：

一文日增一倍，倍至三十日，问计几钱？……本术曰倍三十次得答，合问。

明代一两银子是一千文，一文钱大约相当于今天几角。“三十日”系第30日。

本题已知等比数列首项 $a_1=2$，公比 $q=2$，求 $n=30$ 时的末项 $a_n$。王文素应用公式求解：$a_n=a_1q^{n-1}=2^{30}=1\ 073\ 741\ 824$，他说的“倍三十次”即 $2^{30}$。

王文素称解此题的方法为“通证术”。在卷十三77页另题“一文每日递作三倍，问一月计若干？”其中“一月”指第30日。算法同上，答案是 $3^{30}=205\ 891\ 132\ 094\ 649$。这类题来源于杨辉《续古摘奇算法》卷上：

今有一文钱，放债作家缘。一日息一（另题作“三”）倍，一月几文钱？

（3）《宝鉴》卷十四118页“借银本利”题，用“西江月”词写出：

今借人银一两，年终出利三钱。其中九月主人前，本利归还不怨。七两三钱半数，本和利都全，问君此法两根源，甚法求之可见。答曰：本利（银）六两，利银一两三钱五分。

题意：今借人银子一两，每年年利就是三钱。九月已将本利七两三钱五分归还主人，双方无怨。问原借本利各是多少，用什么方法求得的。银子1两=10钱=100分=1000厘。

此题是《九章》原题，吴敬在《九章算法比类大全》（15世纪）也有解答。

本题借贷为1则年利率0.3，平均月利占0.025，借贷仅9个月，利占0.225。对照今日人们熟悉的复利公式：$a(1+x)^n=A$，这里 $n=1$，$x=0.225$。王文素的解法是：9个月本利 $A=7.35$ 两，故 $a=7.35$ 两 $\div 1.225=6$ 两，为本银；$A-a=7.35-6=1.35$ 两，为利银。

（4）《宝鉴》卷二十五17页“加倍本求递支”题：

典银二十八两，年终本利相停。只为辏办不前，均作三年偿之。问每年还几何？答曰：每年三十二两。

“相停”即相等。“辏”同凑，“辏办不前”，凑不足钱。本题借贷条件有变化。

题意：典银28两，到年终本利相等。只因凑不够钱，均分成3年偿还，每年该还多少？

“加倍本”即利率为1，原说借3年，届时本利 $2^3a=224$ 两，钱不够，请求“递支”，即每年年终各还一次。原著解法是：28两 $\times 2^3=224$ 两，$1+2+4=7$，$224\div 7=32$ 两。

按照复利公式：$a(1+x)^n=A$，这里 $n=3$，$x=1$，$A=2^3a=224$ 两，由于提前还贷，利率相应降低，本题处理的结果，约降到一半：$x\approx 0.5078$；而实际还贷96两，占原定的3/7。

（5）《宝鉴》卷二十五 17 页“加五本求递支”题：

典银五十七两，每年加五行利。均作三年还之。问每年还几何？答曰：每年还四十两五钱。

“加五”即加一半，利率 50%。本题与上题属同类型，实际利率下降幅度约 20%。

题意：借贷出银 57 两，每年利息加半，要平均在三年中还清，每年须还多少？

原著解法是：设本为 1，则 3 年本利递次增为：1.5，$(1.5)^2=2.25$，$(1.5)^3=3.375$，原应还贷 57 两×3.375=192.375 两，1.5+2.25+3.375=4.75，故 57 两×3.375÷4.75=40.5 两。

原利率 50%降到约 30%：复利公式中 $x\approx 0.2870$；实际还贷 121.5 两，占原定的 63.16%。

**3）垛积问题**

王文素搜集各类垛积问题列在卷二十一：圭垛、小梯垛、大梯垛、三角尖垛、四角尖垛、上平长垛、四角平垛、三角平垛、环垛（图 10-9），共有 9 种。前 3 种为传统研究对象，书中有图；后几种为新名，皆无图，而环垛前人未曾研究。这里仅简述其中 3 种，并绘图 10-10～图 10-12。

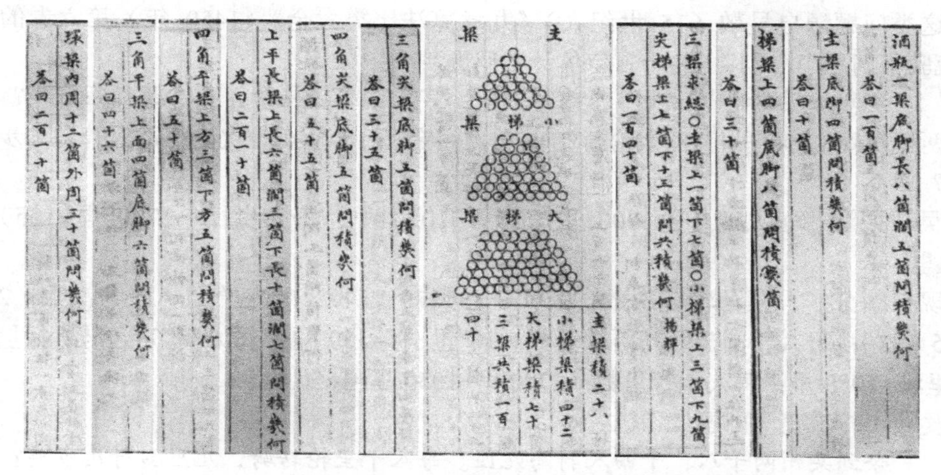
酒瓶一垛底脚長八箇濶五箇問積幾何
荅曰一百箇
圭垛底脚四箇問積幾何
荅曰十箇
梯垛上四箇底脚八箇問積幾箇
荅曰三十箇
三垛求總○圭垛上一箇下七箇○小梯垛上三箇下九箇
尖梯垛上五箇下十三箇問共積幾何 楊輝
荅曰一百四十箇

圭垛積二十八
小梯垛積四十二
大梯垛積七十
三垛共積一百四十
三角尖垛底脚五箇問積幾何
荅曰三十五箇
四角尖垛底脚五箇問積幾何
荅曰五十五箇
上平長垛上長六箇濶三箇下長十箇濶七箇問積幾何
荅曰二百一十箇
四角平垛上方三箇下方五箇問積幾何
荅曰五十箇
三角平垛上面四箇底脚六箇問積幾何
荅曰四十六箇
環垛內周十二箇外周三十箇問幾何
荅曰二百一十箇

图 10-9　《算学宝鉴》卷二十一：堆垛，所列各垛积名目及问题共九类

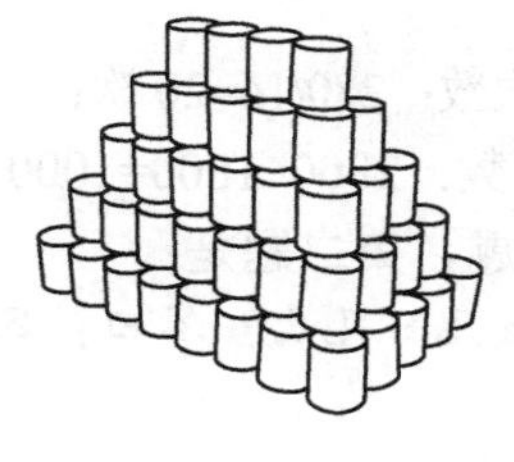
图 10-10　酒瓶垛

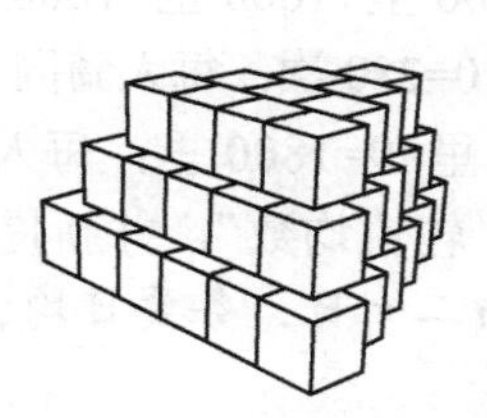
图 10-11　三角平垛

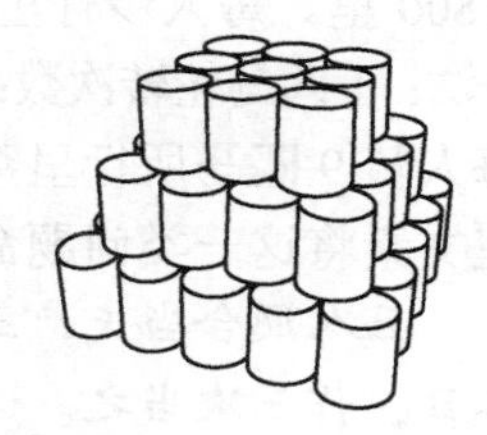
图 10-12　四角平垛

酒瓶垛（卷二十一第 68 页）“酒瓶一垛，底脚长 8 个阔 5 个，问积几何？答曰：一百个。”

原著并非求逐层长阔相乘之和，而是凑出整瓶个数，仿照刍甍法求体积，方法较琐碎。

三角平垛（卷二十一第69页）“三角平垛上面4个，底脚6个，问积几何？答曰：四十六个。”此题就是将三角垛上去掉一个小三角垛形成的三角台垛，前人未曾论及。

环垛（卷二十一第70页）“环垛内周12个，外周30个，问（积）几何？答曰：二百一十个。”此题只是环形底，尚未成垛，原题实际按等差数列求法；下题加高到5层才呈垛状。

**4）“轮流均数”问题**

在《算学宝鉴》第二十二卷12页，有“轮流均数”题①，王文素提出一口诀：

轮流均数法传新，人数先将日里分。布置方图依次第，各该日里自平均。

诀中暗藏解题的思路。究竟什么意思？他给出的第1题：

三人二帽共戴一月，各要日数相同。问：各该几日？几次？答曰：各该二十日，作二次戴之。法曰：置一月，通作三十日，以二帽乘之，得六十日为实；以三人为法，除之，得各该戴二十日，就以二帽除之，得每次作十日戴之，合问。

解法：如果帽子只有1只，就相当于3人共戴两个月，这样考虑，此题易于解决。王文素的解法即：各该：30×2÷3=20（日），每次：20÷2=10（日）。

这类问题源自吴敬（15世纪人）《九章算法比类大全》（1450年）第六卷的两个“轮流骑马问题”②，其一为一首诗体计数问题③：

今到某州两千七，十八人骑马七匹。言定十里轮转骑，各人骑行怎得知？

两地相距2700里，18人轮骑7匹马，商定每10里换一次，问每人骑马、步行各几里？

吴敬原法：每人骑行：2700里÷18×7=1050里；每人步行：2700里−1050里=1650里。

现在细分：一匹马轮转次数：2700÷10=270（次）；每人骑同一匹马次数：270÷18=15（次）；每人骑同一匹马所行里数：10里×15=150里；每人骑7匹马所行里数：150里×7=1050里；每人步行里数：2700里−1050里=1650里。

吴敬“轮流骑马问题”，其二为：

今到某州两千八，十四人骑马九匹。每人十里轮转骑，几里骑行几步要？

吴敬原解法为：每人骑马9÷14匹，故骑行里数亦为全程的9/14，即2800里×9/14=1800里。每人步行里数：2800里−1800里=1000里。

今法：1匹马轮转次数：2800/10=280次；每人骑同一匹马次数：280/14=20次；
每人骑9匹马所行里数：200里×9=1800里；每人步行里数：2800−1800=1000里。

王文素将这一类问题命名为“轮流均数”，并新提出3道题，第二题是：

五人朋合当夫，三名限当二十日，务要日均，问各该几日几次？答曰：各当十二日，作三次当之。

“轮流均数”题第三问是：

七人四马行路八十四里，务要劳逸适均。问：各乘走几何？答曰：各乘四十八

---

① 潘有发. 趣味诗词古算题：“轮流均数”问题. 上海：上海科学普及出版社，2001：36.

② 王文素. 算学宝鉴校注. 刘五然，郭伟，潘有发校注. 北京：科学出版社，2008：276注［5］.

③ 本章请潘有发先生审查，他在给笔者的信中说：“《算学宝鉴校注》276页注［5］是错误的，王文素没有引用吴敬的两个诗词选题”。仅录以备考。

里（作四次乘之，每次十二里），各走三十六里。

李迪（1927～2006）先生将这类“轮流均数”问题的解法用一般公式表示[①]：设 $N$ 为日数或里数，$l$ 为人数，$m$ 为帽数或马数，$p$ 为每人得数，则有 $p = Nl / m$ 。

讨论：$p$ 应为正整数，按题设 $l$ 和 $m$ 为既约：$(l, m)=1$；若保证 $p$ 为正整数，则必有 $m | N$，亦即 $(N, m)=m$。如果不满足这后一条件，无解。

这是在有约束条件的前提下，在一群人里进行均衡分配的计数问题，属于现今组合数学。

## 10.2　《算学宝鉴》所载幻图和“王文素问题”*

《算学宝鉴》卷首图录共有 20 幅图：除前 10 幅河洛、六觚、方圆、度量衡、五辰、五音、律吕之外，还有后 10 幅纵横图：洛书均数、花十六、求等、方胜、辐辏、花王字、古珞钱、连环、璎珞和三同六变。前 4 幅方形图归为幻方类；后 6 幅花形图可称为幻图类，两者的构造同属纵横图模式，而条件和方法多变。辐辏图与杨辉《续古摘奇算法》攒九图相似而不同，排法较简；连环图杨辉用 72 数排成 9 环，王文素用 120 数排成 25 环，更为复杂。后 6 图表达了复杂的设计思想和计数方法。末幅“三同六变”是王文素问题的代表，辟为 § 10.2.2～ § 10.2.4 节专题分析。

### 10.2.1　王文素构造的五种幻图

王文素将设计纵横图总的原则写成“求等口诀”：

求寄如条首[②]尾绳，根梢搭配便相停，往还盘折[③]横先等，对换编排竖[④]亦同。

原文“鼠”意为“首”，多种写法，后错抄为“鼠”；常与“尾”连用，绝非“鼠尾”。上诀首句意指将经过配置的连续自然数首尾两数位置对换，在构造幻方中经常用到。该诀可概括为十六字：“首尾对调，根梢搭配，往还盘折，对换编排”，体现了均衡配置的思想。

幻图该如何解读？属于数学的哪一类？如果将其设计数据代数化，问题一般便成为：①从 $m=2nk$ 个连续自然数（一般从 1 开始）中选择 $k$（$k \geqslant 2$）个不同的数聚为一组（group），使得每组之和皆等于 $p$，共能聚成多少（设为 $S$）组？②从 $S$ 组中选择 $n$（$n \geqslant 2$）个互不重复的组构成一局（block），每局任两组间可有 $j$=0，1 个元重复，共能构成多少（$T$）局？

这应是在计数基础上的设计（block design）问题，原著虽未提出，但存在求 $S$ 和 $T$ 的要求，形式纷繁复杂，十分难解，可称为王文素问题，具有组合学意义。另外，如何构图亦不易，原著未给出构造法，潘红丽的《王文素〈算学宝鉴〉纵横图初探》[⑤]（简称“初

① 李迪. 中国数学通史：明清卷. 南京：江苏教育出版社，2004：47.

* 罗见今.《算学宝鉴》幻图和“王文素问题”. 上海珠算心算，2015（12）：42-48. 另见：罗见今. 王文素《算学宝鉴》幻图的组合意义. 数学传播季刊，2016（2）：45-56.

② 诸本将原稿中鼠字解作“鼠”，但其意义为“首”，如第二十三卷“首尾差分”。首尾不可解作“鼠尾”。

③ 诸本将原稿中折字解作“巧”，实应为“折”，系原稿书误。

④ 诀中“横”、“竖”意义明确，对仗工整，原稿将“竖”字误书为“登”。

⑤ 潘红丽. 王文素《算学宝鉴》纵横图初探. 珠算，2000（5）：4-5.

探”）已做初步解释。本节从计数和设计的角度参加这一讨论。

**1）辐辏图**

辐辏图（图 10-13）将从 1 开始的 $m$=33 个连续自然数配置在呈米字形交叉的 $n$=4 条线段上，每线包含 $2k$+1=9 个数，均有共用的中心 33，其和皆为 $p$=33×4+33=165。除中心外每线上的 8 数，按“根梢搭配”，均可两两结合成 33，如 32+1，31+2，…，17+16，恰等于中心，王氏兴趣在此。视这些数对为一元，则有不同的 16 元。从中选取 $k$=4 元，均衡配置于 $n$=4 线中即得辐辏图，构造法“初探”已详述，不赘。

此术已见于《续古摘奇算法》攒九图（图 10-14），杨辉置 9 为中心，$m$=33，不仅将 $2k$+1=9 个数配置于 4 条线，其和皆为 $p$=69×2+9=147，而且构成的 4 圆上（包括中心）的 9 数之和也等于 147，因此 $n$=8。

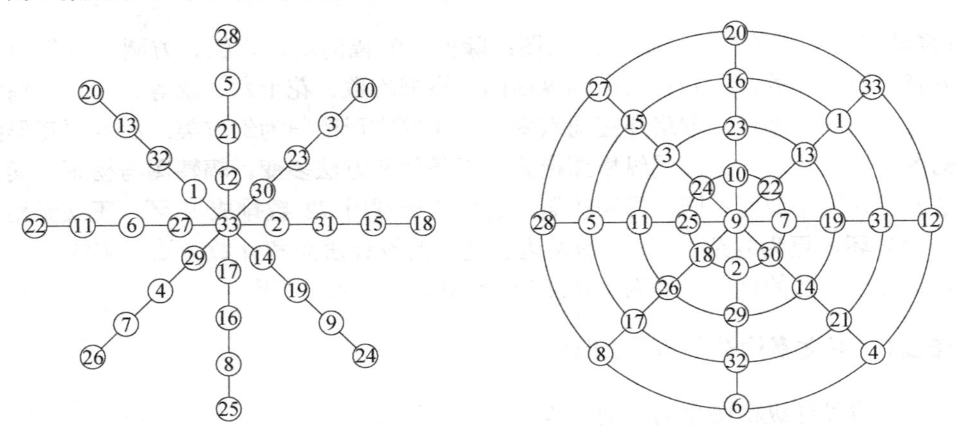


图 10-13　王文素的辐辏图　　　　图 10-14　杨辉的攒九图

分析攒九图的结合法。设 $a$=69/2=34.5，大元 $b$>$a$，小元 $c$<$a$，图中有 6 组（除中心外）两数配成 4 元，与中心聚成 1 组，属于 $b$+$c$=2$a$ 型，例如竖线组即为（36+33）+（31+38）=（$b_1$+$c_1$）+（$c_2$+$b_2$）=4$a$；仅横线组属 3$b$+$c$=4$a$ 型，内圆组属 $b$+3$c$=4$a$ 型。王文素熟知杨辉算法，辐辏图每元的结合法较攒九图为简，不能应用于 4 圆，故将 4 圆去掉，改名为“辐辏”。

**2）花王字图**

花王字图（图 10-15）将从 1 开始的 $m$=104 个连续自然数巧妙配置，构成 $n$=17 个圆，每环包含 $2k$=8 个数，其和皆为 $p$=105×4=420。将和等于 105 的两数视为 1 元，利用上述十六字诀“根梢搭配”，易知不同的元共有 52 个。王文素用左右对称、兼顾上下、“往还盘折，对换编排”的方法，将各元均衡配置到 17 圆中，每环含 $k$=4 元。具体做法较为复杂，“初探”也未涉及，此不尽述。

全图中两圆的交集为共用元，即在该局相交两组中仅有 1 元重复，而 1 圆可与 1，2，3，4 圆相交。同样利用这 104 个自然数，改变各数位置，别的条件不变，其他花王字图是否存在、如何构造？

**3）古珞钱图**

古珞钱图（图 10-16）将从 1 开始的 $m$=120 个连续自然数顺序配置，构成环环相套

的 $n$=25 个圆，每环包含 $2k$=8 个数，其和皆为 $p$=121×4=484。构造该图时，利用十六字诀，自然数的连续性比较明显。将和等于 121 的两数视为 1 元，共有不同的 60 元，只需追踪 1～60 在图中的分布就一目了然。构造法：将前 30 元横向左右连续盘折往还，后 30 元纵向从下向上分段编排，纵横交织成图，使得每枚古钱所含数字皆相等。易知任两圆如相交仅交于 1 元，且任 1 元仅能成为两圆交集，但任 1 圆可与 2，3，4 圆相交，构造之难，远超出益智图，自然会引起兴趣，是否还存在类似的排法？令人吃惊的是，王文素变换图形，给出了新的答案。

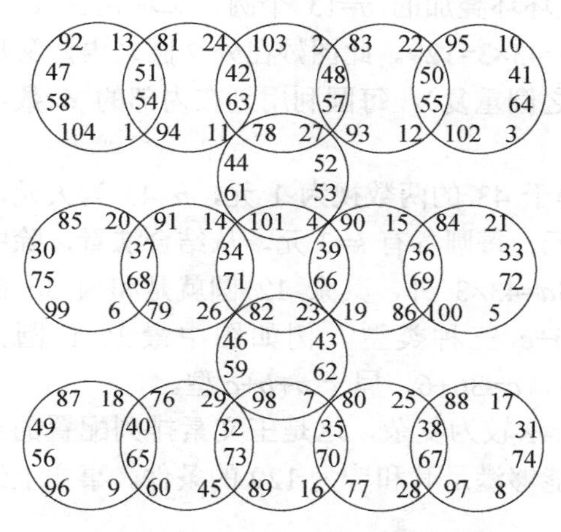


图 10-15　《算学宝鉴》花王字图

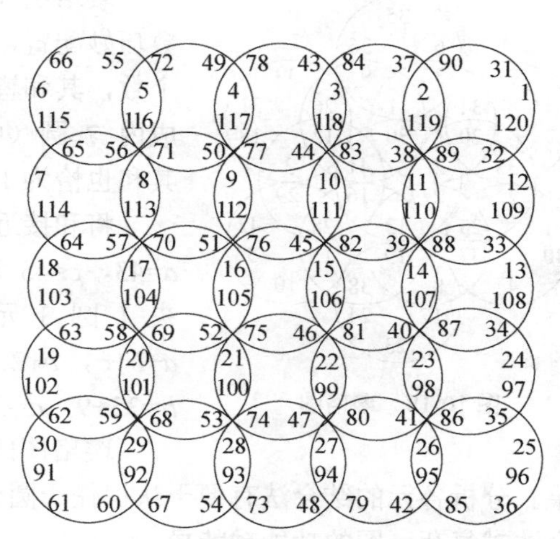


图 10-16　《算学宝鉴》古珞钱图

**4）连环图**

连环图（图 10-17）与古珞钱图都是把从 1 开始的 $m$=128 个连续自然数顺序配置，构成环环相套的 $n$=25 个圆，每环包含 $2k$=8 个数，但其配置的方式不同，每个圆的和皆为 $p$=129×4=516。原著每个数都用小圆圈套住，本节为便于观察计算，将其省去，而把每 8 个数所在的圆绘出，这正是原图的本意，而且与花王字、古珞钱图的画法保持一致。

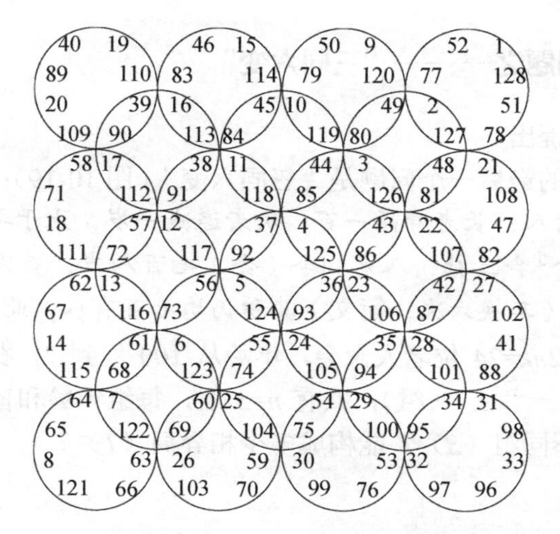


图 10-17　《算学宝鉴》连环图

将和等于 129 的两数视为 1 元，共有不同的 64 元，1～64 可作为每元的标号。该图自然数的连续性比较明显，只需看图中 1～64 的分布就可以了。构造法：将前 32 元左斜、后 32 元右斜编排，交叉成图，使每圆所含 $k$=4 元皆相等：如右上第一环 1+128=2+127=52+77=51+78。任 1 圆可与 2，3，4 圆相交，任两圆仅交于 1 元，且任 1 元仅能成为两圆交集。

**5）璎珞图**

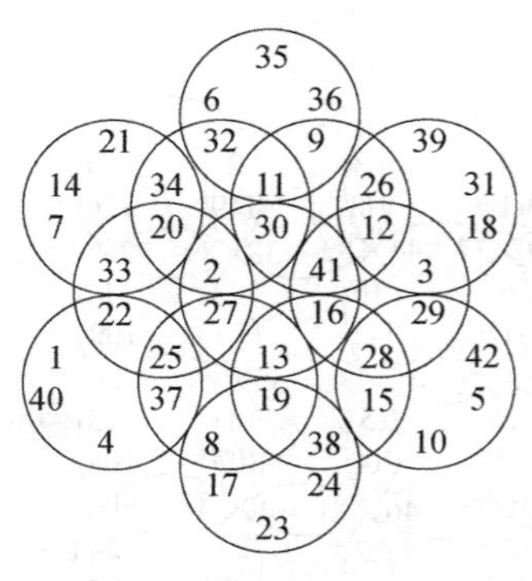


图 10-18　璎珞图

璎珞图（图 10-18）将从 1 开始的 $m$=42 个连续自然数巧妙配置，构成环环叠加的 $n$=13 个圆，每环包含 $2k$=6 个数，其和皆为 $p$=43×3=129。此图妙在外 7 圆之内，又形成内 7 圆（中心之圆重复），每圆利用划在内部的 6 数，其和也恰为 129。

将和接近或等于 43 的两数视为 1 元，$b$>43 为大元，$a$=43，$c$<43 为小元。每圆各有 $k$=3 元，从结合法看，除中央 1 圆 3 元为 $3a$=43×3 外，其余 12 圆就是和为 $3a$ 的 $a$+$b$+$c$，$b$+$2c$，$2b$+$c$ 三种类型。例如图中最上 1 圆，$b$=35+9，$a$=32+11，$c$=36+6，属于 $a$+$b$+$c$ 型。

璎珞图的结合法较为复杂，这是王文素排列配置的结果。分析各元的结合法有便于认识任一圆何以能够满足其和皆为 129 的条件。事实上结合法越复杂，图的功能越特异。

1～21 可作为每元的标号，追踪其在图中的分布。原著的配置方法“初探”已有解析。设计出新的璎珞图需要极高数字悟性，亲自试验一下，就会对王文素的构造技巧赞叹不已。

当然，王文素并不是从组合论角度考虑的，但构造这样复杂的幻图也并非就是为了消遣。这些图具有的数学意义需要深入发掘，不独是数学史的任务。作为纵横图的分支，幻方已随研究的增多而逐渐被学界接受，幻图研究也会因认识深化而找到更多的应用。

### 10.2.2　王文素问题之一——“三同六变”

**1）王文素问题的提出**

《算学宝鉴》图录的最后一个问题是“三同六变”（图 10-19）：

> 假令二十四老人，长者寿高一百，次者递减一岁，止于七十七。共积总寿二千一百二十有四。卜[①]会三社，八老相令（会）七百八岁，盖因人情逸顺，散而复令（会），更换六次，（其换六次，衍文）其积仍均七百有八，此见连用之道。

该题意即：有 $m$=$2nk$=24 位老人聚会，年龄从 100 岁到 77 岁，依次相差 1 岁，共 2124 岁。$2k$=8 人分到一“社”（组），共有 $n$=3 组，每组年龄和皆 $p$=708 岁；3 组为一变局。问能编成多少不同组（$S$）？能构成多少相异局（$T$）？

① 卜，占卜。用占卜的方法确定聚会的地址。

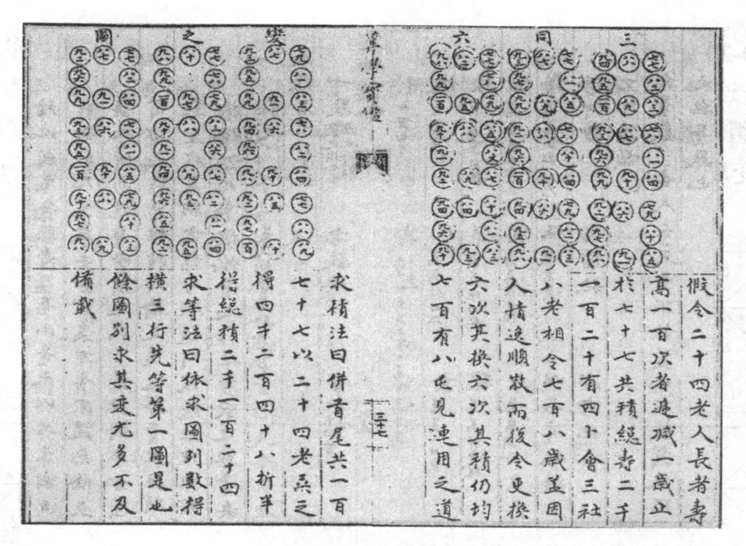

三同六變之圖

算學寶鑑

假令二十四老人長者壽
高一百次者遞減一歲止
於七十七共積總壽二千
一百二十有四卜會三社
八老相令七百八歲並同
入請遞順數而復令更換
六次其換六次其積仍均
七百有八已見連用之道

求積法曰併首尾共一百
七十七以二十四老乘之
得四千二百四十八折半
得總積二千一百二十四
求等法曰依求圖列數得
横三行先等第一圖是也
餘圖列求其變尤多不及
備載

图 10-19　王文素《算学宝鉴》图录“三同六变”图文

他的 6 种答案已在图 10-19 中，最后他说：“其变尤多，不及备载。”即他已明确认识到求变局之数很难：这就提出了“王文素问题”，须找出共有多少种方案。

这是一种复杂约束条件下的组合问题，李培业较早认识到它的组合性质，但迄今研究者不多。李珍给出了 4 种解析途径，多次列表，重点在寻找答案总数。需要用到新提出的“正排列”“反排列”概念，并且将元素的位置也编号。[①]笔者认为，寻找共有多少合适的方案比较困难，关键在明确条件，分类考察其选择方法。这一问题的解法，或有不同途径，本节据原著给出的条件和结果，探讨王文素创设此题的组合意义，利用现有的组合工具，尝试从另一途径来考虑这一问题。

**2）王文素问题的分类**

首先分析原文，修正疏误。将图 10-19 中 18 组数先从上向下、再从右向左按“六变”循序编号，得到图 10-20，18 组已改为从左向右排列。该图中在 6 框内共形成 6 变局，每局从 77 到 100，既不缺少，也无重复，本节称为“满员局”。须说明图 10-19 中：组（9）之和 701，错；左下之数原文 90，非，系笔误，应是 97。组（18）之和 704，错；左上之数原文 90，非，系笔误，应是 94。另外，图 10-19 中有 16 组各数均从小到大排列，图 10-20 中组（12）和（15）各数也改为从小到大的顺序，绘成了数字方图（其实也可绘为圆图）。

在图 10-19 中，每个方形数字图取数顺序从上向下、从右向左。应把视点聚焦于“元”——即整数对，每一数都有另一数与之搭配，合成 $a=177$，大元 $b>177$，小元 $c<177$，$b+c=2a$。图 10-20 中线段相连的两数即为 1 元，每组均有 $k=4$ 元；每局 $n=3$ 组，共有 $nk=12$ 元。

然后讨论王文素选择每组各数的方法，这是构造的关键。他虽未详论，而 6 变 18 组数据提供了他的思路，据此可归结为“王文素问题”的三类子问题，以及有待解决的问题。

① 李珍. 王文素“三同六变”题解. 珠算，2000（3）：2-4. “李珍”是李培业先生署名。

①图 10-20 的组（1）～（3）之所以处于首局，这不是随意的：将选定的 $m=2nk=24$ 个连续自然数按照“往还盘折”法均衡配置（图 10-21），可获得每组 $2k=8$ 个数的 $n=3$ 组，称为 1 变局，各组之和皆 $p=708$，试问可编多少不同的组（$S$）？有多少种相异的变局（$T$）？各组间无交集（$j=0$），全覆盖，数学特点鲜明，这构成第一类问题。

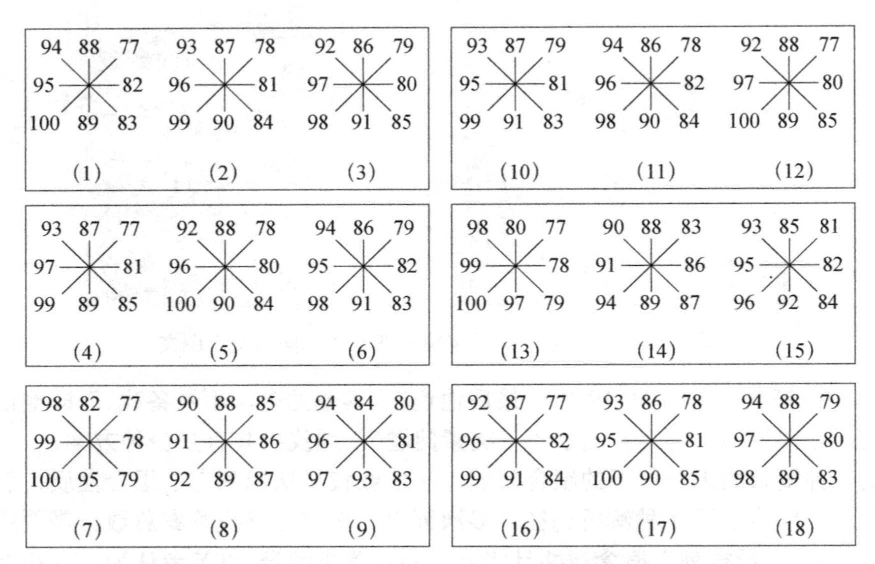


图 10-20　王文素“三同六变”：每组和为 708 岁的 3 组构成 77~100 岁的满员 6 局

| | | | | | | | | |
|---|---|---|---|---|---|---|---|---|
| 组(1)→ | 77 | 82 | 83 | 88 | 89 | 94 | 95 | 100 |
| 组(2)→ | 78 | 81 | 84 | 87 | 90 | 93 | 96 | 99 |
| 组(3)→ | 79 | 80 | 85 | 86 | 91 | 92 | 97 | 98 |

图 10-21　以 24 个连续自然数构成首局的往还盘折法

②图 10-20 的组（5）和组（11）所选 8 数皆为偶数，此非偶然，说明王文素已发现从 24 数中选择 8 偶数能满足编组条件。注意到，该两偶数组中无元重复（$j=0$）。求从此 12 偶数中共能编成多少偶数组（$S$）。$m=12$ 时每组 8 人分 3 组显然不能构成每人只出现一次的满员局，那么缩小为 4 人 1 组、能构成的满员局数（$T$）应是多少？这里将此称为第二类问题。

③图 10-20 的组（4）和组（10）所选 8 数皆为奇数，与上述偶数组情况类似，从 12 奇数中选择 8 个能够满足编组的条件，该两奇数组中也无元重复（$j=0$），人们要问：从此 12 奇数中共能编成多少奇数组（$S$）？王文素举出了组（4）和组（10）的两例。在缩小为 4 人 1 组即 $k=2$ 元时这些数组能够构成多少局（$T$）？这里将此称为第三类问题。

### 10.2.3　拓展的研究：“王文素问题”三类子问题

先分别讨论 $j=0$ 的选择方法、构造方案和计算结果。王文素给出了样板，但未解释。有必要沿着他的思路继续做分析，属于受到历史启发的拓展研究。

首先明确王文素问题的条件：①同组人各不同，即无重复的元。②每组各人位置不固定，即变换序号仍视为同组。③每局各组位置不固定，即变换序号仍视为同局。④人数一定是偶数，且可被 $n$ 整除，即 $m=2nk$，这时 $k$ 为元数，$2k$ 为每组人数。

**1）第一类问题：连续数的满员局。**原题每组年龄均值为 88.5 岁，所设 24 个连续自然数中，首尾相加，1 奇 1 偶，其和均为 1 元 $a=177=100+77=99+78=\cdots=89+88$。$k=12$ 为不同的元数；从中任取 4 元即得相异组总数 $S=\binom{12}{4}=495$。须求出可能的变局数 $T$。本题两条件：①任一局所选 3 组必须覆盖全部 12 元，即“满员局”；②所有局必须无重复。

求 $T$ 第一法：从 $S$ 中取 3 组构成 2000 多万局，以下可证其中 99.97%不符合两条件。

求 $T$ 第二法：为保证所有局为满员局，从 12 元中任取 4 元构成第 1 组，再从所余 8 元中任取 4 元构成第 2 组，最后所余 4 元构成第 3 组，共有组合：$\binom{12}{4}\binom{8}{4}\binom{4}{4}=495\times70\times1=34\ 650$。但此非所求 $T$，因其中有大量局重复，故须将其除去。

在以下求解过程中需要用到一个恒等式：$\frac{1}{n}\binom{nk}{k}=\binom{nk-1}{k-1}$，证明如下：

$$\frac{1}{n}\binom{nk}{k}=\frac{nk(nk-1)\cdots(nk-k+1)}{n\cdot k\cdot(k-1)!}=\frac{(nk-1)(nk-2)\cdots[(nk-1)-(k-1)+1]}{(k-1)!}=\binom{nk-1}{k-1} \tag{10-1}$$

求 $T$ 的第三种做法：①先构造 $T$ 局的第 1 组：任选 1 元后，从其他 11 元中任选 3 元与之相配，共可配成满足涵盖各元且相异的 $\binom{11}{3}=165$ 组；由恒等式知 $\binom{11}{3}$ 仅占 $\binom{12}{4}=495$ 的三分之一。已包含所有元，对任意元皆成立，因此入局第 1 组有且仅有此 165 组。

②其次构造 $T$ 局的第 2 组：从 8 元中任选 1 元后，从其他 7 元中任选 3 元与之相配，共可配成满足涵盖其余且相异的 $\binom{7}{3}=35$ 组；由恒等式（1）知 $\binom{7}{3}$ 仅占 $\binom{8}{4}=70$ 的二分之一。因此入局第 2 组与第 1 组相异的有且仅有此 35 组。1、2 组相配，个数相乘，扩大变局数值。

③所余 4 元，填补前两组所缺，自然成为 $T$ 局的第 3 组，不影响前两次选项乘得的结果。最后得到合格的 $T$ 局数：$T=\binom{11}{3}\binom{7}{3}\binom{3}{3}=165\times35\times1=5775$。用表示成 $n=3$ 时的公式：

$$T=\frac{1}{3!}\binom{3k}{k}\binom{2k}{k}\binom{k}{k} \tag{10-2}$$

由此可知求 $T$ 的第二种做法错误，包含的重复局数占 34 650 的六分之五。

**2）第二类问题：偶数组的构造。**始自 78 止于 100 的 $m=12$ 个偶数，从中任选 $2k=8$ 数聚为 1 组，其和 $p=708$，不同的组 $S$ 共有多少？

分析：两偶数之和不等于 $177=a$，而 4 偶数之和可等于 $354=2a$，选 178+176 一大一小两元相配 $b+c=2a$，两大两小配成的 4 元即为所求 1 组。搭配的方式还有多种。以下按大小元结合的方式，先构造出来，再考虑求所有的 $S$。

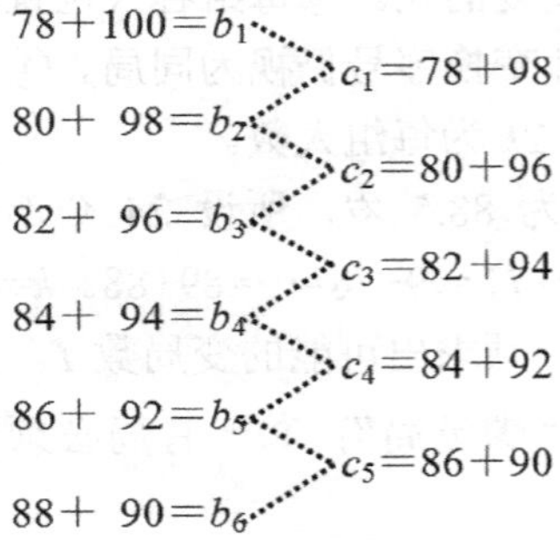

$78+100=b_1$ ⋯ $c_1=78+98$
$80+\ 98=b_2$ ⋯ $c_2=80+96$
$82+\ 96=b_3$ ⋯ $c_3=82+94$
$84+\ 94=b_4$ ⋯ $c_4=84+92$
$86+\ 92=b_5$ ⋯ $c_5=86+90$
$88+\ 90=b_6$

图 10-22　虚线所连两元相斥，内有相同的数，不能结合成一组

构造偶数组的思路之一：选择两偶数使其和为 $178=b$，共有 6 种，记作 $b_1=78+100$，$b_2=80+98$，$b_3=82+96$，$b_4=84+94$，$b_5=86+92$，$b_6=88+90$；选择两偶数使其和为 $176=c$，共有 5 种，记作 $c_1=78+98$，$c_2=80+96$，$c_3=82+94$，$c_4=84+92$，$c_5=86+90$。

可使 $2b+2c$ 相搭配，聚成符合条件的 4 元组。但为求 $S$，不可简单地从 $6b$ 中取 2 元，再从 $5c$ 中取 2 元相配合：$\binom{6}{2}\binom{5}{2}=150$，其中包含重复的元和组。为除去这些重复，须标记不能搭配的元，涉及相容元组合计数。如图 10-22 所示，用虚线连接的 $b$，$c$ 表示两元相斥，因为内有相同的数，聚为一组则造成重复；而未连接的各 $b$，$c$ 间均可结合，谓之两元相容。

将求得的各偶数组按照以上讨论中出现的先后顺序排列，可得以下 18 个相异组（图 10-23）：

组（1）：{78，80，82，88，90，94，96，100}　组（10）：{78，82，84，86，90，92，96，100}
◎组（2）：{78，80，84，88，90，92，96，100}　组（11）：{78，80，84，86，90，94，96，100}
组（3）：{78，82，84，88，90，92，94，100}　组（12）：{78，80，82，86，92，94，96，100}
组（4）：{78，80，82，84，92，94，98，100}　组（13）：{80，82，84，88，90，92，94，98}
组（5）：{78，80，82，86，90，94，98，100}　组（14）：{78，82，84，88，90，92，96，98}
组（6）：{78，80，84，86，90，92，98，100}　组（15）：{78，80，84，88，90，94，96，98}
组（7）：{78，80，86，88，90，92，96，98}　组（16）：{80，82，84，86，90，92，96，98}
组（8）：{78，82，86，88，90，92，94，98}　◎组（17）：{78，82，84，86，90，94，96，98}
组（9）：{80，82，86，88，90，92，94，96}　组（18）：{78，80，84，86，92，94，96，98}

图 10-23　据相容元结合法所获在王文素条件下 18 个相异偶数组

图 10-23 中组（2）和组（17）就是原著图 10-20 中的组（5）和组（11），用◎标出。王文素将这两组置于两局之中，给我们启示，不标◎的组必可另置于相异的局中，该怎样求出？——在第二类问题中尚待解决。用上述相容元构造法可以除去重复的组，但不能保证所得结果覆盖全部满足条件的偶数组。梁培基先生给作者信，用计算机将这一结果扩大，构成了 31 个偶数组。

构造偶数组的思路之二：从 78～100 共 12 个偶数中任选 8 个，使其和等于 708，应用计算机编程选择，共得到 31 组，除上述 18 组外，还有：

组（19）：{78，80，82，84，90，96，98，100}　组（26）：{78，82，84，86，88，94，96，100}
组（20）：{78，80，82，86，88，96，98，100}　组（27）：{78，84，86，88，90，92，94，96}
组（21）：{78，80，82，88，90，92，98，100}　组（28）：{80，82，84，86，88，90，98，100}
组（22）：{78，80，82，88，92，94，96，98}　组（29）：{80，82，84，86，88，92，96，100}
组（23）：{78，80，84，86，88，94，98，100}　组（30）：{80，82，84，86，88，94，96，98}
组（24）：{78，80，86，88，90，92，94，100}　组（31）：{80，82，84，86，90，92，94，100}
组（25）：{78，82，84，86，88，92，98，100}

这 31 组缺奇数，相互之间不可能构成满员局。偶数组 $m=2nk=12$，$n=3$ 时，$k=2$，意即：总人数减半，每组人数相应减半。这虽是王文素问题的推广形式，但和原题构造满员局有所不同。

此题源于 500 年前的历史，从组合数学看来，应当属于与通常约束条件不同（增加了对赋值的要求）的一类平衡不完全区组设计 BIBD（balanced incomplete block design）。

**3）第三类问题：奇数组的构造。**始自 77 止于 99 的 $m=12$ 个奇数，从中选互异 $2k=8$ 数聚为一组，其和皆 $p=708$，不同的组 $S$ 共有多少？

根据奇偶的对称性，对奇数组所求组数应当与偶数组所求组数相同。先按思路一相容元组合计数法构造出奇数组来。

选择题设两奇数使其和为 $178=d$，共有 5 种；选择两奇数使其和为 $176=e$，共有 6 种，如图 10-24 所示。使 $2d+2e$ 搭配，聚成符合条件的 4 元组。用虚线连接的 $d$，$e$ 表示两元相斥，未连接的各 $d$，$e$ 间两元相容。首尾 $e_1$，$e_6$ 各与 1 元相斥；其余各元均与两元相斥。同上遍选 $2e$ 再定 $2d$ 的相容组合法，只要将上述偶数组 18 种结果中的 $b$，$c$ 换为 $e$，$d$（而不变足码顺序）即可获以下 18 奇数组（图 10-25）：

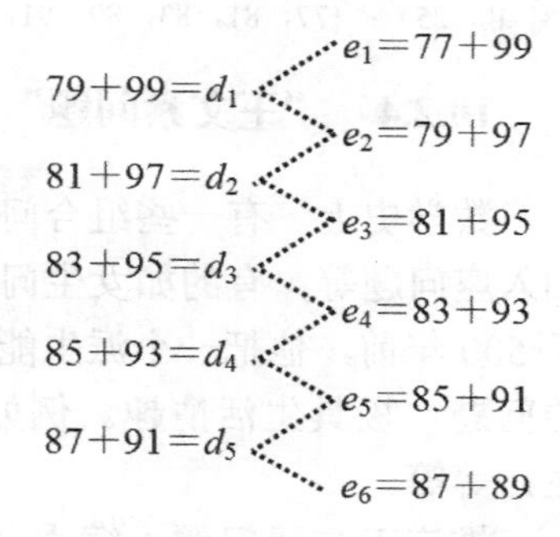

图 10-24　虚线所连两元相斥，内有相同数，不能结合成一组

组（1）：{77，81，83，87，89，95，97，99}　组（10）：{77，81，85，87，91，93，95，99}
○组（2）：{77，81，85，87，89，93，97，99}　组（11）：{77，81，83，87，91，93，97，99}
组（3）：{77，83，85，87，89，93，95，99}　组（12）：{77，81，83，85，91，95，97，99}
组（4）：{77，79，83，85，93，95，97，99}　组（13）：{79，83，85，87，89，93，95，97}
组（5）：{77，79，83，87，91，95，97，99}　组（14）：{79，81，85，87，89，93，95，99}
组（6）：{77，79，85，87，91，93，97，99}　组（15）：{79，81，83，87，89，93，97，99}
组（7）：{79，81，85，87，89，91，97，99}　组（16）：{79，81，85，87，91，93，95，97}
组（8）：{79，83，85，87，89，91，95，99}　○组（17）：{79，81，83，87，91，93，95，99}
组（9）：{81，83，85，87，89，91，95，97}　组（18）：{79，81，83，85，91，93，97，99}

图 10-25　据相容元结合法所获在王文素条件下 18 个相异奇数组

图 10-25 的组（2）和组（17）就是原著图 10-20 中的组（4）和组（10），用○标出。王文素将这两组置于两局之中，给我们启示，不标○的组必可置于另相异的局中，该怎样求出总的局数？——在第三类问题中尚待解决。用上述相容元构造法可以除去重复的组，但不能保证所得结果覆盖全部满足条件的奇数组。于是有构造奇数组的思路之二：从 77～99 共 12 个奇数中任选 8 个，使其和等于 708，梁培基先生应用计算机编程选择，共得到 31 组，除上述 18 组外，还有：

组（19）：{77，79，81，87，93，95，97，99}
组（20）：{77，79，81，89，91，95，97，99}
组（21）：{77，79，83，89，91，93，97，99}
组（22）：{77，79，85，87，89，95，97，99}
组（23）：{77，79，85，89，91，93，95，99}
组（24）：{77，79，87，89，91，93，95，97}
组（25）：{77，81，83，89，91，93，95，99}
组（26）：{77，81，85，89，91，93，95，97}
组（27）：{77，83，85，87，89，91，97，99}
组（28）：{77，83，85，87，91，93，95，97}
组（29）：{79，81，83，85，89，95，97，99}
组（30）：{79，81，83，89，91，93，95，97}
组（31）：{81，83，85，87，89，91，95，97}

### 10.2.4 “王文素问题”的历史价值

数学史上，有一些组合问题引起长期的兴趣，如约瑟夫问题，科克曼女生问题，夫妇入座问题等；有的如女生问题，已经变成世界著名难题。本节讨论的王文素问题产生于 500 年前，他把一个派生能力很强的数学问题大众化，使之普及，可推衍出形形色色的问题，极具生活情趣。例如，可以把老人赴宴偶数组视为老夫人，奇数组视为老先生，等等。

推广王文素问题，缩小 $m$，$n$，$k$，$p$ 等数据后建立小样本，便于核对本节证明过程，如：

某歌舞团 19～30 岁 12 个演员，年龄各不相同，一天分 3 组、每组 4 人演出一次。团长要求每组年龄之和均等于 98 岁。试问能够编出多少不重复的组？利用这样一个分组方案，该团能够演出多少天？假如改为一天演出 3 次，每次 4 人；任 1 演员可出场第 2、3 次，则有多少分组方案？当然数据也可扩大；改变年龄段，起名夏令营、巡逻队、旅游团，凡此种种，可衍生出许多王文素问题来。

王文素的 6 局 18 组还暗含很多问题，如图 10-20 组（16）和组（17）的元是从奇数组和偶数组中分别选取的，配成两个奇偶组，置于同局。由此他指出了一种派生法，可称为第四类问题。

还有：每局 3 组间如有重复（$j$=1），例如赴宴并非同时，第 1 组去一次，下次除调换 1 元 2 老外，还是那所余的原班 3 元 6 老人，第三次也一样，共有多少分组？再如：联系前述 5 种幻图，如果认为所示任两圆（组）间的交集即重复的元（$j$=1），那么求解王文素问题将有助于解决构造各类新幻图的难题。这些称为其他各类问题。

据李珍（李培业）一项研究[①]，将该题称为“三同八聚”，即以固定的 $n$=3 和 $2k$=8 命名；又认为“王文素问题的一般形式为‘$n$ 同 $k$ 聚’”[②]，并给出一个集合论的定义，用代数法求解。

本书建议称为“王文素问题”，并认为有必要使用集合论、组合计数和设计的方法。“$n$ 同 $k$ 聚”作为一个子问题而言，其求变局的一般公式为（$k$ 为元数，人数之半）：

$$T=\frac{1}{n!}\binom{nk}{k}\binom{nk-k}{k}\binom{nk-2k}{k}\cdots\binom{k}{k} \tag{10-3}$$

总之，王文素说：“其变尤多，不及备载”，他把没有写出的变局留给了后代。李培

① 李珍. 王文素“三同六变”题的推广. 珠算，2000（4）：2-3.
② 李珍. 关于“$n$ 同 $k$ 聚”问题的研究. 珠算，2000（5）：2-3.

业先生发现了"$n$ 同 $k$ 聚"的组合意义。这是一大类问题，在中算史及世界数学史中非常特异，与科克曼女生问题有相似的形式，而条件不同，解法相异，当然结果也不一。其实女生问题也不是一开始就变成了世界著名难题①，而是在数学界百余年的认识过程中逐步形成的。据笔者所知，"科克曼大集定理"迄今尚未解决。而我们对"王文素问题"的认识刚刚开始，欢迎提出批评改进意见。一个重要目的，是引起珠算、数学史、数学教育、数学界，特别是组合设计界的同仁，能深入研究《算学宝鉴》和"王文素问题"，争取在 2024 年《算学宝鉴》成书 500 周年时，能够拿出高水平的研究成果。此问题还涉及如何解读幻图：这些幻图均为连续自然数在不同约束条件下适当配置，聚为一些等值数组，构成若干相异数局，属于在组合计数基础上的区组设计，本节图 10-23 和图 10-25 即是用组合方法构造的两个设计。幻方又何尝不是如此，这就给组合数学史增添了素材，一旦被认识，幻方和幻图将会引发更多的兴趣和研究。

## 10.3　相关的进展：珠算申报世界非物质文化遗产的过程

### 10.3.1　珠算在我国文化史、数学史中的重要地位*

**1）什么是"中国珠算文化"？**

"算盘"在英语里被称作 abacus，《牛津英汉词典》对 abacus 的解释是："frame with beads or balls sliding on wires，for teaching numbers to children，or（still in the East）for calculating——算盘，木框内有球或珠可在细杆上滑动，用以教儿童算术，或仍用于东方作为算具者。"在东西方人员交流中、在计算工具史的研究中，珠算已经成为中国历史文化的象征之一。

"珠算"是中国各族人民至迟自 2 世纪末（190 年）以来世代相传的、与群众生活密切相关的一种传统文化表现形式，包括：

1. 传统的珠算算法知识；2. 打算盘的技能；3. 手工制品：算盘。

此外，"中国珠算文化"还包括以下两方面。

4. 1800 年来珠算在计算教学和商业应用中所形成的、独特的文化空间。

5. 珠算在数学史中的地位，在近代商业和数学教育中的重要价值。

因此，"中国珠算文化"完全符合联合国教科文组织关于"人类非物质文化遗产"的定义："各族人民世代相承的、与群众生活密切相关的各种传统文化表现形式（如民俗活动、表演艺术、传统知识和技能，以及与之相关的器具、实物、手工制品等）和文化空间"。

本节仅就第 5 项提出一些看法，供珠算工作参考。

**2）珠算是我国的传统数学文化中的瑰宝**

算盘之所以在中国文化背景中产生，有其哲学思想、数学特点和社会应用等诸多原因。

---

① 罗见今. 科克曼女生问题. 沈阳：辽宁教育出版社，1990.

* 罗见今. 论中华珠算文化 21 世纪的新意义. 上海珠算心算，2008（1）：10-13.

第一，华夏祖先擅长计数，发明了十进位值制，同十二进制、六十进制等相比，计算要简易得多，促进了早期数学的发展，是一项了不起的贡献。

第二，华夏先人重视数字“五”：五行、五岳、五音、五色、五金、五谷、五脏……古代科学思想用阴阳五行学说进行概括，努力把一切事物都同五种基本元素联系、对应起来。古代算具中体现了河洛数理以“五”为中心的数字排列的精神[①]，思想根源非常深邃，河图洛书在早期哲学、数学的发展中具有重要地位。

第三，古人发明算筹计数，科学、简便，提高了全民族的计算能力。算筹的“五”在九个基数（不包括零，零由空位表示）里位于正中，起到承上启下的作用，在算筹六、七、八、九的写法里，五相当于一个单位，算盘上的五即是由此演化而来。

第四，中国古人发明了九九表，至迟在汉代之前已经在全民族中普及。在九九口诀的影响下发展起珠算口诀是顺理成章的。

第五，中国古人精于计算的特长在宋元明清商业发展中得到充分发挥，算盘成为商家必备工具，进入社会各个阶层，珠算大行于世。

算盘继承并发展了算筹的基本特点，新的结构巧妙地安排好“五”的位置；同时利用珠算口诀，使得打算盘时得之于心，出之于口，应之于手，做到“心到、口到、手到”，这是算盘具备快捷简便等许多优点的关键。

以珠计数源于上古，珠算雏形源于汉代。今有传本的东汉徐岳所著《数术记遗》（190 年）由北周时长期担任汉中郡守、我国古代著名数学家甄鸾作注。书中记载：东汉曾流行 14 种算法，除最后一种“计数”为心算外，其余 13 种均有计算工具，其中首次出现“珠算”的名称。唐宋以后，这些算具相继失传，而《数术记遗》行文简约，并无算具图样，其原貌无人知晓。今日学者对这些算具算法的内容各有解析，2002 年李培业先生据《数书记遗》设计、程文茂制作了“古算十三品”，其中“珠算”引人注目。[②]

据确切的史料记载或文物实证，今天所见的算盘成形于宋元，普及于明清；流传至今，在汉字文化圈地区和亚洲许多国家仍然得到应用，在高度现代化的社会生活中仍然占有一席之地，在世界数学发展史上十分罕见。珠算继承了筹算的诸多优点，珠算在中国乃至世界数学史中的作用和地位是不可泯灭的。

珠算出现在中国，体现了传统数学的特点，原因在于内部——算盘硬件简单实用、机制优越，珠算软件（口诀）具有程序性、操作实现机械化。珠算运算简便、准确、快捷，因此流传至今，有不少地方仍在用它。计算机问世以来，许多计算工具都渐次退出历史舞台，唯有珠算仍然一枝独秀，普行于世，弥足珍贵，显示了我们祖先超越时代的智慧。

日本数学因珠算传入而激发了新的活力，引入了转变的动力，促成了和算的诞生；而珠算的普及对日本全民计算技能提高乃至数学教育都起了不可或缺的促进作用。

---

① 张德和. 正本清源　源远流长——再论从数学的发展看算盘的历史和珠算的未来. 北京：中国财政经济出版社，2004：8-14.

② 董杰，罗见今. 内蒙古师大博物馆计算用具馆的文化教育价值//上海市珠算心算协会，华东师范大学数学教育研究所. “弘扬中华珠算文化”专题研讨会论文集. 北京：中国财政经济出版社，2006：101-105.

**3）中国的算盘促成了东亚乃至世界近代商业的兴起**

16 世纪中叶，以明代程大位《算法统宗》为代表的中国珠算著作、算盘和算法在汉字文化圈国家中广为传播，先是传入东亚，在社会上便得到了普及。后来逐渐传到世界上许多国家。中古以来，商业需要进行的计算量大增，由于没有简便的计算工具，需要靠心算、笔算，速度慢、易于出错，成为快速商业计算的瓶颈。有了算盘之后，极大促成了东亚乃至世界近代商业的兴起，有学者发表论文，肯定珠算在近代商业繁荣中所起的重要作用。

英国《独立报》2007 年评选出 101 款改变世界的新发明，排在第 1 位的是"算盘，公元 190 年，中国东汉"（据上海《新闻晨报》2008 年报道）；新德里《印度时报》2007 年 11 月 19 日"改变世界的 50 项发明"，排在第 1 位的是"算盘（公元 190 年）：使用算盘的最早记录是大约公元 190 年在中国"（据《参考消息》）。[①]珠算发挥了不可替代的历史作用，已经得到国际上的肯定。

**4）珠心算在儿童算术教育中具有优越性**

今天，珠心算学校在国内外受到普遍欢迎并广泛开展教学活动，伴随珠算在 21 世纪的复兴，珠心算这一新生事物吸引了诸多关心。

对幼儿和刚上小学的儿童，最基本的识数与四则运算是必要的，各种文化的教法和效果又各不相同。珠心算教学法是从珠算算法中逐步形成的，在儿童数学教学实验中获得成功，发挥了珠算形象性、简易性在教学中的优势，是一种先进的教学方法。

珠算的发展与教育改革息息相关，从优化数学教育资源、开发儿童脑潜能来看，作为教学和学习用具，算盘具有结构简单、算法明确、操作方便、过程直观、计算快捷等不可替代的优越性，已经拥有三算和珠心算教学的成功经验；从教育学、心理学的观点来看，珠算在儿童识数和四则运算教学中都存在发展空间。

**5）应用珠算是传承非物质文化遗产的积极努力**

在我国，曾经或正在学习珠算的学童数以千万计；曾经或仍在使用算盘的财会人员数以百万计。珠算的实用性、普及性在从明代至今的中国社会都表现得十分突出。在计算机普及的今天，这种现象引起人们的思考和争论：这究竟是一种进步的还是一种落后的现象？

60 多年前，由于能够熟练打算盘的人很多，在某些计算中，有时还用算盘，例如我国 1958 年制造出第一台电子计算机前后，气象预报的数值计算有一部分还要靠算盘，工作人员分成若干用算盘的小组，由负责人指挥，协调各组实行流水作业方法进行计算。又如，40 多年前，有人用若干算盘连接起来进行高数位值运算，在构造 64 阶"双重幻方"[②]（每横行、纵行、对角线数字的和与积皆为同一定值）的过程中取得了成功。

计算机、互联网和电子商务的普及取代了算盘和珠算曾有的历史地位，而社会上仍然存在应用的事例，说明珠算的应用是一种必然的文化现象，面对科技新潮的冲击，珠算仍具有相当的生命力，体现出文化的多源性和丰富性。

① 引自上海珠算心算，2008（1）：封面，6-7.

② 梁培基. 双重幻方. 数学研究与评论，1982（2）：14.

“中国的算盘是最古老的计算机”，珠算与电子计算机机制、算法有相仿之处。计算的电子化对数学、科学、商业、社会具有重要价值，这毋庸赘言；但在学数的初级阶段，应用现在常见的电子计算器肯定无助于幼儿直观的理解和记忆。就我国教育实际而言，算盘作为教具仍有竞争的潜力。就传承非物质文化遗产而言，应用珠算是一件具有积极意义的工作。

珠算既是历史的，又是现实的；既是文化的，又是科学的；既是民族的，又是大众的，具有深广的社会基础和国际影响。

### 10.3.2 吴文俊先生关心珠算事业的发展*

**1）珠算与数学史**

20 世纪上半叶我国关于珠算史的研究有十多篇论文发表。现在知道最早的一篇是 1915 年的《算盘之今昔辨》。[①]李俨先生 1929 和 1931 年在《燕京学报》上接连发表《筹算制度考》[②]和《珠算制度考》[③]；钱宝琮先生也十分关心珠算史的研究，《钱宝琮文集》[④]里第一部分“古算考源”（1930 年）的第 2 篇就是《中国珠算之起源》。严敦杰先生 1939～1944 年接连发表《珠盘杂考》[⑤]《算盘探源》[⑥]《筹算算盘论》[⑦]和《张炳浚山居咏和与算盘史料》[⑧]等文章。以上史料表明数学史前辈对它的重视。此后，有关珠算理论、珠算史、珠算传播史、珠算的应用、珠算与数学教育、三算教学、珠心算等的研究论著层出不穷。数学史界的学者参加珠算界的工作，如李培业教授担任中国珠算协会第五届副会长，珠算史研究会的副会长。但总的来说，数学史界与珠算界交往不多。

**2）评价珠算的两种倾向**

在社会上和学术界内，如何看待珠算存在两种对立的倾向，第一种是彻底否定，第二种是高度评价，在不同的场合和问题上，两者的矛盾愈演愈烈。

第一种倾向认为：在计算机时代仍用算盘是落后现象，算盘应当淘汰、进入博物馆。还有人认为，自两次西学东渐之后传统中算学术中断，被西算取代，珠算因而成为无本之木、无源之水，成为过去的象征。

这种看法其实把观察点放在事物的表面层次，注意到形式上的终结；而中国传统数学的归纳性、实用性、计算性、机械化、程序性、算法倾向等特点仍然活跃在世界数学舞台上。计算机发明之后，20 世纪 50 年代以来离散数学崛起，其中包含了东方数学的一些重要特征。数学的精髓不会随它的形式改变而消亡，一种观念不会因思想者个体的消失而湮灭；这就像百川汇入海洋，无法分辨哪一滴水来自哪条河流一样。如果将数学一切的成果都设定为来自同一中心，则这种观点毫无创意可谈——自殖民时代以来，西方中心论便泛滥于世，各种陈词滥调，滔滔者所见皆是也。

---

* 罗见今. 吴文俊院士关心珠算事业的发展. 内蒙古师范大学学报（自然科学汉文版），2009，38（5）：503-507.

① 倪羲抱. 无斋漫录——算盘之今昔辨. 国学，1915（1）：6-7.

② 李俨. 筹算制度考. 燕京学报，1929（6）：1129-1134.

③ 李俨. 珠算制度考. 燕京学报，1931（10）：2123-2138.

④ 钱宝琮. 中国珠算之起源//钱永红. 一代学人钱宝琮. 杭州：浙江大学出版社，2008：10-14.

⑤ 严敦杰. 珠盘杂考. 新世界，1939，14（8）：8-10；1939（9）：5-7.

⑥ 严敦杰. 算盘探源. 东方杂志，1944，40（2）：33-36.

⑦ 严敦杰. 筹算算盘论. 东方杂志，1946，41（15）：33-35.

⑧ 严敦杰. 张炳浚山居咏和与算盘史料. 中央日报，1946-6-11（5）.

其实，现代绝大多数科学家早就摈弃了那样的观点。1999 年召开的世界科学大会发表的《科学和利用科学知识宣言》庄严宣告："所有的文化都能贡献具有普遍价值的科学知识。""作为认识世界和了解世界重要手段的传统知识和民间知识，现在可以并且在历史上曾经对科学技术作出重要的贡献；必须保存、保护、研究和发扬这种文化遗产和实际经验知识。"①

联合国教科文组织倡导保护非物质文化遗产同这一宣言的精神完全一致。我们有些人面对西方科学产生妄自菲薄的感觉，已经落后于时代，其实大可不必。

实际情况是，珠算具有雄厚的历史文化背景，它不仅存在于史书的记载、博物馆的展品之中，珠心算学校在国内外迅速发展，受到家长、教师和社会人士的关心和支持。2002 年 10 月，世界珠算心算联合会在北京成立。珠算的发展与教育改革息息相关，从优化数学教育资源、开发儿童脑潜能来看，在识数和四则运算教学阶段应用算盘优点不少。

还有一种担心，来自数学和数学教育界，认为在小学教珠算会影响教学质量，推广珠心算不符合新世纪的教育要求，应当从中小学数学课程标准中删除。有人认为珠算是古老的，因而是落后的。从事珠心算教学的人却认为，首先，识数与四则运算对幼儿和小学生绝对必要，在各种文化中其教法和效果各不相同；突出中国珠算在教学中的优势，不是落后，而是先进。其次，与各种悲观的估计不同，通过心理学和认知理论的实验，珠心算已有许多教学质量提高的成功例证。再则，识数与四则运算离现代数学非常遥远，可以说是完全不同的领域，某些担心则是由于不了解引起的，因而是多余的。

评价珠算的第二种倾向认为：算盘就是一台没有存储设备的计算机，珠算在理论上属于机械化数学，应当承认它的先进性，努力发掘它的机械化内涵。只要我们教法正确，应用算盘计算某些四则问题可以做到比用计算器还快。在识数的初级阶段，计算的电子化（应用电子计算器）肯定无助于幼儿直观的理解和记忆，算盘在儿童数字教学上具有一定的优越性，等等。

笔者认为，社会上、教育界和学术界持有对珠算否定性的看法，从一个方面刺激了业内人士在理论上有意识无意识拔高其学术价值、在实际工作中夸大应用效果的倾向，甚至把机械化的筹算或是珠算与数学的机械化混为一谈。其实珠算自有它的存在价值，不需要附会某种现代理论以提高自己的身价。

当然，也有业内人士对珠算发展前景感到困惑，与此观点并非一致。

我们面临的问题，究其实质，是传统文化与现代化的冲突，和中医、西医间的矛盾、传统知识技能与现代科学技术的对立如出一辙。传统文化一方面要继承、发展，一方面受到自身历史特点的限制。怎样在两者之间找到一个平衡点或连接点，是一项十分困难的历史任务。这个关系处理得不好，两方面向极端发展，带来的都是损失。就在这个时候，我们听到了吴文俊院士的声音。

**3）吴文俊先生的指导性建议**

2006 年 3 月 4 日，吴文俊先生就珠算理论研究问题提出了指导性的建议，在他给

① 1999 年世界科学大会（布达佩斯）. 科学和利用科学知识宣言：序言第 1、26 条. 科学为 21 世纪服务　一项新任务. 巴黎：联合国教科文组织科学项目国际合作处，2000：中文 7、10.

笔者的信中，主要指出以下五点：

（1）针对学术界、教育界和社会上一部分人否定珠算的倾向，吴先生旗帜鲜明地表态："我记得冯康先生说过的一句话：珠算是打不倒的，我十分同意这一点。珠算有它的优越之处，有不少地方仍要用它，比其他任何工具都方便，因此是打不倒的。"

我们认识到：对于否定传统数学的观点、对于将珠算从数学教育中全部清除的历史文化虚无主义观点，需要坚持不懈地提出不同的看法。

（2）针对珠算界和社会上一部分人过分夸大珠算作用的倾向，吴先生非常明确指出："可是珠算尽管在某些方面有它的独到优越之处，但终究具有很大的局限性，它能使用的范围毕竟过于狭窄，终究是不能不用而不能大用，这一命运是无法改变的。"

我们认识到：计算机技术与珠算文化在不同领域里发挥作用，不能同日而语；在数学高度发展、计算机广泛应用、电子商务迅速普及的今天，应认清发展主流，不夸大珠算的价值和意义。

（3）"珠算的操作是机械化的，过去中国用算筹也是机械化的，但这与数学机械化毫无共同之处。把机械化的筹算或是珠算与数学的机械化混为一谈，是不能容忍的。"

我们认识到：数学机械化问题涉及机器证明，是现代数学的专有名词，与珠算的算法完全是两回事。珠算问题更多属于历史文化范畴，与现在的数学机械化根本不同，应把两者严格区别，以免造成混淆和误解。今后需要从珠算的离散性、程序性、算法倾向等方面多做深入研究。

（4）"珠算与筹算都是中国在科学文化上的伟大贡献，它们的历史功绩应当充分肯定，而且它的某些扩充如所谓'珠心算'之类也值得重视。但由于应用上的局限性，在教育方面特别是对青少年如何宣传推广，是须（需）要慎重考虑的。"

我们认识到："珠心算"在开发儿童智力潜能中的作用需要进行认知理论研究和心理学实验；"珠心算"学校向儿童提供服务必须加强管理，提高教学质量。这些才是有远见的、可持续发展的措施。

（5）"珠算（以及筹算及其他）的历史研究，自然应该重视而值得深入下去。"珠算史是中国数学史一个不可分割的组成部分，需要下力气深入研究。

**4）珠算与数学史界共同努力**

珠算界和数学史界重视珠算申遗工作，数学史分会有一些学者和青年博硕士关心珠算发展，参加中国珠心算学会的活动。中国珠算心算协会（简称中珠协）、上海珠算心算协会的领导也和数学史界联络，交流研究成果。中国珠算心算协会原理事长迟海滨（财政部原常务副部长）先生把他主持的儿童珠心算心理测试项目著作《珠心算教育与少儿智力开发》[①]赠送给吴文俊先生。

珠算界与数学史界开始共同举办国际国内学术会议，随后共同参加珠算申遗工作。华东师大数学教育研究所张奠宙先生、上海珠算心算协会理事长张德和先生 2006 年 5 月 14～15 日在上海召开"弘扬中华珠算文化"研讨会。大会主题文件称：

① 迟海滨. 珠心算教育与少儿智力开发——全国珠心算教育对比实验测试优秀成果选编. 北京：经济科学出版社，2006.

珠算是中华传统数学文化中的瑰宝，一项影响深远的非物质文化遗产。在计算机技术蓬勃发展的今天，珠算依然具有其生命力。“珠心算”教学的出现，更是珠算文化的一项创新发展，具有开发儿童智力潜能的功能和作用。我们要认识、保护、继承和弘扬珠算文化，共同克服某种轻视珠算的民族虚无倾向。形成的共识可归纳成四点：

（1）珠算是中华文明对人类所作的重大贡献。计算机技术与珠算文化在不同领域里发挥作用，并行于世；算盘依然有存在价值，并继续产生国际影响。

（2）珠算文化一直得到政府有关部门的支持。周恩来总理会见华裔美籍物理学家、诺贝尔奖获得者李政道博士，当李博士说“中国在计算方面应该比谁都先进，中国的算盘是最古老的计算机”时，周总理就指示我们：“不要把算盘丢掉！”邓小平同志在批示中指示：“不要把算盘丢掉，交科学院、财政部研办。”①

（3）“珠心算”是现代珠算文化的创新发展。迟海滨先生一直致力于开发儿童智力潜能“三年实验十年跟踪”规划的实验研究。珠心算实验获得的成功证明了珠算的生命力。

（4）发扬中华珠算文化需要进行学术研究。提倡数学教育、心理学、脑科学以及珠心算方面的专家和教师一起合作研究，并进一步提高珠心算教学质量。

注意到以上 4 个重点：①“弘扬中华传统文化”，而不是宣传机械化数学。②讲“非物质文化遗产”，这就为申遗做好了思想准备，成为后一阶段珠算界和数学史界共同的努力目标。③“珠心算”是现代珠算文化的创新发展，须重视实验研究。④珠心算教学必须进行学术研究，提倡联合攻关，提高教学质量。这些都是吴先生所关心的。笔者认为，这次会议和中珠协召开的几次会议确定了珠算理论研究的大方向和建立了联合申遗的平台，是珠算事业重大的进步。

### 10.3.3　中国珠算的申遗之路和复兴之路*

2013 年 12 月 4 日中国珠算列入联合国教科文组织人类非物质文化遗产代表作名录。本小节引用有关资料、文件，简述珠算史的研究，回顾笔者所知珠算申遗的经过，讨论今后振兴珠算的努力方向。

**1）中国珠算列入人类非物质文化遗产代表作名录，教科文组织颁发证书**

联合国教科文组织（UNESCO）保护非物质文化遗产政府间委员会第八次会议通过决议，正式将中国珠算项目列入教科文组织人类非物质文化遗产代表作名录（图 10-26）。这是我国文化界、财政界、珠算界多年努力争取的目标，也是数学史界、数学教育界和数学界联合攻关的结果。各方面为之奋斗的梦想终于实现，它凝聚了关心发展传统文化的广大民众的期望。人们奔走相告，欢欣鼓舞，由衷感到高兴，表示热烈祝贺。

---

① 钟珠. 中国的教科书中决不能丢掉算盘——纪念周总理“不要把算盘丢掉”指示发表四十周年. 珠算与珠心算，2012（5）：4-8.

* 罗见今. 中国文化瑰宝珠算的申遗之路和复兴之路. 高等数学研究，2014，17（3）：57-62.

图 10-26 中国珠算列入人类非物质文化遗产代表作名录，教科文组织颁发的证书

刘芹英提供

中珠协在北京中国会计学院简朴的大会议室召开庆祝珠算申遗成功的座谈会，首先由中珠协副会长苏金秀介绍申遗经过，接着，与会代表发言，人人热情洋溢，不胜欣喜。

本节引用有关文件，简述珠算史的研究，回顾笔者所知珠算申遗的经过，讨论今后振兴珠算的努力方向。不是总结或计划，只是一些记录和笔者兴奋之余的感受，希望与学数学的朋友们分享珠算申遗成功的快乐。

**2）算盘与珠算：中国数学史中的珠算史研究**

什么是“中国珠算”？我们高兴地看到，教科文组织颁发的证书中，出现了一个新词“Chinese Zhusuan”，其中“珠算”是汉语拼音，定义是“knowledge and practices of mathematical calculation through the abacus”，即“运用算盘进行数学计算的知识与实践”。为了使世界各国的人们更清晰而准确地理解“中国珠算”，这是张玲同志用英语给出的新定义。

珠算是我国传统数学文化中的瑰宝。在计算机问世近 80 年的今天，老的计算工具纷纷淡出历史舞台，唯有珠算一枝独秀，国内外不少人仍在用它，显示出顽强的生命力。

算盘能在中国产生，离不开其数学特点和社会应用背景，并理所当然地获得世界公认。

2013 年 11 月美国《大西洋月刊》“改变人类历史进程的 50 大发明”把珠算与中国四大发明都列出来①，加上前文所述英国和印度媒体对中国珠算的肯定，这是中国珠算被世界认可的有力证据，绝不是任何其他珠算能够取代的。

① 本刊. 改变人类历史进程的 50 大发明. [美]大西洋月刊，2013-11（提前出版）. 参考消息，2013-10-31.

从历史上看，三千年前的西周墓葬中出土一种陶丸，数学史家李培业先生提出“西周陶丸为早期算具，西周已有原始珠算”。东汉徐岳所著《数术记遗》（190 年）中首次出现“珠算”。

有研究认为，唐代创始算盘，中唐使用有梁穿档算盘，促成第一次算法高潮。宋元时代算盘在国内普及，明清时代在汉字文化圈地区和亚洲部分国家普及。

王文素《算学宝鉴》（1524 年）是现存中国首部珠算书。16 世纪中叶开始，算盘、算法和程大位的珠算著作《算法统宗》（1592 年）的传播为数学发展引入了转变的动力，促成了和算的诞生、计算技能的提高和近代商业的兴盛。一个典型的例子是：被誉为日本近代实业之父的涩泽荣一将成功之道归纳为“论语和算盘”。①至今算盘在日本现代化社会生活中仍占有一席之地。

**3）珠算的发展受到政府和学界的重视**

历史是割不断的，珠算传承历来受到国家领导人、学者，广大财政、珠算工作者和民众的关心和支持。在经济困难的情况下，中国珠算协会成立，引领全国珠算界做出了重要成绩。数学家们也十分关心珠算的发展，已见 § 10.3.2 节。

我国的实际情况是，珠算具有雄厚的历史文化背景，它不仅存在于史书的记载、博物馆的展品之中，珠心算学校在国内外迅速发展，受到家长、教师和社会人士的关心和支持。珠算的发展与教育改革息息相关，算盘作为教学和学习用具，在识数和四则运算教学阶段应用优点不少。

**4）珠算申报国家非物质文化遗产成功**

“中国珠算文化”要向联合国申遗，必须先申报列入国家非物质文化遗产名录。2007 年初经财政部领导批准，成立了以迟海滨为组长的领导小组和工作小组，编制成申报书，委托央视制成反映珠算文化沿革的录像片《永远的珠算》，报送文化部，顺利通过专家评审，2008 年珠算列入第二批国家级非物质文化遗产名录。

在珠算申遗工作上珠算界和数学史界负有重大责任，而且责无旁贷。申遗是一个要求有很高水平的系统工程，需要珠算界、教育界、数学界各方面努力开展工作。

**5）申请将“中国珠算”列入联合国人类非物质文化遗产代表作名录**

2009 年初，在财政部、文化部的关心领导下，经批准，中珠协又启动了中国珠算向联合国教科文组织申报“人类非物质文化遗产代表作名录”工作，经过半年艰苦努力，做好文本起草，录像片、照片、地图等制作，经专家评审，宣布中国珠算等 15 项为上报初选项目，终审“中国珠算”终获批准，中珠协将全部申报材料报送文化部外联局，完成了自己的任务。②

在申报组全体官员和专家的努力下，经过 4 年的艰苦工作、两次申报，“中国珠算”项目终于列入人类非物质文化遗产代表作名录。

**6）中国珠算申遗成功是今后努力工作促使珠算复兴的开端**

珠算申遗成功，是珠算事业发展的里程碑事件，为今后珠算的发展开辟了康庄大道。

---

① 张诚. 孔子与孔庙在日本的特殊地位. 参考消息，2013-12-10.

② 中国珠算心算协会. 中珠［2008］15 号文件.

中国珠算传承人代表刘芹英向联合国教科文组织政府间委员会第八次会议的全体与会者的郑重承诺，也是向我国民众和国际上做出的郑重承诺：宣布今后在珠算、珠心算方面由传承人群体、珠算及珠心算教师和教练师传授珠算、珠心算知识和实践技能。这是振兴珠算的大方向，需要各个方面共同努力，共襄大举。

中国珠算申遗成功了，今后的任务更加艰巨，中珠协等单位会提出全面的发展规划。珠算是中华文化的有机组成部分，能够体现国家软实力，不仅在国内和汉字文化圈珠心算有大量工作要做，它也早已走向世界，可以预见即将迎来珠心算教育发展的新时期。

# 下　　编

# 第11章 明安图《割圜密率捷法》的无穷级数

明安图（约1692～约1765），蒙古族，我国清代卓越的天文学家、数学家、地理测绘学家。他活跃于康熙、雍正、乾隆时代，参加过编撰四部天文巨著，自己冠名撰写的数学书只有遗著《割圜密率捷法》（简称《捷法》）一种，他去世后约十年由学生帮助完成，在他开始撰写后约百年（1839 年）才正式出版。《清史稿》以千余字介绍这本著作的内容，而关于他的传记仅 30 余字。清代大学者阮元为该书写了一篇序言，称：

昔元家藏抄本《割圜捷法》一帙，不知为何人之书，故《畴人传》（1799 年）未载。今致仕归扬州，读天长岑氏绍周所校刻《割圜密率捷法》四卷，及甘泉罗氏茗香跋，始知是书为满洲明静庵先生撰于乾隆之时。盖自八线表成，推算有成数而未发其理，墨守者谁复推其所以然！此书则以己意悟明其法，求任何边之数不过几次乘除，一二时即可得之，真步天捷法也！①

阮元是精通算理的学者，他认为《捷法》“发其理”“以己意悟明其法”，阐明该书的创新之处，指出天文计算方便快捷，对此捷法赞叹有加。序中谈到明静庵是满洲人，后来有人认为他是满族，或明安图就是满人明图；《清史稿》记载他为“蒙古正白旗人”，现在普遍认为他是蒙古族。阮说该书“撰于乾隆之时”，指的是他去世后约十年由学生陈际新整理原稿完成的全书。

需要关注明安图时代中西数学的相关背景，了解他通过传教士吸收新知识的途径。

从科学史上看，中国的近代开端于第一次“西学东渐”。西方数学、天文学在明末开始传入我国，清初仍在继续，《律历渊源》收集了后一阶段编译的成果。17 世纪 80 年代法国传教士张诚（Gerbillon）、白晋（Bouvet）等带来的数学书受到康熙重视，1690 年就开始编译，后收入《数理精蕴》。明安图参加编修的《历象考成》除两卷论球面三角是据梅文鼎著作外，基本是西方天文学。所以传教士戴进贤（Kögler）、徐懋德（Pereira）就曾担任钦天监的监正、监副（皇家天文台正、副台长）。到 18 世纪 50 年代末，明安图担任钦天监监正，印证了他知识和能力的水平。

明安图在钦天监工作，与十余位传教士学者过从较多，除以上提及者外，他们是：纪理安（Stumf），杜德美（Jartoux），宋君荣（Gaubil），鲍友管（Gogeisl），刘松龄（de Halleistein）；明安图 60 多岁时，1756 年曾和蒋友仁（Benoist）、高慎思

① 阮元. 割圜密率捷法序//明安图. 割圜密率捷法. 石梁岑氏校刊本，1839.

（Espinha）一同到新疆做大地测量；1759 年曾带领高慎思、傅作霖（da Rocha）到新疆和今乌兹别克斯坦的塔什干等地完成国家版图测量的工作。

另外，雷孝思（Régis）、费隐（Fridelli）等也应和明安图有接触。[①]他们各有一定的科学知识专长，构成了明安图西方知识的主要来源，在清初西学东渐过程中起到媒介的作用。

但是，这种交流并非一帆风顺。1723 年雍正皇帝即位后，由于宗教矛盾的积累，改变了康熙的做法，采纳浙闽总督满宝的建议，把外国传教士除在钦天监任职者外，一律驱赶到澳门，不许擅入内地，开始了近代百余年闭关自守的历史。西方科学向中国输入基本停止，对国内士大夫加强思想统治，兴文字狱，学者们开始转向汉学，校勘注释古书，以后形成了乾嘉学派。另一方面，18 世纪初罗马教皇颁布的教令对传教方式严加限制，传入的外文书多未能译成汉语，教士的主要目的本来就在于传教，他们也不是较高水平的科学家。所有这些形成了明安图学术工作的封闭背景，他虽处在高层，也不能不受到严重影响。

事实上，当时西方一些先进的科学，例如太阳系学说、万有引力定律等，由于宗教的排斥，不可能传入中国。传进来的知识也存在不完整、不系统的缺陷。在数学上，继韦达的符号代数之后，笛卡儿的解析几何和牛顿、莱布尼茨的微积分均已问世，宣告了数学新时代的来临。但这些科学知识中国人基本上是不知道的。明安图的大半生，实际上不得不在闭关的黑暗中摸索，寻找前进的道路，从传统数学中独辟蹊径，希望能够进入数学发展的主流。

图 11-1 《蒙古族科学家明安图》书影

## 11.1 明安图是杰出的蒙古族天文数学家*

在科学史上，一位天文学家能在天文台连续工作半个多世纪，这样的例子非常罕见。明安图（图 11-1）从学生时代开始，终其一生，都在钦天监，除了随同皇帝出行（对他来说是出公差）和晚年两赴新疆外，没有史料表明他曾离开过京城。长期稳定的科研、学术生涯使得他得以专注于天文数学研究。明安图以乾隆时首席天文学家、中算无穷级数新领域的开拓者和清朝版图的最终测定者而名垂史册。

### 11.1.1 少年明安图被选为钦天监的官学生

“明安图，字静庵，蒙古正白旗人”。[②]他出生的年代据李迪先生推测是康熙三十一年（1692 年）。《清史稿》关于明安图的身世涉及不多，由于史料缺乏，我们现在很难确定明安图准确的出生时间和地点，他的家庭和童年时代的情况亦少人知，需要历史学家、明安图研究者的进一步发掘。根据 20 世纪 70 年代有关学者的研究，认为他来自

① 李迪. 明安图及其科学工作的背景//李迪. 数学史研究文集（四）. 呼和浩特：内蒙古大学出版社，1993：8.

* 罗见今. 明安图是勇于创新的数学家. 西北民族学院学报，1993，14（2）：80-85.

② 赵尔巽. 清史稿：46 册 506 卷. 明安图. 北京：中华书局，1977：13961-13964.

“蒙古正白旗”即今内蒙古正镶白旗；而有一部分学者认为，应是京师的蒙古八旗之一。均无确切史料为证。由于蒙古族在历史上为游牧民族，要按现代的“出生地”要求去考证，也是非常困难的。现在，一般将前者的观点作为他的籍贯。

“明安图”蒙古语发音 minggantu，意为千岁、大量财富拥有者、千匹牲畜拥有者等。这在蒙古人中是一支望族，迄今后人众多，一部分汉姓为“千”。明安图给儿子起名“明新”，为汉名，即有以“明”为姓之意，故本章有时称他为“明氏”，并将其名拼写成 Ming Antu。

根据明安图在少年时代被朝廷选中、得以进入钦天监学习天文这一点来看，他的家庭应当属于蒙古族的上层；明安图在童年和少年时期应当受到很好的教育。但他走上科学的道路，和康熙帝的科学教育思想和政策分不开。

康熙九年（1670 年），皇帝给礼部下达的诏令说：

> 天文关系重大，必选择得人，令其专心学习，方能通晓精微。可选取官学生，令其与汉天文生一同学习，有精通者，俟钦天监员缺，考试补用。①

钦天监是政府研究天文历法的机构，礼部根据康熙帝的诏令，便“于官学生内每旗选取十名，交钦天监分科学习”。约在康熙四十八年（1709 年），明安图被选入八旗官学。这种培养、选拔人才的制度，使明安图进入钦天监专门学习天文、历法和数学，他从此走上了科学研究的道路。②

康熙帝喜研数学和科学，也愿意教授学生。明安图的天文数学兴趣就是这样培养起来的，他的学业优秀，受到皇帝喜爱。③

康熙五十一年（1712 年）五月，康熙帝赴避暑山庄，请来一批著名学者和科学家。作为唯一的官学生，明安图已受到皇上注意，在康熙帝身旁也形成一个学术团体，有助于这个青年人开阔眼界、学习进取。宫廷天文学家的地位，也有利于实现他在科学上的抱负。

### 11.1.2　明安图对天文学和西北大地测量的贡献

1713 年明安图完成学业，留在钦天监时宪科工作。在康熙六十一年（1722 年）编写的《时宪书》上有明安图的署名，职衔是“食员外郎俸五官正”，相当于六品，在天文台负责观测天象、编制历法、预报天气、颁布《时宪书》以及日常工作，在雍正六年（1728 年）、十一年，乾隆二年（1737 年）、三年、六年、九年（1744 年）颁发的《时宪书》上，在他的职衔“食员外郎俸五官正”后，又分别增“加一级”“加二级”……到“加六级”；乾隆十四年（1749 年）他的职衔为“食员外郎俸五官正加六级记录四次”。雍正和乾隆时钦天监许多有关日月食的题本和《时宪书》里均有他的署名。在长达三十多年的天文实践中，他一步一步前进，从一位普通天文观察者成长为一位杰出的天文学家。

---

① 王光谦. 东华录：康熙十. 长沙：王氏刻本，1884：814.

② 李迪. 蒙古族科学家明安图. 呼和浩特：内蒙古人民出版社，1978：3.

③ 岑建功. 割圜密率捷法序//明安图. 割圜密率捷法. 石梁岑氏校刊本，1839. 本章所用《捷法》各图，均采自此书。

明安图参加了康乾时期 4 部大型天文书的编写工作。当年清政府组织编纂御定《律历渊源》100 卷（1713～1723 年），他参加编写其中《历象考成》42 卷，主要是介绍西方传入的天文学，在“奉旨开载纂修诸臣职名”里，明安图列在“考测”人员名单之中。考测是天文研究的基础。全书 1721 年完成，出版用了两年。在这一工作中，明安图作为晚辈与当时著名学者陈厚耀、梅瑴成、何国宗等朝夕相处，长期共事。他已跻身于国家一流学者之林。

雍正八年（1730 年），钦天监重修《日躔月离表》。到乾隆二年（1737 年），有些高深的天文学问题很少有人能明白了，因“此表并无解说，亦无推算之法”，除在钦天监供职的两位西方人外，只有明安图能理解应用，故顾琮的奏章上写道：“此三人外，别无解者”，可见当时国内天算家已无出其右，故向皇帝建议由明安图担任编写《历象考成后编》十卷（1737～1742 年）的副总裁。在这套书中已引入行星运动的开普勒定律，首次译为“刻卜勒”。

乾隆九年，他参加编撰《仪象考成》32 卷（1744～1752 年），前两卷讲天文仪器，后 30 卷为含有 3083 颗恒星的星表。他所接受的天文学思想，基本属于第谷体系，其特点是注重天文观测，获得大量准确的天象资料，以编制星表为主要目的。在呼和浩特市五塔寺后照壁保存至今的石刻蒙古文天文图，系乾隆初年“钦天监绘制”，有学者认为，其天文图的底本可能出自明安图之手。

乾隆十七年（1752 年）《仪象考成》完成，列名“奉旨开载”该书的总理、协理、考测、推算、绘图诸臣，“推算”首位职衔和署名是“兵部郎中留钦天监五官正任臣明安图”。兵部郎中相当于监正。

明安图一生中受到三任皇帝的器重，直到晚年，乾隆廿七年（1762 年）七月至九月，皇帝到热河，他仍然是重要随员之一。当时“适遇（九月庚申朔）日食带食入平地，不见复元。当蒙皇上垂问复元时刻”。

乾隆十八年（1753 年）、廿二年（1757 年）的题本在明安图的职衔“兵部郎中留钦天监五官正任”后分别有“加一级记录十一次”和“加二级记录四次”，他随即升任钦天监监正，此职位是国家天文台的正职，通常由外国人或满族担任。在乾隆廿五、廿六年（1760、1761 年）的 3 份题本中，在“监正加四品顶戴职衔”后有“加一级记录六次”“加二级记录六次”“加三级记录六次”，等等，仅廿八年一年前十个月就至少有 14 项，随后他的名字就从朝廷纪事中消失，因此可知明安图在 1763 年十月、十一月“病革”，即因病以身殉职。①

一位天文学家 50 多年不离开天文台，把一生献给国家天文事业，这在世界天文学史中亦十分罕见。

清代的钦天监监正不仅要对朝廷负责天文观测、天象预报、编制每年的《时宪书》即《皇历》，还要负责测绘国家地图。明安图晚年对中国西北大地测量做出了重要的贡献。

18 世纪初年（1708～1716 年）清政府组织过一次大规模国土测量，未完成。后据此绘成《皇舆全览图》（1717 年）。乾隆廿年（1755 年）皇帝命何国宗带领明安图、那

① 李迪. 蒙古族科学家明安图. 呼和浩特：内蒙古人民出版社，1978：58.

海等人组成测量队到新疆，第二年二至十月测量工作得以展开，他是技术上的主力。乾隆廿四年（1759 年）明安图晋升为钦天监监正，有些职责相当于现在科学院院长，成为当时中国最高级别的天文学家和科学家。

明安图就任后，旋即率队再赴新疆，主要在西部，包括塔什干等地进行大地测量，两位西方人也在他的领导下开展工作。当时还要面对地方上的武装叛乱。他已是 60 多岁的老人，不畏艰险，驰骋几千公里，往返奔波于大西北，经过近一年的艰苦努力，新测不少于 26 个经纬点。明安图等人两入新疆，用三角法测得的经纬点的数字，据《清朝文献通考》（1747～1785 年编成）约有 70 处；乾隆年间新增哈密以西地区的经纬点有 90 余处。始于康熙时期的国家版图测量工作终于告成[①]，据此，以后绘成《皇舆西域图志》（1782 年），修订《康熙皇舆全览图》，完成《乾隆内府舆图》，制成铜版《乾隆十三排图》。明安图的这一工作有利于国家版图的完整与统一，具有历史意义。

### 11.1.3　明安图对数学的贡献

中国传统数学在经历了西汉到三国、宋元时期的繁荣发展之后，到明代日渐式微，古算书、古算法大多失传，雍正之后形成了闭关自守的环境。与此同时，西方文艺复兴后数学迅速发展，完成了从常量数学向变量数学的转变，中西数学间的差距越来越大。明安图不能得到新的外部信息，需要付出巨大努力，客观上，他肩负的历史使命是：在封闭中摸索前进，建立起连接中西数学间的桥梁，推进中国传统数学的近代化。

1701 年法国耶稣会传教士杜德美（Jartoux）到中国，带来三个级数展开式[②]：牛顿 $\pi$ 的展开式，格列高里正弦、正矢的展开式。这三个公式使用方便，计算结果精确，传统数学里没有见过，引起清代数学家的注意。但杜德美并未将这三式的证明或推导过程一同带来，使人仅知其当然而不知其所以然。

明安图 20 多岁时得知了这一情况，引起他的怀疑：他们是否不愿将其中的道理一并传来，这就激发他一定要把三公式的原理搞清楚的决心。后来他曾对儿子明新说，此三式“实古今所未有也……惜仅有其法而未详其义，恐人有金针不度之疑”。明安图对传统数学有深刻了解，开始在业余时间刻苦钻研，创造了完整的“割圆连比例法”。

明安图在青年时决心按自己的方式解决无穷级数的疑难，使他进入了数学广阔的新天地。经过 10 多年的酝酿和推算，他感到新的思想和方法都已经成熟了，便在雍正八年（1730 年）前后开始著书《割圜密率捷法》（图 11-2）。工作时断时续，“次第相求，以至成书，约三十余年”，因公务繁重，仅在业余研究数学。从档案中能查到明安图进见皇帝的许多记录，大多与月食、月食、观候、编时宪书相关；他两赴新疆从事大地测量，无暇著书；特别是在担任钦天监监正之后，每年皇帝接见的记录都有 20 多次，在他临终时“以遗稿一帙嘱其季子景臻（即他的三儿子明新），命际新（即他的学生陈际新）续而成之”。（图 11-3）

---

① 冯立升. 中国古代测量学史：乾隆时期的经纬度测量与地图绘制. 呼和浩特：内蒙古大学出版社，1995：314-323.

② 钱宝琮. 中国数学史. 北京：科学出版社，1981：301.

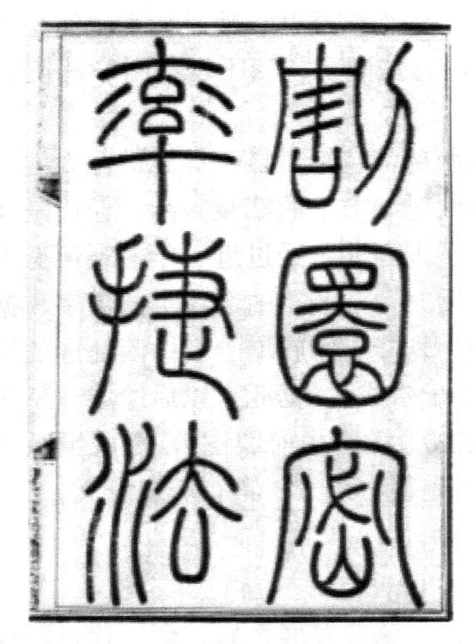
割圜密率捷法

图 11-2　《捷法》扉页

割圜密率捷法序
欽天監監正明靜菴先生自童年親受數學於
聖祖仁皇帝至老不倦病革時以遺稿一帙囑其季子景臻命
際新續而成之曰此割圜密率捷法也內圜徑求周弧背求弦
求矢三法本泰西杜氏德美所著實古今所未有也亟欲公諸
同志惜僅有其法而未詳其義恐人有金針不度之疑予積解
有年未能卒業汝與同學者務續而成之則予志也　先生沒
際新尋緒推究質以平日所聞面授之言遇有疑義則與　先

图 11-3　《捷法》陈际新序

明安图去世后，陈际新“寻绪推究，质以平日所闻面授之言，遇有疑义，则与先生之季子景臻及门人张良亭相与讨论；且良亭、景臻亦时同推步、校录。越数年，甲午（1774 年）始克成书”。抄本曾经在数学家中流传开，几经周折，直到 1839 年才正式出版。

《捷法》是明安图的唯一数学遗著，其主要数学贡献是：

1. 把原有的连比例法用 $n$ 分弧法发展成为“割圆连比例法”。

2. 从代数上看，完成了“明安图变换”和“明安图多项式”。①

3. 将“率”的概念应用于无穷级数，独创一套记法，在中国数学史上奠定了无穷级数运算的基础，获得了若干无穷级数。

4. 在世界数学史上首先提出并应用了卡塔兰数，创立用含卡塔兰数的级数无穷逼近平方根的算法。

5. 创立无穷级数求反函数的理论和算法，获得 4 组互反公式。在此过程中建立并应用了两种特殊的计数结构。

6. 提出“形数相生”的理论，“堪与笛卡儿韧解析几何媲美”（李俨），提出曲线和直线在无穷分割时可达到同一的极限理论。

7. 在中国数学史上首开无穷级数证明的先河，创造长达 2.5 万字证明的纪录，其中用递推法从事高位数值计算，最高达 52 位。

8. 在中国首次将三角函数的无穷级数公式应用于天文计算，为减少计算量采用了近似计算和简便算法。

---

① 特古斯. 清代级数论纲领分析. 西安：西北大学，2000. 特古斯. 清代级数论纲领. 呼和浩特：内蒙古人民出版社，2002.

上述成就表现了明安图的数学思想和方法。标志他割圆水平的是他的 $n$ 分弧法，原著中的“通弦八法”是一些特例。$n$ 分弧法把传统的二分弧法和西方三分弧法引而申之，表达了弦矢的和与积的一般关系。

该法用圆中半径 $r$、通弦 $2r\sin x$、正矢 $r\,\mathrm{vers}x$ 以及有关线段所构成的、若干系列相似三角形，把有限项的等比数列推演至无穷多项，获得弦或矢函数的无穷幂级数，它把几何、代数、三角和级数的问题进行综合处理，并具有构造性数学的明显特征。

中国古算中“率”是一个重要的数学概念，明安图首次把它应用于幂级数。他的级数记法：在率数（$x^n$）上写系数分母，下写系数分子，“+、−”用文字“多、少”表示，这样就可做无穷级数的加、减、乘（自乘、互乘）法。《捷法》严格规定分母的形式，分子不与分母约简，在运算中便获得多种系数分子序列，形成有价值的计数结构。

“明安图变换”是他在代数方面的出色成就，奠定了清代级数论的基础，不仅割圆连比例的初始解、一般解均由该变换导出，清代级数论的每一步重要进展都以它为出发点。所以在他之后的一百多年里，中算家的无穷级数运算基本上是沿着此方向前进。“明安图变换”的矩阵是由“明安图多项式”的值构成。

明安图研究的中心，是他获得的 6 个无穷幂级数展开式：令半径为 $r$，弧为 $a$，圆心角为 $\alpha=a/r$，$2a$ 的弦为 c，$2a$ 和 c 的中矢为 $b$，则有（写成现代形式）：

$$c=2r\sin\alpha=2a-\frac{(2a)^3}{4\cdot3!r^2}+\frac{(2a)^5}{4^2\cdot5!r^4}-\frac{(2a)^7}{4^3\cdot7!r^6}+\cdots \tag{1}$$

$$b=r\mathrm{vers}\alpha=\frac{(2a)^2}{4\cdot2!r}-\frac{(2a)^4}{4^2\cdot4!r^3}+\frac{(2a)^6}{4^3\cdot6!r^5}-\frac{(2a)^8}{4^4\cdot8!r^7}+\cdots \tag{2}$$

$$2a=c+\frac{1^2\cdot c^3}{4\cdot3!r^2}+\frac{1^2\cdot3^2\cdot c^5}{4^2\cdot5!r^4}-\frac{1^2\cdot3^2\cdot5^2\cdot c^7}{4^3\cdot7!r^6}+\cdots \tag{3}$$

$$a=r\sin\alpha+\frac{1^2(r\sin\alpha)^3}{3!r^2}+\frac{1^2\cdot3^2(r\sin\alpha)^5}{5!r^4}+\cdots \tag{4}$$

$$a^2=2r^2\mathrm{vers}\alpha+\frac{2\cdot1^2(2r\mathrm{vers}\alpha)^2}{4!}+\frac{2\cdot1^2\cdot2^2(2r\mathrm{vers}\alpha)^3}{6!r}+\cdots \tag{5}$$

$$(2a)^2=(8b)r+\frac{2\cdot1^2(8b)^2}{4\cdot4!}+\frac{2\cdot1^2\cdot2^2(8b)^3}{4^2\cdot6!r}+\cdots \tag{6}$$

杜德美带来的 3 式和明安图所创的上述 6 式在中国数学史上很有名，在历史上曾被不恰当地称作“杜氏九术”。明安图勇于创新，他是著名的卡塔兰数（记作 $C_n$）的首创者。关于这一重要计数成就，将在本章第 2、3 两节详细讨论，这里仅列出他给的一个公式：

$$C_1=1,\ C_2=1,\ C_{n+1}=\sum_{k\geqslant0}(-1)^k\binom{n-k}{k+1}C_{n-k} \tag{7}$$

明安图获得的另外的几个无穷级数展开式如下：

$$(\sin\frac{\alpha}{2})^2=\sum_{n=1}^{\infty}C_n(\frac{\sin\alpha}{2})^{2n} \tag{8}$$

$$\sin 2\alpha = 2\sin\alpha - \sum_{n=1}^{\infty} C_n(\sin\alpha)^{2n+1} / 4^{n-1} \quad (9)$$

$$\sin 4\alpha = 4\sin\alpha - 10(\sin\alpha)^3 + \sum_{n=1}^{\infty}(16C_n - 2C_{n+1})(\sin\alpha)^{2n+3} / 4^n \quad (10)$$

等等。系数包含卡塔兰数的无穷级数，引人注目。

《捷法》数学理论基础之一是“形数相生”。两者存在对应、可以相生的观点，在中算史上是解析几何学的先声。李俨先生指出：“明安图以三十年之精思，始撰成《割圜密率捷法》，以解析‘九术’，并由连比例三角形入手。此数与形的结合，堪与笛卡儿轫解析几何媲美。”①

他提出曲线和直线在无穷分割的条件下可以达到同一的极限理论，有一段精辟的论述：

> 弧，圆线也，弦，直线也，二者不同类也……不可以一之也。然则终不可相求乎？非也。……苟析之至于无穷……又未尝不可以一之也。

这种曲直异同说，在当时是难能可贵的数学思辨，在从有限数学走向无限数学时，必然要遇到两者“不可一之”又“必可一之”的问题，明安图出色解决了它。用他多次重复的话说，即：“是某某之数（即极限）不改，而奇零之差愈推愈微”，在公式中他便断然把这些“奇零之差”舍弃，达到了最终的极限值。

由于传统数学没有进入符号数学阶段，明安图用文字叙述显得烦琐，也没有导数、连续等概念，有不少算法和证法与今天的不同。但在当时封闭落后状态下，他独立表达的这些思想，说明他是传统数学近代化的先行者。

### 11.1.4 明安图的学术影响、历史地位与永恒的纪念

明安图去世之后，他的数学思想影响了晚清数学家，形成了一个研究无穷级数的学派。

北京图书馆藏有一《捷法》书稿钞本，据李迪先生研究②，该书文字部分系明安图遗墨。明安图将初稿认真地誊写在本子上，修改的文字中也可能有少量是他自己改的。算式草稿也完成了，原未抄在本子上。陈际新等对算草重加校算，抄在初稿本留出的相应空位上，同时对部分文字修改、加工。这就是“续而成之”。按刊本各卷的分量，推测此钞本应有 4 册，卷一、二合为 1 册，卷三分上、下 2 册，卷四 1 册，今仅卷三下册，其余 3 册是否仍在人间？这是有待研究的问题。

《捷法》书稿续成后并没有立即出版，为一位数学家所秘藏，一种说法，这人是张敦仁。但它的钞本曾经流传开，知道的人渐渐多起来。历经曲折，在明安图开始著书的一百多年之后，数学家罗士琳从自己的老师戴简恪家中将原本影抄下来，请石梁岑建功校对出版，这已是 1839 年的事了。（图 11-4）

---

① 李俨. 中算史论丛（三）：明清算家的割圆术研究. 北京：科学出版社，1955：299.

② 李迪. 《割圜密率捷法》残稿本的发现. 自然科学史研究，1996（3）：234-238.

明安图杰出的数学工作，被清朝学者称为“明氏新法”“弧矢不祧之祖”，对我国近代数学发展产生了广泛的影响，一百多年间，《捷法》的手稿和抄本引起几十位数学家的重视：孔广森、张敦仁、安清翘、焦循、阮元、汪莱、罗士琳、董祐诚、张豸冠、李潢、范景福、朱鸿、钟祥、丁取忠等通过不同途径读过此书，后来至少有 13 种数学书程度不同受到此书思想和方法的影响；特别是项名达、董祐诚、徐有壬、戴煦、夏鸾翔五家的工作，构成了清代割圆术的主流，业已形成“明安图学派”。

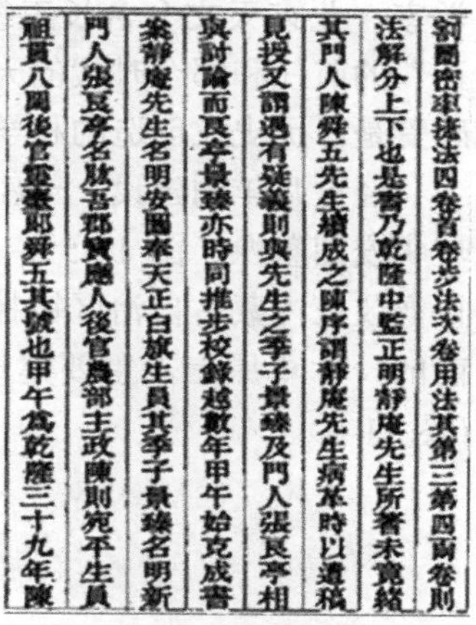
割圜密率捷法四卷首卷步法次卷用法其第三第四兩卷則
法解分上下也是書乃乾隆中監正明靜菴先生所著未竟緒
其門人陳舜五先生續成之陳序謂靜菴先生病革時以遺稿
見授又謂遇有疑義則與先生之季子景臻及門人張良亭相
與討論而良亭景臻亦時同推步校録越數年甲午始克成書
案靜菴先生名明安圖奉天正白旗生員其季子景臻名明新
門人張良亭名肱吾郡寶坻人後官農部主政陳則宛平生員
繼貢入闈後官靈臺郎舜五其號也甲午爲乾隆三十九年陳

图 11-4　《捷法》罗士琳跋

到了 20 世纪，史学家和数学家对明安图多有研究。明安图的数学成就吸引了国内外数学史家的注意。日本著名学者三上义夫说：“圆理发达为最紧要之事件，可比西洋之定积分，其算法则始于所谓杜氏九术。及蒙古族人钦天监监正明安图，积三十余年之辛劳，始考出解析方法，且别附以六术。”①李俨、钱宝琮做了基本的研究工作，将明安图的公式表示成现代的数学形式。李迪发表了明安图传记和 10 多篇论文，何绍庚、罗见今、特古斯做了深入的研究，罗将他的遗著原文考订，编制计算机程序进行数字检验，译成现代汉语，并做详细的解析。法国数学史家詹嘉玲（C. Jami）1985 年在巴黎大学的博士论文就是关于明安图的，后来还出版了专著，她认为明安图数学工作的特点是综合了西方和中国两种数学传统。

一些现代文献②介绍了卡塔兰数的发展史③，但无明安图工作的记录。程序设计的先驱者、美国斯坦福大学高德纳教授在他的名著《计算机程序设计艺术》④中说：“蒙古族中国数学家明安图在 1750 年前研究无穷级数时提出了卡塔兰数”，由此改变了西方学者不了解明安图领先世界的工作的状况。

英国的拉坎布博士接连发表了多篇论文，研究、证明、推广明安图的成果。由于现代组合数学高度重视卡塔兰数的应用，他主要是从卡塔兰数的历史入手进行研究的，如《卡塔兰数的历史：中国的最早记录》⑤，《18 世纪中国发现的卡塔兰数》⑥，《展开式中带有卡塔兰数的正弦函数：超几何函数研究的一个注记》⑦，等。

1992 年明安图诞生 300 周年时，在呼和浩特市由内蒙古师大科学史研究所李迪教授主持召开了纪念会，来自法、德、日等国的 30 多人、国内的同行共 80 多位学者参加了会议。大家聚首一堂，隆重纪念明安图诞生 300 周年。与会者回顾了明安图对天文、数学、地理学的重要贡献，高度评价他为科学事业发展做出的历史功绩。我国著名天文

① 三上义夫. 中国算学之特色. 中国数学之发展（1910）. 林科棠译. 上海：商务印书馆，1929.

② BROWN W G. Historical note on a recurrent combinatorial problem. Am. Math. Month，1965，72：973-977.

③ ALTER R. Some remarks and results on Catalan numbers. Proc. 2nd Louisiana Conf. on Combinatorics，Graph Theory and Computing，1971：109-132.

④ KNUTH D E. The Art of Computer Programming：Vol 1. Fundamental Algorithms. 3rd ed. Boston：Addison Wesley，2002：407.

⑤ LARCOMBE P J. On the history of the Catalan numbers：a first record in China. Mathematics Today，1999，35（3）：89.

⑥ LARCOMBE P J. The 18 century Chinese discover of the Catalan numbers. Mathematical Spectrum，1999/2000，32（1）：5-7.

⑦ LARCOMBE P J. On expanding the sine function with Catalan numbers：a note on a role for hypergeometric functions. The Journal of Combinatorial Mathematics and Combinatorial Computing，2001，37：65-74.

学家、北京天文台台长王绶琯院士作了热情洋溢的报告，介绍了这位曾任“钦天监监正”的前任和那个时代的天文学成就，以及北京天文台在 20 世纪的发展。大家的共同感受是：历史上创造的科学文明，不仅是那个民族的骄傲，也是全人类的共同财富。

经过几年的建设，一座新城“明安图镇”在锡林郭勒草原上出现，其中心广场矗立着明安图塑像（图 11-5）。2008 年，中国科学院国家天文台明安图天文基地暨射电频谱日像仪在内蒙古自治区锡林郭勒盟正镶白旗举行奠基仪式。这个天文观测站在明安图镇南的一片草原上，主要建设观测区、天线阵区和办公生活区，绵延数公里，蔚为壮观（图 11-6）。

图 11-5　明安图塑像（2010 年立）

图 11-6　明安图天文观测基地的射电望远镜阵列

明安图天文基地项目作为科技部 973 重点科研项目，集科学研究、设备更新、学术交流和科学普及为一体，是国家天文台以太阳射电频谱仪、日像仪为主要观测设备进行太阳射电观测研究的基地。詹文龙院士介绍说，项目选址在正镶白旗，一是因为这里的无线电环境能满足频谱日像仪观测研究需要，二是因为这里是我国清代杰出蒙古族天文学家明安图的故乡。

2012 年明安图科技文化中心前举行“明安图天文馆”挂牌仪式。

明安图是勇于创新、勇于开拓的天文学家、数学家，他的出现，一扫传统数学中的沉闷，带来了新生的气息。在中算史上，数学史家三上义夫在 1910 年就说：“明安图是进入分析研究领域的第一个中国人”，其贡献永驻史册。

## 11.2　明安图计算无穷级数的方法分析*

本节据《割圜密率捷法》卷三第二十四至四十三页的内容，具体分析明安图进行无穷级数运算的方法，将他的算法译成现在的数学语言，从而说明他在事实上已获得了笔者用公式所表示出的一系列成果，指出在中国数学史上明安图奠定了进行无穷级数运算的基础。

---

* 罗见今. 明安图计算无穷级数的方法分析. 自然科学史研究，1990，9（3）：197-207. 第五届国际中国科学史会议报告“论明安图的数学贡献”第 1，5 节.

明安图在 18 世纪 30～40 年代，为了将一些三角函数展开成无穷幂级数，做了大量开创性的工作。无穷级数是微积分学重要的组成部分，在数学史上也是从离散数学走向连续数学的一座桥梁。中算虽未进入微积分的全面发展时代，但在无穷级数方面可谓一枝独秀，成果累累。《捷法》中创立和证明的十余个无穷级数展开式为发轫之作，清代继起的三角函数和对数展开式不胜枚举①，许多著名数学家不同程度地都受到他的思想和方法的影响。可是，以前对《捷法》研究得不够充分，表述其成果也存在某些错误。②近年来，国内外学者对明安图无穷级数在数学发展史上的重要地位、对清代百余年数学所产生的影响的研究有了新的进展，发表了一批新的研究成果，其中法国国家科学研究中心（CNRS）的詹嘉玲的博士论文《明安图〈割圜密率捷法〉研究》③即为一例。

### 11.2.1　“率”的概念、记法与有关结果

“率”是中算的基本概念之一，具有分类、排序和对应的功能，起到了某些数学符号的作用，可以认为它是传统数学中的一种特有的代数系统。④

“割圜连比例法”是明安图在《捷法》一书中创造的主要数学方法，在卷三、四“法解”中予以充分阐述。该法中用圆半径 $r$，通弦 $2r\sin\alpha$、正矢 $r\operatorname{vers}\alpha$ 以及有关线段所构成的、若干系列的相似三角形，把有限项的等比数列推演至无穷多项，变成弦或矢函数的无穷幂级数。因此，连比例法是涉及几何、代数、三角和级数的综合数学方法。

在连比例法中一个中心问题是关于“率”的概念。明安图所谓“率”“率数”，一般指弦或矢的函数值，具体指它们的弦、矢之长，一般不用角度、弧度的概念，而半径未必等于 1，这样，一段弧 $2l$ 所对通弦之长 $x$ 就应表示成 $x=2r\sin(l/r)$。为简化表达式，这里取 $r=1$，将这时的弧长记为 $2\alpha$，则 $2\alpha$ 弧所对通弦 $x$

$x=2\sin\alpha\ (0<\alpha<\pi/4)$　　（1）　　及　　$x^n=(2\sin\alpha)^n\ (n\geqslant 0)$　　（2）

按明安图的命名法称 $x^n$ 为“第 $n+1$ 率”，例如 $x^2$ 是第三率。式（2）的幂式是公比为 $x=2\sin\alpha$、首项为 $r=1$ 的等比级数，因此 $n$ 兼有指数和项数（$n=0$，1，…称为第一，二，…项）的意义，$x^n=x_n$，本节用式（2）的记法表示各率。例如 $x^{2n+1}$，即称为“第 $2n+2$ 率”。这与李俨先生的记法是有区别的。我们并记

$$p^n=\left(2\sin\frac{\alpha}{2}\right)^n \quad (3) \qquad 及\ q^n=\left(4\sin\frac{\alpha}{2}\right)^n \quad (4)$$

$$y_m^n=(2\sin m\alpha)^n \qquad (m\geqslant 1,\ n\geqslant 1) \quad (5)$$

这就是卷三“分弧通弦率数（$x$）求全弧通弦率数（$y_m$）法解（共八题）”中已知 $x=2\sin\alpha$，当 $m=2$，3，4，5，10，100，1000，10 000 八种情况求 $y_m$ 用 $x$ 的幂级数表示的展开式。

---

① 李俨. 中算史论丛（三）：明清算家的割圆术研究. 北京：科学出版社，1955：294.

② 罗见今. 明安图公式辨正. 内蒙古师范大学学报（自然科学汉文版），1988（1）：42-48.

③ JAMI C. Etude du Livre: “Methodes Rapides de Trigonometrie et du Rapport Precis du Cercle” de Ming Antu（？～？1765）. 巴黎：巴黎第 13 大学，1985.

④ 特古斯，罗见今. 中算家的“率”与无穷的算术. 内蒙古师范大学学报（自然科学汉文版），2002，31（1）：83.

（1）、（2）等“本非一连比例”，即是公比不同的连比例，在《捷法》中针对不同的几何图形具有不同的内涵，均称作“第 $n$+1 率”或“又 $n$+1 率”。

《捷法》将无穷级数展开式的每一项分作三部分书写：（i）率数；（ii）每率的分母，一般是 $4^n$（常写成 4 与 16 幂之积），写在率数的上方；（iii）每率的系数 $a_n$（$n \geqslant 0$），写在率数的下方或左侧，$a_n$ 本身的符号“+”“−”用汉字“多”“少”表示，数字用一，二，……，九，○表示。例如第三卷十七页计算“又四率”（$x\ q^2$），实际上按左排直书的格式写成如图 11-7 的幂级数（展开式为图中长等号左部），书至十六率，认为“为数已密”，按照需要，尾数“截去不用”。改成今日右排横书的格式，并换为上文定义中的字母，即

$$x\,q^2/4=x^3/4+x^5/4^3+2\,x^7/4^5+5x^9/4^7+14\,x^{11}/4^9+42x^{13}/4^{11}+132\,x^{15}/4^{13}+\cdots \qquad (6a)$$

在 § 11.4 节我们将进一步解析，它的系数正是卡塔兰数 $C_n$：1，1，2，5，14，42，132，…

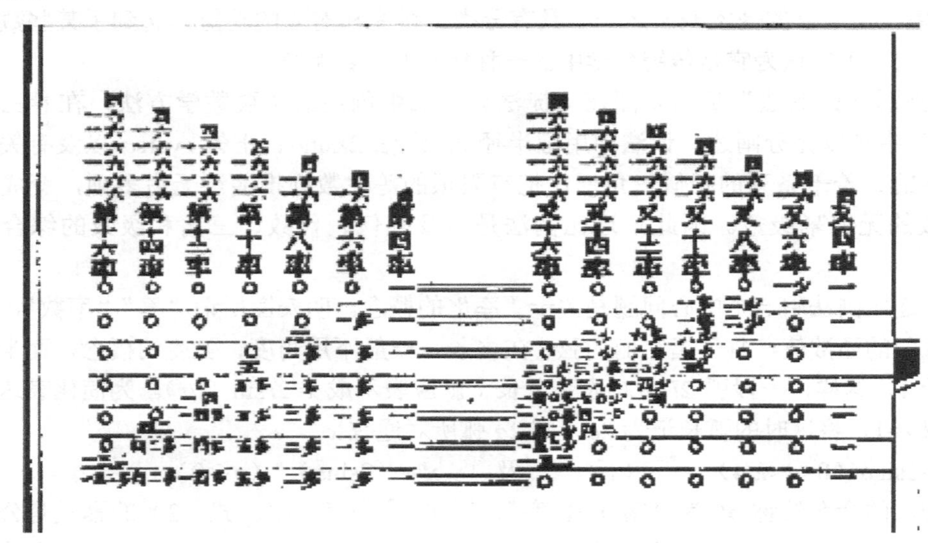


图 11-7 《捷法》三卷十七页幂级数表示法

明安图在中算史上创立了无穷级数的上述记法，并在此基础上进行了大量级数运算。在《捷法》第三卷一至二十三页中，他已得到如下结果：

$$x^2=4p^2-p^4=q^2-q^4/16 \qquad (7)$$

$$y_2 = 2x - \sum_{n=1}^{\infty} C_n x^{2n+1} / 4^{2n-1} \qquad (8a)$$

式中 $C_n$ 即卡塔兰数，他的方法相当于给出

$$C_{n+1} = \sum_{k \geqslant 0} (-1)^k \binom{n-k}{k+1} C_{n-k} \qquad (9)$$

因而 $C_n$ 为已知。于是式（6a）可简写成

$$q^2 x / 4 = \sum_{n=1}^{\infty} C_n x^{2n+1} / 4^{2n-1} \qquad (6b)$$

为使行文简化，以下用符号∑表示如下无穷级数：

$$\Sigma = xq^2/4 = \sum_{n=1}^{\infty} C_n x^{2n+1}/4^{2n-1} \tag{10}$$

于是，式（8a）则可简写成　$y_2=2x-\Sigma$　（8b）

图 11-8 表示它的几何意义。设 $AB=r=1$，$BC$ 弧$=2\alpha$，$BC=CD=BG=DH=x$，求 $BD$（即 $y_2$）。明安图已证出 $GH=\Sigma$，故据　$BD=2\,BC-GH$　（8c）

即得（8b）。将式（2）、（5）代入(8a)，将系数化简，得

$$\sin 2\alpha = 2\sin\alpha - \sum_{n=1}^{\infty} C_n \sin^{2n+1}\alpha/4^{n-1} \tag{8d}$$

它表明了（8a）所蕴含的三角学意义。

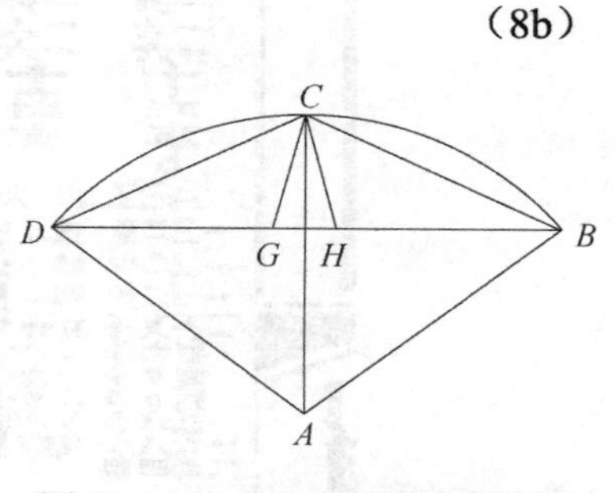


图 11-8　求二分全弧通弦率数图

### 11.2.2　无穷级数加减、数乘与项乘

明安图借助几何关系求 $y_2$，$y_3$，$y_4$，$y_5$ 的展式，其中 $y_3$，$y_5$ 的展式是多项式：$y_3=3x-x^3$（求 $y_3$ 第二法，见《数理精蕴》），$y_5=5x-5x^3+x^5$。当 $m$ 为奇数时 $y_m$ 的展式均非无穷级数，但明安图为阐述连比例法，在求 $y_3$ 的第一法中引入了包含 $C_n$ 数的无穷级数∑，然后利用无穷级数的加减法将它消去。在他构造的图 11-9a 中，将干支甲，乙，丙，……依序译为 $A$，$B$，$C$，…就得到图 11-9b，则设 $AB$ 类$=r=1$，$BC=CD=DE=EF=BG=DH=CI=x$，$BD=EC=BJ=EK=y_2$，连 $CK$，$DJ$，则 $CM=CK=DJ=DL$，$JM=DC=x$。已知 $GH=y_2-2x=xp^2=\Sigma$，求 $BE$（即 $y_3$）。由图上关系得

$$\triangle BCG \sim \triangle CGH \sim \triangle BDJ \sim \triangle CMK$$

因有连比例　$BC:GH=BD:JL\ (=MK)$，可求出

$$MK=BD\cdot GH/BC=2xp^2-xp^4=x^3-2\Sigma=2x^3/4-2\,x^5/4^3-4x^7/4^5-10\,x^9/4^7-\cdots$$

这与第三卷二十五页 a 面算式结果全合（图 11-10）。

又，公式变换可用式（7）。于是

$$BE=2BD-JK=2BD-JM-MK \tag{11a}$$

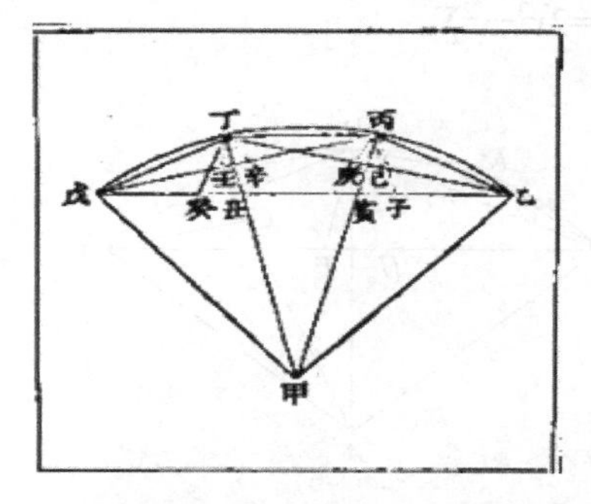


图 11-9a　《捷法》三卷二十四页图

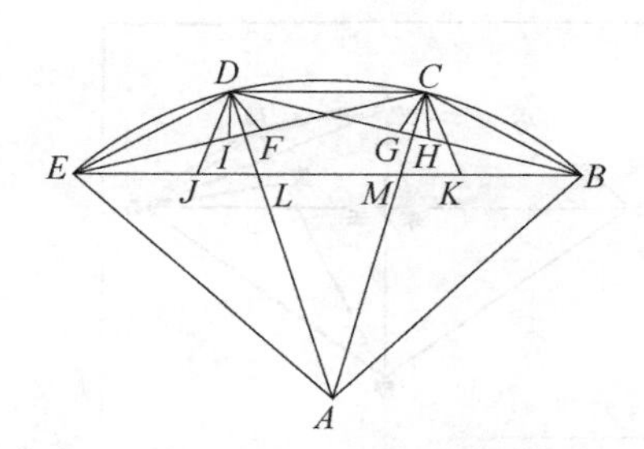


图 11-9b　求三分全弧通弦率数图

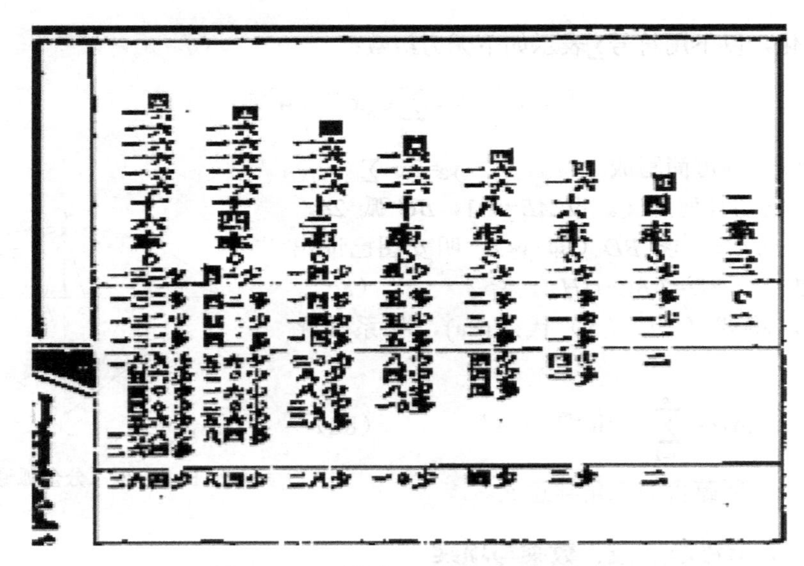

图 11-10 《捷法》三卷二十五页算式

亦即

$$y_3=2(2x-\sum)-x-(x^3-2\sum)=3x-x^3 \tag{11b}$$

式（11b）表达了《捷法》第三卷二十五页 a 面的运算和结果，其中有无穷级数$-2\sum$减去$-2\sum$的算法，遵从同率项加减的一般法则：“多少异号者相减，少数大从少号”；同时也有用 2 乘一个无穷级数$-\sum$的算法：“以下条（2）逐位数乘上条（$-\sum$）”。式（11b）内涵的三角学公式为：

$$\sin 3\alpha=3\sin\alpha-4\sin^3\alpha \tag{11c}$$

在以后的运算中《捷法》更多地运用了无穷级数的加减、数乘与项乘（即以单项式或多项式乘一个无穷级数）。以求 $y_4$ 为例，据明安图设计的图 11-11a，将干支换写为字母，可以得到图 11-11b。

设 $AB$ 类$=r=1$，$BC=CD=DE=EF=BG=x$，$BD=DF=BH=FI=y_2$，求 $BF$（即 $y_4$）。连 $DH$，$DI$，由图易知

$$\triangle ABC\sim\triangle BCG\sim\triangle BDH\sim\triangle DHI,$$

因有连比例 $AB$：$CG=BD$：$HI$，由 $CG=x^2$ 可求出 $HI$：

$$HI=CG\cdot BD/AB=x^2(2x-\sum)=2x^3-x^2\sum,$$

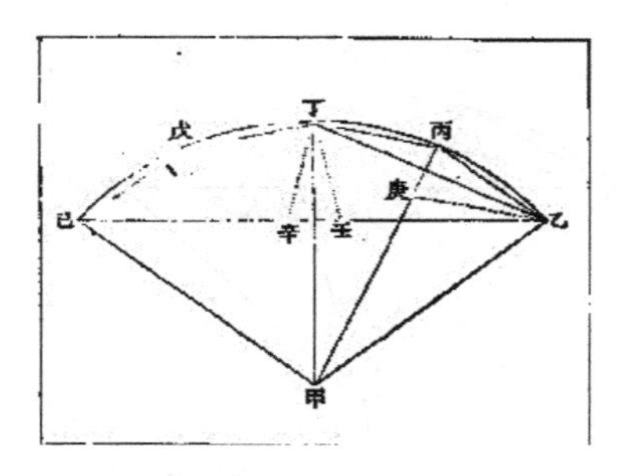


图 11-11a 三卷二十七页图

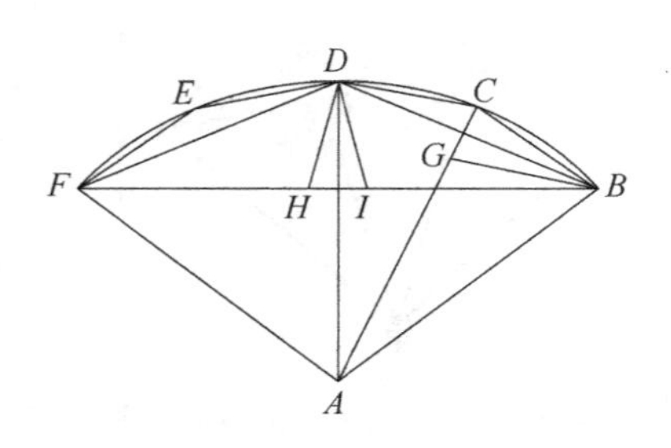


图 11-11b 求四分全弧通弦率数图

这里出现了一个单项式 $x^2$ 乘无穷级数$-\sum$的算法，用原著的术语即“降位”，如“降二位”（乘 $x^2$），即“二率（$x$）降为四率（$x^3$），四率降为六率（$x^5$）……”由图 11-11b 知

$$BF=2BD-HI \qquad (12a)$$

$$2BD=4x-\frac{2}{4}x^3-\sum_{n=2}^{\infty}2C_n x^{2n+1}/4^{2n-1},$$

$$HI=2x^3-16x^2/4^2\Sigma=2x^3-\sum_{n=2}^{\infty}16C_{n-1}x^{2n+1}/4^{2n-1},$$

故

$$y_4=2(2x-\sum)-x^2(2x-\sum)=4x-\left(2x^3+\frac{2}{4}x^3\right)+\sum_{n=2}^{\infty}(16C_{n-1}-2C_n)x^{2n+1}/4^{2n-1}.$$

即

$$y_4=4x-10x^3/4+\sum_{n=1}^{\infty}(16C_n-2C_{n+1})x^{2n+3}/4^{2n+1} \qquad (12b)$$

《捷法》第三卷二十八页 a 面算式及结果已包含在式（12b）中，当递取 $n$=1，2，…，6 时，$16C_n-C_{n+1}$=14，12，22，52，140，408，与原著全同（图 11-12）。这同时也验证了，上述用卡塔兰数的函数来表达明安图的成果是正确的方法，并且是唯一的选择。

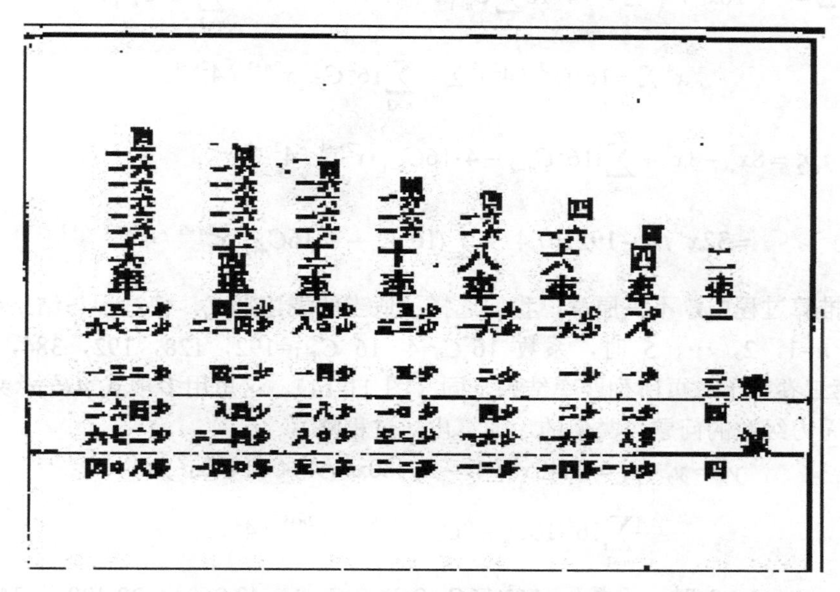

图 11-12　《捷法》第三卷二十八页算式

这里有两无穷级数相减的算法，通过将同率项系数相减实现。式（12b）内涵的三角学和无穷级数公式为：

$$\sin 4\alpha=4\sin\alpha-10\sin^3\alpha+\sum_{n=1}^{\infty}(16C_n-2C_{n+1})\sin^{2n+3}\alpha/4^n \qquad (12c)$$

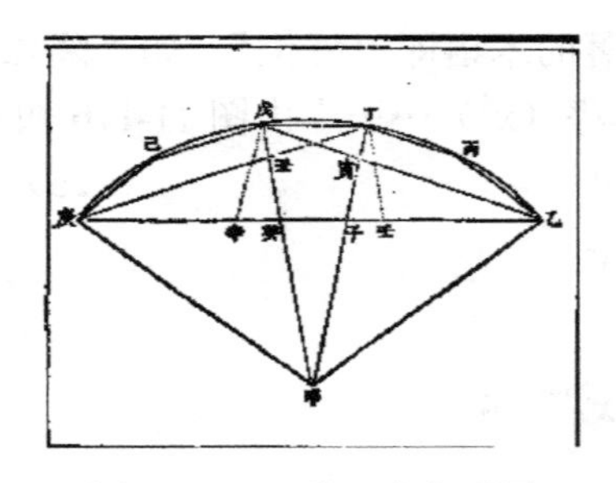

图 11-13　三卷二十九页图

这是正弦 $\sin\alpha$ 的幂级数，将 4 倍角正弦用卡塔兰数的函数作为展开式分子，现今所见数学词典中均无这一公式。明安图继续求 $6\alpha$，$8\alpha$，$10\alpha$ 等的正弦级数；英国数学家拉坎布根据我们的研究已经将它推广到 $\sin 2k\alpha$ 的情况。

明安图也解决了多项式乘无穷级数的算法问题。为求 $y_{10}$，他先求 $y_2^2, y_2^3, y_2^5$（这里的指数为幂指数），因 $y_5=5x-5x^3+x^5$（由几何关系而得，见图 11-13），即

$$y_5 = 5y_1 - 5y_1^3 + y_1^5,$$

故有：

$$y_{10} = y_{5\cdot 2} = 5y_{1\cdot 2} - 5y_{1\cdot 2}^3 + y_{1\cdot 2}^5 \tag{13}$$

求 $y_2^3$ 须先求 $y_2^2$，他用无穷级数 $y_2$ 自乘（下文讨论）获得：

$$y_2^2 = (2x - \sum)^2 = 4x^2 - x^4 \tag{14}$$

于是

$$y_2^3 = y_2^2 \cdot y_2 = (4x^2 - x^4)(2x - \sum) = 8x^3 - 2x^5 - 4x^2\sum + x^4\sum \tag{15a}$$

其中

$$-4x^2\sum = -4\cdot 16x^2/4^2\sum = -4\cdot 16\sum_2^{\infty} C_{n-1}x^{2n+1}/4^{2n-1} = -x^5 - \sum_{n=3}^{\infty}16^2C_{n-1}x^{2n+1}/4^{2n-1},$$

$$x^4\sum = 16^2(x^2/4^2)^2\sum = \sum_{n=3}^{\infty}16^2C_{n-2}x^{2n+1}/4^{2n-1},$$

故有

$$y_2^3 = 8x^3 - 3x^5 + \sum_{n=3}^{\infty}(16^2C_{n-2} - 4\cdot 16C_{n-1})x^{2n+1}/4^{2n-1}$$

$$= 32x^3/4 - 192x^5/4^3 + \sum_{n=1}^{\infty}(16^2C_n - 4\cdot 16C_{n+1})x^{2n+5}/4^{2n+3} \tag{15b}$$

上述推算过程中，不失原意，我们选择了适当的表述形式，使过程与结果相一致。

递取 $n=1$，2，…，5 时，系数 $16^2C_n-4\cdot 16\ C_{n+1}=192$，128，192，384，896，与《捷法》第三卷三十二页所列四率结果全同（图 11-14）。这里用多项式 $4x^2-x^4$ 乘$-\sum$，即多项式乘无穷级数的问题。类似的，他算出（过程略）：

$$y_2^5 = y_2^2\cdot y_2^3 = 2048x^5/4^3 - 20480x^7/4^5 + 61440x^9/4^7 -$$

$$-\sum_{n=1}^{\infty}16^3(16C_n - 8C_{n+1} + C_{n+2})x^{2n+9}/4^{2n+7} \tag{16}$$

递取 $n=1$，2，3 时，系数：$-16^3(16C_n-8C_{n+1}+C_{n+2})=-40\ 960$，$-20\ 480$，$-24\ 576$，与《捷法》第三卷三十二页所列六率结果全同（图 11-14）。

### 11.2.3　无穷级数自乘

由恒等式（7）$x^2=4p^2-p^4$ 知，当无穷级数 $y_2=x(2-p^2)$ 自乘时，$y_2^2 = x^2(4-x^2) = 4x^2 - x^4$ 为有限级数；《捷法》第一次用无穷级数自乘获得一个新的无穷级数，是在计算 $y_{10}^2$ 时遇到的。明安图已算出（过程略）：

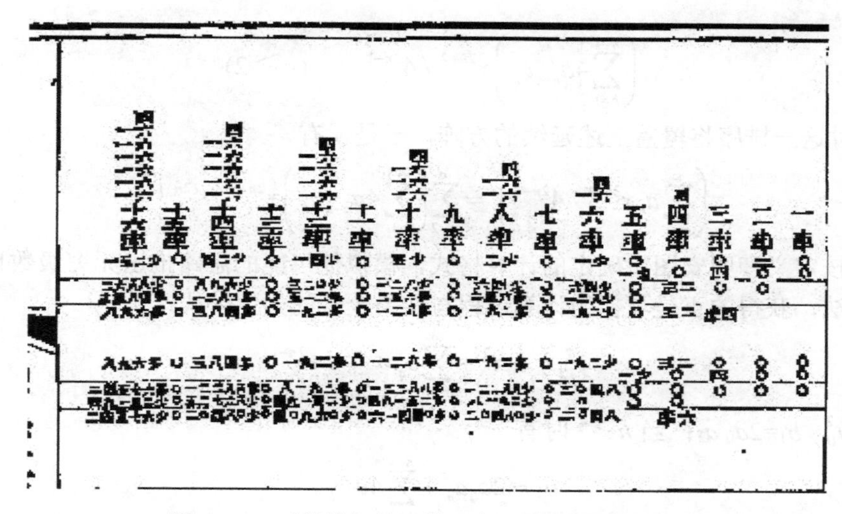

图 11-14　《捷法》第三卷三十二页四率六率两式

$$y_{10}=5y_2-5y_2^3+y_2^5=10x-165x^3/4-1003x^5/4^3-21\,450x^7/4^5-60\,775x^9/4^7-$$

$$-\sum_{n=1}^{\infty}(16^4C_n-8\cdot16^3C_{n+1}+21\cdot16^2C_{n+2}-20\cdot16C_{n+3})x^{2n+9}/4^{2n+7} \qquad (17a)$$

递取 $n$=1，2，3 时圆括号中的系数为 41 990，22 610，29 716。

为简化表达式，现将（17a）式记作：

$$y_{10}=a_0x+\sum_{n=1}^{\infty}a_nx^{2n+1}/4^{2n-1} \qquad (17b)$$

式中 $a_0$=10，$a_1$=−165，…，$a_5$=−41 990，$a_6$=−22 610，$a_7$=−29 716，…。

我们先来分析明安图计算$y_{10}^2$遇到了什么情况。

$$y_{10}^2=\left(a_0x+\sum_{n=1}^{\infty}a_nx^{2n+1}/4^{2n-1}\right)^2=(a_0x)^2+2\sum_{n=1}^{\infty}a_0a_nx^{2n+2}/4^{2n-1}+\left(\sum_{n=1}^{\infty}a_nx^{2n+1}/4^{2n-1}\right)^2,$$

除末项外其他的运算明安图均已掌握；显然他面临该如何处理末项无穷级数自乘的难题。由于原著没有解释算法，需要根据结果来反推。若将系数级数单列相乘，乘积的一种排法可列成如下方阵，向右和向下方无限延续（图 11-15）：

注意到与主对角线相对称、在同一连线上的各项为同类（同率）项，设两相乘系数的足标之和为 $n$（两足标分别为 $n-k$ 和 $k$），则这两项的乘积为：

$$(a_{n-k}x^{2n-2k+1}/4^{2n-2k-1})(a_kx^{2k+1}/4^{2k-1})$$
$$=4a_{n-k}a_kx^{2n+2}/4^{2n-1} \qquad (18)$$

明安图要求式中各率分母保持 $4^{2n-1}$ 的形式（他通常写成一个四和 $n-1$ 个十六，即分母为 $4\cdot16^{n-1}$），故 $n\geqslant2$ 的各项乘积前均乘以 4。每条连线上同率系数共有 $n-1$ 个，这些同率项即可合并为

| | $x^3/4$ | $x^5/4^3$ | $x^7/4^5$ | $x^9/4^7$ | $x^{11}/4^9\cdots$ |
|---|---|---|---|---|---|
| | $a_1$ | $a_2$ | $a_3$ | $a_4$ | $a_5\cdots$ |
| × | $a_1$ | $a_2$ | $a_3$ | $a_4$ | $a_5\cdots$ |
| | $a_1a_1$ | $a_2a_1$ | $a_3a_1$ | $a_4a_1$ | $a_5a_1\cdots$ |
| | $a_1a_2$ | $a_2a_2$ | $a_3a_2$ | $a_4a_2$ | $a_5a_2\cdots$ |
| | $a_1a_3$ | $a_2a_3$ | $a_3a_3$ | $a_4a_3$ | $a_5a_3\cdots$ |
| | $a_1a_4$ | $a_2a_4$ | $a_3a_4$ | $a_4a_4$ | $a_5a_4\cdots$ |
| | $a_1a_5$ | $a_2a_5$ | $a_3a_5$ | $a_4a_5$ | $a_5a_5\cdots$ |
| | … | … | … | … | … … |

图 11-15　无穷级数自乘系数排列图

$$\left(\sum_{k=1}^{n-1}4a_{n-1}a_k\right)x^{2n+2}/4^{2n-1}\qquad(n\geqslant 2)\tag{19}$$

当 $n\to\infty$ 时这一排序将覆盖上述延续的方阵，于是就有

$$\left(\sum_{n=1}^{\infty}a_n x^{2n+1}/4^{2n-1}\right)^2=\sum_{n=2}^{\infty}\left(\sum_{k=1}^{n-1}4a_{n-k}a_k\right)x^{2n+2}/4^{2n-1}\tag{20}$$

我们按定义和明安图所确定的计算格式，模拟他可能的思路推出无穷级数自乘积的这种排序法，获得的正是与他的计算过程与结果全合的如下公式：

$$y_{10}^2=b_0x^2+\sum_{n=1}^{\infty}b_n x^{2n+2}/4^{2n-1}\tag{21a}$$

式中 $b_0=a_0^2$，$b_1=2a_0\,a_1$；当 $n\geqslant 2$ 时有

$$b_n=2a_0a_n+\sum_{k=1}^{n-1}4a_{n-k}a_k\tag{21b}$$

明安图这一算法清楚记录在《捷法》第三卷三十四至三十五页算式之中，原著无文字说明，注家也未予解释。今将写在两页上的算式拼合起来（图 11-16a），改成今天的写法，并在数字后面加注字母，即是（图 11-16b，仅列前五项）：

他还算出 $b_5=-596\,377\,600$，$b_6=+3\,355\,443\,200$。将（17b）$a_n$ 各值代入（21b），对照原著，无不契合。因此有根据确认明安图正是用式（21）所示方法攻克了无穷级数自乘的难关。

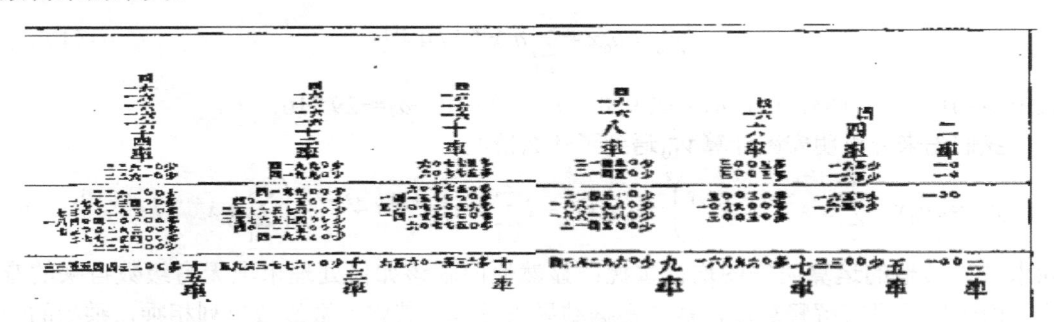

图 11-16a　《捷法》第三卷三十四页、三十五页算式拼合图

| $x$ | $x^3/4$ | $x^5/4^3$ | $x^7/4^5$ | $x^9/4^7$ |
|---|---|---|---|---|
| $+10(a_0)$ | $-165(a_1)$ | $+3003(a_2)$ | $-21450(a_3)$ | $+60775(a_4)$ |
| $+10(a_0)$ | $-165(a_1)$ | $+3003(a_2)$ | $-21450(a_3)$ | $+60775(a_4)$ |
| $+100(a_0a_0)$ | $-1650(a_1a_0)$ | $+30030(a_2a_0)$ | $-214500(a_3a_0)$ | $+607750(a_4a_0)$ |
| | $-1650(a_0a_1)$ | $+108900(4a_1a_1)$ | $-1981980(4a_2a_1)$ | $+14157000(4a_3a_1)$ |
| | | $+30030(a_0a_2)$ | $-1981980(4a_1a_2)$ | $+36072036(4a_2a_2)$ |
| | | | $-214500(a_0a_3)$ | $+14157000(4a_1a_3)$ |
| | | | | $+607750(a_0a_4)$ |
| $+100(b_0)$ | $-3300(b_1)$ | $+168960(b_2)$ | $-4392960(b_3)$ | $+65601536(b_4)$ |
| $x^2$ | $x^4/4$ | $x^6/4^3$ | $x^8/4^5$ | $x^{10}/4^7$ |

图 11-16b　《捷法》第三卷三十四页、三十五页算式算法分析

再考察用无穷级数自乘法求 $y_2^2$，它与式（21）算法全同，故只消将（21a）中 $y_{10}$ 换成 $y_2$ 即可。将（8a）写成（17b）的形式，则有 $a_0=2$，$a_n=-C_n$。由（21b）得 $b_0=4$，$b_1=-4$，

$$b_n=-4C_n+\sum_{k=1}^{n-1}(-4C_{n-k})(-C_k)\equiv 0 \qquad (n\geqslant 2) \tag{22}$$

《捷法》第三卷三十一页算式记录着这一结果，用今天的数学语言，就是说当 $n\geqslant 2$ 时，$-4C_n$ 与 $4\sum_{k=1}^{n-1}C_{n-k}C_k$ 必相消为零，从而得到（14）式 $y_2^2=b_0x^2+b_1x^4/4=4x^2-x^4$。注意到式（22）实际上包含着卡塔兰数的一个基本的计数公式，是卷积型递推式：

$$C_n=\sum_{k=1}^{n-1}C_{n-k}C_k \qquad (n\geqslant 2) \tag{23}$$

当然，明安图并未直接给出这样简明的形式；但他的计算依据的正是式（23）所示关系，并发现式（22）和恒为零，已站在揭示（23）式计数规律的边缘。

### 11.2.4　两无穷级数相乘

明安图为求 $y_{100}$，先用无穷级数自乘法求得 $y_{10}^2$，进而算出 $y_{10}^3$，再递乘 $y_{10}^2$，求出 $y_{10}^5$，$y_{10}^7$，…，$y_{10}^{15}$，…即以“十分弧通弦之率数（$y_{10}$）为连比例第二率，求得第四率（$y_{10}^3$）、第六率（$y_{10}^5$）…至第十六率（$y_{10}^{15}$）各率数”。视 $y_{10}$ 为 $x$，则

$$y_{100}=a_0y_{10}+\sum_{n=1}^{\infty}a_ny_{10}^{2n+1}/4^{2n-1} \tag{24}$$

式中，$a_0=10$，$a_1=-165$，…，$a_7=-29716$，与式（17b）系数相同。

上述运算多次出现两无穷级数相乘，算法与式（21）同。今以 $y_{10}^3=y_{10}\cdot y_{10}^2$ 为例说明。

$$\begin{aligned}y_{10}^3=y_{10}\cdot y_{10}^2&=\left(a_0x+\sum_{n=1}^{\infty}a_nx^{2n+1}/4^{2n-1}\right)\left(b_0x^2+\sum_{n=1}^{\infty}b_nx^{2n+2}/4^{2n-1}\right)\\&=a_0b_0x^3+\sum_{n=1}^{\infty}(a_nb_0+a_0b_n)x^{2n+3}/4^{2n-1}+\left(\sum_{n=1}^{\infty}a_nx^{2n+1}/4^{2n-1}\right)\left(\sum_{n=1}^{\infty}b_nx^{2n+2}/4^{2n-1}\right)\\&=a_0b_0x^3+(a_1b_0+a_0b_1)x^5/4+\sum_{n=2}^{\infty}\left[(a_nb_0+a_0b_n)+\sum_{k=1}^{n-1}4a_{n-k}b_k\right]x^{2n+3}/4^{2n-1}\end{aligned} \tag{25}$$

《捷法》第三卷三十五至三十六页算式正表示了这一结果（图 11-17a，仅取三十五页）：

改成今天的写法，并在数字后面加注字母，即是图 11-17b（列前五项）。说明：第 2 行系数原著注明为“三率”，即 $y_{10}^2$：$b_0x^2$，$b_1x^4/4$，$b_2x^6/4^3$，$b_3x^8/4^5$ 和 $b_4x^{10}/4^7$。

对上述算法进行归纳，亦可得出式（25）。首项 $x^3$，按该书约定，展开式各率应保持 $x^{2n+1}/4^{2n-1}$ 的形式，即首项应是 $x^3/4$，各项遍除以 4，分子从遍乘 4，换成如下写法：

$$y_{10}^3=\sum_{n=1}^{\infty}c_nx^{2n+1}/4^{2n-1} \tag{26a}$$

式中 $c_1=a_0b_0$，$c_2=4(a_1b_0+a_0b_1)$；当 $n\geqslant 3$ 有

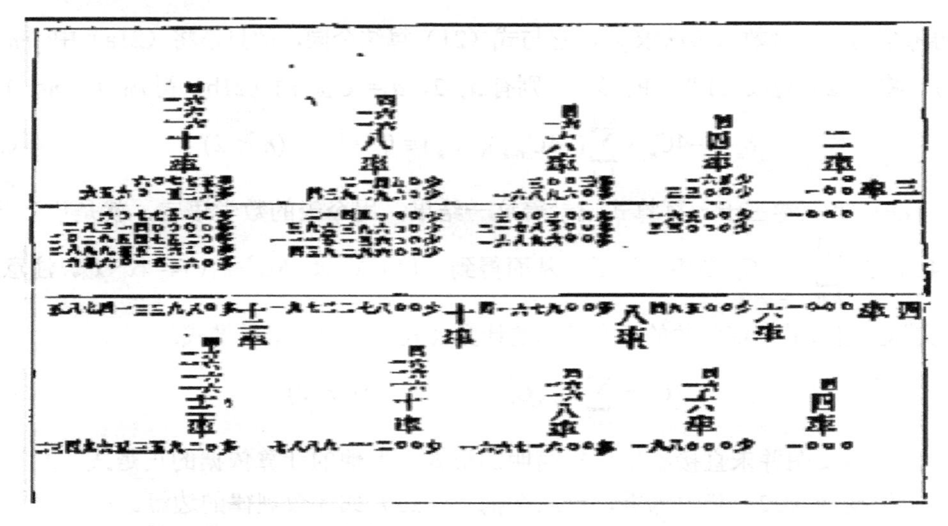

图 11-17a 《捷法》第三卷第三十五页两无穷级数相乘

| $x$ | $x^3/4$ | $x^5/4^3$ | $x^7/4^5$ | $x^9/4^7$ |
|---|---|---|---|---|
| $+10(a_0)$ | $-165(a_1)$ | $+3003(a_2)$ | $-21450(a_3)$ | $+60775(a_4)$ |
| $+100(b_0)$ | $-3300(b_1)$ | $+168960(b_2)$ | $-4392960(b_3)$ | $+65601536(b_4)$ |
| $+1000(a_0 b_0)$ | $-16500(a_1b_0)$ | $+300300(a_2b_0)$ | $-2145000(a_3b_0)$ | $+6077500(a_4b_0)$ |
| | $-33000(a_0b_1)$ | $+2178000(4a_1b_1)$ | $-39639600(4a_2b_1)$ | $+283140000(4a_3b_1)$ |
| | | $+1689600(a_0b_2)$ | $-111513600(4a_1b_2)$ | $+2029547520(4a_2b_2)$ |
| | | | $-43929600(a_0b_3)$ | $+2899553600(4a_1b_3)$ |
| | | | | $+656015360(a_0b_4)$ |
| $+1000$ | $-49500$ | $+4167900$ | $-197227800$ | $+5874133980$ |
| $x^3$ | $x^5/4$ | $x^7/4^3$ | $x^9/4^5$ | $x^{11}/4^7$ |

图 11-17b 《捷法》第三卷第三十五页两无穷级数相乘算法分析

$$c_n = 4(a_{n-1}b_0 + a_0 b_{n-1}) + 4^2 \sum_{k=1}^{n-2} a_{n-k-1} b_k \qquad (26b)$$

原著结果为：$c_1=1000$，$c_2=-198\,000$，$c_3=16\,671\,600$，$c_4=-788\,911\,200$，$c_5=23\,496\,535\,920$，$c_6=-469\,328\,889\,120$，$c_7=6\,534\,845\,797\,728$。用式（26）算出的结果与此完全吻合。

明安图多次施用上述无穷级数乘法，获得了 $y_{100}$ 用 $x$ 的幂级数表示的展开式。

18 世纪 30～40 年代，以开始写作《割圜密率捷法》为标志，中国传统数学从研究有限、离散、常量的传统领域开始向研究无限、连续、变量的新领域过渡，这一演进是艰难而又缓慢的。明安图便站在这一潮流的最前列。

但是，限于中算发展水平，《捷法》基本上用文字叙述，没有使用字母，也没有导数、收敛、连续等概念，与西方同期的数学有较大区别，不可同日而语。为了阐述他的数学方法和成果，这里用现今熟悉的形式依原著给出了有关定义和公式，可以看出，在中国数学史上明安图首次解决了无穷级数加减乘等问题。当然，他的方法基本上还是传统的、离散的，重点放在计算展开式系数上，一再使用递归，具有鲜明的计数性、程序性。烦琐的计算不为分析学所取，但通过对算法的研究却能获得对排序、计数和递归等成果的深入认识。以明安图为代表，清代百余年间涌现出一批研究无穷级数的学者，产生了一批割圆术著作，在数学的复兴中，有所进取。明安图在中国数学史上作出了他的贡献。

## 11.3　明安图是卡塔兰数的首创者*

本节叙述组合数学中著名的卡塔兰数在西方发展的历史和现代研究的概况，指出中国清代蒙古族数学家明安图在 18 世纪 30～40 年代先于欧拉（1758 年）和卡塔兰（1838 年）提出并应用了这一序列。本节将明安图的首创性成果表示成现代的形式，说明他在无穷级数研究中求卡塔兰数的两种方法各具特色，与现今所知的方法都不相同，值得进一步研究。

### 11.3.1　关于卡塔兰数

卡塔兰在 1838 年提出并解决了下面的问题：[①]

$n$ 个有固定顺序的因子，例如 $a_1$，$a_2$，…，$a_n$，在两个相邻的因子间作乘法，这种运算连续进行下去，如何确定求出它的积的方法的个数？[②]在这一问题中，所求的数字是 $C_{n-1}$，有计数公式

$$C_n=(n+1)^{-1}\binom{2n}{n}\quad(n\geqslant 0)\tag{1}$$

对 $n$=4，设 4 个有固定顺序的因子是 $a$，$b$，$c$，$d$，则 $C_3$=5，这 5 种方法是：$((ab)(cd))$，$(((ab)c)d)$，$((a(bc))d)$，$(a((bc)d))$，$(a(b(cd)))$.

这种加括号的方法具有组合学的意义，在非交换、非结合代数中有其应用。关于卡塔兰这一工作的叙述发表在文献[③④]中。

上述问题还有另外的表述形式，设构造 $n$ 个给定实数乘积的全部不同方法的个数为 $h(n)$，则可以证明：[⑤]

$$h(n)=(n-1)!\binom{2n-2}{n-1}\quad(n\geqslant 1)\tag{2}$$

如果保持这些实数的给定次序，即从 $n$ 个元素的全排列 $n!$ 中只选出一种顺序，则有求乘积的不同方法个数 $C_n$:

$$C_n=\frac{1}{n}\binom{2n-2}{n-1}\quad(n\geqslant 1)\tag{3}$$

式（3）与（1）一致，只是计数起点不同，通常称（3）为卡塔兰数（Catalan numbers）。式（3）表明，卡塔兰数可以看作是贾宪三角形（Pascal triangle）中“中垂线”上的数递次除以自然数而得到的，$n\leqslant 20$ 的数表如下：

---

* 罗见今. 明安图是卡塔兰数的首创者. 内蒙古大学学报（自然科学版），1988，19（2）：239-245.

① CATALAN E. Note sur une equation aux differences. J. Math Pures Appl，1838，3（1）：508-516.

② RIORDAN J. A note on Catalan parentheses. The American Mathematical Monthly，1973，80：904-906.

③ NETTO E. Lehrbuch der Combinatorik. New York：Chelsea，1958：192.

④ COMTET L. Analyse Combinatorie. Paris：Tome Premier，1970：64.

⑤ BRUALDI R A. Introductory Combinatorics. New York：Elsevier North-Holland Inc.，1977：109-112.

| | | | | |
|---|---|---|---|---|
| $C_1=1$ | $C_5=14$ | $C_9=1430$ | $C_{13}=208\ 012$ | $C_{17}=35\ 357\ 670$ |
| $C_2=1$ | $C_6=42$ | $C_{10}=4862$ | $C_{14}=742\ 900$ | $C_{18}=129\ 644\ 790$ |
| $C_3=2$ | $C_7=132$ | $C_{11}=16\ 796$ | $C_{15}=2\ 674\ 440$ | $C_{19}=477\ 638\ 700$ |
| $C_4=5$ | $C_8=429$ | $C_{12}=58\ 786$ | $C_{16}=9\ 694\ 845$ | $C_{20}=1\ 767\ 263\ 189$ |

随着组合数学和图论的发展，人们发现卡塔兰数及其推广可作多种组合解释，具有多种应用，因而吸引了一批研究者。人们又在历史资料中发现了更早的出处，早在1758～1759年，大数学家欧拉向塞格纳（Segner）提出了一个问题：将一个凸多边形区域以其（不相交的）对角线划分成三角形区域，共有多少种不同的划分方法？塞格纳解决了这个问题，把它总结成一列递归的数贯。对有 $n+1$ 条边的凸多边形区域，这种划分的方法的个数，正好是现今所称的卡塔兰数，即上面已用符号 $C_n$ 所表示的。例如，如果 $n=1$，已定义 $C_1=1$，可把一条直线段想象为具有两条边但无内部的多边形区域。如果 $n=2$，则 $C_2=1$，因为一个三角形区域没有对角线因而也不能进一步划分。可以证明①，这样构造的数学模型的解，具有式（3）的形式。塞格纳在一篇有关的回忆②中，列出了一个相当于 $C_{n+2}$ 的数值表（$m<18$）；但由于一个不幸的计算错误，$m>11$ 的值是不对的。③这一点很快被欧拉指出，他公布了对 $m<23$ 的正确的值。④欧拉还用公式表示了 $C_{n+2}$ 而未予证明：

$$\frac{(2m+2)!}{(m+1)!(m+2)!}=\frac{1}{m+2}\binom{2m+2}{m+1} \tag{4}$$

上述问题称为“欧拉-塞格纳问题”，是西方数学史上现有的最早的记录。还有一种传说⑤，欧拉1751年向哥德巴赫（Goldbach）提出过这一问题，但目前尚无确切史料能证明这一点。

将一个凸多边形区域以其对角线划分成三角形区域，其剖分方法的数字如何计算的较一般性的问题是由帕法夫（Pfaff）对温福斯（von Fuss）提出，后者1791年推广了塞格纳的递归关系。⑥

欧拉-塞格纳问题在1838～1839年再次出现于一系列论文中，以各种各样的方法获得解决。值得注意的有毕内特（Binet，1839），他获得了 $C_n$ 的生成函数：⑦

$$\frac{1}{2}(1-\sqrt{1-4x})=\sum_{n=0}^{\infty}C_nx^n \qquad (|x|<1/4) \tag{5}$$

还有洛椎谷斯（Rodrigues，1838年）⑧，他提出了一种非常优美的直接的解。

---

① BRUALDI R A. 组合学导引. 李盘林，王天明译. 武汉：华中工学院出版社，1982：120-123.

② EULER L. Novi commentarii. Academiae Scientiarum，1758-1759（7）：13-14.

③ SEGNER J A V. Enumeratio modorum，quibus figurae planae rectilineae per diagonals dividuntur in triangula. Academiae Scientiarum，203-209.

④ BROWN W G. Historical note on a recurrent combinatorial problem. The American Mathematical Monthly，1965，72：973-977.

⑤ 初文昌. 序贯计数理论及其应用. 大连：大连工学院，1987：引言1.

⑥ FUSS N V. Solutio quaestionis，quot modis polygonum n polygona m laterum per diagonales resolvi pueat. Nova Acta Acad Sci，1791：9.

⑦ BINET J. Reflexions sur le probleme de determiner le nombre de manieres dontune figure rectiligne peutetre partagee en triangles au moyen deses diagonals. J. Math Pures Appl，1839（4）：79-91.

⑧ RODRIGUES O. Sur le nombre de manieres de decomposer un bolygoneen triangles au moyen de diagonals.［s. n.］，1838（3）：547-548.

拉谟（Lame）[1]、卡塔兰和洛椎谷斯等人同时在同一杂志上发表了有关论文，今天的数学家却偏向于用“卡塔兰数”来称呼 $C_n$，这只是一种习惯或约定，现在已变成了数学名词。这样的情况在数学史上并不罕见，例如组合数学中的“斯坦纳三元系”（Steiner triple system），最早是由科克曼提出，但这些名字沿用至今，已形成了固定用法。

在 21 世纪前，西方数学家对这一问题及其推广或等价形式发表了几十篇论文，其中著名数学家凯利（Cayley）、科克曼等人作了深入的研究工作，后者在 1857 年写了三篇文章，共 100 多页，讨论了多边形划分的各种情况（包括顶点在内部），发现了为数众多的递归关系，这里不一一列举出处了。

卡塔兰数有两个递推公式，在基础论著《组合学导引》[2]中有详细介绍：

$$C_n = \frac{4n-6}{n}C_{n-1} \qquad (C_1 = 1,\ n > 1) \tag{6}$$

$$C_n = \sum_{k=1}^{n-1} C_k C_{n-k} \qquad (C_1 = 1,\ n > 1) \tag{7}$$

到 20 世纪中，这方面论文数量翻了一番。著名组合数学家波利亚和有影响的布尔巴基学派都卷入了对卡塔兰序列的研究。60 年代之后，论文数量有了惊人的增长，提出了它的相伴序列，形成了卡塔兰序列族；认识到它在序贯计数理论研究多重集合排列的枚举问题中的重要意义；卡塔兰序列不仅经常出现在上述非结合代数、图形剖分的枚举问题中，而且经常出现在随机游动、投票问题和平面树的枚举问题中；它的计值法更加丰富了，产生了安德烈反射原理、循环排列法、概率法、拉格朗日展开法、矢量控制法等；与它相关的组合解释已增至 50 余种。现代组合学家、数学史家高尔德收集了几百篇有关论文[3]，据信，这样的文章和著作已有五百种之多。

卡塔兰序列历史久远，已成为组合数学和图论中的一个基本的重要计数函数。《科学技术百科全书》“组合论”条目[4]在介绍计数函数时，把著名的斐波那契数（Fibonacci number）、斯特林数（Stirling number）和卡塔兰数作为典型例子；有一定普及面的基础论著《组合学导引》第六章“递归关系”和第七章“生成函数”里用十页的篇幅详细介绍了上述两种组合意义。卡塔兰序列因其应用广泛而长期成为组合数学的热门课题。

但是，在世界数学史上，第一个提出现今所称的卡塔兰数并有大量研究和应用成果的，却是中国清代著名的蒙古族科学家、钦天监监正（国家天文台台长）——明安图。

### 11.3.2　明安图的首创性成果

明安图在《割圜密率捷法》第三卷“分弧通弦率数求全弧通弦率数法解（共八题）”中给出的实际上是 8 个用 $\sin\alpha$ 的幂级数表示的 $\sin m\alpha$（$m$=2，3，4，5，10，

---

① LAME G. Extrait dune lettre de M. Lame a M. Liouville sur cette question：un polygone convexe etant donne，de combine de manieres peut on le partagep en triangles au moyen de diagonales？［s. n.］，1838（3）：505-507.

② BRUALDI R A. 组合学导引. 李盘林，王天明译. 武汉：华中工学院出版社，1982：120-123.

③ GOULD H W. Research bibliograph of two special number sequences. Morgantown：MR53，1971-1976：5460.

④ BRYLAWSKI T. 组合数学//拉佩兹. 科学技术百科全书：第 1 卷. 北京：科学出版社，1980：356.

100，1000，10 000）的无穷级数展开式，当 $m$=2 时，据式（5），这一展开式中必然要出现卡塔兰数 $C_n$，关于这一点，下文还要给出证明。明安图将“八题”列于全部“法解”（包括九术法解）之首，并用了 96 面的篇幅讨论“八题”，“九术”的篇幅亦不能与之相比，说明他（以及他的学生）对此的重视。一个重要的原因，是他提出并大量应用了现今所称的卡塔兰数。由于《捷法》原著内容非常丰富，本节只叙述有关成果。

明安图为求卡塔兰数设计了 3 种几何模型，归结为两种递归的数学方法。但是，由于当时传统数学尚未进入符号代数阶段，明安图的公式都是用文字叙述的，需要把它表示成现代的形式，我们看到，他的第一种方法即相当于获得

$$C_{n+1}=\sum_{k\geqslant 0}(-1)^k\binom{n-k}{k+1}C_{n-k}\qquad (C_1=1,\ n\geqslant 1)\tag{8}$$

式（8）同式（3）是等价的。用这一计数公式，他又得到：($|\alpha|<\pi/2$)

$$\sin 2\alpha=2\sin\alpha-\sum_{n=1}^{\infty}4^{1-n}C_n(\sin\alpha)^{2n+1}\tag{9}$$

式（9）可由式（5）取 $x=(\sin\alpha/2)^2$，经过一些变换而导出，不仅可证明式（9）的正确性，而且说明，依 $\sin\alpha$ 的幂展开 $\sin 2\alpha$ 必然出现卡塔兰数。

明安图求卡塔兰数的第二种方法较复杂。这里从中抽象出如下的递归结构：规定

$M_1$=（1），$M_2$=（0，1），则 $$M_{n+1}=\left(2\sum_{k=1}^{n-1}M_k+M_n\right)M_n\tag{10}$$

式中加法应将各加数括号内从左向右对齐再相加；式中乘法应将两乘数括号内各项分别相乘再相加，每做一次乘法，积向右移一位，即积的括号内左添一零。例如：

$n$=2，$M_3=(2M_1+M_2)M_2=[2(1)+(0,1)](0,1)=[(2)+(0,1)](0,1)$
$=(2,1)(0,1)=(0,0,2,1)$

$n$=3，$M_4=[(2M_1+M_2)+M_3]M_3=[(2)+(0,2)+(0,0,2,1)](0,0,2,1)$
$=(2,2,2,1)(0,0,2,1)$
$=(0,0,0,4,6,6,4,1)$

$n$=4，$M_5=[2(M_1+M_2+M_3)+M_4]M_4=[(2)+(0,2)+(0,0,4,2)$
$+(0,0,0,4,6,6,4,1)]\cdot(0,0,0,4,6,6,4,1)$
$=(2,2,4,6,6,6,4,1)(0,0,0,4,6,6,4,1)$
$=(0,0,0,0,8,20,40,68,94,114,116,94,60,28,8,1)$

$M_n$ 括号内共 $2^{n-1}$ 项，左起共 $n-1$ 个零。对 $M_1$，$M_2$，…，$M_n$ 求和，省去项数大于 $n$ 的项，即得卡塔兰序列，记作 $MC_n$：

$$MC_n=(1,1,2,5,14,42,132,429,1430,\cdots,C_n)\tag{11}$$

明安图用此法得到了与式（9）展开式相同的系数。

1987 年笔者参加第二届中国少数民族科学史国际研讨会宣布了这项结果，有北京、香港的几家媒体做了报道①②，笔者随即向《内蒙古大学学报》提交论文，文中说在

---

① 新华社. 卡塔兰数为中国人首创. 人民日报（海外版），1987-09-11（4）. 另见新华社 1987-09-10 新闻稿.

② 本报. 内蒙古师大罗见今副教授著文认为：我国清代科学家最早发现卡塔兰数. 光明日报，1987-11-01（2）. 另见香港新晚报，文汇报，明报.

当时对于式（10）（11）能够获得卡塔兰数"尚无新证"。该文 1988 年发表。[①]13 年后，英国的拉坎布博士对这个问题产生了兴趣，他在研究了我们多篇论文的基础上，发表了《论卡塔兰序列生成函数：一个历史的透视》[②]，指出上述第二种方法是一种生成函数法，并证明了它的正确性。随后他紧追这个课题，发表了 12 篇论文。

明安图的这些成果与卡塔兰数的早期成果相比，具有独辟蹊径的特点，即令对今天的研究者来说，也是十分新奇的。更引人注目的是，明安图一旦获得了卡塔兰数，便把它作为工具，力图导出依 $\sin\alpha$ 的幂展开的 $\sin m\alpha$ 的级数。

我们知道，当 $m$ 为奇数时，$\sin m\alpha$ 的展开式只有有限项，明安图以他独创的方法用卡塔兰数解决了 $m=3$ 以及 $m=5$ 的情况；当 $m$ 为偶数时，展开式是无穷级数，其中系数的求法，相当于给出了卡塔兰数的一种函数，例如当 $m=4$ 时，有

$$\sin 4\alpha = 4\sin\alpha - 10\sin^3\alpha + \sum_{n=1}^{\infty}\frac{16C_n - 2C_{n+1}}{4^n}(\sin\alpha)^{2n+3} \tag{12}$$

式（12）证明略。明安图用类似的方式解决了当 $m=10$，100，1000，10 000 时的情况。在他的著作中以大量列成图表的算式记录了导出和应用卡塔兰数的过程，因表达方式的限制和为了统一起见，他在所有的地方都只列出前 7 个卡塔兰数。为了得到这些展开式系数，进行了令人惊叹的计算，最大的一个有 52 位数字：

−31 32264 07271 14357 52669 78698 50597 63664 56628 79994 27000

在以上文中我们已经得知《捷法》历经艰难曲折、在明安图去世后约 70 年才出版，因此，他的数学成果产生的时代不能以著作完成或刊行的时间来确定，而要依据他的工作时代即在 18 世纪 30～40 年代，已作出了上述贡献。就卡塔兰数的提出而言，这仍是世界数学史上最早的记录。

明安图数学成就的意义，不仅在属于分析学的无穷级数方面，而且在属于离散数学的计数理论方面，因而他是中国近代数学史上一位应当进一步深入研究的、重要的数学家。

## 11.4 明安图创卡塔兰数的方法分析*

明安图在《捷法》第三卷中创立了卡塔兰数，使用了两种不同的方法。本节将依据原著分析这两种方法，说明他独辟蹊径，其方法与西方的和现代的都不相同。我们需要从离散数学的观点来考察他的工作，摆脱仅从分析学的角度看问题的习惯，也许有助于看清楚明安图数学的本来面目。

### 11.4.1 求 $C_n$ 数的第一法

明安图在求 $y_2$（即 $2\sin 2\alpha$）的展开式时发现了卡塔兰数列。他先苦心孤诣地构造了

① 罗见今. 明安图是卡塔兰数的首创者. 内蒙古大学学报（自然科学版），1988，19（2）：239-245.

② LARCOMBE P J，WILSON P D C. On the generating function of the Catalan sequence：a historical perspective. Congressus Numerantium（Winnipeg Canada），2001，149：97-108.

* 罗见今. 明安图创卡塔兰数的方法分析. 内蒙古师范大学学报（自然科学汉文版），1989（1）：29-40. 第五届国际中国科学史会议报告"论明安图的数学贡献"第 3，4 节.

一个几何图形（图 11-18a），相当于一个数学模型，依据它的几何关系应用连比例法来求展开式。

《捷法》求 $y_2$ 无穷展开式的过程可分成五部分来叙述。

**1）提出问题，构造几何图形，求得基本几何关系式（1）**

如图 11-18a，将原著图中的干支依序换写为字母，可得图 11-18b。$A$ 为圆心，半径 $AB$ 为“连比例第一率”，是各列公比不同的连比例的首项，记 $AB$=1，并设全弧：$BD$ 弧=$4\alpha$（$0<\alpha<\pi/4$），二分之一分弧：$BC$ 弧=$2\alpha$，已知分弧通弦 $BC$ 为“连比例第二率”，记 $BC=x$（前已定义 $x=2\sin\alpha$），求全弧通弦 $BD=y_2$（前已定义 $y_2=2\sin 2\alpha$），问题就是如何将 $y_2$ 展开为 $x$ 的幂级数。

取 $E$ 为 $BC$ 弧的中点，连 $BE$，$EC$。取 $BF=BE$，知△$ABE$～△$BEF$，$AB$∶$BE$=$BE$∶$EF$。

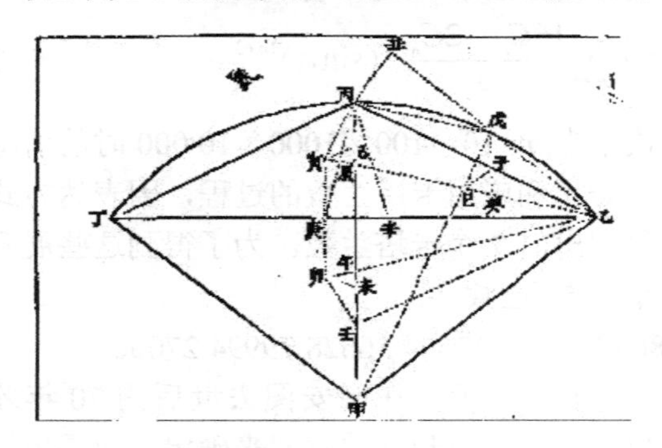

图 11-18a　第三卷三页图

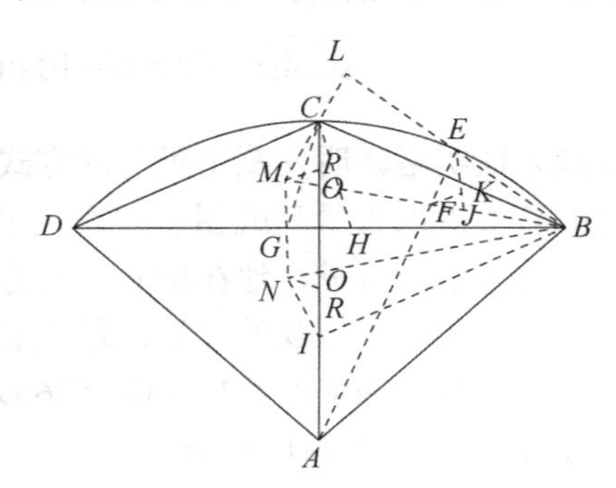


图 11-18b　构造 $y_2$ 展开式的几何图

次取 $BG=BC$，$DH=DC$，连 $CG$，$CH$，则△$BCG$～△$CGH$～△$ABE$～△$BEF$，

$AB$∶$EF$=$BC$∶$GH$，$GH=BC\cdot EF/AB$，故

$$BD=2BC-GH=2BC-BC\cdot EF/AB \tag{1}$$

这是所求无穷级数展开式依据的基本关系式，以下的推导将围绕它展开，目的是把这一几何模型所代表的数量关系代数化，这需要展开成已知量 $BC$ 的无穷级数。式（1）中 $GH$ 未知，求 $EF$；$EF$ 与 $BE$ 相关，求 $BE$。

**2）构造三种连比例（2），（3），（4），求得重要关系式（5）**

取 $BI=BC$，有△$ABC$～△$BCI$，$AB$∶$BC$=$BC$∶$CI$，即

$$AB:BC:CI=1:x:x^2 \tag{2}$$

$CI=x^2$ 为“连比例第三率”。次取 $EI=EF$，$FK=FJ$，有△$ABE$～△$BEF$～△$EFJ$～△$FJK$，记 $BE=p$，已定义 $p=2\sin(\alpha/2)$，这时

$$AB:BE:EF:FJ:JK=1:p:p^2:p^3:p^4 \tag{3}$$

依次为连比例（公比为 $p$）的第一至五率。

延 $BE$ 至 $L$，$BF$ 至 $M$，取 $EL=BE$，$FM=BF$，则△$BLM$～△$BEF$。以 BM 为轴将△$BLM$ 展为△$BMN$，则 $BC$ 与 $BG$ 合。$BM$ 与 $AC$ 交于 $O$，取 $MP=MO$，则

$$\triangle CMO\cong\triangle EFJ\sim\triangle MOP\cong\triangle FJK$$

因筝形 $ABEC$ 相似于筝形 $BLMN$，又有 $BL=2BE=BE+EC$，注意到 $EF=LC=CM=MG=GN=NI$，以及 $LM+MN=CM+MN+NI=4EF=CI+PO=CI+JK$，

故有　$AB$∶（$BE+EC$）=$BL$∶（$LM+MN$），即　$AB$∶$BL$=$BL$∶（$CI+JK$）

称 $AB$ 为第一率，$BL$ 为“又二率”，$BL=2p=q$，前已定义 $q=4\sin(\alpha/2)$，则

$$AB : BL : (CI+JK)=1 : q : q^2 \quad (4)$$

$CI+JK=q^2$ 为“又三率”。“又二率”“又三率”等在算草里列在右边，称呼起来可将“又”字省掉。原著对（2），（3），（4）式中三种公比 $x$，$p$，$q$ 称为“三线”（“線”今写作“线”），有内在区分，须用不同的字母 $p$，$q$ 表示这种差别。因 $CI=x^2$，$JK=p^4=q^4/16$（又五率），由（4）知

$$x^2=q^2-q^4/16 \quad (5)$$

若能解出 $q^2$（将它表成 $x$ 的函数），$q=2BE$ 就可知，式（1）就能迎刃而解。见下两步推导。

**3）应用式（5）将 $x^{2n}$ 表成 $q^2$ 的有限幂级数（6）**

将式（5）自乘，得 $x^4=q^4-2q^6/16+q^8/16^2$，除以16，有

$$x^4/16=q^4/16-2q^6/16^2+q^8/16^3$$

将上式乘式（5）除以16，即相当于将（5）立方再除以 $16^2$，有

$$x^6/16^2=q^6/16^2-3q^8/16^3+3q^{10}/16^4-q^{12}/16^5$$

将上式乘式（5）除以16，即相当于将（5）四次方再除以 $16^3$，有

$$x^8/16^3=q^8/16^3-4q^{10}/16^4+6q^{12}/16^5-4q^{14}/16^6\text{（下略）}$$

同法可得

$$x^{10}/16^4=q^{10}/16^4-5q^{12}/16^5+10q^{14}/16^6\text{（下略）}$$

$$x^{12}/16^5=q^{12}/16^5-6q^{14}/16^6\text{（下略）}$$

$$x^{14}/16^6=q^{14}/16^6\text{（下略）}$$

明安图算出7个公式。归纳以上递推的结果，应用组合符号表示，再除以 $4^{2n-2}$，即是

$$x^{2n}/4^{2n-2}=\sum_{k=0}^{n}(-1)^k\binom{n}{k}q^{2n+2k}/4^{2n+2k-2} \quad (6)$$

原著按传统做法详述了四则运算的每一步骤，较为烦琐。应当说明，明氏并无“从 $n$ 个元素中取出 $k$ 个元素取法总数”的概念，但对二项定理展开系数、贾宪三角形却必然是熟知的，所以笔者只在后一意义上使用组合符号，式（6）的结果与原著相吻合。

**4）将 $q^2$ 表成 $x^2$ 的无穷幂级数（7），创卡塔兰数（8）**

应用式（6）所得的结果，《捷法》第三卷第十页b面列有算式（图11-19a），它清楚记录了创卡塔兰数的过程和结果。图11-19a中左边的“第 $2n+1$ 率”即 $x^{2n}$，右边的“又 $2n+1$ 率”即 $q^{2n}$；系数分母列于率数之上，系数分子列于率数之下，正负符号以“多”“少”表之。7个等号所在行表示7个公式，如第一式即式（5）$x^2=q^2-q^4/16$。这里将基本运算过程（率数、系数）和结果抽出来，用现代的数学形式表示，可得图11-19b。用 $C_n$ 表示卡塔兰数，上述结果即可表示为

$$q^2=\sum_{n=0}^{\infty}C_n x^{2n}/4^{2n-2} \quad (7)$$

在这里，明安图运用技巧，将七个公式两边递乘以卡塔兰数，然后再将七个公式两边分别相加，巧妙地将算式除首项 $q^2$ 外各项全部消去（各纵列系数和为0），从而得到了式（7）。

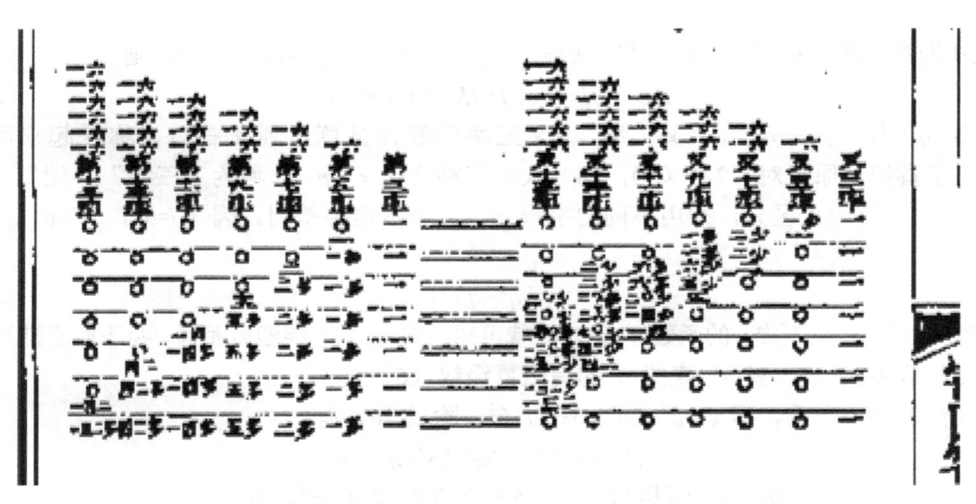

图 11-19a 《捷法》第三卷十页首现卡塔兰数

| | $q^2$ | $q^4/4^2$ | $q^6/4^4$ | $q^8/4^6$ | $q^{10}/4^8$ | $q^{12}/4^{10}$ | $q^{14}/4^{12}$ |
|---|---|---|---|---|---|---|---|
| $1\cdot x^2=$ | $+1\cdot 1$ | $-1\cdot 1$ | | | | | |
| $1\cdot x^4/4^2=$ | | $+1\cdot 1$ | $-1\cdot 2$ | $+1\cdot 1$ | | | |
| $2\cdot x^6/4^4=$ | | | $+2\cdot 1$ | $-2\cdot 3$ | $+2\cdot 3$ | $-2\cdot 1$ | |
| $5\cdot x^8/4^6=$ | | | | $+5\cdot 1$ | $-5\cdot 4$ | $+5\cdot 6$ | $-5\cdot 4$ |
| $14\cdot x^{10}/4^8=$ | | | | | $+14\cdot 1$ | $-14\cdot 5$ | $+14\cdot 10$ |
| $42\cdot x^{12}/4^{10}=$ | | | | | | $+42\cdot 1$ | $-42\cdot 6$ |
| $132\cdot x^{14}/4^{12}=$ | | | | | | | $+132\cdot 1$ |

$$q^2=1\cdot x^2+1\cdot x^4/4^2+2\cdot x^6/4^4+5\cdot x^8/4^6+14\cdot x^{10}/4^8+42\cdot x^{12}/4^{10}+132\cdot x^{14}/4^{12}$$

图 11-19b 《捷法》创卡塔兰数的第一法分析

上面的算式应向下、向右无限延续，关键在于求得诸 $C_n$，必须发现“下一个”卡塔兰数。他的做法是：对每纵列已知的系数求和（$n\geqslant 2$），一定得到一个负数，取其相反数（就是 $C_n$ 数）来作乘数。例如在上面的算式中，$42=-(-2+30-70)$，括号内就是该纵列已知系数和，其相反数就是“下一个”卡塔兰数；再用 42 乘 $x^{12}/4^{10}$ 展式的两边，继续运算。

不难看出，图 11-19b 中每个系数都可分解成一个卡塔兰数和一个组合数之积。这种求 $C_n$ 的纵向运算可表示为：

$$C_1=1,\ C_2=1,\ C_3=2C_2=2,\ C_4=\binom{3}{1}C_3-\binom{2}{2}C_2=5,\ C_5=\binom{4}{1}C_4-\binom{3}{2}C_3=14,$$

$$C_6=\binom{5}{1}C_5-\binom{4}{2}C_4+\binom{3}{3}C_3=42,\ C_7=\binom{6}{1}C_6-\binom{5}{2}C_5+\binom{4}{3}C_4=132,\cdots$$

用这样的方法能递次计算出所有的 $C_n$ 数，写成公式，就是：

$$C_{n+1}=\sum_{k\geqslant 0}(-1)^k\binom{n-k}{k+1}C_{n-k} \tag{8}$$

如所周知，求卡塔兰数的公式有几个，见于组合数学计数理论的教科书中，但式（8）在这样归纳出来之前是无人知晓的，在世界数学史中为首创。显然，式（8）不是明安图直接给出的，而是立于第三卷十页算式（见图 11-19a）分析的基础之上，李俨先生在《明清算家的割圆术研究》[1]305 页所列算式已明此理，只是未用 $C_n$ 数阐述并表示成公式。式（8）区别于西方在历史上和现代求卡塔兰数的方法。

**5）求得将 $y_2$ 展开为以 $C_n$ 数为系数分子的 $x$ 的幂级数（9）**

式（8）使式（7）成为一个可以展开到任意所需项的公式，$q^2$ 已知，据上述比例关系，$BE=q/2$，$EF=q^2/4$，$GH=xq^2/4$ 皆已知，于是式（1）就变成 $y_2=2x-xq^2/4$，将（7）代入，得

$$y_2 = 2x - \sum_{n=1}^{\infty} C_n x^{2n+1} / 4^{2n-1} \tag{9}$$

《捷法》中“通弦”“正弦”“正矢”“余弦”等术语具有明确的三角函数含义，可将其用现代使用的符号表出，故有

$$\sin 2\alpha = 2\sin\alpha - \sum_{n=1}^{\infty} C_n \sin^{2n+1}\alpha / 4^{n-1} \tag{10}$$

式（10）已将系数作了必要的简化，原著给出的虽非这种形式，但数量关系已包含在（9）之中，两者等价，故应当说，明安图“事实上”或“相当于”获得了式（10）。

### 11.4.2 求 $C_n$ 数第一法的又例

《捷法》卷三求 $y_2$ 展开式“又法”另觅途径（图 11-20a），获得与式（9）相同的结果。承上，作图 11-20b（局部为图 11-21），在 $BI$ 上取 $S$ 使 $CS=CI$，则

$$AB : BC : CI : IS = 1 : x : x^2 : x^3 \tag{11}$$

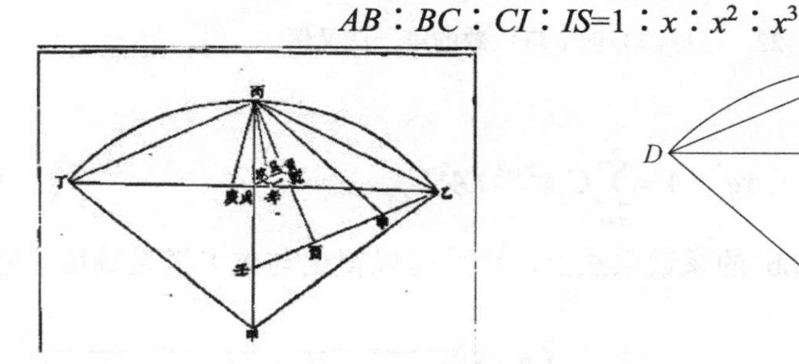

图 11-20a 求二分全弧通弦又法

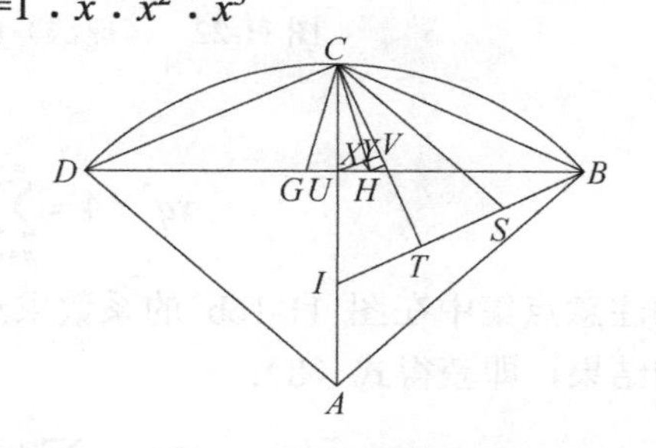


图 11-20b 求卡塔兰数第一法的又例

称 $IS=x^3$ 为“连比例第四率”。此式前 3 项之比已见式（2）。

自 $C$ 作 $CT\perp IS$，则 $IT=TS=x^3/2$。又自 $U$ 作 $UV /\!/ IT$，则 $UV=x^3/4$。又自 $H$ 作 $HZ /\!/ UV$，[2]则 $HZ=HU=GU$。又自 $H$ 作 $HX\perp UV$，则 $HX=VZ$，$XV=HZ$，$UY=UH$，有 $\triangle UHY\sim\triangle CGH\sim\triangle BCG$，故

$$BC : CG : GH = x : xq/2 : xq^2/4 \tag{12}$$

原著称 $CG=xq/2$ 为“连比例又三率二分之一”，因而这里的“又三率”指 $xq$，“又四率”指 $xq^2$。$UH=GH/2=xq^2/8$，据式（12）的关系又有 $BC$：$UH$：$XY=x$：$xq^2/8$：$xq^4/64$，这样就求出了 $XY=xq^4/4\cdot 16$，$xq^4$ 为“又六率”。明安图从图 11-21 中证明了一个基本关系式：

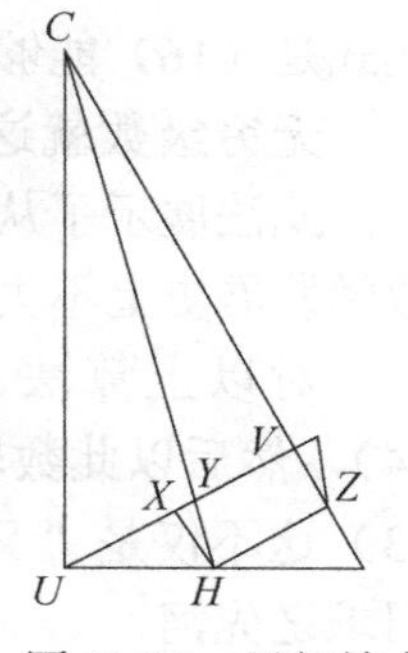


图 11-21 局部放大

---

① 李俨. 中算史论丛（三）：明清算家的割圆术研究. 北京：科学出版社，1955：305.

② 这里依序将原著图中的干支译成 $A$，$B$，…，$V$，而 3 个星宿和八卦名顺便译成 $X$，$Y$，$Z$。

$$UV=UH+HZ-XY \tag{13}$$

由（11）和（12）已分别计算出 $UV$，$UH+HZ$ 和 $XY$ 的值，于是得到

$$x^3/4=xq^2/4-xq^4/4\cdot 16 \tag{14}$$

这里 $UH+HZ=GH$（庚辛），式（14）即求出了原著所说“戊亥（$UV$）所当庚辛之数”，用现在的术语，就是把戊亥表示成庚辛的函数。将式（14）递次乘以 $x^2/4$ 再除以 4，一如对式（5）所做的那样，可得有限级数

$$x^{2n+1}/4^{2n-1}=\sum_{k=0}^{n}(-1)^k\binom{n}{k}xq^{2n+2k}/4^{2n+2k-1} \tag{15}$$

仿前法，对 $n$=1，2，…，7 将（15）两边递次乘以根据系数和得到的一数（恰为 $C_n$ 数），再求和。这个算法详见于《捷法》第三卷十七页（图 11-7），在 § 11.2.1 节式（6）中已提到。用现代记号列出运算过程，将此“又法”（图 11-22）与前法（图 11-19b）相比：

| | $xq^2/4$ | $xq^4/4^3$ | $xq^6/4^5$ | $xq^8/4^7$ | $xq^{10}/4^9$ | $xq^{12}/4^{11}$ | $xq^{14}/4^{13}$ |
|---|---|---|---|---|---|---|---|
| $1\cdot x^3/4=$ | $+1\cdot1$ | $-1\cdot1$ | | | | | |
| $1\cdot x^5/4^3=$ | | $+1\cdot1$ | $-1\cdot2$ | $+1\cdot1$ | | | |
| $2\cdot x^7/4^5=$ | | | $+2\cdot1$ | $-2\cdot3$ | $+2\cdot3$ | $-2\cdot1$ | |
| $5\cdot x^9/4^7=$ | | | | $+5\cdot1$ | $-5\cdot4$ | $+5\cdot6$ | $-5\cdot4$ |
| $14\cdot x^{11}/4^9=$ | | | | | $+14\cdot1$ | $-14\cdot5$ | $+14\cdot10$ |
| $42\cdot x^{13}/4^{11}=$ | | | | | | $+42\cdot1$ | $-42\cdot6$ |
| $132\cdot x^{15}/4^{13}=$ | | | | | | | $+132\cdot1$ |

$$xq^2/4=1\cdot x^3/4+1\cdot x^5/4^3+2\cdot x^7/4^5+5\cdot x^9/4^7+14\cdot x^{11}/4^9+42\cdot x^{13}/4^{11}+132\cdot x^{15}/4^{13}$$

图 11-22　《捷法》创卡塔兰数的第一法又例

亦即

$$xq^2/4=\sum_{n=1}^{\infty}C_n x^{2n+1}/4^{2n-1} \tag{16}$$

我们的注意点集中在图 11-16b 的系数求法上，由此可以得出与求卡塔兰数第一法完全相同的结果，即获得式（8）：

$$C_{n+1}=\sum_{k\geqslant 0}(-1)^k\binom{n-k}{k+1}C_{n-k} \tag{8}$$

此式是（16）能够运算下去的必要条件。

无穷级数就这样诞生了，这在中国数学史上为首创，在世界数学史上也是早期成果。此法展示了从有限级数（6）和（15）获得无穷级数（7）和（16）的一种途径，在数学发展史上不失为一个重要的案例。

对以上算法，明安图明确指出，是“戊亥（$UV$）所当庚辛（$GH$）之数（式 14），然后以此数转求得庚辛之数（式 15），为庚辛所当戊亥之数（式 16）”。（图 11-23）这不仅是“又法”算法的纲领，而且也是级数回求理论的一种表述，开中算级数回求之先河。

本节构造的几何图形、利用的几何关系（13）与上节不同，但求卡塔兰数的方法完全一致，我们统称为求卡塔兰数的第一法。下面还有第二法。

这些都说明：在运算中出现卡塔兰数既不是偶然和巧合，也不是明安图无意中碰到的，而是他经过精心设计，只有在他熟练掌握这些级数和卡塔兰数的性质时，才可能将其展示出来。当然，传统数学在 18 世纪尚未引入近代数学体系，在符号系统、表达方式等方面存在差距。因此，不熟悉历史的人认为中算没有证明，需要对“寓理于算”[①]的道理深入理解。[②]需要依据原著，对算式进行具体分析，才能取得正确的认识。

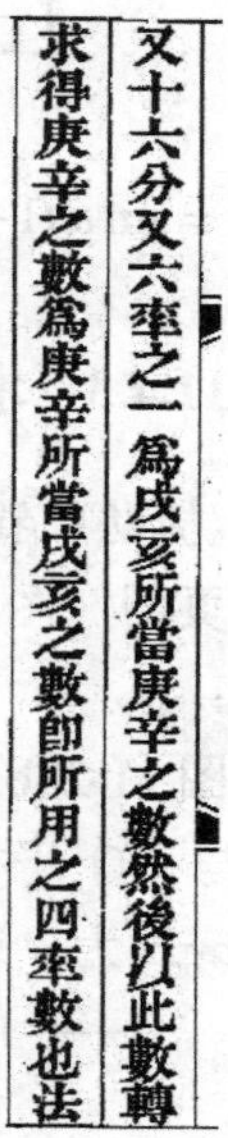

又十六分又六率之一爲戊亥所當庚辛之數然後以此數轉
求得庚辛之數爲庚辛所當戊亥之數即所用之四率數也法

图 11-23　三卷十四页

以下将式（5），（6），（7）转化为三角学公式，并证明式（8d）。

式（5）　$x^2=q^2-q^4/16$. 据定义，经化简，知即 $\cos^2\dfrac{\alpha}{2}=1-\sin^2\dfrac{\alpha}{2}$.

这说明《捷法》推理的依据是三角学的基本公式。

式（6）　$x^{2n}/4^{2n-2}=\sum_{k=0}^{n}(-1)^k\binom{n}{k}q^{2n+2k}/4^{2n+2k-2}$ 同理可化简为

$$\cos^{2n}\frac{\alpha}{2}=\left(1-\sin^2\frac{\alpha}{2}\right)^n=\sum_{k=0}^{n}(-1)^k\binom{n}{k}\sin^{2k}\frac{\alpha}{2}.$$

式（7）　$q^2=\sum_{n=1}^{\infty}C_n x^{2n}/4^{2n-2}$，由定义，经化简，即

$$\frac{1-\cos\alpha}{2}=\sin^2\frac{\alpha}{2}=\sum_{n=1}^{\infty}C_n\sin^{2n}\alpha/4^n.$$

此式亦可由毕内特的卡塔兰数生成函数公式（§ 11.3.1 式（5））取 $z=\sin^2\alpha/4$ 而获得，说明在毕内特前约百年明安图已找到了卡塔兰数生成函数的一个特例。

$$\sin 2\alpha=2\sin\alpha-\sum_{n=1}^{\infty}C_n\sin^{2n+1}\alpha/4^{n-1}\qquad(10)$$

**证明**：对于一般的牛顿二项式定理，当指数为 1/2 时具有如下形式（$|z|<1$）：

$$(1+z)^{1/2}=1+\sum_{n=1}^{\infty}(-1)^{n-1}C_n z^n\alpha/2^{2n-1}\qquad(17)$$

此式在分析学中较难见到，它出自组合数学的书中。[③]取 $z=-\sin^2\alpha$（$|\alpha|<\pi/2$），则

$$\cos\alpha=1+\sum_{n=1}^{\infty}(-1)^{n-1}C_n(-1)^n\sin^{2n}\alpha/2^{2n-1}\ ,\ \cos\alpha=1-\sum_{n=1}^{\infty}C_n\sin^{2n}\alpha/2^{2n-1}\ ,$$

① 李继闵. 论中国传统数学的特点//吴文俊. 中国数学史论文集（二）. 济南：山东教育出版社，1986：9-18.
② 吴文俊. 中国数学史论文集（三）：近年来中国数学史的研究. 济南：山东教育出版社，1987：1-9.
③ BRUALDI R A. 组合学导引. 李盘林，王天明译. 武汉：华中工学院出版社，1982：157.

$$\frac{1-\cos\alpha}{2}=\sum_{n=1}^{\infty}C_n\sin^{2n}\alpha/4^n\ \ ,2\sin\alpha\sin^2\frac{\alpha}{2}=2\sum_{n=1}^{\infty}C_n\sin^{2n+1}\alpha/4^n\ \ ,$$

式左 $=\sin\alpha(1-\cos\alpha)=\sin\alpha-\frac{1}{2}\sin2\alpha$ ，故 $\sin2\alpha=2\sin\alpha-\sum_{n=1}^{\infty}C_n\sin^{2n+1}\alpha/4^{n-1}$. 证完。

### 11.4.3 求 $C_n$ 数的第二法

《捷法》卷三求 $y_2$ 的“三法”构造新的几何图形，创造出求卡塔兰数的新方法。在十八页图（图 11-24）中，先作出一条线段，以便绘制一正方形（图 11-25a），具体做法为：

图 11-24b 中，延长 $BC$ 至 $E$，使 $CE=BC$。延长 $BD$ 至 $F$，使 $BF=BE$，连接 $DE$，则 $DE$ 与 CG 平行且相等，$ED\perp BD$。$\triangle BED$ 中，弦 $BE=c=2x$ 为“倍连比例第二率”，勾 $DE=a=x^2$ 为“连比例第三率”，欲求股 $BD=b=y_2$ 之值。

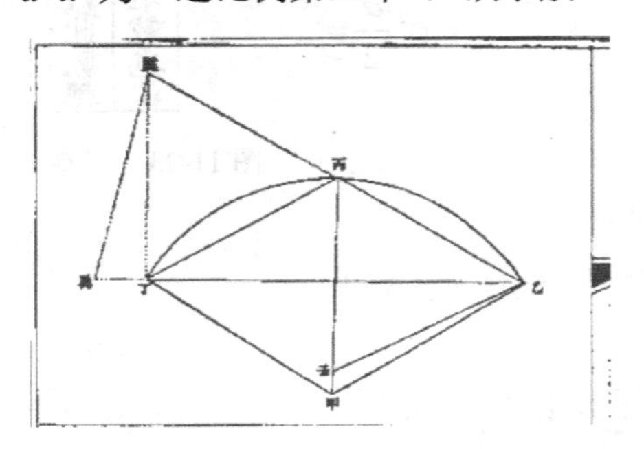

图 11-24a 三卷十八页图

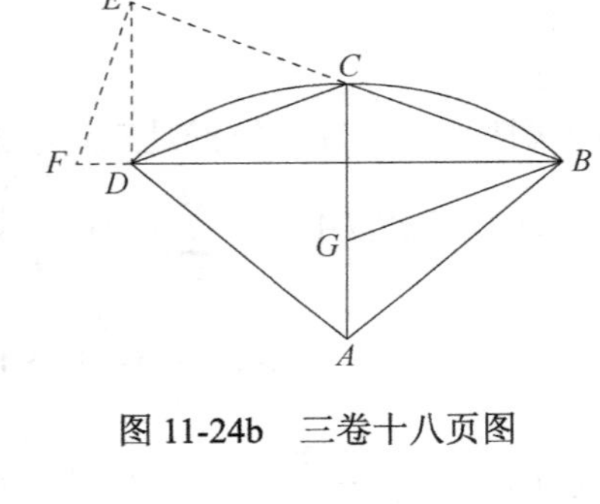


图 11-24b 三卷十八页图

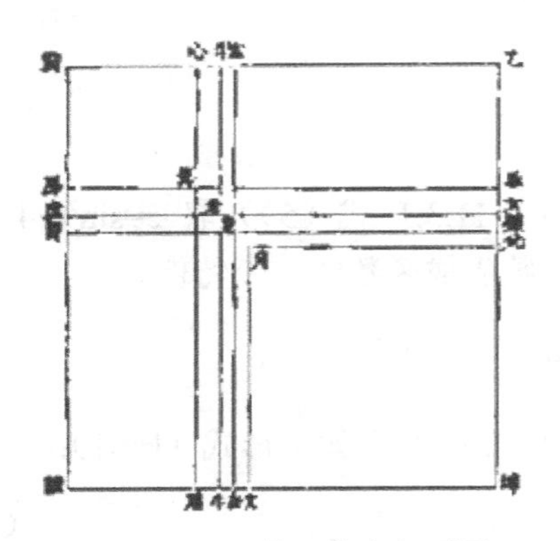

图 11-25a 第三卷十九页图

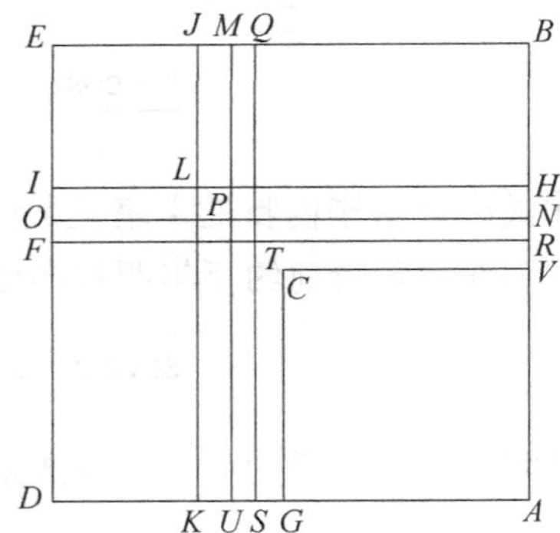


图 11-25b 第三卷十九页图

明安图的解法是：记 $a$，$b$，$c$ 为勾、股、弦。在图 11-24b 的$\triangle BED$ 中，$ED\perp BF$，$BE=BF$。以 $BE$ 为正方形的边，构造正方形 $BEDA=c^2$（图 11-25b），假定方形 $VCGA=b^2$，这时求磬折形[①]（面积）$BCDE=(c+b)(c-b)=a^2$。目的是求 $b$，先求 $c-b$。

由于 $c-b=a^2/(c+b)$，但分母中 $b$ 未知，可用已知的 $c$（$>b$）代替，求得

① 磬折形 *BVCGDE* 记作“磬折形 *BCDE*”；正方形 *EILJ* 可记作“方形 *EL*”；矩形同此。

$$BH = \frac{a^2}{2c} < \frac{a^2}{c+b} = c - b = BV$$

即用 $2c$ 除以磬折形 $BCDE$，所得 $BH$ 称为 $a^2/$（$c+b$）的“初商”，记作 $r_1$，是属于四率的数：

$$r_1=a^2/2c=x^3/4 \tag{18}$$

在这里所用字母 $r$ 表示“余项”的意义，明安图以下建立余项公式，以逼近其极限。

进而求所余的线段 $HV$，先求其中的一部分 $HN$。由于磬折形 $BCDE$=矩形 $BEIH$+矩形 $JEDK$=（$2cr_1=a^2$）=磬折形 $BLDE$+方形 $EL$，可推知有磬折形 $HCPL$=方形 $EL=r_1^2$，用 $2c$ 除以磬折形 $HCPL$，所得 $HN$ 称为 $a^2/$（$c+b$）的“次商”，记作 $r_2$，是属于六率的数：

$$r_2 = r_1^2 / 2c = x^5 / 4^3 \tag{19}$$

进而求所余的线段 $NV$，先求其中的一部分 $NR$。由于磬折形 $HCKL$=矩形 $MK$+矩形 $HO$（$=2cr_2=$）=磬折形 $HPKL$+磬折形 $MLOK$，可推知磬折形 $NCUK$=磬折形 $MLOK$==（$2r_1+r_2$）$r_2$，用 $2c$ 除以磬折形 $NCUK$，所得 $NR$ 称为 $a^2/$（$c+b$）的三商，记作 $r_3$，（主要部分）是属于八率的数：

$$r_3 = (2r_1 + r_2)r_2 / 2c = 2x^7 / 4^5 + x^9 / 4^7 \tag{20}$$

续用上法，可得四商：　$r_4 = [2(r_1 + r_2) + r_3]r_3 / 2c$　（21）

“准此而递推之”，即不断应用迭代，则当 $n\geqslant 3$ 时的各商 $r_n$——即余项公式为：

$$r_n = \left(2\sum_{k=1}^{n-2} r_k + r_{n-1}\right) r_{n-1} / 2c \tag{22}$$

这是一种无穷逼近的算法，将算出的诸 $r_n$（$n$=1，2，…）求和，据图 11-25b 有

$$BV = c - b = \sum_{n=1}^{\alpha} r_n = \sum_{n=1}^{\infty} C_n x^{2n+1} / 4^{2n-1} \tag{23}$$

其中 $C_n$ 为卡塔兰数。（23）式末是归纳（18～20）等式式末的结果，从而获得

$$y_2 = b = c - \sum_{n=1}^{\alpha} r_n = 2x - \sum_{n=1}^{\infty} C_n x^{2n+1} / 4^{2n-1} \tag{9}$$

这一归纳将导出求卡塔兰数的一个新算法。不断求出相应的 $C_n$ 数是无穷级数能够展开的关键所在，为叙述之便，这里只考虑与 $C_n$ 数的生成有关的系数运算，从原著中抽象出如下的递归结构，在 § 11.3.2 的式（10）（11）中已做初步说明，有必要重复，并做进层分析：

规定 $M_1$=（1），$M_2$=（0，1），则　$M_{n+1} = \left(2\sum_{k=1}^{n-1} M_k + M_n\right) M_n$　（24）

式中加法应将各加数括号内从左向右对齐再相加；式中乘法应将两乘数括号内各项分别相乘再相加，每做一次乘法，积向右移一位，即积的括号内左添一零。例如：

$n$=2，$M_3$=(2$M_1$+$M_2$) $M_2$=［2 (1)＋(0，1)］(0，1)＝［(2)＋(0，1)］(0，1)
＝(2，1) (0，1)＝(0，0，2，1)

$n$=3，$M_4$=［(2$M_1$+$M_2$)+$M_3$］$M_3$=［(2)＋(0，2)＋(0，0，2，1)］(0，0，2，1)=
＝(2，2，2，1) (0，0，2，1)

$=(0, 0, 0, 4, 6, 6, 4, 1)$

$n=4$，$M_5=[2(M_1+M_2+M_3)+M_4]\,M_4=[(2)+(0, 2)+(0, 0, 4, 2)$

$+(0, 0, 0, 4, 6, 6, 4, 1)]\cdot(0, 0, 0, 4, 6, 6, 4, 1)$

$=(2, 2, 4, 6, 6, 6, 4, 1)(0, 0, 0, 4, 6, 6, 4, 1)$

$=(0, 0, 0, 0, 8, 20, 40, 68, 94, 114, 116, 94, 60, 28, 8, 1)$

$M_n$括号内共$2^{n-1}$项，左起共$n-1$个零。对$M_1$，$M_2$，…，$M_n$求和，省去项数大于$n$的项，即得卡塔兰序列，记作$MC_n$：

$$MC_n=(1, 1, 2, 5, 14, 42, 132, 429, 1430, \cdots, C_n) \tag{25}$$

明安图用此法得到了与式（9）展开式相同的系数。

分离出上述纵向求和运算的每一列，依序构成卡塔兰数的如下分拆（明氏算出前7项）：

$C_1=1$　$C_2=1$　$C_3=2$　$C_4=1+4=5$　$C_5=6+8=14$　$C_6=6+20+16=42$

$C_7=4+40+56+32=132$　$C_8=1+68+152+144+64=429$

$C_9=94+376+480+352+128=1430$　$C_{10}=114+844+1440+1376+832+256=4862$

$C_{11}=116+1744+4056+4736+3712+1920+512=16\,796$

明安图的方法显示：如果能找到这种分拆方案的函数式，亦可获得求卡塔兰数的新公式。

对式（25）求和计算出$C_n$数，这是前所未知的，前已述及，1988年笔者表述成上述形式之后[①]，英国拉坎布博士的论文指出上述第二种方法是生成函数法，并证明了它的正确性。

求卡塔兰数的第二法是《捷法》全书中最深奥难解的部分。这两种方法与西方的求$C_n$数的早期成果相比，具有独辟蹊径的特点。

事实上，$b=\sqrt{c^2-a^2}$，（9）式求$y_2=b$的过程也是将根式表示成无穷级数。明安图清楚认识到这一点，在论述中使用了"廉""隅"等开方术所用术语。中算史开方术源远流长，而用无穷级数来逼近平方根，明安图当推第一人；他所构造的几何模型，构思精巧慎密，有其特色。

## 11.5 明安图级数回求中的计数结构*

在中国数学史上明安图是无穷级数运算的奠基人，《割圜密率捷法》是中算第一部无穷数学的专著，他也是世界数学史上求无穷级数反函数的早期研究者。本节用计数理论的观点分析他求无穷级数反函数的过程中所提出和应用的两种计数结构，认为虽然以前的数学文献中尚未发现有关论述，但并不排斥这两种结构成为新研究课题的可能性。

在数学分析中无穷级数求反函数并非一容易的题目，华罗庚先生的《高等数学引论》[②]里有简要介绍。在中算史上，这类问题始自明安图，到李善兰时，起了一个非常

① 罗见今. 明安图是卡塔兰数的首创者. 内蒙古大学学报（自然科学版），1988，19（2）：239-245.

* 罗见今. 论明安图级数回求中的计数结构. 内蒙古师范大学学报（自然科学汉文版），1992，59（3）：91-101.

② 华罗庚. 高等数学引论：第一卷第一分册. 北京：科学出版社，1964：301.

好的名字，叫“级数回求”。在数论和组合数学计数理论中，有一类问题叫作“反演”(inversion)，如莫比乌斯反演、高斯反演、拉赫反演等，中心在于求两个互反公式间的系数对应，这对我们认识明安图求反函数的方法有启发。何绍庚先生提出，“级数回求”不称“反演”为好①；因来自两种不同体系，其出发点、目的和方法多不相同，这里就采用传统的命名，称“回求”。

### 11.5.1　《捷法》级数回求的第一种计数结构

明安图是怎样进行级数回求运算的？这是一个饶有兴味的问题。他的方法用文字表述，这就要求研究者根据原著建立一套符号，将他的成果用今人便于理解的方式表达出来。同时，由于他的算法除几何、三角的证明、计算外，重点在求展开式系数上，一再使用递归法，具有鲜明的计数性、程序性，仅用代数学、微积分的观点来研究《捷法》是不够的。这就要求用计数理论作为工具，非如此不足以发掘该书的某些成果，这是同以前研究区别之处。

格列高里正弦函数幂级数展开式是：

$$r\sin\alpha = a-\frac{a^3}{3!r^2}+\frac{a^5}{5!r^4}-\frac{a^7}{7!r^6}+\cdots \tag{1}$$

式中 $a$ 是 $\alpha$ 所对弧。为简化表达式，下文中取 $r=1$，这时 $a=\alpha r=\alpha$。明安图按“通弦”（$2\alpha$ 所对弦）的概念，推出与式（1）等价的通弦函数展开式（$x=2\sin\alpha$）：

$$x=2a-\frac{(2a)^3}{4\cdot 3!}+\frac{(2a)^5}{4^2\cdot 5!}-\frac{(2a)^7}{4^3\cdot 7!}+\cdots \tag{2}$$

原著称（$2a$）$^n$ 为“第 $n$+1 率”，而称 $x^n$ 为“又 $n$+1 率”，有时将“第”“又”省略，因弧与弦不易混淆。明安图的级数回求，在这里就是要据式（2），完成

$$x=f(2a)\rightarrow 2a=g(x) \tag{3}$$

的变换，$f$，$g$ 都是无穷幂级数，互为反函数。他的级数回求算法共分三个步骤：

①用无穷级数的乘法（见 § 11.2），将式（2）自乘，再递求奇次方，获得 $x^{2n+1}$（$n$=1，2，…，7）的以 $2a$ 为自变量的升幂级数；调整各项系数分子，使展式分母保持 $4^n$（$2n$+1）!。

②对求出的 $x^{2n+1}$ 的展开式两边同时除以 $4^n$（$2n$+1）!，调整各项系数分子，使展开式各项分母保持 $4^{n+1}$（$2n$+3）!，$4^{n+2}$（$2n$+5）!，…等形式。

③所得 $x^{2n+1}/4^n$（$2n$+1）! 的展开式各项均正负相间，用加减法将除首项 $2a$ 外的、含（$2a$）$^{2n+1}$ 的项依次消去，即得以 $2a$ 以 $x$ 为自变量的升幂级数。

步骤①的运算过程在卷三第六十页开始的 8 个算式中，步骤②、③在第六十五页 b 面开始的 10 个算式中。算式里包含了一些有价值的计数方法，被以前的研究所忽略，例如，图 11-26a 第三卷六十页的算式里，用分离系数法得出三角形数表的具体过程须进一步说明。

① 何绍庚. 明安图的级数回求法. 自然科学史研究，1984（3）：209-216.

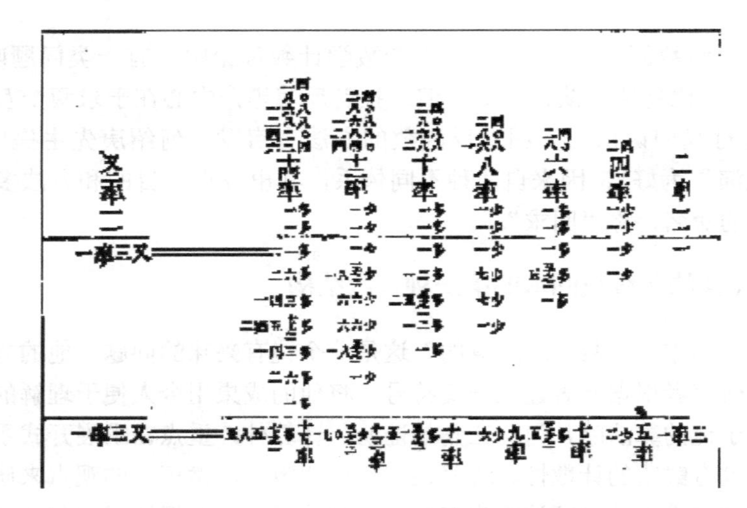

图 11-26a 《捷法》第三卷六十页算式

该算式表示的是式（2）自乘、得到 $x^2$（又三率）的过程和结果。上述 18 个算式多次使用这些数据，全部结果与之相关，故有必要进行讨论。

设“又二率” $x$ 的级数自乘时第 $p+1$ 和 $q+1$ 项（$0\leqslant p，q\leqslant n$）相乘，且满足 $p+q=n$，乘积的分母按原著的规定保持 $4^n(2n+1)!$ 的形式，则有

$$[(-1)^p(2a)^{2p+1}/4^p(2p+1)!]\times[(-1)^q(2a)^{2q+1}/4^q(2q+1)!]=[{}^p_q](-1)^n(2a)^{2n+2}/4^n(2n+1)! \quad (4)$$

这里用记号 $[{}^p_q]$ 表示乘积的系数分子，而乘积的符号 $(-1)^n$ 单独考虑（下文同此），则从式（4）可知，分子是与 $p，q$ 相关的计数函数：

$$[{}^p_q]=\frac{(2n+1)!}{(2p+1)!(2q+1)!} \qquad (0\leqslant p,q\leqslant n,\ \ p+q=n) \qquad (5)$$

易于证明这个函数具有对称性：

$$[{}^p_q]=[{}^q_p] \qquad 或 \qquad [{}^{n-k}_{\ \ k}]=[{}^{\ \ k}_{n-k}] \qquad (6)$$

式中的 $k$ 即相当于 $p$ 或 $q$，满足 $0\leqslant k\leqslant n$。当 $k$ 递取 0，1，…，$n$ 时，便可以得到一种新的系数三角形（图 11-26b）。按照式（5）计算出的数表如图 11-26c 所示，它正是原著图 11-26a 中呈三角形的乘积数表逆时针旋转 90°后所得到的绝对值（前已声明不含符号）。

$$\begin{array}{c}
[{}^0_0]\\
[{}^1_0]\ [{}^0_1]\\
[{}^2_0]\ [{}^1_1]\ [{}^0_2]\\
[{}^3_0]\ [{}^2_1]\ [{}^1_2]\ [{}^0_3]\\
[{}^4_0]\ [{}^3_1]\ [{}^2_2]\ [{}^1_3]\ [{}^0_4]\\
[{}^5_0]\ [{}^4_1]\ [{}^3_2]\ [{}^2_3]\ [{}^1_4]\ [{}^0_5]\\
[{}^6_0]\ [{}^5_1]\ [{}^4_2]\ [{}^3_3]\ [{}^2_4]\ [{}^1_5]\ [{}^0_6]
\end{array}$$

图 11-26b 新的系数三角形 A

$$\begin{array}{cl}
1 & \to 1\\
1 \quad 1 & \to 2\\
1 \quad 3\frac{1}{3} \quad 1 & \to 5\frac{1}{3}\\
1 \quad 7 \quad 7 \quad 1 & \to 16\\
1 \quad 12 \quad 25\frac{1}{5} \quad 12 \quad 1 & \to 51\frac{1}{5}\\
1 \quad 18\frac{1}{3} \quad 66 \quad 66 \quad 18\frac{1}{3} \quad 1 & \to 170\frac{2}{3}\\
1 \quad 26 \quad 143 \quad 245\frac{1}{7} \quad 143 \quad 26 \quad 1 & \to 585\frac{1}{7}
\end{array}$$

图 11-26c 据图 11-26b 由式（5）算出的数字三角形 A

由此可以断定，由式（4）、（5）所确定的计数构造就是原著的本意所在。当然，式（5）据原著归纳而得，并非明安图直接建立。

把每横行的和（图 11-26a 中的下行，为每纵列之和）1，2，$5\frac{1}{3}$，…依次记为 $S_n^1$（$n$=0，1，…），那么求得的“又三率” $x^2$ 的级数通项就是：

$$(-1)^n S_n^1 (2a)^{2n+2} / 4^n (2n+1)! \qquad (7)$$

其中 $S_n^1$ 是凡含（$2a$）$^{2n+2}$ 同率项（同类项）合并的结果，满足

$$S_n^1 = \sum_{k=0}^{n} [{}^{n-k}_{k}] \qquad (8)$$

式中记号 $[{}^{p}_{q}]$ 表示的算法由式（5）给出。明安图明确举出 4 个例子：

**例 1**　四率（$2a$）$^3$ 自乘得七率（$2a$）$^6$，这里 $p$=1，$q$=1，$(-1)^2$=1，有

$$[(2a)^3 / 4 \cdot 3!]^2 = (2a)^6 / (4 \cdot 3!)^2 = [{}^1_1](2a)^6 / 4^2 \cdot 5! = 3\frac{1}{3}(2a)^6 / 4^2 \cdot 5!$$

式中

$$[{}^1_1] = \frac{5!}{3! \cdot 3!} = \frac{4^2 \cdot 5!}{(4 \cdot 3!)^2} = \frac{24 \cdot 80}{24 \cdot 24} = 3\frac{1}{3}$$

这里的分子、分母中均有 24，可以约简，就是原文说的“同者不论”。

**例 2**　六率（$2a$）$^5$ 自乘得十一率（$2a$）$^{10}$，这里 $p$=2，$q$=2，$(-1)^4$=1，有

$$[(2a)^5 / 4^2 \cdot 5!]^2 = (2a)^{10} / (4^2 \cdot 5!)^2 = [{}^2_2](2a)^{10} / 4^4 \cdot 9! = 25\frac{1}{5}(2a)^{10} / 4^4 \cdot 9!$$

式中

$$[{}^2_2] = \frac{9!}{5! \cdot 5!} = \frac{4^4 \cdot 9!}{(4^2 \cdot 5!)^2} = \frac{168 \cdot 188}{24 \cdot 80} = 25\frac{1}{5}$$

原文说“分母俱同”的 24 · 80 已经省略。

**例 3**　八率（$2a$）$^7$ 与六率（$2a$）$^5$ 相乘得十三率（$2a$）$^{12}$，这里 $p$=3，$q$=2，$(-1)^5$=−1，有

$$[(2a)^7 / 4^3 \cdot 7!] \times [(2a)^5 / (4^2 \cdot 5!)] = [{}^3_2](2a)^{12} / 4^5 \cdot 11! \text{式中} [{}^3_2] = \frac{11!}{7! \cdot 5!} = \frac{288 \cdot 440}{24 \cdot 80} = 66.$$

**例 4**　八率（$2a$）$^7$ 自乘，$p$=3，$q$=3，$(-1)^6$=1，有

$$[(2a)^7 / 4^3 \cdot 7!]^2 = [{}^3_3](2a)^{14} / 4^6 \cdot 13! \text{式中} \quad [{}^3_3] = \frac{13!}{7! \cdot 7!} = \frac{288 \cdot 440 \cdot 624}{24 \cdot 80 \cdot 168} = 245\frac{1}{7}.$$

明安图的例子非常典型，用意十分明确，式（5）的算法确为明氏所得，当毋庸置疑。

《捷法》1839 年首刊本的校算出版者岑建功插入多段按语，举出 10 多个例子（此略），把由式（5）算出的结果直接应用于计算，称为“捷法”，说明式（5）的重要。

接着，“其（又）二率、（又）三率相乘，得（又）四率”，即 $x \cdot x^2 = x^3$，明安图列出详细算式，未解释算法，直至求出 $x^{15}$；岑建功按语则用图 11-26a（即图 11-26c）的数据入算，以避免“总乘总除”之累。今分析如下。

记 $S_n^m$（$m$，$n$=0，1，⋯）为级数回求展开式中欲求的分子函数，原著用递推法。

设 $S_n^0 \equiv 1$ 为 $x$ 的级数各项分子（$n$=0，1，⋯），$x$ 的通项为 $(-1)^p S_p^0 (2a)^{2p+1} / 4^p (2p+1)!$

已设 $S_n^1$ 为 $x^2$ 的级数各项分子，$x^2$ 的通项即式（7）为 $(-1)^q S_q^1 (2a)^{2q+2} / 4^q (2q+1)!$

满足 $p+q=n$ 的两项相乘，分母按明安图的规定应保持 $4^n$（$2n$+1）! 的形式，则乘积是：

$$(-1)^n [{}^p_q] S_p^0 S_q^1 (2a)^{2n+2} / 4^n (2n+1)!$$

再来讨论乘积分子 $[{}^p_q] S_q^1$，据式（6），即 $[{}^{n-k}_{k}] S_k^1$。$S_n^2$ 为 $x^3$ 的级数的各项分子，它应是凡呈（$2a$）$^{2n+3}$ 形的各积分子之和，即对 $k$ 从 0 到 $n$ 求和：

$$S_n^2 = \sum_{k=0}^{n} [{}^{n-k}_{k}] S_k^1 \tag{9}$$

以下，求 $x^5$，$x^7$，⋯，$x^{15}$ 展开式各项分子的方法与以上全同，换言之，诸分子 $S_n^m$ 用同一方式递归算出。于是可归纳出递推公式：

$$\text{(i)}\ \ S_n^0 \equiv 1\ ,\ S_0^m \equiv 1\ ;\ \text{(ii)}\ \ S_n^m = \sum_{k=0}^{n} [{}^{n-k}_{k}] S_k^{m-1} \qquad (m \geqslant 1) \tag{10}$$

现将级数回求的分子函数 $S_n^m$ 的值列表 11-1 如下，原著与式（8～10）计算结果全部吻合。

**表 11-1 《割圜密率捷法》级数回求各率分子 $S_n^m$ 数值表**

| $S_n^m$ | $n$=0 | 1 | 2 | 3 | 4 | 5 | 6 | 7 | 原著卷三 |
|---|---|---|---|---|---|---|---|---|---|
| $m$=0 | 1 | 1 | 1 | 1 | 1 | 1 | 1 | 1 | （作者所加） |
| 1 | 1 | 2 | $5\frac{1}{3}$ | 16 | $51\frac{1}{5}$ | $170\frac{2}{3}$ | $585\frac{1}{7}$ | | 六十页 a 面 |
| 2 | 1 | 3 | 13 | $68\frac{1}{3}$ | $402\frac{3}{5}$ | 2 555 | $17\,082\frac{1}{35}$ | | 六十一页 b 面 |
| 3 | 1 | 4 | 24 | $181\frac{1}{3}$ | $1\,578\frac{1}{5}$ | 15 360 | | | （作者所加） |
| 4 | 1 | 5 | $38\frac{1}{3}$ | $378\frac{1}{3}$ | 4 417 | 58 085 | | | 六十二页 b 面 |
| 6 | 1 | 7 | 77 | $1\,117\frac{1}{2}$ | $19\,660\frac{1}{5}$ | | | | 六十三页 b 面 |
| 8 | 1 | 9 | 129 | 2 473 | | | | | 六十四页 a 面 |
| 10 | 1 | 11 | $194\frac{1}{3}$ | | | | | | 六十四页 b 面 |

由上，可将原著的前 8 个算式（以及省略的算式）全部运算过程和结果统一表示成：

$$x^{m+1} = \sum_{n=0}^{\infty} (-1)^n S_n^m (2a)^{2n+m+1} / 4^n (2n+1)! \tag{11}$$

式左 $x=2\sin\alpha$，$x^{m+1}$ 即“又 $m+2$ 率”。$r=1$，$a=\alpha$，$S_n^m$ 的值由式（10）递推求出。

### 11.5.2　级数回求中的第一种计数结构的应用

在《捷法》级数回求算式中步骤 2）写在中、下部分，步骤 3）写在同一算式的上部。为给式（11）左边配上分母 $4^n(2n+1)!$，式右须调整分子分母。以“又四率”$x^3$ 为例，先将等式两边同除以 $4\cdot3!$：$x^3/4\cdot3!=\sum_{n=0}^{\infty}(-1)^n S_n^2(2a)^{2n+3}/4^{n+1}(2n+3)!$

再将 $S_n^2$ 递乘以 $[{}^1_n]$，使 $(2a)^{2n+3}$ 各项分母保持 $4^{n+1}(2n+1)!$ 的形式（这一过程写在算式下部）：

$$x^3/4\cdot3!=\sum_{n=0}^{\infty}(-1)^n[{}^1_n]S_n^2(2a)^{2n+3}/4^{n+1}(2n+3)!$$

即明氏所说“通之，使其同母”，据式（5）可知等式成立；而岑建功在按语中详述 $[{}^1_n]$ 乘 $S_n^2$ 的过程和结果，他用《九章》词语称之为“齐同之法”或“通分内子”。因规定分母，调整后的分子呈现函数 $[{}^p_q]$ 规律变化。

在步骤 3）中将含 $(2a)^{2n+1}$ 的项（$n\neq0$）消去，形成新的系数分子，记作 $T_n^m$，令

$$T_n^0=S_n^0\equiv1\qquad(n\geqslant0)\tag{12}$$

原著“第一条”即为　$x=\sum_{n=0}^{\infty}(-1)^n T_n^0(2a)^{2n+1}/4^n(2n+1)!$

将“又四率”$x^3/4\cdot3!$ 与它相加，消去 $(2a)^3/4\cdot3!$ 的一项，得

$$x+x^3/4\cdot3!=\sum_{n=1}^{\infty}(-1)^n[{}^1_n](S_n^2-T_n^0)(2a)^{2n+3}/4^{n+1}(2n+3)!$$

所得原著称为“第二条”，它的系数分子记作 $T_n^1$，有

$$T_n^1=[{}^1_n]S_n^2-T_n^0\qquad(n\geqslant1)\tag{13}$$

当 $n=1$，2，…，6 时，依次得到 9，90，819，7380，66 429，597 870，与第三卷六十五页 b 面算式上部结果全部吻合。

同样，对 $x^5$ 级数两边同除以 $4^2\cdot5!$（=24×80）：

$$x^5/4^2\cdot5!=\sum_{n=0}^{\infty}(-1)^n S_n^4(2a)^{2n+5}/4^n(2n+1)!4^2\cdot5!$$

再将 $S_n^4$ 递乘以 $[{}^2_n]$，使 $(2a)^{2n+5}$ 各项分母保持 $4^{n+2}(2n+5)!$ 的形式；再扩大 $T_1^1$ 9 倍，因在第二条展开式中 $T_1^1$ 是 $(2a)^5$ 项的系数，为负值，目的是把此项消去。这就是明安图在“通弦求弧背法解”开始说的“按弧背求通弦共率数内所少率数递加之，至得一整二率（$2a$）而止”的意思。于是得到：

$$T_1^1x^5/4^2\cdot5!=\sum_{n=0}^{\infty}(-1)^n[{}^2_n]\,S_n^4T_1^1(2a)^{2n+5}/4^{n+2}(2n+5)!$$

接着，做消去含 $(2a)^5$ 项的加法。将上面的结果与“第二条”相加，得“第三条”设分子为 $T_n^2$，即有

$$x+T_1^0x^3/4\cdot 3!+T_1^1x^5/4^2\cdot 5!=2a+\sum_{n=1}^{\infty}(-1)^nT_n^2(2a)^{2n+5}/4^{n+2}(2n+5)!$$

式中 $$S_n^m=[{}_n^2]S_n^4T_1^1-T_2^1 \qquad (n\geqslant 1) \tag{14}$$

应当说明，将分子 $S_n^4$ 递乘以 $[{}_n^2]$ 是岑建功在按语中详加论述的，明安图只是简单提了一句："通之，使其同母（如八率五通为三五之类）"，在 $x^5$ 的展开式中，八率（$2a$）$^7$ 位于第 2 项（$n$=1），$S_1^4=5$，所以他举的这一例是：$[{}_1^2]S_1^4=7\cdot 5=35$。

岑氏将"齐同之法"应用于一般情况，即将原 $x^{2n+1}$ 的分子 $S_n^{2m}$ 递乘以 $[{}_n^m]$，此后扩大 $T_1^{m-1}$ 倍，与第 $m$ 条的系数分子 $T_{n+1}^{m-1}$ 合并（两者符号相反，故为其代数和）就得到第 $m$+1 条的系数分子 $T_n^m$：

$$T_n^m=[{}_n^m]S_n^{2m}T_1^{m-1}-T_{n+1}^{m-1} \qquad (m,n\geqslant 1) \tag{15}$$

与此同时，由于在无穷级数运算中等式一边除 $2a$ 项外均被消去，等式另一边出现了以 $T_1^m$ 为系数的 $x$ 的升幂级数：

$$2a=x+T_1^0x^3/4\cdot 3!+T_1^1x^5/4^2\cdot 5!+T_1^2x^7/4^3\cdot 7!+\cdots$$

$T_1^m$ 应当是级数回求运算的主要结果，引人注目。式（15）中当 $n$=1 时，$S_1^{2m}=2m+1$，

$$[{}_1^m]=\frac{(2m+3)!}{(2m+1)!3!} \quad 得到 \quad T_1^m=\binom{2m+3}{3}T_1^{m-1}-T_2^{m-1} \tag{16}$$

它的重要性可以利用组合恒等式 $$(2m+1)^2=\binom{2m+3}{3}+\binom{2m+1}{3} \tag{17}$$

得到说明，有两个重要结果： $$T_2^{m-1}=\binom{2m+1}{3}T_1^{m-1} \tag{18}$$

$$T_2^{m-1}=T_1^m=[(2m+1)!!]^2 \tag{19}$$

式中奇阶乘（$2m$+1）!! 表示 1 · 3，1 · 3 · 5，1 · 3 · 5 · 7，…由于以上几个公式均非原著提出，故这里不予证明。但这几个公式对于说明计数函数 $T_1^m$ 的意义和性质、说明级数回求的结果为什么会出现系数分子呈奇阶乘的平方是必要的。

将式（19）改写为 $T_n=[(2n-1)!!]^2$（规定当 $n$=0 时（$2n-1$）!! =1），代入上述回求的结果，得

$$2a=x+\sum_{n=0}^{\infty}T_nx^{2n+1}/4^n(2n+1)!=\sum_{n=0}^{\infty}[(2n-1)!!]^2x^{2n+1}/4^n(2n+1)!=$$

$$=x+\frac{1^2x^3}{4\cdot 3!}+\frac{1^2\cdot 3^2x^5}{4^2\cdot 5!}+\frac{1^2\cdot 3^2\cdot 5^2x^7}{4^3\cdot 7!}+\cdots \tag{20}$$

式中 $x=2\sin\alpha$，$\alpha=a/r$，而 $r$=1。当 $\alpha=\pi/6$ 时，有

$$\pi=3\left[1+\frac{1^2}{4\cdot 3!}+\frac{1^2\cdot 3^2}{4^2\cdot 5!}+\frac{1^2\cdot 3^2\cdot 5^2}{4^3\cdot 7!}+\cdots\right] \tag{21}$$

这是牛顿 1676 年给出的，由杜德美传入中国。可见式（21）是式（20）的特例；同时也可以认为式（20）的导出受到式（21）的启发。

### 11.5.3　《捷法》级数回求的第二种计数结构

格列高里所创的正矢函数幂级数是：

$$b = r\text{vers}\alpha = \frac{a^2}{2!r} - \frac{a^4}{4!r^3} + \frac{a^6}{6!r^5} - \cdots \tag{22}$$

明安图在这里的目标就是要完成 $b=\varphi(a) \rightarrow a=\psi(b)$ 的级数回求。令 $r=1$，$y = 2\sin\dfrac{\alpha}{2}$，因 $\text{vers}\alpha=1-\cos\alpha=2\sin^2(\alpha/2)=y^2/2$，故 $2\text{vers}\alpha=y^2$，原著称为“（又）三率”，原文及算式中的（又）五，七，……，十七率，即 $y^4$，$y^6$，…，$y^{16}$。

求正矢反函数展开式的方法步骤与求通弦反函数展开式类似，原著除列出从卷四第三十二页 a 面（图 11-27a）开始直到卷四终的八、九个算式之外，叙述文字大都省略，“其理俱与通弦求弧背同，但多一开平方耳。至求各率数及通分法俱详于前，兹惟列算式如左”。这里提到“求各率数”和“通分法”。限于篇幅，这里也仅将级数回求中的计数结构做一简要分析。

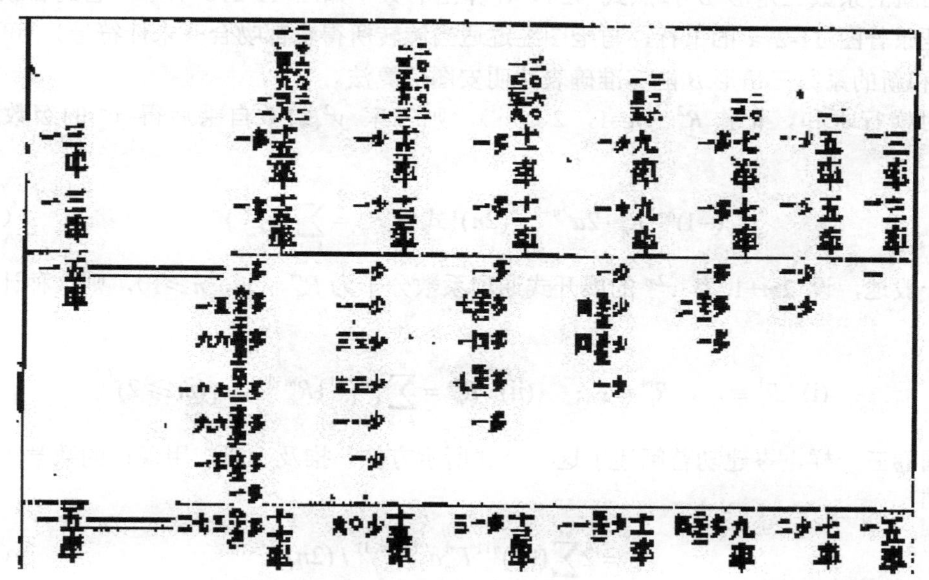

图 11-27a　《捷法》四卷三十二页算式上部

在式（22）中明安图规定分母为（2$n$）! /2，得

$$y^2=2b=2a^2/2!-2a^4/4!+2a^6/6!-\cdots$$

首先求“（又）三率”$y^2$ 自乘，得五率 $y^4$。设此时第 $p$ 项和第 $q$ 项（$1\leqslant p$，$q\leqslant n$，$p+q=n+1$）相乘，乘积的分母保持（2$n$）! /2 的形式，则有

$$[(-1)^{p+1}2a^{2p}/(2p)!]\cdot[(-1)^{q+1}2a^{2q}/(2q)!]=\{{}^{p}_{q}\}(-1)^{n+1}2a^{2n+2}/(2n)! \tag{23}$$

这里我们用记号 $\{{}^{p}_{q}\}$ 表示乘积的分子，据（23）知

$$\{{}^{p}_{q}\}=\frac{2(2n)!}{(2p)!(2q)!} \qquad (1\leqslant p,\ q\leqslant n,\ p+q=n+1) \tag{24}$$

这一类似于组合的计数结构被反复应用，显然有对称性和下面的系数三角形（图 11-27b）：

$$\left\{{p \atop q}\right\}=\left\{{q \atop p}\right\} \quad \left\{{n-k+1 \atop k}\right\}=\left\{{k \atop n-k+1}\right\} \tag{25}$$

$$\begin{array}{c}
\left\{{1 \atop 1}\right\} \\
\left\{{2 \atop 1}\right\} \ \left\{{1 \atop 2}\right\} \\
\left\{{3 \atop 1}\right\} \ \left\{{2 \atop 2}\right\} \ \left\{{1 \atop 3}\right\} \\
\left\{{4 \atop 1}\right\} \ \left\{{3 \atop 2}\right\} \ \left\{{2 \atop 3}\right\} \ \left\{{1 \atop 4}\right\} \\
\left\{{5 \atop 1}\right\} \ \left\{{4 \atop 2}\right\} \ \left\{{3 \atop 3}\right\} \ \left\{{2 \atop 4}\right\} \ \left\{{1 \atop 5}\right\} \\
\left\{{6 \atop 1}\right\} \ \left\{{5 \atop 2}\right\} \ \left\{{4 \atop 3}\right\} \ \left\{{3 \atop 4}\right\} \ \left\{{2 \atop 5}\right\} \ \left\{{1 \atop 6}\right\} \\
\left\{{7 \atop 1}\right\} \ \left\{{6 \atop 2}\right\} \ \left\{{5 \atop 3}\right\} \ \left\{{4 \atop 4}\right\} \ \left\{{3 \atop 5}\right\} \ \left\{{2 \atop 6}\right\} \ \left\{{1 \atop 7}\right\}
\end{array}$$

图 11-27b　新的系数三角形 $B$

$$\begin{array}{cl}
1 & \to 1 \\
1 \quad 1 & \to 2 \\
1 \quad 2\frac{1}{2} \quad 1 & \to 4\frac{1}{2} \\
1 \quad 4\frac{2}{3} \quad 4\frac{2}{3} \quad 1 & \to 11\frac{1}{3} \\
1 \quad 7\frac{1}{2} \quad 14 \quad 7\frac{1}{2} \quad 1 & \to 31 \\
1 \quad 11 \quad 33 \quad 33 \quad 11 \quad 1 & \to 90 \\
1 \quad 15\frac{1}{6} \quad 66\frac{11}{15} \quad 107\frac{1}{4} \quad 66\frac{11}{15} \quad 15\frac{1}{6} \quad 1 & \to 273\frac{1}{20}
\end{array}$$

图 11-27c　据图 11-27b 由式（24）算出的数字三角形 $B$

据新的系数三角形 $B$ 按照式（24）计算出的数字如图 11-27c 所示，它的右纵列数字正是原著图 11-27a 的下行，与全图经过适当旋转所得也都吻合（未计符号），可见式（24）和新的系数三角形 $B$ 能够准确表达明安图的算法。

对横行求和，记作 $R_n^2$（$n$=1，2，…），则三率 $y^2$ 级数自乘后得 $y^4$ 的级数通项便是：

$$(-1)^{n+1}R_n^2\cdot 2a^{2n+2}/(2n)!\text{式中}R_n^2=\sum_{k=1}^{n}\left\{{n-k+1 \atop k}\right\} \tag{26}$$

一般地，设 $2m+1$ 率 $y^{2m}$ 的展开式通项系数分子为 $R_n^m$（$m$，$n$≥1），则这种计数函数为

$$\text{(i)}\quad R_n^1\equiv 1\ ,\ R_1^m\equiv 1\ ;\qquad \text{(ii)}\quad R_n^m=\sum_{k=1}^{n}\left\{{n-k+1 \atop k}\right\}R_k^{m-1}\qquad (m\geqslant 2) \tag{27}$$

同卷三一样，岑建功曾阐述了这一公式所示方法。推及一般，用现在的数学语言表达，即

$$y^{2m}=2\sum_{n=1}^{\infty}(-1)^{n+1}R_m^n a^{2(m+n-1)}/(2n)! \tag{28}$$

岑氏举出 9 例，即 $\left\{{2 \atop k}\right\}$（$k$=2，…，6），$\left\{{3 \atop k}\right\}$（$k$=3，4，5）和 $\left\{{4 \atop 4}\right\}$。岑按指出系数变换相当于用 $\left\{{n-k+1 \atop k}\right\}$，又举 22 例，此不一一赘述。

同卷三中步骤①，②，③一样，获得级数回求的结果为：

$$a^2=2(y^2/2!+y^4/4!+4y^6/6!+36y^8/8!+576y^{10}/10!+\cdots+25401600y^{16}/16!+\cdots)$$
$$=2\sum_{n=0}^{\infty}\frac{(n!)^2y^{2n+2}}{(2n+2)!}=2\sum_{n=0}^{\infty}\frac{(n!)^2(2\text{vers}\,\alpha)^{n+1}}{(2n+2)!} \tag{29}$$

原著者还特意指出各系数相当于今天所说阶乘的平方。

### 11.5.4 "奇、偶组合"是明安图创立的计数结构

"在我国数学史上，清代的无穷级数研究是一个相当活跃的领域。在这个领域中，成果迭现，人才辈出。溯本求源，其开创之功自然首推明安图。……级数回求在明安图的数学成就中占有重要地位，应给以充分肯定。"①

的确，明安图的级数回求法具有独创性，他没有导数、连续等概念，基本使用传统离散的方法，所得与西方数学相同或相似的结果，不仅中算前人所无，途径也与西算迥异，堪称独步。由于对象 $\sin\alpha$，$\cos\alpha$（$=1-\mathrm{vers}\alpha$）的基本重要性，他的算法中冒出一些古今都不熟悉的概念，例如类组合结构 $\left[{p \atop q}\right]$，$\left\{{p \atop q}\right\}$，计数函数 $S_n^m$，$T_n^m$，$R_n^m$ 等，就不奇怪了。而数学史的研究，在用今天的观点去理解过去的同时，如果把古人思想独特之处发掘出来，奇文共赏，也不失借鉴的意义。

明安图受限于时代和中算内部的障碍，虽不可能用今天的方式明确定义类组合结构 $\left[{p \atop q}\right]$，$\left\{{p \atop q}\right\}$，计数函数 $S_n^m$，$T_n^m$，$R_n^m$ 等，但他（以及岑建功）在大篇的演算（及按语）中反复应用了这些结构和函数，对其作用，已有相当的认识。虽然其方法过于烦琐，今人几乎难以接受。

本书把计数结构 $\left[{p \atop q}\right]$，$\left\{{p \atop q}\right\}$ 称为"奇组合"和"偶组合"，认为这两种结构是同组合 $\binom{n}{k}$ 相辅相成的概念。尽管在以前的数学文献中尚未发现有关的论述，但不排除奇、偶组合本身找到它的应用、成为新的研究课题的可能。当然，这已不是本书的任务。

人们可以从《捷法》三、四卷的上述算法分析中清楚看到，明安图的无穷级数求反函数的过程，应用了有限、递归、排序、四则等离散的、常规的方法。奇组合数、偶组合数的产生不是偶然的。明安图在"通分"中始终如一地采用"规定分母、调整分子"的方法，由于处理对象是奇数或偶数的阶乘函数，而他规定的分母又恰能使分子按同一方式出现规则性变化，所以奇、偶组合数是设计者刻意追求的产物，而非运算中旋得旋失的演草数据。在级数回求中"规定分母、调整分子"的方法是产生这些新的计数结构的必要条件。

做出这样的结论，可能有些读者并不认同，因为从未见过组合有奇偶之分；如果这种算法是有意义的，就应当举出它的应用；否则就等于说现今数学的组合计数工具不完备。

事实上，我们阅读古代数学，不必一定按照今人的观点去理解。在古人全然不知今天的算法时，他为达到一个目的，会采用一些独特的方法——可能是前所未闻的。这正是研究古算引人之处。如果研究所得，全是已知成果，就表明这项工作比较平凡，没有突出原著特点。

假定走丝绸之路有两种选择：一是乘最现代的交通工具——飞机或高铁，起点终点，目的立刻达到，非常快捷，但对沿途并没有留下什么印象；二是利用古代驼队马帮——畜力或人力，成年累月，走过沙漠山岭，沿途所见奇景，目不暇给。这就像是用

① 何绍庚. 明安图的级数回求法. 自然科学史研究，1984（3）：209-216.

古今数学方法去解一类无穷级数反演的问题给人留下的印象。人们会对一切未知的事物产生好奇之心。

对于明安图的数学研究，还存在像奇、偶组合一样许多有待深入的领域；特别是在天文学方面，他参加了四种天文汇编的撰写，但哪些具体成果属于他本人至今难以厘清。事实上仅在数学方面，本书也只是涉及了有关计数的几方面，还需要各方面的学者继续研究。

# 第12章　徐有壬、戴煦正切数研究的领先成果

早期的中国数学成就显示了算术和代数的探索基于深奥的归纳法的知识之上，直到近代，当西方数学再度传入中国的时候，晚清数学家们一方面吸收了微积分的知识，一方面在研究中还保持着传统数学的特点，并竭力使两者融合起来。但是，一种是素以研究离散对象为特长的数学，一种是研究极限、逼近与连续对象的数学，它们之间存在着较大的差别，并且对归纳和演绎的逻辑方法的侧重点也有所不同，中西数学的合流便在这样的背景下困难地进行。然而，徐有壬、戴煦、李善兰、夏鸾翔、华蘅芳诸位数学家的研究并未全盘西化，他们发挥了传统数学的长处。今天看来，中算家的垛积术和招差法属于组合论中的计数理论研究的对象；而将一个无穷级数展开时一个重要内容是研究它的系数出现的计数规律，以及在大量的级数互求和反演（inversion）中出现的系数变化规律。中算家们研究计数理论表现出特殊的才能，留下了卷帙浩繁的著作。可能会有人认为在微积分学中那些复杂的展开式不具有基本的重要性，从而忽视。然而，今天由于电子计算机的发展，离散数学重新焕发出活力，递归方法、计数论等又变成引人注目的问题，当用组合论的新观点来阅读、整理晚清数学家的有关著作时，会发现有一些内容属于计数函数（counting function），不少为外论所未见；而像斯特林数、欧拉数等著名的计数函数，中算家也得到了类似的结果，虽然晚于欧洲，但是是独立获得的，成为数学发展滞后时期的闪光点。

正切数是一种重要的计数函数，也是特殊函数和递归函数。在西方数学史上对它的研究在 1857 年才开始，远不及对欧拉数的认识；虽然格列高里之前就已首次获得正切函数的无穷级数展开式，但他并非去寻找正切数，也未将正切数表示出来，本章将介绍西方发展的主要情况。而中算家徐有壬在 1840 年前为弥补明安图《割圜密率捷法》只论弦矢、不论切割的缺憾，努力寻求正切的无穷级数展开式，在两个算表中清楚呈现正切数，将在 § 12.1 节讨论。戴煦在 1852 年就同时获得了现今所说的正切数和欧拉数，成绩斐然，用 § 12.2， § 12.3 两节论述，表示成现代形式，从递归函数的角度与西方成果进行对比。

从中算与西算对正切数研究的差异，考察两者在历史上发展的不同特点，有必要做相关拓展研究： § 12.4 节对作为计数函数、特殊函数的正切数和交错排列做数学专题讨论。几十个公式在现今数学词典中没有见到，只能找到部分相对应的欧拉数公式，这说明正切数还存在研究的空间，实际上是历史上形成的缺憾。这几节的内容已经拓展到历史范畴之外。

数学史研究的一个重要目的是为数学的发展提供思考的资料，这可能使史学家与数学家产生方法论的分歧，因在两者视野中的对象存在不同。虽然这样的区别存在为时已久，但是，它仍然能够被人们接受：一方面是力图解释过去，一方面却更多关心未来。

## 12.1 徐有壬《测圆密率》对正切数的研究[*]

### 12.1.1 徐有壬及其对无穷级数的研究

徐有壬（1800～1860），字君青（或钧卿），浙江乌程（今湖州市）人。晚清官员和著名数学家。八岁就能解勾股术，父亲去世后，随叔父住在京城，师事姚学塽。学必求有用，尤精历算。道光九年（1829 年）进士，授户部主事，升为郎中；任四川按察使（司法官）、广东盐运使和按察使；云南、湖南布政使（行政官）。咸丰五年（1855年），丁母忧回原籍。咸丰八年（1858 年），服阕（守丧期满除去丧服），受命管理江苏粮台，后擢升江苏巡抚（掌管全省民政、军政）。咸丰十年（1860 年）春太平军攻打苏州，四月，守城提督趁夜逃跑，有人打开城门，这时徐有壬正巡城，短兵巷战，城陷被杀，其子女同死。谥“庄愍”，在苏州建祠；有资料说徐家旧宅在湖州市双林镇雨花庵弄。

徐有壬从 19 世纪 20 年代开始研究数学。作为官员，他是江浙数学界的核心人物之一，结交了一些著名数学家：戴煦、李善兰等，后者还成为他的幕僚。他和戴、李的研究方向一致，戴的一些工作也受到徐的影响。虽非专职，却于政务之余，潜心钻研，在近代官员中，从政同时还保持浓厚兴趣做数学研究者并不多见。

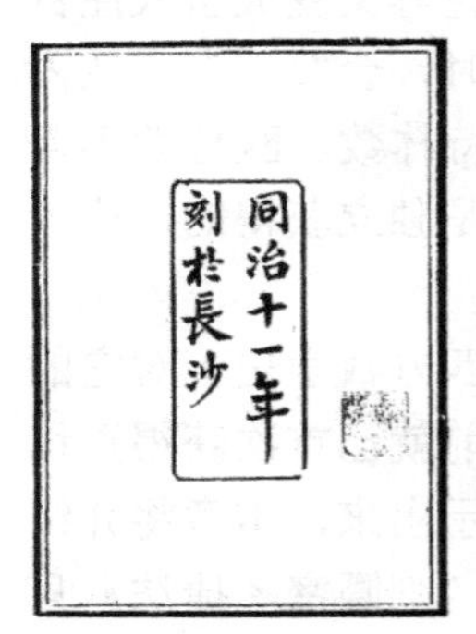
同治十一年
刻於長沙

左：图 12-1 《徐庄愍公算书》扉页
右：图 12-2 《徐庄愍公算书》题名

徐有壬巡抚江苏时，向戴煦索取项名达的《象数一原》写定本付梓。1860 年闰三月，刻板即将竣工，未及印行，而徐、戴相继死难，此版本遂不知所终。

徐 1860 年聘请李善兰到他的麾下，共研数学问题。但此时太平军迅速攻克苏州，徐让李立即离开，李仓皇返沪，没有想到这竟是两人最后的会见。李后知第二天徐阵前被杀。

徐有壬的天算著作部分收在丁取忠编著的“白芙堂算学丛书”里的《务民义斋算学》[①]中，长沙同治十一年（1872 年）有刻本《徐庄愍公算书》（图 12-1、图 12-2），后有多种版本行世。

《测圆密率》和《割圆八线缀术》较多涉及正切级数。徐有壬在这两本书中的数学成果具体体现在两个方面：一方面，他对三角函数无穷级数中互反公式进行了研究。研究三角函数的无穷级数颇有心得，较多应用计数函数和级数互求，列出 10 余对互反公

---

* 罗见今. 徐有壬《测圆密率》对正切数的研究. 西北大学学报（自然科学版），2006（5）：853-857.

① 徐有壬. 测圆密率//任继愈. 中国科学技术典籍通汇：数学卷（五）. 务民义斋算学. 郑州：河南教育出版社，1993：653-668.

式，是他主要成就所在。

另一方面，他对正切的无穷级数展开式和正切数进行了研究，首次独立获得正切展开式。

本节探讨徐有壬对正切级数和正切数的研究，揭示传统数学的离散特点。阐明正切数的意义，将《测圆密率》的相关内容表述成现代形式。给予徐有壬的工作以历史评价：在中算史上首次提出正切级数。认为徐有壬的工作对戴煦的系统研究产生了影响。

### 12.1.2　正切数的意义

所谓“正切数”，是指 $\tan x$ 展开为 $x$ 的无穷幂级数，当分母表为阶乘时，分子所构成的正整数序列。国际上的记法用 $T_n$ 来表示；而 $E_n$ 表示欧拉数。其定义式为：

$$\sec x=\sum_{n=0}^{\infty}\frac{E_n}{(2n)!}x^{2n}，\ \tan x=\sum_{n=1}^{\infty}\frac{T_n}{(2n-1)!}x^{2n-1}.\ (\,|\,x\,|<\pi/2) \tag{1}$$

当 $n$=1，2，…，60 时，正切数 $T_n$ 为：

$T_1$=1，　$T_4$=272，　$T_7$=22 368 256，　$T_{10}$=29 088 885 112 832

$T_2$=2，　$T_5$=7 936，　$T_8$=1 903 757 312，　（以上由戴煦[①]1852 年给出）

$T_3$=16，　$T_6$=353 792，　$T_9$=209 865 342 976，　$T_{11}$=4 951 498 053 124 096，

以下至 $n$=60 时的 $T_n$ 值由高德纳、巴克霍兹在 1967 年用计算机获得[②]，略去。笔者在文献中所称的“戴煦数”，是 1980 年代的记法，即正切数。

欧拉数 $E_n$ 是指 $\sec x$ 展开为 $x$ 的无穷幂级数当分母表为阶乘时，分子所构成的正整数序列。当 $n$=0，1，2，…，9 时，前 10 项欧拉数 $E_n$ 为：

$E_0$=1，　$E_3$=61，　$E_6$=2 702 765，　$E_9$=2 404 879 675 441，

$E_1$=1，　$E_4$=1 385，　$E_7$=199 360 981，　（以上由戴煦 1852 年给出）

$E_2$=5，　$E_5$=50 521，　$E_8$=19 391 512 145，　…………

欧拉数很有名，在西方文献中有许多研究；高德纳、巴克霍兹求出了 $E_n$ 的前 61 项。

作为数学名词，正切数产生得比较晚[③]；在西方数学著作中凡提及这种计数函数，人人都称作欧拉数，却没有见过“正割数”的说法。事实上在西方数学史中对 $E_n$ 的研究比 $T_n$ 重视。当涉及 $T_n$ 时，常用伯努利数 $B_n$ 表示：

$$T_n=\frac{2^{2n}(2^{2n}-1)}{2n}B_n\ (n>0)，则有\ \tan x=\sum_{n=0}^{\infty}\frac{2^{2n}(2^{2n}-1)B_n}{(2n)!}x^{2n-1} \tag{2}$$

两者的指数型生成函数为

$$\tanh x=\frac{\mathrm{e}^{2x}-1}{\mathrm{e}^{2x}+1}=\sum_{n=0}^{\infty}T_n\frac{x^n}{n!}, \tag{3}$$

$$\operatorname{sech} x=\frac{2\mathrm{e}^{x}}{\mathrm{e}^{2x}+1}=\sum_{n=0}^{\infty}E_n\frac{x^n}{n!}.\ (|x|<\pi/2) \tag{4}$$

它们还出现在欧拉的锯齿数、安德烈的交错排列[④]中，作为特殊函数、计数函数，与两

---

① 戴煦. 外切密率（1852）//任继愈. 中国科学技术典籍通汇：数学卷（五）. 求表捷术. 郑州：河南教育出版社，1993：767-850.

② KNUTH，BUCKHOLTZ. Computation of tangent，Euler and Bernoulli numbers. M Comput，1967，21（100）：663-688.

③ COMTET L. 高等组合学——有限和无限展开的艺术. 谭明术译. 大连：大连理工大学出版社，1991：100，291.

④ ANDRE D. Development de sex et tgx. Comptes Rendus，1879（88）：965-967.

者相关的定义式、互反公式等至少有 50 多个，多成对出现。由于 $T_n$，$E_n$ 出现在 $E_n$（$x$），$B_n$（$x$）和多种计数公式中，可以归结为 3 种记法，应当区别，不然会引起混淆。

### 12.1.3 《测圆密率》中的正切数

1701 年，法国耶稣会传教士杜德美到中国，带来三个级数展开式：格列高里的正弦、正矢展开式和牛顿 π 的展开式，引发了始于明安图、历时百余年的无穷级数研究。杜德美未将格列高里的正切展开式带来，明安图也未涉及，徐有壬便开始独立从事这方面的研究。

徐氏著作有两种涉及正切数：《测圆密率》和《割圆八线缀术》。前者未记载著成年月，李俨先生认为该书应是在 1852 年前已经写成。据张文虎《日记》（1840 年）的记载，他曾手录《测圆密率》，该书应是在 1840 年前已经写成。[①]后者未完稿，1862 年前由南丰数学家吴嘉善补成三卷，1873 年前又由湘阴数学家、左宗棠之侄左潜补出算草，合成四卷。严格说来，《割圆八线缀术》应当是合作写成的著作。

**1）《测圆密率》“弧背求正切”解读**

《务民义斋算学》中《测圆密率》第二卷第七术“弧背求正切”（图 12-3）称：

弧背为第一数；弧背自乘、乘第一数，半径幂除之、三除之，为第二数；弧背自乘、倍之、乘第二数，半径幂除之、五除之，为第三数；弧背自乘、倍之、乘第三数，加一差（见下），半径幂除之、七除之，为第四数；弧背自乘、倍之、乘第四数，加二差（见下），半径幂除之、九除之，为第五数；弧背自乘、倍之、乘第五数，加三差（见下），半径幂除之、十一除之，为第六数……顺势以下皆如是，递求至单位下乃相并，得所求正切。

各加差求法：第二数以下通行自乘、又乘第一数，得各加差，分析如下。第二数自乘、乘第一数，为一差；第二数乘第三数、倍之，又乘第一数，为二差；第二数乘第四数、倍之，第三数自乘，相并，又乘第一数，为三差；第二数乘第五数、倍之，第三数乘第四数、倍之，相并，又乘第一数，为四差……至单位下而止。

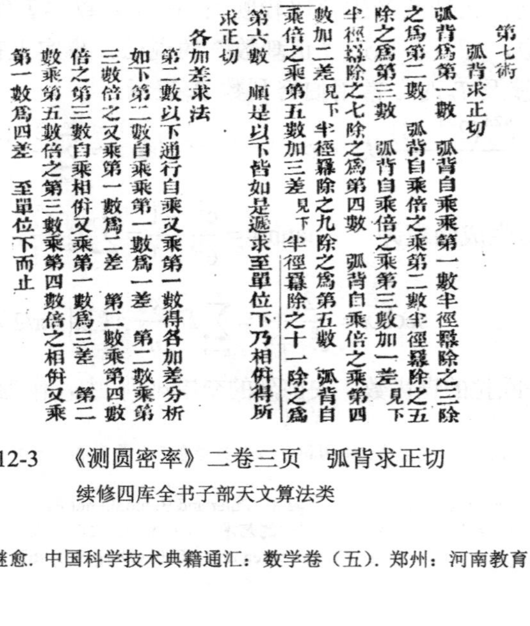

第七術
弧背求正切
弧背爲第一數　弧背自乘乘第一數半徑冪除之三除
之爲第二數　弧背自乘倍之乘第二數半徑冪除之五
除之爲第三數　弧背自乘倍之乘第三數加一差見下
半徑冪除之七除之爲第四數　弧背自乘倍之乘第四
數加二差見下半徑冪除之九除之爲第五數　弧背自
乘倍之乘第五數加三差見下半徑冪除之十一除之爲
第六數　順是以下皆如是遞求至單位下乃相併得所
求正切
各加差求法
第二數以下通行自乘又乘第一數得各加差分析
如下第二數自乘乘第一數爲一差　第二數乘第
三數倍之又乘第一數爲二差　第二數乘第四數
倍之第三數自乘相併又乘第一數爲三差　第二
數乘第五數倍之第三數乘第四數倍之相併又乘
第一數爲四差　至單位下而止

图 12-3　《测圆密率》二卷三页　弧背求正切

续修四库全书子部天文算法类

① 韩琦. 务民义斋算学提要//任继愈. 中国科学技术典籍通汇：数学卷（五）. 郑州：河南教育出版社，1993：647.

据术文，设弧长即“弧背”为 $a$，弧度 $a/r=x$，为简化表达式，令半径 $r=1$，则 $a=x$。

$$\tan x = T_1 + T_2 + T_3 + \cdots，其中 T_1 = x，T_2 = \frac{1}{3}x^3，T_3 = \frac{2}{3\cdot 5}x^5，$$

$$T_4 = \frac{2x^2T_3 + R_1}{7} = \frac{17}{3\cdot 3\cdot 5\cdot 7}x^7，R_1 = T_2^2T_1 = \frac{1}{3\cdot 3}x^7，$$

$$T_5 = \frac{2x^2T_4 + R_2}{9} = \frac{62}{3\cdot 3\cdot 5\cdot 7\cdot 9}x^9，R_2 = 2T_2T_3\cdot T_1 = \frac{4}{3\cdot 3\cdot 5}x^9，$$

$$T_6 = \frac{2x^2T_5 + R_3}{11} = \frac{1382}{3^2\cdot 5^2\cdot 7\cdot 9\cdot 11}x^{11}，R_3 = (2T_2T_4 + T_3^2)\ T_1 = \frac{254}{3^3\cdot 5^2\cdot 7}x^{11}，$$

$$T_7 = \frac{2x^2T_6 + R_4}{13} = \frac{21844}{3^5\cdot 5^2\cdot 7\cdot 11\cdot 13}x^{13}，R_4 = (2T_2T_5 + 2T_3T_4)\ T_1 = \frac{1232}{3^3\cdot 5^2\cdot 7\cdot 9}x^{13}，$$

$$\cdots\cdots\cdots$$

$$\tan x = x + \frac{1}{3}x^3 + \frac{2}{15}x^5 + \frac{17}{315}x^7 + \frac{62}{2835}x^9 + \frac{1382}{155\,925}x^{11} + \frac{21\,844}{6\,081\,075}x^{13} + \cdots$$

这就是徐有壬采用离散的方法获得的正切展开式，可达到所需精度，经过核算，它是正确的。此式前 6 项分子是李俨先生据徐法得到的，与法国数学家孔泰所著《高等组合学》①中用生成函数法所得结果一致。一般数学词典并不多见。它可以从《数学百科辞典》②有关公式中推出。

据《测圆密率》卷三第 13、14、17、18 术，李俨先生列出的无穷级数互求公式中有 4 处出现了正切数。以第 17 术“大切求小切”为例（弧背为 $a$，设弧度 $a/r=x$，令半径 $r=1$）：

$$\tan\frac{x}{n} = \frac{1}{n}\tan x - \frac{2n^2-2}{3!n^3}\tan^3 x + \frac{24n^4 - 40n^2 + 16}{5!n^5}\tan^5 x - \cdots$$

为了简明，我们将它的展开式系数分子数列单独列出，得到三角数阵（图 12-4）：它的右边斜向向下构成正切数数列。另一个三角数阵是第 13 术“大弦求小切”展开式系数分子构成的，它的右边斜向向下也构成正切数数列（图 12-5）。

1<br>
1　2<br>
9　20　16<br>
225　518　560　272<br>
11 025　25 832　31 584　22 848　7936

图 12-4　《测圆密率》第 13 术大弦求小切

1<br>
−2　2<br>
24　−40　16<br>
−720　1568　−1120　272<br>
40 320　−104 704　102 144　−45 696　7936

图 12-5　《测圆密率》第 17 术大切求小切

第 14 术（小弦求大切）和第 18 术（小切求大切）的展开式系数三角数阵与以上两个完全相同，只是左右排列顺序相反。为获得这 4 个公式，徐有壬利用了与“弧背求正切”式类似的方法，结果较繁复，每式都须加入补差式，例如第 17、18 术所构造的补

① COMTET L. 高等组合学——有限和无限展开的艺术.谭明术译. 大连：大连理工大学出版社，1991：100，291.
② 日本数学会. 数学百科辞典. 北京：科学出版社，1984：1035.

差式 $R_1$，$R_2$，$R_3$，$R_4$ 和“弧背求正切”式的完全相同。正切数已包含在徐有壬的公式中。

图 12-4 和 12-5 数据中右斜下的一行，清楚呈现出的正是所求正切数。

**2）对徐有壬所求正切展开式的评价**

在中算史上，徐有壬首次独立获得正切展开式。这一点得到了当时数学家的承认。戴煦在《外切密率》前言中说：“自泰西杜氏德美以连比例九术（按：杜氏实传三术，另六术为明安图所创）入中国，而割圆之法始简。顾其术，但能求弦矢，而不能求切割二线。钧卿徐氏有切线弧背互求二术，而于割线尚未全也”[①]，他的工作受到英国传教士伟烈亚力（Wylie）的好评，认为《务民义斋算学》这类著作表现了中国人的天才智慧。他的兴趣在级数互求，列出具有计数意义的 10 余对互反公式，是他主要成就所在。李俨先生将徐的割圆术和 30 多个无穷级数表示成现代形式，列在戴煦之后，事实上徐的相关成果早于戴煦。从他们的书中很难看出西方数学的影响。

戴煦同时看到徐氏的不足。徐有壬算书一般无年代，即令家刻本《务民义斋算学》也仅知出于同治年；而数学公式，往往也仅给出算法，立术之原，秘而不宣。吴嘉善就表示惋惜地说：“（徐）于术甚精，而其立法之原不以示人。”[②]这给研究他的造术带来一定困难。

徐有壬的工作虽然早于戴煦至少 12 年，但获得正切数方法存在缺陷，并未给出通项公式。首先，“弧背求正切”中“加差”法不能写成统一的公式。李俨曾做过尝试，希望能将“一差”“二差”“三差”等公式化，但结果并不明显。当继续展开该式时，还需要经验。这是离散化的缺陷。其次，徐氏将 $\tan x$ 展开为 $x$ 的级数，分母并没有表为阶乘，分子所构成的序列自然不是正切数。再次，徐氏立术建立了几何模型仅为推测，他对正切数应当是熟悉的，徐氏立术之原秘而不宣，我们只能推测，他受明安图方法的启发，但尚未表示成统一的公式，结果不够清晰。徐氏数学方法的分析迄今学界还很少涉足。

李俨先生径直将它写成（展开式前 4 项）

$$\tan x = x + \frac{2}{3!}x^3 + \frac{16}{5!}x^5 + \frac{272}{7!}x^7 + \cdots$$

这在数学上是正确的，但徐氏却未直接给出。

## 12.2 戴煦与其无穷级数杰作《外切密率》

清代晚期，传统数学在经历了长期缓进的寂寞之后开始复苏，在西学东渐的浪潮冲击下，中算内部，业已酝酿着向变量数学的过渡。对无穷级数、垛积差分等的研究，集中了不少中算家的兴趣。这些属于微积分创始前期的工作，总的来看，不能与当时大踏步前进的西方数学相提并论；但是，中算家们利用传统数学的工具，发挥了自己的长处，走出一条富有个性色彩的道路，那就是用离散的手段处理连续的对象，把整体上无

---

① 李俨. 中算史论丛（三）：徐有壬的测圆密率和割圆八线缀术. 北京：科学出版社，1955：448-487.

② 诸可宝. 徐有壬. //阮元.畴人传：三编卷四. 上海：商务印书馆，1935：785.

限的问题，转化为局部有限次求解，从而得到用微积分工具所得到的类似的结果。对分析学而言，他们所获得的大批复杂的级数展开式不具有基本的重要性，然而，从离散数学的观点来看，计算过程中为求展开式各项系数而归纳出的大量计算规律、互反关系等，至今在组合数学计数理论中足资借鉴，本节集中讨论戴煦使用的递归方法和两种计数函数求法，并做拓展的研究，认为在晚清数学整体后进的状态中，仍然会有一些闪光点。

### 12.2.1 数学家戴煦及其《外切密率》*

#### 1）戴煦是晚清民间数学家

戴煦，字鄂士，号鹤墅，浙江钱塘（今杭州市）人。父道峻，郡庠生；母王氏，兄弟熙，煦，焘三人。兄熙，字醇士，道光十二年（1832年）进士，督广东学政，拥护禁烟；任礼部侍郎，官至兵部右侍郎，著名画家。后归隐乡里，主讲崇文书院，受赐三品服；曾被征用，托病未出。太平军攻陷杭州时自尽，谥“文节”。

戴煦以商籍第一名入杭州府学，20岁补博士弟子，旋补增广生。后绝意仕途，精研历算，严冬酷暑，未尝废弃，中西算学都能融会贯通。循例为贡生，候选训导。

戴煦平生淡泊宁静，脱尘拔俗，平易近人，“无忤于物，亦不随物变迁”。早年昼夜研读，有心得则秉烛以记，废寝忘食。老父担心他过于劳累，不准熬夜。他至晚便早早熄灯就寝，伏枕构思，待父亲一睡熟就起床，飞快作草稿，直到鸡鸣还不停修改。少时家境优渥，城内纨绔聚众竟日歌舞，戴家兄弟和好友谢家禾独默坐诵读，互相砥砺。后绝意仕途，精研历算，严冬酷暑，未尝废弃，中西算学都能融会贯通。

戴煦与数学家罗士琳、张茂才、项名达、李善兰、夏鸾翔、徐有壬等都有交往，互相切磋。著成《四元玉鉴细草》（1826年），项名达（原名万准，字步莱，号梅侣）读后引为忘年交，成终生挚友。戴与项过从最密，两人共定开方捷术；1845～1846年，项氏分别为戴《对数简法》《续对数简法》作序。戴煦童年好友、数学家谢家禾去世，1837年校刊他的遗著《谢谷堂算学三种》。

1851年戴煦与李善兰相识，共研李氏1845年所著《对数探源》《弧矢启秘》及戴氏未完稿《外切密率》。1855年，与徐有壬相识；1857年秋，徐为《续对数简法》作跋。项名达病逝时曾遗书请求“续成之”。1858年，煦遵遗嘱，历时半载，为之校补书稿6卷，并补撰第7卷“椭圆求周术图解”，使成完璧，学界传为佳话。

戴煦是晚清民间专业数学家，由于浙江地区富庶，他的家境殷实，才有条件全力以赴，深研自己爱好的数学，既不做官，也不经商，终身从事研究。

他的早期著作包括补撰《重差图说》，著《勾股和较集成》1卷、《四元玉鉴细草》若干卷、《割圆捷法》1卷（皆未刊）。届不惑之年，戴煦数学新作迭出。自1845年至1853年，凡八易寒暑，共成数学著作4种9卷：《对数简法》2卷（1845年）、《续对数简法》1卷（1846年），论对数表造法，收入金山小万卷楼丛书；《外切密率》4卷（1852年），论三角函数表造法；《假数测圆》2卷（1852年），论三角函数对数表造法。以上4种总名《求表捷术》，收入粤雅堂丛书，为其代表作。

---

* 罗见今，王淼，张升. 晚清浙江数学家群体之研究. 哈尔滨工业大学学报（社会科学版），2010，12（3）：1-11.

戴煦多才多艺，兴趣广泛，汉学、诗、篆刻、画、乐律无不精究。他的诗不少收集在吴振棫编《国朝杭郡诗三辑》之中。其兄戴熙是知名画家，戴煦的画也很出名，当时甚至有人评论，其水平在其兄之上。戴煦喜好音乐，以数学方法解析古代乐律，1854年著《音分古义》2卷附1卷（有1886年刊本）。1860年，华冀纶借去原稿，因太平军起，华氏将其密藏壁内，免于兵燹；1862年华氏在上海遇见煦长子以恒，完璧以还。戴煦还涉猎地理学（堪舆）、舰船机械设计等问题，著《船机图说》，未完稿，其甥王学录补成。

1860年二月，太平军攻克杭州。戴煦闻兄投池自尽，三月初一夜亦投井身亡。

戴煦原不问政事，潜心钻研，数学功力堪与李善兰相伯仲；没有任何史料能证明他仇视太平军。他受其兄戴熙的影响很大。事实上戴熙早就辞官返乡，百姓而已，并非太平军矛头所向的官员。他不能接受剧变，选择投池自尽，在当时的历史条件下，即令有忠君思想，也是可以理解的；而得知这一消息，戴煦立即在当夜投井身亡，成果中断，这是社会的损失，也是历史的遗憾。

**2）戴煦《外切密率》序**

在咸丰壬子（1852年）中秋写成的《外切密率》序言（图12-6）中，戴煦指出杜德美没有将正切和正割函数的无穷级数传到中国，徐有壬仅研究了切线与弧背互求的两个公式，也未研究割线，他说：

> 间尝与梅侣项先生议及，欲补全之。深思累年，始悟连比例率既可互相乘除，自可互相比例，则借求弦矢诸术变通之，而求切割二线诸术，靡不在是矣。

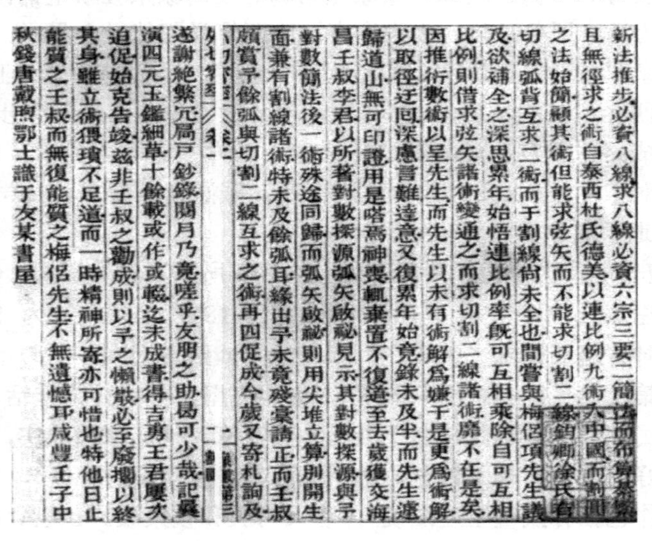

新法推步必資八線求八線必資六宗三要二簡法而布算甚繁
且無徑求之術自泰西杜氏德美以連比例九術入中國而割圜
之法始簡顧其術但能求弦矢而不能求切割二線鈞鄉徐氏有
切線弧背互求二術而于割線尚未全也間嘗與梅侶項先生議
及欲補全之深思累年始悟連比例率既可互相乘除自可互相
比例則借求弦矢諸術變通之而求切割二線諸術靡不在是矣
因推術數術以呈先生而先生以未有術解為嫌于是更為術解
以取徑迂回深慮言難達意又復累年始竟錄未及半而先生遽
歸道山無可印證用是嗒焉神喪輒棄置不復道至去歲獲交海
昌壬叔李君以所著對數探源弧矢啟祕見示其對數探源與予
對數簡法後一術殊途同歸而弧矢啟祕則用尖堆立算刪開生
面兼有割線諸術特未及餘弧耳緣出予未竟殘稾請正而壬叔
頗賞予餘弧與切割二線互求之術再四促成今歲又寄札詢及
遂謝絕繁冗局戶鈔錄閱月乃竟嗟乎友朋之助曷可少哉記曩
演四元玉鑑細草十餘載或作或輟迄未成書得吉勇王君屢次
迫促始克告竣茲非壬叔之勸成則以予之懶散必至廢擱以終
其身雖立術猥瑣不足道而一時精神所寄亦可惜也特他日止
能質之壬叔而無復能質之梅侶先生不無遺憾耳咸豐壬子中
秋錢唐戴煦鄂士識于友某書屋

图12-6 《外切密率》咸丰壬子戴煦序

他利用并推广明安图的方法，把推算出的结果交给老师项名达先生，老师指出这个结果还没有把“术解”即立术之原讲出来，于是戴煦又费了几年工夫才补充完毕，这时老师已经去世，他和老师情意深厚，感到“无可印证”“嗒焉神丧”，甚至把自己的研究结果“弃之不复道”。到了1851年，李善兰和戴煦会见，两人交换研究数学的心得，互相展示各自写成的算书，李善兰对戴煦的“余弧与切割二线互求之术”非常欣赏，再三再四地催促他赶快把它整理出版；而且分别后还不忘此事，1852 年又写信询问。于是戴煦集中精力，用一个月就整理完毕，他感慨道："朋友之助，曷可少哉！"他十分感谢李善兰的帮助，并有自责，说道："兹非壬叔之劝成，则以予之懒散，必至废搁以终其身……而一时精神所寄，亦可惜也。"

李善兰比戴煦小 6 岁，他们是晚清时期水平最高的两位数学家。

**3）《外切密率》是一本什么书**

戴煦的《外切密率》四卷[①]继承了明安图、董祐诚（字方立）和项名达等人在三角函数无穷级数展开式上的工作，并有所创新。当时数学家们探讨了正弦、余弦、正矢、余矢的幂级数，而对正切、余切、正割、余割的幂级数尚未涉及。项名达曾注意过此问题，但未能解决，"以弧分不通切割为憾"。在老师和友人李善兰的支持和催促下，该书四卷 1852 年秋出版，主要讨论正切、余切、正割、余割函数（称作"四线"）与弧度（称作"弧背"）间的关系。戴氏在该书"例言"中指出：

> 兹编推纂杜氏九术而补其未备。以弦矢二线容于圆内，切割二线出于圆外，故名曰《外切密率》。至杜氏术解则已阐发于明静庵（明安图）氏、董方立（董祐诚）氏，不复重赘。

他对正切、正割及其反函数幂级数的研究，在该书中共给出"本弧求切线"（卷一）和"本弧求割线"（卷二）等 9 个展开式。

《外切密率》研究三角函数 $\mathrm{tg}\alpha$，$\sec\alpha$ 及其反函数展开为无穷幂级数的方法，使用的不是微分法、泰勒展开法，而是离散方法和递推法，所得到的重要结果，除了展开式本身之外，还获得了展开式各项分子的数列，就是现今组合计数中所说的计数函数，因其递归方法与众不同，而受到人们重视，以下将集中介绍这方面的成果。从这个角度来看，《外切密率》是一本集中了一批计数成果的数学著作。

在卷一"例言"中作者提出了编写该书的 10 项凡例，说明了他的用意和符号使用等。首先讲为什么这本书叫《外切密率》，说明书中为"缕析条分"会出现"演说重复"，而对于无穷级数只可能截取前部分为例解说，以及各展开式"率数"即幂次的计算方式。

他特别说明展开式分母要合并而且必须写成阶乘的形式（不可以将其连乘算出乘积），立术时分子分母不可以约简（计算时可以约简），用汉字数字表示分母，用算筹数字表示分子。每立一术，必附算式于后，所选例子都是最复杂的。最后说明在已知切割函数反求弧长时这些公式有某些限制，但足以敷用了。

对于每一研究题目，该书一般都有表达计算公式的术文、文字解说，阐明立术之原共 11 幅几何图、推演过程共 8 幅"总图"，具备算式和详细推算过程、计数函数（展开式分子）的数值表。另外，在第一卷中列出 1～50 秒、1～50 分、1～9 度（及 10，20，…，80 度）的"弧线表"，π 值小数点后取 10 位，算出的函数值从几个到 12 个有效数字不等。

全书内容丰富，编排逻辑清晰，大量内容为中算史所无，特别是许多计数成果，为

---

① 戴煦. 外切密率（1852）//任继愈. 中国科学技术典籍通汇：数学卷（五）. 求表捷术. 郑州：河南教育出版社，1993：767-850.

国内外数学史文献所仅见。

《外切密率》卷一除作者本人和夏鸾翔的序言外，为本弧、余弧、弧背求切线；卷二为本弧、余弧、弧背求割线；卷三为切线求本弧、余弧、距弧；卷四为割线求本弧、余弧、半弧、倍弧、弧背。用今天的名词概括来说，即已知弧长求切割函数的无穷级数，以及已知切割函数反求各类弧长的无穷级数。全书给出 9 个幂级数展开式，共 234 页，约 7 万余字。

**4）《外切密率》的表达方式和特点**

《外切密率》的全部数学公式和数学计算都用文字叙述，采用的方法基本上因袭明安图《割圜密率捷法》，此书 1839 年出版前数学家互相传抄，戴煦已知之。《外切密率》主要特点：

（1）将计算无穷级数的整个算法过程用一张“总图”表示出来，实际上就是算法程序图，给人以一目了然的印象。例如卷一“推演本弧求正切线总图”（图 12-7）。

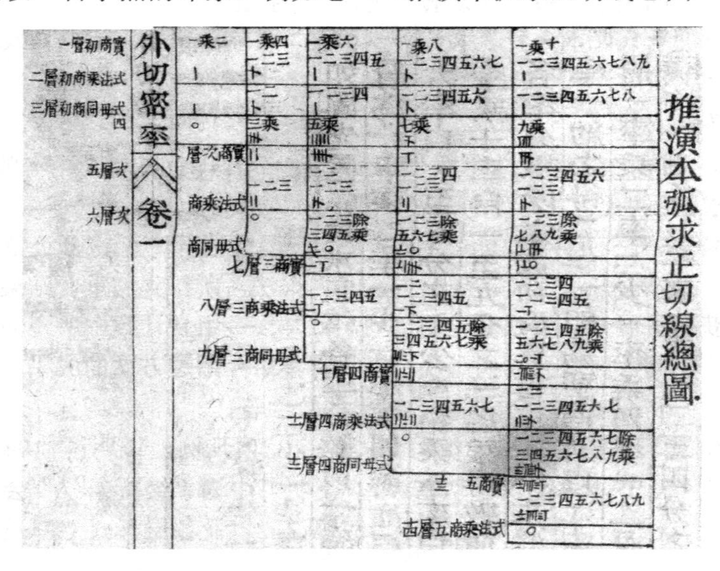


图 12-7　《外切密率》推演本弧求正切线总图

在图表的左方注明数学名称。上图左半页“一层初商实”（值为 1）下第 4 行上的“四”字，与右半页第 4 格上的“层次商实”应为同行，读作“四层次（即‘第二’）商实”（值为 2），与“七层三商实”（值为 16）、“十层四商实”（值为 272）构成展开式分子序列。这实际是正弦级数和余弦级数相除而获得正切级数的计算过程。

（2）用很大篇幅详细陈述无穷级数公式和计算过程。例如卷三“切线求本弧”，在“术曰”表述公式之后接续“解曰”，共 6 页（每页 325 字），其中附有解释图表 5 幅，第 1 幅见图 12-8。该书每一研究单元都按相同的格式和篇幅陈述，长篇累牍，详尽透彻，几无余韵。但是从另一方面来看，讲明算法原则后，运算过程似无必要屡述。

（3）戴煦重视本余弧求切割线等幂级数展开式系数分子，单独将其列在每一卷的后部。这些都是计数函数的数值表，上文指出全书共 9 种。本章讨论其中正切数和欧拉数两种。

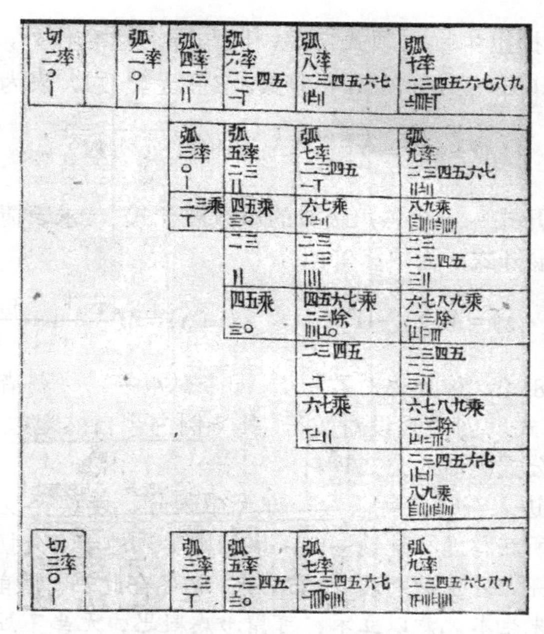

图 12-8　卷三切线求本弧解曰算法解释表之一

（4）立术用几何图解释，图虽不多，但制图精细，这些木板雕刻图的制作和印刷效果已向近代制图靠拢。例如卷四“割线求倍弧”的 3 幅图（图 12-9）。

（5）《外切密率》每卷之末，附有“刊误”，最多的如卷四后附 4 页，说明该书发行前作者对刊刻之误进行了校对和勘误。由于该书基本由计算与数字构成，出现刊印错误在所难免，而作者负责任的后续检查，开近代严肃数学著作出版之先河，有利于数学的传播和普及。

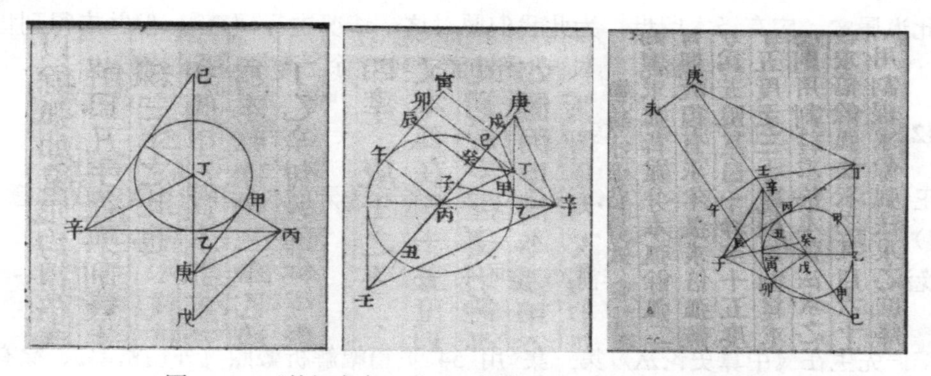


图 12-9　《外切密率》卷四“割线求倍弧”的 3 幅几何图

**5）戴煦的数学成果**

（1）提出完整的正切、正割无穷级数展开式。本章重点阐明其在世界数学史上的意义。

以递归算法得到切割级数的“各率分子”（记为 $T_n$，$E_n$），是著名的欧拉数（$E_n$）和正切数（$T_n$）。该书实际给出 $T_n$ 和 $E_n$ 各前 10 位：$T_n$：1，2，16，272，7936，…；$E_n$：1，1，5，61，1385，50 521，…；据此即可造出精确的函数表。

（2）用传统方法提出牛顿二项式定理，除与项名达合作外，独立展开 $(1+x)^{\pm n}$，$(1+x)^{\pm q/p}$，$(1+x)^{\pm\beta}$（$|x|<1$，$n$，$p$，$q$ 正整数，$\beta$ 正无理数），表为现代形式）：

$$(1+x)^{\alpha}=\sum_{n=0}^{\infty}\binom{\alpha}{n}x^{n}\quad（|x|<1，\alpha \text{ 实数}）$$

（3）提出对数展开式、一些三角级数的对数展开式，《求表捷术》对数展开式以及一些三角级数的对数展开式，为中算首创：①

$$\lg(1+x)=M\sum_{n=1}^{\infty}(-1)^{n-1}\frac{x^{n}}{n}，\quad \lg(1+x)=M\sum_{n=1}^{\infty}\frac{1}{n}\left(\frac{x}{1+x}\right)^{n}$$

式中，$M$=0.434 294 481 9，称为“对数根”，即今对数模。又获诸如正割对数、余弦对数等的无穷级数展开式。创“假设对数”，其特例为今自然对数，并建立两者间的关系；他还得到与换底公式类似的公式等。

中国传统数学未进入符号代数阶段，亦无微积分、连续等概念。戴煦深明三角级数、对数的意义，故所获与西算殊途同归，堪相媲美。由于《外切密率》内容新颖，获得当时数学家们的好评。夏鸾翔丙辰（1856 年）初冬在此书再版前言中说：

> 父执戴鄂士先生本此意以立术，可谓渺虑凝思，无幽不烛，尤妙者为余弧求切割二术。……此二术济其穷，则三率余弧之小，可至纤微……亦可大至无量数，而难者反易矣！析理之精，故如是乎！……昔吾师尝以弧分不通切割为憾，若见此术解，必且狂喜鼓舞不能自已。惜哲人云萎，先生之孤诣苦心不及欣赏，展读是篇，不禁师门之痛也。

表达了对戴煦所取得的成就的高度评价和该派数学家师生之间的深厚情谊。

1854 年，英人艾约瑟（Edkins）因佩服戴煦《求表捷术》，曾托李氏介绍，慕名求见；戴煦以“中外殊俗异礼”借故婉辞。同年艾约瑟将戴著译成英文递交英国数学会。②如果此说属实，应有译本留世，为此我们曾对这一情况进行调查③，但并未得到肯定的结论。戴煦五十多岁，声名日著，时人常与董、项、徐、李等畴人相提并论。

### 12.2.2 正切数的中西研究史*

正切数作为独立的数学对象，直到 19 世纪中叶才开始引起中外数学家的注意。

**1）中算家和近人的研究**

晚清数学家徐有壬（1840 年前）、戴煦（1852 年）的开创性工作，见 § 12.1～ § 12.3 三节。

李俨先生在《中算史论丛》第三集④用 54 页篇幅解析戴煦《外切密率》、徐有壬的

---

① 李兆华. 戴煦关于二项式和对数展开式的研究//吴文俊. 中国数学史论文集（一）. 济南：山东教育出版社，1985：98-108.

② 诸可宝. 戴煦//阮元. 畴人传：三编卷四. 上海：商务印书馆，1935：795.

③ 迄今尚未见到或有学者提及戴煦《求表捷术》的艾约瑟英译本。2008 年 10 月“晚清科学技术研究”课题组成员浙江大学哲学系王淼副教授在英国剑桥李约瑟研究所访问时，曾接受笔者委托，请东亚科学史图书馆馆长莫弗特（Moffett）先生通过网络检索系统，查找了伦敦数学会（London Mathematical Society），英国皇家天文学会（Royal Astronomical Society），英国皇家学会（Royal Society），皇家亚洲学会（Royal Asiatic Society）等图书馆的藏书，均未找到此书。艾约瑟翻译此书一说存疑，值得继续关注。

* 罗见今. 正切数的数学意义和中西研究史. 内蒙古师范大学学报（自然科学汉文版），2008，37（1）：120-123.

④ 李俨. 中算史论丛（三）：徐有壬的《测圆密率》和《割圆八线缀术》. 北京：科学出版社，1955：448-487.

《测圆密率》和《割圆八线缀术》，第一次用现代形式表出了正切数的正确结果。笔者20 世纪 80 年代开始关注徐、戴研究的相关问题，相继发表了五六篇论文，当时认识到正切数的重要价值，称之为“戴煦数”。随后又有郭世荣[①]、王荣彬[②]、王海林[③]等参加了研究。

**2）西方对正切数的研究**

西方数学史上正割和正切的无穷级数展开式，最早的研究当推格列高里，他在一封信中列出了结果，但无证明，tan$x$ 展开式的系数分母未表为阶乘，分子亦非正切数。[④]因此，格列高里还没有把正切数作为一个独立的研究对象。

根据法国数学家孔泰《高等组合学》[⑤]列举的正切数研究文献，我们可以概略了解到格列高里之后西方研究正切数的历史。

施洛米奇在 1857 年首次用伯努利数研究正割和正切展开式的系数[⑥]；法国数学家安德烈在 1879 年[⑦]，1881 年[⑧]，1883 年[⑨]，1894 年[⑩]，1895 年[⑪]发表至少 6 篇论文[⑫]，将欧拉数和正切数统一于同一计数函数 $A_n$ 之中，安德烈证明了 $A_n$ 的（指数型）生成函数是：

$$\tan(\frac{\pi}{4}+\frac{x}{2})=\sum_{n=0}^{\infty}A_n\frac{x^n}{n!}$$，将 $x$ 换写为$-x$，得到 $$\tan(\frac{\pi}{4}-\frac{x}{2})=\sum_{n=0}^{\infty}(-1)^n A_n\frac{x^n}{n!}$$，

分别代入 $2\sec x=\tan(\frac{\pi}{4}+\frac{x}{2})+\tan(\frac{\pi}{4}-\frac{x}{2})$ 和 $2\tan x=\tan(\frac{\pi}{4}+\frac{x}{2})-\tan(\frac{\pi}{4}-\frac{x}{2})$，

得到 $\sec x=\sum_{n=0}^{\infty}A_{2n}\frac{x^{2n}}{(2n)!}$ 和 $\tan x=\sum_{n=0}^{\infty}A_{2n-1}\frac{x^{2n-1}}{(2n-1)!}$ 。

$A_n$ 当 $n$=0，1，…，10 时的值依次为 $A_n$：1，1，1，2，5，16，61，272，1385，7936，50 521

不难看出，偶次项为欧拉数 $E_n$：1，1，5，61，1385，50 521，…

奇次项为正切数 $T_n$：1，2，16，272，7936，…

详细的公式关系和证明过程见文献[⑬]，此不赘述。笔者认为，法国数学家安德烈应用了交错置换的方法，得到了交错排列的结果，赋予欧拉数和正切数以新的组合意义；第一次将正切数从伯努利数的烦琐表达形式中解放出来，赋予正切数 $T_n$ 以与欧拉数 $E_n$ 相同的地位，成为与欧拉数相关的独立研究对象，作出了重要贡献。

---

① 郭世荣，罗见今. 戴煦对欧拉数的研究. 自然科学史研究，1987，6（4）：362-371.

② 王荣彬. 戴氏系列数. 数学传播，1993，17（3）：44-53.

③ 王海林，罗见今. 欧拉数、戴煦数与齿排列的关系研究. 自然科学史研究，2005，24（1）：53-59.

④ KLINE M. 古今数学思想：第 2 册. 张理京译. 上海：科学技术出版社，1979：163.

⑤ COMTET L. 高等组合学——有限和无限展开的艺术. 谭明术译. 大连：大连理工大学出版社，1991：100，291.

⑥ SCHLOMICH. Nouvelles fomules pour la determination indenpendente des coeffcientsdans la serie des secants et la serie des tangents et nombres bernoulliens. Nouvelles Annales，1857，16：27-33.

⑦ ANDRE. Developpement de sex et tg$x$. C. R，1879（88）：965-967.

⑧ ANDRE. Sur les permutations altees. J. M. Pures Appl，1881（7）：167-184.

⑨ ANDRE. Probabilite pour qu'une permutation donnee de $n$ letters soit une permutation alternee. C. R，1883（97）：983-984.

⑩ ANDRE. Sur les permutations quasi alternees. C. R，1894（119）：947-949.

⑪ ANDRE. Memoire sur les permutations quasi alternees. C. R，1895（1）：315-350.

⑫ ANDRE. Memoire sur les sequences des permutations circulaires. Bull. S. M. F，1895（23）：122-184.

⑬ 德里. 100 个著名初等数学问题——历史和解. 罗保华，等译. 上海：上海科学技术出版社，1982：74.

伊斯坦内夫（Estanave[①]，1902 年）研究 tg$x$，sec$x$ 展开式系数，施瓦兹（Schwartz[②]，1931 年）应用麦克劳林公式展开 $tg^p x$，托斯卡诺（Toscano[③]，1936 年）给出了有关交错置换和正切数的另一种表述；恩纯格（Entrenger[④]，1966 年）和高德纳、布克霍尔兹[⑤]（1967 年）用组合数学计数的观点，通过欧拉数与伯努利数来研究正切数，后者给出正切数前 60 个数值。

## 12.3 作为递归函数的正切数和欧拉数*

戴煦在《外切密率》四卷中主要研究了 tan$\alpha$、sec$\alpha$ 及其反函数的无穷级数。在数学史上，这些展开式最早由苏格兰数学家格列高里给出，但戴煦使用了具有特色的递归方法。本节研究戴煦在《外切密率》中独创的几种计数函数，讨论卷一“本弧求切线各率分子”——即正切数，记作 $T_n$：$T_1=1$，$T_2=2$，$T_3=16$，$T_4=272$，…，涉及卷二“本弧求割线各率分子”——即欧拉数 $E_n$。

### 12.3.1 戴煦应用递归函数法获得正切数

《外切密率》卷一的“本弧求切线各率分子”$T_n$，另外还叫作“递次乘法”或“各率乘法”，其实就是正切函数展开式各项的分子级数。戴煦详述了求“递次乘法”的过程：

> 先求各率分子为递次乘法。以二为数根，即为第一乘法（$T_2=2$）。置前数根加二得四，为数根，置前乘法，四、五递乘之，一、二递除之，得二十，为初减数。数根减初减，得十六，为第二乘法（$T_3=16$）。置前数根加二得六，为数根，置前初减，六、七递乘之，三、四递除之，得七十，为初减数。置前乘法，六、七递乘之，一、二递除之，得三百三十六，为次减数。数根减初减，得六十四，再减次减，得二百七十二，为第三乘法（$T_4=272$）。……得七千九百三十六，为第四乘法（$T_5=7936$）。凡数根均起各偶数，其求各减数，则用偶奇二数乘，而逐次乘法递加（如第二乘法用四、五乘，第三乘法六、七乘），再用奇偶二数除而挨次减数递降（如第三乘法初减用三、四除，次减一、二除），乘法降一位则多一减，如是递求得各率分子，即为递次乘法。[⑥]

---

① ESTANAVE. Sur les coefficients des developments en serie de tg$x$，sec$x$…. Bull S M F，1902（30）：220-226.

② SCHWARTZ. The expansion of $tg^p x$ by MacLaurin theorem. Tohoku M J，1931（33）：150-152.

③ TOSCANO. Sulla derivate di ordine $n$ della funzioe tg$x$. Tohoku M J，1936（42）：144-149.

④ ENTRENGER. A combinatorial interpretation of the Euler and Bernoulli numbers. Nieuw Arch. Wisk，1966（14）：241-246.

⑤ KNUTH，BUCKHOLTZ. Computation of tangent，Euler and Bernoulli numbers. M Comput，1967，21（100）：663-688.

* 罗见今. 晚清数学家戴煦对正切数的研究——兼论正切数与欧拉数的关系. 咸阳师范学院学报，2015，30（4）：1-11. 据：戴煦数. 第四届国际中国科学史会议论文. 澳大利亚悉尼大学，1986-5. 为与国际通行记法统一，所有原文中的“戴煦数”均以“正切数”取代，所有原文中的字母 $D$ 均以 $T$ 取代。

⑥ 戴煦. 外切密率//任继愈. 中国科学技术典籍通汇：数学卷（五）. 求表捷术. 郑州：河南教育出版社，1993：767-850.

按照戴煦独创的方法，可以逐一求出正切数。不失原意，这里依据原文和图表，用今天的符号 $T_n^m$ 和 $G_n^m$ 将他所给的计数函数表成递归定义的形式，上述运算过程已包含其中：

**定义 1**　（i） $T_0^m \equiv 1;\ T_n^m \equiv 1$，当 $n<0$ 或 $n>m$ 时；

（ii） $T_n^m = \dfrac{(2m-1)(2m-2)}{(2m-2n)(2m-2n-1)} T_n^{m-1}$，当 $n<m$ 时；

（iii） $T_n = T_n^n = \sum_{k=1}^{n} (-1)^{k+1} T_{n-k}^n$，当 $n=m$ 时.

**定义 2**　（i） $G_0^0 = 1;\ G_n^m \equiv 0$，当 $n<0$ 或 $n>m$ 时；（ii） $G_n^m = T_{n-1}^m - G_{n-1}^m$.

$T_n^m$ 和 $G_n^m$ 是“推演本弧求切线总图”的“同母式”和“商实”，现分列如表 12-1、表 12-2①。

**表 12-1　推演本弧求切线总图同母式数表 $T_n^m$**

| $m=$ | 0 | 1 | 2 | 3 | 4 | 5 | 6 |
|---|---|---|---|---|---|---|---|
| $n=0$ | 1 | 1 | 1 | 1 | 1 | 1 | 1 |
| $n=1$ | | 1 | 3 | 5 | 7 | 9 | 11 |
| $n=2$ | | | 2 | 20 | 70 | 168 | 330 |
| $n=3$ | | | | 16 | 336 | 2 016 | 7 392 |
| $n=4$ | | | | | 272 | 9 792 | 89 760 |
| $n=5$ | | | | | | 7 936 | 436 480 |
| $n=6$ | | | | | | | 353 792 |

**表 12-2　推演本弧求切线总图商实数表 $G_n^m$**

| $m=$ | 0 | 1 | 2 | 3 | 4 | 5 | 6 |
|---|---|---|---|---|---|---|---|
| $n=0$ | 1 | 0 | 0 | 0 | 0 | 0 | 0 |
| $n=1$ | | 1 | 1 | 1 | 1 | 1 | 1 |
| $n=2$ | | | 2 | 4 | 6 | 8 | 10 |
| $n=3$ | | | | 16 | 64 | 160 | 320 |
| $n=4$ | | | | | 272 | 1 856 | 7 072 |
| $n=5$ | | | | | | 7 936 | 82 688 |
| $n=6$ | | | | | | | 353 792 |

从数表中可以看出，正切数 $T_n$ 处于表 12-1 和表 12-2 的对角线上，说明由 $T_n^m$ 和 $G_n^m$ 可以求出 $T_n$，或者说 $T_n$ 是同母式数 $T_n^m$ 或商实数 $G_n^m$ 当 $n=m$ 时的特例。这可从性质分析中得到证明。

**性质 1**
$$T_n^m = \binom{2m-1}{2n-1} T_n.\ (m \geqslant 1) \tag{1}$$

① 表 12-1 至表 12-4 中 $n=0$ 的一行为笔者所补；此 4 表所列为原表各数的绝对值，正负相间的符号已写入公式。

**证明：**

$$T_n^m=\frac{(2m-1)(2m-2)}{(2m-2n)(2m-2n-1)}T_n^{m-1}=\frac{(2m-1)(2m-2)(2m-3)(2m-4)}{(2m-2n)(2m-2n-1)(2m-2n-2)(2m-2n-3)}T_n^{m-2}$$

$$=\cdots\cdots=\frac{(2m-1)(2m-2)\cdots(2m-2k)}{(2m-2n)(2m-2n-1)\cdots(2m-2n-2k+1)}T_n^{m-k}=\cdots\cdots$$

$$=\frac{(2m-1)(2m-2)\cdots 2n}{(2m-2n)!}\cdot\frac{(2n-1)!}{(2n-1)!}T_n^{m-(m-n)}=\frac{(2m-1)!}{(2m-2n)!(2n-1)!}T_n^n=\binom{2m-1}{2n-1}T_n.\text{证完.}$$

性质 1 表明$T_n^m$可分解为$T_n$和一个组合数$\binom{2m-1}{2n-1}$的乘积，这是定义 1 之（ii）确定的。

**性质 2**

$$\sum_{k=1}^{n}(-1)^{k+1}\binom{2n-1}{2k-1}T_k=1.\quad (n\geqslant 1)\tag{2}$$

**证明：** 由定义 1 和性质 1，知$T_0^n=1$，且有

$$T_n=T_n^n=\sum_{k=1}^{n}(-1)^{k+1}T_{n-k}^n,\quad \sum_{k=1}^{n}(-1)^{k+1}T_{n-k}^n-T_n^n=0,\quad \sum_{k=0}^{n}(-1)^k T_n^k=0,$$

$$\sum_{k=1}^{n}(-1)^{k+1}T_k^n=T_0^n=1,\quad \sum_{k=1}^{n}(-1)^{k+1}\binom{2n-1}{2k-1}T_k=1.\ \text{证完.}$$

这是正切数 $T_n$ 的递推公式，给出 $\tan\alpha$ 展开式各项分子 $T_n$ 间的关系，可代替定义 1 之（ii）。

**性质 3**

$$G_n^m=\sum_{k=1}^{n}(-1)^{k+1}T_{n-k}^m.\tag{3}$$

**证明：** 由定义 2，$G_0^0=1$; 当 $m\geqslant 1$ 时

$$G_n^m=T_n^m-G_{n-1}^m=T_{n-1}^m-(T_{n-2}^m-G_{n-2}^m)=T_{n-1}^m-T_{n-2}^m+\cdots+(-1)^{k+1}(T_{n-k}^m-G_{n-k}^m)$$

$$=T_{n-1}^m-T_{n-2}^m+\cdots+(-1)^{k+1}T_{n-k}^m+\cdots+(-1)^{n+1}(T_0^m-G_0^m)=\sum_{k=1}^{n}(-1)^{k+1}T_{n-k}^m+(-1)G_0^m,$$

而当 $m\geqslant 1$ 时 $G_0^m=0$. 故得 $G_n^m=\sum_{k=1}^{n}(-1)^{k+1}T_{n-k}^m$. 证完.

这说明商实数表 $G_n^m$ 是由同母式数据 $T_n^m$ 构成的，所以 $G_n^m$ 是一种辅助计数函数。性质 3 的特例是当 $m=n$ 时，比较定义 1 之（iii），即有

$$G_n=G_n^n=\sum_{k=1}^{n}(-1)^{k+1}T_{n-k}^n=T_n^n=T_n.\tag{4}$$

戴氏创造的这两种计数函数都可以用来求正切数 $T_n$，形式上有所区别，本质上是同一的。以上推求三个性质定理的过程，正好是戴煦推算 $T_n$ 的过程，虽然他没有用字母和符号直接给出递推公式，但其结果已包含在定义之中。所以有根据认为，戴煦的方法已相当于获得了 $T_n$ 的递推公式，即性质 2。他已正确算出了前十个正切数：

$T_1=1$　　（原著未列）

$T_2=2$　　（第一乘法）

$T_3=16$　　（第二乘法）

$T_4$=272　　　　　　（第三乘法）

$T_5$=7936　　　　　 （第四乘法）

$T_6$=353 792　　　　（第五乘法）

$T_7$=22 368 256　　 （第六乘法）

$T_8$=1 903 757 312　（第七乘法）

$T_9$=209 865 342 976　（第八乘法）

$T_{10}$=29 088 885 112 832（第九乘法）

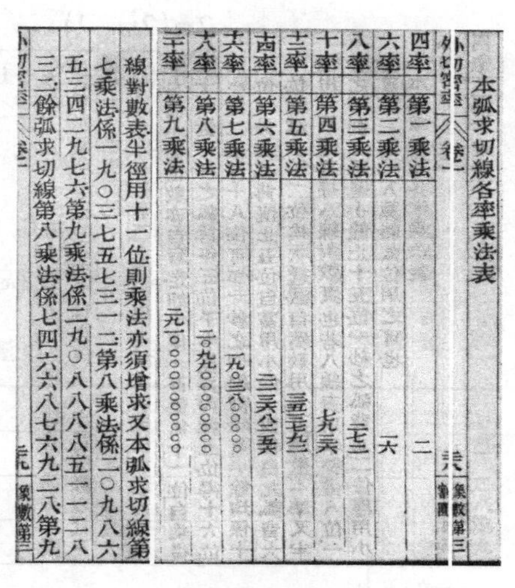

本弧求切線各率乘法表

四率　第一乘法

六率　第二乘法

八率　第三乘法

十率　第四乘法

十二率　第五乘法

十四率　第六乘法

十六率　第七乘法

十八率　第八乘法

二十率　第九乘法

線對數表半徑用十一位則乘法亦須增求又本弧求切線第七乘法係一九〇三七五七三一二第八乘法係二〇九八六五三四二九七六第九乘法係二九〇八八八五一一二八三二餘弧求切線第八乘法係七四六六八七六九二八第九

图 12-10　《外切密率》正切数表

后三个数字在表中用省略的形式，但随后立即写明三者的准确值（图 12-10）。这说明戴煦认为求出这些值重要，并能运用公式推出全部正切数。为此，他创造了一系列数表，他说："横竖视之，皆秩然而不紊，则自二率而至十率既然，而自十率至千百率亦莫不皆然。"说明他已完全掌握了正切数 $T_n$ 的递推规律，得到

$$\tan\alpha=\sum_{n=1}^{\infty}T_n\frac{\alpha^{2n-1}}{(2n-1)!} \tag{5}$$

### 12.3.2　戴煦对欧拉数的研究*

在将函数展开为无穷级数的过程中，中算家们感兴趣的问题是如何确定各项系数分子，其实这也是展开式能否无穷推演下去的最关键的内容。戴煦以连比例的方法将 $\sec\alpha$ 展开，其系数分子就是欧拉数，因此他自然会遇到怎样求欧拉数的问题。当时他并不知道欧拉的研究结果，独辟蹊径，创造一套与求正切数相仿的方法，得出欧拉数的递推公式。

在《外切密率》卷二"本弧求割线术"中，戴煦用递归法来求 $\sec\alpha$ 展开式系数分子，即欧拉数 $E_n$。他详述了求"递次乘法"的过程，原文如下：

> 通以单一为数根（$E_1$=1），置单一以三、四递乘之，一、二递除之，得六，为初减数。数根减初减，得五，为第一乘法（$E_2$=5）。置前初减，五、六递乘之，三、四递除之，得十五，为初减数。置前乘法，五、六递乘之，一、二递除之，得七十五，为次减数。数根减初减，得十四，再减次减，得六十一，为第二乘法（$E_3$=61）。……得五万〇五百二十一，为第四乘法（$E_5$=50 521）。凡逐次乘用奇偶二数（如第二乘法五、六乘，第三乘法七、八乘），其逐次除亦用奇偶二数而递降（如第一乘法初减三、四除，次减一、二除），乘法降一位则多一减。如是递求得各率分子，即为递次乘法。

依据原文和图表，用今天的符号 $E_n^m$（这里计数函数 $E_n^m$ 与欧拉数 $E_n$ 关系密切，但 $E_n^m$ 不是 $E_n$ 的平方，$E_n^m$ 中 $n$，$m$ 分别是行、列指标）和 $F_n^m$ 将戴氏所给的计数函数以递归定义的形式表示，列出与第一卷完全相仿的如下结果，则上述运算过程即包含其中：

**定义 3**　（i）$E_0^0=1$；$E_n^m\equiv 0$，当 $n<0$ 或 $n>m$ 时；

---

* 郭世荣，罗见今．戴煦对欧拉数的研究．自然科学史研究，1987，6（4）：362-371.

（ii）$E_n^m=\dfrac{2m(2m-1)}{(2m-2n)(2m-2n-1)}E_n^{m-1}$，当 $n<m$ 时；

（iii）$E_n=E_n^n=\sum_{k=1}^{n}(-1)^{k+1}E_{n-k}^n$，当 $n=m$ 时.

**定义 4** （i）$F_0^0=1$；$F_n^m\equiv 0$；当 $n<0$ 或 $n>m$ 时；（ii）$F_n^m=E_n^m-F_{n-1}^m$.

$E_n^m$ 和 $F_n^m$ 是“推演本弧求割线总图”的“同母式”和“商实”，如表 12-3，表 12-4。

**表 12-3 推演本弧求割线总图同母式数 $E_n^m$ 表**

| m= | 0 | 1 | 2 | 3 | 4 | 5 | 6 |
|---|---|---|---|---|---|---|---|
| n=0 | 1 | 1 | 1 | 1 | 1 | 1 | 1 |
| n=1 | | 1 | 6 | 15 | 28 | 45 | 66 |
| n=2 | | | 5 | 75 | 350 | 1 050 | 2 475 |
| n=3 | | | | 61 | 1 708 | 12 810 | 56 364 |
| n=4 | | | | | 1 385 | 62 325 | 685 575 |
| n=5 | | | | | | 50 521 | 3 334 386 |
| n=6 | | | | | | | 2 702 765 |

**表 12-4 推演本弧求割线总图商实数 $F_n^m$ 表**

| m= | 0 | 1 | 2 | 3 | 4 | 5 | 6 |
|---|---|---|---|---|---|---|---|
| n=0 | 1 | 0 | 0 | 0 | 0 | 0 | 0 |
| n=1 | | 1 | 1 | 1 | 1 | 1 | 1 |
| n=2 | | | 5 | 14 | 27 | 44 | 65 |
| n=3 | | | | 61 | 323 | 1 006 | 2 410 |
| n=4 | | | | | 1 385 | 11 804 | 53 954 |
| n=5 | | | | | | 50 521 | 631 621 |
| n=6 | | | | | | | 2 702 765 |

计数函数 $E_n^m$ 和 $F_n^m$ 有性质（$E_n$ 为欧拉数）：

**性质 1**
$$E_n^m=\binom{2m}{2n}E_n.\ (n\geqslant 0) \tag{6}$$

**证明：**
$$\begin{aligned}E_n^m&=\frac{2m(2m-1)}{(2m-2n)(2m-2n-1)}E_n^{m-1}\\&=\frac{2m(2m-1)(2m-2)(2m-3)}{(2m-2n)(2m-2n-1)(2m-2n-2)(2m-2n-3)}E_n^{m-2}\\&=\cdots\cdots=\frac{2m(2m-1)(2m-2)\cdots(2m-2k+1)}{(2m-2n)(2m-2n-1)\cdots(2m-2n-2k+1)}E_n^{m-k}=\cdots\cdots\\&=\frac{2m(2m-1)\cdots(2n+1)}{(2m-2n)!}\cdot\frac{(2n)!}{(2n)!}E_n^{m-(m-n)}=\frac{(2m)!}{(2n)!(2n-2n)!}E_n^n=\binom{2m}{2n}E_n.\end{aligned}$$

证完.

性质 1 表明$E_n^m$可分解为$E_n$和一个组合数$\binom{2m}{2n}$的乘积，这是定义 3 之（ii）推来，可以代替（ii）而使定义简明。

**性质 2**
$$\sum_{k=0}^{n}(-1)^k\binom{2n}{2k}E_k^k=0\ (n\geqslant 1) \tag{7}$$

**证明：** 由定义 1 和性质 1 之（i），知$E_0^0=1$，由定义 1 之（iii）和性质 1，得

$$E_n^n=\sum_{k=1}^{n}(-1)^{k+1}E_{n-k}^n=\sum_{k=1}^{n}(-1)^{k+1}\binom{2n}{2n-2k}E_{n-k}^{n-k}=\sum_{k=1}^{n}(-1)^{k+1}\binom{2n}{2k}E_{n-k}^{n-k},$$

即 $\binom{2n}{0}E_n^n-\binom{2n}{2}E_{n-1}^{n-1}+\binom{2n}{4}E_{n-2}^{n-2}-\cdots+(-1)^n\binom{2n}{2n}E_0^0=0,$

故 $\sum_{k=0}^{n}(-1)^k\binom{2n}{2k}E_k^k=0.$ 证完.

欧拉数的递推公式如下：　$E_0=1$；$\sum_{k=0}^{n}(-1)^k\binom{2n}{2k}E_k=0.$（$n\geqslant 1$）　(8)

比较（7）（8）两式，便知　$E_n^n=E_n$　(9)

$E_n^m$数表中，当 $n=m$ 时对角线上的数就是欧拉数。故戴煦的定义 1 与欧拉数的递推公式等价。虽然戴煦没有直接给出（7）式，但他的定义所确定的运算过程在事实上已获得了与（8）式同样的结果。因此可将（6）式改写成 $E_n^m=\binom{2m}{2n}E_n$（$n\geqslant 0$）(6′)

**性质 3**
$$F_n^m=\sum_{k=1}^{n}(-1)^{k+1}E_{n-k}^m. \tag{10}$$

**证明：** 据定义 2，$F_0^0=1$; 当 $m\geqslant 1$ 时

$$\begin{aligned}F_n^m&=E_{n-1}^m-F_{n-1}^m=E_{n-1}^m-(E_{n-2}^m-F_{n-2}^m)=E_{n-1}^m-E_{n-2}^m+\cdots+(-1)^{k+1}(E_{n-k}^m-F_{n-k}^m)\\&=E_{n-1}^m-E_{n-2}^m+\cdots+(-1)^{k+1}E_{n-k}^m+\cdots+(-1)^{n+1}(E_0^m-F_0^m)\\&=\sum_{k=1}^{n}(-1)^{k+1}E_{n-k}^m+(-1)^nF_0^m\end{aligned}$$

而当 $m\geqslant 1$ 时 $F_0^m=0$. 故得　$F_n^m=\sum_{k=1}^{n}(-1)^{k+1}E_{n-k}^m$.　证完.

这说明辅助计数函数$F_n^m$依赖于$E_n^m$，事实上戴煦正是由表 12-3 据（10）式而造出表 12-4 的，将其对角线上的数$F_n^m$简记为$F_n$，便易知

$$F_n=F_n^n=\sum_{k=1}^{n}(-1)^{k+1}E_{n-k}^n=E_n^n=E_n. \tag{11}$$

这就说明了为什么两个数表中对角线上的数值都等于欧拉数，因此，戴煦和欧拉在这一问题上的研究可谓殊途同归。

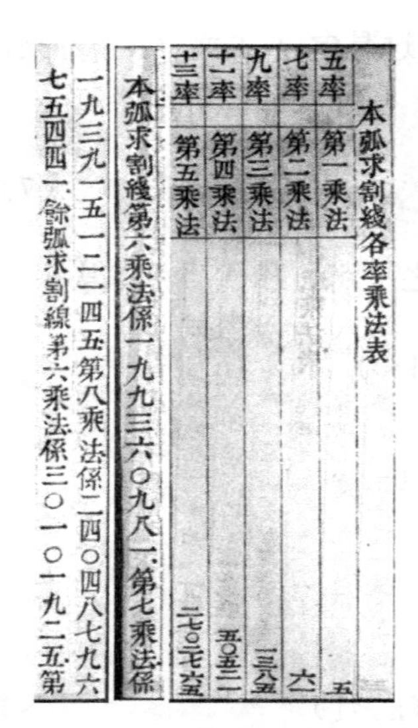

本弧求割綫各率乘法表

| | | |
|---|---|---|
| 五率 | 第一乘法 | 五 |
| 七率 | 第二乘法 | 六一 |
| 九率 | 第三乘法 | 一三八五 |
| 十一率 | 第四乘法 | 五〇五二一 |
| 十三率 | 第五乘法 | 二七〇二七六五 |

本弧求割綫第六乘法係一九九三六〇九八一，第七乘法係一九三九一五一二一四五，第八乘法係二四〇四八七九六七五四四一，餘弧求割線第六乘法係三〇一〇一九二五，第

图 12-11　《外切密率》欧拉数表

戴煦已正确地算出了前十个欧拉数，把它列在同一张表上（图 12-11），前两个值原著未列，但计算的“率数”（一率、三率）却已经预留下位置：

$E_0$=1　　（一率，原著未列）

$E_1$=1　　（三率，第〇乘法）

$E_2$=5　　（五率，第一乘法）

$E_3$=61　　（七率，第二乘法）

$E_4$=1385　　（九率，第三乘法）

$E_5$=50 521　　（十一率，第四乘法）

$E_6$=2 702 765　　（十三率，第五乘法）

$E_7$=199 360 981　　（十五率，第六乘法）

$E_8$=19 391 512 145　　（十七率，第七乘法）

$E_9$=2 404 879 675 441　　（十九率，第八乘法）

后三个数字在表中用省略的形式，但书中立即写明三者的准确值（图 12-11）。这说明戴煦已经运用公式，能够推出任意所需要的欧拉数。于是，他便得到了正确的正割幂级数展开式：

$$\sec\alpha = \sum_{n=0}^{\infty} E_n \frac{\alpha^{2n}}{(2n)!} \tag{12}$$

经比较，显而易见，戴煦把 $T_n$ 和 $E_n$ 相提并论，定义酷似，且相补充。他的基本思想是两者相匹配、相“对称”。因而在他的原著中，全部论述和全部结果都保持这种“对称性”，这与现代数学中将欧拉数同伯努利数（Bernoulli number）相提并论的做法是不一样的。

在数学史上，戴煦第一次将其作为独立的研究对象而定义了计数函数 $T_n$，为递求 $T_n$ 而设计了两种计数函数 $T_n^m$ 和 $G_n^m$，相当于给出 $T_n$ 的递推公式，方法独特，结果正确。因而，本书称 $T_n^m$、$E_n^m$ 为第一、二种戴氏数，而 $T_n$ 为正切数。

### 12.3.3　戴煦求欧拉数的“立术之由”

戴煦为求欧拉数而创立的两种递归函数是连比例算法的结果。那么，他是怎样得出这些方法的呢？只有厘清他的立术之由，才能理出他的思路。

戴氏求 sec$\alpha$ 展开式时，原文有“术”有“解”，详列“推演图”，最后还有“算式”作为附例。“术”给出了“各率乘法”的递推过程，“解”和“推演图”便论述其“立术之由”。对于所采用的方法原则，他说：“连比例率既可互相乘除，自可互相比例，则借求弦矢诸术变通之，而求切割二线诸术，靡不在是矣。”说明他是用当时已知的三角函数幂级数，通过连比例法而得出有关公式的，具体内容为：“凡余弦为大句，半径为大弦，正矢为小句，则割线减半径名割线半径差，为其小弦。故以半径乘弧背求正矢各率分数，以弧背求余弦各率分数除之，所得为本弧求割线半径差各率分数。”

如图 12-12a，甲乙为本弧，己丁为正割，乙丁为割线半径差，乙庚即戊甲为正矢，三角形丁庚乙相似于三角形乙戊己，则有：

$$\frac{\text{乙丁}}{\text{乙己}}=\frac{\text{乙庚}}{\text{己戊}}$$

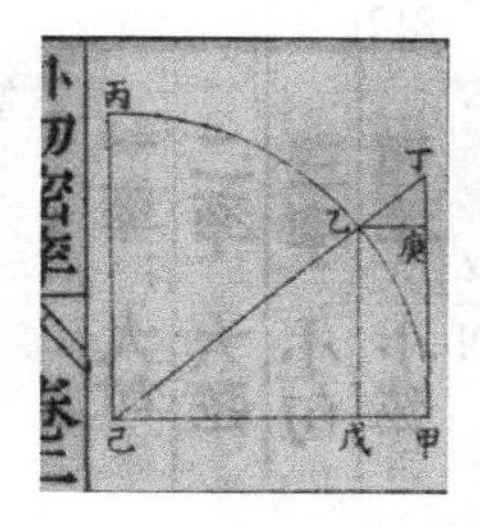


图 12-12a　二卷十六页图

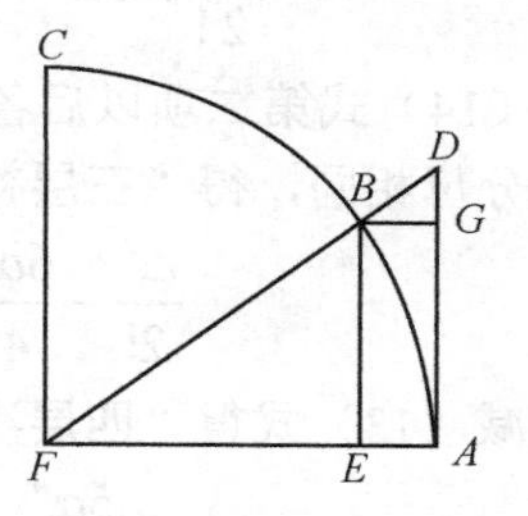


图 12-12b　二卷十六页图

这是利用三角函数在单位圆内各条相关线段之比求函数值的标准做法。用今天的记法（图 12-12b），$AB$ 弧是本弧，它的正割线是 $FD$，$BD$ 是正割减去半径得到的差，$BG$、$EA$ 都是正矢，根据△$DGB$～△$BEF$，就有 $BD$：$BF$=$BG$：$FE$ 即

$$\sec\alpha-1=\frac{\operatorname{vers}\alpha}{\cos\alpha}=\left[\sum_{n=1}^{\infty}(-1)^{n+1}\alpha^{2n}/(2n)!\right]\div\left[1+\sum_{n=1}^{\infty}(-1)^{n}\alpha^{2n}/(2n)!\right] \tag{13}$$

那么，如何求（13）式右端的两个无穷级数之比呢？戴煦把他的算法用图 12-13 表示，图中一、二、三、四等数字表示分母，筹式符号表示分子，可避免混淆。

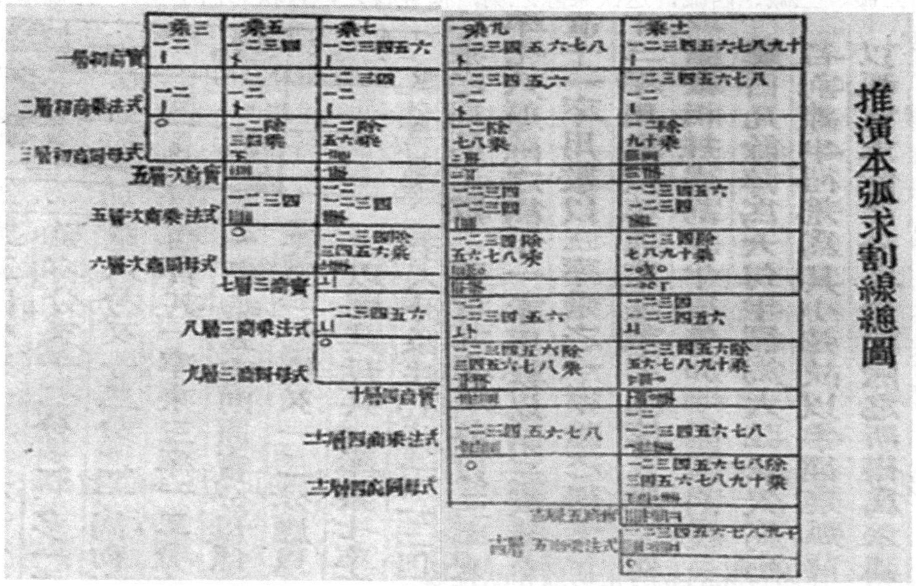

图 12-13　《外切密率》推演本弧求割线总图

对图 12-12 所作的解释，相当于下列计算过程：以“一层初商实”

$$\operatorname{vers}\alpha=\frac{\alpha^2}{2!}-\frac{\alpha^4}{4!}+\frac{\alpha^6}{6!}-\frac{\alpha^8}{8!}+\frac{\alpha^{10}}{10!}-\cdots \tag{14}$$

除以

$$\cos\alpha=1-\frac{\alpha^2}{2!}+\frac{\alpha^4}{4!}-\frac{\alpha^6}{6!}+\frac{\alpha^8}{8!}-\frac{\alpha^{10}}{10!}+\cdots \tag{15}$$

得初商$\alpha^2/2!$，以初商乘（15）式，得“二层初商乘法式”：

$$\frac{\alpha^2}{2!}\cos\alpha=\frac{\alpha^2}{2!}-\frac{\alpha^4}{2!2!}+\frac{\alpha^6}{4!2!}-\frac{\alpha^8}{6!2!}+\frac{\alpha^{10}}{8!2!}-\cdots \tag{16}$$

以 1·2 除（14）式第二项以后各项，分别以 3·4，5·6，…乘第二项、第三项……使与（16）式分母相同，得“三层初商同母式”：

$$\frac{\alpha^2}{2!}-\frac{6\alpha^4}{4!}+\frac{15\alpha^6}{6!}-\frac{28\alpha^8}{8!}+\frac{45\alpha^{10}}{10!}-\cdots \tag{17}$$

以（10）式减（13）式得“四层次商实”：

$$\frac{5\alpha^4}{4!}-\frac{14\alpha^6}{6!}+\frac{27\alpha^8}{8!}-\frac{44\alpha^{10}}{10!}+\cdots \tag{18}$$

以（18）式作为新的“实”，再除以（14）式，得次商$5\alpha^4/4!$。重复上述过程，即得（12）式。

按上述除法，（12）式中各分母易于确定，关键是掌握分子变化的规律。戴煦将图 12-12 简化成更简单的表，就是$E_n^m$和$F_n^m$的复合数表。他用递归法解决了两个无穷级数相除的问题，从而求得了新级数各项分子$E_n$，即著名的欧拉数。图 12-13 中，“一层初商实”1，“四层（按：图中错印成‘五’）次商实”5，“七层三次商实”61，“十层四商实”1385，“十三层五商实”50 521 就是欧拉数。在给出图 12-13 之后，戴煦说：“细按除减、二减、三减、四减，迭次乘除之例，横竖视之，皆秩然而不紊。”其规律十分明显，这就是戴煦“本弧求割线立术之由”，也是欧拉数递归生成的立术之由。

比较$T_n$和$E_n$的求法，可以明显看出，戴煦特别注重它们的“奇偶性”和“对称性”，两者互为补充，相辅相成。《外切密率》卷一和卷二将两者相提并论，全部论述和结果都保持着均衡和对称，这大概是受到他的哲学思想和审美观点的影响。

在现今的数学没有给予$T_n$以适当的注意的情况下，《外切密率》的方法对我们似乎仍然具有启示的意义：戴煦思想的价值在于，它强调$T_n$是堪足与$E_n$相媲美的、同类的函数，因而暗示在其他方面，也会保持这种“相似性”“对称性”。这种来自不同哲学背景、不同数学传统的启示，会不会给今天的数学增添什么新的内容呢？我们来作一次尝试。在§12.4 节中，将进行拓展的研究，给正切数一个新定义，并论证它与欧拉数一样，都是特殊函数。

## 12.4 拓展的研究：作为特殊函数、计数函数的正切数和欧拉数

### 12.4.1 作为特殊函数的正切数和欧拉数

正切数$T_n$是一种特殊函数（special function），或者叫高等超越函数（higher transcendental function），它同欧拉多项式（Euler polynomial）$E_n(x)$、欧拉数$E_n$、伯努利多项式（Bernoulli polynomial）$B_n(x)$、伯努利数$B_n$之间，都可以建立密切的关系。本节将给出有关公式并对主要结果予以证明。

$B_n(x)$，$B_n$，$E_n(x)$，$E_n$这几个著名的特殊函数的定义见之于数学辞典及有关著作，下文将多次援引，故先分列于下：

$$\frac{ze^{xz}}{e^z-1}=\sum_{n=0}^{\infty}B_n(x)\frac{z^n}{n!}\quad(|z|<2\pi)\tag{1}$$

$$\frac{z}{e^z-1}=\sum_{n=0}^{\infty}B_n\frac{z^n}{n!}\quad(z<2\pi)\tag{2}$$

$$\frac{2e^{xz}}{e^z+1}=\sum_{n=0}^{\infty}E_n(x)\frac{z^n}{n!}\quad(|z|<\frac{\pi}{2})\tag{3}$$

$$\operatorname{sech}z=\frac{2e^z}{e^{2z}+1}=\sum_{n=0}^{\infty}E_n\frac{z^n}{n!}\quad(|z|<\frac{\pi}{2})\tag{4}$$

$$\tanh z=\frac{e^{2z}-1}{e^{2z}+1}=\sum_{n=0}^{\infty}T_n\frac{z^n}{n!}\quad(|z|<\frac{\pi}{2})\tag{5}$$

$B_n$，$E_n$，$T_n$ 当 $0\leqslant n\leqslant 10$ 的数表如下（$T_n$ 的递推式见下文式（41））：

表 12-5 的第一类记法用（*）号标明；表 12-6 的第二类记法用（**）号标明：

**表 12-5　$B_n$，$E_n$，$T_n$ 的第一类记法（*）**

| $n$ | 0 | 1 | 2 | 3 | 4 | 5 | 6 | 7 | 8 | 9 | 10 |
|---|---|---|---|---|---|---|---|---|---|---|---|
| $B_n$ | 1 | $-\frac{1}{2}$ | $\frac{1}{6}$ | 0 | $-\frac{1}{30}$ | 0 | $\frac{1}{42}$ | 0 | $-\frac{1}{30}$ | 0 | $\frac{5}{66}$ |
| $E_n$ | 1 | 0 | −1 | 0 | 5 | 0 | −61 | 0 | 1385 | 0 | −50 521 |
| $T_n$ | 0 | 1 | 0 | −2 | 0 | 16 | 0 | −272 | 0 | 7936 | 0 |

**表 12-6　$B_n$，$E_n$，$T_n$ 的第二类记法（**）**

| $n$ | 1 | 2 | 3 | 4 | 5 |
|---|---|---|---|---|---|
| $B_n$ | $\frac{1}{6}$ | $\frac{1}{30}$ | $\frac{1}{42}$ | $\frac{1}{30}$ | $\frac{5}{66}$ |
| $E_n$ | 1 | 5 | 61 | 1 385 | 50 521 |
| $T_n$ | 1 | 2 | 16 | 272 | 7 936 |

通常使用的记法，如§12.3 节所涉公式。若取第一类记法的绝对值，可称第三类记法，本节偶尔采用。需要说明的是，对于同一性质，由于记法不同，所得公式因而有异，故有必要予以区别，记法混淆，可能造成公式内的矛盾。例如日本《岩波数学辞典》[①]记有如下公式：

$$\operatorname{sech}x=\sum_{n=0}^{\infty}(-1)^nE_n\frac{x^n}{n!}$$

三类记法此式均不成立，这是一个错误的公式。该辞典取本节所称的第三类记法应将式中（−1）$^n$ 换为 $i^n$，否则它所定义的是 $\sec x$ 而非 $\operatorname{sech}x$。

$T_n$ 可由欧拉多项式 $E_n(x)$ 导出。已知由（3）、（4）：

$$E_n=2^nE_n(\frac{1}{2}).\ （n\ 为偶数时\ E_n\ 非零）\tag{6}$$

$$T_n=2^nE_n(1)\ （n\ 为奇数时\ T_n\ 非零）（*）\tag{7}$$

① 日本数学会. 岩波数学辞典. 2 版. 东京：岩波书店，1968. 中译本：数学百科辞典. 科学出版社，1984：1035.

**证明**：由（5） $$\frac{e^z-1}{e^z+1}=\sum_{n=0}^{\infty}\frac{T_n}{2^n}\frac{z^n}{n!}\ (*)\qquad (8)$$

由（3），分别取 $x$=1 及 $x$=0，$\frac{e^z}{e^z+1}=\sum_{n=0}^{\infty}\frac{E_n(1)}{2}\frac{z^n}{n!}$，$\frac{1}{e^z+1}=\sum_{n=0}^{\infty}\frac{E_n(0)}{2}\frac{z^n}{n!}$，注意到

$$E_n(1-x)=(-1)^n E_n(x)\qquad (9)$$

取 $x$=1，$n$ 为奇数时有 $E_n(0)=-E_n(1)$，故 $\frac{e^z-1}{e^z+1}=\sum_{n=0}^{\infty}(\frac{E_n(1)}{2}-\frac{E_n(0)}{2})\frac{z^n}{n!}=\sum_{n=0}^{\infty}E_n(1)\frac{z^n}{n!}$，与（8）式比较展开式系数，即得（7）式。

$T_n$ 和 $E_n$ 孪生于欧拉多项式，两者之间必然有内在的密切联系，今将式（4）、（5）分别平方，式左相加得 $\tanh^2 z+\mathrm{sech}^2 z=1$，式右亦有 $(\sum_{n=0}^{\infty}T_n\frac{z^n}{n!})^2+(\sum_{n=0}^{\infty}E_n\frac{z^n}{n!})^2=1$，据柯西（Cauchy）幂级数乘法规则，有

$$\sum_{k=0}^{n}\binom{n}{k}(T_kT_{n-k}+E_kE_{n-k})=0\ (*)\ (10)$$ 即 $\sum_{k=0}^{n}\binom{n}{k}T_kT_{n-k}=-\sum_{k=0}^{n}\binom{n}{k}E_kE_{n-k}$，可得

$$T_{n+1}=\sum_{n=0}^{n}\binom{n}{k}E_kE_{n-k}\quad (n\geqslant 0)\ (*)\ (11)\qquad -T_{n+1}=\sum_{n=0}^{n}\binom{n}{k}T_kT_{n-k}\quad (n\geqslant 1)\ (*)\qquad (12)$$

两式表明正切数可由它本身或欧拉数递推出来。

事实上，欧拉数和正切数间还存在着互求关系。用第二类记法，可表为：

$$\left.\begin{aligned}E_n&=\sum_{k=1}^{n}(-1)^{n-k}\binom{2n}{2k-1}T_k+(-1)^n\\ T_n&=\sum_{k=1}^{n}(-1)^{n-k}\binom{2n-1}{2k-1}E_k\end{aligned}\right\}\ (**)\qquad (13)(14)$$

这一组互反公式属于广义莫比乌斯反演，是组合数学计数理论研究的课题。（11）～（14）式的证明在后面给出。

我们将继续 $T_n$ 同 $E_n$ 的比较。先通过 $E_n(x)$ 建立 $T_n$ 同 $B_n(x)$ 的关系式。（1）式对 $x$ 微分，并比较系数，得[①] $B_n'(x)=nB_{n-1}(x)$。

另外，
$$B_n(x+1)-B_n(x)=nx^{n-1}\quad (n\geqslant 2)\qquad (15)$$

故知 $\int_{x_1}^{x_2}B_{n-1}(t)\mathrm{d}t=\frac{1}{n}[B_n(x_2)-B_n(x_1)]$。由（1）、（3）知

$$E_{n-1}(x)=\frac{2^n}{n}[B_n(\frac{x+1}{2})-B_n(\frac{x}{2})]\qquad (16)$$

以上结果已熟知。今取 $x_1=\frac{x}{2}$，$x_2=\frac{x+1}{2}$，则 $E_{n-1}(x)=2^n\int_{\frac{x}{2}}^{\frac{x+1}{2}}B_{n-1}(t)\,\mathrm{d}t$，即

$$E_n(x)=2^{n+1}\int_{\frac{x}{2}}^{\frac{x+1}{2}}B_n(t)\mathrm{d}t\ (*)\qquad (17)$$

① ERDELYI A. Higher Transcendental Functions：Vol.1. New York：McGraw-Hill，1953. 高级超越函数：第一册. 张致中译. 上海：上海科学技术出版社. 1959：34-47.

取 $x$=0，1，1/2，由（7），（6），并将积分变量 $t$ 换写为 $x$，得

$$T_n = 2^{2n+1}\int_{1/2}^{1} B_n(x)\mathrm{d}x \ (*) \tag{18}$$

$$-T_n = 2^{2n+1}\int_{0}^{1/2} B_n(x)\mathrm{d}x \ (*) \tag{19}$$

$$E_n = 2^{2n+1}\int_{1/4}^{3/4} B_n(x)\mathrm{d}x \ (*) \tag{20}$$

将积分值为零者舍去，则可写成

$$T_{2n-1} = 2^{4n-1}\int_{1/2}^{1} B_{2n-1}(x)\mathrm{d}x \ (n\geqslant 1)\ (*) \tag{18′}$$

$$E_{2n} = 2^{4n+1}\int_{1/4}^{3/4} B_{2n}(x)\mathrm{d}x \ (n\geqslant 0)\ (*) \tag{20′}$$

（17）式将欧拉多项式表为伯努利多项式的定积分，是两者间的基本关系式，而 $T_n$ 和 $E_n$ 是由它派生的两个特例。

既然 $T_n$ 同伯努利多项式有（18）的关系，很自然地会联想到，正切数 $T_n$ 同伯努利数 $B_n$ 之间关系如何？由（15）可得 $B_n(x)$ 的乘法公式 $B_n(mx) = m^{n-1}\sum_{r=0}^{m-1} B_n(x+\frac{r}{m})$，取 $x$=0，$\sum_{s=1}^{m-1} B_n(\frac{s}{m}) = -(1-\frac{1}{m^{n-1}})B_n$，取 $m=2$[①]，$B_n(\frac{1}{2}) = -(1-\frac{1}{2^{n-1}})B_n$，将 $n$ 换写为 $2n$：

$$\frac{B_{2n}(1/2)}{B_{2n}} = 2^{1-2n}-1, \tag{21}$$

将（16）式中之 $n$ 换写为 $2n$，并取 $x$=1，得 $E_{2n-1}(1) = \frac{2^{2n}}{2n}[B_{2n}(1) - B_{2n}(1/2)]$.

注意到 $B_{2n}$（1）=$B_{2n}$（0）=$B_{2n}$，将（21）式代入上式，得

$$\frac{E_{2n-1}(1)}{B_{2n}} = \frac{2^{2n}-1}{n}.\ (n\geqslant 1) \tag{22}$$

两边同乘 $2^{2n-1}B_{2n}$，由（7）知 $T_{2n-1} = 2^{2n-1}E_{2n-1}(1) = \frac{2^{2n-1}(2^{2n}-1)}{n}B_{2n}$，即

$$T_{2n-1} = \frac{2^{2n}(2^{2n}-1)}{2n}B_{2n}, (*)\ (23) \quad 或 \quad T_n = \frac{2^{2n}(2^{2n}-1)}{2n}B_n.\ (**) \tag{23′}$$

这就是 $T_n$ 同 $B_n$ 的基本关系式，它说明 $T_n$ 是 $B_n$ 的"放大"。事实上，人们已知

$$\frac{2^{2n}(2^{2n}-1)}{2n}B_n = \sum_{k=1}^{n}(-1)^{k+1}\binom{2n-1}{2k-1}E_{n-k}\ (**) \tag{24}$$

即
$$T_n = \sum_{k=1}^{n}(-1)^{k+1}\binom{2n-1}{2k-1}E_{n-k}\ (**) \tag{25}$$

它与（14）形式稍别，而结果相合，可谓异曲同工。不过，以前没有将 $T_n$ 看作是一个可以独立的特殊函数。"放大系数" $2^{2n}(2^{2n}-1)/2n$ 可径由多项式（1）、（3）中算出。由（22），

① 王竹溪，郭敦仁. 特殊函数概论. 北京：科学出版社，1979：1-52.

$$\frac{nE_{2n-1}(1)}{B_{2n}}=\frac{B_{2n}-B_{2n}(1/2)}{B_{2n}+B_{2n}(1/2)}=2^{2n}-1\text{，两边同乘}\quad\frac{E_{2n-1}(1)}{B_{2n}-B_{2n}(1/2)}=\frac{2^{2n}}{2n}\tag{26}$$

即得
$$\frac{E_{2n-1}(1)}{B_{2n}+B_{2n}(1/2)}=\frac{2^{2n}(2^{2n}-1)}{2n}.\tag{27}$$

利用（23′）式，可将在一些无穷级数中出现的 $B_n$ 换成 $T_n$ 而使公式简化。以 Peirce 积分表所列公式为例（原文 $B_{2n-1}$ 为上述第三类记法）：

$$\tan x=x+\frac{1}{3}x^3+\frac{2}{15}x^5+\frac{17}{315}x^7+\frac{62}{2835}x^9+\cdots-\frac{2^{2n}(2^{2n}-1)}{(2n)!}B_{2n-1}x^{2n-1}+\cdots(|x|<\frac{\pi}{2})\tag{28}$$

$$\cot x=\frac{1}{x}-\frac{1}{3}x-\frac{1}{45}x^3+\frac{2}{945}x^5+\frac{1}{4725}x^7-\cdots-\frac{(2x)^{2n}}{x(2n)!}B_{2n-1}-\cdots\quad(|x|<\pi)\tag{29}$$

$$\log\sin x=\log x-\frac{1}{6}x^2-\frac{1}{180}x^4-\frac{1}{2835}x^6-\cdots-\frac{2^{2n}-1}{n(2n)!}B_{2n-1}x^{2n}-\cdots\quad(|x|<\pi)\tag{30}$$

$$\log\cos x=-\frac{1}{2}x^2-\frac{1}{12}x^4-\frac{1}{45}x^6-\frac{17}{2520}x^8-\cdots-\frac{2^{2n-1}(2^{2n}-1)}{n(2n)!}B_{2n-1}x^{2n}-\cdots\quad(|x|<\pi)\tag{31}$$

$$\tanh x=\frac{2^2(2^2-1)}{2!}B_1x-\frac{2^4(2^4-1)}{4!}B_3x^3+\cdots=\sum(-1)^{n-1}\frac{2^{2n}(2^{2n}-1)}{(2n)!}B_{2n-1}x^{2n-1}(|x|<\frac{\pi}{2})\tag{32}$$

使用正切数 $T_n$ 后，这些公式变为（第二类记法）：

$$\tan x=\sum_{n=1}^{\infty}T_n\frac{x^{2n-1}}{(2n-1)!}\quad(**)\tag{28′}$$

$$\cot x=\frac{1}{x}-\sum_{n=1}^{\infty}\frac{T_n}{2^{2n}-1}\cdot\frac{x^{2n}}{(2n)!}\quad(**)\tag{29′}$$

$$\log\sin x=\log x-\sum_{n=1}^{\infty}\frac{T_n}{2^{2n}-1}\cdot\frac{x^{2n}}{(2n)!}\quad(**)\tag{30′}$$

$$\log\cos x=-\sum_{n=1}^{\infty}T_n\frac{x^{2n}}{(2n)!}\quad(**)\tag{31′}$$

$$\tanh x=\sum_{n=1}^{\infty}(-1)^{n+1}T_n\frac{x^{2n-1}}{(2n-1)!}\quad(**)\tag{32′}$$

等等。中国清代数学家一般都不把展开式分子与分母约简，相当于保留 $x^n/n!$ 的形式，这从生成函数或形式幂级数的角度来看，是有道理的。

顺便提及，戴煦在《假数测圆》（1852 年）也得到了可写成（31′）的公式，并给出了相当于下式的级数[①]：

$$\log\sec x=\sum_{n=1}^{\infty}T_n\frac{x^{2n}}{(2n)!}\quad(**)\tag{33}$$

正切数同欧拉数一样也可展开为无穷级数。以下我们将利用已知的结果，沿着将伯努利多项式展开为傅里叶级数（Fourier series）的途径求得它。

① 李兆华. 戴煦关于二项式和对数展开式的研究//吴文俊. 中国数学史论文集（一）. 济南：山东教育出版社，1985：98-108.

当 $r$=1，$B_1(x)=x-\frac{1}{2}=-\sum_{k=1}^{\infty}\frac{\sin 2\pi kx}{k\pi}$，（$0<x<1$）考虑 $\int_C \frac{e^{xz}}{z_r(e^z-1)}dz\ (r>1)$

积分路径 C 是圆心在原点、半径为（2$N$+1）π（$N$ 为整数）的圆。被积函数的极点为 $z_k=2\pi ik$（$k$=0，±1，±2，…），当 $k$=±1，±2，…时，被积函数的残数（residue）为 $e^{2\pi ikx}/2\pi ik$。据残数理论，由式（1）知，在 $z$=0 的残数为 $B_r(x)/r!$，只要 $0<x<1$，在 $N\to\infty$时沿大圆周积分趋于 0，故有

$$\frac{B_r(x)}{r!}=-\sum_{k=-\infty}^{\infty}{}'(2\pi ik)^{-r}e^{2\pi ikx}$$

符号“'”表示略去 $k$=0 的项。由此得到 $B_{2n}(x)=(-1)^{n+1}2(2n)!\sum_{k=1}^{\infty}\frac{\cos 2\pi kx}{(2\pi k)^{2n}}$.

由 $B_n$（1）=$B_n$（0）=$B_n$（$n$≠1），令 $x$=0，可得 $B_{2n}=(-1)^{n+1}2(2n)!\sum_{k=1}^{\infty}\frac{1}{(2\pi k)^{2n}}$.

改用第二类记法（**）：$B_n=2(2n)!\sum_{k=1}^{\infty}\frac{1}{(2\pi k)^{2n}}=\frac{2(2n)!}{2^{2n}\pi^{2n}}\zeta(2n)$，

式中黎曼 $\zeta$ 函数有

$\zeta(\beta)=\sum_{k=1}^{\infty}\frac{1}{k^{\beta}}=\frac{2^{\beta}}{2^{\beta}-1}\sum_{m=0}^{\infty}\frac{1}{(2m+1)^{\beta}}$.（实数 $\beta>0$）取 $\beta$=2$n$，则

$$B_n=\frac{2(2n)!}{2^{2n}\pi^{2n}}\cdot\frac{2^{2n}}{2^{2n}-1}\sum_{m=0}^{\infty}\frac{1}{(2m+1)^{2n}}=\frac{2(2n)!}{(2^{2n}-1)\pi^{2n}}\sum_{m=0}^{\infty}\frac{1}{(2m+1)^{2n}}.\ (**)\qquad(34)$$

于是
$$T_n=\frac{2^{2n}(2n)!}{n\pi^{2n}}\left(1+\frac{1}{3^{2n}}+\frac{1}{5^{2n}}+\frac{1}{7^{2n}}+\cdots\right).\ (**)\qquad(35)$$

已知
$$E_n=\frac{2^{2n+2}(2n)!}{\pi^{2n+1}}\left(1-\frac{1}{3^{2n+1}}+\frac{1}{5^{2n+1}}-\frac{1}{7^{2n+1}}+\cdots\right).\ (**)\qquad(36)$$

两式相比，平分秋色。观察它们的结构，立即联想到

$$\frac{T_n}{E_n}=\frac{\pi}{4n}\left[\sum_{k=0}^{\infty}\frac{1}{(2k+1)^{2n}}\right]\Big/\left[\sum_{k=0}^{\infty}\frac{(-1)^k}{(2k+1)^{2n+1}}\right].$$

今设后两收敛级数之比为 $\lambda$，则在有限项内，例如 $n$≤6 时

$$1<\lambda<\frac{1+3^{-2n}}{1-3^{-2n-1}}=1+\frac{4}{3^{2n+1}-1}=1.000\,000\,25$$

故在 $n$ 不太大时，有近似公式

$$\frac{T_n}{E_n}\approx\frac{\pi}{4n}\ (**)\qquad(37)$$

当 $n$≤6 时，
$$T_n=\left[\frac{\pi E_n}{4n}\right]+1\ (**)\qquad(38)$$

[$\alpha$] 为高斯（Gauss）记号，表示不超过 $\alpha$ 的最大整数。对常用的几个 $T_n$ 之值用（38）式从已知的 $E_n$ 来求较为方便。

同欧拉数一样，正切数也可以表示成多种复杂的积分形式，都是通过（23）式而得到的，这里只列一例，旨在将 $T_n$ 和 $E_n$ 进行对比。

已知

$$2\Gamma(\beta)\sum_{m=0}^{\infty}\frac{1}{(2m+1)^{\beta}}=\int_{0}^{\infty}x^{\beta-1}\operatorname{csc}\mathrm{h}x\mathrm{d}x.\quad (\text{实数}\beta>0)$$

式中 Γ（$\beta$）为 Γ 函数。当取 $\beta$=2$n$，有 2 Γ（2 $n$）=2（2 $n$−1）! = （2 $n$）! / $n$

而由（34），$$B_n=\frac{2(2n)!}{(2^{2n}-1)\pi^{2n}}\sum_{m=0}^{\infty}\frac{1}{(2m+1)^{2n}}=\frac{2n}{2^{2n}-1}\int_{0}^{\infty}x^{2n-1}\operatorname{csc}\mathrm{h}\pi x\mathrm{d}x$$

于是有 $$T_n=2^{2n}\int_{0}^{\infty}x^{2n-1}\operatorname{csc}\mathrm{h}\pi x\mathrm{d}x.\quad (n\geqslant 1)\ (**)\tag{39}$$

相仿地 $$E_n=2^{2n+1}\int_{0}^{\infty}x^{2n}\operatorname{sec}\mathrm{h}\pi x\mathrm{d}x.\quad (n\geqslant 0)\ (**)\tag{40}$$

式中 $E_0$=1。两式奇偶并立，“对仗工整”。还可以列出类似的关系，此不一一。

回到上文据戴煦的定义所得到的递归公式：

$$T_1=1,\qquad \sum_{k=1}^{n}(-1)^{k+1}\binom{2n-1}{2k-1}T_k=1.\ (n\geqslant 1)\ (**)\tag{41}$$

$$E_0=0,\qquad \sum_{k=0}^{n}(-1)^{k}\binom{2n}{2k}E_k=0.\ (n\geqslant 1)\ (**)\tag{42}$$

如果改用第一类记法，则有

$$T_1=1,\qquad \sum_{k=1}^{n}\binom{2n-1}{2k-1}T_{2k-1}=1.\ (n\geqslant 1)\ (*)\tag{41'}$$

$$E_0=0,\qquad \sum_{k=0}^{n}\binom{2n}{2k}E_{2k}=0.\ (n\geqslant 1)\ (*)\tag{42'}$$

（41′）式可据正切数的定义式（5）直接得出。由 sinh$z$=tanh$z$ · cosh$z$，等式两边分别展开成幂级数，据柯西的乘法规则，有

$$\sum_{n=1}^{\infty}\frac{z^{2n-1}}{(2n-1)!}=\sum_{r=1}^{\infty}\frac{T_{2r-1}z^{2r-1}}{(2r-1)!}\sum_{s=0}^{\infty}\frac{z^{2s}}{(2s)!}=\sum_{n=1}^{\infty}\left[\sum_{k=1}^{n}\binom{2n-1}{2k-1}T_{2k-1}\right]\frac{z^{2n-1}}{(2n-1)!}.$$

比较等式两边系数，即得（41′）式。而欧拉数的递推公式（42′）则是由 sech $z$ · cosh$z$=1，用相仿的方法得到的。

总之，由本节公式形式和证明过程的对比中，我们论证了 $T_n$ 和 $E_n$ 在本质上既统一又相对，它们互为补充，相辅相成，在数学意义上互为余函数。正切数和欧拉数都是脱胎于伯努利多项式和欧拉多项式的“孪生”函数，从而证明了正切数作为特殊函数的地位。

### 12.4.2 作为计数函数的正切数和欧拉数

《外切密率》卷一、卷二提出的正切数、欧拉数，其定义和数表都具有计数的意义，已见 § 12.1～ § 12.3 节所述。本节将把 $T_n$ 和 $E_n$ 作为计数函数进一步考察。

$T_n$、$E_n$ 的定义式（4）、（5）建立了它们与 tanh$z$、sech$z$ 间的对应关系，由此可以实现从有关双曲函数的定义式（恒等式、微分式、复变量公式等）到 $T_n$、$E_n$ 的一批计数公式（包括几种类型的递推式）的变换。

在变换中，为适应不同的计数需要，$T_n$、$E_n$ 有三类记法。第一类记法 $*T_{2n-1}$、$*E_{2n-1}$，第二类记法 $**T_n$、$**E_n$ 与第三类记法 $T_{2n-1}$、$E_{2n-1}$ 间有简单的换写公式：

$*T_{2n-1}=(-1)^{n-1}**T_n=(-1)^{n-1}T_{2n-1}.\ (n\geqslant1)$ $*E_{2n}=(-1)^n**E_n=(-1)^nE_{2n}.\ (n\geqslant0)$

先讨论一组基本公式，即 $E_n$ 和 $T_n$ 之间存在的互反关系：

$$E_n=1-\sum_{k=0}^{n}\binom{n}{k}T_k.\quad (n\geqslant0)\ (*)\ (43)\quad T_n=\sum_{k=0}^{n}\binom{n}{k}E_k.\ (n\geqslant1)\ (*)\qquad (44)$$

（43）的证明：（43）式因项数奇偶不同而可分写为：

$$\sum_{k=1}^{n}\binom{2n-1}{2k-1}T_{2k-1}=1.\ (n\geqslant1)\ (*)\qquad (43_a)$$

$$\sum_{k=1}^{n}\binom{2n}{2k-1}T_{2k-1}=1-E_{2n}.\ (n\geqslant1)\ (*)\qquad (43_b)$$

由 $$\sum_{k=1}^{n}(1-E_{2n})\frac{z^{2n}}{(2n)!}=\sum_{k=0}^{n}(1-E_{2n})\frac{z^{2n}}{(2n)!}=\sum_{r=0}^{\infty}\frac{z^{2r}}{(2r)!}-\sum_{s=0}^{\infty}E_{2s}\frac{z^{2s}}{(2s)!}=\frac{\cosh^2 z-1}{\cosh^2 z}$$

$$=\frac{\sinh^2 z}{\cosh^2 z}=\tanh\cdot\sinh z=\left[\sum_{r=1}^{\infty}T_{2r-1}\frac{z^{2r-1}}{(2r-1)!}\right]\left[\sum_{s=1}^{\infty}\frac{z^{2s-1}}{(2s-1)!}\right]=\sum_{n=1}^{\infty}\left[\sum_{k=1}^{n}\binom{2n}{2k-1}T_{2k-1}\right]\frac{z^{2n}}{(2n)!},$$

比较两边系数即得（$43_b$）式；而（$43_a$）即为已证过的（41′）式，（43）式因而得证。

（44）的证明：（44）式因项数奇偶不同而可分写为：

$$\sum_{k=0}^{n}\binom{2n}{2k}E_{2k}=0\ (n\geqslant1)\ (*)\ (44_a)\qquad \sum_{k=0}^{n}\binom{2n-1}{2k}E_{2k}=T_{2n-1}\ (n\geqslant1)\ (*)\qquad (44_b)$$

由 $$\sum_{k=1}^{n}D_{2n-1}\frac{z^{2n-1}}{(2n-1)!}=\tanh z=\sec hz\cdot\sinh z=\left[\sum_{r=0}^{\infty}E_{2r}\frac{z^{2r}}{(2r)!}\right]\left[\sum_{s=1}^{\infty}\frac{z^{2s-1}}{(2s-1)!}\right]$$

$$=\sum_{n=1}^{\infty}\left[\sum_{k=0}^{n}\binom{2n-1}{2k}E_{2k}\right]\frac{z^{2n-1}}{(2n-1)!}$$

比较两边系数即得（$44_b$）式；而（$44_a$）即为已知之（42′）式，（44）式因而得证。

（$43_a$）式亦可写成 $$\sum_{k=0}^{n}\binom{2n+1}{2k+1}T_{2k+1}=1.\ (n\geqslant0)\ (*)\qquad (43_a{}')$$

据组合恒等式 $\binom{m-1}{r-1}+\binom{m-1}{r}=\binom{m}{r}$，易知由（$43_a{}'$）式减（$43_b$）式，（$44_a$）式减（$44_b$）式有

$$\sum_{k=0}^{n}\binom{2n}{2k}T_{2k+1}=E_{2n}.\ (n\geqslant0)\ (*)\ (43_c)\quad \sum_{k=1}^{n}\binom{2n-1}{2k-1}E_{2k}=-T_{2n-1}.\ (n\geqslant0)\ (*)\qquad (44_c)$$

以上 8 式改为第二类记法后合为 4 式，即（41）、（42）、（13）、（14）。可见第二类记法可使公式简化。须说明的是，由（$43_c$）改成

$$\sum_{k=0}^{n}(-1)^{n-k}\binom{2n}{2k}T_{k+1}=E_n.\ (n\geqslant1)\ (**)\qquad (13')$$

与由（$43_b$）改成的（13）式是完全一致的，写法略有区别而已，上述互反公式于是得

证。显然，这些递推式分为自求和互求两类；下面讨论另外两类。

$$\sum_{n=0}^{n}\binom{n}{k}E_k E_{n-k}=T_{n+1}.\ (n\geqslant 0)\ (*) \tag{11}$$

$$\sum_{n=0}^{n}\binom{n}{k}T_k T_{n-k}=-T_{n+1}.\ (n\geqslant 1)\ (*) \tag{12}$$

（12）式的证明：由于级数（4）、（5）绝对收敛且一致收敛，故可平方或逐项微分：

$$\sum_{n=1}^{\infty}(-T_{n+1})\frac{z^n}{n!}=1-(1+\sum_{n=1}^{\infty}T_{n+1}\frac{z^n}{n!})=1-\sum_{n=0}^{\infty}T_{n+1}\frac{z^n}{z!}=1-\mathrm{d}(\sum_{r=1}^{\infty}T_r\frac{z^r}{r!})\Big/\mathrm{d}z$$

$$=1-\mathrm{d}\tanh z/\mathrm{d}z=1-\mathrm{sech}^2 z=\tanh^2 z=(\sum_{s=1}^{\infty}T_s\frac{z^s}{s!})^2=\sum_{n=1}^{\infty}\left[\sum_{k=0}^{n}\binom{n}{k}T_k T_{n-k}\right]\frac{z^n}{n!}.$$

比较展开式两边系数即得（12）式。类似地，由 $\mathrm{d}\tanh z/\mathrm{d}z=\mathrm{sech}^2 z$ 可证（11）式。

又据 $\mathrm{d}\,\mathrm{sech} z/\mathrm{d}z=-\mathrm{sech}\,z\cdot\tanh z$，仿上法可得

$$\sum_{k=0}^{n}\binom{n}{k}E_k T_{n-k}=-E_{n+1}.\ (n\geqslant 0)\ (*) \tag{45$_a$}$$

$$\sum_{k=0}^{n}\binom{n}{k}T_k E_{n-k}=-E_{n+1}.\ (n\geqslant 0)\ (*) \tag{45$_b$}$$

### 12.4.3 交错排列中的正切数与欧拉数*

法国数学家安德烈在 1879 年和 1881 年所发表的论文中，将 $T_n$ 和 $E_n$ 统一于计数函数 $A_n$，而赋予它以“交错排列”的新意义，从计数的角度揭示了欧拉数和正切数的内在联系。本节据文献①重新表述 $A_n$ 的定义及有关证明，并据前文所得结果，将给出简洁的新证法。为了避免汉语中“交错排列”同“交错级数”或“错位排”等术语混淆，这里使用“齿排列”来代替它。

**定义** 设 $N=\{1, 2, \cdots, n\}$为有序集，$a_k\in N$，$a_k$ 的大小即 $a_k$ 的数值，则在所有 $P_n=n!$ 种排列（$a_1 \cdots a_{k-1}\ a_k\ a_{k+1} \cdots a_n$）中，任一元 $a_k$（$1< k <n$）满足既非 $a_{k-1} < a_k < a_{k+1}$，也非 $a_{k-1} > a_k > a_{k+1}$ 的排列总数，称为“全齿排列”，记作 $2A_n$，并规定 $A_0=A_1=A_2=1$。

**例 1** $n=3$ 时，在 $P_3=6$ 种排列里

1 2 3　1 3 2　2 1 3　2 3 1　3 1 2　3 2 1

首末两种非齿排列，故 $2A_3=4$。

**例 2** $n=4$ 时，在 $P_4=24$ 种排列里，只有

1 3 2 4　1 4 2 3　2 3 1 4　2 4 1 3　3 4 1 2

4 2 3 1　4 1 3 2　3 2 4 1　3 1 4 2　2 1 4 3

10 种是齿排列，故 $2A_4=10$。

---

* 王海林，罗见今. 欧拉数、戴煦数与齿排列的关系研究. 自然科学史研究，2005，24（1）：53-59.

① 德里. 100 个著名初等数学问题——历史和解. 罗保华，等译. 上海：上海科学技术出版社，1982：74-79.

注意到，例 2 中第一行 5 种排列里开始两元均有 $a_1 < a_2$，可称为“下齿排列”；第二行 5 种排列里开始两元均有 $a_1 > a_2$，可称为“上齿排列”。由元素的对应，易证两者均等于全齿排列之半 $A_n$，可称为“半齿排列”或“齿排列”，关于（$n$+1）/2 为对称。因而，齿排列的个数只与元数 $n$ 有关，与始升或始降、与上齿或下齿、与左视或右视均无关。全齿排列有安德烈递推公式 $A_0=A_1=A_2=1$：

$$2A_{n+1}=\sum_{k=0}^{n}\binom{n}{k}A_kA_{n-k}.\qquad (n\geqslant 1) \tag{46}$$

**证明 1**　设最大元 $n=a_{k+1}$（$k$=0，1，2，…，$n$−1）。$n$ 左有 $k$ 个元，由定义，$n > a_k$，$a_k < a_{k-1}$，故从 $a_k$ 开始、向左的下齿排列共有 $A_k$ 种；$n$ 右有 $n-k-1$ 个元，由定义，$n > a_{k+2}$，$a_{k+2} < a_{k+1}$，故从 $a_{k+2}$ 开始的下齿排列共有 $A_{n-k-1}$ 种。遍取最大元在第 $k$+1 位时所余 $n$−1 元的全部组合 $\binom{n-1}{k}$，$n=a_{k+1}$ 遍历从 $k$=0 到 $k=n-1$ 的一切位置，就得到全齿排列的总数：

$$2A_n=\sum_{k=0}^{n-1}\binom{n-1}{k}A_kA_{n-k-1}.\ (n\geqslant 2)\ \text{亦即}\ 2A_{n+1}=\sum_{k=0}^{n}\binom{n}{k}A_kA_{n-k}.\ (n\geqslant 1)\ \text{证完.}$$

据（46）式所得 $A_n$ 的数表（0≤$n$≤10）如表 12-7。

**表 12-7　齿排列数 $A_n$**

| $n$ | 0 | 1 | 2 | 3 | 4 | 5 | 6 | 7 | 8 | 9 | 10 |
|---|---|---|---|---|---|---|---|---|---|---|---|
| $A_n$ | 1 | 1 | 1 | 2 | 5 | 16 | 61 | 272 | 1 385 | 7 936 | 50 521 |

**证明 2**　将上文（11）、（12）、（45$_a$）、（45$_b$）用第三类记法表出，则为

$$T_{2m+1}=\sum_{k=0}^{m}\binom{2m}{2k}E_{2k}E_{2m-2k}.\ (m\geqslant 1)\quad T_{2m+1}=\sum_{k=1}^{m}\binom{2m}{2k-1}T_{2k-1}T_{2m-2k+1}.\ (m\geqslant 1)$$

$$E_{2m}=\sum_{k=0}^{m}\binom{2m-1}{2k}E_{2k}T_{2m-2k-1}.\ (m\geqslant 1)\quad E_{2m}=\sum_{k=0}^{m}\binom{2m-1}{2k-1}T_{2k-1}E_{2m-2k}.\ (m\geqslant 1)$$

将前两式和后两式分别相加，并将 $T_{2m-1}$ 换写为 $A_{2n-1}$，$E_{2m}$ 换写为 $A_{2n}$，则有

$$2A_{2n+1}=\sum_{k=0}^{n}\binom{2n}{2k}A_{2k}A_{2n-2k}+\sum_{k=1}^{n}\binom{2n}{2k-1}A_{2k-1}A_{2n-2k+1}=\sum_{r=0}^{2n}\binom{2n}{r}A_rA_{2n-r}.\ (n\geqslant 1)$$

$$2A_{2n}=\sum_{k=0}^{n}\binom{2n-1}{2k}A_{2k}A_{2n-2k-1}+\sum_{k=1}^{n}\binom{2n-1}{2k-1}A_{2k-1}A_{2n-2k}=\sum_{r=0}^{2n-1}\binom{2n-1}{r}A_rA_{2n-r-1}.\ (n\geqslant 1)$$

证完.

我们同时得到（$^*T_{2n-1}$，$^*E_{2n}$ 为第一类记法，$^{**}T_{2n-1}$，$^{**}E_{2n}$ 为第二类记法）：

$$A_{2n-1}=T_{2n-1}=(-1)^{n-1}\,{}^*T_{2n-1}={}^{**}T_n.\ A_{2n}=E_{2n}=(-1)^{n}\,{}^*E_{2n}={}^{**}E_n.$$

**定义**　元数为奇数时的半齿排列 $A_{2n-1}$ 称为奇齿排列，元数为偶数时 $A_{2n}$ 称为偶齿排列。

欧拉数 $E_n$ 表示偶齿排列的个数 $A_{2n}$，正切数 $T_n$ 表示奇齿排列的个数 $A_{2n-1}$。这是 $E_n$ 和 $T_n$ 在组合数学排列理论中的意义。本书称齿排列数 $A_n$ 为安德烈数。安德烈数是欧拉数和正切数的复合。

前面已经提到，戴煦的目标在于用 $T_n$ 和 $E_n$ 来表示 $\tan x$ 和 $\sec x$ 的展开式。有趣的是，安德烈通过一种独特的途径由齿排列的无穷级数来求 $\tan x$ 和 $\sec x$。格列高里最早给出的展开式（在一封信中，只有结果，而无证明。$\tan x$ 展开式的系数因约简而没有表示成 $T_{2n-1}/(2n-1)!$ 的形式[①]）戴煦并不知道，安德烈当然是知道的，但是每人的方法各有特色。以下列出安德烈求证的过程，以便同戴煦的方法进行对比。安德烈先求出 $A_n$ 的生成函数：

$$\tan(\frac{\pi}{4}+\frac{x}{2})=\sum_{n=0}^{\infty}A_n\frac{x^n}{n!}.\ (|x|<\frac{\pi}{2}) \tag{47}$$

**证明 1** 设

$$y=\sum_{n=0}^{\infty}A_n\frac{x^n}{n!}.\ (|x|<\frac{\pi}{2}) \tag{47'}$$

由定义，当 $n>2$ 时，$2A_n/n!<1$，即 $A_n/n!<1/2$，级数（47′）绝对收敛且当$-1<x<1$ 时一致收敛，级数（47′）可平方亦可逐项微分：$\dfrac{\mathrm{d}y}{\mathrm{d}x}=\sum_{n=0}^{\infty}A_{n+1}\dfrac{x^n}{n!}$

$$1+y^2=1+(\sum_{n=0}^{\infty}A_n\frac{x^n}{n!})^2=2+\sum_{n=1}^{\infty}\left[\sum_{k=0}^{n}\binom{n}{k}A_kA_{n-k}\right]\frac{x^n}{n!}$$

$$=2+2\sum_{n=1}^{\infty}A_{n+1}\frac{x^n}{n!}=2\sum_{n=0}^{\infty}A_{n+1}\frac{x^n}{n!}=2\frac{\mathrm{d}y}{\mathrm{d}x}$$

即 $\dfrac{\mathrm{d}y/\mathrm{d}x}{1+y^2}-\dfrac{1}{2}=0$. 由 $\dfrac{\mathrm{d}(\arctan y-x/2)}{\mathrm{d}x}=\dfrac{\mathrm{d}y/\mathrm{d}x}{1+y^2}-\dfrac{1}{2}=0$

知 $\arctan y-x/2=C$（常数）. 上式取 $x=0$ 并将它代入（47′），得 $y=A_0=1$，求出 $C=\pi/4$，则 $y=\tan(\frac{\pi}{4}+\frac{x}{2})=\sum_{n=0}^{\infty}A_n\frac{x^n}{n!}$，（47）式因而得证。式中，将 $x$ 换写为$-x$，则有

$$\tan(\frac{\pi}{4}-\frac{x}{2})=\sum_{n=0}^{\infty}(-1)^nA_n\frac{x^n}{n!}\ \ (|x|<\frac{\pi}{2}) \tag{48}$$

将（47）、（48）代入三角公式 $2\sec x=\tan(\frac{\pi}{4}+\frac{x}{2})+\tan(\frac{\pi}{4}-\frac{x}{2})$，$2\tan x=\tan(\frac{\pi}{4}+\frac{x}{2})-\tan(\frac{\pi}{4}-\frac{x}{2})$，即得

$$\sec x=\sum_{n=0}^{\infty}A_{2n}\frac{x^{2n}}{(2n)!},\quad \tan x=\sum_{n=1}^{\infty}A_{2n-1}\frac{x^{2n-1}}{(2n-1)!}.$$

如果应用欧拉公式：

$\sinh iz=i\sin z$，$\cosh iz=\cos z$，$\tanh iz=i\tan z$，$\mathrm{sech}\, iz=\sec z$

和上面提到的一些结果，这一过程只需更简短的步骤。对（47）式有

**证明 2**

$$\sum_{n=0}^{\infty}A_n\frac{x^n}{n!}=\sum_{r=0}^{\infty}A_{2r}\frac{x^{2r}}{(2r)!}+\sum_{s=1}^{\infty}A_{2s-1}\frac{x^{2s-1}}{(2s-1)!}$$

$$=\sum_{r=0}^{\infty}(-1)^rE_{2r}\frac{x^{2r}}{(2r)!}+\sum_{s=1}^{\infty}(-1)^{s-1}T_{2s-1}\frac{x^{2s-1}}{(2s-1)!}$$

---

① COMTET L. 高等组合学——有限和无限展开的艺术. 谭明术译. 大连：大连理工大学出版社，1991：100，291.

$$=\sum_{t=0}^{\infty}E_t\frac{(ix)^t}{t!}+i^{-1}\sum_{m=0}^{\infty}T_m\frac{(ix)^m}{m!}=\operatorname{sech}ix+i^{-1}\tanh ix$$

$$=\sec x+\tan x=\frac{1+\sin x}{\cos x}=\frac{1+\tan(x/2)}{1-\tan(x/2)}=\tan(\frac{\pi}{4}+\frac{x}{2}).$$

式中欧拉数、正切数都用第一类记法。此证业已显示了用奇齿排列和偶齿排列的无穷级数来表示正切和正割的本质过程。

### 12.4.4　结语

在微积分早期工作中，研究超越函数时用它们的级数来处理是富有成效的方法。18 世纪以来，无穷级数一直被认为是微积分的一个组成部分，或其应用的一个主要方面，计算 π 和 e 的值，以及对数和三角函数。许多数学家都因此而对级数产生了兴趣。[①]

J. 伯努利在《推想的艺术》[②]（1713 年）中首次提出了后来以他的名字命名的数 $B_n$ 和多项式 $B_n(x)$，今天已被广泛应用。级数方面真正广阔的工作是 1730 年左右从欧拉开始的[③]，同本节有关的内容，如他给出 $B_n$ 的定义式（2）[④]，得到

$$\sum_{\nu=1}^{\infty}\frac{1}{\nu^{2n}}=(-1)^{n-1}\frac{(2\pi)^{2n}}{2(2n)!}B_{2n}$$

这样优美的结果，而且提出了后来以他的名字命名的数 $E_n$ 和多项式 $E_n(x)$，这些成就，无疑构成了 18 世纪级数研究的一个引人注目的方面。

与此同时，欧拉也注意了组合问题。被他称作“组合理论一个妙题”的“错位排列”，即所谓的“装错信封问题”，由 N. 伯努利和欧拉先后独立解决[⑤]，所得到的级数，与安德烈的齿排列数同属于组合数学排列理论研究的对象。

直到 20 世纪 20～30 年代，还有一些数学家在研究 $B_n$ 和 $E_n$，出现高阶 $B_n(x)$、$E_n(x)$ 及有关积分公式。[⑥⑦⑧]毫无疑问，所得的结果是更加深入了，但同时也愈演愈繁。

清代数学家从明安图开始，董祐诚、项名达、徐有壬、戴煦、李善兰、邹伯奇、夏鸾翔、华蘅芳等人，主要也为了研究三角函数、对数和有限差分，对级数产生了浓厚的兴趣。他们使用的方法基本上是传统的。由于传统数学没有形成完整的符号体系和演绎系统，妨碍了它的发展，与近代数学脱节，没有进入微积分的发展时期。但是，正如文章开始所说，中算家们发挥了自己的长处，应用离散的手段，处理连续的对象，在与世隔绝的环境中，仍然引入了一些有价值的思想和方法，戴煦的工作即是一例。

戴煦在中算史上第一次同时提出了 $T_n$ 数和 $E_n$ 数。由于资料所限，笔者不能确认在

---

① KLINE M. Mathematical Thought from Ancient to Modern Times. New York：Oxford Univ. Press，1972. 中译本：古今数学思想：第 2 册. 张理京译. 上海：上海科学技术出版社，1979：160-198.

② BERNOULLI J. Ars Conjectandi. [S.L.：s.n.]，1713. reprinted by Culture et Civilisation，1968.

③ EULER L. Opera Omnia（1）：Vols. 10，14 and 16（2parts）. TEUBNER B G，FÜSSLI O. [S.L.：s.n.]，1913-1935：407-462.

④ 德里. 100 个著名初等数学问题——历史和解. 罗保华，等译. 上海：上海科学技术出版社，1982：74-79.

⑤ KLINE M. Mathematical Thought from Ancient to Modern Times. New York：Oxford Univ. Press，1972. 中译本：古今数学思想：第 2 册. 张理京译. 上海：科学技术出版社，1979：21.

⑥ NORLAND N E. Vorlesungén über Dfferenzenrechnung. Acta Math，1922，43：121-196.

⑦ NIELSEN N. Traile élémentaire des numbers de Bernoulli. Gauthier-Vielars，1923.

⑧ MILNE-THOMSON L M. The Calculus of Finite Differences：Chapt. 6. London：Macmillan and Co. Ltd，1933.

他之前的西方研究中从未遇到过 $T_n$，即令今后发现了关于 $T_n$ 的论述，我们也并不感到意外。我们关心的是，仅就 $T_n$ 和 $E_n$ 相匹配这一点而言，由于历史的原因，迄今尚未形成主流的认识，而在戴煦的著作中，却是理所当然、毋庸置疑的。在今天的数学词典和专著中，所见到的都是 $B_n$ 和 $E_n$ 相匹配的记载——我们已经谈过，这是有它的道理的，然而，对 $T_n$ 忽略所带来的一个后果，是对 $E_n$ 的认识也难以臻于完备。

戴煦从两无穷级数的除法中归纳出求商式各项系数的递推公式，实质上是用离散的手段处理连续的对象，将一个无限的问题，转化为有限步骤的求解。法国数学家柯西（Cauchy）已经给出了无穷幂级数乘积的算法，戴煦并不了解；从整体上看，戴氏的研究受到当时我国传统数学发展水平的影响，如没有采用符号和公式来表达，仍借助于烦琐的文字叙述等方法。然而他在解决具体算法问题时，却发挥了自己的长处，既得到了与应用现代连续方法毫无二致的无穷级数公式，又获取了应用递归法的一系列计数成果，在晚清数学中是一闪光点。从今天离散数学的观点来看，仍然值得借鉴。

戴煦的计数函数是研究幂级数的结果，在当时国内数学中具有代表性。研究这一工作的背景和内容，分析它在中算史上的影响和地位，对于比较中西数学的特征，探讨当时中国数学的方法和发展趋向是不无裨益的。

中国数学史的研究并非仅仅陶醉在汉魏宋元的光辉回忆之中。尽管较为困难，19世纪的成果亦可作为现代研究的起点。当然我们并不是企望一切的历史研究都能与现代的发展联系起来，这样的努力也未必能够得到普遍的认可。然而，值得欣慰的是，科学对向她提供有价值思想的一切历史来源都表示了同样的尊重，对此，历史也终将给予科学的评价。

# 第13章 李善兰与《垛积比类》

在世界数学史中，在文艺复兴之前的中国古代数学曾创造过自己的辉煌，但是在随后的几个世纪却已明显落后了。探讨我国数学落后的原因可以作为今天的借鉴；当然这是一个综合性的问题，涉及经济、政治、哲学、历史、社会、文化等许多方面。从知识普及的角度来考察，严重缺乏数学教育是重要原因之一。当世界已经进入 19 世纪，特别是到了 19 世纪 40 年代末，在我国的各类学校中，除了传统的以文史哲为主的教学内容外，对于当时已经迅速发展起来的西方数理、天文等方面的知识所知甚微，数学教育几乎是一片空白。这与 1730 年左右到 1850 年的一百多年间研究西学基本停顿有关。数学上与世隔绝、信息不通，造成的一个后果是教育内容完全与世界数学发展脱节，无法形成培养数学人才的温床。知识危机、教育危机、人才危机，形势是十分严峻的。

19 世纪后半叶，在当时的历史条件下，以李善兰和华蘅芳为代表的中国数学家与数学教育家进行了艰苦卓绝的数学启蒙和教育启蒙工作，大量翻译介绍西方数学的成果，同时，他们本人也进行了独立的数学研究，直接从事教育实践，奠定了近代数学、力学、天文学等学科在我国发展的基础，培养了数学人才，开辟了近代数学和数学教育发展的新道路。

李善兰在他的时代已经是名满中国的学界领袖，百余年来海内外研究者众多，李俨、钱宝琮、杜石然、李迪等著述甚多，1978 年恢复研究生招生以来，又有王渝生、罗见今的硕士论文，洪万生在纽约市立大学道本周（J. Dauben）教授指导下获得博士学位，对李善兰生平学术进行较全面深入研究。

## 13.1 李善兰：中国近代数学和数学教育的先行者*

### 13.1.1 李善兰的生平和事业

#### 1）李善兰和他的《则古昔斋算学》

李善兰，号秋纫、壬叔，原名心兰，浙江海宁人。年幼聪颖好学，10 岁时“读书家塾，架上有古九章，窃取阅之，以为可不学而能，从此遂好算”。到了 15 岁时，他读了明末徐光启与意大利人利玛窦合译的欧几里得《几何原本》前 6 卷，能够明白其中的

* 罗见今. 中国近代数学和数学教育的先驱——李善兰、华蘅芳. 辽宁师范大学学报（自然科学版）1986（s1）: 22-34.

意义。李善兰在青少年时代渴望学习数学知识，积极搜求数学著作，他到杭州应试时，得到“宋元四大家”之一的李冶的名著《测圆海镜》和清代数学家戴震的《勾股割圆记》，经过深入的独立思考，认为“割圆法”不是自然形成的，其中有深奥的道理。从此他对待许多数学问题都深入思考分析，不断有学习心得。在 30 岁以前，除了《几何原本》前 6 卷之外，吸收和继承了《九章算术》为代表的传统数学知识。他的善于学习和勤于思考加深了他对数学的理解，对以后的研究工作，奠定了深厚的基础。

李善兰十几岁就能写诗和古文，在他的一生中于艰苦繁重的数学思维之余，保持着写诗的爱好。他在 1842 年所写的诗《乍浦行》《刘烈女诗并序》中记录了清廷腐败、“官兵畏死”、英国侵略军的残暴和人民遭受的深重灾难，在《汉奸谣》中痛斥了“割民首级争献功”的民族败类的罪行。国力衰弱、生灵涂炭的惨剧震动了他，确定了他作为一个爱国数学家的道路。

19 世纪 40 年代，李善兰主要在家乡从事历法和数学研究，并且同张文虎、顾观光、汪曰桢等数学家相过从，互相切磋琢磨，讨论数学问题。汪曰桢把一本自己手抄的朱世杰名著《四元玉鉴》3 卷给李善兰读。他深入思考七天七夜，终于把这本书的方法都搞通了，并且写出《四元解》2 卷，曾在 1845 年冬天把这本书给顾观光看。这个时期，李善兰积极著书，写成《方圆阐幽》《弧矢启秘》《对数探源》《垛积比类》等数学书和研究历法的书《麟德术解》（1848 年）。1851 年李善兰和长自己 6 岁的著名数学家戴煦会面，研讨数学问题，互相促进。李向戴赠送自己的著作，两人比较各自所用数学方法的同异，在李的再三敦促下，戴写成《外切密率》一书。

从 1852 年起，李善兰到上海，有 8 年时间与西方传教士合作进行翻译，外国人口述，他作笔录，所译出刊行的科学书籍把西方的数学、植物学、天文学和力学的系统知识介绍到中国来，继明末徐光启、利玛窦合译《几何原本》前 6 卷之后，开辟了近代研究并发展自然科学的新时期。以下详述。

李善兰所交往的数学家中，徐有壬官至江苏巡抚。1860 年李善兰刚到苏州徐有壬幕下，本想一同研究数学，未料徐旋为太平军所杀，李仓皇返沪，许多数学文稿丧失殆尽。

19 世纪 60 年代初期，李善兰先在上海，后到南京，这时受到曾国藩的器重。1863 年他曾到安庆，在那里与徐寿、华蘅芳等人会见，他们在上海时都是老相识。他翻译的著作大都已经刊行，但自己的著作只零散地出过三四种，因此他搜集散落在苏州的书稿，有的是朋友们转相传录的副本，一共有 13 种，请求曾国藩支持他汇刻出版，收在《则古昔斋算学》中，1864 年在金陵（今南京）付刻，同治丁卯年（1867 年）告成（图 13-1、13-2）。除了上文所提到的 5 种外，还收入《对数探原》2 卷、《火器真诀》《对数尖锥变法解》《级数回求》《天算或问》各 1 卷以及研究椭圆的 3 种共 6 卷。李善兰的数学成就集中表现在尖锥术、垛积术、数根术等方面，创造了传统数学研究的新水平，在微积分、组合数学、数论与级数领域内颇有见地。他“仰承汉唐，荟萃中外”，成一家之言。他的缜密的思考和精辟的论述影响了当时一代学人。他的著作成为数学家的必读书。

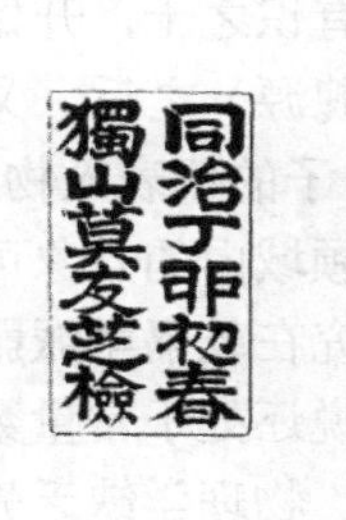

左：图 13-1　《则古昔斋算学》扉页
右：图 13-2　《则古昔斋算学》题名

李善兰后受到原广东巡抚郭筠仙（嵩焘）的推荐，被征入北京任同文馆算学总教习。同文馆原是培养英、法、俄语翻译的高等学校，1862 年初办，1866 年增设天文和算学等科，八年毕业。教习相当于教授。他至此完全转向数学教育和研究，直至去世。清政府先后授予他中书科中书、户部主事、员外郎、郎中等官衔，但他专注于教育，未曾离开同文馆。他教的学生先后有百余人，他“口讲指画，十余年如一日”，教学非常认真、辛苦。他的学生后来将他在这个时期所出考试题汇编成 4 册，名《算学课艺》，许多内容联系天文、地理、火器、测量的实际计算，可以看出他的教学思想。李善兰的著作尚有几种，有的仅存书目，还有诗集、文集以抄本传世。

19 世纪 60 年代李善兰家乡祖居火灾，书籍文稿付之一炬。数学史家白尚恕教授说，李善兰 1868 年进京后，曾居住在东四北边路西的“什锦花园”，笔者于 1980 年寻访李氏故居①无果。李善兰晚年体胖，有时生病，仍坚持教学和研究。72 岁病逝，当年还在写书《级数勾股》二卷。娶米氏，无后代。

**2）李善兰所处的时代**

欧洲文艺复兴运动完成了中古的文化向近代文化的过渡，这场在文艺、哲学和科学领域内的革命运动促进了欧洲意识形态领域的变革和近代自然科学的诞生。英国、法国、尼德兰都发生了社会革命，英国并于 18 世纪中叶开始了工业革命，机器的使用把自然力转化为生产力，使西欧、美国、俄国以及日本在一百多年里陆续演变成资本主义强国。社会经济的迅速发展推动了自然科学的大踏步前进，在数学方面 18 世纪和 19 世纪前半叶产生了一大批著名数学家，例如欧拉、拉格朗日、高斯、柯西、罗巴切夫斯基等；在数学领域内迅速成长起一簇簇新的分支，如分析、无穷级数、微分方程、微分几何、变分法、矩阵论、方程论、数论、非欧几何、射影几何等等。

在这样的背景之下，中国社会当时的政治、经济、文化却处在停滞甚至倒退的状态，封建主义的根基已经衰朽腐败，清朝统治者更害怕一切外来思潮和新事物。1723 年，雍正皇帝一反康熙皇帝尊重西学的做法，下令禁止传教士在中国的活动，此后一百多年，国内思想界、科学界、教育界处于与世隔绝的状态，以乾嘉学派为代表，把注意力转向过去，整理国学，光复故物。朝廷官员妄自尊大，以天朝上国自居，对西方的进步闭目塞听；有些守旧的学者认为国学广博，西学纵有新技，不过古已有之，对国外的变化不愿了解也不能理解，无动于衷，麻木不仁。但是这样的状况不能持久，1840 年，英国舰队的大炮轰开了闭关自守的中国大门，揭开了帝国主义列强侵略中国的序幕。中国社会的政治、经济和文化结构，面临着一场重大的变革，它关系到国家民族的

---

① 寻访李善兰北京居处经过：“从东四北行寻什锦花园胡同，遇见两位六十七八岁老人，问过去的清王府在何处？指出一处是‘赵王府’，现为‘二服’（某服务单位）宿舍楼，旧宫室已拆除，它的西边一座官邸以前曾是吴佩孚居所，东边的一座大院是戴笠的居所。另外东边拐弯处原来也是一座王府，现为民航家属楼。我想李善兰奉召进京官居三品，不会住进王府，大概应住在一座大四合院中，但纵有文献记载，也不好查了。路南一栋有古代砖的建筑，他们说以前曾是工业学校，大概是民国修建的。”——笔者 1980-03-16 记。

存亡，所以当时的有识之士，开始了长期的探索。继早期改良主义思潮（其代表人物是龚自珍、林则徐、魏源）之后，又有一批科学家参加了洋务运动（19 世纪 60 年代到 90 年代），这批知识分子的代表人物就是李善兰、徐寿[①]、华蘅芳。

当时，在科学领域内的景象可以说是满目萧然，西方的成就遥遥领先，把我国远远甩在后边。数学研究在乾嘉学派影响下虽有回升，也有了一些变量数学的内容，但并未形成体系，总的来说还处于常量数学的范畴。天文学在古代辉煌成就之后徘徊不前，甚至面临枯萎的危险。物理学缺乏先进的哲学思想指导，也没有起码的工具来做实验，在观点和方法上没有根本的改观。在这样的情况下，李善兰、华蘅芳等人把西方的数学介绍到中国来，他们自己也从事了独立的研究。他们的部分工作主要表现在引进并建立了解析几何、微积分、代数学、概率论等学科，使得近代数学得以在中国生根发芽。

### 13.1.2 李善兰的数学工作简介

李善兰《则古昔斋算学》收录《方圆阐幽》1 卷、《弧矢启秘》2 卷、《垛积比类》4 卷等 13 种，共 24 卷。他在自序（图 13-3）中说："于算学用心极深，其精到处自谓不让西人。"他的数学研究主要在尖锥术、垛积术和数根术三方面有突出的成就。

善蘭年十齡讀書家塾架上有古九章竊取閱之以爲可不學而能從此遂好算應試武林得測圓海鏡句股割圜記以歸其學始進因思割圜法非自然深思得其理從此時有心得輒復著書久之得若干種咸豐庚申在蘇州節署遭亂盡失之中方圓弧矢對數三種金山錢氏已刻入叢書餘諸種友人轉相傳錄副本收羅數年盡得故物惟彙經算學考一種因未卒業未以示人不可復得繼又續著若干種并前所得緘固一篋恐再失也歲甲子來金陵晤曾沅浦中丞許代付手民閱二年郵致三百金於是取篋中諸書盡刻之凡十三種方圓闡幽一卷弧矢啟祕二卷對數探源二卷垜積比類四卷四元解二卷麟德術解三卷橢圜正術解二卷橢圜新術一卷橢圜拾遺三卷火器真訣一卷尖錐變法解一卷級數回求一卷天算或問一卷共二十四卷善蘭于辭章訓詁之學雖皆涉獵然好之終不及算學故於算學用心極深其精到處自謂不讓西人今得中丞力盡災梨棗或遂可不朽也同治丁卯九月李善蘭自序



图 13-3 《则古昔斋算学》李善兰自序

**1）尖锥术**

李善兰"尖锥术"是他数学创新的高峰，导出了中算史上第一个定积分公式，因此被认为是叩响微积分大门的发轫之作，受到后世学者的重视。在《方圆阐幽》[②]中提出了空间和平面的 $p$ 乘尖锥概念，先用十个"当知"：

"第一当知西人所谓点线面皆不能无体"，"第二当知体可变为面面可变为线"，"第

---

① 徐寿，字雪村，江苏无锡人。晚清化学家，我国近代科学的先行者之一。

② 李善兰. 则古昔斋算学：方圆阐幽//任继愈. 中国科学技术典籍通汇：数学卷（五）. 郑州：河南教育出版社，1993：861-862.

三当知诸乘方有线面体循环之理”，“第四当知诸乘方皆可变为面并皆可变为线”，“第五当知平立尖锥之形”，“第六当知诸乘方皆有尖锥”，“第七当知诸尖锥有积叠之理”，“第八当知诸尖锥之算法”，“第九当知二乘以上尖锥其所叠之面皆可变为线”，“第十当知诸尖锥既为平面则可并为一尖锥”。

据李兆华的研究[①]，$p$ 乘尖锥如图 13-4 所示。设 $p$ 乘尖锥的高为 $h$，底面为 $a^p$，第 $k$ 层的面积即为 $k^n$。令第 $k$ 层与顶点的距离是 $x$，于是 $k=\alpha x$，第 $k$ 层的面积为 $f(x)=(\alpha x)^p$，$\alpha$ 由 $h$，$a^p$ 决定：$f(h)=(\alpha h)^p=a^p$，即 $\alpha^p=(a/h)^p$，故有：$f(x)=(a/h)^p x^p$

设空间的 $p$ 乘尖锥体积为 $V$，则 $V=a^p h/(p+1)$

此式即相当于给出定积分公式 $\int_0^h (a/h)^p x^p \mathrm{d}x = a^p h/(p+1)$.

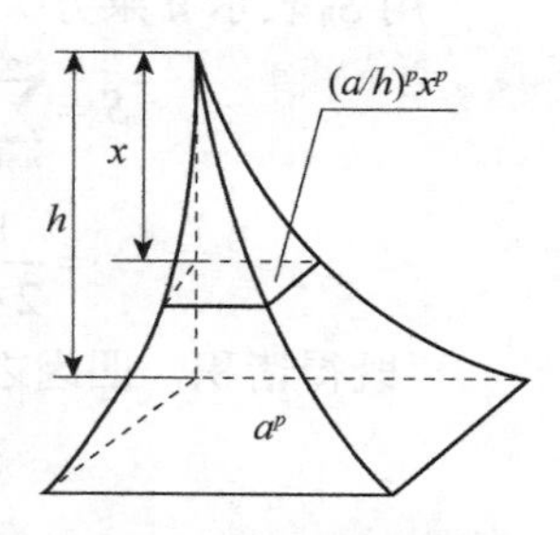


图 13-4　$p$ 乘尖锥体积图

李善兰对于尖锥术的创新，证明过程较复杂，是专题研究的项目，已有若干论著提及。注意到，他在“第七当知”中应用了空间 $p$ 乘尖锥的积迭规律，引入“$p$−1 乘方垛”的概念，在两者之间建立了联系。“$p$−1 乘方垛”出自《垛积比类》卷二乘方垛，其规律是：

> 元垛迭根数而成，一乘方垛迭平方而成，二乘方垛迭立方而成，三乘方垛迭三乘方而成，四乘方垛以上类推。

乘方垛的求和相当于计算级数 $\sum_{k=1}^{n} k^p \quad (p=1,\ 2,\cdots)$，“有高求积”术可将“$p$−1 乘方垛”分解为三角垛求和。李善兰正是运用了求垛积的方法转用于导出积分公式，也就是从有限的“和分”走向无限的“积分”；另外，并行的途径是从“有限差分”走向无限的“微分”。

直观的联想：图 13-5 中设想“一乘方垛”或“二乘方垛”每个单元无限缩小、垛积层次无限加多，各层之间的“缝隙”逐步弥合，最终达于极限，就形成连续的尖锥体。

由此可知，应用垛积招差术获得无穷级数，实现向微积分的转化，无穷级数实际上就是从离散走向连续的桥梁，它是早期微积分思想的载体。

同时可知《垛积比类》与《方圆阐幽》应著于同一时期，即 1845 年前后。

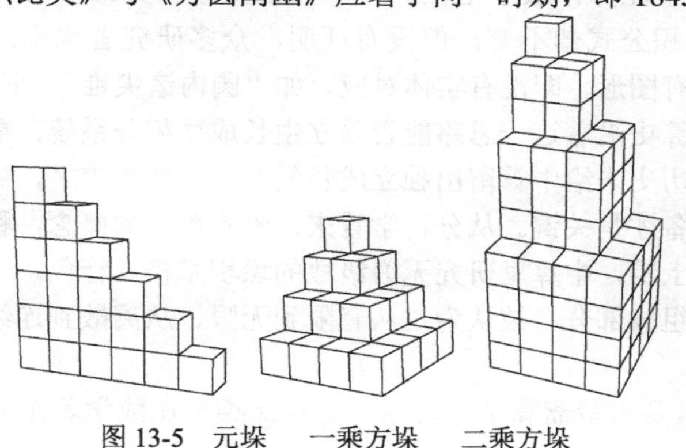

图 13-5　元垛　　一乘方垛　　二乘方垛

① 李兆华. 李善兰对尖锥术的研究//中外数学简史编写组. 中国数学简史. 山东教育出版社，1986：458-469.

李善兰还给出平面 $p$ 乘尖锥的概念，计算其图形面积，此不详述。作为尖锥术的应用，他解决了用无穷级数表示的圆面积公式，亦即求 $\pi$ 的展开式。他指出：

已上十条之理既明，然后可明方圆之理。方内函圆，方圆之较即诸乘方之合尖锥也。起再乘，次四乘，次六，次八，次十，至于无穷。其数有偶而无奇，一阴一阳之道也。再乘尖锥之底，二分半径之一也；以其余四分之，为四乘尖锥之底；又以其余六分之，为六乘尖锥之底。其尖锥若干乘，则底亦若干分之一焉。如是至于无尽，生生不穷之道也。

他最终将 1/4 圆面积表示为一无穷级数，这也就给出了圆周率 $\pi$ 的无穷级数表达式。

用 $S_n$ 表示 $n$ 乘方尖锥之面积，按李氏之意，诸尖锥之并为：

$$S=\sum_{n=1}^{\infty}S_{2n}=\sum_{n=1}^{\infty}\frac{1}{(2n+1)}\cdot c_{2n}=\sum_{n=1}^{\infty}\frac{1}{2n-1}\cdot\frac{[(2n-1)!!]^2}{(2n+1)!}=$$

$$=\frac{1}{2\cdot 3}+\frac{1}{3}\cdot\frac{1^2\cdot 3^2}{5!}+\frac{1}{5}\cdot\frac{1^2\cdot 3^2\cdot 5^2}{7!}+\frac{1}{7}\cdot\frac{1^2\cdot 3^2\cdot 5^2\cdot 7^2}{9!}+\cdots$$

“既得诸积，四因之，以减外大方积，便见大圆真积也。”即[①]

$$\pi=4-4(\frac{1}{3\cdot 2}+\frac{1}{5\cdot 4!!}+\frac{3!!}{7\cdot 6!!}+\frac{5!!}{9\cdot 8!!}+\cdots)$$

在《弧矢启秘》中李善兰结合尖锥术讨论了弧矢间的各种关系，给出一批三角函数及其反函数的无穷级数，其中有正切和正割，与格列高里所获公式略同，但式中分别出现了正切数和欧拉数。《弧矢启秘》写作的年代大概在 1845 年，但出版要到 20 多年后。所以我们认为在中算史上李善兰实际是正切数的早期研究者之一。这一成果尚待做透彻研究。

在《对数探源》中由尖锥术推导出自然对数的展开式，并由此算出对数表。

按现代分析学的观点来看，李善兰尖锥术的成果还处于生涩的初级阶段，方法并不完善；研究虽多，尚有一些问题未曾涉及[②]，例如：

（i）李善兰得到的上述新公式与明安图、欧拉、莱布尼茨等人的展开式都不相同。为何所用尖锥均为偶数乘，解释是“一阴一阳之道也……生生不息之道也”。这显然只是哲学上的解释，不能算作数学论证。（ii）尖锥变形。尖锥术由“直边形”向“镰刀形”的转变，而面积公式却不变，但没有证明，众多研究者也未给出证明。（iii）“尖锥”多数情况下没有图形，即没有实体对应。如“圆内诸尖锥” 事实上并不存在。

我们不讨论中算史沿着这一思路能否独立生长成微积分系统，事实上后继的研究已完全中断；这并非历史未给中算留出独立成长的空间。切实言之，尖锥术等能否发展，其方法本身是否完备才是关键。从分析学看来，没有微分的概念，积分也无从谈起。从世界微积分发展史上看，中算里研究无穷级数的垛积术极具特色，一些史家把无穷级数看作是微积分学的组成部分，被认为是从有限到无限、从离散到连续、从常量到变量的一座桥梁。

**2）垛积术**　《则古昔斋算学》之四《垛积比类》在数学著作中地位特殊，属于组

① 王渝生. 李善兰的尖锥术. 自然科学史研究，1983，3（2）：266-288.

② 张升. 晚清杭州数学家群体. 呼和浩特：内蒙古师范大学，2011.

合级数论。自朱世杰《四元玉鉴》以来，中算垛积计数至此集于大成，获得一大批计数函数、组合恒等式、“李壬叔恒等式”等成熟的结果。事实上对数学发展史而言，李善兰的垛积术在离散数学上的成就更有特色，其地位要高于被视为连续数学的尖锥术。法国国家科学研究中心的马若安（Martzloff）教授对李善兰的有限和公式也有深入研究。①笔者本章重点研究这部书，见于以下§13.2～§13.4三节。

**3）数根术②**

李善兰1872年发表的《考数根法》③2350字，为素数专论，提出了4个素数判定定理，已具备近代数论基础。第一种“屡乘求一考数根法”是基本定理，779字，部分原文如下：

> 法以用数（$a$）之诸方积（$a^n$）或大于本数（$N$）、或大于本数之半者，与本数相减，余为乘法（$a^n-N$）。乘法自乘或再乘，以本数度之，不尽（$r_1$）；复以乘法乘之，本数度之，不尽（$r_2$）；复以乘法乘之，本数度之……如此递求，至不尽数（$r_{m-1}$）为诸正数（$a^c$）或诸负数（$-a^c$）而止，乃计共用乘法若干次，以次数（$m$）乘用数之方数（$n$），为泛次（$a^{mn}$）。若不尽数为一（$a^0=1$），或一之负数（$-a^0=-1$），则泛次即定次（$a^d=a^{mn-0}$）；若为诸方积（$a^c$）或诸方积之负数（$-a^c$），则以其方数减泛次为定次（$a^d=a^{mn-c}$）。以定次度本数，若所余非一，则本数非数根；若余一，则视定次为二数相乘之积：其相乘数为偶者，即为递加数；为奇者，倍之为递加数。乃置一，加一递加数，再加一递加数……如此递加，以递除本数恰尽即止。若至得数小于法仍不恰尽，则本数是数根。

这里用同余式符号，参考严敦杰先生的论文④，将术意解释如下。为判定$N$是否素数，取用数$a>0$，$(a, N)=1$，李氏一般用$a=2, 3, 10$等。确定$n$，使$a^n>N/2$或$a^n>N$。于是

$$(a^n-N)^2\equiv r_1 \pmod N，(a^n-N) r_1\equiv r_2 \pmod N，$$
$$(a^n-N) r_2\equiv r_3 \pmod N，\cdots$$
$$(a^n-N) r_{m-2}\equiv r_{m-1}=\pm a^c \pmod N，(c=0, 1, 2, \cdots)$$
$$(a^n-N) r_1 r_2\cdots r_{m-2}\equiv r_1 r_2\cdots r_{m-2} (\pm a^c) \pmod N$$

可证诸不尽数$r$与$N$皆互素⑤，因而可将诸$r$从同余式中消去⑥：

$$(a^n-N)^m\equiv\pm a^c \pmod N，a^{mn-c}\equiv\pm 1 \pmod N，$$

即 $$a^{mn-c}=a^d\equiv 1 \pmod N，及\ a^{2(mn-c)}=a^d\equiv 1 \pmod N.$$

求得定次$d$之后，据它来判断$N$是否素数，设$N\equiv b \pmod d$，若$b\neq 1$，则$N$非素数；若$b=1$，$N$是否素数须再行判断。

（i）设$d=pq$而$p$为偶数，因$N\equiv 1 \pmod d$，必有$N-1=\lambda pq$（$\lambda$整数），即$N=1+\lambda pq$，令$0<r<\lambda q$，若$(1+r p)|N$，则$N$显然非素数（这时$N$叫“假素数”）；若$(1+r p, N)=1$，仅当$r=0$和$r=\lambda q$时$(1+r p)|N$，故$N$为素数。在$0<r<\lambda q$条件下，

① 马若安. 李善兰的有限和公式. 罗见今译. 科学史译丛，1983（2）：1-7.

② 罗见今. 李善兰对素数的研究//中外数学简史编写组. 中国数学简史. 济南：山东教育出版社，1986：507-511.

③ 李善兰. 考数根法. 中西闻见录，1872（2）：13-16.

④ 严敦杰. 中算家的素数论. 数学通报，1954（4）：6-10.

⑤ 张禾瑞. 近世代数基础. 北京：高等教育出版社，1978：97.

⑥ 华罗庚. 数论导引：第2章第2节. 同余式之基本性质定理2. 北京：科学出版社，1975：23.

(1+$rp$) $\nmid N$。

(ii) 设 $d=pq$ 而 $p$，$q$ 均奇数，2 $pq$ 为“递加数”。因 $N=1+2\lambda pq$，令 $0<r<2\lambda q$，若 (1+2 $rp$) $|N$，则 $N$ 非素数；若 (1+2$rp$) $\nmid N$，同上可知 $N$ 为素数。

**例 1** $(1093-3^6)^2\equiv 3^5$ (mod 1093)，$3^{12-5}=3^7\equiv 1$ (mod 1093)，$1093\equiv 1$ (mod 7)，度之余一，1093/ (1+6×7)=25+18/ (1+6×7)，除之不尽，1093 为素数。

**例 2** $(2^9-341)^2\equiv 2^8$ (mod 341)，$2^{18-8}=2^{10}\equiv 1$ (mod 341)，$341\equiv 1$ (mod 10)，度之余一，341/ (1+10)=31，除之恰尽，341 非素数。

**例 3** $(3^9-14\,209)^3\equiv 3^6$ (mod 14 209)，$3^{27-6}=3^{21}\equiv 1$ (mod 21)，$14\,209\equiv 13$ (mod 21)，度之不得一，14 209 非素数。(以上 3 例皆由李善兰给出)

“考数根法”还有“天元求一”“小数回环”“准根分级”3 法。李善兰的这一工作相当于独立获得费马小定理、给出其充分必要条件，并以其逆命题不真，这在中国数学史上当属首创。萨鲁斯（Sarrus，1819 年）首先证明 $341|2^{341}-2$，琼斯（Jeans，1898 年）、林鹤一（1900 年）、约里瓦尔得（Jolivald，1902 年）、班拿启耶维兹（Banachievicz，1909 年）均有证明。布尼亚柯夫斯基（Bouniakowsky，1841 年）证 $3^6\equiv 1$ (mod 91=7×13)，且 6| (7−1) 及 6| (13−1)，韦伊费列治（Wieferich，1909 年）证明 $2^{p-1}\equiv 1$ (mod $p^2$)，$p$+1093 时也从 $3^7\equiv 1$ (mod 1093) 入手。所证命题虽互有异同，所用方法却有相通之处，李氏列于名家之林，成果出类拔萃；特别是像数学家莱布尼茨和哥德巴赫都曾以费马小定理的逆命题为真①，足见李善兰对素数的认识不同凡响。

### 13.1.3 李善兰的科学著作翻译工作

**1）翻译近代数学和力学著作**

李善兰和伟烈亚力 1852 年开始合译欧几里得《几何原本》后九卷，4 年完成；之后，又译《代微积拾级》18 卷（1859 年）②，主要内容是平面解析几何、一元微积分等，是第一部中文的高等数学书。李善兰与伟烈亚力合译《代数学》十三卷（1859 年）③，内容是一、二次方程，指数、对数函数和对数应用等初等代数问题。

力学：李善兰和艾约瑟合译《重学》二十卷（1859 年）。④李氏说这本书一共十七卷，译完后又增加了“流质重学”三卷。它的内容包括一般的静力学、动力学、刚体力学、流体力学等，李氏认为“制器考天之理皆寓于其中”。这部书原文共分三部分，译出的是中间的一部分，译文详尽地介绍了力学的一般知识，特别将牛顿力学三大定律第一次作了介绍。

李善兰还计划将牛顿的《自然哲学之数学原理》(1687 年）译出，书名定为《奈端数理》(“奈端”即牛顿)。这项工作中断了，译稿散佚。

**2）翻译天文学著作**

李善兰与伟烈亚力合译《谈天》十八卷（1859 年)，此书是据英国著名天文学家赫

① 张必胜，姚远. 李善兰考数根法研究. 井冈山大学学报（自然科学版），2011，32（4）：25-29.
② 原著者美国罗密士（Loomis）。
③ 原著者英国棣么甘（De Morgan）。
④ 原著者英国胡威立（Whewell），原书名 *Mechanics*。

歇尔的名著《天文学纲要》译出；1871 年徐建寅又予增补，1874 年再版。它介绍了太阳系和行星运动，太阳黑子、行星摄动、彗星轨道等方面的理论，以及万有引力定律、光行差等；对恒星系，如变星、双星、星团、星云等也有论述。关于西方天文学，明末《崇祯历书》上已介绍了哥白尼、第谷、伽利略、开普勒等人的成果，只是到《谈天》刊行之后，哥白尼的学说以及近代天文学才得到广泛传布、深入人心。所以李善兰的工作在我国天文学史上是向近代转变的里程碑。天文学的新知识向传统的“天圆地方”的世界观提出挑战，激怒了许多守旧的学者，李善兰也投入了论战，证明哥白尼的日心说“定论如山，不可疑矣”。李氏还写过一篇《星命论》（原文散佚，有人引过它的内容），应用日心说，批判星象宿命论。李善兰等人的这些工作，为维新变法运动准备了思想武器。

**3）李善兰科学翻译工作的特点**

（1）大部分译作的水平相当于当时外国同学科的一般教科书。主要介绍了该学科的基础知识，基本理论以及人物、事件的基本情况，勾画出西方数学的大轮廓，起到了启蒙和普及的作用。因此，可以认为，这批译作是近代最早的、影响最大的数学读本和教本。

由于国内长时期处于闭关自守状态，传统数学内部也没有形成符号系统，所以对外来的新的数学符号不易接受。为此，译者们费心地想出了一些“中西结合”的办法。李善兰的符号，数字仍用一、二、三……，丄是+，丅是−，甲乙即 $ab$，天、地、人表示 $x$，$y$，$z$；函（天）为 $f$（$x$），禾表示积分∫，彳表示微分 d 等，采用西方的思想，保留传统的形式，便于时人接受。于是，一个积分式 $\int\frac{\mathrm{d}x}{a+x}=\ln(a+x)+C$ 就译成了 $禾\frac{甲丄天}{彳天}=$对（甲丄天）丄丙（分子在下，分母在上），会使现在的学生莫名其妙。这在当时是必要的，当然是过渡的。

李善兰的译作通俗易懂，声名卓著，风行一时。

（2）首创一批汉语数学名词。李善兰译书时创造了许多数学名词，除几何学的 60 多个名词外，解析几何的原点、轴、圆锥曲线、抛物线、双曲线、渐近线、切线、法线、（超）越曲线、摆线、蚌线、螺线等名词，微积分的无穷、极限、曲率、歧点、微分、积分等约 20 个名词，代数学的代数、方程式、函数、常数、变数、系数、未知数、虚数、单项式、多项式等近 30 个名词都沿用至今，许多流传到日本，日语常用数学名词中据沈康身考证有 230 余与汉语同。

这批译名比同时代别的译名要好，经得住竞争与时间的考验。例如李善兰把 calculus 译成“微积分”，可能是依汉徐岳《数术记遗》中“不辨积微之为量，讵晓百亿于大千”句，取“积微成著”之义，译名水平很高，反映了对概念科学内容的深刻理解，表现了汉学的高深造诣，符合这门分支的基本思想。相比之下，英语 calculus 原义是“计算、演算”（act of calculating），拉丁文原意是“石子”，即用石子进行计算。用它来表示微积分学，实际上是“微分学”（differential calculus，原义：“差的计算”）和“积分学”（integral calculus，原义“求整计算”）的合称。中译名“微分”“积分”“微积分”更为贴切。

在首译科学著作时，确定译名是一艰巨的工程。没有词典译书，的确是创造性的劳动。李氏的数学、天文学、力学，华氏的概率论等译名都带有开创性，译得十分贴切，受到后代学者的好评。汉语数学名词是在长期历史发展过程中逐步形成的，它自有传统，并吸收外来新内容，但它并非全盘西化。这批近代数学译名的确立是一件大事，它标志着在中国已完成了这批数学概念标准化的工作，为普及数学扫除了障碍。

（3）许多译作比较及时。有的译著刊行时，原著者还在世；有的原书还没有出版十年，就已介绍到中国来。注意到当时大部分著作是雕版印刷，聚金付梓，往往一历数载，出版周期很长。在当时条件下，就算是很不容易的了。当然，从社会上看，限于当时水平以及有待深入研究的原因，有的数学分支未能介绍，18～19 世纪的射影几何、非欧几何、常微分方程、偏微分方程、变分法等内容，涉及很少或基本没有涉及。

（4）李善兰的工作带动了国内学者，掀起向西方学习科技的潮流。他们的研究和翻译，还涉及气象学、工程学、建筑学、军事工程、机械、医学、数论、组合数学以及音乐理论等领域，其中对于技术科学给予相当的重视。这就在实际工作中起到带头和表率的作用。物理学家、教育家周昌寿统计，1853 年到 1911 年的近 60 年间共有 468 部西方科学著作译成中文出版。[①]其中总论及杂著 44 部，天文气象 12 部，数学 164 部，理化 98 部，博物（动植物等）92 部，地理 58 部。当然，清末西学东渐有其历史的和思想的背景；而诸位在科学技术领域躬亲其事，带出许多学生，著译影响所及，服膺科学蔚成风气，却也是一大历史贡献。

（5）李善兰等不单译书，还进行研究，均有著作；他们既是翻译家，又是数学家；既是实干家，又是教育家。他们的教学著作，至今还吸引着国内外的研究者。例如李善兰《则古昔斋算学》之四《垛积比类》四卷（约 1859 年），是早期组合数学的杰作，其中给出了被称为“李善兰恒等式”的组合公式

$$\binom{n+q}{q}^2=\sum_{k=0}^{n}\binom{q}{k}^2\binom{n+2q-k}{2q}$$

这一公式的证明引起了一些中外数学家的兴趣。我国青年数学家章用、匈牙利数学家杜兰（Turan）从 20 世纪 30 年代就开始研究。杜兰给出两个证明，华罗庚也给出两个证明。此外，还有几位数学家也做了研究，近年来还有一些人发表过有关论文。

当然，总的来说，李善兰诸位独立的研究对近代数学在中国的萌生的影响，较之译著所起作用还是逊色的。不过，他们总的特点是置身数学之中，并为数学贡献了毕生的精力，不愧为我国近代数学事业的先行者。

### 13.1.4 近代数学教育的先驱

李善兰专注于研究西方数学，译书和进行教学，其目的就是为了“异日人人习算，制器日精，以威海外”。他希望有朝一日中国人每人都懂得数理，并把研究数学、普及数学教育、培养数学人才，同发展实业、富国强兵、抵御外侮联系起来。

李善兰写过一篇哲学论文题为《星命论》，陈其元在《庸闲斋笔记》中记录了此文的部分内容。作者陈其元“最不信星命推步之说”，“近见海宁李善兰所作《星命论》尤

① 周昌寿. 译刊科学书籍考略. 上海：商务印书馆，1937：420-433.

为畅快”。他引述李氏的话：“术士专以五行生克判人一生之休咎，果可信乎？！”《星命论》追溯了五行学说的源始：“五行肇见于洪范，不过言其功用而已，言其性味而已，初不言其生克也，是干支之配五行本非古人之意矣，而谓人之一生可据此而定，是何言欤？！”李善兰接着以日心说作为论据，进行了雄辩的论证，他指出地球与五星绕日而行，地球与五星尚不相关，地球上一个人命运的吉凶，怎么就能被天上的五星所主宰呢？随后又用类比的方法揭露宿命论者的荒诞无稽，这就像“浙江之人在浙江巡抚治下，他省巡抚与浙江无涉也，今试谓之曰：‘某巡抚移节某省与尔大吉，某巡抚移节某省与尔大凶’，有不笑其荒诞者乎！五星之推命何以异于是乎！”议论纵横，痛快淋漓，所以陈其元说：“其论真属透辟，足以启发溺惑，与亲所见正合。”由此可见，《星命论》是李善兰批判宿命论的著作。由本书§2.5.2 知，陈其元的论说引自宋代费衮。

西方天文学带来了新的宇宙观，著名学者阮元不理解第谷和哥白尼，认为日心说“上下易位，动静倒置，则离经叛道，不可为训，固未有若是甚焉者”。李善兰用天文学的新理论、新成就予以反驳，他借用孟子“苟求其故”的提法，写道：“古今谈天者，莫善于子舆氏‘苟求其故’之一语，西士盖善求其故者也。”

李善兰教学注重循序渐进。在上海译《代数学》和《代微积拾级》时，曾向华蘅芳（当时 20 多岁）介绍这两部书，告诉他：“此为算学中上乘功夫，此书一出，非特中法几可尽废，即西法之古者，亦无所用之矣。”在李氏的引导下，华蘅芳接触了代数学和微积分。这两部书一出版，李氏即送他阅读。开始时他一点也不懂，“不得其用意之处”，刚读几页，就已“不知其所语云何”，又请教李氏，回答说：“此中微妙非可以言语形容，其法尽在书中，无所隐也，多观之则自解耳，是岂旦夕之工所能通晓者哉！”他按照李氏的话去做，锲而不舍，反复钻研，从稍有头绪，终于豁然开朗。华蘅芳 50 岁时回忆这一段学习心得，生动比喻说：“譬如傍晚之星，初见一点，旋见数点，又见数十点、数百点，以致灿然布满天空。”对于李氏的诱导启发十分感激。

李善兰为人和治学都很严谨，他的文字中谈论自己的事很少。他原名心兰，号秋纫，语出《离骚》“纫秋兰以为佩”。他常以兰蕙自喻品质高洁，在七律《兰》中有这样的自白：

> 滋兰树蕙咏离骚，不语含馨在九皋。擢秀宜为诗客佩，闻香恍与善人遭。
> 临风弱态情无限，避世孤芳品自高。相对怡然同臭味，遣愁何待酌春醪。

李善兰在北京同文馆先后教出学生百余人。经过 8 年培养出数学人才，十分不易。毕业之后，“诸生以学有成效，或馆外省，或使重洋”，受到国家重用。较知名的有席淦、贵荣、杨兆鋆等，均有著作留世。当然，由于当时清廷政治腐败，学生中有的是靠政治背景白拿国家俸禄的老朽，有的是没有培养价值、不成名器的滥竽。在当时的体制之下，同文馆不可能发挥一个近代大学的作用。

李善兰在当时已赢得了国内外学者的崇敬。伟烈亚力称颂李善兰说：李氏精思四载，乃得对数理。倘生于纳氏（纳皮尔 Napier）、盖氏（高斯 Gauss）之时，则只此一端，即可名闻于世。[①]傅兰雅说：“西国最深算题，请教李君，亦无不冰解。想中国有李君之才者极稀……似李君者庶乎其有”。他的书传到日本，“推测历算，穷极幽迹，为岛

① WYLIE A. Chinese Researches. Shanghai：[s.n.]，1897：194.

人所推服”；他所制定的一套汉语数学译名，也很快被日本数学界所接受。

据顾观光《算剩余稿》记载，他发觉此法求对数比西法简捷，认为洋人“故为委曲繁重之算法以惑人视听”，因而表彰“中土李、戴诸公又能入其室而发其藏……以告中土之受欺而不悟者”。①李善兰进京后，1869 年被钦赐从七品卿衔，到 1882 年，官居三品，一时名震京师。据蒋学坚《怀亭诗话》记载，各“名公巨卿，皆折节与之交，声誉益噪”。②

## 13.2 《垛积比类》内容分析*

李善兰的《垛积比类》是中算垛积术集大成的著作。本节将该书 400 多项定义和法则用递归式和组合符号表出，用统一的字母归纳成 50 余个公式，其中约 80%是笔者整理的结果。本节定义了垛积招差算符$\Sigma^{p-q}$和广义贾宪三角，指出原著者使用招差术构造广义贾宪三角，并把它分解为一系列组合之和的数学方法，分析了全书的思路。作为理论研究的一个结果，本节对《中国数学史》认为《垛积比类》是高阶等差级数求和的著作持不同观点，这将导致对该书的性质和历史地位进行重新评价。

### 13.2.1 《垛积比类》概述

#### 1)《垛积比类》是本什么书

《垛积比类》（1867 年）是中算史上的一部名作，它继承和发扬了宋元以来古算垛积术的传统，形成了以三角垛为中心的垛积体系，在当时就产生了较大的影响。《垛积比类》③（以下简称《比类》）的内容丰富而深刻，可从级数论、数论函数、组合数学等角度进行分析，特别是它的对象和方法涉及现代组合数学的一些内容，引人注目，所以 20 世纪初以来时有提及，国内外并有十余篇研究论文发表。例如著名的“李善兰恒等式”不仅引起了数学家们的浓厚的兴趣，而且被现代组合家里奥丹（Riordan）收入有影响的《组合恒等式》（1968 年）一书中。

自杨辉以来，三角垛$\binom{n+p-1}{p}$就成为中算传统的研究对象（图 13-6）。它以一定方式给出贾宪三角形，在组合计数中可以解决不少问题，所以引起了新的重视。《科学技术百科全书》“组合学”条目撰写者布莱劳斯基（Brylawski）把$\binom{m}{n}$和$\binom{n+p-1}{p}$列为排列组合四种基本类型中的两种，并指出：“$\binom{n+p-1}{p}$虽不如$\binom{m}{n}$那样普遍为人所知，然而在数学中却一再出现，它给出了 $n$ 元函数的 $p$ 阶混合偏导数的个数，或者方程$x_1+\cdots+x_n=p$的非负整数解的个数。”④如在整数分解中，将 6 分成考虑次序的 3 部分，可有$\binom{3+6-1}{6}$=28 种不同的分法。在自然科学中也发现了$\binom{n+p-1}{p}$的应用，如在有机化学中计算某类化合物分子的空间结构不同排列方式的总数，又如在统计力学中的 Bose-

---

① 王渝生. 李善兰//杜石然. 中国古代科学家传记：下集. 北京：科学出版社，1993：1213，1218，1224.

② 王渝生. 李善兰//金秋鹏. 中国科学技术史：人物卷. 北京：科学出版社，1998：742，743.

* 罗见今. 《垛积比类》内容分析. 内蒙古师范学院学报（自然科学汉文版），1982（1）：89-105. 系笔者硕士学位论文《〈垛积比类〉新探》（1981）的一部分。

③ 李善兰. 则古昔斋算学：垛积比类. 刻本.金陵：莫有芝检署本，1867（清同治六年）.

④ BRYLAWSKI T. 组合数学（1977）//拉佩兹.科学技术百科全书：第 1 卷数学. 北京：科学出版社，1980：357.

Einstein 统计①，都用它来计数。这些可以看作是对三角垛进行历史探讨的现代背景。

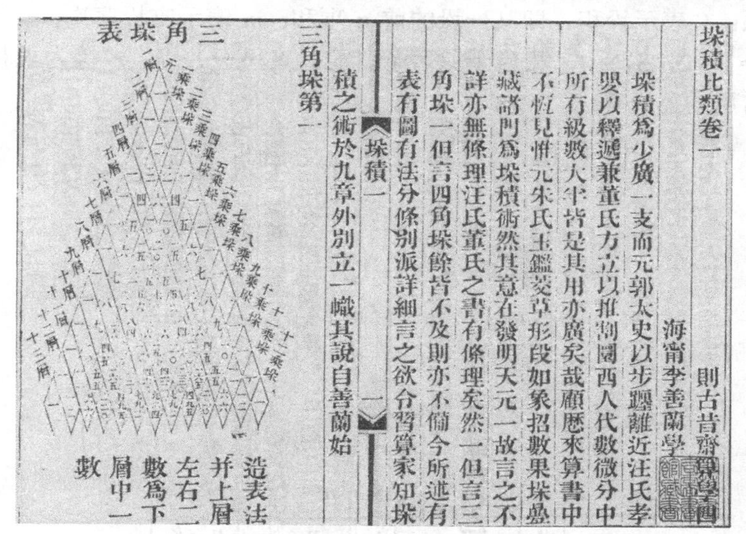
垜積比類卷一　　則古昔齋算學四

海甯李善蘭學

垜積爲少廣一支而元郭太史以步躔離近汪氏孝嬰以釋遞兼董氏方立以推割圜西人代數微分中所有級數大半皆是其用亦廣矣哉顧歷來算書中不恒見惟元朱氏玉鑑茭草形段如象招數果垜疊藏諸門爲垜積術然其意在發明天元一故言之不詳亦無條理汪氏董氏之書有條理矣然一但言三角垜一但言四角垜餘皆不及則亦不備今所述有表有圖有法分條別派詳細言之欲合習算家知垜積之術於九章外別立一幟其說自善蘭始

《垜積一》

三角垜第一

三角垜表

造表法并上層左右二數爲下層中一數

图 13-6　《垛积比类》一卷第 1 页三角垛

续修四库子部天文算法类

本节对《比类》的内容作一全面分析，用统一的符号和字母表出全书的公式。对该书的专题研究有章用：《〈垛积比类〉疏证》②。由于过去发表的有关研究文献侧重点和表达方式各有不同，大体来说主要研究了《比类》的“求积术”，对“表”“解”“图”与“求层术”研究不够，有的全无涉及。因此，首先厘清全书内容，才能进一步分析它的数学思想和讨论它在数学史中的地位。李俨说：“值得指出的，李善兰还只是列出这些等式，并没有提出完整的证明。由于原书文笔过于简略，不易揣详，关于李善兰的整个思路，还待作更进一步的研究。”③根据这一启示，本节在分析原著的过程中，将注意各个部分的联系，指出那些由于简略而没有被原作者说明的地方。至于每个公式（如“李善兰恒等式”“自然数前 $n$ 项幂和公式”等）的证明，属于专门的工作，这里就不再给出。

应当说明，在整理这一史料时，虽使用了现代的符号进行归纳，所得公式仍属原作的成果，后人的工作是写成了现代的形式。原著中凡举出递归函数连续三例或三例以上，并有“以下可类推”“以下仿此”“仿此推之”字样者，说明原作已掌握之一规律。另外，原著中凡满足等式

$$\frac{1}{p!}n(n+1)(n+2)\cdots(n+p-1)=\binom{n+p-1}{p} \tag{1}$$

之处全用组合符号 $\binom{n+p-1}{p}$ 表示，并且仅在计算二项式定理系数的意义上使用这一符号。而文中所用字母表示特定的垛积意义，每一公式均可与原文互相印证，如：$n$ 示垛的层次，$n$=1，2，…，与原著一致；$p$ 示一垛在它所属的垛积表中的位置，即左斜行

① 林少宫. 基础概率与数理统计. 北京：人民教育出版社，1963：11-12.

② 章用. 垛积比类疏证. 科学，1939，23（11）：647-663.

③ 李俨，杜石然. 中国古代数学简史：下册. 北京：中华书局，1964：330.

次，$p$=0，1，2，…；$h$ 示原著中写明的“第一垛”“第二垛”……的垛次，$p$ 与 $h$ 有一定函数关系；$S$ 表示垛积，即某一垛的前 $n$ 项和；$m$ 表示支垛序次；$q$ 为三角自乘垛支垛序次（$q$=1，2，3，…，相当于原著子、丑、寅……）；$k$，$r$ 等为求和指标或辅助变数。本节常用的公式有：

$$\binom{m}{n}=\frac{m!}{n!(m-n)!}，当 m<n 时 \binom{m}{n}\equiv 0 \tag{2}$$

$$\binom{m}{n}=\binom{m-1}{n}+\binom{m-1}{n-1}；\quad \binom{m}{n}=\binom{m}{m-n} \tag{3}$$

$$\binom{m}{n}=\frac{m}{n}\binom{m-1}{n-1}=\frac{n+1}{m+1}\binom{m+1}{n+1}=\frac{m}{m-n}\binom{m-1}{n}=$$

$$=\frac{m-n+1}{n}\binom{m}{n-1}=\frac{m-n+1}{m+1}\binom{m+1}{n}=\frac{n+1}{m-n}\binom{m}{n+1} \tag{4}$$

$$\Delta^k\binom{m}{n}=\sum_{i=0}^{k}(-1)^i\binom{k}{i}\binom{m-i}{n}=\binom{m-k}{n-k} \tag{5}$$

**2）《垛积比类》四卷的结构**

《垛积比类》前言称：“今所述有表、有图、有法，分条别派，详细言之。”全书 4.5 万字篇幅，图、表恰占三分之一。文字部分通篇为定义、定理、演草，总共给出定义式、公式、方程式、草式 400 余则。全书共四卷，每一卷构造了一个垛积体系：

卷一　三角垛 $\binom{n+p-1}{p}$，它的各支垛记作 $N_n^p(m)$；

卷二　乘方垛 $n^m$，它的各支垛记作 $F_n^p(m)$；

卷三　三角自乘垛 $\binom{n+p-1}{p}^2$，它的各支垛记作 $Z_n^p(m)$；

卷四　三角变垛 $n\binom{n+p-1}{p}$，再变垛 $n^2\binom{n+p-1}{p}$，三变垛 $n^3\binom{n+p-1}{p}$，三角 $m$ 变垛 $B_n^p(m)$。

每一卷的内容，除图外均分以下四部分：

（1）“表”和“造表法”：全书有 15 个数表，皆呈三角形，按内容划分，其中有 6 类基本垛（依原著顺序为第一、六、十、十三、十四、十五表）、7 类支垛（第三、四、五、八、九、十一、十二表）和两类系数表（第二、七表），另外第十表还兼为系数表。造表法给出各类垛或系数的 15 个定义，分属于 4 大垛积体系。

（2）“解”（“解曰”二字或省略）：全书以列举的方式给出 57 个具体垛的定义式，分别与 1）的 13 类垛的定义相当。

（3）“有高（层）求积术”：全书的中心，共给出 124 个具体垛的前 $n$ 项求和公式。

（4）“有积求高（层）术”：占全书篇幅近一半，给出方程 100 个、列方程的草式 112 则。其中有一元十次方程，最大系数 10!。

《比类》体例清晰，逻辑严明，内容连贯，前后呼应，皆用文字表述，无一应用题，所有公式均无证明。所有计算均无错误。

## 13.2.2　《垛积比类》内容综述

**1）“表”和“造表法”**

《比类》以“表”为纲，全书每个表下面均有“造表法”，除后 5 个基本垛外，均包含两个内容，一是“表根”，即初始条件，二是表中每数的求法，即递推公式或差分方程，这就在事实上给出了它们的递归的定义。如第一、三、四、五表及造表法给出 $m-1$ 乘支垛 $N_n^p(m)$ 的定义（$m$=1，2，3，4）。这里 $m-1$ 是各乘支垛的序次；特别当 $m$=1 时为零乘支垛即三角垛。经归纳可表示成：

（i）$N_2^0(m)=m$，$N_1^1(m)=1$（表根）

（ii）$N_n^p(m)=N_n^{p-1}(m)+N_{n-1}^p(m)$（三角垛表法）　　（1）

其中（i）可据表写成如下较完整的形式：

（i′）$N_1^0(m)=1$，$N_2^0(m)=m$；

$N_n^p(m)\equiv 0$，若 $p<0$ 或 $n\leqslant 0$。

由（i′）和（ii）可知 $N_n^0(m)\equiv m (n\neq 1)$ 及 $N_1^p(m)\equiv 1$，这是李氏在上述 4 表中给出的边界条件。

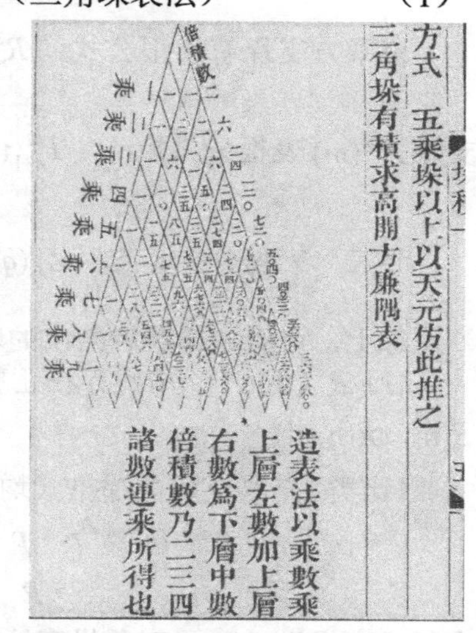


图 13-7　三角垛有积求高开方廉隅表

《垛积比类》

把第二表“三角垛有积求高开方廉隅表”（图 13-7）中的系数记为 $l_k^p$，上标 $p$ =0，1，2，…，为乘垛“乘数”，即横行序数；下标 $k$ =0，1，… $p$ 为项数，于是该表与造表法给出定义：

（i）$l_0^0=1$，$l_k^p\equiv 0$，若 $k<0$ 或 $k>p$；

（ii）$l_k^p=l_{k-1}^{p-1}+pl_k^{p-1}$.　　（2）

可知

$l_0^p=pl_0^{p-1}=p(p-1)l_0^{p-2}=\cdots=p(p-1)\cdots 3\cdot 2\cdot 1l_0^0=p!$

以及 $l_p^p=l_{p-1}^{p-1}=l_{p-2}^{p-2}=\cdots=l_0^0=1$，李氏用这两条作为表 2 的边界条件。

第二表称下列之和为“倍积数”：　$\sum\limits_{k=0}^{p} l_k^p=(p+1)!$　　（3）

这显然是数 $l_k^p$ 的一个基本性质。

把第七表“乘方垛各廉表”中的系数记为 $L_k^m$，上标 $m$=0，1，2，…，表示 $m$ 乘方垛的乘方次数，即横行序数，下标 $k$=0，1，2，…，$m$ 为项数①，于是该表及造表法给出定义：

（i）$L_0^0=1$；$L_k^m\equiv 0$，若 $k<0$ 或 $k>m$；

（ii）$L_k^m=(m-k+1)L_{k-1}^{m-1}+(k+1)L_k^{m-1}$.　　（4）

故 $L_0^m\equiv 1$ 以及 $L_m^m\equiv 1$，为第七表边界。因第七表的对称性，有

① 若规定 $m$=1，2，…及 $k$=1，2，…，$m$，则递推公式（ii）就变成：$L_k^m=(m-k+1)L_{k-1}^{m-1}+kL_k^{m-1}$，但按照原著第七表的规定，在“一乘”（$m$=1）之前应当有零乘，即 $m$=0，故（4）是以原著为据的。

$$L_k^m = L_{m-k}^m \tag{5}$$

与第二表中的“倍积数”类似，第七表中也存在关系 $\sum_{k=0}^{m} L_k^m = (m+1)!$ （6）

《比类》的造表法给出表根的精确定义，值得详细研究。如卷二　二乘方支垛造表法称：“左边斜下一、五、六三数为表根……五者一加四也，六者一加四又加一也；一、四、一三数乃二乘垛之方廉隅也。”今记这一表根为 $R_n^2$，则 $R_0^2 = L_0^2 = 1$，$R_1^2 = L_0^2 + L_1^2 = 1+4=5$，$R_2^2 = L_0^2 + L_1^2 + L_2^2 = 1+4+1=6$，

$$R_n^2 = \sum_0^n L_n^2 \text{. } R_n^2 \equiv 6 \text{，当 } n \geqslant 3.$$

三乘方支垛有表根公式：$R_n^3 = \sum_0^n L_n^3$；由于“四乘方支垛以下理皆如是”，$m$ 乘方支垛 $F_n^p(m)$ 表根公式为：

$$F_{n+1}^0(m) = R_n^m = \sum_{k=0}^{n} L_k^m \text{.} \tag{7}$$

卷三　三角自乘 $q$ 支垛 $Z_n^p(q)$ 中有表根公式 $Z_{n+1}^0(q) = R_n^q = \sum_{k=0}^{n} \binom{q}{k}^2$. （8）

综上，可看出原著者给出的表根函数具有如下共同点：

（i）$R$（0）=1；（ii）存在正整数 $N$，当 $n>N$ 时 $R(n) \equiv R(N)$；（iii）当 $n \leqslant N$ 时，$R(n) < R(n+1)$. （9）

《比类》7 种支垛的递推式均为“并上层左右二数为下层中一数”：

$$\binom{n+p-1}{p} = \binom{n+p-2}{p-1} + \binom{n+p-2}{p} \tag{10}$$

设任意支垛为 $G_n^p$，“三角垛表法”就是 $G_n^p = G_n^{p-1} + G_{n-1}^p$ （11）

这样，卷二给出 $m$ 乘方支垛 $F_n^p(m)$ 的递归定义是：

（i）$F_{n+1}^0(m) = R_n^m = \sum_{k=0}^{n} L_k^m$；$F_1^p(m) \equiv 1$；（ii）$F_n^p(m) = F_n^{p-1}(m) + F_{n-1}^p(m)$. （12）

同样地，卷三给出三角自乘 $q$ 支垛 $Z_n^p(q)$ 的递归定义是：

（i）$Z_{n+1}^0(q) = R_n^q = \sum_{k=0}^{n} \binom{q}{k}^2$；$Z_1^p(q) \equiv 1$；（ii）$Z_n^p(q) = Z_n^{p-1}(q) + Z_{n-1}^p(q)$. （13）

至于各基本垛的定义，造表法直接给出：三角垛 $\binom{n+p-1}{p}$，乘方垛 $n^m$，三角自乘垛 $\binom{n+p-1}{p}^2$，三角各变垛 $n^m\binom{n+p-1}{p}$（$m$=1，2，3）。

基本垛可“派生”支垛，反之，支垛系统又包含这一基本垛。各支垛表中凡“第一垛”皆属于基本垛，而不论其位置如何，这种垛次 $h$ 的安排，与行次 $p$ 之间有确定的函数关系：

对 $m$−1 乘支垛 $N_n^p(m)$：$h=p-m+1$，对 $m$ 乘方支垛 $F_n^p(m)$：$h=p-m$，

对三角自乘 $q$ 支垛：$h=p-2q+1$，对三角 $m$ 变垛 $B_n^p(m)$：$h=p+1$. （14）

各支垛中的 $h$ 若小于 1，则有各种名目，如三乘支垛的太、方垛、甲垛、乙垛，可

以认为垛次 $h=-3$，$-2$，$-1$，0。由于出现负数，表达递归函数有所不便，所以本节公式中都以行次 $p$ 来代替 $h$，这样可以使全书公式简洁统一。李善兰对垛次 $h$ 和行次 $p$ 关系的规定不仅可以从中体会垛名的由来，而且还可以窥出他用基本垛“派生”支垛的方法。

**2）“解”**

《比类》图后面的文字叫“解”，除第六、十两表造表法所给定义与它的“解”相同外，其他 11 类垛的“解”所给定义，都把该垛分解成一系列三角垛之和，例如三角垛：

$$\binom{n+p-1}{p}=\sum_{k=1}^{n}\binom{n+p-2}{p-1} \tag{15}$$

将 11 类垛的“解”所给出的 45 则具体垛的定义式分别进行归纳，可得 4 个通项公式：

卷一
$$N_n^p(m)=\binom{n+p-1}{p}+(m-1)\binom{n+p-2}{p} \tag{16}$$

卷二
$$F_n^p(m)=\sum_{k=0}^{m}L_k^m\binom{n+p-k-1}{p} \tag{17}$$

卷三
$$Z_n^p(q)=\sum_{k=0}^{q}\binom{q}{k}^2\binom{n+p-k-1}{p} \tag{18}$$

卷四
$$B_n^p(m)=n^m\binom{n+p-1}{p}=\sum_{k=0}^{m}L_k^m(p)\binom{n+m+p-k-1}{m+p} \tag{19}$$

式中，$L_k^m(p)$ 是 $L_k^m$ 的推广，章用称之为“李氏多项式三角形”，定义为

（i）$L_0^0(p)=1$；$L_k^m(p)=0$，当 $k<0$ 及 $k>m$ 时；

（ii）$L_k^m(p)=(m+p-k)L_{k-1}^{m-1}(p)+(k+1)L_k^{m-1}(p)$. （20）

可知　$L_0^m(p)\equiv 1$，$L_m^m(p)=p^m$，可以代替（i）作边界条件。

另外，当 $p=0$ 时，$L_k^m(0)=L_k^{m-1}$，（$m\geqslant 1$）当 $p=1$ 时，$L_k^m(1)=L_k^m$。

李善兰在《比类》卷四中给出式（19）$m=1$，2，3 的三例，认为其余学者自能隅反：

三角变垛：$B_n^p(1)=n\binom{n+p-1}{p}=\binom{n+p}{p+1}+p\binom{n+p-1}{p+1}$.

三角再变垛：$B_n^p(2)=n^2\binom{n+p-1}{p}=\binom{n+p+1}{p+2}+(1+3p)\binom{n+p}{p+2}+p^2\binom{n+p-1}{p+2}$.

三角三变垛：$B_n^p(3)=n^3\binom{n+p-1}{p}=\binom{n+p+2}{p+3}+(4+7p)\binom{n+p+1}{p+3}+$

$$+(1+4p+6p^2)\binom{n+p}{p+3}+p^3\binom{n+p-1}{p+3}.$$

在前三卷的支垛系统中，根据式（14），每当 $h=1$（“第一垛”）时即得到基本垛，于是按照李氏的这种命名方式，必然可以得到：

卷一　$N_n^p(m)$当$p=m$时为三角变垛（由于“一变诸支垛借作三角支垛附见一卷中”）：

$$N_n^m(m)=\binom{n+m-1}{m}+(m-1)\binom{n+m-2}{m}=n\binom{n+p'-1}{p'}.\ (p'=m-1) \tag{21}$$

卷二　$F_n^p(m)$当$p=m+1$时为$m$乘方垛：

$$F_n^{m+1}(m)=n^{m+1}=\sum_{k=0}^{m}L_k^m\binom{n+m-k}{m+1}=\sum_{k=0}^{m}L_k^m\binom{n+k}{m+1} \tag{22}$$

卷三　$Z_n^p(q)$当$p=2q$时为三角自乘垛：

$$Z_n^{2q}(q)=\binom{n+q-1}{q}^2=\sum_{k=0}^{q}\binom{q}{k}^2\binom{n+2q-k-1}{2q} \tag{23}$$

将$n$换写成$n+1$（此时$n$可取零值）即得著名的“李善兰恒等式”：

$$\binom{n+q}{q}^2=\sum_{k=0}^{q}\binom{q}{k}^2\binom{n+2q-k}{2q} \tag{23'}$$

另外，$N_n^p(m)$当$m=1$时以及$B_n^p(m)$当$m=0$时都得到三角垛。

应当说明，以上（22）、（23）两式不是“解”直接给出的，而是“解”中两式（17），（18）同关系式（14）共同确定的。据李氏的理论和方法，此二式还可从别的途径得到，下文还要提及。将式（21）中的$m-1$换写为$p$，将$n$换写为$n+1$，由式（3）可得

$$n\binom{n+p}{p}=(p+1)\binom{n+p}{p+1}.$$

这是著名的费马组合恒等式（1636年）。

卷二　乘方垛除“解”外有“又解”：“$m$乘方垛从顶起递去一层叠成$m+1$乘方垛”，较费解，今试解如下。设$m$乘方垛前$n$层的和为$s_n^m=\sum_{k=1}^{n}k^m$，则据此“又解”：

$$s_n^m+\left(s_n^m-s_1^m\right)+\left(s_n^m-s_2^m\right)+\cdots+\left(s_n^m-s_{n-1}^m\right)=s_n^{m+1}$$

知

$$ns_n^m-\sum_{k=1}^{n-1}s_k^m=s_n^{m+1}，\text{即}\ n\sum_{k=1}^{n}k^m-\sum_{k=1}^{n-1}\sum_{r=1}^{k}r^m=\sum_{k=1}^{n}k^{m+1} \tag{24}$$

或

$$\sum_{k=1}^{n-1}k^m(n-k)=\sum_{k=1}^{n-1}\sum_{r=1}^{k}r^m=\sum_{k=1}^{n-1}k(n-k)^m \tag{24'}$$

这一恒等式在各类公式中较特殊，但它仍是递归的。

**3）“有层（高）求积术”**

即求有限数列前$n$项和，基本公式是“三角$p$乘垛求积术”：

$$\sum_{k=1}^{n}\binom{k+p-1}{p}=\binom{n+p}{p+1} \tag{15'}$$

也就是朱世杰的三角垛公式。它应用于全书，凡遇“以三角垛求积（此二字或省略）术入之”即应代人此式。如“以三角三乘垛求积术入之”，即得$\binom{n+3}{4}$，对于各支垛$G_m^p$，恒有

$$\sum_{k=1}^{n} G_k^p = G_n^{p+1} \tag{25}$$

也是由（15′）所决定，李氏深明此术，只将“解”中诸公式里右边组合符号中的 $p$ 加 1，即得求积术公式，或再加以变换，可得

卷一　$m-1$ 乘支垛求积术：

$$\begin{aligned}\sum_{k=1}^{n} N_k^p(m) &= \sum_{k=1}^{n}\left[\binom{k+p-1}{p}+(m-1)\binom{k+p-2}{p}\right] \\ &= \binom{n+p}{p+1}+(m-1)\binom{n+p-1}{p+1}=\binom{n+p-1}{p}\frac{m(n-1)+p+1}{p+1}\end{aligned} \tag{26}$$

式（26）的一个重要特例是当 $p=m$ 时可得三角变垛垛积，它实际上也就是朱世杰的“……岚形垛”，据钱宝琮文[①]定理 2，这种垛积为 $\sum_{k=1}^{n} k\binom{k+p-1}{p}=\binom{n+p}{p+1}\frac{(p+1)n+1}{p+2}$.

在这个式子中取 $p=m-1$ 与在（26）中取 $p=m$ 会得到相同的结果，故

$$\sum_{k=1}^{n} N_k^m(m)=\binom{n+m-1}{m}\frac{mn+1}{m+1}=\sum_{k=1}^{n} k\binom{k+m-2}{m-1}. \tag{27}$$

式（21）和（27）表明三角诸支垛实际就是“一变诸支垛”，这是原著本意。

卷二　$m$ 乘方支垛求积术：$\sum_{k=1}^{n} F_n^p(m)=\sum_{k=0}^{m} L_k^m\binom{n+p-k}{p+1}$ （28）

式（28）当 $p=m+1$ 时的重要特例是乘方垛求积术：

$$\sum_{r=1}^{n} r^{m+1}=\sum_{k=0}^{m} L_k^m\binom{n+m-k+1}{m+2}=\sum_{k=0}^{m} L_k^m\binom{n+k+1}{m+2} \tag{29}$$

这是自然数前 $n$ 项 $m+1$ 次幂的求和公式，它在数学史中的地位，容另文讨论。

卷三　三角自乘 $q$ 支垛求积术：$\sum_{r=1}^{n} Z_n^p(q)=\sum_{k=0}^{q}\binom{q}{k}^2\binom{n+q-k}{p+1}$ （30）

式（30）当 $p=2q$ 时的特例是三角自乘垛求积术：

$$\sum_{r=1}^{n}\binom{r+q-1}{q}^2=\sum_{k=0}^{q}\binom{q}{k}^2\binom{n+2q-k}{2q+1} \tag{31}$$

卷四　三角 $m$ 变垛求积术：

$$\sum_{r=1}^{n} r^m\binom{r+p-1}{p}=\sum_{k=0}^{m} L_k^m(p)\binom{n+m+p-k}{m+p+1} \tag{32}$$

当 $m=0$，1，2，3 时分别为三角垛、变垛、再变垛、三变垛求积术公式，可参照式（19）的三例而将（32）展开。

求积术还有“又法”，是原术的演变形式，可从原术中导出。如

---

① 钱宝琮. 朱世杰垛积术广义. 学艺，1923（7）：4.

卷二　二乘方支垛求积术（这里列出从原术到又法的推导过程）：

$$\sum_{r=1}^{n} F_r^p(2)=\sum_{k=1}^{n}\left[\binom{k+p-1}{p}+4\binom{k+p-2}{p}+\binom{k+p-3}{p}\right]$$

$$=\binom{n+p}{p+1}+4\binom{n+p-1}{p+1}+\binom{n+p-2}{p+1}$$

$$=\binom{n+p}{p+1}+\binom{n+p}{p+1}\frac{4(n-1)}{n+p}+\binom{n+p}{p+1}\frac{(n-2)(n-1)}{(n+p-1)(n+p)}$$

$$=\binom{n+p}{p+1}\frac{6n(n+p-2)+(p-2)(p-3)}{(n+p)(n+p-1)} \tag{33}$$

$$=\binom{n+p-2}{p-1}\frac{6n(n+p-2)+(p-2)(p-3)}{p(p+1)} \tag{33'}$$

式（33′）是在总结又法公式时可以得出的与式（33）等值的另一写法。原著得出极其复杂的又法公式，均可归纳出两种写法的等价式子，这里仅列出一种：

卷二　三乘方支垛求积术又法：

$$\sum_{k=1}^{n} F_k^p(3)=\binom{n+p}{p+1}\frac{2n\left[6n\left(2n+\overline{3p-3}\right)+(p-3)\left(\overline{7p-4}+2\right)\right]+(p-3)^2(p-8)}{(n+p)(n+p-1)(n+p-2)} \tag{34}$$

卷三　寅支垛求积术又法：

$$\sum_{k=1}^{n} Z_k^p(3)=\binom{n+p}{p+1}\frac{2n\left[5(n+1)(2n+3p-11)+6(p-5)(p-4)\right]+(p-5)(p-4)(p-3)}{(n+p)(n+p-1)(n+p-2)} \tag{35}$$

卷三　卯支垛求积术又法：

$$\sum_{k=1}^{n} Z_k^p(4)=\binom{n+p}{p+1}\frac{10n(n+p-4)\left[7n(n+p-4)+2p^2-19p+7^2\right]+(p-4)(p-5)(p-6)(p-7)}{(n+p)(n+p-1)(n+p-2)(n+p-3)} \tag{36}$$

卷四　三角变垛求积术又法：$\sum_{k=1}^{n} k\binom{k+p-1}{p}=\binom{n+p}{p+1}\frac{(p+1)n+1}{p+2}$.　（27′）

三角再变垛求积术又法：

$$\sum_{k=1}^{n} k^2\binom{k+p-1}{p}=\binom{n+p}{p+1}\frac{(p+1)n\left[(p+2)n+3\right]-(p-1)}{(n+2)(p+3)}. \tag{37}$$

三角三变垛求积术又法：

$$\sum_{k=1}^{n} k^3\binom{k+p-1}{p}=\binom{n+p}{p+1}\frac{n\left[n(p+1)(p+2)\left(\overline{p+3n}+6\right)-2p(2p-1)+6\right]+p(p-5)}{(p+2)(p+3)(p+4)}. \tag{38}$$

以上求积术及又法各式是据原著 124 例分类归纳而得的，这些公式还可以据式（25）由“解”的各式演绎出来，并用式（33）的方法完成从原术到又法的推导。这一

工作较繁，没有必要列出，但各式之间的关系，脉络是分明的。由式（25）知

$$G_n^p = \sum_{k=1}^{n} G_k^{p-1} . \tag{25'}$$

因而求积术可与造表法、“解”并列为第三等价定义，李善兰用式（15）来定义三角垛，就是用了式（25′）的方法。因此，前文所提到的两个公式（22）、（23）也可以用式（25′）的方法由式（29）、（31）而获得。这个方法的实质可用组合差分来解释，此不详述。

**4）“有积求层（高）术”**

共 2.2 万字，占《比类》几乎一半，以前的研究尚未涉及，有待于进行总结。求层术是求积术公式的应用，已知某垛之积，反求某层，原书以天元术列出了 100 个一元高次方程，可分作两大类，一类是求层术方程 73 个，一类是求层术又法方程 27 个。两类术文后边共有 112 则“草”及“又草”，是列方程的演算过程，它清楚表明：求层术方程依据的是求积术公式，求层术又法方程依据的是求积术又法公式。

卷一　已知 $m-1$ 乘支垛第 $h=p-m+1$ 垛前 $x$ 层之和为 $S$，求 $x$：

$$S - \binom{x+p-1}{p} \frac{m(x-1)+p+1}{p+1} = 0 \tag{39}$$

其中当 $m=1$ 时为三角垛求层术。

卷二　已知 $m$ 乘方支垛第 $h=p-m$ 垛前 $x$ 层之和为 $S$，求 $x$：

$$S - \sum_{k=0}^{m} L_k^m \binom{x+p-k}{p+1} = 0 \tag{40}$$

其中当 $p=m+1$ 时为乘方垛求层术。

卷三　已知三角自乘 $q$ 支垛第 $h=p-2q+1$ 垛前 $x$ 层之和为 $S$，求 $x$：

$$S - \sum_{k=0}^{q} \binom{q}{k}^2 \binom{x+p-k}{p+1} = 0 \tag{41}$$

其中当 $p=2q$ 时为三角自乘垛求层术。

卷四　已知三角 $m$ 变垛第 $h=p+1$ 垛前 $x$ 层之和为 $S$，求 $x$：

$$S - \sum_{k=0}^{m} L_k^m(p) \binom{x+m+p-k}{m+p+1} = 0 \tag{42}$$

由于求积术又法是求积术的推衍，故求层术又法方程也可以从求层术方程经演变而得。以上归纳的 4 个方程可以代表原著 100 个方程，以及李氏“不复演”而认为“学者自能隅反”的全部方程。将这 4 式展开为升幂级数的过程，还能再现原著“草”及“又草”。例如：

卷二　二乘方支垛第二垛前几层之和为一百四十六，求层数。

**解**：已知 $m=2$，$h=2$，故由式（14）知 $p=4$，又 $S=146$。由式（40）

$$146 - \binom{x+4}{5} - 4\binom{x+3}{5} - \binom{x+2}{5} = 0,$$

$$146-\frac{1}{5!}\Big[(x+4)(x+3)(x+2)(x+1)x-4(x+3)(x+2)(x+1)x(x-1)$$
$$-(x+2)(x+1)x(x-1)(x-2)\Big]=0$$

这就是二乘方支垛求层术“草”要展开的方程，其结果为：

$$120\times146-4x-30x^2-50x^3-30x^4-6x^5=0$$

这就是原文所说“第二垛一百二十倍积为正实，四为负方，三十为负甲廉，五十为负乙廉，三十为负丙廉，六为负隅，开四乘方得层”。

改写上面的方程，或据式（33′）可得$146-\binom{x+2}{3}\frac{6x(x+2)+2}{4\cdot5}=0$，展开：

$$60\cdot146-(x+2)(x+1)x\big[3x(x+2)+1\big]=0$$

这就是“又草”的文字部分：“立天元一为层，加二……以天元乘之……三之……加一……以天元乘之……又以天元加一乘之……又以天元加二乘之……为带母积（寄左）；乃以三四五连乘得六十为母，以乘积……为同数，与左相消……为开方式。”其结果即是“又法”所给方程：

$$60\cdot146-2x-15x^2-25x^3-15x^4-3x^5=0$$

于是《比类》四卷求层术的内容可由式（39）～（42）概括无遗。

当然，以上四式可由求积术公式稍加演绎而得，而无须归纳。叙述之便，也曾用演绎的方法与原文对照，结果无不契合。因此可以推想，李善兰在著书时使用了演绎方法。

**5）“图”**

在《比类》每一卷介绍一种垛积体系时，首先列出垛名、绘出三角形的垛表，接着就按表中的垛名绘出垛积图，有助读者理解。例如卷三第一页“三角自乘垛”的“子垛”，就是简单的 $1^2$，$2^2$，$3^2$，$4^2$，…，当然子垛也可绘成一阶梯状金字塔，即为通常所说的四角垛。

而“丑垛”：$1^2$，$3^2$，$6^2$，$10^2$，…，即$\binom{2}{2}^2$，$\binom{3}{2}^2$，$\binom{4}{2}^2$，…，$\binom{5}{2}^2$，他为解释之便，就用圆圈规则排出三角形（图 13-8），这种平面图排法一目了然。

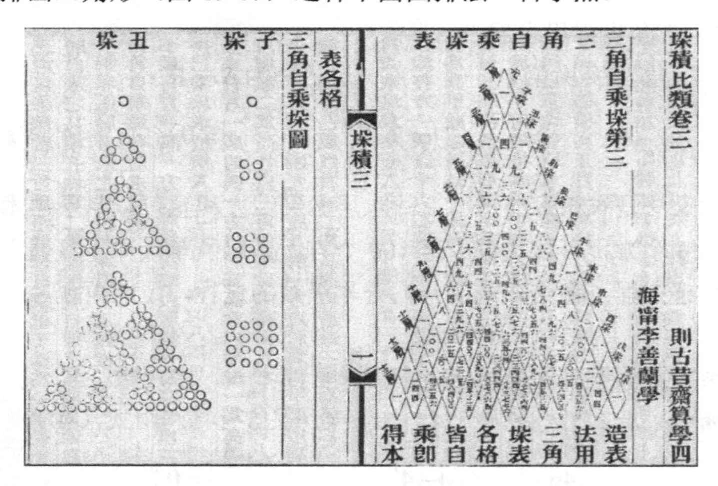


图 13-8　三角自乘垛表和图

《垛积比类》卷三

### 13.2.3　数学思想和方法的分析

以上详述《垛积比类》全书内容，揭示了该书的主要成果，还需要再做深层分析。我们看到，李善兰构造的这些垛积系统十分严格，他并进行了大量组合计算。于是，很自然地会产生问题：这些垛积系统是如何形成的？应用了什么数学方法？上文虽将表、解、求积术、求层术的关系作了初步说明，尚需分析全书思路，深入探讨数学方法的实质。

但是，该书因袭传统，全篇用文字叙述，未用代数符号，且行文简古，只列结果，未予证明。有人说它“顾因题立术，就术演草，仅明条段，未揭根源，一贯之旨，或有间焉。”①使得分析数学思想遇到困难，使得用现代数学符号进行整理时带有某种程度的加工性质。

然而，经过整理所得成果不是凭空而来，由于原著“枝分条贯，推阐无遗”（周达语），又有图表文字为据，哪些是原著的工作，哪些是后人的阐发，均有迹可循，也不致混淆的。

李善兰在《垛积比类》中以表为纲，深入研究了贾宪三角（三角垛表），严格选择了六类与它密切相关的基本垛，并用垛积招差术造就了七类广义贾宪三角，在垛积术中形成了四个系统。因此可以说，《垛积比类》是研究（广义）贾宪三角的专著。

六类基本垛 $\binom{n+p-1}{p}$，$n^m$，$\binom{n+p-1}{p}^2$，$n^m\binom{n+p-1}{p}$（$m$=1，2，3）形成了全书的骨架。$n^m$ 作为基本垛不是偶然的，$n^m$ 同 $\binom{n+p-1}{p}$ 与二项式定理直接相关，现在看来，$n^m$ 给出有重复的排列（或 $m$ 个元的组）的数目，它们事实上是排列组合四种基本型中的第三、四种。其他基本垛都可以看作是三角垛（图 13-9）的某种推广，$\binom{n+p-1}{p}^2$ 是走向 $\binom{n+p-1}{p}^m$ 的第一步；而变垛显然是 $n^m$ 与 $\binom{n+p-1}{p}$ 的复合，它的展开，称为“变垛之法”。

如果说基本垛构成《比类》的经线，那么，支垛就是纬线，“支垛之法”是贯穿全书的主要演绎方法。从形式上看，虽然第四卷没有展开各变垛的支垛系统，但书末云：“变垛皆有支垛”，并将一变垛各支垛在一卷中作了示范。

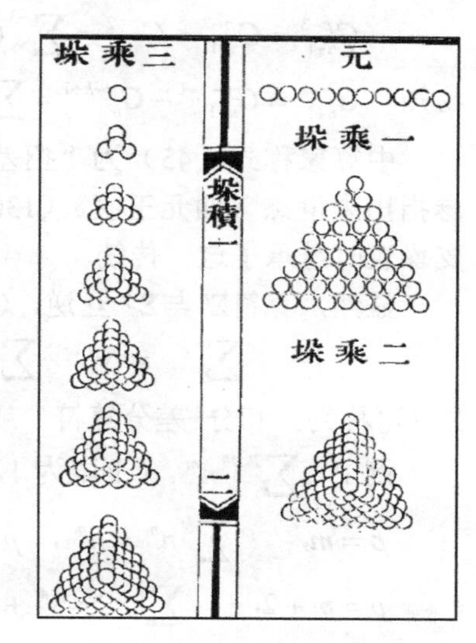


图 13-9　三角垛图

《垛积比类》一卷二页

“支垛之法”其实就是把三角垛表左斜第一行（$p$=0）全部 1 改换成新的“表根”，而右斜第一行（$n$=1）全部 1 不变（这两点构成初始条件），再按“三角垛表法”即“并上层左右二数为下层中一数”（递推公式）得出新的支垛表来。此法建议将贾宪三角作如下推广，这里用递归定义表出。记贾宪三角为 $G_n^p(R)$，表根 $R$=$R(n)$的一般形式、具体函数前文已给出。下文中把 $G_n^p(R)$ 简记为 $G_n^p$，于是有

（i）$G_{n+1}^0 = R(n)$，$G_1^p \equiv 1$；$G_n^p \equiv 0$，若$n \leqslant 0$，$n > p$

（ii）$G_n^p = G_n^{p-1} + G_{n-1}^p$　　（43）

① 周达. 福慧双修馆算稿：一卷. 垛积新义自序. 刻本，1909.

广义贾宪三角有三个基本性质，中算家十分熟悉，也是李氏运用的主要方法：

**性质 1** $$G_{n+1}^{p}=\sum_{k=0}^{n}G_{k+1}^{p-1}.\text{（求积术）} \tag{25}$$

**证明**：用迭代入法将（43）式（ii）的后项次第展开，得

$$\begin{aligned}G_{n+1}^{p}&=G_{n+1}^{p-1}+G_{n}^{p}=G_{n+1}^{p-1}+G_{n}^{p-1}+G_{n-1}^{p}=G_{n+1}^{p-1}+G_{n}^{p-1}+G_{n-1}^{p-1}+G_{n-2}^{p}\\&=G_{n+1}^{p-1}+G_{n}^{p-1}+\cdots+G_{1}^{p-1}+G_{0}^{p}=\sum_{k=0}^{n}G_{k+1}^{p-1}.\end{aligned}$$

在古历算中郭守敬称这种和为“立成”术①，明清之际亦称为求“钤”术。

**性质 2** $$G_{n+1}^{p}=\sum\nolimits^{k}G_{n+1}^{p-k}.\text{（垛积术）} \tag{44}$$

**证明**：用迭代法将式（25′）的右边依次展开，得：

$$G_{n+1}^{p}=\sum_{0}^{n}\left(\sum_{0}^{n}G_{n+1}^{p-2}\right)=\sum\sum\sum G_{n+1}^{p-3}=\underbrace{\sum\cdots\sum}_{k}G_{n+1}^{p-k}=\sum\nolimits^{k}G_{n+1}^{p-k}.$$

章用和钱宝琮都使用过算符$\Sigma^k$，这是总结垛积术所不可避免要遇到的问题。$\Sigma^k$ 称作垛积算符。显而易见，性质 1 是性质 2 的特例。

**性质 3** $$G_{n+1}^{p-k}=\sum\nolimits^{-k}G_{n+1}^{p}=\Delta^{k}G_{n+1}^{p}.\text{（招差术）} \tag{45}$$

**证明**：将（43）式（ii）写成：$G_{n+1}^{p-1}=G_{n+1}^{p}-G_{n}^{p}$，迭用此式递求差值，并用算符$\Sigma^{-k}$来表示；这完全符合有限差分的定义，$k$ 阶差分记为$\Delta^k$：

$$G_{n+1}^{p-1}=G_{n+1}^{p}-G_{n}^{p}=\sum\nolimits^{-1}G_{n+1}^{p}=\Delta^{1}G_{n+1}^{p},$$

$$G_{n+1}^{p-2}=G_{n+1}^{p-1}-G_{n}^{p-1}=\sum\nolimits^{-1}G_{n+1}^{p}-\sum\nolimits^{-1}G_{n}^{p}=\sum\nolimits^{-1}\left(\sum\nolimits^{-1}G_{n+1}^{p}\right)=\sum\nolimits^{-2}G_{n+1}^{p}=\Delta^{2}G_{n+1}^{p},$$

$$G_{n+1}^{p-3}=G_{n+1}^{p-2}-G_{n}^{p-2}=\sum\nolimits^{-3}G_{n+1}^{p}=\Delta^{3}G_{n+1}^{p},\ \cdots$$

易知 $$G_{n+1}^{p-k}=G_{n+1}^{p-k+1}-G_{n}^{p-k+1}=\sum\nolimits^{-k}G_{n+1}^{p}=\Delta^{k}G_{n+1}^{p}.$$

中算家称式（45）为“招差术”或“积较术”，其实就是有限差分或逐差法。李约瑟指出朱世杰《四元玉鉴》（1303 年）在研究级数问题时使用了这种方法。②李善兰造支垛表时继承了这一传统。

显然，算符$\Sigma^p$与$\Sigma^{-p}$互逆，（44）与（45）互为逆运算，即在所设条件下有

$$\sum\nolimits^{-p}=\Delta^{p},\quad \sum\nolimits^{+p}\sum\nolimits^{-p}=\sum\nolimits^{0}=1,\quad \sum\nolimits^{+p}\sum\nolimits^{-q}=\sum\nolimits^{p-q}.$$

$\Sigma^{p-q}$可称为“和分-差分算符”或“垛积-招差算符”，是这些运算的定义，可举几例。

**例 1** $\sum\nolimits^{p-m}n^{m}$.（下限为 1，上限为 $n$）

$$p=m,\quad \sum\nolimits^{0}n^{m}=n^{m},\quad p=m+1,\quad \sum\nolimits^{1}n^{m}=1^{m}+2^{m}+\cdots+n^{m},$$

$$p=m+2,\quad \sum\nolimits^{2}n^{m}=1^{m}+\left(1^{m}+2^{m}\right)+\left(1^{m}+2^{m}+3^{m}\right)+\cdots+\sum n^{m},$$

$$p=m+3,\ \sum\nolimits^{3}n^{m}=1^{m}+\left[1^{m}+\left(1^{m}+2^{m}\right)\right]+\left[1^{m}+\left(1^{m}+2^{m}\right)+\left(1^{m}+2^{m}+3^{m}\right)\right]+\cdots+\sum\nolimits^{2}n^{m},$$

---

① 严敦杰. 中算家的招差术. 数学通报，1955（1）：13.

② 李约瑟. 中国科学技术史：第三卷数学. 中国科学技术史翻译小组译. 北京：科学出版社，1978：282.

等，如取 $m$=3，$n$=4，$p$=6，按上式可得：

$$\sum_{1}^{4}{}^{3} n^{3}=1+10+46+146=203.$$

但在支垛表中，算式十分简明，如图 13-10 所示。这是二乘方（$m$=3）支垛表的一部分。当 $p\geqslant 0$ 时，$\Sigma^{p}$ 正是传统的垛积运算，故应称为垛积算符。如用现代数学符号表示 $p$ 阶和分运算，那么用$\Sigma^{p}$ 是确切的。（$\Sigma$下限为 0，上限为 $n$）

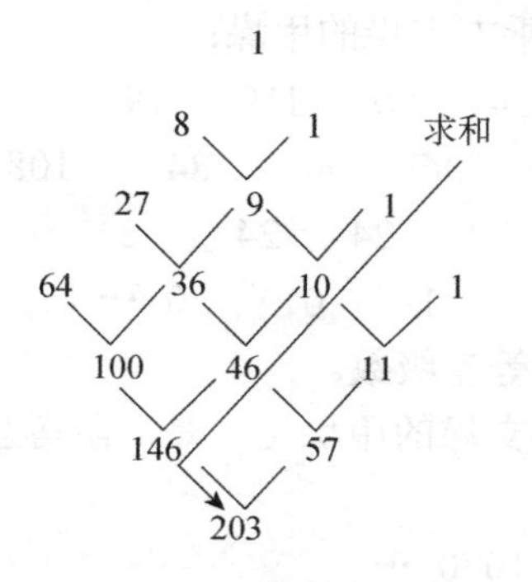


图 13-10　垛积术计算

$$\sum_{1}^{4}{}^{3} n^{3}=203$$

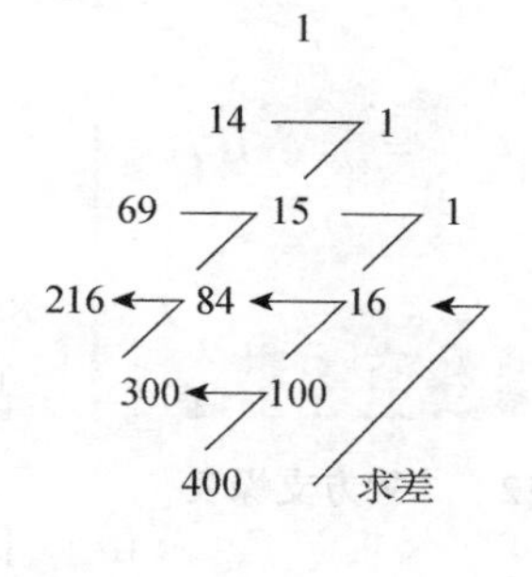


图 13-11　招差术计算

$$\sum_{0}^{3}{}^{-2}\binom{n+3}{3}^{2}=216$$

**例 2**　$\sum^{p-2q}\binom{n+q}{q}^{2}$. $p=2q$, $\sum^{0}\binom{n+q}{q}^{2}=\binom{n+q}{q}^{2}$,

$$p=2q-1,\ \sum^{-1}\binom{n+q}{q}^{2}=\binom{n+q}{q}^{2}-\binom{n+q-1}{q}^{2},$$

$$p=2q-2,\ \sum^{-2}\binom{n+q}{q}^{2}=\left[\binom{n+q}{q}^{2}-\binom{n+q-1}{q}^{2}\right]-\left[\binom{n+q-1}{q}^{2}-\binom{n+q-2}{q}^{2}\right],$$

等，可逐步按牛顿差分方程展开。具体地，取 $n$=3，$p$=4，$q$=3，按上式可得：

$$\sum_{0}^{3}{}^{-2}\binom{n+3}{3}^{2}=(400-100)-(100-16)=300-84=216.$$

在支垛表中，算式十分简明如图 13-11 所示。这正是寅支垛（$q$=3）表的一部分。我们看到，当 $p\geqslant 0$ 时$\Sigma^{-p}$所表示的正是传统的招差运算，所以应称它为招差算符。亦即若用现代符号来表示图 13-12 所进行的 $p$ 阶差分运算，那么用$\Sigma^{-p}$是确切的。

以上算法即造支垛表的根本方法，即中算垛积招差术。

由于递推公式都相同，每个支垛性质的区别，就取决于初始条件即表根。表根 $R(n)$的选择关系到支垛的命名。表根用有限差分法算出，而不是任意设出的。

分析全书七个支垛表，著者采用了以下的第二种造表法：从某基本垛（唯不包括三角垛）中任意抽取一垛，把它命名为“第一垛”，先用招差术$\Sigma^{-k}$ 求高阶差分（每阶差分首项均以 1 补出），直到求出表根；反过来再对第一垛用垛积术$\Sigma^{-m}$ 求出高阶和分（首项均以 1 补出），这样垛积-招差术并用，就可以演绎出该基本垛的支垛系统来了。

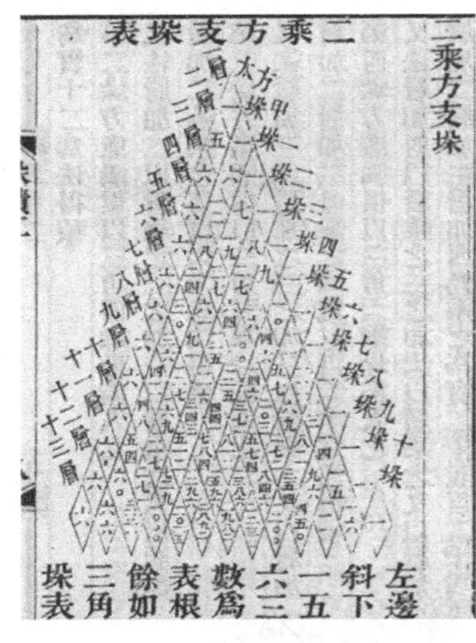

图 13-12 二乘方支垛表

**例 3** 从二乘方垛构造二乘方支垛（图 13-12），由以上第二种造表法的分析可知，任一支垛表中小于第 $p$ 垛的所有各垛构成第 $p$ 垛的 $p$ 阶差分表，且第 $p$ 阶差分为表根。于是得到一个结论：如果表根并不全等，那么总存在这样的垛，它们不是高阶等差级数。

**例 4** 卷二 三乘方支垛的甲垛：

甲　垛：1　14　50　110　194　302 …

一阶差分：　13　36　60　84　108 …

二阶差分：　　23　24　24　24 …

三阶差分：　　　1　0　0 …

故这一甲垛不是高阶等差级数。

**例 5** 卷三 卯支垛的甲垛也不是高阶等差级数，因为

甲　垛：1　19　90　230　440　720　1070 …

一阶差分：　18　71　140　210　280　350 …

二阶差分：　　53　69　70　70　70 …

三阶差分：　　　16　1　0　0 …

事实上卷二、三各支垛，卷四再变、三变垛的各支垛中都存在非高阶等差级数的垛。由于表根不全等的支垛的数目可以任意多，因此，非高阶等差级数的垛的数目可多至无限。这说明用高阶等差级数的理论不能解释或概括广义贾宪三角即各支垛。所以，认为《垛积比类》是讨论高阶等差级数求和的著作①这一结论有待商榷。

将以上用垛积招差术构造支垛的讨论写成式子，就是：

当 $R_1 = R_n^m = m(n \neq 1)$，则 $G_n^p(R_1) = N_n^p(m)$，且 $N_n^{p+1}(m+1) = \sum^{p-m} n\binom{n+m-1}{m}$　（46）

当 $R_2 = R_n^m = \sum_{k=0}^{n} L_k^m$，则 $G_n^p(R_2) = F_n^p(m)$，且 $F_n^{p+1}(m) = \sum^{p-m} n^{m+1}$　（47）

当 $R_3 = R_n^q = \sum_{k=0}^{n}\binom{q}{k}^2$，则 $G_n^p(R_3) = Z_n^p(q)$，且 $Z_{n+1}^p(m) = \sum^{p-2q}\binom{n+q}{q}^2$　（48）

综上所述，广义贾宪三角 $N_n^p(m)$，$F_n^p(m)$，$Z_n^p(q)$ 是垛积招差术的产物。但另一方面，由于它的递归公式同贾宪三角，它必可用组合函数表出；又由于它的初始条件（表根）各不相同，它的表达式中必应反映出表根的构造。

李善兰通过观察和垛积试验，将广义贾宪三角分解成一系列三角垛的和，且系数与表根相关，这里用组合求和来代替垛积招差运算，由式（46）～（48）和式（16）～（18）可得：

① 钱宝琮. 中国数学史. 北京：科学出版社，1981：327.

$$\sum^{p-m} n\binom{n+m-1}{m}=\binom{n+p}{p+1}+m\binom{n+p-1}{p+1} \tag{49}$$

当 $p=m$，$p=m+1$，即得式（21′），（27′），前者与 Fermat 恒等式等价。

$$\sum^{p-m} n^{m+1}=\sum_{k=0}^{m} L_k^m\binom{n+p-k}{p+1} \tag{50}$$

当 $p=m$，$p=m+1$，即得式（22），（29），后者是李善兰的幂和公式。

$$\sum^{p-2q}\binom{n+q}{q}^2=\sum_{k=0}^{q}\binom{q}{k}^2\binom{n+p-k}{p} \tag{51}$$

当 $p=2q$，$p=2q+1$，即得式（23′），（31′），前者是李善兰恒等式。

（49）～（51）三式是《垛积比类》进行组合分析所获得的最大成就，三式表明，垛积招差运算 $\Sigma^{p-q}$ 也可以用右边的组合求和运算来定义，这在理论上的意义是：它们沟通了有限差分（及其逆运算）同组合的关系。

下面以式（51）为例来说明这一关系。由式（51），

$$\sum^{-2q}\binom{n+q}{q}^2=\sum^{-p}\ \sum_{k=0}^{q}\binom{q}{k}^2\binom{n+p-k}{p}.$$

$$式左=\sum^{-2q} Z_{n+1}^{2q}(q)=Z_{n+1}^{0}(q)=R_n^q=\sum_{k=0}^{n}\binom{q}{k}^2,$$

$$式右=\Delta^p\sum_{k=0}^{q}\binom{q}{k}^2\binom{n+p-k}{p}=\sum_{k=0}^{q}\binom{q}{k}^2\binom{n+p-p-k}{p-p}$$

$$=\binom{q}{0}^2+\binom{q}{1}^2+\binom{q}{2}^2+\cdots+\binom{q}{n}^2=\sum_{k=0}^{n}\binom{q}{k}^2.$$

这说明左边用招差术求出表根，与右边用组合差分求出表根，结果是一样的（若将 $n$ 换写为 $x$，差分算符换为微分算符，也会得出新的结果来）。另外，还可分析取 $p=0$，$m=0$，$q=0$ 等等，这里就不一一讨论了。

总之，（49），（50），（51）三式集中表达了李善兰在《垛积比类》前三卷的主要数学思想，它们突出了广义贾宪三角即各支垛的差分性质，确切描述了两种造表法的各个方面。它们是根据原著的理论和方法得出的，是李善兰重要的数学成就。

## 13.3　进层分析：李善兰对 Stirling 数和 Euler 数的研究*

《垛积比类》第二表“三角垛有积求高开方廉隅表”和第七表“乘方垛各廉表”是专门的系数表，在全书的 15 个表中地位较特殊，是计数理论的重要成果。它们实际就是现代组合数学中的两种重要计数函数。章用①称第七表为“李氏数”，本节沿用这一命名；鉴于第二表在组合数学中的重要性，这里称为“第一种李氏数”。而称第七表为“第二种李氏数”。

---

* 罗见今. 李善兰对 Stirling 数和 Euler 数的研究. 数学研究与评论，1982（4）：173-182.

① 章用.《垛积比类》疏证. 科学，1939，23：647-663.

### 13.3.1 第一种李氏数是第一种斯特林数的绝对值

《垛积比类》第二表（图 13-13）与“造表法”给出了第一种李氏数的递归定义，译成现代写法如图 13-14。

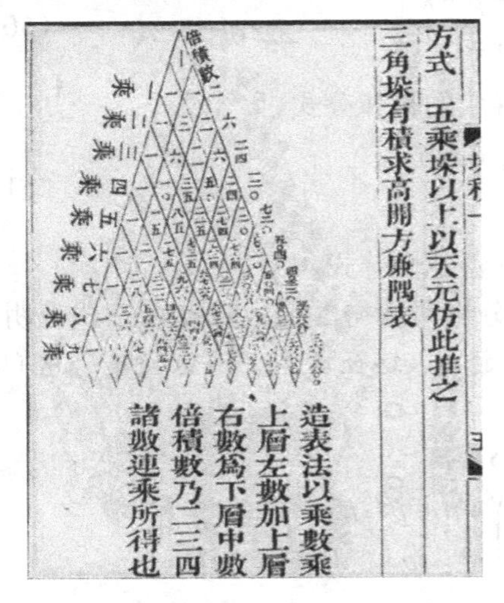
方式 五乘垛以上以天元仿此推之

三角垛有積求高開方廉隅表

造表法以乘數乘上層左數加上層右數爲下層中數倍積數乃二三四諸數連乘所得也

图 13-13 《垛积比类》第二表

$p$=0 1

$p$=1 1 1

$p$=2 2 3 1

$p$=3 6 11 6 1

24 50 35 10 1

120 274 225 85 15 1

720 1764 1624 735 175 21 1

《垛积比类》第一卷第五页
三角垛有积求高开方廉隅表
（原文从右向左读数，改为从左向右读数）

图 13-14 第一种李氏数 $l_k^p$

记表中第一种李氏数为 $l_k^p$，上标 $p$=0，1，2，…为乘垛的乘数，即横行序数；下标 $k$=0，1，2，…，$p$ 为项数[①]，则该定义可写成：

$$\text{(i)}\ l_0^0=1;\ l_k^p\equiv 0,\ 若\ k<0\ 或\ k>p;$$

$$\text{(ii)}\ l_k^p=l_{k-1}^{p-1}+pl_k^{p-1}. \tag{1}$$

可知

$$l_0^p=pl_0^{p-1}=p(p-1)l_0^{p-2}=\cdots=p(p-1)\cdots3\cdot2\cdot1\cdot l_0^0=p!$$

以及

$$l_p^p=l_{p-1}^{p-1}=l_{p-2}^{p-2}=\cdots=l_0^0=1.$$

李氏用这两条作为第二表的边界条件，可以代替（i）。第二表称下列之和为“倍积数”：

$$\sum_{k=0}^{p}l_k^p=(p+1)! \tag{2}$$

是数 $l_k^p$ 的一个基本性质。《比类》13 个垛积表均按斜行排列、读数，唯有系数表按横行。第二表左右不对称，横行读数据古汉语习惯应从右向左，改写成图 13-14。

$n$=0 1

$n$=1 1

$n$=2 −1 1

$n$=3 2 −3 1

−6 11 −6 1

24 −50 35 −10 1

−120 274 −225 85 −15 1

720 −1764 1624 −735 175 −21 1

图 13-15 第一种斯特林数 $S_{n,k}$

第一种李氏数 $l_k^p$ 同组合数学中的计数函数——第一种斯特林数 $S_{n,k}$ 相仿，它的数表如图 13-15。[②]$S_{n,k}$ 的递归定义为[③]：对所有 $n$，$k\geqslant 0$，

① 若规定 $k$=1，2，…，$p$+1，则 $l_k^p$ 的定义式要相应改变。

② AIGNER M. Combinatorial Theory. Berlin：Springer-Verlag，1979：93，473，96，123.

③ DAVID F N，BARTON D E. Combinatorial Chance. London：Lubrecht & Cramer Ltd，1962：47，180，294.

（i） $S_{0,0}=1$ ， $S_{n,0}=0$ ，对 $n>0$，

（ii） $S_{n+1,k}=S_{n,k-1}-nS_{n,k}$ （3）

$S_{n,k}$的生成函数是降阶乘积或降阶乘（falling factorial）[①]，表示为公式，即

$$\sum_{k=0}^{n}S_{n,k}x^k=\prod_{k=0}^{n-1}(x-k)=\binom{x}{n}n!=x(x-1)(x-2)\cdots(x-n+1)=[x]_n \tag{4}$$

符号 $[x]_n$ 表降阶乘；而升阶乘（rising factorial）记作 $[x]^n$，定义是：

$$[x]^n=x(x+1)(x+2)\cdots(x-n+1)=\sum_{k=0}^{n-1}(x+k)=\binom{x+n-1}{n}n! \tag{5}$$

李氏在卷一“三角垛有积求高术”事实上给出一个有关生成函数定理，用今天的术语可表示成：第一种李氏数 $l_k^p$ 的生成函数是升阶乘积。即

$$\sum_{k=1}^{p}l_k^p x^{k+1}=\prod_{k=0}^{p}(x+k)=[x]^{p+1} \tag{6}$$

式（6）出之有据。[②]卷一给出 $m$–1 乘支垛有积求高术方程，已知 $m$–1 乘支垛第 $h=p-m+1$ 垛前 $x$ 层之和为 $S$，求 $x$： $S-\binom{x+p-1}{p}\frac{m(x-1)+p+1}{p+1}=0$ . （7）

其中当 $m$–1 时为三角垛有积（和）求层术：$S-\binom{x+p}{p+1}=0$，即 $(p+1)\ !S-x(x+1)\cdots(x+p-1)(x+p)=0$ 。原著将方程中的升阶乘展开为幂级数，并抽出系数 $l_k^p$ 单列成图 13-14，方程变成：$(p+1)\ !S-\sum_{k=0}^{p}l_k^p x^{k+1}=0$ . 据原著 $S=\binom{x+p}{p+1}$，代入后则得上述定理。

以下引用“四乘垛（$p$=4）有积求高术”原文为例进行分析。

草曰：立天元一为高，以天元加一乘之，得〇|元|，又以天元加二乘之，得〇太‖ ||| |，又以天元加三乘之，得〇太 ⊥ ⊢ ⊤ |，又以天元加四乘之，得〇太‖ ≡ ≣ 〇||| ≣|〇|。合以一百二十（二三四五连乘数）除之；不除，便以为一百二十段积（寄左）。乃以积一百二十之，为同数，与左相消，得|=〇 积 ‖ ≡ ≣ 〇 ||| ≣ |〇 ⊥，为开方式。五乘垛以上以天元仿此推之。

将李善兰的数学语言翻译如下——解：设 $x$ 为层数， $x(x+1)=x+x^2$ ，

$x(x+1)(x+2)=2x+3x^2+x^3$ ， $x(x+1)(x+2)(x+3)=6x+11x^2+6x^3+x^4$ ，

$x(x+1)(x+2)(x+3)(x+4)=24x+50x^2+35x^3+10x^4+x^5$ .

$\frac{1}{5!}\prod_{k=0}^{4}(x+k)$ 展开，即 $\binom{x+4}{5}$ ；把 $\prod_{k}^{4}(x+k)$ 的展式看作积 $S$ 的 120 倍（写在方程的一边）。$120S=24x+50x^2+35x^3+10x^4+x^5$ ， $120S-24x-50x^2-35x^3-10x^4-x^5=0$ ，

即所求方程。仿此，可将 p≥5 的所有方程推出来。（译完）

---

① BRYLAWSKI T. 组合数学（1977）//拉佩兹. 科学技术百科全书：第 1 卷数学. 北京：科学出版社，1980：356.

② 在定义 $l_k^p$ 时若规定 $k=1,2,\cdots,p+1$ ，则 $\sum_{k=1}^{p}l_k^{p-1}x^k=\prod_{k=0}^{p-1}(x+k)=\binom{x+p-1}{p}p!=[x]^p$ 。它同（6）无本质不同。

以上展开过程就给出图 13-13 的系数表（$0 \leqslant p \leqslant 4$），说明将原著第二表译成图 13-14 是正确的，它给出式（6）当 $p=4$ 的一例；据第二表给出了 $0 \leqslant p \leqslant 9$ 的 10 例；又据“造表法”可获 $p$ 值有限大的任意 $l_k^p$。用生成函数法由定义（1）可证式（6）：

$$\sum_{k=0}^{p} l_k^p x^{k+1} = \sum_{k=0}^{p}\left(l_{k-1}^{p-1} + p l_k^{p-1}\right)x^{k+1} = x\sum_{k=1}^{p} l_{k-1}^{p-1} x^k + p\sum_{k=0}^{p-1} l_k^{p-1} x^{k+1} = x\sum_{k=0}^{p-1} l_k^{p-1} x^{k+1} + p\sum_{k=0}^{p-1} l_k^{p-1} x^{k+1}$$

$$= (x+p)\sum_{k=0}^{p-1} l_k^{p-1} x^{k+1} = (x+p)(x+p-1)\sum_{k=0}^{p-2} l_k^{p-2} x^{k+1} = \cdots$$

$$= (x+p)(x+p-1)\cdots(x+2)(x+1)\sum_{k=0}^{p-p} l_k^{p-p} x^{k+1} = \prod_{k=0}^{p}(x+k) = [x]^{p+1}.$$

降阶乘和升阶乘既联系又区别，取 $x'=x+n-1$ 则 $[x']_n=[n]^n$。$[x]_n$ 和 $[x]^n$ 当 $x=r$ 和 $n$ 时分别为选排列和全排列。$[x]_n=\binom{x}{n}n!$，$[x]^n=\binom{x+n-1}{n}n!$ 即它们与组合的两种基本表达式[①]直接相关，是计数理论研究的对象。组合数学专著[②]在所列举的 27 种计数函数中将降阶乘和升阶乘列为第一位和第二位，具有基本重要性。将二者展开为幂级数，其系数构成第一种斯特林数 $S_{n,k}$ 和第一种李氏数 $l_k^p$，后者是前者的绝对值。因此，$S_{n,k}$ 和 $l_k^p$ 在本质上是两种计数函数，在命名和表达上均有必要加以区别，否则易于混淆。不妨以“李善兰数”来代替 Stirling numbers of the first kind in modulus 这样复杂的命名。

数 $l_k^p$ 可用于广义莫比乌斯反演[③]，因离题较远，兹不详述。

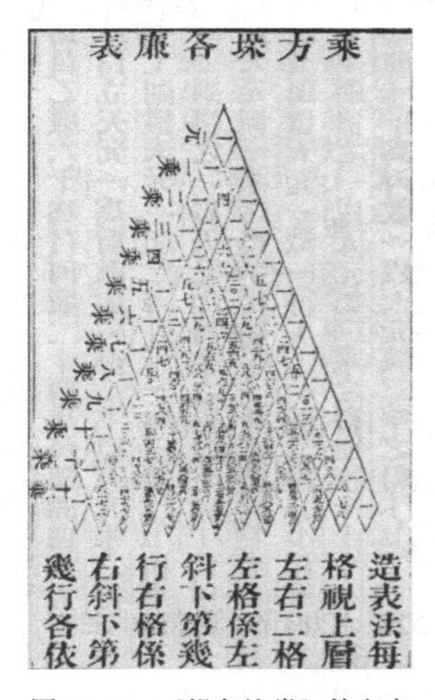


图 13-16 《垛积比类》第七表

1821 年拉普拉斯开始把生成函数系统地引入概率论，作为处理整值随机变量的一种变换法。在此之前，欧拉也曾使用过生成函数法。但在李善兰著此书的年代，生成函数概念还没有传入中国，而我国最早的概率论译作《决疑数学》（英傅兰雅、华蘅芳合译）是 1896 年的事了。因此，李善兰独立从事的有关生成函数的研究虽是初步的，却是基本的，在中算史上具有首创性，是一项值得重视的成就。

### 13.3.2 第二种李氏数即欧拉数

《垛积比类》第七表（图 13-16）是三角垛级数的系数，是一种重要的计数函数，称为第二种李氏数，记作 $L_k^m$，这里下标 $k=0, 1, 2, \cdots$，$m$ 为项数[④]，上标 $m=0, 1, 2, \cdots$，表示 $m$ 乘方垛的乘方次数，即横行序数；于是该表及“造表法”给出定义：

---

① BRYLAWSKI T. 组合数学（1977）//拉佩兹. 科学技术百科全书：第 1 卷数学. 北京：科学出版社，1980：356.

② AIGNER M. Combinatorial Theory. Berlin：Springer-Verlag，1979：93，473，96，123.

③ 徐利治. Möbius-Rota 反演理论的扩充及其应用. 数学研究与评论，1981（s1）：101-112.

④ 若规定 $m=0, 1, 2, \cdots$ 及 $k=0, 1, 2, \cdots, m$，则递推式（ii）就变成 $L_k^m=(m-k+1)L_{k-1}^{m-1}+kL_k^{m-1}$（见《中国数学史》328 页第 2 行）。但按原著第七表的规定，在一乘（$m=1$）之前有“元”，即应有零乘（$m=0$）。

（i）$L_0^0=1$；$L_k^m\equiv 0$，若 $k<0$ 或 $k>m$；

（ii）$L_k^m=(m-k+1)L_{k-1}^{m-1}+(k+1)L_k^{m-1}$.　　（8）

可知 $L_0^m=L_0^{m-1}=L_0^{m-2}=\cdots=L_0^0=1$，以及 $L_m^m=L_{m-1}^{m-1}=L_{m-2}^{m-2}=\cdots=L_0^0=1$ 为第七表边界，可代（i）作初始条件。第七表具有对称性：

$$L_k^m=L_{m-k}^m \tag{9}$$

与第二表的“倍积数”类似，第七表中也存在关系

$$\sum_{k=0}^{m}L_k^m=(m+1)! \tag{10}$$

第二种李氏数 $L_k^m$ 就是欧拉数，既非数论中的欧拉函数 $\phi(n)$，亦非把正割 sec$x$ 展开时出现的欧拉数：1，5，61，1385，…；记作 $A_{n,k}$，定义为①：对所有 $n$，$k\geqslant 1$，

（i）$A_{n,1}=1$，$A_{n,k}=0$，对 $n<k$；

（ii）$A_{n+1,k}=(n-k+2)A_{n,k-1}+kA_{n,k}$.（$n\geqslant 2$）　　（11）

与式（8）比较，除在字母写法、次序的安排上有区别外，$L_k^m$ 和 $A_{n,k}$ 是完全相同的；而这些外在的差别，在不同的组合学著作中亦不可避免。现据式（11）将欧拉数表列出（见表 13-1）。对照第七表“乘方垛各廉表”，易知二者完全相同。

卷四推广了第二种李氏数，得到章用所称的“李氏多项式三角形”，若记为 $L_k^m(p)$，则

（i）$L_0^0(p)=1$；$L_k^m(p)=0$，若 $k<0$ 或 $k<m$；

（ii）$L_k^m(p)=(m+p-k)L_{k-1}^{m-1}(p)+(k+1)L_k^{m-1}(p)$.　　（12）

**表 13-1　欧拉数 $A_{n,k}$**

| $A_{n,k}$ | $k$=1 | 2 | 3 | 4 | 5 | 6 |
|---|---|---|---|---|---|---|
| $n$=1 | 1 | | | | | |
| 2 | 1 | 1 | | | | |
| 3 | 1 | 4 | 1 | | | |
| 4 | 1 | 11 | 11 | 1 | | |
| 5 | 1 | 26 | 66 | 26 | 1 | |
| 6 | 1 | 57 | 302 | 302 | 57 | 1 |

据章用命名“李氏多项式三角形”，$L_k^m(p)$（$0\leqslant m\leqslant 5$），如图 13-17 所示。

$m$=0　1

$m$=1　1　$p$

$m$=2　1　$1+3p$　$p^2$

$m$=3　1　$4+7p$　$1+4p+6p^2$　$p^3$

1　$11+15p$　$11+306p+25p^2$　$1+5p+10p^2+10p^3$　$p^4$

1　$26+31p$　$66+146p+90p^2$　$20+91p+120p^2+65p^3$　$1+6p+15p^2+20p^3+15p^4$　$p^5$

图 13-17　章用命名的李氏多项式三角形 $L_k^m(p)$

① AIGNER M. Combinatorial Theory. Berlin：Springer-Verlag，1979：93，473，96，123.

李氏在把乘方垛 $n^m$ 展开为一系列三角垛之和（组合级数）时用了系数 $L_k^m$，在把三角 $m$ 变垛 $n^m\binom{n+p-1}{p}$ 展开时给出图 13-7 中 $m$=1，2，3 的 3 例，认为其余的“学者自能隅反”。

由（12）知 $L_0^m(p)\equiv 1$，$L_m^m(p)\equiv p^m$，可代（i）作边界条件。当 $p$=0 时，$L_k^m(0)=L_k^{m-1}$（$m\geqslant 1$）；当 $p$=1 时，$L_k^m(1)=L_k^m$。$L_k^m(p)$ 是推广了的欧拉数。在数 $l_k^m$ 和 $L_k^m(p)$ 间存在关系

$$\sum_{k=0}^{m} L_k^m(p)=\sum_{k=0}^{m} l_k^m\cdot p^k=\prod_{k=1}^{m}(p+k) \tag{13}$$

特别当 $p$=1 时就得到前边已提到的：$\sum\limits_{k=0}^{m} L_k^m=\sum\limits_{k=0}^{m} l_k^m=(m+1)$！

两种李氏数间不存在广义莫比乌斯反演关系，但式（13）却把两者联系起来了。

人们看到，李善兰虽晚于欧拉却独立从事了欧拉数的研究，他的成果深刻而丰富，又经后人整理、阐发，可用 $A_{n;\,k}$ 的记号综述如下：

1）$A_{n+1;\,k}=(n-k+2)A_{n;\,k-1}+kA_{n;\,k}$.（据（8）之（ii）式）

2）$A_{n;\,k}=A_{n;\,n-k+1}$.（据（9）式）　　3）$A_{n;\,k}=\sum\limits_{r=0}^{k-1}(-1)^r(k-r)^n\binom{n+1}{r}$.

4）$A_{n;\,k}=\sum\limits_{r=0}^{n-k}(r+1)k^{n-k-r}A_{r+k-1;\,k-1}$.　　5）$\sum\limits_{k=1}^{n}A_{n;\,k}=n$！（据（10）式）

6）$\sum\limits_{k=2}^{n}(k-1)A_{n;\,k}=(n-1)!\binom{n}{2}$.

7）$m^n=\sum\limits_{k=1}^{n}A_{n;\,k}\binom{m+k-1}{n}$.（据乘方垛解义）

8）$\sum\limits_{r=1}^{m}r^n=\sum\limits_{k=1}^{n}A_{n;\,k}\binom{m+k}{n+1}$.（据乘方垛求积术，即自然数前 $m$ 项 $n$ 次幂的和）

9）$\sum\limits_{r=1}^{m}{}^{p-n}r^n=\sum\limits_{k=1}^{n}A_{n;\,k}\binom{m+p-k}{p}$.（据乘方支垛造表法）

以上 3）、6）两式由章用给出，4）式由周达①给出，而经笔者改进。9）式中引进的 $\Sigma^{p-n}$ 叫垛积招差算符或和分差分算符，已见上节。

记 $A_{n;\,k}(p)$ 为推广的欧拉数，则卷四推广第二种李氏数就相当于定义：

10）（i）$A_{1;\,1}(p)=1$；$A_{n;\,k}(p)=0$，当 $k<1$ 及 $k>n$ 时；（ii）$A_{n;\,k}(p)=(n+p-k)A_{n-1;\,k-1}(p)+kA_{n-1;\,k}(p)$.显然有：当 $p$=0 时，$A_{n;\,k}(0)=A_{n-1;\,k}$（$n\geqslant 1$），当 $p$=1 时，$A_{n;\,k}(1)=A_{n;\,k}$.

于是三角 $n$ 变垛的组合恒等式与求和式用广义欧拉数 $A_{n;\,k}(p)$ 表出则有以下两式：

① 周达. 福慧双修馆算稿：一卷. 垛积新义自序. 刻本，1909.

11）$m^n\binom{n+p-1}{p}=\sum_{k=1}^{n+1}A_{n+1;\,k}(p)\binom{m+n+p-k}{n+p}$. 式中取 $p$=0 即得 7）式。

12）$\sum_{r=1}^{m}r^{n-1}\binom{r+p-1}{p}=\sum_{k=1}^{n}A_{n;\,k}(p)\binom{m+n+p-k}{n+p}$.

式 12）中取 $p$=1 即得 8）式。此外，广义欧拉数与第一种斯特林数之间有关系：

13）$\sum_{k=1}^{n}A_{n;\,k}(p)=\sum_{k=1}^{n}\left|S_{n;\,k}\right|p^{k-1}=\prod_{k=1}^{n-1}(p+k)$.

式 13）中取 $p$=1：$\sum_{k=1}^{n}A_{n;\,k}=\sum_{k=1}^{n}\left|S_{n;\,k}\right|=n\,!$即得 5）式。

综上，在 13 个公式中，文献①里见到 1），2），7）三式；据目前所知，其余各式为外论所未见。特别是欧拉数的推广，迄未有闻。3），4），6），13）四式是据原著的阐发，其他都是李善兰研究的成果，堪称独步，所以一百年来受到高度评价。如他同时代的数学家徐有壬说他的研究“几无余蕴”②，稍后的崔朝庆称他“朱氏（世杰）以后当首屈一指”③，20 世纪初周达说：“李秋纫氏（按李善兰号秋纫）著《垛积比类》，枝分条贯，推阐无遗，读者叹观止矣。”④而 20 世纪 30 年代青年数学家章用盛赞李氏无疑为“数论天才”，当不是溢美之词。

这里特别要讨论式 8）关于自然数前 $n$ 项幂的和问题。先举出两例，将式 8）展开：

**例 1**　当 $n$=3，$m$=6：$1^3+2^3+\cdots+6^3=A_{3,1}\binom{7}{4}+A_{3,2}\binom{8}{4}+A_{3,3}\binom{9}{4}=1\times35+4\times70+1\times126=441$.

**例 2**　当 $n$=6，$m$=3：$1^6+2^6+3^6=A_{6,4}\binom{7}{7}+A_{6,5}\binom{8}{7}+A_{6,6}\binom{9}{7}=302\times1+57\times8+1\times36=794$.

《垛积比类》卷二定义第二种李氏数，用它来求幂和公式。幂和问题具有悠久的历史，在 § 14.2.1 节中将详述其古代的发展，而本节将举例简述近现代的情况。李善兰用组合级数和欧拉数一举解决了这个问题，他给出的 8）式简洁而完美，可求任意次幂和，它的主要特点，是把 $n$ 次幂和分解成 $n$ 类组合之和，每类组合的个数依欧拉数分布。

由于组合数学的发展，这样一个具有魅惑力的问题仍然在吸引着一些数学家的兴趣，从 1968 年到 1980 年，里奥丹⑤，保尔（Paul）⑥，古普塔（Gupta）⑦，夏基（Sharkey）⑧，特纳（Turner）⑨等人在他们的文章中，提出或用不同方法证明了幂和问题或与它相关的、用组合表达的若干公式，记 $S_k(n)=1^k+2^k+\cdots+n^k$，则有：

---

① AIGNER M. Combinatorial Theory. Berlin：Springer-Verlag，1979：93，473，96，123.

② 徐有壬. 务民义斋算学：造各表简法・垛积招差序. 北京：商务印书馆，1959.

③ 崔朝庆. 垛积一得序//刘铎. 古今算学丛书. 据微波榭本石印. 上海：算学书局，1898.

④ 周达. 福慧双修馆算稿：一卷. 垛积新义自序. 刻本，1909.

⑤ RIORDAN J. Combinatorial Identities. Hoboken：John Wiley & Sons，1968：160.

⑥ PAUL J L. On the sum of the $k^{th}$ powers of the first $n$ integers. Amer. Math. Monthly，1971，78（3）：271-272.

⑦ GUPTA S L. An identity involving the sum of the $k^{th}$ powers of the first $n$ natural numbers. Math. Gaz，1972，56（396）：128-129.

⑧ SHARKEY M J A. An identity involving the sums of powers. Math. Gaz，1973，57：131-133.

⑨ TURNER B. Sums of powers of integers via the binomial theorem. Math. Magazine，1980，53（2）：92-96.

$$1+\sum_{k=0}^{r-1}\binom{r}{k}S_k(n)=(n+1)^r \tag{14}$$

$$S_r(n)-\sum_{k=0}^{n}(-1)^{r-k}\binom{r}{k}S_k(n)=n^r \tag{15}$$

$$S_k(n)=n^{k+1}-\sum_{j=0}^{k-1}\binom{k}{j}S_{j+1}(n-1)\quad(n\geqslant 2) \tag{16}$$

$$S_k(n)=\frac{1}{k+1}\left[(n+1)^{k+1}-(n+1)^k-\sum_{j=0}^{k-2}\binom{k}{j}S_{j+1}(n)\right] \tag{17}$$

现代组合学家们的工作各具特色，里奥丹的证明用生成函数方法，其他证明则用组合性质或二项式定理，尤以夏基、特纳的证明为简。以上 4 式（14）和（15）接近，（16）和（17）等价，分别相当于李善兰的 7）、8）两式。这些工作虽属于不同的时期，出发点与表达方式也不尽一致，但都用了组合来表幂和，有其共同点。在此意义上，可以认为李氏的这项工作同现代大体上是平行的。如果就公式的简洁完美而言，7）、8）两式也是同类结果中的佼佼者。因此，李善兰的幂和公式应予高度评价。他的这些数学成就具有一定的现代意义。

## 13.4 拓展的研究：李善兰恒等式的导出*

### 13.4.1 李善兰恒等式的证明简况

《垛积比类》卷三“三角自乘垛”的中心，是被称作“李善兰恒等式”的组合公式：

$$\binom{n+q}{q}^2=\sum_{k=0}^{q}\binom{q}{k}^2\binom{n+2q-k}{2q} \tag{1}$$

它的证明引起了中外数学界的广泛兴趣。1937 年，我国青年数学家章用教授曾将这一恒等式介绍给匈牙利著名数学家杜兰。1939 年章用发表《垛积比类疏证》①，第一次从李善兰原著中用现代符号表出此式，指出由

$$\sum_{j=0}^{i}(-1)^i\binom{q+i-j}{q}^2\binom{2q+1}{j}=\binom{q}{i}^2$$

及用归纳法可证（1），并求得其推广——三角自乘支垛有层 $n$ 求积公式。同文附有杜兰邮寄给他的一篇（1）式的证明，应用了 Legendre 多项式、Hurwitz 公式和分析工具。

1954 年杜兰院士给出第二个证明②，仍用 Legendre 多项式而较一证为简。同年 9 月

---

* 罗见今. 李善兰恒等式的导出. 内蒙古师范学院学报（自然科学汉文版），1982（2）：42-51.

① 章用. 垛积比类疏证. 科学，1939，23（11）：647-663.

② TURAN P. A Kinaimatematika tor tének egy problémájárál（On a problem in the history of Chinese mathematics）. Matematikai Lapok，1954（5）：1-6.

他来华作学术访问[①]，表示很钦佩我国古代数学的成就，4 个报告题目之一，就是关于“李善兰恒等式的证明”。（1）式命名由此而来，并为华罗庚（1955 年）、李俨（1956 年）、钱宝琮（1964 年）所采用。1955 年华罗庚给出一个精练的初等证明。[②]随后，用《组合恒等式》一书的作者里奥丹的话来说，“杜兰的论文激起了兴趣的浪潮”[③]，反映在数学文献上，接连有以下证明发表：拉约斯（Lajos）应用差分理论和 Cauchy 公式给予初等证明[④]：

$$\sum_{j=0}^{k}\binom{k}{j}\binom{k-s}{k-j}=\binom{2k-s}{k}$$

舒拉尼（Surányi）对下式给出两个证明，而（1）是它在$l=k$时的特例[⑤]：

$$\sum_{j=0}^{k}\binom{k}{i}\binom{l}{i}\binom{n+k+l-i}{k+l}=\binom{n+k}{k}\binom{n+l}{l}$$

但这位作者将（1）误认为是朱世杰所作。里奥丹认为上式为舒拉尼发表，也有文献[⑥]说是施惠同所作。今并存其说，录以备考。

胡萨尔（Huszár）等用二项式定理系数的某些基本性质给出一初等证明。[⑦]卡利茨（Carlits）简短记述了用超越几何级数对（1）的新证明。[⑧]另外还有考茨基（Kaucky）《关于中国数学史中的一个问题》。[⑨]

以上论文均称李善兰为李壬叔（Le-Jen shoo，Li-Zsen su，Ли Жен-Cy），这是早年章用介绍给杜兰的名字，因此在国际上驰名的是“李壬叔恒等式”。1963 年华罗庚给出第二个证明，应用了多项式和差分方程的性质。[⑩]1968 年出版的《组合恒等式》一书中，将（1）视为下式的特例：

$$\binom{n}{p}\binom{n}{q}=\sum\binom{p}{j}\binom{q}{j}\binom{n+j}{p+q}$$

以上为 20 世纪对李善兰恒等式证明的梗概。

由于组合研究的是从一般为有限多个元素中（在某些事先指定的约束条件下）如何排成一些集合的问题，这些元素可以是任何对象而不限于整数，因此组合的性质带有普遍性，一个组合恒等式可以从不同的角度来证明，而（1）形式优美，有许多等价公式和推广形式，证明均非容举，具有相当的魅力，因此引起了广泛的兴趣并得到一批漂亮的结果。

---

① 本刊. 匈牙利数学家杜兰·巴尔访华. 数学通报，1954（9）：封三.

② 华罗庚. 李善兰恒等式的一个初等证明. 数学通报，1955（2）：47.

③ RIORDAN J. Combinatorial Identities.New York：John Wiley & Sons，1968：17.

④ LAJOS T. Remark to a paper of P. Turan entitled“On a problem in the history of Chinese mathematics”. Matematikai Lapok，1955（6）：27-29.

⑤ SURÁNYI J. Remarks on a problem in the history of Chinese mathematics. Matematikai Lapok，1955（6）：30-35.

⑥ 华罗庚. 数学归纳法. 上海：上海教育出版社，1963：40.

⑦ HUSZÁR，GEZA. On a problem in the history of Chinese mathematics. Matematikai Lapok，1955（6）：36-38.

⑧ CARLITS L. On a problem in the history of Chinese mathematics. Matematikai Lapok，1955（6）：219-220.

⑨ KAUCKY J. Ojednom problemuz dejin cinské matematiky. Matematiky-Fyzikalny casopis，1963（13）：36-54.

⑩ 华罗庚. 数学归纳法. 上海：上海教育出版社，1963：40.

### 13.4.2　李善兰的条件和方法

李善兰是怎样得到这一组合恒等式的呢？上述外文资料都指出原著中没有给出证明。但分析《垛积比类》第三卷“三角自乘垛”，可以看出，他深入研究了三角垛表（贾宪三角形）和三角自乘支垛各表（贾宪三角形的几种推广形式）的数字规律，制定了严格的“造表法”，即严格定义了“表根”（初始条件）和递推公式（或称差分方程），把复杂的三角自乘各支垛分解成三角垛的函数，亦即把二次组合降阶为一次组合之和，在这个过程中，三角垛已被用作进行分析的基本单元。与此同时，他事实上又另立一法，从三角自乘垛中任取一垛，招差术与求积术并用以求三角自乘支垛，得出与“造表法”完全相同的结果。根据李善兰的条件和方法，必然能得到（1）式，其中包含了证明的因素。

当然，《垛积比类》不会从今天的组合学的观点提出问题，但其中许多结论，却是研究对象本身的组合性质所决定的，所以获得那样复杂的公式并非凭空而来。另外，由于当时数学表达方式因袭传统，全书的公式算草均用文字叙述，当然也不会有今天所见的证明形式。笔者依据李氏原著，按照“造表法”和他提出的条件，应用生成函数方法导出李善兰恒等式，借以阐明他的方法和条件的意义和价值。李氏所用的概念：三角垛、三角自乘垛、表根、造表法、三角自乘垛和有关结果已见前文。这里只列出 3 个条件：

（1）三角自乘垛：$\binom{n+q-1}{q}^2$ 或 $\binom{n+q}{q}^2$，前者之 $n$，相当于后者之 $n-1$，均为层数。$q$=0，1，2，3，4，…亦即李氏所谓元，子垛，丑垛，寅垛，卯垛，……后者 $n$，$q$ 过零和自然数时，所得“三角自乘垛表”即把贾宪三角形每个数字平方，该垛垛次用字母 $q$ 表示。

（2）表根记为 $r_n^q$，$q$ 不是幂指数，与三角自乘垛中的 $q$ 一致。李氏特别重视表根，言之凿凿，不厌其详，有表根公式

$$r_n^q = \sum_{i=0}^{n} \binom{q}{i}^2 \tag{2}$$

（3）三角自乘垛，记作 $Z$（$n$，$p$，$q$），三个变元在垛积中的意义：$n$ 为层数，$p$ 为垛次，$q$ 为支垛序数，$q$ 与三角自乘垛垛次 $q$ 一致。将 $Z$（$n$，$p$，$q$）简写为 $Z_n^p$，这里 $p$ 不是幂指数。

$$Z_n^{2q} = \binom{n+q-1}{q}^2 \quad 或 \quad Z_{n+1}^{2q} = \binom{n+q}{q}^2 \tag{3}$$

### 13.4.3　李善兰恒等式的推导

**引理 1**　三角垛 $\binom{n+p-k}{p}$ 的生成函数是 $x^k/(1-x)^{p+1}$.（$|x|<1$，$k\geqslant 0$）

即

$$\sum_{n=0}^{\infty} \binom{n+p-k}{p} x^n = \frac{x^k}{(1-x)^{p+1}} \tag{4}$$

**证明：**
$$\sum_{n=0}^{\infty}\binom{n+p-k}{p}x^n=\sum_{n=0}^{\infty}\binom{n+p-1-k}{p-1}x^n+\sum_{n=0}^{\infty}\binom{n-1+p-k}{p}x^n=$$
$$=\sum_{n=0}^{\infty}\binom{n+p-1-k}{p-1}x^n+x\sum_{n=1}^{\infty}\binom{n+p-k-1}{p}x^{n-1}=\sum_{n=0}^{\infty}\binom{n+p-1-k}{p-1}x^n+x\sum_{n=0}^{\infty}\binom{n+p-k}{p}x^n.$$

即
$$\sum_{n=0}^{\infty}\binom{n+p-k}{p}x^n-x\sum_{n=0}^{\infty}\binom{n+p-k}{p}x^n=\sum_{n=0}^{\infty}\binom{n+p-1-k}{p-1}x^n.$$

故
$$\sum_{n=0}^{\infty}\binom{n+p-k}{p}x^n=(1-x)^{-1}\sum_{n=0}^{\infty}\binom{n+p-1-k}{p-1}x^n=(1-x)^{-2}\sum_{n=0}^{\infty}\binom{n+p-2-k}{p-2}x^n=\cdots$$
$$=(1-x)^{-p}\sum_{n=0}^{\infty}\binom{n-k}{0}x^n=(1-x)^{-p}\sum_{n=0}^{\infty}x^n$$
$$=(1-x)^{-p}\left[\sum_{n=0}^{\infty}x^n-\left(1+x+x^2+\cdots+x^{k-1}\right)\right]$$
$$=(1-x)^{-p}\left[\frac{1}{1-x}-\left(1+x+x^2+\cdots+x^{k-1}\right)\right]=\frac{x^k}{(1-x)^{p+1}}.$$ 证完.

**引理 2**　三角自乘支垛 $Z(n+1,p,q)$ 的生成函数是 $\sum_{k=0}^{q}\binom{q}{k}^2 x^k/(1-x)^{p+1}$ $(|x|<1)$

把 $Z(n+1,p,q)$ 简记作 $Z_{n+1}^p$，设它的生成函数为 $Z(p,x)=\sum_{k=0}^{\infty}Z_{n+1}^p x^n$，即欲证

$$\sum_{n=0}^{\infty}Z_{n+1}^p x^n=\sum_{k=0}^{q}\binom{q}{k}^2 x^k/(1-x)^{p+1} \tag{5}$$

**证明：**
$$Z(p,x)=\sum_{n=0}^{\infty}Z_{n+1}^p x^n=\sum_{n=0}^{\infty}Z_{n+1}^{p-1}x^n+\sum_{n=0}^{\infty}Z_n^p x^n=\sum_{n=0}^{\infty}Z_{n+1}^{p-1}x^n+x\sum_{n=1}^{\infty}Z_n^p x^{n-1}$$
$$=Z(p-1,x)+x\sum_{n=0}^{\infty}Z_{n+1}^p x^n=Z(p-1,x)+xZ(p,x)$$

即
$$Z(p,x)-xZ(p,x)=Z(p-1,x)$$

故
$$Z(p,x)=(1-x)^{-1}Z(p-1,x)=(1-x)^{-2}Z(p-2,x)=\cdots=(1-x)^{-p}Z(p-p,x)$$
$$=(1-x)^{-p}\sum_{n=0}^{\infty}Z_{n+1}^0 x^n=(1-x)^{-p}\sum_{n=0}^{\infty}r_n^q x^n=(1-x)\sum_{n=0}^{\infty}r_n^q x^n/(1-x)^{p+1}$$
$$=\left[1+\sum_{n=1}^{\infty}(r_n^q-r_{n-1}^q)x^n\right]/(1-x)^{p+1}=\left[1+\sum_{n=1}^{\infty}\binom{q}{n}^2 x^n\right]/(1-x)^{p+1}$$
$$=\sum_{n=0}^{\infty}\binom{q}{n}^2 x^n/(1-x)^{p+1}\quad=\left[\binom{q}{0}^2+\binom{q}{1}^2 x+\binom{q}{2}^2 x^2+\ldots+\binom{q}{q}^2 x^q\right]/(1-x)^{p+1}$$
$$=\sum_{k=0}^{q}\binom{q}{k}^2 x^k/(1-x)^{p+1}.$$ 证完.

**引理 3**　三角自乘垛 $\binom{n+q}{q}^2$ 的生成函数是 $\sum_{k=0}^{q}\binom{q}{k}^2\frac{x^k}{(1-x)^{2q+1}}$　$(|x|<1)$

即
$$\sum_{n=0}^{\infty}\binom{n+q}{q}^2 x^n=\sum_{k=0}^{q}\binom{q}{k}^2\frac{x^k}{(1-x)^{2q+1}} \tag{6}$$

三角自乘垛 $\binom{n+q}{q}^2$ 是三角自乘支垛 $Z_{n+1}^p$ 当 $p=2q$ 时的特例，即把（3）代入（5）立得（6）。

现在来应用这三个引理，由引 1 和引 2，即将（4）代入（5），
$$\sum_{n=0}^{\infty}Z_{n+1}^p x^n=\sum_{k=0}^{p}\binom{q}{k}^2\sum_{n=0}^{\infty}\binom{n+p-k}{p}x^n=\sum_{n=0}^{\infty}\left[\sum_{k=0}^{p}\binom{q}{k}^2\binom{n+p-k}{p}\right]x^n .$$

由幂级数的唯一性定理知
$$Z_{n+1}^p=\sum_{k=0}^{q}\binom{q}{k}^2\binom{n+p-k}{p} \tag{7}$$

这正是李善兰在《垛积比类》卷三中所充分论述的三角自乘 $q$ 支垛“解”；而上式中的 $n$，换作 $n-1$ 即为 $Z_n^p$ 的通项公式。由引 1 和引 3，即将（4）代入（6），得
$$\sum_{n=0}^{\infty}\binom{n+q}{q}^2 x^n=\sum_{k=0}^{q}\binom{q}{k}^2\sum_{n=0}^{\infty}\binom{n+2q-k}{2q}x^n=\sum_{n=0}^{\infty}\left[\sum_{k=0}^{q}\binom{q}{k}^2\binom{n+2q-k}{2q}\right]x^n .$$

由幂级数的唯一性定理得到李善兰恒等式。

以上导出过程虽繁，但目的是应用李善兰提出的概念和条件，这就体现了这些概念和条件的意义和作用。用生成函数方法与李善兰方法所得的结果完全一致，不仅证明了它的正确性和唯一性，而且说明李善兰有独到的洞察力，他进行组合分解有较高的水平。

### 13.4.4　李善兰恒等式的推广

条件（3）很有讨论之必要，为此先证明 $Z_{n+1}^p$ 的三个性质，这些性质不为数 $Z_n^p$ 所特有，具有一定的普遍性，素为中算家所熟悉。

**性质 1**
$$Z_{n+1}^p=\sum_{0}^{n}Z_{n+1}^{p-1}\ （求和式） \tag{8}$$

**证明**：用迭代法将（iii）的后项次第展开，得
$$Z_{n+1}^p=Z_{n+1}^{p-1}+Z_n^p=Z_{n+1}^{p-1}+Z_n^{p-1}+Z_{n-1}^p=Z_{n+1}^{p-1}+Z_n^{p-1}+Z_{n-1}^{p-1}+Z_{n-2}^p$$
$$=Z_{n+1}^{p-1}+Z_n^{p-1}+\cdots+Z_1^{p-1}+Z_0^p=\sum_{0}^{n}Z_{n+1}^{p-1}.$$

**性质 2**
$$Z_{n+1}^p=\sum{}^k Z_{n+1}^{p-1}\ （累加法） \tag{9}$$

**证明**：用迭代法将（8）的右边次第展开，得
$$Z_{n+1}^p=\sum_{0}^{n}Z_{n+1}^{p-1}=\sum_{0}^{n}\left(\sum_{0}^{n}Z_{n+1}^{p-2}\right)=\sum\sum\sum Z_{n+1}^{p-3}=\underbrace{\sum\sum\cdots\sum}_{k\text{个}}Z_{n+1}^{p-k}=\sum{}^k Z_{n+1}^{p-k} .$$

**性质 3**　　$Z_{n+1}^{p-k}=\sum^{-k}Z_{n+1}^{p}=\Delta^{k}Z_{n+1}^{p}$（逐差法）　　（10）

**证明**：将（iii）写成 $Z_{n+1}^{p-1}=Z_{n+1}^{p}-Z_{n}^{p}$，迭用此式递求其差，并用符号 $\sum^{-k}$ 以记之（$k\geqslant 0$）：

$$Z_{n+1}^{p-1}=Z_{n+1}^{p}-Z_{n}^{p}=\sum^{-1}Z_{n+1}^{p}=\Delta Z_{n+1}^{p},$$

$$Z_{n+1}^{p-2}=Z_{n+1}^{p-1}-Z_{n}^{p-1}=\sum^{-1}Z_{n+1}^{p}-\sum^{-1}Z_{n}^{p}=\sum^{-1}\left(\sum^{-1}Z_{n+1}^{p}\right)=\sum^{-2}Z_{n+1}^{p}=\Delta^{2}Z_{n+1}^{p},$$

$$Z_{n+1}^{p-3}=Z_{n+1}^{p-2}-Z_{n}^{p-2}=\sum^{-3}Z_{n+1}^{p}=\Delta^{3}Z_{n+1}^{p},\ \cdots$$

$$Z_{n+1}^{p-k}=Z_{n}^{p-k+1}-Z_{n}^{p-k+1}=\sum^{-k}Z_{n+1}^{p}=\Delta^{k}Z_{n+1}^{p}.$$

在中算家的垛积术中，称（8）为“求积术”或术“钤”，称（10）式为“招差术”或“积较术”，显然（9）、（10）互为逆运算，并且符号 $\sum^{k}$ 和 $\sum^{-k}$ 互逆，因有

$$\sum^{k}\sum^{-k}=1\ 和\ \sum^{m}\sum^{-n}=\sum^{m-n}\quad(11)\qquad 以及\ \sum^{-k}=\Delta^{k}\quad(12)$$

研究垛积术不可避免要遇到 $\sum^{k}$ 和 $\sum^{-k}$ 的运算，章用首次未加证明使用过这些符号。

条件（3）意味着什么呢？ 根据以上（8）～（12）各式，可进行如下变换：

$$\binom{n+q}{q}^{2}=Z_{n+1}^{2q}=\sum^{2q}Z_{n+1}^{0}=\sum^{2q}r_{n}^{q},$$

即

$$\sum^{-2q}\binom{n+q}{q}^{2}=r_{n}^{q}=\sum_{0}^{n}\binom{q}{n}^{2},\ 或\ \Delta^{2q}\binom{n+q}{q}^{2}=\sum_{0}^{n}\binom{q}{n}^{2}\quad(13)$$

这就是说，三角自乘垛的 $2q$ 阶差分必等于三角自乘支垛的表根。事实上，由《垛积比类》卷三不难看出，李善兰正是把（3）作为一基本条件，当 $p<2q$ 时用逐差法（招差法）递求差分，至第 $2q$ 阶求得表根；而当 $p>2q$ 时仍“如三角垛表法”递求其和，这样求得的三角自乘支垛表与用“造表法”所得完全一致。由此可见，式（13）是李善兰依据的重要公式，由（13）可证（1），反之，由（1）可证（13），二者等价。

另外，由“造表法”，三角自乘支垛的 $p$ 阶差分也必等于表根，即由（7）

$$\Delta^{p}Z_{n+1}^{p}=\Delta^{p}\sum_{k=0}^{q}\binom{q}{k}^{2}\binom{n+p-k}{p}=\sum_{k=0}^{q}\binom{q}{n}^{2}\binom{n+p-p-k}{p-p}$$

$$=\binom{q}{0}^{2}+\binom{q}{1}^{2}+\cdots+\binom{q}{n}^{2}=\sum_{0}^{n}\binom{q}{n}^{2}=r_{n}^{q}\quad(14)$$

或 $\Delta^{p}Z_{n+1}^{p}=\sum^{-p}Z_{n+1}^{p}=Z_{n+1}^{0}=r_{n}^{q}$，于是由（13）和（14）知：

$$\Delta^{2q}\binom{n+q}{q}^{2}=\Delta^{p}\sum_{k=0}^{q}\binom{q}{k}^{2}\binom{n+p-k}{p},$$

或 $\sum^{-2q}\binom{n+q}{q}^{2}=\sum^{-p}\sum_{k=0}^{q}\binom{q}{k}^{2}\binom{n+p-k}{p}$，即

$$\sum^{p-2q}\binom{n+q}{q}^{2}=\sum_{k=0}^{q}\binom{q}{k}^{2}\binom{n+p-k}{p}\quad(15)$$

这是李善兰恒等式的推广形式，显然当 $p=2q$ 即得式（1）。又当 $p=2q+1$ 时

$$\sum_{0}^{n}\binom{n+q}{q}^2=\sum_{k=0}^{q}\binom{q}{k}^2\binom{n+2q+1-k}{2q+1} \tag{16}$$

这是“三角自乘垛求和公式”。在《垛积比类》卷三中，据“三角自乘垛有积求层术”之“草曰”，可反求其积，直接得出

$$\sum_{r=1}^{n}\binom{r+q-1}{q}^2=\sum_{k=0}^{q}\binom{q}{k}^2\binom{n+2q-k}{2q+1} \tag{16'}$$

其实与（16）是同一的，与（1）均为（15）的特例。此外，由（15）还知：

$$Z_{n+1}^{p}=\sum{}^{p-2q}\binom{n+q}{q}^2 \tag{17}$$

这是用三角自乘支垛对三角自乘垛所作的定义，条件（3）恰是当$p=2q$时的特例，或者说（17）是（13）的推广。（17）是李善兰造表时另立一法的基础。

总之，式（15）集中表达了李善兰在《垛积比类》卷三中的主要思想，它突出了三角自乘支垛的差分性质，确切描述了李善兰造表法的各个方面。式（15）是据李善兰的理论得出的，为笔者归纳。

## 13.5　李善兰是晚清浙江数学家群体的中坚*

从中国近代晚清阶段的数学家中选出影响较大的 7～8 人，那么项名达、徐有壬、戴煦、李善兰、夏鸾翔等五人将位列其中；就研究深度而言，李、戴、夏在晚清数学中名列前茅。他们是浙江同乡，其间有亲戚、师生、好友等多种关系相连，联系密切，形成当时水平最高的数学家群体的核心，19 世纪 60 年代之后，这个群体的数学家大多离世，而只有李善兰继续前进，带领并培养一批学者，推动晚清数学的发展。

（1）李善兰是具有民族自强意识的爱国者

1840 年鸦片战争爆发，1842 年英军在离李善兰的家乡硖石镇不远的乍浦镇烧杀抢掠。他据耳闻目睹的事实，著诗《乍浦行》：“壬寅（1842 年）四月夷船来，海塘不守城门开。官兵畏死作鼠窜，百姓号哭声如雷。夷人好杀攻用火，飞炮轰击千家灰。”“饱掠十日扬帆去，满城尸骨如山堆。朝廷养兵本卫民，临敌不战为何哉？”①记录了这次入侵所酿惨剧的实况。《刘烈女诗并序》中记录了官兵腐败、外敌残暴和百姓灾难深重，《汉奸谣》中痛斥“割民首级争献功”的民族败类，表达了强烈的爱国热忱。清廷腐败、国力衰弱、列强入侵、生灵涂炭的现状给这个年轻人强烈刺激，后来他在《重学》序中写道：“呜呼！今欧罗巴各国日益强盛，为中国边患。推原其故，制器精也，推原制器之精，算学明也。”“异日人人习算，制器日精，以威海外各国，令震慑。”国家战败的耻辱和百姓被屠戮的惨状成为他努力进取、改变现状的动因，影响了他的一生，变成具有民族自强意识的爱国者。一百多年来，无数后学沿着这条自善兰始的道路求知于全世界。

---

* 罗见今，王淼，张升. 晚清浙江数学家群体之研究. 哈尔滨工业大学学报（社会科学版），2010，12（3）：1-11.

① 罗见今. 李善兰的诗文//李迪. 数学史研究文集（三）. 呼和浩特：内蒙古大学出版社，1992：98.

（2）李善兰与同时代数学家建立了密切联系

1851 年戴煦与李善兰相识，共研李氏 1845 年所著《对数探源》《弧矢启秘》及戴氏未完稿《外切密率》。1855 年，与徐有壬相识；1857 年秋，徐为《续对数简法》作跋。项名达病逝时曾遗书请求“续成之”。1858 年，煦遵遗嘱，历时半载，为之校补书稿 6 卷，并补撰第 7 卷“椭圆求周术图解”，使成完璧，学界传为佳话。

李善兰 30 岁后学问已成，时有心得就著书立说，与江浙学者顾观光、徐有壬、张文虎、张福僖等交友相识，他们大都通晓天算，时常切磋讨论。汪曰桢把自己手抄的元朱世杰《四元玉鉴》共 3 卷给他读，他深思七昼夜，将此书的方法都搞通了，即撰《四元解》2 卷，并给顾观光看。

1851 年李善兰和戴煦会面，李将自己尚未完成的文稿请戴指正，很看重戴的“余弧与切割二线互求之术”，在李的再三敦促下，戴撰成《外切密率》。翌年，戴在该书自序中说：“嗟乎！友朋之助，曷可少哉？”李善兰与罗士琳、徐有壬等也保持密切学术联系。据《李壬叔征君传》，他们“邮递问难，常朝复而夕又至”。[①]

李善兰到同文馆就任教习后，进入晚年的数学教育和研究阶段，在北京 14 年，直至去世。据《李壬叔征君传》记载，其间所教授的学生百余人。“口讲指画，十余年如一日。诸生以学有成效，或官外省，或使重洋。”知名者有席淦、贵荣、熊方柏、陈寿田、胡玉麟、李逢春等。当他获得意门生江槐庭、蔡锡勇时，即致函华蘅芳，称“近日之事可喜者，无过于此，急欲告之阁下也”。[②]学生们传播近代科学和数学，起到了重要作用。

（3）李善兰终生保持对数学的兴趣，至老勤学不倦

李善兰少时读《九章算术》，无师自通，从此遂好算。后读懂徐光启和利玛窦合译的古希腊欧几里得《几何原本》（约前 300 年）前 6 卷，爱好此书达于痴迷，甚至抱怨为什么徐、利二公没有把此书后 9 卷译出。这事成为他和伟烈亚力合译欧几里得原著《几何原本》后 9 卷的动因，当此书 40 年后在金陵书局出版，他终于完成了他少年时代的夙愿，具有相当的成就感。

李善兰在故里与蒋仁荣、崔德华等结鸳湖吟社，常游东山别墅，分韵唱和，曾用相似原理测算东山高度。据陈奂《师友渊源记》，李“熟习九数之术，常立表线，用长短式依节候以测日景”。[③]余楙在《白岳盦诗话》中说他“夜尝露坐山顶，以测象纬躔次”。他新婚之夜探头阁楼窗外观看星象，一时传为佳话。

晚年他已官至三品，但他依然孜孜不倦从事教学、埋头著述，演算《代数难题》（1877 年）。据《李壬叔征君传》记载，去世前几个月，“犹手著《级数勾股》二卷，老而勤学如此”。

（4）李善兰是博学多才、兼通文理的一代大师

李善兰的著作和译作涵盖代数学、解析几何学、微积分学、天文学、力学、植物学等。特别值得提出的是，他创译各科大量十分贴切的科学名词，除前述数学名词外，天文学中的历元、方位、视差、章动、自行、摄动、光行差、月行差、月角差、

① 李俨. 李善兰年谱//李俨，钱宝琮. 李俨钱宝琮科学史全集：8. 沈阳：辽宁教育出版社，1998：330.

② 王渝生. 李善兰//杜石然. 中国古代科学家传记：下集. 北京：科学出版社，1993：1213，1224，1218.

③ 李俨. 李善兰年谱//李俨，钱宝琮. 李俨钱宝琮科学史全集：8. 沈阳：辽宁教育出版社，1998：348.

二均差、蒙气差、星等、变星、双星、三合星、本轮、均轮等；力学中的分力、合力、质点、刚体等；植物学中的植物、细胞、菊科、豆科、蔷薇科、杨柳科、十字花科等。这些名词沿用至今，还东传日本等国，成为汉语中科学概念的基础。李氏所译《植物学》一书在日本植物学的发展史上产生了重大影响，在该国科学史经典原著全集中被收入。

李善兰的诗文颇具特色。自云“十三学吟诗”，遗诗 200 余首，多数汇集于《听雪轩诗存》（汲修斋校本，存国家图书馆）。15 岁时已有“膝下依依十五秋，光阴瞬息去难留。嗟余马齿徒加长，爆竹惊心岁已周”和“数声爆竹岁朝天，渐愧平与会讲年。一岁功程今日始，急须早著祖生鞭”的佳句。他年轻时写的《夏日田园杂兴》和《田家》等诗，如“提筐去采陌头桑，闭户看蚕日夜忙。得到丝成空费力，一身仍是布衣裳”，十分体贴百姓辛苦。

李善兰的文章，见于汲修斋丛书所辑《则古昔斋文抄》和散见于《中西闻见录》等书中，计有序跋、书信、传记、杂文等数十篇。

（5）曾国藩、李鸿章资助出书，李善兰受到官方重用，而保持学者风范

两江总督曾国藩筹建安庆军械所，据《李壬叔征君传》记载，1862 年李善兰被“聘入戎幄，兼主书局”。[①]他请求曾国藩印行他的数学书稿及所译《几何原本》，并推荐张文虎、张斯桂等人入幕。曾国藩给李“邮致三百金”，《几何原本》15 卷（1865 年）、《则古昔斋算学》24 卷（1867 年）才得以问世。1866 年，在南京开办金陵机器局的李鸿章也资助善兰重刻《重学》20 卷并附《圆锥曲线说》3 卷。同年，京师同文馆增设天文算学馆，广东巡抚郭嵩焘上疏举荐善兰为天文算学总教习，但李善兰非常重视出版自己的著作，他给友人的信说：“半生心血幸不随劫灰同尽，今且得尽行刊世。丈夫志愿毕矣，更何求哉！更何求哉！”[②]待《则古昔斋算学》1867 年在南京出书后，翌年才北上就任。

曾国藩等非常赏识李善兰的知识和才干。李到同文馆的第二年就开始升官：1869 年，钦赐中书科中书（从七品卿衔）；1871 年，加内阁侍读衔；1874 年，升户部主事，加六品卿员外衔；1876 年，升员外郎（五品卿衔）；1879 年，加四品卿衔；1882 年，授三品卿衔户部正郎、广东司行走、总理各国事务衙门章京。说明洋务运动开始时，个别科学家已经成为政府雇员；到后来受到朝廷的重用。

李善兰生性落拓，跌宕不羁，潜心科学，淡于利禄。晚年他虽官居内阁三品高位，但从来未离开过同文馆教学，也没有中断过科学研究。他自署对联“小学略通书数，大隐不在山林”[③]张贴门上，以警世明志。

（6）一个历史问题：李善兰没有借助洋人镇压太平军

1860 年四月（一说六月），李善兰应徐之邀，前往苏州做幕宾，行箧中装有各种著作和手稿。刚抵达，太平军与清军溃兵均已进城，李即衔徐之命，回沪向洋人讨救兵。第二天，徐阵前被杀。此事曾被认为是李氏历史上的一个污点，他的名誉因此而受到影响。

---

① 王渝生. 李善兰//金秋鹏. 中国科学技术史：人物卷. 北京：科学出版社，1998：742，743.

② 洪万生. 同文馆算学教习李善兰//杨翠华，黄一农. 近代中国科技史论集，1991：219.

③ 王渝生. 李善兰//杜石然. 中国古代科学家传记：下集. 北京：科学出版社，1993：1213，1218，1224.

杜文澜《憩园词话》卷三“吴平斋观察词”中，记录了吴“奉徐中丞庄愍公（即徐有壬）箭檄，赴上海商调泰西兵”的原委。吴平斋咸丰庚申（1860 年）前“洊升监司，守镇江、苏州各郡”。由于吴是军官，在太平军攻陷苏州之前，他就奉徐有壬军令“赴上海商调泰西兵”，这是他分内的事。但他一去上海，即不复归，“遂为薛觐唐中丞挽留在沪，总司军务，兼督巡防捐各局。”当时太平军势力强大，“平斋倡议，籍泰西兵力以定人心。……力白薛中丞，设立会防局。往议如约，张示通衢，人心大安”，说明请泰西兵不过是一个安定民心的主意，吴平斋本人正是负有商调洋兵的军令，但他实际上并没有从上海调去苏州一兵一卒。

笔者认为，“求救兵”只是一个名义，是徐看到大势已去，非常危险；他知道李的价值，他也必须对请来的贵宾的生命负责，所以给李开出一条生路。李此行奔走往返，未参与战事；而他到苏州去，带去的是各种著作和手稿。事实非常明显，他是去做学问的，不是去打仗的。由于太平军进攻迅猛，猝不及防，他进城不久，就必须立即撤离。

在这次变故之中，作为李“半生心血”的书稿却“随劫灰同尽”，对他打击很大。从此他“绝意时事”，避乱上海，埋头研究，重新著书立说。其间，他与吴嘉善、刘彝程等数学家都有过从。已散失的书稿友人处还存有缮写本，他便四处搜求，费许多年一本一本誊录下来备齐，这就是 1867 年出版的《则古昔斋算学》。

从当时的情节和后来的事实看，作为一个学者，李善兰绝对不是去搬兵的人选，徐有壬早已安排吴平斋监司赴沪，故徐死前的这句话，实际上指出李善兰的退路，救了他一命。

因此，认为李善兰欲借帝国主义力量来镇压太平军的说法没有事实根据，属于不实之词；对于由此引起的一切诬陷应当予以廓清。

总之，浙江晚清数学家群体的核心人物是李善兰，他是我国近代科学和科学教育的先行者之一。汪煦《听雪轩诗存序》中对他的数学著述评价道：“仰承汉唐，荟萃中外，取精用宏，兼综条贯……业畴人者，莫不家庋一编，奉为圭臬”，可见其影响之大。李善兰在晚清是名震海内外、朝野尊重的一代天算大师，在中国近代科学史、数学史上占有重要地位。他与那一代有识之士一起，披荆斩棘，开辟草莱，使近代科学技术在我国生根发芽，成为国家关注的事业；他们传播科学，启发民智，改变我国教育的面貌，促进封建社会的瓦解，迎来了新世纪的曙光。

李善兰是我国 19 世纪自学成才的大学者。他不图宦达，不慕荣利，坚持了数学和教育的方向。他的治学道路：探索，研究，实践，著书，译书，教学，最后在教育岗位上终其天年，完成了他作为学者和教育者的使命。在当时苦难深重的中国，在科学和教育的领域内，他和华蘅芳等同时代学者代表了中国的希望。

# 第14章　夏鸾翔 华蘅芳计数函数的杰作

晚清（1840～1911 年）是中国历史大转折的时期，在第二次西学东渐浪潮冲击下，科学和数学开始艰难地转向近代化的道路。大清国的畴人们接触到西方数学，深切感到本土数学与它的差距已成鸿沟，传统的阵地已难坚守。但是，他们学到的数学尚非当时西方一流，还受限于“西学中源”“中体西用”等思想束缚。与此同时，传统数学的内容日渐萎缩，还处在主要是语言叙述代数阶段，只是叩响、还未进入微积分的大门，呈现明显的先天不足。

但是，有些学者认为传统数学已终结，发展到 20 世纪初已全盘西化，对以现代符号总结出晚清的成果表示怀疑。这并不奇怪。多年来史学界关心的重点是汉唐宋元具有辉煌成就的时代，对以外来知识为主且远落后于西方的晚清数学的注意相对较少。库恩指出：科学史作为一门独立的学科，受到重视较晚，研究者的目标和价值观念主要来自其他领域。①对已落伍的内容不屑一顾，表现出的并非本学科的价值观念。

夏鸾翔、华蘅芳是中算史上最后的畴人，他们成长在大变革的年代，一方面向学生和社会介绍西方知识，但既没有改造、也没有抛弃旧有数学，一方面还在原有的垛积招差、有限差分、无穷级数等领域内进行有限的研究，按照传统离散的方法，竭力应用语言叙述，揭示其计数规律，有所发现，有所创新，体现出中算的特点，他们的一些代表成果可谓维系传统的“最后闪光”。

夏鸾翔家境殷实，自幼受到很好的教育，天分甚高，也很勤奋。他的老师项名达具有深厚国学功底，并已接受西学，在方程论、椭圆求周（求平面曲线弧长）、三角函数幂级数展开式等方面颇有成绩，两代人都处在数学知识转型的时代，而夏鸾翔青出于蓝，克绍箕裘，发扬光大。本章只讨论他在研究编制正弦表、推算椭圆周长的无穷级数时所使用的递推法，获得的计数函数具有优秀品质，在烦琐的算式中别具一格，熠熠生辉。

本章用较多篇幅介绍华蘅芳被忽略的计数成就。华蘅芳比李善兰小 22 岁，在学术上受到李不小影响。他一方面拼力翻译西方数学，一方面还在传统领域进行研究，特别是《积较术》，用现今术语即有限差分法，获得了一批成果，堪称中算计数论的“绝唱”。

---

① 李醒民. 评库恩的科学史观. 大自然探索，1991（2）：119-125. 库恩. 科学的历史//西尔斯. 国际社会科学百科全书. 纽约：自由出版社，1968.

## 14.1　夏鸾翔及其级数研究中的计数函数

夏鸾翔有两本重要的数学著作，一是《洞方术图解》，“洞方”意为洞察幂积；二是《致曲术》，研究圆、椭圆、抛物线、双曲线、摆线、对数曲线、螺线共七类二次曲线和高等曲线，包含诸多研究对象，这里只讨论其计数的内容。

### 14.1.1　夏鸾翔：早逝的天才

夏鸾翔，字紫笙，浙江省钱塘（今杭州）人。生于道光三年（1823 年）。夏姓为当地望族，明代宦儒迭出，清初族门渐衰，而家学濡染，子孙仍远近知名。父之盛，字松如，屡试不第，老于诸生。工诗文，“好蓄金石彝器”，为追念先祖夏时正，书斋名“留余堂”，著《留余堂诗钞》18 卷，《新安纪行草》1 卷。经营质库（当铺），家境殷实；鸦片战争起，避英军至安徽新安，即卒于此。侧室杨素书，字韵芬，工吟咏，善绘画，与之盛常有唱和之作，附刻于《留余堂诗钞》，为鸾翔母。有二女二子：长女伊兰，少有诗名，出版专集，杭州名震一时，15 岁去世，悼诗刊百余首；二女伊蕙早夭；长子凤翔，钱塘附贡，官至江苏同知，著有《爱日山房诗抄》，娶吴振棫（四川、云贵总督）之女，其连襟为何璟（官至闽浙总督）；鸾翔为少子，自幼受到良好教育。

道光四年（1824 年），夏之盛与同里内阁中书、振绮堂传人汪远孙、吴振棫，以及名儒张云璈、张廷济、胡敬、黄士珣、钱师曾、汤贻汾、庄仲方、张应昌、魏谦生、戴熙等共结“东轩吟社”，延续十余载，多成世交。之盛与数学家谢家（嘉）禾、戴煦亦为旧友。鸾翔在此氛围中度过少年时代，后娶汪远孙之女。

鸾翔“天分极高，书画词章皆称能手，尤精畴人术”。年少发愤读书，以至于废寝忘食；与张兴厚（官同知）结为密友，相互切磋勉励。后回忆道：“束发好奇技，窒碍求其通”，表明了他的志趣所在。“性颖悟，善诗文，旁及音韵、天文、卜筮、星命、绩事、篆刻，皆究其奥”。曾为庄仲方所著《碧血录》绘图 121 幅，共 232 个历史人物，冠带合制，贤奸逼肖。

道光十九年（1839 年），鸾翔 16 岁，补博士弟子员。[①]他热衷功名，父去世后，屡试不第。

二十五年（乙巳，1845 年），鸾翔 22 岁，拜项名达（梅侣）为师，专习天算，为其人生转捩点。这年项与戴煦相会，结为至交。他是项的亲传弟子，也受到戴的教诲，与罗士琳、李善兰、徐有壬有交流，并研读他们的著作。与项子锦标交友，时相研讨。他的诗中写道：

> 道光乙巳夏，从师项夫子，周髀参微茫，徽率剖神髓，日月丽高孤，浑仪可掌指。

说明初学情况。当时项主讲紫阳书院，开始著书《象数一原》；受其影响，鸾翔后来在圆锥曲线研究上颇有贡献[②]；项、戴共研开高次方问题，鸾翔受其启发，数学著作《少

---

① 诸可宝. 夏鸾翔传//阮元. 畴人传：三编卷四. 清碑传合集. 第四册：3617，碑传补四十二：27-30.

② 刘钝. 夏鸾翔对圆锥曲线的综合研究//杜石然. 第三届国际中国科学史讨论会论文集. 北京：科学出版社，1990：12-18.

广縋凿》1 卷[①]，应是咸丰前完成。他的《视学简法》1 卷，未刊，今不传，亦应成于此时。

《少广縋凿》创 14 条开平方、开高次方通用的无穷展开“捷术”，皆语言叙述，“下皆如是求……与方根密合而止”，表达了极限过程。无证明，但无错误，可精确到小数点后几十位，达到与牛顿法类似的结果。其方法超越传统跨入近代，是晚清数学重要成果之一。

咸丰时鸾翔的数学研究进入成熟期。咸丰六年（1856 年），为戴煦《外切密率》《假数测圆》作序，虽为后学，由此可见所受器重。咸丰七年，因输饷议叙获任詹事府主簿。沿大运河北上进京，行至宿迁，“为舲唇伤足，不能步履者屡月”，于是潜心研究造弦矢表的简算法。五月，著《洞方术图解》2 卷。[②]用差分法获“单一起根诸乘方诸较图”，是一种现代组合数学计数理论尚未研究过的二元计数函数，记作 $X_k^n$，除递归定义，还给出其通项公式：

$X_k^n=\sum_{i=0}^{k}(-1)^i\binom{k}{i}(k-i+1)^n$，由此得到乘方公式，今表为：$x^n=\sum_{k=0}^{n}X_k^n\binom{x-1}{k}$，

进而可得自然数前 $m$ 项的幂和公式[③]，可与李善兰、华蘅芳等的同类工作相媲美，而达于最简。他虽无组合概念，在计算二项式系数时却获得十余个组合恒等式。据正弦展开式，用 $X_k^n$ 和垛积招差术逐级求 $\Delta^k\sin(k+1)\alpha$，即可用加减法算出各 $\sin(k+1)\alpha$，并用“补尾术”修正差分“积久差大之患”；同法求正矢的算表。“洞方术”意为“洞察幂积理论”，他只是研究理论，并未给出数表。该书继承明安图的连比例、项名达的递加数和李善兰的尖锥术方法，已接近微积分，属前期离散数学成果，为晚清重要著作。

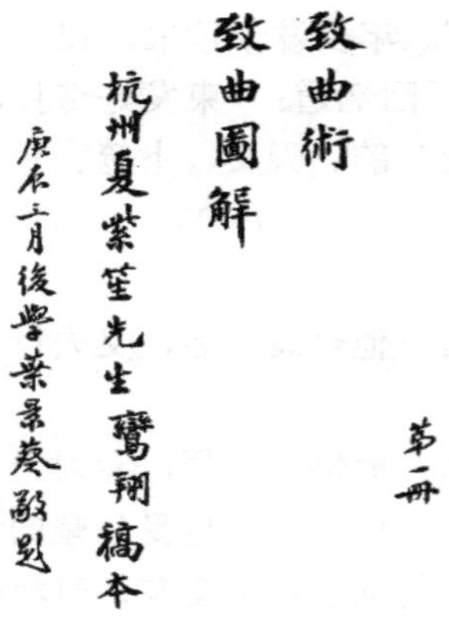

图 14-1　致曲术　致曲图解

续修四库全书 1047 子部天文算法类

咸丰七年（1857 年）夏到翌年春，夏鸾翔任职北京，由詹事府主簿迁光禄寺署正，从六品，负责供应皇室副食。不久因丁母忧归里，再未返京。时太平军起，九至十一年（1859～1861 年）他辗转于苏州、平湖、川沙供应军需，曾有失误。他研究刚出版的《代微积拾级》和导师项名达的椭圆求周术[④]，融会中西数学，著《致曲术图解》(《致曲术》和《致曲图解》各 1 卷，图 14-1)，用无穷级数解决一段椭弧之长、它绕长或短轴的旋转面面积、二次曲线、对数曲线、螺线等的计算问题。创“椭正弦求椭弧背术”，经转化，其公式相当于第二类椭圆积分。此书综合讨论二次曲线，并附图解。

历史上董祐诚的椭圆求周术错误，项名达的《象数一原》中该公式正确；鸾翔则予

① 刘洁民. 清代杰出数学家夏鸾翔及其《少广縋凿》《洞方术图解》. 北京：北京师范大学，1984.

② 张文虎. 张文虎日记：同治七年十月十三日（1868-11-26）. 陈大康. 上海：上海书店出版社，2009：158.

③ 罗见今. 徐、李、夏、华诸家的计数函数//杜石然. 第三届国际中国科学史讨论会论文集. 北京：科学出版社，1990：43-51.

④ 牛亚华. 项名达的椭圆求周术研究. 内蒙古师范大学学报（自然科学汉文版），1990（3）：53-61

以发展，晚清算家无出其右。[①]同治元年（1862 年）初春，《万象一原》9 卷著成，继承明、项、戴、徐、李，就开高次方、对数、二次曲线等给出 130 多个公式，其中 80 余为鸾翔所创"新术"，并将《致曲术》的成果收入其中。《万象一原》为其数学成果总结，代表了晚清研究圆锥曲线的水平。

前此太平军攻克杭州，李返沪，徐败死，戴自尽，几位故旧也相继故去；战乱连年，鸾翔辞官，携汪氏经安徽、江西流落广东，与邹伯奇、吴嘉善交游。广东巡抚郭嵩焘筹建广州同文馆[②]，聘他为中文教习，尚未开馆，他一病不起，同治三年（1864 年）五月卒于广州旅舍，年仅 41 岁。

邹、吴惋惜不已，十分推崇他的成就，将《少广缒凿》《洞方术图解》《致曲术》和《致曲图解》收入《夏氏算术四种》内，同治末（1874 年）由邹后人汇刻《邹伯奇遗书》时，附刻此书，方得以传世。另外，鸾翔诗 50 首收入《国朝杭郡诗三辑》[③]，他还有《春晖山房诗集》4 卷、《岭南集》1 卷，以及应写于晚期的《南北方音》5 卷。

鸾翔子曾佑，史学家、文学家，曾任教育部普教司长、北图馆长。长孙元瑮，早年师从爱因斯坦，北京多所高校物理学教授；次孙元瑜，台湾大学生物学教授。

### 14.1.2 《洞方术图解》创计数函数 $X_k^n$*

**1）用"夏氏数"建乘方公式创制正弦表的简算法**

在《洞方术图解》中夏鸾翔研究了造正弦、正矢表的算法问题，据

$$\sin n\alpha = n\alpha - \frac{n^3}{3!}\alpha^3 + \frac{n^5}{5!}\alpha^5 - \cdots \tag{1}$$

设$\alpha$=10"（或$\alpha$=1"，或$\alpha$=1°等），当 $n$=1，2，…时，要多次运用乘除加减法才能列出正弦表，计算较繁。他为简化算法，依照差分理论提出一种计数函数 $X_k^n$，先求诸 $\Delta^{n-1}\sin n\alpha$，按垛积术，只要进行若干加（减）法就可列出每隔 10"的正弦表来。他列出"单一起根诸乘方诸较图"，这是一种计数函数，记作 $X_k^n$，它的数表如表 14-1。

**表 14-1　单一起根诸乘方诸较图——夏氏数 $X_k^n$（原图算至 $n$=12）**

| $X_k^n$ | $k$=0 | 1 | 2 | 3 | 4 | 5 | 6 | 7 |
|---|---|---|---|---|---|---|---|---|
| $n$=0 | 1 | | | | | | | |
| 1 | 1 | 1 | | | | | | |
| 2 | 1 | 3 | 2 | | | | | |
| 3 | 1 | 7 | 12 | 6 | | | | |
| 4 | 1 | 15 | 50 | 60 | 24 | | | |
| 5 | 1 | 31 | 180 | 390 | 360 | 120 | | |
| 6 | 1 | 63 | 602 | 2 100 | 3 360 | 2 520 | 720 | |
| 7 | 1 | 127 | 1 932 | 10 206 | 25 200 | 31 920 | 20 160 | 5 040 |

$X_k^n$的竖行序数 $n$ 表示 $x^n$ 的幂指数，横列序数 $k$ 表示 $\Delta^k x^n$ 的差分阶数。据原著，夏

① 宋华，白欣. 夏鸾翔的微积分水平评析. 内蒙古师范大学学报（自然科学汉文版），2008，37（4）：566-572.
② 郭嵩焘. 郭嵩焘日记. 长沙：湖南人民出版社，1982.
③ 夏鸾翔. 夏鸾翔诗//丁申，丁丙. 国朝杭郡诗三辑：卷八十三，1893：12.
* 罗见今. 夏鸾翔的数学成就//中外数学简史编写组. 中国数学简史. 济南：山东教育出版社，1986：501-506.

鸾翔对 $X_k^n$ 的递归定义可以表成：

（i）$X_0^0=1$; $X_k^n=0\ (k<0,k>n)$，（ii）$X_k^n=kX_{k-1}^{n-1}+(k+1)X_k^{n-1}$.（2）

称 $X_k^n$ 为“夏氏数”。这在组合论中属于尚未研究过的计数函数，夏氏用 $X_k^n$ 表出乘方公式：

$$x^n=\sum_{k=0}^{n}X_k^n\binom{x-1}{k} \tag{3}$$

此式将乘方分解为一系列夏氏数与组合之和，他应用 $X_k^n$ 主要是为简化造正弦、正矢表的计算。[①]式（1）已将 $n\alpha$ 的幂中 $n$ 与 $\alpha$ 分开书写，夏鸾翔的思路是利用式（3）将 $n$ 的幂转换，其结果就是无穷级数展开式的分子，即表 14-1 中对应的数。现以代数推导证明夏鸾翔造正弦、正矢表所用方法的正确性。将（3）代入（1）：

$$\sin n\alpha=\sum_{r=1}^{\infty}(-1)^{r+1}\frac{\alpha^{2r-1}}{(2r-1)!}n^{2r-1}=\sum_{r=1}^{\infty}(-1)^{r+1}\frac{\alpha^{2r-1}}{(2r-1)!}\sum_{k=0}^{2r-1}X_k^{2r-1}\binom{n-1}{k}$$

$$=\sum_{r=[k/2+1]}^{\infty}(-1)^{r+1}\frac{\alpha^{2r-1}}{(2r-1)!}\sum_{k=0}^{n-1}X_k^{2r-1}\binom{n-1}{k}=\sum_{k=0}^{n-1}\binom{n-1}{k}\sum_{r=[k/2+1]}^{\infty}(-1)^{r+1}\frac{\alpha^{2r-1}}{(2r-1)!}X_k^{2r-1}. \tag{4}$$

需要讨论上列第 3 个等号后求和符号的上下限。$k$ 的上限为 $n-1$，因 $r\to\infty$ 时 $2r-1\to\infty$，但当 $k>n-1$ 时，$\binom{n-1}{k}\equiv 0$。又，$r$ 的下限为 $[k/2+1]$，这里 $[\alpha]$ 为高斯符号，表不大于 $\alpha$ 的最大整数。当 $k>2r-1$，$X_k^{2r-1}\equiv 0$，故 $r=(k+1)/2$ 为 $r$ 的下限；当 $k+1>2r-1$，$X_{k+1}^{2r-1}\equiv 0$，故 $r=(k+2)/2$ 为 $r$ 的下限。综合以上两点知 $r$ 的下限为 $[k/2+1]$。经过这样的讨论即排除了和式中为零的项。

对（4）两端分别求 $k$ 阶差分（$k=1, 2, \cdots, n-1$），当 $k=n-1$ 时，有“求正弦诸较术”：

$$\Delta^{n-1}\sin n\alpha=\sum_{r=[k/2+1]}^{\infty}(-1)^{r+1}\frac{\alpha^{2r-1}}{(2r-1)!}X_{n-1}^{2r-1} \tag{5}$$

如：$\Delta^0\sin\alpha=\alpha-\frac{\alpha^3}{3!}+\frac{\alpha^5}{5!}-\frac{\alpha^7}{7!}+\cdots$　　$\Delta^1\sin 2\alpha=\alpha-\frac{7\alpha^3}{3!}+\frac{31\alpha^5}{5!}-\frac{127\alpha^7}{7!}+\cdots$

$$\Delta^2\sin 3\alpha=-\frac{12\alpha^3}{3!}+\frac{180\alpha^5}{5!}-\frac{1932\alpha^7}{7!}+\cdots$$

$$\Delta^3\sin 4\alpha=-\frac{6\alpha^3}{3!}+\frac{390\alpha^5}{5!}-\frac{10206\alpha^7}{7!}+\cdots$$

$$\Delta^4\sin 5\alpha=\frac{360\alpha^5}{5!}-\frac{25200\alpha^7}{7!}+\cdots$$

$$\Delta^5\sin 6\alpha=\frac{120\alpha^5}{5!}-\frac{31920\alpha^7}{7!}+\cdots$$

| | | | | |
|---|---|---|---|---|
| $\sin\alpha$ | $\Delta\sin 2\alpha$ | $\Delta^2\sin 3\alpha$ | $\Delta^3\sin 4\alpha$ | $\Delta^4\sin 5\alpha$ |
| $\sin 2\alpha$ | $\Delta\sin 3\alpha$ | $\Delta^2\sin 4\alpha$ | $\Delta^3\sin 5\alpha$ | |
| $\sin 3\alpha$ | $\Delta\sin 4\alpha$ | $\Delta^2\sin 5\alpha$ | | |
| $\sin 4\alpha$ | $\Delta\sin 5\alpha$ | | | |
| $\sin 5\alpha$ | | | | |

图 14-2　用有限差分法制正弦表

对照表 14-1，可见这些无穷级数各项系数的分子构成了“单一起根诸乘方诸较”数表。将这些值用垛积术列表如图 14-2，即可用加（减）法求出诸 $\sin n\alpha$ 的

① 钱宝琮. 中国数学史. 北京：科学出版社，1981：330-333（夏鸾翔内容）.

值，相当于还原为式（4），在实际计算中式（5）只取有限项，故 $n$ 较大时 $\Delta^{n-1}\sin n\alpha$只有不多几项，这就比式（1）省去了逐项计算之繁，算法有所改进。至于用差分法而带来的误差，即所谓“积久差大之患”，原著以“补尾术”予以修正。此法还用于造正矢表。但夏鸾翔用意在算法研究，并未给出数表。

**2）用夏氏数 $X_k^n$ 获得幂和公式**[①]

据式（2），夏还得到 $X_k^n$ 的通项公式：

$$X_k^n=\sum_{i=0}^{k}(-1)^i\binom{k}{i}(k-i+1)^n \tag{6}$$

**例 1**　当 $n$=7，$k$=3，查表 14-1：$X_3^7$=10 206，$X_3^7=\binom{3}{0}\cdot 4^7-\binom{3}{1}\cdot 3^7+\binom{3}{2}\cdot 2^7-\binom{3}{3}\cdot 1^7=10\,206$.

**例 2**　当 $n$=6，$k$=5，表中 $X_5^6$=2520，$X_5^6=\binom{5}{0}\cdot 6^6-\binom{5}{1}\cdot 5^6+\binom{5}{2}\cdot 4^6-\binom{5}{3}\cdot 3^6+\binom{5}{4}\cdot 2^6-\binom{5}{5}\cdot 1^6=2520$.

特别当 $k$=$n$ 时有组合恒等式 $\sum_{i=0}^{n}(-1)^i\binom{n}{i}(n-i+1)^n=n!$ 即 $X_n^n=n!$　（7）

**例 3**　当 $n$=5，6 时据式（7）验证 $X_5^5=5!$ 和$X_6^6=6!$

原著式（7）尚无独立数学证明。表 14-1 对角线一列数字就是 $n!$，现据（7）验证如下：

$X_5^5=1\cdot 6^5-5\cdot 5^5+10\cdot 4^5-10\cdot 3^5+5\cdot 2^5-1\cdot 1^5=120=5!$

$X_6^6=1\cdot 7^6-6\cdot 6^6+15\cdot 5^6-20\cdot 4^6+15\cdot 3^6-6\cdot 2^6+1\cdot 1^6=720=6!$

式（6）是夏鸾翔经过深思熟虑获得的重要成果。他深知数 $X_k^n$ 的重要性，根据递归公式（2），算出“单一起根诸乘方诸较图”，为取用方便，竟然算到 $n$=12（共 13 行），其排列的方式同现代组合论著作中计数函数的列表方式没有什么区别。但他仍不满足，又给出夏氏数的通项公式（6）。这样任一 $X_k^n$ 便不必经递推就可直接算出。

据式（3），可获自然数前 $m$ 项的幂和公式：$\sum_{x=1}^{m}x^n=\sum_{k=0}^{n}X_k^n\binom{m}{k+1}$　（8）

式（8）的推导过程运用垛积术，即当 $x$ 为正整数从 1 到 $m$ 时对式（3）两端分别求和分：

$$\sum_{x=1}^{m}x^n=\sum_{x=1}^{m}\sum_{k=0}^{n}X_k^n\binom{x-1}{k}=\sum_{k=0}^{n}X_k^n\sum_{x=1}^{m}\binom{x-1}{k}=\sum_{k=0}^{n}X_k^n\binom{m}{k+1}$$

其中，除去当 $k$>$m$ 时$\binom{m}{k}=0$ 的那些项，易证 $\sum_{x=1}^{m}\binom{x-1}{k}=\binom{m}{k+1}$。求幂和方法要点是将乘方垛 $x^n$ 分解为一系列三角垛即$\binom{x-1}{k}$之和，其系数为 $X_k^n$。这时利用垛积术将式（3）两边同时求和分：意即将组合$\binom{m-1}{k}$内上下皆加 1 后$\binom{m}{k+1}$即得幂和。

许多读者能够熟练计算微分、积分，而和分、差分用现代符号表示的运算现已不

① 罗见今. 自然数幂和公式的发展. 高等数学研究，2004，7（4）：56-61.

用。实际上，只要能将乘方表示成一个二元计数函数和一个组合系列之积，那么再对这个恒等式[例如式（3）]两端做垛积（即和分）运算，就可以获得用这个二元计数函数与一个组合表示的幂和公式。中算家深明此道，屡试不爽，李善兰、夏鸾翔、华蘅芳的相关成果皆源于此。有些研究者认为原文中未见此说，就以为此非夏鸾翔成果。其实，可以举出类似的例：《垛积比类》原文中并无李善兰恒等式，此乃章用据李氏原意而自然导出；朱世杰-范德蒙公式在《四元玉鉴》中仅有垛次较低的两例，是钱宝琮先生将其推广到任意 $n$ 的情况。

**例 4** 式（8）中，当 $n$=4，$m$=5：$1^4+2^4+\cdots+5^4=979$，而据式（8）右展开，得 $X_0^4\binom{5}{1}+X_1^4\binom{5}{2}+X_2^4\binom{5}{3}+X_3^4\binom{5}{4}+X_4^4\binom{5}{5}=1\cdot 5+15\cdot 10+50\cdot 10+60\cdot 5+24\cdot 1=979$.

**例 5** 当 $n$=6，$m$=3，据式（8）：$1^6+2^6+3^6=X_0^6\binom{3}{1}+X_1^6\binom{3}{2}+X_2^6\binom{3}{3}=1\cdot 3+63\cdot 3+602\cdot 1=794$.

夏鸾翔的工作建立在有限差分研究的基础之上，可与李善兰、华蘅芳等的同类工作相媲美，在这些计数函数中，该式具有最简洁的形式，这是以计算量为标准进行衡量的看法，虽然无法对古今中外现有同类成果进行统计分析，但就其简明性而言，夏鸾翔的计数函数和幂和公式迄今仍是佼佼者。

### 14.1.3 《致曲术》的椭圆弧长级数及内含的计数函数 $T_k^n$

夏鸾翔在 19 世纪 50 年代较系统、深入研究了二次曲线，得出不少无穷级数，这些研究主要收集在《致曲术》《万象一原》等著作中，后者给出 130 多个公式，其中有 80 余个公式是夏氏创造的"新术"，大部分是无穷级数。这些幂级数或函数项级数的系数均按一定规律展开，中算家不了解泰勒展开的方法，而把注意力集中在描述分子出现的规律，用类似于贾宪三角的二元计数函数来表达。例如在《致曲术》中夏氏为求椭圆

$$\frac{x^2}{a^2}+\frac{y^2}{b^2}=1\ \ (a>b,\ \ c=\sqrt{a^2-b^2}) \tag{9}$$

从 $A$（$x$，$y$）点到 $B$（$a$，0）点一段椭弧的长 $S$，他创造"椭正弦（$y$）求椭弧背（$S$）术"（未予证明）：

$$\begin{aligned}S&=y+\frac{1^2y^3}{3!b^2}+\frac{1^2\cdot 3^2y^5}{5!b^4}+\frac{1^2\cdot 3^2\cdot 5^2y^7}{7!b^6}+\cdots\\&+\frac{c^2}{b^2}\left(\frac{y^3}{2\cdot 3b^2}+\frac{1\cdot 3y^5}{2\cdot 2\cdot 3\cdot 5b^4}+\frac{1\cdot 3\cdot 3\cdot 5y^7}{2\cdot 2\cdot 3\cdot 4\cdot 5\cdot 7b^6}+\cdots\right)\\&-\frac{c^4}{b^4}\left(\frac{y^5}{2\cdot 4\cdot 5b^4}+\frac{1\cdot 5y^7}{2\cdot 2\cdot 4\cdot 5\cdot 7b^6}+\frac{1\cdot 3\cdot 6\cdot 7y^9}{2\cdot 2\cdot 4\cdot 4\cdot 5\cdot 7\cdot 9b^8}+\cdots\right)\\&+\frac{c^6}{b^6}\left(\frac{y^7}{2\cdot 4\cdot 6\cdot 7b^6}+\frac{1\cdot 7y^9}{2\cdot 2\cdot 4\cdot 5\cdot 7b^6}+\frac{1\cdot 3\cdot 7\cdot 9y^{11}}{2\cdot 2\cdot 4\cdot 4\cdot 6\cdot 7\cdot 9\cdot 11b^{10}}+\cdots\right)-\cdots\end{aligned} \tag{10}$$

不失作者原意，将（10）式经过坐标轴旋转、利用椭圆对称性，并对展开式系数适当整理，可得用 $x$ 表示的从 $C$（0，$b$）点到 $D$（$x$，$y$）点一段椭弧 $L$ 的求长公式：

$$L=x+\frac{1\cdot x^3}{2\cdot 3a^2}+\frac{3\cdot x^5}{2\cdot 4\cdot 5a^4}+\frac{15\cdot x^7}{2\cdot 4\cdot 6\cdot 7a^6}+\cdots$$

$$-\frac{c^2}{a^2}\left(\frac{1\cdot x^3}{2\cdot 3a^2}+\frac{2\cdot x^5}{2\cdot 4\cdot 5a^4}+\frac{9\cdot x^7}{2\cdot 4\cdot 6\cdot 7a^6}+\cdots\right)$$
$$-\frac{c^4}{a^4}\left(\frac{1\cdot x^5}{2\cdot 4\cdot 5a^4}+\frac{3\cdot x^7}{2\cdot 4\cdot 6\cdot 7a^6}+\frac{18\cdot x^9}{2\cdot 4\cdot 6\cdot 8\cdot 9a^8}+\cdots\right)$$
$$-\frac{c^6}{a^6}\left(\frac{1\cdot x^7}{2\cdot 4\cdot 6\cdot 7a^6}+\frac{4\cdot x^9}{2\cdot 4\cdot 6\cdot 8\cdot 9a^8}+\frac{30\cdot x^{11}}{2\cdot 4\cdot 6\cdot 8\cdot 10\cdot 11a^{10}}+\cdots\right)-\cdots \quad (11)$$

将这个展开式系数分子排出（图 14-3），可知它是一种计数函数，记作 $T_k^n$，则有递归定义

$$\text{(i)}\ T_0^0=1;\ T_k^n=1,\ \text{当}k<0\ \text{或}\ k>n;\ \text{(ii)}\ T_k^n=(2k-1)T_{k-1}^{n-1}+T_k^{n-1} \quad (12)$$

式（i）是边界条件，式（ii）是递归定义，$n$ 从 0 行开始，向左斜下的 1，1，…是 $k$=0，而 1，2，3，…是 $k$=1。在广义贾宪三角表中，任一 $T_k^n$ 都占有一个位置，它等于左上数的 2$k$–1 倍与右上数之和。例如，当 $n$=4，$k$=2 时，

$$T_2^4=(4-1)T_1^3+T_2^3=3\times 3+9=18\text{。}$$

1
1 1
1 2 3
1 3 9 15
1 4 18 60 105
1 5 30 150 525 945

图 14-3　椭圆弧长级数所含 $T_k^n$

当然，夏氏书中没有直接给出（12）式，因而数 $T_k^n$ 也不在他研究范围之内，但是数 $T_k^n$ 出现的规律，却被（12）式确定，不是后人的杜撰或穿凿。从理论上说，一个按照贾宪三角形的主要原则构成的二元计数函数均可写成三角形数阵，其数量也有无穷多。但其意义何在？这是须继续研究的。

对一个计数函数要做到透彻理解和运用，需要掌握：①递归定义公式与数表，②递推公式，③通项公式，④性质定理，⑤生成函数（母函数），⑥组合意义，⑦与同类计数函数的关系式，⑧该计数函数的推广与应用。按这个标准，对夏氏数的研究尚未达到圆满的地步，而 § 14.4 节和 § 14.5 节对华氏数的研究就达到了多项指标。

## 14.2　相关研究：幂和公式的历史发展*

自然数前 $n$ 项幂的和，简称“幂和”：$\sum_{k=1}^{n}k^r=1^r+2^r+3^r+\cdots+n^r$.　（1）

本节分析历史上产生的一些著名幂和公式的方法特点，侧重于东方数学传统，研究和算家关孝和、松永良弼、和田宁以及中算家李善兰、夏鸾翔、华蘅芳所取得的成就（后一部分详见 13、14 章相关节）。

幂和是一个古老的数学问题，在早期文明中，在算术、数论和组合计数的历史中可以发现不少有关记载。它又是历久弥新的，由于问题的基本性和复杂性，迄今仍是一个令人望而生畏、又使人十分着迷的课题，在计数理论中具有重要价值。许多人争相探讨，已有诸多解法，查互联网内有不少网页涉及 sums of power of integers，足见它备受

* LUO Jianjin. On the development of the formulae for sums of powers of integers. HISTORIA SCIENTIARUM，2003，13（2）：101-110.

关注，今胜于昔。但西方学者不太了解中日数学家历史上的成果。这里并不试图对上述网页做出概述，而是将幂和问题的发展划成三个历史阶段（不包括现代），希望引起兴趣并有助于今日的研究。

### 14.2.1 早期的幂和问题

初期研究幂和问题，$r$ 和 $n$ 值较小，分别给出一些局部的成果，没有形成统一的幂和公式。当 $r=0$，1 时较平凡，虽有不少史料，本节未列入。

古巴比伦人早在汉谟拉比（六世）时代就开始注意自然数的平方，1854 年在今伊拉克的拉莎发现的泥板书上记载有 1，4，9，…，49 一串数字。古巴比伦人获得了从 1 到 10 的平方和。有研究认为①，似乎应用了

$$1^2+2^2+3^2+\cdots+n^2=(1\times 1/3+n\times 2/3)(1+2+3+\cdots+n) \qquad (2)$$

古希腊的阿基米德提出过自然数平方和公式。1 世纪学者把整数立方剖分为若干连续奇数和，归纳出自然数立方和公式：②

$$1^3=1,\ 2^3=3+5,\ 3^3=7+9+11,\ 4^3=13+15+17+19 \qquad (3)$$

印度的婆罗门笈多、马哈维拉（Mahāvira，约 850 年）、巴斯卡拉，以及阿拉伯的阿尔・卡西等都分别得到过二次或三次幂的求和公式。后者还得到过四次幂和公式。

在中国，由北宋沈括《梦溪笔谈》卷 18“刍童垛”公式可以导出杨辉（13 世纪）《详解九章算法》中的“四隅垛”公式：

$$1^2+2^2+3^3+\cdots+n^2=\frac{1}{3}(n+1)n(n+\frac{1}{2}) \qquad (4)$$

元代朱世杰《四元玉鉴》（1303 年）在“果垛叠藏”第 13 问中用到式（4），在“如象招数”第 5 问中解决了求立方和的问题，他所求解的方程是据内插公式建立的：

$$\sum_{k=3}^{n+2}k^3=23400,\ \text{求得}\ n=15,\ \text{即}\ 1^3+2^3+3^3+\cdots+17^3=23409 \qquad (5)$$

德国莱布尼茨在 1673 年的一封信中提到用差分方法处理自然数立方和问题，并将这一发现归于法国穆顿（G. Mouton）。③

清初陈世仁获得：$1^3+2^3+3^3+\cdots+n^3=[(n/2)(1+n)]^2$ （6）

他的“平尖、方尖、再乘尖”使一、二、三次幂和公式系统化，但没有向高次幂发展。

### 14.2.2 伯努利、关孝和的幂和公式

伯努利在《猜度术》（*Ars Conjectandi*，1713 年）中发表任意次幂的求和公式，展开式系数即伯努利数，根据他的原著④，此式表为：

$$\sum n^c=\frac{1}{c+1}n^{c+1}+\frac{1}{2}n^c+\frac{c}{2}An^{c-1}-\frac{c(c-1)(c-2)}{2\cdot 3\cdot 4}Bn^{c-3}+$$

① 杜石然，孔国平. 世界数学史. 长春：吉林教育出版社，1996：20，29.

② 沈康身. 中算导论：自然数幂和公式. 上海：上海教育出版社，1986：324-325.

③ 谈祥柏. 伯努利数. 科学，1999，51（4）：59-61.

④ SMITH D E. A Source Book in Mathematics：Vol. Ⅰ. New York：Dover Publications，1959：90.

$$\frac{c(c-1)(c-2)\cdots(c-4)}{2\cdot3\cdot4\cdot5\cdot6}Cn^{c-5}-\frac{c(c-1)(c-2)\cdots(c-6)}{2\cdot3\cdot4\cdot5\cdot6\cdot7\cdot8}Dn^{c-7}+\cdots \tag{7}$$

式中 $A=1/6$，$B=1/30$，$C=1/42$，$D=1/30$，…，是著名的伯努利数。

《猜度术》一书是在伯努利去世后 8 年才公之于世，而他将此式的获得归功于福尔哈勃（J. Faulhaber）。此人是德国乌尔姆市的一位隐士。[①]福尔哈勃潜心研究数学，获得式（7）的算法，去世后这一结果为伯努利所知。

通常称 $B_0=1$，$B_1=1/2$，$B_2=1/6$，$B_4=-1/30$，$B_6=1/42$，$B_8=-1/30$，$B_{10}=5/66$，…，以及 $B_{2n+1}=0$（$n\geqslant1$）为伯努利数，而幂和公式也常写成

$$S_n(1)=\frac{1}{2}n^2+\frac{1}{2}n \qquad S_n(2)=\frac{1}{3}n^3+\frac{1}{2}n^2+\frac{1}{6}n \qquad S_n(3)=\frac{1}{4}n^4+\frac{1}{2}n^3+\frac{1}{4}n^2$$

$$S_n(4)=\frac{1}{5}n^5+\frac{1}{2}n^4+\frac{1}{3}n^3-\frac{1}{30}n \qquad S_n(5)=\frac{1}{6}n^6+\frac{1}{2}n^5+\frac{5}{12}n^4-\frac{1}{12}n^2$$

$$S_n(6)=\frac{1}{7}n^7+\frac{1}{2}n^6+\frac{1}{2}n^5-\frac{1}{6}n^3+\frac{1}{42}n \qquad S_n(7)=\frac{1}{8}n^8+\frac{1}{2}n^7+\frac{7}{12}n^6-\frac{7}{24}n^4+\frac{1}{12}n^2 \tag{8}$$

这些公式从式（7）推出，也可由不同途径获得。除了当 $n=1$ 时各式系数之和为 1 外，从前式推出后式的规律并不明显，像伯努利数一样易使人感到不知该如何计算。

据传伯努利曾在当时盛行的数学擂台赛中以 7 分半钟算出 $1^{10}+2^{10}+\cdots+1000^{10}$，要做到这一点须熟记诸 $B_n$，并将式（7）简化，现代已有人对此算法作出了解释。[②]

日本传统数学“和算”的奠基人——关孝和（Seki Takakazu）在对无穷级数和圆理的研究中独立地获得了幂和公式和后来所称的伯努利数，记载在他去世后由学生荒木村英整理出版的遗稿《括要算法》（1709 年）卷一“垛积求解”中。据日本学士院编《明治前日本数学史》第 2 卷[③]，关孝和的幂和公式表示成：

$$S_p=\frac{1}{p+1}\left[n^{p+1}+\lambda_0\binom{p+1}{1}n^p+\lambda_1\binom{p+1}{2}n^{p-1}+\lambda_2\binom{p+2}{4}n^{p-3}+\lambda_3\binom{p+3}{6}n^{p-5}+\cdots\right] \tag{9}$$

末项在 $p=2q+1$ 时为 $\lambda_q\binom{p+1}{2q}n^2$；$p=2q$ 时为 $\lambda_q\binom{p+1}{2q}n$。式中 $\lambda_0=1/2=B_1$，$\lambda_1=1/6=B_2$，$\lambda_2=-1/30=B_4$，$\lambda_3=1/42=B_6$，$\lambda_4=1/30=B_8$，$\lambda_5=5/66=B_{10}$，…，$\lambda_{2i+1}=0$（$i\geqslant1$）。

关孝和算至 $p=11$，他的方法推广到一般情况，已获得完整的（9）式。由于（9）式发表早于伯努利（7）式，所以日本数学史家希望将幂和公式冠以“关孝和-伯努利公式”之名。

式（9）较为复杂，可依常用的 $B_n$ 数与求和符号将其简化，写成以下形式

$$(p+1)\sum_{k=1}^{n}k^p=n^{p+1}+\frac{p+1}{2}n^p+\sum_{r=1}^{[p/2]}B_{2r}\binom{p+1}{2r}n^{p-2r+1} \tag{10}$$

$p$ 不论奇偶，与（9）相同。设 $n=1$，由上式得 $\dfrac{p-1}{2}=\sum\limits_{r=1}^{[p/2]}B_{2r}\dbinom{p+1}{2r}$ （11）

令 $p=2$，4，6，8，…，可递次解出 $B_{2n}$。

① 日本学士院. 明治前日本数学史：第 2 卷第 2 章. 关孝和. 东京：岩波书店，1979：158.
② 谈祥柏. 伯努利数. 科学，1999，51（4）：59-61.
③ 日本学士院. 明治前日本数学史：第 2 卷第 2 章. 关孝和. 东京：岩波书店，1979：158.

苏格兰数学家斯特林（J. Stirling）在他的著作《微分法》（1730 年）中给出（$B_2$，$B_4$，$B_6$，…为伯努利数）：

$$\log n! = (n+\frac{1}{2})\log n - n + \log\sqrt{2\pi} + \frac{B_2}{1\cdot 2}\cdot\frac{1}{n} + \cdots + \frac{B_4}{3\cdot 4}\cdot\frac{1}{n^3} + \cdots + \frac{B_{2k}}{(2k-1)2k}\cdot\frac{1}{n^{2k-1}} + \cdots \tag{12}$$

此式等价于 $$n! = \left(\frac{n}{\mathrm{e}}\right)^n \sqrt{2\pi n}\exp\left[\frac{B_2}{1\cdot 2}\cdot\frac{1}{n} + \cdots + \frac{B_{2k}}{(2k-1)2k}\cdot\frac{1}{n^{2k-1}} + \cdots\right] \tag{13}$$

斯特林给出前 5 个系数，并列出决定后面系数的递推公式。以他的名字命名的第二种 Stirling 数以及这两式，都同幂和有一定关系。

于是，对 $r$，$n$ 为任意给定的正整数，幂和公式（7）和（9）皆成立。现常写成[①]

$$\sum_{r=1}^{n} r^p = \frac{1}{p+1}\sum_{k=0}^{p} B_k \binom{p+1}{k} n^{p-k+1} \tag{10'}$$

### 14.2.3 应用计数函数 $A_{n,k}$，$X_k^n$，$h_k^n$ 以求幂和

引入计数函数建立幂和公式给幂和问题的解决带来了革命性的变化。欧拉曾创立一种计数函数——欧拉数（Eulerian number），它是组合数学中著名的计数函数。如表 14-2 所示。它不是数论中的欧拉函数 $\phi(n)$，也不是将正割 sec$x$ 展开为无穷级数时所用到的欧拉数（Euler's number）：1，5，61，1385，…。这种欧拉数记作 $A_{n,k}$，其定义为[②]：对所有 $n$，$k \geqslant 1$

（i）$A_{n,1}=1$；$A_{n,k}=0$（$n<k$）　　（ii）$A_{n+1,k}=(n-k+2)A_{n,k-1}+kA_{n,k}$（$k\geqslant 2$）　　（14）

表 14-2　松永良弼方垛系数表(左)和李氏数 $L_k^m$，皆欧拉数 $A_{n,k}$

| | | | | | | | | | | | | |
|---|---|---|---|---|---|---|---|---|---|---|---|---|
| 圭垛 | 1 | | | | | | 1 | | | | | |
| 平方垛 | 1 | 1 | | | | | 1 | 1 | | | | |
| 立方垛 | 1 | 4 | 1 | | | | 1 | 4 | 1 | | | |
| 三乘方垛 | 1 | 11 | 11 | 1 | | | 1 | 11 | 11 | 1 | | |
| 四乘方垛 | 1 | 26 | 66 | 26 | 1 | | 1 | 26 | 66 | 26 | 1 | |
| 五乘方垛 | 1 | 57 | 302 | 302 | 57 | 1 | 1 | 57 | 302 | 302 | 57 | 1 |

应用它可以得出简单漂亮的幂和公式，目前笔者尚不知欧拉原式发表的年代。无独有偶，在日本和中国也有几种相同的成果。一是关孝和学派中著名的数学家松永良弼（Matunaga Yosisuke），他对方垛积公式重新研究，据日本学士院编《明治前日本数学史》第 2 卷，《算法全经》[③]（年代不详）中提出了计数函数——方垛系数，该书没有指出它其实就是欧拉数。松永良弼的突出成果是给出了欧拉数的算法公式，记作 $C_n$（该书第 509 页）：

$$C_n = n^p - (n-1)^p\binom{p+1}{1} + (n-2)^p\binom{p+1}{2} + (n-3)^p\binom{p+1}{3} + \cdots \tag{15a}$$

---

① 沈康身. 关孝和与李善兰的自然数幂和公式//吴文俊. 中国数学史论文集（3）. 济南：山东教育出版社，1987：81-93.

② AIGNER M. Combinatorial Theory. Berlin：Spring-Verlag，1979：96，123.

③ 日本学士院. 明治前日本数学史：第 2 卷第 4 章. 松永良弼. 东京：岩波书店，1979：511，555.

并获得了幂和公式（该书第 511 页）：

$$s_p = 1^p + 2^p + \cdots + n^p = C_1\binom{p+n}{p+1} + C_2\binom{p+n-1}{p+1} + C_3\binom{p+n-3}{p+1} + \cdots + C_p\binom{n+1}{p+1} \quad (16a)$$

不失原意，笔者将 $C_n$ 记成 $A_{p,n}$，并用求和记号 $\Sigma$，将上两式表示为如下的形式：

$$A_{p,n} = \sum_{k=0}^{n-1}(-1)^k\binom{p+1}{1}(n-k)^p\binom{p+1}{k} \quad (15b)$$

$$\sum_{k=1}^{n-1}k^p = \sum_{r=1}^{p}A_{r,n}\binom{p+n-r+1}{p+1} = \sum_{r=1}^{p}A_{r,n}\binom{n-r}{p+1} \quad (16b)$$

松永良弼的数学模型是垛积，与中算垛积术、关孝和垛积术[①]相关，使得非常复杂的幂和问题大为简化。他的方法与关孝和的不同，具有创新。很可能，松永良弼要比欧拉更早发现了后来命名的欧拉数，这是笔者提出的一个重要问题，希望能引起注意和研究。

在幂和问题发展史上，松永良弼和欧拉应用了计数函数，这是一次重大的进步。

关孝和学派中另一位有杰出成就的数学家和田宁，据日本学士院编《明治前日本数学史》第五卷[②]，在手稿《垛表全书》中获得与式（16a）相同的结果，其系数记作 $c_n$，但该书并没有明确定义 $c_i$（$1 \leqslant i \leqslant p$），也没有给出它的递推公式。这项成果是否独立获得的？是否受到松永良弼的影响？需要进一步探讨。

另一重要成果属于中国清代著名数学家李善兰，在其著作集《则古昔斋算学》（1867 年）的《垛积比类》中，他明确提出"乘方垛各廉表"（图 13-16），独立创造了这种计数函数（表 13-1）。他对欧拉数 $A_{n,k}$ 进行了深刻研究，获得 10 余个重要的组合恒等式或计数公式，其中的乘幂公式和幂和公式已见 § 13.3.2，这里不重复。

清代数学家夏鸾翔在《洞方术图解》（1857 年）中研究有限差分理论，建立了一种计数函数，原著称为"单一起根诸乘方诸较图"（表 14-3 左），记作 $X_k^n$，称为夏氏数，横行序数 $n$（$n$=0，1，…）表示 $x^n$ 中的幂指数，纵列序数 $k$（$k$=0，1，…）表示 $\Delta^k x^n$ 中的差分阶数。据原著，$X_k^n$ 的递归定义可以表示成

$$\text{(i)}\ X_0^0 = 1;\ X_k^n = 0\ (k<0, k>n),\ \text{(ii)}\ X_k^n = kX_{k-1}^{n-1} + (k+1)X_k^{n-1}. \quad (17)$$

夏氏利用 $X_k^n$ 数得到乘方公式（18），当 $x$ 为正整数时则有幂和公式（19）：

**表 14-3 夏氏数 $X_k^n$ 数表(左)和华氏数 $h_k^n$ 数表**

| | | | | | | | | | | | |
|---|---|---|---|---|---|---|---|---|---|---|---|
| 1 | | | | | | 1 | | | | | |
| 1 | 1 | | | | | 0 | 1 | | | | |
| 1 | 3 | 2 | | | | 0 | −1 | 2 | | | |
| 1 | 7 | 12 | 6 | | | 0 | 1 | −6 | 6 | | |
| 1 | 15 | 50 | 60 | 24 | | 0 | −1 | 14 | −36 | 24 | |
| 1 | 31 | 180 | 390 | 360 | 120 | 0 | 1 | −30 | 150 | −240 | 120 |

$$x^n = \sum_{k=0}^{n}X_k^n\binom{x-1}{k} \quad (18) \qquad \sum_{x=1}^{m}x^n = \sum_{k=0}^{n}X_k^n\binom{m}{k+1} \quad (19)$$

① 任爱珍. 关孝和的垛积招差术及定周公式研究. 呼和浩特：内蒙古师范大学，2000：30.

② 日本学士院. 明治前日本数学史：第 5 卷第 8 章. 和田宁. 东京：岩波书店，1979：81-82.

夏鸾翔的工作建立在有限差分研究的基础上。在同类型的计数函数中，式（19）具有简洁的形式。但式（19）是夏氏所创还是出自后来学者的归纳，还存在不同的看法。

清末数学家华蘅芳在《行素轩算稿》（1882 年）第 4 种《积较术》中，为研究有限差分理论建立了一种计数函数——“诸乘方正元积较表”，称为“华氏数”，记作 $h_k^n$，如表 14-3 右。将他的算法表示成今天的形式，递推关系为：

（i）$h_0^0=1$；$h_k^n=0$，当 $k<0$ 或 $k>n$ 时　（ii）$h_k^n=k(h_{k-1}^{n-1}-h_k^{n-1})$　（20）

据此，他进而获得乘幂公式（21）及当 $x$ 为自然数时的幂和公式：

$$x^n=\sum_{k=0}^{n}h_k^n\binom{x+k-1}{k} \quad (21) \qquad \sum_{x=1}^{m}x^n=\sum_{k=1}^{n}h_k^n\binom{m+k}{k+1} \quad (22)$$

以上李、夏、华诸家的研究卓有成效，虽然他们本人当时对西方数学已有了解，但表达方式限于传统数学，（19）、（22）诸式并未直接给出，而是存在于各自的方法和体系之中。笔者将它们表示成现代的形式，并阐明其计数意义。

有学者认为，幂和至今仍是一个“不少人争相探讨且尚未得出理想结论”的问题。[①] 对于什么是“理想结论”，需要考虑它的历史发展阶段，同时分析它用什么方法。不能苛求古人，也不能执于一偏。过去的成果展示了丰富的内涵，为发展多样的方法奠定了基础。就运用计数函数而言，（19）、（22）诸式已达到十分简洁优美的程度，甚至使某些后来的工作亦相形见绌。了解历史，可以避免重复性的工作，而且使我们对前人的成就有更深切的理解和尊重。

## 14.3 我国近代科学的先行者华蘅芳*

### 14.3.1 生平传略**

华蘅芳，字若汀，江苏常州金匮县（现无锡市）人，生于世宦之家，父亲华翼纶为举人[②]，任永新知县。华蘅芳 7 岁开始读书，14 岁已经读通程大位《算法统宗》飞归等题（《国史儒林传》），对数学产生了很大的兴趣。他回忆十五六岁时“偶于故书中检得坊本算法，心窃喜之，日夕展玩，不数月而尽通其义”（《学算笔谈》卷五）。父亲见他这样喜爱数学，就从京城买回《周髀算经》《九章算术》《孙子》《五曹》《张邱建》《夏侯阳》《缉古》《海岛》诸算经以及《益古演段》《测圆海镜》等，任他去读。华蘅芳天资聪颖，刻苦自学，读书一年，无师自通。他很为这一点感到自豪，后来他说：“吾于算学，生平未尝受业于人；即与能算者相友善，亦未尝数数问难也。”以后他又读了秦九韶、梅文鼎、焦循、骆腾凤、李锐、罗士琳、董祐诚等数学家的著作，以及《数理精蕴》《几何原本》。20 岁前，他已览当时流行的古今中外数学书，打下了雄厚的基础。于是他便游学上海，很幸运地遇到了比他年长 22 岁的著名数学家李善兰。李氏向他介

① 赵建林. 自然数的组合积的和及其应用. 天津：天津大学出版社，1992：前言 2.

* 罗见今. 清末数学家华蘅芳//吴文俊. 中国数学史论文集（一）. 济南：山东教育出版社，1985：109-120.

** 罗见今. 华蘅芳//中国大百科全书编辑委员会. 中国大百科全书：数学卷. 北京：中国大百科全书出版社，1988：302-303.

② 李俨. 中算史论丛（四）：华蘅芳年谱. 北京：科学出版社，1955：362-377.

绍了正在同英国人伟烈亚力共同翻译的《代数学》和《代微积拾级》（1859 年），告诉他："此为算学中上乘功夫，此书一出，非特中法几可尽废，即西法之古者，亦无所用之矣。"（《学算笔谈》卷五）在李善兰的引导下，华蘅芳接触了代数学和微积分。这两部书出版以后，李氏还送他阅读。开始时他一点也不懂，"不得其用意之处"，刚读几页，就已"不知其所语云何"，又请教李氏，李回答说："此种微妙非可以言语形容，其法尽在书中，无所隐也，多观之则自解耳，是岂旦夕之工所能通晓者哉！"他按照李善兰的话去做，锲而不舍，反复钻研，从稍有头绪，终于豁然贯通。华蘅芳 50 岁时回忆这一段自修心得，生动比喻说："譬如傍晚之星，初见一点，旋见数点，又见数十点、数百点，以致灿然布满天空。"（《学算笔谈》卷五）

华蘅芳一边努力吸收新学，一边进行研究和写作。他进取心强，年轻时见到李善兰的《火器真诀》（1858 年）后，觉得尚不能满意（《抛物线说》跋），二十五六岁就写出《抛物线说》。

1861 年，28 岁的华蘅芳学问已成，为曾国藩擢用，和金匮同乡好友徐寿（字雪村）[①]一同到安庆军中，在金陵军械所一同绘制机械图，制造"黄鹄号"轮船，这是中国自造轮船的开端（《华蘅芳家传》）。这年冬天，清廷命曾国藩保举人才，他推举了华蘅芳、徐寿等六人[②]，于是翌年他们又被召到安庆府，在曾国藩幕中作幕宾。[③]这个时期太平天国在内外夹攻下失败。华翼纶曾率乡团攻占江阴、无锡、宜兴等城。1863 年华蘅芳曾被曾国藩保奏"以知县选用，并加花翎同知衔"（《华蘅芳年谱》），受到洋务派重用，作为一个科学家和数学家，他的一生便同洋务运动结下了不解之缘。

1865 年曾国藩、李鸿章合奏创设江南制造局，华蘅芳参加了这一新建工厂的计划和开创工作，"经始其事，擘划周详"（《华蘅芳家传》）。1868 年江南制造总局内开设翻译馆，华蘅芳与徐寿积极从事，出力较多（《格致汇编》1880 年）。他们"志尚博通，欲明西学"，为介绍西方先进的科学技术，分门别类地进行系统译述。华蘅芳与美国人玛高温（MacGowan）等人共译《金石识别》《地学浅释》等科学著作 5 种（另有两种没有刊行）；与英国人傅兰雅（Fryer）共译《代数术》《微积溯源》《决疑数学》等数学著作 7 种（另有三种没有刊行）。他从事译著十分辛苦，开始时稿本、改本、清本、草图等都出自他一手，自恃精力强盛，夙兴夜寐，竟日操劳，曾大病一场，休养半年才恢复健康（《地学浅释》序）。华氏在上海居住近 40 年，有 20 年译书，共刊行 12 种，170 余卷，在内容上比李善兰的译著更加丰富，在清末传播西学，产生了较大的影响。

华蘅芳从事数学研究，1872～1882 年间写成《开方别术》《数根术解》《积较术》等 6 种算书，汇刻成《行素轩算稿》于 1882 年刊行（梁谿华氏刊本），以后又补充。其中第 6 种为《算草丛存》，4 卷中收集了 8 篇数学论文，以后增补 4 卷，每卷 1 篇。由于当时已是 19 世纪末，西方数学在新的经济、社会背景下突飞猛进，中西数学差距较大，而华氏的工作主要在传统数学方面，所以总的来说，水平受到限制；与李善兰融会中西的水平相比，也略逊一筹。但是，他的代表作《积较术》讨论了有限差分法，他提

① 杜石然，范楚玉，陈美东，等. 中国科学技术史稿：下册. 徐寿传. 北京：科学出版社，1998：260-263.
② 陈乃乾. 阳湖赵惠甫年谱（未完）. 学术界，1944（2）：2-11.
③ 傅兰雅. 江南制造局翻译西书事略//格致汇编，1880.

出的两种计数函数和互反公式、内插公式和内插法有独创，有特色，在组合数学、差分理论中有一定意义。

1873 年前后华蘅芳在江南制造总局担任的职务是“提调”（《江南制造局记》卷六），在此之后到 1880 年前，他曾在天津机器局工作过一段时间，所任职务也是“提调”（《格致汇编》）。安庆军械所、江南制造总局和天津机器局均为洋务运动中兴建的中国近代第一批工厂，华氏作为数学家和工程师参与其事，先后与这三个工厂关系密切，在洋务运动史上有一定典型性和重要性，值得进一步研究。①

1874 年英国驻沪领事麦华陀和傅兰雅等人发起，伟烈亚力、唐景星、徐寿等人赞助，筹集中西官商各方经费，并由比利时等国提供仪器设备，于 1876 年在上海建立起“格致书院”，这是一所受到传教士影响的科研和教学机构。华氏这时从江南制造总局到格致书院担任教习（《𪊨离引蒙》）。他晚年转向教育界，从事了卓有成效的教育工作。华氏十分通达和博学，对于数、理、化、工、医、地等各种学科以及音乐等都有涉猎和研究，同时从青年时代起就注重科学实验。他不仅翻译介绍了微积分、概率论等高深的知识，而且还有研究、有心得、有评论，并编写了深入浅出的数学讲义和通俗读物，如《学算笔谈》《算法须知》和《西算初阶》等，对于培养人才和数学普及贡献殊多，成为深孚众望的一代大学者。1887 年他曾在天津武备学堂中担任教习；1892 年受聘为两湖书院教习，在湖北武昌主讲理科。他的学生江蘅（著《溉斋算学》等）、杨兆鋆（著《须曼精庐算学》）都有数学著作；他的弟弟华世芳（1854～1905）受到他的影响也成为数学教育家，著《恒河沙馆算草》等，1896 年在常州担任龙城书院院长兼江阴南菁书院院长。

华蘅芳用心过度，积劳成疾，67 岁时常有脑病，“头晕心跳，似已中风”，70 岁去世，“卒于家”。他的夫人邹佩兰 11 岁与他订婚，是女诗人（《清代闺阁诗人征略》），40 岁时已去世。子 5 岁夭折，有一女，以弟世芳子为嗣。华蘅芳虽官至四品，但非从政，他的一生不慕荣利，敝衣粗食，穷约终身。去世之后，家无百金之蓄。

华蘅芳以科学和教育为毕生奋斗的目标，尽心竭力，死而后已，在当时国家贫弱、文化落后的情况下，为我国近代的工业、科学、教育事业的开创和发展作出了他的贡献，与李善兰、徐寿等人齐名，同为我国近代科学和教育事业的先行者。

### 14.3.2 华蘅芳的数学研究

华蘅芳 26 岁就开始数学研究和著述，30 多岁忙于办工厂、搞洋务，40 岁以后大量译书，著作也在这个时期，20 年间共得 8 种：

《开方别术》1 卷（1872 年）；《数根术解》1 卷；《开方古义》2 卷（1880 年）；《积较术》3 卷；《学算笔谈》6 卷（1882 年），以后续 6 卷，内容是：卷 1～5 算术，卷 6～7 天元，卷 8～9 代数，卷 10～11 微积分，卷 12 杂论；《算草丛存》4 卷 8 篇（1882 年），以后续 4 卷每卷 1 篇，内容是：卷 1（平三角）测量法、抛物线说，卷 2 垛积演较，卷 3 盈亏广义，积较客难，卷 4 诸乘方变法，台积术解，青朱出入图说，卷 5 求乘数法，卷 6 数根演古，卷 7 循环小数考，卷 8 算斋琐语。以上 6 种（除后续者）1882

① 夏东元. 洋务运动史. 上海：华东师范大学出版社，1996.

年收入文集《行素轩算稿》中，另有《算法须知》4 章（1882 年），在傅兰雅《格致须知》（1887 年）内发表；《西算初阶》1 卷（1896 年），收于艺经斋西算新法丛书。

以上著作中，后两种以及《学算笔谈》和《算草丛存》的几篇是为“嘉惠后学”而编写的，在 § 14.3.4 中将较多引用原文来阐述他的数学教育思想。

华蘅芳的数学研究主要在开方术、数根术、积较术三个方面。

**1）开方术**

包括《开方别术》和《开方古义》，系解整系数高次方程。《开方别术》即“数根开方术”，李善兰在 1872 年序中评此术是“独开生面，较旧法简易十倍”（《开方别术》序，1872 年）。共列出 20 个方程，其中最高指数 14 次。原著把代数式与天元进行对比、化简。但不能解根为“非整数亦非分数”的方程。

《开方古义》论高次方程的解法，有“三才运元”“四象会元”“方圆交错”“锁套吞容”“左右逢源”种种名目，共列 30 多个方程，最高 7 次；算 $\sqrt{17}-1$ 精确到 $10^{-9}$，但方法不如秦九韶法简捷。华氏开方术的数学价值值得研究。

**2）数根术**

包括《数根术解》《求乘数法》和《数根演古》，系初等数论中有关素数的理论及应用。前者举“减数增乘之诸尖锥” $\binom{n}{k}$ 及“诸乘尖锥” $\binom{n+k-1}{k}$ 说明连续 $k$ 个自然数之积必可被 $k!$ 整除，他研究了一些现称为组合数的性质，得到若干公式，如

$$\sum_{k=1}^{n-1}\binom{n+k-1}{k}=\binom{2n-1}{n}-1$$

并且由 $\sum_{k=1}^{n-1}\binom{n}{k}=2^n-2$ 证明了 $p\,|2^p-2$（$p$ 为素数）

这是费马定理一例，已为李善兰所证[①]，华氏证法与 Euler 证明颇相一致。但又以费马逆定理[②]为真，立一术有误。[③]《求乘数法》提出整数分解及判定素数 $p$ 及 $p^2$ 的方法，举出 200 以内的奇数进行演示。《数根演古》仿“物不知数”先设 48 题“依古法演草”，又增条件“二二数之余一”而设 48 题，发现在这样条件下的一次同余式素数解的集合（加上 2，3，5，7 四数）正是 200 以内的素数集合。又用“累加衍母”之法求得 1000 以内素数，与筛法相比其繁易未作结论。

**3）积较术**

华蘅芳这方面的著作包括《积较术》《垛积演较》《盈亏广义》和《积较客难》，系有限差分法。本章主要讨论《积较术》卷一至卷三的内容，指出华蘅芳建立了内插公式；认为“诸乘方正元积较表”和“积较还原表”是两种计数函数，称为第一、第二种华氏数，与第一、二种斯特林数存在函数关系，可用来进行广义莫比乌斯反演。华氏已事实上获得有重组合的生成函数定理，在卷三之末给出了自然数前 $m$ 项 $n$ 次幂的和的公式，足可与李善兰用欧拉数给出的同一公式相媲美。这些成果在组合数学、差分理论中有一定意义。

---

① 严敦杰. 中算家的素数论及续. 数学通报，1954（4）：6-10，（5）：12-15.

② DICKSON L E. History of the Theory of Numbers: Vol. Ⅰ. American Mathematical Society，1999：91.

③ 严敦杰. 中算家的素数论及续. 数学通报，1954（4）：6-10，（5）：12-15.

华蘅芳说："以积较术演诸乘垛积必用积较还原表。故取其表化之，使可适其用。"

《垛积演较》用《积较术》"积较还原表"解朱世杰《四元玉鉴》（1303 年）中垛积问题，共列"茭草形段"7 题、"如象招数"5 题、"果垛叠藏"17 题。华氏认为用积较术来解垛积，"向之视为至难者，今乃至易矣"（见《古今算学丛书》《算草丛存》二《垛积演较》）。

《盈亏广义》用《积较术》"积较还原表"解盈亏类问题 8 题，将句股视为盈亏用差分法来解 8 题，其中多为《九章算术》古题。文末论"盈亏不如积较，积较不如天元，天元不如代数"，但认为用差分解垛积比天元、代数均简。

《积较客难》用通俗的对白体回答学者们对积较术的质疑，用差分法求解，据展开的前两项求 $x=0'$，$1'$，$2'$，…，$59'$，$60'$，精确到 $10^{-10}$ 的 $\sin x$，$\Delta\sin x$，以及精确到 $10^{-13}$ 的 $\Delta^2\sin x$，$\Delta^3\sin x$ 之值。

综上可知，华蘅芳的数学成就主要表现在差分理论方面。由于有限差分法属于组合数学计数理论研究的对象①，而且华氏所给出的计数函数、互反公式、生成函数定理和若干组合恒等式正是计数论的一些核心问题，所以华氏的这项工作应当属于组合论研究。李善兰和华蘅芳的同类工作出色地推进了我国组合论的前期发展。

### 14.3.3 华蘅芳翻译西方科学和数学著作*

**1）华蘅芳合作翻译科学著作**

华蘅芳同外国人合作翻译的书籍，内容分为两大类：一类是科学技术；一类是数学。

他与玛高温共译《金石识别》6 本 12 卷，系代那（Dana）原著；《地学浅释》8 本 38 卷，系雷侠儿（Lyell）原著；《防海新论》6 本 18 卷，系希理哈原著；与金楷理共译《御风要术》2 本 3 卷，系白尔特原著；《测候丛谈》4 卷。此外，与傅兰雅共译出而未刊行的有两种：《风雨表法》和《海用水雷法》(《格致汇编》1880 年)。上述译作涉及的领域有矿物学、地质学、气象学、工程学、军事工程等，内容广泛，均为洋务运动所必需，是我国近代在这些学科领域内的创始工作。

华蘅芳与傅兰雅共译的数学书有：《代数术》25 卷（1872 年），系华里司（Wallace）原著 *Algebra*（载于《大英百科全书》第 8 版）；《微积溯源》8 卷（1874 年），系华里司原著 *Fluxions*（载于《大英百科全书》第 8 版）等。此外，还译出三种数学书但没有刊行：《代数总论》（一作"总法"）、《相等算式理解》和《配数算法》。

**2）华译的特点**

华蘅芳记叙翻译《代数术》时的情况说：傅（兰雅）君口述之，余笔记之，一日数千言，不厌其艰苦，凡两月而脱稿，缮写付梓，经年稿成，爰展阅一过……（《代数术》序 1873 年）可见工作量大，进展迅速，付出了艰巨的劳动。他译书时只有一童一仆帮他料理生活，实际上除印刷外的全部译编审校工作都是独立完成。华氏译著十分认真，如现存的《合数术》华氏亲笔定稿本（《合数术》稿本），蝇头小楷，备极工整，可

---

① AIGNER M. Combinatorial Theory. Berlin：Springer-Verlag，1979：Preface.

* 罗见今. 华蘅芳及其译述//中外数学简史编写组. 中国数学简史. 济南：山东教育出版社，1986：493-498.

见倾注了大量心血。

这些译著的原作者不少是同时代人，如《三角数理》作者海麻士（Hymers），在中译本刊行那年尚在世。又如《代数难题解法》1878 年刚出版，第二年就译成汉语。所以译著的数学内容比较新颖，能够反映当时先进的西方数学的一般水平。但是总的来看，这些译作还不是介绍 19 世纪数学的主要进展情况，也不可能概括数学名家的基本工作。然而高等数学的基础知识和基本方法却得以广泛传播，起到了启蒙的作用。华译文字明白晓畅，内容丰富多彩，在李善兰后介绍西算影响最大。

华氏译著有一特色，就是比较详尽地叙述了西方代数学史、三角学史、概率论史等。《代数术》后部有十几款均有涉及，如 216 款、270 款、272 款有大段介绍；《决疑数学》总引以三千多字篇幅详述概率论史。提到的数学家前者约有 20 人，后者约有 30 人，如费马、牛顿、拉格朗日、拉普拉斯、高斯等，提到了他们的数学成就和著作。细致入微之处，有卡当公式的由来（《代数术》115 款），刻在墓碑上的圆周率（同上 272 款）等，对当时我国数学界而言还是新鲜的，打开了西算史的知识之窗。

在首译科学著作时，确定译名是一艰巨的工程。华氏创译数学符号和数学名词，如有理、无理、根式、移项、实数、实根、未定式、迭代法、无穷级数、二项微分式等。概率论名词华译流传下来的有大数、指望（期望）、排列、相关、母函数、循环级数等。这批译名经得住竞争与时间的考验。华蘅芳说，他译书时不懂西文，口译者又不谙汉学，而“书中名目之繁，头绪之多……往往观其面色，视其手势而欲以笔墨达之，岂不难哉！”没有词典译书，的确是创造性的劳动。

**3）华译影响较大的三本数学书**

在上列出版的译著中影响较大的有《代数术》《微积溯源》与《决疑数学》。前两种是在李善兰译《代数学》与《代微积拾级》之后的新译，华氏曾说：“每觉李氏所译之二种殊非易于入手之书”，“所以又译此书者，盖欲补其所略也”（《微积溯源》序 1874 年）。

《代数术》25 卷 281 款，内容有初等代数、方程论（前 16 卷），还有无穷级数、对数、指数、利息、连分数、不定方程等。末两卷为三角学，有正余切、反正切展开式。《代数术》在日本重版并译成日文。

《微积溯源》8 卷 190 款，前 4 卷为微分术，后 4 卷为积分术，从变量与函数开始，讲到超越函数、复合函数的微分，介绍“戴劳级数”“马格老临级数”，函数极值，曲线微分性质；求初等函数的积分、面积、曲线长、体积，并求二元函数的微积分。卷八有一、二阶常微分方程。

《决疑数学》是中国第一部编译的概率论著作，10 卷 160 款，原作者上面已列出；可以确定与棣么甘的著作无关，这是因为：卷八第 102 款称：“不知是有人在棣么甘之前创此法而传与棣么甘，抑为棣么甘自设之法耳”，显然不是棣么甘自撰的口吻；又，章用曾将它与棣么甘原著对过，皆不合。①

卷首“总引”说明把概率论的科学道理用于“国家治民，或民自治，或兴起风俗、

① 李俨. 中算史论丛（四）：华蘅芳年谱. 北京：科学出版社，1955：362-377.

改定章程”，可治“好赌之弊”、代替占卜、估测人口、指导人寿保险、预求判案准确率以及统计邮政、医疗事业中某些平均数等，表明一百年前我国学者已清楚地认识到概率论作为数学工具在研究社会问题中的作用。后来周达在校刻《决疑数学》序中尖锐指出：“若夫得失之原，善败之故，吉凶悔咎之由……愚者不求甚解……蓍蔡以决所从……事理万变，祸福参倚，辄委之于阴阳气数之说以自解，吾国民智闇（暗）蔽，非无由矣。”[①]以近代科学知识为武装对传统迷信思想进行了批判。

《决疑数学》前几卷是古典概率，引用了大量古典名题，十分生动，至今仍有参考价值；卷六为人寿概率问题，卷七为定案准确率问题，卷八为大数问题，卷九 128 款计算彗星轨道平面与黄道平面交角的概率，133 款提出概率曲线：$f(\Delta)=\sqrt{\lambda/\pi}\mathrm{e}^{-\lambda\Delta^2}$，用二重积分算式[②]行计算，并绘出曲线坐标图。卷十为最小二乘法。书末附数表 8 页，为概率积分 $v=\frac{2}{\sqrt{\pi}}\int_0^{\tau}\mathrm{e}^{-t^2}bt$ 从 $\tau=0$ 到 $\tau=3$ 每相距 0.01 的数值，98 款称此表为“布国天文通书”（1834 年）所颁行。“布国”（Belgium）即比利时，“天文通书”即现在的天文年历。

### 14.3.4 华蘅芳是我国近代数学教育的创始人*

华蘅芳在数学教育方面的著作有《学算笔谈》12 卷、《算草丛存》中的《平三角测量法》《算斋琐语》和《算法须知》4 章以及《西算初阶》1 卷。其中后两种为启蒙读物，《平三角测量法》为数学讲义，华氏还写了许多序、跋。这些文字清楚地阐述了他的数学教育思想，并可看出作者的哲学思想观点。特别是《笔谈》和《琐语》包括由浅入深的中西数学介绍、数学评论、学习心得、研究进展、翻译经验、方法分析与数学史等，内容十分丰富，在中算史上开创以专著进行数学评论的先河。

**1）华蘅芳重视数学教育，具有进步的教育哲学思想**

华蘅芳认为数学教育具有重大意义：“故深于算法者可以析至纷之数，穷至赜之理，造至精至奇之器，夺造化之权舆，泄天人之秘奥。国家因此而富强，天下俱得其便利，其功岂浅鲜哉！”（《算法须知》总引）由于“算之切于日用，斯须不可离者也”（《学算笔谈》序）所以他说：“余生平酷好算学”（《算草丛存》卷八《算斋琐语》），“余于算学寝馈者已数十年”，“无时不究心于代数”。他孜孜不倦，辛劳终生，“吾果如春蚕，死而足愿矣！”表现了献身教育事业的思想境界。他的教育工作和教学思想散见于他的著作、文稿及同时代的有关回忆录之中。

华蘅芳没有专门的哲学著作，仅有片断论述。他说：“算学之理，与有生以俱来。试观孩儿嬉戏，见果必争取其大者，因其胸中已有一多寡之见存焉者也。由是知算学之理为人心所自有，并非自外而入”（《学算笔谈》卷一）。中法与西法“能大致相同者，人同此心，则心同此理也”（《算草丛存》卷八《算斋琐语》）。华氏又认为：“物生而后

---

① 周达. 校刻《决疑数学》序. 扬州刻本，1909（宣统元年）.

② 钱宝琮. 中国数学史. 北京：科学出版社，1981：336.

* 罗见今. 李善兰、徐寿、华蘅芳——我国近代科学教育的先驱//内蒙古师范大学. 教育科学学术讨论会论文集，1984：50-63.

有象……而后有数。则物之有数乃人之强立名目以记物之多寡者也。”（《学算笔谈》卷一）“事物日变，人心智虑日拙……算学之境因是而益深。”（《学算笔谈》序）“数百年久晦之义今得一旦复明，此数理之自然，非余之力也”（《开方古义》卷一）。强调了数学内容的客观性。

20 世纪学术界中对华氏颇有些严厉的批评，认为他“对数学的认识充满着唯心主义色彩”，认为“他从唯心主义观点看数学，他的数学研究工作自然是脱离实际的”。[①] 这一评价恐怕有些严厉了。根据他的著作，情况并非如此。例如《平三角测量法》跋言中称该书为光绪丁亥（1887 年）在天津武备学堂时所辑，为演习西洋陆师而设，其中肄业之徒，皆自军各营选来武夫……。显见这本教材为军人所编，切于实用，并非脱离实际之作。《抛物线说》由徐寿作图，华蘅芳还做过射击试验，同样也重于应用。还有差分法、内插法等，皆有应用背景。华氏对微积分不仅翻译介绍，还出色地解决了实际问题。上述评价应当全面一些。

华氏认为数学发展“终无穷尽之时”，他说：“数理渊深，不可限量，其中妙义，任人探索，终无穷尽之时，不可谓此理之外更无他理，此法之外更无他法”（《学算笔谈》卷五）。“每立一法，必能使繁者为简，难者为易，迟者为速；而算学之境界借此得更进一层，如是屡进不已……”根据这种观点，他为传播微积分知识，批评了那种抵制西学、抱残守缺的保守思想。说：“如必曰‘加减乘除开方已足供吾之用矣，何必更究其精？’是舍舟车之便利而必欲负重远行也，其用力多而成功少，盖不待智者而辨矣。”（《微积溯源》序，1874 年）

华氏认为数学今胜于昔，他说：“算法古疏今密，古拙今巧，亦天地自然之理。”（《算草丛存》卷八《算斋琐语》）“算学……后之视今犹今之视昔，安知此后更无再巧再密之术而视今之巧密者为疏拙耶？”（《学算笔谈》卷五）这显然是对厚古薄今的质问。由于他坚信未来必胜于今天，曾预言“算器（算盘、筹算等）皆各有所一长，亦各有所短……吾意后世必有能创一器……而各事皆便者”（《算草丛存》卷八《算斋琐语》）。一百年后开始普及的电算器，证明了他这一预见的正确性。

**2）华蘅芳数学教学的特点和方法**

华蘅芳注重数学教学，他说：“余觉教人学算比自己学算更难。”（《算草丛存》卷八《算斋琐语》）因此他特别强调循序渐进，“由浅而入深，诱掖而引进之”（《学算笔谈》序），谆谆告诫“必循序而及，不可躐等而进”。他的全部数学及教学著作都贯彻了这一原则。

华蘅芳要求学生认真读书。怎样读数学书？华氏的“观书之法”有以下几个要点：“学算不必多书也，惟择其要者观之而已。”“凡观算书有数处最难于进步，然不过此关则终身不能再有进境矣。”“以我观物，不可反为物所役也。若入乎其中而不能出乎其外，则如入牛角之中而不得出矣。观书者亦不可反为书所役也。”（《学算笔谈》卷五）

“算学之事要去故生新”，善学算者“不存先入之见，亦不存中西之见”，否则这些偏见“胶固积滞于胸中，足以蒙蔽心思，而新义不得复入矣。”（《学算笔谈》卷五）解题要随机应变，不能“执一而论”；死记硬背为“呆法”，“题目一变即无所用之矣。”“泥

① 钱宝琮. 中国数学史. 北京：科学出版社，1981：337.

一法而不思变计，则虽有此理亦终归于处处窒碍也。”(《算草丛存》卷八《算斋琐语》)

要有分析精神。算法“并诸易事作一事则难矣”“譬如数椽之屋入于其中周览而出，可以一目了然也。若遇重楼复阁，则觉千门万户，迷其所向矣。然重楼复阁，乃许多楼阁之合成也；其千门万户，乃无数门户之所辏集也。能记其曲折方向，何难循原路以出哉！”(《算草丛存》卷八《算斋琐语》)“学算不必急于求成，遇难通之处，只要将其所言之事置之心中毋忘，阅数月自能通晓。”“放过此处而看下处，抛去此书另观他书。”(《学算笔谈》卷五)

华氏反对数学中的烦琐哲学：“九容之术原书已不胜其繁，又从而抽绎其义，引伸其说，名目愈多，头绪百出，试思此种算学究竟有何用处？”(《学算笔谈》卷五)

此外，华氏还主张“一切算稿均宜笔之于书”“可作图者必先作图说”等。这些学算的方法当时已成至理名言。从中还可看出他的方法论中已经具有辩证的内容，像“观书者不可反为书所役”等精辟见解，至今仍有积极的意义。

**3）提倡实事求是，注重科学实验**

华蘅芳的治学精神有两点特别突出，值得称道。其一是：“从来算学家皆喜炫其所长而匿其短……余则反其所为，凡遇书中有未能之事与不能之事，必详言之，盖深望后之学者皆可以由此精进也。”(《算草丛存》卷八《算斋琐语》)其二是：“古人之算学书每使人猝不易解……病在于只将所造之境以示人，而其从入之途……皆秘匿而不道……余则力挽之习，于一切算法无不坦白以示人……不求简奥，不避粗俗，惟使人易明而已。”这两点仍值得效法。

华蘅芳注重科学实验。早年在安庆制造过汽船，在上海参加筹建江南制造局，可以说是有实践经验的工程师。他从事数学研究，基本上属于应用方面的工作，到后来，便把这种注重科学实验的精神带进数学教育工作中。他重视从实际观察中总结数学规律，并把数学理论同解决实际问题联系起来。例如华蘅芳和徐寿早年著《抛物线说》时所进行的弹道试验是饶有兴味的。他们在射击方向上的不同距离处埋下桩柱，每根柱等高处绑上活鸟，观察每次射击着弹点并作记录。他们既不是为了打鸟取乐，也不是为了练习枪法，目的在于验证弹道呈抛物线的理论，这在当时是新鲜事。他们两人还在研究光学时，把水晶图章磨成三棱镜。这些在西方已成为平凡的实验，在我国还不多见。

华蘅芳在天津武备学堂时，“德国教习购得法越空战时所用行军瞭望轻（氢）气废球一具，欲令学生演习试放，而教习居奇，久之而功不就。先生乃督工别制径五尺小球，用强水发轻（氢）气，以实其中。演放飞升，观者赞叹，教习内惭，工遂速竣”。这是华氏学生无锡陶赞所作的记录。五尺氢气球可能是中国自造的第一具。华氏在天津机器局时，“驻德使臣购归新出测弹速率电机一具，译者莫知其用，先生以微分之理解之，理明而用亦明”。

注重科学实验并把它与理论联系起来，反映了科学上的求实精神和实证原则，这种良好的学风从一开始就带进了近代数学教育领域。

**4）华蘅芳把希望寄托在“继我起者”身上**

华蘅芳作为自学成名的数学家和教育家，恳切地教导后继者，对他们寄予很大的希望：“余于算学寝馈者已数十年，此中之甘苦知之最悉，故将已历过之境界、已见到之地步，为学者缕述之，以助其观书之功，而省枉费之力，俾不致如余之尽从暗中摸索得来，则吾愿慰矣。”（《学算笔谈》卷五）到了暮年，这希望变得更为殷切：“继我起者，或能捷足而得之……我年齿又衰老……日暮途远，不能不望之后学也。”（《算草丛存》卷八《算斋琐语》）

教学的效果和影响。华蘅芳的学生著名的有江衡、杨兆鋆、陶赞（著《笔算数学讲义》）等，都成为数学家，他的弟弟华世芳，字若溪（著《恒河沙馆算草》），比他小 21 岁，在他的教育、影响下，也成为数学家和教育家，1896 年在常州担任龙城书院院长兼江阴南菁书院院长。

华蘅芳是我国近代数学教育事业的先行者。

## 14.4　华蘅芳《积较术》中的计数函数*

华蘅芳的文集《行素轩算稿》收有他从 1872～1882 年间写成的 6 种著作，其中第 4 种是《积较术》，共 3 卷，140 面。《积较术》卷一“论积较之理”，卷二“论造表用表之法”和卷三“论各种垛积”。由本书第 9 章、第 13 章所见，垛积本身就能写成组合（combination）表达式，垛积与招差互为逆运算，而连续运用招差术也必然出现组合系数。本节将对《积较术》卷一的数学内容以若干现代的数学符号表出，在计算二项式定理系数意义上使用组合符号，依据 1882 年华蘅芳首刊本。由于传统数学受到表达方式的局限，原著尚非纯粹符号代数，递归性质多用叙述或举例说明，整理时就要本着严格尊重原著数学内容、不拘泥于原有表述方式的原则，这将区别于照本直译或转述。

### 14.4.1　“积较之理”与“积较式”

所谓“积较术”，就是有限差分法。卷一“论积较之理”，论述有限差分的基本概念。它开宗明义，指出：“积较者，列各积相较，复列各较之较相较，必至无较乃止”，“积”指的是幂积或垛积，即它的函数值 $y_n$；“较”用作名词就是差。“各积相较”即一阶差分 $\Delta y_n$，“各较相较”即二阶差分 $\Delta^2 y_n$，等等；“必至无较乃止”，说明 $y_n$ 为高阶等差级数，正是有限差分法所施的对象。

图 14-4 按原图左右排列的顺序，横行第甲行“积”即函数值 $y_n$，或零阶差分 $\Delta^0 y_n$。以下乙、丙、丁诸行，依次为一、二、三……阶差分 $\Delta^k y_n$（$k$=1，2，…，$m$）。两数之差，记在被减数下，算作被减数的下一阶差分（3 数用虚线三角形圈住），由此可得下面的差分定义式（1）。

| | | | | | | | | | | | |
|---|---|---|---|---|---|---|---|---|---|---|---|
| 甲 | $y_n$ | … | $y_3$ | $y_2$ | $y_1$ | $y_0$ | $y_{-1}$ | $y_{-2}$ | $y_{-3}$ | … | $y_{-n}$ |
| 乙 | $\Delta y_n$ | … | $\Delta y_3$ | $\Delta y_2$ | $\Delta y_1$ | $\Delta y_0$ | $\Delta y_{-1}$ | $\Delta y_{-2}$ | $\Delta y_{-3}$ | … | $\Delta y_{-n}$ |
| 丙 | $\Delta^2 y_n$ | … | $\Delta^2 y_3$ | $\Delta^2 y_2$ | $\Delta^2 y_1$ | $\Delta^2 y_0$ | $\Delta^2 y_{-1}$ | $\Delta^2 y_{-2}$ | $\Delta^2 y_{-3}$ | … | $\Delta^2 y_{-n}$ |
| 丁 | $\Delta^3 y_n$ | … | $\Delta^3 y_3$ | $\Delta^3 y_2$ | $\Delta^3 y_1$ | $\Delta^3 y_0$ | $\Delta^3 y_{-1}$ | $\Delta^3 y_{-2}$ | $\Delta^3 y_{-3}$ | … | $\Delta^3 y_{-n}$ |
| ⋮ | ⋮ | | ⋮ | ⋮ | ⋮ | ⋮ | ⋮ | ⋮ | ⋮ | | ⋮ |
| 边数 | $n$ | … | 3 | 2 | 1 | 0 | −1 | −2 | −3 | … | $-n$ |

图 14-4　华蘅芳《积较术》卷一的“积较式”

* 罗见今. 华蘅芳的计数函数和互反公式//吴文俊. 中国数学史论文集（二）. 济南：山东教育出版社，1986：107-124. 另见：全国第一届组合数学会议论文集. 大连，1984：53.

华蘅芳在卷一“求各种公式”中据差分理论得到一组公式，并创造了一种内插法。这些公式用组合符号和现在的记法可以表为：（1b，1c 两式中 $n$ 正整数）

$\Delta^{k+1}y_n=\Delta^k y_n-\Delta^k y_{n-1}$.　　（据甲、乙、丙式，$n$ 整数）　　（1a）

$\Delta^k y_n=\Delta^k y_{n-1}+\Delta^{k+1}y_n$.　　（1b）　　$\Delta^k y_{-n}=\Delta^k y_{-n+1}-\Delta^{k+1}y_{-n+1}$.　　（1c）

用差分定义式递求，手续“不胜其繁”，于是华氏将各边 $\Delta^k y_{\pm n}$ 以迭代法反复应用（1b）（1c），将它以“0 边积较”$\Delta^k y_0$ 表出，例如共有三阶差分时，

$$y_n=y_0+n\Delta y_0+\frac{n(n+1)}{2}\Delta^2 y_0+\frac{n(n+1)(n+2)}{2\cdot 3}\Delta^3 y_0，\Delta y_n=\Delta y_0+n\Delta^2 y_0+\frac{n(n+1)}{2}\Delta^3 y_0，$$

$\Delta^2 y_n=\Delta^2 y_0+n\Delta^3 y_0$，$\Delta^3 y_n=\Delta^3 y_0$. 以上为“左卯行之式”。

推于一般，即

$$\Delta^k y_n=\sum_{r=0}\binom{n+r-1}{r}\Delta^{k+r}y_0.\ (n>0) \tag{2a}$$

同理，$y_{-n}=y_0-n\Delta y_0+\dfrac{n(n-1)}{2}\Delta^2 y_0-\dfrac{n(n-1)(n-2)}{2\cdot 3}\Delta^3 y_0$，

$\Delta y_{-n}=\Delta y_0-n\Delta^2 y_0+\dfrac{n(n-1)}{2}\Delta^3 y_0$，

$\Delta^2 y_{-n}=\Delta^2 y_0+n\Delta^3 y_0$，$\Delta^3 y_{-n}=\Delta^3 y_0$. 以上为“右卯行之式”。

推于一般，即

$$\Delta^k y_{-n}=\sum_{r=0}(-1)^r\binom{n}{r}\Delta^{k+r}y_0.\ (n\leqslant 0) \tag{2b}$$

至此，原著说：“观以上各式，知左右卯行可合为一式”，得到基本公式：

$$\Delta^k y_n=\sum_{r=0}\binom{n+r-1}{r}\Delta^{k+r}y_0.\ (n\text{ 整数}) \tag{2}$$

并明确指出 $n$ 可正可负。把两式合为（2）清楚表明，当 $n<0$ 时如下两种表示是同一的：

$$\binom{n+k-1}{k}=(-1)^k\binom{-n}{k}. \tag{3}$$

在一本有影响的《组合恒等式》[①]中，式（3）被列在 1.1 节基本公式之（ii），为有重复和无重复组合间的基本关系式。就华蘅芳的原著而言，式（3）尚缺独立的数学证明。

式（2）用来求表中左右各列差分已很方便，但如果求表中末列的“各较变大变小”的插入值即不敷用。于是华氏经过以下三步骤达到这一目的：

第一步：“从左而右”列出 $y_0$，$y_{-n}$，$y_{-2n}$，…求各阶差分，即新差分表，与原表有关系：

$$Y_{-r}=y_{-rn}.\ (r\text{ 为整数，}n\text{ 为实数}) \tag{4}$$

新差分表的“0 边积较”记作 $\Delta^k Y_0$ 时得“以甲为积之一行积较式”：

$$\Delta^k Y_0=\sum_{r=0}^{k}(-1)^r\binom{k}{r}y_{-rn}.\ (\text{卷一 12 页 b，13 页 b；}n\text{ 实数}) \tag{5}$$

① RIORDAN J. Combinatorial Identities. New York：John Wiley & Sons，1968.

第二步：将新表第一行 $y_{-rn}$ 用原表"0 边积较"$\Delta^k y_0$ 表示出来，即在式（2）中取 $k$=0 并以 $-n$，$-2n$，$-3n$，…取代其 $n$（此时 $n$>0），得到

$$y_{-rn}=\sum_{i=0}(-1)^i\binom{rn}{i}\Delta^i y_0.\text{（卷一 13 页 a 面前 4 式，}n\text{ 实数）}\tag{6}$$

第三步：将（6）代入（5），相当于如下推导：（据卷一 12 页 b 面及 13 页，卯式）

$$\Delta^k Y_0=\sum_{r=0}^{k}(-1)^r\binom{k}{r}\sum_{i=0}(-1)^i\binom{rn}{i}\Delta^i y_0=\sum_{i=r}\sum_{r=0}^{k}(-1)^{i+r}\binom{k}{r}\binom{rn}{i}\Delta^i y_0.\text{（}n\text{ 实数）}\tag{7}$$

式（7）中，$i$=0 和 $i$=$r$ 相同。当 $1\leqslant i\leqslant k-1$ 及　当 $i$=$k$ 时分别有

$$\sum_{i=1}^{k-1}\sum_{r=0}^{k}(-1)^{i+r}\binom{k}{r}\binom{rn}{i}\equiv 0.\qquad(8)\qquad\text{及}\ \sum_{r=0}^{k}(-1)^{k+r}\binom{k}{r}\binom{rn}{k}=n^k.\tag{9}$$

在组合学中，$n^k$ 表示有重复排列，足可与《组合恒等式》第 1.3 节基本公式 6 表示无重复组合的 $\binom{n}{k}$ 相媲美：$\sum_{r=0}(-1)^{k+r}\binom{k}{r}\binom{n+r}{r}=\binom{n}{k}$. 就华蘅芳的原著而言，式（9）尚缺独立的数学证明。

### 14.4.2　华蘅芳的内插法*

**1）华蘅芳内插公式的用法举例**

华氏主要用（2）和（7）两式进行一种类似牛顿内插法的运算，可得精度相同的结果。因此可解方程，卷一末列举 6 题。如末题：$x^2+2x-16=0$，得正根 $x=\sqrt{17}-1=3.1231$。也可用来解高次方程，但程序烦琐，不及秦九韶法简明，其数学价值值得讨论。

内插求值过程中采用递次内插、逐步逼近的方法，有其特点，举例如下。

**例 1**　已知当 $x$=7 时 $\Delta^k y_0$（$k$=0，1，…，5）依次是 16 807，9031，4380，1830，600，120。求 $x$=7.3 时 $\Delta^0 Y_3$ 和 $\Delta^3 Y_3$ 之值。

**解**：据华氏理论，把原差分表中 $x$=7 的一列 $\Delta^k y_0$ 看成是"0 边"或"首行"，由式（7）求间距"长率"$n$=1/10 的新差分表（并不列出）中的 $\Delta^k Y_0$，可得（计算过程从略）：

$$Y_0=16\,807,\ \Delta Y_0=1166.6865,\ \Delta^2 Y_0=65.7087,$$
$$\Delta^3 Y_0=2.8155,\ \Delta^4 Y_0=0.0816,\ \Delta^5 Y_0=0.0012.$$

把求得的诸 $\Delta^k Y_0$ 看成是新差分表的"0 边"或"首行"，由式（2），求它左边第 3 列（$n$=3）中的第 1 个数 $Y_3$（真值 $f$（7.3）=20 730.716）、第 4 个数 $\Delta^3 Y_3$（真值 $\Delta^3 Y_3$=3.070）：

$Y_3=Y_0+3\Delta Y_0+6\Delta^2 Y_0+10\Delta^3 Y_0+15\Delta^4 Y_0+35\Delta^5 Y_0=20\,730.733$.（$=f$（7.3））

$\Delta^3 Y_3=\Delta^3 Y_0+3\Delta^4 Y_0+6\Delta^5 Y_0=3.0675$.

**例 2**　函数 $f$（$x$）及其差分有表 14-4 的数据[①]，现在要求出 $f$（22）.

---

* 罗见今. 华蘅芳的内插法. 内蒙古师范大学学报（自然科学汉文版），1989（s1）：41-49.

① 华罗庚. 高等数学引论：第 1 卷第 1 分册. 北京：科学出版社，1963：82-84.

表 14-4　函数 $f(x)$及 1~4 阶差分数据表

| $x$ | $f$ | $\Delta f$ | $\Delta^2 f$ | $\Delta^3 f$ | $\Delta^4 f$ |
|---|---|---|---|---|---|
| 0 | 0 | | | | |
| 5 | 4.87 | 4.87 | | | |
| 10 | 10.52 | 5.65 | 0.87 | | |
| 15 | 17.24 | 6.72 | 1.07 | 0.29 | |
| 20 | 25.34 | 8.10 | 1.38 | 0.31 | 0.02 |
| 25 | 35.16 | 9.82 | 1.72 | 0.34 | 0.03 |
| 30 | 46.97 | 11.81 | 1.99 | 0.27 | −0.07 |
| 35 | 61.09 | 14.12 | 2.31 | 0.32 | 0.05 |
| 40 | 77.85 | 16.76 | 2.64 | 0.33 | 0.01 |

**解**：据华氏差分定义，知表中横线所连 5 数为 $x=20$ 时的各阶差分 $\Delta^k y_0$（$k=0$，1，…，4）；而据现今的差分定义，斜下线所连 5 数为 $x=20$ 时的各阶差分。现以表上连 5 数入算。因此表 $x$ 值间距为 5，新立差分表间距应为 2，故“长率”即长度比为 $n=2/5=0.4$，代入式（7）：

$Y_0=y_0=25.34$，$\Delta Y_0=3.426\,272$，$\Delta^2 Y_0=0.251\,872$，$\Delta^3 Y_0=0.020\,992$，$\Delta^4 Y_0=0.000\,512$.

现求 $f$（22），即求在假定新差分表中与 $x=20$ 一列差分相距为一列的 $\Delta^0 Y_1$。由式（2）：

$$f(22)=Y_1=\sum_{r=0}\binom{n+r-1}{r}\Delta^r Y_0=25.34+3.426\,272+0.251\,872+0.020\,992+0.000\,512$$
$$=29.039\,648.$$

文献《高等数学引论》举出此例，应用牛顿、贝塞尔（Bessel）和斯特林插入公式分别计算 $f$（22），以比较它们的方法和结果；本节依华蘅芳插入公式算出的数据多留几位，要同牛顿法比较精度。差分法本身有误差，这里仅取 $f$（22）=29.04。

用贝塞尔和牛顿插入公式 I 获得 $f$（22）=29.05，用斯特林插入公式算出 $f$（22）= 29.04。

**例 3**　仍用例 2 数据表 14-4，以 $x=30$ 的一列 $\Delta^k y_0$（$k=0$，1，…，4）依次为 46.97，11.81，1.99，0.27，−0.07 入算，求 $f$（22）.

**解**：式（3）中取“长率”为 $n=2/5=0.4$，代入式（7），得

$Y_0=y_0=46.97$，$\Delta Y_0=4.977\,168$，$\Delta^2 Y_0=0.348\,912$，$\Delta^3 Y_0=0.013\,248$，$\Delta^4 Y_0=-0.001\,792$.

在差分表 $\Delta^k Y_n$ 中 $f$（22）位于同 $\Delta^k Y_0$ 一列相差−4 列的第一个数（$k=0$，$n=-4$），由式（2b）：

$$f(22)=Y_{-4}=\sum_{r=0}(-1)^r\binom{4}{r}\Delta^r Y_0=46.97-4\times 4.977\,168+6\times 0.348\,912-4\times 0.013\,248$$
$$-0.001\,792=29.100\,016$$

这个结果只取 $f$（22）=29.10。比较例 2、例 3 可知，入算的差分离内插的差分越远，则利用华蘅芳内插公式算得的结果越粗疏。应用别的内插公式也会出现同样的情况。

**2）与牛顿内插公式的比较**

牛顿内插公式有 I，II 两式：$N_{\rm I}(x)=\sum_{r=0}^{n}(-1)^r\binom{u}{r}\Delta^r y_0$，$N_{\rm II}(x)=\sum_{r=0}^{n}\binom{u+r-1}{r}\Delta^r y_{-r}$.

式中：$u=(x-x_0)/h$.（$h$ 为相等间距之长）

在例 2 的数据表 14-4 中，为求 $f$（22）用牛顿 I 式时即以斜下线所连 5 数入算，结果为 $f$（22）=29.05。用牛顿 II 式时即以表中横线所连 5 数入算，与华氏内插法所用数据一样：（$u$=0.4）

$$f(22)=N_{\text{II}}(22)=\sum_{r=0}^{4}\binom{0.4+r-1}{r}\Delta^r y_{-r}=25.34+0.4\times 8.1+\frac{1.4\times 0.4}{2}\times 1.38+$$

$$+\frac{2.4\times 1.4\times 0.4}{6}\times 0.31+\frac{3.4\times 2.4\times 1.4\times 0.4}{24}\times 0.02=29.03948\approx 29.04\,.$$

即所得结果精度与华氏算法相同，依式计算到小数点后 6 位仍无差异。两法存在同异点。

首先，由于差分定义（1）与牛顿 II 式的指称有所不同，华的 $\Delta^r y_0$ 就是 II 的 $\Delta^r y_{-r}$，这种形式上的差别并不影响公式实质的一致性。其次，式（2）可求 $\Delta^k y_n$ 的各阶差分，而 I II 只求 $k$=0 时的函数内插值。从这个意义上看，前者是后者的推广。最后，式（2）中 $n$ 只取整数，而 I II 可取实数。假如把“长率”规定为实数，则两者并无本质不同，即可省却式（7）烦琐的计算。换言之，华蘅芳内插公式已具备牛顿公式的形式，用法加以改进即可简化运算。

如果把 $n$ 扩展到实数，则式（2）可改写为：

$$\Delta^k f(x)=\sum_{r=0}\binom{n+r-1}{r}\Delta^{k+r}f(x_0) \tag{10}$$

式中 $n$=（$x-x_0$）/$h$，$h=x_{i+1}-x_i$ 为差分表间距；即成 II 式的推广，可代替（2）（7）两次计算。

**例 4** 仍用例 2 数据表 14-4，以式（10）求 $\Delta^k f$（22）（$k$=0，1，…，4）.

**解：** $f(22)=\sum_{r=0}\binom{0.4+r-1}{r}\Delta^r f(20)=29.039648\approx 29.04$，

$$\Delta f(22)=\sum_{r=0}\binom{0.4+r-1}{r}\Delta^{r+1}f(20)=8.74328\approx 8.74\,,$$

$$\Delta^2 f(22)=\sum_{r=0}\binom{0.4+r-1}{r}\Delta^{r+2}f(20)=1.5096\approx 1.51\,,$$

$\Delta^3 f$（22）=$\Delta^3 f$（20）+0.4×$\Delta^4 f$（20）=0.318≈0.32，$\Delta^4 f$（22）=$\Delta^4 f$（20）=0.02.

几点简短的结论：①华蘅芳在《积较术》卷一提出的内插法其结果的精度与牛顿内插法相同。②华蘅芳的内插公式（2）与牛顿内插 II 式结构基本相同；前者用法稍加改进后，就成为后者的推广形式。③华蘅芳在推导过程中事实上获得组合恒等式（3）、（9）。

### 14.4.3 两种计数函数

《积较术》提出两个基本概念：①“0 边积较”，“边”指取整数的 $x$，0 边积较即函数 $f_n$（$x$）在 $x$=0 的各级差分 $\Delta^k f_n$（0）（$k$=0，1，…，$n$）。②“减层积较”，“减层”指降幂，据卷二 11 页，这种幂函数应定义为：

$$f_{n-k}(x)=\sum_{r=0}^{n-k}a_r x^{n-k-r}\quad (k=0，1，\cdots，n) \tag{11}$$

降一阶的差分公式见下面式（16）。卷二还提出两个差分基本性质：③“同方之各积任若干倍之，则其各较亦大若干倍”，即 $\Delta^k(ax^n)=a(\Delta^k x^n)$ （12）

④“不同方之各积其积数若相加（减），则其较数亦相加（减），其各积之任何倍相加（减），亦合此例”。即：若 $f_n(x)=\sum_{r=0}^{n}a_r x^{n-r}$，则 $\Delta^k f_n(x)=\sum_{r=0}^{n}a_r\Delta^k x^{n-r}$ （13）

据以上概念和性质，当 $x=0$ 时，由（11）知 $f_{n-k}(0)=a_{n-k}$ （11′）

由（13）知 $\Delta^k f_n(0)=\sum_{r=0}^{n}f_r(0)\Delta^k x^{n-r}\big|_{x=0}$。

**1）第一种计数函数：“诸乘方正元积较表”**

华蘅芳认为“诸乘方［$f_n(x)=x^n$］正元（$x\geqslant 0$，整数）0 边积较”［$\Delta^k f_n(a)=\Delta^k x^n|_{x=0}$］具有最重要的性质，它是解决一般幂积或垛积函数差分问题的关键，因此将 $n=0$，1，…，8 的 $x^n$ 的差分表中 $x=0$ 的各级差分布列成表 14-5，进行专门的研究。表中数记作 $h_k^n$，上标 $n$ 为行数，$n=0$，1，2，…即幂指数，但这里并非 $h$ 的 $n$ 次幂；下标 $k$ 为行数，$k=0$，1，…，$n$ 即差分阶数。

表 14-5 是怎样造出来的？华氏在卷二先后创造了 5 种造表法，即对同一函数给出 5 种等价的递归定义或通项公式，这里省去烦琐的过程，仅将主要结果分述于下。

**表 14-5 “诸乘方正元积较表”：第一种华氏数 $h_k^n$**

| $h_k^n$ | $k=0$ | 1 | 2 | 3 | 4 | 5 | 6 | 7 | 8 |
|---|---|---|---|---|---|---|---|---|---|
| $n=0$ | 1 | | | | | | | | |
| 1 | 0 | 1 | | | | | | | |
| 2 | 0 | −1 | 2 | | | | | | |
| 3 | 0 | 1 | −6 | 6 | | | | | |
| 4 | 0 | −1 | 14 | −36 | 24 | | | | |
| 5 | 0 | 1 | −30 | 150 | −240 | 120 | | | |
| 6 | 0 | −1 | 62 | −540 | 1 560 | −1 800 | 720 | | |
| 7 | 0 | 1 | −126 | 1 806 | −8 400 | 16 800 | −15 120 | 5 040 | |
| 8 | 0 | −1 | 254 | −5 796 | 40 824 | −126 000 | 191 520 | −141 120 | 4 032 |

1. 命名式：将 $x^n$（$x$ 取整数）列出 $n=0$，1，2，…共 $n$ 个差分表，分别求出 $x=0$ 时的各级差分，依次布列成表 14-5，则

$$h_k^n=\Delta^k y_n\big|_{x=0}=\Delta^k f_n(0)=\Delta^k x^n\big|_{x=0} \tag{14}$$

$h_k^n$ 称为“第一种华氏数”，在§14−5 中将对这种函数略加改造，添加新的组合意义。

2. 递归式：依卷二 16 页术文及表，“可递求积较表各行之数”，即有：

（i）$h_0^0=1$；$h_k^n\equiv 0$，当$k<0$或$k>n$时 （ii）$h_k^n=k(h_{k-1}^{n-1}-h_k^{n-1})$. （15）

3. 逆推式：据卷二 7～10 页“变少层数之法”“从积较表任一行之数求上一行之数”：

（i）$h_0^0=1$; $h_k^n\equiv 0$, 当$k<0$或$k>n$时　　（ii）$h_k^{n-1}=h_{k-1}^{n-1}-h_k^n/k$ .　　（15′）

4. 通项式：根据华氏原意，“用其斜行之数”“自下而上变其偶层之号”，可得$h_k^n$，即：

$$h_k^n=\sum_{r=0}^{k}(-1)^r\binom{k}{r}(k-r)^n \tag{16}$$

当 $k$=$n$ 时有

$$\sum_{r=0}^{n}(-1)^r\binom{n}{r}(n-r)^n=n! \tag{17}$$

式（16）为数$h_k^n$的通项公式，而式（16′）显示表中斜列$h_n^n=n!$即正整数乘方 $x^n$ 的末阶差分。

5. 简易（递推）式：见卷二 17 页的“简易表”，华氏另创一辅助计数法求$h_k^n$，此略。

**例 5**　式（15）中，当$n$=6，$k$=5，求$h_5^6$. 则$h_5^6=5\cdot(h_4^5-h_5^5)=5\cdot(-240-120)=-1800$ .

**例 6**　式（16）中，当 $n$=7，$k$=3，求$h_3^7$. 则

$$h_3^7=\sum_{r=0}^{3}(-1)^r\binom{3}{r}(3-r)^7=3^7-3\cdot 2^7+3=1806 .$$

**例 7**　验证式（17）中当 $n$=5，6 时，即有$h_5^5=5!$及$h_6^6=6!$.

组合恒等式（17）在华蘅芳的原著中尚无独立的数学证明。现验证如下：

$$h_5^5=1\cdot 5^5-5\cdot 4^5+10\cdot 3^5-10\cdot 2^5+5\cdot 1^5=120=5!$$

$$h_6^6=1\cdot 6^6-6\cdot 5^6+15\cdot 4^6-20\cdot 3^6+15\cdot 2^6-6\cdot 1^6=720=6!$$

对照华蘅芳式（17）与§14.1.2 夏鸾翔式（7），比较组合公式的构造，就会发现两式中仅有-1 之差，而求 $n$！的结果却分毫不爽，毫无二致。两位数学家各显其能，方法相近而殊途同归，表现出晚清数学家在研究差分理论时共同的爱好和取向。

与“诸乘方正元积较表”相对应，华蘅芳提出了“诸乘方负元积较表”，除符号变化“自上而下变其偶层之号”外，其余皆同表 14-5，递归公式也与式（15）具有相同的形式，只是 $x\leqslant 0$，此不详述。

一种计数函数，能够给出它 5 种等价定义，并发明几种辅助计数函数，实属罕见，足见华蘅芳对此计数函数的重视。1882 年吴嘉善在《行素轩算稿》序言中评此书“皆力通奥窔，以一意相承，反复搜求，至涣然、泮然而后已”。

**2）第二种计数函数：“积较还原表”**

华氏另有“积较还原表”，与$h_k^n$相对应，记作$H_k^n$，上标 $n$=0，1，2，…为行数，下标 $k$=0，1，…，$n$ 为列数，本节称为“第二种华氏数”，如表 14-6。其递归定义为：

**表 14-6　“积较还原表”：第二种华氏数 $H_k^n$**

| $H_k^n$ | $k$=0 | 1 | 2 | 3 | 4 | 5 | 6 |
|---|---|---|---|---|---|---|---|
| $n$=0 | 0 | $\frac{1}{1}$ | | | | | |
| 2 | 0 | $\frac{1}{2}$ | $\frac{1}{2}$ | | | | |

续表

| $H_k^n$ | $k$=0 | 1 | 2 | 3 | 4 | 5 | 6 |
|---|---|---|---|---|---|---|---|
| 3 | 0 | $\frac{2}{6}$ | $\frac{3}{6}$ | $\frac{1}{6}$ | | | |
| 4 | 0 | $\frac{6}{24}$ | $\frac{11}{24}$ | $\frac{6}{24}$ | $\frac{1}{24}$ | | |
| 5 | 0 | $\frac{24}{120}$ | $\frac{50}{120}$ | $\frac{35}{120}$ | $\frac{10}{120}$ | $\frac{1}{120}$ | |
| 6 | 0 | $\frac{120}{720}$ | $\frac{274}{720}$ | $\frac{225}{720}$ | $\frac{85}{720}$ | $\frac{15}{720}$ | $\frac{1}{720}$ |

$$\text{(i)}\quad H_0^0=1; H_k^n\equiv 0,\text{当}k<0\text{或}k>n\text{时}$$

$$\text{(ii)}\quad H_k^n=\frac{1}{n}H_{k-1}^{n-1}+\frac{n-1}{n}H_k^{n-1}. \tag{18}$$

其中（ii）式由原著如下公式经化简而得：

$$H_k^n=\frac{-1}{n!}\sum_{r=k}^{n-1}h_r^n H_k^{n-1}. \tag{18′}$$

原著“积较还原表”前列举 3 例说明造表法，并说“顺是以下俱如是求”，利用（18′）使用一种乘表再加的方法，此不详述。

**例 8** 式（18）中，当$n$=5，$k$=3 时：$H_3^5=\frac{1}{5}\cdot H_2^4+\frac{4}{5}H_3^4=\frac{1}{5}\cdot\frac{11}{24}+\frac{4}{5}\cdot\frac{6}{24}=\frac{35}{120}$.

**例 9** 式（18）中，当$k$=$n$时，就出现阶乘的倒数，如$k$=$n$=5 或 6：

$$H_5^5=\frac{1}{5}\cdot H_4^4+\frac{4}{5}H_5^4=\frac{1}{5}\cdot\frac{1}{24}+\frac{4}{5}\cdot 0=\frac{1}{120}=\frac{1}{5!};$$

$$H_6^6=\frac{1}{6}\cdot H_5^5+\frac{5}{6}H_6^5=\frac{1}{6}\cdot\frac{1}{120}+\frac{5}{6}\cdot 0=\frac{1}{720}=\frac{1}{6!}.$$

### 14.4.4 利用两种计数函数获得两组互反公式

《积较术》的目的是为简化求一般幂积的 0 边积较。“用表之法”就是在 § 14.4.3 式（11）中，$f_n$（$x$）的系数 $a_{n-k}=f_{n-k}$（0），求 $\Delta^k f_n$（0）（$k$=0，1，…，$n$）。将“用表之法”后第 1 例译成今式即：

已知：$x^3-112x^2+947x-2060=f_3(x)$，求 $\Delta^k f_3$（0）（$k$=0，1，2，3）。解：先列“乘表而并之”算式，在表 14-7 中，将系数依次列在左端，$h_k^n$ 的数表排在中间，依次乘表后所得记在右端，然后上下相加，即得 $\Delta^k f_3$（0）（$k$=0，1，2，3）。卷二第 3 页 b 面至第 6 页连续 4 例及 14 页 b 面至第 15 页连续 3 例均使用了这种算法。

**表 14-7 从幂函数 $f_n(x)$ 求差分：“乘 $h_k^n$ 表而并之”**

| × | 乘表 → | | | | | | | 并之 ↓ |
|---|---|---|---|---|---|---|---|---|
| $f_3(0)$=−2060 | 1 | | | | −2060 | | | |
| $f_2(0)$= 947 | 0 | 1 | | | 0 | 947 | | |
| $f_1(0)$= −112 | 0 | −1 | 2 | | 0 | 112 | −224 | |
| $f_0(0)$= 1 | 0 | 1 | −6 | 6 | 0 | 1 | −6 | 6 + |
| | | | | | −2060 | 1060 | −230 | 6 |

如果用代数式表示出来，即是：　$\Delta^k f_n(0)=\sum_{r=k}^{n} h_k^r f_{n-r}(0)$　（19）

另外，“积较之数本从诸乘方式实、方、廉、隅之数而生，故从一行之积较皆可返求其实、方、廉、隅之数”，即已知 $\Delta^k f_n$（0）（$k$=0，1，…，$n$），可反求 $a_{n-k}=f_{n-k}$（0）。为此造“积较还原表”，在表后列举连续 4 例，这里将第 3 例译成今式，即：

已知：$\Delta^k f_3$（0）（$k$=0，1，2，3）为−105，87，−36，6。求 $f_n$（$x$）。解：先列“乘表而并之”算式，在表 14-8 中，将各阶差分顺次列在左端，$H_k^n$ 的数表排在中间，依次乘表后所得记在右端，然后上下相加，即得 $f_3$（$x$）=$x^3$−15 $x^2$+71 $x$−105。

**表 14-8　从差分求幂函数 $f_n(x)$："乘 $H_k^n$ 表而并之"**

| × | 乘表 → | | | | | | | | 并之 ↓ |
|---|---|---|---|---|---|---|---|---|---|
| $\Delta^0 f_3(0)=-105$ | 1 | | | | −105 | | | | |
| $\Delta^1 f_3(0)=87$ | 0 | $\frac{1}{1}$ | | | 0 | 87 | | | |
| $\Delta^2 f_3(0)=-36$ | 0 | $\frac{1}{2}$ | $\frac{1}{2}$ | | 0 | −18 | −18 | | |
| $\Delta^3 f_3(0)=6$ | 0 | $\frac{2}{6}$ | $\frac{3}{6}$ | $\frac{1}{6}$ | 0 | 2 | 3 | 1 | + |
| | | | | | −105 | 71 | −15 | 1 | |

华蘅芳认为算法非常简单。就算法而言应用二维算表较之代数式运算的确有简明之处。但代数式却能全面表现出 $H_k^n$ 的计数性质：　$f_{n-k}(0)=\sum_{r=k}^{n} H_k^r \Delta^r f_n(0)$　（20）

原著已将函数值域扩大，华氏清晰给出了降幂函数 $f_{n-k}$（$x$）的一组系数-差分互反公式：

$$\left.\begin{aligned}\Delta^k f_n &= \sum_{r=k}^{n} h_k^r f_{n-r}\\ f_{n-k} &= \sum_{r=k}^{n} H_k^r \Delta^r f_n\end{aligned}\right\}\qquad (21)$$

互反公式在计数理论中占有重要地位，两种计数函数 $h_k^n$ 和 $H_k^n$ 起到关键作用。

在《积较术》卷三“论各种垛积”中，华蘅芳将他的差分理论应用于三角各乘垛和乘方各乘垛。所谓三角垛 $\binom{x+n-1}{n}$（$x$ 取正整数表层次；$n$ 表乘垛数）是宋元以来中算传统的研究题目，《行素轩算稿》之三《数根术解》称其为“诸乘尖锥”，已明确其计算公式为：

$$\frac{1}{n!}x(x+1)(x+2)\cdots(x+n-1)\ \left[=\binom{x+n-1}{n}\right]\qquad (22)$$

$$\frac{1}{n!}x(x-1)(x-2)\cdots(x-n+1)\ \left[=\binom{x}{n}\right]\qquad (23)$$

后者称为“减数增乘之诸尖锥”，并讨论了它们的一些性质。这里用组合符号表示。

原著在卷三开始将三角各乘垛与贾宪三角形“开方表”比较，给出组合差分公式。他说：“三角诸乘垛其各次之较数为递减一乘之三角垛”，“其末较之数俱为一”。

$$\Delta^k\binom{x}{n}=\binom{x-k}{n-k} \quad (24a) \qquad \Delta^k\binom{x+n-1}{n}=\binom{x+n-k-1}{n-k} \quad (24b)$$

$$\Delta^n\binom{x+n-1}{n}=\binom{x-1}{0}\equiv 1 \quad (24c)$$

由于$\binom{x+n-1}{n}$展开为 $n$ 阶多项式就是诸乘方式，对它求各阶差分也就是求降乘的三角垛；反之，由表示成三角垛的各阶差分必可“还求其诸乘方式”，由此华氏发现了一对互反关系。

$x^2=2\cdot\binom{x+2-1}{2}-1\cdot\binom{x+1-1}{1}$，$x^3=6\cdot\binom{x+3-1}{3}-6\cdot\binom{x+2-1}{2}+1\cdot\binom{x+1-1}{1}$，…，

系数为$h_k^n$，经简单归纳，即可得到：$x^n=\sum\limits_{k=0}^{n}h_k^n\binom{x+k-1}{k}$ （25）

$\binom{x+2-1}{2}=\frac{x^2}{2}+\frac{x}{2}$，$\binom{x+3-1}{3}=\frac{1}{6}x^3+\frac{3}{6}x^2+\frac{2}{6}x$，系数为$H_k^n$，经简单归纳，即可得到：

$$\binom{x+n-1}{n}=\sum_{k=0}^{n}H_k^n x^k \quad (26)$$

式（25）和（26）构成一组乘方-乘垛互反公式，两种计数函数$h_k^n$和$H_k^n$起到关键作用。

两式可分别视为有重排列 $x^n$ 和有重组合$\binom{x+n-1}{n}$的生成函数（母函数）定理，与 § 13.3.1 式（6）：“第一种李氏数$l_k^n$的生成函数是升阶乘积”一样在计数理论中具有基本重要性。

### 14.4.5 利用计数函数求出自然数前 *m* 项 *n* 次幂和公式

《积较术》卷三“论各种垛积”主要讨论三角各乘垛和乘方各乘垛，后者为重点。原著举例下问题：已知 $n$，$S$，① $S=\sum\limits_{k=1}^{n}\binom{x+k-1}{k}$，② $S=\sum\limits_{k=1}^{n}(-1)^{k+1}\binom{x+k-1}{k}$，求 $x$。并在卷末所列的 1，6，7，8 题中，应用基本公式$S_n=\binom{x+n-1}{n}=\sum\limits_{k=0}^{n}H_k^n x^k$作“有积（$S_n$）求边（$x$）”的运算，条件是已知诸$H_k^n$，给出上式的一个变式：$n!S_n-\sum\limits_{k=0}^{n}n!H_k^n x^k=0$。

至于乘方各乘垛，是一种有三变元的数论函数。原著给出平方、立方各乘垛的数表（还可列出三乘方（$n$=4）……各乘垛的数表）。今转列立方各乘垛数表如表 14-9。

表 14-9　立方各乘垛 $S_p^3(x)$

| $S_p^3(x)$ | $x$=1 | 2 | 3 | 4 | 5 | 6 | 7 |
|---|---|---|---|---|---|---|---|
| $p$=1 | 1 | 8 | 27 | 64 | 125 | 216 | 343 |
| 2 | 1 | 9 | 36 | 100 | 225 | 441 | 784 |
| 3 | 1 | 10 | 46 | 146 | 371 | 812 | 1596 |
| 4 | 1 | 11 | 57 | 203 | 574 | 1386 | 2982 |
| 5 | 1 | 12 | 69 | 272 | 846 | 2232 | 5214 |

这类表记作 $S_p^n(x)$，即 $n$–1 乘方（$n$ 次方）各乘垛，$p$=1，2，3，…为乘垛序次，$x$ 取正整数为该垛层次，即差分“边数”。华蘅芳在表中将 $x^n$ 列为诸乘方的一乘垛（$p$=1），很重要，即有 $S_1^n(x)=x^n$，可看作表 14-9 的边界条件。表 14-9 的构造使得求幂和非常简易，例如：$1^3+2^3+3^3=36$，$1^3+2^3+3^3+4^3+5^3+6^3=216$，等等，在表上一望即知，即包含求任意幂和的公式。

卷三还给出 $S_p^n(x)$ 的递推公式：“垛积之边数（$x$）即为其高之层数，故欲知其垛每层之积可视其降一层之积而知之”。表 14-9 中举出的两例是：

$$203=S_4^3(4)=\sum_{x=1}^{4}S_3^3(x)=1+10+46+146\text{；}$$

$$371=S_3^3(5)=\sum_{x=1}^{5}S_2^3(x)=1+9+36+100+225\text{.}$$

推及一般，当边数 $x$=$m$ 时，有

$$S_{p+1}^n(m)=\sum_{x=1}^{m}S_p^n(x) \tag{27}$$

因此，$S_1^n(x)=x^n$ 和　式（27）就构成了 $S_p^n(x)$ 的递推公式。

式（27）中当 $p$=1 时知：诸乘方二乘垛为自然数前 $m$ 项 $n$ 次幂的和：

$$S_2^n(m)=\sum_{x=1}^{m}S_1^n(x)=\sum_{x=1}^{m}x^n \tag{28}$$

因此，只要能将 $S_p^n(x)$ 表示成三角垛的函数，就能获得前 $m$ 项 $n$ 次的幂和公式。

华蘅芳在卷三中经过一系列如上“乘表而并之”的计算和推导，这里用代数式表示为：

$$(n+p-1)!S_p^n(x)=\sum_{r=1}^{n+p-1}(n+p-1)!\sum_{k=1}^{n}h_k^nH_k^{k+p-1}x^r\text{，}$$

$$S_p^n(x)=\sum_{r=1}^{n+p-1}\sum_{k=1}^{n}h_k^nH_k^{k+p-1}x^r=\sum_{k=1}^{n}h_k^n\left(\sum_{r=1}^{n+p-1}H_r^{k+p-1}x^r\right)=\sum_{k=1}^{n}h_k^n\binom{x+k+p-2}{k+p-1}$$

其中相当于 $\sum_{r=1}^{n+p-1}H_r^{k+p-1}x^r=\binom{x+k+p-2}{k+p-1}$ 的公式原著并未予以证明，详述原过程较繁，此略。

于是，将 $S_p^n(x)$ 分解成一系列三角垛和第一种华氏数 $h_k^n$ 乘积之和（卷末第 9～13

题）①：

$$S_p^n(x)=\sum_{k=1}^{n}h_k^n\binom{x+k+p-2}{k+p-1} \tag{29}$$

当 $p=1$ 时，$S_1^n(x)=x^n$，知有：$$x^n=\sum_{k=1}^{n}h_k^n\binom{x+k-1}{k} \tag{25}$$

当 $p=2$ 时，若 $x=m$，据式（28）知：$$\sum_{x=1}^{m}x^n=\sum_{k=1}^{n}h_k^n\binom{m+k}{k+1} \tag{30}$$

**例 10** 式（30）中，当 $m=4$，$n=5$，$1^5+2^5+3^5+4^5=1300$，而

$$h_1^5\binom{5}{2}+h_2^5\binom{6}{3}+h_3^5\binom{7}{4}+h_4^5\binom{8}{5}+h_5^5\binom{9}{6}=1\cdot 10-30\cdot 20+150\cdot 35-240\cdot 56+120\cdot 84$$
$$=1300.$$

在华氏理论中已建起用两种华氏数作垛积招差运算的体系，可由不同的途径求得同一公式，例如式（25）。而式（29）是对原著大量演绎结果逐步归纳而最终获得的，其计数规律已被原著者掌握，毋庸置疑。至于式（30）只是式（29）的一特例，虽非原著者直接给出，据（28）、（29）导出应是顺理成章的事。即华氏事实上已获得如（30）所示的幂和公式。

### 14.4.6 结语

在 § 13.3.1 的图 13-15 介绍了第一种斯特林数②，还有第二种斯特林数③，在组合计数中也常见到（表 14-10），定义分别为④：对 $n$，$k\geqslant 0$：

（i）$s_{0,0}=1$；$s_{n,0}=0$，对 $n>0$　（ii）$s_{n+1,k}=s_{n,k-1}-n\,s_{n,k}$

（i）$S_{0,0}=1$；$S_{n,0}=0$，对 $n>0$　（ii）$S_{n+1,k}=S_{n,k-1}+n\,S_{n,k}$

**表 14-10 第一种斯特林数 $s_{n,k}$ 和第二种斯特林数 $S_{n,k}$**

| | | | | | | | | | | | | | |
|---|---|---|---|---|---|---|---|---|---|---|---|---|---|
| 1 | | | | | | | 1 | | | | | | |
| 0 | 1 | | | | | | 0 | 1 | | | | | |
| 0 | −1 | 1 | | | | | 0 | 1 | 1 | | | | |
| 0 | 2 | −3 | 1 | | | | 0 | 1 | 3 | 1 | | | |
| 0 | −6 | 11 | −6 | 1 | | | 0 | 1 | 7 | 6 | 1 | | |
| 0 | 24 | −50 | 35 | −10 | 1 | | 0 | 1 | 15 | 25 | 10 | 1 | |
| 0 | −120 | 274 | −225 | 85 | −15 | 1 | 0 | 1 | 31 | 90 | 65 | 15 | 1 |

第一、二种华氏数 $h_k^n$ 和 $H_k^n$ 与第一、二种斯特林数 $s_{n,k}$ 和 $S_{n,k}$ 具有关系：

$$h_k^n=(-1)^{n+k}k!S_{n,k}\quad H_k^n=(-1)^{n+k}\frac{1}{n!}s_{n,k} \tag{31}$$

$$s_{n,k}=(-1)^{n+k}n!H_k^n\quad S_{n,k}=(-1)^{n+k}\frac{1}{k!}h_k^n \tag{32}$$

---

① 罗见今. 华蘅芳的计数函数和互反公式//吴文俊. 中国数学史论文集（二）. 济南：山东教育出版社，1986：107-124. 其中 120-121 页列有详细过程。

② 柯召，魏万迪. 组合论：Stirling 数和 Lah 数. 北京：科学出版社，1981：63-73.

③ 屈婉玲. 组合数学：Catalan 数和 Stirling 数. 北京：北京大学出版社，1989：131-143.

④ AIGNER M. Combinatorial Theory. Berlin：Springer-Verlag，1979：93，91，473.

因此可以认为两种华氏数同两种斯特林数具有类似的构造。斯特林数用于斯特林反演——一种广义莫比乌斯反演，其互反公式是：（$n\in N_0$）

$$\left.\begin{aligned} v_n &= \sum_{k=0}^{n} s_{n,k} u_k \\ u_n &= \sum_{k=0}^{n} S_{n,k} v_k \end{aligned}\right\}$$

$h_k^n$ 和 $H_k^n$ 与 $s_{n,k}$ 和 $S_{n,k}$ 在互反公式中起的作用相同，均属于莫比乌斯函数。①

华蘅芳的《积较术》（1882 年）对三角垛 $\binom{x+n-1}{n}$ 及乘方垛 $S_p^n(x)$ 的研究与李善兰的《垛积比类》（1867 年）一、二卷密切呼应，李氏用垛积术，华氏用招差术，得到了相似的结果，可谓各显神通，殊途同归，将两位的这些成就作比较将是有意义的。例如第一种李氏数 $l_k^n$ 同第二种华氏数 $H_k^n$ 间存在关系：

$$l_{k-1}^{n-1} = n!H_k^n = \left|s_{n,k}\right| \tag{33}$$

李氏所谓“乘方各支垛”即华氏“乘方各乘垛”，两人平行的研究功夫各有千秋。

对于任意 $m$，$n$，幂和不存在仅靠 $m$，$n$ 就能求出的公式，因此幂和问题极具趣味性，极富挑战性，形成一个专题、一种文化。数学家和爱好者千方百计构造各种数论函数来算出它。各种函数均可独立推算，要看公式和算法的简明性一较高下。李善兰、夏鸾翔、华蘅芳的结果具有类似而不同的结构，形式简洁优美，对组合计数的发展做出令人印象深刻的贡献。

## 14.5　拓展研究：华蘅芳数在幂和公式中的应用*

自然数的幂和问题具有悠久的历史，亦不乏现代趣味。互联网上有诸多网页涉及，但了解清代数学家华蘅芳的成果的人不多。华氏数 $h_k^n$ 具有优秀的性质，本节改进了它的定义；针对幂和问题建立了取盒-放球模型，给它一个新的组合解释；应用 $h_k^n$ 数获得了简捷的幂和公式。前文已详述华氏数 $h_k^n$ 的历史来源，本节从略。

### 14.5.1　华氏数的新定义

**1）华氏数定义**　满足以下递推关系的数 $h_k^n$，称为华氏数：

（i）$h_0^0=1$；$h_k^n=0$，当 $k<0$ 或 $k>n$ 时　（ii）$h_k^n = k(h_{k-1}^{n-1} + h_k^{n-1})$　（1）

数 $h_k^n$ 的命名可参见前文，数阵如表 14-11；与原定义（表 14-5）有一个符号的差别。本节提出 $h_k^n$ 数的组合意义：将 $n$ 个不同的球放入 $k$ 个不同的盒子里，不允许空盒，不同放法的数目为 $h_k^n$。

---

① BRYLAWSKI T. 组合数学：格的定义//拉佩兹. 科学技术百科全书：第 1 卷数学. 北京：科学出版社，1980：356.

* 罗见今. 华蘅芳数在幂和问题中的新应用. 数学研究与评论，2003，23（4）：750-756. 原文系第九届国际中国科学史会议论文（英文）. 香港，2001-10.

表 14-11 重新定义的华氏数 $h_k^n$

| $h_k^n$ | $k$=0 | 1 | 2 | 3 | 4 | 5 | 6 | 7 |
|---|---|---|---|---|---|---|---|---|
| $n$=0 | 1 | | | | | | | |
| 1 | 0 | 1 | | | | | | |
| 2 | 0 | 1 | 2 | | | | | |
| 3 | 0 | 1 | 6 | 6 | | | | |
| 4 | 0 | 1 | 14 | 36 | 24 | | | |
| 5 | 0 | 1 | 30 | 150 | 240 | 120 | | |
| 6 | 0 | 1 | 62 | 540 | 1 560 | 1 800 | 720 | |
| 7 | 0 | 1 | 126 | 1 806 | 8 400 | 16 800 | 15 120 | 5 040 |

**例 1** 将 $n$=4 个球 a，b，c，d 放入 $k$=2 个盒子，无空盒，共有 $h_2^4$=14 种放法，即 a→1，bcd→2；b→1，acd→2；c→1，abd→2；d→1，abc→2；ab→1，cd→2；ac→1，bd→2；ad→1，bc→2。以上 7 种放法中将盒子标号 1，2 互换，则共得 14 种。

**2）华氏数的组合解释** 规定 $h_0^0$=1；$h_0^n=0$（$n\neq0$）：没有盒子，故无放法。

$h_1^n$=1：将 $n$ 个不同的球放入 1 个盒子，只有 1 种放法。

$h_n^n=n!$：将 $n$ 个不同的球放入 $n$ 个不同的盒子，无空盒，有 $n$！种放法。

$h_2^n=2^n-2$：要把 $n$ 个不同的球 $a_1,a_2,\cdots,a_n$ 恰放入标号为 1，2 的盒子里，无空盒。可任取 1 球，例如 $a_n$，置入 1 盒中；对其余 $n$–1 个球，或放入 1 盒，或放入 2 盒，共有 $2^{n-1}$ 种放法。其中将 $n$–1 个球皆置 1 盒的 1 种放法使 2 盒空，应从 $2^{n-1}$ 中减去，得 $2^{n-1}-1$ 种放法。将 $a_n$ 置入 2 盒中亦可使所余 $n$–1 个球有 $2^{n-1}-1$ 种放法。据加法法则，$h_2^n=2^n-2$。

$h_{n-1}^n=(n-1)!\binom{n}{2}$：要把 $n$ 个不同的球恰放入 $n$–1 个不同的盒子里，无空盒，必有 1 盒放入 2 球，此 2 球从 $n$ 球中选取，有 $\binom{n}{2}$ 种选法；而放入 $n$–1 个不同的盒子，有（$n$–1）！种放法。据乘法法则，$h_{n-1}^n=(n-1)!\binom{n}{2}$。

**3）华氏数定义式的组合证明**

$$h_k^n=k(h_{k-1}^{n-1}+h_k^{n-1}) \tag{1}$$

**证明**：要把 $n$ 个不同的球 $a_1,a_2,\cdots,a_n$ 恰放入 $k$ 个不同的盒子里，无空盒。可先任取 1 球，例如 $a_n$，然后把放法分为两类：A. $a_n$ 单放在 1 个盒中，放法为 $k$ 种，其余 $n$–1 个球放入 $k$–1 个盒中，放法为 $h_{k-1}^{n-1}$ 种。据乘法法则，放法共有 $kh_{k-1}^{n-1}$ 种。B. $a_n$ 不单放在 1 个盒中。可先把其余 $n$–1 球放入 $k$ 个盒中，有 $h_k^{n-1}$ 种放法。对于其中任一种放法，加入 $a_n$ 的方法有 $k$ 种。据乘法法则，放球的方法数是 $kh_k^{n-1}$ 种。由加法法则，式（1）成立。证完。

华氏数与第二类斯特林数 $S_{n,k}$ 有关系：$h_k^n=k!S_{n,k}$，或 $S_{n,k}=h_k^n/k!$ （2）

### 14.5.2　华氏数的性质

**1）华氏数的性质公式**

$$\sum_{k=0}^{n}(-1)^k h_k^n=(-1)^n \tag{3}$$

**证明**：应用式（1），因 $h_0^0=1$，当 $n>1$ 时

$$\sum_{k=0}^{n}(-1)^k k(h_{k-1}^{n-1}+h_k^{n-1})=-h_0^{n-1}-h_1^{n-1}+2h_1^{n-1}+2h_2^{n-1}-3h_2^{n-1}-3h_3^{n-1}+\cdots+(-1)^n nh_{n-1}^{n-1}$$

$$=-h_0^{n-1}+h_1^{n-1}-h_2^{n-1}+h_3^{n-1}-\cdots+(-1)^n h_{n-1}^{n-1}=(-1)\sum_{k=0}^{n-1}(-1)^k h_k^{n-1}$$

$$=(-1)^2\sum_{k=0}^{n-2}(-1)^k h_k^{n-2}=\cdots=(-1)^n\sum_{k=0}^{0}(-1)^k h_k^0=(-1)^n h_0^0=(-1)^n$$ 证完。

**例 2**　表 1 中每横行 $k$ 为奇数各 $h_k^n$ 之和与 $k$ 为偶数各 $h_k^n$ 之和差恒为 1。

当 $n$=4 时，−1+14−36+24=1；当 $n$=5 时，−1+30−150+240−120=−1.

**2）华氏数的组合性质公式**

$$h_k^n=\sum\binom{n}{n_1 n_2\cdots n_k} \tag{4}$$

式中求和是对方程 $n_1+n_2+\cdots+n_k=n$ 的一切正整数解来求，即诸 $n_i$（$1\leqslant i\leqslant k$）皆不为零。

**证明**：式左表示将 $n$ 个不同的球恰放入 $k$ 个不同的盒子（无空盒）的放法数。而 $\binom{n}{n_1 n_2\cdots n_k}$ 则表示把 $n$ 个不同的球恰放入 $k$ 个不同的盒子，且使第 1 个盒子有 $n_1$ 个球，第 2 个盒子有 $n_2$ 个球，……，第 $k$ 个盒子有 $n_k$ 个球的放法数；对所有 $n_1+n_2+\cdots+n_k=n$ 的正整数解求和以后，就得到将 $n$ 个不同的球恰放入 $k$ 个不同盒子的放法数。证完。

如果 $\binom{n}{n_1 n_2\cdots n_k}$ 中诸 $n_i$ 可为零，则它是多项式 $(x_1+x_2+\cdots+x_k)^n$ 中 $x_1^{n_1}x_2^{n_2}\cdots x_k^{n_k}$ 项的系数，也是多重集 $S=\{n_1\cdot a_1,n_2\cdot a_2,\cdots,n_k\cdot a_k\}$ 的排列数，并有 $k^n=\sum\binom{n}{n_1 n_2\cdots n_k}$，式中求和是对方程 $n_1+n_2+\cdots+n_k=n$ 的一切非负整数解来求。

**3）华氏数的指数生成函数定理**

华氏数 $h_k^n$ 的指数生成函数是

$$(\mathrm{e}^x-1)^k=\sum_{n=k}^{\infty}h_k^n\frac{x^n}{n!} \tag{5}$$

**证明**：应用多项式定理和式（4），

$$(\mathrm{e}^x-1)^k=(x+\frac{x^2}{2!}+\frac{x^3}{3!}+\cdots)^k=\sum_{n=0}^{\infty}a_n\frac{x^n}{n!}$$

$a_n$=0，当 $n<k$；$a_n=\sum\frac{n!}{n_1!n_2!\cdots n_k!}=\sum\binom{n}{n_1 n_2\cdots n_k}=h_k^n$，当 $n\geqslant k$。式中求和是对方程 $n_1+n_2+\cdots+n_k=n$ 的一切正整数解来求。于是式（5）成立，定理得证。

**例 3** 式（5）中当 $k$=3，$(\mathrm{e}^x-1)^3=\sum_{n=3}h_3^n\frac{x^n}{n!}=6\frac{x^3}{3!}+36\frac{x^4}{4!}+150\frac{x^5}{5!}+540\frac{x^6}{6!}+\cdots$

**4）华氏数的递推公式**

$$h_k^{n+1}=k\sum_{r=1}^{n}\binom{n}{r}h_{k-1}^r \tag{6}$$

**证明**：式左表示将 $n$+1 个不同的球 $a_1,a_2,\cdots,a_{n+1}$ 放入 $k$ 个不同的盒子（无空盒）的方法数。现将任意一球，例如 $a_{n+1}$，放入 $k$ 个盒中，共有 $k$ 种放法。从其余 $n$ 个球中任取 $r$（$1\leqslant r\leqslant n$）个放入 $k$–1 个盒中（无空盒），有 $\binom{n}{r}h_{k-1}^r$ 种放法；对 $r$ 从 1 到 $n$ 求和，得到所余这 $n$ 个球取每 $r$ 个放入 $k$–1 个盒中的方法数之和。据乘法法则，有式（6）成立。证完。

**例 4** 式（6）中，当 $n$=4，$k$=3：$h_3^5=150=3\sum_{r=0}^{4}\binom{4}{r}h_2^r=3(6h_2^2+4h_2^3+1\cdot h_2^4)$

**5）华氏数的通项公式**

$$h_k^n=\sum_{r=0}^{k}(-1)^r\binom{k}{r}(k-r)^n \tag{7}$$

**证明**：$(\mathrm{e}^x-1)^k=\sum_{r=0}^{k}(-1)^r\binom{k}{k-r}\mathrm{e}^{(k-r)x}=\sum_{r=0}^{k}(-1)^r\binom{k}{r}\sum_{n=0}^{\infty}(k-r)^n\frac{x^n}{n!}$

比较它与（5）式中 $\frac{x^n}{n!}$ 的系数，知有（7）式成立。证完。

**例 5** 式（7）中当 $k>n$，式左恒为零。$k\leqslant n$ 时，有 $h_0^n=0,h_1^n=1,h_2^n=2^n-2$ 等。

特别有当 $k$=$n$ 时

$$h_n^n=\sum_{r=0}^{n}(-1)^r\binom{n}{r}(n-r)^n=n! \tag{8}$$

### 14.5.3 幂和问题的组合解：取盒-放球模型

**1）用华氏数表示的乘幂公式**

$$m^n=\sum_{k=1}^{m}\binom{m}{k}h_k^n \tag{9}$$

**证明**：式左表示将 $n$ 个不同的球放到 $m$ 个不同的盒子里，允许空盒，有 $m^n$ 种放法。式右 $\binom{m}{k}$ 表示从 $m$ 个不同盒子中选出 $k$ 个的方法数，$h_k^n$ 表示把 $n$ 个不同的球放入 $k$ 个不同的盒子（无空盒）的放法数，据乘法法则，$\binom{m}{k}h_k^n$ 即把 $n$ 个不同的球恰放入 $k$ 个不同盒子的放法数。从 $m$ 个盒子中取出 $k$ 个，皆放球，而所余 $m$–$k$ 为空盒。当对 $k$ 从 1 到 $m$ 求和后，就得到 $n$ 个不同的球放入 $m$ 个不同盒子（允许空盒）的放法数。故式（9）成立。证完。

**例 6** 式（9）中，当 $m$=6，$n$=5 时，式左 $6^5$=7776，式右为

$$\binom{6}{1}+30\binom{6}{2}+150\binom{6}{3}+240\binom{6}{4}+120\binom{6}{5}=7776$$

即 5 个不同的球放入 6 个不同的盒子，允许空盒，共有 7776 种放法。

**2）用华氏数表示的幂和公式**
$$\sum_{r=1}^{m} r^n = \sum_{k=1}^{m} \binom{m+1}{k+1} h_k^n \tag{10}$$

**证明 1**：利用组合恒等式 $\binom{m}{k} = \binom{m-1}{k-1} + \binom{m-1}{k}$ 和式（9）：

$$\sum_{k=1}^{m} \binom{m+1}{k+1} h_k^n = \sum_{k=1}^{m} \left[ \binom{m}{k} + \binom{m}{k+1} \right] h_k^n = m^n + \sum_{k=1}^{m-1} \left[ \binom{m-1}{k} + \binom{m-1}{k+1} \right] h_k^n$$

$$= m^n + (m-1)^n + \sum_{k=1}^{m-2} \left[ \binom{m-2}{k} + \binom{m-2}{k+1} \right] h_k^n = m^n + (m-1)^n + \cdots + 3^n + 2^n + 1^n$$ 证完。

**证明 2**：利用组合恒等式 $\sum_{r=1}^{m} \binom{r}{k} = \binom{m+1}{k+1}$ 和式（9）：

$$\sum_{r=1}^{m} r^n = \sum_{r=1}^{m} \left[ \sum_{k=1}^{m} \binom{r}{k} h_k^n \right] = \sum_{k=1}^{m} \left[ \sum_{r=1}^{m} \binom{r}{k} \right] h_k^n = \sum_{k=1}^{m} \binom{m+1}{k+1} h_k^n$$ 证完。

将式（10）写成如下形式

$$\sum_{r=1}^{m} r^n = \sum_{k=1}^{1} \binom{1}{k} h_k^n + \sum_{k=1}^{2} \binom{2}{k} h_k^n + \cdots + \sum_{k=1}^{r} \binom{r}{k} h_k^n + \cdots + \sum_{k=1}^{m} \binom{m}{k} h_k^n = \sum_{k=1}^{m} \binom{m+1}{k+1} h_k^n \tag{11}$$

**3）自然数前 $m$ 项 $n$ 次幂和的组合意义**

自然数前 $m$ 项 $n$ 次幂和的组合意义是：式（11）左边：将 $n$ 个不同的球放入 $r$（$1 \leqslant r \leqslant m$）个不同的盒子，允许空盒，共有 $r^n$ 种放法；现有 $m$ 个不同的盒子，对 $r$ 从 1 到 $m$ 求和，所得取盒-放球方法的总和，即为幂和。

式（11）的展开式：将 $n$ 个不同的球放入 $k$ 个不同的盒子，不允许空盒，放法有 $h_k^n$ 种；当 $1 \leqslant k \leqslant r \leqslant m$，每次从 $r$ 个盒子中任取 $k$ 个，不同取法有 $\binom{r}{k}$ 种，将 $n$ 个不同的球放入（这时所余 $r-k$ 个盒子空）；分别对 $k$ 和 $r$ 从 1 到 $m$ 求和，所得取盒放球方法的总和，即为幂和。

式（11）的右边：从 $m+1$ 个不同的盒子中任取 $k+1$ 个，有 $\binom{m+1}{k+1}$ 种选法；将 $n$ 个不同的球放入 $k$ 个不同的盒子，不允许空盒，有 $h_k^n$ 种放法；现将 $k+1$ 个盒子中每个先置于一旁，而将 $n$ 个球放入 $k$ 个盒子（这时 $m-k+1$ 个盒子空），根据乘法法则，放法有 $\binom{m+1}{k+1} h_k^n$ 种。对 $k$ 从 1 到 $m$ 求和，所得取盒-放球方法的总和，即为幂和。

**例 7**　式（11）中，当 $m=4$，$n=5$，$1^5 + 2^5 + 3^5 + 4^5 = 1300$，而

$$\sum_{k=1}^{4} \binom{5}{k+1} h_k^5 = \binom{5}{2} + 30\binom{5}{3} + 150\binom{5}{4} + 240\binom{5}{5} = 1300.$$

# 作 者 文 献

## 导论：第1章

罗见今．“术数”与传统数学．自然辩证法通讯, 1984（5）：40-42.

罗见今．著名数学家吴文俊院士简介．高等数学研究, 1999（3）：3-5.

罗见今．中国传统数学是离散型数学//辽宁教育出版社．数理化信息（3）．沈阳：辽宁教育出版社，1988：104-107.

罗见今．组合学的早期发展//李迪．中外数学史教程：第2编．福州：福建教育出版社，1993：320-325.

罗见今，王海林．关于正整数分拆数 $p(n)$ 的历史注记．内蒙古师范大学学报（自然科学汉文版），2002, 31（3）：290-295.

罗见今．离散数学的兴起//李迪．中外数学史教程：第4编．福州：福建教育出版社，1993：483-499.

## 前编：第2～4章

罗见今．世界上最古老的三阶幻方——关于组合数学起源的讨论．自然辩证法通讯, 1986（3）：49-57.

罗见今．《数书九章》与《周易》//吴文俊．秦九韶与《数书九章》．北京：北京师范大学出版社，1987：89-102.

罗见今．周易卦序的对称结构探赜——邵雍先天图的数学解析和应用．高等数学研究，2015, 18（4）：37-43. 第5届数学史与数学教育国际会议论文．海口, 2013-4.

罗见今．《尹湾汉墓简牍》行道吉凶占卜方法的数学分析//布里亚特国立大学．语言学视野中跨文化交流文集 6．乌兰乌德：布里亚特国立大学出版社，2013：31-37．第 24 届国际科学史大会提交论文．曼彻斯特, 2013-7.

罗见今．马王堆帛书周易卦序的数学建构．高等数学研究, 2017, 20（1）：8-12.

罗见今．《尹湾汉墓简牍》博局占图构造考释．西北大学学报（自然科学版），2000（2）：181-184.

韩晋芳，罗见今．《西京杂记》中的汉代科技史料．故宫博物院院刊, 2003（3）：86-91.

罗见今．宋代费衮对鸽笼原理的应用．第三届东亚数学典籍研讨会论文．北京：清华大学，2014-3.

罗见今．睡虎地秦简《日书》玄戈篇构成解析．自然辩证法通讯, 2015, 37（1）：65-70.

斯琴毕力格，关守义，罗见今．简牍发现百年与科学史研究．中国科技史杂志, 2007, 28（4）：468-479.

罗见今．论干支纪日的计数性质及其在汉简历谱考释中的应用．咸阳师范学院学报, 2014, 29（11）：77-82.

罗见今．中国历法中的“千闰年”//黄留珠，魏全瑞．周秦汉唐文化研究：第 4 辑．西安：三秦出版社，2006：1-5.
罗见今，关守义.《肩水金关汉简（贰）》历简年代考释. 敦煌研究, 2014（2）：113.
罗见今，关守义.《居延新简——甲渠候官》六年历谱散简年代考释. 文史，1998(46)：47-56.
罗见今. 中国历法的五个周期性质及其在考古年代学中的应用//黄留珠，魏全瑞. 周秦汉唐文化研究：第 3 辑. 西安：三秦出版社，2004：6-18. 第 4 届国际东方天文学史会议论文. 南阳, 2001.
LUO Jianjin. An algorithm analysis on the twelve tones in the book *Bamboo Slips of Fangmatan of the Qin Dynasty in City Tianshui*. HISTORIA SCIENTIARUM, 2015, 24（2）：50-58.
罗见今. Nim——从古代的游戏到现代的数学. 自然杂志，1986，9（1）：63-67.
罗见今. Steiner 系若干课题研究的历史回顾——陆家羲学术工作背景概述. 数学进展，1986, 15（2）：175-184.
罗见今. 科克曼女生问题. 沈阳：辽宁教育出版社，1990.
罗见今. 先秦古人怎样看“计数”. 中国社会科学报, 2015-07-28（科学与人文版）.
罗见今.《墨经》中的数学//吴文俊. 中国数学史大系：第 1 卷. 北京：北京师范大学出版社，1998：227-243.
罗见今. 简牍数据表的构成及解读.《清华简》算表学术研讨会论文. 北京：清华大学，2014-3-10.
罗见今. 秦代竹简中数学家陈起对“计数”的论述//布里亚特国立大学. 东方学教学的理论与实践论文集. 乌兰乌德：布里亚特国立大学出版社，2015：25-30.
罗见今.《陈起》篇“计数”初探. 自然科学史研究， 2015，34（2）：306-309.
罗见今. “陈起论数”现代汉语译文//布里亚特国立大学.东方学教学的理论与实践论文集. 乌兰乌德：布里亚特国立大学出版社，2015：31-34.

## 上编：第 5～7 章

罗见今. 九章算术与刘徽注中数列问题研究//布里亚特国立大学. 教学论视角下跨文化交流文集. 乌兰乌德：布里亚特国立大学出版社，2014：58-68.
罗见今. 关于刘、祖原理的对话//吴文俊. 刘徽研究. 西安：陕西人民教育出版社，1993：219-243.
罗见今. 刘徽猜想. 科学技术与辩证法, 1992, 40（1）：40-46.
董杰，罗见今. 内蒙古师大博物馆计算用具馆的文化教育价值//上海市珠算心算协会，华东师范大学数学教育研究所. “弘扬中华珠算文化”专题研讨会论文集. 北京：中国财政经济出版社，2006：101-105.
罗见今. 中国历法中的闰周与“谐月”. 咸阳师范学院学报，2014, 29（4）：54-58. 纪念祖冲之逝世 1500 年学术会议论文. 河北涞水，2000.

## 中编：第 8～10 章

罗见今. 沈括《梦溪笔谈》中计数成就探析. 清华三亚国际数学论坛・东亚数学典籍研讨会论文. 三亚，2016-3.
罗见今.《梦溪笔谈》“甲子纳音”构造方法的数学分析. 咸阳师范学院学报, 2016(6):11-15.
罗见今. 秦九韶与《数书九章》//中外数学简史编写组. 中国数学简史. 山东教育出版社，1986：272-

277.
罗见今. 秦九韶的道家思想.科学社会史学术研讨会. 厦门, 1984-11.
罗见今. 高次方程数值解的秦九韶程序//吴文俊. 中国数学史论文集（四）. 济南：山东教育出版社，1994：73-80.
罗见今. 朱世杰的垛积招差术和组合恒等式. 数学传播季刊, 2007（2）：81-92. 2002 年世界数学家大会西安数学史卫星会论文.
罗见今. 历久弥新的贡献——追踪 80 年前钱宝琮先生一项研究. 高等数学研究, 2008, 11（1）：126-128.
罗见今. 朱世杰-范德蒙公式的发展简介. 数学传播季刊, 2008, 32（4）：66-71.
罗见今. 《算学宝鉴》中的珠算和计数问题举隅. 珠算与珠心算，2015（6）：48-56.
罗见今. 王文素《算学宝鉴》幻图的组合意义. 数学传播季刊，2016, 40（2）：45-56.
罗见今. 论中华珠算文化 21 世纪的新意义. 上海珠算心算，2008（1）：10-13.
罗见今. 吴文俊院士关心珠算事业的发展. 内蒙古师范大学学报（自然科学汉文版），2009，38（5）：503-507.
罗见今. 中国文化瑰宝珠算的申遗之路和复兴之路. 高等数学研究，2014，17（3）：57-62.

## 下编：第 11～14 章

罗见今. 明安图是勇于创新的数学家. 西北民族学院学报, 1993，14（2）：80-85.
罗见今. 明安图计算无穷级数的方法分析. 自然科学史研究, 1990, 9（3）：197-207. 第五届国际中国科学史会议报告“论明安图的数学贡献”第 1，5 节.
罗见今. 明安图公式辨正. 内蒙古师范大学学报（自然科学汉文版），1988（1）：42-48.
罗见今. 明安图是卡塔兰数的首创者. 内蒙古大学学报（自然科学版），1988，19（2）：239-245.
罗见今. 明安图创卡塔兰数的方法分析. 内蒙古师范大学学报（自然科学汉文版），1989（1）：29-40. 第五届国际中国科学史会议报告“论明安图的数学贡献”第 3，4 节.
罗见今. 论明安图级数回求中的计数结构. 内蒙古师范大学学报（自然科学汉文版），1992，59（3）：91-101.
罗见今. 明安图的高位计算及其结果检验//李迪. 数学史研究文集（二）. 呼和浩特：内蒙古大学出版社, 1991：96-104.
LUO Jianjin. The contributions of Chinese mathematicians to counting theory in the Qing Dynasty. Journal of the Cultural History of Mathematics，1992（2）：56-58.
LUO Jianjin. Catalan numbers in the history of mathematics in China//YAP H P， KU T H， LLOYD E K，et al. Combinatorics and Graph Theory（Proceedings of International Conference on Combinatorics，Apr. 1992）. Singapore：World Scientific Publishing，1993：68-70.
LUO Jianjin. Several counting results in the 18th-19th centuries in Chinese mathematics//KU T. Combinatorics and Graph Theory: Vol.1（Proceedings of International Conference on Combinatorics，May 1995）. Singapore：World Scientific Publishing，1996：278-283.
罗见今. 明安图//金秋鹏. 中国科学技术史: 人物卷. 北京：科学出版社，1998：688-697.
明安图. 《割圆密率捷法》译注. 罗见今译注. 呼和浩特：内蒙古教育出版社，1998：1-382.

罗见今. 无穷级数中的卡塔兰数：明安图的四种几何模型//林东岱，李文林，虞言林. 数学与数学机械化. 济南：山东教育出版社，2001：457-476.

罗见今. 从清代无穷级数发展的历程看西学的影响//黄爱平，黄兴涛. 西学与清代文化. 北京：中华书局，2008：477-482.

罗见今. 明安图与他的幂级数展开式. 数学传播季刊, 2010, 34（1）：65-73.

LUO Jianjin. Ming Antu and his power series expansions. KNOBLOCH E，KOMATSU H, LIU D. Seki，Founder of Modern Mathematics in Japan: A Commemoration on His Tercentenary. Berlin：Springer，2013：299-310.

罗见今. 徐有壬《测圆密率》对正切数的研究. 西北大学学报（自然科学版），2006（5）：853-857.

罗见今，王淼，张升. 晚清浙江数学家群体之研究. 哈尔滨工业大学学报（社会科学版），2010，12（3）：1-11.

罗见今. 正切数的数学意义和中西研究史. 内蒙古师范大学学报（自然科学汉文版），2008，37（1）：120-123.

罗见今. 晚清数学家戴煦对正切数的研究——兼论正切数与欧拉数的关系. 咸阳师范学院学报，2015，30（4）：1-11. 据：戴煦数. 第四届国际中国科学史会议论文. 澳大利亚悉尼大学，1986-5.

郭世荣，罗见今. 戴煦对欧拉数的研究. 自然科学史研究. 1987，6（4）：362-371.

王海林，罗见今. 欧拉数、戴煦数与齿排列的关系研究. 自然科学史研究, 2005，24（1）：53-59.

罗见今. 中国近代数学和数学教育的先驱——李善兰、华蘅芳. 辽宁师范大学学报（自然科学版），1986（s1）：22-34.

罗见今. 《垛积比类》内容分析. 内蒙古师范学院学报（自然科学汉文版），1982（1）：89-105. 系笔者硕士学位论文《〈垛积比类〉新探》（1981）的一部分.

罗见今. 李善兰对 Stirling 数和 Euler 数的研究. 数学研究与评论, 1982（4）：173-182.

LUO Jianjin. On the development of the formulae for sums of powers of integers. HISTORIA SCIENTIARUM, 2003, 13（2）：101-110.

罗见今. 李善兰恒等式的导出. 内蒙古师范学院学报（自然科学汉文版），1982（2）：42-51.

罗见今. 李善兰的诗文//李迪. 数学史研究文集（三）. 呼和浩特：内蒙古大学出版社，1992：98.

罗见今. 华蘅芳//中国大百科全书编辑委员会. 中国大百科全书: 数学卷. 北京：中国大百科全书出版社，1988：302-303.

罗见今. 徐、李、夏、华诸家的计数函数//杜石然. 第三届国际中国科学史讨论会论文集. 北京：科学出版社，1990：43-51.

罗见今. 李善兰、徐寿、华蘅芳——我国近代科学教育的先驱//内蒙古师范大学. 教育科学学术讨论会论文集，1984：50-63.

罗见今. 清末数学家华蘅芳//吴文俊. 中国数学史论文集（一）. 济南：山东教育出版社，1985：109-120.

罗见今. 华蘅芳的计数函数和互反公式//吴文俊. 中国数学史论文集（二）. 济南：山东教育出版社，1986：107-124.

罗见今. 华蘅芳的内插法. 内蒙古师范大学学报（自然科学汉文版）, 1989（s1）：41-49.

罗见今. 华蘅芳数在幂和问题中的新应用. 数学研究与评论，2003，23（4）：750-756. 原文系第九届国际中国科学史会议论文（英文）. 香港，2001-10.

罗见今. 李善兰对素数的研究//中外数学简史编写组. 中国数学简史. 济南：山东教育出版社，1986：507-511.

罗见今. 夏鸾翔的数学成就//中外数学简史编写组. 中国数学简史. 济南：山东教育出版社，1986：501-506.

钱宝琮. 中国数学史.北京：科学出版社，1981：330-333（夏鸾翔内容）.

罗见今. 华蘅芳及其译述//中外数学简史编写组. 中国数学简史. 济南：山东教育出版社，1986：493-498.

# 后　记

笔者年轻时爱好数学，业余学习、思考一些数论和离散数学问题，还向学者请教。看到一些数学著作，不胜羡慕；为争取受到系统的数学教育，1978 年报考李迪先生的数学史研究生，1981 年开始从事相关教学和科研工作，迄今逾 40 年。本书搜集在此期间笔者发表的 80 多篇论文，而加属缀，算是一个阶段的总结，也是对关心的同事、亲友和对我自己的一个交代。

20 世纪 40 年代在国际上科学史成为一门新学科，到 50 年代我国科学院也成立了自然科学史研究所，而数学史是其中一个重要分支。李俨、钱宝琮、严敦杰诸先生对建立中国科学史和中国数学史学科做出了开创性的贡献。当年数学史受到著名数学家华罗庚、吴文俊、徐利治等先生的关注，他们的著作是留给后人的科学财富。当本书出版之际，笔者对导师李迪先生和对我多有帮助的白尚恕、沈康身、梁宗巨诸先生表示深切怀念。学习、继承前辈的工作，是提高学术水平的前提，也是对他们最好的纪念。

在前辈学者的长期努力下，中国数学史已构建起两千年的体系。20 世纪 60 年代在国际上作为计算机科学基础的离散数学迅速崛起，形成了组合论、图论、区组设计、优化等学科分支，颇有吸引力。传统中算没有进入连续数学的发展阶段，因而富含离散成果。如何认识中算的机械化、程序性、离散性、寓理于算、计数和算法倾向等特点，如何在浩如烟海的史料中发掘先哲的数学思想、方法和成果，引起笔者浓厚的兴趣。这就是笔者决定以离散数学的观点研究中国数学史的初衷。

“计数论”是《数学百科全书》的提法，当代离散数学形成了新的分支“计数组合论”.“计数”非常基本，从古代数学萌芽发展到现代的新分支，在任何一种数学文化中不可或缺，其重要性显而易见，历史悠久，内容丰富，出现在各个时期的数学文献中，从数学史的观点来看，迄今还有许多未开垦的处女地。

回顾中国本土数学，特别是明清著作，初看起来不少是一本本计数的演草，没有微分积分概念，从分析学或西算发展坐标来看，不存在基本的重要性。毋庸置疑，中西数学不处在同一发展阶段，两者之间的确存在巨大差距；但中算并非一无是处、不值一提。如果换一个角度，用离散数学的观点深入具体内容中去分析，有些被忽视的史料就开始浮现出来，熠熠生辉。由此可见，对于中算，如果未经深入分析便轻易做出否定性结论，那就难免显露出单线条思维的片面性。

当然，古人不可能按现代数学的分类和定义去思考，但他们研究的对象、使用的方法和解决的问题已决定了成果的性质，标明了历史地位，与无端拔高或辉格史观并不相干。本书论述计数论在中国的起源和发展、在世界数学史中的价值和影响。本书的论文有的在第三、四、五、九届国际中国科学史会议、国际组合数学会议和全国会议上报告，在东京大学的国际科学史杂志、德国 Springer 出版社发表，并且与国内外同行进行过有益的交流。

除本书提到的之外，中算史可圈可点的计数内容还有很多。本书注重应用，一是应用于数学和数学史教学，须将材料通俗化，介绍算家的生平成就，厘清数学的思想脉络；一是应用于数学研究，须加工史料，“统摄原意，另铸新辞”，显然已超出单纯历史研究的范畴，成为拓展的专题。

由于本书论文发表先后相隔 40 年，编写体例、图片版权、著录要求大有改进，所以在结集出版时反复修改，以期达标。本书全文及公式和图表的编排由笔者独力完成，不确、疏漏、错误之处当所难免，由衷欢迎读者和专家能提出批评意见，不吝指正。

本书得到内蒙古自治区科学技术史一流学科建设经费资助，得到 2019 年教育部哲学社会科学研究重大课题攻关项目“中国古代科技文献整理与研究”（19JZD042）的资助。内师大科技史研究院领导郭世荣、冯立昇、咏梅院长，科学出版社，给予大力支持，特致谢忱。

罗见今

2021 年 5 月

于内师大科技史研究院